Easy Quick
EQ075

星相大師隨身攜帶的

新編 **歸藏**

萬年曆

AD.1900～AD.2100

施賀日◎校正

六十甲子表

甲子	乙丑	丙寅	丁卯	戊辰	己巳	庚午	辛未	壬申	癸酉	戌·亥
甲戌	乙亥	丙子	丁丑	戊寅	己卯	庚辰	辛巳	壬午	癸未	申·酉
甲申	乙酉	丙戌	丁亥	戊子	己丑	庚寅	辛卯	壬辰	癸巳	午·未
甲午	乙未	丙申	丁酉	戊戌	己亥	庚子	辛丑	壬寅	癸卯	辰·巳
甲辰	乙巳	丙午	丁未	戊申	己酉	庚戌	辛亥	壬子	癸丑	寅·卯
甲寅	乙卯	丙辰	丁巳	戊午	己未	庚申	辛酉	壬戌	癸亥	子·丑

五鼠遁日起時表（求時干支）

時辰	23～1	1～3	3～5	5～7	7～9	9～11	11～13	13～15	15～17	17～19	19～21	21～23
時支／日干	子	丑	寅	卯	辰	巳	午	未	申	酉	戌	亥
甲己	甲子	乙丑	丙寅	丁卯	戊辰	己巳	庚午	辛未	壬申	癸酉	甲戌	乙亥
乙庚	丙子	丁丑	戊寅	己卯	庚辰	辛巳	壬午	癸未	甲申	乙酉	丙戌	丁亥
丙辛	戊子	己丑	庚寅	辛卯	壬辰	癸巳	甲午	乙未	丙申	丁酉	戊戌	己亥
丁壬	庚子	辛丑	壬寅	癸卯	甲辰	乙巳	丙午	丁未	戊申	己酉	庚戌	辛亥
戊癸	壬子	癸丑	甲寅	乙卯	丙辰	丁巳	戊午	己未	庚申	辛酉	壬戌	癸亥

五虎遁年起月表（求月干支）

月支\年干	寅	卯	辰	巳	午	未	申	酉	戌	亥	子	丑
甲己	丙寅	丁卯	戊辰	己巳	庚午	辛未	壬申	癸酉	甲戌	乙亥	丙子	丁丑
乙庚	戊寅	己卯	庚辰	辛巳	壬午	癸未	甲申	乙酉	丙戌	丁亥	戊子	己丑
丙辛	庚寅	辛卯	壬辰	癸巳	甲午	乙未	丙申	丁酉	戊戌	己亥	庚子	辛丑
丁壬	壬寅	癸卯	甲辰	乙巳	丙午	丁未	戊申	己酉	庚戌	辛亥	壬子	癸丑
戊癸	甲寅	乙卯	丙辰	丁巳	戊午	己未	庚申	辛酉	壬戌	癸亥	甲子	乙丑

二十四節氣表

月令	正月	二月	三月	四月	五月	六月	七月	八月	九月	十月	十一月	十二月
	寅	卯	辰	巳	午	未	申	酉	戌	亥	子	丑
節氣	立春	驚蟄	清明	立夏	芒種	小暑	立秋	白露	寒露	立冬	大雪	小寒
黃經度	315度	345度	15度	45度	75度	105度	135度	165度	195度	225度	255度	285度
中氣	雨水	春分	穀雨	小滿	夏至	大暑	處暑	秋分	霜降	小雪	冬至	大寒
黃經度	330度	0度	30度	60度	90度	120度	150度	180度	210度	240度	270度	300度

有關本書「歸藏萬年曆」

時間就是力量,最基礎就是最重要的。命理學以「生辰時間」為論命最重要的一個依據,本書「歸藏萬年曆」的編訂,盼能提供論命者一個正確的論命時間依據。論命是為了了解生命和完成生命,也就是了解生命的「自性本體」,並回歸每個人內心的寶藏,是名「歸藏萬年曆」。

本書始自公元一九〇〇年至公元二一〇〇年,共二百零一年。曆法採「天干地支六十甲子紀元」法,以「立春寅月」為歲始,以「節氣」為月令,循環記載國曆和農曆的「年、月、日干支」。「節氣」時間以「中原時區標準時、東經一百二十度經線」為準,採「定氣法」推算。節氣的日期和時間標示於日期表的上方,中氣則標示於下方。節氣和中氣的日期以「國曆」標示,並詳列「時、分、時辰」時間。時間以「分」為最小單位,秒數捨棄不進位,以防止實未到時,卻因進秒位而錯置節氣時辰。讀者只要使用「五鼠遁日起時表」取得「時干」後,就可輕易準確的排出「四柱八字」干支。

本書之編訂,以「中央氣象局天文站」及「台北市立天文科學教育館」發行之天文日曆為標準,並參考引用諸多先賢、專家之觀念與資料。因無法一一列名答謝,謹在此表達至敬及感謝,感謝諸位先賢、專家專業無私奉獻的心,造福眾生,功德無量。

本書有別於一般萬年曆,採用西式橫閱方式編排,易於閱讀查詢。記載年表實有「二百零一年、四千八百二十四節氣、七萬三千五百一十三日」,紀元詳實精確,編校複雜,如有遺漏謬誤之處,祈請諸先賢、專家不吝指正,在此再度感謝。

「歸藏萬年曆」編校 施賀日 謹誌 二〇〇六年十二月十二日

如何使用本書「歸藏萬年曆」

本書「歸藏萬年曆」的編排說明：

1. 全書採用西式橫閱方式編排，易於閱讀查詢。
2. 年表以「二十四節氣」為一年週期，始於「立春」終於「大寒」。
3. 年表的頁邊直排列出「國曆紀年、生肖、西元紀年」易於查閱所需紀年。
4. 年表的編排按「年干支、月干支、節氣、日表表、中氣」順序直列。
5. 年表直列就得「年、月、日」干支，快速準確絕不錯置年、月干支。
6. 節氣和中氣按「國曆日期、時、分、時辰」順序標示。
7. 日期表按「國曆月日、農曆月日、日干支」順序橫列。
8. 日期表第一行為各月令的「節氣日期」，易於計算行運歲數。
9. 農曆「閏月」在其月份數字下加一橫線，以為區別易於判讀。
10. 日光節約時間在其月份數字下加一底色，以為區別易於判讀。

使用「歸藏萬年曆」快速起「八字」口訣：

橫查出生年月日；直列年月日干支；五鼠遁日得時干；正好四柱共八字。

大運排列從月柱；行運歲數由日起；順數到底再加一；逆數到頂是節氣。

口訣說明：

在年表中讀者可根據出生者的「年、月、日」時間，橫向查出生日所屬的「日干支」，再向上直列可得「月干支、年干支」，最後查「五鼠遁日起時表」(本書首頁)取得「時干」，就可準確的排出「四柱八字」干支。

大運排列從「月柱」干支，順排或逆排六十甲子干支。行運歲數由「生日」起算，順數或逆數至節氣日(三天為一年、一天為四月、一時為十日)。

(「陽男、陰女」為順排、順數；「陰男、陽女」為逆排、逆數)

本書「歸藏萬年曆」可簡易快速地提供論命者一組正確的「四柱八字」干支，實為一本最有價值的萬年曆工具書。

目　錄

時 間

年、月、日的定義：

    一年 = 地球繞太陽公轉一周。（四季變化的週期）

    一月 = 月亮繞地球公轉一周。（月亮朔望的週期）

    一日 = 地球繞軸線自轉一周。（晝夜交替的週期）

時間的單位：

    一回歸年 = 365.242,198,78 日

    一朔望月 = 29.530,588,2 日

    一平均太陽日 = 86,400 秒

四季變化的時間週期，稱爲回歸年。

月亮圓缺變化的週期，稱爲朔望月。

設定每日地球面對太陽自轉一周的時間週期相等，稱爲平均太陽日。

「平均太陽日」已經不是一種自然的時間單位，它是假定地球公轉軌道爲一正圓形、地球自轉軸與太陽公轉軌道平面相垂直時，地球面對太陽自轉一周所經歷的時間。平均太陽時就是我們一般日常生活所用的時間，一平均太陽日等於 24 小時，等於 1,440 分，等於 86,400 秒。

「真太陽日」爲太陽連續兩次過中天的時間間隔。由於地球繞太陽公轉的軌道是橢圓形，所以地球在軌道上運行的速率並不是等速進行，且地球自轉軸相對於太陽公轉軌道平面有 23.5 度的傾角，使得每日實際的時間長短也不一定，有時多於 24 小時，有時少於 24 小時。爲了便於計算時間，在一般日常生活上，我們都使用平均太陽時來替代真太陽時。

曆 法

使用「年、月、日」三個單位來計算時間的方法稱為曆法。

全世界曆法主要分成三種：

　　一、太陽曆：依據地球繞太陽公轉週期所定出來的曆法。(如：國曆)

　　二、太陰曆：依據月亮運行朔望週期所定出來的曆法。(如：回曆)

　　三、陰陽合曆：太陰曆和太陽曆兩者特點並用的曆法。(如：農曆)

我國所特有的曆法：天干地支六十甲子紀元法。(干支紀元法)

國曆 (太陽曆、國民曆、新曆、西曆、格勒哥里曆)

公元 1582 年由羅馬天主教皇格勒哥里十三世所制定，頒布後通行世界各國。
我國於公元 1912 開始使用。

曆法說明：
小月 30 日、大月 31 日
平年 365 日、閏年 366 日

大小月規則：
大月(一月、三月、五月、七月、八月、十月、十二月)
小月(二月、四月、六月、九月、十一月) (其中二月平年 28 日、閏年 29 日)

置閏規則：
四年倍數閏、百年倍數不閏、四百年倍數閏、四千年倍數不閏
置閏日加在二月最後一日。(2 月 29 日)

農曆 (陰陽合曆、農民曆、舊曆、中曆、夏曆)

我國歷代所使用的曆法。

曆法說明：
小月 29 日、大月 30 日
平年 12 個月、閏年 13 個月

大小月規則：
朔望兩弦均以太陽及太陰視黃經為準。凡日月同度為朔，相差半週天為望，相距一直角為弦，月東日西為上弦，日東月西為下弦。農曆月初必合朔，月朔之日定為「初一」。月建的大小取決於合朔的日期，即根據兩個月朔中所含的日數來決定大月或小月。一個朔望月為 29.530,588,2 日，以朔為初一到下一個朔的前一天，順數得 29 日為小月，得 30 日為大月。

置閏規則：
定氣注曆「無中置閏」法。農曆的置閏規則是配合二十四節氣來設置曆年是否要加閏月，如曆年中有一個朔望月期間只有「節氣」而沒有「中氣」，則這一個月就規定加一「閏月」，該月所在農曆曆年就有 13 個月。如此每一農曆曆年的平均長度與回歸年就十分的接近，整個置閏的週期為「十九年七閏」。

節氣

我國以農立國,二十四節氣是我國農曆的一大特點。節氣的名稱,乃是用來指出一年中氣候寒暑的變化,春耕、夏耘、秋收、冬藏,自古以來農民都把節氣當作農事耕耘的標準時序依據。由於長期以來大家在習慣上把農曆稱為陰曆,因而大多數的人都誤認為節氣是屬於陰曆的時令特點。實際上,節氣是完全依據地球繞太陽公轉所定訂出來的時令點,是「陽曆」中非常重要的一個時令特點,所以說農曆實際為「陰陽合曆」的曆法。

節氣以地球繞太陽公轉的軌道稱為「黃道」為準,節氣反映了地球在軌道上運行時所到達的不同位置,假設由地球固定來看太陽運行,則節氣就是太陽在黃道上運行時所到達位置的里程標誌。地球繞太陽公轉運行一周為三百六十度,節氣以太陽視黃經為準,從春分起算為黃經零度,每增黃經十五度為一節氣,依序為清明、穀雨、立夏、小滿、芒種、夏至、小暑、大暑、立秋、處暑、白露、秋分、寒露、霜降、立冬、小雪、大雪、冬至、小寒、大寒、立春、雨水、驚蟄,一年共分二十四節氣,每個節氣名稱都反映出當令氣候寒暑的實況意義。為了方便記憶,前人把二十四節氣編成一首歌謠:「春雨驚春清穀天,夏滿芒夏暑相連;秋處露秋寒霜降,冬雪雪冬小大寒;每月兩氣日期定,主多不差一兩天。」

二十四節氣又可分為「節氣」和「中氣」兩大類,簡稱為「節」和「氣」,節氣與中氣相間安排,如立春為節氣、雨水為中氣、驚蟄為節氣、春分為中氣、清明為節氣、穀雨為中氣…依序排定。每個農曆月份皆各有一個節氣和一個中氣,每一中氣都配定屬於某月份,不能錯置。我國春、夏、秋、冬四季的起始,是以立春、立夏、立秋、立冬為始,歐美則以春分、夏至、秋分、冬至為始,我國比歐美的季節提早了三個節氣約一個半月的時間。

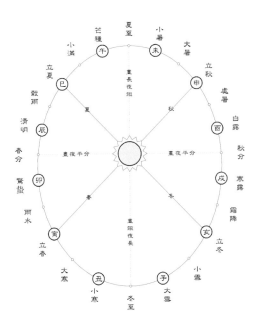

節氣	立春	驚蟄	清明	立夏	芒種	小暑	立秋	白露	寒露	立冬	大雪	小寒
黃經度	315度	345度	15度	45度	75度	105度	135度	165度	195度	225度	255度	285度

中氣	雨水	春分	穀雨	小滿	夏至	大暑	處暑	秋分	霜降	小雪	冬至	大寒
黃經度	330度	0度	30度	60度	90度	120度	150度	180度	210度	240度	270度	300度

節氣的定法有兩種：

平氣法(平節氣)：
古代農曆採用的方法稱為「平氣」，又稱「恆氣」。我國歷代皆從「冬至」為二十四節氣起算點，即是將每一年冬至到次一年冬至整個回歸年的時間365.242,198,78 日，平分為十二等分，每個分點稱為「中氣」，再將二個中氣間的時間等分，其分點稱為「節氣」，每一中氣和節氣平均為 15.218425 日。

定氣法(定節氣)：
現代農曆採用的方法稱為「定氣」，即依據地球在軌道上的真正位置為「定氣」標準。由於地球繞太陽公轉的軌道是橢圓形，所以地球在軌道上運行的速率並不是等速進行，且地球自轉軸相對於太陽公轉軌道平面有 23.5 度的傾角，使得夏季正午時太陽仰角高度較高，冬季正午時太陽仰角高度較低，進而影響一年四季的寒暑變化和日夜時間的長短不同。因此地球每日實際的時間長短也不一定，有時多於 24 小時，有時少於 24 小時，如冬至時地球位於近於近日點，太陽在黃道上移動速度較快，一個節氣的時間不到 15 天，而夏至時地球位於遠離近日點，太陽在黃道上移動速度較慢，一個節氣多達 16 天。我們日常所用的 24 小時是「平均太陽時」，和真正的太陽時間有所誤差。如計算以上回歸年時間平分成二十四等分給予各節氣，並不能正確地反映地球在軌道上真正的位置(平均差距一至二日)。

我國從清初的時憲曆(西元 1645 年)起，節氣時刻的推算開始由平節氣改為定節氣。定節氣是以「太陽視黃經」為準，由春分為起始點，將地球繞太陽公轉的軌道(黃道)每十五度(黃經度)定一節氣，一周三百六十度共有二十四節氣。採用定節氣推算出來的節氣日期，能精確地表示地球在公轉軌道上的真正位置，並反映當時的氣候寒暑狀況。如一年中在晝夜平分的那兩天，定然是春分和秋分二中氣；晝長夜短日定是夏至中氣；晝短夜長日定是冬至中氣。

干支 (干支紀元法)

我國所特有的曆法，天干地支六十甲子紀元法。

干支就是「十天干」和「十二地支」的簡稱。
十天干：甲、乙、丙、丁、戊、己、庚、辛、壬、癸
十二地支：子、丑、寅、卯、辰、巳、午、未、申、酉、戌、亥

天干地支的起源，係太古時代天皇氏所創設的，最初是天干地支分別單獨使用
記載時間，以十天干紀日，以十二地支紀月。到了黃帝時代的大撓氏，始將十
天干配合十二地支成甲子、乙丑…等的組合，用於紀年、紀月、紀日、紀時。
十天干配合十二地支的組合由甲子開始到癸亥共有六十組(十天干和十二地支
的最小公倍數是 60)，共可循環紀年六十年，所以我們稱一甲子是六十年。十
天干配合十二地支的組合雖然多達六十組，但一定是陽干配陽支或陰干配陰
支，絕對不會有陽干配陰支或陰干配陽支，如甲丑、乙子…等的組合(十天干
和十二地支的最大公因數是 2)。(干支排列單數為陽、雙數為陰)

從黃帝時代使用天干地支六十甲子循環「紀年、紀月、紀日、紀時」，至今已
約有五千年之久，中間毫無脫節混沌之處，實為世界上各種曆法中最實用先進
的記載時間方式。

「天干地支六十甲子紀元」曆法時間：

　年：以「立春」爲歲始。

　月：以「節氣」爲月建。

　日：以「子正」爲日始。

　時：以「時辰」爲單位。

我國歷代曆法在建月地支上有多次的變更：

　夏朝以「寅」爲正月。

　商朝以「丑」爲正月。

　周朝以「子」爲正月。

　秦朝以「亥」爲正月。

　漢朝以「寅」爲正月，王莽時改「丑」爲正月。

　唐朝以「寅」爲正月，唐武后時改「子」爲正月。

　唐朝後皆以「寅」爲正月，沿用至今。

　目前的曆法是以「立春寅月」爲歲始。

正確的「生辰時間」推算法

時間就是力量。人出生時，出生地的「真太陽時」時間，是命理學上論命最重要的一個依據。但出生地的「真太陽時」時間，並非是我們一般日常生活上所使用的當地標準時區時間(又稱為「平均太陽時」)，而是使用「視太陽黃經時」，也就是依地球繞太陽軌道而定的自然時間。這個「真太陽時」才是命理學上論命所使用的「生辰時間」。

已知「生辰時間」的條件：
一、出生時間 (年、月、日、時)-(出生地標準時區的時間)
二、出生地 (出生地的經緯度) 例如：台北市(東經 121 度 31 分)

修正「生辰時間」的方法：
「生辰真太陽時」 = 出生地的「標準時」減「日光節約時間」加減「時區經度時差」加減「真太陽時均時差」

※「生辰時間」在「節氣前後」和「時辰頭尾」者，請特別留心參酌的修正。

出生地的「標準時」

依出生地的標準時刻為「標準時」。

日光節約時(夏令時)

日光節約時也叫做夏令時。其辦法是將標準時撥快一小時，分秒不變，待恢復後再撥慢一小時。日光節約時每年起訖日期及名稱均由各國政府公布施行。

修正「日光節約時(夏令時)」：
凡在「日光節約時(夏令時)」時間出生者，須將「生辰時間」減一小時。

民國使用「日光節約時(夏令時)」歷年起訖日期

年　代	名　稱	起訖日期
民國三十四年至四十年	夏令時間	五月一日至九月三十日
民國四十一年	日光節約時間	三月一日至十月卅一日
民國四十二年至四十三年	日光節約時間	四月一日至十月卅一日
民國四十四年至四十五年	日光節約時間	四月一日至九月三十日
民國四十六年至四十八年	夏令時間	四月一日至九月三十日
民國四十九年至五十年	夏令時間	六月一日至九月三十日
民國五十一年至六十二年		停止夏令時間
民國六十三年至六十四年	日光節約時間	四月一日至九月三十日
民國六十五年至六十七年		停止日光節約時
民國六十八年	日光節約時間	七月一日至九月三十日
民國六十九年起		停止日光節約時

時區經度時差

認識地球的經度與緯度：

連接南極與北極的子午線稱為經線。將通過英國倫敦格林威治天文台的經線訂為零度經線，零度以東稱為東經，以西稱為西經，東西經度各有 180 度。平分南北球的圓圈線稱為赤道，平行赤道的圓圈線就是緯線。赤道的緯線訂為零度緯線，零度以北稱為北緯，以南稱為南緯，南北緯度各有 90 度。經度與時間有關(時區經度時差)，緯度與寒暑有關(赤道熱、兩極冷)。

地球自轉一周需時二十四小時(平均太陽時)，因為世界各地的時間晝夜不一樣，為了世界各地有一個統一的全球時間，在西元 1884 年全世界劃分了統一標準時區，實行全球各區分區計時，這種時間稱為「世界標準時」。時區劃分的方式是以通過英國倫敦格林威治天文台的經線訂為零度經線，把西經 7.5 度到東經 7.5 度定為世界時零時區(又稱為中區)，由零時區分別向東與向西每隔 15 度劃為一時區，每一標準時區所包含的範圍是中央經線向東西各算 7.5 度，東西各有十二個時區，東十二時區與西十二時區重合，此區有一條國際換日線，作為國際日期變換的基準線，全球合計共有二十四個標準時區。一個時區時差一個小時，同一時區內使用同一時刻，每向東過一時區則鐘錶撥快一小時，向西則撥慢一小時，所以說標準時區的時間不是自然的時間(真太陽時)而是行政的時間。雖然時區界線按照經度劃分，但各國領土大小的範圍不一定全在同一時區內，為了行政統一方便，在實務上各國都會自行加以調整，取其行政區界線或自然界線來劃分時區。

我國疆土幅員廣闊，西起東經 71 度，東至東經 135 度 4 分，所跨經度達 64 度 4 分，全國共分為五個時區(自西往東)：

一、崑崙時區：以東經 82 度 30 分之時間為標準時。

二、新藏時區：以東經 90 度之時間為標準時。

三、隴蜀時區：以東經 105 度之時間為標準時。

四、中原時區：以東經 120 度之時間為標準時。

五、長白時區：以東經 127 度 30 分之時間為標準時。

但現為行政統一因素，規定全國皆採行中原時區的標準時為全國行政標準時。

中原時區(東八時區)以東經 120 度之時間為標準時，包含東經 112.5 度到東經 127.5 度共 15 度的範圍，所以我們才稱呼現行的行政時間為「中原標準時間」。

修正「時區經度時差」:

一個時區範圍共 15 經度,時差一個小時。因一經度等於六十經分,所以換算得時差計算式為「每一經度時差 4 分鐘、每一經分時差 4 秒鐘、東加西減」。出生者的「生辰時間」應根據其出生地的「標準時」加減其出生地的「時區經度時差」。

謹提供參考「主要城市時區時刻相差表」:(未列出的地名,可依據世界地圖或地球儀的經度自行計算。)

<table>
<tr><td colspan="6" align="center">主要城市時區時刻相差表
東經一百二十度標準時區(東八時區)
(每一經度時差 4 分鐘、每一經分時差 4 秒鐘、東加西減)</td></tr>
<tr><td>地名</td><td>東經度</td><td>加減時間</td><td>地名</td><td>東經度</td><td>加減時間</td></tr>
<tr><td>基隆</td><td>121 度 46 分</td><td>+7 分 04 秒</td><td>嘉義</td><td>120 度 27 分</td><td>+1 分 48 秒</td></tr>
<tr><td>台北</td><td>121 度 31 分</td><td>+6 分 04 秒</td><td>台南</td><td>120 度 13 分</td><td>+0 分 52 秒</td></tr>
<tr><td>桃園</td><td>121 度 18 分</td><td>+5 分 12 秒</td><td>高雄</td><td>120 度 16 分</td><td>+1 分 04 秒</td></tr>
<tr><td>新竹</td><td>121 度 01 分</td><td>+4 分 04 秒</td><td>屏東</td><td>120 度 30 分</td><td>+2 分 00 秒</td></tr>
<tr><td>苗栗</td><td>120 度 49 分</td><td>+3 分 16 秒</td><td>宜蘭</td><td>121 度 45 分</td><td>+7 分 00 秒</td></tr>
<tr><td>台中</td><td>120 度 44 分</td><td>+2 分 56 秒</td><td>花蓮</td><td>121 度 37 分</td><td>+6 分 28 秒</td></tr>
<tr><td>彰化</td><td>120 度 32 分</td><td>+2 分 08 秒</td><td>台東</td><td>121 度 09 分</td><td>+4 分 36 秒</td></tr>
<tr><td>南投</td><td>120 度 41 分</td><td>+2 分 44 秒</td><td>澎湖</td><td>120 度 27 分</td><td>+1 分 48 秒</td></tr>
<tr><td>雲林</td><td>120 度 32 分</td><td>+2 分 08 秒</td><td>金門</td><td>118 度 24 分</td><td>-6 分 24 秒</td></tr>
</table>

台灣極東為東經 123 度 34 分 (宜蘭縣赤尾嶼東端)
台灣極西為東經 119 度 18 分 (澎湖縣望安鄉花嶼西端)

地名	東經度	加減時間	地名	東經度	加減時間
哈爾濱	126 度 38 分	+26 分 32 秒	南昌	115 度 53 分	-16 分 28 秒
吉林	126 度 36 分	+26 分 24 秒	保定	115 度 28 分	-18 分 08 秒
長春	125 度 18 分	+21 分 12 秒	贛州	114 度 56 分	-20 分 16 秒
瀋陽	123 度 23 分	+13 分 32 秒	張家口	114 度 55 分	-20 分 20 秒
錦州	123 度 09 分	+12 分 36 秒	石家莊	114 度 26 分	-22 分 16 秒
鞍山	123 度 00 分	+12 分 00 秒	開封	114 度 23 分	-22 分 28 秒
大連	121 度 38 分	+6 分 32 秒	武漢	114 度 20 分	-22 分 40 秒
寧波	121 度 34 分	+6 分 16 秒	香港	114 度 10 分	-23 分 20 秒
上海	121 度 26 分	+5 分 44 秒	許昌	113 度 48 分	-24 分 48 秒
紹興	120 度 40 分	+2 分 40 秒	深圳	113 度 33 分	-25 分 48 秒
蘇州	120 度 39 分	+2 分 36 秒	廣州	113 度 18 分	-26 分 48 秒
青島	120 度 19 分	+1 分 16 秒	珠海	113 度 18 分	-26 分 48 秒
無錫	120 度 18 分	+1 分 12 秒	澳門	113 度 18 分	-26 分 48 秒
杭州	120 度 10 分	+0 分 40 秒	大同	113 度 13 分	-27 分 08 秒
福州	119 度 19 分	-2 分 44 秒	長沙	112 度 55 分	-28 分 20 秒
南京	118 度 46 分	-4 分 56 秒	太原	112 度 33 分	-29 分 48 秒
泉州	118 度 37 分	-5 分 32 秒	洛陽	112 度 26 分	-30 分 16 秒
唐山	118 度 09 分	-7 分 24 秒	桂林	110 度 10 分	-39 分 20 秒
廈門	118 度 04 分	-7 分 44 秒	延安	109 度 26 分	-42 分 16 秒
承德	117 度 52 分	-8 分 32 秒	西安	108 度 55 分	-44 分 20 秒
合肥	117 度 16 分	-10 分 56 秒	貴陽	106 度 43 分	-53 分 08 秒
天津	117 度 10 分	-11 分 20 秒	重慶	106 度 33 分	-53 分 48 秒
濟南	117 度 02 分	-11 分 52 秒	蘭州	103 度 50 分	-64 分 40 秒
汕頭	116 度 40 分	-13 分 20 秒	昆明	102 度 42 分	-69 分 12 秒
北京	116 度 28 分	-14 分 08 秒	成都	101 度 04 分	-75 分 44 秒

真太陽時均時差

真太陽時是依地球繞太陽軌道而定的自然時間，每日的時間均不相等。因地球繞太陽公轉的軌道是橢圓形，所以地球在軌道上運行的速率並不是等速進行，且地球自轉軸相對於太陽公轉軌道平面有 23.5 度的傾角，使得夏季正午時太陽仰角高度較高，冬季正午時太陽仰角高度較低，進而影響一年四季的寒暑變化和日夜時間的長短不同。因此地球每日實際的時間長短也不一定，有時多於 24 小時，有時少於 24 小時，如冬至時地球位於近於近日點，太陽在黃道上移動速度較快，一個節氣的時間不到 15 天，而夏至時地球位於遠離近日點，太陽在黃道上移動速度較慢，一個節氣多達 16 天。我們日常所用的 24 小時是「平均太陽時」，和真正的太陽時間有所誤差。如在東經一百二十度，真太陽時正午十二時，太陽一定在中天，但平均太陽時的時間可能就不是正午十二時，兩者會有略微的時間差異，這個時間差異我們稱為「均時差」。

修正「真太陽時均時差」：

真太陽時均時差的正確時間，需經過精算每年皆略有不同。為了方便查詢使用編者製作了均時差表一張，可快速查出生日大約的均時差時間。本表係太陽過東經一百二十度子午圈之日中平時(正午十二時)均時差，橫向是日期軸，直向是時間軸。讀者只需以出生者的出生日期為基準點，向上對應到表中的曲線，再由所得的曲線點為基準點，向左應到到時間軸，就可查得出生日期的「均時差」(如二月一日查表得值約為 -13 分)。最後再將出生者的「出生時間」加減「均時差」值，就可得出生者在其出生地的「真正出生時間」。

「真太陽時」與「平均太陽時」的誤差值「均時差」，一年之中誤差最多的是二月中需減到 14 分之多，誤差最少的是十一月初需加到 16 分之多，平一天 24 小時的天數約只有 4 天。

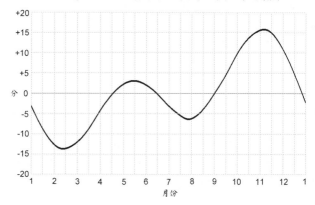

太陽過東經一百二十度子午圈之日中平時(正午十二時)均時差表

橫向是日期軸、直向是時間軸

歸藏萬年曆

施賀日 編校

年：庚子　清光緒二十六年・民國前十二年・鼠・1900

月	戊寅			己卯			庚辰			辛巳			壬午			癸未		
節氣	立春			驚蟄			清明			立夏			芒種			小暑		
	2/4 13時51分 未時			3/6 8時21分 辰時			4/5 13時52分 未時			5/6 7時55分 辰時			6/6 12時39分 午時			7/7 23時10分 子時		
日	國曆	農曆	干支	國曆	農曆	干支	國曆	農曆	干支	國曆	農曆	干支	國曆	農曆	干支	國曆	農曆	干支
	2/4	1 5	戊申	3/6	2 6	戊寅	4/5	3 6	戊申	5/6	4 8	己卯	6/6	5 10	庚戌	7/7	6 12	辛巳
	2/5	1 6	己酉	3/7	2 7	己卯	4/6	3 7	己酉	5/7	4 9	庚辰	6/7	5 11	辛亥	7/8	6 13	壬午
	2/6	1 7	庚戌	3/8	2 8	庚辰	4/7	3 8	庚戌	5/8	4 10	辛巳	6/8	5 12	壬子	7/9	6 14	癸未
	2/7	1 8	辛亥	3/9	2 9	辛巳	4/8	3 9	辛亥	5/9	4 11	壬午	6/9	5 13	癸丑	7/10	6 15	甲申
	2/8	1 9	壬子	3/10	2 10	壬午	4/9	3 10	壬子	5/10	4 12	癸未	6/10	5 14	甲寅	7/11	6 16	乙酉
	2/9	1 10	癸丑	3/11	2 11	癸未	4/10	3 11	癸丑	5/11	4 13	甲申	6/11	5 15	乙卯	7/12	6 17	丙戌
	2/10	1 11	甲寅	3/12	2 12	甲申	4/11	3 12	甲寅	5/12	4 14	乙酉	6/12	5 16	丙辰	7/13	6 18	丁亥
	2/11	1 12	乙卯	3/13	2 13	乙酉	4/12	3 13	乙卯	5/13	4 15	丙戌	6/13	5 17	丁巳	7/14	6 19	戊子
	2/12	1 13	丙辰	3/14	2 14	丙戌	4/13	3 14	丙辰	5/14	4 16	丁亥	6/14	5 18	戊午	7/15	6 20	己丑
	2/13	1 14	丁巳	3/15	2 15	丁亥	4/14	3 15	丁巳	5/15	4 17	戊子	6/15	5 19	己未	7/16	6 21	庚寅
	2/14	1 15	戊午	3/16	2 16	戊子	4/15	3 16	戊午	5/16	4 18	己丑	6/16	5 20	庚申	7/17	6 22	辛卯
	2/15	1 16	己未	3/17	2 17	己丑	4/16	3 17	己未	5/17	4 19	庚寅	6/17	5 21	辛酉	7/18	6 23	壬辰
	2/16	1 17	庚申	3/18	2 18	庚寅	4/17	3 18	庚申	5/18	4 20	辛卯	6/18	5 22	壬戌	7/19	6 24	癸巳
	2/17	1 18	辛酉	3/19	2 19	辛卯	4/18	3 19	辛酉	5/19	4 21	壬辰	6/19	5 23	癸亥	7/20	6 25	甲午
	2/18	1 19	壬戌	3/20	2 20	壬辰	4/19	3 20	壬戌	5/20	4 22	癸巳	6/20	5 24	甲子	7/21	6 26	乙未
	2/19	1 20	癸亥	3/21	2 21	癸巳	4/20	3 21	癸亥	5/21	4 23	甲午	6/21	5 25	乙丑	7/22	6 27	丙申
	2/20	1 21	甲子	3/22	2 22	甲午	4/21	3 22	甲子	5/22	4 24	乙未	6/22	5 26	丙寅	7/23	6 28	丁酉
	2/21	1 22	乙丑	3/23	2 23	乙未	4/22	3 23	乙丑	5/23	4 25	丙申	6/23	5 27	丁卯	7/24	6 29	戊戌
	2/22	1 23	丙寅	3/24	2 24	丙申	4/23	3 24	丙寅	5/24	4 26	丁酉	6/24	5 28	戊辰	7/25	6 30	己亥
	2/23	1 24	丁卯	3/25	2 25	丁酉	4/24	3 25	丁卯	5/25	4 27	戊戌	6/25	5 29	己巳	7/26	7 1	庚子
	2/24	1 25	戊辰	3/26	2 26	戊戌	4/25	3 26	戊辰	5/26	4 28	己亥	6/26	6 1	庚午	7/27	7 2	辛丑
	2/25	1 26	己巳	3/27	2 27	己亥	4/26	3 27	己巳	5/27	4 29	庚子	6/27	6 2	辛未	7/28	7 3	壬寅
	2/26	1 27	庚午	3/28	2 28	庚子	4/27	3 28	庚午	5/28	5 1	辛丑	6/28	6 3	壬申	7/29	7 4	癸卯
	2/27	1 28	辛未	3/29	2 29	辛丑	4/28	3 29	辛未	5/29	5 2	壬寅	6/29	6 4	癸酉	7/30	7 5	甲辰
	2/28	1 29	壬申	3/30	2 30	壬寅	4/29	4 1	壬申	5/30	5 3	癸卯	6/30	6 5	甲戌	7/31	7 6	乙巳
	3/1	2 1	癸酉	3/31	3 1	癸卯	4/30	4 2	癸酉	5/31	5 4	甲辰	7/1	6 6	乙亥	8/1	7 7	丙午
	3/2	2 2	甲戌	4/1	3 2	甲辰	5/1	4 3	甲戌	6/1	5 5	乙巳	7/2	6 7	丙子	8/2	7 8	丁未
	3/3	2 3	乙亥	4/2	3 3	乙巳	5/2	4 4	乙亥	6/2	5 6	丙午	7/3	6 8	丁丑	8/3	7 9	戊申
	3/4	2 4	丙子	4/3	3 4	丙午	5/3	4 5	丙子	6/3	5 7	丁未	7/4	6 9	戊寅	8/4	7 10	己酉
	3/5	2 5	丁丑	4/4	3 5	丁未	5/4	4 6	丁丑	6/4	5 8	戊申	7/5	6 10	己卯	8/5	7 11	庚戌
							5/5	4 7	戊寅	6/5	5 9	己酉	7/6	6 11	庚辰	8/6	7 12	辛亥
																8/7	7 13	壬子
中氣	雨水			春分			穀雨			小滿			夏至			大暑		
	2/19 10時1分 巳時			3/21 9時39分 巳時			4/20 21時27分 亥時			5/21 21時17分 亥時			6/22 5時39分 卯時			7/23 16時36分		

2

庚子

	甲申	乙酉	丙戌	丁亥	戊子	己丑	
節氣	立秋	白露	寒露	立冬	大雪	小寒	
	8時50分 辰時	9/8 11時16分 午時	10/9 2時13分 丑時	11/8 4時39分 寅時	12/7 20時55分 戌時	1/6 7時53分 辰時	

右端縦書き：年／月／節氣／日　清光緒二十六年　民國前十二、十一年　鼠　1900、1901　中氣

各月欄の項目：國曆　農曆　干支

甲申 國曆	農曆	干支	乙酉 國曆	農曆	干支	丙戌 國曆	農曆	干支	丁亥 國曆	農曆	干支	戊子 國曆	農曆	干支	己丑 國曆	農曆	干支
8/8	7/14	癸丑	9/8	8/16	甲申	10/9	閏8/17	乙卯	11/8	9/17	乙酉	12/7	10/16	甲寅	1/6	11/16	甲申
8/9	7/15	甲寅	9/9	8/17	乙酉	10/10	閏8/18	丙辰	11/9	9/18	丙戌	12/8	10/17	乙卯	1/7	11/17	乙酉
8/10	7/16	乙卯	9/10	8/18	丙戌	10/11	閏8/19	丁巳	11/10	9/19	丁亥	12/9	10/18	丙辰	1/8	11/18	丙戌
8/11	7/17	丙辰	9/11	8/19	丁亥	10/12	閏8/20	戊午	11/11	9/20	戊子	12/10	10/19	丁巳	1/9	11/19	丁亥
8/12	7/18	丁巳	9/12	8/20	戊子	10/13	閏8/21	己未	11/12	9/21	己丑	12/11	10/20	戊午	1/10	11/20	戊子
8/13	7/19	戊午	9/13	8/21	己丑	10/14	閏8/22	庚申	11/13	9/22	庚寅	12/12	10/21	己未	1/11	11/21	己丑
8/14	7/20	己未	9/14	8/22	庚寅	10/15	閏8/23	辛酉	11/14	9/23	辛卯	12/13	10/22	庚申	1/12	11/22	庚寅
8/15	7/21	庚申	9/15	8/23	辛卯	10/16	閏8/24	壬戌	11/15	9/24	壬辰	12/14	10/23	辛酉	1/13	11/23	辛卯
8/16	7/22	辛酉	9/16	8/24	壬辰	10/17	閏8/25	癸亥	11/16	9/25	癸巳	12/15	10/24	壬戌	1/14	11/24	壬辰
8/17	7/23	壬戌	9/17	8/25	癸巳	10/18	閏8/26	甲子	11/17	9/26	甲午	12/16	10/25	癸亥	1/15	11/25	癸巳
8/18	7/24	癸亥	9/18	8/26	甲午	10/19	閏8/27	乙丑	11/18	9/27	乙未	12/17	10/26	甲子	1/16	11/26	甲午
8/19	7/25	甲子	9/19	8/27	乙未	10/20	閏8/28	丙寅	11/19	9/28	丙申	12/18	10/27	乙丑	1/17	11/27	乙未
8/20	7/26	乙丑	9/20	8/28	丙申	10/21	閏8/29	丁卯	11/20	9/29	丁酉	12/19	10/28	丙寅	1/18	11/28	丙申
8/21	7/27	丙寅	9/21	8/29	丁酉	10/22	閏8/30	戊辰	11/21	9/30	戊戌	12/20	10/29	丁卯	1/19	11/29	丁酉
8/22	7/28	丁卯	9/22	8/30	戊戌	10/23	9/1	己巳	11/22	10/1	己亥	12/21	10/30	戊辰	1/20	12/1	戊戌
8/23	7/29	戊辰	9/23	閏8/1	己亥	10/24	9/2	庚午	11/23	10/2	庚子	12/22	11/1	己巳	1/21	12/2	己亥
8/24	8/1	己巳	9/24	閏8/2	庚子	10/25	9/3	辛未	11/24	10/3	辛丑	12/23	11/2	庚午	1/22	12/3	庚子
8/25	8/2	庚午	9/25	閏8/3	辛丑	10/26	9/4	壬申	11/25	10/4	壬寅	12/24	11/3	辛未	1/23	12/4	辛丑
8/26	8/3	辛未	9/26	閏8/4	壬寅	10/27	9/5	癸酉	11/26	10/5	癸卯	12/25	11/4	壬申	1/24	12/5	壬寅
8/27	8/4	壬申	9/27	閏8/5	癸卯	10/28	9/6	甲戌	11/27	10/6	甲辰	12/26	11/5	癸酉	1/25	12/6	癸卯
8/28	8/5	癸酉	9/28	閏8/6	甲辰	10/29	9/7	乙亥	11/28	10/7	乙巳	12/27	11/6	甲戌	1/26	12/7	甲辰
8/29	8/6	甲戌	9/29	閏8/7	乙巳	10/30	9/8	丙子	11/29	10/8	丙午	12/28	11/7	乙亥	1/27	12/8	乙巳
8/30	8/7	乙亥	9/30	閏8/8	丙午	10/31	9/9	丁丑	11/30	10/9	丁未	12/29	11/8	丙子	1/28	12/9	丙午
8/31	8/8	丙子	10/1	閏8/9	丁未	11/1	9/10	戊寅	12/1	10/10	戊申	12/30	11/9	丁丑	1/29	12/10	丁未
9/1	8/9	丁丑	10/2	閏8/10	戊申	11/2	9/11	己卯	12/2	10/11	己酉	12/31	11/10	戊寅	1/30	12/11	戊申
9/2	8/10	戊寅	10/3	閏8/11	己酉	11/3	9/12	庚辰	12/3	10/12	庚戌	1/1	11/11	己卯	1/31	12/12	己酉
9/3	8/11	己卯	10/4	閏8/12	庚戌	11/4	9/13	辛巳	12/4	10/13	辛亥	1/2	11/12	庚辰	2/1	12/13	庚戌
9/4	8/12	庚辰	10/5	閏8/13	辛亥	11/5	9/14	壬午	12/5	10/14	壬子	1/3	11/13	辛巳	2/2	12/14	辛亥
9/5	8/13	辛巳	10/6	閏8/14	壬子	11/6	9/15	癸未	12/6	10/15	癸丑	1/4	11/14	壬午	2/3	12/15	壬子
9/6	8/14	壬午	10/7	閏8/15	癸丑	11/7	9/16	甲申				1/5	11/15	癸未	2/4	12/16	癸丑
9/7	8/15	癸未	10/8	閏8/16	甲寅												

中氣

處暑	秋分	霜降	小雪	冬至	大寒
8/23 23時19分 子時	9/23 20時20分 戌時	10/24 4時55分 寅時	11/23 1時47分 丑時	12/22 14時41分 未時	1/21 1時16分 丑時

年	辛丑					
月	庚寅	辛卯	壬辰	癸巳	甲午	乙未
節氣	立春 2/4 19時39分 戌時	驚蟄 3/6 14時10分 未時	清明 4/5 19時44分 戌時	立夏 5/6 13時50分 未時	芒種 6/6 18時36分 酉時	小暑 7/8 5時7分 卯時

年（左欄縱書）：清光緒二十七年　民國前十一年　牛　1901

庚寅 國曆	農曆	干支	辛卯 國曆	農曆	干支	壬辰 國曆	農曆	干支	癸巳 國曆	農曆	干支	甲午 國曆	農曆	干支	乙未 國曆	農曆	干支
2/4	12/16	癸丑	3/6	1/16	癸未	4/5	2/17	癸丑	5/6	3/18	甲申	6/6	4/20	乙卯	7/8	5/23	丁亥
2/5	12/17	甲寅	3/7	1/17	甲申	4/6	2/18	甲寅	5/7	3/19	乙酉	6/7	4/21	丙辰	7/9	5/24	戊子
2/6	12/18	乙卯	3/8	1/18	乙酉	4/7	2/19	乙卯	5/8	3/20	丙戌	6/8	4/22	丁巳	7/10	5/25	己丑
2/7	12/19	丙辰	3/9	1/19	丙戌	4/8	2/20	丙辰	5/9	3/21	丁亥	6/9	4/23	戊午	7/11	5/26	庚寅
2/8	12/20	丁巳	3/10	1/20	丁亥	4/9	2/21	丁巳	5/10	3/22	戊子	6/10	4/24	己未	7/12	5/27	辛卯
2/9	12/21	戊午	3/11	1/21	戊子	4/10	2/22	戊午	5/11	3/23	己丑	6/11	4/25	庚申	7/13	5/28	壬辰
2/10	12/22	己未	3/12	1/22	己丑	4/11	2/23	己未	5/12	3/24	庚寅	6/12	4/26	辛酉	7/14	5/29	癸巳
2/11	12/23	庚申	3/13	1/23	庚寅	4/12	2/24	庚申	5/13	3/25	辛卯	6/13	4/27	壬戌	7/15	5/30	甲午
2/12	12/24	辛酉	3/14	1/24	辛卯	4/13	2/25	辛酉	5/14	3/26	壬辰	6/14	4/28	癸亥	7/16	6/1	乙未
2/13	12/25	壬戌	3/15	1/25	壬辰	4/14	2/26	壬戌	5/15	3/27	癸巳	6/15	4/29	甲子	7/17	6/2	丙申
2/14	12/26	癸亥	3/16	1/26	癸巳	4/15	2/27	癸亥	5/16	3/28	甲午	6/16	5/1	乙丑	7/18	6/3	丁酉
2/15	12/27	甲子	3/17	1/27	甲午	4/16	2/28	甲子	5/17	3/29	乙未	6/17	5/2	丙寅	7/19	6/4	戊戌
2/16	12/28	乙丑	3/18	1/28	乙未	4/17	2/29	乙丑	5/18	4/1	丙申	6/18	5/3	丁卯	7/20	6/5	己亥
2/17	12/29	丙寅	3/19	1/29	丙申	4/18	2/30	丙寅	5/19	4/2	丁酉	6/19	5/4	戊辰	7/21	6/6	庚子
2/18	12/30	丁卯	3/20	2/1	丁酉	4/19	3/1	丁卯	5/20	4/3	戊戌	6/20	5/5	己巳	7/22	6/7	辛丑
2/19	1/1	戊辰	3/21	2/2	戊戌	4/20	3/2	戊辰	5/21	4/4	己亥	6/21	5/6	庚午	7/23	6/8	壬寅
2/20	1/2	己巳	3/22	2/3	己亥	4/21	3/3	己巳	5/22	4/5	庚子	6/22	5/7	辛未	7/24	6/9	癸卯
2/21	1/3	庚午	3/23	2/4	庚子	4/22	3/4	庚午	5/23	4/6	辛丑	6/23	5/8	壬申	7/25	6/10	甲辰
2/22	1/4	辛未	3/24	2/5	辛丑	4/23	3/5	辛未	5/24	4/7	壬寅	6/24	5/9	癸酉	7/26	6/11	乙巳
2/23	1/5	壬申	3/25	2/6	壬寅	4/24	3/6	壬申	5/25	4/8	癸卯	6/25	5/10	甲戌	7/27	6/12	丙午
2/24	1/6	癸酉	3/26	2/7	癸卯	4/25	3/7	癸酉	5/26	4/9	甲辰	6/26	5/11	乙亥	7/28	6/13	丁未
2/25	1/7	甲戌	3/27	2/8	甲辰	4/26	3/8	甲戌	5/27	4/10	乙巳	6/27	5/12	丙子	7/29	6/14	戊申
2/26	1/8	乙亥	3/28	2/9	乙巳	4/27	3/9	乙亥	5/28	4/11	丙午	6/28	5/13	丁丑	7/30	6/15	己酉
2/27	1/9	丙子	3/29	2/10	丙午	4/28	3/10	丙子	5/29	4/12	丁未	6/29	5/14	戊寅	7/31	6/16	庚戌
2/28	1/10	丁丑	3/30	2/11	丁未	4/29	3/11	丁丑	5/30	4/13	戊申	6/30	5/15	己卯	8/1	6/17	辛亥
3/1	1/11	戊寅	3/31	2/12	戊申	4/30	3/12	戊寅	5/31	4/14	己酉	7/1	5/16	庚辰	8/2	6/18	壬子
3/2	1/12	己卯	4/1	2/13	己酉	5/1	3/13	己卯	6/1	4/15	庚戌	7/2	5/17	辛巳	8/3	6/19	癸丑
3/3	1/13	庚辰	4/2	2/14	庚戌	5/2	3/14	庚辰	6/2	4/16	辛亥	7/3	5/18	壬午	8/4	6/20	甲寅
3/4	1/14	辛巳	4/3	2/15	辛亥	5/3	3/15	辛巳	6/3	4/17	壬子	7/4	5/19	癸未	8/5	6/21	乙卯
3/5	1/15	壬午	4/4	2/16	壬子	5/4	3/16	壬午	6/4	4/18	癸丑	7/5	5/20	甲申	8/6	6/22	丙辰
						5/5	3/17	癸未	6/5	4/19	甲寅	7/6	5/21	乙酉	8/7	6/23	丁巳
												7/7	5/22	丙戌			

中氣	雨水 2/19 15時45分 申時	春分 3/21 15時23分 申時	穀雨 4/21 3時13分 寅時	小滿 5/22 3時4分 寅時	夏至 6/22 11時27分 午時	大暑 7/23 22時23分 亥時

辛丑																													年
丙申				丁酉					戊戌					己亥					庚子					辛丑					月
立秋				白露					寒露					立冬					大雪					小寒					節氣
8 14時46分 未時				9/8 17時10分 酉時					10/9 8時6分 辰時					11/8 10時34分 巳時					12/8 2時52分 丑時					1/6 13時51分 未時					
曆	農曆		干支	國曆		農曆		干支	國曆		農曆		干支	國曆		農曆		干支	國曆		農曆		干支	國曆		農曆		干支	日
8	6	24	戊午	9	8	7	26	己丑	10	9	8	27	庚申	11	8	9	28	庚寅	12	8	10	28	庚申	1	6	11	27	己丑	清光緒二十七年 民國前十一、十年 牛 1901、1902
9	6	25	己未	9	9	7	27	庚寅	10	10	8	28	辛酉	11	9	9	29	辛卯	12	9	10	29	辛酉	1	7	11	28	庚寅	
10	6	26	庚申	9	10	7	28	辛卯	10	11	8	29	壬戌	11	10	9	30	壬辰	12	10	10	30	壬戌	1	8	11	29	辛卯	
11	6	27	辛酉	9	11	7	29	壬辰	10	12	9	1	癸亥	11	11	10	1	癸巳	12	11	11	1	癸亥	1	9	11	30	壬辰	
12	6	28	壬戌	9	12	7	30	癸巳	10	13	9	2	甲子	11	12	10	2	甲午	12	12	11	2	甲子	1	10	12	1	癸巳	
13	6	29	癸亥	9	13	8	1	甲午	10	14	9	3	乙丑	11	13	10	3	乙未	12	13	11	3	乙丑	1	11	12	2	甲午	
14	7	1	甲子	9	14	8	2	乙未	10	15	9	4	丙寅	11	14	10	4	丙申	12	14	11	4	丙寅	1	12	12	3	乙未	
15	7	2	乙丑	9	15	8	3	丙申	10	16	9	5	丁卯	11	15	10	5	丁酉	12	15	11	5	丁卯	1	13	12	4	丙申	
16	7	3	丙寅	9	16	8	4	丁酉	10	17	9	6	戊辰	11	16	10	6	戊戌	12	16	11	6	戊辰	1	14	12	5	丁酉	
17	7	4	丁卯	9	17	8	5	戊戌	10	18	9	7	己巳	11	17	10	7	己亥	12	17	11	7	己巳	1	15	12	6	戊戌	
18	7	5	戊辰	9	18	8	6	己亥	10	19	9	8	庚午	11	18	10	8	庚子	12	18	11	8	庚午	1	16	12	7	己亥	
19	7	6	己巳	9	19	8	7	庚子	10	20	9	9	辛未	11	19	10	9	辛丑	12	19	11	9	辛未	1	17	12	8	庚子	
20	7	7	庚午	9	20	8	8	辛丑	10	21	9	10	壬申	11	20	10	10	壬寅	12	20	11	10	壬申	1	18	12	9	辛丑	
21	7	8	辛未	9	21	8	9	壬寅	10	22	9	11	癸酉	11	21	10	11	癸卯	12	21	11	11	癸酉	1	19	12	10	壬寅	
22	7	9	壬申	9	22	8	10	癸卯	10	23	9	12	甲戌	11	22	10	12	甲辰	12	22	11	12	甲戌	1	20	12	11	癸卯	
23	7	10	癸酉	9	23	8	11	甲辰	10	24	9	13	乙亥	11	23	10	13	乙巳	12	23	11	13	乙亥	1	21	12	12	甲辰	
24	7	11	甲戌	9	24	8	12	乙巳	10	25	9	14	丙子	11	24	10	14	丙午	12	24	11	14	丙子	1	22	12	13	乙巳	
25	7	12	乙亥	9	25	8	13	丙午	10	26	9	15	丁丑	11	25	10	15	丁未	12	25	11	15	丁丑	1	23	12	14	丙午	
26	7	13	丙子	9	26	8	14	丁未	10	27	9	16	戊寅	11	26	10	16	戊申	12	26	11	16	戊寅	1	24	12	15	丁未	
27	7	14	丁丑	9	27	8	15	戊申	10	28	9	17	己卯	11	27	10	17	己酉	12	27	11	17	己卯	1	25	12	16	戊申	
28	7	15	戊寅	9	28	8	16	己酉	10	29	9	18	庚辰	11	28	10	18	庚戌	12	28	11	18	庚辰	1	26	12	17	己酉	
29	7	16	己卯	9	29	8	17	庚戌	10	30	9	19	辛巳	11	29	10	19	辛亥	12	29	11	19	辛巳	1	27	12	18	庚戌	
30	7	17	庚辰	9	30	8	18	辛亥	10	31	9	20	壬午	11	30	10	20	壬子	12	30	11	20	壬午	1	28	12	19	辛亥	
31	7	18	辛巳	10	1	8	19	壬子	11	1	9	21	癸未	12	1	10	21	癸丑	12	31	11	21	癸未	1	29	12	20	壬子	
1	7	19	壬午	10	2	8	20	癸丑	11	2	9	22	甲申	12	2	10	22	甲寅	1	1	11	22	甲申	1	30	12	21	癸丑	
2	7	20	癸未	10	3	8	21	甲寅	11	3	9	23	乙酉	12	3	10	23	乙卯	1	2	11	23	乙酉	1	31	12	22	甲寅	
3	7	21	甲申	10	4	8	22	乙卯	11	4	9	24	丙戌	12	4	10	24	丙辰	1	3	11	24	丙戌	2	1	12	23	乙卯	
4	7	22	乙酉	10	5	8	23	丙辰	11	5	9	25	丁亥	12	5	10	25	丁巳	1	4	11	25	丁亥	2	2	12	24	丙辰	
5	7	23	丙戌	10	6	8	24	丁巳	11	6	9	26	戊子	12	6	10	26	戊午	1	5	11	26	戊子	2	3	12	25	丁巳	
6	7	24	丁亥	10	7	8	25	戊午	11	7	9	27	己丑	12	7	10	27	己未						2	4	12	26	戊午	
7	7	25	戊子	10	8	8	26	己未																					
處暑				秋分					霜降					小雪					冬至					大寒					中氣
24 5時7分 卯時				9/24 2時9分 丑時					10/24 10時46分 巳時					11/23 7時41分 辰時					12/22 20時36分 戌時					1/21 7時12分 辰時					

年	壬寅																
月	壬寅			癸卯			甲辰			乙巳			丙午			丁未		
節氣	立春			驚蟄			清明			立夏			芒種			小暑		
	2/5 1時38分 丑時			3/6 20時7分 戌時			4/6 1時37分 丑時			5/6 19時38分 戌時			6/7 0時19分 子時			7/8 10時46分 巳時		
日	國曆	農曆	干支	國曆	農曆	干支	國曆	農曆	干支	國曆	農曆	干支	國曆	農曆	干支	國曆	農曆	干支
	2/5	12/27	己未	3/6	1/27	戊子	4/6	2/28	己未	5/6	3/29	己丑	6/7	5/2	辛酉	7/8	6/4	壬辰
	2/6	12/28	庚申	3/7	1/28	己丑	4/7	2/29	庚申	5/7	3/30	庚寅	6/8	5/3	壬戌	7/9	6/5	癸巳
	2/7	12/29	辛酉	3/8	1/29	庚寅	4/8	3/1	辛酉	5/8	4/1	辛卯	6/9	5/4	癸亥	7/10	6/6	甲午
	2/8	1/1	壬戌	3/9	1/30	辛卯	4/9	3/2	壬戌	5/9	4/2	壬辰	6/10	5/5	甲子	7/11	6/7	乙未
	2/9	1/2	癸亥	3/10	2/1	壬辰	4/10	3/3	癸亥	5/10	4/3	癸巳	6/11	5/6	乙丑	7/12	6/8	丙申
	2/10	1/3	甲子	3/11	2/2	癸巳	4/11	3/4	甲子	5/11	4/4	甲午	6/12	5/7	丙寅	7/13	6/9	丁酉
	2/11	1/4	乙丑	3/12	2/3	甲午	4/12	3/5	乙丑	5/12	4/5	乙未	6/13	5/8	丁卯	7/14	6/10	戊戌
	2/12	1/5	丙寅	3/13	2/4	乙未	4/13	3/6	丙寅	5/13	4/6	丙申	6/14	5/9	戊辰	7/15	6/11	己亥
	2/13	1/6	丁卯	3/14	2/5	丙申	4/14	3/7	丁卯	5/14	4/7	丁酉	6/15	5/10	己巳	7/16	6/12	庚子
	2/14	1/7	戊辰	3/15	2/6	丁酉	4/15	3/8	戊辰	5/15	4/8	戊戌	6/16	5/11	庚午	7/17	6/13	辛丑
	2/15	1/8	己巳	3/16	2/7	戊戌	4/16	3/9	己巳	5/16	4/9	己亥	6/17	5/12	辛未	7/18	6/14	壬寅
	2/16	1/9	庚午	3/17	2/8	己亥	4/17	3/10	庚午	5/17	4/10	庚子	6/18	5/13	壬申	7/19	6/15	癸卯
	2/17	1/10	辛未	3/18	2/9	庚子	4/18	3/11	辛未	5/18	4/11	辛丑	6/19	5/14	癸酉	7/20	6/16	甲辰
	2/18	1/11	壬申	3/19	2/10	辛丑	4/19	3/12	壬申	5/19	4/12	壬寅	6/20	5/15	甲戌	7/21	6/17	乙巳
	2/19	1/12	癸酉	3/20	2/11	壬寅	4/20	3/13	癸酉	5/20	4/13	癸卯	6/21	5/16	乙亥	7/22	6/18	丙午
	2/20	1/13	甲戌	3/21	2/12	癸卯	4/21	3/14	甲戌	5/21	4/14	甲辰	6/22	5/17	丙子	7/23	6/19	丁未
	2/21	1/14	乙亥	3/22	2/13	甲辰	4/22	3/15	乙亥	5/22	4/15	乙巳	6/23	5/18	丁丑	7/24	6/20	戊申
	2/22	1/15	丙子	3/23	2/14	乙巳	4/23	3/16	丙子	5/23	4/16	丙午	6/24	5/19	戊寅	7/25	6/21	己酉
	2/23	1/16	丁丑	3/24	2/15	丙午	4/24	3/17	丁丑	5/24	4/17	丁未	6/25	5/20	己卯	7/26	6/22	庚戌
	2/24	1/17	戊寅	3/25	2/16	丁未	4/25	3/18	戊寅	5/25	4/18	戊申	6/26	5/21	庚辰	7/27	6/23	辛亥
	2/25	1/18	己卯	3/26	2/17	戊申	4/26	3/19	己卯	5/26	4/19	己酉	6/27	5/22	辛巳	7/28	6/24	壬子
	2/26	1/19	庚辰	3/27	2/18	己酉	4/27	3/20	庚辰	5/27	4/20	庚戌	6/28	5/23	壬午	7/29	6/25	癸丑
	2/27	1/20	辛巳	3/28	2/19	庚戌	4/28	3/21	辛巳	5/28	4/21	辛亥	6/29	5/24	癸未	7/30	6/26	甲寅
	2/28	1/21	壬午	3/29	2/20	辛亥	4/29	3/22	壬午	5/29	4/22	壬子	6/30	5/25	甲申	7/31	6/27	乙卯
	3/1	1/22	癸未	3/30	2/21	壬子	4/30	3/23	癸未	5/30	4/23	癸丑	7/1	5/26	乙酉	8/1	6/28	丙辰
	3/2	1/23	甲申	3/31	2/22	癸丑	5/1	3/24	甲申	5/31	4/24	甲寅	7/2	5/27	丙戌	8/2	6/29	丁巳
	3/3	1/24	乙酉	4/1	2/23	甲寅	5/2	3/25	乙酉	6/1	4/25	乙卯	7/3	5/28	丁亥	8/3	6/30	戊午
	3/4	1/25	丙戌	4/2	2/24	乙卯	5/3	3/26	丙戌	6/2	4/26	丙辰	7/4	5/29	戊子	8/4	7/1	己未
	3/5	1/26	丁亥	4/3	2/25	丙辰	5/4	3/27	丁亥	6/3	4/27	丁巳	7/5	6/1	己丑	8/5	7/2	庚申
				4/4	2/26	丁巳	5/5	3/28	戊子	6/4	4/28	戊午	7/6	6/2	庚寅	8/6	7/3	辛酉
				4/5	2/27	戊午				6/5	4/29	己未	7/7	6/3	辛卯	8/7	7/4	壬戌
										6/6	5/1	庚申						
中氣	雨水			春分			穀雨			小滿			夏至			大暑		
	2/19 21時39分 亥時			3/21 21時16分 亥時			4/21 9時4分 巳時			5/22 8時53分 辰時			6/22 17時15分 酉時			7/24 4時9分 寅時		

清光緒二十八年　民國前十年　虎　1902

壬寅　年

月	戊申	己酉	庚戌	辛亥	壬子	癸丑
節氣	立秋	白露	寒露	立冬	大雪	小寒
時刻	20時22分 戊時	9/8 22時46分 亥時	10/9 13時45分 未時	11/8 16時17分 申時	12/8 8時41分 辰時	1/6 19時43分 戌時

右欄（年）：清光緒二十八年　民國前十、九年　虎　1902、1903

戊申 國曆	農曆	干支	己酉 國曆	農曆	干支	庚戌 國曆	農曆	干支	辛亥 國曆	農曆	干支	壬子 國曆	農曆	干支	癸丑 國曆	農曆	干支
8	7/5	癸亥	8	8/7	甲午	9	9/8	乙丑	8	10/8	乙未	8	11/9	乙丑	6	12/8	甲午
9	7/6	甲子	9	8/8	乙未	10	9/9	丙寅	9	10/9	丙申	9	11/10	丙寅	7	12/9	乙未
10	7/7	乙丑	10	8/9	丙申	11	9/10	丁卯	10	10/10	丁酉	10	11/11	丁卯	8	12/10	丙申
11	7/8	丙寅	11	8/10	丁酉	12	9/11	戊辰	11	10/11	戊戌	11	11/12	戊辰	9	12/11	丁酉
12	7/9	丁卯	12	8/11	戊戌	13	9/12	己巳	12	10/12	己亥	12	11/13	己巳	10	12/12	戊戌
13	7/10	戊辰	13	8/12	己亥	14	9/13	庚午	13	10/13	庚子	13	11/14	庚午	11	12/13	己亥
14	7/11	己巳	14	8/13	庚子	15	9/14	辛未	14	10/14	辛丑	14	11/15	辛未	12	12/14	庚子
15	7/12	庚午	15	8/14	辛丑	16	9/15	壬申	15	10/15	壬寅	15	11/16	壬申	13	12/15	辛丑
16	7/13	辛未	16	8/15	壬寅	17	9/16	癸酉	16	10/16	癸卯	16	11/17	癸酉	14	12/16	壬寅
17	7/14	壬申	17	8/16	癸卯	18	9/17	甲戌	17	10/17	甲辰	17	11/18	甲戌	15	12/17	癸卯
18	7/15	癸酉	18	8/17	甲辰	19	9/18	乙亥	18	10/18	乙巳	18	11/19	乙亥	16	12/18	甲辰
19	7/16	甲戌	19	8/18	乙巳	20	9/19	丙子	19	10/19	丙午	19	11/20	丙子	17	12/19	乙巳
20	7/17	乙亥	20	8/19	丙午	21	9/20	丁丑	20	10/20	丁未	20	11/21	丁丑	18	12/20	丙午
21	7/18	丙子	21	8/20	丁未	22	9/21	戊寅	21	10/21	戊申	21	11/22	戊寅	19	12/21	丁未
22	7/19	丁丑	22	8/21	戊申	23	9/22	己卯	22	10/22	己酉	22	11/23	己卯	20	12/22	戊申
23	7/20	戊寅	23	8/22	己酉	24	9/23	庚辰	23	10/23	庚戌	23	11/24	庚辰	21	12/23	己酉
24	7/21	己卯	24	8/23	庚戌	25	9/24	辛巳	24	10/24	辛亥	24	11/25	辛巳	22	12/24	庚戌
25	7/22	庚辰	25	8/24	辛亥	26	9/25	壬午	25	10/25	壬子	25	11/26	壬午	23	12/25	辛亥
26	7/23	辛巳	26	8/25	壬子	27	9/26	癸未	26	10/26	癸丑	26	11/27	癸未	24	12/26	壬子
27	7/24	壬午	27	8/26	癸丑	28	9/27	甲申	27	10/27	甲寅	27	11/28	甲申	25	12/27	癸丑
28	7/25	癸未	28	8/27	甲寅	29	9/28	乙酉	28	10/28	乙卯	28	11/29	乙酉	26	12/28	甲寅
29	7/26	甲申	29	8/28	乙卯	30	9/29	丙戌	29	10/29	丙辰	29	11/30	丙戌	27	12/29	乙卯
30	7/27	乙酉	30	8/29	丙辰	31	9/30	丁亥	11/30	11/1	丁巳	12/30	12/1	丁亥	28	12/30	丙辰
31	7/28	丙戌	10/1	8/30	丁巳	11/1	10/1	戊子	12/1	11/2	戊午	31	12/2	戊子	29	1/1	丁巳
9/1	7/29	丁亥	2	9/1	戊午	2	10/2	己丑	2	11/3	己未	1/1	12/3	己丑	30	1/2	戊午
2	8/1	戊子	3	9/2	己未	3	10/3	庚寅	3	11/4	庚申	2	12/4	庚寅	31	1/3	己未
3	8/2	己丑	4	9/3	庚申	4	10/4	辛卯	4	11/5	辛酉	3	12/5	辛卯	2/1	1/4	庚申
4	8/3	庚寅	5	9/4	辛酉	5	10/5	壬辰	5	11/6	壬戌	4	12/6	壬辰	2	1/5	辛酉
5	8/4	辛卯	6	9/5	壬戌	6	10/6	癸巳	6	11/7	癸亥	5	12/7	癸巳	3	1/6	壬戌
6	8/5	壬辰	7	9/6	癸亥	7	10/7	甲午	7	11/8	甲子				4	1/7	癸亥
7	8/6	癸巳	8	9/7	甲子												

中氣	處暑	秋分	霜降	小雪	冬至	大寒
時刻	10時53分 巳時	9/24 7時55分 辰時	10/24 16時35分 申時	11/23 13時35分 未時	12/23 2時35分 丑時	1/21 13時13分 未時

年	癸卯																	
月	甲寅			乙卯			丙辰			丁巳			戊午			己未		
節氣	立春			驚蟄			清明			立夏			芒種			小暑		
	2/5 7時31分 辰時			3/7 1時58分 丑時			4/6 7時26分 辰時			5/7 1時25分 丑時			6/7 6時7分 卯時			7/8 16時36分 申		
日	國曆	農曆	干支	國曆	農曆	干支	國曆	農曆	干支	國曆	農曆	干支	國曆	農曆	干支	國曆	農曆	干支
	2 5	1 8	甲子	3 7	2 9	甲午	4 6	3 9	甲子	5 7	4 11	乙未	6 7	5 12	丙寅	7 8	5 14	丁
	2 6	1 9	乙丑	3 8	2 10	乙未	4 7	3 10	乙丑	5 8	4 12	丙申	6 8	5 13	丁卯	7 9	5 15	戊
	2 7	1 10	丙寅	3 9	2 11	丙申	4 8	3 11	丙寅	5 9	4 13	丁酉	6 9	5 14	戊辰	7 10	5 16	己
	2 8	1 11	丁卯	3 10	2 12	丁酉	4 9	3 12	丁卯	5 10	4 14	戊戌	6 10	5 15	己巳	7 11	5 17	庚
清	2 9	1 12	戊辰	3 11	2 13	戊戌	4 10	3 13	戊辰	5 11	4 15	己亥	6 11	5 16	庚午	7 12	5 18	辛
光	2 10	1 13	己巳	3 12	2 14	己亥	4 11	3 14	己巳	5 12	4 16	庚子	6 12	5 17	辛未	7 13	5 19	壬
緒	2 11	1 14	庚午	3 13	2 15	庚子	4 12	3 15	庚午	5 13	4 17	辛丑	6 13	5 18	壬申	7 14	5 20	癸
二	2 12	1 15	辛未	3 14	2 16	辛丑	4 13	3 16	辛未	5 14	4 18	壬寅	6 14	5 19	癸酉	7 15	5 21	甲
十	2 13	1 16	壬申	3 15	2 17	壬寅	4 14	3 17	壬申	5 15	4 19	癸卯	6 15	5 20	甲戌	7 16	5 22	乙
九	2 14	1 17	癸酉	3 16	2 18	癸卯	4 15	3 18	癸酉	5 16	4 20	甲辰	6 16	5 21	乙亥	7 17	5 23	丙
年	2 15	1 18	甲戌	3 17	2 19	甲辰	4 16	3 19	甲戌	5 17	4 21	乙巳	6 17	5 22	丙子	7 18	5 24	丁
	2 16	1 19	乙亥	3 18	2 20	乙巳	4 17	3 20	乙亥	5 18	4 22	丙午	6 18	5 23	丁丑	7 19	5 25	戊
民	2 17	1 20	丙子	3 19	2 21	丙午	4 18	3 21	丙子	5 19	4 23	丁未	6 19	5 24	戊寅	7 20	5 26	己
國	2 18	1 21	丁丑	3 20	2 22	丁未	4 19	3 22	丁丑	5 20	4 24	戊申	6 20	5 25	己卯	7 21	5 27	庚
前	2 19	1 22	戊寅	3 21	2 23	戊申	4 20	3 23	戊寅	5 21	4 25	己酉	6 21	5 26	庚辰	7 22	5 28	辛
九	2 20	1 23	己卯	3 22	2 24	己酉	4 21	3 24	己卯	5 22	4 26	庚戌	6 22	5 27	辛巳	7 23	5 29	壬
年	2 21	1 24	庚辰	3 23	2 25	庚戌	4 22	3 25	庚辰	5 23	4 27	辛亥	6 23	5 28	壬午	7 24	6 1	癸
兔	2 22	1 25	辛巳	3 24	2 26	辛亥	4 23	3 26	辛巳	5 24	4 28	壬子	6 24	5 29	癸未	7 25	6 2	甲
	2 23	1 26	壬午	3 25	2 27	壬子	4 24	3 27	壬午	5 25	4 29	癸丑	6 25	閏5 1	甲申	7 26	6 3	乙
	2 24	1 27	癸未	3 26	2 28	癸丑	4 25	3 28	癸未	5 26	4 30	甲寅	6 26	5 2	乙酉	7 27	6 4	丙
	2 25	1 28	甲申	3 27	2 29	甲寅	4 26	3 29	甲申	5 27	5 1	乙卯	6 27	5 3	丙戌	7 28	6 5	丁
	2 26	1 29	乙酉	3 28	2 30	乙卯	4 27	4 1	乙酉	5 28	5 2	丙辰	6 28	5 4	丁亥	7 29	6 6	戊
	2 27	2 1	丙戌	3 29	3 1	丙辰	4 28	4 2	丙戌	5 29	5 3	丁巳	6 29	5 5	戊子	7 30	6 7	己
	2 28	2 2	丁亥	3 30	3 2	丁巳	4 29	4 3	丁亥	5 30	5 4	戊午	6 30	5 6	己丑	7 31	6 8	庚
1	3 1	2 3	戊子	3 31	3 3	戊午	4 30	4 4	戊子	5 31	5 5	己未	7 1	5 7	庚寅	8 1	6 9	辛
9	3 2	2 4	己丑	4 1	3 4	己未	5 1	4 5	己丑	6 1	5 6	庚申	7 2	5 8	辛卯	8 2	6 10	壬
0	3 3	2 5	庚寅	4 2	3 5	庚申	5 2	4 6	庚寅	6 2	5 7	辛酉	7 3	5 9	壬辰	8 3	6 11	癸
3	3 4	2 6	辛卯	4 3	3 6	辛酉	5 3	4 7	辛卯	6 3	5 8	壬戌	7 4	5 10	癸巳	8 4	6 12	甲
	3 5	2 7	壬辰	4 4	3 7	壬戌	5 4	4 8	壬辰	6 4	5 9	癸亥	7 5	5 11	甲午	8 5	6 13	乙
	3 6	2 8	癸巳	4 5	3 8	癸亥	5 5	4 9	癸巳	5 5	5 10	甲子	7 6	5 12	乙未	8 6	6 14	丙
							5 6	4 10	甲午	6 6	5 11	乙丑	7 7	5 13	丙申	8 7	6 15	丁
																8 8	6 16	戊
中氣	雨水			春分			穀雨			小滿			夏至			大暑		
	2/20 3時40分 寅時			3/22 3時14分 寅時			4/21 14時58分 未時			5/22 14時45分 未時			6/22 23時5分 子時			7/24 9時58分		

年：癸卯

月： 庚申　辛酉　壬戌　癸亥　甲子　乙丑

節氣：

月	節氣	日期 時刻
庚申	立秋	8/9 2時15分 丑時
辛酉	白露	9/9 4時42分 寅時
壬戌	寒露	10/9 19時41分 戌時
癸亥	立冬	11/8 22時13分 亥時
甲子	大雪	12/8 14時35分 未時
乙丑	小寒	1/7 1時37分 丑時

右欄（年）：清光緒二十九年　民國前九、八年　兔　1903、1904

庚申 國曆	農曆	干支	辛酉 國曆	農曆	干支	壬戌 國曆	農曆	干支	癸亥 國曆	農曆	干支	甲子 國曆	農曆	干支	乙丑 國曆	農曆	干支	日
8/9	6/17	己巳	9/9	7/18	庚子	10/9	8/19	庚午	11/9	9/21	辛丑	12/9	10/21	辛未	1/9	11/22	壬寅	9
8/10	6/18	庚午	9/10	7/19	辛丑	10/10	8/20	辛未	11/10	9/22	壬寅	12/10	10/22	壬申	1/10	11/23	癸卯	10
8/11	6/19	辛未	9/11	7/20	壬寅	10/11	8/21	壬申	11/11	9/23	癸卯	12/11	10/23	癸酉	1/11	11/24	甲辰	11
8/12	6/20	壬申	9/12	7/21	癸卯	10/12	8/22	癸酉	11/12	9/24	甲辰	12/12	10/24	甲戌	1/12	11/25	乙巳	12
8/13	6/21	癸酉	9/13	7/22	甲辰	10/13	8/23	甲戌	11/13	9/25	乙巳	12/13	10/25	乙亥	1/13	11/26	丙午	13
8/14	6/22	甲戌	9/14	7/23	乙巳	10/14	8/24	乙亥	11/14	9/26	丙午	12/14	10/26	丙子	1/14	11/27	丁未	14
8/15	6/23	乙亥	9/15	7/24	丙午	10/15	8/25	丙子	11/15	9/27	丁未	12/15	10/27	丁丑	1/15	11/28	戊申	15
8/16	6/24	丙子	9/16	7/25	丁未	10/16	8/26	丁丑	11/16	9/28	戊申	12/16	10/28	戊寅	1/16	11/29	己酉	16
8/17	6/25	丁丑	9/17	7/26	戊申	10/17	8/27	戊寅	11/17	9/29	己酉	12/17	10/29	己卯	1/17	12/1	庚戌	17
8/18	6/26	戊寅	9/18	7/27	己酉	10/18	8/28	己卯	11/18	9/30	庚戌	12/18	10/30	庚辰	1/18	12/2	辛亥	18
8/19	6/27	己卯	9/19	7/28	庚戌	10/19	8/29	庚辰	11/19	10/1	辛亥	12/19	11/1	辛巳	1/19	12/3	壬子	19
8/20	6/28	庚辰	9/20	7/29	辛亥	10/20	9/1	辛巳	11/20	10/2	壬子	12/20	11/2	壬午	1/20	12/4	癸丑	20
8/21	6/29	辛巳	9/21	8/1	壬子	10/21	9/2	壬午	11/21	10/3	癸丑	12/21	11/3	癸未	1/21	12/5	甲寅	21
8/22	6/30	壬午	9/22	8/2	癸丑	10/22	9/3	癸未	11/22	10/4	甲寅	12/22	11/4	甲申	1/22	12/6	乙卯	22
8/23	7/1	癸未	9/23	8/3	甲寅	10/23	9/4	甲申	11/23	10/5	乙卯	12/23	11/5	乙酉	1/23	12/7	丙辰	23
8/24	7/2	甲申	9/24	8/4	乙卯	10/24	9/5	乙酉	11/24	10/6	丙辰	12/24	11/6	丙戌	1/24	12/8	丁巳	24
8/25	7/3	乙酉	9/25	8/5	丙辰	10/25	9/6	丙戌	11/25	10/7	丁巳	12/25	11/7	丁亥	1/25	12/9	戊午	25
8/26	7/4	丙戌	9/26	8/6	丁巳	10/26	9/7	丁亥	11/26	10/8	戊午	12/26	11/8	戊子	1/26	12/10	己未	26
8/27	7/5	丁亥	9/27	8/7	戊午	10/27	9/8	戊子	11/27	10/9	己未	12/27	11/9	己丑	1/27	12/11	庚申	27
8/28	7/6	戊子	9/28	8/8	己未	10/28	9/9	己丑	11/28	10/10	庚申	12/28	11/10	庚寅	1/28	12/12	辛酉	28
8/29	7/7	己丑	9/29	8/9	庚申	10/29	9/10	庚寅	11/29	10/11	辛酉	12/29	11/11	辛卯	1/29	12/13	壬戌	29
8/30	7/8	庚寅	9/30	8/10	辛酉	10/30	9/11	辛卯	11/30	10/12	壬戌	12/30	11/12	壬辰	1/30	12/14	癸亥	30
8/31	7/9	辛卯				10/31	9/12	壬辰				12/31	11/13	癸巳	1/31	12/15	甲子	31
9/1	7/10	壬辰	10/1	8/11	壬戌	11/1	9/13	癸巳	12/1	10/13	癸亥	1/1	11/14	甲午	2/1	12/16	乙丑	1
9/2	7/11	癸巳	10/2	8/12	癸亥	11/2	9/14	甲午	12/2	10/14	甲子	1/2	11/15	乙未	2/2	12/17	丙寅	2
9/3	7/12	甲午	10/3	8/13	甲子	11/3	9/15	乙未	12/3	10/15	乙丑	1/3	11/16	丙申	2/3	12/18	丁卯	3
9/4	7/13	乙未	10/4	8/14	乙丑	11/4	9/16	丙申	12/4	10/16	丙寅	1/4	11/17	丁酉	2/4	12/19	戊辰	4
9/5	7/14	丙申	10/5	8/15	丙寅	11/5	9/17	丁酉	12/5	10/17	丁卯	1/5	11/18	戊戌				5
9/6	7/15	丁酉	10/6	8/16	丁卯	11/6	9/18	戊戌	12/6	10/18	戊辰	1/6	11/19	己亥				6
9/7	7/16	戊戌	10/7	8/17	戊辰	11/7	9/19	己亥	12/7	10/19	己巳				1/7	11/20	庚子	7
9/8	7/17	己亥	10/8	8/18	己巳				11/8	9/20	庚子	12/8	10/20	庚午	1/8	11/21	辛丑	8

中氣：

月	中氣	日期 時刻
庚申	處暑	8/24 16時41分 申時
辛酉	秋分	9/24 13時43分 未時
壬戌	霜降	10/24 22時23分 亥時
癸亥	小雪	11/23 19時21分 戌時
甲子	冬至	12/23 8時20分 辰時
乙丑	大寒	1/21 18時57分 酉時

年	甲辰																
月	丙寅			丁卯			戊辰			己巳			庚午			辛未		
節氣	立春			驚蟄			清明			立夏			芒種			小暑		
	2/5 13時24分 未時			3/6 7時51分 辰時			4/5 13時18分 未時			5/6 7時18分 辰時			6/6 12時1分 午時			7/7 22時31分 亥時		
日	國曆	農曆	干支	國曆	農曆	干支	國曆	農曆	干支	國曆	農曆	干支	國曆	農曆	干支	國曆	農曆	干支
	2/5	12/20	己巳	3/6	1/20	己亥	4/5	2/20	己巳	5/6	3/21	庚子	6/6	4/23	辛未	7/7	5/24	壬寅
	2/6	12/21	庚午	3/7	1/21	庚子	4/6	2/21	庚午	5/7	3/22	辛丑	6/7	4/24	壬申	7/8	5/25	癸卯
	2/7	12/22	辛未	3/8	1/22	辛丑	4/7	2/22	辛未	5/8	3/23	壬寅	6/8	4/25	癸酉	7/9	5/26	甲辰
	2/8	12/23	壬申	3/9	1/23	壬寅	4/8	2/23	壬申	5/9	3/24	癸卯	6/9	4/26	甲戌	7/10	5/27	乙巳
	2/9	12/24	癸酉	3/10	1/24	癸卯	4/9	2/24	癸酉	5/10	3/25	甲辰	6/10	4/27	乙亥	7/11	5/28	丙午
	2/10	12/25	甲戌	3/11	1/25	甲辰	4/10	2/25	甲戌	5/11	3/26	乙巳	6/11	4/28	丙子	7/12	5/29	丁未
	2/11	12/26	乙亥	3/12	1/26	乙巳	4/11	2/26	乙亥	5/12	3/27	丙午	6/12	4/29	丁丑	7/13	6/1	戊申
	2/12	12/27	丙子	3/13	1/27	丙午	4/12	2/27	丙子	5/13	3/28	丁未	6/13	4/30	戊寅	7/14	6/2	己酉
	2/13	12/28	丁丑	3/14	1/28	丁未	4/13	2/28	丁丑	5/14	3/29	戊申	6/14	5/1	己卯	7/15	6/3	庚戌
	2/14	12/29	戊寅	3/15	1/29	戊申	4/14	2/29	戊寅	5/15	4/1	己酉	6/15	5/2	庚辰	7/16	6/4	辛亥
	2/15	12/30	己卯	3/16	1/30	己酉	4/15	2/30	己卯	5/16	4/2	庚戌	6/16	5/3	辛巳	7/17	6/5	壬子
	2/16	1/1	庚辰	3/17	2/1	庚戌	4/16	3/1	庚辰	5/17	4/3	辛亥	6/17	5/4	壬午	7/18	6/6	癸丑
	2/17	1/2	辛巳	3/18	2/2	辛亥	4/17	3/2	辛巳	5/18	4/4	壬子	6/18	5/5	癸未	7/19	6/7	甲寅
	2/18	1/3	壬午	3/19	2/3	壬子	4/18	3/3	壬午	5/19	4/5	癸丑	6/19	5/6	甲申	7/20	6/8	乙卯
	2/19	1/4	癸未	3/20	2/4	癸丑	4/19	3/4	癸未	5/20	4/6	甲寅	6/20	5/7	乙酉	7/21	6/9	丙辰
	2/20	1/5	甲申	3/21	2/5	甲寅	4/20	3/5	甲申	5/21	4/7	乙卯	6/21	5/8	丙戌	7/22	6/10	丁巳
	2/21	1/6	乙酉	3/22	2/6	乙卯	4/21	3/6	乙酉	5/22	4/8	丙辰	6/22	5/9	丁亥	7/23	6/11	戊午
	2/22	1/7	丙戌	3/23	2/7	丙辰	4/22	3/7	丙戌	5/23	4/9	丁巳	6/23	5/10	戊子	7/24	6/12	己未
	2/23	1/8	丁亥	3/24	2/8	丁巳	4/23	3/8	丁亥	5/24	4/10	戊午	6/24	5/11	己丑	7/25	6/13	庚申
	2/24	1/9	戊子	3/25	2/9	戊午	4/24	3/9	戊子	5/25	4/11	己未	6/25	5/12	庚寅	7/26	6/14	辛酉
	2/25	1/10	己丑	3/26	2/10	己未	4/25	3/10	己丑	5/26	4/12	庚申	6/26	5/13	辛卯	7/27	6/15	壬戌
	2/26	1/11	庚寅	3/27	2/11	庚申	4/26	3/11	庚寅	5/27	4/13	辛酉	6/27	5/14	壬辰	7/28	6/16	癸亥
	2/27	1/12	辛卯	3/28	2/12	辛酉	4/27	3/12	辛卯	5/28	4/14	壬戌	6/28	5/15	癸巳	7/29	6/17	甲子
	2/28	1/13	壬辰	3/29	2/13	壬戌	4/28	3/13	壬辰	5/29	4/15	癸亥	6/29	5/16	甲午	7/30	6/18	乙丑
	2/29	1/14	癸巳	3/30	2/14	癸亥	4/29	3/14	癸巳	5/30	4/16	甲子	6/30	5/17	乙未	7/31	6/19	丙寅
	3/1	1/15	甲午	3/31	2/15	甲子	4/30	3/15	甲午	5/31	4/17	乙丑	7/1	5/18	丙申	8/1	6/20	丁卯
	3/2	1/16	乙未	4/1	2/16	乙丑	5/1	3/16	乙未	6/1	4/18	丙寅	7/2	5/19	丁酉	8/2	6/21	戊辰
	3/3	1/17	丙申	4/2	2/17	丙寅	5/2	3/17	丙申	6/2	4/19	丁卯	7/3	5/20	戊戌	8/3	6/22	己巳
	3/4	1/18	丁酉	4/3	2/18	丁卯	5/3	3/18	丁酉	6/3	4/20	戊辰	7/4	5/21	己亥	8/4	6/23	庚午
	3/5	1/19	戊戌	4/4	2/19	戊辰	5/4	3/19	戊戌	6/4	4/21	己巳	7/5	5/22	庚子	8/5	6/24	辛未
							5/5	3/20	己亥	6/5	4/22	庚午	7/6	5/23	辛丑	8/6	6/25	壬申
																8/7	6/26	癸酉

中氣	雨水			春分			穀雨			小滿			夏至			大暑		
	2/20 9時24分 巳時			3/21 8時58分 辰時			4/20 20時42分 戌時			5/21 20時29分 戌時			6/22 4時51分 寅時			7/23 15時49分 申時		

清光緒三十年　民國前八年　龍　1904

甲辰　年月

月	壬申	癸酉	甲戌	乙亥	丙子	丁丑
節氣	立秋	白露	寒露	立冬	大雪	小寒
	8/8 8時11分 辰時	9/8 10時38分 巳時	10/9 1時35分 丑時	11/8 4時5分 寅時	12/7 20時25分 戌時	1/6 7時27分 辰時

清光緒三十年、民國前八、七年　龍　1904～1905

日

壬申 國曆	壬申 農曆	壬申 干支	癸酉 國曆	癸酉 農曆	癸酉 干支	甲戌 國曆	甲戌 農曆	甲戌 干支	乙亥 國曆	乙亥 農曆	乙亥 干支	丙子 國曆	丙子 農曆	丙子 干支	丁丑 國曆	丁丑 農曆	丁丑 干支
8/8	6/27	甲戌	9/8	7/29	乙巳	10/9	9/1	丙子	11/8	10/2	丙午	12/7	11/1	乙亥	1/6	12/1	乙巳
8/9	6/28	乙亥	9/9	7/30	丙午	10/10	9/2	丁丑	11/9	10/3	丁未	12/8	11/2	丙子	1/7	12/2	丙午
8/10	6/29	丙子	9/10	8/1	丁未	10/11	9/3	戊寅	11/10	10/4	戊申	12/9	11/3	丁丑	1/8	12/3	丁未
8/11	7/1	丁丑	9/11	8/2	戊申	10/12	9/4	己卯	11/11	10/5	己酉	12/10	11/4	戊寅	1/9	12/4	戊申
8/12	7/2	戊寅	9/12	8/3	己酉	10/13	9/5	庚辰	11/12	10/6	庚戌	12/11	11/5	己卯	1/10	12/5	己酉
8/13	7/3	己卯	9/13	8/4	庚戌	10/14	9/6	辛巳	11/13	10/7	辛亥	12/12	11/6	庚辰	1/11	12/6	庚戌
8/14	7/4	庚辰	9/14	8/5	辛亥	10/15	9/7	壬午	11/14	10/8	壬子	12/13	11/7	辛巳	1/12	12/7	辛亥
8/15	7/5	辛巳	9/15	8/6	壬子	10/16	9/8	癸未	11/15	10/9	癸丑	12/14	11/8	壬午	1/13	12/8	壬子
8/16	7/6	壬午	9/16	8/7	癸丑	10/17	9/9	甲申	11/16	10/10	甲寅	12/15	11/9	癸未	1/14	12/9	癸丑
8/17	7/7	癸未	9/17	8/8	甲寅	10/18	9/10	乙酉	11/17	10/11	乙卯	12/16	11/10	甲申	1/15	12/10	甲寅
8/18	7/8	甲申	9/18	8/9	乙卯	10/19	9/11	丙戌	11/18	10/12	丙辰	12/17	11/11	乙酉	1/16	12/11	乙卯
8/19	7/9	乙酉	9/19	8/10	丙辰	10/20	9/12	丁亥	11/19	10/13	丁巳	12/18	11/12	丙戌	1/17	12/12	丙辰
8/20	7/10	丙戌	9/20	8/11	丁巳	10/21	9/13	戊子	11/20	10/14	戊午	12/19	11/13	丁亥	1/18	12/13	丁巳
8/21	7/11	丁亥	9/21	8/12	戊午	10/22	9/14	己丑	11/21	10/15	己未	12/20	11/14	戊子	1/19	12/14	戊午
8/22	7/12	戊子	9/22	8/13	己未	10/23	9/15	庚寅	11/22	10/16	庚申	12/21	11/15	己丑	1/20	12/15	己未
8/23	7/13	己丑	9/23	8/14	庚申	10/24	9/16	辛卯	11/23	10/17	辛酉	12/22	11/16	庚寅	1/21	12/16	庚申
8/24	7/14	庚寅	9/24	8/15	辛酉	10/25	9/17	壬辰	11/24	10/18	壬戌	12/23	11/17	辛卯	1/22	12/17	辛酉
8/25	7/15	辛卯	9/25	8/16	壬戌	10/26	9/18	癸巳	11/25	10/19	癸亥	12/24	11/18	壬辰	1/23	12/18	壬戌
8/26	7/16	壬辰	9/26	8/17	癸亥	10/27	9/19	甲午	11/26	10/20	甲子	12/25	11/19	癸巳	1/24	12/19	癸亥
8/27	7/17	癸巳	9/27	8/18	甲子	10/28	9/20	乙未	11/27	10/21	乙丑	12/26	11/20	甲午	1/25	12/20	甲子
8/28	7/18	甲午	9/28	8/19	乙丑	10/29	9/21	丙申	11/28	10/22	丙寅	12/27	11/21	乙未	1/26	12/21	乙丑
8/29	7/19	乙未	9/29	8/20	丙寅	10/30	9/22	丁酉	11/29	10/23	丁卯	12/28	11/22	丙申	1/27	12/22	丙寅
8/30	7/20	丙申	9/30	8/21	丁卯	10/31	9/23	戊戌	11/30	10/24	戊辰	12/29	11/23	丁酉	1/28	12/23	丁卯
8/31	7/21	丁酉	10/1	8/22	戊辰	11/1	9/24	己亥	12/1	10/25	己巳	12/30	11/24	戊戌	1/29	12/24	戊辰
9/1	7/22	戊戌	10/2	8/23	己巳	11/2	9/25	庚子	12/2	10/26	庚午	12/31	11/25	己亥	1/30	12/25	己巳
9/2	7/23	己亥	10/3	8/24	庚午	11/3	9/26	辛丑	12/3	10/27	辛未	1/1	11/26	庚子	1/31	12/26	庚午
9/3	7/24	庚子	10/4	8/25	辛未	11/4	9/27	壬寅	12/4	10/28	壬申	1/2	11/27	辛丑	2/1	12/27	辛未
9/4	7/25	辛丑	10/5	8/26	壬申	11/5	9/28	癸卯	12/5	10/29	癸酉	1/3	11/28	壬寅	2/2	12/28	壬申
9/5	7/26	壬寅	10/6	8/27	癸酉	11/6	9/29	甲辰	12/6	10/30	甲戌	1/4	11/29	癸卯	2/3	12/29	癸酉
9/6	7/27	癸卯	10/7	8/28	甲戌	11/7	10/1	乙巳				1/5	11/30	甲辰			
9/7	7/28	甲申	10/8	8/29	乙亥												

中氣	處暑	秋分	霜降	小雪	冬至	大寒
	8/23 22時36分 亥時	9/23 19時40分 戌時	10/24 4時19分 寅時	11/23 4時15分 丑時	12/22 14時14分 未時	1/21 0時52分 子時

年	乙巳																	
月	戊寅			己卯			庚辰			辛巳			壬午			癸未		
節氣	立春			驚蟄			清明			立夏			芒種			小暑		
	2/4 19時15分 戊時			3/6 13時45分 未時			4/5 19時14分 戊時			5/6 13時14分 未時			6/6 17時53分 酉時			7/8 4時20分 寅時		
日	國曆	農曆	干支	國曆	農曆	干支	國曆	農曆	干支	國曆	農曆	干支	國曆	農曆	干支	國曆	農曆	干支
	2/4	1/1	甲戌	3/6	2/1	甲辰	4/5	3/1	甲戌	5/6	4/3	乙巳	6/6	5/4	丙子	7/8	6/6	戊申
	2/5	1/2	乙亥	3/7	2/2	乙巳	4/6	3/2	乙亥	5/7	4/4	丙午	6/7	5/5	丁丑	7/9	6/7	己酉
	2/6	1/3	丙子	3/8	2/3	丙午	4/7	3/3	丙子	5/8	4/5	丁未	6/8	5/6	戊寅	7/10	6/8	庚戌
	2/7	1/4	丁丑	3/9	2/4	丁未	4/8	3/4	丁丑	5/9	4/6	戊申	6/9	5/7	己卯	7/11	6/9	辛亥
	2/8	1/5	戊寅	3/10	2/5	戊申	4/9	3/5	戊寅	5/10	4/7	己酉	6/10	5/8	庚辰	7/12	6/10	壬子
	2/9	1/6	己卯	3/11	2/6	己酉	4/10	3/6	己卯	5/11	4/8	庚戌	6/11	5/9	辛巳	7/13	6/11	癸丑
	2/10	1/7	庚辰	3/12	2/7	庚戌	4/11	3/7	庚辰	5/12	4/9	辛亥	6/12	5/10	壬午	7/14	6/12	甲寅
	2/11	1/8	辛巳	3/13	2/8	辛亥	4/12	3/8	辛巳	5/13	4/10	壬子	6/13	5/11	癸未	7/15	6/13	乙卯
	2/12	1/9	壬午	3/14	2/9	壬子	4/13	3/9	壬午	5/14	4/11	癸丑	6/14	5/12	甲申	7/16	6/14	丙辰
	2/13	1/10	癸未	3/15	2/10	癸丑	4/14	3/10	癸未	5/15	4/12	甲寅	6/15	5/13	乙酉	7/17	6/15	丁巳
	2/14	1/11	甲申	3/16	2/11	甲寅	4/15	3/11	甲申	5/16	4/13	乙卯	6/16	5/14	丙戌	7/18	6/16	戊午
	2/15	1/12	乙酉	3/17	2/12	乙卯	4/16	3/12	乙酉	5/17	4/14	丙辰	6/17	5/15	丁亥	7/19	6/17	己未
	2/16	1/13	丙戌	3/18	2/13	丙辰	4/17	3/13	丙戌	5/18	4/15	丁巳	6/18	5/16	戊子	7/20	6/18	庚申
	2/17	1/14	丁亥	3/19	2/14	丁巳	4/18	3/14	丁亥	5/19	4/16	戊午	6/19	5/17	己丑	7/21	6/19	辛酉
	2/18	1/15	戊子	3/20	2/15	戊午	4/19	3/15	戊子	5/20	4/17	己未	6/20	5/18	庚寅	7/22	6/20	壬戌
	2/19	1/16	己丑	3/21	2/16	己未	4/20	3/16	己丑	5/21	4/18	庚申	6/21	5/19	辛卯	7/23	6/21	癸亥
	2/20	1/17	庚寅	3/22	2/17	庚申	4/21	3/17	庚寅	5/22	4/19	辛酉	6/22	5/20	壬辰	7/24	6/22	甲子
	2/21	1/18	辛卯	3/23	2/18	辛酉	4/22	3/18	辛卯	5/23	4/20	壬戌	6/23	5/21	癸巳	7/25	6/23	乙丑
	2/22	1/19	壬辰	3/24	2/19	壬戌	4/23	3/19	壬辰	5/24	4/21	癸亥	6/24	5/22	甲午	7/26	6/24	丙寅
	2/23	1/20	癸巳	3/25	2/20	癸亥	4/24	3/20	癸巳	5/25	4/22	甲子	6/25	5/23	乙未	7/27	6/25	丁卯
	2/24	1/21	甲午	3/26	2/21	甲子	4/25	3/21	甲午	5/26	4/23	乙丑	6/26	5/24	丙申	7/28	6/26	戊辰
	2/25	1/22	乙未	3/27	2/22	乙丑	4/26	3/22	乙未	5/27	4/24	丙寅	6/27	5/25	丁酉	7/29	6/27	己巳
	2/26	1/23	丙申	3/28	2/23	丙寅	4/27	3/23	丙申	5/28	4/25	丁卯	6/28	5/26	戊戌	7/30	6/28	庚午
	2/27	1/24	丁酉	3/29	2/24	丁卯	4/28	3/24	丁酉	5/29	4/26	戊辰	6/29	5/27	己亥	7/31	6/29	辛未
	2/28	1/25	戊戌	3/30	2/25	戊辰	4/29	3/25	戊戌	5/30	4/27	己巳	6/30	5/28	庚子	8/1	7/1	壬申
	3/1	1/26	己亥	3/31	2/26	己巳	4/30	3/26	己亥	5/31	4/28	庚午	7/1	5/29	辛丑	8/2	7/2	癸酉
	3/2	1/27	庚子	4/1	2/27	庚午	5/1	3/27	庚子	6/1	4/29	辛未	7/2	5/30	壬寅	8/3	7/3	甲戌
	3/3	1/28	辛丑	4/2	2/28	辛未	5/2	3/28	辛丑	6/2	4/30	壬申	7/3	6/1	癸卯	8/4	7/4	乙亥
	3/4	1/29	壬寅	4/3	2/29	壬申	5/3	3/29	壬寅	6/3	5/1	癸酉	7/4	6/2	甲辰	8/5	7/5	丙子
	3/5	1/30	癸卯	4/4	2/30	癸酉	5/4	4/1	癸卯	6/4	5/2	甲戌	7/5	6/3	乙巳	8/6	7/6	丁丑
							5/5	4/2	甲辰	6/5	5/3	乙亥	7/6	6/4	丙午	8/7	7/7	戊寅
													7/7	6/5	丁未			
中氣	雨水			春分			穀雨			小滿			夏至			大暑		
	2/19 15時21分 申時			3/21 14時57分 未時			4/21 2時43分 丑時			5/22 2時31分 丑時			6/22 10時51分 巳時			7/23 21時45分 亥時		

清光緒三十一年　民國前七年　蛇　1905

12

乙巳

項目	甲申	乙酉	丙戌	丁亥	戊子	己丑
月						
節氣	立秋	白露	寒露	立冬	大雪	小寒
時刻	8/8 13時57分 未時	9/8 16時21分 申時	10/9 7時19分 辰時	11/8 9時49分 巳時	12/8 2時10分 丑時	1/6 13時13分 未時

右欄（年 / 月）：清光緒三十一年　民國前七、六年　蛇　1905、1906

國曆	農曆	干支	國曆	農曆	干支	國曆	農曆	干支	國曆	農曆	干支	國曆	農曆	干支	國曆	農曆	干支
8/8	7/8	己卯	9/8	8/10	庚戌	10/9	9/11	辛巳	11/8	10/12	辛亥	12/8	11/12	辛巳	1/6	12/12	庚戌
8/9	7/9	庚辰	9/9	8/11	辛亥	10/10	9/12	壬午	11/9	10/13	壬子	12/9	11/13	壬午	1/7	12/13	辛亥
8/10	7/10	辛巳	9/10	8/12	壬子	10/11	9/13	癸未	11/10	10/14	癸丑	12/10	11/14	癸未	1/8	12/14	壬子
8/11	7/11	壬午	9/11	8/13	癸丑	10/12	9/14	甲申	11/11	10/15	甲寅	12/11	11/15	甲申	1/9	12/15	癸丑
8/12	7/12	癸未	9/12	8/14	甲寅	10/13	9/15	乙酉	11/12	10/16	乙卯	12/12	11/16	乙酉	1/10	12/16	甲寅
8/13	7/13	甲申	9/13	8/15	乙卯	10/14	9/16	丙戌	11/13	10/17	丙辰	12/13	11/17	丙戌	1/11	12/17	乙卯
8/14	7/14	乙酉	9/14	8/16	丙辰	10/15	9/17	丁亥	11/14	10/18	丁巳	12/14	11/18	丁亥	1/12	12/18	丙辰
8/15	7/15	丙戌	9/15	8/17	丁巳	10/16	9/18	戊子	11/15	10/19	戊午	12/15	11/19	戊子	1/13	12/19	丁巳
8/16	7/16	丁亥	9/16	8/18	戊午	10/17	9/19	己丑	11/16	10/20	己未	12/16	11/20	己丑	1/14	12/20	戊午
8/17	7/17	戊子	9/17	8/19	己未	10/18	9/20	庚寅	11/17	10/21	庚申	12/17	11/21	庚寅	1/15	12/21	己未
8/18	7/18	己丑	9/18	8/20	庚申	10/19	9/21	辛卯	11/18	10/22	辛酉	12/18	11/22	辛卯	1/16	12/22	庚申
8/19	7/19	庚寅	9/19	8/21	辛酉	10/20	9/22	壬辰	11/19	10/23	壬戌	12/19	11/23	壬辰	1/17	12/23	辛酉
8/20	7/20	辛卯	9/20	8/22	壬戌	10/21	9/23	癸巳	11/20	10/24	癸亥	12/20	11/24	癸巳	1/18	12/24	壬戌
8/21	7/21	壬辰	9/21	8/23	癸亥	10/22	9/24	甲午	11/21	10/25	甲子	12/21	11/25	甲午	1/19	12/25	癸亥
8/22	7/22	癸巳	9/22	8/24	甲子	10/23	9/25	乙未	11/22	10/26	乙丑	12/22	11/26	乙未	1/20	12/26	甲子
8/23	7/23	甲午	9/23	8/25	乙丑	10/24	9/26	丙申	11/23	10/27	丙寅	12/23	11/27	丙申	1/21	12/27	乙丑
8/24	7/24	乙未	9/24	8/26	丙寅	10/25	9/27	丁酉	11/24	10/28	丁卯	12/24	11/28	丁酉	1/22	12/28	丙寅
8/25	7/25	丙申	9/25	8/27	丁卯	10/26	9/28	戊戌	11/25	10/29	戊辰	12/25	11/29	戊戌	1/23	12/29	丁卯
8/26	7/26	丁酉	9/26	8/28	戊辰	10/27	9/29	己亥	11/26	10/30	己巳	12/26	12/1	己亥	1/24	12/30	戊辰
8/27	7/27	戊戌	9/27	8/29	己巳	10/28	10/1	庚子	11/27	11/1	庚午	12/27	12/2	庚子	1/25	1/1	己巳
8/28	7/28	己亥	9/28	8/30	庚午	10/29	10/2	辛丑	11/28	11/2	辛未	12/28	12/3	辛丑	1/26	1/2	庚午
8/29	7/29	庚子	9/29	9/1	辛未	10/30	10/3	壬寅	11/29	11/3	壬申	12/29	12/4	壬寅	1/27	1/3	辛未
8/30	8/1	辛丑	9/30	9/2	壬申	10/31	10/4	癸卯	11/30	11/4	癸酉	12/30	12/5	癸卯	1/28	1/4	壬申
8/31	8/2	壬寅	10/1	9/3	癸酉	11/1	10/5	甲辰	12/1	11/5	甲戌	12/31	12/6	甲辰	1/29	1/5	癸酉
9/1	8/3	癸卯	10/2	9/4	甲戌	11/2	10/6	乙巳	12/2	11/6	乙亥	1/1	12/7	乙巳	1/30	1/6	甲戌
9/2	8/4	甲辰	10/3	9/5	乙亥	11/3	10/7	丙午	12/3	11/7	丙子	1/2	12/8	丙午	1/31	1/7	乙亥
9/3	8/5	乙巳	10/4	9/6	丙子	11/4	10/8	丁未	12/4	11/8	丁丑	1/3	12/9	丁未	2/1	1/8	丙子
9/4	8/6	丙午	10/5	9/7	丁丑	11/5	10/9	戊申	12/5	11/9	戊寅	1/4	12/10	戊申	2/2	1/9	丁丑
9/5	8/7	丁未	10/6	9/8	戊寅	11/6	10/10	己酉	12/6	11/10	己卯	1/5	12/11	己酉	2/3	1/10	戊寅
9/6	8/8	戊申	10/7	9/9	己卯	11/7	10/11	庚戌	12/7	11/11	庚辰	1/6	12/12	庚戌	2/4	1/11	己卯
9/7	8/9	己酉	10/8	9/10	庚辰							1/7	12/13	辛亥			

中氣	處暑	秋分	霜降	小雪	冬至	大寒
時刻	8/24 4時28分 寅時	9/24 1時30分 丑時	10/24 10時8分 巳時	11/23 7時5分 辰時	12/22 20時3分 戌時	1/21 6時43分 卯時

年																	
	丙午																
月	庚寅			辛卯			壬辰			癸巳			甲午			乙未		
節氣	立春			驚蟄			清明			立夏			芒種			小暑		
	2/5 1時3分 丑時			3/6 19時36分 戌時			4/6 1時7分 丑時			5/6 19時8分 戌時			6/6 23時49分 子時			7/8 10時15分 巳時		
日	國曆	農曆	干支	國曆	農曆	干支	國曆	農曆	干支	國曆	農曆	干支	國曆	農曆	干支	國曆	農曆	干支
	2 5	1 12	庚辰	3 6	2 12	己酉	4 6	3 13	庚辰	5 6	4 13	庚戌	6 6	閏4 15	辛巳	7 8	5 17	癸丑
	2 6	1 13	辛巳	3 7	2 13	庚戌	4 7	3 14	辛巳	5 7	4 14	辛亥	6 7	閏4 16	壬午	7 9	5 18	甲寅
	2 7	1 14	壬午	3 8	2 14	辛亥	4 8	3 15	壬午	5 8	4 15	壬子	6 8	閏4 17	癸未	7 10	5 19	乙卯
	2 8	1 15	癸未	3 9	2 15	壬子	4 9	3 16	癸未	5 9	4 16	癸丑	6 9	閏4 18	甲申	7 11	5 20	丙辰
	2 9	1 16	甲申	3 10	2 16	癸丑	4 10	3 17	甲申	5 10	4 17	甲寅	6 10	閏4 19	乙酉	7 12	5 21	丁巳
	2 10	1 17	乙酉	3 11	2 17	甲寅	4 11	3 18	乙酉	5 11	4 18	乙卯	6 11	閏4 20	丙戌	7 13	5 22	戊午
	2 11	1 18	丙戌	3 12	2 18	乙卯	4 12	3 19	丙戌	5 12	4 19	丙辰	6 12	閏4 21	丁亥	7 14	5 23	己未
	2 12	1 19	丁亥	3 13	2 19	丙辰	4 13	3 20	丁亥	5 13	4 20	丁巳	6 13	閏4 22	戊子	7 15	5 24	庚申
	2 13	1 20	戊子	3 14	2 20	丁巳	4 14	3 21	戊子	5 14	4 21	戊午	6 14	閏4 23	己丑	7 16	5 25	辛酉
	2 14	1 21	己丑	3 15	2 21	戊午	4 15	3 22	己丑	5 15	4 22	己未	6 15	閏4 24	庚寅	7 17	5 26	壬戌
	2 15	1 22	庚寅	3 16	2 22	己未	4 16	3 23	庚寅	5 16	4 23	庚申	6 16	閏4 25	辛卯	7 18	5 27	癸亥
	2 16	1 23	辛卯	3 17	2 23	庚申	4 17	3 24	辛卯	5 17	4 24	辛酉	6 17	閏4 26	壬辰	7 19	5 28	甲子
	2 17	1 24	壬辰	3 18	2 24	辛酉	4 18	3 25	壬辰	5 18	4 25	壬戌	6 18	閏4 27	癸巳	7 20	5 29	乙丑
	2 18	1 25	癸巳	3 19	2 25	壬戌	4 19	3 26	癸巳	5 19	4 26	癸亥	6 19	閏4 28	甲午	7 21	6 1	丙寅
	2 19	1 26	甲午	3 20	2 26	癸亥	4 20	3 27	甲午	5 20	4 27	甲子	6 20	閏4 29	乙未	7 22	6 2	丁卯
	2 20	1 27	乙未	3 21	2 27	甲子	4 21	3 28	乙未	5 21	4 28	乙丑	6 21	閏4 30	丙申	7 23	6 3	戊辰
	2 21	1 28	丙申	3 22	2 28	乙丑	4 22	3 29	丙申	5 22	4 29	丙寅	6 22	5 1	丁酉	7 24	6 4	己巳
	2 22	1 29	丁酉	3 23	2 29	丙寅	4 23	3 30	丁酉	5 23	閏 1	丁卯	6 23	5 2	戊戌	7 25	6 5	庚午
	2 23	2 1	戊戌	3 24	2 30	丁卯	4 24	4 1	戊戌	5 24	閏4 2	戊辰	6 24	5 3	己亥	7 26	6 6	辛未
	2 24	2 2	己亥	3 25	3 1	戊辰	4 25	4 2	己亥	5 25	閏4 3	己巳	6 25	5 4	庚子	7 27	6 7	壬申
	2 25	2 3	庚子	3 26	3 2	己巳	4 26	4 3	庚子	5 26	閏4 4	庚午	6 26	5 5	辛丑	7 28	6 8	癸酉
	2 26	2 4	辛丑	3 27	3 3	庚午	4 27	4 4	辛丑	5 27	閏4 5	辛未	6 27	5 6	壬寅	7 29	6 9	甲戌
	2 27	2 5	壬寅	3 28	3 4	辛未	4 28	4 5	壬寅	5 28	閏4 6	壬申	6 28	5 7	癸卯	7 30	6 10	乙亥
	2 28	2 6	癸卯	3 29	3 5	壬申	4 29	4 6	癸卯	5 29	閏4 7	癸酉	6 29	5 8	甲辰	7 31	6 11	丙子
	3 1	2 7	甲辰	3 30	3 6	癸酉	4 30	4 7	甲辰	5 30	閏4 8	甲戌	6 30	5 9	乙巳	8 1	6 12	丁丑
	3 2	2 8	乙巳	3 31	3 7	甲戌	5 1	4 8	乙巳	5 31	閏4 9	乙亥	7 1	5 10	丙午	8 2	6 13	戊寅
	3 3	2 9	丙午	4 1	3 8	乙亥	5 2	4 9	丙午	6 1	閏4 10	丙子	7 2	5 11	丁未	8 3	6 14	己卯
	3 4	2 10	丁未	4 2	3 9	丙子	5 3	4 10	丁未	6 2	閏4 11	丁丑	7 3	5 12	戊申	8 4	6 15	庚辰
	3 5	2 11	戊申	4 3	3 10	丁丑	5 4	4 11	戊申	6 3	閏4 12	戊寅	7 4	5 13	己酉	8 5	6 16	辛巳
				4 4	3 11	戊寅	5 5	4 12	己酉	6 4	閏4 13	己卯	7 5	5 14	庚戌	8 6	6 17	壬午
				4 5	3 12	己卯				6 5	閏4 14	庚辰	7 6	5 15	辛亥	8 7	6 18	癸未
													7 7	5 16	壬子			
中氣	雨水			春分			穀雨			小滿			夏至			大暑		
	2/19 21時14分 亥時			3/21 20時52分 戌時			4/21 18時39分 辰時			5/22 8時25分 辰時			6/22 16時41分 申時			7/24 3時32分 寅時		

清光緒三十二年 民國六年 馬 1906

14

丙申			丁酉			戊戌			己亥			庚子			辛丑			年月
立秋			白露			寒露			立冬			大雪			小寒			節氣
8/8 19時51分 戊時			9/8 22時16分 亥時			10/9 13時15分 未時			11/8 15時47分 申時			12/8 8時9分 辰時			1/6 19時11分 戊時			
國曆	農曆	干支	國曆	農曆	干支	國曆	農曆	干支	國曆	農曆	干支	國曆	農曆	干支	國曆	農曆	干支	日
8 8	6 19	甲申	9 8	7 20	乙卯	10 9	8 22	丙戌	11 8	9 22	丙辰	12 8	10 23	丙戌	1 6	11 22	乙巳	
8 9	6 20	乙酉	9 9	7 21	丙辰	10 10	8 23	丁亥	11 9	9 23	丁巳	12 9	10 24	丁亥	1 7	11 23	丙午	
8 10	6 21	丙戌	9 10	7 22	丁巳	10 11	8 24	戊子	11 10	9 24	戊午	12 10	10 25	戊子	1 8	11 24	丁未	
8 11	6 22	丁亥	9 11	7 23	戊午	10 12	8 25	己丑	11 11	9 25	己未	12 11	10 26	己丑	1 9	11 25	戊申	清
8 12	6 23	戊子	9 12	7 24	己未	10 13	8 26	庚寅	11 12	9 26	庚申	12 12	10 27	庚寅	1 10	11 26	己酉	光
8 13	6 24	己丑	9 13	7 25	庚申	10 14	8 27	辛卯	11 13	9 27	辛酉	12 13	10 28	辛卯	1 11	11 27	庚戌	緒
8 14	6 25	庚寅	9 14	7 26	辛酉	10 15	8 28	壬辰	11 14	9 28	壬戌	12 14	10 29	壬辰	1 12	11 28	辛亥	三
8 15	6 26	辛卯	9 15	7 27	壬戌	10 16	8 29	癸巳	11 15	9 29	癸亥	12 15	10 30	癸巳	1 13	11 29	壬子	十
8 16	6 27	壬辰	9 16	7 28	癸亥	10 17	8 30	甲午	11 16	10 1	甲子	12 16	11 1	甲午	1 14	12 1	癸丑	二
8 17	6 28	癸巳	9 17	7 29	甲子	10 18	9 1	乙未	11 17	10 2	乙丑	12 17	11 2	乙未	1 15	12 2	甲寅	年
8 18	6 29	甲午	9 18	8 1	乙丑	10 19	9 2	丙申	11 18	10 3	丙寅	12 18	11 3	丙申	1 16	12 3	乙卯	民
8 19	6 30	乙未	9 19	8 2	丙寅	10 20	9 3	丁酉	11 19	10 4	丁卯	12 19	11 4	丁酉	1 17	12 4	丙辰	國
8 20	7 1	丙申	9 20	8 3	丁卯	10 21	9 4	戊戌	11 20	10 5	戊辰	12 20	11 5	戊戌	1 18	12 5	丁巳	六
8 21	7 2	丁酉	9 21	8 4	戊辰	10 22	9 5	己亥	11 21	10 6	己巳	12 21	11 6	己亥	1 19	12 6	戊午	、
8 22	7 3	戊戌	9 22	8 5	己巳	10 23	9 6	庚子	11 22	10 7	庚午	12 22	11 7	庚子	1 20	12 7	己未	五
8 23	7 4	己亥	9 23	8 6	庚午	10 24	9 7	辛丑	11 23	10 8	辛未	12 23	11 8	辛丑	1 21	12 8	庚申	年
8 24	7 5	庚子	9 24	8 7	辛未	10 25	9 8	壬寅	11 24	10 9	壬申	12 24	11 9	壬寅	1 22	12 9	辛酉	馬
8 25	7 6	辛丑	9 25	8 8	壬申	10 26	9 9	癸卯	11 25	10 10	癸酉	12 25	11 10	癸卯	1 23	12 10	壬戌	
8 26	7 7	壬寅	9 26	8 9	癸酉	10 27	9 10	甲辰	11 26	10 11	甲戌	12 26	11 11	甲辰	1 24	12 11	癸亥	
8 27	7 8	癸卯	9 27	8 10	甲戌	10 28	9 11	乙巳	11 27	10 12	乙亥	12 27	11 12	乙巳	1 25	12 12	甲子	
8 28	7 9	甲辰	9 28	8 11	乙亥	10 29	9 12	丙午	11 28	10 13	丙子	12 28	11 13	丙午	1 26	12 13	乙丑	
8 29	7 10	乙巳	9 29	8 12	丙子	10 30	9 13	丁未	11 29	10 14	丁丑	12 29	11 14	丁未	1 27	12 14	丙寅	
8 30	7 11	丙午	9 30	8 13	丁丑	10 31	9 14	戊申	11 30	10 15	戊寅	12 30	11 15	戊申	1 28	12 15	丁卯	
8 31	7 12	丁未	10 1	8 14	戊寅	11 1	9 15	己酉	12 1	10 16	己卯	12 31	11 16	己酉	1 29	12 16	戊辰	1
9 1	7 13	戊申	10 2	8 15	己卯	11 2	9 16	庚戌	12 2	10 17	庚辰	1 1	11 17	庚戌	1 30	12 17	己巳	9
9 2	7 14	己酉	10 3	8 16	庚辰	11 3	9 17	辛亥	12 3	10 18	辛巳	1 2	11 18	辛亥	1 31	12 18	庚午	0
9 3	7 15	庚戌	10 4	8 17	辛巳	11 4	9 18	壬子	12 4	10 19	壬午	1 3	11 19	壬子	2 1	12 19	辛未	6
9 4	7 16	辛亥	10 5	8 18	壬午	11 5	9 19	癸丑	12 5	10 20	癸未	1 4	11 20	癸丑	2 2	12 20	壬申	、
9 5	7 17	壬子	10 6	8 19	癸未	11 6	9 20	甲寅	12 6	10 21	甲申	1 5	11 21	甲寅	2 3	12 21	癸酉	1
9 6	7 18	癸丑	10 7	8 20	甲申	11 7	9 21	乙卯	12 7	10 22	乙酉				2 4	12 22	甲戌	9
9 7	7 19	甲寅	10 8	8 21	乙酉													0
																		7
處暑			秋分			霜降			小雪			冬至			大寒			中
8/24 10時13分 巳時			9/24 7時15分 辰時			10/24 15時54分 申時			11/23 12時53分 午時			12/23 1時53分 丑時			1/21 12時30分 午時			氣

年	丁未																
月	壬寅			癸卯			甲辰			乙巳			丙午			丁未		
節氣	立春			驚蟄			清明			立夏			芒種			小暑		
	2/5 6時58分 卯時			3/7 1時27分 丑時			4/6 6時54分 卯時			5/7 0時53分 子時			6/7 5時39分 卯時			7/8 15時59分 申時		
日	國曆	農曆	干支	國曆	農曆	干支	國曆	農曆	干支	國曆	農曆	干支	國曆	農曆	干支	國曆	農曆	干支
	2 5	12 23	乙酉	3 7	1 23	乙卯	4 6	2 24	乙酉	5 7	3 25	丙辰	6 7	4 27	丁亥	7 8	5 28	戊午
	2 6	12 24	丙戌	3 8	1 24	丙辰	4 7	2 25	丙戌	5 8	3 26	丁巳	6 8	4 28	戊子	7 9	5 29	己未
	2 7	12 25	丁亥	3 9	1 25	丁巳	4 8	2 26	丁亥	5 9	3 27	戊午	6 9	4 29	己丑	7 10	6 1	庚申
	2 8	12 26	戊子	3 10	1 26	戊午	4 9	2 27	戊子	5 10	3 28	己未	6 10	4 30	庚寅	7 11	6 2	辛酉
	2 9	12 27	己丑	3 11	1 27	己未	4 10	2 28	己丑	5 11	3 29	庚申	6 11	5 1	辛卯	7 12	6 3	壬戌
	2 10	12 28	庚寅	3 12	1 28	庚申	4 11	2 29	庚寅	5 12	4 1	辛酉	6 12	5 2	壬辰	7 13	6 4	癸亥
清光緒三十三年	2 11	12 29	辛卯	3 13	1 29	辛酉	4 12	2 30	辛卯	5 13	4 2	壬戌	6 13	5 3	癸巳	7 14	6 5	甲子
	2 12	12 30	壬辰	3 14	2 1	壬戌	4 13	3 1	壬辰	5 14	4 3	癸亥	6 14	5 4	甲午	7 15	6 6	乙丑
	2 13	1 1	癸巳	3 15	2 2	癸亥	4 14	3 2	癸巳	5 15	4 4	甲子	6 15	5 5	乙未	7 16	6 7	丙寅
	2 14	1 2	甲午	3 16	2 3	甲子	4 15	3 3	甲午	5 16	4 5	乙丑	6 16	5 6	丙申	7 17	6 8	丁卯
	2 15	1 3	乙未	3 17	2 4	乙丑	4 16	3 4	乙未	5 17	4 6	丙寅	6 17	5 7	丁酉	7 18	6 9	戊辰
民國前五年	2 16	1 4	丙申	3 18	2 5	丙寅	4 17	3 5	丙申	5 18	4 7	丁卯	6 18	5 8	戊戌	7 19	6 10	己巳
	2 17	1 5	丁酉	3 19	2 6	丁卯	4 18	3 6	丁酉	5 19	4 8	戊辰	6 19	5 9	己亥	7 20	6 11	庚午
羊	2 18	1 6	戊戌	3 20	2 7	戊辰	4 19	3 7	戊戌	5 20	4 9	己巳	6 20	5 10	庚子	7 21	6 12	辛未
	2 19	1 7	己亥	3 21	2 8	己巳	4 20	3 8	己亥	5 21	4 10	庚午	6 21	5 11	辛丑	7 22	6 13	壬申
	2 20	1 8	庚子	3 22	2 9	庚午	4 21	3 9	庚子	5 22	4 11	辛未	6 22	5 12	壬寅	7 23	6 14	癸酉
	2 21	1 9	辛丑	3 23	2 10	辛未	4 22	3 10	辛丑	5 23	4 12	壬申	6 23	5 13	癸卯	7 24	6 15	甲戌
	2 22	1 10	壬寅	3 24	2 11	壬申	4 23	3 11	壬寅	5 24	4 13	癸酉	6 24	5 14	甲辰	7 25	6 16	乙亥
	2 23	1 11	癸卯	3 25	2 12	癸酉	4 24	3 12	癸卯	5 25	4 14	甲戌	6 25	5 15	乙巳	7 26	6 17	丙子
	2 24	1 12	甲辰	3 26	2 13	甲戌	4 25	3 13	甲辰	5 26	4 15	乙亥	6 26	5 16	丙午	7 27	6 18	丁丑
	2 25	1 13	乙巳	3 27	2 14	乙亥	4 26	3 14	乙巳	5 27	4 16	丙子	6 27	5 17	丁未	7 28	6 19	戊寅
	2 26	1 14	丙午	3 28	2 15	丙子	4 27	3 15	丙午	5 28	4 17	丁丑	6 28	5 18	戊申	7 29	6 20	己卯
	2 27	1 15	丁未	3 29	2 16	丁丑	4 28	3 16	丁未	5 29	4 18	戊寅	6 29	5 19	己酉	7 30	6 21	庚辰
	2 28	1 16	戊申	3 30	2 17	戊寅	4 29	3 17	戊申	5 30	4 19	己卯	6 30	5 20	庚戌	7 31	6 22	辛巳
1 9 0 7	3 1	1 17	己酉	3 31	2 18	己卯	4 30	3 18	己酉	5 31	4 20	庚辰	7 1	5 21	辛亥	8 1	6 23	壬午
	3 2	1 18	庚戌	4 1	2 19	庚辰	5 1	3 19	庚戌	6 1	4 21	辛巳	7 2	5 22	壬子	8 2	6 24	癸未
	3 3	1 19	辛亥	4 2	2 20	辛巳	5 2	3 20	辛亥	6 2	4 22	壬午	7 3	5 23	癸丑	8 3	6 25	甲申
	3 4	1 20	壬子	4 3	2 21	壬午	5 3	3 21	壬子	6 3	4 23	癸未	7 4	5 24	甲寅	8 4	6 26	乙酉
	3 5	1 21	癸丑	4 4	2 22	癸未	5 4	3 22	癸丑	6 4	4 24	甲申	7 5	5 25	乙卯	8 5	6 27	丙戌
	3 6	1 22	甲寅	4 5	2 23	甲申	5 5	3 23	甲寅	6 5	4 25	乙酉	7 6	5 26	丙辰	8 6	6 28	丁亥
							5 6	3 24	乙卯	6 6	4 26	丙戌	7 7	5 27	丁巳	8 7	6 29	戊子
																8 8	6 30	己丑
中氣	雨水			春分			穀雨			小滿			夏至			大暑		
	2/20 6時58分 丑時			3/22 2時33分 丑時			4/21 14時17分 未時			5/22 14時3分 未時			6/22 22時23分 亥時			7/24 18時18分 巳時		

戊申 立秋			己酉 白露			庚戌 寒露			辛亥 立冬			壬子 大雪			癸丑 小寒			年月節氣日
8/9 1時36分 丑時			9/9 4時2分 寅時			10/9 19時2分 戌時			11/8 21時36分 亥時			12/8 13時59分 未時			1/7 1時5分 丑時			
國曆	農曆	干支	國曆	農曆	干支	國曆	農曆	干支	國曆	農曆	干支	國曆	農曆	干支	國曆	農曆	干支	
8/9	7/1	庚寅	9/9	8/2	辛酉	10/9	9/3	辛卯	11/8	10/3	辛酉	12/8	11/4	辛卯	1/7	12/4	辛酉	清光緒三十三年
8/10	7/2	辛卯	9/10	8/3	壬戌	10/10	9/4	壬辰	11/9	10/4	壬戌	12/9	11/5	壬辰	1/8	12/5	壬戌	
8/11	7/3	壬辰	9/11	8/4	癸亥	10/11	9/5	癸巳	11/10	10/5	癸亥	12/10	11/6	癸巳	1/9	12/6	癸亥	
8/12	7/4	癸巳	9/12	8/5	甲子	10/12	9/6	甲午	11/11	10/6	甲子	12/11	11/7	甲午	1/10	12/7	甲子	
8/13	7/5	甲午	9/13	8/6	乙丑	10/13	9/7	乙未	11/12	10/7	乙丑	12/12	11/8	乙未	1/11	12/8	乙丑	民國前五、四年
8/14	7/6	乙未	9/14	8/7	丙寅	10/14	9/8	丙申	11/13	10/8	丙寅	12/13	11/9	丙申	1/12	12/9	丙寅	
8/15	7/7	丙申	9/15	8/8	丁卯	10/15	9/9	丁酉	11/14	10/9	丁卯	12/14	11/10	丁酉	1/13	12/10	丁卯	
8/16	7/8	丁酉	9/16	8/9	戊辰	10/16	9/10	戊戌	11/15	10/10	戊辰	12/15	11/11	戊戌	1/14	12/11	戊辰	
8/17	7/9	戊戌	9/17	8/10	己巳	10/17	9/11	己亥	11/16	10/11	己巳	12/16	11/12	己亥	1/15	12/12	己巳	羊
8/18	7/10	己亥	9/18	8/11	庚午	10/18	9/12	庚子	11/17	10/12	庚午	12/17	11/13	庚子	1/16	12/13	庚午	
8/19	7/11	庚子	9/19	8/12	辛未	10/19	9/13	辛丑	11/18	10/13	辛未	12/18	11/14	辛丑	1/17	12/14	辛未	
8/20	7/12	辛丑	9/20	8/13	壬申	10/20	9/14	壬寅	11/19	10/14	壬申	12/19	11/15	壬寅	1/18	12/15	壬申	
8/21	7/13	壬寅	9/21	8/14	癸酉	10/21	9/15	癸卯	11/20	10/15	癸酉	12/20	11/16	癸卯	1/19	12/16	癸酉	
8/22	7/14	癸卯	9/22	8/15	甲戌	10/22	9/16	甲辰	11/21	10/16	甲戌	12/21	11/17	甲辰	1/20	12/17	甲戌	
8/23	7/15	甲辰	9/23	8/16	乙亥	10/23	9/17	乙巳	11/22	10/17	乙亥	12/22	11/18	乙巳	1/21	12/18	乙亥	
8/24	7/16	乙巳	9/24	8/17	丙子	10/24	9/18	丙午	11/23	10/18	丙子	12/23	11/19	丙午	1/22	12/19	丙子	
8/25	7/17	丙午	9/25	8/18	丁丑	10/25	9/19	丁未	11/24	10/19	丁丑	12/24	11/20	丁未	1/23	12/20	丁丑	
8/26	7/18	丁未	9/26	8/19	戊寅	10/26	9/20	戊申	11/25	10/20	戊寅	12/25	11/21	戊申	1/24	12/21	戊寅	
8/27	7/19	戊申	9/27	8/20	己卯	10/27	9/21	己酉	11/26	10/21	己卯	12/26	11/22	己酉	1/25	12/22	己卯	
8/28	7/20	己酉	9/28	8/21	庚辰	10/28	9/22	庚戌	11/27	10/22	庚辰	12/27	11/23	庚戌	1/26	12/23	庚辰	
8/29	7/21	庚戌	9/29	8/22	辛巳	10/29	9/23	辛亥	11/28	10/23	辛巳	12/28	11/24	辛亥	1/27	12/24	辛巳	
8/30	7/22	辛亥	9/30	8/23	壬午	10/30	9/24	壬子	11/29	10/24	壬午	12/29	11/25	壬子	1/28	12/25	壬午	1907、1908
8/31	7/23	壬子	10/1	8/24	癸未	10/31	9/25	癸丑	11/30	10/25	癸未	12/30	11/26	癸丑	1/29	12/26	癸未	
9/1	7/24	癸丑	10/2	8/25	甲申	11/1	9/26	甲寅	12/1	10/26	甲申	12/31	11/27	甲寅	1/30	12/27	甲申	
9/2	7/25	甲寅	10/3	8/26	乙酉	11/2	9/27	乙卯	12/2	10/27	乙酉	1/1	11/28	乙卯	1/31	12/28	乙酉	
9/3	7/26	乙卯	10/4	8/27	丙戌	11/3	9/28	丙辰	12/3	10/28	丙戌	1/2	11/29	丙辰	2/1	12/29	丙戌	
9/4	7/27	丙辰	10/5	8/28	丁亥	11/4	9/29	丁巳	12/4	10/29	丁亥	1/3	11/30	丁巳	2/2	1/1	丁亥	
9/5	7/28	丁巳	10/6	8/29	戊子	11/5	9/30	戊午	12/5	11/1	戊子	1/4	12/1	戊午	2/3	1/2	戊子	
9/6	7/29	戊午	10/7	9/1	己丑	11/6	10/1	己未	12/6	11/2	己丑	1/5	12/2	己未	2/4	1/3	己丑	
9/7	7/30	己未	10/8	9/2	庚寅	11/7	10/2	庚申	12/7	11/3	庚寅	1/6	12/3	庚申				
9/8	8/1	庚申																
處暑 8/24 16時3分 申時			秋分 9/24 13時8分 未時			霜降 10/24 21時51分 亥時			小雪 11/23 18時52分 酉時			冬至 12/23 7時51分 辰時			大寒 1/21 18時28分 酉時			中氣

年	戊申																

月 / 節氣

月	甲寅	乙卯	丙辰	丁巳	戊午	己未
節氣	立春	驚蟄	清明	立夏	芒種	小暑
	2/5 12時47分 午時	3/6 7時13分 辰時	4/5 12時39分 午時	5/6 6時38分 卯時	6/6 11時19分 午時	7/7 21時48分 亥時

左欄：清光緒三十四年　民國前四年　猴　1908

日 （國曆／農曆／干支）

甲寅 國曆	農曆	干支	乙卯 國曆	農曆	干支	丙辰 國曆	農曆	干支	丁巳 國曆	農曆	干支	戊午 國曆	農曆	干支	己未 國曆	農曆	干支
2 5	1 4	庚寅	3 6	2 4	庚申	4 5	3 5	庚寅	5 6	4 7	辛酉	6 6	5 8	壬辰	7 7	6 9	癸亥
2 6	1 5	辛卯	3 7	2 5	辛酉	4 6	3 6	辛卯	5 7	4 8	壬戌	6 7	5 9	癸巳	7 8	6 10	甲子
2 7	1 6	壬辰	3 8	2 6	壬戌	4 7	3 7	壬辰	5 8	4 9	癸亥	6 8	5 10	甲午	7 9	6 11	乙丑
2 8	1 7	癸巳	3 9	2 7	癸亥	4 8	3 8	癸巳	5 9	4 10	甲子	6 9	5 11	乙未	7 10	6 12	丙寅
2 9	1 8	甲午	3 10	2 8	甲子	4 9	3 9	甲午	5 10	4 11	乙丑	6 10	5 12	丙申	7 11	6 13	丁卯
2 10	1 9	乙未	3 11	2 9	乙丑	4 10	3 10	乙未	5 11	4 12	丙寅	6 11	5 13	丁酉	7 12	6 14	戊辰
2 11	1 10	丙申	3 12	2 10	丙寅	4 11	3 11	丙申	5 12	4 13	丁卯	6 12	5 14	戊戌	7 13	6 15	己巳
2 12	1 11	丁酉	3 13	2 11	丁卯	4 12	3 12	丁酉	5 13	4 14	戊辰	6 13	5 15	己亥	7 14	6 16	庚午
2 13	1 12	戊戌	3 14	2 12	戊辰	4 13	3 13	戊戌	5 14	4 15	己巳	6 14	5 16	庚子	7 15	6 17	辛未
2 14	1 13	己亥	3 15	2 13	己巳	4 14	3 14	己亥	5 15	4 16	庚午	6 15	5 17	辛丑	7 16	6 18	壬申
2 15	1 14	庚子	3 16	2 14	庚午	4 15	3 15	庚子	5 16	4 17	辛未	6 16	5 18	壬寅	7 17	6 19	癸酉
2 16	1 15	辛丑	3 17	2 15	辛未	4 16	3 16	辛丑	5 17	4 18	壬申	6 17	5 19	癸卯	7 18	6 20	甲戌
2 17	1 16	壬寅	3 18	2 16	壬申	4 17	3 17	壬寅	5 18	4 19	癸酉	6 18	5 20	甲辰	7 19	6 21	乙亥
2 18	1 17	癸卯	3 19	2 17	癸酉	4 18	3 18	癸卯	5 19	4 20	甲戌	6 19	5 21	乙巳	7 20	6 22	丙子
2 19	1 18	甲辰	3 20	2 18	甲戌	4 19	3 19	甲辰	5 20	4 21	乙亥	6 20	5 22	丙午	7 21	6 23	丁丑
2 20	1 19	乙巳	3 21	2 19	乙亥	4 20	3 20	乙巳	5 21	4 22	丙子	6 21	5 23	丁未	7 22	6 24	戊寅
2 21	1 20	丙午	3 22	2 20	丙子	4 21	3 21	丙午	5 22	4 23	丁丑	6 22	5 24	戊申	7 23	6 25	己卯
2 22	1 21	丁未	3 23	2 21	丁丑	4 22	3 22	丁未	5 23	4 24	戊寅	6 23	5 25	己酉	7 24	6 26	庚辰
2 23	1 22	戊申	3 24	2 22	戊寅	4 23	3 23	戊申	5 24	4 25	己卯	6 24	5 26	庚戌	7 25	6 27	辛巳
2 24	1 23	己酉	3 25	2 23	己卯	4 24	3 24	己酉	5 25	4 26	庚辰	6 25	5 27	辛亥	7 26	6 28	壬午
2 25	1 24	庚戌	3 26	2 24	庚辰	4 25	3 25	庚戌	5 26	4 27	辛巳	6 26	5 28	壬子	7 27	6 29	癸未
2 26	1 25	辛亥	3 27	2 25	辛巳	4 26	3 26	辛亥	5 27	4 28	壬午	6 27	5 29	癸丑	7 28	7 1	甲申
2 27	1 26	壬子	3 28	2 26	壬午	4 27	3 27	壬子	5 28	4 29	癸未	6 28	5 30	甲寅	7 29	7 2	乙酉
2 28	1 27	癸丑	3 29	2 27	癸未	4 28	3 28	癸丑	5 29	4 30	甲申	6 29	6 1	乙卯	7 30	7 3	丙戌
2 29	1 28	甲寅	3 30	2 28	甲申	4 29	3 29	甲寅	5 30	5 1	乙酉	6 30	6 2	丙辰	7 31	7 4	丁亥
3 1	1 29	乙卯	3 31	2 29	乙酉	4 30	4 1	乙卯	5 31	5 2	丙戌	7 1	6 3	丁巳	8 1	7 5	戊子
3 2	1 30	丙辰	4 1	3 1	丙戌	5 1	4 2	丙辰	6 1	5 3	丁亥	7 2	6 4	戊午	8 2	7 6	己丑
3 3	2 1	丁巳	4 2	3 2	丁亥	5 2	4 3	丁巳	6 2	5 4	戊子	7 3	6 5	己未	8 3	7 7	庚寅
3 4	2 2	戊午	4 3	3 3	戊子	5 3	4 4	戊午	6 3	5 5	己丑	7 4	6 6	庚申	8 4	7 8	辛卯
3 5	2 3	己未	4 4	3 4	己丑	5 4	4 5	己未	6 4	5 6	庚寅	7 5	6 7	辛酉	8 5	7 9	壬辰
						5 5	4 6	庚申	6 5	5 7	辛卯	7 6	6 8	壬戌	8 6	7 10	癸巳
															8 7	7 11	甲午

中氣

中氣	雨水	春分	穀雨	小滿	夏至	大暑
	2/20 8時54分 辰時	3/21 8時27分 辰時	4/20 20時11分 戌時	5/21 19時58分 戌時	6/22 4時19分 寅時	7/23 15時14分 申時

18

戊申　年

	庚申	辛酉	壬戌	癸亥	甲子	乙丑	月
節氣	立秋	白露	寒露	立冬	大雪	小寒	節氣
	8/8 7時26分 辰時	9/8 9時52分 巳時	10/9 0時50分 子時	11/8 3時22分 寅時	12/7 19時43分 戌時	1/6 6時45分 卯時	

庚申 國曆	農曆	干支	辛酉 國曆	農曆	干支	壬戌 國曆	農曆	干支	癸亥 國曆	農曆	干支	甲子 國曆	農曆	干支	乙丑 國曆	農曆	干支
8/8	7/12	乙未	9/8	8/13	丙寅	10/9	9/15	丁酉	11/8	10/15	丁卯	12/7	11/14	丙申	1/6	12/14	丙寅
8/9	7/13	丙申	9/9	8/14	丁卯	10/10	9/16	戊戌	11/9	10/16	戊辰	12/8	11/15	丁酉	1/7	12/15	丁卯
8/10	7/14	丁酉	9/10	8/15	戊辰	10/11	9/17	己亥	11/10	10/17	己巳	12/9	11/16	戊戌	1/8	12/16	戊辰
8/11	7/15	戊戌	9/11	8/16	己巳	10/12	9/18	庚子	11/11	10/18	庚午	12/10	11/17	己亥	1/9	12/17	己巳
8/12	7/16	己亥	9/12	8/17	庚午	10/13	9/19	辛丑	11/12	10/19	辛未	12/11	11/18	庚子	1/10	12/18	庚午
8/13	7/17	庚子	9/13	8/18	辛未	10/14	9/20	壬寅	11/13	10/20	壬申	12/12	11/19	辛丑	1/11	12/19	辛未
8/14	7/18	辛丑	9/14	8/19	壬申	10/15	9/21	癸卯	11/14	10/21	癸酉	12/13	11/20	壬寅	1/12	12/20	壬申
8/15	7/19	壬寅	9/15	8/20	癸酉	10/16	9/22	甲辰	11/15	10/22	甲戌	12/14	11/21	癸卯	1/13	12/21	癸酉
8/16	7/20	癸卯	9/16	8/21	甲戌	10/17	9/23	乙巳	11/16	10/23	乙亥	12/15	11/22	甲辰	1/14	12/22	甲戌
8/17	7/21	甲辰	9/17	8/22	乙亥	10/18	9/24	丙午	11/17	10/24	丙子	12/16	11/23	乙巳	1/15	12/23	乙亥
8/18	7/22	乙巳	9/18	8/23	丙子	10/19	9/25	丁未	11/18	10/25	丁丑	12/17	11/24	丙午	1/16	12/24	丙子
8/19	7/23	丙午	9/19	8/24	丁丑	10/20	9/26	戊申	11/19	10/26	戊寅	12/18	11/25	丁未	1/17	12/25	丁丑
8/20	7/24	丁未	9/20	8/25	戊寅	10/21	9/27	己酉	11/20	10/27	己卯	12/19	11/26	戊申	1/18	12/26	戊寅
8/21	7/25	戊申	9/21	8/26	己卯	10/22	9/28	庚戌	11/21	10/28	庚辰	12/20	11/27	己酉	1/19	12/27	己卯
8/22	7/26	己酉	9/22	8/27	庚辰	10/23	9/29	辛亥	11/22	10/29	辛巳	12/21	11/28	庚戌	1/20	12/28	庚辰
8/23	7/27	庚戌	9/23	8/28	辛巳	10/24	9/30	壬子	11/23	10/30	壬午	12/22	11/29	辛亥	1/21	12/29	辛巳
8/24	7/28	辛亥	9/24	8/29	壬午	10/25	10/1	癸丑	11/24	11/1	癸未	12/23	11/30	壬子	1/22	1/1	壬午
8/25	7/29	壬子	9/25	9/1	癸未	10/26	10/2	甲寅	11/25	11/2	甲申	12/24	12/1	癸丑	1/23	1/2	癸未
8/26	7/30	癸丑	9/26	9/2	甲申	10/27	10/3	乙卯	11/26	11/3	乙酉	12/25	12/2	甲寅	1/24	1/3	甲申
8/27	8/1	甲寅	9/27	9/3	乙酉	10/28	10/4	丙辰	11/27	11/4	丙戌	12/26	12/3	乙卯	1/25	1/4	乙酉
8/28	8/2	乙卯	9/28	9/4	丙戌	10/29	10/5	丁巳	11/28	11/5	丁亥	12/27	12/4	丙辰	1/26	1/5	丙戌
8/29	8/3	丙辰	9/29	9/5	丁亥	10/30	10/6	戊午	11/29	11/6	戊子	12/28	12/5	丁巳	1/27	1/6	丁亥
8/30	8/4	丁巳	9/30	9/6	戊子	10/31	10/7	己未	11/30	11/7	己丑	12/29	12/6	戊午	1/28	1/7	戊子
8/31	8/5	戊午	10/1	9/7	己丑	11/1	10/8	庚申	12/1	11/8	庚寅	12/30	12/7	己未	1/29	1/8	己丑
9/1	8/6	己未	10/2	9/8	庚寅	11/2	10/9	辛酉	12/2	11/9	辛卯	12/31	12/8	庚申	1/30	1/9	庚寅
9/2	8/7	庚申	10/3	9/9	辛卯	11/3	10/10	壬戌	12/3	11/10	壬辰	1/1	12/9	辛酉	1/31	1/10	辛卯
9/3	8/8	辛酉	10/4	9/10	壬辰	11/4	10/11	癸亥	12/4	11/11	癸巳	1/2	12/10	壬戌	2/1	1/11	壬辰
9/4	8/9	壬戌	10/5	9/11	癸巳	11/5	10/12	甲子	12/5	11/12	甲午	1/3	12/11	癸亥	2/2	1/12	癸巳
9/5	8/10	癸亥	10/6	9/12	甲午	11/6	10/13	乙丑	12/6	11/13	乙未	1/4	12/12	甲子	2/3	1/13	甲午
9/6	8/11	甲子	10/7	9/13	乙未	11/7	10/14	丙寅				1/5	12/13	乙丑			
9/7	8/12	乙丑	10/8	9/14	丙申												

	庚申	辛酉	壬戌	癸亥	甲子	乙丑	中氣
中氣	處暑	秋分	霜降	小雪	冬至	大寒	
	8/23 21時57分 亥時	9/23 18時58分 酉時	10/24 3時36分 寅時	11/23 0時34分 子時	12/22 11時33分 未時	1/21 0時11分 子時	

清光緒三十四年　民國前四、三年　猴　1908、1909

19

年			己酉														
月	丙寅			丁卯			戊辰			己巳			庚午			辛未		
節氣	立春			驚蟄			清明			立夏			芒種			小暑		
	2/4 18時32分 酉時			3/6 13時0分 未時			4/5 18時29分 酉時			5/6 12時30分 午時			6/6 17時14分 酉時			7/8 3時44分 寅時		
日	國曆	農曆	干支	國曆	農曆	干支	國曆	農曆	干支	國曆	農曆	干支	國曆	農曆	干支	國曆	農曆	干支
	2/4	1 14	乙未	3/6	2 15	乙丑	4/5	2 15	乙未	5/6	3 17	丙寅	6/6	4 19	丁酉	7/8	5 21	己巳
	2/5	1 15	丙申	3/7	2 16	丙寅	4/6	2 16	丙申	5/7	3 18	丁卯	6/7	4 20	戊戌	7/9	5 22	庚午
	2/6	1 16	丁酉	3/8	2 17	丁卯	4/7	2 17	丁酉	5/8	3 19	戊辰	6/8	4 21	己亥	7/10	5 23	辛未
	2/7	1 17	戊戌	3/9	2 18	戊辰	4/8	2 18	戊戌	5/9	3 20	己巳	6/9	4 22	庚子	7/11	5 24	壬申
	2/8	1 18	己亥	3/10	2 19	己巳	4/9	2 19	己亥	5/10	3 21	庚午	6/10	4 23	辛丑	7/12	5 25	癸酉
	2/9	1 19	庚子	3/11	2 20	庚午	4/10	2 20	庚子	5/11	3 22	辛未	6/11	4 24	壬寅	7/13	5 26	甲戌
	2/10	1 20	辛丑	3/12	2 21	辛未	4/11	2 21	辛丑	5/12	3 23	壬申	6/12	4 25	癸卯	7/14	5 27	乙亥
	2/11	1 21	壬寅	3/13	2 22	壬申	4/12	2 22	壬寅	5/13	3 24	癸酉	6/13	4 26	甲辰	7/15	5 28	丙子
	2/12	1 22	癸卯	3/14	2 23	癸酉	4/13	2 23	癸卯	5/14	3 25	甲戌	6/14	4 27	乙巳	7/16	5 29	丁丑
	2/13	1 23	甲辰	3/15	2 24	甲戌	4/14	2 24	甲辰	5/15	3 26	乙亥	6/15	4 28	丙午	7/17	6 1	戊寅
	2/14	1 24	乙巳	3/16	2 25	乙亥	4/15	2 25	乙巳	5/16	3 27	丙子	6/16	4 29	丁未	7/18	6 2	己卯
	2/15	1 25	丙午	3/17	2 26	丙子	4/16	2 26	丙午	5/17	3 28	丁丑	6/17	4 30	戊申	7/19	6 3	庚辰
	2/16	1 26	丁未	3/18	2 27	丁丑	4/17	2 27	丁未	5/18	3 29	戊寅	6/18	5 1	己酉	7/20	6 4	辛巳
	2/17	1 27	戊申	3/19	2 28	戊寅	4/18	2 28	戊申	5/19	4 1	己卯	6/19	5 2	庚戌	7/21	6 5	壬午
	2/18	1 28	己酉	3/20	2 29	己卯	4/19	2 29	己酉	5/20	4 2	庚辰	6/20	5 3	辛亥	7/22	6 6	癸未
	2/19	1 29	庚戌	3/21	2 30	庚辰	4/20	3 1	庚戌	5/21	4 3	辛巳	6/21	5 4	壬子	7/23	6 7	甲申
	2/20	2 1	辛亥	3/22	閏2 1	辛巳	4/21	3 2	辛亥	5/22	4 4	壬午	6/22	5 5	癸丑	7/24	6 8	乙酉
	2/21	2 2	壬子	3/23	2 2	壬午	4/22	3 3	壬子	5/23	4 5	癸未	6/23	5 6	甲寅	7/25	6 9	丙戌
	2/22	2 3	癸丑	3/24	2 3	癸未	4/23	3 4	癸丑	5/24	4 6	甲申	6/24	5 7	乙卯	7/26	6 10	丁亥
	2/23	2 4	甲寅	3/25	2 4	甲申	4/24	3 5	甲寅	5/25	4 7	乙酉	6/25	5 8	丙辰	7/27	6 11	戊子
	2/24	2 5	乙卯	3/26	2 5	乙酉	4/25	3 6	乙卯	5/26	4 8	丙戌	6/26	5 9	丁巳	7/28	6 12	己丑
	2/25	2 6	丙辰	3/27	2 6	丙戌	4/26	3 7	丙辰	5/27	4 9	丁亥	6/27	5 10	戊午	7/29	6 13	庚寅
	2/26	2 7	丁巳	3/28	2 7	丁亥	4/27	3 8	丁巳	5/28	4 10	戊子	6/28	5 11	己未	7/30	6 14	辛卯
	2/27	2 8	戊午	3/29	2 8	戊子	4/28	3 9	戊午	5/29	4 11	己丑	6/29	5 12	庚申	7/31	6 15	壬辰
	2/28	2 9	己未	3/30	2 9	己丑	4/29	3 10	己未	5/30	4 12	庚寅	6/30	5 13	辛酉	8/1	6 16	癸巳
	3/1	2 10	庚申	3/31	2 10	庚寅	4/30	3 11	庚申	5/31	4 13	辛卯	7/1	5 14	壬戌	8/2	6 17	甲午
	3/2	2 11	辛酉	4/1	2 11	辛卯	5/1	3 12	辛酉	6/1	4 14	壬辰	7/2	5 15	癸亥	8/3	6 18	乙未
	3/3	2 12	壬戌	4/2	2 12	壬辰	5/2	3 13	壬戌	6/2	4 15	癸巳	7/3	5 16	甲子	8/4	6 19	丙申
	3/4	2 13	癸亥	4/3	2 13	癸巳	5/3	3 14	癸亥	6/3	4 16	甲午	7/4	5 17	乙丑	8/5	6 20	丁酉
	3/5	2 14	甲子	4/4	2 14	甲午	5/4	3 15	甲子	6/4	4 17	乙未	7/5	5 18	丙寅	8/6	6 21	戊戌
							5/5	3 16	乙丑	6/5	4 18	丙申	7/6	5 19	丁卯	8/7	6 22	己亥
													7/7	5 20	戊辰			
中氣	雨水			春分			穀雨			小滿			夏至			大暑		
	2/19 14時38分 未時			3/21 14時13分 未時			4/21 1時57分 丑時			5/22 1時44分 丑時			6/22 10時5分 巳時			7/23 21時0分 亥時		

清 宣統元年 民國前三年 雞

1909

己酉（年）

節氣（上）：

月	壬申	癸酉	甲戌	乙亥	丙子	丁丑
節氣	立秋	白露	寒露	立冬	大雪	小寒
時刻	8/8 13時22分 未時	9/8 15時46分 申時	10/9 6時43分 卯時	11/8 9時13分 巳時	12/8 1時34分 丑時	1/6 12時38分 午時

日：

立秋 國曆	農曆	干支	白露 國曆	農曆	干支	寒露 國曆	農曆	干支	立冬 國曆	農曆	干支	大雪 國曆	農曆	干支	小寒 國曆	農曆	干支
8	6/23	庚午	8	7/24	辛丑	9	8/26	壬申	8	9/26	壬寅	8	10/26	壬申	6	11/25	辛丑
9	6/24	辛未	9	7/25	壬寅	10	8/27	癸酉	9	9/27	癸卯	9	10/27	癸酉	7	11/26	壬寅
10	6/25	壬申	10	7/26	癸卯	11	8/28	甲戌	10	9/28	甲辰	10	10/28	甲戌	8	11/27	癸卯
11	6/26	癸酉	11	7/27	甲辰	12	8/29	乙亥	11	9/29	乙巳	11	10/29	乙亥	9	11/28	甲辰
12	6/27	甲戌	12	7/28	乙巳	13	8/30	丙子	12	9/30	丙午	12	10/30	丙子	10	11/29	乙巳
13	6/28	乙亥	13	7/29	丙午	14	9/1	丁丑	13	10/1	丁未	13	11/1	丁丑	11	11/30	丙午
14	6/29	丙子	14	8/1	丁未	15	9/2	戊寅	14	10/2	戊申	14	11/2	戊寅	12	12/1	丁未
15	6/30	丁丑	15	8/2	戊申	16	9/3	己卯	15	10/3	己酉	15	11/3	己卯	13	12/2	戊申
16	7/1	戊寅	16	8/3	己酉	17	9/4	庚辰	16	10/4	庚戌	16	11/4	庚辰	14	12/3	己酉
17	7/2	己卯	17	8/4	庚戌	18	9/5	辛巳	17	10/5	辛亥	17	11/5	辛巳	15	12/4	庚戌
18	7/3	庚辰	18	8/5	辛亥	19	9/6	壬午	18	10/6	壬子	18	11/6	壬午	16	12/5	辛亥
19	7/4	辛巳	19	8/6	壬子	20	9/7	癸未	19	10/7	癸丑	19	11/7	癸未	17	12/6	壬子
20	7/5	壬午	20	8/7	癸丑	21	9/8	甲申	20	10/8	甲寅	20	11/8	甲申	18	12/7	癸丑
21	7/6	癸未	21	8/8	甲寅	22	9/9	乙酉	21	10/9	乙卯	21	11/9	乙酉	19	12/8	甲寅
22	7/7	甲申	22	8/9	乙卯	23	9/10	丙戌	22	10/10	丙辰	22	11/10	丙戌	20	12/9	乙卯
23	7/8	乙酉	23	8/10	丙辰	24	9/11	丁亥	23	10/11	丁巳	23	11/11	丁亥	21	12/10	丙辰
24	7/9	丙戌	24	8/11	丁巳	25	9/12	戊子	24	10/12	戊午	24	11/12	戊子	22	12/11	丁巳
25	7/10	丁亥	25	8/12	戊午	26	9/13	己丑	25	10/13	己未	25	11/13	己丑	23	12/12	戊午
26	7/11	戊子	26	8/13	己未	27	9/14	庚寅	26	10/14	庚申	26	11/14	庚寅	24	12/13	己未
27	7/12	己丑	27	8/14	庚申	28	9/15	辛卯	27	10/15	辛酉	27	11/15	辛卯	25	12/14	庚申
28	7/13	庚寅	28	8/15	辛酉	29	9/16	壬辰	28	10/16	壬戌	28	11/16	壬辰	26	12/15	辛酉
29	7/14	辛卯	29	8/16	壬戌	30	9/17	癸巳	29	10/17	癸亥	29	11/17	癸巳	27	12/16	壬戌
30	7/15	壬辰	30	8/17	癸亥	31	9/18	甲午	30	10/18	甲子	30	11/18	甲午	28	12/17	癸亥
31	7/16	癸巳	1	8/18	甲子	1	9/19	乙未	1	10/19	乙丑	31	11/19	乙未	29	12/18	甲子
1	7/17	甲午	2	8/19	乙丑	2	9/20	丙申	2	10/20	丙寅	1	11/20	丙申	30	12/19	乙丑
2	7/18	乙未	3	8/20	丙寅	3	9/21	丁酉	3	10/21	丁卯	2	11/21	丁酉	31	12/20	丙寅
3	7/19	丙申	4	8/21	丁卯	4	9/22	戊戌	4	10/22	戊辰	3	11/22	戊戌	1	12/21	丁卯
4	7/20	丁酉	5	8/22	戊辰	5	9/23	己亥	5	10/23	己巳	4	11/23	己亥	2	12/22	戊辰
5	7/21	戊戌	6	8/23	己巳	6	9/24	庚子	6	10/24	庚午	5	11/24	庚子	3	12/23	己巳
6	7/22	己亥	7	8/24	庚午	7	9/25	辛丑	7	10/25	辛未				4	12/24	庚午
7	7/23	庚子	8	8/25	辛未												

中氣（下）：

中氣	處暑	秋分	霜降	小雪	冬至	大寒
時刻	8/24 3時43分 寅時	9/24 0時44分 子時	10/24 9時22分 巳時	11/23 6時20分 卯時	12/22 19時19分 戌時	1/21 5時59分 卯時

（右欄）清宣統元年　民國前三、二年　雞　1909、1910

21

年															庚戌			
月	戊寅			己卯			庚辰			辛巳			壬午			癸未			
節氣	立春			驚蟄			清明			立夏			芒種			小暑			
	2/5 0時27分 子時			3/6 18時56分 酉時			4/6 18時23分 子時			5/6 18時19分 酉時			6/6 22時56分 亥時			7/8 9時21分 巳時			
日	國曆	農曆	干支	國曆	農曆	干支	國曆	農曆	干支	國曆	農曆	干支	國曆	農曆	干支	國曆	農曆	干支	
	2 5	12 26	辛丑	3 6	1 25	庚午	4 6	2 27	辛丑	5 6	3 27	辛未	6 6	4 29	壬寅	7 8	6 2	甲戌	
	2 6	12 27	壬寅	3 7	1 26	辛未	4 7	2 28	壬寅	5 7	3 28	壬申	6 7	5 1	癸卯	7 9	6 3	乙亥	
	2 7	12 28	癸卯	3 8	1 27	壬申	4 8	2 29	癸卯	5 8	3 29	癸酉	6 8	5 2	甲辰	7 10	6 4	丙子	
	2 8	12 29	甲辰	3 9	1 28	癸酉	4 9	2 30	甲辰	5 9	4 1	甲戌	6 9	5 3	乙巳	7 11	6 5	丁丑	
	2 9	12 30	乙巳	3 10	1 29	甲戌	4 10	3 1	乙巳	5 10	4 2	乙亥	6 10	5 4	丙午	7 12	6 6	戊寅	
	2 10	1 1	丙午	3 11	2 1	乙亥	4 11	3 2	丙午	5 11	4 3	丙子	6 11	5 5	丁未	7 13	6 7	己卯	
	2 11	1 2	丁未	3 12	2 2	丙子	4 12	3 3	丁未	5 12	4 4	丁丑	6 12	5 6	戊申	7 14	6 8	庚辰	
	2 12	1 3	戊申	3 13	2 3	丁丑	4 13	3 4	戊申	5 13	4 5	戊寅	6 13	5 7	己酉	7 15	6 9	辛巳	
	2 13	1 4	己酉	3 14	2 4	戊寅	4 14	3 5	己酉	5 14	4 6	己卯	6 14	5 8	庚戌	7 16	6 10	壬午	
	2 14	1 5	庚戌	3 15	2 5	己卯	4 15	3 6	庚戌	5 15	4 7	庚辰	6 15	5 9	辛亥	7 17	6 11	癸未	
	2 15	1 6	辛亥	3 16	2 6	庚辰	4 16	3 7	辛亥	5 16	4 8	辛巳	6 16	5 10	壬子	7 18	6 12	甲申	
	2 16	1 7	壬子	3 17	2 7	辛巳	4 17	3 8	壬子	5 17	4 9	壬午	6 17	5 11	癸丑	7 19	6 13	乙酉	
	2 17	1 8	癸丑	3 18	2 8	壬午	4 18	3 9	癸丑	5 18	4 10	癸未	6 18	5 12	甲寅	7 20	6 14	丙戌	
	2 18	1 9	甲寅	3 19	2 9	癸未	4 19	3 10	甲寅	5 19	4 11	甲申	6 19	5 13	乙卯	7 21	6 15	丁亥	
	2 19	1 10	乙卯	3 20	2 10	甲申	4 20	3 11	乙卯	5 20	4 12	乙酉	6 20	5 14	丙辰	7 22	6 16	戊子	
	2 20	1 11	丙辰	3 21	2 11	乙酉	4 21	3 12	丙辰	5 21	4 13	丙戌	6 21	5 15	丁巳	7 23	6 17	己丑	
	2 21	1 12	丁巳	3 22	2 12	丙戌	4 22	3 13	丁巳	5 22	4 14	丁亥	6 22	5 16	戊午	7 24	6 18	庚寅	
	2 22	1 13	戊午	3 23	2 13	丁亥	4 23	3 14	戊午	5 23	4 15	戊子	6 23	5 17	己未	7 25	6 19	辛卯	
	2 23	1 14	己未	3 24	2 14	戊子	4 24	3 15	己未	5 24	4 16	己丑	6 24	5 18	庚申	7 26	6 20	壬辰	
	2 24	1 15	庚申	3 25	2 15	己丑	4 25	3 16	庚申	5 25	4 17	庚寅	6 25	5 19	辛酉	7 27	6 21	癸巳	
	2 25	1 16	辛酉	3 26	2 16	庚寅	4 26	3 17	辛酉	5 26	4 18	辛卯	6 26	5 20	壬戌	7 28	6 22	甲午	
	2 26	1 17	壬戌	3 27	2 17	辛卯	4 27	3 18	壬戌	5 27	4 19	壬辰	6 27	5 21	癸亥	7 29	6 23	乙未	
	2 27	1 18	癸亥	3 28	2 18	壬辰	4 28	3 19	癸亥	5 28	4 20	癸巳	6 28	5 22	甲子	7 30	6 24	丙申	
	2 28	1 19	甲子	3 29	2 19	癸巳	4 29	3 20	甲子	5 29	4 21	甲午	6 29	5 23	乙丑	7 31	6 25	丁酉	
	3 1	1 20	乙丑	3 30	2 20	甲午	4 30	3 21	乙丑	5 30	4 22	乙未	6 30	5 24	丙寅	8 1	6 26	戊戌	
	3 2	1 21	丙寅	3 31	2 21	乙未	5 1	3 22	丙寅	5 31	4 23	丙申	7 1	5 25	丁卯	8 2	6 27	己亥	
	3 3	1 22	丁卯	4 1	2 22	丙申	5 2	3 23	丁卯	6 1	4 24	丁酉	7 2	5 26	戊辰	8 3	6 28	庚子	
	3 4	1 23	戊辰	4 2	2 23	丁酉	5 3	3 24	戊辰	6 2	4 25	戊戌	7 3	5 27	己巳	8 4	6 29	辛丑	
	3 5	1 24	己巳	4 3	2 24	戊戌	5 4	3 25	己巳	6 3	4 26	己亥	7 4	5 28	庚午	8 5	7 1	壬寅	
				4 4	2 25	己亥	5 5	3 26	庚午	6 4	4 27	庚子	7 5	5 29	辛未	8 6	7 2	癸卯	
				4 5	2 26	庚子				6 5	4 28	辛丑	7 6	5 30	壬申	8 7	7 3	甲辰	
													7 7	6 1	癸酉				
中氣	雨水			春分			穀雨			小滿			夏至			大暑			
	2/19 20時28分 戌時			3/21 20時2分 戌時			4/21 7時45分 辰時			5/22 7時30分 辰時			6/22 15時48分 申時			7/24 2時43分 丑時			

清宣統二年

民國前二年

狗

1910

22

庚戌

甲申 立秋 8/8 18時57分 酉時			乙酉 白露 9/8 21時22分 亥時			丙戌 寒露 10/9 12時21分 午時			丁亥 立冬 11/8 14時53分 未時			戊子 大雪 12/8 7時17分 辰時			己丑 小寒 1/6 18時21分 酉時		
國曆	農曆	干支	國曆	農曆	干支	國曆	農曆	干支	國曆	農曆	干支	國曆	農曆	干支	國曆	農曆	干支
8/8	7/4	乙巳	9/8	8/5	丙子	10/9	9/7	丁未	11/8	10/7	丁丑	12/8	11/7	丁未	1/6	12/6	丙子
8/9	7/5	丙午	9/9	8/6	丁丑	10/10	9/8	戊申	11/9	10/8	戊寅	12/9	11/8	戊申	1/7	12/7	丁丑
8/10	7/6	丁未	9/10	8/7	戊寅	10/11	9/9	己酉	11/10	10/9	己卯	12/10	11/9	己酉	1/8	12/8	戊寅
8/11	7/7	戊申	9/11	8/8	己卯	10/12	9/10	庚戌	11/11	10/10	庚辰	12/11	11/10	庚戌	1/9	12/9	己卯
8/12	7/8	己酉	9/12	8/9	庚辰	10/13	9/11	辛亥	11/12	10/11	辛巳	12/12	11/11	辛亥	1/10	12/10	庚辰
8/13	7/9	庚戌	9/13	8/10	辛巳	10/14	9/12	壬子	11/13	10/12	壬午	12/13	11/12	壬子	1/11	12/11	辛巳
8/14	7/10	辛亥	9/14	8/11	壬午	10/15	9/13	癸丑	11/14	10/13	癸未	12/14	11/13	癸丑	1/12	12/12	壬午
8/15	7/11	壬子	9/15	8/12	癸未	10/16	9/14	甲寅	11/15	10/14	甲申	12/15	11/14	甲寅	1/13	12/13	癸未
8/16	7/12	癸丑	9/16	8/13	甲申	10/17	9/15	乙卯	11/16	10/15	乙酉	12/16	11/15	乙卯	1/14	12/14	甲申
8/17	7/13	甲寅	9/17	8/14	乙酉	10/18	9/16	丙辰	11/17	10/16	丙戌	12/17	11/16	丙辰	1/15	12/15	乙酉
8/18	7/14	乙卯	9/18	8/15	丙戌	10/19	9/17	丁巳	11/18	10/17	丁亥	12/18	11/17	丁巳	1/16	12/16	丙戌
8/19	7/15	丙辰	9/19	8/16	丁亥	10/20	9/18	戊午	11/19	10/18	戊子	12/19	11/18	戊午	1/17	12/17	丁亥
8/20	7/16	丁巳	9/20	8/17	戊子	10/21	9/19	己未	11/20	10/19	己丑	12/20	11/19	己未	1/18	12/18	戊子
8/21	7/17	戊午	9/21	8/18	己丑	10/22	9/20	庚申	11/21	10/20	庚寅	12/21	11/20	庚申	1/19	12/19	己丑
8/22	7/18	己未	9/22	8/19	庚寅	10/23	9/21	辛酉	11/22	10/21	辛卯	12/22	11/21	辛酉	1/20	12/20	庚寅
8/23	7/19	庚申	9/23	8/20	辛卯	10/24	9/22	壬戌	11/23	10/22	壬辰	12/23	11/22	壬戌	1/21	12/21	辛卯
8/24	7/20	辛酉	9/24	8/21	壬辰	10/25	9/23	癸亥	11/24	10/23	癸巳	12/24	11/23	癸亥	1/22	12/22	壬辰
8/25	7/21	壬戌	9/25	8/22	癸巳	10/26	9/24	甲子	11/25	10/24	甲午	12/25	11/24	甲子	1/23	12/23	癸巳
8/26	7/22	癸亥	9/26	8/23	甲午	10/27	9/25	乙丑	11/26	10/25	乙未	12/26	11/25	乙丑	1/24	12/24	甲午
8/27	7/23	甲子	9/27	8/24	乙未	10/28	9/26	丙寅	11/27	10/26	丙申	12/27	11/26	丙寅	1/25	12/25	乙未
8/28	7/24	乙丑	9/28	8/25	丙申	10/29	9/27	丁卯	11/28	10/27	丁酉	12/28	11/27	丁卯	1/26	12/26	丙申
8/29	7/25	丙寅	9/29	8/26	丁酉	10/30	9/28	戊辰	11/29	10/28	戊戌	12/29	11/28	戊辰	1/27	12/27	丁酉
8/30	7/26	丁卯	9/30	8/27	戊戌	10/31	9/29	己巳	11/30	10/29	己亥	12/30	11/29	己巳	1/28	12/28	戊戌
8/31	7/27	戊辰	10/1	8/28	己亥	11/1	9/30	庚午	12/1	10/30	庚子	12/31	11/30	庚午	1/29	12/29	己亥
9/1	7/28	己巳	10/2	8/29	庚子	11/2	10/1	辛未	12/2	11/1	辛丑	1/1	12/1	辛未	1/30	1/1	庚子
9/2	7/29	庚午	10/3	9/1	辛丑	11/3	10/2	壬申	12/3	11/2	壬寅	1/2	12/2	壬申	1/31	1/2	辛丑
9/3	7/30	辛未	10/4	9/2	壬寅	11/4	10/3	癸酉	12/4	11/3	癸卯	1/3	12/3	癸酉	2/1	1/3	壬寅
9/4	8/1	壬申	10/5	9/3	癸卯	11/5	10/4	甲戌	12/5	11/4	甲辰	1/4	12/4	甲戌	2/2	1/4	癸卯
9/5	8/2	癸酉	10/6	9/4	甲辰	11/6	10/5	乙亥	12/6	11/5	乙巳	1/5	12/5	乙亥	2/3	1/5	甲辰
9/6	8/3	甲戌	10/7	9/5	乙巳	11/7	10/6	丙子	12/7	11/6	丙午				2/4	1/6	乙巳
9/7	8/4	乙亥	10/8	9/6	丙午												

中氣					
處暑 8/24 9時27分 巳時	秋分 9/24 6時30分 卯時	霜降 10/24 15時11分 申時	小雪 11/23 12時10分 午時	冬至 12/23 1時11分 丑時	大寒 1/21 11時51分 午時

年／月欄： 清宣統二年　民國前二、一年　狗　1910、1911

年	辛亥					
月	庚寅	辛卯	壬辰	癸巳	甲午	乙未
節氣	立春	驚蟄	清明	立夏	芒種	小暑
時	2/5 6時10分 卯時	3/7 0時38分 子時	4/6 6時4分 卯時	5/7 0時0分 子時	6/7 4時37分 寅時	7/8 15時5分 申時

左欄（直書）：清宣統三年　民國前一年　豬　1911

國曆	農曆	干支	國曆	農曆	干支	國曆	農曆	干支	國曆	農曆	干支	國曆	農曆	干支	國曆	農曆	干支
2/5	1/7	丙午	3/7	2/7	丙子	4/6	3/8	丙午	5/7	4/9	丁丑	6/7	5/11	戊申	7/8	6/13	己卯
2/6	1/8	丁未	3/8	2/8	丁丑	4/7	3/9	丁未	5/8	4/10	戊寅	6/8	5/12	己酉	7/9	6/14	庚辰
2/7	1/9	戊申	3/9	2/9	戊寅	4/8	3/10	戊申	5/9	4/11	己卯	6/9	5/13	庚戌	7/10	6/15	辛巳
2/8	1/10	己酉	3/10	2/10	己卯	4/9	3/11	己酉	5/10	4/12	庚辰	6/10	5/14	辛亥	7/11	6/16	壬午
2/9	1/11	庚戌	3/11	2/11	庚辰	4/10	3/12	庚戌	5/11	4/13	辛巳	6/11	5/15	壬子	7/12	6/17	癸未
2/10	1/12	辛亥	3/12	2/12	辛巳	4/11	3/13	辛亥	5/12	4/14	壬午	6/12	5/16	癸丑	7/13	6/18	甲申
2/11	1/13	壬子	3/13	2/13	壬午	4/12	3/14	壬子	5/13	4/15	癸未	6/13	5/17	甲寅	7/14	6/19	乙酉
2/12	1/14	癸丑	3/14	2/14	癸未	4/13	3/15	癸丑	5/14	4/16	甲申	6/14	5/18	乙卯	7/15	6/20	丙戌
2/13	1/15	甲寅	3/15	2/15	甲申	4/14	3/16	甲寅	5/15	4/17	乙酉	6/15	5/19	丙辰	7/16	6/21	丁亥
2/14	1/16	乙卯	3/16	2/16	乙酉	4/15	3/17	乙卯	5/16	4/18	丙戌	6/16	5/20	丁巳	7/17	6/22	戊子
2/15	1/17	丙辰	3/17	2/17	丙戌	4/16	3/18	丙辰	5/17	4/19	丁亥	6/17	5/21	戊午	7/18	6/23	己丑
2/16	1/18	丁巳	3/18	2/18	丁亥	4/17	3/19	丁巳	5/18	4/20	戊子	6/18	5/22	己未	7/19	6/24	庚寅
2/17	1/19	戊午	3/19	2/19	戊子	4/18	3/20	戊午	5/19	4/21	己丑	6/19	5/23	庚申	7/20	6/25	辛卯
2/18	1/20	己未	3/20	2/20	己丑	4/19	3/21	己未	5/20	4/22	庚寅	6/20	5/24	辛酉	7/21	6/26	壬辰
2/19	1/21	庚申	3/21	2/21	庚寅	4/20	3/22	庚申	5/21	4/23	辛卯	6/21	5/25	壬戌	7/22	6/27	癸巳
2/20	1/22	辛酉	3/22	2/22	辛卯	4/21	3/23	辛酉	5/22	4/24	壬辰	6/22	5/26	癸亥	7/23	6/28	甲午
2/21	1/23	壬戌	3/23	2/23	壬辰	4/22	3/24	壬戌	5/23	4/25	癸巳	6/23	5/27	甲子	7/24	6/29	乙未
2/22	1/24	癸亥	3/24	2/24	癸巳	4/23	3/25	癸亥	5/24	4/26	甲午	6/24	5/28	乙丑	7/25	6/30	丙申
2/23	1/25	甲子	3/25	2/25	甲午	4/24	3/26	甲子	5/25	4/27	乙未	6/25	5/29	丙寅	7/26	閏6/1	丁酉
2/24	1/26	乙丑	3/26	2/26	乙未	4/25	3/27	乙丑	5/26	4/28	丙申	6/26	6/1	丁卯	7/27	閏6/2	戊戌
2/25	1/27	丙寅	3/27	2/27	丙申	4/26	3/28	丙寅	5/27	4/29	丁酉	6/27	6/2	戊辰	7/28	閏6/3	己亥
2/26	1/28	丁卯	3/28	2/28	丁酉	4/27	3/29	丁卯	5/28	5/1	戊戌	6/28	6/3	己巳	7/29	閏6/4	庚子
2/27	1/29	戊辰	3/29	2/29	戊戌	4/28	3/30	戊辰	5/29	5/2	己亥	6/29	6/4	庚午	7/30	閏6/5	辛丑
2/28	1/30	己巳	3/30	3/1	己亥	4/29	4/1	己巳	5/30	5/3	庚子	6/30	6/5	辛未	7/31	閏6/6	壬寅
3/1	2/1	庚午	3/31	3/2	庚子	4/30	4/2	庚午	5/31	5/4	辛丑	7/1	6/6	壬申	8/1	閏6/7	癸卯
3/2	2/2	辛未	4/1	3/3	辛丑	5/1	4/3	辛未	6/1	5/5	壬寅	7/2	6/7	癸酉	8/2	閏6/8	甲辰
3/3	2/3	壬申	4/2	3/4	壬寅	5/2	4/4	壬申	6/2	5/6	癸卯	7/3	6/8	甲戌	8/3	閏6/9	乙巳
3/4	2/4	癸酉	4/3	3/5	癸卯	5/3	4/5	癸酉	6/3	5/7	甲辰	7/4	6/9	乙亥	8/4	閏6/10	丙午
3/5	2/5	甲戌	4/4	3/6	甲辰	5/4	4/6	甲戌	6/4	5/8	乙巳	7/5	6/10	丙子	8/5	閏6/11	丁未
3/6	2/6	乙亥	4/5	3/7	乙巳	5/5	4/7	乙亥	6/5	5/9	丙午	7/6	6/11	丁丑	8/6	閏6/12	戊申
						5/6	4/8	丙子	6/6	5/10	丁未	7/7	6/12	戊寅	8/7	閏6/13	己酉
															8/8	閏6/14	庚戌

中氣	雨水	春分	穀雨	小滿	夏至	大暑
	2/20 20時20分 戌時	3/22 1時54分 丑時	4/21 13時36分 未時	5/22 13時18分 未時	6/22 21時35分 亥時	7/24 8時25分 辰時

丙申			丁酉			戊戌			己亥			庚子			辛丑			月
立秋			白露			寒露			立冬			大雪			小寒			節氣
8/9 0時44分 子時			9/9 3時13分 寅時			10/9 18時15分 酉時			11/8 20時47分 戌時			12/8 13時7分 未時			1/7 0時7分 子時			
國曆	農曆	干支	國曆	農曆	干支	國曆	農曆	干支	國曆	農曆	干支	國曆	農曆	干支	國曆	農曆	干支	日
8 9	6 15	辛亥	9 9	7 17	壬午	10 9	8 18	壬子	11 8	9 18	壬午	12 8	10 18	壬子	1 7	11 19	壬午	
10	16	壬子	10	18	癸未	10	19	癸丑	9	19	癸未	9	19	癸丑	8	20	癸未	
11	17	癸丑	11	19	甲申	11	20	甲寅	10	20	甲申	10	20	甲寅	9	21	甲申	
12	18	甲寅	12	20	乙酉	12	21	乙卯	11	21	乙酉	11	21	乙卯	10	22	乙酉	
13	19	乙卯	13	21	丙戌	13	22	丙辰	12	22	丙戌	12	22	丙辰	11	23	丙戌	
14	20	丙辰	14	22	丁亥	14	23	丁巳	13	23	丁亥	13	23	丁巳	12	24	丁亥	
15	21	丁巳	15	23	戊子	15	24	戊午	14	24	戊子	14	24	戊午	13	25	戊子	
16	22	戊午	16	24	己丑	16	25	己未	15	25	己丑	15	25	己未	14	26	己丑	
17	23	己未	17	25	庚寅	17	26	庚申	16	26	庚寅	16	26	庚申	15	27	庚寅	
18	24	庚申	18	26	辛卯	18	27	辛酉	17	27	辛卯	17	27	辛酉	16	28	辛卯	
19	25	辛酉	19	27	壬辰	19	28	壬戌	18	28	壬辰	18	28	壬戌	17	29	壬辰	
20	26	壬戌	20	28	癸巳	20	29	癸亥	19	29	癸巳	19	29	癸亥	18	30	癸巳	
21	27	癸亥	21	29	甲午	21	30	甲子	20	30	甲午	20	11 1	甲子	19	12 1	甲午	
22	28	甲子	22	8 1	乙未	22	9 1	乙丑	21	10 1	乙未	21	2	乙丑	20	2	乙未	
23	29	乙丑	23	2	丙申	23	2	丙寅	22	2	丙申	22	3	丙寅	21	3	丙申	
24	7 1	丙寅	24	3	丁酉	24	3	丁卯	23	3	丁酉	23	4	丁卯	22	4	丁酉	
25	2	丁卯	25	4	戊戌	25	4	戊辰	24	4	戊戌	24	5	戊辰	23	5	戊戌	豬
26	3	戊辰	26	5	己亥	26	5	己巳	25	5	己亥	25	6	己巳	24	6	己亥	
27	4	己巳	27	6	庚子	27	6	庚午	26	6	庚子	26	7	庚午	25	7	庚子	
28	5	庚午	28	7	辛丑	28	7	辛未	27	7	辛丑	27	8	辛未	26	8	辛丑	
29	6	辛未	29	8	壬寅	29	8	壬申	28	8	壬寅	28	9	壬申	27	9	壬寅	
30	7	壬申	30	9	癸卯	30	9	癸酉	29	9	癸卯	29	10	癸酉	28	10	癸卯	
31	8	癸酉	10 1	10	甲辰	31	10	甲戌	30	10	甲辰	30	11	甲戌	29	11	甲辰	
9 1	9	甲戌	2	11	乙巳	11 1	11	乙亥	12 1	11	乙巳	31	12	乙亥	30	12	乙巳	
2	10	乙亥	3	12	丙午	2	12	丙子	2	12	丙午	1 1	13	丙子	31	13	丙午	1911、
3	11	丙子	4	13	丁未	3	13	丁丑	3	13	丁未	2	14	丁丑	2 1	14	丁未	1912
4	12	丁丑	5	14	戊申	4	14	戊寅	4	14	戊申	3	15	戊寅	2	15	戊申	
5	13	戊寅	6	15	己酉	5	15	己卯	5	15	己酉	4	16	己卯	3	16	己酉	
6	14	己卯	7	16	庚戌	6	16	庚辰	6	16	庚戌	5	17	庚辰	4	17	庚戌	
7	15	庚辰	8	17	辛亥	7	17	辛巳	7	17	辛亥	6	18	辛巳				
8	16	辛巳																
處暑 8/24 15時13分 申時			秋分 9/24 12時17分 午時			霜降 10/24 20時58分 戌時			小雪 11/23 17時55分 酉時			冬至 12/23 6時53分 卯時			大寒 1/21 17時29分 酉時			中氣

右欄（年）：清宣統三年、民國前一年、民國元年

年	壬子																		
月	壬寅			癸卯			甲辰			乙巳			丙午			丁未			
節氣	立春			驚蟄			清明			立夏			芒種			小暑			
	2/5 11時53分 午時			3/6 6時21分 卯時			4/5 11時48分 午時			5/6 5時47分 卯時			6/6 10時27分 巳時			7/7 20時56分 戌時			
日	國曆	農曆	干支	國曆	農曆	干支	國曆	農曆	干支	國曆	農曆	干支	國曆	農曆	干支	國曆	農曆	干支	
中華民國元年鼠 1912	2 5	12 18	辛亥	3 6	1 18	辛巳	4 5	2 18	辛亥	5 6	3 20	壬午	6 6	4 21	癸丑	7 7	5 23	甲申	
	2 6	12 19	壬子	3 7	1 19	壬午	4 6	2 19	壬子	5 7	3 21	癸未	6 7	4 22	甲寅	7 8	5 24	乙酉	
	2 7	12 20	癸丑	3 8	1 20	癸未	4 7	2 20	癸丑	5 8	3 22	甲申	6 8	4 23	乙卯	7 9	5 25	丙戌	
	2 8	12 21	甲寅	3 9	1 21	甲申	4 8	2 21	甲寅	5 9	3 23	乙酉	6 9	4 24	丙辰	7 10	5 26	丁亥	
	2 9	12 22	乙卯	3 10	1 22	乙酉	4 9	2 22	乙卯	5 10	3 24	丙戌	6 10	4 25	丁巳	7 11	5 27	戊子	
	2 10	12 23	丙辰	3 11	1 23	丙戌	4 10	2 23	丙辰	5 11	3 25	丁亥	6 11	4 26	戊午	7 12	5 28	己丑	
	2 11	12 24	丁巳	3 12	1 24	丁亥	4 11	2 24	丁巳	5 12	3 26	戊子	6 12	4 27	己未	7 13	5 29	庚寅	
	2 12	12 25	戊午	3 13	1 25	戊子	4 12	2 25	戊午	5 13	3 27	己丑	6 13	4 28	庚申	7 14	6 1	辛卯	
	2 13	12 26	己未	3 14	1 26	己丑	4 13	2 26	己未	5 14	3 28	庚寅	6 14	4 29	辛酉	7 15	6 2	壬辰	
	2 14	12 27	庚申	3 15	1 27	庚寅	4 14	2 27	庚申	5 15	3 29	辛卯	6 15	5 1	壬戌	7 16	6 3	癸巳	
	2 15	12 28	辛酉	3 16	1 28	辛卯	4 15	2 28	辛酉	5 16	3 30	壬辰	6 16	5 2	癸亥	7 17	6 4	甲午	
	2 16	12 29	壬戌	3 17	1 29	壬辰	4 16	2 29	壬戌	5 17	4 1	癸巳	6 17	5 3	甲子	7 18	6 5	乙未	
	2 17	12 30	癸亥	3 18	1 30	癸巳	4 17	3 1	癸亥	5 18	4 2	甲午	6 18	5 4	乙丑	7 19	6 6	丙申	
	2 18	1 1	甲子	3 19	2 1	甲午	4 18	3 2	甲子	5 19	4 3	乙未	6 19	5 5	丙寅	7 20	6 7	丁酉	
	2 19	1 2	乙丑	3 20	2 2	乙未	4 19	3 3	乙丑	5 20	4 4	丙申	6 20	5 6	丁卯	7 21	6 8	戊戌	
	2 20	1 3	丙寅	3 21	2 3	丙申	4 20	3 4	丙寅	5 21	4 5	丁酉	6 21	5 7	戊辰	7 22	6 9	己亥	
	2 21	1 4	丁卯	3 22	2 4	丁酉	4 21	3 5	丁卯	5 22	4 6	戊戌	6 22	5 8	己巳	7 23	6 10	庚子	
	2 22	1 5	戊辰	3 23	2 5	戊戌	4 22	3 6	戊辰	5 23	4 7	己亥	6 23	5 9	庚午	7 24	6 11	辛丑	
	2 23	1 6	己巳	3 24	2 6	己亥	4 23	3 7	己巳	5 24	4 8	庚子	6 24	5 10	辛未	7 25	6 12	壬寅	
	2 24	1 7	庚午	3 25	2 7	庚子	4 24	3 8	庚午	5 25	4 9	辛丑	6 25	5 11	壬申	7 26	6 13	癸卯	
	2 25	1 8	辛未	3 26	2 8	辛丑	4 25	3 9	辛未	5 26	4 10	壬寅	6 26	5 12	癸酉	7 27	6 14	甲辰	
	2 26	1 9	壬申	3 27	2 9	壬寅	4 26	3 10	壬申	5 27	4 11	癸卯	6 27	5 13	甲戌	7 28	6 15	乙巳	
	2 27	1 10	癸酉	3 28	2 10	癸卯	4 27	3 11	癸酉	5 28	4 12	甲辰	6 28	5 14	乙亥	7 29	6 16	丙午	
	2 28	1 11	甲戌	3 29	2 11	甲辰	4 28	3 12	甲戌	5 29	4 13	乙巳	6 29	5 15	丙子	7 30	6 17	丁未	
	2 29	1 12	乙亥	3 30	2 12	乙巳	4 29	3 13	乙亥	5 30	4 14	丙午	6 30	5 16	丁丑	7 31	6 18	戊申	
	3 1	1 13	丙子	3 31	2 13	丙午	4 30	3 14	丙子	5 31	4 15	丁未	7 1	5 17	戊寅	8 1	6 19	己酉	
	3 2	1 14	丁丑	4 1	2 14	丁未	5 1	3 15	丁丑	6 1	4 16	戊申	7 2	5 18	己卯	8 2	6 20	庚戌	
	3 3	1 15	戊寅	4 2	2 15	戊申	5 2	3 16	戊寅	6 2	4 17	己酉	7 3	5 19	庚辰	8 3	6 21	辛亥	
	3 4	1 16	己卯	4 3	2 16	己酉	5 3	3 17	己卯	6 3	4 18	庚戌	7 4	5 20	辛巳	8 4	6 22	壬子	
	3 5	1 17	庚辰	4 4	2 17	庚戌	5 4	3 18	庚辰	6 4	4 19	辛亥	7 5	5 21	壬午	8 5	6 23	癸丑	
							5 5	3 19	辛巳	6 5	4 20	壬子	7 6	5 22	癸未	8 6	6 24	甲寅	
																8 7	6 25	乙卯	
中氣	雨水			春分			穀雨			小滿			夏至			大暑			
	2/20 7時55分 辰時			3/21 7時29分 辰時			4/20 19時12分 戌時			5/21 18時57分 酉時			6/22 3時16分 寅時			7/23 14時13分 未時			

26

壬子年　月

	戊申			己酉			庚戌			辛亥			壬子			癸丑			月
節氣	立秋			白露			寒露			立冬			大雪			小寒			節氣
	6時37分 卯時			9/8 9時5分 巳時			10/9 0時6分 子時			11/8 2時38分 丑時			12/7 18時59分 酉時			1/6 5時58分 卯時			
日	國曆	農曆	干支	國曆	農曆	干支	國曆	農曆	干支	國曆	農曆	干支	國曆	農曆	干支	國曆	農曆	干支	日
	8/8	6/26	丙辰	9/8	7/27	丁亥	10/9	8/29	戊午	11/8	9/30	戊子	12/7	10/29	丁巳	1/6	11/29	丁亥	
	8/9	6/27	丁巳	9/9	7/28	戊子	10/10	9/1	己未	11/9	10/1	己丑	12/8	10/30	戊午	1/7	12/1	戊子	
	8/10	6/28	戊午	9/10	7/29	己丑	10/11	9/2	庚申	11/10	10/2	庚寅	12/9	11/1	己未	1/8	12/2	己丑	
	8/11	6/29	己未	9/11	8/1	庚寅	10/12	9/3	辛酉	11/11	10/3	辛卯	12/10	11/2	庚申	1/9	12/3	庚寅	
	8/12	6/30	庚申	9/12	8/2	辛卯	10/13	9/4	壬戌	11/12	10/4	壬辰	12/11	11/3	辛酉	1/10	12/4	辛卯	
	8/13	7/1	辛酉	9/13	8/3	壬辰	10/14	9/5	癸亥	11/13	10/5	癸巳	12/12	11/4	壬戌	1/11	12/5	壬辰	
	8/14	7/2	壬戌	9/14	8/4	癸巳	10/15	9/6	甲子	11/14	10/6	甲午	12/13	11/5	癸亥	1/12	12/6	癸巳	
	8/15	7/3	癸亥	9/15	8/5	甲午	10/16	9/7	乙丑	11/15	10/7	乙未	12/14	11/6	甲子	1/13	12/7	甲午	
	8/16	7/4	甲子	9/16	8/6	乙未	10/17	9/8	丙寅	11/16	10/8	丙申	12/15	11/7	乙丑	1/14	12/8	乙未	
	8/17	7/5	乙丑	9/17	8/7	丙申	10/18	9/9	丁卯	11/17	10/9	丁酉	12/16	11/8	丙寅	1/15	12/9	丙申	
	8/18	7/6	丙寅	9/18	8/8	丁酉	10/19	9/10	戊辰	11/18	10/10	戊戌	12/17	11/9	丁卯	1/16	12/10	丁酉	
	8/19	7/7	丁卯	9/19	8/9	戊戌	10/20	9/11	己巳	11/19	10/11	己亥	12/18	11/10	戊辰	1/17	12/11	戊戌	
	8/20	7/8	戊辰	9/20	8/10	己亥	10/21	9/12	庚午	11/20	10/12	庚子	12/19	11/11	己巳	1/18	12/12	己亥	
	8/21	7/9	己巳	9/21	8/11	庚子	10/22	9/13	辛未	11/21	10/13	辛丑	12/20	11/12	庚午	1/19	12/13	庚子	
	8/22	7/10	庚午	9/22	8/12	辛丑	10/23	9/14	壬申	11/22	10/14	壬寅	12/21	11/13	辛未	1/20	12/14	辛丑	
	8/23	7/11	辛未	9/23	8/13	壬寅	10/24	9/15	癸酉	11/23	10/15	癸卯	12/22	11/14	壬申	1/21	12/15	壬寅	
	8/24	7/12	壬申	9/24	8/14	癸卯	10/25	9/16	甲戌	11/24	10/16	甲辰	12/23	11/15	癸酉	1/22	12/16	癸卯	
	8/25	7/13	癸酉	9/25	8/15	甲辰	10/26	9/17	乙亥	11/25	10/17	乙巳	12/24	11/16	甲戌	1/23	12/17	甲辰	
	8/26	7/14	甲戌	9/26	8/16	乙巳	10/27	9/18	丙子	11/26	10/18	丙午	12/25	11/17	乙亥	1/24	12/18	乙巳	
	8/27	7/15	乙亥	9/27	8/17	丙午	10/28	9/19	丁丑	11/27	10/19	丁未	12/26	11/18	丙子	1/25	12/19	丙午	
	8/28	7/16	丙子	9/28	8/18	丁未	10/29	9/20	戊寅	11/28	10/20	戊申	12/27	11/19	丁丑	1/26	12/20	丁未	
	8/29	7/17	丁丑	9/29	8/19	戊申	10/30	9/21	己卯	11/29	10/21	己酉	12/28	11/20	戊寅	1/27	12/21	戊申	
	8/30	7/18	戊寅	9/30	8/20	己酉	10/31	9/22	庚辰	11/30	10/22	庚戌	12/29	11/21	己卯	1/28	12/22	己酉	
	8/31	7/19	己卯	10/1	8/21	庚戌	11/1	9/23	辛巳	12/1	10/23	辛亥	12/30	11/22	庚辰	1/29	12/23	庚戌	
	9/1	7/20	庚辰	10/2	8/22	辛亥	11/2	9/24	壬午	12/2	10/24	壬子	12/31	11/23	辛巳	1/30	12/24	辛亥	
	9/2	7/21	辛巳	10/3	8/23	壬子	11/3	9/25	癸未	12/3	10/25	癸丑	1/1	11/24	壬午	1/31	12/25	壬子	
	9/3	7/22	壬午	10/4	8/24	癸丑	11/4	9/26	甲申	12/4	10/26	甲寅	1/2	11/25	癸未	2/1	12/26	癸丑	
	9/4	7/23	癸未	10/5	8/25	甲寅	11/5	9/27	乙酉	12/5	10/27	乙卯	1/3	11/26	甲申	2/2	12/27	甲寅	
	9/5	7/24	甲申	10/6	8/26	乙卯	11/6	9/28	丙戌	12/6	10/28	丙辰	1/4	11/27	乙酉	2/3	12/28	乙卯	
	9/6	7/25	乙酉	10/7	8/27	丙辰	11/7	9/29	丁亥				1/5	11/28	丙戌				
	9/7	7/26	丙戌	10/8	8/28	丁巳													

	處暑			秋分			霜降			小雪			冬至			大寒			中
	8/23 21時1分 亥時			9/23 18時8分 酉時			10/24 2時50分 丑時			11/22 23時48分 子時			12/22 12時44分 午時			1/20 23時19分 子時			

癸丑年（中華民國二年・牛・1913）

月	節氣	日期
甲寅	立春	2/4 17時42分 酉時
乙卯	驚蟄	3/6 12時9分 午時
丙辰	清明	4/5 17時35分 酉時
丁巳	立夏	5/6 11時34分 午時
戊午	芒種	6/6 16時13分 申時
己未	小暑	7/8 2時38分 丑時

月	中氣	日期
甲寅	雨水	2/19 13時44分 未時
乙卯	春分	3/21 13時18分 未時
丙辰	穀雨	4/21 1時2分 丑時
丁巳	小滿	5/22 0時49分 子時
戊午	夏至	6/22 9時9分 巳時
己未	大暑	7/23 20時3分 戌時

甲寅 國曆	農曆	干支	乙卯 國曆	農曆	干支	丙辰 國曆	農曆	干支	丁巳 國曆	農曆	干支	戊午 國曆	農曆	干支	己未 國曆	農曆	干支
2/4	12/29	丙辰	3/6	1/29	丙戌	4/5	2/29	丙辰	5/6	4/1	丁亥	6/6	5/2	戊午	7/8	6/5	庚寅
2/5	12/30	丁巳	3/7	1/30	丁亥	4/6	3/1	丁巳	5/7	4/2	戊子	6/7	5/3	己未	7/9	6/6	辛卯
2/6	1/1	戊午	3/8	2/1	戊子	4/7	3/2	戊午	5/8	4/3	己丑	6/8	5/4	庚申	7/10	6/7	壬辰
2/7	1/2	己未	3/9	2/2	己丑	4/8	3/3	己未	5/9	4/4	庚寅	6/9	5/5	辛酉	7/11	6/8	癸巳
2/8	1/3	庚申	3/10	2/3	庚寅	4/9	3/4	庚申	5/10	4/5	辛卯	6/10	5/6	壬戌	7/12	6/9	甲午
2/9	1/4	辛酉	3/11	2/4	辛卯	4/10	3/5	辛酉	5/11	4/6	壬辰	6/11	5/7	癸亥	7/13	6/10	乙未
2/10	1/5	壬戌	3/12	2/5	壬辰	4/11	3/6	壬戌	5/12	4/7	癸巳	6/12	5/8	甲子	7/14	6/11	丙申
2/11	1/6	癸亥	3/13	2/6	癸巳	4/12	3/7	癸亥	5/13	4/8	甲午	6/13	5/9	乙丑	7/15	6/12	丁酉
2/12	1/7	甲子	3/14	2/7	甲午	4/13	3/8	甲子	5/14	4/9	乙未	6/14	5/10	丙寅	7/16	6/13	戊戌
2/13	1/8	乙丑	3/15	2/8	乙未	4/14	3/9	乙丑	5/15	4/10	丙申	6/15	5/11	丁卯	7/17	6/14	己亥
2/14	1/9	丙寅	3/16	2/9	丙申	4/15	3/10	丙寅	5/16	4/11	丁酉	6/16	5/12	戊辰	7/18	6/15	庚子
2/15	1/10	丁卯	3/17	2/10	丁酉	4/16	3/11	丁卯	5/17	4/12	戊戌	6/17	5/13	己巳	7/19	6/16	辛丑
2/16	1/11	戊辰	3/18	2/11	戊戌	4/17	3/12	戊辰	5/18	4/13	己亥	6/18	5/14	庚午	7/20	6/17	壬寅
2/17	1/12	己巳	3/19	2/12	己亥	4/18	3/13	己巳	5/19	4/14	庚子	6/19	5/15	辛未	7/21	6/18	癸卯
2/18	1/13	庚午	3/20	2/13	庚子	4/19	3/14	庚午	5/20	4/15	辛丑	6/20	5/16	壬申	7/22	6/19	甲辰
2/19	1/14	辛未	3/21	2/14	辛丑	4/20	3/15	辛未	5/21	4/16	壬寅	6/21	5/17	癸酉	7/23	6/20	乙巳
2/20	1/15	壬申	3/22	2/15	壬寅	4/21	3/16	壬申	5/22	4/17	癸卯	6/22	5/18	甲戌	7/24	6/21	丙午
2/21	1/16	癸酉	3/23	2/16	癸卯	4/22	3/17	癸酉	5/23	4/18	甲辰	6/23	5/19	乙亥	7/25	6/22	丁未
2/22	1/17	甲戌	3/24	2/17	甲辰	4/23	3/18	甲戌	5/24	4/19	乙巳	6/24	5/20	丙子	7/26	6/23	戊申
2/23	1/18	乙亥	3/25	2/18	乙巳	4/24	3/19	乙亥	5/25	4/20	丙午	6/25	5/21	丁丑	7/27	6/24	己酉
2/24	1/19	丙子	3/26	2/19	丙午	4/25	3/20	丙子	5/26	4/21	丁未	6/26	5/22	戊寅	7/28	6/25	庚戌
2/25	1/20	丁丑	3/27	2/20	丁未	4/26	3/21	丁丑	5/27	4/22	戊申	6/27	5/23	己卯	7/29	6/26	辛亥
2/26	1/21	戊寅	3/28	2/21	戊申	4/27	3/22	戊寅	5/28	4/23	己酉	6/28	5/24	庚辰	7/30	6/27	壬子
2/27	1/22	己卯	3/29	2/22	己酉	4/28	3/23	己卯	5/29	4/24	庚戌	6/29	5/25	辛巳	7/31	6/28	癸丑
2/28	1/23	庚辰	3/30	2/23	庚戌	4/29	3/24	庚辰	5/30	4/25	辛亥	6/30	5/26	壬午	8/1	6/29	甲寅
3/1	1/24	辛巳	3/31	2/24	辛亥	4/30	3/25	辛巳	5/31	4/26	壬子	7/1	5/27	癸未	8/2	7/1	乙卯
3/2	1/25	壬午	4/1	2/25	壬子	5/1	3/26	壬午	6/1	4/27	癸丑	7/2	5/28	甲申	8/3	7/2	丙辰
3/3	1/26	癸未	4/2	2/26	癸丑	5/2	3/27	癸未	6/2	4/28	甲寅	7/3	5/29	乙酉	8/4	7/3	丁巳
3/4	1/27	甲申	4/3	2/27	甲寅	5/3	3/28	甲申	6/3	4/29	乙卯	7/4	6/1	丙戌	8/5	7/4	戊午
3/5	1/28	乙酉	4/4	2/28	乙卯	5/4	3/29	乙酉	6/4	4/30	丙辰	7/5	6/2	丁亥	8/6	7/5	己未
						5/5	3/30	丙戌	6/5	5/1	丁巳	7/6	6/3	戊子	8/7	7/6	庚申
												7/7	6/4	己丑			

28

癸丑　年

月（月干支）： 庚申｜辛酉｜壬戌｜癸亥｜甲子｜乙丑

節氣：

節氣	時刻
立秋	8/8 12時15分 午時
白露	9/8 14時42分 未時
寒露	10/9 5時43分 卯時
立冬	11/8 8時17分 辰時
大雪	12/8 0時41分 子時
小寒	1/6 11時42分 午時

右欄：年＝癸丑；日＝中華民國二、三年　牛　1913、1914

日

庚申 國曆	農曆	干支	辛酉 國曆	農曆	干支	壬戌 國曆	農曆	干支	癸亥 國曆	農曆	干支	甲子 國曆	農曆	干支	乙丑 國曆	農曆	干支
8/8	7/7	辛酉	9/8	8/8	壬辰	10/9	9/9	癸亥	11/8	10/10	癸巳	12/8	11/11	癸亥	1/6	12/11	壬辰
8/9	7/8	壬戌	9/9	8/9	癸巳	10/10	9/10	甲子	11/9	10/11	甲午	12/9	11/12	甲子	1/7	12/12	癸巳
8/10	7/9	癸亥	9/10	8/10	甲午	10/11	9/11	乙丑	11/10	10/12	乙未	12/10	11/13	乙丑	1/8	12/13	甲午
8/11	7/10	甲子	9/11	8/11	乙未	10/12	9/12	丙寅	11/11	10/13	丙申	12/11	11/14	丙寅	1/9	12/14	乙未
8/12	7/11	乙丑	9/12	8/12	丙申	10/13	9/13	丁卯	11/12	10/14	丁酉	12/12	11/15	丁卯	1/10	12/15	丙申
8/13	7/12	丙寅	9/13	8/13	丁酉	10/14	9/14	戊辰	11/13	10/15	戊戌	12/13	11/16	戊辰	1/11	12/16	丁酉
8/14	7/13	丁卯	9/14	8/14	戊戌	10/15	9/15	己巳	11/14	10/16	己亥	12/14	11/17	己巳	1/12	12/17	戊戌
8/15	7/14	戊辰	9/15	8/15	己亥	10/16	9/16	庚午	11/15	10/17	庚子	12/15	11/18	庚午	1/13	12/18	己亥
8/16	7/15	己巳	9/16	8/16	庚子	10/17	9/17	辛未	11/16	10/18	辛丑	12/16	11/19	辛未	1/14	12/19	庚子
8/17	7/16	庚午	9/17	8/17	辛丑	10/18	9/18	壬申	11/17	10/19	壬寅	12/17	11/20	壬申	1/15	12/20	辛丑
8/18	7/17	辛未	9/18	8/18	壬寅	10/19	9/19	癸酉	11/18	10/20	癸卯	12/18	11/21	癸酉	1/16	12/21	壬寅
8/19	7/18	壬申	9/19	8/19	癸卯	10/20	9/20	甲戌	11/19	10/21	甲辰	12/19	11/22	甲戌	1/17	12/22	癸卯
8/20	7/19	癸酉	9/20	8/20	甲辰	10/21	9/21	乙亥	11/20	10/22	乙巳	12/20	11/23	乙亥	1/18	12/23	甲辰
8/21	7/20	甲戌	9/21	8/21	乙巳	10/22	9/22	丙子	11/21	10/23	丙午	12/21	11/24	丙子	1/19	12/24	乙巳
8/22	7/21	乙亥	9/22	8/22	丙午	10/23	9/23	丁丑	11/22	10/24	丁未	12/22	11/25	丁丑	1/20	12/25	丙午
8/23	7/22	丙子	9/23	8/23	丁未	10/24	9/24	戊寅	11/23	10/25	戊申	12/23	11/26	戊寅	1/21	12/26	丁未
8/24	7/23	丁丑	9/24	8/24	戊申	10/25	9/25	己卯	11/24	10/26	己酉	12/24	11/27	己卯	1/22	12/27	戊申
8/25	7/24	戊寅	9/25	8/25	己酉	10/26	9/26	庚辰	11/25	10/27	庚戌	12/25	11/28	庚辰	1/23	12/28	己酉
8/26	7/25	己卯	9/26	8/26	庚戌	10/27	9/27	辛巳	11/26	10/28	辛亥	12/26	11/29	辛巳	1/24	12/29	庚戌
8/27	7/26	庚辰	9/27	8/27	辛亥	10/28	9/28	壬午	11/27	10/29	壬子	12/27	12/1	壬午	1/25	12/30	辛亥
8/28	7/27	辛巳	9/28	8/28	壬子	10/29	9/29	癸未	11/28	11/1	癸丑	12/28	12/2	癸未	1/26	1/1	壬子
8/29	7/28	壬午	9/29	8/29	癸丑	10/30	10/1	甲申	11/29	11/2	甲寅	12/29	12/3	甲申	1/27	1/2	癸丑
8/30	7/29	癸未	9/30	8/30	甲寅	10/31	10/2	乙酉	11/30	11/3	乙卯	12/30	12/4	乙酉	1/28	1/3	甲寅
8/31	7/30	甲申	10/1	9/1	乙卯	11/1	10/3	丙戌	12/1	11/4	丙辰	12/31	12/5	丙戌	1/29	1/4	乙卯
9/1	8/1	乙酉	10/2	9/2	丙辰	11/2	10/4	丁亥	12/2	11/5	丁巳	1/1	12/6	丁亥	1/30	1/5	丙辰
9/2	8/2	丙戌	10/3	9/3	丁巳	11/3	10/5	戊子	12/3	11/6	戊午	1/2	12/7	戊子	1/31	1/6	丁巳
9/3	8/3	丁亥	10/4	9/4	戊午	11/4	10/6	己丑	12/4	11/7	己未	1/3	12/8	己丑	2/1	1/7	戊午
9/4	8/4	戊子	10/5	9/5	己未	11/5	10/7	庚寅	12/5	11/8	庚申	1/4	12/9	庚寅	2/2	1/8	己未
9/5	8/5	己丑	10/6	9/6	庚申	11/6	10/8	辛卯	12/6	11/9	辛酉	1/5	12/10	辛卯	2/3	1/9	庚申
9/6	8/6	庚寅	10/7	9/7	辛酉	11/7	10/9	壬辰	12/7	11/10	壬戌						
9/7	8/7	辛卯	10/8	9/8	壬戌												

中氣：

中氣	時刻
處暑	8/24 2時48分 丑時
秋分	9/23 23時52分 子時
霜降	10/24 8時34分 辰時
小雪	11/23 5時35分 卯時
冬至	12/22 18時34分 酉時
大寒	1/21 5時11分 卯時

年	甲寅																
月	丙寅			丁卯			戊辰			己巳			庚午			辛未		
節氣	立春 2/4 23時29分 子時			驚蟄 3/6 17時55分 酉時			清明 4/5 23時21分 子時			立夏 5/6 17時20分 酉時			芒種 6/6 22時0分 亥時			小暑 7/8 8時27分 辰時		
日	國曆	農曆	干支	國曆	農曆	干支	國曆	農曆	干支	國曆	農曆	干支	國曆	農曆	干支	國曆	農曆	干支
	2 4	1 10	辛酉	3 6	2 10	辛卯	4 5	3 10	辛酉	5 6	4 12	壬辰	6 6	5 13	癸亥	7 8	閏5 16	乙未
	2 5	1 11	壬戌	3 7	2 11	壬辰	4 6	3 11	壬戌	5 7	4 13	癸巳	6 7	5 14	甲子	7 9	閏5 17	丙申
	2 6	1 12	癸亥	3 8	2 12	癸巳	4 7	3 12	癸亥	5 8	4 14	甲午	6 8	5 15	乙丑	7 10	閏5 18	丁酉
	2 7	1 13	甲子	3 9	2 13	甲午	4 8	3 13	甲子	5 9	4 15	乙未	6 9	5 16	丙寅	7 11	閏5 19	戊戌
	2 8	1 14	乙丑	3 10	2 14	乙未	4 9	3 14	乙丑	5 10	4 16	丙申	6 10	5 17	丁卯	7 12	閏5 20	己亥
中	2 9	1 15	丙寅	3 11	2 15	丙申	4 10	3 15	丙寅	5 11	4 17	丁酉	6 11	5 18	戊辰	7 13	閏5 21	庚子
華	2 10	1 16	丁卯	3 12	2 16	丁酉	4 11	3 16	丁卯	5 12	4 18	戊戌	6 12	5 19	己巳	7 14	閏5 22	辛丑
民	2 11	1 17	戊辰	3 13	2 17	戊戌	4 12	3 17	戊辰	5 13	4 19	己亥	6 13	5 20	庚午	7 15	閏5 23	壬寅
國	2 12	1 18	己巳	3 14	2 18	己亥	4 13	3 18	己巳	5 14	4 20	庚子	6 14	5 21	辛未	7 16	閏5 24	癸卯
三	2 13	1 19	庚午	3 15	2 19	庚子	4 14	3 19	庚午	5 15	4 21	辛丑	6 15	5 22	壬申	7 17	閏5 25	甲辰
年	2 14	1 20	辛未	3 16	2 20	辛丑	4 15	3 20	辛未	5 16	4 22	壬寅	6 16	5 23	癸酉	7 18	閏5 26	乙巳
	2 15	1 21	壬申	3 17	2 21	壬寅	4 16	3 21	壬申	5 17	4 23	癸卯	6 17	5 24	甲戌	7 19	閏5 27	丙午
虎	2 16	1 22	癸酉	3 18	2 22	癸卯	4 17	3 22	癸酉	5 18	4 24	甲辰	6 18	5 25	乙亥	7 20	閏5 28	丁未
	2 17	1 23	甲戌	3 19	2 23	甲辰	4 18	3 23	甲戌	5 19	4 25	乙巳	6 19	5 26	丙子	7 21	閏5 29	戊申
	2 18	1 24	乙亥	3 20	2 24	乙巳	4 19	3 24	乙亥	5 20	4 26	丙午	6 20	5 27	丁丑	7 22	閏5 30	己酉
	2 19	1 25	丙子	3 21	2 25	丙午	4 20	3 25	丙子	5 21	4 27	丁未	6 21	5 28	戊寅	7 23	6 1	庚戌
	2 20	1 26	丁丑	3 22	2 26	丁未	4 21	3 26	丁丑	5 22	4 28	戊申	6 22	5 29	己卯	7 24	6 2	辛亥
	2 21	1 27	戊寅	3 23	2 27	戊申	4 22	3 27	戊寅	5 23	4 29	己酉	6 23	閏5 1	庚辰	7 25	6 3	壬子
	2 22	1 28	己卯	3 24	2 28	己酉	4 23	3 28	己卯	5 24	4 30	庚戌	6 24	閏5 2	辛巳	7 26	6 4	癸丑
	2 23	1 29	庚辰	3 25	2 29	庚戌	4 24	3 29	庚辰	5 25	5 1	辛亥	6 25	閏5 3	壬午	7 27	6 5	甲寅
	2 24	1 30	辛巳	3 26	2 30	辛亥	4 25	4 1	辛巳	5 26	5 2	壬子	6 26	閏5 4	癸未	7 28	6 6	乙卯
	2 25	2 1	壬午	3 27	3 1	壬子	4 26	4 2	壬午	5 27	5 3	癸丑	6 27	閏5 5	甲申	7 29	6 7	丙辰
	2 26	2 2	癸未	3 28	3 2	癸丑	4 27	4 3	癸未	5 28	5 4	甲寅	6 28	閏5 6	乙酉	7 30	6 8	丁巳
	2 27	2 3	甲申	3 29	3 3	甲寅	4 28	4 4	甲申	5 29	5 5	乙卯	6 29	閏5 7	丙戌	7 31	6 9	戊午
1	2 28	2 4	乙酉	3 30	3 4	乙卯	4 29	4 5	乙酉	5 30	5 6	丙辰	6 30	閏5 8	丁亥	8 1	6 10	己未
9	3 1	2 5	丙戌	3 31	3 5	丙辰	4 30	4 6	丙戌	5 31	5 7	丁巳	7 1	閏5 9	戊子	8 2	6 11	庚申
1	3 2	2 6	丁亥	4 1	3 6	丁巳	5 1	4 7	丁亥	6 1	5 8	戊午	7 2	閏5 10	己丑	8 3	6 12	辛酉
4	3 3	2 7	戊子	4 2	3 7	戊午	5 2	4 8	戊子	6 2	5 9	己未	7 3	閏5 11	庚寅	8 4	6 13	壬戌
	3 4	2 8	己丑	4 3	3 8	己未	5 3	4 9	己丑	6 3	5 10	庚申	7 4	閏5 12	辛卯	8 5	6 14	癸亥
	3 5	2 9	庚寅	4 4	3 9	庚申	5 4	4 10	庚寅	6 4	5 11	辛酉	7 5	閏5 13	壬辰	8 6	6 15	甲子
							5 5	4 11	辛卯	6 5	5 12	壬戌	7 6	閏5 14	癸巳	8 7	6 16	乙丑
													7 7	閏5 15	甲午			
中氣	雨水 2/19 19時38分 戌時			春分 3/21 19時10分 戌時			穀雨 4/21 6時53分 卯時			小滿 5/22 6時37分 卯時			夏至 6/22 14時55分 未時			大暑 7/24 14時46分 未時		

年： 中華民國三、四年　虎　1914、1915

月（甲寅）：

壬申	癸酉	甲戌	乙亥	丙子	丁丑

節氣：

立秋	白露	寒露	立冬	大雪	小寒
18時5分 酉時	9/8 20時32分 戌時	10/9 11時34分 午時	11/8 14時11分 未時	12/8 6時37分 卯時	1/6 17時40分 酉時

日：

壬申 國曆	農曆	干支	癸酉 國曆	農曆	干支	甲戌 國曆	農曆	干支	乙亥 國曆	農曆	干支	丙子 國曆	農曆	干支	丁丑 國曆	農曆	干支
8/8	6/17	丙寅	9/8	7/19	丁酉	10/9	8/20	戊辰	11/8	9/21	戊戌	12/8	10/21	戊辰	1/6	11/21	丁酉
8/9	6/18	丁卯	9/9	7/20	戊戌	10/10	8/21	己巳	11/9	9/22	己亥	12/9	10/22	己巳	1/7	11/22	戊戌
8/10	6/19	戊辰	9/10	7/21	己亥	10/11	8/22	庚午	11/10	9/23	庚子	12/10	10/23	庚午	1/8	11/23	己亥
8/11	6/20	己巳	9/11	7/22	庚子	10/12	8/23	辛未	11/11	9/24	辛丑	12/11	10/24	辛未	1/9	11/24	庚子
8/12	6/21	庚午	9/12	7/23	辛丑	10/13	8/24	壬申	11/12	9/25	壬寅	12/12	10/25	壬申	1/10	11/25	辛丑
8/13	6/22	辛未	9/13	7/24	壬寅	10/14	8/25	癸酉	11/13	9/26	癸卯	12/13	10/26	癸酉	1/11	11/26	壬寅
8/14	6/23	壬申	9/14	7/25	癸卯	10/15	8/26	甲戌	11/14	9/27	甲辰	12/14	10/27	甲戌	1/12	11/27	癸卯
8/15	6/24	癸酉	9/15	7/26	甲辰	10/16	8/27	乙亥	11/15	9/28	乙巳	12/15	10/28	乙亥	1/13	11/28	甲辰
8/16	6/25	甲戌	9/16	7/27	乙巳	10/17	8/28	丙子	11/16	9/29	丙午	12/16	10/29	丙子	1/14	11/29	乙巳
8/17	6/26	乙亥	9/17	7/28	丙午	10/18	8/29	丁丑	11/17	9/30	丁未	12/17	11/1	丁丑	1/15	12/1	丙午
8/18	6/27	丙子	9/18	7/29	丁未	10/19	9/1	戊寅	11/18	10/1	戊申	12/18	11/2	戊寅	1/16	12/2	丁未
8/19	6/28	丁丑	9/19	7/30	戊申	10/20	9/2	己卯	11/19	10/2	己酉	12/19	11/3	己卯	1/17	12/3	戊申
8/20	6/29	戊寅	9/20	8/1	己酉	10/21	9/3	庚辰	11/20	10/3	庚戌	12/20	11/4	庚辰	1/18	12/4	己酉
8/21	7/1	己卯	9/21	8/2	庚戌	10/22	9/4	辛巳	11/21	10/4	辛亥	12/21	11/5	辛巳	1/19	12/5	庚戌
8/22	7/2	庚辰	9/22	8/3	辛亥	10/23	9/5	壬午	11/22	10/5	壬子	12/22	11/6	壬午	1/20	12/6	辛亥
8/23	7/3	辛巳	9/23	8/4	壬子	10/24	9/6	癸未	11/23	10/6	癸丑	12/23	11/7	癸未	1/21	12/7	壬子
8/24	7/4	壬午	9/24	8/5	癸丑	10/25	9/7	甲申	11/24	10/7	甲寅	12/24	11/8	甲申	1/22	12/8	癸丑
8/25	7/5	癸未	9/25	8/6	甲寅	10/26	9/8	乙酉	11/25	10/8	乙卯	12/25	11/9	乙酉	1/23	12/9	甲寅
8/26	7/6	甲申	9/26	8/7	乙卯	10/27	9/9	丙戌	11/26	10/9	丙辰	12/26	11/10	丙戌	1/24	12/10	乙卯
8/27	7/7	乙酉	9/27	8/8	丙辰	10/28	9/10	丁亥	11/27	10/10	丁巳	12/27	11/11	丁亥	1/25	12/11	丙辰
8/28	7/8	丙戌	9/28	8/9	丁巳	10/29	9/11	戊子	11/28	10/11	戊午	12/28	11/12	戊子	1/26	12/12	丁巳
8/29	7/9	丁亥	9/29	8/10	戊午	10/30	9/12	己丑	11/29	10/12	己未	12/29	11/13	己丑	1/27	12/13	戊午
8/30	7/10	戊子	9/30	8/11	己未	10/31	9/13	庚寅	11/30	10/13	庚申	12/30	11/14	庚寅	1/28	12/14	己未
8/31	7/11	己丑	10/1	8/12	庚申	11/1	9/14	辛卯	12/1	10/14	辛酉	12/31	11/15	辛卯	1/29	12/15	庚申
9/1	7/12	庚寅	10/2	8/13	辛酉	11/2	9/15	壬辰	12/2	10/15	壬戌	1/1	11/16	壬辰	1/30	12/16	辛酉
9/2	7/13	辛卯	10/3	8/14	壬戌	11/3	9/16	癸巳	12/3	10/16	癸亥	1/2	11/17	癸巳	1/31	12/17	壬戌
9/3	7/14	壬辰	10/4	8/15	癸亥	11/4	9/17	甲午	12/4	10/17	甲子	1/3	11/18	甲午	2/1	12/18	癸亥
9/4	7/15	癸巳	10/5	8/16	甲子	11/5	9/18	乙未	12/5	10/18	乙丑	1/4	11/19	乙未	2/2	12/19	甲子
9/5	7/16	甲午	10/6	8/17	乙丑	11/6	9/19	丙申	12/6	10/19	丙寅	1/5	11/20	丙申	2/3	12/20	乙丑
9/6	7/17	乙未	10/7	8/18	丙寅	11/7	9/20	丁酉	12/7	10/20	丁卯				2/4	12/21	丙寅
9/7	7/18	丙申	10/8	8/19	丁卯												

中氣：

處暑	秋分	霜降	小雪	冬至	大寒
8時29分 辰時	9/24 5時33分 卯時	10/24 14時17分 未時	11/23 11時20分 午時	12/23 0時22分 子時	1/21 10時59分 巳時

年	乙卯																
月	戊寅			己卯			庚辰			辛巳			壬午			癸未		
節氣	立春 2/5 5時25分 卯時			驚蟄 3/6 23時48分 子時			清明 4/6 5時9分 卯時			立夏 5/6 23時2分 子時			芒種 6/7 3時40分 寅時			小暑 7/8 14時7分 未時		
日	國曆	農曆	干支	國曆	農曆	干支	國曆	農曆	干支	國曆	農曆	干支	國曆	農曆	干支	國曆	農曆	干支
	2/5	12/22	丁酉	3/6	1/21	丙寅	4/6	2/22	丁酉	5/6	3/23	丁卯	6/7	4/25	己亥	7/8	5/26	庚午
	2/6	12/23	戊戌	3/7	1/22	丁卯	4/7	2/23	戊戌	5/7	3/24	戊辰	6/8	4/26	庚子	7/9	5/27	辛未
	2/7	12/24	己亥	3/8	1/23	戊辰	4/8	2/24	己亥	5/8	3/25	己巳	6/9	4/27	辛丑	7/10	5/28	壬申
	2/8	12/25	庚子	3/9	1/24	己巳	4/9	2/25	庚子	5/9	3/26	庚午	6/10	4/28	壬寅	7/11	5/29	癸酉
	2/9	12/26	辛丑	3/10	1/25	庚午	4/10	2/26	辛丑	5/10	3/27	辛未	6/11	4/29	癸卯	7/12	6/1	甲戌
	2/10	12/27	壬寅	3/11	1/26	辛未	4/11	2/27	壬寅	5/11	3/28	壬申	6/12	4/30	甲辰	7/13	6/2	乙亥
	2/11	12/28	癸卯	3/12	1/27	壬申	4/12	2/28	癸卯	5/12	3/29	癸酉	6/13	5/1	乙巳	7/14	6/3	丙子
	2/12	12/29	甲辰	3/13	1/28	癸酉	4/13	2/29	甲辰	5/13	3/30	甲戌	6/14	5/2	丙午	7/15	6/4	丁丑
	2/13	12/30	乙巳	3/14	1/29	甲戌	4/14	3/1	乙巳	5/14	4/1	乙亥	6/15	5/3	丁未	7/16	6/5	戊寅
	2/14	1/1	丙午	3/15	1/30	乙亥	4/15	3/2	丙午	5/15	4/2	丙子	6/16	5/4	戊申	7/17	6/6	己卯
	2/15	1/2	丁未	3/16	2/1	丙子	4/16	3/3	丁未	5/16	4/3	丁丑	6/17	5/5	己酉	7/18	6/7	庚辰
	2/16	1/3	戊申	3/17	2/2	丁丑	4/17	3/4	戊申	5/17	4/4	戊寅	6/18	5/6	庚戌	7/19	6/8	辛巳
	2/17	1/4	己酉	3/18	2/3	戊寅	4/18	3/5	己酉	5/18	4/5	己卯	6/19	5/7	辛亥	7/20	6/9	壬午
	2/18	1/5	庚戌	3/19	2/4	己卯	4/19	3/6	庚戌	5/19	4/6	庚辰	6/20	5/8	壬子	7/21	6/10	癸未
	2/19	1/6	辛亥	3/20	2/5	庚辰	4/20	3/7	辛亥	5/20	4/7	辛巳	6/21	5/9	癸丑	7/22	6/11	甲申
	2/20	1/7	壬子	3/21	2/6	辛巳	4/21	3/8	壬子	5/21	4/8	壬午	6/22	5/10	甲寅	7/23	6/12	乙酉
	2/21	1/8	癸丑	3/22	2/7	壬午	4/22	3/9	癸丑	5/22	4/9	癸未	6/23	5/11	乙卯	7/24	6/13	丙戌
	2/22	1/9	甲寅	3/23	2/8	癸未	4/23	3/10	甲寅	5/23	4/10	甲申	6/24	5/12	丙辰	7/25	6/14	丁亥
	2/23	1/10	乙卯	3/24	2/9	甲申	4/24	3/11	乙卯	5/24	4/11	乙酉	6/25	5/13	丁巳	7/26	6/15	戊子
	2/24	1/11	丙辰	3/25	2/10	乙酉	4/25	3/12	丙辰	5/25	4/12	丙戌	6/26	5/14	戊午	7/27	6/16	己丑
	2/25	1/12	丁巳	3/26	2/11	丙戌	4/26	3/13	丁巳	5/26	4/13	丁亥	6/27	5/15	己未	7/28	6/17	庚寅
	2/26	1/13	戊午	3/27	2/12	丁亥	4/27	3/14	戊午	5/27	4/14	戊子	6/28	5/16	庚申	7/29	6/18	辛卯
	2/27	1/14	己未	3/28	2/13	戊子	4/28	3/15	己未	5/28	4/15	己丑	6/29	5/17	辛酉	7/30	6/19	壬辰
	2/28	1/15	庚申	3/29	2/14	己丑	4/29	3/16	庚申	5/29	4/16	庚寅	6/30	5/18	壬戌	7/31	6/20	癸巳
	3/1	1/16	辛酉	3/30	2/15	庚寅	4/30	3/17	辛酉	5/30	4/17	辛卯	7/1	5/19	癸亥	8/1	6/21	甲午
	3/2	1/17	壬戌	3/31	2/16	辛卯	5/1	3/18	壬戌	5/31	4/18	壬辰	7/2	5/20	甲子	8/2	6/22	乙未
	3/3	1/18	癸亥	4/1	2/17	壬辰	5/2	3/19	癸亥	6/1	4/19	癸巳	7/3	5/21	乙丑	8/3	6/23	丙申
	3/4	1/19	甲子	4/2	2/18	癸巳	5/3	3/20	甲子	6/2	4/20	甲午	7/4	5/22	丙寅	8/4	6/24	丁酉
	3/5	1/20	乙丑	4/3	2/19	甲午	5/4	3/21	乙丑	6/3	4/21	乙未	7/5	5/23	丁卯	8/5	6/25	戊戌
				4/4	2/20	乙未	5/5	3/22	丙寅	6/4	4/22	丙申	7/6	5/24	戊辰	8/6	6/26	己亥
				4/5	2/21	丙申				6/5	4/23	丁酉	7/7	5/25	己巳	8/7	6/27	庚子
										6/6	4/24	戊戌						
中氣	雨水 2/20 1時23分 丑時			春分 3/22 0時51分 子時			穀雨 4/21 12時28分 午時			小滿 5/22 12時10分 午時			夏至 6/22 20時29分 戌時			大暑 7/24 7時26分 辰時		

中華民國四年　兔　1915

乙卯　年

月	甲申	乙酉	丙戌	丁亥	戊子	己丑
節氣	立秋 23時47分 子時	白露 9/9 2時17分 丑時	寒露 10/9 17時20分 酉時	立冬 11/8 19時57分 戌時	大雪 12/8 12時23分 午時	小寒 1/6 23時27分 子時
中氣	處暑 14時15分 未時	秋分 9/24 11時23分 午時	霜降 10/24 20時9分 戌時	小雪 11/23 17時13分 酉時	冬至 12/23 6時15分 卯時	大寒 1/21 16時53分 申時

日：中華民國四、五年　兔　1915．1916

甲申 國曆	農曆	干支	乙酉 國曆	農曆	干支	丙戌 國曆	農曆	干支	丁亥 國曆	農曆	干支	戊子 國曆	農曆	干支	己丑 國曆	農曆	干支
8/8	6 28	辛未	9/9	8 1	癸卯	10/9	9 1	癸酉	11/8	10 2	癸卯	12/8	11 2	癸酉	1/6	12 2	壬寅
8/9	6 29	壬申	9/10	8 2	甲辰	10/10	9 2	甲戌	11/9	10 3	甲辰	12/9	11 3	甲戌	1/7	12 3	癸卯
8/10	6 30	癸酉	9/11	8 3	乙巳	10/11	9 3	乙亥	11/10	10 4	乙巳	12/10	11 4	乙亥	1/8	12 4	甲辰
8/11	7 1	甲戌	9/12	8 4	丙午	10/12	9 4	丙子	11/11	10 5	丙午	12/11	11 5	丙子	1/9	12 5	乙巳
8/12	7 2	乙亥	9/13	8 5	丁未	10/13	9 5	丁丑	11/12	10 6	丁未	12/12	11 6	丁丑	1/10	12 6	丙午
8/13	7 3	丙子	9/14	8 6	戊申	10/14	9 6	戊寅	11/13	10 7	戊申	12/13	11 7	戊寅	1/11	12 7	丁未
8/14	7 4	丁丑	9/15	8 7	己酉	10/15	9 7	己卯	11/14	10 8	己酉	12/14	11 8	己卯	1/12	12 8	戊申
8/15	7 5	戊寅	9/16	8 8	庚戌	10/16	9 8	庚辰	11/15	10 9	庚戌	12/15	11 9	庚辰	1/13	12 9	己酉
8/16	7 6	己卯	9/17	8 9	辛亥	10/17	9 9	辛巳	11/16	10 10	辛亥	12/16	11 10	辛巳	1/14	12 10	庚戌
8/17	7 7	庚辰	9/18	8 10	壬子	10/18	9 10	壬午	11/17	10 11	壬子	12/17	11 11	壬午	1/15	12 11	辛亥
8/18	7 8	辛巳	9/19	8 11	癸丑	10/19	9 11	癸未	11/18	10 12	癸丑	12/18	11 12	癸未	1/16	12 12	壬子
8/19	7 9	壬午	9/20	8 12	甲寅	10/20	9 12	甲申	11/19	10 13	甲寅	12/19	11 13	甲申	1/17	12 13	癸丑
8/20	7 10	癸未	9/21	8 13	乙卯	10/21	9 13	乙酉	11/20	10 14	乙卯	12/20	11 14	乙酉	1/18	12 14	甲寅
8/21	7 11	甲申	9/22	8 14	丙辰	10/22	9 14	丙戌	11/21	10 15	丙辰	12/21	11 15	丙戌	1/19	12 15	乙卯
8/22	7 12	乙酉	9/23	8 15	丁巳	10/23	9 15	丁亥	11/22	10 16	丁巳	12/22	11 16	丁亥	1/20	12 16	丙辰
8/23	7 13	丙戌	9/24	8 16	戊午	10/24	9 16	戊子	11/23	10 17	戊午	12/23	11 17	戊子	1/21	12 17	丁巳
8/24	7 14	丁亥	9/25	8 17	己未	10/25	9 17	己丑	11/24	10 18	己未	12/24	11 18	己丑	1/22	12 18	戊午
8/25	7 15	戊子	9/26	8 18	庚申	10/26	9 18	庚寅	11/25	10 19	庚申	12/25	11 19	庚寅	1/23	12 19	己未
8/26	7 16	己丑	9/27	8 19	辛酉	10/27	9 19	辛卯	11/26	10 20	辛酉	12/26	11 20	辛卯	1/24	12 20	庚申
8/27	7 17	庚寅	9/28	8 20	壬戌	10/28	9 20	壬辰	11/27	10 21	壬戌	12/27	11 21	壬辰	1/25	12 21	辛酉
8/28	7 18	辛卯	9/29	8 21	癸亥	10/29	9 21	癸巳	11/28	10 22	癸亥	12/28	11 22	癸巳	1/26	12 22	壬戌
8/29	7 19	壬辰	9/30	8 22	甲子	10/30	9 22	甲午	11/29	10 23	甲子	12/29	11 23	甲午	1/27	12 23	癸亥
8/30	7 20	癸巳	10/1	8 23	乙丑	10/31	9 23	乙未	11/30	10 24	乙丑	12/30	11 24	乙未	1/28	12 24	甲子
8/31	7 21	甲午	10/2	8 24	丙寅	11/1	9 24	丙申	12/1	10 25	丙寅	12/31	11 25	丙申	1/29	12 25	乙丑
9/1	7 22	乙未	10/3	8 25	丁卯	11/2	9 25	丁酉	12/2	10 26	丁卯	1/1	11 26	丁酉	1/30	12 26	丙寅
9/2	7 23	丙申	10/4	8 26	戊辰	11/3	9 26	戊戌	12/3	10 27	戊辰	1/2	11 27	戊戌	1/31	12 27	丁卯
9/3	7 24	丁酉	10/5	8 27	己巳	11/4	9 27	己亥	12/4	10 28	己巳	1/3	11 28	己亥	2/1	12 28	戊辰
9/4	7 25	戊戌	10/6	8 28	庚午	11/5	9 28	庚子	12/5	10 29	庚午	1/4	11 29	庚子	2/2	12 29	己巳
9/5	7 26	己亥	10/7	8 29	辛未	11/6	9 29	辛丑	12/6	10 30	辛未	1/5	12 1	辛丑	2/3	1 1	庚午
9/6	7 27	庚子	10/8	8 30	壬申	11/7	10 1	壬寅	12/7	11 1	壬申				2/4	1 2	辛未
9/7	7 28	辛丑															
9/8	7 29	壬寅															

33

年：**丙辰**　月（節氣）：庚寅 立春／辛卯 驚蟄／壬辰 清明／癸巳 立夏／甲午 芒種／乙未 小暑

中華民國五年　龍　1916

	庚寅 立春 2/5 11時14分 午時			辛卯 驚蟄 3/6 5時37分 卯時			壬辰 清明 4/5 10時57分 巳時			癸巳 立夏 5/6 4時49分 寅時			甲午 芒種 6/6 9時25分 巳時			乙未 小暑 7/7 19時53分		
日	國曆	農曆	干支	國曆	農曆	干支	國曆	農曆	干支	國曆	農曆	干支	國曆	農曆	干支	國曆	農曆	干支
	2/5	1/3	壬申	3/6	2/3	壬寅	4/5	3/3	壬申	5/6	4/4	癸卯	6/6	5/6	甲戌	7/7	6/7	乙巳
	2/6	1/4	癸酉	3/7	2/4	癸卯	4/6	3/4	癸酉	5/7	4/5	甲辰	6/7	5/7	乙亥	7/8	6/8	丙午
	2/7	1/5	甲戌	3/8	2/5	甲辰	4/7	3/5	甲戌	5/8	4/6	乙巳	6/8	5/8	丙子	7/9	6/9	丁未
	2/8	1/6	乙亥	3/9	2/6	乙巳	4/8	3/6	乙亥	5/9	4/7	丙午	6/9	5/9	丁丑	7/10	6/10	戊申
	2/9	1/7	丙子	3/10	2/7	丙午	4/9	3/7	丙子	5/10	4/8	丁未	6/10	5/10	戊寅	7/11	6/11	己酉
	2/10	1/8	丁丑	3/11	2/8	丁未	4/10	3/8	丁丑	5/11	4/9	戊申	6/11	5/11	己卯	7/12	6/12	庚戌
	2/11	1/9	戊寅	3/12	2/9	戊申	4/11	3/9	戊寅	5/12	4/10	己酉	6/12	5/12	庚辰	7/13	6/13	辛亥
	2/12	1/10	己卯	3/13	2/10	己酉	4/12	3/10	己卯	5/13	4/11	庚戌	6/13	5/13	辛巳	7/14	6/14	壬子
	2/13	1/11	庚辰	3/14	2/11	庚戌	4/13	3/11	庚辰	5/14	4/12	辛亥	6/14	5/14	壬午	7/15	6/15	癸丑
	2/14	1/12	辛巳	3/15	2/12	辛亥	4/14	3/12	辛巳	5/15	4/13	壬子	6/15	5/15	癸未	7/16	6/16	甲寅
	2/15	1/13	壬午	3/16	2/13	壬子	4/15	3/13	壬午	5/16	4/14	癸丑	6/16	5/16	甲申	7/17	6/17	乙卯
	2/16	1/14	癸未	3/17	2/14	癸丑	4/16	3/14	癸未	5/17	4/15	甲寅	6/17	5/17	乙酉	7/18	6/18	丙辰
	2/17	1/15	甲申	3/18	2/15	甲寅	4/17	3/15	甲申	5/18	4/16	乙卯	6/18	5/18	丙戌	7/19	6/19	丁巳
	2/18	1/16	乙酉	3/19	2/16	乙卯	4/18	3/16	乙酉	5/19	4/17	丙辰	6/19	5/19	丁亥	7/20	6/20	戊午
	2/19	1/17	丙戌	3/20	2/17	丙辰	4/19	3/17	丙戌	5/20	4/18	丁巳	6/20	5/20	戊子	7/21	6/21	己未
	2/20	1/18	丁亥	3/21	2/18	丁巳	4/20	3/18	丁亥	5/21	4/19	戊午	6/21	5/21	己丑	7/22	6/22	庚申
	2/21	1/19	戊子	3/22	2/19	戊午	4/21	3/19	戊子	5/22	4/20	己未	6/22	5/22	庚寅	7/23	6/23	辛酉
	2/22	1/20	己丑	3/23	2/20	己未	4/22	3/20	己丑	5/23	4/21	庚申	6/23	5/23	辛卯	7/24	6/24	壬戌
	2/23	1/21	庚寅	3/24	2/21	庚申	4/23	3/21	庚寅	5/24	4/22	辛酉	6/24	5/24	壬辰	7/25	6/25	癸亥
	2/24	1/22	辛卯	3/25	2/22	辛酉	4/24	3/22	辛卯	5/25	4/23	壬戌	6/25	5/25	癸巳	7/26	6/26	甲子
	2/25	1/23	壬辰	3/26	2/23	壬戌	4/25	3/23	壬辰	5/26	4/24	癸亥	6/26	5/26	甲午	7/27	6/27	乙丑
	2/26	1/24	癸巳	3/27	2/24	癸亥	4/26	3/24	癸巳	5/27	4/25	甲子	6/27	5/27	乙未	7/28	6/28	丙寅
	2/27	1/25	甲午	3/28	2/25	甲子	4/27	3/25	甲午	5/28	4/26	乙丑	6/28	5/28	丙申	7/29	6/29	丁卯
	2/28	1/26	乙未	3/29	2/26	乙丑	4/28	3/26	乙未	5/29	4/27	丙寅	6/29	5/29	丁酉	7/30	7/1	戊辰
	2/29	1/27	丙申	3/30	2/27	丙寅	4/29	3/27	丙申	5/30	4/28	丁卯	6/30	5/30	戊戌	7/31	7/2	己巳
	3/1	1/28	丁酉	3/31	2/28	丁卯	4/30	3/28	丁酉	5/31	4/29	戊辰	7/1	6/1	己亥	8/1	7/3	庚午
	3/2	1/29	戊戌	4/1	2/29	戊辰	5/1	3/29	戊戌	6/1	5/1	己巳	7/2	6/2	庚子	8/2	7/4	辛未
	3/3	1/30	己亥	4/2	2/30	己巳	5/2	3/30	己亥	6/2	5/2	庚午	7/3	6/3	辛丑	8/3	7/5	壬申
	3/4	2/1	庚子	4/3	3/1	庚午	5/3	4/1	庚子	6/3	5/3	辛未	7/4	6/4	壬寅	8/4	7/6	癸酉
	3/5	2/2	辛丑	4/4	3/2	辛未	5/4	4/2	辛丑	6/4	5/4	壬申	7/5	6/5	癸卯	8/5	7/7	甲戌
							5/5	4/3	壬寅	6/5	5/5	癸酉	7/6	6/6	甲辰	8/6	7/8	乙亥
																8/7	7/9	丙子

中氣：雨水 2/20 7時18分 辰時　│　春分 3/21 6時46分 卯時　│　穀雨 4/20 18時24分 酉時　│　小滿 5/21 18時5分 酉時　│　夏至 6/22 2時24分 丑時　│　大暑 7/23 13時21分

丙辰

節氣:
- 立秋　8/8　8時35分　卯時（丙申月）
- 白露　9/8　8時5分　辰時（丁酉月）
- 寒露　10/8　23時7分　子時（戊戌月）
- 立冬　11/8　1時42分　丑時（己亥月）
- 大雪　12/7　18時6分　酉時（庚子月）
- 小寒　1/6　5時9分　卯時（辛丑月）

丙申 國曆	農曆	干支	丁酉 國曆	農曆	干支	戊戌 國曆	農曆	干支	己亥 國曆	農曆	干支	庚子 國曆	農曆	干支	辛丑 國曆	農曆	干支
8	7/10	丁丑	8	8/11	戊申	8	9/12	戊寅	8	10/13	己酉	7	11/13	戊寅	6	12/13	戊申
9	7/11	戊寅	9	8/12	己酉	9	9/13	己卯	9	10/14	庚戌	8	11/14	己卯	7	12/14	己酉
10	7/12	己卯	10	8/13	庚戌	10	9/14	庚辰	10	10/15	辛亥	9	11/15	庚辰	8	12/15	庚戌
11	7/13	庚辰	11	8/14	辛亥	11	9/15	辛巳	11	10/16	壬子	10	11/16	辛巳	9	12/16	辛亥
12	7/14	辛巳	12	8/15	壬子	12	9/16	壬午	12	10/17	癸丑	11	11/17	壬午	10	12/17	壬子
13	7/15	壬午	13	8/16	癸丑	13	9/17	癸未	13	10/18	甲寅	12	11/18	癸未	11	12/18	癸丑
14	7/16	癸未	14	8/17	甲寅	14	9/18	甲申	14	10/19	乙卯	13	11/19	甲申	12	12/19	甲寅
15	7/17	甲申	15	8/18	乙卯	15	9/19	乙酉	15	10/20	丙辰	14	11/20	乙酉	13	12/20	乙卯
16	7/18	乙酉	16	8/19	丙辰	16	9/20	丙戌	16	10/21	丁巳	15	11/21	丙戌	14	12/21	丙辰
17	7/19	丙戌	17	8/20	丁巳	17	9/21	丁亥	17	10/22	戊午	16	11/22	丁亥	15	12/22	丁巳
18	7/20	丁亥	18	8/21	戊午	18	9/22	戊子	18	10/23	己未	17	11/23	戊子	16	12/23	戊午
19	7/21	戊子	19	8/22	己未	19	9/23	己丑	19	10/24	庚申	18	11/24	己丑	17	12/24	己未
20	7/22	己丑	20	8/23	庚申	20	9/24	庚寅	20	10/25	辛酉	19	11/25	庚寅	18	12/25	庚申
21	7/23	庚寅	21	8/24	辛酉	21	9/25	辛卯	21	10/26	壬戌	20	11/26	辛卯	19	12/26	辛酉
22	7/24	辛卯	22	8/25	壬戌	22	9/26	壬辰	22	10/27	癸亥	21	11/27	壬辰	20	12/27	壬戌
23	7/25	壬辰	23	8/26	癸亥	23	9/27	癸巳	23	10/28	甲子	22	11/28	癸巳	21	12/28	癸亥
24	7/26	癸巳	24	8/27	甲子	24	9/28	甲午	24	10/29	乙丑	23	11/29	甲午	22	12/29	甲子
25	7/27	甲午	25	8/28	乙丑	25	9/29	乙未	25	11/1	丙寅	24	11/30	乙未	23	1/1	乙丑
26	7/28	乙未	26	8/29	丙寅	26	9/30	丙申	26	11/2	丁卯	25	12/1	丙申	24	1/2	丙寅
27	7/29	丙申	27	9/1	丁卯	27	10/1	丁酉	27	11/3	戊辰	26	12/2	丁酉	25	1/3	丁卯
28	7/30	丁酉	28	9/2	戊辰	28	10/2	戊戌	28	11/4	己巳	27	12/3	戊戌	26	1/4	戊辰
29	8/1	戊戌	29	9/3	己巳	29	10/3	己亥	29	11/5	庚午	28	12/4	己亥	27	1/5	己巳
30	8/2	己亥	30	9/4	庚午	30	10/4	庚子	30	11/6	辛未	29	12/5	庚子	28	1/6	庚午
31	8/3	庚子	1	9/5	辛未	31	10/5	辛丑	1	11/7	壬申	30	12/6	辛丑	29	1/7	辛未
1	8/4	辛丑	2	9/6	壬申	1	10/6	壬寅	2	11/8	癸酉	31	12/7	壬寅	30	1/8	壬申
2	8/5	壬寅	3	9/7	癸酉	2	10/7	癸卯	3	11/9	甲戌	1	12/8	癸卯	31	1/9	癸酉
3	8/6	癸卯	4	9/8	甲戌	3	10/8	甲辰	4	11/10	乙亥	2	12/9	甲辰	1	1/10	甲戌
4	8/7	甲辰	5	9/9	乙亥	4	10/9	乙巳	5	11/11	丙子	3	12/10	乙巳	2	1/11	乙亥
5	8/8	乙巳	6	9/10	丙子	5	10/10	丙午	6	11/12	丁丑	4	12/11	丙午	3	1/12	丙子
6	8/9	丙午	7	9/11	丁丑	6	10/11	丁未				5	12/12	丁未			
7	8/10	丁未				7	10/12	戊申									

中氣:
- 處暑　8/23　20時8分　戌時
- 秋分　9/23　17時14分　酉時
- 霜降　10/24　14時57分　丑時
- 小雪　11/22　22時57分　亥時
- 冬至　12/22　11時58分　午時
- 大寒　1/20　22時37分　亥時

右側欄：中華民國五、六年　龍　1916、1917

35

年：丁巳　　中華民國六年（蛇）　　1917

節氣

- 立春（壬寅）2/4 16時57分 申時
- 驚蟄（癸卯）3/6 11時24分 午時
- 清明（甲辰）4/5 16時49分 申時
- 立夏（乙巳）5/6 10時45分 巳時
- 芒種（丙午）6/6 15時23分 申時
- 小暑（丁未）7/8 1時50分 丑時

壬寅			癸卯			甲辰			乙巳			丙午			丁未		
國曆	農曆	干支	國曆	農曆	干支	國曆	農曆	干支	國曆	農曆	干支	國曆	農曆	干支	國曆	農曆	干支
2/4	1/13	丁丑	3/6	2/13	丁未	4/5	閏2/14	丁丑	5/6	3/16	戊申	6/6	4/17	己卯	7/8	5/20	辛亥
2/5	1/14	戊寅	3/7	2/14	戊申	4/6	閏2/15	戊寅	5/7	3/17	己酉	6/7	4/18	庚辰	7/9	5/21	壬子
2/6	1/15	己卯	3/8	2/15	己酉	4/7	閏2/16	己卯	5/8	3/18	庚戌	6/8	4/19	辛巳	7/10	5/22	癸丑
2/7	1/16	庚辰	3/9	2/16	庚戌	4/8	閏2/17	庚辰	5/9	3/19	辛亥	6/9	4/20	壬午	7/11	5/23	甲寅
2/8	1/17	辛巳	3/10	2/17	辛亥	4/9	閏2/18	辛巳	5/10	3/20	壬子	6/10	4/21	癸未	7/12	5/24	乙卯
2/9	1/18	壬午	3/11	2/18	壬子	4/10	閏2/19	壬午	5/11	3/21	癸丑	6/11	4/22	甲申	7/13	5/25	丙辰
2/10	1/19	癸未	3/12	2/19	癸丑	4/11	閏2/20	癸未	5/12	3/22	甲寅	6/12	4/23	乙酉	7/14	5/26	丁巳
2/11	1/20	甲申	3/13	2/20	甲寅	4/12	閏2/21	甲申	5/13	3/23	乙卯	6/13	4/24	丙戌	7/15	5/27	戊午
2/12	1/21	乙酉	3/14	2/21	乙卯	4/13	閏2/22	乙酉	5/14	3/24	丙辰	6/14	4/25	丁亥	7/16	5/28	己未
2/13	1/22	丙戌	3/15	2/22	丙辰	4/14	閏2/23	丙戌	5/15	3/25	丁巳	6/15	4/26	戊子	7/17	5/29	庚申
2/14	1/23	丁亥	3/16	2/23	丁巳	4/15	閏2/24	丁亥	5/16	3/26	戊午	6/16	4/27	己丑	7/18	5/30	辛酉
2/15	1/24	戊子	3/17	2/24	戊午	4/16	閏2/25	戊子	5/17	3/27	己未	6/17	4/28	庚寅	7/19	6/1	壬戌
2/16	1/25	己丑	3/18	2/25	己未	4/17	閏2/26	己丑	5/18	3/28	庚申	6/18	4/29	辛卯	7/20	6/2	癸亥
2/17	1/26	庚寅	3/19	2/26	庚申	4/18	閏2/27	庚寅	5/19	3/29	辛酉	6/19	5/1	壬辰	7/21	6/3	甲子
2/18	1/27	辛卯	3/20	2/27	辛酉	4/19	閏2/28	辛卯	5/20	3/30	壬戌	6/20	5/2	癸巳	7/22	6/4	乙丑
2/19	1/28	壬辰	3/21	2/28	壬戌	4/20	閏2/29	壬辰	5/21	4/1	癸亥	6/21	5/3	甲午	7/23	6/5	丙寅
2/20	1/29	癸巳	3/22	2/29	癸亥	4/21	3/1	癸巳	5/22	4/2	甲子	6/22	5/4	乙未	7/24	6/6	丁卯
2/21	1/30	甲午	3/23	閏2/1	甲子	4/22	3/2	甲午	5/23	4/3	乙丑	6/23	5/5	丙申	7/25	6/7	戊辰
2/22	2/1	乙未	3/24	閏2/2	乙丑	4/23	3/3	乙未	5/24	4/4	丙寅	6/24	5/6	丁酉	7/26	6/8	己巳
2/23	2/2	丙申	3/25	閏2/3	丙寅	4/24	3/4	丙申	5/25	4/5	丁卯	6/25	5/7	戊戌	7/27	6/9	庚午
2/24	2/3	丁酉	3/26	閏2/4	丁卯	4/25	3/5	丁酉	5/26	4/6	戊辰	6/26	5/8	己亥	7/28	6/10	辛未
2/25	2/4	戊戌	3/27	閏2/5	戊辰	4/26	3/6	戊戌	5/27	4/7	己巳	6/27	5/9	庚子	7/29	6/11	壬申
2/26	2/5	己亥	3/28	閏2/6	己巳	4/27	3/7	己亥	5/28	4/8	庚午	6/28	5/10	辛丑	7/30	6/12	癸酉
2/27	2/6	庚子	3/29	閏2/7	庚午	4/28	3/8	庚子	5/29	4/9	辛未	6/29	5/11	壬寅	7/31	6/13	甲戌
2/28	2/7	辛丑	3/30	閏2/8	辛未	4/29	3/9	辛丑	5/30	4/10	壬申	6/30	5/12	癸卯	8/1	6/14	乙亥
3/1	2/8	壬寅	3/31	閏2/9	壬申	4/30	3/10	壬寅	5/31	4/11	癸酉	7/1	5/13	甲辰	8/2	6/15	丙子
3/2	2/9	癸卯	4/1	閏2/10	癸酉	5/1	3/11	癸卯	6/1	4/12	甲戌	7/2	5/14	乙巳	8/3	6/16	丁丑
3/3	2/10	甲辰	4/2	閏2/11	甲戌	5/2	3/12	甲辰	6/2	4/13	乙亥	7/3	5/15	丙午	8/4	6/17	戊寅
3/4	2/11	乙巳	4/3	閏2/12	乙亥	5/3	3/13	乙巳	6/3	4/14	丙子	7/4	5/16	丁未	8/5	6/18	己卯
3/5	2/12	丙午	4/4	閏2/13	丙子	5/4	3/14	丙午	6/4	4/15	丁丑	7/5	5/17	戊申	8/6	6/19	庚辰
						5/5	3/15	丁未	6/5	4/16	戊寅	7/6	5/18	己酉	8/7	6/20	辛巳
												7/7	5/19	庚戌			

中氣

- 雨水 2/19 13時4分 未時
- 春分 3/21 12時37分 午時
- 穀雨 4/21 0時17分 子時
- 小滿 5/21 23時58分 子時
- 夏至 6/22 8時14分 辰時
- 大暑 7/23 19時7分 戌時

丁巳　年

中華民國六、七年　蛇　1917、1918

月 / 節氣

月	節氣	時刻
戊申	立秋	11時30分 午時
己酉	白露	9/8 13時59分 未時
庚戌	寒露	10/9 5時2分 卯時
辛亥	立冬	11/8 7時37分 辰時
壬子	大雪	12/8 0時1分 子時
癸丑	小寒	1/6 11時4分 午時

戊申 國曆	農曆	干支	己酉 國曆	農曆	干支	庚戌 國曆	農曆	干支	辛亥 國曆	農曆	干支	壬子 國曆	農曆	干支	癸丑 國曆	農曆	干支
8	6 21	壬申	8	7 22	癸卯	9	8 24	甲戌	8	9 24	甲辰	8	10 24	甲戌	6	11 24	癸卯
9	6 22	癸酉	9	7 23	甲辰	10	8 25	乙亥	9	9 25	乙巳	9	10 25	乙亥	7	11 25	甲辰
10	6 23	甲戌	10	7 24	乙巳	11	8 26	丙子	10	9 26	丙午	10	10 26	丙子	8	11 26	乙巳
11	6 24	乙亥	11	7 25	丙午	12	8 27	丁丑	11	9 27	丁未	11	10 27	丁丑	9	11 27	丙午
12	6 25	丙子	12	7 26	丁未	13	8 28	戊寅	12	9 28	戊申	12	10 28	戊寅	10	11 28	丁未
13	6 26	丁丑	13	7 27	戊申	14	8 29	己卯	13	9 29	己酉	13	10 29	己卯	11	11 29	戊申
14	6 27	戊寅	14	7 28	己酉	15	8 30	庚辰	14	9 30	庚戌	14	11 1	庚辰	12	12 1	己酉
15	6 28	己卯	15	7 29	庚戌	16	9 1	辛巳	15	10 1	辛亥	15	11 2	辛巳	13	12 2	庚戌
16	6 29	庚辰	16	8 1	辛亥	17	9 2	壬午	16	10 2	壬子	16	11 3	壬午	14	12 3	辛亥
17	6 30	辛巳	17	8 2	壬子	18	9 3	癸未	17	10 3	癸丑	17	11 4	癸未	15	12 4	壬子
18	7 1	壬午	18	8 3	癸丑	19	9 4	甲申	18	10 4	甲寅	18	11 5	甲申	16	12 5	癸丑
19	7 2	癸未	19	8 4	甲寅	20	9 5	乙酉	19	10 5	乙卯	19	11 6	乙酉	17	12 6	甲寅
20	7 3	甲申	20	8 5	乙卯	21	9 6	丙戌	20	10 6	丙辰	20	11 7	丙戌	18	12 7	乙卯
21	7 4	乙酉	21	8 6	丙辰	22	9 7	丁亥	21	10 7	丁巳	21	11 8	丁亥	19	12 8	丙辰
22	7 5	丙戌	22	8 7	丁巳	23	9 8	戊子	22	10 8	戊午	22	11 9	戊子	20	12 9	丁巳
23	7 6	丁亥	23	8 8	戊午	24	9 9	己丑	23	10 9	己未	23	11 10	己丑	21	12 10	戊午
24	7 7	戊子	24	8 9	己未	25	9 10	庚寅	24	10 10	庚申	24	11 11	庚寅	22	12 11	己未
25	7 8	己丑	25	8 10	庚申	26	9 11	辛卯	25	10 11	辛酉	25	11 12	辛卯	23	12 12	庚申
26	7 9	庚寅	26	8 11	辛酉	27	9 12	壬辰	26	10 12	壬戌	26	11 13	壬辰	24	12 13	辛酉
27	7 10	辛卯	27	8 12	壬戌	28	9 13	癸巳	27	10 13	癸亥	27	11 14	癸巳	25	12 14	壬戌
28	7 11	壬辰	28	8 13	癸亥	29	9 14	甲午	28	10 14	甲子	28	11 15	甲午	26	12 15	癸亥
29	7 12	癸巳	29	8 14	甲子	30	9 15	乙未	29	10 15	乙丑	29	11 16	乙未	27	12 16	甲子
30	7 13	甲午	30	8 15	乙丑	31	9 16	丙申	30	10 16	丙寅	30	11 17	丙申	28	12 17	乙丑
31	7 14	乙未	1	8 16	丙寅	1	9 17	丁酉	1	10 17	丁卯	31	11 18	丁酉	29	12 18	丙寅
1	7 15	丙申	2	8 17	丁卯	2	9 18	戊戌	2	10 18	戊辰	1	11 19	戊戌	30	12 19	丁卯
2	7 16	丁酉	3	8 18	戊辰	3	9 19	己亥	3	10 19	己巳	2	11 20	己亥	31	12 20	戊辰
3	7 17	戊戌	4	8 19	己巳	4	9 20	庚子	4	10 20	庚午	3	11 21	庚子	1	12 21	己巳
4	7 18	己亥	5	8 20	庚午	5	9 21	辛丑	5	10 21	辛未	4	11 22	辛丑	2	12 22	庚午
5	7 19	庚子	6	8 21	辛未	6	9 22	壬寅	6	10 22	壬申	5	11 23	壬寅	3	12 23	辛未
6	7 20	辛丑	7	8 22	壬申	7	9 23	癸卯	7	10 23	癸酉				4	12 24	壬申
7	7 21	壬寅	8	8 23	癸酉												

中氣

處暑	秋分	霜降	小雪	冬至	大寒
8/24 1時53分 丑時	9/23 23時0分 子時	10/24 7時43分 辰時	11/23 4時44分 寅時	12/22 17時45分 酉時	1/21 4時24分 寅時

年	戊午																
月	甲寅			乙卯			丙辰			丁巳			戊午			己未		
節氣	立春			驚蟄			清明			立夏			芒種			小暑		
氣	2/4 22時53分 亥時			3/6 17時21分 酉時			4/5 22時45分 亥時			5/6 16時38分 申時			6/6 21時11分 亥時			7/8 7時32分 辰時		
日	國曆	農曆	干支	國曆	農曆	干支	國曆	農曆	干支	國曆	農曆	干支	國曆	農曆	干支	國曆	農曆	干支
	2/4	12/23	壬午	3/6	1/24	壬子	4/5	2/24	壬午	5/6	3/26	癸丑	6/6	4/28	甲申	7/8	6/1	丙辰
	2/5	12/24	癸未	3/7	1/25	癸丑	4/6	2/25	癸未	5/7	3/27	甲寅	6/7	4/29	乙酉	7/9	6/2	丁巳
	2/6	12/25	甲申	3/8	1/26	甲寅	4/7	2/26	甲申	5/8	3/28	乙卯	6/8	4/30	丙戌	7/10	6/3	戊午
	2/7	12/26	乙酉	3/9	1/27	乙卯	4/8	2/27	乙酉	5/9	3/29	丙辰	6/9	5/1	丁亥	7/11	6/4	己未
	2/8	12/27	丙戌	3/10	1/28	丙辰	4/9	2/28	丙戌	5/10	4/1	丁巳	6/10	5/2	戊子	7/12	6/5	庚申
	2/9	12/28	丁亥	3/11	1/29	丁巳	4/10	2/29	丁亥	5/11	4/2	戊午	6/11	5/3	己丑	7/13	6/6	辛酉
	2/10	12/29	戊子	3/12	1/30	戊午	4/11	3/1	戊子	5/12	4/3	己未	6/12	5/4	庚寅	7/14	6/7	壬戌
	2/11	1/1	己丑	3/13	2/1	己未	4/12	3/2	己丑	5/13	4/4	庚申	6/13	5/5	辛卯	7/15	6/8	癸亥
	2/12	1/2	庚寅	3/14	2/2	庚申	4/13	3/3	庚寅	5/14	4/5	辛酉	6/14	5/6	壬辰	7/16	6/9	甲子
	2/13	1/3	辛卯	3/15	2/3	辛酉	4/14	3/4	辛卯	5/15	4/6	壬戌	6/15	5/7	癸巳	7/17	6/10	乙丑
	2/14	1/4	壬辰	3/16	2/4	壬戌	4/15	3/5	壬辰	5/16	4/7	癸亥	6/16	5/8	甲午	7/18	6/11	丙寅
	2/15	1/5	癸巳	3/17	2/5	癸亥	4/16	3/6	癸巳	5/17	4/8	甲子	6/17	5/9	乙未	7/19	6/12	丁卯
	2/16	1/6	甲午	3/18	2/6	甲子	4/17	3/7	甲午	5/18	4/9	乙丑	6/18	5/10	丙申	7/20	6/13	戊辰
	2/17	1/7	乙未	3/19	2/7	乙丑	4/18	3/8	乙未	5/19	4/10	丙寅	6/19	5/11	丁酉	7/21	6/14	己巳
	2/18	1/8	丙申	3/20	2/8	丙寅	4/19	3/9	丙申	5/20	4/11	丁卯	6/20	5/12	戊戌	7/22	6/15	庚午
	2/19	1/9	丁酉	3/21	2/9	丁卯	4/20	3/10	丁酉	5/21	4/12	戊辰	6/21	5/13	己亥	7/23	6/16	辛未
	2/20	1/10	戊戌	3/22	2/10	戊辰	4/21	3/11	戊戌	5/22	4/13	己巳	6/22	5/14	庚子	7/24	6/17	壬申
	2/21	1/11	己亥	3/23	2/11	己巳	4/22	3/12	己亥	5/23	4/14	庚午	6/23	5/15	辛丑	7/25	6/18	癸酉
	2/22	1/12	庚子	3/24	2/12	庚午	4/23	3/13	庚子	5/24	4/15	辛未	6/24	5/16	壬寅	7/26	6/19	甲戌
	2/23	1/13	辛丑	3/25	2/13	辛未	4/24	3/14	辛丑	5/25	4/16	壬申	6/25	5/17	癸卯	7/27	6/20	乙亥
	2/24	1/14	壬寅	3/26	2/14	壬申	4/25	3/15	壬寅	5/26	4/17	癸酉	6/26	5/18	甲辰	7/28	6/21	丙子
	2/25	1/15	癸卯	3/27	2/15	癸酉	4/26	3/16	癸卯	5/27	4/18	甲戌	6/27	5/19	乙巳	7/29	6/22	丁丑
	2/26	1/16	甲辰	3/28	2/16	甲戌	4/27	3/17	甲辰	5/28	4/19	乙亥	6/28	5/20	丙午	7/30	6/23	戊寅
	2/27	1/17	乙巳	3/29	2/17	乙亥	4/28	3/18	乙巳	5/29	4/20	丙子	6/29	5/21	丁未	7/31	6/24	己卯
	2/28	1/18	丙午	3/30	2/18	丙子	4/29	3/19	丙午	5/30	4/21	丁丑	6/30	5/22	戊申	8/1	6/25	庚辰
	3/1	1/19	丁未	3/31	2/19	丁丑	4/30	3/20	丁未	5/31	4/22	戊寅	7/1	5/23	己酉	8/2	6/26	辛巳
	3/2	1/20	戊申	4/1	2/20	戊寅	5/1	3/21	戊申	6/1	4/23	己卯	7/2	5/24	庚戌	8/3	6/27	壬午
	3/3	1/21	己酉	4/2	2/21	己卯	5/2	3/22	己酉	6/2	4/24	庚辰	7/3	5/25	辛亥	8/4	6/28	癸未
	3/4	1/22	庚戌	4/3	2/22	庚辰	5/3	3/23	庚戌	6/3	4/25	辛巳	7/4	5/26	壬子	8/5	6/29	甲申
	3/5	1/23	辛亥	4/4	2/23	辛巳	5/4	3/24	辛亥	6/4	4/26	壬午	7/5	5/27	癸丑	8/6	6/30	乙酉
							5/5	3/25	壬子	6/5	4/27	癸未	7/6	5/28	甲寅	8/7	7/1	丙戌
													7/7	5/29	乙卯			

左側標記：中華民國七年　馬　1918

中氣	雨水	春分	穀雨	小滿	夏至	大暑
	2/19 18時52分 酉時	3/21 18時25分 酉時	4/21 6時5分 卯時	5/22 5時45分 卯時	6/22 13時59分 未時	7/24 0時51分 子時

戊午

	庚申	辛酉	壬戌	癸亥	甲子	乙丑	年 / 月
節氣	立秋	白露	寒露	立冬	大雪	小寒	節氣
	17時7分 酉時	9/8 19時35分 戌時	10/9 10時40分 巳時	11/8 13時18分 未時	12/8 5時46分 卯時	1/6 16時51分 申時	

中華民國七、八年　馬　1918、1919

庚申 國曆	農曆	干支	辛酉 國曆	農曆	干支	壬戌 國曆	農曆	干支	癸亥 國曆	農曆	干支	甲子 國曆	農曆	干支	乙丑 國曆	農曆	干支
8/8	7/2	丁巳	9/8	8/4	戊子	10/9	9/5	己未	11/8	10/5	己丑	12/8	11/6	己未	1/6	12/5	戊子
8/9	7/3	戊午	9/9	8/5	己丑	10/10	9/6	庚申	11/9	10/6	庚寅	12/9	11/7	庚申	1/7	12/6	己丑
8/10	7/4	己未	9/10	8/6	庚寅	10/11	9/7	辛酉	11/10	10/7	辛卯	12/10	11/8	辛酉	1/8	12/7	庚寅
8/11	7/5	庚申	9/11	8/7	辛卯	10/12	9/8	壬戌	11/11	10/8	壬辰	12/11	11/9	壬戌	1/9	12/8	辛卯
8/12	7/6	辛酉	9/12	8/8	壬辰	10/13	9/9	癸亥	11/12	10/9	癸巳	12/12	11/10	癸亥	1/10	12/9	壬辰
8/13	7/7	壬戌	9/13	8/9	癸巳	10/14	9/10	甲子	11/13	10/10	甲午	12/13	11/11	甲子	1/11	12/10	癸巳
8/14	7/8	癸亥	9/14	8/10	甲午	10/15	9/11	乙丑	11/14	10/11	乙未	12/14	11/12	乙丑	1/12	12/11	甲午
8/15	7/9	甲子	9/15	8/11	乙未	10/16	9/12	丙寅	11/15	10/12	丙申	12/15	11/13	丙寅	1/13	12/12	乙未
8/16	7/10	乙丑	9/16	8/12	丙申	10/17	9/13	丁卯	11/16	10/13	丁酉	12/16	11/14	丁卯	1/14	12/13	丙申
8/17	7/11	丙寅	9/17	8/13	丁酉	10/18	9/14	戊辰	11/17	10/14	戊戌	12/17	11/15	戊辰	1/15	12/14	丁酉
8/18	7/12	丁卯	9/18	8/14	戊戌	10/19	9/15	己巳	11/18	10/15	己亥	12/18	11/16	己巳	1/16	12/15	戊戌
8/19	7/13	戊辰	9/19	8/15	己亥	10/20	9/16	庚午	11/19	10/16	庚子	12/19	11/17	庚午	1/17	12/16	己亥
8/20	7/14	己巳	9/20	8/16	庚子	10/21	9/17	辛未	11/20	10/17	辛丑	12/20	11/18	辛未	1/18	12/17	庚子
8/21	7/15	庚午	9/21	8/17	辛丑	10/22	9/18	壬申	11/21	10/18	壬寅	12/21	11/19	壬申	1/19	12/18	辛丑
8/22	7/16	辛未	9/22	8/18	壬寅	10/23	9/19	癸酉	11/22	10/19	癸卯	12/22	11/20	癸酉	1/20	12/19	壬寅
8/23	7/17	壬申	9/23	8/19	癸卯	10/24	9/20	甲戌	11/23	10/20	甲辰	12/23	11/21	甲戌	1/21	12/20	癸卯
8/24	7/18	癸酉	9/24	8/20	甲辰	10/25	9/21	乙亥	11/24	10/21	乙巳	12/24	11/22	乙亥	1/22	12/21	甲辰
8/25	7/19	甲戌	9/25	8/21	乙巳	10/26	9/22	丙子	11/25	10/22	丙午	12/25	11/23	丙子	1/23	12/22	乙巳
8/26	7/20	乙亥	9/26	8/22	丙午	10/27	9/23	丁丑	11/26	10/23	丁未	12/26	11/24	丁丑	1/24	12/23	丙午
8/27	7/21	丙子	9/27	8/23	丁未	10/28	9/24	戊寅	11/27	10/24	戊申	12/27	11/25	戊寅	1/25	12/24	丁未
8/28	7/22	丁丑	9/28	8/24	戊申	10/29	9/25	己卯	11/28	10/25	己酉	12/28	11/26	己卯	1/26	12/25	戊申
8/29	7/23	戊寅	9/29	8/25	己酉	10/30	9/26	庚辰	11/29	10/26	庚戌	12/29	11/27	庚辰	1/27	12/26	己酉
8/30	7/24	己卯	9/30	8/26	庚戌	10/31	9/27	辛巳	11/30	10/27	辛亥	12/30	11/28	辛巳	1/28	12/27	庚戌
8/31	7/25	庚辰	10/1	8/27	辛亥	11/1	9/28	壬午	12/1	10/28	壬子	12/31	11/29	壬午	1/29	12/28	辛亥
9/1	7/26	辛巳	10/2	8/28	壬子	11/2	9/29	癸未	12/2	10/29	癸丑	1/1	11/30	癸未	1/30	12/29	壬子
9/2	7/27	壬午	10/3	8/29	癸丑	11/3	9/30	甲申	12/3	11/1	甲寅	1/2	12/1	甲申	1/31	1/1	癸丑
9/3	7/28	癸未	10/4	8/30	甲寅	11/4	10/1	乙酉	12/4	11/2	乙卯	1/3	12/2	乙酉	2/1	1/2	甲寅
9/4	7/29	甲申	10/5	9/1	乙卯	11/5	10/2	丙戌	12/5	11/3	丙辰	1/4	12/3	丙戌	2/2	1/3	乙卯
9/5	8/1	乙酉	10/6	9/2	丙辰	11/6	10/3	丁亥	12/6	11/4	丁巳	1/5	12/4	丁亥	2/3	1/4	丙辰
9/6	8/2	丙戌	10/7	9/3	丁巳	11/7	10/4	戊子	12/7	11/5	戊午				2/4	1/5	丁巳
9/7	8/3	丁亥	10/8	9/4	戊午												

	處暑	秋分	霜降	小雪	冬至	大寒	中氣
	7時37分 辰時	9/24 4時45分 寅時	10/24 13時32分 未時	11/23 10時38分 巳時	12/22 23時41分 子時	1/21 10時20分 巳時	

年	己未																	
月	丙寅			丁卯			戊辰			己巳			庚午			辛未		
節氣	立春 2/5 4時39分 寅時			驚蟄 3/6 23時5分 子時			清明 4/6 4時28分 寅時			立夏 5/6 22時22分 亥時			芒種 6/7 2時56分 丑時			小暑 7/8 13時20分 未時		
日	國曆	農曆	干支	國曆	農曆	干支	國曆	農曆	干支	國曆	農曆	干支	國曆	農曆	干支	國曆	農曆	干支
	2/5	1/5	戊子	3/6	2/5	丁巳	4/6	3/6	戊子	5/6	4/7	戊午	6/7	5/10	庚寅	7/8	6/11	辛酉
	2/6	1/6	己丑	3/7	2/6	戊午	4/7	3/7	己丑	5/7	4/8	己未	6/8	5/11	辛卯	7/9	6/12	壬戌
	2/7	1/7	庚寅	3/8	2/7	己未	4/8	3/8	庚寅	5/8	4/9	庚申	6/9	5/12	壬辰	7/10	6/13	癸亥
中	2/8	1/8	辛卯	3/9	2/8	庚申	4/9	3/9	辛卯	5/9	4/10	辛酉	6/10	5/13	癸巳	7/11	6/14	甲子
華	2/9	1/9	壬辰	3/10	2/9	辛酉	4/10	3/10	壬辰	5/10	4/11	壬戌	6/11	5/14	甲午	7/12	6/15	乙丑
民	2/10	1/10	癸巳	3/11	2/10	壬戌	4/11	3/11	癸巳	5/11	4/12	癸亥	6/12	5/15	乙未	7/13	6/16	丙寅
國	2/11	1/11	甲午	3/12	2/11	癸亥	4/12	3/12	甲午	5/12	4/13	甲子	6/13	5/16	丙申	7/14	6/17	丁卯
八	2/12	1/12	乙未	3/13	2/12	甲子	4/13	3/13	乙未	5/13	4/14	乙丑	6/14	5/17	丁酉	7/15	6/18	戊辰
年	2/13	1/13	丙申	3/14	2/13	乙丑	4/14	3/14	丙申	5/14	4/15	丙寅	6/15	5/18	戊戌	7/16	6/19	己巳
	2/14	1/14	丁酉	3/15	2/14	丙寅	4/15	3/15	丁酉	5/15	4/16	丁卯	6/16	5/19	己亥	7/17	6/20	庚午
羊	2/15	1/15	戊戌	3/16	2/15	丁卯	4/16	3/16	戊戌	5/16	4/17	戊辰	6/17	5/20	庚子	7/18	6/21	辛未
	2/16	1/16	己亥	3/17	2/16	戊辰	4/17	3/17	己亥	5/17	4/18	己巳	6/18	5/21	辛丑	7/19	6/22	壬申
	2/17	1/17	庚子	3/18	2/17	己巳	4/18	3/18	庚子	5/18	4/19	庚午	6/19	5/22	壬寅	7/20	6/23	癸酉
	2/18	1/18	辛丑	3/19	2/18	庚午	4/19	3/19	辛丑	5/19	4/20	辛未	6/20	5/23	癸卯	7/21	6/24	甲戌
	2/19	1/19	壬寅	3/20	2/19	辛未	4/20	3/20	壬寅	5/20	4/21	壬申	6/21	5/24	甲辰	7/22	6/25	乙亥
	2/20	1/20	癸卯	3/21	2/20	壬申	4/21	3/21	癸卯	5/21	4/22	癸酉	6/22	5/25	乙巳	7/23	6/26	丙子
	2/21	1/21	甲辰	3/22	2/21	癸酉	4/22	3/22	甲辰	5/22	4/23	甲戌	6/23	5/26	丙午	7/24	6/27	丁丑
	2/22	1/22	乙巳	3/23	2/22	甲戌	4/23	3/23	乙巳	5/23	4/24	乙亥	6/24	5/27	丁未	7/25	6/28	戊寅
	2/23	1/23	丙午	3/24	2/23	乙亥	4/24	3/24	丙午	5/24	4/25	丙子	6/25	5/28	戊申	7/26	6/29	己卯
	2/24	1/24	丁未	3/25	2/24	丙子	4/25	3/25	丁未	5/25	4/26	丁丑	6/26	5/29	己酉	7/27	7/1	庚辰
	2/25	1/25	戊申	3/26	2/25	丁丑	4/26	3/26	戊申	5/26	4/27	戊寅	6/27	5/30	庚戌	7/28	7/2	辛巳
	2/26	1/26	己酉	3/27	2/26	戊寅	4/27	3/27	己酉	5/27	4/28	己卯	6/28	6/1	辛亥	7/29	7/3	壬午
	2/27	1/27	庚戌	3/28	2/27	己卯	4/28	3/28	庚戌	5/28	4/29	庚辰	6/29	6/2	壬子	7/30	7/4	癸未
1	2/28	1/28	辛亥	3/29	2/28	庚辰	4/29	3/29	辛亥	5/29	5/1	辛巳	6/30	6/3	癸丑	7/31	7/5	甲申
9	3/1	1/29	壬子	3/30	2/29	辛巳	4/30	4/1	壬子	5/30	5/2	壬午	7/1	6/4	甲寅	8/1	7/6	乙酉
1	3/2	2/1	癸丑	3/31	2/30	壬午	5/1	4/2	癸丑	5/31	5/3	癸未	7/2	6/5	乙卯	8/2	7/7	丙戌
9	3/3	2/2	甲寅	4/1	3/1	癸未	5/2	4/3	甲寅	6/1	5/4	甲申	7/3	6/6	丙辰	8/3	7/8	丁亥
	3/4	2/3	乙卯	4/2	3/2	甲申	5/3	4/4	乙卯	6/2	5/5	乙酉	7/4	6/7	丁巳	8/4	7/9	戊子
	3/5	2/4	丙辰	4/3	3/3	乙酉	5/4	4/5	丙辰	6/3	5/6	丙戌	7/5	6/8	戊午	8/5	7/10	己丑
				4/4	3/4	丙戌	5/5	4/6	丁巳	6/4	5/7	丁亥	7/6	6/9	己未	8/6	7/11	庚寅
				4/5	3/5	丁亥				6/5	5/8	戊子	7/7	6/10	庚申	8/7	7/12	辛卯
										6/6	5/9	己丑						
中氣	雨水 2/20 0時47分 子時			春分 3/22 0時19分 子時			穀雨 4/21 11時58分 午時			小滿 5/22 11時39分 午時			夏至 6/22 19時53分 戌時			大暑 7/24 6時44分 卯時		

己未（年）

月	壬申	癸酉	甲戌	乙亥	丙子	丁丑
節氣	立秋	白露	寒露	立冬	大雪	小寒
	22時58分 亥時	9/9 1時27分 丑時	10/9 16時33分 申時	11/8 19時11分 戌時	12/8 11時37分 午時	1/6 22時40分 亥時

右欄（日）：中華民國八、九年　羊　1919、1920

國曆	農曆	干支	國曆	農曆	干支	國曆	農曆	干支	國曆	農曆	干支	國曆	農曆	干支	國曆	農曆	干支
8/8	7/13	壬辰	9/9	閏7/16	甲子	10/9	8/17	甲午	11/8	9/17	甲子	12/8	10/17	甲午	1/6	11/16	癸亥
8/9	7/14	癸巳	9/10	閏7/17	乙丑	10/10	8/18	乙未	11/9	9/18	乙丑	12/9	10/18	乙未	1/7	11/17	甲子
8/10	7/15	甲午	9/11	閏7/18	丙寅	10/11	8/19	丙申	11/10	9/19	丙寅	12/10	10/19	丙申	1/8	11/18	乙丑
8/11	7/16	乙未	9/12	閏7/19	丁卯	10/12	8/20	丁酉	11/11	9/20	丁卯	12/11	10/20	丁酉	1/9	11/19	丙寅
8/12	7/17	丙申	9/13	閏7/20	戊辰	10/13	8/21	戊戌	11/12	9/21	戊辰	12/12	10/21	戊戌	1/10	11/20	丁卯
8/13	7/18	丁酉	9/14	閏7/21	己巳	10/14	8/22	己亥	11/13	9/22	己巳	12/13	10/22	己亥	1/11	11/21	戊辰
8/14	7/19	戊戌	9/15	閏7/22	庚午	10/15	8/23	庚子	11/14	9/23	庚午	12/14	10/23	庚子	1/12	11/22	己巳
8/15	7/20	己亥	9/16	閏7/23	辛未	10/16	8/24	辛丑	11/15	9/24	辛未	12/15	10/24	辛丑	1/13	11/23	庚午
8/16	7/21	庚子	9/17	閏7/24	壬申	10/17	8/25	壬寅	11/16	9/25	壬申	12/16	10/25	壬寅	1/14	11/24	辛未
8/17	7/22	辛丑	9/18	閏7/25	癸酉	10/18	8/26	癸卯	11/17	9/26	癸酉	12/17	10/26	癸卯	1/15	11/25	壬申
8/18	7/23	壬寅	9/19	閏7/26	甲戌	10/19	8/27	甲辰	11/18	9/27	甲戌	12/18	10/27	甲辰	1/16	11/26	癸酉
8/19	7/24	癸卯	9/20	閏7/27	乙亥	10/20	8/28	乙巳	11/19	9/28	乙亥	12/19	10/28	乙巳	1/17	11/27	甲戌
8/20	7/25	甲辰	9/21	閏7/28	丙子	10/21	8/29	丙午	11/20	9/29	丙子	12/20	10/29	丙午	1/18	11/28	乙亥
8/21	7/26	乙巳	9/22	閏7/29	丁丑	10/22	8/30	丁未	11/21	9/30	丁丑	12/21	10/30	丁未	1/19	11/29	丙子
8/22	7/27	丙午	9/23	8/1	戊寅	10/23	9/1	戊申	11/22	10/1	戊寅	12/22	11/1	戊申	1/20	11/30	丁丑
8/23	7/28	丁未	9/24	8/2	己卯	10/24	9/2	己酉	11/23	10/2	己卯	12/23	11/2	己酉	1/21	12/1	戊寅
8/24	7/29	戊申	9/25	8/3	庚辰	10/25	9/3	庚戌	11/24	10/3	庚辰	12/24	11/3	庚戌	1/22	12/2	己卯
8/25	閏7/1	己酉	9/26	8/4	辛巳	10/26	9/4	辛亥	11/25	10/4	辛巳	12/25	11/4	辛亥	1/23	12/3	庚辰
8/26	閏7/2	庚戌	9/27	8/5	壬午	10/27	9/5	壬子	11/26	10/5	壬午	12/26	11/5	壬子	1/24	12/4	辛巳
8/27	閏7/3	辛亥	9/28	8/6	癸未	10/28	9/6	癸丑	11/27	10/6	癸未	12/27	11/6	癸丑	1/25	12/5	壬午
8/28	閏7/4	壬子	9/29	8/7	甲申	10/29	9/7	甲寅	11/28	10/7	甲申	12/28	11/7	甲寅	1/26	12/6	癸未
8/29	閏7/5	癸丑	9/30	8/8	乙酉	10/30	9/8	乙卯	11/29	10/8	乙酉	12/29	11/8	乙卯	1/27	12/7	甲申
8/30	閏7/6	甲寅	10/1	8/9	丙戌	10/31	9/9	丙辰	11/30	10/9	丙戌	12/30	11/9	丙辰	1/28	12/8	乙酉
8/31	閏7/7	乙卯	10/2	8/10	丁亥	11/1	9/10	丁巳	12/1	10/10	丁亥	12/31	11/10	丁巳	1/29	12/9	丙戌
9/1	閏7/8	丙辰	10/3	8/11	戊子	11/2	9/11	戊午	12/2	10/11	戊子	1/1	11/11	戊午	1/30	12/10	丁亥
9/2	閏7/9	丁巳	10/4	8/12	己丑	11/3	9/12	己未	12/3	10/12	己丑	1/2	11/12	己未	1/31	12/11	戊子
9/3	閏7/10	戊午	10/5	8/13	庚寅	11/4	9/13	庚申	12/4	10/13	庚寅	1/3	11/13	庚申	2/1	12/12	己丑
9/4	閏7/11	己未	10/6	8/14	辛卯	11/5	9/14	辛酉	12/5	10/14	辛卯	1/4	11/14	辛酉	2/2	12/13	庚寅
9/5	閏7/12	庚申	10/7	8/15	壬辰	11/6	9/15	壬戌	12/6	10/15	壬辰	1/5	11/15	壬戌	2/3	12/14	辛卯
9/6	閏7/13	辛酉	10/8	8/16	癸巳	11/7	9/16	癸亥	12/7	10/16	癸巳				2/4	12/15	壬辰
9/7	閏7/14	壬戌															
9/8	閏7/15	癸亥															

中氣	處暑	秋分	霜降	小雪	冬至	大寒
	13時28分 未時	9/24 10時35分 巳時	10/24 19時21分 戌時	11/23 16時25分 申時	12/23 5時27分 卯時	1/21 16時4分 申時

年	庚申																	
月	戊寅			己卯			庚辰			辛巳			壬午			癸未		
節氣	立春			驚蟄			清明			立夏			芒種			小暑		
	2/5 10時26分 巳時			3/6 4時51分 寅時			4/5 10時15分 巳時			5/6 4時11分 寅時			6/6 8時50分 辰時			7/7 19時18分 戌時		
日	國曆	農曆	干支	國曆	農曆	干支	國曆	農曆	干支	國曆	農曆	干支	國曆	農曆	干支	國曆	農曆	干支
	2/5	12/16	癸巳	3/6	1/16	癸亥	4/5	2/17	癸巳	5/6	3/18	甲子	6/6	4/20	乙未	7/7	5/22	丙寅
	2/6	12/17	甲午	3/7	1/17	甲子	4/6	2/18	甲午	5/7	3/19	乙丑	6/7	4/21	丙申	7/8	5/23	丁卯
	2/7	12/18	乙未	3/8	1/18	乙丑	4/7	2/19	乙未	5/8	3/20	丙寅	6/8	4/22	丁酉	7/9	5/24	戊辰
	2/8	12/19	丙申	3/9	1/19	丙寅	4/8	2/20	丙申	5/9	3/21	丁卯	6/9	4/23	戊戌	7/10	5/25	己巳
中	2/9	12/20	丁酉	3/10	1/20	丁卯	4/9	2/21	丁酉	5/10	3/22	戊辰	6/10	4/24	己亥	7/11	5/26	庚午
華	2/10	12/21	戊戌	3/11	1/21	戊辰	4/10	2/22	戊戌	5/11	3/23	己巳	6/11	4/25	庚子	7/12	5/27	辛未
民	2/11	12/22	己亥	3/12	1/22	己巳	4/11	2/23	己亥	5/12	3/24	庚午	6/12	4/26	辛丑	7/13	5/28	壬申
國	2/12	12/23	庚子	3/13	1/23	庚午	4/12	2/24	庚子	5/13	3/25	辛未	6/13	4/27	壬寅	7/14	5/29	癸酉
九	2/13	12/24	辛丑	3/14	1/24	辛未	4/13	2/25	辛丑	5/14	3/26	壬申	6/14	4/28	癸卯	7/15	5/30	甲戌
年	2/14	12/25	壬寅	3/15	1/25	壬申	4/14	2/26	壬寅	5/15	3/27	癸酉	6/15	4/29	甲辰	7/16	6/1	乙亥
猴	2/15	12/26	癸卯	3/16	1/26	癸酉	4/15	2/27	癸卯	5/16	3/28	甲戌	6/16	5/1	乙巳	7/17	6/2	丙子
	2/16	12/27	甲辰	3/17	1/27	甲戌	4/16	2/28	甲辰	5/17	3/29	乙亥	6/17	5/2	丙午	7/18	6/3	丁丑
	2/17	12/28	乙巳	3/18	1/28	乙亥	4/17	2/29	乙巳	5/18	4/1	丙子	6/18	5/3	丁未	7/19	6/4	戊寅
	2/18	12/29	丙午	3/19	1/29	丙子	4/18	2/30	丙午	5/19	4/2	丁丑	6/19	5/4	戊申	7/20	6/5	己卯
	2/19	12/30	丁未	3/20	2/1	丁丑	4/19	3/1	丁未	5/20	4/3	戊寅	6/20	5/5	己酉	7/21	6/6	庚辰
	2/20	1/1	戊申	3/21	2/2	戊寅	4/20	3/2	戊申	5/21	4/4	己卯	6/21	5/6	庚戌	7/22	6/7	辛巳
	2/21	1/2	己酉	3/22	2/3	己卯	4/21	3/3	己酉	5/22	4/5	庚辰	6/22	5/7	辛亥	7/23	6/8	壬午
	2/22	1/3	庚戌	3/23	2/4	庚辰	4/22	3/4	庚戌	5/23	4/6	辛巳	6/23	5/8	壬子	7/24	6/9	癸未
	2/23	1/4	辛亥	3/24	2/5	辛巳	4/23	3/5	辛亥	5/24	4/7	壬午	6/24	5/9	癸丑	7/25	6/10	甲申
	2/24	1/5	壬子	3/25	2/6	壬午	4/24	3/6	壬子	5/25	4/8	癸未	6/25	5/10	甲寅	7/26	6/11	乙酉
	2/25	1/6	癸丑	3/26	2/7	癸未	4/25	3/7	癸丑	5/26	4/9	甲申	6/26	5/11	乙卯	7/27	6/12	丙戌
	2/26	1/7	甲寅	3/27	2/8	甲申	4/26	3/8	甲寅	5/27	4/10	乙酉	6/27	5/12	丙辰	7/28	6/13	丁亥
	2/27	1/8	乙卯	3/28	2/9	乙酉	4/27	3/9	乙卯	5/28	4/11	丙戌	6/28	5/13	丁巳	7/29	6/14	戊子
	2/28	1/9	丙辰	3/29	2/10	丙戌	4/28	3/10	丙辰	5/29	4/12	丁亥	6/29	5/14	戊午	7/30	6/15	己丑
	2/29	1/10	丁巳	3/30	2/11	丁亥	4/29	3/11	丁巳	5/30	4/13	戊子	6/30	5/15	己未	7/31	6/16	庚寅
1	3/1	1/11	戊午	3/31	2/12	戊子	4/30	3/12	戊午	5/31	4/14	己丑	7/1	5/16	庚申	8/1	6/17	辛卯
9	3/2	1/12	己未	4/1	2/13	己丑	5/1	3/13	己未	6/1	4/15	庚寅	7/2	5/17	辛酉	8/2	6/18	壬辰
2	3/3	1/13	庚申	4/2	2/14	庚寅	5/2	3/14	庚申	6/2	4/16	辛卯	7/3	5/18	壬戌	8/3	6/19	癸巳
0	3/4	1/14	辛酉	4/3	2/15	辛卯	5/3	3/15	辛酉	6/3	4/17	壬辰	7/4	5/19	癸亥	8/4	6/20	甲午
	3/5	1/15	壬戌	4/4	2/16	壬辰	5/4	3/16	壬戌	6/4	4/18	癸巳	7/5	5/20	甲子	8/5	6/21	乙未
							5/5	3/17	癸亥	6/5	4/19	甲午	7/6	5/21	乙丑	8/6	6/22	丙申
																8/7	6/23	丁酉
中氣	雨水			春分			穀雨			小滿			夏至			大暑		
	2/20 6時29分 卯時			3/21 5時59分 卯時			4/20 17時39分 酉時			5/21 17時21分 酉時			6/22 1時39分 丑時			7/23 12時34分		

42

庚申

月	甲申	乙酉	丙戌	丁亥	戊子	己丑
節氣	立秋	白露	寒露	立冬	大雪	小寒
	8/8 4時58分 寅時	9/8 7時26分 辰時	10/8 22時29分 亥時	11/8 5分 丑時	12/7 17時30分 酉時	1/6 4時33分 寅時

年：中華民國九、十年　猴　1920、1921

甲申 國曆	農曆	干支	乙酉 國曆	農曆	干支	丙戌 國曆	農曆	干支	丁亥 國曆	農曆	干支	戊子 國曆	農曆	干支	己丑 國曆	農曆	干支
8/8	6/24	戊戌	9/8	7/26	己巳	10/8	8/27	己亥	11/8	9/28	庚午	12/7	10/27	己亥	1/6	11/28	己巳
8/9	6/25	己亥	9/9	7/27	庚午	10/9	8/28	庚子	11/9	9/29	辛未	12/8	10/28	庚子	1/7	11/29	庚午
8/10	6/26	庚子	9/10	7/28	辛未	10/10	8/29	辛丑	11/10	9/30	壬申	12/9	10/29	辛丑	1/8	11/30	辛未
8/11	6/27	辛丑	9/11	7/29	壬申	10/11	8/30	壬寅	11/11	10/1	癸酉	12/10	11/1	壬寅	1/9	12/1	壬申
8/12	6/28	壬寅	9/12	8/1	癸酉	10/12	9/1	癸卯	11/12	10/2	甲戌	12/11	11/2	癸卯	1/10	12/2	癸酉
8/13	6/29	癸卯	9/13	8/2	甲戌	10/13	9/2	甲辰	11/13	10/3	乙亥	12/12	11/3	甲辰	1/11	12/3	甲戌
8/14	7/1	甲辰	9/14	8/3	乙亥	10/14	9/3	乙巳	11/14	10/4	丙子	12/13	11/4	乙巳	1/12	12/4	乙亥
8/15	7/2	乙巳	9/15	8/4	丙子	10/15	9/4	丙午	11/15	10/5	丁丑	12/14	11/5	丙午	1/13	12/5	丙子
8/16	7/3	丙午	9/16	8/5	丁丑	10/16	9/5	丁未	11/16	10/6	戊寅	12/15	11/6	丁未	1/14	12/6	丁丑
8/17	7/4	丁未	9/17	8/6	戊寅	10/17	9/6	戊申	11/17	10/7	己卯	12/16	11/7	戊申	1/15	12/7	戊寅
8/18	7/5	戊申	9/18	8/7	己卯	10/18	9/7	己酉	11/18	10/8	庚辰	12/17	11/8	己酉	1/16	12/8	己卯
8/19	7/6	己酉	9/19	8/8	庚辰	10/19	9/8	庚戌	11/19	10/9	辛巳	12/18	11/9	庚戌	1/17	12/9	庚辰
8/20	7/7	庚戌	9/20	8/9	辛巳	10/20	9/9	辛亥	11/20	10/10	壬午	12/19	11/10	辛亥	1/18	12/10	辛巳
8/21	7/8	辛亥	9/21	8/10	壬午	10/21	9/10	壬子	11/21	10/11	癸未	12/20	11/11	壬子	1/19	12/11	壬午
8/22	7/9	壬子	9/22	8/11	癸未	10/22	9/11	癸丑	11/22	10/12	甲申	12/21	11/12	癸丑	1/20	12/12	癸未
8/23	7/10	癸丑	9/23	8/12	甲申	10/23	9/12	甲寅	11/23	10/13	乙酉	12/22	11/13	甲寅	1/21	12/13	甲申
8/24	7/11	甲寅	9/24	8/13	乙酉	10/24	9/13	乙卯	11/24	10/14	丙戌	12/23	11/14	乙卯	1/22	12/14	乙酉
8/25	7/12	乙卯	9/25	8/14	丙戌	10/25	9/14	丙辰	11/25	10/15	丁亥	12/24	11/15	丙辰	1/23	12/15	丙戌
8/26	7/13	丙辰	9/26	8/15	丁亥	10/26	9/15	丁巳	11/26	10/16	戊子	12/25	11/16	丁巳	1/24	12/16	丁亥
8/27	7/14	丁巳	9/27	8/16	戊子	10/27	9/16	戊午	11/27	10/17	己丑	12/26	11/17	戊午	1/25	12/17	戊子
8/28	7/15	戊午	9/28	8/17	己丑	10/28	9/17	己未	11/28	10/18	庚寅	12/27	11/18	己未	1/26	12/18	己丑
8/29	7/16	己未	9/29	8/18	庚寅	10/29	9/18	庚申	11/29	10/19	辛卯	12/28	11/19	庚申	1/27	12/19	庚寅
8/30	7/17	庚申	9/30	8/19	辛卯	10/30	9/19	辛酉	11/30	10/20	壬辰	12/29	11/20	辛酉	1/28	12/20	辛卯
8/31	7/18	辛酉	10/1	8/20	壬辰	10/31	9/20	壬戌	12/1	10/21	癸巳	12/30	11/21	壬戌	1/29	12/21	壬辰
9/1	7/19	壬戌	10/2	8/21	癸巳	11/1	9/21	癸亥	12/2	10/22	甲午	12/31	11/22	癸亥	1/30	12/22	癸巳
9/2	7/20	癸亥	10/3	8/22	甲午	11/2	9/22	甲子	12/3	10/23	乙未	1/1	11/23	甲子	1/31	12/23	甲午
9/3	7/21	甲子	10/4	8/23	乙未	11/3	9/23	乙丑	12/4	10/24	丙申	1/2	11/24	乙丑			
9/4	7/22	乙丑	10/5	8/24	丙申	11/4	9/24	丙寅	12/5	10/25	丁酉	1/3	11/25	丙寅			
9/5	7/23	丙寅	10/6	8/25	丁酉	11/5	9/25	丁卯	12/6	10/26	戊戌	1/4	11/26	丁卯			
9/6	7/24	丁卯	10/7	8/26	戊戌	11/6	9/26	戊辰				1/5	11/27	戊辰			
9/7	7/25	戊辰				11/7	9/27	己巳									

中氣	處暑	秋分	霜降	小雪	冬至	大寒
	8/23 19時21分 戌時	9/23 16時28分 申時	10/24 1時12分 丑時	11/22 22時15分 亥時	12/22 11時17分 午時	1/20 21時54分 亥時

年 辛酉

月	庚寅			辛卯			壬辰			癸巳			甲午			乙未		
節氣	立春			驚蟄			清明			立夏			芒種			小暑		
	2/4 16時20分 申時			3/6 10時45分 巳時			4/5 16時8分 申時			5/6 10時4分 巳時			6/6 14時41分 未時			7/8 1時6分 丑時		
日	國曆	農曆	干支	國曆	農曆	干支	國曆	農曆	干支	國曆	農曆	干支	國曆	農曆	干支	國曆	農曆	干支
	2/4	12/27	戊戌	3/6	1/27	戊辰	4/5	2/27	戊戌	5/6	3/29	己巳	6/6	5/1	庚子	7/8	6/4	壬申
	2/5	12/28	己亥	3/7	1/28	己巳	4/6	2/28	己亥	5/7	3/30	庚午	6/7	5/2	辛丑	7/9	6/5	癸酉
	2/6	12/29	庚子	3/8	1/29	庚午	4/7	2/29	庚子	5/8	4/1	辛未	6/8	5/3	壬寅	7/10	6/6	甲戌
	2/7	12/30	辛丑	3/9	1/30	辛未	4/8	3/1	辛丑	5/9	4/2	壬申	6/9	5/4	癸卯	7/11	6/7	乙亥
	2/8	1/1	壬寅	3/10	2/1	壬申	4/9	3/2	壬寅	5/10	4/3	癸酉	6/10	5/5	甲辰	7/12	6/8	丙子
	2/9	1/2	癸卯	3/11	2/2	癸酉	4/10	3/3	癸卯	5/11	4/4	甲戌	6/11	5/6	乙巳	7/13	6/9	丁丑
	2/10	1/3	甲辰	3/12	2/3	甲戌	4/11	3/4	甲辰	5/12	4/5	乙亥	6/12	5/7	丙午	7/14	6/10	戊寅
	2/11	1/4	乙巳	3/13	2/4	乙亥	4/12	3/5	乙巳	5/13	4/6	丙子	6/13	5/8	丁未	7/15	6/11	己卯
	2/12	1/5	丙午	3/14	2/5	丙子	4/13	3/6	丙午	5/14	4/7	丁丑	6/14	5/9	戊申	7/16	6/12	庚辰
	2/13	1/6	丁未	3/15	2/6	丁丑	4/14	3/7	丁未	5/15	4/8	戊寅	6/15	5/10	己酉	7/17	6/13	辛巳
	2/14	1/7	戊申	3/16	2/7	戊寅	4/15	3/8	戊申	5/16	4/9	己卯	6/16	5/11	庚戌	7/18	6/14	壬午
	2/15	1/8	己酉	3/17	2/8	己卯	4/16	3/9	己酉	5/17	4/10	庚辰	6/17	5/12	辛亥	7/19	6/15	癸未
	2/16	1/9	庚戌	3/18	2/9	庚辰	4/17	3/10	庚戌	5/18	4/11	辛巳	6/18	5/13	壬子	7/20	6/16	甲申
	2/17	1/10	辛亥	3/19	2/10	辛巳	4/18	3/11	辛亥	5/19	4/12	壬午	6/19	5/14	癸丑	7/21	6/17	乙酉
	2/18	1/11	壬子	3/20	2/11	壬午	4/19	3/12	壬子	5/20	4/13	癸未	6/20	5/15	甲寅	7/22	6/18	丙戌
	2/19	1/12	癸丑	3/21	2/12	癸未	4/20	3/13	癸丑	5/21	4/14	甲申	6/21	5/16	乙卯	7/23	6/19	丁亥
	2/20	1/13	甲寅	3/22	2/13	甲申	4/21	3/14	甲寅	5/22	4/15	乙酉	6/22	5/17	丙辰	7/24	6/20	戊子
	2/21	1/14	乙卯	3/23	2/14	乙酉	4/22	3/15	乙卯	5/23	4/16	丙戌	6/23	5/18	丁巳	7/25	6/21	己丑
	2/22	1/15	丙辰	3/24	2/15	丙戌	4/23	3/16	丙辰	5/24	4/17	丁亥	6/24	5/19	戊午	7/26	6/22	庚寅
	2/23	1/16	丁巳	3/25	2/16	丁亥	4/24	3/17	丁巳	5/25	4/18	戊子	6/25	5/20	己未	7/27	6/23	辛卯
	2/24	1/17	戊午	3/26	2/17	戊子	4/25	3/18	戊午	5/26	4/19	己丑	6/26	5/21	庚申	7/28	6/24	壬辰
	2/25	1/18	己未	3/27	2/18	己丑	4/26	3/19	己未	5/27	4/20	庚寅	6/27	5/22	辛酉	7/29	6/25	癸巳
	2/26	1/19	庚申	3/28	2/19	庚寅	4/27	3/20	庚申	5/28	4/21	辛卯	6/28	5/23	壬戌	7/30	6/26	甲午
	2/27	1/20	辛酉	3/29	2/20	辛卯	4/28	3/21	辛酉	5/29	4/22	壬辰	6/29	5/24	癸亥	7/31	6/27	乙未
	2/28	1/21	壬戌	3/30	2/21	壬辰	4/29	3/22	壬戌	5/30	4/23	癸巳	6/30	5/25	甲子	8/1	6/28	丙申
	3/1	1/22	癸亥	3/31	2/22	癸巳	4/30	3/23	癸亥	5/31	4/24	甲午	7/1	5/26	乙丑	8/2	6/29	丁酉
	3/2	1/23	甲子	4/1	2/23	甲午	5/1	3/24	甲子	6/1	4/25	乙未	7/2	5/27	丙寅	8/3	6/30	戊戌
	3/3	1/24	乙丑	4/2	2/24	乙未	5/2	3/25	乙丑	6/2	4/26	丙申	7/3	5/28	丁卯	8/4	7/1	己亥
	3/4	1/25	丙寅	4/3	2/25	丙申	5/3	3/26	丙寅	6/3	4/27	丁酉	7/4	5/29	戊辰	8/5	7/2	庚子
	3/5	1/26	丁卯	4/4	2/26	丁酉	5/4	3/27	丁卯	6/4	4/28	戊戌	7/5	6/1	己巳	8/6	7/3	辛丑
							5/5	3/28	戊辰	6/5	4/29	己亥	7/6	6/2	庚午	8/7	7/4	壬寅
													7/7	6/3	辛未			

中華民國十年　雞　1921

中氣	雨水	春分	穀雨	小滿	夏至	大暑
	2/19 12時20分 午時	3/21 11時51分 午時	4/20 23時32分 子時	5/21 23時16分 子時	6/22 7時35分 辰時	7/23 18時30分 酉時

辛酉																														年
丙申					丁酉					戊戌					己亥					庚子					辛丑					月
立秋					白露					寒露					立冬					大雪					小寒					節氣
8/8 10時43分 巳時					9/8 13時9分 未時					10/9 4時10分 寅時					11/8 6時45分 卯時					12/7 23時11分 子時					1/6 10時17分 巳時					
國曆		農曆		干支	國曆		農曆		干支	國曆		農曆		干支	國曆		農曆		干支	國曆		農曆		干支	國曆		農曆		干支	日
8	8	7	5	癸卯	9	8	8	7	甲戌	10	9	9	9	乙巳	11	8	10	9	乙亥	12	7	11	9	甲辰	1	6	12	9	甲戌	中華民國十、十一年 雞
8	9	7	6	甲辰	9	9	8	8	乙亥	10	10	9	10	丙午	11	9	10	10	丙子	12	8	11	10	乙巳	1	7	12	10	乙亥	
8	10	7	7	乙巳	9	10	8	9	丙子	10	11	9	11	丁未	11	10	10	11	丁丑	12	9	11	11	丙午	1	8	12	11	丙子	
8	11	7	8	丙午	9	11	8	10	丁丑	10	12	9	12	戊申	11	11	10	12	戊寅	12	10	11	12	丁未	1	9	12	12	丁丑	
8	12	7	9	丁未	9	12	8	11	戊寅	10	13	9	13	己酉	11	12	10	13	己卯	12	11	11	13	戊申	1	10	12	13	戊寅	
8	13	7	10	戊申	9	13	8	12	己卯	10	14	9	14	庚戌	11	13	10	14	庚辰	12	12	11	14	己酉	1	11	12	14	己卯	
8	14	7	11	己酉	9	14	8	13	庚辰	10	15	9	15	辛亥	11	14	10	15	辛巳	12	13	11	15	庚戌	1	12	12	15	庚辰	
8	15	7	12	庚戌	9	15	8	14	辛巳	10	16	9	16	壬子	11	15	10	16	壬午	12	14	11	16	辛亥	1	13	12	16	辛巳	
8	16	7	13	辛亥	9	16	8	15	壬午	10	17	9	17	癸丑	11	16	10	17	癸未	12	15	11	17	壬子	1	14	12	17	壬午	
8	17	7	14	壬子	9	17	8	16	癸未	10	18	9	18	甲寅	11	17	10	18	甲申	12	16	11	18	癸丑	1	15	12	18	癸未	
8	18	7	15	癸丑	9	18	8	17	甲申	10	19	9	19	乙卯	11	18	10	19	乙酉	12	17	11	19	甲寅	1	16	12	19	甲申	
8	19	7	16	甲寅	9	19	8	18	乙酉	10	20	9	20	丙辰	11	19	10	20	丙戌	12	18	11	20	乙卯	1	17	12	20	乙酉	
8	20	7	17	乙卯	9	20	8	19	丙戌	10	21	9	21	丁巳	11	20	10	21	丁亥	12	19	11	21	丙辰	1	18	12	21	丙戌	
8	21	7	18	丙辰	9	21	8	20	丁亥	10	22	9	22	戊午	11	21	10	22	戊子	12	20	11	22	丁巳	1	19	12	22	丁亥	
8	22	7	19	丁巳	9	22	8	21	戊子	10	23	9	23	己未	11	22	10	23	己丑	12	21	11	23	戊午	1	20	12	23	戊子	
8	23	7	20	戊午	9	23	8	22	己丑	10	24	9	24	庚申	11	23	10	24	庚寅	12	22	11	24	己未	1	21	12	24	己丑	
8	24	7	21	己未	9	24	8	23	庚寅	10	25	9	25	辛酉	11	24	10	25	辛卯	12	23	11	25	庚申	1	22	12	25	庚寅	
8	25	7	22	庚申	9	25	8	24	辛卯	10	26	9	26	壬戌	11	25	10	26	壬辰	12	24	11	26	辛酉	1	23	12	26	辛卯	
8	26	7	23	辛酉	9	26	8	25	壬辰	10	27	9	27	癸亥	11	26	10	27	癸巳	12	25	11	27	壬戌	1	24	12	27	壬辰	
8	27	7	24	壬戌	9	27	8	26	癸巳	10	28	9	28	甲子	11	27	10	28	甲午	12	26	11	28	癸亥	1	25	12	28	癸巳	
8	28	7	25	癸亥	9	28	8	27	甲午	10	29	9	29	乙丑	11	28	10	29	乙未	12	27	11	29	甲子	1	26	12	29	甲午	1921、1922
8	29	7	26	甲子	9	29	8	28	乙未	10	30	9	30	丙寅	11	29	11	1	丙申	12	28	11	30	乙丑	1	27	12	30	乙未	
8	30	7	27	乙丑	9	30	8	29	丙申	10	31	10	1	丁卯	11	30	11	2	丁酉	12	29	12	1	丙寅	1	28	1	1	丙申	
8	31	7	28	丙寅	10	1	9	1	丁酉	11	1	10	2	戊辰	12	1	11	3	戊戌	12	30	12	2	丁卯	1	29	1	2	丁酉	
9	1	7	29	丁卯	10	2	9	2	戊戌	11	2	10	3	己巳	12	2	11	4	己亥	12	31	12	3	戊辰	1	30	1	3	戊戌	
9	2	8	1	戊辰	10	3	9	3	己亥	11	3	10	4	庚午	12	3	11	5	庚子	1	1	12	4	己巳	1	31	1	4	己亥	
9	3	8	2	己巳	10	4	9	4	庚子	11	4	10	5	辛未	12	4	11	6	辛丑	1	2	12	5	庚午	2	1	1	5	庚子	
9	4	8	3	庚午	10	5	9	5	辛丑	11	5	10	6	壬申	12	5	11	7	壬寅	1	3	12	6	辛未	2	2	1	6	辛丑	
9	5	8	4	辛未	10	6	9	6	壬寅	11	6	10	7	癸酉	12	6	11	8	癸卯	1	4	12	7	壬申	2	3	1	7	壬寅	
9	6	8	5	壬申	10	7	9	7	癸卯	11	7	10	8	甲戌						1	5	12	8	癸酉						
9	7	8	6	癸酉	10	8	9	8	甲辰																					
處暑					秋分					霜降					小雪					冬至					大寒					中氣
8/24 1時15分 丑時					9/23 22時19分 亥時					10/24 7時2分 辰時					11/23 4時4分 寅時					12/22 17時7分 酉時					1/21 3時47分 寅時					

年：**壬戌**

中華民國十一年 狗 1922

月	壬寅	癸卯	甲辰	乙巳	丙午	丁未
節氣	立春	驚蟄	清明	立夏	芒種	小暑
時刻	2/4 22時6分 亥時	3/6 16時33分 申時	4/5 21時58分 亥時	5/6 15時52分 申時	6/20 20時30分 戌時	7/8 6時57分 卯時

國曆	農曆	干支	國曆	農曆	干支	國曆	農曆	干支	國曆	農曆	干支	國曆	農曆	干支	國曆	農曆	干支
2/4	1/8	癸卯	3/6	2/8	癸酉	4/5	3/9	癸卯	5/6	4/10	甲戌	6/6	5/11	乙巳	7/8	5/14	丁丑
2/5	1/9	甲辰	3/7	2/9	甲戌	4/6	3/10	甲辰	5/7	4/11	乙亥	6/7	5/12	丙午	7/9	5/15	戊寅
2/6	1/10	乙巳	3/8	2/10	乙亥	4/7	3/11	乙巳	5/8	4/12	丙子	6/8	5/13	丁未	7/10	5/16	己卯
2/7	1/11	丙午	3/9	2/11	丙子	4/8	3/12	丙午	5/9	4/13	丁丑	6/9	5/14	戊申	7/11	5/17	庚辰
2/8	1/12	丁未	3/10	2/12	丁丑	4/9	3/13	丁未	5/10	4/14	戊寅	6/10	5/15	己酉	7/12	5/18	辛巳
2/9	1/13	戊申	3/11	2/13	戊寅	4/10	3/14	戊申	5/11	4/15	己卯	6/11	5/16	庚戌	7/13	5/19	壬午
2/10	1/14	己酉	3/12	2/14	己卯	4/11	3/15	己酉	5/12	4/16	庚辰	6/12	5/17	辛亥	7/14	5/20	癸未
2/11	1/15	庚戌	3/13	2/15	庚辰	4/12	3/16	庚戌	5/13	4/17	辛巳	6/13	5/18	壬子	7/15	5/21	甲申
2/12	1/16	辛亥	3/14	2/16	辛巳	4/13	3/17	辛亥	5/14	4/18	壬午	6/14	5/19	癸丑	7/16	5/22	乙酉
2/13	1/17	壬子	3/15	2/17	壬午	4/14	3/18	壬子	5/15	4/19	癸未	6/15	5/20	甲寅	7/17	5/23	丙戌
2/14	1/18	癸丑	3/16	2/18	癸未	4/15	3/19	癸丑	5/16	4/20	甲申	6/16	5/21	乙卯	7/18	5/24	丁亥
2/15	1/19	甲寅	3/17	2/19	甲申	4/16	3/20	甲寅	5/17	4/21	乙酉	6/17	5/22	丙辰	7/19	5/25	戊子
2/16	1/20	乙卯	3/18	2/20	乙酉	4/17	3/21	乙卯	5/18	4/22	丙戌	6/18	5/23	丁巳	7/20	5/26	己丑
2/17	1/21	丙辰	3/19	2/21	丙戌	4/18	3/22	丙辰	5/19	4/23	丁亥	6/19	5/24	戊午	7/21	5/27	庚寅
2/18	1/22	丁巳	3/20	2/22	丁亥	4/19	3/23	丁巳	5/20	4/24	戊子	6/20	5/25	己未	7/22	5/28	辛卯
2/19	1/23	戊午	3/21	2/23	戊子	4/20	3/24	戊午	5/21	4/25	己丑	6/21	5/26	庚申	7/23	5/29	壬辰
2/20	1/24	己未	3/22	2/24	己丑	4/21	3/25	己未	5/22	4/26	庚寅	6/22	5/27	辛酉	7/24	6/1	癸巳
2/21	1/25	庚申	3/23	2/25	庚寅	4/22	3/26	庚申	5/23	4/27	辛卯	6/23	5/28	壬戌	7/25	6/2	甲午
2/22	1/26	辛酉	3/24	2/26	辛卯	4/23	3/27	辛酉	5/24	4/28	壬辰	6/24	5/29	癸亥	7/26	6/3	乙未
2/23	1/27	壬戌	3/25	2/27	壬辰	4/24	3/28	壬戌	5/25	4/29	癸巳	6/25	閏5/1	甲子	7/27	6/4	丙申
2/24	1/28	癸亥	3/26	2/28	癸巳	4/25	3/29	癸亥	5/26	4/30	甲午	6/26	5/2	乙丑	7/28	6/5	丁酉
2/25	1/29	甲子	3/27	2/29	甲午	4/26	3/30	甲子	5/27	5/1	乙未	6/27	5/3	丙寅	7/29	6/6	戊戌
2/26	1/30	乙丑	3/28	3/1	乙未	4/27	4/1	乙丑	5/28	5/2	丙申	6/28	5/4	丁卯	7/30	6/7	己亥
2/27	2/1	丙寅	3/29	3/2	丙申	4/28	4/2	丙寅	5/29	5/3	丁酉	6/29	5/5	戊辰	7/31	6/8	庚子
2/28	2/2	丁卯	3/30	3/3	丁酉	4/29	4/3	丁卯	5/30	5/4	戊戌	6/30	5/6	己巳	8/1	6/9	辛丑
3/1	2/3	戊辰	3/31	3/4	戊戌	4/30	4/4	戊辰	5/31	5/5	己亥	7/1	5/7	庚午	8/2	6/10	壬寅
3/2	2/4	己巳	4/1	3/5	己亥	5/1	4/5	己巳	6/1	5/6	庚子	7/2	5/8	辛未	8/3	6/11	癸卯
3/3	2/5	庚午	4/2	3/6	庚子	5/2	4/6	庚午	6/2	5/7	辛丑	7/3	5/9	壬申	8/4	6/12	甲辰
3/4	2/6	辛未	4/3	3/7	辛丑	5/3	4/7	辛未	6/3	5/8	壬寅	7/4	5/10	癸酉	8/5	6/13	乙巳
3/5	2/7	壬申	4/4	3/8	壬寅	5/4	4/8	壬申	6/4	5/9	癸卯	7/5	5/11	甲戌	8/6	6/14	丙午
						5/5	4/9	癸酉	6/5	5/10	甲辰	7/6	5/12	乙亥	8/7	6/15	丁未
												7/7	5/13	丙子			

中氣	雨水	春分	穀雨	小滿	夏至	大暑
時刻	2/19 18時16分 酉時	3/21 17時48分 酉時	4/21 5時28分 卯時	5/22 5時10分 卯時	6/22 13時26分 未時	7/24 0時19分 子時

壬戌

戊申 立秋 國曆	農曆	干支	己酉 白露 國曆	農曆	干支	庚戌 寒露 國曆	農曆	干支	辛亥 立冬 國曆	農曆	干支	壬子 大雪 國曆	農曆	干支	癸丑 小寒 國曆	農曆	干支
8/8	6/16	戊申	9/8	7/17	己卯	10/9	8/19	庚戌	11/8	9/20	庚辰	12/8	10/20	庚戌	1/6	11/19	己卯
8/9	6/17	己酉	9/9	7/18	庚辰	10/10	8/20	辛亥	11/9	9/21	辛巳	12/9	10/21	辛亥	1/7	11/20	庚辰
8/10	6/18	庚戌	9/10	7/19	辛巳	10/11	8/21	壬子	11/10	9/22	壬午	12/10	10/22	壬子	1/8	11/21	辛巳
8/11	6/19	辛亥	9/11	7/20	壬午	10/12	8/22	癸丑	11/11	9/23	癸未	12/11	10/23	癸丑	1/9	11/22	壬午
8/12	6/20	壬子	9/12	7/21	癸未	10/13	8/23	甲寅	11/12	9/24	甲申	12/12	10/24	甲寅	1/10	11/23	癸未
8/13	6/21	癸丑	9/13	7/22	甲申	10/14	8/24	乙卯	11/13	9/25	乙酉	12/13	10/25	乙卯	1/11	11/24	甲申
8/14	6/22	甲寅	9/14	7/23	乙酉	10/15	8/25	丙辰	11/14	9/26	丙戌	12/14	10/26	丙辰	1/12	11/25	乙酉
8/15	6/23	乙卯	9/15	7/24	丙戌	10/16	8/26	丁巳	11/15	9/27	丁亥	12/15	10/27	丁巳	1/13	11/26	丙戌
8/16	6/24	丙辰	9/16	7/25	丁亥	10/17	8/27	戊午	11/16	9/28	戊子	12/16	10/28	戊午	1/14	11/27	丁亥
8/17	6/25	丁巳	9/17	7/26	戊子	10/18	8/28	己未	11/17	9/29	己丑	12/17	10/29	己未	1/15	11/28	戊子
8/18	6/26	戊午	9/18	7/27	己丑	10/19	8/29	庚申	11/18	9/30	庚寅	12/18	10/30	庚申	1/16	11/29	己丑
8/19	6/27	己未	9/19	7/28	庚寅	10/20	9/1	辛酉	11/19	10/1	辛卯	12/19	11/1	辛酉	1/17	12/1	庚寅
8/20	6/28	庚申	9/20	7/29	辛卯	10/21	9/2	壬戌	11/20	10/2	壬辰	12/20	11/2	壬戌	1/18	12/2	辛卯
8/21	6/29	辛酉	9/21	8/1	壬辰	10/22	9/3	癸亥	11/21	10/3	癸巳	12/21	11/3	癸亥	1/19	12/3	壬辰
8/22	6/30	壬戌	9/22	8/2	癸巳	10/23	9/4	甲子	11/22	10/4	甲午	12/22	11/4	甲子	1/20	12/4	癸巳
8/23	7/1	癸亥	9/23	8/3	甲午	10/24	9/5	乙丑	11/23	10/5	乙未	12/23	11/5	乙丑	1/21	12/5	甲午
8/24	7/2	甲子	9/24	8/4	乙未	10/25	9/6	丙寅	11/24	10/6	丙申	12/24	11/6	丙寅	1/22	12/6	乙未
8/25	7/3	乙丑	9/25	8/5	丙申	10/26	9/7	丁卯	11/25	10/7	丁酉	12/25	11/7	丁卯	1/23	12/7	丙申
8/26	7/4	丙寅	9/26	8/6	丁酉	10/27	9/8	戊辰	11/26	10/8	戊戌	12/26	11/8	戊辰	1/24	12/8	丁酉
8/27	7/5	丁卯	9/27	8/7	戊戌	10/28	9/9	己巳	11/27	10/9	己亥	12/27	11/9	己巳	1/25	12/9	戊戌
8/28	7/6	戊辰	9/28	8/8	己亥	10/29	9/10	庚午	11/28	10/10	庚子	12/28	11/10	庚午	1/26	12/10	己亥
8/29	7/7	己巳	9/29	8/9	庚子	10/30	9/11	辛未	11/29	10/11	辛丑	12/29	11/11	辛未	1/27	12/11	庚子
8/30	7/8	庚午	9/30	8/10	辛丑	10/31	9/12	壬申	11/30	10/12	壬寅	12/30	11/12	壬申	1/28	12/12	辛丑
8/31	7/9	辛未	10/1	8/11	壬寅	11/1	9/13	癸酉	12/1	10/13	癸卯	12/31	11/13	癸酉	1/29	12/13	壬寅
9/1	7/10	壬申	10/2	8/12	癸卯	11/2	9/14	甲戌	12/2	10/14	甲辰	1/1	11/14	甲戌	1/30	12/14	癸卯
9/2	7/11	癸酉	10/3	8/13	甲辰	11/3	9/15	乙亥	12/3	10/15	乙巳	1/2	11/15	乙亥	1/31	12/15	甲辰
9/3	7/12	甲戌	10/4	8/14	乙巳	11/4	9/16	丙子	12/4	10/16	丙午	1/3	11/16	丙子	2/1	12/16	乙巳
9/4	7/13	乙亥	10/5	8/15	丙午	11/5	9/17	丁丑	12/5	10/17	丁未	1/4	11/17	丁丑	2/2	12/17	丙午
9/5	7/14	丙子	10/6	8/16	丁未	11/6	9/18	戊寅	12/6	10/18	戊申	1/5	11/18	戊寅	2/3	12/18	丁未
9/6	7/15	丁丑	10/7	8/17	戊申	11/7	9/19	己卯	12/7	10/19	己酉				2/4	12/19	戊申
9/7	7/16	戊寅	10/8	8/18	己酉												

節氣

立秋	白露	寒露	立冬	大雪	小寒
8/8 16時37分 申時	9/8 19時6分 戌時	10/9 10時9分 巳時	11/8 12時45分 午時	12/8 5時10分 卯時	1/6 16時14分 申時

中氣

處暑	秋分	霜降	小雪	冬至	大寒
8/24 7時4分 辰時	9/24 4時9分 寅時	10/24 12時52分 午時	11/23 9時55分 巳時	12/22 22時56分 亥時	1/21 17時34分 巳時

年：中華民國十一、十二年　狗　1922、1923

年	癸亥																	
月	甲寅			乙卯			丙辰			丁巳			戊午			己未		
節氣	立春			驚蟄			清明			立夏			芒種			小暑		
	2/5 4時0分 寅時			3/6 22時24分 亥時			4/6 3時0分 寅時			5/6 21時38分 亥時			6/7 2時14分 丑時			7/8 12時42分 午時		
日	國曆	農曆	干支	國曆	農曆	干支	國曆	農曆	干支	國曆	農曆	干支	國曆	農曆	干支	國曆	農曆	干支
	2 5	12 20	己酉	3 6	1 19	戊寅	4 6	2 21	己酉	5 6	3 21	己卯	6 7	4 23	辛亥	7 8	5 25	壬午
	2 6	12 21	庚戌	3 7	1 20	己卯	4 7	2 22	庚戌	5 7	3 22	庚辰	6 8	4 24	壬子	7 9	5 26	癸未
	2 7	12 22	辛亥	3 8	1 21	庚辰	4 8	2 23	辛亥	5 8	3 23	辛巳	6 9	4 25	癸丑	7 10	5 27	甲申
	2 8	12 23	壬子	3 9	1 22	辛巳	4 9	2 24	壬子	5 9	3 24	壬午	6 10	4 26	甲寅	7 11	5 28	乙酉
中	2 9	12 24	癸丑	3 10	1 23	壬午	4 10	2 25	癸丑	5 10	3 25	癸未	6 11	4 27	乙卯	7 12	5 29	丙戌
華	2 10	12 25	甲寅	3 11	1 24	癸未	4 11	2 26	甲寅	5 11	3 26	甲申	6 12	4 28	丙辰	7 13	5 30	丁亥
民	2 11	12 26	乙卯	3 12	1 25	甲申	4 12	2 27	乙卯	5 12	3 27	乙酉	6 13	4 29	丁巳	7 14	6 1	戊子
國	2 12	12 27	丙辰	3 13	1 26	乙酉	4 13	2 28	丙辰	5 13	3 28	丙戌	6 14	5 1	戊午	7 15	6 2	己丑
十	2 13	12 28	丁巳	3 14	1 27	丙戌	4 14	2 29	丁巳	5 14	3 29	丁亥	6 15	5 2	己未	7 16	6 3	庚寅
二	2 14	12 29	戊午	3 15	1 28	丁亥	4 15	2 30	戊午	5 15	3 30	戊子	6 16	5 3	庚申	7 17	6 4	辛卯
年	2 15	12 30	己未	3 16	1 29	戊子	4 16	3 1	己未	5 16	4 1	己丑	6 17	5 4	辛酉	7 18	6 5	壬辰
	2 16	1 1	庚申	3 17	2 1	己丑	4 17	3 2	庚申	5 17	4 2	庚寅	6 18	5 5	壬戌	7 19	6 6	癸巳
豬	2 17	1 2	辛酉	3 18	2 2	庚寅	4 18	3 3	辛酉	5 18	4 3	辛卯	6 19	5 6	癸亥	7 20	6 7	甲午
	2 18	1 3	壬戌	3 19	2 3	辛卯	4 19	3 4	壬戌	5 19	4 4	壬辰	6 20	5 7	甲子	7 21	6 8	乙未
	2 19	1 4	癸亥	3 20	2 4	壬辰	4 20	3 5	癸亥	5 20	4 5	癸巳	6 21	5 8	乙丑	7 22	6 9	丙申
	2 20	1 5	甲子	3 21	2 5	癸巳	4 21	3 6	甲子	5 21	4 6	甲午	6 22	5 9	丙寅	7 23	6 10	丁酉
	2 21	1 6	乙丑	3 22	2 6	甲午	4 22	3 7	乙丑	5 22	4 7	乙未	6 23	5 10	丁卯	7 24	6 11	戊戌
	2 22	1 7	丙寅	3 23	2 7	乙未	4 23	3 8	丙寅	5 23	4 8	丙申	6 24	5 11	戊辰	7 25	6 12	己亥
	2 23	1 8	丁卯	3 24	2 8	丙申	4 24	3 9	丁卯	5 24	4 9	丁酉	6 25	5 12	己巳	7 26	6 13	庚子
	2 24	1 9	戊辰	3 25	2 9	丁酉	4 25	3 10	戊辰	5 25	4 10	戊戌	6 26	5 13	庚午	7 27	6 14	辛丑
	2 25	1 10	己巳	3 26	2 10	戊戌	4 26	3 11	己巳	5 26	4 11	己亥	6 27	5 14	辛未	7 28	6 15	壬寅
	2 26	1 11	庚午	3 27	2 11	己亥	4 27	3 12	庚午	5 27	4 12	庚子	6 28	5 15	壬申	7 29	6 16	癸卯
	2 27	1 12	辛未	3 28	2 12	庚子	4 28	3 13	辛未	5 28	4 13	辛丑	6 29	5 16	癸酉	7 30	6 17	甲辰
	2 28	1 13	壬申	3 29	2 13	辛丑	4 29	3 14	壬申	5 29	4 14	壬寅	6 30	5 17	甲戌	7 31	6 18	乙巳
1	3 1	1 14	癸酉	3 30	2 14	壬寅	4 30	3 15	癸酉	5 30	4 15	癸卯	7 1	5 18	乙亥	8 1	6 19	丙午
9	3 2	1 15	甲戌	3 31	2 15	癸卯	5 1	3 16	甲戌	5 31	4 16	甲辰	7 2	5 19	丙子	8 2	6 20	丁未
2	3 3	1 16	乙亥	4 1	2 16	甲辰	5 2	3 17	乙亥	6 1	4 17	乙巳	7 3	5 20	丁丑	8 3	6 21	戊申
3	3 4	1 17	丙子	4 2	2 17	乙巳	5 3	3 18	丙子	6 2	4 18	丙午	7 4	5 21	戊寅	8 4	6 22	己酉
	3 5	1 18	丁丑	4 3	2 18	丙午	5 4	3 19	丁丑	6 3	4 19	丁未	7 5	5 22	己卯	8 5	6 23	庚戌
				4 4	2 19	丁未	5 5	3 20	戊寅	6 4	4 20	戊申	7 6	5 23	庚辰	8 6	6 24	辛亥
				4 5	2 20	戊申				6 5	4 21	己酉	7 7	5 24	辛巳	8 7	6 25	壬子
										6 6	4 22	庚戌						
中氣	雨水			春分			穀雨			小滿			夏至			大暑		
	2/19 23時59分 子時			3/21 23時28分 子時			4/21 11時5分 午時			5/22 10時45分 巳時			6/22 19時2分 戌時			7/24 6時0分 卯時		

48

癸亥

月	庚申	辛酉	壬戌	癸亥	甲子	乙丑
節氣	立秋	白露	寒露	立冬	大雪	小寒
	8/8 22時24分 亥時	9/9 0時57分 子時	10/9 16時3分 申時	11/8 18時40分 酉時	12/8 11時4分 午時	1/6 22時5分 亥時

國曆	農曆	干支	國曆	農曆	干支	國曆	農曆	干支	國曆	農曆	干支	國曆	農曆	干支	國曆	農曆	干支
8 8	6 26	癸丑	9 9	7 29	乙酉	10 9	8 29	乙卯	11 8	10 1	乙酉	12 8	11 1	乙卯	1 6	12 1	甲申
8 9	6 27	甲寅	9 10	7 30	丙戌	10 10	9 1	丙辰	11 9	10 2	丙戌	12 9	11 2	丙辰	1 7	12 2	乙酉
8 10	6 28	乙卯	9 11	8 1	丁亥	10 11	9 2	丁巳	11 10	10 3	丁亥	12 10	11 3	丁巳	1 8	12 3	丙戌
8 11	6 29	丙辰	9 12	8 2	戊子	10 12	9 3	戊午	11 11	10 4	戊子	12 11	11 4	戊午	1 9	12 4	丁亥
8 12	7 1	丁巳	9 13	8 3	己丑	10 13	9 4	己未	11 12	10 5	己丑	12 12	11 5	己未	1 10	12 5	戊子
8 13	7 2	戊午	9 14	8 4	庚寅	10 14	9 5	庚申	11 13	10 6	庚寅	12 13	11 6	庚申	1 11	12 6	己丑
8 14	7 3	己未	9 15	8 5	辛卯	10 15	9 6	辛酉	11 14	10 7	辛卯	12 14	11 7	辛酉	1 12	12 7	庚寅
8 15	7 4	庚申	9 16	8 6	壬辰	10 16	9 7	壬戌	11 15	10 8	壬辰	12 15	11 8	壬戌	1 13	12 8	辛卯
8 16	7 5	辛酉	9 17	8 7	癸巳	10 17	9 8	癸亥	11 16	10 9	癸巳	12 16	11 9	癸亥	1 14	12 9	壬辰
8 17	7 6	壬戌	9 18	8 8	甲午	10 18	9 9	甲子	11 17	10 10	甲午	12 17	11 10	甲子	1 15	12 10	癸巳
8 18	7 7	癸亥	9 19	8 9	乙未	10 19	9 10	乙丑	11 18	10 11	乙未	12 18	11 11	乙丑	1 16	12 11	甲午
8 19	7 8	甲子	9 20	8 10	丙申	10 20	9 11	丙寅	11 19	10 12	丙申	12 19	11 12	丙寅	1 17	12 12	乙未
8 20	7 9	乙丑	9 21	8 11	丁酉	10 21	9 12	丁卯	11 20	10 13	丁酉	12 20	11 13	丁卯	1 18	12 13	丙申
8 21	7 10	丙寅	9 22	8 12	戊戌	10 22	9 13	戊辰	11 21	10 14	戊戌	12 21	11 14	戊辰	1 19	12 14	丁酉
8 22	7 11	丁卯	9 23	8 13	己亥	10 23	9 14	己巳	11 22	10 15	己亥	12 22	11 15	己巳	1 20	12 15	戊戌
8 23	7 12	戊辰	9 24	8 14	庚子	10 24	9 15	庚午	11 23	10 16	庚子	12 23	11 16	庚午	1 21	12 16	己亥
8 24	7 13	己巳	9 25	8 15	辛丑	10 25	9 16	辛未	11 24	10 17	辛丑	12 24	11 17	辛未	1 22	12 17	庚子
8 25	7 14	庚午	9 26	8 16	壬寅	10 26	9 17	壬申	11 25	10 18	壬寅	12 25	11 18	壬申	1 23	12 18	辛丑
8 26	7 15	辛未	9 27	8 17	癸卯	10 27	9 18	癸酉	11 26	10 19	癸卯	12 26	11 19	癸酉	1 24	12 19	壬寅
8 27	7 16	壬申	9 28	8 18	甲辰	10 28	9 19	甲戌	11 27	10 20	甲辰	12 27	11 20	甲戌	1 25	12 20	癸卯
8 28	7 17	癸酉	9 29	8 19	乙巳	10 29	9 20	乙亥	11 28	10 21	乙巳	12 28	11 21	乙亥	1 26	12 21	甲辰
8 29	7 18	甲戌	9 30	8 20	丙午	10 30	9 21	丙子	11 29	10 22	丙午	12 29	11 22	丙子	1 27	12 22	乙巳
8 30	7 19	乙亥	10 1	8 21	丁未	10 31	9 22	丁丑	11 30	10 23	丁未	12 30	11 23	丁丑	1 28	12 23	丙午
8 31	7 20	丙子	10 2	8 22	戊申	11 1	9 23	戊寅	12 1	10 24	戊申	12 31	11 24	戊寅	1 29	12 24	丁未
9 1	7 21	丁丑	10 3	8 23	己酉	11 2	9 24	己卯	12 2	10 25	己酉	1 1	11 25	己卯	1 30	12 25	戊申
9 2	7 22	戊寅	10 4	8 24	庚戌	11 3	9 25	庚辰	12 3	10 26	庚戌	1 2	11 26	庚辰	1 31	12 26	己酉
9 3	7 23	己卯	10 5	8 25	辛亥	11 4	9 26	辛巳	12 4	10 27	辛亥	1 3	11 27	辛巳	2 1	12 27	庚戌
9 4	7 24	庚辰	10 6	8 26	壬子	11 5	9 27	壬午	12 5	10 28	壬子	1 4	11 28	壬午	2 2	12 28	辛亥
9 5	7 25	辛巳	10 7	8 27	癸丑	11 6	9 28	癸未	12 6	10 29	癸丑	1 5	11 29	癸未	2 3	12 29	壬子
9 6	7 26	壬午	10 8	8 28	甲寅	11 7	9 29	甲申	12 7	10 30	甲寅	1 6	11 30	甲申	2 4	12 30	癸丑
9 7	7 27	癸未															
9 8	7 28	甲申															

中氣

處暑	秋分	霜降	小雪	冬至	大寒
8/24 12時51分 午時	9/24 10時3分 巳時	10/24 18時50分 酉時	11/23 15時53分 申時	12/23 4時53分 寅時	1/21 15時28分 申時

年：中華民國十二、十三年　豬　1923、1924

49

年	甲子																
月	丙寅			丁卯			戊辰			己巳			庚午			辛未		
節氣	立春 2/5 9時49分 巳時			驚蟄 3/6 4時12分 寅時			清明 4/5 9時33分 巳時			立夏 5/6 3時25分 寅時			芒種 6/6 8時1分 辰時			小暑 7/7 18時29分 酉時		
日	國曆	農曆	干支	國曆	農曆	干支	國曆	農曆	干支	國曆	農曆	干支	國曆	農曆	干支	國曆	農曆	干支
	2 5	1 1	甲寅	3 6	2 2	甲申	4 5	3 2	甲寅	5 6	4 3	乙酉	6 6	5 5	丙辰	7 7	6 6	丁亥
	2 6	1 2	乙卯	3 7	2 3	乙酉	4 6	3 3	乙卯	5 7	4 4	丙戌	6 7	5 6	丁巳	7 8	6 7	戊子
	2 7	1 3	丙辰	3 8	2 4	丙戌	4 7	3 4	丙辰	5 8	4 5	丁亥	6 8	5 7	戊午	7 9	6 8	己丑
	2 8	1 4	丁巳	3 9	2 5	丁亥	4 8	3 5	丁巳	5 9	4 6	戊子	6 9	5 8	己未	7 10	6 9	庚寅
中	2 9	1 5	戊午	3 10	2 6	戊子	4 9	3 6	戊午	5 10	4 7	己丑	6 10	5 9	庚申	7 11	6 10	辛卯
華	2 10	1 6	己未	3 11	2 7	己丑	4 10	3 7	己未	5 11	4 8	庚寅	6 11	5 10	辛酉	7 12	6 11	壬辰
民	2 11	1 7	庚申	3 12	2 8	庚寅	4 11	3 8	庚申	5 12	4 9	辛卯	6 12	5 11	壬戌	7 13	6 12	癸巳
國	2 12	1 8	辛酉	3 13	2 9	辛卯	4 12	3 9	辛酉	5 13	4 10	壬辰	6 13	5 12	癸亥	7 14	6 13	甲午
十	2 13	1 9	壬戌	3 14	2 10	壬辰	4 13	3 10	壬戌	5 14	4 11	癸巳	6 14	5 13	甲子	7 15	6 14	乙未
三	2 14	1 10	癸亥	3 15	2 11	癸巳	4 14	3 11	癸亥	5 15	4 12	甲午	6 15	5 14	乙丑	7 16	6 15	丙申
年	2 15	1 11	甲子	3 16	2 12	甲午	4 15	3 12	甲子	5 16	4 13	乙未	6 16	5 15	丙寅	7 17	6 16	丁酉
	2 16	1 12	乙丑	3 17	2 13	乙未	4 16	3 13	乙丑	5 17	4 14	丙申	6 17	5 16	丁卯	7 18	6 17	戊戌
鼠	2 17	1 13	丙寅	3 18	2 14	丙申	4 17	3 14	丙寅	5 18	4 15	丁酉	6 18	5 17	戊辰	7 19	6 18	己亥
	2 18	1 14	丁卯	3 19	2 15	丁酉	4 18	3 15	丁卯	5 19	4 16	戊戌	6 19	5 18	己巳	7 20	6 19	庚子
	2 19	1 15	戊辰	3 20	2 16	戊戌	4 19	3 16	戊辰	5 20	4 17	己亥	6 20	5 19	庚午	7 21	6 20	辛丑
	2 20	1 16	己巳	3 21	2 17	己亥	4 20	3 17	己巳	5 21	4 18	庚子	6 21	5 20	辛未	7 22	6 21	壬寅
	2 21	1 17	庚午	3 22	2 18	庚子	4 21	3 18	庚午	5 22	4 19	辛丑	6 22	5 21	壬申	7 23	6 22	癸卯
	2 22	1 18	辛未	3 23	2 19	辛丑	4 22	3 19	辛未	5 23	4 20	壬寅	6 23	5 22	癸酉	7 24	6 23	甲辰
	2 23	1 19	壬申	3 24	2 20	壬寅	4 23	3 20	壬申	5 24	4 21	癸卯	6 24	5 23	甲戌	7 25	6 24	乙巳
	2 24	1 20	癸酉	3 25	2 21	癸卯	4 24	3 21	癸酉	5 25	4 22	甲辰	6 25	5 24	乙亥	7 26	6 25	丙午
	2 25	1 21	甲戌	3 26	2 22	甲辰	4 25	3 22	甲戌	5 26	4 23	乙巳	6 26	5 25	丙子	7 27	6 26	丁未
	2 26	1 22	乙亥	3 27	2 23	乙巳	4 26	3 23	乙亥	5 27	4 24	丙午	6 27	5 26	丁丑	7 28	6 27	戊申
	2 27	1 23	丙子	3 28	2 24	丙午	4 27	3 24	丙子	5 28	4 25	丁未	6 28	5 27	戊寅	7 29	6 28	己酉
	2 28	1 24	丁丑	3 29	2 25	丁未	4 28	3 25	丁丑	5 29	4 26	戊申	6 29	5 28	己卯	7 30	6 29	庚戌
1	2 29	1 25	戊寅	3 30	2 26	戊申	4 29	3 26	戊寅	5 30	4 27	己酉	6 30	5 29	庚辰	7 31	6 30	辛亥
9	3 1	1 26	己卯	3 31	2 27	己酉	4 30	3 27	己卯	5 31	4 28	庚戌	7 1	5 30	辛巳	8 1	7 1	壬子
2	3 2	1 27	庚辰	4 1	2 28	庚戌	5 1	3 28	庚辰	6 1	4 29	辛亥	7 2	6 1	壬午	8 2	7 2	癸丑
4	3 3	1 28	辛巳	4 2	2 29	辛亥	5 2	3 29	辛巳	6 2	5 1	壬子	7 3	6 2	癸未	8 3	7 3	甲寅
	3 4	1 29	壬午	4 3	2 30	壬子	5 3	3 30	壬午	6 3	5 2	癸丑	7 4	6 3	甲申	8 4	7 4	乙卯
	3 5	2 1	癸未	4 4	3 1	癸丑	5 4	4 1	癸未	6 4	5 3	甲寅	7 5	6 4	乙酉	8 5	7 5	丙辰
							5 5	4 2	甲申	6 5	5 4	乙卯	7 6	6 5	丙戌	8 6	7 6	丁巳
																8 7	7 7	戊午
中 氣	雨水 2/20 5時51分 卯時			春分 3/21 5時20分 卯時			穀雨 4/20 16時58分 申時			小滿 5/21 16時40分 申時			夏至 6/22 0時59分 子時			大暑 7/23 11時57分 午時		

甲子（年）

月	壬申	癸酉	甲戌	乙亥	丙子	丁丑
節氣	立秋	白露	寒露	立冬	大雪	小寒
	8/8 4時12分 寅時	9/8 6時45分 卯時	10/8 21時52分 亥時	11/8 0時29分 子時	12/7 16時53分 申時	1/6 3時53分 寅時

國曆	農曆	干支	國曆	農曆	干支	國曆	農曆	干支	國曆	農曆	干支	國曆	農曆	干支	國曆	農曆	干支
8	7/8	己未	8	8/10	庚寅	8	9/10	庚申	8	10/12	辛卯	7	11/11	庚申	6	12/12	庚寅
9	7/9	庚申	9	8/11	辛卯	9	9/11	辛酉	9	10/13	壬辰	8	11/12	辛酉	7	12/13	辛卯
10	7/10	辛酉	10	8/12	壬辰	10	9/12	壬戌	10	10/14	癸巳	9	11/13	壬戌	8	12/14	壬辰
11	7/11	壬戌	11	8/13	癸巳	11	9/13	癸亥	11	10/15	甲午	10	11/14	癸亥	9	12/15	癸巳
12	7/12	癸亥	12	8/14	甲午	12	9/14	甲子	12	10/16	乙未	11	11/15	甲子	10	12/16	甲午
13	7/13	甲子	13	8/15	乙未	13	9/15	乙丑	13	10/17	丙申	12	11/16	乙丑	11	12/17	乙未
14	7/14	乙丑	14	8/16	丙申	14	9/16	丙寅	14	10/18	丁酉	13	11/17	丙寅	12	12/18	丙申
15	7/15	丙寅	15	8/17	丁酉	15	9/17	丁卯	15	10/19	戊戌	14	11/18	丁卯	13	12/19	丁酉
16	7/16	丁卯	16	8/18	戊戌	16	9/18	戊辰	16	10/20	己亥	15	11/19	戊辰	14	12/20	戊戌
17	7/17	戊辰	17	8/19	己亥	17	9/19	己巳	17	10/21	庚子	16	11/20	己巳	15	12/21	己亥
18	7/18	己巳	18	8/20	庚子	18	9/20	庚午	18	10/22	辛丑	17	11/21	庚午	16	12/22	庚子
19	7/19	庚午	19	8/21	辛丑	19	9/21	辛未	19	10/23	壬寅	18	11/22	辛未	17	12/23	辛丑
20	7/20	辛未	20	8/22	壬寅	20	9/22	壬申	20	10/24	癸卯	19	11/23	壬申	18	12/24	壬寅
21	7/21	壬申	21	8/23	癸卯	21	9/23	癸酉	21	10/25	甲辰	20	11/24	癸酉	19	12/25	癸卯
22	7/22	癸酉	22	8/24	甲辰	22	9/24	甲戌	22	10/26	乙巳	21	11/25	甲戌	20	12/26	甲辰
23	7/23	甲戌	23	8/25	乙巳	23	9/25	乙亥	23	10/27	丙午	22	11/26	乙亥	21	12/27	乙巳
24	7/24	乙亥	24	8/26	丙午	24	9/26	丙子	24	10/28	丁未	23	11/27	丙子	22	12/28	丙午
25	7/25	丙子	25	8/27	丁未	25	9/27	丁丑	25	10/29	戊申	24	11/28	丁丑	23	12/29	丁未
26	7/26	丁丑	26	8/28	戊申	26	9/28	戊寅	26	10/30	己酉	25	11/29	戊寅	24	1/1	戊申
27	7/27	戊寅	27	8/29	己酉	27	9/29	己卯	27	11/1	庚戌	26	12/1	己卯	25	1/2	己酉
28	7/28	己卯	28	8/30	庚戌	28	10/1	庚辰	28	11/2	辛亥	27	12/2	庚辰	26	1/3	庚戌
29	7/29	庚辰	29	9/1	辛亥	29	10/2	辛巳	29	11/3	壬子	28	12/3	辛巳	27	1/4	辛亥
30	8/1	辛巳	30	9/2	壬子	30	10/3	壬午	30	11/4	癸丑	29	12/4	壬午	28	1/5	壬子
31	8/2	壬午	1	9/3	癸丑	31	10/4	癸未	1	11/5	甲寅	30	12/5	癸未	29	1/6	癸丑
1	8/3	癸未	2	9/4	甲寅	1	10/5	甲申	2	11/6	乙卯	31	12/6	甲申	30	1/7	甲寅
2	8/4	甲申	3	9/5	乙卯	2	10/6	乙酉	3	11/7	丙辰	1	12/7	乙酉	31	1/8	乙卯
3	8/5	乙酉	4	9/6	丙辰	3	10/7	丙戌	4	11/8	丁巳	2	12/8	丙戌	1	1/9	丙辰
4	8/6	丙戌	5	9/7	丁巳	4	10/8	丁亥	5	11/9	戊午	3	12/9	丁亥	2	1/10	丁巳
5	8/7	丁亥	6	9/8	戊午	5	10/9	戊子	6	11/10	己未	4	12/10	戊子	3	1/11	戊午
6	8/8	戊子	7	9/9	己未	6	10/10	己丑				5	12/11	己丑			
7	8/9	己丑				7	10/11	庚寅									

（日欄右側直書年份註記）中華民國十三、十四年　鼠　1924、1925

中氣	處暑	秋分	霜降	小雪	冬至	大寒
	8/23 18時47分 酉時	9/23 15時58分 申時	10/24 0時44分 子時	11/22 21時46分 亥時	12/22 10時45分 巳時	1/20 21時20分 亥時

年																乙丑	
月	戊寅			己卯			庚辰			辛巳			壬午			癸未		
節氣	立春			驚蟄			清明			立夏			芒種			小暑		
	2/4 15時36分 申時			3/6 9時59分 巳時			4/5 15時22分 申時			5/6 9時17分 巳時			6/6 13時56分 未時			7/8 0時25分 子時		
日	國曆	農曆	干支	國曆	農曆	干支	國曆	農曆	干支	國曆	農曆	干支	國曆	農曆	干支	國曆	農曆	干支
	2 4	1 12	己未	3 6	2 12	己丑	4 5	3 13	己未	5 6	4 14	庚寅	6 6	閏4 16	辛酉	7 8	5 18	癸巳
	2 5	1 13	庚申	3 7	2 13	庚寅	4 6	3 14	庚申	5 7	4 15	辛卯	6 7	4 17	壬戌	7 9	5 19	甲午
	2 6	1 14	辛酉	3 8	2 14	辛卯	4 7	3 15	辛酉	5 8	4 16	壬辰	6 8	4 18	癸亥	7 10	5 20	乙未
	2 7	1 15	壬戌	3 9	2 15	壬辰	4 8	3 16	壬戌	5 9	4 17	癸巳	6 9	4 19	甲子	7 11	5 21	丙申
	2 8	1 16	癸亥	3 10	2 16	癸巳	4 9	3 17	癸亥	5 10	4 18	甲午	6 10	4 20	乙丑	7 12	5 22	丁酉
中	2 9	1 17	甲子	3 11	2 17	甲午	4 10	3 18	甲子	5 11	4 19	乙未	6 11	4 21	丙寅	7 13	5 23	戊戌
華	2 10	1 18	乙丑	3 12	2 18	乙未	4 11	3 19	乙丑	5 12	4 20	丙申	6 12	4 22	丁卯	7 14	5 24	己亥
民	2 11	1 19	丙寅	3 13	2 19	丙申	4 12	3 20	丙寅	5 13	4 21	丁酉	6 13	4 23	戊辰	7 15	5 25	庚子
國	2 12	1 20	丁卯	3 14	2 20	丁酉	4 13	3 21	丁卯	5 14	4 22	戊戌	6 14	4 24	己巳	7 16	5 26	辛丑
十	2 13	1 21	戊辰	3 15	2 21	戊戌	4 14	3 22	戊辰	5 15	4 23	己亥	6 15	4 25	庚午	7 17	5 27	壬寅
四	2 14	1 22	己巳	3 16	2 22	己亥	4 15	3 23	己巳	5 16	4 24	庚子	6 16	4 26	辛未	7 18	5 28	癸卯
年	2 15	1 23	庚午	3 17	2 23	庚子	4 16	3 24	庚午	5 17	4 25	辛丑	6 17	4 27	壬申	7 19	5 29	甲辰
牛	2 16	1 24	辛未	3 18	2 24	辛丑	4 17	3 25	辛未	5 18	4 26	壬寅	6 18	4 28	癸酉	7 20	5 30	乙巳
	2 17	1 25	壬申	3 19	2 25	壬寅	4 18	3 26	壬申	5 19	4 27	癸卯	6 19	4 29	甲戌	7 21	6 1	丙午
	2 18	1 26	癸酉	3 20	2 26	癸卯	4 19	3 27	癸酉	5 20	4 28	甲辰	6 20	4 30	乙亥	7 22	6 2	丁未
	2 19	1 27	甲戌	3 21	2 27	甲辰	4 20	3 28	甲戌	5 21	4 29	乙巳	6 21	5 1	丙子	7 23	6 3	戊申
	2 20	1 28	乙亥	3 22	2 28	乙巳	4 21	3 29	乙亥	5 22	閏4 1	丙午	6 22	5 2	丁丑	7 24	6 4	己酉
	2 21	1 29	丙子	3 23	2 29	丙午	4 22	3 30	丙子	5 23	4 2	丁未	6 23	5 3	戊寅	7 25	6 5	庚戌
	2 22	1 30	丁丑	3 24	3 1	丁未	4 23	4 1	丁丑	5 24	4 3	戊申	6 24	5 4	己卯	7 26	6 6	辛亥
	2 23	2 1	戊寅	3 25	3 2	戊申	4 24	4 2	戊寅	5 25	4 4	己酉	6 25	5 5	庚辰	7 27	6 7	壬子
	2 24	2 2	己卯	3 26	3 3	己酉	4 25	4 3	己卯	5 26	4 5	庚戌	6 26	5 6	辛巳	7 28	6 8	癸丑
	2 25	2 3	庚辰	3 27	3 4	庚戌	4 26	4 4	庚辰	5 27	4 6	辛亥	6 27	5 7	壬午	7 29	6 9	甲寅
	2 26	2 4	辛巳	3 28	3 5	辛亥	4 27	4 5	辛巳	5 28	4 7	壬子	6 28	5 8	癸未	7 30	6 10	乙卯
	2 27	2 5	壬午	3 29	3 6	壬子	4 28	4 6	壬午	5 29	4 8	癸丑	6 29	5 9	甲申	7 31	6 11	丙辰
1	2 28	2 6	癸未	3 30	3 7	癸丑	4 29	4 7	癸未	5 30	4 9	甲寅	6 30	5 10	乙酉	8 1	6 12	丁巳
9	3 1	2 7	甲申	3 31	3 8	甲寅	4 30	4 8	甲申	5 31	4 10	乙卯	7 1	5 11	丙戌	8 2	6 13	戊午
2	3 2	2 8	乙酉	4 1	3 9	乙卯	5 1	4 9	乙酉	6 1	4 11	丙辰	7 2	5 12	丁亥	8 3	6 14	己未
5	3 3	2 9	丙戌	4 2	3 10	丙辰	5 2	4 10	丙戌	6 2	4 12	丁巳	7 3	5 13	戊子	8 4	6 15	庚申
	3 4	2 10	丁亥	4 3	3 11	丁巳	5 3	4 11	丁亥	6 3	4 13	戊午	7 4	5 14	己丑	8 5	6 16	辛酉
	3 5	2 11	戊子	4 4	3 12	戊午	5 4	4 12	戊子	6 4	4 14	己未	7 5	5 15	庚寅	8 6	6 17	壬戌
							5 5	4 13	己丑	6 5	4 15	庚申	7 6	5 16	辛卯	8 7	6 18	癸亥
													7 7	5 17	壬辰			
中氣	雨水			春分			穀雨			小滿			夏至			大暑		
	2/19 11時43分 午時			3/21 11時12分 午時			4/20 22時51分 亥時			5/21 22時32分 亥時			6/22 6時50分 卯時			7/23 17時44分 酉時		

乙丑

年

月	甲申	乙酉	丙戌	丁亥	戊子	己丑
節氣	立秋	白露	寒露	立冬	大雪	小寒
時刻	8 10時7分 巳時	9/8 12時40分 午時	10/9 3時47分 寅時	11/8 9時26分 巳時	12/7 22時52分 亥時	1/6 9時54分 巳時

甲申			乙酉			丙戌			丁亥			戊子			己丑		
國曆	農曆	干支	國曆	農曆	干支	國曆	農曆	干支	國曆	農曆	干支	國曆	農曆	干支	國曆	農曆	干支
8	6 19	甲子	9 8	7 21	乙未	10 9	8 22	丙寅	11 8	9 22	丙申	12 7	10 22	乙丑	1 6	11 22	乙未
9	6 20	乙丑	9	7 22	丙申	10	8 23	丁卯	9	9 23	丁酉	8	10 23	丙寅	7	11 23	丙申
10	6 21	丙寅	10	7 23	丁酉	11	8 24	戊辰	10	9 24	戊戌	9	10 24	丁卯	8	11 24	丁酉
11	6 22	丁卯	11	7 24	戊戌	12	8 25	己巳	11	9 25	己亥	10	10 25	戊辰	9	11 25	戊戌
12	6 23	戊辰	12	7 25	己亥	13	8 26	庚午	12	9 26	庚子	11	10 26	己巳	10	11 26	己亥
13	6 24	己巳	13	7 26	庚子	14	8 27	辛未	13	9 27	辛丑	12	10 27	庚午	11	11 27	庚子
14	6 25	庚午	14	7 27	辛丑	15	8 28	壬申	14	9 28	壬寅	13	10 28	辛未	12	11 28	辛丑
15	6 26	辛未	15	7 28	壬寅	16	8 29	癸酉	15	9 29	癸卯	14	10 29	壬申	13	11 29	壬寅
16	6 27	壬申	16	7 29	癸卯	17	8 30	甲戌	16	10 1	甲辰	15	10 30	癸酉	14	12 1	癸卯
17	6 28	癸酉	17	7 30	甲辰	18	9 1	乙亥	17	10 2	乙巳	16	11 1	甲戌	15	12 2	甲辰
18	6 29	甲戌	18	8 1	乙巳	19	9 2	丙子	18	10 3	丙午	17	11 2	乙亥	16	12 3	乙巳
19	7 1	乙亥	19	8 2	丙午	20	9 3	丁丑	19	10 4	丁未	18	11 3	丙子	17	12 4	丙午
20	7 2	丙子	20	8 3	丁未	21	9 4	戊寅	20	10 5	戊申	19	11 4	丁丑	18	12 5	丁未
21	7 3	丁丑	21	8 4	戊申	22	9 5	己卯	21	10 6	己酉	20	11 5	戊寅	19	12 6	戊申
22	7 4	戊寅	22	8 5	己酉	23	9 6	庚辰	22	10 7	庚戌	21	11 6	己卯	20	12 7	己酉
23	7 5	己卯	23	8 6	庚戌	24	9 7	辛巳	23	10 8	辛亥	22	11 7	庚辰	21	12 8	庚戌
24	7 6	庚辰	24	8 7	辛亥	25	9 8	壬午	24	10 9	壬子	23	11 8	辛巳	22	12 9	辛亥
25	7 7	辛巳	25	8 8	壬子	26	9 9	癸未	25	10 10	癸丑	24	11 9	壬午	23	12 10	壬子
26	7 8	壬午	26	8 9	癸丑	27	9 10	甲申	26	10 11	甲寅	25	11 10	癸未	24	12 11	癸丑
27	7 9	癸未	27	8 10	甲寅	28	9 11	乙酉	27	10 12	乙卯	26	11 11	甲申	25	12 12	甲寅
28	7 10	甲申	28	8 11	乙卯	29	9 12	丙戌	28	10 13	丙辰	27	11 12	乙酉	26	12 13	乙卯
29	7 11	乙酉	29	8 12	丙辰	30	9 13	丁亥	29	10 14	丁巳	28	11 13	丙戌	27	12 14	丙辰
30	7 12	丙戌	30	8 13	丁巳	31	9 14	戊子	30	10 15	戊午	29	11 14	丁亥	28	12 15	丁巳
31	7 13	丁亥	1	8 14	戊午	1	9 15	己丑	1	10 16	己未	30	11 15	戊子	29	12 16	戊午
1	7 14	戊子	2	8 15	己未	2	9 16	庚寅	2	10 17	庚申	31	11 16	己丑	30	12 17	己未
2	7 15	己丑	3	8 16	庚申	3	9 17	辛卯	3	10 18	辛酉	1	11 17	庚寅	31	12 18	庚申
3	7 16	庚寅	4	8 17	辛酉	4	9 18	壬辰	4	10 19	壬戌	2	11 18	辛卯	1	12 19	辛酉
4	7 17	辛卯	5	8 18	壬戌	5	9 19	癸巳	5	10 20	癸亥	3	11 19	壬辰	2	12 20	壬戌
5	7 18	壬辰	6	8 19	癸亥	6	9 20	甲午	6	10 21	甲子	4	11 20	癸巳	3	12 21	癸亥
6	7 19	癸巳	7	8 20	甲子	7	9 21	乙未				5	11 21	甲午			
7	7 20	甲午	8	8 21	乙丑												

中氣	處暑	秋分	霜降	小雪	冬至	大寒
時刻	24 0時33分 子時	9/23 21時43分 亥時	10/24 6時31分 卯時	11/23 3時35分 寅時	12/22 16時36分 申時	1/21 3時12分 寅時

中華民國十四、十五年　牛　1925、1926

53

中華民國十五年　虎　1926

年	丙寅																	
月	庚寅			辛卯			壬辰			癸巳			甲午			乙未		
節氣	立春			驚蟄			清明			立夏			芒種			小暑		
氣	2/4 21時38分 亥時			3/6 15時59分 申時			4/5 21時18分 亥時			5/6 15時8分 申時			6/6 19時41分 戌時			7/8 6時5分 卯時		
日	國曆	農曆	干支	國曆	農曆	干支	國曆	農曆	干支	國曆	農曆	干支	國曆	農曆	干支	國曆	農曆	干支
	2/4	12/22	甲子	3/6	1/22	甲午	4/5	2/23	甲子	5/6	3/24	乙未	6/6	4/26	丙寅	7/8	5/29	戊戌
	2/5	12/23	乙丑	3/7	1/23	乙未	4/6	2/24	乙丑	5/7	3/25	丙申	6/7	4/27	丁卯	7/9	5/30	己亥
	2/6	12/24	丙寅	3/8	1/24	丙申	4/7	2/25	丙寅	5/8	3/26	丁酉	6/8	4/28	戊辰	7/10	6/1	庚子
	2/7	12/25	丁卯	3/9	1/25	丁酉	4/8	2/26	丁卯	5/9	3/27	戊戌	6/9	4/29	己巳	7/11	6/2	辛丑
	2/8	12/26	戊辰	3/10	1/26	戊戌	4/9	2/27	戊辰	5/10	3/28	己亥	6/10	5/1	庚午	7/12	6/3	壬寅
	2/9	12/27	己巳	3/11	1/27	己亥	4/10	2/28	己巳	5/11	3/29	庚子	6/11	5/2	辛未	7/13	6/4	癸卯
中	2/10	12/28	庚午	3/12	1/28	庚子	4/11	2/29	庚午	5/12	4/1	辛丑	6/12	5/3	壬申	7/14	6/5	甲辰
華	2/11	12/29	辛未	3/13	1/29	辛丑	4/12	2/30	辛未	5/13	4/2	壬寅	6/13	5/4	癸酉	7/15	6/6	乙巳
民	2/12	12/30	壬申	3/14	2/1	壬寅	4/13	3/1	壬申	5/14	4/3	癸卯	6/14	5/5	甲戌	7/16	6/7	丙午
國	2/13	1/1	癸酉	3/15	2/2	癸卯	4/14	3/2	癸酉	5/15	4/4	甲辰	6/15	5/6	乙亥	7/17	6/8	丁未
十	2/14	1/2	甲戌	3/16	2/3	甲辰	4/15	3/3	甲戌	5/16	4/5	乙巳	6/16	5/7	丙子	7/18	6/9	戊申
五	2/15	1/3	乙亥	3/17	2/4	乙巳	4/16	3/4	乙亥	5/17	4/6	丙午	6/17	5/8	丁丑	7/19	6/10	己酉
年	2/16	1/4	丙子	3/18	2/5	丙午	4/17	3/5	丙子	5/18	4/7	丁未	6/18	5/9	戊寅	7/20	6/11	庚戌
	2/17	1/5	丁丑	3/19	2/6	丁未	4/18	3/6	丁丑	5/19	4/8	戊申	6/19	5/10	己卯	7/21	6/12	辛亥
虎	2/18	1/6	戊寅	3/20	2/7	戊申	4/19	3/7	戊寅	5/20	4/9	己酉	6/20	5/11	庚辰	7/22	6/13	壬子
	2/19	1/7	己卯	3/21	2/8	己酉	4/20	3/8	己卯	5/21	4/10	庚戌	6/21	5/12	辛巳	7/23	6/14	癸丑
	2/20	1/8	庚辰	3/22	2/9	庚戌	4/21	3/9	庚辰	5/22	4/11	辛亥	6/22	5/13	壬午	7/24	6/15	甲寅
	2/21	1/9	辛巳	3/23	2/10	辛亥	4/22	3/10	辛巳	5/23	4/12	壬子	6/23	5/14	癸未	7/25	6/16	乙卯
	2/22	1/10	壬午	3/24	2/11	壬子	4/23	3/11	壬午	5/24	4/13	癸丑	6/24	5/15	甲申	7/26	6/17	丙辰
	2/23	1/11	癸未	3/25	2/12	癸丑	4/24	3/12	癸未	5/25	4/14	甲寅	6/25	5/16	乙酉	7/27	6/18	丁巳
	2/24	1/12	甲申	3/26	2/13	甲寅	4/25	3/13	甲申	5/26	4/15	乙卯	6/26	5/17	丙戌	7/28	6/19	戊午
	2/25	1/13	乙酉	3/27	2/14	乙卯	4/26	3/14	乙酉	5/27	4/16	丙辰	6/27	5/18	丁亥			
	2/26	1/14	丙戌	3/28	2/15	丙辰	4/27	3/15	丙戌	5/28	4/17	丁巳	6/28	5/19	戊子			
	2/27	1/15	丁亥	3/29	2/16	丁巳	4/28	3/16	丁亥	5/29	4/18	戊午	6/29	5/20	己丑			
1	2/28	1/16	戊子	3/30	2/17	戊午	4/29	3/17	戊子	5/30	4/19	己未	6/30	5/21	庚寅			
9	3/1	1/17	己丑	3/31	2/18	己未	4/30	3/18	己丑	5/31	4/20	庚申	7/1	5/22	辛卯			
2	3/2	1/18	庚寅	4/1	2/19	庚申	5/1	3/19	庚寅	6/1	4/21	辛酉	7/2	5/23	壬辰			
6	3/3	1/19	辛卯	4/2	2/20	辛酉	5/2	3/20	辛卯	6/2	4/22	壬戌	7/3	5/24	癸巳			
	3/4	1/20	壬辰	4/3	2/21	壬戌	5/3	3/21	壬辰	6/3	4/23	癸亥	7/4	5/25	甲午			
	3/5	1/21	癸巳	4/4	2/22	癸亥	5/4	3/22	癸巳	6/4	4/24	甲子	7/5	5/26	乙未			
							5/5	3/23	甲午	6/5	4/25	乙丑	7/6	5/27	丙申			
													7/7	5/28	丁酉			

中氣	雨水			春分			穀雨			小滿			夏至			大暑		
	2/19 17時34分 酉時			3/21 17時1分 酉時			4/21 4時36分 寅時			5/22 4時14分 寅時			6/22 12時30分 午時			7/23 23時24分 子時		

54

丙寅（年）

中華民國十五、十六年　虎　1926、1927

月 / 節氣

月	丙申	丁酉	戊戌	己亥	庚子	辛丑
節氣	立秋	白露	寒露	立冬	大雪	小寒
（交節）	8/8 15時44分 申時	9/8 18時15分 酉時	10/9 9時24分 巳時	11/8 12時7分 午時	12/8 4時38分 寅時	1/6 15時44分 申時

日

丙申 國曆	農曆	干支	丁酉 國曆	農曆	干支	戊戌 國曆	農曆	干支	己亥 國曆	農曆	干支	庚子 國曆	農曆	干支	辛丑 國曆	農曆	干支
8/8	7/1	己巳	9/8	8/2	庚子	10/9	9/3	辛未	11/8	10/4	辛丑	12/8	11/4	辛未	1/6	12/3	庚子
9	7/2	庚午	9	8/3	辛丑	10	9/4	壬申	9	10/5	壬寅	9	11/5	壬申	7	12/4	辛丑
10	7/3	辛未	10	8/4	壬寅	11	9/5	癸酉	10	10/6	癸卯	10	11/6	癸酉	8	12/5	壬寅
11	7/4	壬申	11	8/5	癸卯	12	9/6	甲戌	11	10/7	甲辰	11	11/7	甲戌	9	12/6	癸卯
12	7/5	癸酉	12	8/6	甲辰	13	9/7	乙亥	12	10/8	乙巳	12	11/8	乙亥	10	12/7	甲辰
13	7/6	甲戌	13	8/7	乙巳	14	9/8	丙子	13	10/9	丙午	13	11/9	丙子	11	12/8	乙巳
14	7/7	乙亥	14	8/8	丙午	15	9/9	丁丑	14	10/10	丁未	14	11/10	丁丑	12	12/9	丙午
15	7/8	丙子	15	8/9	丁未	16	9/10	戊寅	15	10/11	戊申	15	11/11	戊寅	13	12/10	丁未
16	7/9	丁丑	16	8/10	戊申	17	9/11	己卯	16	10/12	己酉	16	11/12	己卯	14	12/11	戊申
17	7/10	戊寅	17	8/11	己酉	18	9/12	庚辰	17	10/13	庚戌	17	11/13	庚辰	15	12/12	己酉
18	7/11	己卯	18	8/12	庚戌	19	9/13	辛巳	18	10/14	辛亥	18	11/14	辛巳	16	12/13	庚戌
19	7/12	庚辰	19	8/13	辛亥	20	9/14	壬午	19	10/15	壬子	19	11/15	壬午	17	12/14	辛亥
20	7/13	辛巳	20	8/14	壬子	21	9/15	癸未	20	10/16	癸丑	20	11/16	癸未	18	12/15	壬子
21	7/14	壬午	21	8/15	癸丑	22	9/16	甲申	21	10/17	甲寅	21	11/17	甲申	19	12/16	癸丑
22	7/15	癸未	22	8/16	甲寅	23	9/17	乙酉	22	10/18	乙卯	22	11/18	乙酉	20	12/17	甲寅
23	7/16	甲申	23	8/17	乙卯	24	9/18	丙戌	23	10/19	丙辰	23	11/19	丙戌	21	12/18	乙卯
24	7/17	乙酉	24	8/18	丙辰	25	9/19	丁亥	24	10/20	丁巳	24	11/20	丁亥	22	12/19	丙辰
25	7/18	丙戌	25	8/19	丁巳	26	9/20	戊子	25	10/21	戊午	25	11/21	戊子	23	12/20	丁巳
26	7/19	丁亥	26	8/20	戊午	27	9/21	己丑	26	10/22	己未	26	11/22	己丑	24	12/21	戊午
27	7/20	戊子	27	8/21	己未	28	9/22	庚寅	27	10/23	庚申	27	11/23	庚寅	25	12/22	己未
28	7/21	己丑	28	8/22	庚申	29	9/23	辛卯	28	10/24	辛酉	28	11/24	辛卯	26	12/23	庚申
29	7/22	庚寅	29	8/23	辛酉	30	9/24	壬辰	29	10/25	壬戌	29	11/25	壬辰	27	12/24	辛酉
30	7/23	辛卯	30	8/24	壬戌	31	9/25	癸巳	30	10/26	癸亥	30	11/26	癸巳	28	12/25	壬戌
31	7/24	壬辰	10/1	8/25	癸亥	11/1	9/26	甲午	12/1	10/27	甲子	31	11/27	甲午	29	12/26	癸亥
9/1	7/25	癸巳	2	8/26	甲子	2	9/27	乙未	2	10/28	乙丑	1/1	11/28	乙未	30	12/27	甲子
2	7/26	甲午	3	8/27	乙丑	3	9/28	丙申	3	10/29	丙寅	2	11/29	丙申	31	12/28	乙丑
3	7/27	乙未	4	8/28	丙寅	4	9/29	丁酉	4	10/30	丁卯	3	11/30	丁酉	2/1	12/29	丙寅
4	7/28	丙申	5	8/29	丁卯	5	10/1	戊戌	5	11/1	戊辰	4	12/1	戊戌	2	1/1	丁卯
5	7/29	丁酉	6	8/30	戊辰	6	10/2	己亥	6	11/2	己巳	5	12/2	己亥	3	1/2	戊辰
6	7/30	戊戌	7	9/1	己巳	7	10/3	庚子	7	11/3	庚午						
7	8/1	己亥	8	9/2	庚午												

中氣

處暑	秋分	霜降	小雪	冬至	大寒
8/24 6時13分 卯時	9/24 3時26分 寅時	10/24 12時18分 午時	11/23 9時27分 巳時	12/22 22時33分 亥時	1/21 9時11分 巳時

年：丁卯

中華民國十六年　兔　1927

節氣時刻：

月	壬寅	癸卯	甲辰	乙巳	丙午	丁未
節氣	立春	驚蟄	清明	立夏	芒種	小暑
時刻	2/5 3時30分 寅時	3/6 21時50分 亥時	4/6 3時8分 寅時	5/6 20時53分 戌時	6/7 1時24分 丑時	7/8 11時50分 午時

壬寅 立春			癸卯 驚蟄			甲辰 清明			乙巳 立夏			丙午 芒種			丁未 小暑		
國曆	農曆	干支	國曆	農曆	干支	國曆	農曆	干支	國曆	農曆	干支	國曆	農曆	干支	國曆	農曆	干支
2/5	1 4	庚午	3/6	2 3	己亥	4/6	3 5	庚午	5/6	4 6	庚子	6/7	5 8	壬申	7/8	6 10	癸卯
2/6	1 5	辛未	3/7	2 4	庚子	4/7	3 6	辛未	5/7	4 7	辛丑	6/8	5 9	癸酉	7/9	6 11	甲辰
2/7	1 6	壬申	3/8	2 5	辛丑	4/8	3 7	壬申	5/8	4 8	壬寅	6/9	5 10	甲戌	7/10	6 12	乙巳
2/8	1 7	癸酉	3/9	2 6	壬寅	4/9	3 8	癸酉	5/9	4 9	癸卯	6/10	5 11	乙亥	7/11	6 13	丙午
2/9	1 8	甲戌	3/10	2 7	癸卯	4/10	3 9	甲戌	5/10	4 10	甲辰	6/11	5 12	丙子	7/12	6 14	丁未
2/10	1 9	乙亥	3/11	2 8	甲辰	4/11	3 10	乙亥	5/11	4 11	乙巳	6/12	5 13	丁丑	7/13	6 15	戊申
2/11	1 10	丙子	3/12	2 9	乙巳	4/12	3 11	丙子	5/12	4 12	丙午	6/13	5 14	戊寅	7/14	6 16	己酉
2/12	1 11	丁丑	3/13	2 10	丙午	4/13	3 12	丁丑	5/13	4 13	丁未	6/14	5 15	己卯	7/15	6 17	庚戌
2/13	1 12	戊寅	3/14	2 11	丁未	4/14	3 13	戊寅	5/14	4 14	戊申	6/15	5 16	庚辰	7/16	6 18	辛亥
2/14	1 13	己卯	3/15	2 12	戊申	4/15	3 14	己卯	5/15	4 15	己酉	6/16	5 17	辛巳	7/17	6 19	壬子
2/15	1 14	庚辰	3/16	2 13	己酉	4/16	3 15	庚辰	5/16	4 16	庚戌	6/17	5 18	壬午	7/18	6 20	癸丑
2/16	1 15	辛巳	3/17	2 14	庚戌	4/17	3 16	辛巳	5/17	4 17	辛亥	6/18	5 19	癸未	7/19	6 21	甲寅
2/17	1 16	壬午	3/18	2 15	辛亥	4/18	3 17	壬午	5/18	4 18	壬子	6/19	5 20	甲申	7/20	6 22	乙卯
2/18	1 17	癸未	3/19	2 16	壬子	4/19	3 18	癸未	5/19	4 19	癸丑	6/20	5 21	乙酉	7/21	6 23	丙辰
2/19	1 18	甲申	3/20	2 17	癸丑	4/20	3 19	甲申	5/20	4 20	甲寅	6/21	5 22	丙戌	7/22	6 24	丁巳
2/20	1 19	乙酉	3/21	2 18	甲寅	4/21	3 20	乙酉	5/21	4 21	乙卯	6/22	5 23	丁亥	7/23	6 25	戊午
2/21	1 20	丙戌	3/22	2 19	乙卯	4/22	3 21	丙戌	5/22	4 22	丙辰	6/23	5 24	戊子	7/24	6 26	己未
2/22	1 21	丁亥	3/23	2 20	丙辰	4/23	3 22	丁亥	5/23	4 23	丁巳	6/24	5 25	己丑	7/25	6 27	庚申
2/23	1 22	戊子	3/24	2 21	丁巳	4/24	3 23	戊子	5/24	4 24	戊午	6/25	5 26	庚寅	7/26	6 28	辛酉
2/24	1 23	己丑	3/25	2 22	戊午	4/25	3 24	己丑	5/25	4 25	己未	6/26	5 27	辛卯	7/27	6 29	壬戌
2/25	1 24	庚寅	3/26	2 23	己未	4/26	3 25	庚寅	5/26	4 26	庚申	6/27	5 28	壬辰	7/28	6 30	癸亥
2/26	1 25	辛卯	3/27	2 24	庚申	4/27	3 26	辛卯	5/27	4 27	辛酉	6/28	5 29	癸巳	7/29	7 1	甲子
2/27	1 26	壬辰	3/28	2 25	辛酉	4/28	3 27	壬辰	5/28	4 28	壬戌	6/29	6 1	甲午	7/30	7 2	乙丑
2/28	1 27	癸巳	3/29	2 26	壬戌	4/29	3 28	癸巳	5/29	4 29	癸亥	6/30	6 2	乙未	7/31	7 3	丙寅
3/1	1 28	甲午	3/30	2 27	癸亥	4/30	3 29	甲午	5/30	4 30	甲子	7/1	6 3	丙申	8/1	7 4	丁卯
3/2	1 29	乙未	3/31	2 28	甲子	5/1	4 1	乙未	5/31	5 1	乙丑	7/2	6 4	丁酉	8/2	7 5	戊辰
3/3	1 30	丙申	4/1	2 29	乙丑	5/2	4 2	丙申	6/1	5 2	丙寅	7/3	6 5	戊戌	8/3	7 6	己巳
3/4	2 1	丁酉	4/2	3 1	丙寅	5/3	4 3	丁酉	6/2	5 3	丁卯	7/4	6 6	己亥	8/4	7 7	庚午
3/5	2 2	戊戌	4/3	3 2	丁卯	5/4	4 4	戊戌	6/3	5 4	戊辰	7/5	6 7	庚子	8/5	7 8	辛未
			4/4	3 3	戊辰	5/5	4 5	己亥	6/4	5 5	己巳	7/6	6 8	辛丑	8/6	7 9	壬申
			4/5	3 4	己巳				6/5	5 6	庚午	7/7	6 9	壬寅	8/7	7 10	癸酉
									6/6	5 7	辛未						

中氣	雨水	春分	穀雨	小滿	夏至	大暑
時刻	2/19 23時34分 子時	3/21 22時59分 亥時	4/21 10時31分 巳時	5/22 10時7分 巳時	6/22 18時22分 酉時	7/24 5時16分 卯時

丁卯

節氣（上）

月	戊申	己酉	庚戌	辛亥	壬子	癸丑
節氣	立秋	白露	寒露	立冬	大雪	小寒
時刻	21時31分 亥時	9/9 0時5分 子時	10/9 15時15分 申時	11/8 17時56分 酉時	12/8 10時26分 巳時	1/6 21時31分 亥時

戊申 國曆	戊申 農曆	戊申 干支	己酉 國曆	己酉 農曆	己酉 干支	庚戌 國曆	庚戌 農曆	庚戌 干支	辛亥 國曆	辛亥 農曆	辛亥 干支	壬子 國曆	壬子 農曆	壬子 干支	癸丑 國曆	癸丑 農曆	癸丑 干支
8	7/11	甲戌	9/9	8/14	丙午	10/9	9/14	丙子	11/8	10/15	丙午	12/8	11/15	丙子	1/6	12/14	乙巳
9	7/12	乙亥	9/10	8/15	丁未	10/10	9/15	丁丑	11/9	10/16	丁未	12/9	11/16	丁丑	1/7	12/15	丙午
10	7/13	丙子	9/11	8/16	戊申	10/11	9/16	戊寅	11/10	10/17	戊申	12/10	11/17	戊寅	1/8	12/16	丁未
11	7/14	丁丑	9/12	8/17	己酉	10/12	9/17	己卯	11/11	10/18	己酉	12/11	11/18	己卯	1/9	12/17	戊申
12	7/15	戊寅	9/13	8/18	庚戌	10/13	9/18	庚辰	11/12	10/19	庚戌	12/12	11/19	庚辰	1/10	12/18	己酉
13	7/16	己卯	9/14	8/19	辛亥	10/14	9/19	辛巳	11/13	10/20	辛亥	12/13	11/20	辛巳	1/11	12/19	庚戌
14	7/17	庚辰	9/15	8/20	壬子	10/15	9/20	壬午	11/14	10/21	壬子	12/14	11/21	壬午	1/12	12/20	辛亥
15	7/18	辛巳	9/16	8/21	癸丑	10/16	9/21	癸未	11/15	10/22	癸丑	12/15	11/22	癸未	1/13	12/21	壬子
16	7/19	壬午	9/17	8/22	甲寅	10/17	9/22	甲申	11/16	10/23	甲寅	12/16	11/23	甲申	1/14	12/22	癸丑
17	7/20	癸未	9/18	8/23	乙卯	10/18	9/23	乙酉	11/17	10/24	乙卯	12/17	11/24	乙酉	1/15	12/23	甲寅
18	7/21	甲申	9/19	8/24	丙辰	10/19	9/24	丙戌	11/18	10/25	丙辰	12/18	11/25	丙戌	1/16	12/24	乙卯
19	7/22	乙酉	9/20	8/25	丁巳	10/20	9/25	丁亥	11/19	10/26	丁巳	12/19	11/26	丁亥	1/17	12/25	丙辰
20	7/23	丙戌	9/21	8/26	戊午	10/21	9/26	戊子	11/20	10/27	戊午	12/20	11/27	戊子	1/18	12/26	丁巳
21	7/24	丁亥	9/22	8/27	己未	10/22	9/27	己丑	11/21	10/28	己未	12/21	11/28	己丑	1/19	12/27	戊午
22	7/25	戊子	9/23	8/28	庚申	10/23	9/28	庚寅	11/22	10/29	庚申	12/22	11/29	庚寅	1/20	12/28	己未
23	7/26	己丑	9/24	8/29	辛酉	10/24	9/29	辛卯	11/23	10/30	辛酉	12/23	11/30	辛卯	1/21	12/29	庚申
24	7/27	庚寅	9/25	8/30	壬戌	10/25	10/1	壬辰	11/24	11/1	壬戌	12/24	12/1	壬辰	1/22	12/30	辛酉
25	7/28	辛卯	9/26	9/1	癸亥	10/26	10/2	癸巳	11/25	11/2	癸亥	12/25	12/2	癸巳	1/23	1/1	壬戌
26	7/29	壬辰	9/27	9/2	甲子	10/27	10/3	甲午	11/26	11/3	甲子	12/26	12/3	甲午	1/24	1/2	癸亥
27	8/1	癸巳	9/28	9/3	乙丑	10/28	10/4	乙未	11/27	11/4	乙丑	12/27	12/4	乙未	1/25	1/3	甲子
28	8/2	甲午	9/29	9/4	丙寅	10/29	10/5	丙申	11/28	11/5	丙寅	12/28	12/5	丙申	1/26	1/4	乙丑
29	8/3	乙未	9/30	9/5	丁卯	10/30	10/6	丁酉	11/29	11/6	丁卯	12/29	12/6	丁酉	1/27	1/5	丙寅
30	8/4	丙申	10/1	9/6	戊辰	10/31	10/7	戊戌	11/30	11/7	戊辰	12/30	12/7	戊戌	1/28	1/6	丁卯
31	8/5	丁酉	10/2	9/7	己巳	11/1	10/8	己亥	12/1	11/8	己巳	12/31	12/8	己亥	1/29	1/7	戊辰
1	8/6	戊戌	10/3	9/8	庚午	11/2	10/9	庚子	12/2	11/9	庚午	1/1	12/9	庚子	1/30	1/8	己巳
2	8/7	己亥	10/4	9/9	辛未	11/3	10/10	辛丑	12/3	11/10	辛未	1/2	12/10	辛丑	1/31	1/9	庚午
3	8/8	庚子	10/5	9/10	壬申	11/4	10/11	壬寅	12/4	11/11	壬申	1/3	12/11	壬寅	2/1	1/10	辛未
4	8/9	辛丑	10/6	9/11	癸酉	11/5	10/12	癸卯	12/5	11/12	癸酉	1/4	12/12	癸卯	2/2	1/11	壬申
5	8/10	壬寅	10/7	9/12	甲戌	11/6	10/13	甲辰	12/6	11/13	甲戌	1/5	12/13	甲辰	2/3	1/12	癸酉
6	8/11	癸卯	10/8	9/13	乙亥	11/7	10/14	乙巳	12/7	11/14	乙亥				2/4	1/13	甲戌
7	8/12	甲辰															
8	8/13	乙巳															

中氣（下）

中氣	處暑	秋分	霜降	小雪	冬至	大寒
時刻	8/24 12時5分 午時	9/24 9時16分 巳時	10/24 18時6分 酉時	11/23 15時14分 申時	12/23 4時18分 寅時	1/21 14時56分 未時

中華民國十六、十七年 兔　1927、1928

年	戊辰																	
月	甲寅			乙卯			丙辰			丁巳			戊午			己未		
節氣	立春			驚蟄			清明			立夏			芒種			小暑		
	2/5 9時16分 巳時			3/6 3時37分 寅時			4/5 8時54分 辰時			5/6 2時43分 丑時			6/6 7時17分 辰時			7/7 17時44分 酉時		
日	國曆	農曆	干支	國曆	農曆	干支	國曆	農曆	干支	國曆	農曆	干支	國曆	農曆	干支	國曆	農曆	干支
中華民國十七年 龍 1928	2/5	1/14	乙亥	3/6	2/15	乙巳	4/5	2/15	乙亥	5/6	3/17	丙午	6/6	4/19	丁丑	7/7	5/20	戊申
	2/6	1/15	丙子	3/7	2/16	丙午	4/6	2/16	丙子	5/7	3/18	丁未	6/7	4/20	戊寅	7/8	5/21	己酉
	2/7	1/16	丁丑	3/8	2/17	丁未	4/7	2/17	丁丑	5/8	3/19	戊申	6/8	4/21	己卯	7/9	5/22	庚戌
	2/8	1/17	戊寅	3/9	2/18	戊申	4/8	2/18	戊寅	5/9	3/20	己酉	6/9	4/22	庚辰	7/10	5/23	辛亥
	2/9	1/18	己卯	3/10	2/19	己酉	4/9	2/19	己卯	5/10	3/21	庚戌	6/10	4/23	辛巳	7/11	5/24	壬子
	2/10	1/19	庚辰	3/11	2/20	庚戌	4/10	2/20	庚辰	5/11	3/22	辛亥	6/11	4/24	壬午	7/12	5/25	癸丑
	2/11	1/20	辛巳	3/12	2/21	辛亥	4/11	2/21	辛巳	5/12	3/23	壬子	6/12	4/25	癸未	7/13	5/26	甲寅
	2/12	1/21	壬午	3/13	2/22	壬子	4/12	2/22	壬午	5/13	3/24	癸丑	6/13	4/26	甲申	7/14	5/27	乙卯
	2/13	1/22	癸未	3/14	2/23	癸丑	4/13	2/23	癸未	5/14	3/25	甲寅	6/14	4/27	乙酉	7/15	5/28	丙辰
	2/14	1/23	甲申	3/15	2/24	甲寅	4/14	2/24	甲申	5/15	3/26	乙卯	6/15	4/28	丙戌	7/16	5/29	丁巳
	2/15	1/24	乙酉	3/16	2/25	乙卯	4/15	2/25	乙酉	5/16	3/27	丙辰	6/16	4/29	丁亥	7/17	6/1	戊午
	2/16	1/25	丙戌	3/17	2/26	丙辰	4/16	2/26	丙戌	5/17	3/28	丁巳	6/17	4/30	戊子	7/18	6/2	己未
	2/17	1/26	丁亥	3/18	2/27	丁巳	4/17	2/27	丁亥	5/18	3/29	戊午	6/18	5/1	己丑	7/19	6/3	庚申
	2/18	1/27	戊子	3/19	2/28	戊午	4/18	2/28	戊子	5/19	4/1	己未	6/19	5/2	庚寅	7/20	6/4	辛酉
	2/19	1/28	己丑	3/20	2/29	己未	4/19	2/29	己丑	5/20	4/2	庚申	6/20	5/3	辛卯	7/21	6/5	壬戌
	2/20	1/29	庚寅	3/21	2/30	庚申	4/20	3/1	庚寅	5/21	4/3	辛酉	6/21	5/4	壬辰	7/22	6/6	癸亥
	2/21	2/1	辛卯	3/22	閏2/1	辛酉	4/21	3/2	辛卯	5/22	4/4	壬戌	6/22	5/5	癸巳	7/23	6/7	甲子
	2/22	2/2	壬辰	3/23	2/2	壬戌	4/22	3/3	壬辰	5/23	4/5	癸亥	6/23	5/6	甲午	7/24	6/8	乙丑
	2/23	2/3	癸巳	3/24	2/3	癸亥	4/23	3/4	癸巳	5/24	4/6	甲子	6/24	5/7	乙未	7/25	6/9	丙寅
	2/24	2/4	甲午	3/25	2/4	甲子	4/24	3/5	甲午	5/25	4/7	乙丑	6/25	5/8	丙申	7/26	6/10	丁卯
	2/25	2/5	乙未	3/26	2/5	乙丑	4/25	3/6	乙未	5/26	4/8	丙寅	6/26	5/9	丁酉	7/27	6/11	戊辰
	2/26	2/6	丙申	3/27	2/6	丙寅	4/26	3/7	丙申	5/27	4/9	丁卯	6/27	5/10	戊戌	7/28	6/12	己巳
	2/27	2/7	丁酉	3/28	2/7	丁卯	4/27	3/8	丁酉	5/28	4/10	戊辰	6/28	5/11	己亥	7/29	6/13	庚午
	2/28	2/8	戊戌	3/29	2/8	戊辰	4/28	3/9	戊戌	5/29	4/11	己巳	6/29	5/12	庚子	7/30	6/14	辛未
	2/29	2/9	己亥	3/30	2/9	己巳	4/29	3/10	己亥	5/30	4/12	庚午	6/30	5/13	辛丑	7/31	6/15	壬申
	3/1	2/10	庚子	3/31	2/10	庚午	4/30	3/11	庚子	5/31	4/13	辛未	7/1	5/14	壬寅	8/1	6/16	癸酉
	3/2	2/11	辛丑	4/1	2/11	辛未	5/1	3/12	辛丑	6/1	4/14	壬申	7/2	5/15	癸卯	8/2	6/17	甲戌
	3/3	2/12	壬寅	4/2	2/12	壬申	5/2	3/13	壬寅	6/2	4/15	癸酉	7/3	5/16	甲辰	8/3	6/18	乙亥
	3/4	2/13	癸卯	4/3	2/13	癸酉	5/3	3/14	癸卯	6/3	4/16	甲戌	7/4	5/17	乙巳	8/4	6/19	丙子
	3/5	2/14	甲辰	4/4	2/14	甲戌	5/4	3/15	甲辰	6/4	4/17	乙亥	7/5	5/18	丙午	8/5	6/20	丁丑
							5/5	3/16	乙巳	6/5	4/18	丙子	7/6	5/19	丁未	8/6	6/21	戊寅
																8/7	6/22	己卯
中氣	雨水			春分			穀雨			小滿			夏至			大暑		
	2/20 5時19分 卯時			3/21 4時44分 寅時			4/20 16時16分 申時			5/21 15時52分 申時			6/22 0時6分 子時			7/23 11時2分 午時		

戊辰　年

	庚申	辛酉	壬戌	癸亥	甲子	乙丑	月
節氣	立秋	白露	寒露	立冬	大雪	小寒	節氣
	?時27分 ?時	9/8 6時1分 卯時	10/8 21時9分 亥時	11/7 23時49分 子時	12/7 16時17分 申時	1/6 3時22分 寅時	

日

立秋 農曆 干支	白露 國曆 農曆 干支	寒露 國曆 農曆 干支	立冬 國曆 農曆 干支	大雪 國曆 農曆 干支	小寒 國曆 農曆 干支
6 23 庚辰	9 8 7 25 辛亥	10 8 8 25 辛巳	11 7 9 26 辛亥	12 7 10 26 辛巳	1 6 11 26 辛亥
6 24 辛巳	9 9 7 26 壬子	10 9 8 26 壬午	11 8 9 27 壬子	12 8 10 27 壬午	1 7 11 27 壬子
6 25 壬午	9 10 7 27 癸丑	10 10 8 27 癸未	11 9 9 28 癸丑	12 9 10 28 癸未	1 8 11 28 癸丑
6 26 癸未	9 11 7 28 甲寅	10 11 8 28 甲申	11 10 9 29 甲寅	12 10 10 29 甲申	1 9 11 29 甲寅
6 27 甲申	9 12 7 29 乙卯	10 12 8 29 乙酉	11 11 9 30 乙卯	12 11 10 30 乙酉	1 10 11 30 乙卯
6 28 乙酉	9 13 7 30 丙辰	10 13 9 1 丙戌	11 12 10 1 丙辰	12 12 11 1 丙戌	1 11 12 1 丙辰
6 29 丙戌	9 14 8 1 丁巳	10 14 9 2 丁亥	11 13 10 2 丁巳	12 13 11 2 丁亥	1 12 12 2 丁巳
7 1 丁亥	9 15 8 2 戊午	10 15 9 3 戊子	11 14 10 3 戊午	12 14 11 3 戊子	1 13 12 3 戊午
7 2 戊子	9 16 8 3 己未	10 16 9 4 己丑	11 15 10 4 己未	12 15 11 4 己丑	1 14 12 4 己未
7 3 己丑	9 17 8 4 庚申	10 17 9 5 庚寅	11 16 10 5 庚申	12 16 11 5 庚寅	1 15 12 5 庚申
7 4 庚寅	9 18 8 5 辛酉	10 18 9 6 辛卯	11 17 10 6 辛酉	12 17 11 6 辛卯	1 16 12 6 辛酉
7 5 辛卯	9 19 8 6 壬戌	10 19 9 7 壬辰	11 18 10 7 壬戌	12 18 11 7 壬辰	1 17 12 7 壬戌
7 6 壬辰	9 20 8 7 癸亥	10 20 9 8 癸巳	11 19 10 8 癸亥	12 19 11 8 癸巳	1 18 12 8 癸亥
7 7 癸巳	9 21 8 8 甲子	10 21 9 9 甲午	11 20 10 9 甲子	12 20 11 9 甲午	1 19 12 9 甲子
7 8 甲午	9 22 8 9 乙丑	10 22 9 10 乙未	11 21 10 10 乙丑	12 21 11 10 乙未	1 20 12 10 乙丑
7 9 乙未	9 23 8 10 丙寅	10 23 9 11 丙申	11 22 10 11 丙寅	12 22 11 11 丙申	1 21 12 11 丙寅
7 10 丙申	9 24 8 11 丁卯	10 24 9 12 丁酉	11 23 10 12 丁卯	12 23 11 12 丁酉	1 22 12 12 丁卯
7 11 丁酉	9 25 8 12 戊辰	10 25 9 13 戊戌	11 24 10 13 戊辰	12 24 11 13 戊戌	1 23 12 13 戊辰
7 12 戊戌	9 26 8 13 己巳	10 26 9 14 己亥	11 25 10 14 己巳	12 25 11 14 己亥	1 24 12 14 己巳
7 13 己亥	9 27 8 14 庚午	10 27 9 15 庚子	11 26 10 15 庚午	12 26 11 15 庚子	1 25 12 15 庚午
7 14 庚子	9 28 8 15 辛未	10 28 9 16 辛丑	11 27 10 16 辛未	12 27 11 16 辛丑	1 26 12 16 辛未
7 15 辛丑	9 29 8 16 壬申	10 29 9 17 壬寅	11 28 10 17 壬申	12 28 11 17 壬寅	1 27 12 17 壬申
7 16 壬寅	9 30 8 17 癸酉	10 30 9 18 癸卯	11 29 10 18 癸酉	12 29 11 18 癸卯	1 28 12 18 癸酉
7 17 癸卯	10 1 8 18 甲戌	10 31 9 19 甲辰	11 30 10 19 甲戌	12 30 11 19 甲辰	1 29 12 19 甲戌
7 18 甲辰	10 2 8 19 乙亥	11 1 9 20 乙巳	12 1 10 20 乙亥	12 31 11 20 乙巳	1 30 12 20 乙亥
7 19 乙巳	10 3 8 20 丙子	11 2 9 21 丙午	12 2 10 21 丙子	1 1 11 21 丙午	1 31 12 21 丙子
7 20 丙午	10 4 8 21 丁丑	11 3 9 22 丁未	12 3 10 22 丁丑	1 2 11 22 丁未	
7 21 丁未	10 5 8 22 戊寅	11 4 9 23 戊申	12 4 10 23 戊寅	1 3 11 23 戊申	
7 22 戊申	10 6 8 23 己卯	11 5 9 24 己酉	12 5 10 24 己卯	1 4 11 24 己酉	
7 23 己酉	10 7 8 24 庚辰	11 6 9 25 庚戌	12 6 10 25 庚辰	1 5 11 25 庚戌	
7 24 庚戌					

中華民國十七、十八年　龍　1928、1929

處暑	秋分	霜降	小雪	冬至	大寒	中氣
7時53分 酉時	9/23 15時5分 申時	10/23 23時54分 子時	11/22 21時0分 亥時	12/22 10時3分 巳時	1/20 20時42分 戌時	中氣

59

年	己巳																
月	丙寅			丁卯			戊辰			己巳			庚午			辛未	
節氣	立春 2/4 15時8分 申時			驚蟄 3/6 9時32分 巳時			清明 4/5 14時51分 未時			立夏 5/6 8時40分 辰時			芒種 6/6 13時10分 未時			小暑 7/7 23時31分	
日	國曆	農曆	干支	國曆	農曆	干支	國曆	農曆	干支	國曆	農曆	干支	國曆	農曆	干支	國曆	農曆 干支
	2 4	12 25	庚辰	3 6	1 25	庚戌	4 5	2 26	庚辰	5 6	3 27	辛亥	6 6	4 29	壬午	7 7	6 1 癸丑
	2 5	12 26	辛巳	3 7	1 26	辛亥	4 6	2 27	辛巳	5 7	3 28	壬子	6 7	5 1	癸未	7 8	6 2 甲寅
	2 6	12 27	壬午	3 8	1 27	壬子	4 7	2 28	壬午	5 8	3 29	癸丑	6 8	5 2	甲申	7 9	6 3 乙卯
	2 7	12 28	癸未	3 9	1 28	癸丑	4 8	2 29	癸未	5 9	4 1	甲寅	6 9	5 3	乙酉	7 10	6 4 丙辰
	2 8	12 29	甲申	3 10	1 29	甲寅	4 9	2 30	甲申	5 10	4 2	乙卯	6 10	5 4	丙戌	7 11	6 5 丁巳
	2 9	12 30	乙酉	3 11	2 1	乙卯	4 10	3 1	乙酉	5 11	4 3	丙辰	6 11	5 5	丁亥	7 12	6 6 戊午
中	2 10	1 1	丙戌	3 12	2 2	丙辰	4 11	3 2	丙戌	5 12	4 4	丁巳	6 12	5 6	戊子	7 13	6 7 己未
華	2 11	1 2	丁亥	3 13	2 3	丁巳	4 12	3 3	丁亥	5 13	4 5	戊午	6 13	5 7	己丑	7 14	6 8 庚申
民	2 12	1 3	戊子	3 14	2 4	戊午	4 13	3 4	戊子	5 14	4 6	己未	6 14	5 8	庚寅	7 15	6 9 辛酉
國	2 13	1 4	己丑	3 15	2 5	己未	4 14	3 5	己丑	5 15	4 7	庚申	6 15	5 9	辛卯	7 16	6 10 壬戌
十	2 14	1 5	庚寅	3 16	2 6	庚申	4 15	3 6	庚寅	5 16	4 8	辛酉	6 16	5 10	壬辰	7 17	6 11 癸亥
八	2 15	1 6	辛卯	3 17	2 7	辛酉	4 16	3 7	辛卯	5 17	4 9	壬戌	6 17	5 11	癸巳	7 18	6 12 甲子
年	2 16	1 7	壬辰	3 18	2 8	壬戌	4 17	3 8	壬辰	5 18	4 10	癸亥	6 18	5 12	甲午	7 19	6 13 乙丑
	2 17	1 8	癸巳	3 19	2 9	癸亥	4 18	3 9	癸巳	5 19	4 11	甲子	6 19	5 13	乙未	7 20	6 14 丙寅
蛇	2 18	1 9	甲午	3 20	2 10	甲子	4 19	3 10	甲午	5 20	4 12	乙丑	6 20	5 14	丙申	7 21	6 15 丁卯
	2 19	1 10	乙未	3 21	2 11	乙丑	4 20	3 11	乙未	5 21	4 13	丙寅	6 21	5 15	丁酉	7 22	6 16 戊辰
	2 20	1 11	丙申	3 22	2 12	丙寅	4 21	3 12	丙申	5 22	4 14	丁卯	6 22	5 16	戊戌	7 23	6 17 己巳
	2 21	1 12	丁酉	3 23	2 13	丁卯	4 22	3 13	丁酉	5 23	4 15	戊辰	6 23	5 17	己亥	7 24	6 18 庚午
	2 22	1 13	戊戌	3 24	2 14	戊辰	4 23	3 14	戊戌	5 24	4 16	己巳	6 24	5 18	庚子	7 25	6 19 辛未
	2 23	1 14	己亥	3 25	2 15	己巳	4 24	3 15	己亥	5 25	4 17	庚午	6 25	5 19	辛丑	7 26	6 20 壬申
	2 24	1 15	庚子	3 26	2 16	庚午	4 25	3 16	庚子	5 26	4 18	辛未	6 26	5 20	壬寅	7 27	6 21 癸酉
	2 25	1 16	辛丑	3 27	2 17	辛未	4 26	3 17	辛丑	5 27	4 19	壬申	6 27	5 21	癸卯	7 28	6 22 甲戌
	2 26	1 17	壬寅	3 28	2 18	壬申	4 27	3 18	壬寅	5 28	4 20	癸酉	6 28	5 22	甲辰	7 29	6 23 乙亥
	2 27	1 18	癸卯	3 29	2 19	癸酉	4 28	3 19	癸卯	5 29	4 21	甲戌	6 29	5 23	乙巳	7 30	6 24 丙子
	2 28	1 19	甲辰	3 30	2 20	甲戌	4 29	3 20	甲辰	5 30	4 22	乙亥	6 30	5 24	丙午	7 31	6 25 丁丑
	3 1	1 20	乙巳	3 31	2 21	乙亥	4 30	3 21	乙巳	5 31	4 23	丙子	7 1	5 25	丁未	8 1	6 26 戊寅
1	3 2	1 21	丙午	4 1	2 22	丙子	5 1	3 22	丙午	6 1	4 24	丁丑	7 2	5 26	戊申	8 2	6 27 己卯
9	3 3	1 22	丁未	4 2	2 23	丁丑	5 2	3 23	丁未	6 2	4 25	戊寅	7 3	5 27	己酉	8 3	6 28 庚辰
2	3 4	1 23	戊申	4 3	2 24	戊寅	5 3	3 24	戊申	6 3	4 26	己卯	7 4	5 28	庚戌	8 4	6 29 辛巳
9	3 5	1 24	己酉	4 4	2 25	己卯	5 4	3 25	己酉	6 4	4 27	庚辰	7 5	5 29	辛亥	8 5	7 1 壬午
							5 5	3 26	庚戌	6 5	4 28	辛巳	7 6	5 30	壬子	8 6	7 2 癸未
																8 7	7 3 甲申
中氣	雨水 2/19 11時6分 午時			春分 3/21 10時34分 巳時			穀雨 4/20 22時10分 亥時			小滿 5/21 21時47分 亥時			夏至 6/22 6時0分 卯時			大暑 7/23 16時53分	

60

己巳

月	壬申		癸酉			甲戌			乙亥			丙子			丁丑		
節氣	立秋		白露			寒露			立冬			大雪			小寒		
	時8分 巳時		9/8 11時39分 午時			10/9 2時47分 丑時			11/8 5時27分 卯時			12/7 21時56分 亥時			1/6 9時2分 巳時		
	農曆	干支	國曆	農曆	干支	國曆	農曆	干支	國曆	農曆	干支	國曆	農曆	干支	國曆	農曆	干支
	7/4	乙酉	9/8	8/6	丙辰	10/9	9/7	丁亥	11/8	10/8	丁巳	12/7	11/7	丙戌	1/6	12/7	丙辰
	7/5	丙戌	9/9	8/7	丁巳	10/10	9/8	戊子	11/9	10/9	戊午	12/8	11/8	丁亥	1/7	12/8	丁巳
	7/6	丁亥	9/10	8/8	戊午	10/11	9/9	己丑	11/10	10/10	己未	12/9	11/9	戊子	1/8	12/9	戊午
	7/7	戊子	9/11	8/9	己未	10/12	9/10	庚寅	11/11	10/11	庚申	12/10	11/10	己丑	1/9	12/10	己未
	7/8	己丑	9/12	8/10	庚申	10/13	9/11	辛卯	11/12	10/12	辛酉	12/11	11/11	庚寅	1/10	12/11	庚申
	7/9	庚寅	9/13	8/11	辛酉	10/14	9/12	壬辰	11/13	10/13	壬戌	12/12	11/12	辛卯	1/11	12/12	辛酉
	7/10	辛卯	9/14	8/12	壬戌	10/15	9/13	癸巳	11/14	10/14	癸亥	12/13	11/13	壬辰	1/12	12/13	壬戌
	7/11	壬辰	9/15	8/13	癸亥	10/16	9/14	甲午	11/15	10/15	甲子	12/14	11/14	癸巳	1/13	12/14	癸亥
	7/12	癸巳	9/16	8/14	甲子	10/17	9/15	乙未	11/16	10/16	乙丑	12/15	11/15	甲午	1/14	12/15	甲子
	7/13	甲午	9/17	8/15	乙丑	10/18	9/16	丙申	11/17	10/17	丙寅	12/16	11/16	乙未	1/15	12/16	乙丑
	7/14	乙未	9/18	8/16	丙寅	10/19	9/17	丁酉	11/18	10/18	丁卯	12/17	11/17	丙申	1/16	12/17	丙寅
	7/15	丙申	9/19	8/17	丁卯	10/20	9/18	戊戌	11/19	10/19	戊辰	12/18	11/18	丁酉	1/17	12/18	丁卯
	7/16	丁酉	9/20	8/18	戊辰	10/21	9/19	己亥	11/20	10/20	己巳	12/19	11/19	戊戌	1/18	12/19	戊辰
	7/17	戊戌	9/21	8/19	己巳	10/22	9/20	庚子	11/21	10/21	庚午	12/20	11/20	己亥	1/19	12/20	己巳
	7/18	己亥	9/22	8/20	庚午	10/23	9/21	辛丑	11/22	10/22	辛未	12/21	11/21	庚子	1/20	12/21	庚午
	7/19	庚子	9/23	8/21	辛未	10/24	9/22	壬寅	11/23	10/23	壬申	12/22	11/22	辛丑	1/21	12/22	辛未
	7/20	辛丑	9/24	8/22	壬申	10/25	9/23	癸卯	11/24	10/24	癸酉	12/23	11/23	壬寅	1/22	12/23	壬申
	7/21	壬寅	9/25	8/23	癸酉	10/26	9/24	甲辰	11/25	10/25	甲戌	12/24	11/24	癸卯	1/23	12/24	癸酉
	7/22	癸卯	9/26	8/24	甲戌	10/27	9/25	乙巳	11/26	10/26	乙亥	12/25	11/25	甲辰	1/24	12/25	甲戌
	7/23	甲辰	9/27	8/25	乙亥	10/28	9/26	丙午	11/27	10/27	丙子	12/26	11/26	乙巳	1/25	12/26	乙亥
	7/24	乙巳	9/28	8/26	丙子	10/29	9/27	丁未	11/28	10/28	丁丑	12/27	11/27	丙午	1/26	12/27	丙子
	7/25	丙午	9/29	8/27	丁丑	10/30	9/28	戊申	11/29	10/29	戊寅	12/28	11/28	丁未	1/27	12/28	丁丑
	7/26	丁未	9/30	8/28	戊寅	10/31	9/29	己酉	11/30	10/30	己卯	12/29	11/29	戊申	1/28	12/29	戊寅
	7/27	戊申	10/1	8/29	己卯	11/1	10/1	庚戌	12/1	11/1	庚辰	12/30	11/30	己酉	1/29	12/30	己卯
	7/28	己酉	10/2	8/30	庚辰	11/2	10/2	辛亥	12/2	11/2	辛巳	12/31	12/1	庚戌	1/30	1/1	庚辰
	7/29	庚戌	10/3	9/1	辛巳	11/3	10/3	壬子	12/3	11/3	壬午	1/1	12/2	辛亥	1/31	1/2	辛巳
	8/1	辛亥	10/4	9/2	壬午	11/4	10/4	癸丑	12/4	11/4	癸未	1/2	12/3	壬子	2/1	1/3	壬午
	8/2	壬子	10/5	9/3	癸未	11/5	10/5	甲寅	12/5	11/5	甲申	1/3	12/4	癸丑	2/2	1/4	癸未
	8/3	癸丑	10/6	9/4	甲申	11/6	10/6	乙卯	12/6	11/6	乙酉	1/4	12/5	甲寅	2/3	1/5	甲申
	8/4	甲寅	10/7	9/5	乙酉	11/7	10/7	丙辰				1/5	12/6	乙卯			
	8/5	乙卯	10/8	9/6	丙戌												
中氣	處暑		秋分			霜降			小雪			冬至			大寒		
	時41分 子時		9/23 20時52分 戌時			10/24 5時41分 卯時			11/23 2時48分 丑時			12/22 15時52分 申時			1/21 2時33分 丑時		

年：中華民國十八、十九年 蛇 1929、1930

日

年									庚午								
月	戊寅			己卯			庚辰			辛巳			壬午			癸未		
節氣	立春			驚蟄			清明			立夏			芒種			小暑		
	2/4 20時51分 戊時			3/6 15時16分 申時			4/5 20時37分 戌時			5/6 14時27分 未時			6/6 18時58分 酉時			7/8 5時19分		
日	國曆	農曆	干支	國曆	農曆	干支	國曆	農曆	干支	國曆	農曆	干支	國曆	農曆	干支	國曆	農曆	干支
	2 4	1 6	乙酉	3 6	2 7	乙卯	4 5	3 7	乙酉	5 6	4 8	丙辰	6 6	5 10	丁亥	7 8	6 13	
	2 5	1 7	丙戌	3 7	2 8	丙辰	4 6	3 8	丙戌	5 7	4 9	丁巳	6 7	5 11	戊子	7 9	6 14	
	2 6	1 8	丁亥	3 8	2 9	丁巳	4 7	3 9	丁亥	5 8	4 10	戊午	6 8	5 12	己丑	7 10	6 15	
	2 7	1 9	戊子	3 9	2 10	戊午	4 8	3 10	戊子	5 9	4 11	己未	6 9	5 13	庚寅	7 11	6 16	
	2 8	1 10	己丑	3 10	2 11	己未	4 9	3 11	己丑	5 10	4 12	庚申	6 10	5 14	辛卯	7 12	6 17	
	2 9	1 11	庚寅	3 11	2 12	庚申	4 10	3 12	庚寅	5 11	4 13	辛酉	6 11	5 15	壬辰	7 13	6 18	
	2 10	1 12	辛卯	3 12	2 13	辛酉	4 11	3 13	辛卯	5 12	4 14	壬戌	6 12	5 16	癸巳	7 14	6 19	
	2 11	1 13	壬辰	3 13	2 14	壬戌	4 12	3 14	壬辰	5 13	4 15	癸亥	6 13	5 17	甲午	7 15	6 20	
	2 12	1 14	癸巳	3 14	2 15	癸亥	4 13	3 15	癸巳	5 14	4 16	甲子	6 14	5 18	乙未	7 16	6 21	
	2 13	1 15	甲午	3 15	2 16	甲子	4 14	3 16	甲午	5 15	4 17	乙丑	6 15	5 19	丙申	7 17	6 22	
	2 14	1 16	乙未	3 16	2 17	乙丑	4 15	3 17	乙未	5 16	4 18	丙寅	6 16	5 20	丁酉	7 18	6 23	
	2 15	1 17	丙申	3 17	2 18	丙寅	4 16	3 18	丙申	5 17	4 19	丁卯	6 17	5 21	戊戌	7 19	6 24	
	2 16	1 18	丁酉	3 18	2 19	丁卯	4 17	3 19	丁酉	5 18	4 20	戊辰	6 18	5 22	己亥	7 20	6 25	
	2 17	1 19	戊戌	3 19	2 20	戊辰	4 18	3 20	戊戌	5 19	4 21	己巳	6 19	5 23	庚子	7 21	6 26	
	2 18	1 20	己亥	3 20	2 21	己巳	4 19	3 21	己亥	5 20	4 22	庚午	6 20	5 24	辛丑	7 22	6 27	
	2 19	1 21	庚子	3 21	2 22	庚午	4 20	3 22	庚子	5 21	4 23	辛未	6 21	5 25	壬寅	7 23	6 28	
	2 20	1 22	辛丑	3 22	2 23	辛未	4 21	3 23	辛丑	5 22	4 24	壬申	6 22	5 26	癸卯	7 24	6 29	
	2 21	1 23	壬寅	3 23	2 24	壬申	4 22	3 24	壬寅	5 23	4 25	癸酉	6 23	5 27	甲辰	7 25	6 30	
	2 22	1 24	癸卯	3 24	2 25	癸酉	4 23	3 25	癸卯	5 24	4 26	甲戌	6 24	5 28	乙巳	7 26	閏6 1	
	2 23	1 25	甲辰	3 25	2 26	甲戌	4 24	3 26	甲辰	5 25	4 27	乙亥	6 25	5 29	丙午	7 27	6 2	
	2 24	1 26	乙巳	3 26	2 27	乙亥	4 25	3 27	乙巳	5 26	4 28	丙子	6 26	6 1	丁未	7 28	6 3	
	2 25	1 27	丙午	3 27	2 28	丙子	4 26	3 28	丙午	5 27	4 29	丁丑	6 27	6 2	戊申	7 29	6 4	
	2 26	1 28	丁未	3 28	2 29	丁丑	4 27	3 29	丁未	5 28	5 1	戊寅	6 28	6 3	己酉	7 30	6 5	
	2 27	1 29	戊申	3 29	2 30	戊寅	4 28	3 30	戊申	5 29	5 2	己卯	6 29	6 4	庚戌	7 31	6 6	
	2 28	2 1	己酉	3 30	3 1	己卯	4 29	4 1	己酉	5 30	5 3	庚辰	6 30	6 5	辛亥	8 1	6 7	
	3 1	2 2	庚戌	3 31	3 2	庚辰	4 30	4 2	庚戌	5 31	5 4	辛巳	7 1	6 6	壬子	8 2	6 8	
	3 2	2 3	辛亥	4 1	3 3	辛巳	5 1	4 3	辛亥	6 1	5 5	壬午	7 2	6 7	癸丑	8 3	6 9	
	3 3	2 4	壬子	4 2	3 4	壬午	5 2	4 4	壬子	6 2	5 6	癸未	7 3	6 8	甲寅	8 4	6 10	
	3 4	2 5	癸丑	4 3	3 5	癸未	5 3	4 5	癸丑	6 3	5 7	甲申	7 4	6 9	乙卯	8 5	6 11	
	3 5	2 6	甲寅	4 4	3 6	甲申	5 4	4 6	甲寅	6 4	5 8	乙酉	7 5	6 10	丙辰	8 6	6 12	
							5 5	4 7	乙卯	6 5	5 9	丙戌	7 6	6 11	丁巳	8 7	6 13	
													7 7	6 12	戊午			
中氣	雨水			春分			穀雨			小滿			夏至			大暑		
	2/19 16時59分 申時			3/21 16時29分 申時			4/21 4時5分 寅時			5/22 3時42分 寅時			6/22 11時52分 午時			7/23 22時42分		

中華民國十九年 馬

1930

庚午　　年

月	甲申	乙酉	丙戌	丁亥	戊子	己丑
節氣	立秋	白露	寒露	立冬	大雪	小寒
時刻	時57分 未時	9/8 17時28分 酉時	10/9 8時37分 辰時	11/8 11時20分 午時	12/8 3時50分 寅時	1/6 14時55分 未時

甲申 國曆	農曆	干支	乙酉 國曆	農曆	干支	丙戌 國曆	農曆	干支	丁亥 國曆	農曆	干支	戊子 國曆	農曆	干支	己丑 國曆	農曆	干支
8/8	6/14	庚寅	9/8	7/16	辛酉	10/9	8/18	壬辰	11/8	9/18	壬戌	12/8	10/19	壬辰	1/6	11/18	辛酉
8/9	6/15	辛卯	9/9	7/17	壬戌	10/10	8/19	癸巳	11/9	9/19	癸亥	12/9	10/20	癸巳	1/7	11/19	壬戌
8/10	6/16	壬辰	9/10	7/18	癸亥	10/11	8/20	甲午	11/10	9/20	甲子	12/10	10/21	甲午	1/8	11/20	癸亥
8/11	6/17	癸巳	9/11	7/19	甲子	10/12	8/21	乙未	11/11	9/21	乙丑	12/11	10/22	乙未	1/9	11/21	甲子
8/12	6/18	甲午	9/12	7/20	乙丑	10/13	8/22	丙申	11/12	9/22	丙寅	12/12	10/23	丙申	1/10	11/22	乙丑
8/13	6/19	乙未	9/13	7/21	丙寅	10/14	8/23	丁酉	11/13	9/23	丁卯	12/13	10/24	丁酉	1/11	11/23	丙寅
8/14	6/20	丙申	9/14	7/22	丁卯	10/15	8/24	戊戌	11/14	9/24	戊辰	12/14	10/25	戊戌	1/12	11/24	丁卯
8/15	6/21	丁酉	9/15	7/23	戊辰	10/16	8/25	己亥	11/15	9/25	己巳	12/15	10/26	己亥	1/13	11/25	戊辰
8/16	6/22	戊戌	9/16	7/24	己巳	10/17	8/26	庚子	11/16	9/26	庚午	12/16	10/27	庚子	1/14	11/26	己巳
8/17	6/23	己亥	9/17	7/25	庚午	10/18	8/27	辛丑	11/17	9/27	辛未	12/17	10/28	辛丑	1/15	11/27	庚午
8/18	6/24	庚子	9/18	7/26	辛未	10/19	8/28	壬寅	11/18	9/28	壬申	12/18	10/29	壬寅	1/16	11/28	辛未
8/19	6/25	辛丑	9/19	7/27	壬申	10/20	8/29	癸卯	11/19	9/29	癸酉	12/19	10/30	癸卯	1/17	11/29	壬申
8/20	6/26	壬寅	9/20	7/28	癸酉	10/21	8/30	甲辰	11/20	10/1	甲戌	12/20	11/1	甲辰	1/18	11/30	癸酉
8/21	6/27	癸卯	9/21	7/29	甲戌	10/22	9/1	乙巳	11/21	10/2	乙亥	12/21	11/2	乙巳	1/19	12/1	甲戌
8/22	6/28	甲辰	9/22	8/1	乙亥	10/23	9/2	丙午	11/22	10/3	丙子	12/22	11/3	丙午	1/20	12/2	乙亥
8/23	6/29	乙巳	9/23	8/2	丙子	10/24	9/3	丁未	11/23	10/4	丁丑	12/23	11/4	丁未	1/21	12/3	丙子
8/24	7/1	丙午	9/24	8/3	丁丑	10/25	9/4	戊申	11/24	10/5	戊寅	12/24	11/5	戊申	1/22	12/4	丁丑
8/25	7/2	丁未	9/25	8/4	戊寅	10/26	9/5	己酉	11/25	10/6	己卯	12/25	11/6	己酉	1/23	12/5	戊寅
8/26	7/3	戊申	9/26	8/5	己卯	10/27	9/6	庚戌	11/26	10/7	庚辰	12/26	11/7	庚戌	1/24	12/6	己卯
8/27	7/4	己酉	9/27	8/6	庚辰	10/28	9/7	辛亥	11/27	10/8	辛巳	12/27	11/8	辛亥	1/25	12/7	庚辰
8/28	7/5	庚戌	9/28	8/7	辛巳	10/29	9/8	壬子	11/28	10/9	壬午	12/28	11/9	壬子	1/26	12/8	辛巳
8/29	7/6	辛亥	9/29	8/8	壬午	10/30	9/9	癸丑	11/29	10/10	癸未	12/29	11/10	癸丑	1/27	12/9	壬午
8/30	7/7	壬子	9/30	8/9	癸未	10/31	9/10	甲寅	11/30	10/11	甲申	12/30	11/11	甲寅	1/28	12/10	癸未
8/31	7/8	癸丑	10/1	8/10	甲申	11/1	9/11	乙卯	12/1	10/12	乙酉	12/31	11/12	乙卯	1/29	12/11	甲申
9/1	7/9	甲寅	10/2	8/11	乙酉	11/2	9/12	丙辰	12/2	10/13	丙戌	1/1	11/13	丙辰	1/30	12/12	乙酉
9/2	7/10	乙卯	10/3	8/12	丙戌	11/3	9/13	丁巳	12/3	10/14	丁亥	1/2	11/14	丁巳	1/31	12/13	丙戌
9/3	7/11	丙辰	10/4	8/13	丁亥	11/4	9/14	戊午	12/4	10/15	戊子	1/3	11/15	戊午	2/1	12/14	丁亥
9/4	7/12	丁巳	10/5	8/14	戊子	11/5	9/15	己未	12/5	10/16	己丑	1/4	11/16	己未	2/2	12/15	戊子
9/5	7/13	戊午	10/6	8/15	己丑	11/6	9/16	庚申	12/6	10/17	庚寅	1/5	11/17	庚申	2/3	12/16	己丑
9/6	7/14	己未	10/7	8/16	庚寅	11/7	9/17	辛酉	12/7	10/18	辛卯				2/4	12/17	庚寅
9/7	7/15	庚申	10/8	8/17	辛卯												

中氣	處暑	秋分	霜降	小雪	冬至	大寒
時刻	時20分 卯時	9/24 2時35分 丑時	10/24 11時26分 午時	11/23 8時34分 辰時	12/22 21時39分 亥時	1/21 8時17分 辰時

中華民國十九、二十年　馬　1930、1931

年	辛未																	
月	庚寅			辛卯			壬辰			癸巳			甲午			乙未		
節氣	立春			驚蟄			清明			立夏			芒種			小暑		
	2/5 2時40分 丑時			3/6 21時2分 亥時			4/6 2時20分 丑時			5/6 20時9分 戌時			6/7 0時41分 子時			7/8 11時9分		
日	國曆	農曆	干支	國曆	農曆	干支	國曆	農曆	干支	國曆	農曆	干支	國曆	農曆	干支	國曆	農曆	干支
	2 5	12 18	辛卯	3 6	1 18	庚申	4 6	2 19	辛卯	5 6	3 19	辛酉	6 7	4 22	癸巳	7 8	5 23	
	2 6	12 19	壬辰	3 7	1 19	辛酉	4 7	2 20	壬辰	5 7	3 20	壬戌	6 8	4 23	甲午	7 9	5 24	
	2 7	12 20	癸巳	3 8	1 20	壬戌	4 8	2 21	癸巳	5 8	3 21	癸亥	6 9	4 24	乙未	7 10	5 25	
	2 8	12 21	甲午	3 9	1 21	癸亥	4 9	2 22	甲午	5 9	3 22	甲子	6 10	4 25	丙申	7 11	5 26	
	2 9	12 22	乙未	3 10	1 22	甲子	4 10	2 23	乙未	5 10	3 23	乙丑	6 11	4 26	丁酉	7 12	5 27	
	2 10	12 23	丙申	3 11	1 23	乙丑	4 11	2 24	丙申	5 11	3 24	丙寅	6 12	4 27	戊戌	7 13	5 28	
	2 11	12 24	丁酉	3 12	1 24	丙寅	4 12	2 25	丁酉	5 12	3 25	丁卯	6 13	4 28	己亥	7 14	5 29	
	2 12	12 25	戊戌	3 13	1 25	丁卯	4 13	2 26	戊戌	5 13	3 26	戊辰	6 14	4 29	庚子	7 15	6 1	
	2 13	12 26	己亥	3 14	1 26	戊辰	4 14	2 27	己亥	5 14	3 27	己巳	6 15	4 30	辛丑	7 16	6 2	
	2 14	12 27	庚子	3 15	1 27	己巳	4 15	2 28	庚子	5 15	3 28	庚午	6 16	5 1	壬寅	7 17	6 3	
	2 15	12 28	辛丑	3 16	1 28	庚午	4 16	2 29	辛丑	5 16	3 29	辛未	6 17	5 2	癸卯	7 18	6 4	
	2 16	12 29	壬寅	3 17	1 29	辛未	4 17	2 30	壬寅	5 17	4 1	壬申	6 18	5 3	甲辰	7 19	6 5	
	2 17	1 1	癸卯	3 18	1 30	壬申	4 18	3 1	癸卯	5 18	4 2	癸酉	6 19	5 4	乙巳	7 20	6 6	
	2 18	1 2	甲辰	3 19	2 1	癸酉	4 19	3 2	甲辰	5 19	4 3	甲戌	6 20	5 5	丙午	7 21	6 7	
	2 19	1 3	乙巳	3 20	2 2	甲戌	4 20	3 3	乙巳	5 20	4 4	乙亥	6 21	5 6	丁未	7 22	6 8	
	2 20	1 4	丙午	3 21	2 3	乙亥	4 21	3 4	丙午	5 21	4 5	丙子	6 22	5 7	戊申	7 23	6 9	
	2 21	1 5	丁未	3 22	2 4	丙子	4 22	3 5	丁未	5 22	4 6	丁丑	6 23	5 8	己酉	7 24	6 10	
	2 22	1 6	戊申	3 23	2 5	丁丑	4 23	3 6	戊申	5 23	4 7	戊寅	6 24	5 9	庚戌	7 25	6 11	
	2 23	1 7	己酉	3 24	2 6	戊寅	4 24	3 7	己酉	5 24	4 8	己卯	6 25	5 10	辛亥	7 26	6 12	
	2 24	1 8	庚戌	3 25	2 7	己卯	4 25	3 8	庚戌	5 25	4 9	庚辰	6 26	5 11	壬子	7 27	6 13	
	2 25	1 9	辛亥	3 26	2 8	庚辰	4 26	3 9	辛亥	5 26	4 10	辛巳	6 27	5 12	癸丑	7 28	6 14	
	2 26	1 10	壬子	3 27	2 9	辛巳	4 27	3 10	壬子	5 27	4 11	壬午	6 28	5 13	甲寅	7 29	6 15	
	2 27	1 11	癸丑	3 28	2 10	壬午	4 28	3 11	癸丑	5 28	4 12	癸未	6 29	5 14	乙卯	7 30	6 16	
	2 28	1 12	甲寅	3 29	2 11	癸未	4 29	3 12	甲寅	5 29	4 13	甲申	6 30	5 15	丙辰	7 31	6 17	
	3 1	1 13	乙卯	3 30	2 12	甲申	4 30	3 13	乙卯	5 30	4 14	乙酉	7 1	5 16	丁巳	8 1	6 18	
	3 2	1 14	丙辰	3 31	2 13	乙酉	5 1	3 14	丙辰	5 31	4 15	丙戌	7 2	5 17	戊午	8 2	6 19	
	3 3	1 15	丁巳	4 1	2 14	丙戌	5 2	3 15	丁巳	6 1	4 16	丁亥	7 3	5 18	己未	8 3	6 20	
	3 4	1 16	戊午	4 2	2 15	丁亥	5 3	3 16	戊午	6 2	4 17	戊子	7 4	5 19	庚申	8 4	6 21	
	3 5	1 17	己未	4 3	2 16	戊子	5 4	3 17	己未	6 3	4 18	己丑	7 5	5 20	辛酉	8 5	6 22	
				4 4	2 17	己丑	5 5	3 18	庚申	6 4	4 19	庚寅	7 6	5 21	壬戌	8 6	6 23	
				4 5	2 18	庚寅				6 5	4 20	辛卯	7 7	5 22	癸亥	8 7	6 24	
										6 6	4 21	壬辰						
中氣	雨水			春分			穀雨			小滿			夏至			大暑		
	2/19 22時40分 亥時			3/21 22時6分 亥時			4/21 9時39分 巳時			5/22 9時15分 巳時			6/22 17時28分 酉時			7/24 4時21分		

中華民國二十年 羊

1931

	丙申	丁酉	戊戌	己亥	庚子	辛丑	月
節氣	立秋	白露	寒露	立冬	大雪	小寒	
	時44分 戌時	9/8 23時17分 子時	10/9 14時26分 未時	11/8 17時9分 酉時	12/8 9時40分 巳時	1/6 20時45分 戌時	

農曆	干支	國曆	農曆	干支	國曆	農曆	干支	國曆	農曆	干支	國曆	農曆	干支	國曆	農曆	干支	日
6 25	乙未	9 8	7 26	丙寅	10 9	8 28	丁酉	11 8	9 29	丁卯	12 8	10 29	丁酉	1 6	11 29	丙寅	
6 26	丙申	9 9	7 27	丁卯	10 10	8 29	戊戌	11 9	9 30	戊辰	12 9	10 30	戊戌	1 7	11 30	丁卯	
6 27	丁酉	9 10	7 28	戊辰	10 11	9 1	己亥	11 10	10 1	己巳	12 10	11 2	己亥	1 8	12 1	戊辰	
6 28	戊戌	9 11	7 29	己巳	10 12	9 2	庚子	11 11	10 2	庚午	12 11	11 3	庚子	1 9	12 2	己巳	
6 29	己亥	9 12	8 1	庚午	10 13	9 3	辛丑	11 12	10 3	辛未	12 12	11 4	辛丑	1 10	12 3	庚午	
6 30	庚子	9 13	8 2	辛未	10 14	9 4	壬寅	11 13	10 4	壬申	12 13	11 5	壬寅	1 11	12 4	辛未	
7 1	辛丑	9 14	8 3	壬申	10 15	9 5	癸卯	11 14	10 5	癸酉	12 14	11 6	癸卯	1 12	12 5	壬申	
7 2	壬寅	9 15	8 4	癸酉	10 16	9 6	甲辰	11 15	10 6	甲戌	12 15	11 7	甲辰	1 13	12 6	癸酉	
7 3	癸卯	9 16	8 5	甲戌	10 17	9 7	乙巳	11 16	10 7	乙亥	12 16	11 8	乙巳	1 14	12 7	甲戌	
7 4	甲辰	9 17	8 6	乙亥	10 18	9 8	丙午	11 17	10 8	丙子	12 17	11 9	丙午	1 15	12 8	乙亥	
7 5	乙巳	9 18	8 7	丙子	10 19	9 9	丁未	11 18	10 9	丁丑	12 18	11 10	丁未	1 16	12 9	丙子	
7 6	丙午	9 19	8 8	丁丑	10 20	9 10	戊申	11 19	10 10	戊寅	12 19	11 11	戊申	1 17	12 10	丁丑	
7 7	丁未	9 20	8 9	戊寅	10 21	9 11	己酉	11 20	10 11	己卯	12 20	11 12	己酉	1 18	12 11	戊寅	
7 8	戊申	9 21	8 10	己卯	10 22	9 12	庚戌	11 21	10 12	庚辰	12 21	11 13	庚戌	1 19	12 12	己卯	
7 9	己酉	9 22	8 11	庚辰	10 23	9 13	辛亥	11 22	10 13	辛巳	12 22	11 14	辛亥	1 20	12 13	庚辰	
7 10	庚戌	9 23	8 12	辛巳	10 24	9 14	壬子	11 23	10 14	壬午	12 23	11 15	壬子	1 21	12 14	辛巳	
7 11	辛亥	9 24	8 13	壬午	10 25	9 15	癸丑	11 24	10 15	癸未	12 24	11 16	癸丑	1 22	12 15	壬午	
7 12	壬子	9 25	8 14	癸未	10 26	9 16	甲寅	11 25	10 16	甲申	12 25	11 17	甲寅	1 23	12 16	癸未	
7 13	癸丑	9 26	8 15	甲申	10 27	9 17	乙卯	11 26	10 17	乙酉	12 26	11 18	乙卯	1 24	12 17	甲申	
7 14	甲寅	9 27	8 16	乙酉	10 28	9 18	丙辰	11 27	10 18	丙戌	12 27	11 19	丙辰	1 25	12 18	乙酉	
7 15	乙卯	9 28	8 17	丙戌	10 29	9 19	丁巳	11 28	10 19	丁亥	12 28	11 20	丁巳	1 26	12 19	丙戌	
7 16	丙辰	9 29	8 18	丁亥	10 30	9 20	戊午	11 29	10 20	戊子	12 29	11 21	戊午	1 27	12 20	丁亥	
7 17	丁巳	9 30	8 19	戊子	10 31	9 21	己未	11 30	10 21	己丑	12 30	11 22	己未	1 28	12 21	戊子	
7 18	戊午	10 1	8 20	己丑	11 1	9 22	庚申	12 1	10 22	庚寅	12 31	11 23	庚申	1 29	12 22	己丑	
7 19	己未	10 2	8 21	庚寅	11 2	9 23	辛酉	12 2	10 23	辛卯	1 1	11 24	辛酉	1 30	12 23	庚寅	
7 20	庚申	10 3	8 22	辛卯	11 3	9 24	壬戌	12 3	10 24	壬辰	1 2	11 25	壬戌	1 31	12 24	辛卯	
7 21	辛酉	10 4	8 23	壬辰	11 4	9 25	癸亥	12 4	10 25	癸巳	1 3	11 26	癸亥	2 1	12 25	壬辰	
7 22	壬戌	10 5	8 24	癸巳	11 5	9 26	甲子	12 5	10 26	甲午	1 4	11 27	甲子	2 2	12 26	癸巳	
7 23	癸亥	10 6	8 25	甲午	11 6	9 27	乙丑	12 6	10 27	乙未	1 5	11 28	乙丑	2 3	12 27	甲午	
7 24	甲子	10 7	8 26	乙未	11 7	9 28	丙寅	12 7	10 28	丙申				2 4	12 28	乙未	
7 25	乙丑	10 8	8 27	丙申													

	處暑	秋分	霜降	小雪	冬至	大寒	中氣
	時10分 午時	9/24 8時23分 辰時	10/24 17時15分 酉時	11/23 14時24分 未時	12/23 3時29分 寅時	1/21 14時6分 未時	

年　壬申

月	壬寅			癸卯			甲辰			乙巳			丙午			丁未		
節氣	立春			驚蟄			清明			立夏			芒種			小暑		
	2/5 8時29分 辰時			3/6 2時49分 丑時			4/5 8時6分 辰時			5/6 1時55分 丑時			6/6 6時27分 卯時			7/7 16時52分		
日	國曆	農曆	干支	國曆	農曆	干支	國曆	農曆	干支	國曆	農曆	干支	國曆	農曆	干支	國曆	農曆	干支
	2/5	12/29	丙申	3/6	1/30	丙寅	4/5	2/30	丙申	5/6	4/1	丁卯	6/6	5/3	戊戌	7/7	6/4	
	2/6	1/1	丁酉	3/7	2/1	丁卯	4/6	3/1	丁酉	5/7	4/2	戊辰	6/7	5/4	己亥	7/8	6/5	
	2/7	1/2	戊戌	3/8	2/2	戊辰	4/7	3/2	戊戌	5/8	4/3	己巳	6/8	5/5	庚子	7/9	6/6	
	2/8	1/3	己亥	3/9	2/3	己巳	4/8	3/3	己亥	5/9	4/4	庚午	6/9	5/6	辛丑	7/10	6/7	
	2/9	1/4	庚子	3/10	2/4	庚午	4/9	3/4	庚子	5/10	4/5	辛未	6/10	5/7	壬寅	7/11	6/8	
	2/10	1/5	辛丑	3/11	2/5	辛未	4/10	3/5	辛丑	5/11	4/6	壬申	6/11	5/8	癸卯	7/12	6/9	
	2/11	1/6	壬寅	3/12	2/6	壬申	4/11	3/6	壬寅	5/12	4/7	癸酉	6/12	5/9	甲辰	7/13	6/10	
	2/12	1/7	癸卯	3/13	2/7	癸酉	4/12	3/7	癸卯	5/13	4/8	甲戌	6/13	5/10	乙巳	7/14	6/11	
	2/13	1/8	甲辰	3/14	2/8	甲戌	4/13	3/8	甲辰	5/14	4/9	乙亥	6/14	5/11	丙午	7/15	6/12	
	2/14	1/9	乙巳	3/15	2/9	乙亥	4/14	3/9	乙巳	5/15	4/10	丙子	6/15	5/12	丁未	7/16	6/13	
	2/15	1/10	丙午	3/16	2/10	丙子	4/15	3/10	丙午	5/16	4/11	丁丑	6/16	5/13	戊申	7/17	6/14	
	2/16	1/11	丁未	3/17	2/11	丁丑	4/16	3/11	丁未	5/17	4/12	戊寅	6/17	5/14	己酉	7/18	6/15	
	2/17	1/12	戊申	3/18	2/12	戊寅	4/17	3/12	戊申	5/18	4/13	己卯	6/18	5/15	庚戌	7/19	6/16	
	2/18	1/13	己酉	3/19	2/13	己卯	4/18	3/13	己酉	5/19	4/14	庚辰	6/19	5/16	辛亥	7/20	6/17	
	2/19	1/14	庚戌	3/20	2/14	庚辰	4/19	3/14	庚戌	5/20	4/15	辛巳	6/20	5/17	壬子	7/21	6/18	
	2/20	1/15	辛亥	3/21	2/15	辛巳	4/20	3/15	辛亥	5/21	4/16	壬午	6/21	5/18	癸丑	7/22	6/19	
	2/21	1/16	壬子	3/22	2/16	壬午	4/21	3/16	壬子	5/22	4/17	癸未	6/22	5/19	甲寅	7/23	6/20	
	2/22	1/17	癸丑	3/23	2/17	癸未	4/22	3/17	癸丑	5/23	4/18	甲申	6/23	5/20	乙卯	7/24	6/21	
	2/23	1/18	甲寅	3/24	2/18	甲申	4/23	3/18	甲寅	5/24	4/19	乙酉	6/24	5/21	丙辰	7/25	6/22	
	2/24	1/19	乙卯	3/25	2/19	乙酉	4/24	3/19	乙卯	5/25	4/20	丙戌	6/25	5/22	丁巳	7/26	6/23	
	2/25	1/20	丙辰	3/26	2/20	丙戌	4/25	3/20	丙辰	5/26	4/21	丁亥	6/26	5/23	戊午	7/27	6/24	
	2/26	1/21	丁巳	3/27	2/21	丁亥	4/26	3/21	丁巳	5/27	4/22	戊子	6/27	5/24	己未	7/28	6/25	
	2/27	1/22	戊午	3/28	2/22	戊子	4/27	3/22	戊午	5/28	4/23	己丑	6/28	5/25	庚申	7/29	6/26	
	2/28	1/23	己未	3/29	2/23	己丑	4/28	3/23	己未	5/29	4/24	庚寅	6/29	5/26	辛酉	7/30	6/27	
	2/29	1/24	庚申	3/30	2/24	庚寅	4/29	3/24	庚申	5/30	4/25	辛卯	6/30	5/27	壬戌	7/31	6/28	
	3/1	1/25	辛酉	3/31	2/25	辛卯	4/30	3/25	辛酉	5/31	4/26	壬辰	7/1	5/28	癸亥	8/1	6/29	
	3/2	1/26	壬戌	4/1	2/26	壬辰	5/1	3/26	壬戌	6/1	4/27	癸巳	7/2	5/29	甲子	8/2	7/1	
	3/3	1/27	癸亥	4/2	2/27	癸巳	5/2	3/27	癸亥	6/2	4/28	甲午	7/3	5/30	乙丑	8/3	7/2	
	3/4	1/28	甲子	4/3	2/28	甲午	5/3	3/28	甲子	6/3	4/29	乙未	7/4	6/1	丙寅	8/4	7/3	
	3/5	1/29	乙丑	4/4	2/29	乙未	5/4	3/29	乙丑	6/4	5/1	丙申	7/5	6/2	丁卯	8/5	7/4	
							5/5	3/30	丙寅	6/5	5/2	丁酉	7/6	6/3	戊辰	8/6	7/5	
																8/7	7/6	

左欄：中華民國二十一年　猴　1932

中氣	雨水			春分			穀雨			小滿			夏至			大暑		
	2/20 4時28分 寅時			3/21 3時53分 寅時			4/20 15時28分 申時			5/21 15時6分 申時			6/21 23時22分 子時			7/23 18時18分		

年：壬申　｜　**中華民國二十一、二十二年　猴　1932、1933**

月	戊申	己酉	庚戌	辛亥	壬子	癸丑
節氣	立秋	白露	寒露	立冬	大雪	小寒
（交節時刻）	8/8 2時31分 丑時	9/8 5時2分 卯時	10/8 20時9分 戌時	11/7 22時49分 亥時	12/7 15時□分 申時	1/6 20時23分 亥時

國曆	農曆	干支	國曆	農曆	干支	國曆	農曆	干支	國曆	農曆	干支	國曆	農曆	干支	國曆	農曆	干支
8	7/7	辛丑	9/8	8/8	壬申	10/8	9/9	壬寅	11/7	10/10	壬申	12/7	11/10	壬寅	1/6	12/11	壬申
9	7/8	壬寅	9/9	8/9	癸酉	10/9	9/10	癸卯	11/8	10/11	癸酉	12/8	11/11	癸卯	1/7	12/12	癸酉
10	7/9	癸卯	9/10	8/10	甲戌	10/10	9/11	甲辰	11/9	10/12	甲戌	12/9	11/12	甲辰	1/8	12/13	甲戌
11	7/10	甲辰	9/11	8/11	乙亥	10/11	9/12	乙巳	11/10	10/13	乙亥	12/10	11/13	乙巳	1/9	12/14	乙亥
12	7/11	乙巳	9/12	8/12	丙子	10/12	9/13	丙午	11/11	10/14	丙子	12/11	11/14	丙午	1/10	12/15	丙子
13	7/12	丙午	9/13	8/13	丁丑	10/13	9/14	丁未	11/12	10/15	丁丑	12/12	11/15	丁未	1/11	12/16	丁丑
14	7/13	丁未	9/14	8/14	戊寅	10/14	9/15	戊申	11/13	10/16	戊寅	12/13	11/16	戊申	1/12	12/17	戊寅
15	7/14	戊申	9/15	8/15	己卯	10/15	9/16	己酉	11/14	10/17	己卯	12/14	11/17	己酉	1/13	12/18	己卯
16	7/15	己酉	9/16	8/16	庚辰	10/16	9/17	庚戌	11/15	10/18	庚辰	12/15	11/18	庚戌	1/14	12/19	庚辰
17	7/16	庚戌	9/17	8/17	辛巳	10/17	9/18	辛亥	11/16	10/19	辛巳	12/16	11/19	辛亥	1/15	12/20	辛巳
18	7/17	辛亥	9/18	8/18	壬午	10/18	9/19	壬子	11/17	10/20	壬午	12/17	11/20	壬子	1/16	12/21	壬午
19	7/18	壬子	9/19	8/19	癸未	10/19	9/20	癸丑	11/18	10/21	癸未	12/18	11/21	癸丑	1/17	12/22	癸未
20	7/19	癸丑	9/20	8/20	甲申	10/20	9/21	甲寅	11/19	10/22	甲申	12/19	11/22	甲寅	1/18	12/23	甲申
21	7/20	甲寅	9/21	8/21	乙酉	10/21	9/22	乙卯	11/20	10/23	乙酉	12/20	11/23	乙卯	1/19	12/24	乙酉
22	7/21	乙卯	9/22	8/22	丙戌	10/22	9/23	丙辰	11/21	10/24	丙戌	12/21	11/24	丙辰	1/20	12/25	丙戌
23	7/22	丙辰	9/23	8/23	丁亥	10/23	9/24	丁巳	11/22	10/25	丁亥	12/22	11/25	丁巳	1/21	12/26	丁亥
24	7/23	丁巳	9/24	8/24	戊子	10/24	9/25	戊午	11/23	10/26	戊子	12/23	11/26	戊午	1/22	12/27	戊子
25	7/24	戊午	9/25	8/25	己丑	10/25	9/26	己未	11/24	10/27	己丑	12/24	11/27	己未	1/23	12/28	己丑
26	7/25	己未	9/26	8/26	庚寅	10/26	9/27	庚申	11/25	10/28	庚寅	12/25	11/28	庚申	1/24	12/29	庚寅
27	7/26	庚申	9/27	8/27	辛卯	10/27	9/28	辛酉	11/26	10/29	辛卯	12/26	11/29	辛酉	1/25	12/30	辛卯
28	7/27	辛酉	9/28	8/28	壬辰	10/28	9/29	壬戌	11/27	10/30	壬辰	12/27	12/1	壬戌	1/26	1/1	壬辰
29	7/28	壬戌	9/29	8/29	癸巳	10/29	10/1	癸亥	11/28	11/1	癸巳	12/28	12/2	癸亥	1/27	1/2	癸巳
30	7/29	癸亥	9/30	9/1	甲午	10/30	10/2	甲子	11/29	11/2	甲午	12/29	12/3	甲子	1/28	1/3	甲午
31	7/30	甲子	10/1	9/2	乙未	10/31	10/3	乙丑	11/30	11/3	乙未	12/30	12/4	乙丑	1/29	1/4	乙未
1	8/1	乙丑	10/2	9/3	丙申	11/1	10/4	丙寅	12/1	11/4	丙申	12/31	12/5	丙寅	1/30	1/5	丙申
2	8/2	丙寅	10/3	9/4	丁酉	11/2	10/5	丁卯	12/2	11/5	丁酉	1/1	12/6	丁卯	1/31	1/6	丁酉
3	8/3	丁卯	10/4	9/5	戊戌	11/3	10/6	戊辰	12/3	11/6	戊戌	1/2	12/7	戊辰	2/1	1/7	戊戌
4	8/4	戊辰	10/5	9/6	己亥	11/4	10/7	己巳	12/4	11/7	己亥	1/3	12/8	己巳	2/2	1/8	己亥
5	8/5	己巳	10/6	9/7	庚子	11/5	10/8	庚午	12/5	11/8	庚子	1/4	12/9	庚午	2/3	1/9	庚子
6	8/6	庚午	10/7	9/8	辛丑	11/6	10/9	辛未	12/6	11/9	辛丑	1/5	12/10	辛未			
7	8/7	辛未															

中氣	處暑	秋分	霜降	小雪	冬至	大寒
（交氣時刻）	8/23 17時6分 酉時	9/23 14時15分 未時	10/23 23時3分 子時	11/22 20時10分 戌時	12/22 9時14分 巳時	1/20 19時52分 戌時

年																	癸酉
月	甲寅			乙卯			丙辰			丁巳			戊午			己未		
節氣	立春 2/4 14時9分 未時			驚蟄 3/6 8時31分 辰時			清明 4/5 13時50分 未時			立夏 5/6 7時41分 辰時			芒種 6/6 12時17分 午時			小暑 7/7 22時44分 亥時		
日	國曆	農曆	干支	國曆	農曆	干支	國曆	農曆	干支	國曆	農曆	干支	國曆	農曆	干支	國曆	農曆	干支
	2 4	1 10	辛丑	3 6	2 11	辛未	4 5	3 11	辛丑	5 6	4 12	壬申	6 6	5 14	癸卯	7 7	5 15	甲戌
	2 5	1 11	壬寅	3 7	2 12	壬申	4 6	3 12	壬寅	5 7	4 13	癸酉	6 7	5 15	甲辰	7 8	5 16	乙亥
	2 6	1 12	癸卯	3 8	2 13	癸酉	4 7	3 13	癸卯	5 8	4 14	甲戌	6 8	5 16	乙巳	7 9	5 17	丙子
	2 7	1 13	甲辰	3 9	2 14	甲戌	4 8	3 14	甲辰	5 9	4 15	乙亥	6 9	5 17	丙午	7 10	5 18	丁丑
中	2 8	1 14	乙巳	3 10	2 15	乙亥	4 9	3 15	乙巳	5 10	4 16	丙子	6 10	5 18	丁未	7 11	5 19	戊寅
華	2 9	1 15	丙午	3 11	2 16	丙子	4 10	3 16	丙午	5 11	4 17	丁丑	6 11	5 19	戊申	7 12	5 20	己卯
民	2 10	1 16	丁未	3 12	2 17	丁丑	4 11	3 17	丁未	5 12	4 18	戊寅	6 12	5 20	己酉	7 13	5 21	庚辰
國	2 11	1 17	戊申	3 13	2 18	戊寅	4 12	3 18	戊申	5 13	4 19	己卯	6 13	5 21	庚戌	7 14	5 22	辛巳
二	2 12	1 18	己酉	3 14	2 19	己卯	4 13	3 19	己酉	5 14	4 20	庚辰	6 14	5 22	辛亥	7 15	5 23	壬午
十	2 13	1 19	庚戌	3 15	2 20	庚辰	4 14	3 20	庚戌	5 15	4 21	辛巳	6 15	5 23	壬子	7 16	5 24	癸未
二	2 14	1 20	辛亥	3 16	2 21	辛巳	4 15	3 21	辛亥	5 16	4 22	壬午	6 16	5 24	癸丑	7 17	5 25	甲申
年	2 15	1 21	壬子	3 17	2 22	壬午	4 16	3 22	壬子	5 17	4 23	癸未	6 17	5 25	甲寅	7 18	5 26	乙酉
	2 16	1 22	癸丑	3 18	2 23	癸未	4 17	3 23	癸丑	5 18	4 24	甲申	6 18	5 26	乙卯	7 19	5 27	丙戌
雞	2 17	1 23	甲寅	3 19	2 24	甲申	4 18	3 24	甲寅	5 19	4 25	乙酉	6 19	5 27	丙辰	7 20	5 28	丁亥
	2 18	1 24	乙卯	3 20	2 25	乙酉	4 19	3 25	乙卯	5 20	4 26	丙戌	6 20	5 28	丁巳	7 21	5 29	戊子
	2 19	1 25	丙辰	3 21	2 26	丙戌	4 20	3 26	丙辰	5 21	4 27	丁亥	6 21	5 29	戊午	7 22	5 30	己丑
	2 20	1 26	丁巳	3 22	2 27	丁亥	4 21	3 27	丁巳	5 22	4 28	戊子	6 22	5 30	己未	7 23	6 1	庚寅
	2 21	1 27	戊午	3 23	2 28	戊子	4 22	3 28	戊午	5 23	4 29	己丑	6 23	閏5 1	庚申	7 24	6 2	辛卯
	2 22	1 28	己未	3 24	2 29	己丑	4 23	3 29	己未	5 24	5 1	庚寅	6 24	5 2	辛酉	7 25	6 3	壬辰
	2 23	1 29	庚申	3 25	2 30	庚寅	4 24	3 30	庚申	5 25	5 2	辛卯	6 25	5 3	壬戌	7 26	6 4	癸巳
	2 24	2 1	辛酉	3 26	3 1	辛卯	4 25	4 1	辛酉	5 26	5 3	壬辰	6 26	5 4	癸亥	7 27	6 5	甲午
	2 25	2 2	壬戌	3 27	3 2	壬辰	4 26	4 2	壬戌	5 27	5 4	癸巳	6 27	5 5	甲子	7 28	6 6	乙未
1	2 26	2 3	癸亥	3 28	3 3	癸巳	4 27	4 3	癸亥	5 28	5 5	甲午	6 28	5 6	乙丑	7 29	6 7	丙申
9	2 27	2 4	甲子	3 29	3 4	甲午	4 28	4 4	甲子	5 29	5 6	乙未	6 29	5 7	丙寅	7 30	6 8	丁酉
3	2 28	2 5	乙丑	3 30	3 5	乙未	4 29	4 5	乙丑	5 30	5 7	丙申	6 30	5 8	丁卯	7 31	6 9	戊戌
3	3 1	2 6	丙寅	3 31	3 6	丙申	4 30	4 6	丙寅	5 31	5 8	丁酉	7 1	5 9	戊辰	8 1	6 10	己亥
	3 2	2 7	丁卯	4 1	3 7	丁酉	5 1	4 7	丁卯	6 1	5 9	戊戌	7 2	5 10	己巳	8 2	6 11	庚子
	3 3	2 8	戊辰	4 2	3 8	戊戌	5 2	4 8	戊辰	6 2	5 10	己亥	7 3	5 11	庚午	8 3	6 12	辛丑
	3 4	2 9	己巳	4 3	3 9	己亥	5 3	4 9	己巳	6 3	5 11	庚子	7 4	5 12	辛未	8 4	6 13	壬寅
	3 5	2 10	庚午	4 4	3 10	庚子	5 4	4 10	庚午	6 4	5 12	辛丑	7 5	5 13	壬申	8 5	6 14	癸卯
							5 5	4 11	辛未	6 5	5 13	壬寅	7 6	5 14	癸酉	8 6	6 15	甲辰
																8 7	6 16	乙巳
中氣	雨水 2/19 10時16分 巳時			春分 3/21 9時43分 巳時			穀雨 4/20 21時18分 亥時			小滿 5/21 20時56分 戌時			夏至 6/22 5時11分 卯時			大暑 7/23 16時5分 申時		

癸酉

右側欄：年／月／節氣／日／中氣 — 中華民國二十二、二十三年　雞　1933・1934

庚申　立秋　8日8時25分　辰時			辛酉　白露　9/8　10時57分　巳時			壬戌　寒露　10/9　2時3分　丑時			癸亥　立冬　11/8　4時43分　寅時			甲子　大雪　12/7　21時11分　亥時			乙丑　小寒　1/6　4時16分　寅時		
國曆	農曆	干支	國曆	農曆	干支	國曆	農曆	干支	國曆	農曆	干支	國曆	農曆	干支	國曆	農曆	干支
8/8	6/17	丙午	9/8	7/19	丁丑	10/9	8/20	戊申	11/8	9/21	戊寅	12/7	10/20	丁未	1/6	11/21	丁丑
8/9	6/18	丁未	9/9	7/20	戊寅	10/10	8/21	己酉	11/9	9/22	己卯	12/8	10/21	戊申	1/7	11/22	戊寅
8/10	6/19	戊申	9/10	7/21	己卯	10/11	8/22	庚戌	11/10	9/23	庚辰	12/9	10/22	己酉	1/8	11/23	己卯
8/11	6/20	己酉	9/11	7/22	庚辰	10/12	8/23	辛亥	11/11	9/24	辛巳	12/10	10/23	庚戌	1/9	11/24	庚辰
8/12	6/21	庚戌	9/12	7/23	辛巳	10/13	8/24	壬子	11/12	9/25	壬午	12/11	10/24	辛亥	1/10	11/25	辛巳
8/13	6/22	辛亥	9/13	7/24	壬午	10/14	8/25	癸丑	11/13	9/26	癸未	12/12	10/25	壬子	1/11	11/26	壬午
8/14	6/23	壬子	9/14	7/25	癸未	10/15	8/26	甲寅	11/14	9/27	甲申	12/13	10/26	癸丑	1/12	11/27	癸未
8/15	6/24	癸丑	9/15	7/26	甲申	10/16	8/27	乙卯	11/15	9/28	乙酉	12/14	10/27	甲寅	1/13	11/28	甲申
8/16	6/25	甲寅	9/16	7/27	乙酉	10/17	8/28	丙辰	11/16	9/29	丙戌	12/15	10/28	乙卯	1/14	11/29	乙酉
8/17	6/26	乙卯	9/17	7/28	丙戌	10/18	8/29	丁巳	11/17	9/30	丁亥	12/16	10/29	丙辰	1/15	12/1	丙戌
8/18	6/27	丙辰	9/18	7/29	丁亥	10/19	9/1	戊午	11/18	10/1	戊子	12/17	11/1	丁巳	1/16	12/2	丁亥
8/19	6/28	丁巳	9/19	7/30	戊子	10/20	9/2	己未	11/19	10/2	己丑	12/18	11/2	戊午	1/17	12/3	戊子
8/20	6/29	戊午	9/20	8/1	己丑	10/21	9/3	庚申	11/20	10/3	庚寅	12/19	11/3	己未	1/18	12/4	己丑
8/21	7/1	己未	9/21	8/2	庚寅	10/22	9/4	辛酉	11/21	10/4	辛卯	12/20	11/4	庚申	1/19	12/5	庚寅
8/22	7/2	庚申	9/22	8/3	辛卯	10/23	9/5	壬戌	11/22	10/5	壬辰	12/21	11/5	辛酉	1/20	12/6	辛卯
8/23	7/3	辛酉	9/23	8/4	壬辰	10/24	9/6	癸亥	11/23	10/6	癸巳	12/22	11/6	壬戌	1/21	12/7	壬辰
8/24	7/4	壬戌	9/24	8/5	癸巳	10/25	9/7	甲子	11/24	10/7	甲午	12/23	11/7	癸亥	1/22	12/8	癸巳
8/25	7/5	癸亥	9/25	8/6	甲午	10/26	9/8	乙丑	11/25	10/8	乙未	12/24	11/8	甲子	1/23	12/9	甲午
8/26	7/6	甲子	9/26	8/7	乙未	10/27	9/9	丙寅	11/26	10/9	丙申	12/25	11/9	乙丑	1/24	12/10	乙未
8/27	7/7	乙丑	9/27	8/8	丙申	10/28	9/10	丁卯	11/27	10/10	丁酉	12/26	11/10	丙寅	1/25	12/11	丙申
8/28	7/8	丙寅	9/28	8/9	丁酉	10/29	9/11	戊辰	11/28	10/11	戊戌	12/27	11/11	丁卯	1/26	12/12	丁酉
8/29	7/9	丁卯	9/29	8/10	戊戌	10/30	9/12	己巳	11/29	10/12	己亥	12/28	11/12	戊辰	1/27	12/13	戊戌
8/30	7/10	戊辰	9/30	8/11	己亥	10/31	9/13	庚午	11/30	10/13	庚子	12/29	11/13	己巳	1/28	12/14	己亥
8/31	7/11	己巳	10/1	8/12	庚子	11/1	9/14	辛未	12/1	10/14	辛丑	12/30	11/14	庚午	1/29	12/15	庚子
9/1	7/12	庚午	10/2	8/13	辛丑	11/2	9/15	壬申	12/2	10/15	壬寅	12/31	11/15	辛未	1/30	12/16	辛丑
9/2	7/13	辛未	10/3	8/14	壬寅	11/3	9/16	癸酉	12/3	10/16	癸卯	1/1	11/16	壬申	1/31	12/17	壬寅
9/3	7/14	壬申	10/4	8/15	癸卯	11/4	9/17	甲戌	12/4	10/17	甲辰	1/2	11/17	癸酉	2/1	12/18	癸卯
9/4	7/15	癸酉	10/5	8/16	甲辰	11/5	9/18	乙亥	12/5	10/18	乙巳	1/3	11/18	甲戌	2/2	12/19	甲辰
9/5	7/16	甲戌	10/6	8/17	乙巳	11/6	9/19	丙子	12/6	10/19	丙午	1/4	11/19	乙亥	2/3	12/20	乙巳
9/6	7/17	乙亥	10/7	8/18	丙午	11/7	9/20	丁丑				1/5	11/20	丙子			
9/7	7/18	丙子	10/8	8/19	丁未												
中氣　處暑　8/23　22時52分　亥時			秋分　9/23　20時1分　戌時			霜降　10/24　4時48分　寅時			小雪　11/23　1時53分　丑時			冬至　12/22　14時57分　未時			大寒　1/21　1時36分　丑時		

中華民國二十三年　狗　1934

年	甲戌																	
月	丙寅			丁卯			戊辰			己巳			庚午			辛未		
節氣	立春			驚蟄			清明			立夏			芒種			小暑		
	2/4 20時3分 戌時			3/6 14時26分 未時			4/5 19時43分 戌時			5/6 13時30分 未時			6/6 18時1分 酉時			7/8 4時24分 寅時		
日	國曆	農曆	干支	國曆	農曆	干支	國曆	農曆	干支	國曆	農曆	干支	國曆	農曆	干支	國曆	農曆	干支
	2 4	12 21	丙午	3 6	1 21	丙子	4 5	2 22	丙午	5 6	3 23	丁丑	6 6	4 25	戊申	7 8	5 27	庚辰
	2 5	12 22	丁未	3 7	1 22	丁丑	4 6	2 23	丁未	5 7	3 24	戊寅	6 7	4 26	己酉	7 9	5 28	辛巳
	2 6	12 23	戊申	3 8	1 23	戊寅	4 7	2 24	戊申	5 8	3 25	己卯	6 8	4 27	庚戌	7 10	5 29	壬午
	2 7	12 24	己酉	3 9	1 24	己卯	4 8	2 25	己酉	5 9	3 26	庚辰	6 9	4 28	辛亥	7 11	5 30	癸未
中	2 8	12 25	庚戌	3 10	1 25	庚辰	4 9	2 26	庚戌	5 10	3 27	辛巳	6 10	4 29	壬子	7 12	6 1	甲申
華	2 9	12 26	辛亥	3 11	1 26	辛巳	4 10	2 27	辛亥	5 11	3 28	壬午	6 11	4 30	癸丑	7 13	6 2	乙酉
民	2 10	12 27	壬子	3 12	1 27	壬午	4 11	2 28	壬子	5 12	3 29	癸未	6 12	5 1	甲寅	7 14	6 3	丙戌
國	2 11	12 28	癸丑	3 13	1 28	癸未	4 12	2 29	癸丑	5 13	4 1	甲申	6 13	5 2	乙卯	7 15	6 4	丁亥
二	2 12	12 29	甲寅	3 14	1 29	甲申	4 13	2 30	甲寅	5 14	4 2	乙酉	6 14	5 3	丙辰	7 16	6 5	戊子
十	2 13	12 30	乙卯	3 15	2 1	乙酉	4 14	3 1	乙卯	5 15	4 3	丙戌	6 15	5 4	丁巳	7 17	6 6	己丑
三	2 14	1 1	丙辰	3 16	2 2	丙戌	4 15	3 2	丙辰	5 16	4 4	丁亥	6 16	5 5	戊午	7 18	6 7	庚寅
年	2 15	1 2	丁巳	3 17	2 3	丁亥	4 16	3 3	丁巳	5 17	4 5	戊子	6 17	5 6	己未	7 19	6 8	辛卯
	2 16	1 3	戊午	3 18	2 4	戊子	4 17	3 4	戊午	5 18	4 6	己丑	6 18	5 7	庚申	7 20	6 9	壬辰
	2 17	1 4	己未	3 19	2 5	己丑	4 18	3 5	己未	5 19	4 7	庚寅	6 19	5 8	辛酉	7 21	6 10	癸巳
狗	2 18	1 5	庚申	3 20	2 6	庚寅	4 19	3 6	庚申	5 20	4 8	辛卯	6 20	5 9	壬戌	7 22	6 11	甲午
	2 19	1 6	辛酉	3 21	2 7	辛卯	4 20	3 7	辛酉	5 21	4 9	壬辰	6 21	5 10	癸亥	7 23	6 12	乙未
	2 20	1 7	壬戌	3 22	2 8	壬辰	4 21	3 8	壬戌	5 22	4 10	癸巳	6 22	5 11	甲子	7 24	6 13	丙申
	2 21	1 8	癸亥	3 23	2 9	癸巳	4 22	3 9	癸亥	5 23	4 11	甲午	6 23	5 12	乙丑	7 25	6 14	丁酉
	2 22	1 9	甲子	3 24	2 10	甲午	4 23	3 10	甲子	5 24	4 12	乙未	6 24	5 13	丙寅	7 26	6 15	戊戌
	2 23	1 10	乙丑	3 25	2 11	乙未	4 24	3 11	乙丑	5 25	4 13	丙申	6 25	5 14	丁卯	7 27	6 16	己亥
	2 24	1 11	丙寅	3 26	2 12	丙申	4 25	3 12	丙寅	5 26	4 14	丁酉	6 26	5 15	戊辰	7 28	6 17	庚子
	2 25	1 12	丁卯	3 27	2 13	丁酉	4 26	3 13	丁卯	5 27	4 15	戊戌	6 27	5 16	己巳	7 29	6 18	辛丑
	2 26	1 13	戊辰	3 28	2 14	戊戌	4 27	3 14	戊辰	5 28	4 16	己亥	6 28	5 17	庚午	7 30	6 19	壬寅
	2 27	1 14	己巳	3 29	2 15	己亥	4 28	3 15	己巳	5 29	4 17	庚子	6 29	5 18	辛未	7 31	6 20	癸卯
	2 28	1 15	庚午	3 30	2 16	庚子	4 29	3 16	庚午	5 30	4 18	辛丑	6 30	5 19	壬申	8 1	6 21	甲辰
1	3 1	1 16	辛未	3 31	2 17	辛丑	4 30	3 17	辛未	5 31	4 19	壬寅	7 1	5 20	癸酉	8 2	6 22	乙巳
9	3 2	1 17	壬申	4 1	2 18	壬寅	5 1	3 18	壬申	6 1	4 20	癸卯	7 2	5 21	甲戌	8 3	6 23	丙午
3	3 3	1 18	癸酉	4 2	2 19	癸卯	5 2	3 19	癸酉	6 2	4 21	甲辰	7 3	5 22	乙亥	8 4	6 24	丁未
4	3 4	1 19	甲戌	4 3	2 20	甲辰	5 3	3 20	甲戌	6 3	4 22	乙巳	7 4	5 23	丙子	8 5	6 25	戊申
	3 5	1 20	乙亥	4 4	2 21	乙巳	5 4	3 21	乙亥	6 4	4 23	丙午	7 5	5 24	丁丑	8 6	6 26	己酉
							5 5	3 22	丙子	6 5	4 24	丁未	7 6	5 25	戊寅	8 7	6 27	庚戌
													7 7	5 26	己卯			

中氣	雨水	春分	穀雨	小滿	夏至	大暑
	2/19 16時1分 申時	3/21 15時27分 申時	4/21 13時0分 未時	5/22 2時34分 丑時	6/22 10時47分 巳時	7/23 21時42分 亥時

甲戌

右側縱書：中華民國二十三、二十四年　狗　1934、1935

節氣

月	壬申	癸酉	甲戌	乙亥	丙子	丁丑
節氣	立秋	白露	寒露	立冬	大雪	小寒
時刻	14時3分 未時	9/8 16時36分 申時	10/9 7時45分 辰時	11/8 10時26分 巳時	12/8 2時56分 丑時	1/6 14時2分 未時

日

壬申 國曆	壬申 農曆	壬申 干支	癸酉 國曆	癸酉 農曆	癸酉 干支	甲戌 國曆	甲戌 農曆	甲戌 干支	乙亥 國曆	乙亥 農曆	乙亥 干支	丙子 國曆	丙子 農曆	丙子 干支	丁丑 國曆	丁丑 農曆	丁丑 干支
	6 28	辛亥	9 8	7 30	壬午	10 9	9 2	癸丑	11 8	10 2	癸未	12 8	11 2	癸丑	1 6	12 2	壬午
	6 29	壬子	9 9	8 1	癸未	10 10	9 3	甲寅	11 9	10 3	甲申	12 9	11 3	甲寅	1 7	12 3	癸未
	7 1	癸丑	9 10	8 2	甲申	10 11	9 4	乙卯	11 10	10 4	乙酉	12 10	11 4	乙卯	1 8	12 4	甲申
	7 2	甲寅	9 11	8 3	乙酉	10 12	9 5	丙辰	11 11	10 5	丙戌	12 11	11 5	丙辰	1 9	12 5	乙酉
	7 3	乙卯	9 12	8 4	丙戌	10 13	9 6	丁巳	11 12	10 6	丁亥	12 12	11 6	丁巳	1 10	12 6	丙戌
	7 4	丙辰	9 13	8 5	丁亥	10 14	9 7	戊午	11 13	10 7	戊子	12 13	11 7	戊午	1 11	12 7	丁亥
	7 5	丁巳	9 14	8 6	戊子	10 15	9 8	己未	11 14	10 8	己丑	12 14	11 8	己未	1 12	12 8	戊子
	7 6	戊午	9 15	8 7	己丑	10 16	9 9	庚申	11 15	10 9	庚寅	12 15	11 9	庚申	1 13	12 9	己丑
	7 7	己未	9 16	8 8	庚寅	10 17	9 10	辛酉	11 16	10 10	辛卯	12 16	11 10	辛酉	1 14	12 10	庚寅
	7 8	庚申	9 17	8 9	辛卯	10 18	9 11	壬戌	11 17	10 11	壬辰	12 17	11 11	壬戌	1 15	12 11	辛卯
	7 9	辛酉	9 18	8 10	壬辰	10 19	9 12	癸亥	11 18	10 12	癸巳	12 18	11 12	癸亥	1 16	12 12	壬辰
	7 10	壬戌	9 19	8 11	癸巳	10 20	9 13	甲子	11 19	10 13	甲午	12 19	11 13	甲子	1 17	12 13	癸巳
	7 11	癸亥	9 20	8 12	甲午	10 21	9 14	乙丑	11 20	10 14	乙未	12 20	11 14	乙丑	1 18	12 14	甲午
	7 12	甲子	9 21	8 13	乙未	10 22	9 15	丙寅	11 21	10 15	丙申	12 21	11 15	丙寅	1 19	12 15	乙未
	7 13	乙丑	9 22	8 14	丙申	10 23	9 16	丁卯	11 22	10 16	丁酉	12 22	11 16	丁卯	1 20	12 16	丙申
	7 14	丙寅	9 23	8 15	丁酉	10 24	9 17	戊辰	11 23	10 17	戊戌	12 23	11 17	戊辰	1 21	12 17	丁酉
	7 15	丁卯	9 24	8 16	戊戌	10 25	9 18	己巳	11 24	10 18	己亥	12 24	11 18	己巳	1 22	12 18	戊戌
	7 16	戊辰	9 25	8 17	己亥	10 26	9 19	庚午	11 25	10 19	庚子	12 25	11 19	庚午	1 23	12 19	己亥
	7 17	己巳	9 26	8 18	庚子	10 27	9 20	辛未	11 26	10 20	辛丑	12 26	11 20	辛未	1 24	12 20	庚子
	7 18	庚午	9 27	8 19	辛丑	10 28	9 21	壬申	11 27	10 21	壬寅	12 27	11 21	壬申	1 25	12 21	辛丑
	7 19	辛未	9 28	8 20	壬寅	10 29	9 22	癸酉	11 28	10 22	癸卯	12 28	11 22	癸酉	1 26	12 22	壬寅
	7 20	壬申	9 29	8 21	癸卯	10 30	9 23	甲戌	11 29	10 23	甲辰	12 29	11 23	甲戌	1 27	12 23	癸卯
	7 21	癸酉	9 30	8 22	甲辰	10 31	9 24	乙亥	11 30	10 24	乙巳	12 30	11 24	乙亥	1 28	12 24	甲辰
	7 22	甲戌	10 1	8 23	乙巳	11 1	9 25	丙子	12 1	10 25	丙午	12 31	11 25	丙子	1 29	12 25	乙巳
	7 23	乙亥	10 2	8 24	丙午	11 2	9 26	丁丑	12 2	10 26	丁未	1 1	11 26	丁丑	1 30	12 26	丙午
	7 24	丙子	10 3	8 25	丁未	11 3	9 27	戊寅	12 3	10 27	戊申	1 2	11 27	戊寅	1 31	12 27	丁未
	7 25	丁丑	10 4	8 26	戊申	11 4	9 28	己卯	12 4	10 28	己酉	1 3	11 28	己卯	2 1	12 28	戊申
	7 26	戊寅	10 5	8 27	己酉	11 5	9 29	庚辰	12 5	10 29	庚戌	1 4	11 29	庚辰	2 2	12 29	己酉
	7 27	己卯	10 6	8 28	庚戌	11 6	9 30	辛巳	12 6	10 30	辛亥	1 5	12 1	辛巳	2 3	12 30	庚戌
	7 28	庚辰	10 7	8 29	辛亥	11 7	10 1	壬午	12 7	11 1	壬子				2 4	1 1	辛亥
	7 29	辛巳	10 8	9 1	壬子												

（壬申月之國曆日期於原書左緣被裁切）

中氣

中氣	處暑	秋分	霜降	小雪	冬至	大寒
時刻	4時32分 寅時	9/24 1時45分 丑時	10/24 10時36分 巳時	11/23 7時44分 辰時	12/22 20時49分 戌時	1/21 7時28分 辰時

年	乙亥																
月	戊寅			己卯			庚辰			辛巳			壬午			癸未		
節氣	立春			驚蟄			清明			立夏			芒種			小暑		
	2/5 1時48分 丑時			3/6 20時10分 戌時			4/6 1時26分 丑時			5/6 19時12分 戌時			6/6 23時41分 子時			7/8 10時5分		
日	國曆	農曆	干支	國曆	農曆	干支	國曆	農曆	干支	國曆	農曆	干支	國曆	農曆	干支	國曆	農曆	干支
	2 5	1 2	壬子	3 6	2 2	辛巳	4 6	3 4	壬子	5 6	4 4	壬午	6 6	5 6	癸丑	7 8	6 8	乙酉
	2 6	1 3	癸丑	3 7	2 3	壬午	4 7	3 5	癸丑	5 7	4 5	癸未	6 7	5 7	甲寅	7 9	6 9	丙戌
	2 7	1 4	甲寅	3 8	2 4	癸未	4 8	3 6	甲寅	5 8	4 6	甲申	6 8	5 8	乙卯	7 10	6 10	丁亥
	2 8	1 5	乙卯	3 9	2 5	甲申	4 9	3 7	乙卯	5 9	4 7	乙酉	6 9	5 9	丙辰	7 11	6 11	戊子
中	2 9	1 6	丙辰	3 10	2 6	乙酉	4 10	3 8	丙辰	5 10	4 8	丙戌	6 10	5 10	丁巳	7 12	6 12	己丑
華	2 10	1 7	丁巳	3 11	2 7	丙戌	4 11	3 9	丁巳	5 11	4 9	丁亥	6 11	5 11	戊午	7 13	6 13	庚寅
民	2 11	1 8	戊午	3 12	2 8	丁亥	4 12	3 10	戊午	5 12	4 10	戊子	6 12	5 12	己未	7 14	6 14	辛卯
國	2 12	1 9	己未	3 13	2 9	戊子	4 13	3 11	己未	5 13	4 11	己丑	6 13	5 13	庚申	7 15	6 15	壬辰
二	2 13	1 10	庚申	3 14	2 10	己丑	4 14	3 12	庚申	5 14	4 12	庚寅	6 14	5 14	辛酉	7 16	6 16	癸巳
十	2 14	1 11	辛酉	3 15	2 11	庚寅	4 15	3 13	辛酉	5 15	4 13	辛卯	6 15	5 15	壬戌	7 17	6 17	甲午
四	2 15	1 12	壬戌	3 16	2 12	辛卯	4 16	3 14	壬戌	5 16	4 14	壬辰	6 16	5 16	癸亥	7 18	6 18	乙未
年	2 16	1 13	癸亥	3 17	2 13	壬辰	4 17	3 15	癸亥	5 17	4 15	癸巳	6 17	5 17	甲子	7 19	6 19	丙申
豬	2 17	1 14	甲子	3 18	2 14	癸巳	4 18	3 16	甲子	5 18	4 16	甲午	6 18	5 18	乙丑	7 20	6 20	丁酉
	2 18	1 15	乙丑	3 19	2 15	甲午	4 19	3 17	乙丑	5 19	4 17	乙未	6 19	5 19	丙寅	7 21	6 21	戊戌
	2 19	1 16	丙寅	3 20	2 16	乙未	4 20	3 18	丙寅	5 20	4 18	丙申	6 20	5 20	丁卯	7 22	6 22	己亥
	2 20	1 17	丁卯	3 21	2 17	丙申	4 21	3 19	丁卯	5 21	4 19	丁酉	6 21	5 21	戊辰	7 23	6 23	庚子
	2 21	1 18	戊辰	3 22	2 18	丁酉	4 22	3 20	戊辰	5 22	4 20	戊戌	6 22	5 22	己巳	7 24	6 24	辛丑
	2 22	1 19	己巳	3 23	2 19	戊戌	4 23	3 21	己巳	5 23	4 21	己亥	6 23	5 23	庚午	7 25	6 25	壬寅
	2 23	1 20	庚午	3 24	2 20	己亥	4 24	3 22	庚午	5 24	4 22	庚子	6 24	5 24	辛未	7 26	6 26	癸卯
	2 24	1 21	辛未	3 25	2 21	庚子	4 25	3 23	辛未	5 25	4 23	辛丑	6 25	5 25	壬申	7 27	6 27	甲辰
	2 25	1 22	壬申	3 26	2 22	辛丑	4 26	3 24	壬申	5 26	4 24	壬寅	6 26	5 26	癸酉	7 28	6 28	乙巳
	2 26	1 23	癸酉	3 27	2 23	壬寅	4 27	3 25	癸酉	5 27	4 25	癸卯	6 27	5 27	甲戌	7 29	6 29	丙午
	2 27	1 24	甲戌	3 28	2 24	癸卯	4 28	3 26	甲戌	5 28	4 26	甲辰	6 28	5 28	乙亥	7 30	7 1	丁未
	2 28	1 25	乙亥	3 29	2 25	甲辰	4 29	3 27	乙亥	5 29	4 27	乙巳	6 29	5 29	丙子	7 31	7 2	戊申
1	3 1	1 26	丙子	3 30	2 26	乙巳	4 30	3 28	丙子	5 30	4 28	丙午	6 30	5 30	丁丑	8 1	7 3	己酉
9	3 2	1 27	丁丑	3 31	2 27	丙午	5 1	3 29	丁丑	5 31	4 29	丁未	7 1	6 1	戊寅	8 2	7 4	庚戌
3	3 3	1 28	戊寅	4 1	2 28	丁未	5 2	3 30	戊寅	6 1	5 1	戊申	7 2	6 2	己卯	8 3	7 5	辛亥
5	3 4	1 29	己卯	4 2	2 29	戊申	5 3	4 1	己卯	6 2	5 2	己酉	7 3	6 3	庚辰	8 4	7 6	壬子
	3 5	2 1	庚辰	4 3	3 1	己酉	5 4	4 2	庚辰	6 3	5 3	庚戌	7 4	6 4	辛巳	8 5	7 7	癸丑
				4 4	3 2	庚戌	5 5	4 3	辛巳	6 4	5 4	辛亥	7 5	6 5	壬午	8 6	7 8	甲寅
				4 5	3 3	辛亥				6 5	5 5	壬子	7 6	6 6	癸未	8 7	7 9	乙卯
													7 7	6 7	甲申			
中氣	雨水			春分			穀雨			小滿			夏至			大暑		
	2/19 21時52分 亥時			3/21 21時17分 亥時			4/21 8時50分 辰時			5/22 8時24分 辰時			6/22 16時37分 申時			7/24 3時32分		

72

乙亥

甲申 立秋			乙酉 白露			丙戌 寒露			丁亥 立冬			戊子 大雪			己丑 小寒			節氣
19時47分 戌時			9/8 22時24分 亥時			10/9 13時35分 未時			11/8 16時17分 申時			12/8 8時44分 辰時			1/6 19時46分 戌時			
國曆	農曆	干支	國曆	農曆	干支	國曆	農曆	干支	國曆	農曆	干支	國曆	農曆	干支	國曆	農曆	干支	日
8	7/10	丙辰	8	8/11	丁亥	9	9/12	戊午	8	10/13	戊子	8	11/13	戊午	6	12/13	丁亥	
9	7/11	丁巳	9	8/12	戊子	10	9/13	己未	9	10/14	己丑	9	11/14	己未	7	12/14	戊子	
10	7/12	戊午	10	8/13	己丑	11	9/14	庚申	10	10/15	庚寅	10	11/15	庚申	8	12/15	己丑	
11	7/13	己未	11	8/14	庚寅	12	9/15	辛酉	11	10/16	辛卯	11	11/16	辛酉	9	12/16	庚寅	
12	7/14	庚申	12	8/15	辛卯	13	9/16	壬戌	12	10/17	壬辰	12	11/17	壬戌	10	12/17	辛卯	
13	7/15	辛酉	13	8/16	壬辰	14	9/17	癸亥	13	10/18	癸巳	13	11/18	癸亥	11	12/18	壬辰	中
14	7/16	壬戌	14	8/17	癸巳	15	9/18	甲子	14	10/19	甲午	14	11/19	甲子	12	12/19	癸巳	華
15	7/17	癸亥	15	8/18	甲午	16	9/19	乙丑	15	10/20	乙未	15	11/20	乙丑	13	12/20	甲午	民
16	7/18	甲子	16	8/19	乙未	17	9/20	丙寅	16	10/21	丙申	16	11/21	丙寅	14	12/21	乙未	國
17	7/19	乙丑	17	8/20	丙申	18	9/21	丁卯	17	10/22	丁酉	17	11/22	丁卯	15	12/22	丙申	二
18	7/20	丙寅	18	8/21	丁酉	19	9/22	戊辰	18	10/23	戊戌	18	11/23	戊辰	16	12/23	丁酉	十
19	7/21	丁卯	19	8/22	戊戌	20	9/23	己巳	19	10/24	己亥	19	11/24	己巳	17	12/24	戊戌	四
20	7/22	戊辰	20	8/23	己亥	21	9/24	庚午	20	10/25	庚子	20	11/25	庚午	18	12/25	己亥	、
21	7/23	己巳	21	8/24	庚子	22	9/25	辛未	21	10/26	辛丑	21	11/26	辛未	19	12/26	庚子	二
22	7/24	庚午	22	8/25	辛丑	23	9/26	壬申	22	10/27	壬寅	22	11/27	壬申	20	12/27	辛丑	十
23	7/25	辛未	23	8/26	壬寅	24	9/27	癸酉	23	10/28	癸卯	23	11/28	癸酉	21	12/28	壬寅	五
24	7/26	壬申	24	8/27	癸卯	25	9/28	甲戌	24	10/29	甲辰	24	11/29	甲戌	22	12/29	癸卯	年
25	7/27	癸酉	25	8/28	甲辰	26	9/29	乙亥	25	10/30	乙巳	25	12/1	乙亥	23	12/30	甲辰	
26	7/28	甲戌	26	8/29	乙巳	27	10/1	丙子	26	11/1	丙午	26	12/2	丙子	24	1/1	乙巳	豬
27	7/29	乙亥	27	8/30	丙午	28	10/2	丁丑	27	11/2	丁未	27	12/3	丁丑	25	1/2	丙午	
28	7/30	丙子	28	9/1	丁未	29	10/3	戊寅	28	11/3	戊申	28	12/4	戊寅	26	1/3	丁未	
29	8/1	丁丑	29	9/2	戊申	30	10/4	己卯	29	11/4	己酉	29	12/5	己卯	27	1/4	戊申	
30	8/2	戊寅	30	9/3	己酉	31	10/5	庚辰	30	11/5	庚戌	30	12/6	庚辰	28	1/5	己酉	
31	8/3	己卯	1	9/4	庚戌	1	10/6	辛巳	1	11/6	辛亥	31	12/7	辛巳	29	1/6	庚戌	
1	8/4	庚辰	2	9/5	辛亥	2	10/7	壬午	2	11/7	壬子	1	12/8	壬午	30	1/7	辛亥	
2	8/5	辛巳	3	9/6	壬子	3	10/8	癸未	3	11/8	癸丑	2	12/9	癸未	31	1/8	壬子	1
3	8/6	壬午	4	9/7	癸丑	4	10/9	甲申	4	11/9	甲寅	3	12/10	甲申	1	1/9	癸丑	9
4	8/7	癸未	5	9/8	甲寅	5	10/10	乙酉	5	11/10	乙卯	4	12/11	乙酉	2	1/10	甲寅	3
5	8/8	甲申	6	9/9	乙卯	6	10/11	丙戌	6	11/11	丙辰	5	12/12	丙戌	3	1/11	乙卯	5
6	8/9	乙酉	7	9/10	丙辰	7	10/12	丁亥	7	11/12	丁巳				4	1/12	丙辰	﹑
7	8/10	丙戌	8	9/11	丁巳													1
																		9
																		3
																		6

處暑			秋分			霜降			小雪			冬至			大寒			中氣
10時24分 巳時			9/24 7時38分 辰時			10/24 16時29分 申時			11/23 13時35分 未時			12/23 2時37分 丑時			1/21 13時12分 未時			

年	丙子																	
月	庚寅			辛卯			壬辰			癸巳			甲午			乙未		
節氣	立春			驚蟄			清明			立夏			芒種			小暑		
	2/5 7時29分 辰時			3/6 1時49分 丑時			4/5 7時6分 辰時			5/6 0時56分 子時			6/6 5時30分 卯時			7/7 15時58分 申時		
日	國曆	農曆	干支	國曆	農曆	干支	國曆	農曆	干支	國曆	農曆	干支	國曆	農曆	干支	國曆	農曆	干支
	2 5	1 13	丁巳	3 6	2 13	丁亥	4 5	3 14	丁巳	5 6	3 16	戊子	6 6	4 17	己未	7 7	5 19	庚寅
	2 6	1 14	戊午	3 7	2 14	戊子	4 6	3 15	戊午	5 7	3 17	己丑	6 7	4 18	庚申	7 8	5 20	辛卯
	2 7	1 15	己未	3 8	2 15	己丑	4 7	3 16	己未	5 8	3 18	庚寅	6 8	4 19	辛酉	7 9	5 21	壬辰
	2 8	1 16	庚申	3 9	2 16	庚寅	4 8	3 17	庚申	5 9	3 19	辛卯	6 9	4 20	壬戌	7 10	5 22	癸巳
	2 9	1 17	辛酉	3 10	2 17	辛卯	4 9	3 18	辛酉	5 10	3 20	壬辰	6 10	4 21	癸亥	7 11	5 23	甲午
中	2 10	1 18	壬戌	3 11	2 18	壬辰	4 10	3 19	壬戌	5 11	3 21	癸巳	6 11	4 22	甲子	7 12	5 24	乙未
華	2 11	1 19	癸亥	3 12	2 19	癸巳	4 11	3 20	癸亥	5 12	3 22	甲午	6 12	4 23	乙丑	7 13	5 25	丙申
民	2 12	1 20	甲子	3 13	2 20	甲午	4 12	3 21	甲子	5 13	3 23	乙未	6 13	4 24	丙寅	7 14	5 26	丁酉
國	2 13	1 21	乙丑	3 14	2 21	乙未	4 13	3 22	乙丑	5 14	3 24	丙申	6 14	4 25	丁卯	7 15	5 27	戊戌
二	2 14	1 22	丙寅	3 15	2 22	丙申	4 14	3 23	丙寅	5 15	3 25	丁酉	6 15	4 26	戊辰	7 16	5 28	己亥
十	2 15	1 23	丁卯	3 16	2 23	丁酉	4 15	3 24	丁卯	5 16	3 26	戊戌	6 16	4 27	己巳	7 17	5 29	庚子
五	2 16	1 24	戊辰	3 17	2 24	戊戌	4 16	3 25	戊辰	5 17	3 27	己亥	6 17	4 28	庚午	7 18	6 1	辛丑
年	2 17	1 25	己巳	3 18	2 25	己亥	4 17	3 26	己巳	5 18	3 28	庚子	6 18	4 29	辛未	7 19	6 2	壬寅
	2 18	1 26	庚午	3 19	2 26	庚子	4 18	3 27	庚午	5 19	3 29	辛丑	6 19	5 1	壬申	7 20	6 3	癸卯
鼠	2 19	1 27	辛未	3 20	2 27	辛丑	4 19	3 28	辛未	5 20	3 30	壬寅	6 20	5 2	癸酉	7 21	6 4	甲辰
	2 20	1 28	壬申	3 21	2 28	壬寅	4 20	3 29	壬申	5 21	4 1	癸卯	6 21	5 3	甲戌	7 22	6 5	乙巳
	2 21	1 29	癸酉	3 22	2 29	癸卯	4 21	閏3 1	癸酉	5 22	4 2	甲辰	6 22	5 4	乙亥	7 23	6 6	丙午
	2 22	1 30	甲戌	3 23	3 1	甲辰	4 22	3 2	甲戌	5 23	4 3	乙巳	6 23	5 5	丙子	7 24	6 7	丁未
	2 23	2 1	乙亥	3 24	3 2	乙巳	4 23	3 3	乙亥	5 24	4 4	丙午	6 24	5 6	丁丑	7 25	6 8	戊申
	2 24	2 2	丙子	3 25	3 3	丙午	4 24	3 4	丙子	5 25	4 5	丁未	6 25	5 7	戊寅	7 26	6 9	己酉
	2 25	2 3	丁丑	3 26	3 4	丁未	4 25	3 5	丁丑	5 26	4 6	戊申	6 26	5 8	己卯	7 27	6 10	庚戌
	2 26	2 4	戊寅	3 27	3 5	戊申	4 26	3 6	戊寅	5 27	4 7	己酉	6 27	5 9	庚辰	7 28	6 11	辛亥
1	2 27	2 5	己卯	3 28	3 6	己酉	4 27	3 7	己卯	5 28	4 8	庚戌	6 28	5 10	辛巳	7 29	6 12	壬子
9	2 28	2 6	庚辰	3 29	3 7	庚戌	4 28	3 8	庚辰	5 29	4 9	辛亥	6 29	5 11	壬午	7 30	6 13	癸丑
3	2 29	2 7	辛巳	3 30	3 8	辛亥	4 29	3 9	辛巳	5 30	4 10	壬子	6 30	5 12	癸未	7 31	6 14	甲寅
6	3 1	2 8	壬午	3 31	3 9	壬子	4 30	3 10	壬午	5 31	4 11	癸丑	7 1	5 13	甲申	8 1	6 15	乙卯
	3 2	2 9	癸未	4 1	3 10	癸丑	5 1	3 11	癸未	6 1	4 12	甲寅	7 2	5 14	乙酉	8 2	6 16	丙辰
	3 3	2 10	甲申	4 2	3 11	甲寅	5 2	3 12	甲申	6 2	4 13	乙卯	7 3	5 15	丙戌	8 3	6 17	丁巳
	3 4	2 11	乙酉	4 3	3 12	乙卯	5 3	3 13	乙酉	6 3	4 14	丙辰	7 4	5 16	丁亥	8 4	6 18	戊午
	3 5	2 12	丙戌	4 4	3 13	丙辰	5 4	3 14	丙戌	6 4	4 15	丁巳	7 5	5 17	戊子	8 5	6 19	己未
							5 5	3 15	丁亥	6 5	4 16	戊午	7 6	5 18	己丑	8 6	6 20	庚申
																8 7	6 21	辛酉
中氣	雨水			春分			穀雨			小滿			夏至			大暑		
	2/20 3時33分 寅時			3/21 2時57分 丑時			4/20 14時31分 未時			5/21 14時7分 未時			6/21 22時21分 亥時			7/23 9時17分		

年: 丙子

月	丙申	丁酉	戊戌	己亥	庚子	辛丑
節氣	立秋	白露	寒露	立冬	大雪	小寒
	8/8 1時43分 丑時	9/8 4時20分 寅時	10/8 19時32分 戌時	11/7 22時14分 亥時	12/7 14時42分 未時	1/6 1時43分 丑時

日:

丙申 國曆	農曆	干支	丁酉 國曆	農曆	干支	戊戌 國曆	農曆	干支	己亥 國曆	農曆	干支	庚子 國曆	農曆	干支	辛丑 國曆	農曆	干支
8/8	6/22	壬戌	9/8	7/23	癸巳	10/8	8/23	癸亥	11/7	9/24	癸巳	12/7	10/24	癸亥	1/6	11/24	癸巳
8/9	6/23	癸亥	9/9	7/24	甲午	10/9	8/24	甲子	11/8	9/25	甲午	12/8	10/25	甲子	1/7	11/25	甲午
8/10	6/24	甲子	9/10	7/25	乙未	10/10	8/25	乙丑	11/9	9/26	乙未	12/9	10/26	乙丑	1/8	11/26	乙未
8/11	6/25	乙丑	9/11	7/26	丙申	10/11	8/26	丙寅	11/10	9/27	丙申	12/10	10/27	丙寅	1/9	11/27	丙申
8/12	6/26	丙寅	9/12	7/27	丁酉	10/12	8/27	丁卯	11/11	9/28	丁酉	12/11	10/28	丁卯	1/10	11/28	丁酉
8/13	6/27	丁卯	9/13	7/28	戊戌	10/13	8/28	戊辰	11/12	9/29	戊戌	12/12	10/29	戊辰	1/11	11/29	戊戌
8/14	6/28	戊辰	9/14	7/29	己亥	10/14	8/29	己巳	11/13	9/30	己亥	12/13	10/30	己巳	1/12	11/30	己亥
8/15	6/29	己巳	9/15	7/30	庚子	10/15	9/1	庚午	11/14	10/1	庚子	12/14	11/1	庚午	1/13	12/1	庚子
8/16	6/30	庚午	9/16	8/1	辛丑	10/16	9/2	辛未	11/15	10/2	辛丑	12/15	11/2	辛未	1/14	12/2	辛丑
8/17	7/1	辛未	9/17	8/2	壬寅	10/17	9/3	壬申	11/16	10/3	壬寅	12/16	11/3	壬申	1/15	12/3	壬寅
8/18	7/2	壬申	9/18	8/3	癸卯	10/18	9/4	癸酉	11/17	10/4	癸卯	12/17	11/4	癸酉	1/16	12/4	癸卯
8/19	7/3	癸酉	9/19	8/4	甲辰	10/19	9/5	甲戌	11/18	10/5	甲辰	12/18	11/5	甲戌	1/17	12/5	甲辰
8/20	7/4	甲戌	9/20	8/5	乙巳	10/20	9/6	乙亥	11/19	10/6	乙巳	12/19	11/6	乙亥	1/18	12/6	乙巳
8/21	7/5	乙亥	9/21	8/6	丙午	10/21	9/7	丙子	11/20	10/7	丙午	12/20	11/7	丙子	1/19	12/7	丙午
8/22	7/6	丙子	9/22	8/7	丁未	10/22	9/8	丁丑	11/21	10/8	丁未	12/21	11/8	丁丑	1/20	12/8	丁未
8/23	7/7	丁丑	9/23	8/8	戊申	10/23	9/9	戊寅	11/22	10/9	戊申	12/22	11/9	戊寅	1/21	12/9	戊申
8/24	7/8	戊寅	9/24	8/9	己酉	10/24	9/10	己卯	11/23	10/10	己酉	12/23	11/10	己卯	1/22	12/10	己酉
8/25	7/9	己卯	9/25	8/10	庚戌	10/25	9/11	庚辰	11/24	10/11	庚戌	12/24	11/11	庚辰	1/23	12/11	庚戌
8/26	7/10	庚辰	9/26	8/11	辛亥	10/26	9/12	辛巳	11/25	10/12	辛亥	12/25	11/12	辛巳	1/24	12/12	辛亥
8/27	7/11	辛巳	9/27	8/12	壬子	10/27	9/13	壬午	11/26	10/13	壬子	12/26	11/13	壬午	1/25	12/13	壬子
8/28	7/12	壬午	9/28	8/13	癸丑	10/28	9/14	癸未	11/27	10/14	癸丑	12/27	11/14	癸未	1/26	12/14	癸丑
8/29	7/13	癸未	9/29	8/14	甲寅	10/29	9/15	甲申	11/28	10/15	甲寅	12/28	11/15	甲申	1/27	12/15	甲寅
8/30	7/14	甲申	9/30	8/15	乙卯	10/30	9/16	乙酉	11/29	10/16	乙卯	12/29	11/16	乙酉	1/28	12/16	乙卯
8/31	7/15	乙酉	10/1	8/16	丙辰	10/31	9/17	丙戌	11/30	10/17	丙辰	12/30	11/17	丙戌	1/29	12/17	丙辰
9/1	7/16	丙戌	10/2	8/17	丁巳	11/1	9/18	丁亥	12/1	10/18	丁巳	12/31	11/18	丁亥	1/30	12/18	丁巳
9/2	7/17	丁亥	10/3	8/18	戊午	11/2	9/19	戊子	12/2	10/19	戊午	1/1	11/19	戊子	1/31	12/19	戊午
9/3	7/18	戊子	10/4	8/19	己未	11/3	9/20	己丑	12/3	10/20	己未	1/2	11/20	己丑	2/1	12/20	己未
9/4	7/19	己丑	10/5	8/20	庚申	11/4	9/21	庚寅	12/4	10/21	庚申	1/3	11/21	庚寅	2/2	12/21	庚申
9/5	7/20	庚寅	10/6	8/21	辛酉	11/5	9/22	辛卯	12/5	10/22	辛酉	1/4	11/22	辛卯	2/3	12/22	辛酉
9/6	7/21	辛卯	10/7	8/22	壬戌	11/6	9/23	壬辰	12/6	10/23	壬戌	1/5	11/23	壬辰			
9/7	7/22	壬辰															

中氣	處暑	秋分	霜降	小雪	冬至	大寒
	8/23 16時10分 申時	9/23 13時25分 未時	10/23 22時18分 亥時	11/22 19時25分 戌時	12/22 8時26分 辰時	1/20 19時1分 戌時

中華民國二十五、二十六年　鼠　1936、1937

年	丁丑																
月	壬寅			癸卯			甲辰			乙巳			丙午			丁未		
節氣	立春			驚蟄			清明			立夏			芒種			小暑		
	2/4 13時25分 未時			3/6 7時44分 辰時			4/5 13時1分 未時			5/6 6時50分 卯時			6/6 11時22分 午時			7/7 21時46分 亥時		
日	國曆	農曆	干支	國曆	農曆	干支	國曆	農曆	干支	國曆	農曆	干支	國曆	農曆	干支	國曆	農曆	干支
中華民國二十六年 牛 1937	2 4	12 23	壬戌	3 6	1 24	壬辰	4 5	2 24	壬戌	5 6	3 26	癸巳	6 6	4 28	甲子	7 7	5 29	乙未
	2 5	12 24	癸亥	3 7	1 25	癸巳	4 6	2 25	癸亥	5 7	3 27	甲午	6 7	4 29	乙丑	7 8	6 1	丙申
	2 6	12 25	甲子	3 8	1 26	甲午	4 7	2 26	甲子	5 8	3 28	乙未	6 8	4 30	丙寅	7 9	6 2	丁酉
	2 7	12 26	乙丑	3 9	1 27	乙未	4 8	2 27	乙丑	5 9	3 29	丙申	6 9	5 1	丁卯	7 10	6 3	戊戌
	2 8	12 27	丙寅	3 10	1 28	丙申	4 9	2 28	丙寅	5 10	4 1	丁酉	6 10	5 2	戊辰	7 11	6 4	己亥
	2 9	12 28	丁卯	3 11	1 29	丁酉	4 10	2 29	丁卯	5 11	4 2	戊戌	6 11	5 3	己巳	7 12	6 5	庚子
	2 10	12 29	戊辰	3 12	1 30	戊戌	4 11	3 1	戊辰	5 12	4 3	己亥	6 12	5 4	庚午	7 13	6 6	辛丑
	2 11	1 1	己巳	3 13	2 1	己亥	4 12	3 2	己巳	5 13	4 4	庚子	6 13	5 5	辛未	7 14	6 7	壬寅
	2 12	1 2	庚午	3 14	2 2	庚子	4 13	3 3	庚午	5 14	4 5	辛丑	6 14	5 6	壬申	7 15	6 8	癸卯
	2 13	1 3	辛未	3 15	2 3	辛丑	4 14	3 4	辛未	5 15	4 6	壬寅	6 15	5 7	癸酉	7 16	6 9	甲辰
	2 14	1 4	壬申	3 16	2 4	壬寅	4 15	3 5	壬申	5 16	4 7	癸卯	6 16	5 8	甲戌	7 17	6 10	乙巳
	2 15	1 5	癸酉	3 17	2 5	癸卯	4 16	3 6	癸酉	5 17	4 8	甲辰	6 17	5 9	乙亥	7 18	6 11	丙午
	2 16	1 6	甲戌	3 18	2 6	甲辰	4 17	3 7	甲戌	5 18	4 9	乙巳	6 18	5 10	丙子	7 19	6 12	丁未
	2 17	1 7	乙亥	3 19	2 7	乙巳	4 18	3 8	乙亥	5 19	4 10	丙午	6 19	5 11	丁丑	7 20	6 13	戊申
	2 18	1 8	丙子	3 20	2 8	丙午	4 19	3 9	丙子	5 20	4 11	丁未	6 20	5 12	戊寅	7 21	6 14	己酉
	2 19	1 9	丁丑	3 21	2 9	丁未	4 20	3 10	丁丑	5 21	4 12	戊申	6 21	5 13	己卯	7 22	6 15	庚戌
	2 20	1 10	戊寅	3 22	2 10	戊申	4 21	3 11	戊寅	5 22	4 13	己酉	6 22	5 14	庚辰	7 23	6 16	辛亥
	2 21	1 11	己卯	3 23	2 11	己酉	4 22	3 12	己卯	5 23	4 14	庚戌	6 23	5 15	辛巳	7 24	6 17	壬子
	2 22	1 12	庚辰	3 24	2 12	庚戌	4 23	3 13	庚辰	5 24	4 15	辛亥	6 24	5 16	壬午	7 25	6 18	癸丑
	2 23	1 13	辛巳	3 25	2 13	辛亥	4 24	3 14	辛巳	5 25	4 16	壬子	6 25	5 17	癸未	7 26	6 19	甲寅
	2 24	1 14	壬午	3 26	2 14	壬子	4 25	3 15	壬午	5 26	4 17	癸丑	6 26	5 18	甲申	7 27	6 20	乙卯
	2 25	1 15	癸未	3 27	2 15	癸丑	4 26	3 16	癸未	5 27	4 18	甲寅	6 27	5 19	乙酉	7 28	6 21	丙辰
	2 26	1 16	甲申	3 28	2 16	甲寅	4 27	3 17	甲申	5 28	4 19	乙卯	6 28	5 20	丙戌	7 29	6 22	丁巳
	2 27	1 17	乙酉	3 29	2 17	乙卯	4 28	3 18	乙酉	5 29	4 20	丙辰	6 29	5 21	丁亥	7 30	6 23	戊午
	2 28	1 18	丙戌	3 30	2 18	丙辰	4 29	3 19	丙戌	5 30	4 21	丁巳	6 30	5 22	戊子	7 31	6 24	己未
	3 1	1 19	丁亥	3 31	2 19	丁巳	4 30	3 20	丁亥	5 31	4 22	戊午	7 1	5 23	己丑	8 1	6 25	庚申
	3 2	1 20	戊子	4 1	2 20	戊午	5 1	3 21	戊子	6 1	4 23	己未	7 2	5 24	庚寅	8 2	6 26	辛酉
	3 3	1 21	己丑	4 2	2 21	己未	5 2	3 22	己丑	6 2	4 24	庚申	7 3	5 25	辛卯	8 3	6 27	壬戌
	3 4	1 22	庚寅	4 3	2 22	庚申	5 3	3 23	庚寅	6 3	4 25	辛酉	7 4	5 26	壬辰	8 4	6 28	癸亥
	3 5	1 23	辛卯	4 4	2 23	辛酉	5 4	3 24	辛卯	6 4	4 26	壬戌	7 5	5 27	癸巳	8 5	6 29	甲子
							5 5	3 25	壬辰	6 5	4 27	癸亥	7 6	5 28	甲午	8 6	7 1	乙丑
																8 7	7 2	丙寅
中氣	雨水			春分			穀雨			小滿			夏至			大暑		
	2/19 9時20分 巳時			3/21 18時45分 辰時			4/20 20時19分 戌時			5/21 19時57分 戌時			6/22 4時12分 寅時			7/23 15時40分 申時		

丁丑（年）

月	戊申			己酉			庚戌			辛亥			壬子			癸丑		
節氣	立秋 8/8 7時25分 辰時			白露 9/8 9時59分 巳時			寒露 10/9 1時10分 丑時			立冬 11/8 3時55分 寅時			大雪 12/7 20時26分 戌時			小寒 1/6 7時31分 辰時		
日	國曆	農曆	干支	國曆	農曆	干支	國曆	農曆	干支	國曆	農曆	干支	國曆	農曆	干支	國曆	農曆	干支
	8/8	7/3	丁卯	9/8	8/4	戊戌	10/9	9/6	己巳	11/8	10/6	己亥	12/7	11/5	戊辰	1/6	12/5	戊戌
	8/9	7/4	戊辰	9/9	8/5	己亥	10/10	9/7	庚午	11/9	10/7	庚子	12/8	11/6	己巳	1/7	12/6	己亥
	8/10	7/5	己巳	9/10	8/6	庚子	10/11	9/8	辛未	11/10	10/8	辛丑	12/9	11/7	庚午	1/8	12/7	庚子
	8/11	7/6	庚午	9/11	8/7	辛丑	10/12	9/9	壬申	11/11	10/9	壬寅	12/10	11/8	辛未	1/9	12/8	辛丑
	8/12	7/7	辛未	9/12	8/8	壬寅	10/13	9/10	癸酉	11/12	10/10	癸卯	12/11	11/9	壬申	1/10	12/9	壬寅
	8/13	7/8	壬申	9/13	8/9	癸卯	10/14	9/11	甲戌	11/13	10/11	甲辰	12/12	11/10	癸酉	1/11	12/10	癸卯
	8/14	7/9	癸酉	9/14	8/10	甲辰	10/15	9/12	乙亥	11/14	10/12	乙巳	12/13	11/11	甲戌	1/12	12/11	甲辰
	8/15	7/10	甲戌	9/15	8/11	乙巳	10/16	9/13	丙子	11/15	10/13	丙午	12/14	11/12	乙亥	1/13	12/12	乙巳
	8/16	7/11	乙亥	9/16	8/12	丙午	10/17	9/14	丁丑	11/16	10/14	丁未	12/15	11/13	丙子	1/14	12/13	丙午
	8/17	7/12	丙子	9/17	8/13	丁未	10/18	9/15	戊寅	11/17	10/15	戊申	12/16	11/14	丁丑	1/15	12/14	丁未
	8/18	7/13	丁丑	9/18	8/14	戊申	10/19	9/16	己卯	11/18	10/16	己酉	12/17	11/15	戊寅	1/16	12/15	戊申
	8/19	7/14	戊寅	9/19	8/15	己酉	10/20	9/17	庚辰	11/19	10/17	庚戌	12/18	11/16	己卯	1/17	12/16	己酉
	8/20	7/15	己卯	9/20	8/16	庚戌	10/21	9/18	辛巳	11/20	10/18	辛亥	12/19	11/17	庚辰	1/18	12/17	庚戌
	8/21	7/16	庚辰	9/21	8/17	辛亥	10/22	9/19	壬午	11/21	10/19	壬子	12/20	11/18	辛巳	1/19	12/18	辛亥
	8/22	7/17	辛巳	9/22	8/18	壬子	10/23	9/20	癸未	11/22	10/20	癸丑	12/21	11/19	壬午	1/20	12/19	壬子
	8/23	7/18	壬午	9/23	8/19	癸丑	10/24	9/21	甲申	11/23	10/21	甲寅	12/22	11/20	癸未	1/21	12/20	癸丑
	8/24	7/19	癸未	9/24	8/20	甲寅	10/25	9/22	乙酉	11/24	10/22	乙卯	12/23	11/21	甲申	1/22	12/21	甲寅
	8/25	7/20	甲申	9/25	8/21	乙卯	10/26	9/23	丙戌	11/25	10/23	丙辰	12/24	11/22	乙酉	1/23	12/22	乙卯
	8/26	7/21	乙酉	9/26	8/22	丙辰	10/27	9/24	丁亥	11/26	10/24	丁巳	12/25	11/23	丙戌	1/24	12/23	丙辰
	8/27	7/22	丙戌	9/27	8/23	丁巳	10/28	9/25	戊子	11/27	10/25	戊午	12/26	11/24	丁亥	1/25	12/24	丁巳
	8/28	7/23	丁亥	9/28	8/24	戊午	10/29	9/26	己丑	11/28	10/26	己未	12/27	11/25	戊子	1/26	12/25	戊午
	8/29	7/24	戊子	9/29	8/25	己未	10/30	9/27	庚寅	11/29	10/27	庚申	12/28	11/26	己丑	1/27	12/26	己未
	8/30	7/25	己丑	9/30	8/26	庚申	10/31	9/28	辛卯	11/30	10/28	辛酉	12/29	11/27	庚寅	1/28	12/27	庚申
	8/31	7/26	庚寅	10/1	8/27	辛酉	11/1	9/29	壬辰	12/1	10/29	壬戌	12/30	11/28	辛卯	1/29	12/28	辛酉
	9/1	7/27	辛卯	10/2	8/28	壬戌	11/2	9/30	癸巳	12/2	10/30	癸亥	12/31	11/29	壬辰	1/30	12/29	壬戌
	9/2	7/28	壬辰	10/3	8/29	癸亥	11/3	10/1	甲午	12/3	11/1	甲子	1/1	11/30	癸巳	1/31	1/1	癸亥
	9/3	7/29	癸巳	10/4	9/1	甲子	11/4	10/2	乙未	12/4	11/2	乙丑	1/2	12/1	甲午	2/1	1/2	甲子
	9/4	8/1	甲午	10/5	9/2	乙丑	11/5	10/3	丙申	12/5	11/3	丙寅	1/3	12/2	乙未	2/2	1/3	乙丑
	9/5	8/2	乙未	10/6	9/3	丙寅	11/6	10/4	丁酉	12/6	11/4	丁卯	1/4	12/3	丙申	2/3	1/4	丙寅
	9/6	8/3	丙申	10/7	9/4	丁卯	11/7	10/5	戊戌				1/5	12/4	丁酉			
	9/7	8/4	丁酉	10/8	9/5	戊辰												
中氣	處暑 8/23 21時57分 亥時			秋分 9/23 19時12分 戌時			霜降 10/24 4時6分 寅時			小雪 11/23 1時16分 丑時			冬至 12/22 14時21分 未時			大寒 1/21 0時58分 子時		

（右欄）中華民國二十六、二十七年　牛　1937、1938

年	戊寅																
月	甲寅			乙卯			丙辰			丁巳			戊午			己未		
節氣	立春			驚蟄			清明			立夏			芒種			小暑		
	2/4 19時15分 戌時			3/6 13時33分 未時			4/5 18時48分 酉時			5/6 12時35分 午時			6/6 17時6分 酉時			7/8 3時31分 寅時		
日	國曆	農曆	干支	國曆	農曆	干支	國曆	農曆	干支	國曆	農曆	干支	國曆	農曆	干支	國曆	農曆	干支
中華民國二十七年 虎 1938	2/4	1 5	丁卯	3/6	2 5	丁酉	4/5	3 5	丁卯	5/6	4 7	戊戌	6/6	5 9	己巳	7/8	6 11	辛丑
	2/5	1 6	戊辰	3/7	2 6	戊戌	4/6	3 6	戊辰	5/7	4 8	己亥	6/7	5 10	庚午	7/9	6 12	壬寅
	2/6	1 7	己巳	3/8	2 7	己亥	4/7	3 7	己巳	5/8	4 9	庚子	6/8	5 11	辛未	7/10	6 13	癸卯
	2/7	1 8	庚午	3/9	2 8	庚子	4/8	3 8	庚午	5/9	4 10	辛丑	6/9	5 12	壬申	7/11	6 14	甲辰
	2/8	1 9	辛未	3/10	2 9	辛丑	4/9	3 9	辛未	5/10	4 11	壬寅	6/10	5 13	癸酉	7/12	6 15	乙巳
	2/9	1 10	壬申	3/11	2 10	壬寅	4/10	3 10	壬申	5/11	4 12	癸卯	6/11	5 14	甲戌	7/13	6 16	丙午
	2/10	1 11	癸酉	3/12	2 11	癸卯	4/11	3 11	癸酉	5/12	4 13	甲辰	6/12	5 15	乙亥	7/14	6 17	丁未
	2/11	1 12	甲戌	3/13	2 12	甲辰	4/12	3 12	甲戌	5/13	4 14	乙巳	6/13	5 16	丙子	7/15	6 18	戊申
	2/12	1 13	乙亥	3/14	2 13	乙巳	4/13	3 13	乙亥	5/14	4 15	丙午	6/14	5 17	丁丑	7/16	6 19	己酉
	2/13	1 14	丙子	3/15	2 14	丙午	4/14	3 14	丙子	5/15	4 16	丁未	6/15	5 18	戊寅	7/17	6 20	庚戌
	2/14	1 15	丁丑	3/16	2 15	丁未	4/15	3 15	丁丑	5/16	4 17	戊申	6/16	5 19	己卯	7/18	6 21	辛亥
	2/15	1 16	戊寅	3/17	2 16	戊申	4/16	3 16	戊寅	5/17	4 18	己酉	6/17	5 20	庚辰	7/19	6 22	壬子
	2/16	1 17	己卯	3/18	2 17	己酉	4/17	3 17	己卯	5/18	4 19	庚戌	6/18	5 21	辛巳	7/20	6 23	癸丑
	2/17	1 18	庚辰	3/19	2 18	庚戌	4/18	3 18	庚辰	5/19	4 20	辛亥	6/19	5 22	壬午	7/21	6 24	甲寅
	2/18	1 19	辛巳	3/20	2 19	辛亥	4/19	3 19	辛巳	5/20	4 21	壬子	6/20	5 23	癸未	7/22	6 25	乙卯
	2/19	1 20	壬午	3/21	2 20	壬子	4/20	3 20	壬午	5/21	4 22	癸丑	6/21	5 24	甲申	7/23	6 26	丙辰
	2/20	1 21	癸未	3/22	2 21	癸丑	4/21	3 21	癸未	5/22	4 23	甲寅	6/22	5 25	乙酉	7/24	6 27	丁巳
	2/21	1 22	甲申	3/23	2 22	甲寅	4/22	3 22	甲申	5/23	4 24	乙卯	6/23	5 26	丙戌	7/25	6 28	戊午
	2/22	1 23	乙酉	3/24	2 23	乙卯	4/23	3 23	乙酉	5/24	4 25	丙辰	6/24	5 27	丁亥	7/26	6 29	己未
	2/23	1 24	丙戌	3/25	2 24	丙辰	4/24	3 24	丙戌	5/25	4 26	丁巳	6/25	5 28	戊子	7/27	7 1	庚申
	2/24	1 25	丁亥	3/26	2 25	丁巳	4/25	3 25	丁亥	5/26	4 27	戊午	6/26	5 29	己丑	7/28	7 2	辛酉
	2/25	1 26	戊子	3/27	2 26	戊午	4/26	3 26	戊子	5/27	4 28	己未	6/27	5 30	庚寅	7/29	7 3	壬戌
	2/26	1 27	己丑	3/28	2 27	己未	4/27	3 27	己丑	5/28	4 29	庚申	6/28	6 1	辛卯	7/30	7 4	癸亥
	2/27	1 28	庚寅	3/29	2 28	庚申	4/28	3 28	庚寅	5/29	5 1	辛酉	6/29	6 2	壬辰	7/31	7 5	甲子
	2/28	1 29	辛卯	3/30	2 29	辛酉	4/29	3 29	辛卯	5/30	5 2	壬戌	6/30	6 3	癸巳	8/1	7 6	乙丑
	3/1	1 30	壬辰	3/31	2 30	壬戌	4/30	4 1	壬辰	5/31	5 3	癸亥	7/1	6 4	甲午	8/2	7 7	丙寅
	3/2	2 1	癸巳	4/1	3 1	癸亥	5/1	4 2	癸巳	6/1	5 4	甲子	7/2	6 5	乙未	8/3	7 8	丁卯
	3/3	2 2	甲午	4/2	3 2	甲子	5/2	4 3	甲午	6/2	5 5	乙丑	7/3	6 6	丙申	8/4	7 9	戊辰
	3/4	2 3	乙未	4/3	3 3	乙丑	5/3	4 4	乙未	6/3	5 6	丙寅	7/4	6 7	丁酉	8/5	7 10	己巳
	3/5	2 4	丙申	4/4	3 4	丙寅	5/4	4 5	丙申	6/4	5 7	丁卯	7/5	6 8	戊戌	8/6	7 11	庚午
							5/5	4 6	丁酉	6/5	5 8	戊辰	7/6	6 9	己亥	8/7	7 12	辛未
													7/7	6 10	庚子			
中氣	雨水			春分			穀雨			小滿			夏至			大暑		
	2/19 15時19分 申時			3/21 14時43分 未時			4/21 2時14分 丑時			5/22 1時50分 丑時			6/22 10時3分 巳時			7/23 20時57分 戌時		

78

庚申			辛酉			壬戌			癸亥			甲子			乙丑			月
立秋			白露			寒露			立冬			大雪			小寒			節氣
8/8 13時12分 未時			9/8 15時48分 申時			10/9 7時1分 辰時			11/8 9時48分 巳時			12/8 2時22分 丑時			1/6 13時27分 未時			
國曆	農曆	干支	國曆	農曆	干支	國曆	農曆	干支	國曆	農曆	干支	國曆	農曆	干支	國曆	農曆	干支	日
8/8	7/13	壬申	9/8	7/15	癸卯	10/9	8/16	甲戌	11/8	9/17	甲辰	12/8	10/17	甲戌	1/6	11/16	癸卯	
8/9	7/14	癸酉	9/9	7/16	甲辰	10/10	8/17	乙亥	11/9	9/18	乙巳	12/9	10/18	乙亥	1/7	11/17	甲辰	
8/10	7/15	甲戌	9/10	7/17	乙巳	10/11	8/18	丙子	11/10	9/19	丙午	12/10	10/19	丙子	1/8	11/18	乙巳	
8/11	7/16	乙亥	9/11	7/18	丙午	10/12	8/19	丁丑	11/11	9/20	丁未	12/11	10/20	丁丑	1/9	11/19	丙午	
8/12	7/17	丙子	9/12	7/19	丁未	10/13	8/20	戊寅	11/12	9/21	戊申	12/12	10/21	戊寅	1/10	11/20	丁未	
8/13	7/18	丁丑	9/13	7/20	戊申	10/14	8/21	己卯	11/13	9/22	己酉	12/13	10/22	己卯	1/11	11/21	戊申	
8/14	7/19	戊寅	9/14	7/21	己酉	10/15	8/22	庚辰	11/14	9/23	庚戌	12/14	10/23	庚辰	1/12	11/22	己酉	
8/15	7/20	己卯	9/15	7/22	庚戌	10/16	8/23	辛巳	11/15	9/24	辛亥	12/15	10/24	辛巳	1/13	11/23	庚戌	
8/16	7/21	庚辰	9/16	7/23	辛亥	10/17	8/24	壬午	11/16	9/25	壬子	12/16	10/25	壬午	1/14	11/24	辛亥	
8/17	7/22	辛巳	9/17	7/24	壬子	10/18	8/25	癸未	11/17	9/26	癸丑	12/17	10/26	癸未	1/15	11/25	壬子	
8/18	7/23	壬午	9/18	7/25	癸丑	10/19	8/26	甲申	11/18	9/27	甲寅	12/18	10/27	甲申	1/16	11/26	癸丑	
8/19	7/24	癸未	9/19	7/26	甲寅	10/20	8/27	乙酉	11/19	9/28	乙卯	12/19	10/28	乙酉	1/17	11/27	甲寅	
8/20	7/25	甲申	9/20	7/27	乙卯	10/21	8/28	丙戌	11/20	9/29	丙辰	12/20	10/29	丙戌	1/18	11/28	乙卯	
8/21	7/26	乙酉	9/21	7/28	丙辰	10/22	8/29	丁亥	11/21	9/30	丁巳	12/21	10/30	丁亥	1/19	11/29	丙辰	
8/22	7/27	丙戌	9/22	7/29	丁巳	10/23	9/1	戊子	11/22	10/1	戊午	12/22	11/1	戊子	1/20	12/1	丁巳	
8/23	7/28	丁亥	9/23	7/30	戊午	10/24	9/2	己丑	11/23	10/2	己未	12/23	11/2	己丑	1/21	12/2	戊午	
8/24	7/29	戊子	9/24	8/1	己未	10/25	9/3	庚寅	11/24	10/3	庚申	12/24	11/3	庚寅	1/22	12/3	己未	
8/25	閏7/1	己丑	9/25	8/2	庚申	10/26	9/4	辛卯	11/25	10/4	辛酉	12/25	11/4	辛卯	1/23	12/4	庚申	
8/26	7/2	庚寅	9/26	8/3	辛酉	10/27	9/5	壬辰	11/26	10/5	壬戌	12/26	11/5	壬辰	1/24	12/5	辛酉	
8/27	7/3	辛卯	9/27	8/4	壬戌	10/28	9/6	癸巳	11/27	10/6	癸亥	12/27	11/6	癸巳	1/25	12/6	壬戌	
8/28	7/4	壬辰	9/28	8/5	癸亥	10/29	9/7	甲午	11/28	10/7	甲子	12/28	11/7	甲午	1/26	12/7	癸亥	
8/29	7/5	癸巳	9/29	8/6	甲子	10/30	9/8	乙未	11/29	10/8	乙丑	12/29	11/8	乙未	1/27	12/8	甲子	
8/30	7/6	甲午	9/30	8/7	乙丑	10/31	9/9	丙申	11/30	10/9	丙寅	12/30	11/9	丙申	1/28	12/9	乙丑	
8/31	7/7	乙未	10/1	8/8	丙寅	11/1	9/10	丁酉	12/1	10/10	丁酉	12/31	11/10	丁酉	1/29	12/10	丙寅	
9/1	7/8	丙申	10/2	8/9	丁卯	11/2	9/11	戊戌	12/2	10/11	戊戌	1/1	11/11	戊戌	1/30	12/11	丁卯	
9/2	7/9	丁酉	10/3	8/10	戊辰	11/3	9/12	己亥	12/3	10/12	己巳	1/2	11/12	己亥	1/31	12/12	戊辰	
9/3	7/10	戊戌	10/4	8/11	己巳	11/4	9/13	庚子	12/4	10/13	庚午	1/3	11/13	庚子	2/1	12/13	己巳	
9/4	7/11	己亥	10/5	8/12	庚午	11/5	9/14	辛丑	12/5	10/14	辛未	1/4	11/14	辛丑	2/2	12/14	庚午	
9/5	7/12	庚子	10/6	8/13	辛未	11/6	9/15	壬寅	12/6	10/15	壬申	1/5	11/15	壬寅	2/3	12/15	辛未	
9/6	7/13	辛丑	10/7	8/14	壬申	11/7	9/16	癸卯	12/7	10/16	癸酉				2/4	12/16	壬申	
9/7	7/14	壬寅	10/8	8/15	癸酉													
處暑			秋分			霜降			小雪			冬至			大寒			中
8/24 3時45分 寅時			9/24 0時59分 子時			10/24 9時53分 巳時			11/23 7時6分 辰時			12/22 20時13分 戌時			1/21 6時50分 卯時			氣

中華民國二十七、二十八年　虎　1938、1939

年	己卯																
月	丙寅			丁卯			戊辰			己巳			庚午			辛未		
節氣	立春			驚蛰			清明			立夏			芒種			小暑		
	2/5 1時10分 丑時			3/6 19時26分 戌時			4/6 0時37分 子時			5/6 18時21分 酉時			6/6 22時51分 亥時			7/8 9時18分 巳時		
日	國曆	農曆	干支	國曆	農曆	干支	國曆	農曆	干支	國曆	農曆	干支	國曆	農曆	干支	國曆	農曆	干支
	2 5	12 17	癸酉	3 6	1 16	壬寅	4 6	2 17	癸酉	5 6	3 17	癸卯	6 6	4 19	甲戌	7 8	5 22	丙午
	2 6	12 18	甲戌	3 7	1 17	癸卯	4 7	2 18	甲戌	5 7	3 18	甲辰	6 7	4 20	乙亥	7 9	5 23	丁未
	2 7	12 19	乙亥	3 8	1 18	甲辰	4 8	2 19	乙亥	5 8	3 19	乙巳	6 8	4 21	丙子	7 10	5 24	戊申
	2 8	12 20	丙子	3 9	1 19	乙巳	4 9	2 20	丙子	5 9	3 20	丙午	6 9	4 22	丁丑	7 11	5 25	己酉
	2 9	12 21	丁丑	3 10	1 20	丙午	4 10	2 21	丁丑	5 10	3 21	丁未	6 10	4 23	戊寅	7 12	5 26	庚戌
	2 10	12 22	戊寅	3 11	1 21	丁未	4 11	2 22	戊寅	5 11	3 22	戊申	6 11	4 24	己卯	7 13	5 27	辛亥
中	2 11	12 23	己卯	3 12	1 22	戊申	4 12	2 23	己卯	5 12	3 23	己酉	6 12	4 25	庚辰	7 14	5 28	壬子
華	2 12	12 24	庚辰	3 13	1 23	己酉	4 13	2 24	庚辰	5 13	3 24	庚戌	6 13	4 26	辛巳	7 15	5 29	癸丑
民	2 13	12 25	辛巳	3 14	1 24	庚戌	4 14	2 25	辛巳	5 14	3 25	辛亥	6 14	4 27	壬午	7 16	5 30	甲寅
國	2 14	12 26	壬午	3 15	1 25	辛亥	4 15	2 26	壬午	5 15	3 26	壬子	6 15	4 28	癸未	7 17	6 1	乙卯
二	2 15	12 27	癸未	3 16	1 26	壬子	4 16	2 27	癸未	5 16	3 27	癸丑	6 16	4 29	甲申	7 18	6 2	丙辰
十	2 16	12 28	甲申	3 17	1 27	癸丑	4 17	2 28	甲申	5 17	3 28	甲寅	6 17	5 1	乙酉	7 19	6 3	丁巳
八	2 17	12 29	乙酉	3 18	1 28	甲寅	4 18	2 29	乙酉	5 18	3 29	乙卯	6 18	5 2	丙戌	7 20	6 4	戊午
年	2 18	12 30	丙戌	3 19	1 29	乙卯	4 19	2 30	丙戌	5 19	4 1	丙辰	6 19	5 3	丁亥	7 21	6 5	己未
	2 19	1 1	丁亥	3 20	1 30	丙辰	4 20	3 1	丁亥	5 20	4 2	丁巳	6 20	5 4	戊子	7 22	6 6	庚申
兔	2 20	1 2	戊子	3 21	2 1	丁巳	4 21	3 2	戊子	5 21	4 3	戊午	6 21	5 5	己丑	7 23	6 7	辛酉
	2 21	1 3	己丑	3 22	2 2	戊午	4 22	3 3	己丑	5 22	4 4	己未	6 22	5 6	庚寅	7 24	6 8	壬戌
	2 22	1 4	庚寅	3 23	2 3	己未	4 23	3 4	庚寅	5 23	4 5	庚申	6 23	5 7	辛卯	7 25	6 9	癸亥
	2 23	1 5	辛卯	3 24	2 4	庚申	4 24	3 5	辛卯	5 24	4 6	辛酉	6 24	5 8	壬辰	7 26	6 10	甲子
	2 24	1 6	壬辰	3 25	2 5	辛酉	4 25	3 6	壬辰	5 25	4 7	壬戌	6 25	5 9	癸巳	7 27	6 11	乙丑
	2 25	1 7	癸巳	3 26	2 6	壬戌	4 26	3 7	癸巳	5 26	4 8	癸亥	6 26	5 10	甲午	7 28	6 12	丙寅
	2 26	1 8	甲午	3 27	2 7	癸亥	4 27	3 8	甲午	5 27	4 9	甲子	6 27	5 11	乙未	7 29	6 13	丁卯
	2 27	1 9	乙未	3 28	2 8	甲子	4 28	3 9	乙未	5 28	4 10	乙丑	6 28	5 12	丙申	7 30	6 14	戊辰
	2 28	1 10	丙申	3 29	2 9	乙丑	4 29	3 10	丙申	5 29	4 11	丙寅	6 29	5 13	丁酉	7 31	6 15	己巳
	3 1	1 11	丁酉	3 30	2 10	丙寅	4 30	3 11	丁酉	5 30	4 12	丁卯	6 30	5 14	戊戌	8 1	6 16	庚午
	3 2	1 12	戊戌	3 31	2 11	丁卯	5 1	3 12	戊戌	5 31	4 13	戊辰	7 1	5 15	己亥	8 2	6 17	辛未
1	3 3	1 13	己亥	4 1	2 12	戊辰	5 2	3 13	己亥	6 1	4 14	己巳	7 2	5 16	庚子	8 3	6 18	壬申
9	3 4	1 14	庚子	4 2	2 13	己巳	5 3	3 14	庚子	6 2	4 15	庚午	7 3	5 17	辛丑	8 4	6 19	癸酉
3	3 5	1 15	辛丑	4 3	2 14	庚午	5 4	3 15	辛丑	6 3	4 16	辛未	7 4	5 18	壬寅	8 5	6 20	甲戌
9				4 4	2 15	辛未	5 5	3 16	壬寅	6 4	4 17	壬申	7 5	5 19	癸卯	8 6	6 21	乙亥
				4 5	2 16	壬申				6 5	4 18	癸酉	7 6	5 20	甲辰	8 7	6 22	丙子
													7 7	5 21	乙巳			
中 氣	雨水			春分			穀雨			小滿			夏至			大暑		
	2/19 21時9分 亥時			3/21 20時28分 戌時			4/21 7時55分 辰時			5/22 7時26分 辰時			6/22 15時39分 申時			7/24 2時36分 丑時		

己卯

節氣（上段）

月	壬申	癸酉	甲戌	乙亥	丙子	丁丑
節氣	立秋	白露	寒露	立冬	大雪	小寒
時刻	8/8 19時3分 戌時	9/8 21時42分 亥時	10/9 12時56分 午時	11/8 15時43分 申時	12/8 18時17分 辰時	1/6 19時23分 戌時

壬申 國曆	農曆	干支	癸酉 國曆	農曆	干支	甲戌 國曆	農曆	干支	乙亥 國曆	農曆	干支	丙子 國曆	農曆	干支	丁丑 國曆	農曆	干支
8	6 23	丁丑	9 8	7 25	戊申	10 9	8 27	己卯	11 8	9 27	己酉	12 8	10 28	己卯	1 6	11 27	戊申
9	6 24	戊寅	9	7 26	己酉	10	8 28	庚辰	9	9 28	庚戌	9	10 29	庚辰	7	11 28	己酉
10	6 25	己卯	10	7 27	庚戌	11	8 29	辛巳	10	9 29	辛亥	10	10 30	辛巳	8	11 29	庚戌
11	6 26	庚辰	11	7 28	辛亥	12	8 30	壬午	11	10 1	壬子	11	11 1	壬午	9	11 30	辛亥
12	6 27	辛巳	12	7 29	壬子	13	9 1	癸未	12	10 2	癸丑	12	11 2	癸未	10	12 1	壬子
13	6 28	壬午	13	8 1	癸丑	14	9 2	甲申	13	10 3	甲寅	13	11 3	甲申	11	12 2	癸丑
14	6 29	癸未	14	8 2	甲寅	15	9 3	乙酉	14	10 4	乙卯	14	11 4	乙酉	12	12 3	甲寅
15	7 1	甲申	15	8 3	乙卯	16	9 4	丙戌	15	10 5	丙辰	15	11 5	丙戌	13	12 4	乙卯
16	7 2	乙酉	16	8 4	丙辰	17	9 5	丁亥	16	10 6	丁巳	16	11 6	丁亥	14	12 5	丙辰
17	7 3	丙戌	17	8 5	丁巳	18	9 6	戊子	17	10 7	戊午	17	11 7	戊子	15	12 6	丁巳
18	7 4	丁亥	18	8 6	戊午	19	9 7	己丑	18	10 8	己未	18	11 8	己丑	16	12 7	戊午
19	7 5	戊子	19	8 7	己未	20	9 8	庚寅	19	10 9	庚申	19	11 9	庚寅	17	12 8	己未
20	7 6	己丑	20	8 8	庚申	21	9 9	辛卯	20	10 10	辛酉	20	11 10	辛卯	18	12 9	庚申
21	7 7	庚寅	21	8 9	辛酉	22	9 10	壬辰	21	10 11	壬戌	21	11 11	壬辰	19	12 10	辛酉
22	7 8	辛卯	22	8 10	壬戌	23	9 11	癸巳	22	10 12	癸亥	22	11 12	癸巳	20	12 11	壬戌
23	7 9	壬辰	23	8 11	癸亥	24	9 12	甲午	23	10 13	甲子	23	11 13	甲午	21	12 12	癸亥
24	7 10	癸巳	24	8 12	甲子	25	9 13	乙未	24	10 14	乙丑	24	11 14	乙未	22	12 13	甲子
25	7 11	甲午	25	8 13	乙丑	26	9 14	丙申	25	10 15	丙寅	25	11 15	丙申	23	12 14	乙丑
26	7 12	乙未	26	8 14	丙寅	27	9 15	丁酉	26	10 16	丁卯	26	11 16	丁酉	24	12 15	丙寅
27	7 13	丙申	27	8 15	丁卯	28	9 16	戊戌	27	10 17	戊辰	27	11 17	戊戌	25	12 16	丁卯
28	7 14	丁酉	28	8 16	戊辰	29	9 17	己亥	28	10 18	己巳	28	11 18	己亥	26	12 17	戊辰
29	7 15	戊戌	29	8 17	己巳	30	9 18	庚子	29	10 19	庚午	29	11 19	庚子	27	12 18	己巳
30	7 16	己亥	30	8 18	庚午	31	9 19	辛丑	30	10 20	辛未	30	11 20	辛丑	28	12 19	庚午
31	7 17	庚子	10 1	8 19	辛未	11 1	9 20	壬寅	12 1	10 21	壬申	31	11 21	壬寅	29	12 20	辛未
9 1	7 18	辛丑	2	8 20	壬申	2	9 21	癸卯	2	10 22	癸酉	1 1	11 22	癸卯	30	12 21	壬申
2	7 19	壬寅	3	8 21	癸酉	3	9 22	甲辰	3	10 23	甲戌	2	11 23	甲辰	31	12 22	癸酉
3	7 20	癸卯	4	8 22	甲戌	4	9 23	乙巳	4	10 24	乙亥	3	11 24	乙巳	2 1	12 23	甲戌
4	7 21	甲辰	5	8 23	乙亥	5	9 24	丙午	5	10 25	丙子	4	11 25	丙午	2	12 24	乙亥
5	7 22	乙巳	6	8 24	丙子	6	9 25	丁未	6	10 26	丁丑	5	11 26	丁未	3	12 25	丙子
6	7 23	丙午	7	8 25	丁丑	7	9 26	戊申	7	10 27	戊寅				4	12 26	丁丑
7	7 24	丁未	8	8 26	戊寅												

中氣（下段）

中氣	處暑	秋分	霜降	小雪	冬至	大寒
時刻	8/24 9時31分 巳時	9/24 6時49分 卯時	10/24 15時45分 申時	11/23 12時58分 午時	12/23 2時6分 丑時	1/21 12時44分 午時

中華民國二十八、二十九年　兔　1939、1940

年			庚辰															
月	戊寅			己卯			庚辰			辛巳			壬午			癸未		
節氣	立春 2/5 7時7分 辰時			驚蟄 3/6 1時24分 丑時			清明 4/5 6時34分 卯時			立夏 5/6 0時16分 子時			芒種 6/6 6時44分 寅時			小暑 7/7 15時8分 申時		
日	國曆	農曆	干支	國曆	農曆	干支	國曆	農曆	干支	國曆	農曆	干支	國曆	農曆	干支	國曆	農曆	干支
	2 5	12 28	戊寅	3 6	1 28	戊申	4 5	2 28	戊寅	5 6	3 29	己酉	6 6	5 1	庚辰	7 7	6 3	辛亥
	2 6	12 29	己卯	3 7	1 29	己酉	4 6	2 29	己卯	5 7	4 1	庚戌	6 7	5 2	辛巳	7 8	6 4	壬子
	2 7	12 30	庚辰	3 8	1 30	庚戌	4 7	2 30	庚辰	5 8	4 2	辛亥	6 8	5 3	壬午	7 9	6 5	癸丑
	2 8	1 1	辛巳	3 9	2 1	辛亥	4 8	3 1	辛巳	5 9	4 3	壬子	6 9	5 4	癸未	7 10	6 6	甲寅
	2 9	1 2	壬午	3 10	2 2	壬子	4 9	3 2	壬午	5 10	4 4	癸丑	6 10	5 5	甲申	7 11	6 7	乙卯
中	2 10	1 3	癸未	3 11	2 3	癸丑	4 10	3 3	癸未	5 11	4 5	甲寅	6 11	5 6	乙酉	7 12	6 8	丙辰
華	2 11	1 4	甲申	3 12	2 4	甲寅	4 11	3 4	甲申	5 12	4 6	乙卯	6 12	5 7	丙戌	7 13	6 9	丁巳
民	2 12	1 5	乙酉	3 13	2 5	乙卯	4 12	3 5	乙酉	5 13	4 7	丙辰	6 13	5 8	丁亥	7 14	6 10	戊午
國	2 13	1 6	丙戌	3 14	2 6	丙辰	4 13	3 6	丙戌	5 14	4 8	丁巳	6 14	5 9	戊子	7 15	6 11	己未
二	2 14	1 7	丁亥	3 15	2 7	丁巳	4 14	3 7	丁亥	5 15	4 9	戊午	6 15	5 10	己丑	7 16	6 12	庚申
十	2 15	1 8	戊子	3 16	2 8	戊午	4 15	3 8	戊子	5 16	4 10	己未	6 16	5 11	庚寅	7 17	6 13	辛酉
九	2 16	1 9	己丑	3 17	2 9	己未	4 16	3 9	己丑	5 17	4 11	庚申	6 17	5 12	辛卯	7 18	6 14	壬戌
年	2 17	1 10	庚寅	3 18	2 10	庚申	4 17	3 10	庚寅	5 18	4 12	辛酉	6 18	5 13	壬辰	7 19	6 15	癸亥
	2 18	1 11	辛卯	3 19	2 11	辛酉	4 18	3 11	辛卯	5 19	4 13	壬戌	6 19	5 14	癸巳	7 20	6 16	甲子
龍	2 19	1 12	壬辰	3 20	2 12	壬戌	4 19	3 12	壬辰	5 20	4 14	癸亥	6 20	5 15	甲午	7 21	6 17	乙丑
	2 20	1 13	癸巳	3 21	2 13	癸亥	4 20	3 13	癸巳	5 21	4 15	甲子	6 21	5 16	乙未	7 22	6 18	丙寅
	2 21	1 14	甲午	3 22	2 14	甲子	4 21	3 14	甲午	5 22	4 16	乙丑	6 22	5 17	丙申	7 23	6 19	丁卯
	2 22	1 15	乙未	3 23	2 15	乙丑	4 22	3 15	乙未	5 23	4 17	丙寅	6 23	5 18	丁酉	7 24	6 20	戊辰
	2 23	1 16	丙申	3 24	2 16	丙寅	4 23	3 16	丙申	5 24	4 18	丁卯	6 24	5 19	戊戌	7 25	6 21	己巳
	2 24	1 17	丁酉	3 25	2 17	丁卯	4 24	3 17	丁酉	5 25	4 19	戊辰	6 25	5 20	己亥	7 26	6 22	庚午
	2 25	1 18	戊戌	3 26	2 18	戊辰	4 25	3 18	戊戌	5 26	4 20	己巳	6 26	5 21	庚子	7 27	6 23	辛未
	2 26	1 19	己亥	3 27	2 19	己巳	4 26	3 19	己亥	5 27	4 21	庚午	6 27	5 22	辛丑	7 28	6 24	壬申
	2 27	1 20	庚子	3 28	2 20	庚午	4 27	3 20	庚子	5 28	4 22	辛未	6 28	5 23	壬寅	7 29	6 25	癸酉
1	2 28	1 21	辛丑	3 29	2 21	辛未	4 28	3 21	辛丑	5 29	4 23	壬申	6 29	5 24	癸卯	7 30	6 26	甲戌
9	2 29	1 22	壬寅	3 30	2 22	壬申	4 29	3 22	壬寅	5 30	4 24	癸酉	6 30	5 25	甲辰	7 31	6 27	乙亥
4	3 1	1 23	癸卯	3 31	2 23	癸酉	4 30	3 23	癸卯	5 31	4 25	甲戌	7 1	5 26	乙巳	8 1	6 28	丙子
0	3 2	1 24	甲辰	4 1	2 24	甲戌	5 1	3 24	甲辰	6 1	4 26	乙亥	7 2	5 27	丙午	8 2	6 29	丁丑
	3 3	1 25	乙巳	4 2	2 25	乙亥	5 2	3 25	乙巳	6 2	4 27	丙子	7 3	5 28	丁未	8 3	6 30	戊寅
	3 4	1 26	丙午	4 3	2 26	丙子	5 3	3 26	丙午	6 3	4 28	丁丑	7 4	5 29	戊申	8 4	7 1	己卯
	3 5	1 27	丁未	4 4	2 27	丁丑	5 4	3 27	丁未	6 4	4 29	戊寅	7 5	6 1	己酉	8 5	7 2	庚辰
							5 5	3 28	戊申	6 5	4 30	己卯	7 6	6 2	庚戌	8 6	7 3	辛巳
																8 7	7 4	壬午
中氣	雨水 2/20 3時3分 寅時			春分 3/21 2時23分 丑時			穀雨 4/20 13時50分 未時			小滿 5/21 13時23分 未時			夏至 6/21 21時36分 亥時			大暑 7/23 8時34分 辰時		

82

庚辰　年

月	甲申		乙酉		丙戌		丁亥		戊子		己丑		日
節氣	立秋 8/8 0時51分 子時		白露 9/8 3時29分 寅時		寒露 10/8 18時42分 酉時		立冬 11/7 21時26分 亥時		大雪 12/7 13時57分 未時		小寒 1/6 1時3分 丑時		

國曆	農曆	干支	國曆	農曆	干支	國曆	農曆	干支	國曆	農曆	干支	國曆	農曆	干支	國曆	農曆	干支
8	7 5	癸未	9 8	8 7	甲寅	10 8	9 8	甲申	11 7	10 8	甲寅	12 7	11 9	甲申	1 6	12 9	甲寅
9	7 6	甲申	9 9	8 8	乙卯	10 9	9 9	乙酉	11 8	10 9	乙卯	12 8	11 10	乙酉	1 7	12 10	乙卯
10	7 7	乙酉	9 10	8 9	丙辰	10 10	9 10	丙戌	11 9	10 10	丙辰	12 9	11 11	丙戌	1 8	12 11	丙辰
11	7 8	丙戌	9 11	8 10	丁巳	10 11	9 11	丁亥	11 10	10 11	丁巳	12 10	11 12	丁亥	1 9	12 12	丁巳
12	7 9	丁亥	9 12	8 11	戊午	10 12	9 12	戊子	11 11	10 12	戊午	12 11	11 13	戊子	1 10	12 13	戊午
13	7 10	戊子	9 13	8 12	己未	10 13	9 13	己丑	11 12	10 13	己未	12 12	11 14	己丑	1 11	12 14	己未
14	7 11	己丑	9 14	8 13	庚申	10 14	9 14	庚寅	11 13	10 14	庚申	12 13	11 15	庚寅	1 12	12 15	庚申
15	7 12	庚寅	9 15	8 14	辛酉	10 15	9 15	辛卯	11 14	10 15	辛酉	12 14	11 16	辛卯	1 13	12 16	辛酉
16	7 13	辛卯	9 16	8 15	壬戌	10 16	9 16	壬辰	11 15	10 16	壬戌	12 15	11 17	壬辰	1 14	12 17	壬戌
17	7 14	壬辰	9 17	8 16	癸亥	10 17	9 17	癸巳	11 16	10 17	癸亥	12 16	11 18	癸巳	1 15	12 18	癸亥
18	7 15	癸巳	9 18	8 17	甲子	10 18	9 18	甲午	11 17	10 18	甲子	12 17	11 19	甲午	1 16	12 19	甲子
19	7 16	甲午	9 19	8 18	乙丑	10 19	9 19	乙未	11 18	10 19	乙丑	12 18	11 20	乙未	1 17	12 20	乙丑
20	7 17	乙未	9 20	8 19	丙寅	10 20	9 20	丙申	11 19	10 20	丙寅	12 19	11 21	丙申	1 18	12 21	丙寅
21	7 18	丙申	9 21	8 20	丁卯	10 21	9 21	丁酉	11 20	10 21	丁卯	12 20	11 22	丁酉	1 19	12 22	丁卯
22	7 19	丁酉	9 22	8 21	戊辰	10 22	9 22	戊戌	11 21	10 22	戊辰	12 21	11 23	戊戌	1 20	12 23	戊辰
23	7 20	戊戌	9 23	8 22	己巳	10 23	9 23	己亥	11 22	10 23	己巳	12 22	11 24	己亥	1 21	12 24	己巳
24	7 21	己亥	9 24	8 23	庚午	10 24	9 24	庚子	11 23	10 24	庚午	12 23	11 25	庚子	1 22	12 25	庚午
25	7 22	庚子	9 25	8 24	辛未	10 25	9 25	辛丑	11 24	10 25	辛未	12 24	11 26	辛丑	1 23	12 26	辛未
26	7 23	辛丑	9 26	8 25	壬申	10 26	9 26	壬寅	11 25	10 26	壬申	12 25	11 27	壬寅	1 24	12 27	壬申
27	7 24	壬寅	9 27	8 26	癸酉	10 27	9 27	癸卯	11 26	10 27	癸酉	12 26	11 28	癸卯	1 25	12 28	癸酉
28	7 25	癸卯	9 28	8 27	甲戌	10 28	9 28	甲辰	11 27	10 28	甲戌	12 27	11 29	甲辰	1 26	12 29	甲戌
29	7 26	甲辰	9 29	8 28	乙亥	10 29	9 29	乙巳	11 28	10 29	乙亥	12 28	11 30	乙巳	1 27	1 1	乙亥
30	7 27	乙巳	9 30	8 29	丙子	10 30	9 30	丙午	11 29	11 1	丙子	12 29	12 1	丙午	1 28	1 2	丙子
31	7 28	丙午	10 1	9 1	丁丑	10 31	10 1	丁未	11 30	11 2	丁丑	12 30	12 2	丁未	1 29	1 3	丁丑
1	7 29	丁未	10 2	9 2	戊寅	11 1	10 2	戊申	12 1	11 3	戊寅	12 31	12 3	戊申	1 30	1 4	戊寅
2	8 1	戊申	10 3	9 3	己卯	11 2	10 3	己酉	12 2	11 4	己卯	1 1	12 4	己酉	1 31	1 5	己卯
3	8 2	己酉	10 4	9 4	庚辰	11 3	10 4	庚戌	12 3	11 5	庚辰	1 2	12 5	庚戌	2 1	1 6	庚辰
4	8 3	庚戌	10 5	9 5	辛巳	11 4	10 5	辛亥	12 4	11 6	辛巳	1 3	12 6	辛亥	2 2	1 7	辛巳
5	8 4	辛亥	10 6	9 6	壬午	11 5	10 6	壬子	12 5	11 7	壬午	1 4	12 7	壬子	2 3	1 8	壬午
6	8 5	壬子	10 7	9 7	癸未	11 6	10 7	癸丑	12 6	11 8	癸未	1 5	12 8	癸丑			
7	8 6	癸丑															

| 中氣 | 處暑 8/23 15時28分 申時 | | 秋分 9/23 12時45分 午時 | | 霜降 10/23 21時39分 亥時 | | 小雪 11/22 18時49分 酉時 | | 冬至 12/22 7時54分 辰時 | | 大寒 1/20 18時33分 酉時 | |

中華民國二十九、三十年　龍　1940、1941

中華民國三十年　蛇　1941

年	辛巳				
月	庚寅	辛卯	壬辰	癸巳	甲午	乙未
節氣	立春	驚蟄	清明	立夏	芒種	小暑
	2/4 12時49分 午時	3/6 7時10分 辰時	4/5 12時25分 午時	5/6 6時9分 卯時	6/6 10時39分 巳時	7/7 21時3分 亥時

國曆	農曆	干支	國曆	農曆	干支	國曆	農曆	干支	國曆	農曆	干支	國曆	農曆	干支	國曆	農曆	干支
2/4	1/9	癸未	3/6	2/9	癸丑	4/5	3/9	癸未	5/6	4/11	甲寅	6/6	5/13	乙酉	7/7	6/14	丙辰
2/5	1/10	甲申	3/7	2/10	甲寅	4/6	3/10	甲申	5/7	4/12	乙卯	6/7	5/14	丙戌	7/8	6/15	丁巳
2/6	1/11	乙酉	3/8	2/11	乙卯	4/7	3/11	乙酉	5/8	4/13	丙辰	6/8	5/15	丁亥	7/9	6/16	戊午
2/7	1/12	丙戌	3/9	2/12	丙辰	4/8	3/12	丙戌	5/9	4/14	丁巳	6/9	5/16	戊子	7/10	6/17	己未
2/8	1/13	丁亥	3/10	2/13	丁巳	4/9	3/13	丁亥	5/10	4/15	戊午	6/10	5/17	己丑	7/11	6/18	庚申
2/9	1/14	戊子	3/11	2/14	戊午	4/10	3/14	戊子	5/11	4/16	己未	6/11	5/18	庚寅	7/12	6/19	辛酉
2/10	1/15	己丑	3/12	2/15	己未	4/11	3/15	己丑	5/12	4/17	庚申	6/12	5/19	辛卯	7/13	6/20	壬戌
2/11	1/16	庚寅	3/13	2/16	庚申	4/12	3/16	庚寅	5/13	4/18	辛酉	6/13	5/20	壬辰	7/14	6/21	癸亥
2/12	1/17	辛卯	3/14	2/17	辛酉	4/13	3/17	辛卯	5/14	4/19	壬戌	6/14	5/21	癸巳	7/15	6/22	甲子
2/13	1/18	壬辰	3/15	2/18	壬戌	4/14	3/18	壬辰	5/15	4/20	癸亥	6/15	5/22	甲午	7/16	6/23	乙丑
2/14	1/19	癸巳	3/16	2/19	癸亥	4/15	3/19	癸巳	5/16	4/21	甲子	6/16	5/23	乙未	7/17	6/24	丙寅
2/15	1/20	甲午	3/17	2/20	甲子	4/16	3/20	甲午	5/17	4/22	乙丑	6/17	5/24	丙申	7/18	6/25	丁卯
2/16	1/21	乙未	3/18	2/21	乙丑	4/17	3/21	乙未	5/18	4/23	丙寅	6/18	5/25	丁酉	7/19	6/26	戊辰
2/17	1/22	丙申	3/19	2/22	丙寅	4/18	3/22	丙申	5/19	4/24	丁卯	6/19	5/26	戊戌	7/20	6/27	己巳
2/18	1/23	丁酉	3/20	2/23	丁卯	4/19	3/23	丁酉	5/20	4/25	戊辰	6/20	5/27	己亥	7/21	6/28	庚午
2/19	1/24	戊戌	3/21	2/24	戊辰	4/20	3/24	戊戌	5/21	4/26	己巳	6/21	5/28	庚子	7/22	6/29	辛未
2/20	1/25	己亥	3/22	2/25	己巳	4/21	3/25	己亥	5/22	4/27	庚午	6/22	5/29	辛丑	7/23	閏6/1	壬申
2/21	1/26	庚子	3/23	2/26	庚午	4/22	3/26	庚子	5/23	4/28	辛未	6/23	5/30	壬寅	7/24	閏6/2	癸酉
2/22	1/27	辛丑	3/24	2/27	辛未	4/23	3/27	辛丑	5/24	4/29	壬申	6/24	6/1	癸卯	7/25	閏6/3	甲戌
2/23	1/28	壬寅	3/25	2/28	壬申	4/24	3/28	壬寅	5/25	5/1	癸酉	6/25	6/2	甲辰	7/26	閏6/4	乙亥
2/24	1/29	癸卯	3/26	2/29	癸酉	4/25	3/29	癸卯	5/26	5/2	甲戌	6/26	6/3	乙巳	7/27	閏6/5	丙子
2/25	1/30	甲辰	3/27	2/30	甲戌	4/26	4/1	甲辰	5/27	5/3	乙亥	6/27	6/4	丙午	7/28	閏6/6	丁丑
2/26	2/1	乙巳	3/28	3/1	乙亥	4/27	4/2	乙巳	5/28	5/4	丙子	6/28	6/5	丁未	7/29	閏6/7	戊寅
2/27	2/2	丙午	3/29	3/2	丙子	4/28	4/3	丙午	5/29	5/5	丁丑	6/29	6/6	戊申	7/30	閏6/8	己卯
2/28	2/3	丁未	3/30	3/3	丁丑	4/29	4/4	丁未	5/30	5/6	戊寅	6/30	6/7	己酉	7/31	閏6/9	庚辰
3/1	2/4	戊申	3/31	3/4	戊寅	4/30	4/5	戊申	5/31	5/7	己卯	7/1	6/8	庚戌	8/1	閏6/10	辛巳
3/2	2/5	己酉	4/1	3/5	己卯	5/1	4/6	己酉	6/1	5/8	庚辰	7/2	6/9	辛亥	8/2	閏6/11	壬午
3/3	2/6	庚戌	4/2	3/6	庚辰	5/2	4/7	庚戌	6/2	5/9	辛巳	7/3	6/10	壬子	8/3	閏6/12	癸未
3/4	2/7	辛亥	4/3	3/7	辛巳	5/3	4/8	辛亥	6/3	5/10	壬午	7/4	6/11	癸丑	8/4	閏6/13	甲申
3/5	2/8	壬子	4/4	3/8	壬午	5/4	4/9	壬子	6/4	5/11	癸未	7/5	6/12	甲寅	8/5	閏6/14	乙酉
						5/5	4/10	癸丑	6/5	5/12	甲申	7/6	6/13	乙卯	8/6	閏6/15	丙戌
															8/7	閏6/16	丁亥

中氣	雨水	春分	穀雨	小滿	夏至	大暑
	2/19 8時56分 辰時	3/21 8時20分 辰時	4/20 19時50分 戌時	5/21 19時22分 戌時	6/22 3時33分 寅時	7/23 14時26分 未時

辛巳

年： 中華民國三十、三十一年　蛇　1941、1942

各月節氣（月／節氣／交節時刻）

月	節氣	交節時刻
丙申	立秋	8/8 6時45分 卯時
丁酉	白露	9/8 9時23分 巳時
戊戌	寒露	10/9 0時38分 子時
己亥	立冬	11/8 3時24分 寅時
庚子	大雪	12/7 19時56分 戌時
辛丑	小寒	1/6 7時2分 辰時

日曆表（各月：國曆 ／ 農曆 ／ 干支）

丙申 國曆	農曆	干支	丁酉 國曆	農曆	干支	戊戌 國曆	農曆	干支	己亥 國曆	農曆	干支	庚子 國曆	農曆	干支	辛丑 國曆	農曆	干支	日
8	6/16	戊子	9/8	7/18	己未	10/9	8/19	庚寅	11/8	9/20	庚申	12/7	10/19	己丑	1/6	11/20	己未	8
9	6/17	己丑	9	7/19	庚申	10	8/20	辛卯	9	9/21	辛酉	8	10/20	庚寅	7	11/21	庚申	9
10	6/18	庚寅	10	7/20	辛酉	11	8/21	壬辰	10	9/22	壬戌	9	10/21	辛卯	8	11/22	辛酉	10
11	6/19	辛卯	11	7/21	壬戌	12	8/22	癸巳	11	9/23	癸亥	10	10/22	壬辰	9	11/23	壬戌	11
12	6/20	壬辰	12	7/22	癸亥	13	8/23	甲午	12	9/24	甲子	11	10/23	癸巳	10	11/24	癸亥	12
13	6/21	癸巳	13	7/23	甲子	14	8/24	乙未	13	9/25	乙丑	12	10/24	甲午	11	11/25	甲子	13
14	6/22	甲午	14	7/24	乙丑	15	8/25	丙申	14	9/26	丙寅	13	10/25	乙未	12	11/26	乙丑	14
15	6/23	乙未	15	7/25	丙寅	16	8/26	丁酉	15	9/27	丁卯	14	10/26	丙申	13	11/27	丙寅	15
16	6/24	丙申	16	7/26	丁卯	17	8/27	戊戌	16	9/28	戊辰	15	10/27	丁酉	14	11/28	丁卯	16
17	6/25	丁酉	17	7/27	戊辰	18	8/28	己亥	17	9/29	己巳	16	10/28	戊戌	15	11/29	戊辰	17
18	6/26	戊戌	18	7/28	己巳	19	8/29	庚子	18	9/30	庚午	17	10/29	己亥	16	11/30	己巳	18
19	6/27	己亥	19	7/29	庚午	20	9/1	辛丑	19	10/1	辛未	18	11/1	庚子	17	12/1	庚午	19
20	6/28	庚子	20	7/30	辛未	21	9/2	壬寅	20	10/2	壬申	19	11/2	辛丑	18	12/2	辛未	20
21	6/29	辛丑	21	8/1	壬申	22	9/3	癸卯	21	10/3	癸酉	20	11/3	壬寅	19	12/3	壬申	21
22	7/1	壬寅	22	8/2	癸酉	23	9/4	甲辰	22	10/4	甲戌	21	11/4	癸卯	20	12/4	癸酉	22
23	7/2	癸卯	23	8/3	甲戌	24	9/5	乙巳	23	10/5	乙亥	22	11/5	甲辰	21	12/5	甲戌	23
24	7/3	甲辰	24	8/4	乙亥	25	9/6	丙午	24	10/6	丙子	23	11/6	乙巳	22	12/6	乙亥	24
25	7/4	乙巳	25	8/5	丙子	26	9/7	丁未	25	10/7	丁丑	24	11/7	丙午	23	12/7	丙子	25
26	7/5	丙午	26	8/6	丁丑	27	9/8	戊申	26	10/8	戊寅	25	11/8	丁未	24	12/8	丁丑	26
27	7/6	丁未	27	8/7	戊寅	28	9/9	己酉	27	10/9	己卯	26	11/9	戊申	25	12/9	戊寅	27
28	7/7	戊申	28	8/8	己卯	29	9/10	庚戌	28	10/10	庚辰	27	11/10	己酉	26	12/10	己卯	28
29	7/8	己酉	29	8/9	庚辰	30	9/11	辛亥	29	10/11	辛巳	28	11/11	庚戌	27	12/11	庚辰	29
30	7/9	庚戌	30	8/10	辛巳	31	9/12	壬子	30	10/12	壬午	29	11/12	辛亥	28	12/12	辛巳	30
31	7/10	辛亥	10/1	8/11	壬午	11/1	9/13	癸丑	12/1	10/13	癸未	30	11/13	壬子	29	12/13	壬午	31
9/1	7/11	壬子	2	8/12	癸未	2	9/14	甲寅	2	10/14	甲申	31	11/14	癸丑	30	12/14	癸未	1
2	7/12	癸丑	3	8/13	甲申	3	9/15	乙卯	3	10/15	乙酉	1/1	11/15	甲寅	31	12/15	甲申	2
3	7/13	甲寅	4	8/14	乙酉	4	9/16	丙辰	4	10/16	丙戌	2	11/16	乙卯	2/1	12/16	乙酉	3
4	7/14	乙卯	5	8/15	丙戌	5	9/17	丁巳	5	10/17	丁亥	3	11/17	丙辰	2	12/17	丙戌	4
5	7/15	丙辰	6	8/16	丁亥	6	9/18	戊午	6	10/18	戊子	4	11/18	丁巳	3	12/18	丁亥	5
6	7/16	丁巳	7	8/17	戊子	7	9/19	己未				5	11/19	戊午				6
7	7/17	戊午	8	8/18	己丑													7

中氣（節氣／交節時刻）

處暑	8/23 21時16分 亥時
秋分	9/23 18時32分 酉時
霜降	10/24 3時27分 寅時
小雪	11/23 0時37分 子時
冬至	12/22 13時44分 未時
大寒	1/21 0時23分 子時

年：壬午

中華民國三十一年　馬　1942

月	壬寅			癸卯			甲辰			乙巳			丙午			丁未		
節氣	立春			驚蟄			清明			立夏			芒種			小暑		
	2/4 18時48分 酉時			3/6 13時9分 未時			4/5 18時23分 酉時			5/6 12時6分 午時			6/6 16時32分 申時			7/8 2時51分 丑時		
日	國曆	農曆	干支	國曆	農曆	干支	國曆	農曆	干支	國曆	農曆	干支	國曆	農曆	干支	國曆	農曆	干支
	2/4	12/19	戊子	3/6	1/20	戊午	4/5	2/20	戊子	5/6	3/22	己未	6/6	4/23	庚寅	7/8	5/25	壬戌
	2/5	12/20	己丑	3/7	1/21	己未	4/6	2/21	己丑	5/7	3/23	庚申	6/7	4/24	辛卯	7/9	5/26	癸亥
	2/6	12/21	庚寅	3/8	1/22	庚申	4/7	2/22	庚寅	5/8	3/24	辛酉	6/8	4/25	壬辰	7/10	5/27	甲子
	2/7	12/22	辛卯	3/9	1/23	辛酉	4/8	2/23	辛卯	5/9	3/25	壬戌	6/9	4/26	癸巳	7/11	5/28	乙丑
	2/8	12/23	壬辰	3/10	1/24	壬戌	4/9	2/24	壬辰	5/10	3/26	癸亥	6/10	4/27	甲午	7/12	5/29	丙寅
	2/9	12/24	癸巳	3/11	1/25	癸亥	4/10	2/25	癸巳	5/11	3/27	甲子	6/11	4/28	乙未	7/13	6/1	丁卯
	2/10	12/25	甲午	3/12	1/26	甲子	4/11	2/26	甲午	5/12	3/28	乙丑	6/12	4/29	丙申	7/14	6/2	戊辰
	2/11	12/26	乙未	3/13	1/27	乙丑	4/12	2/27	乙未	5/13	3/29	丙寅	6/13	4/30	丁酉	7/15	6/3	己巳
	2/12	12/27	丙申	3/14	1/28	丙寅	4/13	2/28	丙申	5/14	3/30	丁卯	6/14	5/1	戊戌	7/16	6/4	庚午
	2/13	12/28	丁酉	3/15	1/29	丁卯	4/14	2/29	丁酉	5/15	4/1	戊辰	6/15	5/2	己亥	7/17	6/5	辛未
	2/14	12/29	戊戌	3/16	1/30	戊辰	4/15	3/1	戊戌	5/16	4/2	己巳	6/16	5/3	庚子	7/18	6/6	壬申
	2/15	1/1	己亥	3/17	2/1	己巳	4/16	3/2	己亥	5/17	4/3	庚午	6/17	5/4	辛丑	7/19	6/7	癸酉
	2/16	1/2	庚子	3/18	2/2	庚午	4/17	3/3	庚子	5/18	4/4	辛未	6/18	5/5	壬寅	7/20	6/8	甲戌
	2/17	1/3	辛丑	3/19	2/3	辛未	4/18	3/4	辛丑	5/19	4/5	壬申	6/19	5/6	癸卯	7/21	6/9	乙亥
	2/18	1/4	壬寅	3/20	2/4	壬申	4/19	3/5	壬寅	5/20	4/6	癸酉	6/20	5/7	甲辰	7/22	6/10	丙子
	2/19	1/5	癸卯	3/21	2/5	癸酉	4/20	3/6	癸卯	5/21	4/7	甲戌	6/21	5/8	乙巳	7/23	6/11	丁丑
	2/20	1/6	甲辰	3/22	2/6	甲戌	4/21	3/7	甲辰	5/22	4/8	乙亥	6/22	5/9	丙午	7/24	6/12	戊寅
	2/21	1/7	乙巳	3/23	2/7	乙亥	4/22	3/8	乙巳	5/23	4/9	丙子	6/23	5/10	丁未	7/25	6/13	己卯
	2/22	1/8	丙午	3/24	2/8	丙子	4/23	3/9	丙午	5/24	4/10	丁丑	6/24	5/11	戊申	7/26	6/14	庚辰
	2/23	1/9	丁未	3/25	2/9	丁丑	4/24	3/10	丁未	5/25	4/11	戊寅	6/25	5/12	己酉	7/27	6/15	辛巳
	2/24	1/10	戊申	3/26	2/10	戊寅	4/25	3/11	戊申	5/26	4/12	己卯	6/26	5/13	庚戌	7/28	6/16	壬午
	2/25	1/11	己酉	3/27	2/11	己卯	4/26	3/12	己酉	5/27	4/13	庚辰	6/27	5/14	辛亥	7/29	6/17	癸未
	2/26	1/12	庚戌	3/28	2/12	庚辰	4/27	3/13	庚戌	5/28	4/14	辛巳	6/28	5/15	壬子	7/30	6/18	甲申
	2/27	1/13	辛亥	3/29	2/13	辛巳	4/28	3/14	辛亥	5/29	4/15	壬午	6/29	5/16	癸丑	7/31	6/19	乙酉
	2/28	1/14	壬子	3/30	2/14	壬午	4/29	3/15	壬子	5/30	4/16	癸未	6/30	5/17	甲寅	8/1	6/20	丙戌
	3/1	1/15	癸丑	3/31	2/15	癸未	4/30	3/16	癸丑	5/31	4/17	甲申	7/1	5/18	乙卯	8/2	6/21	丁亥
	3/2	1/16	甲寅	4/1	2/16	甲申	5/1	3/17	甲寅	6/1	4/18	乙酉	7/2	5/19	丙辰	8/3	6/22	戊子
	3/3	1/17	乙卯	4/2	2/17	乙酉	5/2	3/18	乙卯	6/2	4/19	丙戌	7/3	5/20	丁巳	8/4	6/23	己丑
	3/4	1/18	丙辰	4/3	2/18	丙戌	5/3	3/19	丙辰	6/3	4/20	丁亥	7/4	5/21	戊午	8/5	6/24	庚寅
	3/5	1/19	丁巳	4/4	2/19	丁亥	5/4	3/20	丁巳	6/4	4/21	戊子	7/5	5/22	己未	8/6	6/25	辛卯
							5/5	3/21	戊午	6/5	4/22	己丑	7/6	5/23	庚申	8/7	6/26	壬辰
													7/7	5/24	辛酉			

中氣	雨水	春分	穀雨	小滿	夏至	大暑
	2/19 14時46分 未時	3/21 14時10分 未時	4/21 1時39分 丑時	5/22 1時8分 丑時	6/22 9時16分 巳時	7/23 20時7分 戌時

壬午（年）

月： 戊申　己酉　庚戌　辛亥　壬子　癸丑

節氣：
- 立秋　8/8 12時30分 午時
- 白露　9/8 15時6分 申時
- 寒露　10/9 6時21分 卯時
- 立冬　11/8 9時11分 巳時
- 大雪　12/8 1時46分 丑時
- 小寒　1/6 12時54分 午時

年： 中華民國三十一、三十二年　馬　1942、1943

戊申 國曆	農曆	干支	己酉 國曆	農曆	干支	庚戌 國曆	農曆	干支	辛亥 國曆	農曆	干支	壬子 國曆	農曆	干支	癸丑 國曆	農曆	干支
8/8	6/27	癸巳	9/8	7/28	甲子	10/9	8/30	乙未	11/8	10/1	乙丑	12/8	11/1	乙未	1/6	12/1	甲子
8/9	6/28	甲午	9/9	7/29	乙丑	10/10	9/1	丙申	11/9	10/2	丙寅	12/9	11/2	丙申	1/7	12/2	乙丑
8/10	6/29	乙未	9/10	8/1	丙寅	10/11	9/2	丁酉	11/10	10/3	丁卯	12/10	11/3	丁酉	1/8	12/3	丙寅
8/11	6/30	丙申	9/11	8/2	丁卯	10/12	9/3	戊戌	11/11	10/4	戊辰	12/11	11/4	戊戌	1/9	12/4	丁卯
8/12	7/1	丁酉	9/12	8/3	戊辰	10/13	9/4	己亥	11/12	10/5	己巳	12/12	11/5	己亥	1/10	12/5	戊辰
8/13	7/2	戊戌	9/13	8/4	己巳	10/14	9/5	庚子	11/13	10/6	庚午	12/13	11/6	庚子	1/11	12/6	己巳
8/14	7/3	己亥	9/14	8/5	庚午	10/15	9/6	辛丑	11/14	10/7	辛未	12/14	11/7	辛丑	1/12	12/7	庚午
8/15	7/4	庚子	9/15	8/6	辛未	10/16	9/7	壬寅	11/15	10/8	壬申	12/15	11/8	壬寅	1/13	12/8	辛未
8/16	7/5	辛丑	9/16	8/7	壬申	10/17	9/8	癸卯	11/16	10/9	癸酉	12/16	11/9	癸卯	1/14	12/9	壬申
8/17	7/6	壬寅	9/17	8/8	癸酉	10/18	9/9	甲辰	11/17	10/10	甲戌	12/17	11/10	甲辰	1/15	12/10	癸酉
8/18	7/7	癸卯	9/18	8/9	甲戌	10/19	9/10	乙巳	11/18	10/11	乙亥	12/18	11/11	乙巳	1/16	12/11	甲戌
8/19	7/8	甲辰	9/19	8/10	乙亥	10/20	9/11	丙午	11/19	10/12	丙子	12/19	11/12	丙午	1/17	12/12	乙亥
8/20	7/9	乙巳	9/20	8/11	丙子	10/21	9/12	丁未	11/20	10/13	丁丑	12/20	11/13	丁未	1/18	12/13	丙子
8/21	7/10	丙午	9/21	8/12	丁丑	10/22	9/13	戊申	11/21	10/14	戊寅	12/21	11/14	戊申	1/19	12/14	丁丑
8/22	7/11	丁未	9/22	8/13	戊寅	10/23	9/14	己酉	11/22	10/15	己卯	12/22	11/15	己酉	1/20	12/15	戊寅
8/23	7/12	戊申	9/23	8/14	己卯	10/24	9/15	庚戌	11/23	10/16	庚辰	12/23	11/16	庚戌	1/21	12/16	己卯
8/24	7/13	己酉	9/24	8/15	庚辰	10/25	9/16	辛亥	11/24	10/17	辛巳	12/24	11/17	辛亥	1/22	12/17	庚辰
8/25	7/14	庚戌	9/25	8/16	辛巳	10/26	9/17	壬子	11/25	10/18	壬午	12/25	11/18	壬子	1/23	12/18	辛巳
8/26	7/15	辛亥	9/26	8/17	壬午	10/27	9/18	癸丑	11/26	10/19	癸未	12/26	11/19	癸丑	1/24	12/19	壬午
8/27	7/16	壬子	9/27	8/18	癸未	10/28	9/19	甲寅	11/27	10/20	甲申	12/27	11/20	甲寅	1/25	12/20	癸未
8/28	7/17	癸丑	9/28	8/19	甲申	10/29	9/20	乙卯	11/28	10/21	乙酉	12/28	11/21	乙卯	1/26	12/21	甲申
8/29	7/18	甲寅	9/29	8/20	乙酉	10/30	9/21	丙辰	11/29	10/22	丙戌	12/29	11/22	丙辰	1/27	12/22	乙酉
8/30	7/19	乙卯	9/30	8/21	丙戌	10/31	9/22	丁巳	11/30	10/23	丁亥	12/30	11/23	丁巳	1/28	12/23	丙戌
8/31	7/20	丙辰	10/1	8/22	丁亥	11/1	9/23	戊午	12/1	10/24	戊子	12/31	11/24	戊午	1/29	12/24	丁亥
9/1	7/21	丁巳	10/2	8/23	戊子	11/2	9/24	己未	12/2	10/25	己丑	1/1	11/25	己未	1/30	12/25	戊子
9/2	7/22	戊午	10/3	8/24	己丑	11/3	9/25	庚申	12/3	10/26	庚寅	1/2	11/26	庚申	1/31	12/26	己丑
9/3	7/23	己未	10/4	8/25	庚寅	11/4	9/26	辛酉	12/4	10/27	辛卯	1/3	11/27	辛酉	2/1	12/27	庚寅
9/4	7/24	庚申	10/5	8/26	辛卯	11/5	9/27	壬戌	12/5	10/28	壬辰	1/4	11/28	壬戌	2/2	12/28	辛卯
9/5	7/25	辛酉	10/6	8/27	壬辰	11/6	9/28	癸亥	12/6	10/29	癸巳	1/5	11/29	癸亥	2/3	12/29	壬辰
9/6	7/26	壬戌	10/7	8/28	癸巳	11/7	9/29	甲子	12/7	10/30	甲午				2/4	12/30	癸巳
9/7	7/27	癸亥	10/8	8/29	甲午												

中氣：
- 處暑　8/24 2時58分 丑時
- 秋分　9/24 0時16分 子時
- 霜降　10/24 9時15分 巳時
- 小雪　11/23 6時30分 卯時
- 冬至　12/22 19時39分 戌時
- 大寒　1/21 6時18分 卯時

年	癸未																
月	甲寅			乙卯			丙辰			丁巳			戊午			己未		
節氣	立春			驚蟄			清明			立夏			芒種			小暑		
	2/5 0時40分 子時			3/6 18時58分 酉時			4/6 0時11分 子時			5/6 17時53分 酉時			6/6 22時19分 亥時			7/8 8時38分 辰		
日	國曆	農曆	干支	國曆	農曆	干支	國曆	農曆	干支	國曆	農曆	干支	國曆	農曆	干支	國曆	農曆	干支
	2/5	1/1	甲午	3/6	2/1	癸亥	4/6	3/2	甲午	5/6	4/3	甲子	6/6	5/5	乙未	7/8	6/7	丁
	2/6	1/2	乙未	3/7	2/2	甲子	4/7	3/3	乙未	5/7	4/4	乙丑	6/7	5/6	丙申	7/9	6/8	戊
	2/7	1/3	丙申	3/8	2/3	乙丑	4/8	3/4	丙申	5/8	4/5	丙寅	6/8	5/7	丁酉	7/10	6/9	己
	2/8	1/4	丁酉	3/9	2/4	丙寅	4/9	3/5	丁酉	5/9	4/6	丁卯	6/9	5/8	戊戌	7/11	6/10	庚
	2/9	1/5	戊戌	3/10	2/5	丁卯	4/10	3/6	戊戌	5/10	4/7	戊辰	6/10	5/9	己亥	7/12	6/11	辛
	2/10	1/6	己亥	3/11	2/6	戊辰	4/11	3/7	己亥	5/11	4/8	己巳	6/11	5/10	庚子	7/13	6/12	壬
	2/11	1/7	庚子	3/12	2/7	己巳	4/12	3/8	庚子	5/12	4/9	庚午	6/12	5/11	辛丑	7/14	6/13	癸
	2/12	1/8	辛丑	3/13	2/8	庚午	4/13	3/9	辛丑	5/13	4/10	辛未	6/13	5/12	壬寅	7/15	6/14	甲
	2/13	1/9	壬寅	3/14	2/9	辛未	4/14	3/10	壬寅	5/14	4/11	壬申	6/14	5/13	癸卯	7/16	6/15	乙
	2/14	1/10	癸卯	3/15	2/10	壬申	4/15	3/11	癸卯	5/15	4/12	癸酉	6/15	5/14	甲辰	7/17	6/16	丙
	2/15	1/11	甲辰	3/16	2/11	癸酉	4/16	3/12	甲辰	5/16	4/13	甲戌	6/16	5/15	乙巳	7/18	6/17	丁
	2/16	1/12	乙巳	3/17	2/12	甲戌	4/17	3/13	乙巳	5/17	4/14	乙亥	6/17	5/16	丙午	7/19	6/18	戊
	2/17	1/13	丙午	3/18	2/13	乙亥	4/18	3/14	丙午	5/18	4/15	丙子	6/18	5/17	丁未	7/20	6/19	己
	2/18	1/14	丁未	3/19	2/14	丙子	4/19	3/15	丁未	5/19	4/16	丁丑	6/19	5/18	戊申	7/21	6/20	庚
	2/19	1/15	戊申	3/20	2/15	丁丑	4/20	3/16	戊申	5/20	4/17	戊寅	6/20	5/19	己酉	7/22	6/21	辛
	2/20	1/16	己酉	3/21	2/16	戊寅	4/21	3/17	己酉	5/21	4/18	己卯	6/21	5/20	庚戌	7/23	6/22	壬
	2/21	1/17	庚戌	3/22	2/17	己卯	4/22	3/18	庚戌	5/22	4/19	庚辰	6/22	5/21	辛亥	7/24	6/23	癸
	2/22	1/18	辛亥	3/23	2/18	庚辰	4/23	3/19	辛亥	5/23	4/20	辛巳	6/23	5/22	壬子	7/25	6/24	甲
	2/23	1/19	壬子	3/24	2/19	辛巳	4/24	3/20	壬子	5/24	4/21	壬午	6/24	5/23	癸丑	7/26	6/25	乙
	2/24	1/20	癸丑	3/25	2/20	壬午	4/25	3/21	癸丑	5/25	4/22	癸未	6/25	5/24	甲寅	7/27	6/26	丙
	2/25	1/21	甲寅	3/26	2/21	癸未	4/26	3/22	甲寅	5/26	4/23	甲申	6/26	5/25	乙卯	7/28	6/27	丁
	2/26	1/22	乙卯	3/27	2/22	甲申	4/27	3/23	乙卯	5/27	4/24	乙酉	6/27	5/26	丙辰	7/29	6/28	戊
	2/27	1/23	丙辰	3/28	2/23	乙酉	4/28	3/24	丙辰	5/28	4/25	丙戌	6/28	5/27	丁巳	7/30	6/29	己
	2/28	1/24	丁巳	3/29	2/24	丙戌	4/29	3/25	丁巳	5/29	4/26	丁亥	6/29	5/28	戊午	7/31	6/30	庚
	3/1	1/25	戊午	3/30	2/25	丁亥	4/30	3/26	戊午	5/30	4/27	戊子	6/30	5/29	己未	8/1	7/1	辛
	3/2	1/26	己未	3/31	2/26	戊子	5/1	3/27	己未	5/31	4/28	己丑	7/1	5/30	庚申	8/2	7/2	壬
	3/3	1/27	庚申	4/1	2/27	己丑	5/2	3/28	庚申	6/1	4/29	庚寅	7/2	6/1	辛酉	8/3	7/3	癸
	3/4	1/28	辛酉	4/2	2/28	庚寅	5/3	3/29	辛酉	6/2	5/1	辛卯	7/3	6/2	壬戌	8/4	7/4	甲
	3/5	1/29	壬戌	4/3	2/29	辛卯	5/4	4/1	壬戌	6/3	5/2	壬辰	7/4	6/3	癸亥	8/5	7/5	乙
				4/4	2/30	壬辰	5/5	4/2	癸亥	6/4	5/3	癸巳	7/5	6/4	甲子	8/6	7/6	丙
				4/5	3/1	癸巳				6/5	5/4	甲午	7/6	6/5	乙丑	8/7	7/7	丁
													7/7	6/6	丙寅			
中氣	雨水			春分			穀雨			小滿			夏至			大暑		
	2/19 20時40分 戌時			3/21 20時2分 戌時			4/21 7時31分 辰時			5/22 7時2分 辰時			6/22 15時12分 申時			7/24 2時4分 丑時		

中華民國三十二年 羊 1943

癸未

節氣（各月起點）

月	庚申	辛酉	壬戌	癸亥	甲子	乙丑
節氣	立秋	白露	寒露	立冬	大雪	小寒
時刻	18時18分 酉時	9/8 20時55分 戌時	10/9 12時10分 午時	11/8 14時58分 未時	12/8 7時32分 辰時	1/6 18時39分 酉時

庚申 國曆	農曆	干支	辛酉 國曆	農曆	干支	壬戌 國曆	農曆	干支	癸亥 國曆	農曆	干支	甲子 國曆	農曆	干支	乙丑 國曆	農曆	干支
8/8	7/8	戊戌	9/8	8/9	己巳	10/9	9/11	庚子	11/8	10/11	庚午	12/8	11/12	庚子	1/6	12/11	己巳
8/9	7/9	己亥	9/9	8/10	庚午	10/10	9/12	辛丑	11/9	10/12	辛未	12/9	11/13	辛丑	1/7	12/12	庚午
8/10	7/10	庚子	9/10	8/11	辛未	10/11	9/13	壬寅	11/10	10/13	壬申	12/10	11/14	壬寅	1/8	12/13	辛未
8/11	7/11	辛丑	9/11	8/12	壬申	10/12	9/14	癸卯	11/11	10/14	癸酉	12/11	11/15	癸卯	1/9	12/14	壬申
8/12	7/12	壬寅	9/12	8/13	癸酉	10/13	9/15	甲辰	11/12	10/15	甲戌	12/12	11/16	甲辰	1/10	12/15	癸酉
8/13	7/13	癸卯	9/13	8/14	甲戌	10/14	9/16	乙巳	11/13	10/16	乙亥	12/13	11/17	乙巳	1/11	12/16	甲戌
8/14	7/14	甲辰	9/14	8/15	乙亥	10/15	9/17	丙午	11/14	10/17	丙子	12/14	11/18	丙午	1/12	12/17	乙亥
8/15	7/15	乙巳	9/15	8/16	丙子	10/16	9/18	丁未	11/15	10/18	丁丑	12/15	11/19	丁未	1/13	12/18	丙子
8/16	7/16	丙午	9/16	8/17	丁丑	10/17	9/19	戊申	11/16	10/19	戊寅	12/16	11/20	戊申	1/14	12/19	丁丑
8/17	7/17	丁未	9/17	8/18	戊寅	10/18	9/20	己酉	11/17	10/20	己卯	12/17	11/21	己酉	1/15	12/20	戊寅
8/18	7/18	戊申	9/18	8/19	己卯	10/19	9/21	庚戌	11/18	10/21	庚辰	12/18	11/22	庚戌	1/16	12/21	己卯
8/19	7/19	己酉	9/19	8/20	庚辰	10/20	9/22	辛亥	11/19	10/22	辛巳	12/19	11/23	辛亥	1/17	12/22	庚辰
8/20	7/20	庚戌	9/20	8/21	辛巳	10/21	9/23	壬子	11/20	10/23	壬午	12/20	11/24	壬子	1/18	12/23	辛巳
8/21	7/21	辛亥	9/21	8/22	壬午	10/22	9/24	癸丑	11/21	10/24	癸未	12/21	11/25	癸丑	1/19	12/24	壬午
8/22	7/22	壬子	9/22	8/23	癸未	10/23	9/25	甲寅	11/22	10/25	甲申	12/22	11/26	甲寅	1/20	12/25	癸未
8/23	7/23	癸丑	9/23	8/24	甲申	10/24	9/26	乙卯	11/23	10/26	乙酉	12/23	11/27	乙卯	1/21	12/26	甲申
8/24	7/24	甲寅	9/24	8/25	乙酉	10/25	9/27	丙辰	11/24	10/27	丙戌	12/24	11/28	丙辰	1/22	12/27	乙酉
8/25	7/25	乙卯	9/25	8/26	丙戌	10/26	9/28	丁巳	11/25	10/28	丁亥	12/25	11/29	丁巳	1/23	12/28	丙戌
8/26	7/26	丙辰	9/26	8/27	丁亥	10/27	9/29	戊午	11/26	10/29	戊子	12/26	11/30	戊午	1/24	12/29	丁亥
8/27	7/27	丁巳	9/27	8/28	戊子	10/28	9/30	己未	11/27	11/1	己丑	12/27	12/1	己未	1/25	1/1	戊子
8/28	7/28	戊午	9/28	8/29	己丑	10/29	10/1	庚申	11/28	11/2	庚寅	12/28	12/2	庚申	1/26	1/2	己丑
8/29	7/29	己未	9/29	9/1	庚寅	10/30	10/2	辛酉	11/29	11/3	辛卯	12/29	12/3	辛酉	1/27	1/3	庚寅
8/30	7/30	庚申	9/30	9/2	辛卯	10/31	10/3	壬戌	11/30	11/4	壬辰	12/30	12/4	壬戌	1/28	1/4	辛卯
8/31	8/1	辛酉	10/1	9/3	壬辰	11/1	10/4	癸亥	12/1	11/5	癸巳	12/31	12/5	癸亥	1/29	1/5	壬辰
9/1	8/2	壬戌	10/2	9/4	癸巳	11/2	10/5	甲子	12/2	11/6	甲午	1/1	12/6	甲子	1/30	1/6	癸巳
9/2	8/3	癸亥	10/3	9/5	甲午	11/3	10/6	乙丑	12/3	11/7	乙未	1/2	12/7	乙丑	1/31	1/7	甲午
9/3	8/4	甲子	10/4	9/6	乙未	11/4	10/7	丙寅	12/4	11/8	丙申	1/3	12/8	丙寅	2/1	1/8	乙未
9/4	8/5	乙丑	10/5	9/7	丙申	11/5	10/8	丁卯	12/5	11/9	丁酉	1/4	12/9	丁卯	2/2	1/9	丙申
9/5	8/6	丙寅	10/6	9/8	丁酉	11/6	10/9	戊辰	12/6	11/10	戊戌	1/5	12/10	戊辰	2/3	1/10	丁酉
9/6	8/7	丁卯	10/7	9/9	戊戌	11/7	10/10	己巳	12/7	11/11	己亥				2/4	1/11	戊戌
9/7	8/8	戊辰	10/8	9/10	己亥												

中氣

中氣	處暑	秋分	霜降	小雪	冬至	大寒
時刻	24 8時55分 辰時	9/24 6時11分 卯時	10/24 15時8分 申時	11/23 12時21分 午時	12/23 1時29分 丑時	1/21 12時7分 午時

右欄（縱）：年　月　節氣　日　中華民國三十二、三十三年　羊　1943、1944　中氣

甲申年　中華民國三十三年（猴）　1944

項目	丙寅	丁卯	戊辰	己巳	庚午	辛未
節氣	立春	驚蟄	清明	立夏	芒種	小暑
時刻	2/5 6時22分 卯時	3/6 0時40分 子時	4/5 5時54分 卯時	5/5 23時39分 子時	6/6 4時10分 寅時	7/7 14時36分 未時

丙寅 國曆	農曆	干支	丁卯 國曆	農曆	干支	戊辰 國曆	農曆	干支	己巳 國曆	農曆	干支	庚午 國曆	農曆	干支	辛未 國曆	農曆	干支
2/5	1/12	己亥	3/6	2/12	己巳	4/5	3/13	己亥	5/5	4/13	己巳	6/6	閏4/16	辛丑	7/7	5/17	壬申
2/6	1/13	庚子	3/7	2/13	庚午	4/6	3/14	庚子	5/6	4/14	庚午	6/7	閏4/17	壬寅	7/8	5/18	癸酉
2/7	1/14	辛丑	3/8	2/14	辛未	4/7	3/15	辛丑	5/7	4/15	辛未	6/8	閏4/18	癸卯	7/9	5/19	甲戌
2/8	1/15	壬寅	3/9	2/15	壬申	4/8	3/16	壬寅	5/8	4/16	壬申	6/9	閏4/19	甲辰	7/10	5/20	乙亥
2/9	1/16	癸卯	3/10	2/16	癸酉	4/9	3/17	癸卯	5/9	4/17	癸酉	6/10	閏4/20	乙巳	7/11	5/21	丙子
2/10	1/17	甲辰	3/11	2/17	甲戌	4/10	3/18	甲辰	5/10	4/18	甲戌	6/11	閏4/21	丙午	7/12	5/22	丁丑
2/11	1/18	乙巳	3/12	2/18	乙亥	4/11	3/19	乙巳	5/11	4/19	乙亥	6/12	閏4/22	丁未	7/13	5/23	戊寅
2/12	1/19	丙午	3/13	2/19	丙子	4/12	3/20	丙午	5/12	4/20	丙子	6/13	閏4/23	戊申	7/14	5/24	己卯
2/13	1/20	丁未	3/14	2/20	丁丑	4/13	3/21	丁未	5/13	4/21	丁丑	6/14	閏4/24	己酉	7/15	5/25	庚辰
2/14	1/21	戊申	3/15	2/21	戊寅	4/14	3/22	戊申	5/14	4/22	戊寅	6/15	閏4/25	庚戌	7/16	5/26	辛巳
2/15	1/22	己酉	3/16	2/22	己卯	4/15	3/23	己酉	5/15	4/23	己卯	6/16	閏4/26	辛亥	7/17	5/27	壬午
2/16	1/23	庚戌	3/17	2/23	庚辰	4/16	3/24	庚戌	5/16	4/24	庚辰	6/17	閏4/27	壬子	7/18	5/28	癸未
2/17	1/24	辛亥	3/18	2/24	辛巳	4/17	3/25	辛亥	5/17	4/25	辛巳	6/18	閏4/28	癸丑	7/19	5/29	甲申
2/18	1/25	壬子	3/19	2/25	壬午	4/18	3/26	壬子	5/18	4/26	壬午	6/19	閏4/29	甲寅	7/20	6/1	乙酉
2/19	1/26	癸丑	3/20	2/26	癸未	4/19	3/27	癸丑	5/19	4/27	癸未	6/20	閏4/30	乙卯	7/21	6/2	丙戌
2/20	1/27	甲寅	3/21	2/27	甲申	4/20	3/28	甲寅	5/20	4/28	甲申	6/21	5/1	丙辰	7/22	6/3	丁亥
2/21	1/28	乙卯	3/22	2/28	乙酉	4/21	3/29	乙卯	5/21	4/29	乙酉	6/22	5/2	丁巳	7/23	6/4	戊子
2/22	1/29	丙辰	3/23	2/29	丙戌	4/22	3/30	丙辰	5/22	閏4/1	丙戌	6/23	5/3	戊午	7/24	6/5	己丑
2/23	1/30	丁巳	3/24	3/1	丁亥	4/23	4/1	丁巳	5/23	閏4/2	丁亥	6/24	5/4	己未	7/25	6/6	庚寅
2/24	2/1	戊午	3/25	3/2	戊子	4/24	4/2	戊午	5/24	閏4/3	戊子	6/25	5/5	庚申	7/26	6/7	辛卯
2/25	2/2	己未	3/26	3/3	己丑	4/25	4/3	己未	5/25	閏4/4	己丑	6/26	5/6	辛酉	7/27	6/8	壬辰
2/26	2/3	庚申	3/27	3/4	庚寅	4/26	4/4	庚申	5/26	閏4/5	庚寅	6/27	5/7	壬戌	7/28	6/9	癸巳
2/27	2/4	辛酉	3/28	3/5	辛卯	4/27	4/5	辛酉	5/27	閏4/6	辛卯	6/28	5/8	癸亥	7/29	6/10	甲午
2/28	2/5	壬戌	3/29	3/6	壬辰	4/28	4/6	壬戌	5/28	閏4/7	壬辰	6/29	5/9	甲子	7/30	6/11	乙未
2/29	2/6	癸亥	3/30	3/7	癸巳	4/29	4/7	癸亥	5/29	閏4/8	癸巳	6/30	5/10	乙丑	7/31	6/12	丙申
3/1	2/7	甲子	3/31	3/8	甲午	4/30	4/8	甲子	5/30	閏4/9	甲午	7/1	5/11	丙寅	8/1	6/13	丁酉
3/2	2/8	乙丑	4/1	3/9	乙未	5/1	4/9	乙丑	5/31	閏4/10	乙未	7/2	5/12	丁卯	8/2	6/14	戊戌
3/3	2/9	丙寅	4/2	3/10	丙申	5/2	4/10	丙寅	6/1	閏4/11	丙申	7/3	5/13	戊辰	8/3	6/15	己亥
3/4	2/10	丁卯	4/3	3/11	丁酉	5/3	4/11	丁卯	6/2	閏4/12	丁酉	7/4	5/14	己巳	8/4	6/16	庚子
3/5	2/11	戊辰	4/4	3/12	戊戌	5/4	4/12	戊辰	6/3	閏4/13	戊戌	7/5	5/15	庚午	8/5	6/17	辛丑
									6/4	閏4/14	己亥	7/6	5/16	辛未	8/6	6/18	壬寅
									6/5	閏4/15	庚子				8/7	6/19	癸卯

中氣	雨水	春分	穀雨	小滿	夏至	大暑
時刻	2/20 2時27分 丑時	3/21 1時48分 丑時	4/20 13時17分 未時	5/21 12時50分 午時	6/21 21時2分 亥時	7/23 7時55分 辰時

90

萬年曆（甲申年）

年：甲申　**中華民國三十三、三十四年　猴　1944、1945**

節氣（上段）

月	壬申	癸酉	甲戌	乙亥	丙子	丁丑
節氣	立秋	白露	寒露	立冬	大雪	小寒
時刻	時18分 子時	9/8 2時55分 丑時	10/8 18時8分 酉時	11/7 20時54分 戌時	12/7 13時27分 未時	1/6 0時34分 子時

日（各月：國曆・農曆・干支）

壬申 農曆	壬申 干支	癸酉 國曆	癸酉 農曆	癸酉 干支	甲戌 國曆	甲戌 農曆	甲戌 干支	乙亥 國曆	乙亥 農曆	乙亥 干支	丙子 國曆	丙子 農曆	丙子 干支	丁丑 國曆	丁丑 農曆	丁丑 干支
6/20	甲辰	9/8	7/21	乙亥	10/8	8/22	乙巳	11/7	9/22	乙亥	12/7	10/22	乙巳	1/6	11/23	乙亥
6/21	乙巳	9/9	7/22	丙子	10/9	8/23	丙午	11/8	9/23	丙子	12/8	10/23	丙午	1/7	11/24	丙子
6/22	丙午	9/10	7/23	丁丑	10/10	8/24	丁未	11/9	9/24	丁丑	12/9	10/24	丁未	1/8	11/25	丁丑
6/23	丁未	9/11	7/24	戊寅	10/11	8/25	戊申	11/10	9/25	戊寅	12/10	10/25	戊申	1/9	11/26	戊寅
6/24	戊申	9/12	7/25	己卯	10/12	8/26	己酉	11/11	9/26	己卯	12/11	10/26	己酉	1/10	11/27	己卯
6/25	己酉	9/13	7/26	庚辰	10/13	8/27	庚戌	11/12	9/27	庚辰	12/12	10/27	庚戌	1/11	11/28	庚辰
6/26	庚戌	9/14	7/27	辛巳	10/14	8/28	辛亥	11/13	9/28	辛巳	12/13	10/28	辛亥	1/12	11/29	辛巳
6/27	辛亥	9/15	7/28	壬午	10/15	8/29	壬子	11/14	9/29	壬午	12/14	10/29	壬子	1/13	11/30	壬午
6/28	壬子	9/16	7/29	癸未	10/16	8/30	癸丑	11/15	9/30	癸未	12/15	11/1	癸丑	1/14	12/1	癸未
6/29	癸丑	9/17	8/1	甲申	10/17	9/1	甲寅	11/16	10/1	甲申	12/16	11/2	甲寅	1/15	12/2	甲申
6/30	甲寅	9/18	8/2	乙酉	10/18	9/2	乙卯	11/17	10/2	乙酉	12/17	11/3	乙卯	1/16	12/3	乙酉
7/1	乙卯	9/19	8/3	丙戌	10/19	9/3	丙辰	11/18	10/3	丙戌	12/18	11/4	丙辰	1/17	12/4	丙戌
7/2	丙辰	9/20	8/4	丁亥	10/20	9/4	丁巳	11/19	10/4	丁亥	12/19	11/5	丁巳	1/18	12/5	丁亥
7/3	丁巳	9/21	8/5	戊子	10/21	9/5	戊午	11/20	10/5	戊子	12/20	11/6	戊午	1/19	12/6	戊子
7/4	戊午	9/22	8/6	己丑	10/22	9/6	己未	11/21	10/6	己丑	12/21	11/7	己未	1/20	12/7	己丑
7/5	己未	9/23	8/7	庚寅	10/23	9/7	庚申	11/22	10/7	庚寅	12/22	11/8	庚申	1/21	12/8	庚寅
7/6	庚申	9/24	8/8	辛卯	10/24	9/8	辛酉	11/23	10/8	辛卯	12/23	11/9	辛酉	1/22	12/9	辛卯
7/7	辛酉	9/25	8/9	壬辰	10/25	9/9	壬戌	11/24	10/9	壬辰	12/24	11/10	壬戌	1/23	12/10	壬辰
7/8	壬戌	9/26	8/10	癸巳	10/26	9/10	癸亥	11/25	10/10	癸巳	12/25	11/11	癸亥	1/24	12/11	癸巳
7/9	癸亥	9/27	8/11	甲午	10/27	9/11	甲子	11/26	10/11	甲午	12/26	11/12	甲子	1/25	12/12	甲午
7/10	甲子	9/28	8/12	乙未	10/28	9/12	乙丑	11/27	10/12	乙未	12/27	11/13	乙丑	1/26	12/13	乙未
7/11	乙丑	9/29	8/13	丙申	10/29	9/13	丙寅	11/28	10/13	丙申	12/28	11/14	丙寅	1/27	12/14	丙申
7/12	丙寅	9/30	8/14	丁酉	10/30	9/14	丁卯	11/29	10/14	丁酉	12/29	11/15	丁卯	1/28	12/15	丁酉
7/13	丁卯	10/1	8/15	戊戌	10/31	9/15	戊辰	11/30	10/15	戊戌	12/30	11/16	戊辰	1/29	12/16	戊戌
7/14	戊辰	10/2	8/16	己亥	11/1	9/16	己巳	12/1	10/16	己亥	12/31	11/17	己巳	1/30	12/17	己亥
7/15	己巳	10/3	8/17	庚子	11/2	9/17	庚午	12/2	10/17	庚子	1/1	11/18	庚午	1/31	12/18	庚子
7/16	庚午	10/4	8/18	辛丑	11/3	9/18	辛未	12/3	10/18	辛丑	1/2	11/19	辛未	2/1	12/19	辛丑
7/17	辛未	10/5	8/19	壬寅	11/4	9/19	壬申	12/4	10/19	壬寅	1/3	11/20	壬申	2/2	12/20	壬寅
7/18	壬申	10/6	8/20	癸卯	11/5	9/20	癸酉	12/5	10/20	癸卯	1/4	11/21	癸酉	2/3	12/21	癸卯
7/19	癸酉	10/7	8/21	甲辰	11/6	9/21	甲戌	12/6	10/21	甲辰	1/5	11/22	甲戌			
7/20	甲戌															

中氣（下段）

月	壬申	癸酉	甲戌	乙亥	丙子	丁丑
中氣	處暑	秋分	霜降	小雪	冬至	大寒
時刻	14時46分 未時	9/23 12時1分 午時	10/23 20時56分 戌時	11/22 18時7分 酉時	12/22 7時14分 辰時	1/20 17時53分 酉時

年	乙酉																	
月	戊寅			己卯			庚辰			辛巳			壬午			癸未		
節氣	立春 2/4 12時19分 午時			驚蟄 3/6 6時38分 卯時			清明 4/5 11時51分 午時			立夏 5/6 5時36分 卯時			芒種 6/6 10時5分 巳時			小暑 7/7 20時26分		
日	國曆	農曆	干支	國曆	農曆	干支	國曆	農曆	干支	國曆	農曆	干支	國曆	農曆	干支	國曆	農曆	干支
	2 4	12 22	甲辰	3 6	1 22	甲戌	4 5	2 23	甲辰	5 6	3 25	乙亥	6 6	4 26	丙午	7 7	5 28	丁丑
	2 5	12 23	乙巳	3 7	1 23	乙亥	4 6	2 24	乙巳	5 7	3 26	丙子	6 7	4 27	丁未	7 8	5 29	戊寅
	2 6	12 24	丙午	3 8	1 24	丙子	4 7	2 25	丙午	5 8	3 27	丁丑	6 8	4 28	戊申	7 9	6 1	己卯
	2 7	12 25	丁未	3 9	1 25	丁丑	4 8	2 26	丁未	5 9	3 28	戊寅	6 9	4 29	己酉	7 10	6 2	庚辰
中	2 8	12 26	戊申	3 10	1 26	戊寅	4 9	2 27	戊申	5 10	3 29	己卯	6 10	5 1	庚戌	7 11	6 3	辛巳
華	2 9	12 27	己酉	3 11	1 27	己卯	4 10	2 28	己酉	5 11	3 30	庚辰	6 11	5 2	辛亥	7 12	6 4	壬午
民	2 10	12 28	庚戌	3 12	1 28	庚辰	4 11	2 29	庚戌	5 12	4 1	辛巳	6 12	5 3	壬子	7 13	6 5	癸未
國	2 11	12 29	辛亥	3 13	1 29	辛巳	4 12	3 1	辛亥	5 13	4 2	壬午	6 13	5 4	癸丑	7 14	6 6	甲申
三	2 12	12 30	壬子	3 14	2 1	壬午	4 13	3 2	壬子	5 14	4 3	癸未	6 14	5 5	甲寅	7 15	6 7	乙酉
十	2 13	1 1	癸丑	3 15	2 2	癸未	4 14	3 3	癸丑	5 15	4 4	甲申	6 15	5 6	乙卯	7 16	6 8	丙戌
四	2 14	1 2	甲寅	3 16	2 3	甲申	4 15	3 4	甲寅	5 16	4 5	乙酉	6 16	5 7	丙辰	7 17	6 9	丁亥
年	2 15	1 3	乙卯	3 17	2 4	乙酉	4 16	3 5	乙卯	5 17	4 6	丙戌	6 17	5 8	丁巳	7 18	6 10	戊子
	2 16	1 4	丙辰	3 18	2 5	丙戌	4 17	3 6	丙辰	5 18	4 7	丁亥	6 18	5 9	戊午	7 19	6 11	己丑
雞	2 17	1 5	丁巳	3 19	2 6	丁亥	4 18	3 7	丁巳	5 19	4 8	戊子	6 19	5 10	己未	7 20	6 12	庚寅
	2 18	1 6	戊午	3 20	2 7	戊子	4 19	3 8	戊午	5 20	4 9	己丑	6 20	5 11	庚申	7 21	6 13	辛卯
	2 19	1 7	己未	3 21	2 8	己丑	4 20	3 9	己未	5 21	4 10	庚寅	6 21	5 12	辛酉	7 22	6 14	壬辰
	2 20	1 8	庚申	3 22	2 9	庚寅	4 21	3 10	庚申	5 22	4 11	辛卯	6 22	5 13	壬戌	7 23	6 15	癸巳
	2 21	1 9	辛酉	3 23	2 10	辛卯	4 22	3 11	辛酉	5 23	4 12	壬辰	6 23	5 14	癸亥	7 24	6 16	甲午
	2 22	1 10	壬戌	3 24	2 11	壬辰	4 23	3 12	壬戌	5 24	4 13	癸巳	6 24	5 15	甲子	7 25	6 17	乙未
	2 23	1 11	癸亥	3 25	2 12	癸巳	4 24	3 13	癸亥	5 25	4 14	甲午	6 25	5 16	乙丑	7 26	6 18	丙申
	2 24	1 12	甲子	3 26	2 13	甲午	4 25	3 14	甲子	5 26	4 15	乙未	6 26	5 17	丙寅	7 27	6 19	丁酉
	2 25	1 13	乙丑	3 27	2 14	乙未	4 26	3 15	乙丑	5 27	4 16	丙申	6 27	5 18	丁卯	7 28	6 20	戊戌
	2 26	1 14	丙寅	3 28	2 15	丙申	4 27	3 16	丙寅	5 28	4 17	丁酉	6 28	5 19	戊辰	7 29	6 21	己亥
	2 27	1 15	丁卯	3 29	2 16	丁酉	4 28	3 17	丁卯	5 29	4 18	戊戌	6 29	5 20	己巳	7 30	6 22	庚子
	2 28	1 16	戊辰	3 30	2 17	戊戌	4 29	3 18	戊辰	5 30	4 19	己亥	6 30	5 21	庚午	7 31	6 23	辛丑
1	3 1	1 17	己巳	3 31	2 18	己亥	4 30	3 19	己巳	5 31	4 20	庚子	7 1	5 22	辛未	8 1	6 24	壬寅
9	3 2	1 18	庚午	4 1	2 19	庚子	5 1	3 20	庚午	6 1	4 21	辛丑	7 2	5 23	壬申	8 2	6 25	癸卯
4	3 3	1 19	辛未	4 2	2 20	辛丑	5 2	3 21	辛未	6 2	4 22	壬寅	7 3	5 24	癸酉	8 3	6 26	甲辰
5	3 4	1 20	壬申	4 3	2 21	壬寅	5 3	3 22	壬申	6 3	4 23	癸卯	7 4	5 25	甲戌	8 4	6 27	乙巳
	3 5	1 21	癸酉	4 4	2 22	癸卯	5 4	3 23	癸酉	6 4	4 24	甲辰	7 5	5 26	乙亥	8 5	6 28	丙午
							5 5	3 24	甲戌	6 5	4 25	乙巳	7 6	5 27	丙子	8 6	6 29	丁未
																8 7	6 30	戊申
中氣	雨水 2/19 8時14分 辰時			春分 3/21 7時37分 辰時			穀雨 4/20 19時6分 戌時			小滿 5/21 18時40分 酉時			夏至 6/22 2時52分 丑時			大暑 7/23 13時45分		

乙酉（年）

年	乙酉
月	甲申　乙酉　丙戌　丁亥　戊子　己丑
節氣	立秋　白露　寒露　立冬　大雪　小寒

節氣（入節時刻）

立秋	白露	寒露	立冬	大雪	小寒
8時7分 卯時	9/8 8時38分 辰時	10/8 23時49分 子時	11/8 20時34分 丑時	12/7 19時07分 戌時	1/6 6時16分 卯時

右欄：中華民國三十四、三十五年　雞　1945、1946

日（逐日干支表）

立秋 農曆	干支	白露 國曆	農曆	干支	寒露 國曆	農曆	干支	立冬 國曆	農曆	干支	大雪 國曆	農曆	干支	小寒 國曆	農曆	干支
7/1	己酉	9/8	8/3	庚辰	10/8	9/3	庚戌	11/8	10/4	辛巳	12/7	11/3	庚戌	1/6	12/4	庚辰
7/2	庚戌	9/9	8/4	辛巳	10/9	9/4	辛亥	11/9	10/5	壬午	12/8	11/4	辛亥	1/7	12/5	辛巳
7/3	辛亥	9/10	8/5	壬午	10/10	9/5	壬子	11/10	10/6	癸未	12/9	11/5	壬子	1/8	12/6	壬午
7/4	壬子	9/11	8/6	癸未	10/11	9/6	癸丑	11/11	10/7	甲申	12/10	11/6	癸丑	1/9	12/7	癸未
7/5	癸丑	9/12	8/7	甲申	10/12	9/7	甲寅	11/12	10/8	乙酉	12/11	11/7	甲寅	1/10	12/8	甲申
7/6	甲寅	9/13	8/8	乙酉	10/13	9/8	乙卯	11/13	10/9	丙戌	12/12	11/8	乙卯	1/11	12/9	乙酉
7/7	乙卯	9/14	8/9	丙戌	10/14	9/9	丙辰	11/14	10/10	丁亥	12/13	11/9	丙辰	1/12	12/10	丙戌
7/8	丙辰	9/15	8/10	丁亥	10/15	9/10	丁巳	11/15	10/11	戊子	12/14	11/10	丁巳	1/13	12/11	丁亥
7/9	丁巳	9/16	8/11	戊子	10/16	9/11	戊午	11/16	10/12	己丑	12/15	11/11	戊午	1/14	12/12	戊子
7/10	戊午	9/17	8/12	己丑	10/17	9/12	己未	11/17	10/13	庚寅	12/16	11/12	己未	1/15	12/13	己丑
7/11	己未	9/18	8/13	庚寅	10/18	9/13	庚申	11/18	10/14	辛卯	12/17	11/13	庚申	1/16	12/14	庚寅
7/12	庚申	9/19	8/14	辛卯	10/19	9/14	辛酉	11/19	10/15	壬辰	12/18	11/14	辛酉	1/17	12/15	辛卯
7/13	辛酉	9/20	8/15	壬辰	10/20	9/15	壬戌	11/20	10/16	癸巳	12/19	11/15	壬戌	1/18	12/16	壬辰
7/14	壬戌	9/21	8/16	癸巳	10/21	9/16	癸亥	11/21	10/17	甲午	12/20	11/16	癸亥	1/19	12/17	癸巳
7/15	癸亥	9/22	8/17	甲午	10/22	9/17	甲子	11/22	10/18	乙未	12/21	11/17	甲子	1/20	12/18	甲午
7/16	甲子	9/23	8/18	乙未	10/23	9/18	乙丑	11/23	10/19	丙申	12/22	11/18	乙丑	1/21	12/19	乙未
7/17	乙丑	9/24	8/19	丙申	10/24	9/19	丙寅	11/24	10/20	丁酉	12/23	11/19	丙寅	1/22	12/20	丙申
7/18	丙寅	9/25	8/20	丁酉	10/25	9/20	丁卯	11/25	10/21	戊戌	12/24	11/20	丁卯	1/23	12/21	丁酉
7/19	丁卯	9/26	8/21	戊戌	10/26	9/21	戊辰	11/26	10/22	己亥	12/25	11/21	戊辰	1/24	12/22	戊戌
7/20	戊辰	9/27	8/22	己亥	10/27	9/22	己巳	11/27	10/23	庚子	12/26	11/22	己巳	1/25	12/23	己亥
7/21	己巳	9/28	8/23	庚子	10/28	9/23	庚午	11/28	10/24	辛丑	12/27	11/23	庚午	1/26	12/24	庚子
7/22	庚午	9/29	8/24	辛丑	10/29	9/24	辛未	11/29	10/25	壬寅	12/28	11/24	辛未	1/27	12/25	辛丑
7/23	辛未	9/30	8/25	壬寅	10/30	9/25	壬申	11/30	10/26	癸卯	12/29	11/25	壬申	1/28	12/26	壬寅
7/24	壬申	10/1	8/26	癸卯	10/31	9/26	癸酉	12/1	10/27	甲辰	12/30	11/26	癸酉	1/29	12/27	癸卯
7/25	癸酉	10/2	8/27	甲辰	11/1	9/27	甲戌	12/2	10/28	乙巳	12/31	11/27	甲戌	1/30	12/28	甲辰
7/26	甲戌	10/3	8/28	乙巳	11/2	9/28	乙亥	12/3	10/29	丙午	1/1	11/28	乙亥	1/31	12/29	乙巳
7/27	乙亥	10/4	8/29	丙午	11/3	9/29	丙子	12/4	10/30	丁未	1/2	11/29	丙子	2/1	12/30	丙午
7/28	丙子	10/5	8/30	丁未	11/4	9/30	丁丑	12/5	11/1	戊申	1/3	12/1	丁丑	2/2	1/1	丁未
7/29	丁丑	10/6	9/1	戊申	11/5	10/1	戊寅	12/6	11/2	己酉	1/4	12/2	戊寅	2/3	1/2	戊申
8/1	戊寅	10/7	9/2	己酉	11/6	10/2	己卯				1/5	12/3	己卯			
8/2	己卯				11/7	10/3	庚辰									

中氣

處暑	秋分	霜降	小雪	冬至	大寒
20時35分 戌時	9/23 17時49分 酉時	10/24 2時43分 丑時	11/22 23時55分 子時	12/22 13時3分 未時	1/20 20時44分 子時

年　丙戌

民國三十五年（1946）丙戌年　狗

節氣

- 立春　2/4 18時3分 酉時
- 驚蟄　3/6 12時24分 午時
- 清明　4/5 17時38分 酉時
- 立夏　5/6 11時21分 午時
- 芒種　6/6 15時48分 申時
- 小暑　7/8 2時10分

庚寅　立春			辛卯　驚蟄			壬辰　清明			癸巳　立夏			甲午　芒種			乙未　小暑		
國曆	農曆	干支	國曆	農曆	干支	國曆	農曆	干支	國曆	農曆	干支	國曆	農曆	干支	國曆	農曆	干支
2/4	1/3	己酉	3/6	2/3	己卯	4/5	3/4	己酉	5/6	4/6	庚辰	6/6	5/7	辛亥	7/8	6/10	癸未
2/5	1/4	庚戌	3/7	2/4	庚辰	4/6	3/5	庚戌	5/7	4/7	辛巳	6/7	5/8	壬子	7/9	6/11	甲申
2/6	1/5	辛亥	3/8	2/5	辛巳	4/7	3/6	辛亥	5/8	4/8	壬午	6/8	5/9	癸丑	7/10	6/12	乙酉
2/7	1/6	壬子	3/9	2/6	壬午	4/8	3/7	壬子	5/9	4/9	癸未	6/9	5/10	甲寅	7/11	6/13	丙戌
2/8	1/7	癸丑	3/10	2/7	癸未	4/9	3/8	癸丑	5/10	4/10	甲申	6/10	5/11	乙卯	7/12	6/14	丁亥
2/9	1/8	甲寅	3/11	2/8	甲申	4/10	3/9	甲寅	5/11	4/11	乙酉	6/11	5/12	丙辰	7/13	6/15	戊子
2/10	1/9	乙卯	3/12	2/9	乙酉	4/11	3/10	乙卯	5/12	4/12	丙戌	6/12	5/13	丁巳	7/14	6/16	己丑
2/11	1/10	丙辰	3/13	2/10	丙戌	4/12	3/11	丙辰	5/13	4/13	丁亥	6/13	5/14	戊午	7/15	6/17	庚寅
2/12	1/11	丁巳	3/14	2/11	丁亥	4/13	3/12	丁巳	5/14	4/14	戊子	6/14	5/15	己未	7/16	6/18	辛卯
2/13	1/12	戊午	3/15	2/12	戊子	4/14	3/13	戊午	5/15	4/15	己丑	6/15	5/16	庚申	7/17	6/19	壬辰
2/14	1/13	己未	3/16	2/13	己丑	4/15	3/14	己未	5/16	4/16	庚寅	6/16	5/17	辛酉	7/18	6/20	癸巳
2/15	1/14	庚申	3/17	2/14	庚寅	4/16	3/15	庚申	5/17	4/17	辛卯	6/17	5/18	壬戌	7/19	6/21	甲午
2/16	1/15	辛酉	3/18	2/15	辛卯	4/17	3/16	辛酉	5/18	4/18	壬辰	6/18	5/19	癸亥	7/20	6/22	乙未
2/17	1/16	壬戌	3/19	2/16	壬辰	4/18	3/17	壬戌	5/19	4/19	癸巳	6/19	5/20	甲子	7/21	6/23	丙申
2/18	1/17	癸亥	3/20	2/17	癸巳	4/19	3/18	癸亥	5/20	4/20	甲午	6/20	5/21	乙丑	7/22	6/24	丁酉
2/19	1/18	甲子	3/21	2/18	甲午	4/20	3/19	甲子	5/21	4/21	乙未	6/21	5/22	丙寅	7/23	6/25	戊戌
2/20	1/19	乙丑	3/22	2/19	乙未	4/21	3/20	乙丑	5/22	4/22	丙申	6/22	5/23	丁卯	7/24	6/26	己亥
2/21	1/20	丙寅	3/23	2/20	丙申	4/22	3/21	丙寅	5/23	4/23	丁酉	6/23	5/24	戊辰	7/25	6/27	庚子
2/22	1/21	丁卯	3/24	2/21	丁酉	4/23	3/22	丁卯	5/24	4/24	戊戌	6/24	5/25	己巳	7/26	6/28	辛丑
2/23	1/22	戊辰	3/25	2/22	戊戌	4/24	3/23	戊辰	5/25	4/25	己亥	6/25	5/26	庚午	7/27	6/29	壬寅
2/24	1/23	己巳	3/26	2/23	己亥	4/25	3/24	己巳	5/26	4/26	庚子	6/26	5/27	辛未	7/28	7/1	癸卯
2/25	1/24	庚午	3/27	2/24	庚子	4/26	3/25	庚午	5/27	4/27	辛丑	6/27	5/28	壬申	7/29	7/2	甲辰
2/26	1/25	辛未	3/28	2/25	辛丑	4/27	3/26	辛未	5/28	4/28	壬寅	6/28	5/29	癸酉	7/30	7/3	乙巳
2/27	1/26	壬申	3/29	2/26	壬寅	4/28	3/27	壬申	5/29	4/29	癸卯	6/29	6/1	甲戌	7/31	7/4	丙午
2/28	1/27	癸酉	3/30	2/27	癸卯	4/29	3/28	癸酉	5/30	4/30	甲辰	6/30	6/2	乙亥	8/1	7/5	丁未
3/1	1/28	甲戌	3/31	2/28	甲辰	4/30	3/29	甲戌	5/31	5/1	乙巳	7/1	6/3	丙子	8/2	7/6	戊申
3/2	1/29	乙亥	4/1	2/29	乙巳	5/1	4/1	乙亥	6/1	5/2	丙午	7/2	6/4	丁丑	8/3	7/7	己酉
3/3	1/30	丙子	4/2	3/1	丙午	5/2	4/2	丙子	6/2	5/3	丁未	7/3	6/5	戊寅	8/4	7/8	庚戌
3/4	2/1	丁丑	4/3	3/2	丁未	5/3	4/3	丁丑	6/3	5/4	戊申	7/4	6/6	己卯	8/5	7/9	辛亥
3/5	2/2	戊寅	4/4	3/3	戊申	5/4	4/4	戊寅	6/4	5/5	己酉	7/5	6/7	庚辰	8/6	7/10	壬子
						5/5	4/5	己卯	6/5	5/6	庚戌	7/6	6/8	辛巳	8/7	7/11	癸丑
												7/7	6/9	壬午			

中氣

- 雨水　2/19 14時8分 未時
- 春分　3/21 13時32分 未時
- 穀雨　4/21 1時2分 丑時
- 小滿　5/22 0時33分 子時
- 夏至　6/22 8時44分 辰時
- 大暑　7/23 19時37分

日光節約時間：五月一日至九月三十日

丙戌（年）

月・節氣

月	節氣	時刻
丙申	立秋	時51分 午時
丁酉	白露	9/8 14時27分 未時
戊戌	寒露	10/9 5時40分 卯時
己亥	立冬	11/8 8時27分 辰時
庚子	大雪	12/8 時0分 丑時
辛丑	小寒	1/6 12時6分 午時

日

丙申 農曆	丙申 干支	丁酉 國曆	丁酉 農曆	丁酉 干支	戊戌 國曆	戊戌 農曆	戊戌 干支	己亥 國曆	己亥 農曆	己亥 干支	庚子 國曆	庚子 農曆	庚子 干支	辛丑 國曆	辛丑 農曆	辛丑 干支
7/12	甲寅	9/8	8/13	乙酉	10/9	9/15	丙辰	11/8	10/15	丙戌	12/8	11/15	丙辰	1/6	12/15	乙酉
7/13	乙卯	9/9	8/14	丙戌	10/10	9/16	丁巳	11/9	10/16	丁亥	12/9	11/16	丁巳	1/7	12/16	丙戌
7/14	丙辰	9/10	8/15	丁亥	10/11	9/17	戊午	11/10	10/17	戊子	12/10	11/17	戊午	1/8	12/17	丁亥
7/15	丁巳	9/11	8/16	戊子	10/12	9/18	己未	11/11	10/18	己丑	12/11	11/18	己未	1/9	12/18	戊子
7/16	戊午	9/12	8/17	己丑	10/13	9/19	庚申	11/12	10/19	庚寅	12/12	11/19	庚申	1/10	12/19	己丑
7/17	己未	9/13	8/18	庚寅	10/14	9/20	辛酉	11/13	10/20	辛卯	12/13	11/20	辛酉	1/11	12/20	庚寅
7/18	庚申	9/14	8/19	辛卯	10/15	9/21	壬戌	11/14	10/21	壬辰	12/14	11/21	壬戌	1/12	12/21	辛卯
7/19	辛酉	9/15	8/20	壬辰	10/16	9/22	癸亥	11/15	10/22	癸巳	12/15	11/22	癸亥	1/13	12/22	壬辰
7/20	壬戌	9/16	8/21	癸巳	10/17	9/23	甲子	11/16	10/23	甲午	12/16	11/23	甲子	1/14	12/23	癸巳
7/21	癸亥	9/17	8/22	甲午	10/18	9/24	乙丑	11/17	10/24	乙未	12/17	11/24	乙丑	1/15	12/24	甲午
7/22	甲子	9/18	8/23	乙未	10/19	9/25	丙寅	11/18	10/25	丙申	12/18	11/25	丙寅	1/16	12/25	乙未
7/23	乙丑	9/19	8/24	丙申	10/20	9/26	丁卯	11/19	10/26	丁酉	12/19	11/26	丁卯	1/17	12/26	丙申
7/24	丙寅	9/20	8/25	丁酉	10/21	9/27	戊辰	11/20	10/27	戊戌	12/20	11/27	戊辰	1/18	12/27	丁酉
7/25	丁卯	9/21	8/26	戊戌	10/22	9/28	己巳	11/21	10/28	己亥	12/21	11/28	己巳	1/19	12/28	戊戌
7/26	戊辰	9/22	8/27	己亥	10/23	9/29	庚午	11/22	10/29	庚子	12/22	11/29	庚午	1/20	12/29	己亥
7/27	己巳	9/23	8/28	庚子	10/24	9/30	辛未	11/23	10/30	辛丑	12/23	12/1	辛未	1/21	12/30	庚子
7/28	庚午	9/24	8/29	辛丑	10/25	10/1	壬申	11/24	11/1	壬寅	12/24	12/2	壬申	1/22	1/1	辛丑
7/29	辛未	9/25	9/1	壬寅	10/26	10/2	癸酉	11/25	11/2	癸卯	12/25	12/3	癸酉	1/23	1/2	壬寅
7/30	壬申	9/26	9/2	癸卯	10/27	10/3	甲戌	11/26	11/3	甲辰	12/26	12/4	甲戌	1/24	1/3	癸卯
8/1	癸酉	9/27	9/3	甲辰	10/28	10/4	乙亥	11/27	11/4	乙巳	12/27	12/5	乙亥	1/25	1/4	甲辰
8/2	甲戌	9/28	9/4	乙巳	10/29	10/5	丙子	11/28	11/5	丙午	12/28	12/6	丙子	1/26	1/5	乙巳
8/3	乙亥	9/29	9/5	丙午	10/30	10/6	丁丑	11/29	11/6	丁未	12/29	12/7	丁丑	1/27	1/6	丙午
8/4	丙子	9/30	9/6	丁未	10/31	10/7	戊寅	11/30	11/7	戊申	12/30	12/8	戊寅	1/28	1/7	丁未
8/5	丁丑	10/1	9/7	戊申	11/1	10/8	己卯	12/1	11/8	己酉	12/31	12/9	己卯	1/29	1/8	戊申
8/6	戊寅	10/2	9/8	己酉	11/2	10/9	庚辰	12/2	11/9	庚戌	1/1	12/10	庚辰	1/30	1/9	己酉
8/7	己卯	10/3	9/9	庚戌	11/3	10/10	辛巳	12/3	11/10	辛亥	1/2	12/11	辛巳	1/31	1/10	庚戌
8/8	庚辰	10/4	9/10	辛亥	11/4	10/11	壬午	12/4	11/11	壬子	1/3	12/12	壬午	2/1	1/11	辛亥
8/9	辛巳	10/5	9/11	壬子	11/5	10/12	癸未	12/5	11/12	癸丑	1/4	12/13	癸未	2/2	1/12	壬子
8/10	壬午	10/6	9/12	癸丑	11/6	10/13	甲申	12/6	11/13	甲寅	1/5	12/14	甲申	2/3	1/13	癸丑
8/11	癸未	10/7	9/13	甲寅	11/7	10/14	乙酉	12/7	11/14	乙卯						
8/12	甲申	10/8	9/14	乙卯												

中氣

中氣	時刻
處暑	2時26分 丑時
秋分	9/23 23時40分 子時
霜降	10/24 8時34分 辰時
小雪	11/23 5時46分 卯時
冬至	12/22 18時53分 酉時
大寒	1/21 5時31分 卯時

年： 中華民國三十五、三十六年　狗　1946、1947

年	丁亥																	
月	壬寅			癸卯			甲辰			乙巳			丙午			丁未		
節氣	立春			驚蟄			清明			立夏			芒種			小暑		
	2/4 23時50分 子時			3/6 18時7分 酉時			4/5 23時20分 子時			5/6 17時9分 酉時			6/6 21時31分 亥時			7/8 12時55分		
日	國曆	農曆	干支	國曆	農曆	干支	國曆	農曆	干支	國曆	農曆	干支	國曆	農曆	干支	國曆	農曆	干支
	2 4	1 14	甲寅	3 6	2 14	甲申	4 5	2 14	甲寅	5 6	3 16	乙酉	6 6	4 18	丙辰	7 8	5 20	
	2 5	1 15	乙卯	3 7	2 15	乙酉	4 6	2 15	乙卯	5 7	3 17	丙戌	6 7	4 19	丁巳	7 9	5 21	
	2 6	1 16	丙辰	3 8	2 16	丙戌	4 7	2 16	丙辰	5 8	3 18	丁亥	6 8	4 20	戊午	7 10	5 22	
	2 7	1 17	丁巳	3 9	2 17	丁亥	4 8	2 17	丁巳	5 9	3 19	戊子	6 9	4 21	己未	7 11	5 23	
	2 8	1 18	戊午	3 10	2 18	戊子	4 9	2 18	戊午	5 10	3 20	己丑	6 10	4 22	庚申	7 12	5 24	
中	2 9	1 19	己未	3 11	2 19	己丑	4 10	2 19	己未	5 11	3 21	庚寅	6 11	4 23	辛酉	7 13	5 25	
華	2 10	1 20	庚申	3 12	2 20	庚寅	4 11	2 20	庚申	5 12	3 22	辛卯	6 12	4 24	壬戌	7 14	5 26	
民	2 11	1 21	辛酉	3 13	2 21	辛卯	4 12	2 21	辛酉	5 13	3 23	壬辰	6 13	4 25	癸亥	7 15	5 27	
國	2 12	1 22	壬戌	3 14	2 22	壬辰	4 13	2 22	壬戌	5 14	3 24	癸巳	6 14	4 26	甲子	7 16	5 28	
三	2 13	1 23	癸亥	3 15	2 23	癸巳	4 14	2 23	癸亥	5 15	3 25	甲午	6 15	4 27	乙丑	7 17	5 29	
十	2 14	1 24	甲子	3 16	2 24	甲午	4 15	2 24	甲子	5 16	3 26	乙未	6 16	4 28	丙寅	7 18	6 1	
六	2 15	1 25	乙丑	3 17	2 25	乙未	4 16	2 25	乙丑	5 17	3 27	丙申	6 17	4 29	丁卯	7 19	6 2	
年	2 16	1 26	丙寅	3 18	2 26	丙申	4 17	2 26	丙寅	5 18	3 28	丁酉	6 18	4 30	戊辰	7 20	6 3	
	2 17	1 27	丁卯	3 19	2 27	丁酉	4 18	2 27	丁卯	5 19	3 29	戊戌	6 19	5 1	己巳	7 21	6 4	
豬	2 18	1 28	戊辰	3 20	2 28	戊戌	4 19	2 28	戊辰	5 20	4 1	己亥	6 20	5 2	庚午	7 22	6 5	
	2 19	1 29	己巳	3 21	2 29	己亥	4 20	2 29	己巳	5 21	4 2	庚子	6 21	5 3	辛未	7 23	6 6	
	2 20	1 30	庚午	3 22	2 30	庚子	4 21	3 1	庚午	5 22	4 3	辛丑	6 22	5 4	壬申	7 24	6 7	
	2 21	2 1	辛未	3 23	閏2 1	辛丑	4 22	3 2	辛未	5 23	4 4	壬寅	6 23	5 5	癸酉	7 25	6 8	
	2 22	2 2	壬申	3 24	2 2	壬寅	4 23	3 3	壬申	5 24	4 5	癸卯	6 24	5 6	甲戌	7 26	6 9	
	2 23	2 3	癸酉	3 25	2 3	癸卯	4 24	3 4	癸酉	5 25	4 6	甲辰	6 25	5 7	乙亥	7 27	6 10	
	2 24	2 4	甲戌	3 26	2 4	甲辰	4 25	3 5	甲戌	5 26	4 7	乙巳	6 26	5 8	丙子	7 28	6 11	
	2 25	2 5	乙亥	3 27	2 5	乙巳	4 26	3 6	乙亥	5 27	4 8	丙午	6 27	5 9	丁丑	7 29	6 12	
	2 26	2 6	丙子	3 28	2 6	丙午	4 27	3 7	丙子	5 28	4 9	丁未	6 28	5 10	戊寅	7 30	6 13	
	2 27	2 7	丁丑	3 29	2 7	丁未	4 28	3 8	丁丑	5 29	4 10	戊申	6 29	5 11	己卯	7 31	6 14	
1	2 28	2 8	戊寅	3 30	2 8	戊申	4 29	3 9	戊寅	5 30	4 11	己酉	6 30	5 12	庚辰	8 1	6 15	
9	3 1	2 9	己卯	3 31	2 9	己酉	4 30	3 10	己卯	5 31	4 12	庚戌	7 1	5 13	辛巳	8 2	6 16	
4	3 2	2 10	庚辰	4 1	2 10	庚戌	5 1	3 11	庚辰	6 1	4 13	辛亥	7 2	5 14	壬午	8 3	6 17	
7	3 3	2 11	辛巳	4 2	2 11	辛亥	5 2	3 12	辛巳	6 2	4 14	壬子	7 3	5 15	癸未	8 4	6 18	
	3 4	2 12	壬午	4 3	2 12	壬子	5 3	3 13	壬午	6 3	4 15	癸丑	7 4	5 16	甲申	8 5	6 19	
	3 5	2 13	癸未	4 4	2 13	癸丑	5 4	3 14	癸未	6 4	4 16	甲寅	7 5	5 17	乙酉	8 6	6 20	
							5 5	3 15	甲申	6 5	4 17	乙卯	7 6	5 18	丙戌	8 7	6 21	
													7 7	5 19	丁亥			

			小滿	夏至	大暑
2/19 19時51分 戌時	3/21 19時12分 戌時	4/21 6時39分 卯時	5/22 6時9分 卯時	6/22 14時18分 未時	7/24 1時14分

日光節約時間：五月一日至九月三十日

節氣（月）

	戊申	己酉	庚戌	辛亥	壬子	癸丑
節氣	立秋	白露	寒露	立冬	大雪	小寒
時刻	7時40分 酉時	9/8 20時21分 戌時	10/9 11時37分 午時	11/8 14時24分 未時	12/8 18時56分 卯時	1/6 18時0分 酉時

年：中華民國三十六、三十七年　豬　1947、1948

戊申 國曆	戊申 農曆	戊申 干支	己酉 國曆	己酉 農曆	己酉 干支	庚戌 國曆	庚戌 農曆	庚戌 干支	辛亥 國曆	辛亥 農曆	辛亥 干支	壬子 國曆	壬子 農曆	壬子 干支	癸丑 國曆	癸丑 農曆	癸丑 干支	日
8/8	6/22	己未	9/8	7/24	庚寅	10/9	8/25	辛酉	11/8	9/26	辛卯	12/8	10/26	辛酉	1/6	11/25	庚寅	
8/9	6/23	庚申	9/9	7/25	辛卯	10/10	8/26	壬戌	11/9	9/27	壬辰	12/9	10/27	壬戌	1/7	11/26	辛卯	
8/10	6/24	辛酉	9/10	7/26	壬辰	10/11	8/27	癸亥	11/10	9/28	癸巳	12/10	10/28	癸亥	1/8	11/27	壬辰	
8/11	6/25	壬戌	9/11	7/27	癸巳	10/12	8/28	甲子	11/11	9/29	甲午	12/11	10/29	甲子	1/9	11/28	癸巳	
8/12	6/26	癸亥	9/12	7/28	甲午	10/13	8/29	乙丑	11/12	9/30	乙未	12/12	10/30	乙丑	1/10	11/29	甲午	
8/13	6/27	甲子	9/13	7/29	乙未	10/14	9/1	丙寅	11/13	10/1	丙申	12/13	11/1	丙寅	1/11	12/1	乙未	
8/14	6/28	乙丑	9/14	7/30	丙申	10/15	9/2	丁卯	11/14	10/2	丁酉	12/14	11/2	丁卯	1/12	12/2	丙申	
8/15	6/29	丙寅	9/15	8/1	丁酉	10/16	9/3	戊辰	11/15	10/3	戊戌	12/15	11/3	戊辰	1/13	12/3	丁酉	
8/16	7/1	丁卯	9/16	8/2	戊戌	10/17	9/4	己巳	11/16	10/4	己亥	12/16	11/4	己巳	1/14	12/4	戊戌	
8/17	7/2	戊辰	9/17	8/3	己亥	10/18	9/5	庚午	11/17	10/5	庚子	12/17	11/5	庚午	1/15	12/5	己亥	
8/18	7/3	己巳	9/18	8/4	庚子	10/19	9/6	辛未	11/18	10/6	辛丑	12/18	11/6	辛未	1/16	12/6	庚子	
8/19	7/4	庚午	9/19	8/5	辛丑	10/20	9/7	壬申	11/19	10/7	壬寅	12/19	11/7	壬申	1/17	12/7	辛丑	
8/20	7/5	辛未	9/20	8/6	壬寅	10/21	9/8	癸酉	11/20	10/8	癸卯	12/20	11/8	癸酉	1/18	12/8	壬寅	
8/21	7/6	壬申	9/21	8/7	癸卯	10/22	9/9	甲戌	11/21	10/9	甲辰	12/21	11/9	甲戌	1/19	12/9	癸卯	
8/22	7/7	癸酉	9/22	8/8	甲辰	10/23	9/10	乙亥	11/22	10/10	乙巳	12/22	11/10	乙亥	1/20	12/10	甲辰	
8/23	7/8	甲戌	9/23	8/9	乙巳	10/24	9/11	丙子	11/23	10/11	丙午	12/23	11/11	丙子	1/21	12/11	乙巳	
8/24	7/9	乙亥	9/24	8/10	丙午	10/25	9/12	丁丑	11/24	10/12	丁未	12/24	11/12	丁丑	1/22	12/12	丙午	
8/25	7/10	丙子	9/25	8/11	丁未	10/26	9/13	戊寅	11/25	10/13	戊申	12/25	11/13	戊寅	1/23	12/13	丁未	
8/26	7/11	丁丑	9/26	8/12	戊申	10/27	9/14	己卯	11/26	10/14	己酉	12/26	11/14	己卯	1/24	12/14	戊申	
8/27	7/12	戊寅	9/27	8/13	己酉	10/28	9/15	庚辰	11/27	10/15	庚戌	12/27	11/15	庚辰	1/25	12/15	己酉	
8/28	7/13	己卯	9/28	8/14	庚戌	10/29	9/16	辛巳	11/28	10/16	辛亥	12/28	11/16	辛巳	1/26	12/16	庚戌	
8/29	7/14	庚辰	9/29	8/15	辛亥	10/30	9/17	壬午	11/29	10/17	壬子	12/29	11/17	壬午	1/27	12/17	辛亥	
8/30	7/15	辛巳	9/30	8/16	壬子	10/31	9/18	癸未	11/30	10/18	癸丑	12/30	11/18	癸未	1/28	12/18	壬子	
8/31	7/16	壬午	10/1	8/17	癸丑	11/1	9/19	甲申	12/1	10/19	甲寅	12/31	11/19	甲申	1/29	12/19	癸丑	
9/1	7/17	癸未	10/2	8/18	甲寅	11/2	9/20	乙酉	12/2	10/20	乙卯	1/1	11/20	乙酉	1/30	12/20	甲寅	
9/2	7/18	甲申	10/3	8/19	乙卯	11/3	9/21	丙戌	12/3	10/21	丙辰	1/2	11/21	丙戌	1/31	12/21	乙卯	
9/3	7/19	乙酉	10/4	8/20	丙辰	11/4	9/22	丁亥	12/4	10/22	丁巳	1/3	11/22	丁亥	2/1	12/22	丙辰	
9/4	7/20	丙戌	10/5	8/21	丁巳	11/5	9/23	戊子	12/5	10/23	戊午	1/4	11/23	戊子	2/2	12/23	丁巳	
9/5	7/21	丁亥	10/6	8/22	戊午	11/6	9/24	己丑	12/6	10/24	己未	1/5	11/24	己丑	2/3	12/24	戊午	
9/6	7/22	戊子	10/7	8/23	己未	11/7	9/25	庚寅	12/7	10/25	庚申				2/4	12/25	己未	
9/7	7/23	己丑	10/8	8/24	庚申													

中氣

	處暑	秋分	霜降	小雪	冬至	大寒
時刻	8時9分 辰時	9/24 5時28分 卯時	10/24 14時25分 未時	11/23 11時37分 午時	12/23 0時42分 子時	1/21 11時18分 午時

年 戊子

月	甲寅			乙卯			丙辰			丁巳			戊午			己未		
節氣	立春			驚蟄			清明			立夏			芒種			小暑		
	2/5 5時42分 卯時			3/5 23時57分 子時			4/5 5時9分 卯時			5/5 22時52分 亥時			6/6 3時20分 寅時			7/7 13時43分		
日	國曆	農曆	干支	國曆	農曆	干支	國曆	農曆	干支	國曆	農曆	干支	國曆	農曆	干支	國曆	農曆	干支
	2/5	12/26	庚申	3/5	1/25	己丑	4/5	2/26	庚申	5/5	3/27	庚寅	6/6	4/29	壬戌	7/7	6/1	癸巳
	2/6	12/27	辛酉	3/6	1/26	庚寅	4/6	2/27	辛酉	5/6	3/28	辛卯	6/7	5/1	癸亥	7/8	6/2	甲午
	2/7	12/28	壬戌	3/7	1/27	辛卯	4/7	2/28	壬戌	5/7	3/29	壬辰	6/8	5/2	甲子	7/9	6/3	乙未
	2/8	12/29	癸亥	3/8	1/28	壬辰	4/8	2/29	癸亥	5/8	3/30	癸巳	6/9	5/3	乙丑	7/10	6/4	丙申
	2/9	12/30	甲子	3/9	1/29	癸巳	4/9	3/1	甲子	5/9	4/1	甲午	6/10	5/4	丙寅	7/11	6/5	丁酉
	2/10	1/1	乙丑	3/10	1/30	甲午	4/10	3/2	乙丑	5/10	4/2	乙未	6/11	5/5	丁卯	7/12	6/6	戊戌
	2/11	1/2	丙寅	3/11	2/1	乙未	4/11	3/3	丙寅	5/11	4/3	丙申	6/12	5/6	戊辰	7/13	6/7	己亥
	2/12	1/3	丁卯	3/12	2/2	丙申	4/12	3/4	丁卯	5/12	4/4	丁酉	6/13	5/7	己巳	7/14	6/8	庚子
	2/13	1/4	戊辰	3/13	2/3	丁酉	4/13	3/5	戊辰	5/13	4/5	戊戌	6/14	5/8	庚午	7/15	6/9	辛丑
	2/14	1/5	己巳	3/14	2/4	戊戌	4/14	3/6	己巳	5/14	4/6	己亥	6/15	5/9	辛未	7/16	6/10	壬寅
	2/15	1/6	庚午	3/15	2/5	己亥	4/15	3/7	庚午	5/15	4/7	庚子	6/16	5/10	壬申	7/17	6/11	癸卯
	2/16	1/7	辛未	3/16	2/6	庚子	4/16	3/8	辛未	5/16	4/8	辛丑	6/17	5/11	癸酉	7/18	6/12	甲辰
	2/17	1/8	壬申	3/17	2/7	辛丑	4/17	3/9	壬申	5/17	4/9	壬寅	6/18	5/12	甲戌	7/19	6/13	乙巳
	2/18	1/9	癸酉	3/18	2/8	壬寅	4/18	3/10	癸酉	5/18	4/10	癸卯	6/19	5/13	乙亥	7/20	6/14	丙午
	2/19	1/10	甲戌	3/19	2/9	癸卯	4/19	3/11	甲戌	5/19	4/11	甲辰	6/20	5/14	丙子	7/21	6/15	丁未
	2/20	1/11	乙亥	3/20	2/10	甲辰	4/20	3/12	乙亥	5/20	4/12	乙巳	6/21	5/15	丁丑	7/22	6/16	戊申
	2/21	1/12	丙子	3/21	2/11	乙巳	4/21	3/13	丙子	5/21	4/13	丙午	6/22	5/16	戊寅	7/23	6/17	己酉
	2/22	1/13	丁丑	3/22	2/12	丙午	4/22	3/14	丁丑	5/22	4/14	丁未	6/23	5/17	己卯	7/24	6/18	庚戌
	2/23	1/14	戊寅	3/23	2/13	丁未	4/23	3/15	戊寅	5/23	4/15	戊申	6/24	5/18	庚辰	7/25	6/19	辛亥
	2/24	1/15	己卯	3/24	2/14	戊申	4/24	3/16	己卯	5/24	4/16	己酉	6/25	5/19	辛巳	7/26	6/20	壬子
	2/25	1/16	庚辰	3/25	2/15	己酉	4/25	3/17	庚辰	5/25	4/17	庚戌	6/26	5/20	壬午	7/27	6/21	癸丑
	2/26	1/17	辛巳	3/26	2/16	庚戌	4/26	3/18	辛巳	5/26	4/18	辛亥	6/27	5/21	癸未	7/28	6/22	甲寅
	2/27	1/18	壬午	3/27	2/17	辛亥	4/27	3/19	壬午	5/27	4/19	壬子	6/28	5/22	甲申	7/29	6/23	乙卯
	2/28	1/19	癸未	3/28	2/18	壬子	4/28	3/20	癸未	5/28	4/20	癸丑	6/29	5/23	乙酉	7/30	6/24	丙辰
	2/29	1/20	甲申	3/29	2/19	癸丑	4/29	3/21	甲申	5/29	4/21	甲寅	6/30	5/24	丙戌	7/31	6/25	丁巳
	3/1	1/21	乙酉	3/30	2/20	甲寅	4/30	3/22	乙酉	5/30	4/22	乙卯	7/1	5/25	丁亥	8/1	6/26	戊午
	3/2	1/22	丙戌	3/31	2/21	乙卯	5/1	3/23	丙戌	5/31	4/23	丙辰	7/2	5/26	戊子	8/2	6/27	己未
	3/3	1/23	丁亥	4/1	2/22	丙辰	5/2	3/24	丁亥	6/1	4/24	丁巳	7/3	5/27	己丑	8/3	6/28	庚申
	3/4	1/24	戊子	4/2	2/23	丁巳	5/3	3/25	戊子	6/2	4/25	戊午	7/4	5/28	庚寅	8/4	6/29	辛酉
				4/3	2/24	戊午	5/4	3/26	己丑	6/3	4/26	己未	7/5	5/29	辛卯	8/5	7/1	壬戌
				4/4	2/25	己未				6/4	4/27	庚申	7/6	5/30	壬辰	8/6	7/2	癸亥
										6/5	4/28	辛酉				8/7	7/3	甲子

中華民國三十七年 鼠 1948

			小滿	夏至	大暑
2/20 1時36分 丑時	3/21 0時56分 子時	4/20 12時24分 午時	5/21 11時57分 午時	6/21 20時10分 戌時	7/23 7時7分

戊子（年）

節氣	庚申	辛酉	壬戌	癸亥	甲子	乙丑
月	庚申	辛酉	壬戌	癸亥	甲子	乙丑
節氣	立秋	白露	寒露	立冬	大雪	小寒
時	23時26分子時	9/8 2時5分 丑時	10/8 17時20分 酉時	11/7 20時6分 戌時	12/7 12時37分 午時	1/5 23時41分 子時

右側欄：中華民國三十七、三十八年　鼠　1948、1949

日

國曆	農曆	干支	國曆	農曆	干支	國曆	農曆	干支	國曆	農曆	干支	國曆	農曆	干支	國曆	農曆	干支
7	3	甲子	9/8	8/6	丙申	10/8	9/6	丙寅	11/7	10/7	丙申	12/7	11/7	丙寅	1/5	12/6	乙未
8	4	乙丑	9	7	丁酉	9	7	丁卯	8	8	丁酉	8	8	丁卯	6	7	丙申
9	5	丙寅	10	8	戊戌	10	8	戊辰	9	9	戊戌	9	9	戊辰	7	8	丁酉
10	6	丁卯	11	9	己亥	11	9	己巳	10	10	己亥	10	10	己巳	8	9	戊戌
11	7	戊辰	12	10	庚子	12	10	庚午	11	11	庚子	11	11	庚午	9	10	己亥
12	8	己巳	13	11	辛丑	13	11	辛未	12	12	辛丑	12	12	辛未	10	11	庚子
13	9	庚午	14	12	壬寅	14	12	壬申	13	13	壬寅	13	13	壬申	11	12	辛丑
14	10	辛未	15	13	癸卯	15	13	癸酉	14	14	癸卯	14	14	癸酉	12	13	壬寅
15	11	壬申	16	14	甲辰	16	14	甲戌	15	15	甲辰	15	15	甲戌	13	14	癸卯
16	12	癸酉	17	15	乙巳	17	15	乙亥	16	16	乙巳	16	16	乙亥	14	15	甲辰
17	13	甲戌	18	16	丙午	18	16	丙子	17	17	丙午	17	17	丙子	15	16	乙巳
18	14	乙亥	19	17	丁未	19	17	丁丑	18	18	丁未	18	18	丁丑	16	17	丙午
19	15	丙子	20	18	戊申	20	18	戊寅	19	19	戊申	19	19	戊寅	17	18	丁未
20	16	丁丑	21	19	己酉	21	19	己卯	20	20	己酉	20	20	己卯	18	19	戊申
21	17	戊寅	22	20	庚戌	22	20	庚辰	21	21	庚戌	21	21	庚辰	19	20	己酉
22	18	己卯	23	21	辛亥	23	21	辛巳	22	22	辛亥	22	22	辛巳	20	21	庚戌
23	19	庚辰	24	22	壬子	24	22	壬午	23	23	壬子	23	23	壬午	21	22	辛亥
24	20	辛巳	25	23	癸丑	25	23	癸未	24	24	癸丑	24	24	癸未	22	23	壬子
25	21	壬午	26	24	甲寅	26	24	甲申	25	25	甲寅	25	25	甲申	23	24	癸丑
26	22	癸未	27	25	乙卯	27	25	乙酉	26	26	乙卯	26	26	乙酉	24	25	甲寅
27	23	甲申	28	26	丙辰	28	26	丙戌	27	27	丙辰	27	27	丙戌	25	26	乙卯
28	24	乙酉	29	27	丁巳	29	27	丁亥	28	28	丁巳	28	28	丁亥	26	27	丙辰
29	25	丙戌	30	28	戊午	30	28	戊子	29	29	戊午	29	29	戊子	27	28	丁巳
30	26	丁亥	10/1	29	己未	31	29	己丑	30	30	己未	30	30	己丑	28	29	戊午
31	28	戊子	2	30	庚申	11/1	10/1	庚寅	12/1	11/1	庚申	31	12/1	庚寅	29	1/1	己未
9/1	27	己丑	3	9/1	辛酉	2	2	辛卯	2	2	辛酉	1/1	2	辛卯	30	2	庚申
2	29	庚寅	4	2	壬戌	3	3	壬辰	3	3	壬戌	2	3	壬辰	31	3	辛酉
3	8/1	辛卯	5	3	癸亥	4	4	癸巳	4	4	癸亥	3	4	癸巳	2/1	4	壬戌
4	2	壬辰	6	4	甲子	5	5	甲午	5	5	甲子	4	5	甲午	2	5	癸亥
5	3	癸巳	7	5	乙丑	6	6	乙未	6	6	乙丑				3	6	甲子
6	4	甲午															
6	5	乙未															

中氣

中氣	處暑	秋分	霜降	小雪	冬至	大寒
時	23 14時2分 未時	9/23 11時21分 午時	10/23 20時18分 戌時	11/22 17時28分 酉時	12/22 6時33分 卯時	1/20 17時8分 酉時

年：己丑

月	丙寅			丁卯			戊辰			己巳			庚午			辛未		
節氣	立春 2/4 11時22分 午時			驚蟄 3/6 5時39分 卯時			清明 4/5 10時52分 巳時			立夏 5/6 4時36分 寅時			芒種 6/6 9時6分 巳時			小暑 7/7 19時31分 戌時		
日	國曆	農曆	干支	國曆	農曆	干支	國曆	農曆	干支	國曆	農曆	干支	國曆	農曆	干支	國曆	農曆	干支
	2/4	1/7	乙丑	3/6	2/7	乙未	4/5	3/8	乙丑	5/6	4/9	丙申	6/6	5/10	丁卯	7/7	6/12	戊戌
	2/5	1/8	丙寅	3/7	2/8	丙申	4/6	3/9	丙寅	5/7	4/10	丁酉	6/7	5/11	戊辰	7/8	6/13	己亥
	2/6	1/9	丁卯	3/8	2/9	丁酉	4/7	3/10	丁卯	5/8	4/11	戊戌	6/8	5/12	己巳	7/9	6/14	庚子
	2/7	1/10	戊辰	3/9	2/10	戊戌	4/8	3/11	戊辰	5/9	4/12	己亥	6/9	5/13	庚午	7/10	6/15	辛丑
	2/8	1/11	己巳	3/10	2/11	己亥	4/9	3/12	己巳	5/10	4/13	庚子	6/10	5/14	辛未	7/11	6/16	壬寅
	2/9	1/12	庚午	3/11	2/12	庚子	4/10	3/13	庚午	5/11	4/14	辛丑	6/11	5/15	壬申	7/12	6/17	癸卯
	2/10	1/13	辛未	3/12	2/13	辛丑	4/11	3/14	辛未	5/12	4/15	壬寅	6/12	5/16	癸酉	7/13	6/18	甲辰
	2/11	1/14	壬申	3/13	2/14	壬寅	4/12	3/15	壬申	5/13	4/16	癸卯	6/13	5/17	甲戌	7/14	6/19	乙巳
	2/12	1/15	癸酉	3/14	2/15	癸卯	4/13	3/16	癸酉	5/14	4/17	甲辰	6/14	5/18	乙亥	7/15	6/20	丙午
	2/13	1/16	甲戌	3/15	2/16	甲辰	4/14	3/17	甲戌	5/15	4/18	乙巳	6/15	5/19	丙子	7/16	6/21	丁未
	2/14	1/17	乙亥	3/16	2/17	乙巳	4/15	3/18	乙亥	5/16	4/19	丙午	6/16	5/20	丁丑	7/17	6/22	戊申
	2/15	1/18	丙子	3/17	2/18	丙午	4/16	3/19	丙子	5/17	4/20	丁未	6/17	5/21	戊寅	7/18	6/23	己酉
	2/16	1/19	丁丑	3/18	2/19	丁未	4/17	3/20	丁丑	5/18	4/21	戊申	6/18	5/22	己卯	7/19	6/24	庚戌
	2/17	1/20	戊寅	3/19	2/20	戊申	4/18	3/21	戊寅	5/19	4/22	己酉	6/19	5/23	庚辰	7/20	6/25	辛亥
	2/18	1/21	己卯	3/20	2/21	己酉	4/19	3/22	己卯	5/20	4/23	庚戌	6/20	5/24	辛巳	7/21	6/26	壬子
	2/19	1/22	庚辰	3/21	2/22	庚戌	4/20	3/23	庚辰	5/21	4/24	辛亥	6/21	5/25	壬午	7/22	6/27	癸丑
	2/20	1/23	辛巳	3/22	2/23	辛亥	4/21	3/24	辛巳	5/22	4/25	壬子	6/22	5/26	癸未	7/23	6/28	甲寅
	2/21	1/24	壬午	3/23	2/24	壬子	4/22	3/25	壬午	5/23	4/26	癸丑	6/23	5/27	甲申	7/24	6/29	乙卯
	2/22	1/25	癸未	3/24	2/25	癸丑	4/23	3/26	癸未	5/24	4/27	甲寅	6/24	5/28	乙酉	7/25	6/30	丙辰
	2/23	1/26	甲申	3/25	2/26	甲寅	4/24	3/27	甲申	5/25	4/28	乙卯	6/25	5/29	丙戌	7/26	7/1	丁巳
	2/24	1/27	乙酉	3/26	2/27	乙卯	4/25	3/28	乙酉	5/26	4/29	丙辰	6/26	6/1	丁亥	7/27	7/2	戊午
	2/25	1/28	丙戌	3/27	2/28	丙辰	4/26	3/29	丙戌	5/27	4/30	丁巳	6/27	6/2	戊子	7/28	7/3	己未
	2/26	1/29	丁亥	3/28	2/29	丁巳	4/27	3/30	丁亥	5/28	5/1	戊午	6/28	6/3	己丑	7/29	7/4	庚申
	2/27	1/30	戊子	3/29	3/1	戊午	4/28	4/1	戊子	5/29	5/2	己未	6/29	6/4	庚寅	7/30	7/5	辛酉
	2/28	2/1	己丑	3/30	3/2	己未	4/29	4/2	己丑	5/30	5/3	庚申	6/30	6/5	辛卯	7/31	7/6	壬戌
	3/1	2/2	庚寅	3/31	3/3	庚申	4/30	4/3	庚寅	5/31	5/4	辛酉	7/1	6/6	壬辰	8/1	7/7	癸亥
	3/2	2/3	辛卯	4/1	3/4	辛酉	5/1	4/4	辛卯	6/1	5/5	壬戌	7/2	6/7	癸巳	8/2	7/8	甲子
	3/3	2/4	壬辰	4/2	3/5	壬戌	5/2	4/5	壬辰	6/2	5/6	癸亥	7/3	6/8	甲午	8/3	7/9	乙丑
	3/4	2/5	癸巳	4/3	3/6	癸亥	5/3	4/6	癸巳	6/3	5/7	甲子	7/4	6/9	乙未	8/4	7/10	丙寅
	3/5	2/6	甲午	4/4	3/7	甲子	5/4	4/7	甲午	6/4	5/8	乙丑	7/5	6/10	丙申	8/5	7/11	丁卯
							5/5	4/8	乙未	6/5	5/9	丙寅	7/6	6/11	丁酉	8/6	7/12	戊辰
																8/7	7/13	己巳

中華民國三十八年　牛　1949

中氣	雨水 2/19 7時27分 辰時	春分 3/21 6時48分 卯時	穀雨 4/20 18時17分 酉時	小滿 5/21 17時50分 酉時	夏至 6/22 2時2分 丑時	大暑 7/23 12時56分 未時

日光節約時間：五月一日至九月三十日

月	壬申			癸酉			甲戌			乙亥			丙子			丁丑		
節氣	立秋			白露			寒露			立冬			大雪			小寒		
	8日5時15分 卯時			9/8 7時54分 辰時			10/8 23時11分 子時			11/8 1時59分 丑時			12/7 18時33分 酉時			1/6 5時38分 戌時		
日	國曆	農曆	干支	國曆	農曆	干支	國曆	農曆	干支	國曆	農曆	干支	國曆	農曆	干支	國曆	農曆	干支
	8/8	7/14	庚午	9/8	7/16	辛丑	10/8	8/17	辛未	11/8	9/18	壬寅	12/7	10/18	辛未	1/6	11/18	辛丑
	8/9	7/15	辛未	9/9	7/17	壬寅	10/9	8/18	壬申	11/9	9/19	癸卯	12/8	10/19	壬申	1/7	11/19	壬寅
	8/10	7/16	壬申	9/10	7/18	癸卯	10/10	8/19	癸酉	11/10	9/20	甲辰	12/9	10/20	癸酉	1/8	11/20	癸卯
	8/11	7/17	癸酉	9/11	7/19	甲辰	10/11	8/20	甲戌	11/11	9/21	乙巳	12/10	10/21	甲戌	1/9	11/21	甲辰
	8/12	7/18	甲戌	9/12	7/20	乙巳	10/12	8/21	乙亥	11/12	9/22	丙午	12/11	10/22	乙亥	1/10	11/22	乙巳
	8/13	7/19	乙亥	9/13	7/21	丙午	10/13	8/22	丙子	11/13	9/23	丁未	12/12	10/23	丙子	1/11	11/23	丙午
	8/14	7/20	丙子	9/14	7/22	丁未	10/14	8/23	丁丑	11/14	9/24	戊申	12/13	10/24	丁丑	1/12	11/24	丁未
	8/15	7/21	丁丑	9/15	7/23	戊申	10/15	8/24	戊寅	11/15	9/25	己酉	12/14	10/25	戊寅	1/13	11/25	戊申
	8/16	7/22	戊寅	9/16	7/24	己酉	10/16	8/25	己卯	11/16	9/26	庚戌	12/15	10/26	己卯	1/14	11/26	己酉
	8/17	7/23	己卯	9/17	7/25	庚戌	10/17	8/26	庚辰	11/17	9/27	辛亥	12/16	10/27	庚辰	1/15	11/27	庚戌
	8/18	7/24	庚辰	9/18	7/26	辛亥	10/18	8/27	辛巳	11/18	9/28	壬子	12/17	10/28	辛巳	1/16	11/28	辛亥
	8/19	7/25	辛巳	9/19	7/27	壬子	10/19	8/28	壬午	11/19	9/29	癸丑	12/18	10/29	壬午	1/17	11/29	壬子
	8/20	7/26	壬午	9/20	7/28	癸丑	10/20	8/29	癸未	11/20	10/1	甲寅	12/19	10/30	癸未	1/18	12/1	癸丑
	8/21	7/27	癸未	9/21	7/29	甲寅	10/21	8/30	甲申	11/21	10/2	乙卯	12/20	11/1	甲申	1/19	12/2	甲寅
	8/22	7/28	甲申	9/22	8/1	乙卯	10/22	9/1	乙酉	11/22	10/3	丙辰	12/21	11/2	乙酉	1/20	12/3	乙卯
	8/23	7/29	乙酉	9/23	8/2	丙辰	10/23	9/2	丙戌	11/23	10/4	丁巳	12/22	11/3	丙戌	1/21	12/4	丙辰
	8/24	閏7/1	丙戌	9/24	8/3	丁巳	10/24	9/3	丁亥	11/24	10/5	戊午	12/23	11/4	丁亥	1/22	12/5	丁巳
	8/25	7/2	丁亥	9/25	8/4	戊午	10/25	9/4	戊子	11/25	10/6	己未	12/24	11/5	戊子	1/23	12/6	戊午
	8/26	7/3	戊子	9/26	8/5	己未	10/26	9/5	己丑	11/26	10/7	庚申	12/25	11/6	己丑	1/24	12/7	己未
	8/27	7/4	己丑	9/27	8/6	庚申	10/27	9/6	庚寅	11/27	10/8	辛酉	12/26	11/7	庚寅	1/25	12/8	庚申
	8/28	7/5	庚寅	9/28	8/7	辛酉	10/28	9/7	辛卯	11/28	10/9	壬戌	12/27	11/8	辛卯	1/26	12/9	辛酉
	8/29	7/6	辛卯	9/29	8/8	壬戌	10/29	9/8	壬辰	11/29	10/10	癸亥	12/28	11/9	壬辰	1/27	12/10	壬戌
	8/30	7/7	壬辰	9/30	8/9	癸亥	10/30	9/9	癸巳	11/30	10/11	甲子	12/29	11/10	癸巳	1/28	12/11	癸亥
	8/31	7/8	癸巳	10/1	8/10	甲子	10/31	9/10	甲午	12/1	10/12	乙丑	12/30	11/11	甲午	1/29	12/12	甲子
	9/1	7/9	甲午	10/2	8/11	乙丑	11/1	9/11	乙未	12/2	10/13	丙寅	12/31	11/12	乙未	1/30	12/13	乙丑
	9/2	7/10	乙未	10/3	8/12	丙寅	11/2	9/12	丙申	12/3	10/14	丁卯	1/1	11/13	丙申	1/31	12/14	丙寅
	9/3	7/11	丙申	10/4	8/13	丁卯	11/3	9/13	丁酉	12/4	10/15	戊辰	1/2	11/14	丁酉	2/1	12/15	丁卯
	9/4	7/12	丁酉	10/5	8/14	戊辰	11/4	9/14	戊戌	12/5	10/16	己巳	1/3	11/15	戊戌	2/2	12/16	戊辰
	9/5	7/13	戊戌	10/6	8/15	己巳	11/5	9/15	己亥	12/6	10/17	庚午	1/4	11/16	己亥	2/3	12/17	己巳
	9/6	7/14	己亥	10/7	8/16	庚午	11/6	9/16	庚子				1/5	11/17	庚子			
	9/7	7/15	庚子				11/7	9/17	辛丑									

中氣	處暑			秋分			霜降			小雪			冬至			大寒		
	23 19時48分 戌時			9/23 17時5分 酉時			10/24 3時3分 丑時			11/22 23時16分 子時			12/22 12時22分 午時			1/20 22時59分 亥時		

中華民國三十八、三十九年 牛

1949、1950

日光節約時間：五月一日至九月三十日

年	庚寅																
月	戊寅			己卯			庚辰			辛巳			壬午			癸未		
節氣	立春 2/4 17時20分 酉時			驚蟄 3/6 11時35分 午時			清明 4/5 16時44分 申時			立夏 5/6 10時24分 巳時			芒種 6/6 14時51分 未時			小暑 7/8 1時13分 丑時		
日	國曆	農曆	干支	國曆	農曆	干支	國曆	農曆	干支	國曆	農曆	干支	國曆	農曆	干支	國曆	農曆	干支
	2 4	12 18	庚午	3 6	1 18	庚子	4 5	2 19	庚午	5 6	3 20	辛丑	6 6	4 21	壬申	7 8	5 24	甲辰
	2 5	12 19	辛未	3 7	1 19	辛丑	4 6	2 20	辛未	5 7	3 21	壬寅	6 7	4 22	癸酉	7 9	5 25	乙巳
	2 6	12 20	壬申	3 8	1 20	壬寅	4 7	2 21	壬申	5 8	3 22	癸卯	6 8	4 23	甲戌	7 10	5 26	丙午
中	2 7	12 21	癸酉	3 9	1 21	癸卯	4 8	2 22	癸酉	5 9	3 23	甲辰	6 9	4 24	乙亥	7 11	5 27	丁未
華	2 8	12 22	甲戌	3 10	1 22	甲辰	4 9	2 23	甲戌	5 10	3 24	乙巳	6 10	4 25	丙子	7 12	5 28	戊申
民	2 9	12 23	乙亥	3 11	1 23	乙巳	4 10	2 24	乙亥	5 11	3 25	丙午	6 11	4 26	丁丑	7 13	5 29	己酉
國	2 10	12 24	丙子	3 12	1 24	丙午	4 11	2 25	丙子	5 12	3 26	丁未	6 12	4 27	戊寅	7 14	5 30	庚戌
三	2 11	12 25	丁丑	3 13	1 25	丁未	4 12	2 26	丁丑	5 13	3 27	戊申	6 13	4 28	己卯	7 15	6 1	辛亥
十	2 12	12 26	戊寅	3 14	1 26	戊申	4 13	2 27	戊寅	5 14	3 28	己酉	6 14	4 29	庚辰	7 16	6 2	壬子
九	2 13	12 27	己卯	3 15	1 27	己酉	4 14	2 28	己卯	5 15	3 29	庚戌	6 15	5 1	辛巳	7 17	6 3	癸丑
年	2 14	12 28	庚辰	3 16	1 28	庚戌	4 15	2 29	庚辰	5 16	3 30	辛亥	6 16	5 2	壬午	7 18	6 4	甲寅
	2 15	12 29	辛巳	3 17	1 29	辛亥	4 16	2 30	辛巳	5 17	4 1	壬子	6 17	5 3	癸未	7 19	6 5	乙卯
虎	2 16	12 30	壬午	3 18	2 1	壬子	4 17	3 1	壬午	5 18	4 2	癸丑	6 18	5 4	甲申	7 20	6 6	丙辰
	2 17	1 1	癸未	3 19	2 2	癸丑	4 18	3 2	癸未	5 19	4 3	甲寅	6 19	5 5	乙酉	7 21	6 7	丁巳
	2 18	1 2	甲申	3 20	2 3	甲寅	4 19	3 3	甲申	5 20	4 4	乙卯	6 20	5 6	丙戌	7 22	6 8	戊午
	2 19	1 3	乙酉	3 21	2 4	乙卯	4 20	3 4	乙酉	5 21	4 5	丙辰	6 21	5 7	丁亥	7 23	6 9	己未
	2 20	1 4	丙戌	3 22	2 5	丙辰	4 21	3 5	丙戌	5 22	4 6	丁巳	6 22	5 8	戊子	7 24	6 10	庚申
	2 21	1 5	丁亥	3 23	2 6	丁巳	4 22	3 6	丁亥	5 23	4 7	戊午	6 23	5 9	己丑	7 25	6 11	辛酉
	2 22	1 6	戊子	3 24	2 7	戊午	4 23	3 7	戊子	5 24	4 8	己未	6 24	5 10	庚寅	7 26	6 12	壬戌
	2 23	1 7	己丑	3 25	2 8	己未	4 24	3 8	己丑	5 25	4 9	庚申	6 25	5 11	辛卯	7 27	6 13	癸亥
	2 24	1 8	庚寅	3 26	2 9	庚申	4 25	3 9	庚寅	5 26	4 10	辛酉	6 26	5 12	壬辰	7 28	6 14	甲子
	2 25	1 9	辛卯	3 27	2 10	辛酉	4 26	3 10	辛卯	5 27	4 11	壬戌	6 27	5 13	癸巳	7 29	6 15	乙丑
	2 26	1 10	壬辰	3 28	2 11	壬戌	4 27	3 11	壬辰	5 28	4 12	癸亥	6 28	5 14	甲午	7 30	6 16	丙寅
	2 27	1 11	癸巳	3 29	2 12	癸亥	4 28	3 12	癸巳	5 29	4 13	甲子	6 29	5 15	乙未	7 31	6 17	丁卯
	2 28	1 12	甲午	3 30	2 13	甲子	4 29	3 13	甲午	5 30	4 14	乙丑	6 30	5 16	丙申	8 1	6 18	戊辰
1	3 1	1 13	乙未	3 31	2 14	乙丑	4 30	3 14	乙未	5 31	4 15	丙寅	7 1	5 17	丁酉	8 2	6 19	己巳
9	3 2	1 14	丙申	4 1	2 15	丙寅	5 1	3 15	丙申	6 1	4 16	丁卯	7 2	5 18	戊戌	8 3	6 20	庚午
5	3 3	1 15	丁酉	4 2	2 16	丁卯	5 2	3 16	丁酉	6 2	4 17	戊辰	7 3	5 19	己亥	8 4	6 21	辛未
0	3 4	1 16	戊戌	4 3	2 17	戊辰	5 3	3 17	戊戌	6 3	4 18	己巳	7 4	5 20	庚子	8 5	6 22	壬申
	3 5	1 17	己亥	4 4	2 18	己巳	5 4	3 18	己亥	6 4	4 19	庚午	7 5	5 21	辛丑	8 6	6 23	癸酉
							5 5	3 19	庚子	6 5	4 20	辛未	7 6	5 22	壬寅	8 7	6 24	甲戌
													7 7	5 23	癸卯			
中氣	雨水 2/19 13時17分 未時			春分 3/21 12時35分 午時			穀雨 4/20 23時59分 子時			小滿 5/21 23時27分 子時			夏至 6/22 7時36分 辰時			大暑 7/23 18時29分 酉時		

月	甲申		乙酉			丙戌			丁亥			戊子			己丑			年
節氣	立秋		白露			寒露			立冬			大雪			小寒			
	0時55分 巳時		9/8 13時33分 未時			10/9 4時51分 寅時			11/8 7時43分 辰時			12/8 0時21分 子時			1/6 11時30分 午時			
日	農曆	干支	國曆	農曆	干支	國曆	農曆	干支	國曆	農曆	干支	國曆	農曆	干支	國曆	農曆	干支	
	6 25	乙亥	9 8	7 26	丙午	10 9	8 28	丁丑	11 8	9 29	丁未	12 8	10 29	丁丑	1 6	11 29	丙午	中華民國三十九、四十年
	6 26	丙子	9 9	7 27	丁未	10 10	8 29	戊寅	11 9	9 30	戊申	12 9	11 1	戊寅	1 7	11 30	丁未	
	6 27	丁丑	9 10	7 28	戊申	10 11	9 1	己卯	11 10	10 1	己酉	12 10	11 2	己卯	1 8	12 1	戊申	
	6 28	戊寅	9 11	7 29	己酉	10 12	9 2	庚辰	11 11	10 2	庚戌	12 11	11 3	庚辰	1 9	12 2	己酉	
	6 29	己卯	9 12	8 1	庚戌	10 13	9 3	辛巳	11 12	10 3	辛亥	12 12	11 4	辛巳	1 10	12 3	庚戌	
	6 30	庚辰	9 13	8 2	辛亥	10 14	9 4	壬午	11 13	10 4	壬子	12 13	11 5	壬午	1 11	12 4	辛亥	
	7 1	辛巳	9 14	8 3	壬子	10 15	9 5	癸未	11 14	10 5	癸丑	12 14	11 6	癸未	1 12	12 5	壬子	
	7 2	壬午	9 15	8 4	癸丑	10 16	9 6	甲申	11 15	10 6	甲寅	12 15	11 7	甲申	1 13	12 6	癸丑	
	7 3	癸未	9 16	8 5	甲寅	10 17	9 7	乙酉	11 16	10 7	乙卯	12 16	11 8	乙酉	1 14	12 7	甲寅	
	7 4	甲申	9 17	8 6	乙卯	10 18	9 8	丙戌	11 17	10 8	丙辰	12 17	11 9	丙戌	1 15	12 8	乙卯	虎
	7 5	乙酉	9 18	8 7	丙辰	10 19	9 9	丁亥	11 18	10 9	丁巳	12 18	11 10	丁亥	1 16	12 9	丙辰	
	7 6	丙戌	9 19	8 8	丁巳	10 20	9 10	戊子	11 19	10 10	戊午	12 19	11 11	戊子	1 17	12 10	丁巳	
	7 7	丁亥	9 20	8 9	戊午	10 21	9 11	己丑	11 20	10 11	己未	12 20	11 12	己丑	1 18	12 11	戊午	
	7 8	戊子	9 21	8 10	己未	10 22	9 12	庚寅	11 21	10 12	庚申	12 21	11 13	庚寅	1 19	12 12	己未	
	7 9	己丑	9 22	8 11	庚申	10 23	9 13	辛卯	11 22	10 13	辛酉	12 22	11 14	辛卯	1 20	12 13	庚申	
	7 10	庚寅	9 23	8 12	辛酉	10 24	9 14	壬辰	11 23	10 14	壬戌	12 23	11 15	壬辰	1 21	12 14	辛酉	
	7 11	辛卯	9 24	8 13	壬戌	10 25	9 15	癸巳	11 24	10 15	癸亥	12 24	11 16	癸巳	1 22	12 15	壬戌	
	7 12	壬辰	9 25	8 14	癸亥	10 26	9 16	甲午	11 25	10 16	甲子	12 25	11 17	甲午	1 23	12 16	癸亥	
	7 13	癸巳	9 26	8 15	甲子	10 27	9 17	乙未	11 26	10 17	乙丑	12 26	11 18	乙未	1 24	12 17	甲子	
	7 14	甲午	9 27	8 16	乙丑	10 28	9 18	丙申	11 27	10 18	丙寅	12 27	11 19	丙申	1 25	12 18	乙丑	
	7 15	乙未	9 28	8 17	丙寅	10 29	9 19	丁酉	11 28	10 19	丁卯	12 28	11 20	丁酉	1 26	12 19	丙寅	
	7 16	丙申	9 29	8 18	丁卯	10 30	9 20	戊戌	11 29	10 20	戊辰	12 29	11 21	戊戌	1 27	12 20	丁卯	
	7 17	丁酉	9 30	8 19	戊辰	10 31	9 21	己亥	11 30	10 21	己巳	12 30	11 22	己亥	1 28	12 21	戊辰	1950、1951
	7 18	戊戌	10 1	8 20	己巳	11 1	9 22	庚子	12 1	10 22	庚午	12 31	11 23	庚子	1 29	12 22	己巳	
	7 19	己亥	10 2	8 21	庚午	11 2	9 23	辛丑	12 2	10 23	辛未	1 1	11 24	辛丑	1 30	12 23	庚午	
	7 20	庚子	10 3	8 22	辛未	11 3	9 24	壬寅	12 3	10 24	壬申	1 2	11 25	壬寅	1 31	12 24	辛未	
	7 21	辛丑	10 4	8 23	壬申	11 4	9 25	癸卯	12 4	10 25	癸酉	1 3	11 26	癸卯	2 1	12 25	壬申	
	7 22	壬寅	10 5	8 24	癸酉	11 5	9 26	甲辰	12 5	10 26	甲戌	1 4	11 27	甲辰	2 2	12 26	癸酉	
	7 23	癸卯	10 6	8 25	甲戌	11 6	9 27	乙巳	12 6	10 27	乙亥	1 5	11 28	乙巳	2 3	12 27	甲戌	
	7 24	甲辰	10 7	8 26	乙亥	11 7	9 28	丙午	12 7	10 28	丙子							
	7 25	乙巳	10 8	8 27	丙子													
中氣	處暑		秋分			霜降			小雪			冬至			大寒			中氣
	1時23分 丑時		9/23 22時43分 亥時			10/24 7時44分 辰時			11/23 5時2分 卯時			12/22 18時13分 酉時			1/21 4時52分 寅時			

年							辛卯											
月	庚寅			辛卯			壬辰			癸巳			甲午			乙未		
節氣	立春			驚蟄			清明			立夏			芒種			小暑		
	2/4 23時13分 子時			3/6 17時26分 酉時			4/5 22時32分 亥時			5/6 16時9分 申時			6/6 20時32分 戌時			7/8 6時53分 卯時		
日	國曆	農曆	干支	國曆	農曆	干支	國曆	農曆	干支	國曆	農曆	干支	國曆	農曆	干支	國曆	農曆	干支
中華民國四十年 兔	2 4	12 28	乙亥	3 6	1 29	乙巳	4 5	2 29	乙亥	5 6	4 1	丙午	6 6	5 2	丁未	7 8	6 5	丁丑
	2 5	12 29	丙子	3 7	1 30	丙午	4 6	3 1	丙子	5 7	4 2	丁未	6 7	5 3	戊申	7 9	6 6	戊寅
	2 6	1 1	丁丑	3 8	2 1	丁未	4 7	3 2	丁丑	5 8	4 3	戊申	6 8	5 4	己酉	7 10	6 7	己卯
	2 7	1 2	戊寅	3 9	2 2	戊申	4 8	3 3	戊寅	5 9	4 4	己酉	6 9	5 5	庚戌	7 11	6 8	庚辰
	2 8	1 3	己卯	3 10	2 3	己酉	4 9	3 4	己卯	5 10	4 5	庚戌	6 10	5 6	辛亥	7 12	6 9	辛巳
	2 9	1 4	庚辰	3 11	2 4	庚戌	4 10	3 5	庚辰	5 11	4 6	辛亥	6 11	5 7	壬午	7 13	6 10	壬午
	2 10	1 5	辛巳	3 12	2 5	辛亥	4 11	3 6	辛巳	5 12	4 7	壬子	6 12	5 8	癸未	7 14	6 11	癸未
	2 11	1 6	壬午	3 13	2 6	壬子	4 12	3 7	壬午	5 13	4 8	癸丑	6 13	5 9	甲申	7 15	6 12	甲申
	2 12	1 7	癸未	3 14	2 7	癸丑	4 13	3 8	癸未	5 14	4 9	甲寅	6 14	5 10	乙酉	7 16	6 13	乙酉
	2 13	1 8	甲申	3 15	2 8	甲寅	4 14	3 9	甲申	5 15	4 10	乙卯	6 15	5 11	丙戌	7 17	6 14	丙戌
	2 14	1 9	乙酉	3 16	2 9	乙卯	4 15	3 10	乙酉	5 16	4 11	丙辰	6 16	5 12	丁亥	7 18	6 15	丁亥
	2 15	1 10	丙戌	3 17	2 10	丙辰	4 16	3 11	丙戌	5 17	4 12	丁巳	6 17	5 13	戊子	7 19	6 16	戊子
	2 16	1 11	丁亥	3 18	2 11	丁巳	4 17	3 12	丁亥	5 18	4 13	戊午	6 18	5 14	己丑	7 20	6 17	己丑
	2 17	1 12	戊子	3 19	2 12	戊午	4 18	3 13	戊子	5 19	4 14	己未	6 19	5 15	庚寅	7 21	6 18	庚寅
四十	2 18	1 13	己丑	3 20	2 13	己未	4 19	3 14	己丑	5 20	4 15	庚申	6 20	5 16	辛卯	7 22	6 19	辛卯
	2 19	1 14	庚寅	3 21	2 14	庚申	4 20	3 15	庚寅	5 21	4 16	辛酉	6 21	5 17	壬辰	7 23	6 20	壬辰
	2 20	1 15	辛卯	3 22	2 15	辛酉	4 21	3 16	辛卯	5 22	4 17	壬戌	6 22	5 18	癸巳	7 24	6 21	癸巳
	2 21	1 16	壬辰	3 23	2 16	壬戌	4 22	3 17	壬辰	5 23	4 18	癸亥	6 23	5 19	甲午	7 25	6 22	甲午
	2 22	1 17	癸巳	3 24	2 17	癸亥	4 23	3 18	癸巳	5 24	4 19	甲子	6 24	5 20	乙未	7 26	6 23	乙未
	2 23	1 18	甲午	3 25	2 18	甲子	4 24	3 19	甲午	5 25	4 20	乙丑	6 25	5 21	丙申	7 27	6 24	丙申
	2 24	1 19	乙未	3 26	2 19	乙丑	4 25	3 20	乙未	5 26	4 21	丙寅	6 26	5 22	丁酉	7 28	6 25	丁酉
	2 25	1 20	丙申	3 27	2 20	丙寅	4 26	3 21	丙申	5 27	4 22	丁卯	6 27	5 23	戊戌	7 29	6 26	戊戌
1	2 26	1 21	丁酉	3 28	2 21	丁卯	4 27	3 22	丁酉	5 28	4 23	戊辰	6 28	5 24	己亥	7 30	6 27	己亥
9	2 27	1 22	戊戌	3 29	2 22	戊辰	4 28	3 23	戊戌	5 29	4 24	己巳	6 29	5 25	庚子	7 31	6 28	庚子
5	2 28	1 23	己亥	3 30	2 23	己巳	4 29	3 24	己亥	5 30	4 25	庚午	6 30	5 26	辛丑	8 1	6 29	辛丑
1	3 1	1 24	庚子	3 31	2 24	庚午	4 30	3 25	庚子	5 31	4 26	辛未	7 1	5 27	壬寅	8 2	6 30	壬寅
	3 2	1 25	辛丑	4 1	2 25	辛未	5 1	3 26	辛丑	6 1	4 27	壬申	7 2	5 28	癸卯	8 3	7 1	癸卯
	3 3	1 26	壬寅	4 2	2 26	壬申	5 2	3 27	壬寅	6 2	4 28	癸酉	7 3	5 29	甲辰	8 4	7 2	甲辰
	3 4	1 27	癸卯	4 3	2 27	癸酉	5 3	3 28	癸卯	6 3	4 29	甲戌	7 4	6 1	乙巳	8 5	7 3	乙巳
	3 5	1 28	甲辰	4 4	2 28	甲戌	5 4	3 29	甲辰	6 4	4 30	乙亥	7 5	6 2	丙午	8 6	7 4	丙午
							5 5	3 30	乙巳	6 5	5 1	丙子	7 6	6 3	丁未	8 7	7 5	丁未
													7 7	6 4	戊申			
中氣	雨水			春分			穀雨			小滿			夏至			大暑		
	2/19 19時9分 戌時			3/21 18時25分 酉時			4/21 5時48分 卯時			5/22 5時15分 卯時			6/22 13時24分 未時			7/24 0時20分		

五虎遁年起月表（求月干支）

月支\年干	寅	卯	辰	巳	午	未	申	酉	戌	亥	子	丑
甲己	丙寅	丁卯	戊辰	己巳	庚午	辛未	壬申	癸酉	甲戌	乙亥	丙子	丁丑
乙庚	戊寅	己卯	庚辰	辛巳	壬午	癸未	甲申	乙酉	丙戌	丁亥	戊子	己丑
丙辛	庚寅	辛卯	壬辰	癸巳	甲午	乙未	丙申	丁酉	戊戌	己亥	庚子	辛丑
丁壬	壬寅	癸卯	甲辰	乙巳	丙午	丁未	戊申	己酉	庚戌	辛亥	壬子	癸丑
戊癸	甲寅	乙卯	丙辰	丁巳	戊午	己未	庚申	辛酉	壬戌	癸亥	甲子	乙丑

二十四節氣表

月令	正月	二月	三月	四月	五月	六月	七月	八月	九月	十月	十一月	十二月
	寅	卯	辰	巳	午	未	申	酉	戌	亥	子	丑
節氣	立春	驚蟄	清明	立夏	芒種	小暑	立秋	白露	寒露	立冬	大雪	小寒
黃經度	315度	345度	15度	45度	75度	105度	135度	165度	195度	225度	255度	285度
中氣	雨水	春分	穀雨	小滿	夏至	大暑	處暑	秋分	霜降	小雪	冬至	大寒
黃經度	330度	0度	30度	60度	90度	120度	150度	180度	210度	240度	270度	300度

六十甲子表

甲子	乙丑	丙寅	丁卯	戊辰	己巳	庚午	辛未	壬申	癸酉		戌、亥
甲戌	乙亥	丙子	丁丑	戊寅	己卯	庚辰	辛巳	壬午	癸未		申、酉
甲申	乙酉	丙戌	丁亥	戊子	己丑	庚寅	辛卯	壬辰	癸巳		午、未
甲午	乙未	丙申	丁酉	戊戌	己亥	庚子	辛丑	壬寅	癸卯		辰、巳
甲辰	乙巳	丙午	丁未	戊申	己酉	庚戌	辛亥	壬子	癸丑		寅、卯
甲寅	乙卯	丙辰	丁巳	戊午	己未	庚申	辛酉	壬戌	癸亥		子、丑

五鼠遁日起時表（求時干支）

時辰	23〜1	1〜3	3〜5	5〜7	7〜9	9〜11	11〜13	13〜15	15〜17	17〜19	19〜21	21〜23
時支 日干	子	丑	寅	卯	辰	巳	午	未	申	酉	戌	亥
甲己	甲子	乙丑	丙寅	丁卯	戊辰	己巳	庚午	辛未	壬申	癸酉	甲戌	乙亥
乙庚	丙子	丁丑	戊寅	己卯	庚辰	辛巳	壬午	癸未	甲申	乙酉	丙戌	丁亥
丙辛	戊子	己丑	庚寅	辛卯	壬辰	癸巳	甲午	乙未	丙申	丁酉	戊戌	己亥
丁壬	庚子	辛丑	壬寅	癸卯	甲辰	乙巳	丙午	丁未	戊申	己酉	庚戌	辛亥
戊癸	壬子	癸丑	甲寅	乙卯	丙辰	丁巳	戊午	己未	庚申	辛酉	壬戌	癸亥

辛卯																		年
丙申			丁酉			戊戌			己亥			庚子			辛丑			月
立秋			白露			寒露			立冬			大雪			小寒			節氣
6時37分 申時			9/8 19時18分 戌時			10/9 10時36分 巳時			11/8 13時26分 未時			12/8 6時2分 卯時			1/6 17時9分 酉時			節氣
國曆	農曆	干支	國曆	農曆	干支	國曆	農曆	干支	國曆	農曆	干支	國曆	農曆	干支	國曆	農曆	干支	日
8/8	7 6	庚戌	9/8	8 8	辛巳	10/9	9 10	壬子	11/8	10 10	壬午	12/8	11 11	壬子	1/6	12 10	辛巳	
8/9	7 7	辛亥	9/9	8 9	壬午	10/10	9 11	癸丑	11/9	10 11	癸未	12/9	11 12	癸丑	1/7	12 11	壬午	
8/10	7 8	壬子	9/10	8 10	癸未	10/11	9 12	甲寅	11/10	10 12	甲申	12/10	11 13	甲寅	1/8	12 12	癸未	
8/11	7 9	癸丑	9/11	8 11	甲申	10/12	9 13	乙卯	11/11	10 13	乙酉	12/11	11 14	乙卯	1/9	12 13	甲申	
8/12	7 10	甲寅	9/12	8 12	乙酉	10/13	9 14	丙辰	11/12	10 14	丙戌	12/12	11 15	丙辰	1/10	12 14	乙酉	
8/13	7 11	乙卯	9/13	8 13	丙戌	10/14	9 15	丁巳	11/13	10 15	丁亥	12/13	11 16	丁巳	1/11	12 15	丙戌	
8/14	7 12	丙辰	9/14	8 14	丁亥	10/15	9 16	戊午	11/14	10 16	戊子	12/14	11 17	戊午	1/12	12 16	丁亥	
8/15	7 13	丁巳	9/15	8 15	戊子	10/16	9 17	己未	11/15	10 17	己丑	12/15	11 18	己未	1/13	12 17	戊子	
8/16	7 14	戊午	9/16	8 16	己丑	10/17	9 18	庚申	11/16	10 18	庚寅	12/16	11 19	庚申	1/14	12 18	己丑	
8/17	7 15	己未	9/17	8 17	庚寅	10/18	9 19	辛酉	11/17	10 19	辛卯	12/17	11 20	辛酉	1/15	12 19	庚寅	
8/18	7 16	庚申	9/18	8 18	辛卯	10/19	9 20	壬戌	11/18	10 20	壬辰	12/18	11 21	壬戌	1/16	12 20	辛卯	
8/19	7 17	辛酉	9/19	8 19	壬辰	10/20	9 21	癸亥	11/19	10 21	癸巳	12/19	11 22	癸亥	1/17	12 21	壬辰	
8/20	7 18	壬戌	9/20	8 20	癸巳	10/21	9 22	甲子	11/20	10 22	甲午	12/20	11 23	甲子	1/18	12 22	癸巳	
8/21	7 19	癸亥	9/21	8 21	甲午	10/22	9 23	乙丑	11/21	10 23	乙未	12/21	11 24	乙丑	1/19	12 23	甲午	
8/22	7 20	甲子	9/22	8 22	乙未	10/23	9 24	丙寅	11/22	10 24	丙申	12/22	11 25	丙寅	1/20	12 24	乙未	
8/23	7 21	乙丑	9/23	8 23	丙申	10/24	9 25	丁卯	11/23	10 25	丁酉	12/23	11 26	丁卯	1/21	12 25	丙申	
8/24	7 22	丙寅	9/24	8 24	丁酉	10/25	9 26	戊辰	11/24	10 26	戊戌	12/24	11 27	戊辰	1/22	12 26	丁酉	
8/25	7 23	丁卯	9/25	8 25	戊戌	10/26	9 27	己巳	11/25	10 27	己亥	12/25	11 28	己巳	1/23	12 27	戊戌	
8/26	7 24	戊辰	9/26	8 26	己亥	10/27	9 28	庚午	11/26	10 28	庚子	12/26	11 29	庚午	1/24	12 28	己亥	
8/27	7 25	己巳	9/27	8 27	庚子	10/28	9 29	辛未	11/27	10 29	辛丑	12/27	11 30	辛未	1/25	12 29	庚子	
8/28	7 26	庚午	9/28	8 28	辛丑	10/29	9 30	壬申	11/28	11 1	壬寅	12/28	12 1	壬申	1/26	12 30	辛丑	
8/29	7 27	辛未	9/29	8 29	壬寅	10/30	10 1	癸酉	11/29	11 2	癸卯	12/29	12 2	癸酉	1/27	1 1	壬寅	
8/30	7 28	壬申	9/30	9 1	癸卯	10/31	10 2	甲戌	11/30	11 3	甲辰	12/30	12 3	甲戌	1/28	1 2	癸卯	
8/31	7 29	癸酉	10/1	9 2	甲辰	11/1	10 3	乙亥	12/1	11 4	乙巳	12/31	12 4	乙亥	1/29	1 3	甲辰	
9/1	8 1	甲戌	10/2	9 3	乙巳	11/2	10 4	丙子	12/2	11 5	丙午	1/1	12 5	丙子	1/30	1 4	乙巳	
9/2	8 2	乙亥	10/3	9 4	丙午	11/3	10 5	丁丑	12/3	11 6	丁未	1/2	12 6	丁丑	1/31	1 5	丙午	
9/3	8 3	丙子	10/4	9 5	丁未	11/4	10 6	戊寅	12/4	11 7	戊申	1/3	12 7	戊寅	2/1	1 6	丁未	
9/4	8 4	丁丑	10/5	9 6	戊申	11/5	10 7	己卯	12/5	11 8	己酉	1/4	12 8	己卯	2/2	1 7	戊申	
9/5	8 5	戊寅	10/6	9 7	己酉	11/6	10 8	庚辰	12/6	11 9	庚戌	1/5	12 9	庚辰	2/3	1 8	己酉	
9/6	8 6	己卯	10/7	9 8	庚戌	11/7	10 9	辛巳	12/7	11 10	辛亥				2/4	1 9	庚戌	
9/7	8 7	庚辰	10/8	9 9	辛亥													

右欄（年柱説明）：中華民國四十、四十一年　兔　1951、1952

處暑	秋分	霜降	小雪	冬至	大寒	中氣
7時16分 辰時	9/24 4時36分 寅時	10/24 13時36分 未時	11/23 10時51分 巳時	12/23 0時0分 子時	1/21 10時38分 巳時	

日光節約時間：五月一日至九月三十日

年：壬辰　（中華民國四十一年　龍　1952）

月	壬寅			癸卯			甲辰			乙巳			丙午			丁未		
節氣	立春			驚蟄			清明			立夏			芒種			小暑		
	2/5 4時52分 寅時			3/5 23時7分 子時			4/5 4時15分 寅時			5/5 21時54分 亥時			6/6 2時20分 丑時			7/7 12時44分 午時		
日	國曆	農曆	干支	國曆	農曆	干支	國曆	農曆	干支	國曆	農曆	干支	國曆	農曆	干支	國曆	農曆	干支
	2/5	1/10	辛巳	3/5	2/10	庚戌	4/5	3/11	辛巳	5/5	4/12	辛亥	6/6	5/14	癸未	7/7	閏5/16	甲寅
	2/6	1/11	壬午	3/6	2/11	辛亥	4/6	3/12	壬午	5/6	4/13	壬子	6/7	5/15	甲申	7/8	閏5/17	乙卯
	2/7	1/12	癸未	3/7	2/12	壬子	4/7	3/13	癸未	5/7	4/14	癸丑	6/8	5/16	乙酉	7/9	閏5/18	丙辰
	2/8	1/13	甲申	3/8	2/13	癸丑	4/8	3/14	甲申	5/8	4/15	甲寅	6/9	5/17	丙戌	7/10	閏5/19	丁巳
	2/9	1/14	乙酉	3/9	2/14	甲寅	4/9	3/15	乙酉	5/9	4/16	乙卯	6/10	5/18	丁亥	7/11	閏5/20	戊午
	2/10	1/15	丙戌	3/10	2/15	乙卯	4/10	3/16	丙戌	5/10	4/17	丙辰	6/11	5/19	戊子	7/12	閏5/21	己未
	2/11	1/16	丁亥	3/11	2/16	丙辰	4/11	3/17	丁亥	5/11	4/18	丁巳	6/12	5/20	己丑	7/13	閏5/22	庚申
	2/12	1/17	戊子	3/12	2/17	丁巳	4/12	3/18	戊子	5/12	4/19	戊午	6/13	5/21	庚寅	7/14	閏5/23	辛酉
	2/13	1/18	己丑	3/13	2/18	戊午	4/13	3/19	己丑	5/13	4/20	己未	6/14	5/22	辛卯	7/15	閏5/24	壬戌
	2/14	1/19	庚寅	3/14	2/19	己未	4/14	3/20	庚寅	5/14	4/21	庚申	6/15	5/23	壬辰	7/16	閏5/25	癸亥
	2/15	1/20	辛卯	3/15	2/20	庚申	4/15	3/21	辛卯	5/15	4/22	辛酉	6/16	5/24	癸巳	7/17	閏5/26	甲子
	2/16	1/21	壬辰	3/16	2/21	辛酉	4/16	3/22	壬辰	5/16	4/23	壬戌	6/17	5/25	甲午	7/18	閏5/27	乙丑
	2/17	1/22	癸巳	3/17	2/22	壬戌	4/17	3/23	癸巳	5/17	4/24	癸亥	6/18	5/26	乙未	7/19	閏5/28	丙寅
	2/18	1/23	甲午	3/18	2/23	癸亥	4/18	3/24	甲午	5/18	4/25	甲子	6/19	5/27	丙申	7/20	閏5/29	丁卯
	2/19	1/24	乙未	3/19	2/24	甲子	4/19	3/25	乙未	5/19	4/26	乙丑	6/20	5/28	丁酉	7/21	閏5/30	戊辰
	2/20	1/25	丙申	3/20	2/25	乙丑	4/20	3/26	丙申	5/20	4/27	丙寅	6/21	5/29	戊戌	7/22	6/1	己巳
	2/21	1/26	丁酉	3/21	2/26	丙寅	4/21	3/27	丁酉	5/21	4/28	丁卯	6/22	閏5/1	己亥	7/23	6/2	庚午
	2/22	1/27	戊戌	3/22	2/27	丁卯	4/22	3/28	戊戌	5/22	4/29	戊辰	6/23	閏5/2	庚子	7/24	6/3	辛未
	2/23	1/28	己亥	3/23	2/28	戊辰	4/23	3/29	己亥	5/23	4/30	己巳	6/24	閏5/3	辛丑	7/25	6/4	壬申
	2/24	1/29	庚子	3/24	2/29	己巳	4/24	4/1	庚子	5/24	5/1	庚午	6/25	閏5/4	壬寅	7/26	6/5	癸酉
	2/25	2/1	辛丑	3/25	2/30	庚午	4/25	4/2	辛丑	5/25	5/2	辛未	6/26	閏5/5	癸卯	7/27	6/6	甲戌
	2/26	2/2	壬寅	3/26	3/1	辛未	4/26	4/3	壬寅	5/26	5/3	壬申	6/27	閏5/6	甲辰	7/28	6/7	乙亥
	2/27	2/3	癸卯	3/27	3/2	壬申	4/27	4/4	癸卯	5/27	5/4	癸酉	6/28	閏5/7	乙巳	7/29	6/8	丙子
	2/28	2/4	甲辰	3/28	3/3	癸酉	4/28	4/5	甲辰	5/28	5/5	甲戌	6/29	閏5/8	丙午	7/30	6/9	丁丑
	2/29	2/5	乙巳	3/29	3/4	甲戌	4/29	4/6	乙巳	5/29	5/6	乙亥	6/30	閏5/9	丁未	7/31	6/10	戊寅
	3/1	2/6	丙午	3/30	3/5	乙亥	4/30	4/7	丙午	5/30	5/7	丙子	7/1	閏5/10	戊申	8/1	6/11	己卯
	3/2	2/7	丁未	3/31	3/6	丙子	5/1	4/8	丁未	5/31	5/8	丁丑	7/2	閏5/11	己酉	8/2	6/12	庚辰
	3/3	2/8	戊申	4/1	3/7	丁丑	5/2	4/9	戊申	6/1	5/9	戊寅	7/3	閏5/12	庚戌	8/3	6/13	辛巳
	3/4	2/9	己酉	4/2	3/8	戊寅	5/3	4/10	己酉	6/2	5/10	己卯	7/4	閏5/13	辛亥	8/4	6/14	壬午
				4/3	3/9	己卯	5/4	4/11	庚戌	6/3	5/11	庚辰	7/5	閏5/14	壬子	8/5	6/15	癸未
				4/4	3/10	庚辰				6/4	5/12	辛巳	7/6	閏5/15	癸丑	8/6	6/16	甲申
										6/5	5/13	壬午						

中氣	雨水			春分			穀雨			小滿			夏至			大暑		
	2/20 0時56分 子時			3/21 0時13分 子時			4/20 11時36分 午時			5/21 11時3分 午時			6/21 19時12分 戌時			7/23 6時7分 卯時		

壬辰　年

月	節氣	節氣時刻
戊申	立秋	8/7 22時31分 亥時
己酉	白露	9/8 1時13分 丑時
庚戌	寒露	10/8 16時32分 申時
辛亥	立冬	11/7 19時21分 戌時
壬子	大雪	12/7 11時55分 午時
癸丑	小寒	1/5 23時2分 子時

右欄（年）：中華民國四十一、四十二年　龍　1952、1953

戊申 國曆	農曆	干支	己酉 國曆	農曆	干支	庚戌 國曆	農曆	干支	辛亥 國曆	農曆	干支	壬子 國曆	農曆	干支	癸丑 國曆	農曆	干支
8/7	6 17	乙酉	9/8	7 20	丁巳	10/8	8 20	丁亥	11/7	9 20	丁巳	12/7	10 21	丁亥	1/5	11 20	丙辰
8/8	6 18	丙戌	9/9	7 21	戊午	10/9	8 21	戊子	11/8	9 21	戊午	12/8	10 22	戊子	1/6	11 21	丁巳
8/9	6 19	丁亥	9/10	7 22	己未	10/10	8 22	己丑	11/9	9 22	己未	12/9	10 23	己丑	1/7	11 22	戊午
8/10	6 20	戊子	9/11	7 23	庚申	10/11	8 23	庚寅	11/10	9 23	庚申	12/10	10 24	庚寅	1/8	11 23	己未
8/11	6 21	己丑	9/12	7 24	辛酉	10/12	8 24	辛卯	11/11	9 24	辛酉	12/11	10 25	辛卯	1/9	11 24	庚申
8/12	6 22	庚寅	9/13	7 25	壬戌	10/13	8 25	壬辰	11/12	9 25	壬戌	12/12	10 26	壬辰	1/10	11 25	辛酉
8/13	6 23	辛卯	9/14	7 26	癸亥	10/14	8 26	癸巳	11/13	9 26	癸亥	12/13	10 27	癸巳	1/11	11 26	壬戌
8/14	6 24	壬辰	9/15	7 27	甲子	10/15	8 27	甲午	11/14	9 27	甲子	12/14	10 28	甲午	1/12	11 27	癸亥
8/15	6 25	癸巳	9/16	7 28	乙丑	10/16	8 28	乙未	11/15	9 28	乙丑	12/15	10 29	乙未	1/13	11 28	甲子
8/16	6 26	甲午	9/17	7 29	丙寅	10/17	8 29	丙申	11/16	9 29	丙寅	12/16	10 30	丙申	1/14	11 29	乙丑
8/17	6 27	乙未	9/18	7 30	丁卯	10/18	8 30	丁酉	11/17	10 1	丁卯	12/17	11 1	丁酉	1/15	12 1	丙寅
8/18	6 28	丙申	9/19	8 1	戊辰	10/19	9 1	戊戌	11/18	10 2	戊辰	12/18	11 2	戊戌	1/16	12 2	丁卯
8/19	6 29	丁酉	9/20	8 2	己巳	10/20	9 2	己亥	11/19	10 3	己巳	12/19	11 3	己亥	1/17	12 3	戊辰
8/20	7 1	戊戌	9/21	8 3	庚午	10/21	9 3	庚子	11/20	10 4	庚午	12/20	11 4	庚子	1/18	12 4	己巳
8/21	7 2	己亥	9/22	8 4	辛未	10/22	9 4	辛丑	11/21	10 5	辛未	12/21	11 5	辛丑	1/19	12 5	庚午
8/22	7 3	庚子	9/23	8 5	壬申	10/23	9 5	壬寅	11/22	10 6	壬申	12/22	11 6	壬寅	1/20	12 6	辛未
8/23	7 4	辛丑	9/24	8 6	癸酉	10/24	9 6	癸卯	11/23	10 7	癸酉	12/23	11 7	癸卯	1/21	12 7	壬申
8/24	7 5	壬寅	9/25	8 7	甲戌	10/25	9 7	甲辰	11/24	10 8	甲戌	12/24	11 8	甲辰	1/22	12 8	癸酉
8/25	7 6	癸卯	9/26	8 8	乙亥	10/26	9 8	乙巳	11/25	10 9	乙亥	12/25	11 9	乙巳	1/23	12 9	甲戌
8/26	7 7	甲辰	9/27	8 9	丙子	10/27	9 9	丙午	11/26	10 10	丙子	12/26	11 10	丙午	1/24	12 10	乙亥
8/27	7 8	乙巳	9/28	8 10	丁丑	10/28	9 10	丁未	11/27	10 11	丁丑	12/27	11 11	丁未	1/25	12 11	丙子
8/28	7 9	丙午	9/29	8 11	戊寅	10/29	9 11	戊申	11/28	10 12	戊寅	12/28	11 12	戊申	1/26	12 12	丁丑
8/29	7 10	丁未	9/30	8 12	己卯	10/30	9 12	己酉	11/29	10 13	己卯	12/29	11 13	己酉	1/27	12 13	戊寅
8/30	7 11	戊申	10/1	8 13	庚辰	10/31	9 13	庚戌	11/30	10 14	庚辰	12/30	11 14	庚戌	1/28	12 14	己卯
8/31	7 12	己酉	10/2	8 14	辛巳	11/1	9 14	辛亥	12/1	10 15	辛巳	12/31	11 15	辛亥	1/29	12 15	庚辰
9/1	7 13	庚戌	10/3	8 15	壬午	11/2	9 15	壬子	12/2	10 16	壬午	1/1	11 16	壬子	1/30	12 16	辛巳
9/2	7 14	辛亥	10/4	8 16	癸未	11/3	9 16	癸丑	12/3	10 17	癸未	1/2	11 17	癸丑	1/31	12 17	壬午
9/3	7 15	壬子	10/5	8 17	甲申	11/4	9 17	甲寅	12/4	10 18	甲申	1/3	11 18	甲寅	2/1	12 18	癸未
9/4	7 16	癸丑	10/6	8 18	乙酉	11/5	9 18	乙卯	12/5	10 19	乙酉	1/4	11 19	乙卯	2/2	12 19	甲申
9/5	7 17	甲寅	10/7	8 19	丙戌	11/6	9 19	丙辰	12/6	10 20	丙戌				2/3	12 20	乙酉
9/6	7 18	乙卯															
9/7	7 19	丙辰															

中氣	中氣時刻
處暑	8/23 13時2分 未時
秋分	9/23 10時23分 巳時
霜降	10/23 19時22分 戌時
小雪	11/22 16時35分 申時
冬至	12/22 5時43分 卯時
大寒	1/20 16時21分 申時

年　　癸巳

中華民國四十二年　蛇　1953

節氣（上）：

月	節氣	日期時刻
甲寅	立春	2/4 10時45分 巳時
乙卯	驚蟄	3/6 5時2分 卯時
丙辰	清明	4/5 10時12分 巳時
丁巳	立夏	5/6 3時52分 寅時
戊午	芒種	6/6 8時16分 辰時
己未	小暑	7/7 18時34分 酉時

甲寅·立春			乙卯·驚蟄			丙辰·清明			丁巳·立夏			戊午·芒種			己未·小暑		
國曆	農曆	干支	國曆	農曆	干支	國曆	農曆	干支	國曆	農曆	干支	國曆	農曆	干支	國曆	農曆	干支
2/4	12/21	丙戌	3/6	1/21	丙辰	4/5	2/22	丙戌	5/6	3/23	丁巳	6/6	4/25	戊子	7/7	5/27	己未
2/5	12/22	丁亥	3/7	1/22	丁巳	4/6	2/23	丁亥	5/7	3/24	戊午	6/7	4/26	己丑	7/8	5/28	庚申
2/6	12/23	戊子	3/8	1/23	戊午	4/7	2/24	戊子	5/8	3/25	己未	6/8	4/27	庚寅	7/9	5/29	辛酉
2/7	12/24	己丑	3/9	1/24	己未	4/8	2/25	己丑	5/9	3/26	庚申	6/9	4/28	辛卯	7/10	5/30	壬戌
2/8	12/25	庚寅	3/10	1/25	庚申	4/9	2/26	庚寅	5/10	3/27	辛酉	6/10	4/29	壬辰	7/11	6/1	癸亥
2/9	12/26	辛卯	3/11	1/26	辛酉	4/10	2/27	辛卯	5/11	3/28	壬戌	6/11	5/1	癸巳	7/12	6/2	甲子
2/10	12/27	壬辰	3/12	1/27	壬戌	4/11	2/28	壬辰	5/12	3/29	癸亥	6/12	5/2	甲午	7/13	6/3	乙丑
2/11	12/28	癸巳	3/13	1/28	癸亥	4/12	2/29	癸巳	5/13	4/1	甲子	6/13	5/3	乙未	7/14	6/4	丙寅
2/12	12/29	甲午	3/14	1/29	甲子	4/13	2/30	甲午	5/14	4/2	乙丑	6/14	5/4	丙申	7/15	6/5	丁卯
2/13	12/30	乙未	3/15	2/1	乙丑	4/14	3/1	乙未	5/15	4/3	丙寅	6/15	5/5	丁酉	7/16	6/6	戊辰
2/14	1/1	丙申	3/16	2/2	丙寅	4/15	3/2	丙申	5/16	4/4	丁卯	6/16	5/6	戊戌	7/17	6/7	己巳
2/15	1/2	丁酉	3/17	2/3	丁卯	4/16	3/3	丁酉	5/17	4/5	戊辰	6/17	5/7	己亥	7/18	6/8	庚午
2/16	1/3	戊戌	3/18	2/4	戊辰	4/17	3/4	戊戌	5/18	4/6	己巳	6/18	5/8	庚子	7/19	6/9	辛未
2/17	1/4	己亥	3/19	2/5	己巳	4/18	3/5	己亥	5/19	4/7	庚午	6/19	5/9	辛丑	7/20	6/10	壬申
2/18	1/5	庚子	3/20	2/6	庚午	4/19	3/6	庚子	5/20	4/8	辛未	6/20	5/10	壬寅	7/21	6/11	癸酉
2/19	1/6	辛丑	3/21	2/7	辛未	4/20	3/7	辛丑	5/21	4/9	壬申	6/21	5/11	癸卯	7/22	6/12	甲戌
2/20	1/7	壬寅	3/22	2/8	壬申	4/21	3/8	壬寅	5/22	4/10	癸酉	6/22	5/12	甲辰	7/23	6/13	乙亥
2/21	1/8	癸卯	3/23	2/9	癸酉	4/22	3/9	癸卯	5/23	4/11	甲戌	6/23	5/13	乙巳	7/24	6/14	丙子
2/22	1/9	甲辰	3/24	2/10	甲戌	4/23	3/10	甲辰	5/24	4/12	乙亥	6/24	5/14	丙午	7/25	6/15	丁丑
2/23	1/10	乙巳	3/25	2/11	乙亥	4/24	3/11	乙巳	5/25	4/13	丙子	6/25	5/15	丁未	7/26	6/16	戊寅
2/24	1/11	丙午	3/26	2/12	丙子	4/25	3/12	丙午	5/26	4/14	丁丑	6/26	5/16	戊申	7/27	6/17	己卯
2/25	1/12	丁未	3/27	2/13	丁丑	4/26	3/13	丁未	5/27	4/15	戊寅	6/27	5/17	己酉	7/28	6/18	庚辰
2/26	1/13	戊申	3/28	2/14	戊寅	4/27	3/14	戊申	5/28	4/16	己卯	6/28	5/18	庚戌	7/29	6/19	辛巳
2/27	1/14	己酉	3/29	2/15	己卯	4/28	3/15	己酉	5/29	4/17	庚辰	6/29	5/19	辛亥	7/30	6/20	壬午
2/28	1/15	庚戌	3/30	2/16	庚辰	4/29	3/16	庚戌	5/30	4/18	辛巳	6/30	5/20	壬子	7/31	6/21	癸未
3/1	1/16	辛亥	3/31	2/17	辛巳	4/30	3/17	辛亥	5/31	4/19	壬午	7/1	5/21	癸丑	8/1	6/22	甲申
3/2	1/17	壬子	4/1	2/18	壬午	5/1	3/18	壬子	6/1	4/20	癸未	7/2	5/22	甲寅	8/2	6/23	乙酉
3/3	1/18	癸丑	4/2	2/19	癸未	5/2	3/19	癸丑	6/2	4/21	甲申	7/3	5/23	乙卯	8/3	6/24	丙戌
3/4	1/19	甲寅	4/3	2/20	甲申	5/3	3/20	甲寅	6/3	4/22	乙酉	7/4	5/24	丙辰	8/4	6/25	丁亥
3/5	1/20	乙卯	4/4	2/21	乙酉	5/4	3/21	乙卯	6/4	4/23	丙戌	7/5	5/25	丁巳	8/5	6/26	戊子
						5/5	3/22	丙辰	6/5	4/24	丁亥	7/6	5/26	戊午	8/6	6/27	己丑
															8/7	6/28	庚寅

節氣（下）：

月	節氣	日期時刻
甲寅	雨水	2/19 6時41分 卯時
乙卯	春分	3/21 6時0分 卯時
丙辰	穀雨	4/20 17時25分 酉時
丁巳	小滿	5/21 16時52分 申時
戊午	夏至	6/22 0時59分 子時
己未	大暑	7/23 11時52分 午時

日光節約時間：四月一日至十月卅一日

庚申			辛酉			壬戌			癸亥			甲子			乙丑			年 月
立秋			白露			寒露			立冬			大雪			小寒			節氣
8/8 4時14分 寅時			9/8 6時52分 卯時			10/8 22時10分 亥時			11/8 1時分 丑時			12/7 17時37分 酉時			1/6 4時45分 寅時			
國曆	農曆	干支	國曆	農曆	干支	國曆	農曆	干支	國曆	農曆	干支	國曆	農曆	干支	國曆	農曆	干支	日
8 8	6 29	辛卯	9 8	8 1	壬戌	10 8	9 1	壬辰	11 8	10 2	癸亥	12 7	11 2	壬辰	1 6	12 2	壬戌	中華民國四十二、四十三年 蛇
8 9	6 30	壬辰	9 9	8 2	癸亥	10 9	9 2	癸巳	11 9	10 3	甲子	12 8	11 3	癸巳	1 7	12 3	癸亥	
8 10	7 1	癸巳	9 10	8 3	甲子	10 10	9 3	甲午	11 10	10 4	乙丑	12 9	11 4	甲午	1 8	12 4	甲子	
8 11	7 2	甲午	9 11	8 4	乙丑	10 11	9 4	乙未	11 11	10 5	丙寅	12 10	11 5	乙未	1 9	12 5	乙丑	
8 12	7 3	乙未	9 12	8 5	丙寅	10 12	9 5	丙申	11 12	10 6	丁卯	12 11	11 6	丙申	1 10	12 6	丙寅	
8 13	7 4	丙申	9 13	8 6	丁卯	10 13	9 6	丁酉	11 13	10 7	戊辰	12 12	11 7	丁酉	1 11	12 7	丁卯	
8 14	7 5	丁酉	9 14	8 7	戊辰	10 14	9 7	戊戌	11 14	10 8	己巳	12 13	11 8	戊戌	1 12	12 8	戊辰	
8 15	7 6	戊戌	9 15	8 8	己巳	10 15	9 8	己亥	11 15	10 9	庚午	12 14	11 9	己亥	1 13	12 9	己巳	
8 16	7 7	己亥	9 16	8 9	庚午	10 16	9 9	庚子	11 16	10 10	辛未	12 15	11 10	庚子	1 14	12 10	庚午	
8 17	7 8	庚子	9 17	8 10	辛未	10 17	9 10	辛丑	11 17	10 11	壬申	12 16	11 11	辛丑	1 15	12 11	辛未	
8 18	7 9	辛丑	9 18	8 11	壬申	10 18	9 11	壬寅	11 18	10 12	癸酉	12 17	11 12	壬寅	1 16	12 12	壬申	
8 19	7 10	壬寅	9 19	8 12	癸酉	10 19	9 12	癸卯	11 19	10 13	甲戌	12 18	11 13	癸卯	1 17	12 13	癸酉	
8 20	7 11	癸卯	9 20	8 13	甲戌	10 20	9 13	甲辰	11 20	10 14	乙亥	12 19	11 14	甲辰	1 18	12 14	甲戌	
8 21	7 12	甲辰	9 21	8 14	乙亥	10 21	9 14	乙巳	11 21	10 15	丙子	12 20	11 15	乙巳	1 19	12 15	乙亥	
8 22	7 13	乙巳	9 22	8 15	丙子	10 22	9 15	丙午	11 22	10 16	丁丑	12 21	11 16	丙午	1 20	12 16	丙子	
8 23	7 14	丙午	9 23	8 16	丁丑	10 23	9 16	丁未	11 23	10 17	戊寅	12 22	11 17	丁未	1 21	12 17	丁丑	
8 24	7 15	丁未	9 24	8 17	戊寅	10 24	9 17	戊申	11 24	10 18	己卯	12 23	11 18	戊申	1 22	12 18	戊寅	
8 25	7 16	戊申	9 25	8 18	己卯	10 25	9 18	己酉	11 25	10 19	庚辰	12 24	11 19	己酉	1 23	12 19	己卯	
8 26	7 17	己酉	9 26	8 19	庚辰	10 26	9 19	庚戌	11 26	10 20	辛巳	12 25	11 20	庚戌	1 24	12 20	庚辰	
8 27	7 18	庚戌	9 27	8 20	辛巳	10 27	9 20	辛亥	11 27	10 21	壬午	12 26	11 21	辛亥	1 25	12 21	辛巳	
8 28	7 19	辛亥	9 28	8 21	壬午	10 28	9 21	壬子	11 28	10 22	癸未	12 27	11 22	壬子	1 26	12 22	壬午	1 9 5 3 、 1 9 5 4
8 29	7 20	壬子	9 29	8 22	癸未	10 29	9 22	癸丑	11 29	10 23	甲申	12 28	11 23	癸丑	1 27	12 23	癸未	
8 30	7 21	癸丑	9 30	8 23	甲申	10 30	9 23	甲寅	11 30	10 24	乙酉	12 29	11 24	甲寅	1 28	12 24	甲申	
8 31	7 22	甲寅	10 1	8 24	乙酉	10 31	9 24	乙卯	12 1	10 25	丙戌	12 30	11 25	乙卯	1 29	12 25	乙酉	
9 1	7 23	乙卯	10 2	8 25	丙戌	11 1	9 25	丙辰	12 2	10 26	丁亥	12 31	11 26	丙辰	1 30	12 26	丙戌	
9 2	7 24	丙辰	10 3	8 26	丁亥	11 2	9 26	丁巳	12 3	10 27	戊子	1 1	11 27	丁巳	1 31	12 27	丁亥	
9 3	7 25	丁巳	10 4	8 27	戊子	11 3	9 27	戊午	12 4	10 28	己丑	1 2	11 28	戊午	2 1	12 28	戊子	
9 4	7 26	戊午	10 5	8 28	己丑	11 4	9 28	己未	12 5	10 29	庚寅	1 3	11 29	己未	2 2	12 29	己丑	
9 5	7 27	己未	10 6	8 29	庚寅	11 5	9 29	庚申	12 6	11 1	辛卯	1 4	11 30	庚申	2 3	1 1	庚寅	
9 6	7 28	庚申	10 7	8 30	辛卯	11 6	9 30	辛酉				1 5	12 1	辛酉				
9 7	7 29	辛酉				11 7	10 1	壬戌										
處暑 8/23 18時45分 酉時			秋分 9/23 16時6分 申時			霜降 10/24 1時6分 丑時			小雪 11/22 22時22分 亥時			冬至 12/22 11時31分 午時			大寒 1/20 22時11分 亥時			中氣

年																	
	甲午																
月	丙寅			丁卯			戊辰			己巳			庚午			辛未		
節氣	立春			驚蟄			清明			立夏			芒種			小暑		
	2/4 16時30分 申時			3/6 10時48分 巳時			4/5 15時59分 申時			5/6 9時38分 巳時			6/6 14時0分 未時			7/8 0時19分 子時		
日	國曆	農曆	干支	國曆	農曆	干支	國曆	農曆	干支	國曆	農曆	干支	國曆	農曆	干支	國曆	農曆	干支
	2/4	1 2	辛卯	3/6	2 2	辛酉	4/5	3 3	辛卯	5/6	4 4	壬戌	6/6	5 6	癸巳	7/8	6 9	乙丑
	2/5	1 3	壬辰	3/7	2 3	壬戌	4/6	3 4	壬辰	5/7	4 5	癸亥	6/7	5 7	甲午	7/9	6 10	丙寅
	2/6	1 4	癸巳	3/8	2 4	癸亥	4/7	3 5	癸巳	5/8	4 6	甲子	6/8	5 8	乙未	7/10	6 11	丁卯
	2/7	1 5	甲午	3/9	2 5	甲子	4/8	3 6	甲午	5/9	4 7	乙丑	6/9	5 9	丙申	7/11	6 12	戊辰
	2/8	1 6	乙未	3/10	2 6	乙丑	4/9	3 7	乙未	5/10	4 8	丙寅	6/10	5 10	丁酉	7/12	6 13	己巳
	2/9	1 7	丙申	3/11	2 7	丙寅	4/10	3 8	丙申	5/11	4 9	丁卯	6/11	5 11	戊戌	7/13	6 14	庚午
中	2/10	1 8	丁酉	3/12	2 8	丁卯	4/11	3 9	丁酉	5/12	4 10	戊辰	6/12	5 12	己亥	7/14	6 15	辛未
華	2/11	1 9	戊戌	3/13	2 9	戊辰	4/12	3 10	戊戌	5/13	4 11	己巳	6/13	5 13	庚子	7/15	6 16	壬申
民	2/12	1 10	己亥	3/14	2 10	己巳	4/13	3 11	己亥	5/14	4 12	庚午	6/14	5 14	辛丑	7/16	6 17	癸酉
國	2/13	1 11	庚子	3/15	2 11	庚午	4/14	3 12	庚子	5/15	4 13	辛未	6/15	5 15	壬寅	7/17	6 18	甲戌
四	2/14	1 12	辛丑	3/16	2 12	辛未	4/15	3 13	辛丑	5/16	4 14	壬申	6/16	5 16	癸卯	7/18	6 19	乙亥
十	2/15	1 13	壬寅	3/17	2 13	壬申	4/16	3 14	壬寅	5/17	4 15	癸酉	6/17	5 17	甲辰	7/19	6 20	丙子
三	2/16	1 14	癸卯	3/18	2 14	癸酉	4/17	3 15	癸卯	5/18	4 16	甲戌	6/18	5 18	乙巳	7/20	6 21	丁丑
年	2/17	1 15	甲辰	3/19	2 15	甲戌	4/18	3 16	甲辰	5/19	4 17	乙亥	6/19	5 19	丙午	7/21	6 22	戊寅
	2/18	1 16	乙巳	3/20	2 16	乙亥	4/19	3 17	乙巳	5/20	4 18	丙子	6/20	5 20	丁未	7/22	6 23	己卯
馬	2/19	1 17	丙午	3/21	2 17	丙子	4/20	3 18	丙午	5/21	4 19	丁丑	6/21	5 21	戊申	7/23	6 24	庚辰
	2/20	1 18	丁未	3/22	2 18	丁丑	4/21	3 19	丁未	5/22	4 20	戊寅	6/22	5 22	己酉	7/24	6 25	辛巳
	2/21	1 19	戊申	3/23	2 19	戊寅	4/22	3 20	戊申	5/23	4 21	己卯	6/23	5 23	庚戌	7/25	6 26	壬午
	2/22	1 20	己酉	3/24	2 20	己卯	4/23	3 21	己酉	5/24	4 22	庚辰	6/24	5 24	辛亥	7/26	6 27	癸未
	2/23	1 21	庚戌	3/25	2 21	庚辰	4/24	3 22	庚戌	5/25	4 23	辛巳	6/25	5 25	壬子	7/27	6 28	甲申
	2/24	1 22	辛亥	3/26	2 22	辛巳	4/25	3 23	辛亥	5/26	4 24	壬午	6/26	5 26	癸丑	7/28	6 29	乙酉
	2/25	1 23	壬子	3/27	2 23	壬午	4/26	3 24	壬子	5/27	4 25	癸未	6/27	5 27	甲寅	7/29	6 30	丙戌
	2/26	1 24	癸丑	3/28	2 24	癸未	4/27	3 25	癸丑	5/28	4 26	甲申	6/28	5 28	乙卯	7/30	7 1	丁亥
	2/27	1 25	甲寅	3/29	2 25	甲申	4/28	3 26	甲寅	5/29	4 27	乙酉	6/29	5 29	丙辰	7/31	7 2	戊子
	2/28	1 26	乙卯	3/30	2 26	乙酉	4/29	3 27	乙卯	5/30	4 28	丙戌	6/30	6 1	丁巳	8/1	7 3	己丑
1	3/1	1 27	丙辰	3/31	2 27	丙戌	4/30	3 28	丙辰	5/31	4 29	丁亥	7/1	6 2	戊午	8/2	7 4	庚寅
9	3/2	1 28	丁巳	4/1	2 28	丁亥	5/1	3 29	丁巳	6/1	5 1	戊子	7/2	6 3	己未	8/3	7 5	辛卯
5	3/3	1 29	戊午	4/2	2 29	戊子	5/2	3 30	戊午	6/2	5 2	己丑	7/3	6 4	庚申	8/4	7 6	壬辰
4	3/4	1 30	己未	4/3	3 1	己丑	5/3	4 1	己未	6/3	5 3	庚寅	7/4	6 5	辛酉	8/5	7 7	癸巳
	3/5	2 1	庚申	4/4	3 2	庚寅	5/4	4 2	庚申	6/4	5 4	辛卯	7/5	6 6	壬戌	8/6	7 8	甲午
							5/5	4 3	辛酉	6/5	5 5	壬辰	7/6	6 7	癸亥	8/7	7 9	乙未
													7/7	6 8	甲子			
										小滿			夏至			大暑		
	2/19 12時32分 午時			3/21 11時53分 午時			4/20 23時19分 子時			5/21 22時47分 亥時			6/22 6時54分 卯時			7/23 17時44分 酉時		

壬申	癸酉	甲戌	乙亥	丙子	丁丑	月
立秋	白露	寒露	立冬	大雪	小寒	節氣
8/8 9時59分 巳時	9/8 12時37分 午時	10/9 3時57分 寅時	11/8 4時50分 卯時	12/7 23時28分 子時	1/6 10時35分 巳時	

各欄：國曆 ・ 農曆 ・ 干支 （日）

壬申 立秋	癸酉 白露	甲戌 寒露	乙亥 立冬	丙子 大雪	丁丑 小寒
8/8 7/10 丙申	9/8 8/12 丁卯	10/9 9/13 戊戌	11/8 10/13 戊辰	12/7 11/13 丁酉	1/6 12/13 丁卯
8/9 7/11 丁酉	9/9 8/13 戊辰	10/10 9/14 己亥	11/9 10/14 己巳	12/8 11/14 戊戌	1/7 12/14 戊辰
8/10 7/12 戊戌	9/10 8/14 己巳	10/11 9/15 庚子	11/10 10/15 庚午	12/9 11/15 己亥	1/8 12/15 己巳
8/11 7/13 己亥	9/11 8/15 庚午	10/12 9/16 辛丑	11/11 10/16 辛未	12/10 11/16 庚子	1/9 12/16 庚午
8/12 7/14 庚子	9/12 8/16 辛未	10/13 9/17 壬寅	11/12 10/17 壬申	12/11 11/17 辛丑	1/10 12/17 辛未
8/13 7/15 辛丑	9/13 8/17 壬申	10/14 9/18 癸卯	11/13 10/18 癸酉	12/12 11/18 壬寅	1/11 12/18 壬申
8/14 7/16 壬寅	9/14 8/18 癸酉	10/15 9/19 甲辰	11/14 10/19 甲戌	12/13 11/19 癸卯	1/12 12/19 癸酉
8/15 7/17 癸卯	9/15 8/19 甲戌	10/16 9/20 乙巳	11/15 10/20 乙亥	12/14 11/20 甲辰	1/13 12/20 甲戌
8/16 7/18 甲辰	9/16 8/20 乙亥	10/17 9/21 丙午	11/16 10/21 丙子	12/15 11/21 乙巳	1/14 12/21 乙亥
8/17 7/19 乙巳	9/17 8/21 丙子	10/18 9/22 丁未	11/17 10/22 丁丑	12/16 11/22 丙午	1/15 12/22 丙子
8/18 7/20 丙午	9/18 8/22 丁丑	10/19 9/23 戊申	11/18 10/23 戊寅	12/17 11/23 丁未	1/16 12/23 丁丑
8/19 7/21 丁未	9/19 8/23 戊寅	10/20 9/24 己酉	11/19 10/24 己卯	12/18 11/24 戊申	1/17 12/24 戊寅
8/20 7/22 戊申	9/20 8/24 己卯	10/21 9/25 庚戌	11/20 10/25 庚辰	12/19 11/25 己酉	1/18 12/25 己卯
8/21 7/23 己酉	9/21 8/25 庚辰	10/22 9/26 辛亥	11/21 10/26 辛巳	12/20 11/26 庚戌	1/19 12/26 庚辰
8/22 7/24 庚戌	9/22 8/26 辛巳	10/23 9/27 壬子	11/22 10/27 壬午	12/21 11/27 辛亥	1/20 12/27 辛巳
8/23 7/25 辛亥	9/23 8/27 壬午	10/24 9/28 癸丑	11/23 10/28 癸未	12/22 11/28 壬子	1/21 12/28 壬午
8/24 7/26 壬子	9/24 8/28 癸未	10/25 9/29 甲寅	11/24 10/29 甲申	12/23 11/29 癸丑	1/22 12/29 癸未
8/25 7/27 癸丑	9/25 8/29 甲申	10/26 9/30 乙卯	11/25 11/1 乙酉	12/24 11/30 甲寅	1/23 12/30 甲申
8/26 7/28 甲寅	9/26 8/30 乙酉	10/27 10/1 丙辰	11/26 11/2 丙戌	12/25 12/1 乙卯	1/24 1/1 乙酉
8/27 7/29 乙卯	9/27 9/1 丙戌	10/28 10/2 丁巳	11/27 11/3 丁亥	12/26 12/2 丙辰	1/25 1/2 丙戌
8/28 8/1 丙辰	9/28 9/2 丁亥	10/29 10/3 戊午	11/28 11/4 戊子	12/27 12/3 丁巳	1/26 1/3 丁亥
8/29 8/2 丁巳	9/29 9/3 戊子	10/30 10/4 己未	11/29 11/5 己丑	12/28 12/4 戊午	1/27 1/4 戊子
8/30 8/3 戊午	9/30 9/4 己丑	10/31 10/5 庚申	11/30 11/6 庚寅	12/29 12/5 己未	1/28 1/5 己丑
8/31 8/4 己未	10/1 9/5 庚寅	11/1 10/6 辛酉	12/1 11/7 辛卯	12/30 12/6 庚申	1/29 1/6 庚寅
9/1 8/5 庚申	10/2 9/6 辛卯	11/2 10/7 壬戌	12/2 11/8 壬辰	12/31 12/7 辛酉	1/30 1/7 辛卯
9/2 8/6 辛酉	10/3 9/7 壬辰	11/3 10/8 癸亥	12/3 11/9 癸巳	1/1 12/8 壬戌	1/31 1/8 壬辰
9/3 8/7 壬戌	10/4 9/8 癸巳	11/4 10/9 甲子	12/4 11/10 甲午	1/2 12/9 癸亥	2/1 1/9 癸巳
9/4 8/8 癸亥	10/5 9/9 甲午	11/5 10/10 乙丑	12/5 11/11 乙未	1/3 12/10 甲子	2/2 1/10 甲午
9/5 8/9 甲子	10/6 9/10 乙未	11/6 10/11 丙寅	12/6 11/12 丙申	1/4 12/11 乙丑	2/3 1/11 乙未
9/6 8/10 乙丑	10/7 9/11 丙申	11/7 10/12 丁卯		1/5 12/12 丙寅	
9/7 8/11 丙寅	10/8 9/12 丁酉				

處暑	秋分	霜降	小雪	冬至	大寒	中氣
8/24 0時35分 子時	9/23 21時55分 亥時	10/24 6時56分 卯時	11/23 14時14分 寅時	12/22 17時24分 酉時	1/21 4時1分 寅時	

年　乙未

月	戊寅	己卯	庚辰	辛巳	壬午	癸未
節氣	立春	驚蟄	清明	立夏	芒種	小暑
	2/4 22時17分 亥時	3/6 16時31分 申時	4/5 21時38分 亥時	5/6 15時18分 申時	6/6 19時43分 戌時	7/8 6時5分 卯時

中華民國四十四年　羊　1955

戊寅（立春）

國曆	農曆	干支
2 4	1 12	丙申
2 5	1 13	丁酉
2 6	1 14	戊戌
2 7	1 15	己亥
2 8	1 16	庚子
2 9	1 17	辛丑
2 10	1 18	壬寅
2 11	1 19	癸卯
2 12	1 20	甲辰
2 13	1 21	乙巳
2 14	1 22	丙午
2 15	1 23	丁未
2 16	1 24	戊申
2 17	1 25	己酉
2 18	1 26	庚戌
2 19	1 27	辛亥
2 20	1 28	壬子
2 21	1 29	癸丑
2 22	2 1	甲寅
2 23	2 2	乙卯
2 24	2 3	丙辰
2 25	2 4	丁巳
2 26	2 5	戊午
2 27	2 6	己未
2 28	2 7	庚申
3 1	2 8	辛酉
3 2	2 9	壬戌
3 3	2 10	癸亥
3 4	2 11	甲子
3 5	2 12	乙丑

己卯（驚蟄）

國曆	農曆	干支
3 6	2 13	丙寅
3 7	2 14	丁卯
3 8	2 15	戊辰
3 9	2 16	己巳
3 10	2 17	庚午
3 11	2 18	辛未
3 12	2 19	壬申
3 13	2 20	癸酉
3 14	2 21	甲戌
3 15	2 22	乙亥
3 16	2 23	丙子
3 17	2 24	丁丑
3 18	2 25	戊寅
3 19	2 26	己卯
3 20	2 27	庚辰
3 21	2 28	辛巳
3 22	2 29	壬午
3 23	2 30	癸未
3 24	3 1	甲申
3 25	3 2	乙酉
3 26	3 3	丙戌
3 27	3 4	丁亥
3 28	3 5	戊子
3 29	3 6	己丑
3 30	3 7	庚寅
3 31	3 8	辛卯
4 1	3 9	壬辰
4 2	3 10	癸巳
4 3	3 11	甲午
4 4	3 12	乙未

庚辰（清明）

國曆	農曆	干支
4 5	3 13	丙申
4 6	3 14	丁酉
4 7	3 15	戊戌
4 8	3 16	己亥
4 9	3 17	庚子
4 10	3 18	辛丑
4 11	3 19	壬寅
4 12	3 20	癸卯
4 13	3 21	甲辰
4 14	3 22	乙巳
4 15	3 23	丙午
4 16	3 24	丁未
4 17	3 25	戊申
4 18	3 26	己酉
4 19	3 27	庚戌
4 20	3 28	辛亥
4 21	3 29	壬子
4 22	閏3 1	癸丑
4 23	3 2	甲寅
4 24	3 3	乙卯
4 25	3 4	丙辰
4 26	3 5	丁巳
4 27	3 6	戊午
4 28	3 7	己未
4 29	3 8	庚申
4 30	3 9	辛酉
5 1	3 10	壬戌
5 2	3 11	癸亥
5 3	3 12	甲子
5 4	3 13	乙丑
5 5	3 14	丙寅

辛巳（立夏）

國曆	農曆	干支
5 6	3 15	丁卯
5 7	3 16	戊辰
5 8	3 17	己巳
5 9	3 18	庚午
5 10	3 19	辛未
5 11	3 20	壬申
5 12	3 21	癸酉
5 13	3 22	甲戌
5 14	3 23	乙亥
5 15	3 24	丙子
5 16	3 25	丁丑
5 17	3 26	戊寅
5 18	3 27	己卯
5 19	3 28	庚辰
5 20	3 29	辛巳
5 21	3 30	壬午
5 22	4 1	癸未
5 23	4 2	甲申
5 24	4 3	乙酉
5 25	4 4	丙戌
5 26	4 5	丁亥
5 27	4 6	戊子
5 28	4 7	己丑
5 29	4 8	庚寅
5 30	4 9	辛卯
5 31	4 10	壬辰
6 1	4 11	癸巳
6 2	4 12	甲午
6 3	4 13	乙未
6 4	4 14	丙申
6 5	4 15	丁酉

壬午（芒種）

國曆	農曆	干支
6 6	4 16	戊戌
6 7	4 17	己亥
6 8	4 18	庚子
6 9	4 19	辛丑
6 10	4 20	壬寅
6 11	4 21	癸卯
6 12	4 22	甲辰
6 13	4 23	乙巳
6 14	4 24	丙午
6 15	4 25	丁未
6 16	4 26	戊申
6 17	4 27	己酉
6 18	4 28	庚戌
6 19	4 29	辛亥
6 20	5 1	壬子
6 21	5 2	癸丑
6 22	5 3	甲寅
6 23	5 4	乙卯
6 24	5 5	丙辰
6 25	5 6	丁巳
6 26	5 7	戊午
6 27	5 8	己未
6 28	5 9	庚申
6 29	5 10	辛酉
6 30	5 11	壬戌
7 1	5 12	癸亥
7 2	5 13	甲子
7 3	5 14	乙丑
7 4	5 15	丙寅
7 5	5 16	丁卯
7 6	5 17	戊辰
7 7	5 18	己巳

癸未（小暑）

國曆	農曆	干支
7 8	5 19	庚午
7 9	5 20	辛未
7 10	5 21	壬申
7 11	5 22	癸酉
7 12	5 23	甲戌
7 13	5 24	乙亥
7 14	5 25	丙子
7 15	5 26	丁丑
7 16	5 27	戊寅
7 17	5 28	己卯
7 18	5 29	庚辰
7 19	6 1	辛巳
7 20	6 2	壬午
7 21	6 3	癸未
7 22	6 4	甲申
7 23	6 5	乙酉
7 24	6 6	丙戌
7 25	6 7	丁亥
7 26	6 8	戊子
7 27	6 9	己丑
7 28	6 10	庚寅
7 29	6 11	辛卯
7 30	6 12	壬辰
7 31	6 13	癸巳
8 1	6 14	甲午
8 2	6 15	乙未
8 3	6 16	丙申
8 4	6 17	丁酉
8 5	6 18	戊戌
8 6	6 19	己亥
8 7	6 20	庚子

辛巳	壬午	癸未
小滿	夏至	大暑
5/22 4時24分 寅時	6/22 12時31分 午時	7/23 23時40分 子時

乙未　年

月	甲申	乙酉	丙戌	丁亥	戊子	己丑
節氣	立秋 8/8 15時50分 申時	白露 9/8 18時31分 酉時	寒露 10/9 9時52分 巳時	立冬 11/8 12時45分 午時	大雪 12/8 9時22分 巳時	小寒 1/6 16時30分 申時

甲申 國曆	農曆	干支	乙酉 國曆	農曆	干支	丙戌 國曆	農曆	干支	丁亥 國曆	農曆	干支	戊子 國曆	農曆	干支	己丑 國曆	農曆	干支
8 8	6 21	辛巳	9 8	7 22	壬申	10 9	8 24	癸卯	11 8	9 24	癸酉	12 8	10 25	癸卯	1 6	11 24	壬申
8 9	6 22	壬午	9 9	7 23	癸酉	10 10	8 25	甲辰	11 9	9 25	甲戌	12 9	10 26	甲辰	1 7	11 25	癸酉
8 10	6 23	癸未	9 10	7 24	甲戌	10 11	8 26	乙巳	11 10	9 26	乙亥	12 10	10 27	乙巳	1 8	11 26	甲戌
8 11	6 24	甲申	9 11	7 25	乙亥	10 12	8 27	丙午	11 11	9 27	丙子	12 11	10 28	丙午	1 9	11 27	乙亥
8 12	6 25	乙酉	9 12	7 26	丙子	10 13	8 28	丁未	11 12	9 28	丁丑	12 12	10 29	丁未	1 10	11 28	丙子
8 13	6 26	丙戌	9 13	7 27	丁丑	10 14	8 29	戊申	11 13	9 29	戊寅	12 13	10 30	戊申	1 11	11 29	丁丑
8 14	6 27	丁亥	9 14	7 28	戊寅	10 15	8 30	己酉	11 14	10 1	己卯	12 14	11 1	己酉	1 12	11 30	戊寅
8 15	6 28	戊子	9 15	7 29	己卯	10 16	9 1	庚戌	11 15	10 2	庚辰	12 15	11 2	庚戌	1 13	12 1	己卯
8 16	6 29	己丑	9 16	7 30	庚辰	10 17	9 2	辛亥	11 16	10 3	辛巳	12 16	11 3	辛亥	1 14	12 2	庚辰
8 17	6 30	庚寅	9 17	8 1	辛巳	10 18	9 3	壬子	11 17	10 4	壬午	12 17	11 4	壬子	1 15	12 3	辛巳
8 18	7 1	辛卯	9 18	8 2	壬午	10 19	9 4	癸丑	11 18	10 5	癸未	12 18	11 5	癸丑	1 16	12 4	壬午
8 19	7 2	壬辰	9 19	8 3	癸未	10 20	9 5	甲寅	11 19	10 6	甲申	12 19	11 6	甲寅	1 17	12 5	癸未
8 20	7 3	癸巳	9 20	8 4	甲申	10 21	9 6	乙卯	11 20	10 7	乙酉	12 20	11 7	乙卯	1 18	12 6	甲申
8 21	7 4	甲午	9 21	8 5	乙酉	10 22	9 7	丙辰	11 21	10 8	丙戌	12 21	11 8	丙辰	1 19	12 7	乙酉
8 22	7 5	乙未	9 22	8 6	丙戌	10 23	9 8	丁巳	11 22	10 9	丁亥	12 22	11 9	丁巳	1 20	12 8	丙戌
8 23	7 6	丙申	9 23	8 7	丁亥	10 24	9 9	戊午	11 23	10 10	戊子	12 23	11 10	戊午	1 21	12 9	丁亥
8 24	7 7	丁酉	9 24	8 8	戊子	10 25	9 10	己未	11 24	10 11	己丑	12 24	11 11	己未	1 22	12 10	戊子
8 25	7 8	戊戌	9 25	8 9	己丑	10 26	9 11	庚申	11 25	10 12	庚寅	12 25	11 12	庚申	1 23	12 11	己丑
8 26	7 9	己亥	9 26	8 10	庚寅	10 27	9 12	辛酉	11 26	10 13	辛卯	12 26	11 13	辛酉	1 24	12 12	庚寅
8 27	7 10	庚子	9 27	8 11	辛卯	10 28	9 13	壬戌	11 27	10 14	壬辰	12 27	11 14	壬戌	1 25	12 13	辛卯
8 28	7 11	辛丑	9 28	8 12	壬辰	10 29	9 14	癸亥	11 28	10 15	癸巳	12 28	11 15	癸亥	1 26	12 14	壬辰
8 29	7 12	壬寅	9 29	8 13	癸巳	10 30	9 15	甲子	11 29	10 16	甲午	12 29	11 16	甲子	1 27	12 15	癸巳
8 30	7 13	癸卯	9 30	8 14	甲午	10 31	9 16	乙丑	11 30	10 17	乙未	12 30	11 17	乙丑	1 28	12 16	甲午
8 31	7 14	甲辰	10 1	8 15	乙未	11 1	9 17	丙寅	12 1	10 18	丙申	12 31	11 18	丙寅	1 29	12 17	乙未
9 1	7 15	乙巳	10 2	8 16	丙申	11 2	9 18	丁卯	12 2	10 19	丁酉	1 1	11 19	丁卯	1 30	12 18	丙申
9 2	7 16	丙午	10 3	8 17	丁酉	11 3	9 19	戊辰	12 3	10 20	戊戌	1 2	11 20	戊辰	1 31	12 19	丁酉
9 3	7 17	丁未	10 4	8 18	戊戌	11 4	9 20	己巳	12 4	10 21	己亥	1 3	11 21	己巳	2 1	12 20	戊戌
9 4	7 18	戊申	10 5	8 19	己亥	11 5	9 21	庚午	12 5	10 22	庚子	1 4	11 22	庚午	2 2	12 21	己亥
9 5	7 19	己酉	10 6	8 20	庚子	11 6	9 22	辛未	12 6	10 23	辛丑	1 5	11 23	辛未	2 3	12 22	庚子
9 6	7 20	庚戌	10 7	8 21	辛丑	11 7	9 23	壬申	12 7	10 24	壬寅				2 4	12 23	辛丑
9 7	7 21	辛亥	10 8	8 22	壬寅												

中氣	處暑 8/24 6時18分 卯時	秋分 9/24 3時40分 寅時	霜降 10/24 12時43分 午時	小雪 11/23 10時09分 巳時	冬至 12/22 23時10分 子時	大寒 1/21 9時48分 巳時

中華民國四十四、四十五年　羊　1955、1956

日光節約時間：四月一日至九月三十日

年									丙申								
月	庚寅			辛卯			壬辰			癸巳			甲午			乙未		
節氣	立春			驚蟄			清明			立夏			芒種			小暑		
	2/5 4時11分 寅時			3/5 22時24分 亥時			4/5 3時31分 寅時			5/5 21時10分 亥時			6/6 11時35分 丑時			7/7 11時58分 午時		
日	國曆	農曆	干支	國曆	農曆	干支	國曆	農曆	干支	國曆	農曆	干支	國曆	農曆	干支	國曆	農曆	干支
	2 5	12 24	壬寅	3 5	1 23	辛未	4 5	2 25	壬寅	5 5	3 25	壬申	6 6	4 28	甲辰	7 7	5 29	乙亥
	2 6	12 25	癸卯	3 6	1 24	壬申	4 6	2 26	癸卯	5 6	3 26	癸酉	6 7	4 29	乙巳	7 8	6 1	丙子
	2 7	12 26	甲辰	3 7	1 25	癸酉	4 7	2 27	甲辰	5 7	3 27	甲戌	6 8	4 30	丙午	7 9	6 2	丁丑
	2 8	12 27	乙巳	3 8	1 26	甲戌	4 8	2 28	乙巳	5 8	3 28	乙亥	6 9	5 1	丁未	7 10	6 3	戊寅
	2 9	12 28	丙午	3 9	1 27	乙亥	4 9	2 29	丙午	5 9	3 29	丙子	6 10	5 2	戊申	7 11	6 4	己卯
	2 10	12 29	丁未	3 10	1 28	丙子	4 10	2 30	丁未	5 10	4 1	丁丑	6 11	5 3	己酉	7 12	6 5	庚辰
中	2 11	12 30	戊申	3 11	1 29	丁丑	4 11	3 1	戊申	5 11	4 2	戊寅	6 12	5 4	庚戌	7 13	6 6	辛巳
華	2 12	1 1	己酉	3 12	2 1	戊寅	4 12	3 2	己酉	5 12	4 3	己卯	6 13	5 5	辛亥	7 14	6 7	壬午
民	2 13	1 2	庚戌	3 13	2 2	己卯	4 13	3 3	庚戌	5 13	4 4	庚辰	6 14	5 6	壬子	7 15	6 8	癸未
國	2 14	1 3	辛亥	3 14	2 3	庚辰	4 14	3 4	辛亥	5 14	4 5	辛巳	6 15	5 7	癸丑	7 16	6 9	甲申
四	2 15	1 4	壬子	3 15	2 4	辛巳	4 15	3 5	壬子	5 15	4 6	壬午	6 16	5 8	甲寅	7 17	6 10	乙酉
十	2 16	1 5	癸丑	3 16	2 5	壬午	4 16	3 6	癸丑	5 16	4 7	癸未	6 17	5 9	乙卯	7 18	6 11	丙戌
五	2 17	1 6	甲寅	3 17	2 6	癸未	4 17	3 7	甲寅	5 17	4 8	甲申	6 18	5 10	丙辰	7 19	6 12	丁亥
年	2 18	1 7	乙卯	3 18	2 7	甲申	4 18	3 8	乙卯	5 18	4 9	乙酉	6 19	5 11	丁巳	7 20	6 13	戊子
	2 19	1 8	丙辰	3 19	2 8	乙酉	4 19	3 9	丙辰	5 19	4 10	丙戌	6 20	5 12	戊午	7 21	6 14	己丑
猴	2 20	1 9	丁巳	3 20	2 9	丙戌	4 20	3 10	丁巳	5 20	4 11	丁亥	6 21	5 13	己未	7 22	6 15	庚寅
	2 21	1 10	戊午	3 21	2 10	丁亥	4 21	3 11	戊午	5 21	4 12	戊子	6 22	5 14	庚申	7 23	6 16	辛卯
	2 22	1 11	己未	3 22	2 11	戊子	4 22	3 12	己未	5 22	4 13	己丑	6 23	5 15	辛酉	7 24	6 17	壬辰
	2 23	1 12	庚申	3 23	2 12	己丑	4 23	3 13	庚申	5 23	4 14	庚寅	6 24	5 16	壬戌	7 25	6 18	癸巳
	2 24	1 13	辛酉	3 24	2 13	庚寅	4 24	3 14	辛酉	5 24	4 15	辛卯	6 25	5 17	癸亥	7 26	6 19	甲午
	2 25	1 14	壬戌	3 25	2 14	辛卯	4 25	3 15	壬戌	5 25	4 16	壬辰	6 26	5 18	甲子	7 27	6 20	乙未
	2 26	1 15	癸亥	3 26	2 15	壬辰	4 26	3 16	癸亥	5 26	4 17	癸巳	6 27	5 19	乙丑	7 28	6 21	丙申
	2 27	1 16	甲子	3 27	2 16	癸巳	4 27	3 17	甲子	5 27	4 18	甲午	6 28	5 20	丙寅	7 29	6 22	丁酉
	2 28	1 17	乙丑	3 28	2 17	甲午	4 28	3 18	乙丑	5 28	4 19	乙未	6 29	5 21	丁卯	7 30	6 23	戊戌
	2 29	1 18	丙寅	3 29	2 18	乙未	4 29	3 19	丙寅	5 29	4 20	丙申	6 30	5 22	戊辰	7 31	6 24	己亥
	3 1	1 19	丁卯	3 30	2 19	丙申	4 30	3 20	丁卯	5 30	4 21	丁酉	7 1	5 23	己巳	8 1	6 25	庚子
	3 2	1 20	戊辰	3 31	2 20	丁酉	5 1	3 21	戊辰	5 31	4 22	戊戌	7 2	5 24	庚午	8 2	6 26	辛丑
1	3 3	1 21	己巳	4 1	2 21	戊戌	5 2	3 22	己巳	6 1	4 23	己亥	7 3	5 25	辛未	8 3	6 27	壬寅
9	3 4	1 22	庚午	4 2	2 22	己亥	5 3	3 23	庚午	6 2	4 24	庚子	7 4	5 26	壬申	8 4	6 28	癸卯
5				4 3	2 23	庚子	5 4	3 24	辛未	6 3	4 25	辛丑	7 5	5 27	癸酉	8 5	6 29	甲辰
6				4 4	2 24	辛丑				6 4	4 26	壬寅	7 6	5 28	甲戌	8 6	7 1	乙巳
										6 5	4 27	癸卯						
									小滿			夏至			大暑			
	2/20 0時4分 子時			3/20 23時20分 子時			4/20 10時43分 巳時			5/21 10時12分 巳時			6/21 18時23分 酉時			7/23 5時19分 卯時		

年：中華民國四十五、四十六年　猴　1956、1957

丙申			丁酉			戊戌			己亥			庚子			辛丑			月
立秋			白露			寒露			立冬			大雪			小寒			節氣
21時40分 亥時			9/8 0時18分 子時			10/8 15時35分 申時			11/7 18時25分 酉時			12/7 11時2分 午時			1/5 22時10分 亥時			
國曆	農曆	干支	國曆	農曆	干支	國曆	農曆	干支	國曆	農曆	干支	國曆	農曆	干支	國曆	農曆	干支	日
8/7	7/2	丙午	9/8	8/4	戊寅	10/8	9/5	戊申	11/7	10/5	戊寅	12/7	11/6	戊申	1/5	12/5	丁丑	
8/8	7/3	丁未	9/9	8/5	己卯	10/9	9/6	己酉	11/8	10/6	己卯	12/8	11/7	己酉	1/6	12/6	戊寅	
8/9	7/4	戊申	9/10	8/6	庚辰	10/10	9/7	庚戌	11/9	10/7	庚辰	12/9	11/8	庚戌	1/7	12/7	己卯	
8/10	7/5	己酉	9/11	8/7	辛巳	10/11	9/8	辛亥	11/10	10/8	辛巳	12/10	11/9	辛亥	1/8	12/8	庚辰	
8/11	7/6	庚戌	9/12	8/8	壬午	10/12	9/9	壬子	11/11	10/9	壬午	12/11	11/10	壬子	1/9	12/9	辛巳	
8/12	7/7	辛亥	9/13	8/9	癸未	10/13	9/10	癸丑	11/12	10/10	癸未	12/12	11/11	癸丑	1/10	12/10	壬午	
8/13	7/8	壬子	9/14	8/10	甲申	10/14	9/11	甲寅	11/13	10/11	甲申	12/13	11/12	甲寅	1/11	12/11	癸未	
8/14	7/9	癸丑	9/15	8/11	乙酉	10/15	9/12	乙卯	11/14	10/12	乙酉	12/14	11/13	乙卯	1/12	12/12	甲申	
8/15	7/10	甲寅	9/16	8/12	丙戌	10/16	9/13	丙辰	11/15	10/13	丙戌	12/15	11/14	丙辰	1/13	12/13	乙酉	
8/16	7/11	乙卯	9/17	8/13	丁亥	10/17	9/14	丁巳	11/16	10/14	丁亥	12/16	11/15	丁巳	1/14	12/14	丙戌	
8/17	7/12	丙辰	9/18	8/14	戊子	10/18	9/15	戊午	11/17	10/15	戊子	12/17	11/16	戊午	1/15	12/15	丁亥	
8/18	7/13	丁巳	9/19	8/15	己丑	10/19	9/16	己未	11/18	10/16	己丑	12/18	11/17	己未	1/16	12/16	戊子	
8/19	7/14	戊午	9/20	8/16	庚寅	10/20	9/17	庚申	11/19	10/17	庚寅	12/19	11/18	庚申	1/17	12/17	己丑	
8/20	7/15	己未	9/21	8/17	辛卯	10/21	9/18	辛酉	11/20	10/18	辛卯	12/20	11/19	辛酉	1/18	12/18	庚寅	
8/21	7/16	庚申	9/22	8/18	壬辰	10/22	9/19	壬戌	11/21	10/19	壬辰	12/21	11/20	壬戌	1/19	12/19	辛卯	
8/22	7/17	辛酉	9/23	8/19	癸巳	10/23	9/20	癸亥	11/22	10/20	癸巳	12/22	11/21	癸亥	1/20	12/20	壬辰	
8/23	7/18	壬戌	9/24	8/20	甲午	10/24	9/21	甲子	11/23	10/21	甲午	12/23	11/22	甲子	1/21	12/21	癸巳	
8/24	7/19	癸亥	9/25	8/21	乙未	10/25	9/22	乙丑	11/24	10/22	乙未	12/24	11/23	乙丑	1/22	12/22	甲午	
8/25	7/20	甲子	9/26	8/22	丙申	10/26	9/23	丙寅	11/25	10/23	丙申	12/25	11/24	丙寅	1/23	12/23	乙未	
8/26	7/21	乙丑	9/27	8/23	丁酉	10/27	9/24	丁卯	11/26	10/24	丁酉	12/26	11/25	丁卯	1/24	12/24	丙申	
8/27	7/22	丙寅	9/28	8/24	戊戌	10/28	9/25	戊辰	11/27	10/25	戊戌	12/27	11/26	戊辰	1/25	12/25	丁酉	
8/28	7/23	丁卯	9/29	8/25	己亥	10/29	9/26	己巳	11/28	10/26	己亥	12/28	11/27	己巳	1/26	12/26	戊戌	
8/29	7/24	戊辰	9/30	8/26	庚子	10/30	9/27	庚午	11/29	10/27	庚子	12/29	11/28	庚午	1/27	12/27	己亥	
8/30	7/25	己巳	10/1	8/27	辛丑	10/31	9/28	辛未	11/30	10/28	辛丑	12/30	11/29	辛未	1/28	12/28	庚子	
8/31	7/26	庚午	10/2	8/28	壬寅	11/1	9/29	壬申	12/1	10/29	壬寅	12/31	11/30	壬申	1/29	12/29	辛丑	
9/1	7/27	辛未	10/3	8/29	癸卯	11/2	9/30	癸酉	12/2	11/1	癸卯	1/1	12/1	癸酉	1/30	12/30	壬寅	
9/2	7/28	壬申	10/4	9/1	甲辰	11/3	10/1	甲戌	12/3	11/2	甲辰	1/2	12/2	甲戌	1/31	1/1	癸卯	
9/3	7/29	癸酉	10/5	9/2	乙巳	11/4	10/2	乙亥	12/4	11/3	乙巳	1/3	12/3	乙亥	2/1	1/2	甲辰	
9/4	7/30	甲戌	10/6	9/3	丙午	11/5	10/3	丙子	12/5	11/4	丙午	1/4	12/4	丙子	2/2	1/3	乙巳	
9/5	8/1	乙亥	10/7	9/4	丁未	11/6	10/4	丁丑	12/6	11/5	丁未				2/3	1/4	丙午	
9/6	8/2	丙子																
9/7	8/3	丁丑																

處暑			秋分			霜降			小雪			冬至			大寒			中氣
3 12時14分 午時			9/23 9時35分 巳時			10/23 18時34分 酉時			11/22 15時49分 申時			12/22 4時59分 寅時			1/20 15時38分 申時			

年	丁酉																	
月	壬寅			癸卯			甲辰			乙巳			丙午			丁未		
節氣	立春 2/4 9時54分 巳時			驚蟄 3/6 4時10分 寅時			清明 4/5 9時18分 巳時			立夏 5/6 2時58分 丑時			芒種 6/6 7時24分 辰時			小暑 7/7 17時48分 酉時		
日	國曆	農曆	干支	國曆	農曆	干支	國曆	農曆	干支	國曆	農曆	干支	國曆	農曆	干支	國曆	農曆	干支
	2 4	1 5	丁未	3 6	2 5	丁丑	4 5	3 6	丁未	5 6	4 7	戊寅	6 6	5 9	己酉	7 7	6 10	庚辰
	2 5	1 6	戊申	3 7	2 6	戊寅	4 6	3 7	戊申	5 7	4 8	己卯	6 7	5 10	庚戌	7 8	6 11	辛巳
	2 6	1 7	己酉	3 8	2 7	己卯	4 7	3 8	己酉	5 8	4 9	庚辰	6 8	5 11	辛亥	7 9	6 12	壬午
	2 7	1 8	庚戌	3 9	2 8	庚辰	4 8	3 9	庚戌	5 9	4 10	辛巳	6 9	5 12	壬子	7 10	6 13	癸未
中	2 8	1 9	辛亥	3 10	2 9	辛巳	4 9	3 10	辛亥	5 10	4 11	壬午	6 10	5 13	癸丑	7 11	6 14	甲申
華	2 9	1 10	壬子	3 11	2 10	壬午	4 10	3 11	壬子	5 11	4 12	癸未	6 11	5 14	甲寅	7 12	6 15	乙酉
民	2 10	1 11	癸丑	3 12	2 11	癸未	4 11	3 12	癸丑	5 12	4 13	甲申	6 12	5 15	乙卯	7 13	6 16	丙戌
國	2 11	1 12	甲寅	3 13	2 12	甲申	4 12	3 13	甲寅	5 13	4 14	乙酉	6 13	5 16	丙辰	7 14	6 17	丁亥
四	2 12	1 13	乙卯	3 14	2 13	乙酉	4 13	3 14	乙卯	5 14	4 15	丙戌	6 14	5 17	丁巳	7 15	6 18	戊子
十	2 13	1 14	丙辰	3 15	2 14	丙戌	4 14	3 15	丙辰	5 15	4 16	丁亥	6 15	5 18	戊午	7 16	6 19	己丑
六	2 14	1 15	丁巳	3 16	2 15	丁亥	4 15	3 16	丁巳	5 16	4 17	戊子	6 16	5 19	己未	7 17	6 20	庚寅
年	2 15	1 16	戊午	3 17	2 16	戊子	4 16	3 17	戊午	5 17	4 18	己丑	6 17	5 20	庚申	7 18	6 21	辛卯
	2 16	1 17	己未	3 18	2 17	己丑	4 17	3 18	己未	5 18	4 19	庚寅	6 18	5 21	辛酉	7 19	6 22	壬辰
	2 17	1 18	庚申	3 19	2 18	庚寅	4 18	3 19	庚申	5 19	4 20	辛卯	6 19	5 22	壬戌	7 20	6 23	癸巳
雞	2 18	1 19	辛酉	3 20	2 19	辛卯	4 19	3 20	辛酉	5 20	4 21	壬辰	6 20	5 23	癸亥	7 21	6 24	甲午
	2 19	1 20	壬戌	3 21	2 20	壬辰	4 20	3 21	壬戌	5 21	4 22	癸巳	6 21	5 24	甲子	7 22	6 25	乙未
	2 20	1 21	癸亥	3 22	2 21	癸巳	4 21	3 22	癸亥	5 22	4 23	甲午	6 22	5 25	乙丑	7 23	6 26	丙申
	2 21	1 22	甲子	3 23	2 22	甲午	4 22	3 23	甲子	5 23	4 24	乙未	6 23	5 26	丙寅	7 24	6 27	丁酉
	2 22	1 23	乙丑	3 24	2 23	乙未	4 23	3 24	乙丑	5 24	4 25	丙申	6 24	5 27	丁卯	7 25	6 28	戊戌
	2 23	1 24	丙寅	3 25	2 24	丙申	4 24	3 25	丙寅	5 25	4 26	丁酉	6 25	5 28	戊辰	7 26	6 29	己亥
	2 24	1 25	丁卯	3 26	2 25	丁酉	4 25	3 26	丁卯	5 26	4 27	戊戌	6 26	5 29	己巳	7 27	7 1	庚子
	2 25	1 26	戊辰	3 27	2 26	戊戌	4 26	3 27	戊辰	5 27	4 28	己亥	6 27	5 30	庚午	7 28	7 2	辛丑
	2 26	1 27	己巳	3 28	2 27	己亥	4 27	3 28	己巳	5 28	4 29	庚子	6 28	6 1	辛未	7 29	7 3	壬寅
	2 27	1 28	庚午	3 29	2 28	庚子	4 28	3 29	庚午	5 29	5 1	辛丑	6 29	6 2	壬申	7 30	7 4	癸卯
	2 28	1 29	辛未	3 30	2 29	辛丑	4 29	3 30	辛未	5 30	5 2	壬寅	6 30	6 3	癸酉	7 31	7 5	甲辰
	3 1	1 30	壬申	3 31	3 1	壬寅	4 30	4 1	壬申	5 31	5 3	癸卯	7 1	6 4	甲戌	8 1	7 6	乙巳
1	3 2	2 1	癸酉	4 1	3 2	癸卯	5 1	4 2	癸酉	6 1	5 4	甲辰	7 2	6 5	乙亥	8 2	7 7	丙午
9	3 3	2 2	甲戌	4 2	3 3	甲辰	5 2	4 3	甲戌	6 2	5 5	乙巳	7 3	6 6	丙子	8 3	7 8	丁未
5	3 4	2 3	乙亥	4 3	3 4	乙巳	5 3	4 4	乙亥	6 3	5 6	丙午	7 4	6 7	丁丑	8 4	7 9	戊申
7	3 5	2 4	丙子	4 4	3 5	丙午	5 4	4 5	丙子	6 4	5 7	丁未	7 5	6 8	戊寅	8 5	7 10	己酉
							5 5	4 6	丁丑	6 5	5 8	戊申	7 6	6 9	己卯	8 6	7 11	庚戌
																8 7	7 12	辛亥
節氣										小滿			夏至			大暑		
	2/19 5時58分 卯時			3/21 5時16分 卯時			4/20 16時41分 申時			5/21 16時10分 申時			6/22 0時20分 子時			7/23 11時14分 午時		

丁酉

節氣時刻

月	節氣	時刻
戊申	立秋	8時32分 寅時
己酉	白露	9/8 6時12分 卯時
庚戌	寒露	10/8 21時30分 亥時
辛亥	立冬	11/8 0時20分 子時
壬子	大雪	12/7 16時56分 申時
癸丑	小寒	1/6 4時4分 寅時

日期對照表（中華民國四十六、四十七年　雞　1957、1958）

戊申立秋 國曆	農曆	干支	己酉白露 國曆	農曆	干支	庚戌寒露 國曆	農曆	干支	辛亥立冬 國曆	農曆	干支	壬子大雪 國曆	農曆	干支	癸丑小寒 國曆	農曆	干支
8	7/13	壬子	8	8/15	癸未	8	閏8/15	癸丑	8	9/17	甲申	7	10/16	癸丑	6	11/17	癸未
9	7/14	癸丑	9	8/16	甲申	9	閏8/16	甲寅	9	9/18	乙酉	8	10/17	甲寅	7	11/18	甲申
10	7/15	甲寅	10	8/17	乙酉	10	閏8/17	乙卯	10	9/19	丙戌	9	10/18	乙卯	8	11/19	乙酉
11	7/16	乙卯	11	8/18	丙戌	11	閏8/18	丙辰	11	9/20	丁亥	10	10/19	丙辰	9	11/20	丙戌
12	7/17	丙辰	12	8/19	丁亥	12	閏8/19	丁巳	12	9/21	戊子	11	10/20	丁巳	10	11/21	丁亥
13	7/18	丁巳	13	8/20	戊子	13	閏8/20	戊午	13	9/22	己丑	12	10/21	戊午	11	11/22	戊子
14	7/19	戊午	14	8/21	己丑	14	閏8/21	己未	14	9/23	庚寅	13	10/22	己未	12	11/23	己丑
15	7/20	己未	15	8/22	庚寅	15	閏8/22	庚申	15	9/24	辛卯	14	10/23	庚申	13	11/24	庚寅
16	7/21	庚申	16	8/23	辛卯	16	閏8/23	辛酉	16	9/25	壬辰	15	10/24	辛酉	14	11/25	辛卯
17	7/22	辛酉	17	8/24	壬辰	17	閏8/24	壬戌	17	9/26	癸巳	16	10/25	壬戌	15	11/26	壬辰
18	7/23	壬戌	18	8/25	癸巳	18	閏8/25	癸亥	18	9/27	甲午	17	10/26	癸亥	16	11/27	癸巳
19	7/24	癸亥	19	8/26	甲午	19	閏8/26	甲子	19	9/28	乙未	18	10/27	甲子	17	11/28	甲午
20	7/25	甲子	20	8/27	乙未	20	閏8/27	乙丑	20	9/29	丙申	19	10/28	乙丑	18	11/29	乙未
21	7/26	乙丑	21	8/28	丙申	21	閏8/28	丙寅	21	9/30	丁酉	20	10/29	丙寅	19	11/30	丙申
22	7/27	丙寅	22	8/29	丁酉	22	閏8/29	丁卯	22	10/1	戊戌	21	11/1	丁卯	20	12/1	丁酉
23	7/28	丁卯	23	8/30	戊戌	23	9/1	戊辰	23	10/2	己亥	22	11/2	戊辰	21	12/2	戊戌
24	7/29	戊辰	24	閏8/1	己亥	24	9/2	己巳	24	10/3	庚子	23	11/3	己巳	22	12/3	己亥
25	8/1	己巳	25	閏8/2	庚子	25	9/3	庚午	25	10/4	辛丑	24	11/4	庚午	23	12/4	庚子
26	8/2	庚午	26	閏8/3	辛丑	26	9/4	辛未	26	10/5	壬寅	25	11/5	辛未	24	12/5	辛丑
27	8/3	辛未	27	閏8/4	壬寅	27	9/5	壬申	27	10/6	癸卯	26	11/6	壬申	25	12/6	壬寅
28	8/4	壬申	28	閏8/5	癸卯	28	9/6	癸酉	28	10/7	甲辰	27	11/7	癸酉	26	12/7	癸卯
29	8/5	癸酉	29	閏8/6	甲辰	29	9/7	甲戌	29	10/8	乙巳	28	11/8	甲戌	27	12/8	甲辰
30	8/6	甲戌	30	閏8/7	乙巳	30	9/8	乙亥	30	10/9	丙午	29	11/9	乙亥	28	12/9	乙巳
31	8/7	乙亥	1	閏8/8	丙午	31	9/9	丙子	1	10/10	丁未	30	11/10	丙子	29	12/10	丙午
1	8/8	丙子	2	閏8/9	丁未	1	9/10	丁丑	2	10/11	戊申	31	11/11	丁丑	30	12/11	丁未
2	8/9	丁丑	3	閏8/10	戊申	2	9/11	戊寅	3	10/12	己酉	1	11/12	戊寅	31	12/12	戊申
3	8/10	戊寅	4	閏8/11	己酉	3	9/12	己卯	4	10/13	庚戌	2	11/13	己卯	1	12/13	己酉
4	8/11	己卯	5	閏8/12	庚戌	4	9/13	庚辰	5	10/14	辛亥	3	11/14	庚辰	2	12/14	庚戌
5	8/12	庚辰	6	閏8/13	辛亥	5	9/14	辛巳	6	10/15	壬子	4	11/15	辛巳	3	12/15	辛亥
6	8/13	辛巳	7	閏8/14	壬子	6	9/15	壬午				5	11/16	壬午			
7	8/14	壬午				7	9/16	癸未									

中氣時刻

中氣	時刻
處暑	8/23 18時7分 酉時
秋分	9/23 15時26分 申時
霜降	10/24 0時24分 子時
小雪	11/22 21時39分 亥時
冬至	12/22 10時48分 巳時
大寒	1/20 21時28分 亥時

年	戊戌																
月	甲寅			乙卯			丙辰			丁巳			戊午			己未		
節氣	立春			驚蟄			清明			立夏			芒種			小暑		
	2/4 15時49分 申時			3/6 10時4分 巳時			4/5 15時12分 申時			5/6 8時49分 辰時			6/6 13時12分 未時			7/7 23時33分 子時		
日	國曆	農曆	干支	國曆	農曆	干支	國曆	農曆	干支	國曆	農曆	干支	國曆	農曆	干支	國曆	農曆	干支
	2 4	12 16	壬子	3 6	1 17	壬午	4 5	2 17	壬子	5 6	3 18	癸未	6 6	4 19	甲寅	7 7	5 21	乙酉
	2 5	12 17	癸丑	3 7	1 18	癸未	4 6	2 18	癸丑	5 7	3 19	甲申	6 7	4 20	乙卯	7 8	5 22	丙戌
	2 6	12 18	甲寅	3 8	1 19	甲申	4 7	2 19	甲寅	5 8	3 20	乙酉	6 8	4 21	丙辰	7 9	5 23	丁亥
	2 7	12 19	乙卯	3 9	1 20	乙酉	4 8	2 20	乙卯	5 9	3 21	丙戌	6 9	4 22	丁巳	7 10	5 24	戊子
	2 8	12 20	丙辰	3 10	1 21	丙戌	4 9	2 21	丙辰	5 10	3 22	丁亥	6 10	4 23	戊午	7 11	5 25	己丑
中	2 9	12 21	丁巳	3 11	1 22	丁亥	4 10	2 22	丁巳	5 11	3 23	戊子	6 11	4 24	己未	7 12	5 26	庚寅
華	2 10	12 22	戊午	3 12	1 23	戊子	4 11	2 23	戊午	5 12	3 24	己丑	6 12	4 25	庚申	7 13	5 27	辛卯
民	2 11	12 23	己未	3 13	1 24	己丑	4 12	2 24	己未	5 13	3 25	庚寅	6 13	4 26	辛酉	7 14	5 28	壬辰
國	2 12	12 24	庚申	3 14	1 25	庚寅	4 13	2 25	庚申	5 14	3 26	辛卯	6 14	4 27	壬戌	7 15	5 29	癸巳
四	2 13	12 25	辛酉	3 15	1 26	辛卯	4 14	2 26	辛酉	5 15	3 27	壬辰	6 15	4 28	癸亥	7 16	5 30	甲午
十	2 14	12 26	壬戌	3 16	1 27	壬辰	4 15	2 27	壬戌	5 16	3 28	癸巳	6 16	4 29	甲子	7 17	6 1	乙未
七	2 15	12 27	癸亥	3 17	1 28	癸巳	4 16	2 28	癸亥	5 17	3 29	甲午	6 17	5 1	乙丑	7 18	6 2	丙申
年	2 16	12 28	甲子	3 18	1 29	甲午	4 17	2 29	甲子	5 18	3 30	乙未	6 18	5 2	丙寅	7 19	6 3	丁酉
	2 17	12 29	乙丑	3 19	1 30	乙未	4 18	2 30	乙丑	5 19	4 1	丙申	6 19	5 3	丁卯	7 20	6 4	戊戌
狗	2 18	1 1	丙寅	3 20	2 1	丙申	4 19	3 1	丙寅	5 20	4 2	丁酉	6 20	5 4	戊辰	7 21	6 5	己亥
	2 19	1 2	丁卯	3 21	2 2	丁酉	4 20	3 2	丁卯	5 21	4 3	戊戌	6 21	5 5	己巳	7 22	6 6	庚子
	2 20	1 3	戊辰	3 22	2 3	戊戌	4 21	3 3	戊辰	5 22	4 4	己亥	6 22	5 6	庚午	7 23	6 7	辛丑
	2 21	1 4	己巳	3 23	2 4	己亥	4 22	3 4	己巳	5 23	4 5	庚子	6 23	5 7	辛未	7 24	6 8	壬寅
	2 22	1 5	庚午	3 24	2 5	庚子	4 23	3 5	庚午	5 24	4 6	辛丑	6 24	5 8	壬申	7 25	6 9	癸卯
	2 23	1 6	辛未	3 25	2 6	辛丑	4 24	3 6	辛未	5 25	4 7	壬寅	6 25	5 9	癸酉	7 26	6 10	甲辰
	2 24	1 7	壬申	3 26	2 7	壬寅	4 25	3 7	壬申	5 26	4 8	癸卯	6 26	5 10	甲戌	7 27	6 11	乙巳
	2 25	1 8	癸酉	3 27	2 8	癸卯	4 26	3 8	癸酉	5 27	4 9	甲辰	6 27	5 11	乙亥	7 28	6 12	丙午
	2 26	1 9	甲戌	3 28	2 9	甲辰	4 27	3 9	甲戌	5 28	4 10	乙巳	6 28	5 12	丙子	7 29	6 13	丁未
	2 27	1 10	乙亥	3 29	2 10	乙巳	4 28	3 10	乙亥	5 29	4 11	丙午	6 29	5 13	丁丑	7 30	6 14	戊申
	2 28	1 11	丙子	3 30	2 11	丙午	4 29	3 11	丙子	5 30	4 12	丁未	6 30	5 14	戊寅	7 31	6 15	己酉
1	3 1	1 12	丁丑	3 31	2 12	丁未	4 30	3 12	丁丑	5 31	4 13	戊申	7 1	5 15	己卯	8 1	6 16	庚戌
9	3 2	1 13	戊寅	4 1	2 13	戊申	5 1	3 13	戊寅	6 1	4 14	己酉	7 2	5 16	庚辰	8 2	6 17	辛亥
5	3 3	1 14	己卯	4 2	2 14	己酉	5 2	3 14	己卯	6 2	4 15	庚戌	7 3	5 17	辛巳	8 3	6 18	壬子
8	3 4	1 15	庚辰	4 3	2 15	庚戌	5 3	3 15	庚辰	6 3	4 16	辛亥	7 4	5 18	壬午	8 4	6 19	癸丑
	3 5	1 16	辛巳	4 4	2 16	辛亥	5 4	3 16	辛巳	6 4	4 17	壬子	7 5	5 19	癸未	8 5	6 20	甲寅
							5 5	3 17	壬午	6 5	4 18	癸丑	7 6	5 20	甲申	8 6	6 21	乙卯
																8 7	6 22	丙辰
										小滿			夏至			大暑		
	2/19 11時48分 午時			3/21 11時5分 午時			4/20 22時27分 亥時			5/21 21時51分 亥時			6/22 5時56分 卯時			7/23 16時50分		

戊戌　（年）

中華民國四十七、四十八年　狗　1958、1959

庚申 立秋 8/8 9時17分 巳時			辛酉 白露 9/8 11時58分 午時			壬戌 寒露 10/9 3時19分 寅時			癸亥 立冬 11/8 6時11分 卯時			甲子 大雪 12/7 22時49分 亥時			乙丑 小寒 1/6 9時58分 巳時		
國曆	農曆	干支	國曆	農曆	干支	國曆	農曆	干支	國曆	農曆	干支	國曆	農曆	干支	國曆	農曆	干支
8/8	6/23	丁巳	9/8	7/25	戊子	10/9	8/27	己未	11/8	9/27	己丑	12/7	10/26	戊午	1/6	11/27	戊子
9	6/24	戊午	9	7/26	己丑	10	8/28	庚申	9	9/28	庚寅	8	10/27	己未	7	11/28	己丑
10	6/25	己未	10	7/27	庚寅	11	8/29	辛酉	10	9/29	辛卯	9	10/28	庚申	8	11/29	庚寅
11	6/26	庚申	11	7/28	辛卯	12	8/30	壬戌	11	9/30	壬辰	10	10/29	辛酉	9	11/30	辛卯
12	6/27	辛酉	12	7/29	壬辰	13	9/1	癸亥	12	10/1	癸巳	11	11/1	壬戌	10	12/1	壬辰
13	6/28	壬戌	13	8/1	癸巳	14	9/2	甲子	13	10/2	甲午	12	11/2	癸亥	11	12/2	癸巳
14	6/29	癸亥	14	8/2	甲午	15	9/3	乙丑	14	10/3	乙未	13	11/3	甲子	12	12/3	甲午
15	7/1	甲子	15	8/3	乙未	16	9/4	丙寅	15	10/4	丙申	14	11/4	乙丑	13	12/4	乙未
16	7/2	乙丑	16	8/4	丙申	17	9/5	丁卯	16	10/5	丁酉	15	11/5	丙寅	14	12/5	丙申
17	7/3	丙寅	17	8/5	丁酉	18	9/6	戊辰	17	10/6	戊戌	16	11/6	丁卯	15	12/6	丁酉
18	7/4	丁卯	18	8/6	戊戌	19	9/7	己巳	18	10/7	己亥	17	11/7	戊辰	16	12/7	戊戌
19	7/5	戊辰	19	8/7	己亥	20	9/8	庚午	19	10/8	庚子	18	11/8	己巳	17	12/8	己亥
20	7/6	己巳	20	8/8	庚子	21	9/9	辛未	20	10/9	辛丑	19	11/9	庚午	18	12/9	庚子
21	7/7	庚午	21	8/9	辛丑	22	9/10	壬申	21	10/10	壬寅	20	11/10	辛未	19	12/10	辛丑
22	7/8	辛未	22	8/10	壬寅	23	9/11	癸酉	22	10/11	癸卯	21	11/11	壬申	20	12/11	壬寅
23	7/9	壬申	23	8/11	癸卯	24	9/12	甲戌	23	10/12	甲辰	22	11/12	癸酉	21	12/12	癸卯
24	7/10	癸酉	24	8/12	甲辰	25	9/13	乙亥	24	10/13	乙巳	23	11/13	甲戌	22	12/13	甲辰
25	7/11	甲戌	25	8/13	乙巳	26	9/14	丙子	25	10/14	丙午	24	11/14	乙亥	23	12/14	乙巳
26	7/12	乙亥	26	8/14	丙午	27	9/15	丁丑	26	10/15	丁未	25	11/15	丙子	24	12/15	丙午
27	7/13	丙子	27	8/15	丁未	28	9/16	戊寅	27	10/16	戊申	26	11/16	丁丑	25	12/16	丁未
28	7/14	丁丑	28	8/16	戊申	29	9/17	己卯	28	10/17	己酉	27	11/17	戊寅	26	12/17	戊申
29	7/15	戊寅	29	8/17	己酉	30	9/18	庚辰	29	10/18	庚戌	28	11/18	己卯	27	12/18	己酉
30	7/16	己卯	30	8/18	庚戌	31	9/19	辛巳	30	10/19	辛亥	29	11/19	庚辰	28	12/19	庚戌
31	7/17	庚辰	10/1	8/19	辛亥	11/1	9/20	壬午	12/1	10/20	壬子	30	11/20	辛巳	29	12/20	辛亥
9/1	7/18	辛巳	2	8/20	壬子	2	9/21	癸未	2	10/21	癸丑	31	11/21	壬午	30	12/21	壬子
2	7/19	壬午	3	8/21	癸丑	3	9/22	甲申	3	10/22	甲寅	1/1	11/22	癸未	31	12/22	癸丑
3	7/20	癸未	4	8/22	甲寅	4	9/23	乙酉	4	10/23	乙卯	2	11/23	甲申	2/1	12/23	甲寅
4	7/21	甲申	5	8/23	乙卯	5	9/24	丙戌	5	10/24	丙辰	3	11/24	乙酉	2	12/24	乙卯
5	7/22	乙酉	6	8/24	丙辰	6	9/25	丁亥	6	10/25	丁巳	4	11/25	丙戌	3	12/25	丙辰
6	7/23	丙戌	7	8/25	丁巳	7	9/26	戊子				5	11/26	丁亥			
7	7/24	丁亥	8	8/26	戊午												

處暑 8/23 23時45分 子時	秋分 9/23 21時8分 亥時	霜降 10/24 6時11分 卯時	小雪 11/23 3時29分 寅時	冬至 12/22 16時39分 申時	大寒 1/21 13時18分 寅時	中氣

年：己亥

左側標示：中華民國四十八年　豬　1959

月	丙寅			丁卯			戊辰			己巳			庚午			辛未		
節氣	立春			驚蟄			清明			立夏			芒種			小暑		
	2/4 21時42分 亥時			3/6 15時56分 申時			4/5 21時3分 亥時			5/6 14時38分 未時			6/6 19時0分 戊時			7/8 5時19分 卯時		
日	國曆	農曆	干支	國曆	農曆	干支	國曆	農曆	干支	國曆	農曆	干支	國曆	農曆	干支	國曆	農曆	干支
	2 4	12 27	丁巳	3 6	1 27	丁亥	4 5	2 28	丁巳	5 6	3 29	戊子	6 6	5 1	己未	7 8	6 3	辛卯
	2 5	12 28	戊午	3 7	1 28	戊子	4 6	2 29	戊午	5 7	3 30	己丑	6 7	5 2	庚申	7 9	6 4	壬辰
	2 6	12 29	己未	3 8	1 29	己丑	4 7	2 30	己未	5 8	4 1	庚寅	6 8	5 3	辛酉	7 10	6 5	癸巳
	2 7	12 30	庚申	3 9	2 1	庚寅	4 8	3 1	庚申	5 9	4 2	辛卯	6 9	5 4	壬戌	7 11	6 6	甲午
	2 8	1 1	辛酉	3 10	2 2	辛卯	4 9	3 2	辛酉	5 10	4 3	壬辰	6 10	5 5	癸亥	7 12	6 7	乙未
	2 9	1 2	壬戌	3 11	2 3	壬辰	4 10	3 3	壬戌	5 11	4 4	癸巳	6 11	5 6	甲子	7 13	6 8	丙申
	2 10	1 3	癸亥	3 12	2 4	癸巳	4 11	3 4	癸亥	5 12	4 5	甲午	6 12	5 7	乙丑	7 14	6 9	丁酉
	2 11	1 4	甲子	3 13	2 5	甲午	4 12	3 5	甲子	5 13	4 6	乙未	6 13	5 8	丙寅	7 15	6 10	戊戌
	2 12	1 5	乙丑	3 14	2 6	乙未	4 13	3 6	乙丑	5 14	4 7	丙申	6 14	5 9	丁卯	7 16	6 11	己亥
	2 13	1 6	丙寅	3 15	2 7	丙申	4 14	3 7	丙寅	5 15	4 8	丁酉	6 15	5 10	戊辰	7 17	6 12	庚子
	2 14	1 7	丁卯	3 16	2 8	丁酉	4 15	3 8	丁卯	5 16	4 9	戊戌	6 16	5 11	己巳	7 18	6 13	辛丑
	2 15	1 8	戊辰	3 17	2 9	戊戌	4 16	3 9	戊辰	5 17	4 10	己亥	6 17	5 12	庚午	7 19	6 14	壬寅
	2 16	1 9	己巳	3 18	2 10	己亥	4 17	3 10	己巳	5 18	4 11	庚子	6 18	5 13	辛未	7 20	6 15	癸卯
	2 17	1 10	庚午	3 19	2 11	庚子	4 18	3 11	庚午	5 19	4 12	辛丑	6 19	5 14	壬申	7 21	6 16	甲辰
	2 18	1 11	辛未	3 20	2 12	辛丑	4 19	3 12	辛未	5 20	4 13	壬寅	6 20	5 15	癸酉	7 22	6 17	乙巳
	2 19	1 12	壬申	3 21	2 13	壬寅	4 20	3 13	壬申	5 21	4 14	癸卯	6 21	5 16	甲戌	7 23	6 18	丙午
	2 20	1 13	癸酉	3 22	2 14	癸卯	4 21	3 14	癸酉	5 22	4 15	甲辰	6 22	5 17	乙亥	7 24	6 19	丁未
	2 21	1 14	甲戌	3 23	2 15	甲辰	4 22	3 15	甲戌	5 23	4 16	乙巳	6 23	5 18	丙子	7 25	6 20	戊申
	2 22	1 15	乙亥	3 24	2 16	乙巳	4 23	3 16	乙亥	5 24	4 17	丙午	6 24	5 19	丁丑	7 26	6 21	己酉
	2 23	1 16	丙子	3 25	2 17	丙午	4 24	3 17	丙子	5 25	4 18	丁未	6 25	5 20	戊寅	7 27	6 22	庚戌
	2 24	1 17	丁丑	3 26	2 18	丁未	4 25	3 18	丁丑	5 26	4 19	戊申	6 26	5 21	己卯	7 28	6 23	辛亥
	2 25	1 18	戊寅	3 27	2 19	戊申	4 26	3 19	戊寅	5 27	4 20	己酉	6 27	5 22	庚辰	7 29	6 24	壬子
	2 26	1 19	己卯	3 28	2 20	己酉	4 27	3 20	己卯	5 28	4 21	庚戌	6 28	5 23	辛巳	7 30	6 25	癸丑
	2 27	1 20	庚辰	3 29	2 21	庚戌	4 28	3 21	庚辰	5 29	4 22	辛亥	6 29	5 24	壬午	7 31	6 26	甲寅
	2 28	1 21	辛巳	3 30	2 22	辛亥	4 29	3 22	辛巳	5 30	4 23	壬子	6 30	5 25	癸未	8 1	6 27	乙卯
	3 1	1 22	壬午	3 31	2 23	壬子	4 30	3 23	壬午	5 31	4 24	癸丑	7 1	5 26	甲申	8 2	6 28	丙辰
	3 2	1 23	癸未	4 1	2 24	癸丑	5 1	3 24	癸未	6 1	4 25	甲寅	7 2	5 27	乙酉	8 3	6 29	丁巳
	3 3	1 24	甲申	4 2	2 25	甲寅	5 2	3 25	甲申	6 2	4 26	乙卯	7 3	5 28	丙戌	8 4	6 30	戊午
	3 4	1 25	乙酉	4 3	2 26	乙卯	5 3	3 26	乙酉	6 3	4 27	丙辰	7 4	5 29	丁亥	8 5	7 1	己未
	3 5	1 26	丙戌	4 4	2 27	丙辰	5 4	3 27	丙戌	6 4	4 28	丁巳	7 5	5 30	戊子	8 6	7 2	庚申
							5 5	3 28	丁亥	6 5	4 29	戊午	7 6	6 1	己丑	8 7	7 3	辛酉
													7 7	6 2	庚寅			
										小滿			夏至			大暑		
	2/19 17時37分 酉時			3/21 16時54分 申時			4/21 4時16分 寅時			5/22 3時42分 寅時			6/22 11時49分 午時			7/23 22時45分 亥時		

己亥

月	壬申			癸酉			甲戌			乙亥			丙子			丁丑		
節氣	立秋			白露			寒露			立冬			大雪			小寒		
	8/8 15時4分 申時			9/8 17時47分 酉時			10/9 9時9分 巳時			11/8 12時2分 午時			12/8 4時37分 寅時			1/6 15時42分 申時		
日	國曆	農曆	干支	國曆	農曆	干支	國曆	農曆	干支	國曆	農曆	干支	國曆	農曆	干支	國曆	農曆	干支
	8	7/5	癸巳	8	8/6	甲子	9	9/7	乙未	8	10/8	乙丑	8	11/8	乙未	6	12/8	甲子
	9	7/6	甲午	9	8/7	乙丑	10	9/8	丙申	9	10/9	丙寅	9	11/9	丙申	7	12/9	乙丑
	10	7/7	乙未	10	8/8	丙寅	11	9/9	丁酉	10	10/10	丁卯	10	11/10	丁酉	8	12/10	丙寅
	11	7/8	丙申	11	8/9	丁卯	12	9/10	戊戌	11	10/11	戊辰	11	11/11	戊戌	9	12/11	丁卯
	12	7/9	丁酉	12	8/10	戊辰	13	9/11	己亥	12	10/12	己巳	12	11/12	己亥	10	12/12	戊辰
	13	7/10	戊戌	13	8/11	己巳	14	9/12	庚子	13	10/13	庚午	13	11/13	庚子	11	12/13	己巳
	14	7/11	己亥	14	8/12	庚午	15	9/13	辛丑	14	10/14	辛未	14	11/14	辛丑	12	12/14	庚午
	15	7/12	庚子	15	8/13	辛未	16	9/14	壬寅	15	10/15	壬申	15	11/15	壬寅	13	12/15	辛未
	16	7/13	辛丑	16	8/14	壬申	17	9/15	癸卯	16	10/16	癸酉	16	11/16	癸卯	14	12/16	壬申
	17	7/14	壬寅	17	8/15	癸酉	18	9/16	甲辰	17	10/17	甲戌	17	11/17	甲辰	15	12/17	癸酉
	18	7/15	癸卯	18	8/16	甲戌	19	9/17	乙巳	18	10/18	乙亥	18	11/18	乙巳	16	12/18	甲戌
	19	7/16	甲辰	19	8/17	乙亥	20	9/18	丙午	19	10/19	丙子	19	11/19	丙午	17	12/19	乙亥
	20	7/17	乙巳	20	8/18	丙子	21	9/19	丁未	20	10/20	丁丑	20	11/20	丁未	18	12/20	丙子
	21	7/18	丙午	21	8/19	丁丑	22	9/20	戊申	21	10/21	戊寅	21	11/21	戊申	19	12/21	丁丑
	22	7/19	丁未	22	8/20	戊寅	23	9/21	己酉	22	10/22	己卯	22	11/22	己酉	20	12/22	戊寅
	23	7/20	戊申	23	8/21	己卯	24	9/22	庚戌	23	10/23	庚辰	23	11/23	庚戌	21	12/23	己卯
	24	7/21	己酉	24	8/22	庚辰	25	9/23	辛亥	24	10/24	辛巳	24	11/24	辛亥	22	12/24	庚辰
	25	7/22	庚戌	25	8/23	辛巳	26	9/24	壬子	25	10/25	壬午	25	11/25	壬子	23	12/25	辛巳
	26	7/23	辛亥	26	8/24	壬午	27	9/25	癸丑	26	10/26	癸未	26	11/26	癸丑	24	12/26	壬午
	27	7/24	壬子	27	8/25	癸未	28	9/26	甲寅	27	10/27	甲申	27	11/27	甲寅	25	12/27	癸未
	28	7/25	癸丑	28	8/26	甲申	29	9/27	乙卯	28	10/28	乙酉	28	11/28	乙卯	26	12/28	甲申
	29	7/26	甲寅	29	8/27	乙酉	30	9/28	丙辰	29	10/29	丙戌	29	11/29	丙辰	27	12/29	乙酉
	30	7/27	乙卯	30	8/28	丙戌	31	9/29	丁巳	30	10/30	丁亥	30	12/1	丁巳	28	1/1	丙戌
	31	7/28	丙辰	1	8/29	丁亥	1	10/1	戊午	1	11/1	戊子	31	12/2	戊午	29	1/2	丁亥
	1	7/29	丁巳	2	8/30	戊子	2	10/2	己未	2	11/2	己丑	1	12/3	己未	30	1/3	戊子
	2	7/30	戊午	3	9/1	己丑	3	10/3	庚申	3	11/3	庚寅	2	12/4	庚申	31	1/4	己丑
	3	8/1	己未	4	9/2	庚寅	4	10/4	辛酉	4	11/4	辛卯	3	12/5	辛酉	1	1/5	庚寅
	4	8/2	庚申	5	9/3	辛卯	5	10/5	壬戌	5	11/5	壬辰	4	12/6	壬戌	2	1/6	辛卯
	5	8/3	辛酉	6	9/4	壬辰	6	10/6	癸亥	6	11/6	癸巳	5	12/7	癸亥	3	1/7	壬辰
	6	8/4	壬戌	7	9/5	癸巳	7	10/7	甲子	7	11/7	甲午				4	1/8	癸巳
	7	8/5	癸亥	8	9/6	甲午												
中氣	處暑 8/24 5時43分 卯時			秋分 9/24 3時8分 寅時			霜降 10/24 12時11分 午時			小雪 11/23 9時26分 巳時			冬至 12/22 22時34分 亥時			大寒 1/21 9時10分 巳時		

右欄（年）：中華民國四十八、四十九年　豬　1959、1960

年	\multicolumn{17}{c}{庚子}

月	戊寅			己卯			庚辰			辛巳			壬午			癸未		
節氣	立春			驚蟄			清明			立夏			芒種			小暑		
	2/5 3時23分 寅時			3/5 21時36分 亥時			4/5 2時43分 丑時			5/5 20時22分 戌時			6/6 0時48分 子時			7/7 11時12分 午時		
日	國曆	農曆	干支	國曆	農曆	干支	國曆	農曆	干支	國曆	農曆	干支	國曆	農曆	干支	國曆	農曆	干支
中華民國四十九年 鼠 1960	2/5	1/9	癸亥	3/5	2/8	壬辰	4/5	3/10	癸亥	5/5	4/10	癸巳	6/6	5/13	乙丑	7/7	6/14	丙申
	2/6	1/10	甲子	3/6	2/9	癸巳	4/6	3/11	甲子	5/6	4/11	甲午	6/7	5/14	丙寅	7/8	6/15	丁酉
	2/7	1/11	乙丑	3/7	2/10	甲午	4/7	3/12	乙丑	5/7	4/12	乙未	6/8	5/15	丁卯	7/9	6/16	戊戌
	2/8	1/12	丙寅	3/8	2/11	乙未	4/8	3/13	丙寅	5/8	4/13	丙申	6/9	5/16	戊辰	7/10	6/17	己亥
	2/9	1/13	丁卯	3/9	2/12	丙申	4/9	3/14	丁卯	5/9	4/14	丁酉	6/10	5/17	己巳	7/11	6/18	庚子
	2/10	1/14	戊辰	3/10	2/13	丁酉	4/10	3/15	戊辰	5/10	4/15	戊戌	6/11	5/18	庚午	7/12	6/19	辛丑
	2/11	1/15	己巳	3/11	2/14	戊戌	4/11	3/16	己巳	5/11	4/16	己亥	6/12	5/19	辛未	7/13	6/20	壬寅
	2/12	1/16	庚午	3/12	2/15	己亥	4/12	3/17	庚午	5/12	4/17	庚子	6/13	5/20	壬申	7/14	6/21	癸卯
	2/13	1/17	辛未	3/13	2/16	庚子	4/13	3/18	辛未	5/13	4/18	辛丑	6/14	5/21	癸酉	7/15	6/22	甲辰
	2/14	1/18	壬申	3/14	2/17	辛丑	4/14	3/19	壬申	5/14	4/19	壬寅	6/15	5/22	甲戌	7/16	6/23	乙巳
	2/15	1/19	癸酉	3/15	2/18	壬寅	4/15	3/20	癸酉	5/15	4/20	癸卯	6/16	5/23	乙亥	7/17	6/24	丙午
	2/16	1/20	甲戌	3/16	2/19	癸卯	4/16	3/21	甲戌	5/16	4/21	甲辰	6/17	5/24	丙子	7/18	6/25	丁未
	2/17	1/21	乙亥	3/17	2/20	甲辰	4/17	3/22	乙亥	5/17	4/22	乙巳	6/18	5/25	丁丑	7/19	6/26	戊申
	2/18	1/22	丙子	3/18	2/21	乙巳	4/18	3/23	丙子	5/18	4/23	丙午	6/19	5/26	戊寅	7/20	6/27	己酉
	2/19	1/23	丁丑	3/19	2/22	丙午	4/19	3/24	丁丑	5/19	4/24	丁未	6/20	5/27	己卯	7/21	6/28	庚戌
	2/20	1/24	戊寅	3/20	2/23	丁未	4/20	3/25	戊寅	5/20	4/25	戊申	6/21	5/28	庚辰	7/22	6/29	辛亥
	2/21	1/25	己卯	3/21	2/24	戊申	4/21	3/26	己卯	5/21	4/26	己酉	6/22	5/29	辛巳	7/23	6/30	壬子
	2/22	1/26	庚辰	3/22	2/25	己酉	4/22	3/27	庚辰	5/22	4/27	庚戌	6/23	5/30	壬午	7/24	閏6/1	癸丑
	2/23	1/27	辛巳	3/23	2/26	庚戌	4/23	3/28	辛巳	5/23	4/28	辛亥	6/24	6/1	癸未	7/25	6/2	甲寅
	2/24	1/28	壬午	3/24	2/27	辛亥	4/24	3/29	壬午	5/24	4/29	壬子	6/25	6/2	甲申	7/26	6/3	乙卯
	2/25	1/29	癸未	3/25	2/28	壬子	4/25	3/30	癸未	5/25	5/1	癸丑	6/26	6/3	乙酉	7/27	6/4	丙辰
	2/26	1/30	甲申	3/26	2/29	癸丑	4/26	4/1	甲申	5/26	5/2	甲寅	6/27	6/4	丙戌	7/28	6/5	丁巳
	2/27	2/1	乙酉	3/27	3/1	甲寅	4/27	4/2	乙酉	5/27	5/3	乙卯	6/28	6/5	丁亥	7/29	6/6	戊午
	2/28	2/2	丙戌	3/28	3/2	乙卯	4/28	4/3	丙戌	5/28	5/4	丙辰	6/29	6/6	戊子	7/30	6/7	己未
	2/29	2/3	丁亥	3/29	3/3	丙辰	4/29	4/4	丁亥	5/29	5/5	丁巳	6/30	6/7	己丑	7/31	6/8	庚申
	3/1	2/4	戊子	3/30	3/4	丁巳	4/30	4/5	戊子	5/30	5/6	戊午	7/1	6/8	庚寅	8/1	6/9	辛酉
	3/2	2/5	己丑	3/31	3/5	戊午	5/1	4/6	己丑	5/31	5/7	己未	7/2	6/9	辛卯	8/2	6/10	壬戌
	3/3	2/6	庚寅	4/1	3/6	己未	5/2	4/7	庚寅	6/1	5/8	庚申	7/3	6/10	壬辰	8/3	6/11	癸亥
	3/4	2/7	辛卯	4/2	3/7	庚申	5/3	4/8	辛卯	6/2	5/9	辛酉	7/4	6/11	癸巳	8/4	6/12	甲子
				4/3	3/8	辛酉	5/4	4/9	壬辰	6/3	5/10	壬戌	7/5	6/12	甲午	8/5	6/13	乙丑
				4/4	3/9	壬戌				6/4	5/11	癸亥	7/6	6/13	乙未	8/6	6/14	丙寅
										6/5	5/12	甲子						

中氣	雨水			春分			穀雨			小滿			夏至			大暑		
	2/19 23時26分 子時			3/20 22時42分 亥時			4/20 10時5分 巳時			5/21 9時33分 巳時			6/21 17時42分 酉時			7/23 4時37分 寅時		

日光節約時間：六月一日至九月三十日

庚子　年

月	甲申	乙酉	丙戌	丁亥	戊子	己丑
節氣	立秋 戊時 0時59分	白露 子時 9/7 23時45分	寒露 申時 10/8 15時8分	立冬 酉時 11/7 18時2分	大雪 巳時 12/7 10時37分	小寒 亥時 1/5 21時42分

甲申 國曆 農曆 干支	乙酉 國曆 農曆 干支	丙戌 國曆 農曆 干支	丁亥 國曆 農曆 干支	戊子 國曆 農曆 干支	己丑 國曆 農曆 干支	日
6 15 丁卯	9 7 7 17 戊戌	10 8 8 18 己巳	11 7 9 19 己亥	12 7 10 19 己巳	1 5 11 19 庚戌	
6 16 戊辰	9 8 7 18 己亥	10 9 8 19 庚午	11 8 9 20 庚子	12 8 10 20 庚午	1 6 11 20 己亥	
6 17 己巳	9 9 7 19 庚子	10 10 8 20 辛未	11 9 9 21 辛丑	12 9 10 21 辛未	1 7 11 21 庚子	中
6 18 庚午	9 10 7 20 辛丑	10 11 8 21 壬申	11 10 9 22 壬寅	12 10 10 22 壬申	1 8 11 22 辛丑	華
6 19 辛未	9 11 7 21 壬寅	10 12 8 22 癸酉	11 11 9 23 癸卯	12 11 10 23 癸酉	1 9 11 23 壬寅	民
6 20 壬申	9 12 7 22 癸卯	10 13 8 23 甲戌	11 12 9 24 甲辰	12 12 10 24 甲戌	1 10 11 24 癸卯	國
6 21 癸酉	9 13 7 23 甲辰	10 14 8 24 乙亥	11 13 9 25 乙巳	12 13 10 25 乙亥	1 11 11 25 甲辰	四
6 22 甲戌	9 14 7 24 乙巳	10 15 8 25 丙子	11 14 9 26 丙午	12 14 10 26 丙子	1 12 11 26 乙巳	十
6 23 乙亥	9 15 7 25 丙午	10 16 8 26 丁丑	11 15 9 27 丁未	12 15 10 27 丁丑	1 13 11 27 丙午	九
6 24 丙子	9 16 7 26 丁未	10 17 8 27 戊寅	11 16 9 28 戊申	12 16 10 28 戊寅	1 14 11 28 丁未	、
6 25 丁丑	9 17 7 27 戊申	10 18 8 28 己卯	11 17 9 29 己酉	12 17 10 29 己卯	1 15 11 29 戊申	五
6 26 戊寅	9 18 7 28 己酉	10 19 8 29 庚辰	11 18 9 30 庚戌	12 18 11 1 庚辰	1 16 11 30 己酉	十
6 27 己卯	9 19 7 29 庚戌	10 20 9 1 辛巳	11 19 10 1 辛亥	12 19 11 2 辛巳	1 17 12 1 庚戌	年
6 28 庚辰	9 20 7 30 辛亥	10 21 9 2 壬午	11 20 10 2 壬子	12 20 11 3 壬午	1 18 12 2 辛亥	鼠
6 29 辛巳	9 21 8 1 壬子	10 22 9 3 癸未	11 21 10 3 癸丑	12 21 11 4 癸未	1 19 12 3 壬子	
7 1 壬午	9 22 8 2 癸丑	10 23 9 4 甲申	11 22 10 4 甲寅	12 22 11 5 甲申	1 20 12 4 癸丑	
7 2 癸未	9 23 8 3 甲寅	10 24 9 5 乙酉	11 23 10 5 乙卯	12 23 11 6 乙酉	1 21 12 5 甲寅	
7 3 甲申	9 24 8 4 乙卯	10 25 9 6 丙戌	11 24 10 6 丙辰	12 24 11 7 丙戌	1 22 12 6 乙卯	
7 4 乙酉	9 25 8 5 丙辰	10 26 9 7 丁亥	11 25 10 7 丁巳	12 25 11 8 丁亥	1 23 12 7 丙辰	
7 5 丙戌	9 26 8 6 丁巳	10 27 9 8 戊子	11 26 10 8 戊午	12 26 11 9 戊子	1 24 12 8 丁巳	
7 6 丁亥	9 27 8 7 戊午	10 28 9 9 己丑	11 27 10 9 己未	12 27 11 10 己丑	1 25 12 9 戊午	
7 7 戊子	9 28 8 8 己未	10 29 9 10 庚寅	11 28 10 10 庚申	12 28 11 11 庚寅	1 26 12 10 己未	1
7 8 己丑	9 29 8 9 庚申	10 30 9 11 辛卯	11 29 10 11 辛酉	12 29 11 12 辛卯	1 27 12 11 庚申	9
7 9 庚寅	9 30 8 10 辛酉	10 31 9 12 壬辰	11 30 10 12 壬戌	12 30 11 13 壬辰	1 28 12 12 辛酉	6
7 10 辛卯	10 1 8 11 壬戌	11 1 9 13 癸巳	12 1 10 13 癸亥	12 31 11 14 癸巳	1 29 12 13 壬戌	0
7 11 壬辰	10 2 8 12 癸亥	11 2 9 14 甲午	12 2 10 14 甲子	1 1 11 15 甲午	1 30 12 14 癸亥	、
7 12 癸巳	10 3 8 13 甲子	11 3 9 15 乙未	12 3 10 15 乙丑	1 2 11 16 乙未	1 31 12 15 甲子	1
7 13 甲午	10 4 8 14 乙丑	11 4 9 16 丙申	12 4 10 16 丙寅	1 3 11 17 丙申	2 1 12 16 乙丑	9
7 14 乙未	10 5 8 15 丙寅	11 5 9 17 丁酉	12 5 10 17 丁卯	1 4 11 18 丁酉	2 2 12 17 丙寅	6
7 15 丙申	10 6 8 16 丁卯	11 6 9 18 戊戌	12 6 10 18 戊辰		2 3 12 18 丁卯	1
7 16 丁酉	10 7 8 17 戊辰					

中氣	處暑 午時 11時34分	秋分 辰時 9/23 8時58分	霜降 酉時 10/23 18時1分	小雪 申時 11/22 15時18分	冬至 寅時 12/22 4時25分	大寒 申時 1/20 15時1分

年	辛丑																	

年：辛丑

月	庚寅			辛卯			壬辰			癸巳			甲午			乙未		
節氣				驚蟄			清明			立夏			芒種			小暑		
	2/4 9時22分 巳時			3/6 3時34分 寅時			4/5 8時42分 辰時			5/6 2時21分 丑時			6/6 6時46分 卯時			7/7 17時6分		
日	國曆	農曆	干支	國曆	農曆	干支	國曆	農曆	干支	國曆	農曆	干支	國曆	農曆	干支	國曆	農曆	干支
	2 4	12 19	戊辰	3 6	1 20	戊戌	4 5	2 20	戊辰	5 6	3 22	己亥	6 6	4 23	庚午	7 7	5 25	
	2 5	12 20	己巳	3 7	1 21	己亥	4 6	2 21	己巳	5 7	3 23	庚子	6 7	4 24	辛未	7 8	5 26	
	2 6	12 21	庚午	3 8	1 22	庚子	4 7	2 22	庚午	5 8	3 24	辛丑	6 8	4 25	壬申	7 9	5 27	
	2 7	12 22	辛未	3 9	1 23	辛丑	4 8	2 23	辛未	5 9	3 25	壬寅	6 9	4 26	癸酉	7 10	5 28	
	2 8	12 23	壬申	3 10	1 24	壬寅	4 9	2 24	壬申	5 10	3 26	癸卯	6 10	4 27	甲戌	7 11	5 29	
	2 9	12 24	癸酉	3 11	1 25	癸卯	4 10	2 25	癸酉	5 11	3 27	甲辰	6 11	4 28	乙亥	7 12	5 30	
	2 10	12 25	甲戌	3 12	1 26	甲辰	4 11	2 26	甲戌	5 12	3 28	乙巳	6 12	4 29	丙子	7 13	6 1	
	2 11	12 26	乙亥	3 13	1 27	乙巳	4 12	2 27	乙亥	5 13	3 29	丙午	6 13	5 1	丁丑	7 14	6 2	
	2 12	12 27	丙子	3 14	1 28	丙午	4 13	2 28	丙子	5 14	3 30	丁未	6 14	5 2	戊寅	7 15	6 3	
	2 13	12 28	丁丑	3 15	1 29	丁未	4 14	2 29	丁丑	5 15	4 1	戊申	6 15	5 3	己卯	7 16	6 4	
	2 14	12 29	戊寅	3 16	1 30	戊申	4 15	3 1	戊寅	5 16	4 2	己酉	6 16	5 4	庚辰	7 17	6 5	
	2 15	1 1	己卯	3 17	2 1	己酉	4 16	3 2	己卯	5 17	4 3	庚戌	6 17	5 5	辛巳	7 18	6 6	
	2 16	1 2	庚辰	3 18	2 2	庚戌	4 17	3 3	庚辰	5 18	4 4	辛亥	6 18	5 6	壬午	7 19	6 7	
	2 17	1 3	辛巳	3 19	2 3	辛亥	4 18	3 4	辛巳	5 19	4 5	壬子	6 19	5 7	癸未	7 20	6 8	
	2 18	1 4	壬午	3 20	2 4	壬子	4 19	3 5	壬午	5 20	4 6	癸丑	6 20	5 8	甲申	7 21	6 9	
	2 19	1 5	癸未	3 21	2 5	癸丑	4 20	3 6	癸未	5 21	4 7	甲寅	6 21	5 9	乙酉	7 22	6 10	
	2 20	1 6	甲申	3 22	2 6	甲寅	4 21	3 7	甲申	5 22	4 8	乙卯	6 22	5 10	丙戌	7 23	6 11	
	2 21	1 7	乙酉	3 23	2 7	乙卯	4 22	3 8	乙酉	5 23	4 9	丙辰	6 23	5 11	丁亥	7 24	6 12	
	2 22	1 8	丙戌	3 24	2 8	丙辰	4 23	3 9	丙戌	5 24	4 10	丁巳	6 24	5 12	戊子	7 25	6 13	
	2 23	1 9	丁亥	3 25	2 9	丁巳	4 24	3 10	丁亥	5 25	4 11	戊午	6 25	5 13	己丑	7 26	6 14	
	2 24	1 10	戊子	3 26	2 10	戊午	4 25	3 11	戊子	5 26	4 12	己未	6 26	5 14	庚寅	7 27	6 15	
	2 25	1 11	己丑	3 27	2 11	己未	4 26	3 12	己丑	5 27	4 13	庚申	6 27	5 15	辛卯	7 28	6 16	
	2 26	1 12	庚寅	3 28	2 12	庚申	4 27	3 13	庚寅	5 28	4 14	辛酉	6 28	5 16	壬辰	7 29	6 17	
	2 27	1 13	辛卯	3 29	2 13	辛酉	4 28	3 14	辛卯	5 29	4 15	壬戌	6 29	5 17	癸巳	7 30	6 18	
	2 28	1 14	壬辰	3 30	2 14	壬戌	4 29	3 15	壬辰	5 30	4 16	癸亥	6 30	5 18	甲午	7 31	6 19	
	3 1	1 15	癸巳	3 31	2 15	癸亥	4 30	3 16	癸巳	5 31	4 17	甲子	7 1	5 19	乙未	8 1	6 20	
	3 2	1 16	甲午	4 1	2 16	甲子	5 1	3 17	甲午	6 1	4 18	乙丑	7 2	5 20	丙申	8 2	6 21	
	3 3	1 17	乙未	4 2	2 17	乙丑	5 2	3 18	乙未	6 2	4 19	丙寅	7 3	5 21	丁酉	8 3	6 22	
	3 4	1 18	丙申	4 3	2 18	丙寅	5 3	3 19	丙申	6 3	4 20	丁卯	7 4	5 22	戊戌	8 4	6 23	
	3 5	1 19	丁酉	4 4	2 19	丁卯	5 4	3 20	丁酉	6 4	4 21	戊辰	7 5	5 23	己亥	8 5	6 24	
							5 5	3 21	戊戌	6 5	4 22	己巳	7 6	5 24	庚子	8 6	6 25	
																8 7	6 26	

左側：中華民國五十年　牛　1961

中氣	雨水	春分	穀雨	小滿	夏至	大暑
	2/19 5時16分 卯時	3/21 4時32分 寅時	4/20 15時55分 申時	5/21 15時22分 申時	6/21 23時30分 子時	7/23 10時23分

	辛丑											年
丙申		丁酉		戊戌		己亥		庚子		辛丑		月
立秋		白露		寒露		立冬		大雪		小寒		節氣
時48分 丑時		9/8 5時29分 卯時		10/8 20時50分 戌時		11/7 23時46分 子時		12/7 16時25分 申時		1/6 3時34分 寅時		
農曆	干支	國曆 農曆	干支	國曆 農曆	干支	國曆 農曆	干支	國曆 農曆	干支	國曆 農曆	干支	日
6 27	癸酉	9 8 7 29	甲辰	10 8 8 29	甲戌	11 7 9 29	甲辰	12 7 10 30	甲戌	1 6 12 1	甲辰	
6 28	甲戌	9 9 7 30	乙巳	10 9 8 30	乙亥	11 8 10 1	乙巳	12 8 11 1	乙亥	1 7 12 2	乙巳	
6 29	乙亥	9 10 8 1	丙午	10 10 9 1	丙子	11 9 10 2	丙午	12 9 11 2	丙子	1 8 12 3	丙午	中
7 1	丙子	9 11 8 2	丁未	10 11 9 2	丁丑	11 10 10 3	丁未	12 10 11 3	丁丑	1 9 12 4	丁未	華
7 2	丁丑	9 12 8 3	戊申	10 12 9 3	戊寅	11 11 10 4	戊申	12 11 11 4	戊寅	1 10 12 5	戊申	民
7 3	戊寅	9 13 8 4	己酉	10 13 9 4	己卯	11 12 10 5	己酉	12 12 11 5	己卯	1 11 12 6	己酉	國
7 4	己卯	9 14 8 5	庚戌	10 14 9 5	庚辰	11 13 10 6	庚戌	12 13 11 6	庚辰	1 12 12 7	庚戌	五
7 5	庚辰	9 15 8 6	辛亥	10 15 9 6	辛巳	11 14 10 7	辛亥	12 14 11 7	辛巳	1 13 12 8	辛亥	十
7 6	辛巳	9 16 8 7	壬子	10 16 9 7	壬午	11 15 10 8	壬子	12 15 11 8	壬午	1 14 12 9	壬子	、
7 7	壬午	9 17 8 8	癸丑	10 17 9 8	癸未	11 16 10 9	癸丑	12 16 11 9	癸未	1 15 12 10	癸丑	五
7 8	癸未	9 18 8 9	甲寅	10 18 9 9	甲申	11 17 10 10	甲寅	12 17 11 10	甲申	1 16 12 11	甲寅	十
7 9	甲申	9 19 8 10	乙卯	10 19 9 10	乙酉	11 18 10 11	乙卯	12 18 11 11	乙酉	1 17 12 12	乙卯	一
7 10	乙酉	9 20 8 11	丙辰	10 20 9 11	丙戌	11 19 10 12	丙辰	12 19 11 12	丙戌	1 18 12 13	丙辰	年
7 11	丙戌	9 21 8 12	丁巳	10 21 9 12	丁亥	11 20 10 13	丁巳	12 20 11 13	丁亥	1 19 12 14	丁巳	
7 12	丁亥	9 22 8 13	戊午	10 22 9 13	戊子	11 21 10 14	戊午	12 21 11 14	戊子	1 20 12 15	戊午	牛
7 13	戊子	9 23 8 14	己未	10 23 9 14	己丑	11 22 10 15	己未	12 22 11 15	己丑	1 21 12 16	己未	
7 14	己丑	9 24 8 15	庚申	10 24 9 15	庚寅	11 23 10 16	庚申	12 23 11 16	庚寅	1 22 12 17	庚申	
7 15	庚寅	9 25 8 16	辛酉	10 25 9 16	辛卯	11 24 10 17	辛酉	12 24 11 17	辛卯	1 23 12 18	辛酉	
7 16	辛卯	9 26 8 17	壬戌	10 26 9 17	壬辰	11 25 10 18	壬戌	12 25 11 18	壬辰	1 24 12 19	壬戌	
7 17	壬辰	9 27 8 18	癸亥	10 27 9 18	癸巳	11 26 10 19	癸亥	12 26 11 19	癸巳	1 25 12 20	癸亥	
7 18	癸巳	9 28 8 19	甲子	10 28 9 19	甲午	11 27 10 20	甲子	12 27 11 20	甲午	1 26 12 21	甲子	
7 19	甲午	9 29 8 20	乙丑	10 29 9 20	乙未	11 28 10 21	乙丑	12 28 11 21	乙未	1 27 12 22	乙丑	1
7 20	乙未	9 30 8 21	丙寅	10 30 9 21	丙申	11 29 10 22	丙寅	12 29 11 22	丙申	1 28 12 23	丙寅	9
7 21	丙申	10 1 8 22	丁卯	10 31 9 22	丁酉	11 30 10 23	丁卯	12 30 11 23	丁酉	1 29 12 24	丁卯	6
7 22	丁酉	10 2 8 23	戊辰	11 1 9 23	戊戌	12 1 10 24	戊辰	12 31 11 24	戊戌	1 30 12 25	戊辰	1
7 23	戊戌	10 3 8 24	己巳	11 2 9 24	己亥	12 2 10 25	己巳	1 1 11 25	己亥	1 31 12 26	己巳	、
7 24	己亥	10 4 8 25	庚午	11 3 9 25	庚子	12 3 10 26	庚午	1 2 11 26	庚子	2 1 12 27	庚午	1
7 25	庚子	10 5 8 26	辛未	11 4 9 26	辛丑	12 4 10 27	辛未	1 3 11 27	辛丑	2 2 12 28	辛未	9
7 26	辛丑	10 6 8 27	壬申	11 5 9 27	壬寅	12 5 10 28	壬申	1 4 11 28	壬寅	2 3 12 29	壬申	6
7 27	壬寅	10 7 8 28	癸酉	11 6 9 28	癸卯	12 6 10 29	癸酉	1 5 11 29	癸酉			2
7 28	癸卯											
處暑		秋分		霜降		小雪		冬至		大寒		中
17時18分 酉時		9/23 14時42分 未時		10/23 23時47分 子時		11/22 21時7分 亥時		12/22 10時19分 巳時		1/20 20時57分 戌時		氣

年	壬寅																	
月	壬寅			癸卯			甲辰			乙巳			丙午			丁未		
節氣	立春			驚蟄			清明			立夏			芒種			小暑		
	2/4 15時17分 申時			3/6 9時29分 巳時			4/5 14時34分 未時			5/6 8時30分 辰時			6/6 12時31分 午時			7/7 22時51分		
日	國曆	農曆	干支	國曆	農曆	干支	國曆	農曆	干支	國曆	農曆	干支	國曆	農曆	干支	國曆	農曆	干支
	2 4	12 30	癸酉	3 6	2 1	癸卯	4 5	3 1	癸酉	5 6	4 3	甲辰	6 6	5 5	乙亥	7 7	6 6	
	2 5	1 1	甲戌	3 7	2 2	甲辰	4 6	3 2	甲戌	5 7	4 4	乙巳	6 7	5 6	丙子	7 8	6 7	
	2 6	1 2	乙亥	3 8	2 3	乙巳	4 7	3 3	乙亥	5 8	4 5	丙午	6 8	5 7	丁丑	7 9	6 8	
	2 7	1 3	丙子	3 9	2 4	丙午	4 8	3 4	丙子	5 9	4 6	丁未	6 9	5 8	戊寅	7 10	6 9	
	2 8	1 4	丁丑	3 10	2 5	丁未	4 9	3 5	丁丑	5 10	4 7	戊申	6 10	5 9	己卯	7 11	6 10	
	2 9	1 5	戊寅	3 11	2 6	戊申	4 10	3 6	戊寅	5 11	4 8	己酉	6 11	5 10	庚辰	7 12	6 11	
	2 10	1 6	己卯	3 12	2 7	己酉	4 11	3 7	己卯	5 12	4 9	庚戌	6 12	5 11	辛巳	7 13	6 12	
中	2 11	1 7	庚辰	3 13	2 8	庚戌	4 12	3 8	庚辰	5 13	4 10	辛亥	6 13	5 12	壬午	7 14	6 13	
華	2 12	1 8	辛巳	3 14	2 9	辛亥	4 13	3 9	辛巳	5 14	4 11	壬子	6 14	5 13	癸未	7 15	6 14	
民	2 13	1 9	壬午	3 15	2 10	壬子	4 14	3 10	壬午	5 15	4 12	癸丑	6 15	5 14	甲申	7 16	6 15	
國	2 14	1 10	癸未	3 16	2 11	癸丑	4 15	3 11	癸未	5 16	4 13	甲寅	6 16	5 15	乙酉	7 17	6 16	
五	2 15	1 11	甲申	3 17	2 12	甲寅	4 16	3 12	甲申	5 17	4 14	乙卯	6 17	5 16	丙戌	7 18	6 17	
十	2 16	1 12	乙酉	3 18	2 13	乙卯	4 17	3 13	乙酉	5 18	4 15	丙辰	6 18	5 17	丁亥	7 19	6 18	
一	2 17	1 13	丙戌	3 19	2 14	丙辰	4 18	3 14	丙戌	5 19	4 16	丁巳	6 19	5 18	戊子	7 20	6 19	
年	2 18	1 14	丁亥	3 20	2 15	丁巳	4 19	3 15	丁亥	5 20	4 17	戊午	6 20	5 19	己丑	7 21	6 20	
	2 19	1 15	戊子	3 21	2 16	戊午	4 20	3 16	戊子	5 21	4 18	己未	6 21	5 20	庚寅	7 22	6 21	
虎	2 20	1 16	己丑	3 22	2 17	己未	4 21	3 17	己丑	5 22	4 19	庚申	6 22	5 21	辛卯	7 23	6 22	
	2 21	1 17	庚寅	3 23	2 18	庚申	4 22	3 18	庚寅	5 23	4 20	辛酉	6 23	5 22	壬辰	7 24	6 23	
	2 22	1 18	辛卯	3 24	2 19	辛酉	4 23	3 19	辛卯	5 24	4 21	壬戌	6 24	5 23	癸巳	7 25	6 24	
	2 23	1 19	壬辰	3 25	2 20	壬戌	4 24	3 20	壬辰	5 25	4 22	癸亥	6 25	5 24	甲午	7 26	6 25	
	2 24	1 20	癸巳	3 26	2 21	癸亥	4 25	3 21	癸巳	5 26	4 23	甲子	6 26	5 25	乙未	7 27	6 26	
	2 25	1 21	甲午	3 27	2 22	甲子	4 26	3 22	甲午	5 27	4 24	乙丑	6 27	5 26	丙申	7 28	6 27	
	2 26	1 22	乙未	3 28	2 23	乙丑	4 27	3 23	乙未	5 28	4 25	丙寅	6 28	5 27	丁酉	7 29	6 28	
	2 27	1 23	丙申	3 29	2 24	丙寅	4 28	3 24	丙申	5 29	4 26	丁卯	6 29	5 28	戊戌	7 30	6 29	
	2 28	1 24	丁酉	3 30	2 25	丁卯	4 29	3 25	丁酉	5 30	4 27	戊辰	6 30	5 29	己亥	7 31	7 1	
	3 1	1 25	戊戌	3 31	2 26	戊辰	4 30	3 26	戊戌	5 31	4 28	己巳	7 1	5 30	庚子	8 1	7 2	
1	3 2	1 26	己亥	4 1	2 27	己巳	5 1	3 27	己亥	6 1	4 29	庚午	7 2	6 1	辛丑	8 2	7 3	
9	3 3	1 27	庚子	4 2	2 28	庚午	5 2	3 28	庚子	6 2	5 1	辛未	7 3	6 2	壬寅	8 3	7 4	
6	3 4	1 28	辛丑	4 3	2 29	辛未	5 3	3 29	辛丑	6 3	5 2	壬申	7 4	6 3	癸卯	8 4	7 5	
2	3 5	1 29	壬寅	4 4	2 30	壬申	5 4	4 1	壬寅	6 4	5 3	癸酉	7 5	6 4	甲辰	8 5	7 6	
							5 5	4 2	癸卯	6 5	5 4	甲戌	7 6	6 5	乙巳	8 6	7 7	
																8 7	7 8	
中氣	雨水			春分			穀雨			小滿			夏至			大暑		
	2/19 11時14分 午時			3/21 10時29分 巳時			4/20 21時50分 亥時			5/21 21時16分 亥時			6/22 5時24分 卯時			7/23 16時17分		

126

壬寅（年）

月	戊申	己酉	庚戌	辛亥	壬子	癸丑
節氣	立秋	白露	寒露	立冬	大雪	小寒
時刻	…時33分 辰時	9/8 11時15分 午時	10/9 2時37分 丑時	11/8 5時34分 卯時	12/7 22時16分 亥時	1/6 9時26分 巳時

戊申 農曆	戊申 干支	己酉 國曆	己酉 農曆	己酉 干支	庚戌 國曆	庚戌 農曆	庚戌 干支	辛亥 國曆	辛亥 農曆	辛亥 干支	壬子 國曆	壬子 農曆	壬子 干支	癸丑 國曆	癸丑 農曆	癸丑 干支
7 9	戊寅	9 8	8 10	己酉	10 9	9 11	庚辰	11 8	10 12	庚戌	12 7	11 11	己卯	1 6	12 11	己酉
7 10	己卯	9 9	8 11	庚戌	10 10	9 12	辛巳	11 9	10 13	辛亥	12 8	11 12	庚辰	1 7	12 12	庚戌
7 11	庚辰	9 10	8 12	辛亥	10 11	9 13	壬午	11 10	10 14	壬子	12 9	11 13	辛巳	1 8	12 13	辛亥
7 12	辛巳	9 11	8 13	壬子	10 12	9 14	癸未	11 11	10 15	癸丑	12 10	11 14	壬午	1 9	12 14	壬子
7 13	壬午	9 12	8 14	癸丑	10 13	9 15	甲申	11 12	10 16	甲寅	12 11	11 15	癸未	1 10	12 15	癸丑
7 14	癸未	9 13	8 15	甲寅	10 14	9 16	乙酉	11 13	10 17	乙卯	12 12	11 16	甲申	1 11	12 16	甲寅
7 15	甲申	9 14	8 16	乙卯	10 15	9 17	丙戌	11 14	10 18	丙辰	12 13	11 17	乙酉	1 12	12 17	乙卯
7 16	乙酉	9 15	8 17	丙辰	10 16	9 18	丁亥	11 15	10 19	丁巳	12 14	11 18	丙戌	1 13	12 18	丙辰
7 17	丙戌	9 16	8 18	丁巳	10 17	9 19	戊子	11 16	10 20	戊午	12 15	11 19	丁亥	1 14	12 19	丁巳
7 18	丁亥	9 17	8 19	戊午	10 18	9 20	己丑	11 17	10 21	己未	12 16	11 20	戊子	1 15	12 20	戊午
7 19	戊子	9 18	8 20	己未	10 19	9 21	庚寅	11 18	10 22	庚申	12 17	11 21	己丑	1 16	12 21	己未
7 20	己丑	9 19	8 21	庚申	10 20	9 22	辛卯	11 19	10 23	辛酉	12 18	11 22	庚寅	1 17	12 22	庚申
7 21	庚寅	9 20	8 22	辛酉	10 21	9 23	壬辰	11 20	10 24	壬戌	12 19	11 23	辛卯	1 18	12 23	辛酉
7 22	辛卯	9 21	8 23	壬戌	10 22	9 24	癸巳	11 21	10 25	癸亥	12 20	11 24	壬辰	1 19	12 24	壬戌
7 23	壬辰	9 22	8 24	癸亥	10 23	9 25	甲午	11 22	10 26	甲子	12 21	11 25	癸巳	1 20	12 25	癸亥
7 24	癸巳	9 23	8 25	甲子	10 24	9 26	乙未	11 23	10 27	乙丑	12 22	11 26	甲午	1 21	12 26	甲子
7 25	甲午	9 24	8 26	乙丑	10 25	9 27	丙申	11 24	10 28	丙寅	12 23	11 27	乙未	1 22	12 27	乙丑
7 26	乙未	9 25	8 27	丙寅	10 26	9 28	丁酉	11 25	10 29	丁卯	12 24	11 28	丙申	1 23	12 28	丙寅
7 27	丙申	9 26	8 28	丁卯	10 27	9 29	戊戌	11 26	10 30	戊辰	12 25	11 29	丁酉	1 24	12 29	丁卯
7 28	丁酉	9 27	8 29	戊辰	10 28	10 1	己亥	11 27	11 1	己巳	12 26	11 30	戊戌	1 25	1 1	戊辰
7 29	戊戌	9 28	8 30	己巳	10 29	10 2	庚子	11 28	11 2	庚午	12 27	12 1	己亥	1 26	1 2	己巳
7 30	己亥	9 29	9 1	庚午	10 30	10 3	辛丑	11 29	11 3	辛未	12 28	12 2	庚子	1 27	1 3	庚午
8 1	庚子	9 30	9 2	辛未	10 31	10 4	壬寅	11 30	11 4	壬申	12 29	12 3	辛丑	1 28	1 4	辛未
8 2	辛丑	10 1	9 3	壬申	11 1	10 5	癸卯	12 1	11 5	癸酉	12 30	12 4	壬寅	1 29	1 5	壬申
8 3	壬寅	10 2	9 4	癸酉	11 2	10 6	甲辰	12 2	11 6	甲戌	12 31	12 5	癸卯	1 30	1 6	癸酉
8 4	癸卯	10 3	9 5	甲戌	11 3	10 7	乙巳	12 3	11 7	乙亥	1 1	12 6	甲辰	1 31	1 7	甲戌
8 5	甲辰	10 4	9 6	乙亥	11 4	10 8	丙午	12 4	11 8	丙子	1 2	12 7	乙巳	2 1	1 8	乙亥
8 6	乙巳	10 5	9 7	丙子	11 5	10 9	丁未	12 5	11 9	丁丑	1 3	12 8	丙午	2 2	1 9	丙子
8 7	丙午	10 6	9 8	丁丑	11 6	10 10	戊申	12 6	11 10	戊寅	1 4	12 9	丁未	2 3	1 10	丁丑
8 8	丁未	10 7	9 9	戊寅	11 7	10 11	己酉				1 5	12 10	戊申			
8 9	戊申	10 8	9 10	己卯												

中氣	處暑	秋分	霜降	小雪	冬至	大寒
時刻	23時12分 子時	9/23 20時35分 戌時	10/24 5時40分 卯時	11/23 3時1分 寅時	12/22 16時15分 申時	1/21 22時53分 丑時

中華民國五十一、五十二年　虎　1962、1963

127

年	癸卯					
月	甲寅	乙卯	丙辰	丁巳	戊午	己未
節氣	立春 2/4 21時7分 亥時	驚蟄 3/6 15時17分 申時	清明 4/5 20時18分 戌時	立夏 5/6 13時52分 未時	芒種 6/6 18時14分 酉時	小暑 7/8 4時37分

左側欄：中華民國五十二年　兔　1963

日（國曆／農曆／干支）

甲寅 國曆	農曆	干支	乙卯 國曆	農曆	干支	丙辰 國曆	農曆	干支	丁巳 國曆	農曆	干支	戊午 國曆	農曆	干支	己未 國曆	農曆	干支
2/4	1/11	戊寅	3/6	2/11	戊申	4/5	3/12	戊寅	5/6	4/13	己酉	6/6	4/15	庚辰	7/8	5/18	
2/5	1/12	己卯	3/7	2/12	己酉	4/6	3/13	己卯	5/7	4/14	庚戌	6/7	4/16	辛巳	7/9	5/19	
2/6	1/13	庚辰	3/8	2/13	庚戌	4/7	3/14	庚辰	5/8	4/15	辛亥	6/8	4/17	壬午	7/10	5/20	
2/7	1/14	辛巳	3/9	2/14	辛亥	4/8	3/15	辛巳	5/9	4/16	壬子	6/9	4/18	癸未	7/11	5/21	
2/8	1/15	壬午	3/10	2/15	壬子	4/9	3/16	壬午	5/10	4/17	癸丑	6/10	4/19	甲申	7/12	5/22	
2/9	1/16	癸未	3/11	2/16	癸丑	4/10	3/17	癸未	5/11	4/18	甲寅	6/11	4/20	乙酉	7/13	5/23	
2/10	1/17	甲申	3/12	2/17	甲寅	4/11	3/18	甲申	5/12	4/19	乙卯	6/12	4/21	丙戌	7/14	5/24	
2/11	1/18	乙酉	3/13	2/18	乙卯	4/12	3/19	乙酉	5/13	4/20	丙辰	6/13	4/22	丁亥	7/15	5/25	
2/12	1/19	丙戌	3/14	2/19	丙辰	4/13	3/20	丙戌	5/14	4/21	丁巳	6/14	4/23	戊子	7/16	5/26	
2/13	1/20	丁亥	3/15	2/20	丁巳	4/14	3/21	丁亥	5/15	4/22	戊午	6/15	4/24	己丑	7/17	5/27	
2/14	1/21	戊子	3/16	2/21	戊午	4/15	3/22	戊子	5/16	4/23	己未	6/16	4/25	庚寅	7/18	5/28	
2/15	1/22	己丑	3/17	2/22	己未	4/16	3/23	己丑	5/17	4/24	庚申	6/17	4/26	辛卯	7/19	5/29	
2/16	1/23	庚寅	3/18	2/23	庚申	4/17	3/24	庚寅	5/18	4/25	辛酉	6/18	4/27	壬辰	7/20	5/30	
2/17	1/24	辛卯	3/19	2/24	辛酉	4/18	3/25	辛卯	5/19	4/26	壬戌	6/19	4/28	癸巳	7/21	6/1	
2/18	1/25	壬辰	3/20	2/25	壬戌	4/19	3/26	壬辰	5/20	4/27	癸亥	6/20	4/29	甲午	7/22	6/2	
2/19	1/26	癸巳	3/21	2/26	癸亥	4/20	3/27	癸巳	5/21	4/28	甲子	6/21	5/1	乙未	7/23	6/3	
2/20	1/27	甲午	3/22	2/27	甲子	4/21	3/28	甲午	5/22	4/29	乙丑	6/22	5/2	丙申	7/24	6/4	
2/21	1/28	乙未	3/23	2/28	乙丑	4/22	3/29	乙未	5/23	閏4/1	丙寅	6/23	5/3	丁酉	7/25	6/5	
2/22	1/29	丙申	3/24	2/29	丙寅	4/23	3/30	丙申	5/24	4/2	丁卯	6/24	5/4	戊戌	7/26	6/6	
2/23	1/30	丁酉	3/25	3/1	丁卯	4/24	4/1	丁酉	5/25	4/3	戊辰	6/25	5/5	己亥	7/27	6/7	
2/24	2/1	戊戌	3/26	3/2	戊辰	4/25	4/2	戊戌	5/26	4/4	己巳	6/26	5/6	庚子	7/28	6/8	
2/25	2/2	己亥	3/27	3/3	己巳	4/26	4/3	己亥	5/27	4/5	庚午	6/27	5/7	辛丑	7/29	6/9	
2/26	2/3	庚子	3/28	3/4	庚午	4/27	4/4	庚子	5/28	4/6	辛未	6/28	5/8	壬寅	7/30	6/10	
2/27	2/4	辛丑	3/29	3/5	辛未	4/28	4/5	辛丑	5/29	4/7	壬申	6/29	5/9	癸卯	7/31	6/11	
2/28	2/5	壬寅	3/30	3/6	壬申	4/29	4/6	壬寅	5/30	4/8	癸酉	6/30	5/10	甲辰	8/1	6/12	
3/1	2/6	癸卯	3/31	3/7	癸酉	4/30	4/7	癸卯	5/31	4/9	甲戌	7/1	5/11	乙巳	8/2	6/13	
3/2	2/7	甲辰	4/1	3/8	甲戌	5/1	4/8	甲辰	6/1	4/10	乙亥	7/2	5/12	丙午	8/3	6/14	
3/3	2/8	乙巳	4/2	3/9	乙亥	5/2	4/9	乙巳	6/2	4/11	丙子	7/3	5/13	丁未	8/4	6/15	
3/4	2/9	丙午	4/3	3/10	丙子	5/3	4/10	丙午	6/3	4/12	丁丑	7/4	5/14	戊申	8/5	6/16	
3/5	2/10	丁未	4/4	3/11	丁丑	5/4	4/11	丁未	6/4	4/13	戊寅	7/5	5/15	己酉	8/6	6/17	
						5/5	4/12	戊申	6/5	4/14	己卯	7/6	5/16	庚戌	8/7	6/18	
												7/7	5/17	辛亥			

中氣	雨水	春分	穀雨	小滿	夏至	大暑
	2/19 17時8分 酉時	3/21 16時19分 申時	4/21 3時36分 寅時	5/22 2時58分 丑時	6/22 11時4分 午時	7/23 21時59分

128

表頭：

| | 癸卯 | | | | | 年 |

庚申	辛酉	壬戌	癸亥	甲子	乙丑	月
立秋	白露	寒露	立冬	大雪	小寒	節氣
時25分 未時	9/8 17時11分 酉時	10/9 8時36分 辰時	11/8 11時32分	12/8 4時12分 寅時	1/6 15時22分 申時	

主表：

農曆	干支	國曆	農曆	干支	國曆	農曆	干支	國曆	農曆	干支	國曆	農曆	干支	國曆	農曆	干支	日
6 19	癸未	9 8	7 21	甲寅	10 9	8 22	乙酉	11 8	9 23	乙卯	12 8	10 23	乙酉	1 6	11 23	甲寅	中華民國五十二、五十三年 兔
6 20	甲申	9 9	7 22	乙卯	10 10	8 23	丙戌	11 9	9 24	丙辰	12 9	10 24	丙戌	1 7	11 24	乙卯	
6 21	乙酉	9 10	7 23	丙辰	10 11	8 24	丁亥	11 10	9 25	丁巳	12 10	10 25	丁亥	1 8	11 25	丙辰	
6 22	丙戌	9 11	7 24	丁巳	10 12	8 25	戊子	11 11	9 26	戊午	12 11	10 26	戊子	1 9	11 26	丁巳	
6 23	丁亥	9 12	7 25	戊午	10 13	8 26	己丑	11 12	9 27	己未	12 12	10 27	己丑	1 10	11 27	戊午	
6 24	戊子	9 13	7 26	己未	10 14	8 27	庚寅	11 13	9 28	庚申	12 13	10 28	庚寅	1 11	11 28	己未	
6 25	己丑	9 14	7 27	庚申	10 15	8 28	辛卯	11 14	9 29	辛酉	12 14	10 29	辛卯	1 12	11 29	庚申	
6 26	庚寅	9 15	7 28	辛酉	10 16	8 29	壬辰	11 15	9 30	壬戌	12 15	11 1	壬辰	1 13	11 30	辛酉	
6 27	辛卯	9 16	7 29	壬戌	10 17	9 1	癸巳	11 16	10 1	癸亥	12 16	11 2	癸巳	1 14	12 1	壬戌	
6 28	壬辰	9 17	7 30	癸亥	10 18	9 2	甲午	11 17	10 2	甲子	12 17	11 3	甲午	1 15	12 2	癸亥	
6 29	癸巳	9 18	8 1	甲子	10 19	9 3	乙未	11 18	10 3	乙丑	12 18	11 4	乙未	1 16	12 3	甲子	
7 1	甲午	9 19	8 2	乙丑	10 20	9 4	丙申	11 19	10 4	丙寅	12 19	11 5	丙申	1 17	12 4	乙丑	1
7 2	乙未	9 20	8 3	丙寅	10 21	9 5	丁酉	11 20	10 5	丁卯	12 20	11 6	丁酉	1 18	12 5	丙寅	9
7 3	丙申	9 21	8 4	丁卯	10 22	9 6	戊戌	11 21	10 6	戊辰	12 21	11 7	戊戌	1 19	12 6	丁卯	6
7 4	丁酉	9 22	8 5	戊辰	10 23	9 7	己亥	11 22	10 7	己巳	12 22	11 8	己亥	1 20	12 7	戊辰	3
7 5	戊戌	9 23	8 6	己巳	10 24	9 8	庚子	11 23	10 8	庚午	12 23	11 9	庚子	1 21	12 8	己巳	、
7 6	己亥	9 24	8 7	庚午	10 25	9 9	辛丑	11 24	10 9	辛未	12 24	11 10	辛丑	1 22	12 9	庚午	1
7 7	庚子	9 25	8 8	辛未	10 26	9 10	壬寅	11 25	10 10	壬申	12 25	11 11	壬寅	1 23	12 10	辛未	9
7 8	辛丑	9 26	8 9	壬申	10 27	9 11	癸卯	11 26	10 11	癸酉	12 26	11 12	癸卯	1 24	12 11	壬申	6
7 9	壬寅	9 27	8 10	癸酉	10 28	9 12	甲辰	11 27	10 12	甲戌	12 27	11 13	甲辰	1 25	12 12	癸酉	4
7 10	癸卯	9 28	8 11	甲戌	10 29	9 13	乙巳	11 28	10 13	乙亥	12 28	11 14	乙巳	1 26	12 13	甲戌	
7 11	甲辰	9 29	8 12	乙亥	10 30	9 14	丙午	11 29	10 14	丙子	12 29	11 15	丙午	1 27	12 14	乙亥	
7 12	乙巳	9 30	8 13	丙子	10 31	9 15	丁未	11 30	10 15	丁丑	12 30	11 16	丁未	1 28	12 15	丙子	
7 13	丙午	10 1	8 14	丁丑	11 1	9 16	戊申	12 1	10 16	戊寅	12 31	11 17	戊申	1 29	12 16	丁丑	
7 14	丁未	10 2	8 15	戊寅	11 2	9 17	己酉	12 2	10 17	己卯	1 1	11 18	己酉	1 30	12 17	戊寅	
7 15	戊申	10 3	8 16	己卯	11 3	9 18	庚戌	12 3	10 18	庚辰	1 2	11 19	庚戌	1 31	12 18	己卯	
7 16	己酉	10 4	8 17	庚辰	11 4	9 19	辛亥	12 4	10 19	辛巳	1 3	11 20	辛亥	2 1	12 19	庚辰	
7 17	庚戌	10 5	8 18	辛巳	11 5	9 20	壬子	12 5	10 20	壬午	1 4	11 21	壬子	2 2	12 20	辛巳	
7 18	辛亥	10 6	8 19	壬午	11 6	9 21	癸丑	12 6	10 21	癸未	1 5	11 22	癸丑	2 3	12 21	壬午	
7 19	壬子	10 7	8 20	癸未	11 7	9 22	甲寅	12 7	10 22	甲申				2 4	12 22	癸未	
7 20	癸丑	10 8	8 21	甲申													

中氣：

處暑	秋分	霜降	小雪	冬至	大寒	中氣
時57分 寅時	9/24 2時23分 丑時	10/24 11時28分 午時	11/23 8時49分 辰時	12/22 22時1分 亥時	1/21 8時41分 辰時	

129

年：甲辰　　月（干支）：丙寅・丁卯・戊辰・己巳・庚午・辛未

中華民國五十三年　龍　1964

月	丙寅	丁卯	戊辰	己巳	庚午	辛未
節氣	立春	驚蟄	清明	立夏	芒種	小暑
氣	2/5 3時4分 寅時	3/5 21時16分 亥時	4/5 2時18分 丑時	5/5 19時51分 戌時	6/6 0時11分 子時	7/7 10時32分
中氣	雨水	春分	穀雨	小滿	夏至	大暑
氣	2/19 22時57分 亥時	3/20 22時9分 亥時	4/20 9時27分 巳時	5/21 8時49分 辰時	6/21 16時56分 申時	7/23 3時52分

日：

丙寅 國曆	農曆	干支	丁卯 國曆	農曆	干支	戊辰 國曆	農曆	干支	己巳 國曆	農曆	干支	庚午 國曆	農曆	干支	辛未 國曆	農曆	干支
2/5	12/22	甲申	3/5	1/22	癸丑	4/5	2/23	甲申	5/5	3/24	甲寅	6/6	4/26	丙戌	7/7	5/28	丁巳
2/6	12/23	乙酉	3/6	1/23	甲寅	4/6	2/24	乙酉	5/6	3/25	乙卯	6/7	4/27	丁亥	7/8	5/29	戊午
2/7	12/24	丙戌	3/7	1/24	乙卯	4/7	2/25	丙戌	5/7	3/26	丙辰	6/8	4/28	戊子	7/9	6/1	己未
2/8	12/25	丁亥	3/8	1/25	丙辰	4/8	2/26	丁亥	5/8	3/27	丁巳	6/9	4/29	己丑	7/10	6/2	庚申
2/9	12/26	戊子	3/9	1/26	丁巳	4/9	2/27	戊子	5/9	3/28	戊午	6/10	5/1	庚寅	7/11	6/3	辛酉
2/10	12/27	己丑	3/10	1/27	戊午	4/10	2/28	己丑	5/10	3/29	己未	6/11	5/2	辛卯	7/12	6/4	壬戌
2/11	12/28	庚寅	3/11	1/28	己未	4/11	2/29	庚寅	5/11	3/30	庚申	6/12	5/3	壬辰	7/13	6/5	癸亥
2/12	12/29	辛卯	3/12	1/29	庚申	4/12	3/1	辛卯	5/12	4/1	辛酉	6/13	5/4	癸巳	7/14	6/6	甲子
2/13	1/1	壬辰	3/13	1/30	辛酉	4/13	3/2	壬辰	5/13	4/2	壬戌	6/14	5/5	甲午	7/15	6/7	乙丑
2/14	1/2	癸巳	3/14	2/1	壬戌	4/14	3/3	癸巳	5/14	4/3	癸亥	6/15	5/6	乙未	7/16	6/8	丙寅
2/15	1/3	甲午	3/15	2/2	癸亥	4/15	3/4	甲午	5/15	4/4	甲子	6/16	5/7	丙申	7/17	6/9	丁卯
2/16	1/4	乙未	3/16	2/3	甲子	4/16	3/5	乙未	5/16	4/5	乙丑	6/17	5/8	丁酉	7/18	6/10	戊辰
2/17	1/5	丙申	3/17	2/4	乙丑	4/17	3/6	丙申	5/17	4/6	丙寅	6/18	5/9	戊戌	7/19	6/11	己巳
2/18	1/6	丁酉	3/18	2/5	丙寅	4/18	3/7	丁酉	5/18	4/7	丁卯	6/19	5/10	己亥	7/20	6/12	庚午
2/19	1/7	戊戌	3/19	2/6	丁卯	4/19	3/8	戊戌	5/19	4/8	戊辰	6/20	5/11	庚子	7/21	6/13	辛未
2/20	1/8	己亥	3/20	2/7	戊辰	4/20	3/9	己亥	5/20	4/9	己巳	6/21	5/12	辛丑	7/22	6/14	壬申
2/21	1/9	庚子	3/21	2/8	己巳	4/21	3/10	庚子	5/21	4/10	庚午	6/22	5/13	壬寅	7/23	6/15	癸酉
2/22	1/10	辛丑	3/22	2/9	庚午	4/22	3/11	辛丑	5/22	4/11	辛未	6/23	5/14	癸卯	7/24	6/16	甲戌
2/23	1/11	壬寅	3/23	2/10	辛未	4/23	3/12	壬寅	5/23	4/12	壬申	6/24	5/15	甲辰	7/25	6/17	乙亥
2/24	1/12	癸卯	3/24	2/11	壬申	4/24	3/13	癸卯	5/24	4/13	癸酉	6/25	5/16	乙巳	7/26	6/18	丙子
2/25	1/13	甲辰	3/25	2/12	癸酉	4/25	3/14	甲辰	5/25	4/14	甲戌	6/26	5/17	丙午	7/27	6/19	丁丑
2/26	1/14	乙巳	3/26	2/13	甲戌	4/26	3/15	乙巳	5/26	4/15	乙亥	6/27	5/18	丁未	7/28	6/20	戊寅
2/27	1/15	丙午	3/27	2/14	乙亥	4/27	3/16	丙午	5/27	4/16	丙子	6/28	5/19	戊申	7/29	6/21	己卯
2/28	1/16	丁未	3/28	2/15	丙子	4/28	3/17	丁未	5/28	4/17	丁丑	6/29	5/20	己酉	7/30	6/22	庚辰
2/29	1/17	戊申	3/29	2/16	丁丑	4/29	3/18	戊申	5/29	4/18	戊寅	6/30	5/21	庚戌	7/31	6/23	辛巳
3/1	1/18	己酉	3/30	2/17	戊寅	4/30	3/19	己酉	5/30	4/19	己卯	7/1	5/22	辛亥	8/1	6/24	壬午
3/2	1/19	庚戌	3/31	2/18	己卯	5/1	3/20	庚戌	5/31	4/20	庚辰	7/2	5/23	壬子	8/2	6/25	癸未
3/3	1/20	辛亥	4/1	2/19	庚辰	5/2	3/21	辛亥	6/1	4/21	辛巳	7/3	5/24	癸丑	8/3	6/26	甲申
3/4	1/21	壬子	4/2	2/20	辛巳	5/3	3/22	壬子	6/2	4/22	壬午	7/4	5/25	甲寅	8/4	6/27	乙酉
			4/3	2/21	壬午	5/4	3/23	癸丑	6/3	4/23	癸未	7/5	5/26	乙卯	8/5	6/28	丙戌
			4/4	2/22	癸未				6/4	4/24	甲申	7/6	5/27	丙辰	8/6	6/29	丁亥
									6/5	4/25	乙酉						

甲辰

月	壬申			癸酉			甲戌			乙亥			丙子			丁丑			年
節氣	立秋			白露			寒露			立冬			大雪			小寒			
(時刻)	20時16分 戌時			9/7 22時59分 亥時			10/8 14時21分 未時			11/7 17時15分 酉時			12/7 9時53分 巳時			1/5 21時2分 亥時			
日	國曆	農曆	干支	國曆	農曆	干支	國曆	農曆	干支	國曆	農曆	干支	國曆	農曆	干支	國曆	農曆	干支	
	8/7	6/30	戊子	9/7	8/1	己未	10/8	9/3	庚寅	11/7	10/3	庚申	12/7	11/4	庚寅	1/5	12/3	己未	中
	8/8	7/1	己丑	9/8	2	庚申	10/9	4	辛卯	11/8	4	辛酉	12/8	5	辛卯	1/6	4	庚申	華
	8/9	2	庚寅	9/9	3	辛酉	10/10	5	壬辰	11/9	5	壬戌	12/9	6	壬辰	1/7	5	辛酉	民
	8/10	3	辛卯	9/10	4	壬戌	10/11	6	癸巳	11/10	6	癸亥	12/10	7	癸巳	1/8	6	壬戌	國
	8/11	4	壬辰	9/11	5	癸亥	10/12	7	甲午	11/11	7	甲子	12/11	8	甲午	1/9	7	癸亥	五
	8/12	5	癸巳	9/12	6	甲子	10/13	8	乙未	11/12	8	乙丑	12/12	9	乙未	1/10	8	甲子	十
	8/13	6	甲午	9/13	7	乙丑	10/14	9	丙申	11/13	9	丙寅	12/13	10	丙申	1/11	9	乙丑	三
	8/14	7	乙未	9/14	8	丙寅	10/15	10	丁酉	11/14	10	丁卯	12/14	11	丁酉	1/12	10	丙寅	、
	8/15	8	丙申	9/15	9	丁卯	10/16	11	戊戌	11/15	11	戊辰	12/15	12	戊戌	1/13	11	丁卯	五
	8/16	9	丁酉	9/16	10	戊辰	10/17	12	己亥	11/16	12	己巳	12/16	13	己亥	1/14	12	戊辰	十
	8/17	10	戊戌	9/17	11	己巳	10/18	13	庚子	11/17	13	庚午	12/17	14	庚子	1/15	13	己巳	四
	8/18	11	己亥	9/18	12	庚午	10/19	14	辛丑	11/18	14	辛未	12/18	15	辛丑	1/16	14	庚午	年
	8/19	12	庚子	9/19	13	辛未	10/20	15	壬寅	11/19	15	壬申	12/19	16	壬寅	1/17	15	辛未	龍
	8/20	13	辛丑	9/20	14	壬申	10/21	16	癸卯	11/20	16	癸酉	12/20	17	癸卯	1/18	16	壬申	
	8/21	14	壬寅	9/21	15	癸酉	10/22	17	甲辰	11/21	17	甲戌	12/21	18	甲辰	1/19	17	癸酉	
	8/22	15	癸卯	9/22	16	甲戌	10/23	18	乙巳	11/22	18	乙亥	12/22	19	乙巳	1/20	18	甲戌	
	8/23	16	甲辰	9/23	17	乙亥	10/24	19	丙午	11/23	19	丙子	12/23	20	丙午	1/21	19	乙亥	
	8/24	17	乙巳	9/24	18	丙子	10/25	20	丁未	11/24	20	丁丑	12/24	21	丁未	1/22	20	丙子	
	8/25	18	丙午	9/25	19	丁丑	10/26	21	戊申	11/25	21	戊寅	12/25	22	戊申	1/23	21	丁丑	
	8/26	19	丁未	9/26	20	戊寅	10/27	22	己酉	11/26	22	己卯	12/26	23	己酉	1/24	22	戊寅	1
	8/27	20	戊申	9/27	21	己卯	10/28	23	庚戌	11/27	23	庚辰	12/27	24	庚戌	1/25	23	己卯	9
	8/28	21	己酉	9/28	22	庚辰	10/29	24	辛亥	11/28	24	辛巳	12/28	25	辛亥	1/26	24	庚辰	6
	8/29	22	庚戌	9/29	23	辛巳	10/30	25	壬子	11/29	25	壬午	12/29	26	壬子	1/27	25	辛巳	4
	8/30	23	辛亥	9/30	24	壬午	10/31	26	癸丑	11/30	26	癸未	12/30	27	癸丑	1/28	26	壬午	、
	8/31	24	壬子	10/1	25	癸未	11/1	27	甲寅	12/1	27	甲申	12/31	28	甲寅	1/29	27	癸未	1
	9/1	25	癸丑	10/2	26	甲申	11/2	28	乙卯	12/2	28	乙酉	1/1	29	乙卯	1/30	28	甲申	9
	9/2	26	甲寅	10/3	27	乙酉	11/3	29	丙辰	12/3	29	丙戌	1/2	30	丙辰	1/31	29	乙酉	6
	9/3	27	乙卯	10/4	28	丙戌	11/4	30	丁巳	12/4	11/1	丁亥	1/3	12/1	丁巳	2/1	30	丙戌	5
	9/4	28	丙辰	10/5	29	丁亥	11/5	10/1	戊午	12/5	2	戊子	1/4	2	戊午	2/2	1/1	丁亥	
	9/5	29	丁巳	10/6	9/1	戊子	11/6	2	己未	12/6	3	己丑				2/3	2	戊子	
	9/6	30	戊午	10/7	2	己丑													

中氣	處暑	秋分	霜降	小雪	冬至	大寒	中氣
(時刻)	8/23 10時51分 巳時	9/23 8時16分 辰時	10/23 17時20分 酉時	11/22 14時38分 未時	12/22 3時49分 寅時	1/20 14時28分 未時	

年：乙巳

月	戊寅	己卯	庚辰	辛巳	壬午	癸未
節氣	立春	驚蟄	清明	立夏	芒種	小暑
	2/4 8時46分 辰時	3/6 3時0分 寅時	4/5 8時6分 辰時	5/6 1時41分 丑時	6/6 6時2分 卯時	7/7 16時21分 申時

中華民國五十四年　蛇　1965

國曆	農曆	干支	國曆	農曆	干支	國曆	農曆	干支	國曆	農曆	干支	國曆	農曆	干支	國曆	農曆	干支
2/4	1/3	己丑	3/6	2/4	己未	4/5	3/4	己丑	5/6	4/6	庚申	6/6	5/7	辛卯	7/7	6/9	壬戌
2/5	1/4	庚寅	3/7	2/5	庚申	4/6	3/5	庚寅	5/7	4/7	辛酉	6/7	5/8	壬辰	7/8	6/10	癸亥
2/6	1/5	辛卯	3/8	2/6	辛酉	4/7	3/6	辛卯	5/8	4/8	壬戌	6/8	5/9	癸巳	7/9	6/11	甲子
2/7	1/6	壬辰	3/9	2/7	壬戌	4/8	3/7	壬辰	5/9	4/9	癸亥	6/9	5/10	甲午	7/10	6/12	乙丑
2/8	1/7	癸巳	3/10	2/8	癸亥	4/9	3/8	癸巳	5/10	4/10	甲子	6/10	5/11	乙未	7/11	6/13	丙寅
2/9	1/8	甲午	3/11	2/9	甲子	4/10	3/9	甲午	5/11	4/11	乙丑	6/11	5/12	丙申	7/12	6/14	丁卯
2/10	1/9	乙未	3/12	2/10	乙丑	4/11	3/10	乙未	5/12	4/12	丙寅	6/12	5/13	丁酉	7/13	6/15	戊辰
2/11	1/10	丙申	3/13	2/11	丙寅	4/12	3/11	丙申	5/13	4/13	丁卯	6/13	5/14	戊戌	7/14	6/16	己巳
2/12	1/11	丁酉	3/14	2/12	丁卯	4/13	3/12	丁酉	5/14	4/14	戊辰	6/14	5/15	己亥	7/15	6/17	庚午
2/13	1/12	戊戌	3/15	2/13	戊辰	4/14	3/13	戊戌	5/15	4/15	己巳	6/15	5/16	庚子	7/16	6/18	辛未
2/14	1/13	己亥	3/16	2/14	己巳	4/15	3/14	己亥	5/16	4/16	庚午	6/16	5/17	辛丑	7/17	6/19	壬申
2/15	1/14	庚子	3/17	2/15	庚午	4/16	3/15	庚子	5/17	4/17	辛未	6/17	5/18	壬寅	7/18	6/20	癸酉
2/16	1/15	辛丑	3/18	2/16	辛未	4/17	3/16	辛丑	5/18	4/18	壬申	6/18	5/19	癸卯	7/19	6/21	甲戌
2/17	1/16	壬寅	3/19	2/17	壬申	4/18	3/17	壬寅	5/19	4/19	癸酉	6/19	5/20	甲辰	7/20	6/22	乙亥
2/18	1/17	癸卯	3/20	2/18	癸酉	4/19	3/18	癸卯	5/20	4/20	甲戌	6/20	5/21	乙巳	7/21	6/23	丙子
2/19	1/18	甲辰	3/21	2/19	甲戌	4/20	3/19	甲辰	5/21	4/21	乙亥	6/21	5/22	丙午	7/22	6/24	丁丑
2/20	1/19	乙巳	3/22	2/20	乙亥	4/21	3/20	乙巳	5/22	4/22	丙子	6/22	5/23	丁未	7/23	6/25	戊寅
2/21	1/20	丙午	3/23	2/21	丙子	4/22	3/21	丙午	5/23	4/23	丁丑	6/23	5/24	戊申	7/24	6/26	己卯
2/22	1/21	丁未	3/24	2/22	丁丑	4/23	3/22	丁未	5/24	4/24	戊寅	6/24	5/25	己酉	7/25	6/27	庚辰
2/23	1/22	戊申	3/25	2/23	戊寅	4/24	3/23	戊申	5/25	4/25	己卯	6/25	5/26	庚戌	7/26	6/28	辛巳
2/24	1/23	己酉	3/26	2/24	己卯	4/25	3/24	己酉	5/26	4/26	庚辰	6/26	5/27	辛亥	7/27	6/29	壬午
2/25	1/24	庚戌	3/27	2/25	庚辰	4/26	3/25	庚戌	5/27	4/27	辛巳	6/27	5/28	壬子	7/28	7/1	癸未
2/26	1/25	辛亥	3/28	2/26	辛巳	4/27	3/26	辛亥	5/28	4/28	壬午	6/28	5/29	癸丑	7/29	7/2	甲申
2/27	1/26	壬子	3/29	2/27	壬午	4/28	3/27	壬子	5/29	4/29	癸未	6/29	6/1	甲寅	7/30	7/3	乙酉
2/28	1/27	癸丑	3/30	2/28	癸未	4/29	3/28	癸丑	5/30	4/30	甲申	6/30	6/2	乙卯	7/31	7/4	丙戌
3/1	1/28	甲寅	3/31	2/29	甲申	4/30	3/29	甲寅	5/31	5/1	乙酉	7/1	6/3	丙辰	8/1	7/5	丁亥
3/2	1/29	乙卯	4/1	2/30	乙酉	5/1	4/1	乙卯	6/1	5/2	丙戌	7/2	6/4	丁巳	8/2	7/6	戊子
3/3	2/1	丙辰	4/2	3/1	丙戌	5/2	4/2	丙辰	6/2	5/3	丁亥	7/3	6/5	戊午	8/3	7/7	己丑
3/4	2/2	丁巳	4/3	3/2	丁亥	5/3	4/3	丁巳	6/3	5/4	戊子	7/4	6/6	己未	8/4	7/8	庚寅
3/5	2/3	戊午	4/4	3/3	戊子	5/4	4/4	戊午	6/4	5/5	己丑	7/5	6/7	庚申	8/5	7/9	辛卯
						5/5	4/5	己未	6/5	5/6	庚寅	7/6	6/8	辛酉	8/6	7/10	壬辰
															8/7	7/11	癸巳

中氣	雨水	春分	穀雨	小滿	夏至	大暑
	2/19 4時47分 寅時	3/21 4時4分 寅時	4/20 15時26分 申時	5/21 14時50分 未時	6/21 22時55分 亥時	7/23 9時48分 巳時

132

乙巳　年

中華民國五十四、五十五年　蛇　1965、1966

甲申			乙酉			丙戌			丁亥			戊子			己丑		
立秋			**白露**			**寒露**			**立冬**			**大雪**			**小寒**		
8/8 4分 丑時			9/8 4時47分 寅時			10/8 20時11分 戌時			11/7 23時6分 子時			12/7 15時45分 申時			1/6 2時54分 丑時		
曆	農曆	干支	國曆	農曆	干支	國曆	農曆	干支	國曆	農曆	干支	國曆	農曆	干支	國曆	農曆	干支
8	7 12	甲午	8	8 13	乙丑	8	9 14	乙未	7	10 15	乙丑	7	11 15	乙未	6	12 15	乙丑
9	7 13	乙未	9	8 14	丙寅	9	9 15	丙申	8	10 16	丙寅	8	11 16	丙申	7	12 16	丙寅
10	7 14	丙申	10	8 15	丁卯	10	9 16	丁酉	9	10 17	丁卯	9	11 17	丁酉	8	12 17	丁卯
11	7 15	丁酉	11	8 16	戊辰	11	9 17	戊戌	10	10 18	戊辰	10	11 18	戊戌	9	12 18	戊辰
12	7 16	戊戌	12	8 17	己巳	12	9 18	己亥	11	10 19	己巳	11	11 19	己亥	10	12 19	己巳
13	7 17	己亥	13	8 18	庚午	13	9 19	庚子	12	10 20	庚午	12	11 20	庚子	11	12 20	庚午
14	7 18	庚子	14	8 19	辛未	14	9 20	辛丑	13	10 21	辛未	13	11 21	辛丑	12	12 21	辛未
15	7 19	辛丑	15	8 20	壬申	15	9 21	壬寅	14	10 22	壬申	14	11 22	壬寅	13	12 22	壬申
16	7 20	壬寅	16	8 21	癸酉	16	9 22	癸卯	15	10 23	癸酉	15	11 23	癸卯	14	12 23	癸酉
17	7 21	癸卯	17	8 22	甲戌	17	9 23	甲辰	16	10 24	甲戌	16	11 24	甲辰	15	12 24	甲戌
18	7 22	甲辰	18	8 23	乙亥	18	9 24	乙巳	17	10 25	乙亥	17	11 25	乙巳	16	12 25	乙亥
19	7 23	乙巳	19	8 24	丙子	19	9 25	丙午	18	10 26	丙子	18	11 26	丙午	17	12 26	丙子
20	7 24	丙午	20	8 25	丁丑	20	9 26	丁未	19	10 27	丁丑	19	11 27	丁未	18	12 27	丁丑
21	7 25	丁未	21	8 26	戊寅	21	9 27	戊申	20	10 28	戊寅	20	11 28	戊申	19	12 28	戊寅
22	7 26	戊申	22	8 27	己卯	22	9 28	己酉	21	10 29	己卯	21	11 29	己酉	20	12 29	己卯
23	7 27	己酉	23	8 28	庚辰	23	9 29	庚戌	22	10 30	庚辰	22	11 30	庚戌	21	1 1	庚辰
24	7 28	庚戌	24	8 29	辛巳	24	10 1	辛亥	23	11 1	辛巳	23	12 1	辛亥	22	1 2	辛巳
25	7 29	辛亥	25	9 1	壬午	25	10 2	壬子	24	11 2	壬午	24	12 2	壬子	23	1 3	壬午
26	7 30	壬子	26	9 2	癸未	26	10 3	癸丑	25	11 3	癸未	25	12 3	癸丑	24	1 4	癸未
27	8 1	癸丑	27	9 3	甲申	27	10 4	甲寅	26	11 4	甲申	26	12 4	甲寅	25	1 5	甲申
28	8 2	甲寅	28	9 4	乙酉	28	10 5	乙卯	27	11 5	乙酉	27	12 5	乙卯	26	1 6	乙酉
29	8 3	乙卯	29	9 5	丙戌	29	10 6	丙辰	28	11 6	丙戌	28	12 6	丙辰	27	1 7	丙戌
30	8 4	丙辰	30	9 6	丁亥	30	10 7	丁巳	29	11 7	丁亥	29	12 7	丁巳	28	1 8	丁亥
31	8 5	丁巳	1	9 7	戊子	31	10 8	戊午	30	11 8	戊子	30	12 8	戊午	29	1 9	戊子
1	8 6	戊午	2	9 8	己丑	1	10 9	己未	1	11 9	己丑	31	12 9	己未	30	1 10	己丑
2	8 7	己未	3	9 9	庚寅	2	10 10	庚申	2	11 10	庚寅	1	12 10	庚申	31	1 11	庚寅
3	8 8	庚申	4	9 10	辛卯	3	10 11	辛酉	3	11 11	辛卯	2	12 11	辛酉	1	1 12	辛卯
4	8 9	辛酉	5	9 11	壬辰	4	10 12	壬戌	4	11 12	壬辰	3	12 12	壬戌	2	1 13	壬辰
5	8 10	壬戌	6	9 12	癸巳	5	10 13	癸亥	5	11 13	癸巳	4	12 13	癸亥	3	1 14	癸巳
6	8 11	癸亥	7	9 13	甲午	6	10 14	甲子	6	11 14	甲午	5	12 14	甲子			
7	8 12	甲子															

處暑	秋分	霜降	小雪	冬至	大寒	中氣
8/23 16時42分 申時	9/23 14時6分 未時	10/23 23時9分 子時	11/22 20時29分 戌時	12/22 9時40分 巳時	1/20 20時19分 戌時	

右欄縱列：年／月／節氣／日／中氣

133

年　丙午

中華民國五十五年　馬　1966

節氣

月	節氣	日期時刻
庚寅	立春	2/4 14時37分 未時
辛卯	驚蟄	3/6 8時51分 辰時
壬辰	清明	4/5 13時56分 未時
癸巳	立夏	5/6 7時30分 辰時
甲午	芒種	6/6 11時49分 午時
乙未	小暑	7/7 22時7分 亥時

日

庚寅 國曆	農曆	干支	辛卯 國曆	農曆	干支	壬辰 國曆	農曆	干支	癸巳 國曆	農曆	干支	甲午 國曆	農曆	干支	乙未 國曆	農曆	干支
2 4	1 15	甲午	3 6	2 15	甲子	4 5	3 15	甲午	5 6	閏3 16	乙丑	6 6	4 18	丙申	7 7	5 20	丁卯
2 5	1 16	乙未	3 7	2 16	乙丑	4 6	3 16	乙未	5 7	閏3 17	丙寅	6 7	4 19	丁酉	7 8	5 21	戊辰
2 6	1 17	丙申	3 8	2 17	丙寅	4 7	3 17	丙申	5 8	閏3 18	丁卯	6 8	4 20	戊戌	7 9	5 22	己巳
2 7	1 18	丁酉	3 9	2 18	丁卯	4 8	3 18	丁酉	5 9	閏3 19	戊辰	6 9	4 21	己亥	7 10	5 23	庚午
2 8	1 19	戊戌	3 10	2 19	戊辰	4 9	3 19	戊戌	5 10	閏3 20	己巳	6 10	4 22	庚子	7 11	5 24	辛未
2 9	1 20	己亥	3 11	2 20	己巳	4 10	3 20	己亥	5 11	閏3 21	庚午	6 11	4 23	辛丑	7 12	5 25	壬申
2 10	1 21	庚子	3 12	2 21	庚午	4 11	3 21	庚子	5 12	閏3 22	辛未	6 12	4 24	壬寅	7 13	5 26	癸酉
2 11	1 22	辛丑	3 13	2 22	辛未	4 12	3 22	辛丑	5 13	閏3 23	壬申	6 13	4 25	癸卯	7 14	5 27	甲戌
2 12	1 23	壬寅	3 14	2 23	壬申	4 13	3 23	壬寅	5 14	閏3 24	癸酉	6 14	4 26	甲辰	7 15	5 28	乙亥
2 13	1 24	癸卯	3 15	2 24	癸酉	4 14	3 24	癸卯	5 15	閏3 25	甲戌	6 15	4 27	乙巳	7 16	5 29	丙子
2 14	1 25	甲辰	3 16	2 25	甲戌	4 15	3 25	甲辰	5 16	閏3 26	乙亥	6 16	4 28	丙午	7 17	5 30	丁丑
2 15	1 26	乙巳	3 17	2 26	乙亥	4 16	3 26	乙巳	5 17	閏3 27	丙子	6 17	4 29	丁未	7 18	6 1	戊寅
2 16	1 27	丙午	3 18	2 27	丙子	4 17	3 27	丙午	5 18	閏3 28	丁丑	6 18	5 1	戊申	7 19	6 2	己卯
2 17	1 28	丁未	3 19	2 28	丁丑	4 18	3 28	丁未	5 19	閏3 29	戊寅	6 19	5 2	己酉	7 20	6 3	庚辰
2 18	1 29	戊申	3 20	2 29	戊寅	4 19	3 29	戊申	5 20	4 1	己卯	6 20	5 3	庚戌	7 21	6 4	辛巳
2 19	1 30	己酉	3 21	2 30	己卯	4 20	3 30	己酉	5 21	4 2	庚辰	6 21	5 4	辛亥	7 22	6 5	壬午
2 20	2 1	庚戌	3 22	3 1	庚辰	4 21	閏3 1	庚戌	5 22	4 3	辛巳	6 22	5 5	壬子	7 23	6 6	癸未
2 21	2 2	辛亥	3 23	3 2	辛巳	4 22	閏3 2	辛亥	5 23	4 4	壬午	6 23	5 6	癸丑	7 24	6 7	甲申
2 22	2 3	壬子	3 24	3 3	壬午	4 23	閏3 3	壬子	5 24	4 5	癸未	6 24	5 7	甲寅	7 25	6 8	乙酉
2 23	2 4	癸丑	3 25	3 4	癸未	4 24	閏3 4	癸丑	5 25	4 6	甲申	6 25	5 8	乙卯	7 26	6 9	丙戌
2 24	2 5	甲寅	3 26	3 5	甲申	4 25	閏3 5	甲寅	5 26	4 7	乙酉	6 26	5 9	丙辰	7 27	6 10	丁亥
2 25	2 6	乙卯	3 27	3 6	乙酉	4 26	閏3 6	乙卯	5 27	4 8	丙戌	6 27	5 10	丁巳	7 28	6 11	戊子
2 26	2 7	丙辰	3 28	3 7	丙戌	4 27	閏3 7	丙辰	5 28	4 9	丁亥	6 28	5 11	戊午	7 29	6 12	己丑
2 27	2 8	丁巳	3 29	3 8	丁亥	4 28	閏3 8	丁巳	5 29	4 10	戊子	6 29	5 12	己未	7 30	6 13	庚寅
2 28	2 9	戊午	3 30	3 9	戊子	4 29	閏3 9	戊午	5 30	4 11	己丑	6 30	5 13	庚申	7 31	6 14	辛卯
3 1	2 10	己未	3 31	3 10	己丑	4 30	閏3 10	己未	5 31	4 12	庚寅	7 1	5 14	辛酉	8 1	6 15	壬辰
3 2	2 11	庚申	4 1	3 11	庚寅	5 1	閏3 11	庚申	6 1	4 13	辛卯	7 2	5 15	壬戌	8 2	6 16	癸巳
3 3	2 12	辛酉	4 2	3 12	辛卯	5 2	閏3 12	辛酉	6 2	4 14	壬辰	7 3	5 16	癸亥	8 3	6 17	甲午
3 4	2 13	壬戌	4 3	3 13	壬辰	5 3	閏3 13	壬戌	6 3	4 15	癸巳	7 4	5 17	甲子	8 4	6 18	乙未
3 5	2 14	癸亥	4 4	3 14	癸巳	5 4	閏3 14	癸亥	6 4	4 16	甲午	7 5	5 18	乙丑	8 5	6 19	丙申
						5 5	閏3 15	甲子	6 5	4 17	乙未	7 6	5 19	丙寅	8 6	6 20	丁酉
															8 7	6 21	戊戌

中氣

雨水	2/19 10時37分 巳時
春分	3/21 9時52分 巳時
穀雨	4/20 21時11分 亥時
小滿	5/21 20時32分 戌時
夏至	6/22 4時33分 寅時
大暑	7/23 15時23分 申時

丙午 年																		
丙申 立秋 7時49分 辰時			丁酉 白露 9/8 10時32分 巳時			戊戌 寒露 10/9 1時56分 丑時			己亥 立冬 11/8 4時55分 寅時			庚子 大雪 12/7 21時37分 亥時			辛丑 小寒 1/6 18時48分 辰時			月 節氣
國曆	農曆	干支	國曆	農曆	干支	國曆	農曆	干支	國曆	農曆	干支	國曆	農曆	干支	國曆	農曆	干支
8/8	6/22	己亥	9/8	7/24	庚午	10/9	8/25	辛丑	11/8	9/26	辛未	12/7	10/26	庚子	1/6	11/26	庚午
8/9	6/23	庚子	9/9	7/25	辛未	10/10	8/26	壬寅	11/9	9/27	壬申	12/8	10/27	辛丑	1/7	11/27	辛未
8/10	6/24	辛丑	9/10	7/26	壬申	10/11	8/27	癸卯	11/10	9/28	癸酉	12/9	10/28	壬寅	1/8	11/28	壬申
8/11	6/25	壬寅	9/11	7/27	癸酉	10/12	8/28	甲辰	11/11	9/29	甲戌	12/10	10/29	癸卯	1/9	11/29	癸酉
8/12	6/26	癸卯	9/12	7/28	甲戌	10/13	8/29	乙巳	11/12	10/1	乙亥	12/11	10/30	甲辰	1/10	11/30	甲戌
8/13	6/27	甲辰	9/13	7/29	乙亥	10/14	9/1	丙午	11/13	10/2	丙子	12/12	11/1	乙巳	1/11	12/1	乙亥
8/14	6/28	乙巳	9/14	7/30	丙子	10/15	9/2	丁未	11/14	10/3	丁丑	12/13	11/2	丙午	1/12	12/2	丙子
8/15	6/29	丙午	9/15	8/1	丁丑	10/16	9/3	戊申	11/15	10/4	戊寅	12/14	11/3	丁未	1/13	12/3	丁丑
8/16	7/1	丁未	9/16	8/2	戊寅	10/17	9/4	己酉	11/16	10/5	己卯	12/15	11/4	戊申	1/14	12/4	戊寅
8/17	7/2	戊申	9/17	8/3	己卯	10/18	9/5	庚戌	11/17	10/6	庚辰	12/16	11/5	己酉	1/15	12/5	己卯
8/18	7/3	己酉	9/18	8/4	庚辰	10/19	9/6	辛亥	11/18	10/7	辛巳	12/17	11/6	庚戌	1/16	12/6	庚辰
8/19	7/4	庚戌	9/19	8/5	辛巳	10/20	9/7	壬子	11/19	10/8	壬午	12/18	11/7	辛亥	1/17	12/7	辛巳
8/20	7/5	辛亥	9/20	8/6	壬午	10/21	9/8	癸丑	11/20	10/9	癸未	12/19	11/8	壬子	1/18	12/8	壬午
8/21	7/6	壬子	9/21	8/7	癸未	10/22	9/9	甲寅	11/21	10/10	甲申	12/20	11/9	癸丑	1/19	12/9	癸未
8/22	7/7	癸丑	9/22	8/8	甲申	10/23	9/10	乙卯	11/22	10/11	乙酉	12/21	11/10	甲寅	1/20	12/10	甲申
8/23	7/8	甲寅	9/23	8/9	乙酉	10/24	9/11	丙辰	11/23	10/12	丙戌	12/22	11/11	乙卯	1/21	12/11	乙酉
8/24	7/9	乙卯	9/24	8/10	丙戌	10/25	9/12	丁巳	11/24	10/13	丁亥	12/23	11/12	丙辰	1/22	12/12	丙戌
8/25	7/10	丙辰	9/25	8/11	丁亥	10/26	9/13	戊午	11/25	10/14	戊子	12/24	11/13	丁巳	1/23	12/13	丁亥
8/26	7/11	丁巳	9/26	8/12	戊子	10/27	9/14	己未	11/26	10/15	己丑	12/25	11/14	戊午	1/24	12/14	戊子
8/27	7/12	戊午	9/27	8/13	己丑	10/28	9/15	庚申	11/27	10/16	庚寅	12/26	11/15	己未	1/25	12/15	己丑
8/28	7/13	己未	9/28	8/14	庚寅	10/29	9/16	辛酉	11/28	10/17	辛卯	12/27	11/16	庚申	1/26	12/16	庚寅
8/29	7/14	庚申	9/29	8/15	辛卯	10/30	9/17	壬戌	11/29	10/18	壬辰	12/28	11/17	辛酉	1/27	12/17	辛卯
8/30	7/15	辛酉	9/30	8/16	壬辰	10/31	9/18	癸亥	11/30	10/19	癸巳	12/29	11/18	壬戌	1/28	12/18	壬辰
8/31	7/16	壬戌	10/1	8/17	癸巳	11/1	9/19	甲子	12/1	10/20	甲午	12/30	11/19	癸亥	1/29	12/19	癸巳
9/1	7/17	癸亥	10/2	8/18	甲午	11/2	9/20	乙丑	12/2	10/21	乙未	12/31	11/20	甲子	1/30	12/20	甲午
9/2	7/18	甲子	10/3	8/19	乙未	11/3	9/21	丙寅	12/3	10/22	丙申	1/1	11/21	乙丑	1/31	12/21	乙未
9/3	7/19	乙丑	10/4	8/20	丙申	11/4	9/22	丁卯	12/4	10/23	丁酉	1/2	11/22	丙寅	2/1	12/22	丙申
9/4	7/20	丙寅	10/5	8/21	丁酉	11/5	9/23	戊辰	12/5	10/24	戊戌	1/3	11/23	丁卯	2/2	12/23	丁酉
9/5	7/21	丁卯	10/6	8/22	戊戌	11/6	9/24	己巳	12/6	10/25	己亥	1/4	11/24	戊辰	2/3	12/24	戊戌
9/6	7/22	戊辰	10/7	8/23	己亥	11/7	9/25	庚午				1/5	11/25	己巳			
9/7	7/23	己巳	10/8	8/24	庚子												
處暑 22時17分 亥時			秋分 9/23 19時43分 戌時			霜降 10/24 4時50分 寅時			小雪 11/23 2時14分 丑時			冬至 12/22 15時28分 申時			大寒 1/21 2時7分 丑時			中氣

中華民國五十五、五十六年　馬　1966、1967

135

年	丁未																	
月	壬寅			癸卯			甲辰			乙巳			丙午			丁未		
節氣	立春			驚蟄			清明			立夏			芒種			小暑		
	2/4 20時30分 戌時			3/6 14時41分 未時			4/5 19時44分 戌時			5/6 13時17分 未時			6/6 17時36分 酉時			7/8 3時53分 寅時		
日	國曆	農曆	干支	國曆	農曆	干支	國曆	農曆	干支	國曆	農曆	干支	國曆	農曆	干支	國曆	農曆	干支
	2 4	12 25	己亥	3 6	1 26	己巳	4 5	2 26	己亥	5 6	3 27	庚午	6 6	4 29	辛丑	7 8	6 1	癸酉
	2 5	12 26	庚子	3 7	1 27	庚午	4 6	2 27	庚子	5 7	3 28	辛未	6 7	4 30	壬寅	7 9	6 2	甲戌
	2 6	12 27	辛丑	3 8	1 28	辛未	4 7	2 28	辛丑	5 8	3 29	壬申	6 8	5 1	癸卯	7 10	6 3	乙亥
	2 7	12 28	壬寅	3 9	1 29	壬申	4 8	2 29	壬寅	5 9	4 1	癸酉	6 9	5 2	甲辰	7 11	6 4	丙子
中	2 8	12 29	癸卯	3 10	1 30	癸酉	4 9	2 30	癸卯	5 10	4 2	甲戌	6 10	5 3	乙巳	7 12	6 5	丁丑
華	2 9	1 1	甲辰	3 11	2 1	甲戌	4 10	3 1	甲辰	5 11	4 3	乙亥	6 11	5 4	丙午	7 13	6 6	戊寅
民	2 10	1 2	己巳	3 12	2 2	乙亥	4 11	3 2	乙巳	5 12	4 4	丙子	6 12	5 5	丁未	7 14	6 7	己卯
國	2 11	1 3	丙午	3 13	2 3	丙子	4 12	3 3	丙午	5 13	4 5	丁丑	6 13	5 6	戊申	7 15	6 8	庚辰
五	2 12	1 4	丁未	3 14	2 4	丁丑	4 13	3 4	丁未	5 14	4 6	戊寅	6 14	5 7	己酉	7 16	6 9	辛巳
十	2 13	1 5	戊申	3 15	2 5	戊寅	4 14	3 5	戊申	5 15	4 7	己卯	6 15	5 8	庚戌	7 17	6 10	壬午
六	2 14	1 6	己酉	3 16	2 6	己卯	4 15	3 6	己酉	5 16	4 8	庚辰	6 16	5 9	辛亥	7 18	6 11	癸未
年	2 15	1 7	庚戌	3 17	2 7	庚辰	4 16	3 7	庚戌	5 17	4 9	辛巳	6 17	5 10	壬子	7 19	6 12	甲申
	2 16	1 8	辛亥	3 18	2 8	辛巳	4 17	3 8	辛亥	5 18	4 10	壬午	6 18	5 11	癸丑	7 20	6 13	乙酉
羊	2 17	1 9	壬子	3 19	2 9	壬午	4 18	3 9	壬子	5 19	4 11	癸未	6 19	5 12	甲寅	7 21	6 14	丙戌
	2 18	1 10	癸丑	3 20	2 10	癸未	4 19	3 10	癸丑	5 20	4 12	甲申	6 20	5 13	乙卯	7 22	6 15	丁亥
	2 19	1 11	甲寅	3 21	2 11	甲申	4 20	3 11	甲寅	5 21	4 13	乙酉	6 21	5 14	丙辰	7 23	6 16	戊子
	2 20	1 12	乙卯	3 22	2 12	乙酉	4 21	3 12	乙卯	5 22	4 14	丙戌	6 22	5 15	丁巳	7 24	6 17	己丑
	2 21	1 13	丙辰	3 23	2 13	丙戌	4 22	3 13	丙辰	5 23	4 15	丁亥	6 23	5 16	戊午	7 25	6 18	庚寅
	2 22	1 14	丁巳	3 24	2 14	丁亥	4 23	3 14	丁巳	5 24	4 16	戊子	6 24	5 17	己未	7 26	6 19	辛卯
	2 23	1 15	戊午	3 25	2 15	戊子	4 24	3 15	戊午	5 25	4 17	己丑	6 25	5 18	庚申	7 27	6 20	壬辰
	2 24	1 16	己未	3 26	2 16	己丑	4 25	3 16	己未	5 26	4 18	庚寅	6 26	5 19	辛酉	7 28	6 21	癸巳
	2 25	1 17	庚申	3 27	2 17	庚寅	4 26	3 17	庚申	5 27	4 19	辛卯	6 27	5 20	壬戌	7 29	6 22	甲午
	2 26	1 18	辛酉	3 28	2 18	辛卯	4 27	3 18	辛酉	5 28	4 20	壬辰	6 28	5 21	癸亥	7 30	6 23	乙未
1	2 27	1 19	壬戌	3 29	2 19	壬辰	4 28	3 19	壬戌	5 29	4 21	癸巳	6 29	5 22	甲子	7 31	6 24	丙申
9	2 28	1 20	癸亥	3 30	2 20	癸巳	4 29	3 20	癸亥	5 30	4 22	甲午	6 30	5 23	乙丑	8 1	6 25	丁酉
6	3 1	1 21	甲子	3 31	2 21	甲午	4 30	3 21	甲子	5 31	4 23	乙未	7 1	5 24	丙寅	8 2	6 26	戊戌
7	3 2	1 22	乙丑	4 1	2 22	乙未	5 1	3 22	乙丑	6 1	4 24	丙申	7 2	5 25	丁卯	8 3	6 27	己亥
	3 3	1 23	丙寅	4 2	2 23	丙申	5 2	3 23	丙寅	6 2	4 25	丁酉	7 3	5 26	戊辰	8 4	6 28	庚子
	3 4	1 24	丁卯	4 3	2 24	丁酉	5 3	3 24	丁卯	6 3	4 26	戊戌	7 4	5 27	己巳	8 5	6 29	辛丑
	3 5	1 25	戊辰	4 4	2 25	戊戌	5 4	3 25	戊辰	6 4	4 27	己亥	7 5	5 28	庚午	8 6	7 1	壬寅
							5 5	3 26	己巳	6 5	4 28	庚子	7 6	5 29	辛未	8 7	7 2	癸卯
													7 7	5 30	壬申			
中氣	雨水			春分			穀雨			小滿			夏至			大暑		
	2/19 16時23分 申時			3/21 15時36分 申時			4/21 21時55分 丑時			5/22 2時17分 丑時			6/22 10時22分 巳時			7/23 21時15分		

丁未

月干支	節氣	節氣時刻
戊申	立秋	8/8 13時34分 未時
己酉	白露	9/8 16時17分 申時
庚戌	寒露	10/9 7時41分 辰時
辛亥	立冬	11/8 10時37分 巳時
壬子	大雪	12/8 3時17分 寅時
癸丑	小寒	1/6 14時26分 未時

日

戊申 國曆	戊申 農曆	戊申 干支	己酉 國曆	己酉 農曆	己酉 干支	庚戌 國曆	庚戌 農曆	庚戌 干支	辛亥 國曆	辛亥 農曆	辛亥 干支	壬子 國曆	壬子 農曆	壬子 干支	癸丑 國曆	癸丑 農曆	癸丑 干支
8/8	7/3	甲辰	9/8	8/5	乙亥	10/9	9/6	丙午	11/8	10/7	丙子	12/8	11/7	丙午	1/6	12/6	乙亥
8/9	7/4	乙巳	9/9	8/6	丙子	10/10	9/7	丁未	11/9	10/8	丁丑	12/9	11/8	丁未	1/7	12/7	丙子
8/10	7/5	丙午	9/10	8/7	丁丑	10/11	9/8	戊申	11/10	10/9	戊寅	12/10	11/9	戊申	1/8	12/8	丁丑
8/11	7/6	丁未	9/11	8/8	戊寅	10/12	9/9	己酉	11/11	10/10	己卯	12/11	11/10	己酉	1/9	12/9	戊寅
8/12	7/7	戊申	9/12	8/9	己卯	10/13	9/10	庚戌	11/12	10/11	庚辰	12/12	11/11	庚戌	1/10	12/10	己卯
8/13	7/8	己酉	9/13	8/10	庚辰	10/14	9/11	辛亥	11/13	10/12	辛巳	12/13	11/12	辛亥	1/11	12/11	庚辰
8/14	7/9	庚戌	9/14	8/11	辛巳	10/15	9/12	壬子	11/14	10/13	壬午	12/14	11/13	壬子	1/12	12/12	辛巳
8/15	7/10	辛亥	9/15	8/12	壬午	10/16	9/13	癸丑	11/15	10/14	癸未	12/15	11/14	癸丑	1/13	12/13	壬午
8/16	7/11	壬子	9/16	8/13	癸未	10/17	9/14	甲寅	11/16	10/15	甲申	12/16	11/15	甲寅	1/14	12/14	癸未
8/17	7/12	癸丑	9/17	8/14	甲申	10/18	9/15	乙卯	11/17	10/16	乙酉	12/17	11/16	乙卯	1/15	12/15	甲申
8/18	7/13	甲寅	9/18	8/15	乙酉	10/19	9/16	丙辰	11/18	10/17	丙戌	12/18	11/17	丙辰	1/16	12/16	乙酉
8/19	7/14	乙卯	9/19	8/16	丙戌	10/20	9/17	丁巳	11/19	10/18	丁亥	12/19	11/18	丁巳	1/17	12/17	丙戌
8/20	7/15	丙辰	9/20	8/17	丁亥	10/21	9/18	戊午	11/20	10/19	戊子	12/20	11/19	戊午	1/18	12/18	丁亥
8/21	7/16	丁巳	9/21	8/18	戊子	10/22	9/19	己未	11/21	10/20	己丑	12/21	11/20	己未	1/19	12/19	戊子
8/22	7/17	戊午	9/22	8/19	己丑	10/23	9/20	庚申	11/22	10/21	庚寅	12/22	11/21	庚申	1/20	12/20	己丑
8/23	7/18	己未	9/23	8/20	庚寅	10/24	9/21	辛酉	11/23	10/22	辛卯	12/23	11/22	辛酉	1/21	12/21	庚寅
8/24	7/19	庚申	9/24	8/21	辛卯	10/25	9/22	壬戌	11/24	10/23	壬辰	12/24	11/23	壬戌	1/22	12/22	辛卯
8/25	7/20	辛酉	9/25	8/22	壬辰	10/26	9/23	癸亥	11/25	10/24	癸巳	12/25	11/24	癸亥	1/23	12/23	壬辰
8/26	7/21	壬戌	9/26	8/23	癸巳	10/27	9/24	甲子	11/26	10/25	甲午	12/26	11/25	甲子	1/24	12/24	癸巳
8/27	7/22	癸亥	9/27	8/24	甲午	10/28	9/25	乙丑	11/27	10/26	乙未	12/27	11/26	乙丑	1/25	12/25	甲午
8/28	7/23	甲子	9/28	8/25	乙未	10/29	9/26	丙寅	11/28	10/27	丙申	12/28	11/27	丙寅	1/26	12/26	乙未
8/29	7/24	乙丑	9/29	8/26	丙申	10/30	9/27	丁卯	11/29	10/28	丁酉	12/29	11/28	丁卯	1/27	12/27	丙申
8/30	7/25	丙寅	9/30	8/27	丁酉	10/31	9/28	戊辰	11/30	10/29	戊戌	12/30	11/29	戊辰	1/28	12/28	丁酉
8/31	7/26	丁卯	10/1	8/28	戊戌	11/1	9/29	己巳	12/1	10/30	己亥	12/31	11/30	己巳	1/29	12/29	戊戌
9/1	7/27	戊辰	10/2	8/29	己亥	11/2	10/1	庚午	12/2	11/1	庚子	1/1	12/1	庚午	1/30	1/1	己亥
9/2	7/28	己巳	10/3	8/30	庚子	11/3	10/2	辛未	12/3	11/2	辛丑	1/2	12/2	辛未	1/31	1/2	庚子
9/3	7/29	庚午	10/4	9/1	辛丑	11/4	10/3	壬申	12/4	11/3	壬寅	1/3	12/3	壬申	2/1	1/3	辛丑
9/4	8/1	辛未	10/5	9/2	壬寅	11/5	10/4	癸酉	12/5	11/4	癸卯	1/4	12/4	癸酉	2/2	1/4	壬寅
9/5	8/2	壬申	10/6	9/3	癸卯	11/6	10/5	甲戌	12/6	11/5	甲辰	1/5	12/5	甲戌	2/3	1/5	癸卯
9/6	8/3	癸酉	10/7	9/4	甲辰	11/7	10/6	乙亥	12/7	11/6	乙巳				2/4	1/6	甲辰
9/7	8/4	甲戌	10/8	9/5	乙巳												

中氣

處暑	秋分	霜降	小雪	冬至	大寒
4時12分 寅時	9/24 1時38分 丑時	10/24 10時43分 巳時	11/23 8時4分 辰時	12/22 21時16分 亥時	1/21 7時54分 辰時

中華民國五十六、五十七年　羊　1967、1968

年　戊申

月	甲寅			乙卯			丙辰			丁巳			戊午			己未		
節氣	立春			驚蟄			清明			立夏			芒種			小暑		
氣	2/5 2時7分 丑時			3/5 20時17分 戌時			4/5 1時20分 丑時			5/5 18時55分 酉時			6/5 23時19分 子時			7/7 9時41分 巳時		
日	國曆	農曆	干支	國曆	農曆	干支	國曆	農曆	干支	國曆	農曆	干支	國曆	農曆	干支	國曆	農曆	干支
	2/5	1/7	乙巳	3/5	2/7	甲戌	4/5	3/8	乙巳	5/5	4/9	乙亥	6/5	5/10	丙午	7/7	6/12	戊寅
	2/6	1/8	丙午	3/6	2/8	乙亥	4/6	3/9	丙午	5/6	4/10	丙子	6/6	5/11	丁未	7/8	6/13	己卯
	2/7	1/9	丁未	3/7	2/9	丙子	4/7	3/10	丁未	5/7	4/11	丁丑	6/7	5/12	戊申	7/9	6/14	庚辰
	2/8	1/10	戊申	3/8	2/10	丁丑	4/8	3/11	戊申	5/8	4/12	戊寅	6/8	5/13	己酉	7/10	6/15	辛巳
	2/9	1/11	己酉	3/9	2/11	戊寅	4/9	3/12	己酉	5/9	4/13	己卯	6/9	5/14	庚戌	7/11	6/16	壬午
	2/10	1/12	庚戌	3/10	2/12	己卯	4/10	3/13	庚戌	5/10	4/14	庚辰	6/10	5/15	辛亥	7/12	6/17	癸未
	2/11	1/13	辛亥	3/11	2/13	庚辰	4/11	3/14	辛亥	5/11	4/15	辛巳	6/11	5/16	壬子	7/13	6/18	甲申
	2/12	1/14	壬子	3/12	2/14	辛巳	4/12	3/15	壬子	5/12	4/16	壬午	6/12	5/17	癸丑	7/14	6/19	乙酉
	2/13	1/15	癸丑	3/13	2/15	壬午	4/13	3/16	癸丑	5/13	4/17	癸未	6/13	5/18	甲寅	7/15	6/20	丙戌
	2/14	1/16	甲寅	3/14	2/16	癸未	4/14	3/17	甲寅	5/14	4/18	甲申	6/14	5/19	乙卯	7/16	6/21	丁亥
	2/15	1/17	乙卯	3/15	2/17	甲申	4/15	3/18	乙卯	5/15	4/19	乙酉	6/15	5/20	丙辰	7/17	6/22	戊子
	2/16	1/18	丙辰	3/16	2/18	乙酉	4/16	3/19	丙辰	5/16	4/20	丙戌	6/16	5/21	丁巳	7/18	6/23	己丑
	2/17	1/19	丁巳	3/17	2/19	丙戌	4/17	3/20	丁巳	5/17	4/21	丁亥	6/17	5/22	戊午	7/19	6/24	庚寅
	2/18	1/20	戊午	3/18	2/20	丁亥	4/18	3/21	戊午	5/18	4/22	戊子	6/18	5/23	己未	7/20	6/25	辛卯
	2/19	1/21	己未	3/19	2/21	戊子	4/19	3/22	己未	5/19	4/23	己丑	6/19	5/24	庚申	7/21	6/26	壬辰
	2/20	1/22	庚申	3/20	2/22	己丑	4/20	3/23	庚申	5/20	4/24	庚寅	6/20	5/25	辛酉	7/22	6/27	癸巳
	2/21	1/23	辛酉	3/21	2/23	庚寅	4/21	3/24	辛酉	5/21	4/25	辛卯	6/21	5/26	壬戌	7/23	6/28	甲午
	2/22	1/24	壬戌	3/22	2/24	辛卯	4/22	3/25	壬戌	5/22	4/26	壬辰	6/22	5/27	癸亥	7/24	6/29	乙未
	2/23	1/25	癸亥	3/23	2/25	壬辰	4/23	3/26	癸亥	5/23	4/27	癸巳	6/23	5/28	甲子	7/25	7/1	丙申
	2/24	1/26	甲子	3/24	2/26	癸巳	4/24	3/27	甲子	5/24	4/28	甲午	6/24	5/29	乙丑	7/26	7/2	丁酉
	2/25	1/27	乙丑	3/25	2/27	甲午	4/25	3/28	乙丑	5/25	4/29	乙未	6/25	5/30	丙寅	7/27	7/3	戊戌
	2/26	1/28	丙寅	3/26	2/28	乙未	4/26	3/29	丙寅	5/26	4/30	丙申	6/26	6/1	丁卯	7/28	7/4	己亥
	2/27	1/29	丁卯	3/27	2/29	丙申	4/27	4/1	丁卯	5/27	5/1	丁酉	6/27	6/2	戊辰	7/29	7/5	庚子
	2/28	2/1	戊辰	3/28	2/30	丁酉	4/28	4/2	戊辰	5/28	5/2	戊戌	6/28	6/3	己巳	7/30	7/6	辛丑
	2/29	2/2	己巳	3/29	3/1	戊戌	4/29	4/3	己巳	5/29	5/3	己亥	6/29	6/4	庚午	7/31	7/7	壬寅
	3/1	2/3	庚午	3/30	3/2	己亥	4/30	4/4	庚午	5/30	5/4	庚子	6/30	6/5	辛未	8/1	7/8	癸卯
	3/2	2/4	辛未	3/31	3/3	庚子	5/1	4/5	辛未	5/31	5/5	辛丑	7/1	6/6	壬申	8/2	7/9	甲辰
	3/3	2/5	壬申	4/1	3/4	辛丑	5/2	4/6	壬申	6/1	5/6	壬寅	7/2	6/7	癸酉	8/3	7/10	乙巳
	3/4	2/6	癸酉	4/2	3/5	壬寅	5/3	4/7	癸酉	6/2	5/7	癸卯	7/3	6/8	甲戌	8/4	7/11	丙午
				4/3	3/6	癸卯	5/4	4/8	甲戌	6/3	5/8	甲辰	7/4	6/9	乙亥	8/5	7/12	丁未
				4/4	3/7	甲辰				6/4	5/9	乙巳	7/5	6/10	丙子	8/6	7/13	戊申
													7/6	6/11	丁丑			

左欄：中華民國五十七年 猴　1968

中氣	雨水	春分	穀雨	小滿	夏至	大暑
	2/19 22時9分 亥時	3/20 21時22分 亥時	4/20 8時41分 辰時	5/21 8時5分 辰時	6/21 16時13分 申時	7/23 3時7分

138

戊申

庚申			辛酉			壬戌			癸亥			甲子			乙丑			年／月
立秋			白露			寒露			立冬			大雪			小寒			節氣
8/7 19時27分 戌時			9/7 22時11分 亥時			10/8 13時34分 未時			11/7 16時29分 申時			12/7 9時8分 巳時			1/5 20時16分 戌時			日
國曆	農曆	干支	國曆	農曆	干支	國曆	農曆	干支	國曆	農曆	干支	國曆	農曆	干支	國曆	農曆	干支	
7	7/14	己酉	7	閏7/15	庚辰	8	8/17	辛亥	7	9/17	辛巳	7	10/18	辛亥	5	11/17	庚辰	中華民國五十七、五十八年
8	7/15	庚戌	8	閏7/16	辛巳	9	8/18	壬子	8	9/18	壬午	8	10/19	壬子	6	11/18	辛巳	猴
9	7/16	辛亥	9	閏7/17	壬午	10	8/19	癸丑	9	9/19	癸未	9	10/20	癸丑	7	11/19	壬午	
10	7/17	壬子	10	閏7/18	癸未	11	8/20	甲寅	10	9/20	甲申	10	10/21	甲寅	8	11/20	癸未	
11	7/18	癸丑	11	閏7/19	甲申	12	8/21	乙卯	11	9/21	乙酉	11	10/22	乙卯	9	11/21	甲申	
12	7/19	甲寅	12	閏7/20	乙酉	13	8/22	丙辰	12	9/22	丙戌	12	10/23	丙辰	10	11/22	乙酉	
13	7/20	乙卯	13	閏7/21	丙戌	14	8/23	丁巳	13	9/23	丁亥	13	10/24	丁巳	11	11/23	丙戌	
14	7/21	丙辰	14	閏7/22	丁亥	15	8/24	戊午	14	9/24	戊子	14	10/25	戊午	12	11/24	丁亥	
15	7/22	丁巳	15	閏7/23	戊子	16	8/25	己未	15	9/25	己丑	15	10/26	己未	13	11/25	戊子	
16	7/23	戊午	16	閏7/24	己丑	17	8/26	庚申	16	9/26	庚寅	16	10/27	庚申	14	11/26	己丑	
17	7/24	己未	17	閏7/25	庚寅	18	8/27	辛酉	17	9/27	辛卯	17	10/28	辛酉	15	11/27	庚寅	
18	7/25	庚申	18	閏7/26	辛卯	19	8/28	壬戌	18	9/28	壬辰	18	10/29	壬戌	16	11/28	辛卯	
19	7/26	辛酉	19	閏7/27	壬辰	20	8/29	癸亥	19	9/29	癸巳	19	10/30	癸亥	17	11/29	壬辰	
20	7/27	壬戌	20	閏7/28	癸巳	21	8/30	甲子	20	10/1	甲午	20	11/1	甲子	18	12/1	癸巳	
21	7/28	癸亥	21	閏7/29	甲午	22	9/1	乙丑	21	10/2	乙未	21	11/2	乙丑	19	12/2	甲午	
22	7/29	甲子	22	8/1	乙未	23	9/2	丙寅	22	10/3	丙申	22	11/3	丙寅	20	12/3	乙未	
23	7/30	乙丑	23	8/2	丙申	24	9/3	丁卯	23	10/4	丁酉	23	11/4	丁卯	21	12/4	丙申	1968、1969
24	閏7/1	丙寅	24	8/3	丁酉	25	9/4	戊辰	24	10/5	戊戌	24	11/5	戊辰	22	12/5	丁酉	
25	閏7/2	丁卯	25	8/4	戊戌	26	9/5	己巳	25	10/6	己亥	25	11/6	己巳	23	12/6	戊戌	
26	閏7/3	戊辰	26	8/5	己亥	27	9/6	庚午	26	10/7	庚子	26	11/7	庚午	24	12/7	己亥	
27	閏7/4	己巳	27	8/6	庚子	28	9/7	辛未	27	10/8	辛丑	27	11/8	辛未	25	12/8	庚子	
28	閏7/5	庚午	28	8/7	辛丑	29	9/8	壬申	28	10/9	壬寅	28	11/9	壬申	26	12/9	辛丑	
29	閏7/6	辛未	29	8/8	壬寅	30	9/9	癸酉	29	10/10	癸卯	29	11/10	癸酉	27	12/10	壬寅	
30	閏7/7	壬申	30	8/9	癸卯	31	9/10	甲戌	30	10/11	甲辰	30	11/11	甲戌	28	12/11	癸卯	
31	閏7/8	癸酉	1	8/10	甲辰	1	9/11	乙亥	1	10/12	乙巳	31	11/12	乙亥	29	12/12	甲辰	
1	閏7/9	甲戌	2	8/11	乙巳	2	9/12	丙子	2	10/13	丙午	1	11/13	丙子	30	12/13	乙巳	
2	閏7/10	乙亥	3	8/12	丙午	3	9/13	丁丑	3	10/14	丁未	2	11/14	丁丑	31	12/14	丙午	
3	閏7/11	丙子	4	8/13	丁未	4	9/14	戊寅	4	10/15	戊申	3	11/15	戊寅	1	12/15	丁未	
4	閏7/12	丁丑	5	8/14	戊申	5	9/15	己卯	5	10/16	己酉	4	11/16	己卯	2	12/16	戊申	
5	閏7/13	戊寅	6	8/15	己酉	6	9/16	庚辰	6	10/17	庚戌				3	12/17	己酉	
6	閏7/14	己卯	7	8/16	庚戌													

處暑	秋分	霜降	小雪	冬至	大寒	中氣
8/23 10時2分 巳時	9/23 7時26分 辰時	10/23 16時29分 申時	11/22 13時48分 未時	12/22 2時59分 丑時	1/20 13時38分 未時	

年	己酉																	
月	丙寅			丁卯			戊辰			己巳			庚午			辛未		
節氣	立春			驚蟄			清明			立夏			芒種			小暑		
	2/4 7時58分 辰時			3/6 2時10分 丑時			4/5 7時14分 辰時			5/6 0時49分 子時			6/6 5時11分 卯時			7/7 15時31分 申時		
日	國曆	農曆	干支	國曆	農曆	干支	國曆	農曆	干支	國曆	農曆	干支	國曆	農曆	干支	國曆	農曆	干支
	2/4	12/18	庚戌	3/6	1/18	庚辰	4/5	2/19	庚戌	5/6	3/20	辛巳	6/6	4/22	壬子	7/7	5/23	癸未
	2/5	12/19	辛亥	3/7	1/19	辛巳	4/6	2/20	辛亥	5/7	3/21	壬午	6/7	4/23	癸丑	7/8	5/24	甲申
	2/6	12/20	壬子	3/8	1/20	壬午	4/7	2/21	壬子	5/8	3/22	癸未	6/8	4/24	甲寅	7/9	5/25	乙酉
	2/7	12/21	癸丑	3/9	1/21	癸未	4/8	2/22	癸丑	5/9	3/23	甲申	6/9	4/25	乙卯	7/10	5/26	丙戌
中	2/8	12/22	甲寅	3/10	1/22	甲申	4/9	2/23	甲寅	5/10	3/24	乙酉	6/10	4/26	丙辰	7/11	5/27	丁亥
華	2/9	12/23	乙卯	3/11	1/23	乙酉	4/10	2/24	乙卯	5/11	3/25	丙戌	6/11	4/27	丁巳	7/12	5/28	戊子
民	2/10	12/24	丙辰	3/12	1/24	丙戌	4/11	2/25	丙辰	5/12	3/26	丁亥	6/12	4/28	戊午	7/13	5/29	己丑
國	2/11	12/25	丁巳	3/13	1/25	丁亥	4/12	2/26	丁巳	5/13	3/27	戊子	6/13	4/29	己未	7/14	6/1	庚寅
五	2/12	12/26	戊午	3/14	1/26	戊子	4/13	2/27	戊午	5/14	3/28	己丑	6/14	4/30	庚申	7/15	6/2	辛卯
十	2/13	12/27	己未	3/15	1/27	己丑	4/14	2/28	己未	5/15	3/29	庚寅	6/15	5/1	辛酉	7/16	6/3	壬辰
八	2/14	12/28	庚申	3/16	1/28	庚寅	4/15	2/29	庚申	5/16	4/1	辛卯	6/16	5/2	壬戌	7/17	6/4	癸巳
年	2/15	12/29	辛酉	3/17	1/29	辛卯	4/16	2/30	辛酉	5/17	4/2	壬辰	6/17	5/3	癸亥	7/18	6/5	甲午
	2/16	12/30	壬戌	3/18	2/1	壬辰	4/17	3/1	壬戌	5/18	4/3	癸巳	6/18	5/4	甲子	7/19	6/6	乙未
雞	2/17	1/1	癸亥	3/19	2/2	癸巳	4/18	3/2	癸亥	5/19	4/4	甲午	6/19	5/5	乙丑	7/20	6/7	丙申
	2/18	1/2	甲子	3/20	2/3	甲午	4/19	3/3	甲子	5/20	4/5	乙未	6/20	5/6	丙寅	7/21	6/8	丁酉
	2/19	1/3	乙丑	3/21	2/4	乙未	4/20	3/4	乙丑	5/21	4/6	丙申	6/21	5/7	丁卯	7/22	6/9	戊戌
	2/20	1/4	丙寅	3/22	2/5	丙申	4/21	3/5	丙寅	5/22	4/7	丁酉	6/22	5/8	戊辰	7/23	6/10	己亥
	2/21	1/5	丁卯	3/23	2/6	丁酉	4/22	3/6	丁卯	5/23	4/8	戊戌	6/23	5/9	己巳	7/24	6/11	庚子
	2/22	1/6	戊辰	3/24	2/7	戊戌	4/23	3/7	戊辰	5/24	4/9	己亥	6/24	5/10	庚午	7/25	6/12	辛丑
	2/23	1/7	己巳	3/25	2/8	己亥	4/24	3/8	己巳	5/25	4/10	庚子	6/25	5/11	辛未	7/26	6/13	壬寅
	2/24	1/8	庚午	3/26	2/9	庚子	4/25	3/9	庚午	5/26	4/11	辛丑	6/26	5/12	壬申	7/27	6/14	癸卯
	2/25	1/9	辛未	3/27	2/10	辛丑	4/26	3/10	辛未	5/27	4/12	壬寅	6/27	5/13	癸酉	7/28	6/15	甲辰
	2/26	1/10	壬申	3/28	2/11	壬寅	4/27	3/11	壬申	5/28	4/13	癸卯	6/28	5/14	甲戌	7/29	6/16	乙巳
	2/27	1/11	癸酉	3/29	2/12	癸卯	4/28	3/12	癸酉	5/29	4/14	甲辰	6/29	5/15	乙亥	7/30	6/17	丙午
	2/28	1/12	甲戌	3/30	2/13	甲辰	4/29	3/13	甲戌	5/30	4/15	乙巳	6/30	5/16	丙子	7/31	6/18	丁未
1	3/1	1/13	乙亥	3/31	2/14	乙巳	4/30	3/14	乙亥	5/31	4/16	丙午	7/1	5/17	丁丑	8/1	6/19	戊申
9	3/2	1/14	丙子	4/1	2/15	丙午	5/1	3/15	丙子	6/1	4/17	丁未	7/2	5/18	戊寅	8/2	6/20	己酉
6	3/3	1/15	丁丑	4/2	2/16	丁未	5/2	3/16	丁丑	6/2	4/18	戊申	7/3	5/19	己卯	8/3	6/21	庚戌
9	3/4	1/16	戊寅	4/3	2/17	戊申	5/3	3/17	戊寅	6/3	4/19	己酉	7/4	5/20	庚辰	8/4	6/22	辛亥
	3/5	1/17	己卯	4/4	2/18	己酉	5/4	3/18	己卯	6/4	4/20	庚戌	7/5	5/21	辛巳	8/5	6/23	壬子
							5/5	3/19	庚辰	6/5	4/21	辛亥	7/6	5/22	壬午	8/6	6/24	癸丑
																8/7	6/25	甲寅
中氣	雨水			春分			穀雨			小滿			夏至			大暑		
	2/19 3時54分 寅時			3/21 3時8分 寅時			4/20 14時26分 未時			5/21 13時49分 未時			6/21 21時55分 亥時			7/23 8時48分 辰時		

140

己酉

月	壬申			癸酉			甲戌			乙亥			丙子			丁丑			日
節氣	立秋			白露			寒露			立冬			大雪			小寒			
	8/8 時14分 丑時			9/8 3時55分 寅時			10/8 19時16分 戌時			11/7 22時11分 亥時			12/7 14時51分 未時			1/6 2時1分 丑時			
	國曆	農曆	干支	國曆	農曆	干支	國曆	農曆	干支	國曆	農曆	干支	國曆	農曆	干支	國曆	農曆	干支	
	8 8	6 26	乙卯	9 8	7 27	丙戌	10 8	8 27	丙辰	11 7	9 28	丙戌	12 7	10 28	丙辰	1 6	11 29	丙戌	
	8 9	6 27	丙辰	9 9	7 28	丁亥	10 9	8 28	丁巳	11 8	9 29	丁亥	12 8	10 29	丁巳	1 7	11 30	丁亥	
	8 10	6 28	丁巳	9 10	7 29	戊子	10 10	8 29	戊午	11 9	9 30	戊子	12 9	11 1	戊午	1 8	12 1	戊子	
	8 11	6 29	戊午	9 11	7 30	己丑	10 11	9 1	己未	11 10	10 1	己丑	12 10	11 2	己未	1 9	12 2	己丑	
	8 12	6 30	己未	9 12	8 1	庚寅	10 12	9 2	庚申	11 11	10 2	庚寅	12 11	11 3	庚申	1 10	12 3	庚寅	
	8 13	7 1	庚申	9 13	8 2	辛卯	10 13	9 3	辛酉	11 12	10 3	辛卯	12 12	11 4	辛酉	1 11	12 4	辛卯	中
	8 14	7 2	辛酉	9 14	8 3	壬辰	10 14	9 4	壬戌	11 13	10 4	壬辰	12 13	11 5	壬戌	1 12	12 5	壬辰	華
	15	7 3	壬戌	9 15	8 4	癸巳	10 15	9 5	癸亥	11 14	10 5	癸巳	12 14	11 6	癸亥	1 13	12 6	癸巳	民
	16	7 4	癸亥	9 16	8 5	甲午	10 16	9 6	甲子	11 15	10 6	甲午	12 15	11 7	甲子	1 14	12 7	甲午	國
	17	7 5	甲子	9 17	8 6	乙未	10 17	9 7	乙丑	11 16	10 7	乙未	12 16	11 8	乙丑	1 15	12 8	乙未	五
	18	7 6	乙丑	9 18	8 7	丙申	10 18	9 8	丙寅	11 17	10 8	丙申	12 17	11 9	丙寅	1 16	12 9	丙申	十
	19	7 7	丙寅	9 19	8 8	丁酉	10 19	9 9	丁卯	11 18	10 9	丁酉	12 18	11 10	丁卯	1 17	12 10	丁酉	八
	20	7 8	丁卯	9 20	8 9	戊戌	10 20	9 10	戊辰	11 19	10 10	戊戌	12 19	11 11	戊辰	1 18	12 11	戊戌	、
	21	7 9	戊辰	9 21	8 10	己亥	10 21	9 11	己巳	11 20	10 11	己亥	12 20	11 12	己巳	1 19	12 12	己亥	五
	22	7 10	己巳	9 22	8 11	庚子	10 22	9 12	庚午	11 21	10 12	庚子	12 21	11 13	庚午	1 20	12 13	庚子	十
	23	7 11	庚午	9 23	8 12	辛丑	10 23	9 13	辛未	11 22	10 13	辛丑	12 22	11 14	辛未	1 21	12 14	辛丑	九
	24	7 12	辛未	9 24	8 13	壬寅	10 24	9 14	壬申	11 23	10 14	壬寅	12 23	11 15	壬申	1 22	12 15	壬寅	年
	25	7 13	壬申	9 25	8 14	癸卯	10 25	9 15	癸酉	11 24	10 15	癸卯	12 24	11 16	癸酉	1 23	12 16	癸卯	
	26	7 14	癸酉	9 26	8 15	甲辰	10 26	9 16	甲戌	11 25	10 16	甲辰	12 25	11 17	甲戌	1 24	12 17	甲辰	雞
	27	7 15	甲戌	9 27	8 16	乙巳	10 27	9 17	乙亥	11 26	10 17	乙巳	12 26	11 18	乙亥	1 25	12 18	乙巳	
	28	7 16	乙亥	9 28	8 17	丙午	10 28	9 18	丙子	11 27	10 18	丙午	12 27	11 19	丙子	1 26	12 19	丙午	
	29	7 17	丙子	9 29	8 18	丁未	10 29	9 19	丁丑	11 28	10 19	丁未	12 28	11 20	丁丑	1 27	12 20	丁未	
	30	7 18	丁丑	9 30	8 19	戊申	10 30	9 20	戊寅	11 29	10 20	戊申	12 29	11 21	戊寅	1 28	12 21	戊申	
	31	7 19	戊寅	10 1	8 20	己酉	10 31	9 21	己卯	11 30	10 21	己酉	12 30	11 22	己卯	1 29	12 22	己酉	1
	1	7 20	己卯	10 2	8 21	庚戌	11 1	9 22	庚辰	12 1	10 22	庚戌	12 31	11 23	庚辰	1 30	12 23	庚戌	9
	2	7 21	庚辰	10 3	8 22	辛亥	11 2	9 23	辛巳	12 2	10 23	辛亥	1 1	11 24	辛巳	1 31	12 24	辛亥	6
	3	7 22	辛巳	10 4	8 23	壬子	11 3	9 24	壬午	12 3	10 24	壬子	1 2	11 25	壬午	2 1	12 25	壬子	9
	4	7 23	壬午	10 5	8 24	癸丑	11 4	9 25	癸未	12 4	10 25	癸丑	1 3	11 26	癸未	2 2	12 26	癸丑	、
	5	7 24	癸未	10 6	8 25	甲寅	11 5	9 26	甲申	12 5	10 26	甲寅	1 4	11 27	甲申	2 3	12 27	甲寅	1
	6	7 25	甲申	10 7	8 26	乙卯	11 6	9 27	乙酉	12 6	10 27	乙卯	1 5	11 28	乙酉				9
	7	7 26	乙酉																7
																			0
中氣	處暑			秋分			霜降			小雪			冬至			大寒			中
	8/23 15時43分 申時			9/23 13時6分 未時			10/23 22時11分 亥時			11/22 19時31分 戌時			12/22 8時43分 辰時			1/20 19時23分 戌時			氣

年																	庚戌

月: 戊寅 ｜ 己卯 ｜ 庚辰 ｜ 辛巳 ｜ 壬午 ｜ 癸未

節氣:
- 立春　2/4 13時45分 未時
- 驚蟄　3/6 7時58分 辰時
- 清明　4/5 13時1分 未時
- 立夏　5/6 6時33分 卯時
- 芒種　6/6 10時52分 巳時
- 小暑　7/7 21時10分 亥時

戊寅 國曆	農曆	干支	己卯 國曆	農曆	干支	庚辰 國曆	農曆	干支	辛巳 國曆	農曆	干支	壬午 國曆	農曆	干支	癸未 國曆	農曆	干支
2 4	12 28	乙卯	3 6	1 29	乙酉	4 5	2 29	乙卯	5 6	4 2	丙戌	6 6	5 3	丁巳	7 7	6 5	戊子
2 5	12 29	丙辰	3 7	1 30	丙戌	4 6	3 1	丙辰	5 7	4 3	丁亥	6 7	5 4	戊午	7 8	6 6	己丑
2 6	1 1	丁巳	3 8	2 1	丁亥	4 7	3 2	丁巳	5 8	4 4	戊子	6 8	5 5	己未	7 9	6 7	庚寅
2 7	1 2	戊午	3 9	2 2	戊子	4 8	3 3	戊午	5 9	4 5	己丑	6 9	5 6	庚申	7 10	6 8	辛卯
2 8	1 3	己未	3 10	2 3	己丑	4 9	3 4	己未	5 10	4 6	庚寅	6 10	5 7	辛酉	7 11	6 9	壬辰
2 9	1 4	庚申	3 11	2 4	庚寅	4 10	3 5	庚申	5 11	4 7	辛卯	6 11	5 8	壬戌	7 12	6 10	癸巳
2 10	1 5	辛酉	3 12	2 5	辛卯	4 11	3 6	辛酉	5 12	4 8	壬辰	6 12	5 9	癸亥	7 13	6 11	甲午
2 11	1 6	壬戌	3 13	2 6	壬辰	4 12	3 7	壬戌	5 13	4 9	癸巳	6 13	5 10	甲子	7 14	6 12	乙未
2 12	1 7	癸亥	3 14	2 7	癸巳	4 13	3 8	癸亥	5 14	4 10	甲午	6 14	5 11	乙丑	7 15	6 13	丙申
2 13	1 8	甲子	3 15	2 8	甲午	4 14	3 9	甲子	5 15	4 11	乙未	6 15	5 12	丙寅	7 16	6 14	丁酉
2 14	1 9	乙丑	3 16	2 9	乙未	4 15	3 10	乙丑	5 16	4 12	丙申	6 16	5 13	丁卯	7 17	6 15	戊戌
2 15	1 10	丙寅	3 17	2 10	丙申	4 16	3 11	丙寅	5 17	4 13	丁酉	6 17	5 14	戊辰	7 18	6 16	己亥
2 16	1 11	丁卯	3 18	2 11	丁酉	4 17	3 12	丁卯	5 18	4 14	戊戌	6 18	5 15	己巳	7 19	6 17	庚子
2 17	1 12	戊辰	3 19	2 12	戊戌	4 18	3 13	戊辰	5 19	4 15	己亥	6 19	5 16	庚午	7 20	6 18	辛丑
2 18	1 13	己巳	3 20	2 13	己亥	4 19	3 14	己巳	5 20	4 16	庚子	6 20	5 17	辛未	7 21	6 19	壬寅
2 19	1 14	庚午	3 21	2 14	庚子	4 20	3 15	庚午	5 21	4 17	辛丑	6 21	5 18	壬申	7 22	6 20	癸卯
2 20	1 15	辛未	3 22	2 15	辛丑	4 21	3 16	辛未	5 22	4 18	壬寅	6 22	5 19	癸酉	7 23	6 21	甲辰
2 21	1 16	壬申	3 23	2 16	壬寅	4 22	3 17	壬申	5 23	4 19	癸卯	6 23	5 20	甲戌	7 24	6 22	乙巳
2 22	1 17	癸酉	3 24	2 17	癸卯	4 23	3 18	癸酉	5 24	4 20	甲辰	6 24	5 21	乙亥	7 25	6 23	丙午
2 23	1 18	甲戌	3 25	2 18	甲辰	4 24	3 19	甲戌	5 25	4 21	乙巳	6 25	5 22	丙子	7 26	6 24	丁未
2 24	1 19	乙亥	3 26	2 19	乙巳	4 25	3 20	乙亥	5 26	4 22	丙午	6 26	5 23	丁丑	7 27	6 25	戊申
2 25	1 20	丙子	3 27	2 20	丙午	4 26	3 21	丙子	5 27	4 23	丁未	6 27	5 24	戊寅	7 28	6 26	己酉
2 26	1 21	丁丑	3 28	2 21	丁未	4 27	3 22	丁丑	5 28	4 24	戊申	6 28	5 25	己卯	7 29	6 27	庚戌
2 27	1 22	戊寅	3 29	2 22	戊申	4 28	3 23	戊寅	5 29	4 25	己酉	6 29	5 26	庚辰	7 30	6 28	辛亥
2 28	1 23	己卯	3 30	2 23	己酉	4 29	3 24	己卯	5 30	4 26	庚戌	6 30	5 27	辛巳	7 31	6 29	壬子
3 1	1 24	庚辰	3 31	2 24	庚戌	4 30	3 25	庚辰	5 31	4 27	辛亥	7 1	5 28	壬午	8 1	6 30	癸丑
3 2	1 25	辛巳	4 1	2 25	辛亥	5 1	3 26	辛巳	6 1	4 28	壬子	7 2	5 29	癸未	8 2	7 1	甲寅
3 3	1 26	壬午	4 2	2 26	壬子	5 2	3 27	壬午	6 2	4 29	癸丑	7 3	6 1	甲申	8 3	7 2	乙卯
3 4	1 27	癸未	4 3	2 27	癸丑	5 3	3 28	癸未	6 3	4 30	甲寅	7 4	6 2	乙酉	8 4	7 3	丙辰
3 5	1 28	甲申	4 4	2 28	甲寅	5 4	3 29	甲申	6 4	5 1	乙卯	7 5	6 3	丙戌	8 5	7 4	丁巳
						5 5	4 1	乙酉	6 5	5 2	丙辰	7 6	6 4	丁亥	8 6	7 5	戊午
															8 7	7 6	己未

左側欄: 中華民國五十九年　狗　1970

中氣:
- 雨水　2/19 9時41分 巳時
- 春分　3/21 8時56分 辰時
- 穀雨　4/20 20時14分 戌時
- 小滿　5/21 19時37分 戌時
- 夏至　6/22 3時42分 寅時
- 大暑　7/23 14時36分 未時

	庚戌																	年
甲申			乙酉			丙戌			丁亥			戊子			己丑			月
立秋			白露			寒露			立冬			大雪			小寒			節氣
8/8 6時54分 卯時			9/8 9時37分 巳時			10/9 1時0分 丑時			11/8 3時57分 寅時			12/7 20時37分 戌時			1/6 7時45分 辰時			
國曆	農曆	干支	國曆	農曆	干支	國曆	農曆	干支	國曆	農曆	干支	國曆	農曆	干支	國曆	農曆	干支	日
8/8	7/7	庚申	9/8	8/8	辛酉	10/9	9/10	壬戌	11/8	10/10	壬辰	12/7	11/9	辛酉	1/6	12/10	辛卯	
8/9	7/8	辛酉	9/9	8/9	壬戌	10/10	9/11	癸亥	11/9	10/11	癸巳	12/8	11/10	壬戌	1/7	12/11	壬辰	
8/10	7/9	壬戌	9/10	8/10	癸亥	10/11	9/12	甲子	11/10	10/12	甲午	12/9	11/11	癸亥	1/8	12/12	癸巳	
8/11	7/10	癸亥	9/11	8/11	甲午	10/12	9/13	乙丑	11/11	10/13	乙未	12/10	11/12	甲子	1/9	12/13	甲午	
8/12	7/11	甲子	9/12	8/12	乙未	10/13	9/14	丙寅	11/12	10/14	丙申	12/11	11/13	乙丑	1/10	12/14	乙未	
8/13	7/12	乙丑	9/13	8/13	丙申	10/14	9/15	丁卯	11/13	10/15	丁酉	12/12	11/14	丙寅	1/11	12/15	丙申	中
8/14	7/13	丙寅	9/14	8/14	丁酉	10/15	9/16	戊辰	11/14	10/16	戊戌	12/13	11/15	丁卯	1/12	12/16	丁酉	華
8/15	7/14	丁卯	9/15	8/15	戊戌	10/16	9/17	己巳	11/15	10/17	己亥	12/14	11/16	戊辰	1/13	12/17	戊戌	民
8/16	7/15	戊辰	9/16	8/16	己亥	10/17	9/18	庚午	11/16	10/18	庚子	12/15	11/17	己巳	1/14	12/18	己亥	國
8/17	7/16	己巳	9/17	8/17	庚子	10/18	9/19	辛未	11/17	10/19	辛丑	12/16	11/18	庚午	1/15	12/19	庚子	五
8/18	7/17	庚午	9/18	8/18	辛丑	10/19	9/20	壬申	11/18	10/20	壬寅	12/17	11/19	辛未	1/16	12/20	辛丑	十
8/19	7/18	辛未	9/19	8/19	壬寅	10/20	9/21	癸酉	11/19	10/21	癸卯	12/18	11/20	壬申	1/17	12/21	壬寅	九
8/20	7/19	壬申	9/20	8/20	癸卯	10/21	9/22	甲戌	11/20	10/22	甲辰	12/19	11/21	癸酉	1/18	12/22	癸卯	、
8/21	7/20	癸酉	9/21	8/21	甲辰	10/22	9/23	乙亥	11/21	10/23	乙巳	12/20	11/22	甲戌	1/19	12/23	甲辰	六
8/22	7/21	甲戌	9/22	8/22	乙巳	10/23	9/24	丙子	11/22	10/24	丙午	12/21	11/23	乙亥	1/20	12/24	乙巳	十
8/23	7/22	乙亥	9/23	8/23	丙午	10/24	9/25	丁丑	11/23	10/25	丁未	12/22	11/24	丙子	1/21	12/25	丙午	年
8/24	7/23	丙子	9/24	8/24	丁未	10/25	9/26	戊寅	11/24	10/26	戊申	12/23	11/25	丁丑	1/22	12/26	丁未	
8/25	7/24	丁丑	9/25	8/25	戊申	10/26	9/27	己卯	11/25	10/27	己酉	12/24	11/26	戊寅	1/23	12/27	戊申	狗
8/26	7/25	戊寅	9/26	8/26	己酉	10/27	9/28	庚辰	11/26	10/28	庚戌	12/25	11/27	己卯	1/24	12/28	己酉	
8/27	7/26	己卯	9/27	8/27	庚戌	10/28	9/29	辛巳	11/27	10/29	辛亥	12/26	11/28	庚辰	1/25	12/29	庚戌	
8/28	7/27	庚辰	9/28	8/28	辛亥	10/29	9/30	壬午	11/28	10/30	壬子	12/27	11/29	辛巳	1/26	12/30	辛亥	
8/29	7/28	辛巳	9/29	8/29	壬子	10/30	10/1	癸未	11/29	11/1	癸丑	12/28	12/1	壬午	1/27	1/1	壬子	
8/30	7/29	壬午	9/30	9/1	癸丑	10/31	10/2	甲申	11/30	11/2	甲寅	12/29	12/2	癸未	1/28	1/2	癸丑	
8/31	7/30	癸未	10/1	9/2	甲寅	11/1	10/3	乙酉	12/1	11/3	乙卯	12/30	12/3	甲申	1/29	1/3	甲寅	
9/1	8/1	甲申	10/2	9/3	乙卯	11/2	10/4	丙戌	12/2	11/4	丙辰	12/31	12/4	乙酉	1/30	1/4	乙卯	1
9/2	8/2	乙酉	10/3	9/4	丙辰	11/3	10/5	丁亥	12/3	11/5	丁巳	1/1	12/5	丙戌	1/31	1/5	丙辰	9
9/3	8/3	丙戌	10/4	9/5	丁巳	11/4	10/6	戊子	12/4	11/6	戊午	1/2	12/6	丁亥	2/1	1/6	丁巳	7
9/4	8/4	丁亥	10/5	9/6	戊午	11/5	10/7	己丑	12/5	11/7	己未	1/3	12/7	戊子	2/2	1/7	戊午	0
9/5	8/5	戊子	10/6	9/7	己未	11/6	10/8	庚寅	12/6	11/8	庚申	1/4	12/8	己丑	2/3	1/8	己未	、
9/6	8/6	己丑	10/7	9/8	庚申	11/7	10/9	辛卯				1/5	12/9	庚寅				1
9/7	8/7	庚寅	10/8	9/9	辛酉													9
																		7
																		1
處暑			秋分			霜降			小雪			冬至			大寒			中
9/23 21時33分 亥時			9/23 18時58分 酉時			10/24 4時4分 寅時			11/23 1時24分 丑時			12/22 14時35分 未時			1/21 1時12分 丑時			氣

143

年：辛亥

中華民國六十年　豬　／　1971

月	庚寅	辛卯	壬辰	癸巳	甲午	乙未
節氣	立春 2/4 19時25分 戌時	驚蟄 3/6 13時34分 未時	清明 4/5 18時36分 酉時	立夏 5/6 12時8分 午時	芒種 6/6 16時28分 申時	小暑 7/8 2時51分 丑時

庚寅 國曆	農曆	干支	辛卯 國曆	農曆	干支	壬辰 國曆	農曆	干支	癸巳 國曆	農曆	干支	甲午 國曆	農曆	干支	乙未 國曆	農曆	干支
2/4	1/9	庚申	3/6	2/10	庚寅	4/5	3/10	庚申	5/6	4/12	辛卯	6/6	5/14	壬戌	7/8	閏5/16	甲午
2/5	1/10	辛酉	3/7	2/11	辛卯	4/6	3/11	辛酉	5/7	4/13	壬辰	6/7	5/15	癸亥	7/9	閏5/17	乙未
2/6	1/11	壬戌	3/8	2/12	壬辰	4/7	3/12	壬戌	5/8	4/14	癸巳	6/8	5/16	甲子	7/10	閏5/18	丙申
2/7	1/12	癸亥	3/9	2/13	癸巳	4/8	3/13	癸亥	5/9	4/15	甲午	6/9	5/17	乙丑	7/11	閏5/19	丁酉
2/8	1/13	甲子	3/10	2/14	甲午	4/9	3/14	甲子	5/10	4/16	乙未	6/10	5/18	丙寅	7/12	閏5/20	戊戌
2/9	1/14	乙丑	3/11	2/15	乙未	4/10	3/15	乙丑	5/11	4/17	丙申	6/11	5/19	丁卯	7/13	閏5/21	己亥
2/10	1/15	丙寅	3/12	2/16	丙申	4/11	3/16	丙寅	5/12	4/18	丁酉	6/12	5/20	戊辰	7/14	閏5/22	庚子
2/11	1/16	丁卯	3/13	2/17	丁酉	4/12	3/17	丁卯	5/13	4/19	戊戌	6/13	5/21	己巳	7/15	閏5/23	辛丑
2/12	1/17	戊辰	3/14	2/18	戊戌	4/13	3/18	戊辰	5/14	4/20	己亥	6/14	5/22	庚午	7/16	閏5/24	壬寅
2/13	1/18	己巳	3/15	2/19	己亥	4/14	3/19	己巳	5/15	4/21	庚子	6/15	5/23	辛未	7/17	閏5/25	癸卯
2/14	1/19	庚午	3/16	2/20	庚子	4/15	3/20	庚午	5/16	4/22	辛丑	6/16	5/24	壬申	7/18	閏5/26	甲辰
2/15	1/20	辛未	3/17	2/21	辛丑	4/16	3/21	辛未	5/17	4/23	壬寅	6/17	5/25	癸酉	7/19	閏5/27	乙巳
2/16	1/21	壬申	3/18	2/22	壬寅	4/17	3/22	壬申	5/18	4/24	癸卯	6/18	5/26	甲戌	7/20	閏5/28	丙午
2/17	1/22	癸酉	3/19	2/23	癸卯	4/18	3/23	癸酉	5/19	4/25	甲辰	6/19	5/27	乙亥	7/21	閏5/29	丁未
2/18	1/23	甲戌	3/20	2/24	甲辰	4/19	3/24	甲戌	5/20	4/26	乙巳	6/20	5/28	丙子	7/22	6/1	戊申
2/19	1/24	乙亥	3/21	2/25	乙巳	4/20	3/25	乙亥	5/21	4/27	丙午	6/21	5/29	丁丑	7/23	6/2	己酉
2/20	1/25	丙子	3/22	2/26	丙午	4/21	3/26	丙子	5/22	4/28	丁未	6/22	5/30	戊寅	7/24	6/3	庚戌
2/21	1/26	丁丑	3/23	2/27	丁未	4/22	3/27	丁丑	5/23	4/29	戊申	6/23	閏5/1	己卯	7/25	6/4	辛亥
2/22	1/27	戊寅	3/24	2/28	戊申	4/23	3/28	戊寅	5/24	5/1	己酉	6/24	閏5/2	庚辰	7/26	6/5	壬子
2/23	1/28	己卯	3/25	2/29	己酉	4/24	3/29	己卯	5/25	5/2	庚戌	6/25	閏5/3	辛巳	7/27	6/6	癸丑
2/24	1/29	庚辰	3/26	2/30	庚戌	4/25	4/1	庚辰	5/26	5/3	辛亥	6/26	閏5/4	壬午	7/28	6/7	甲寅
2/25	2/1	辛巳	3/27	3/1	辛亥	4/26	4/2	辛巳	5/27	5/4	壬子	6/27	閏5/5	癸未	7/29	6/8	乙卯
2/26	2/2	壬午	3/28	3/2	壬子	4/27	4/3	壬午	5/28	5/5	癸丑	6/28	閏5/6	甲申	7/30	6/9	丙辰
2/27	2/3	癸未	3/29	3/3	癸丑	4/28	4/4	癸未	5/29	5/6	甲寅	6/29	閏5/7	乙酉	7/31	6/10	丁巳
2/28	2/4	甲申	3/30	3/4	甲寅	4/29	4/5	甲申	5/30	5/7	乙卯	6/30	閏5/8	丙戌	8/1	6/11	戊午
3/1	2/5	乙酉	3/31	3/5	乙卯	4/30	4/6	乙酉	5/31	5/8	丙辰	7/1	閏5/9	丁亥	8/2	6/12	己未
3/2	2/6	丙戌	4/1	3/6	丙辰	5/1	4/7	丙戌	6/1	5/9	丁巳	7/2	閏5/10	戊子	8/3	6/13	庚申
3/3	2/7	丁亥	4/2	3/7	丁巳	5/2	4/8	丁亥	6/2	5/10	戊午	7/3	閏5/11	己丑	8/4	6/14	辛酉
3/4	2/8	戊子	4/3	3/8	戊午	5/3	4/9	戊子	6/3	5/11	己未	7/4	閏5/12	庚寅	8/5	6/15	壬戌
3/5	2/9	己丑	4/4	3/9	己未	5/4	4/10	己丑	6/4	5/12	庚申	7/5	閏5/13	辛卯	8/6	6/16	癸亥
						5/5	4/11	庚寅	6/5	5/13	辛酉	7/6	閏5/14	壬辰	8/7	6/17	甲子
												7/7	閏5/15	癸巳			

中氣	雨水 2/19 15時26分 申時	春分 3/21 14時38分 未時	穀雨 4/21 1時54分 丑時	小滿 5/22 1時15分 丑時	夏至 6/22 9時19分 巳時	大暑 7/23 20時14分 戌時

年		辛亥																
月		丙申			丁酉			戊戌			己亥			庚子			辛丑		
節氣		立秋			白露			寒露			立冬			大雪			小寒		
		8/8 12時40分 午時			9/8 15時30分 申時			10/9 6時58分 卯時			11/8 9時56分 巳時			12/8 7時35分 丑時			1/6 13時41分 未時		
日		國曆	農曆	干支	國曆	農曆	干支	國曆	農曆	干支	國曆	農曆	干支	國曆	農曆	干支	國曆	農曆	干支
中華民國六十、六十一年 豬		8 8	6 18	乙丑	9 8	7 19	丙申	10 9	8 21	丁卯	11 8	9 21	丁酉	12 8	10 21	丁卯	1 6	11 20	丙申
		8 9	6 19	丙寅	9 9	7 20	丁酉	10 10	8 22	戊辰	11 9	9 22	戊戌	12 9	10 22	戊辰	1 7	11 21	丁酉
		8 10	6 20	丁卯	9 10	7 21	戊戌	10 11	8 23	己巳	11 10	9 23	己亥	12 10	10 23	己巳	1 8	11 22	戊戌
		8 11	6 21	戊辰	9 11	7 22	己亥	10 12	8 24	庚午	11 11	9 24	庚子	12 11	10 24	庚午	1 9	11 23	己亥
		8 12	6 22	己巳	9 12	7 23	庚子	10 13	8 25	辛未	11 12	9 25	辛丑	12 12	10 25	辛未	1 10	11 24	庚子
		8 13	6 23	庚午	9 13	7 24	辛丑	10 14	8 26	壬申	11 13	9 26	壬寅	12 13	10 26	壬申	1 11	11 25	辛丑
		8 14	6 24	辛未	9 14	7 25	壬寅	10 15	8 27	癸酉	11 14	9 27	癸卯	12 14	10 27	癸酉	1 12	11 26	壬寅
		8 15	6 25	壬申	9 15	7 26	癸卯	10 16	8 28	甲戌	11 15	9 28	甲辰	12 15	10 28	甲戌	1 13	11 27	癸卯
		8 16	6 26	癸酉	9 16	7 27	甲辰	10 17	8 29	乙亥	11 16	9 29	乙巳	12 16	10 29	乙亥	1 14	11 28	甲辰
		8 17	6 27	甲戌	9 17	7 28	乙巳	10 18	8 30	丙子	11 17	9 30	丙午	12 17	10 30	丙子	1 15	11 29	乙巳
		8 18	6 28	乙亥	9 18	7 29	丙午	10 19	9 1	丁丑	11 18	10 1	丁未	12 18	11 1	丁丑	1 16	12 1	丙午
		8 19	6 29	丙子	9 19	8 1	丁未	10 20	9 2	戊寅	11 19	10 2	戊申	12 19	11 2	戊寅	1 17	12 2	丁未
		8 20	6 30	丁丑	9 20	8 2	戊申	10 21	9 3	己卯	11 20	10 3	己酉	12 20	11 3	己卯	1 18	12 3	戊申
		8 21	7 1	戊寅	9 21	8 3	己酉	10 22	9 4	庚辰	11 21	10 4	庚戌	12 21	11 4	庚辰	1 19	12 4	己酉
1971、1972		8 22	7 2	己卯	9 22	8 4	庚戌	10 23	9 5	辛巳	11 22	10 5	辛亥	12 22	11 5	辛巳	1 20	12 5	庚戌
		8 23	7 3	庚辰	9 23	8 5	辛亥	10 24	9 6	壬午	11 23	10 6	壬子	12 23	11 6	壬午	1 21	12 6	辛亥
		8 24	7 4	辛巳	9 24	8 6	壬子	10 25	9 7	癸未	11 24	10 7	癸丑	12 24	11 7	癸未	1 22	12 7	壬子
		8 25	7 5	壬午	9 25	8 7	癸丑	10 26	9 8	甲申	11 25	10 8	甲寅	12 25	11 8	甲申	1 23	12 8	癸丑
		8 26	7 6	癸未	9 26	8 8	甲寅	10 27	9 9	乙酉	11 26	10 9	乙卯	12 26	11 9	乙酉	1 24	12 9	甲寅
		8 27	7 7	甲申	9 27	8 9	乙卯	10 28	9 10	丙戌	11 27	10 10	丙辰	12 27	11 10	丙戌	1 25	12 10	乙卯
		8 28	7 8	乙酉	9 28	8 10	丙辰	10 29	9 11	丁亥	11 28	10 11	丁巳	12 28	11 11	丁亥	1 26	12 11	丙辰
		8 29	7 9	丙戌	9 29	8 11	丁巳	10 30	9 12	戊子	11 29	10 12	戊午	12 29	11 12	戊子	1 27	12 12	丁巳
		8 30	7 10	丁亥	9 30	8 12	戊午	10 31	9 13	己丑	11 30	10 13	己未	12 30	11 13	己丑	1 28	12 13	戊午
		8 31	7 11	戊子	10 1	8 13	己未	11 1	9 14	庚寅	12 1	10 14	庚申	12 31	11 14	庚寅	1 29	12 14	己未
		9 1	7 12	己丑	10 2	8 14	庚申	11 2	9 15	辛卯	12 2	10 15	辛酉	1 1	11 15	辛卯	1 30	12 15	庚申
		9 2	7 13	庚寅	10 3	8 15	辛酉	11 3	9 16	壬辰	12 3	10 16	壬戌	1 2	11 16	壬辰	1 31	12 16	辛酉
		9 3	7 14	辛卯	10 4	8 16	壬戌	11 4	9 17	癸巳	12 4	10 17	癸亥	1 3	11 17	癸巳	2 1	12 17	壬戌
		9 4	7 15	壬辰	10 5	8 17	癸亥	11 5	9 18	甲午	12 5	10 18	甲子	1 4	11 18	甲午	2 2	12 18	癸亥
		9 5	7 16	癸巳	10 6	8 18	甲子	11 6	9 19	乙未	12 6	10 19	乙丑	1 5	11 19	乙未	2 3	12 19	甲子
		9 6	7 17	甲午	10 7	8 19	乙丑	11 7	9 20	丙申	12 7	10 20	丙寅				2 4	12 20	乙丑
		9 7	7 18	乙未	10 8	8 20	丙寅												
中氣		處暑			秋分			霜降			小雪			冬至			大寒		
		8/24 3時15分 寅時			9/24 0時44分 子時			10/24 9時53分 巳時			11/23 7時13分 辰時			12/22 20時23分 戌時			1/21 6時59分 卯時		

年	壬子																	
月	壬寅			癸卯			甲辰			乙巳			丙午			丁未		
節氣	立春			驚蟄			清明			立夏			芒種			小暑		
	2/5 1時20分 丑時			3/5 19時28分 戌時			4/5 0時28分 子時			5/5 18時1分 酉時			6/5 22時22分 亥時			7/7 8時42分 辰時		
日	國曆	農曆	干支	國曆	農曆	干支	國曆	農曆	干支	國曆	農曆	干支	國曆	農曆	干支	國曆	農曆	干支
	2 5	12 21	丙寅	3 5	1 20	乙未	4 5	2 22	丙寅	5 5	3 22	丙申	6 5	4 24	丁卯	7 7	5 27	己亥
	2 6	12 22	丁卯	3 6	1 21	丙申	4 6	2 23	丁卯	5 6	3 23	丁酉	6 6	4 25	戊辰	7 8	5 28	庚子
	2 7	12 23	戊辰	3 7	1 22	丁酉	4 7	2 24	戊辰	5 7	3 24	戊戌	6 7	4 26	己巳	7 9	5 29	辛丑
	2 8	12 24	己巳	3 8	1 23	戊戌	4 8	2 25	己巳	5 8	3 25	己亥	6 8	4 27	庚午	7 10	5 30	壬寅
中	2 9	12 25	庚午	3 9	1 24	己亥	4 9	2 26	庚午	5 9	3 26	庚子	6 9	4 28	辛未	7 11	6 1	癸卯
華	2 10	12 26	辛未	3 10	1 25	庚子	4 10	2 27	辛未	5 10	3 27	辛丑	6 10	4 29	壬申	7 12	6 2	甲辰
民	2 11	12 27	壬申	3 11	1 26	辛丑	4 11	2 28	壬申	5 11	3 28	壬寅	6 11	5 1	癸酉	7 13	6 3	乙巳
國	2 12	12 28	癸酉	3 12	1 27	壬寅	4 12	2 29	癸酉	5 12	3 29	癸卯	6 12	5 2	甲戌	7 14	6 4	丙午
六	2 13	12 29	甲戌	3 13	1 28	癸卯	4 13	2 30	甲戌	5 13	4 1	甲辰	6 13	5 3	乙亥	7 15	6 5	丁未
十	2 14	12 30	乙亥	3 14	1 29	甲辰	4 14	3 1	乙亥	5 14	4 2	乙巳	6 14	5 4	丙子	7 16	6 6	戊申
一	2 15	1 1	丙子	3 15	2 1	乙巳	4 15	3 2	丙子	5 15	4 3	丙午	6 15	5 5	丁丑	7 17	6 7	己酉
年	2 16	1 2	丁丑	3 16	2 2	丙午	4 16	3 3	丁丑	5 16	4 4	丁未	6 16	5 6	戊寅	7 18	6 8	庚戌
	2 17	1 3	戊寅	3 17	2 3	丁未	4 17	3 4	戊寅	5 17	4 5	戊申	6 17	5 7	己卯	7 19	6 9	辛亥
鼠	2 18	1 4	己卯	3 18	2 4	戊申	4 18	3 5	己卯	5 18	4 6	己酉	6 18	5 8	庚辰	7 20	6 10	壬子
	2 19	1 5	庚辰	3 19	2 5	己酉	4 19	3 6	庚辰	5 19	4 7	庚戌	6 19	5 9	辛巳	7 21	6 11	癸丑
	2 20	1 6	辛巳	3 20	2 6	庚戌	4 20	3 7	辛巳	5 20	4 8	辛亥	6 20	5 10	壬午	7 22	6 12	甲寅
	2 21	1 7	壬午	3 21	2 7	辛亥	4 21	3 8	壬午	5 21	4 9	壬子	6 21	5 11	癸未	7 23	6 13	乙卯
	2 22	1 8	癸未	3 22	2 8	壬子	4 22	3 9	癸未	5 22	4 10	癸丑	6 22	5 12	甲申	7 24	6 14	丙辰
	2 23	1 9	甲申	3 23	2 9	癸丑	4 23	3 10	甲申	5 23	4 11	甲寅	6 23	5 13	乙酉	7 25	6 15	丁巳
	2 24	1 10	乙酉	3 24	2 10	甲寅	4 24	3 11	乙酉	5 24	4 12	乙卯	6 24	5 14	丙戌	7 26	6 16	戊午
	2 25	1 11	丙戌	3 25	2 11	乙卯	4 25	3 12	丙戌	5 25	4 13	丙辰	6 25	5 15	丁亥	7 27	6 17	己未
	2 26	1 12	丁亥	3 26	2 12	丙辰	4 26	3 13	丁亥	5 26	4 14	丁巳	6 26	5 16	戊子	7 28	6 18	庚申
	2 27	1 13	戊子	3 27	2 13	丁巳	4 27	3 14	戊子	5 27	4 15	戊午	6 27	5 17	己丑	7 29	6 19	辛酉
	2 28	1 14	己丑	3 28	2 14	戊午	4 28	3 15	己丑	5 28	4 16	己未	6 28	5 18	庚寅	7 30	6 20	壬戌
	2 29	1 15	庚寅	3 29	2 15	己未	4 29	3 16	庚寅	5 29	4 17	庚申	6 29	5 19	辛卯	7 31	6 21	癸亥
1	3 1	1 16	辛卯	3 30	2 16	庚申	4 30	3 17	辛卯	5 30	4 18	辛酉	6 30	5 20	壬辰	8 1	6 22	甲子
9	3 2	1 17	壬辰	3 31	2 17	辛酉	5 1	3 18	壬辰	5 31	4 19	壬戌	7 1	5 21	癸巳	8 2	6 23	乙丑
7	3 3	1 18	癸巳	4 1	2 18	壬戌	5 2	3 19	癸巳	6 1	4 20	癸亥	7 2	5 22	甲午	8 3	6 24	丙寅
2	3 4	1 19	甲午	4 2	2 19	癸亥	5 3	3 20	甲午	6 2	4 21	甲子	7 3	5 23	乙未	8 4	6 25	丁卯
				4 3	2 20	甲子	5 4	3 21	乙未	6 3	4 22	乙丑	7 4	5 24	丙申	8 5	6 26	戊辰
				4 4	2 21	乙丑				6 4	4 23	丙寅	7 5	5 25	丁酉	8 6	6 27	己巳
													7 6	5 26	戊戌			
中氣	雨水			春分			穀雨			小滿			夏至			大暑		
	2/19 21時11分 亥時			3/20 20時21分 戌時			4/20 7時37分 辰時			5/21 6時59分 卯時			6/21 15時6分 申時			7/23 2時2分 丑時		

壬子（年）

	戊申	己酉	庚戌	辛亥	壬子	癸丑	年/月
節氣	立秋	白露	寒露	立冬	大雪	小寒	節氣
	7 18時28分 酉時	9/7 21時15分 亥時	10/8 12時41分 午時	11/7 15時39分 申時	12/7 8時18分 辰時	1/5 19時25分 戌時	

國曆	農曆	干支	國曆	農曆	干支	國曆	農曆	干支	國曆	農曆	干支	國曆	農曆	干支	國曆	農曆	干支	日
8/7	6 28	庚午	9/7	7 30	辛丑	10/8	9 2	壬申	11/7	10 2	壬寅	12/7	11 2	壬申	1/5	12 1	辛丑	
8	6 29	辛未	8	8 1	壬寅	9	9 3	癸酉	8	10 3	癸卯	8	11 3	癸酉	6	12 2	壬寅	
9	7 1	壬申	9	8 2	癸卯	10	9 4	甲戌	9	10 4	甲辰	9	11 4	甲戌	7	12 3	癸卯	
10	7 2	癸酉	10	8 3	甲辰	11	9 5	乙亥	10	10 5	乙巳	10	11 5	乙亥	8	12 4	甲辰	
11	7 3	甲戌	11	8 4	乙巳	12	9 6	丙子	11	10 6	丙午	11	11 6	丙子	9	12 5	乙巳	
12	7 4	乙亥	12	8 5	丙午	13	9 7	丁丑	12	10 7	丁未	12	11 7	丁丑	10	12 6	丙午	中華民國六十一、六十二年
13	7 5	丙子	13	8 6	丁未	14	9 8	戊寅	13	10 8	戊申	13	11 8	戊寅	11	12 7	丁未	
14	7 6	丁丑	14	8 7	戊申	15	9 9	己卯	14	10 9	己酉	14	11 9	己卯	12	12 8	戊申	
15	7 7	戊寅	15	8 8	己酉	16	9 10	庚辰	15	10 10	庚戌	15	11 10	庚辰	13	12 9	己酉	
16	7 8	己卯	16	8 9	庚戌	17	9 11	辛巳	16	10 11	辛亥	16	11 11	辛巳	14	12 10	庚戌	
17	7 9	庚辰	17	8 10	辛亥	18	9 12	壬午	17	10 12	壬子	17	11 12	壬午	15	12 11	辛亥	
18	7 10	辛巳	18	8 11	壬子	19	9 13	癸未	18	10 13	癸丑	18	11 13	癸未	16	12 12	壬子	
19	7 11	壬午	19	8 12	癸丑	20	9 14	甲申	19	10 14	甲寅	19	11 14	甲申	17	12 13	癸丑	
20	7 12	癸未	20	8 13	甲寅	21	9 15	乙酉	20	10 15	乙卯	20	11 15	乙酉	18	12 14	甲寅	鼠
21	7 13	甲申	21	8 14	乙卯	22	9 16	丙戌	21	10 16	丙辰	21	11 16	丙戌	19	12 15	乙卯	
22	7 14	乙酉	22	8 15	丙辰	23	9 17	丁亥	22	10 17	丁巳	22	11 17	丁亥	20	12 16	丙辰	
23	7 15	丙戌	23	8 16	丁巳	24	9 18	戊子	23	10 18	戊午	23	11 18	戊子	21	12 17	丁巳	
24	7 16	丁亥	24	8 17	戊午	25	9 19	己丑	24	10 19	己未	24	11 19	己丑	22	12 18	戊午	
25	7 17	戊子	25	8 18	己未	26	9 20	庚寅	25	10 20	庚申	25	11 20	庚寅	23	12 19	己未	
26	7 18	己丑	26	8 19	庚申	27	9 21	辛卯	26	10 21	辛酉	26	11 21	辛卯	24	12 20	庚申	
27	7 19	庚寅	27	8 20	辛酉	28	9 22	壬辰	27	10 22	壬戌	27	11 22	壬辰	25	12 21	辛酉	1972、1973
28	7 20	辛卯	28	8 21	壬戌	29	9 23	癸巳	28	10 23	癸亥	28	11 23	癸巳	26	12 22	壬戌	
29	7 21	壬辰	29	8 22	癸亥	30	9 24	甲午	29	10 24	甲子	29	11 24	甲午	27	12 23	癸亥	
30	7 22	癸巳	30	8 23	甲子	31	9 25	乙未	30	10 25	乙丑	30	11 25	乙未	28	12 24	甲子	
31	7 23	甲午	10/1	8 24	乙丑	11/1	9 26	丙申	12/1	10 26	丙寅	31	11 26	丙申	29	12 25	乙丑	
9/1	7 24	乙未	2	8 25	丙寅	2	9 27	丁酉	2	10 27	丁卯	1/1	11 27	丁酉	30	12 26	丙寅	
2	7 25	丙申	3	8 26	丁卯	3	9 28	戊戌	3	10 28	戊辰	2	11 28	戊戌	31	12 27	丁卯	
3	7 26	丁酉	4	8 27	戊辰	4	9 29	己亥	4	10 29	己巳	3	11 29	己亥	2/1	12 28	戊辰	
4	7 27	戊戌	5	8 28	己巳	5	9 30	庚子	5	10 30	庚午	4	11 30	庚子	2	12 29	己巳	
5	7 28	己亥	6	8 29	庚午	6	10 1	辛丑	6	11 1	辛未				3	1 1	庚午	
6	7 29	庚子	7	9 1	辛未													

	戊申	己酉	庚戌	辛亥	壬子	癸丑	
中氣	處暑	秋分	霜降	小雪	冬至	大寒	中氣
	8/23 9時3分 巳時	9/23 6時32分 卯時	10/23 15時41分 申時	11/22 13時2分 未時	12/22 12時12分 丑時	1/20 12時48分 午時	

年	癸丑					
月	甲寅	乙卯	丙辰	丁巳	戊午	己未
節氣	立春	驚蟄	清明	立夏	芒種	小暑
	2/4 7時4分 辰時	3/6 1時12分 丑時	4/5 6時13分 卯時	5/5 23時46分 子時	6/6 4時6分 寅時	7/7 14時27分 未時

中華民國六十二年　牛　1973

甲寅 國曆	農曆	干支	乙卯 國曆	農曆	干支	丙辰 國曆	農曆	干支	丁巳 國曆	農曆	干支	戊午 國曆	農曆	干支	己未 國曆	農曆	干支
2/4	1/2	辛未	3/6	2/2	辛丑	4/5	3/3	辛未	5/5	4/3	辛丑	6/6	5/6	癸酉	7/7	6/8	甲辰
2/5	1/3	壬申	3/7	2/3	壬寅	4/6	3/4	壬申	5/6	4/4	壬寅	6/7	5/7	甲戌	7/8	6/9	乙巳
2/6	1/4	癸酉	3/8	2/4	癸卯	4/7	3/5	癸酉	5/7	4/5	癸卯	6/8	5/8	乙亥	7/9	6/10	丙午
2/7	1/5	甲戌	3/9	2/5	甲辰	4/8	3/6	甲戌	5/8	4/6	甲辰	6/9	5/9	丙子	7/10	6/11	丁未
2/8	1/6	乙亥	3/10	2/6	乙巳	4/9	3/7	乙亥	5/9	4/7	乙巳	6/10	5/10	丁丑	7/11	6/12	戊申
2/9	1/7	丙子	3/11	2/7	丙午	4/10	3/8	丙子	5/10	4/8	丙午	6/11	5/11	戊寅	7/12	6/13	己酉
2/10	1/8	丁丑	3/12	2/8	丁未	4/11	3/9	丁丑	5/11	4/9	丁未	6/12	5/12	己卯	7/13	6/14	庚戌
2/11	1/9	戊寅	3/13	2/9	戊申	4/12	3/10	戊寅	5/12	4/10	戊申	6/13	5/13	庚辰	7/14	6/15	辛亥
2/12	1/10	己卯	3/14	2/10	己酉	4/13	3/11	己卯	5/13	4/11	己酉	6/14	5/14	辛巳	7/15	6/16	壬子
2/13	1/11	庚辰	3/15	2/11	庚戌	4/14	3/12	庚辰	5/14	4/12	庚戌	6/15	5/15	壬午	7/16	6/17	癸丑
2/14	1/12	辛巳	3/16	2/12	辛亥	4/15	3/13	辛巳	5/15	4/13	辛亥	6/16	5/16	癸未	7/17	6/18	甲寅
2/15	1/13	壬午	3/17	2/13	壬子	4/16	3/14	壬午	5/16	4/14	壬子	6/17	5/17	甲申	7/18	6/19	乙卯
2/16	1/14	癸未	3/18	2/14	癸丑	4/17	3/15	癸未	5/17	4/15	癸丑	6/18	5/18	乙酉	7/19	6/20	丙辰
2/17	1/15	甲申	3/19	2/15	甲寅	4/18	3/16	甲申	5/18	4/16	甲寅	6/19	5/19	丙戌	7/20	6/21	丁巳
2/18	1/16	乙酉	3/20	2/16	乙卯	4/19	3/17	乙酉	5/19	4/17	乙卯	6/20	5/20	丁亥	7/21	6/22	戊午
2/19	1/17	丙戌	3/21	2/17	丙辰	4/20	3/18	丙戌	5/20	4/18	丙辰	6/21	5/21	戊子	7/22	6/23	己未
2/20	1/18	丁亥	3/22	2/18	丁巳	4/21	3/19	丁亥	5/21	4/19	丁巳	6/22	5/22	己丑	7/23	6/24	庚申
2/21	1/19	戊子	3/23	2/19	戊午	4/22	3/20	戊子	5/22	4/20	戊午	6/23	5/23	庚寅	7/24	6/25	辛酉
2/22	1/20	己丑	3/24	2/20	己未	4/23	3/21	己丑	5/23	4/21	己未	6/24	5/24	辛卯	7/25	6/26	壬戌
2/23	1/21	庚寅	3/25	2/21	庚申	4/24	3/22	庚寅	5/24	4/22	庚申	6/25	5/25	壬辰	7/26	6/27	癸亥
2/24	1/22	辛卯	3/26	2/22	辛酉	4/25	3/23	辛卯	5/25	4/23	辛酉	6/26	5/26	癸巳	7/27	6/28	甲子
2/25	1/23	壬辰	3/27	2/23	壬戌	4/26	3/24	壬辰	5/26	4/24	壬戌	6/27	5/27	甲午	7/28	6/29	乙丑
2/26	1/24	癸巳	3/28	2/24	癸亥	4/27	3/25	癸巳	5/27	4/25	癸亥	6/28	5/28	乙未	7/29	6/30	丙寅
2/27	1/25	甲午	3/29	2/25	甲子	4/28	3/26	甲午	5/28	4/26	甲子	6/29	5/29	丙申	7/30	7/1	丁卯
2/28	1/26	乙未	3/30	2/26	乙丑	4/29	3/27	乙未	5/29	4/27	乙丑	6/30	6/1	丁酉	7/31	7/2	戊辰
3/1	1/27	丙申	3/31	2/27	丙寅	4/30	3/28	丙申	5/30	4/28	丙寅	7/1	6/2	戊戌	8/1	7/3	己巳
3/2	1/28	丁酉	4/1	2/28	丁卯	5/1	3/29	丁酉	5/31	4/29	丁卯	7/2	6/3	己亥	8/2	7/4	庚午
3/3	1/29	戊戌	4/2	2/29	戊辰	5/2	3/30	戊戌	6/1	5/1	戊辰	7/3	6/4	庚子	8/3	7/5	辛未
3/4	1/30	己亥	4/3	3/1	己巳	5/3	4/1	己亥	6/2	5/2	己巳	7/4	6/5	辛丑	8/4	7/6	壬申
3/5	2/1	庚子	4/4	3/2	庚午	5/4	4/2	庚子	6/3	5/3	庚午	7/5	6/6	壬寅	8/5	7/7	癸酉
									6/4	5/4	辛未	7/6	6/7	癸卯	8/6	7/8	甲戌
									6/5	5/5	壬申				8/7	7/9	乙亥

中氣	雨水	春分	穀雨	小滿	夏至	大暑
	2/19 3時1分 寅時	3/21 2時12分 丑時	4/20 13時30分 未時	5/21 12時53分 午時	6/21 21時0分 亥時	7/23 7時55分 辰時

癸丑　年

月	庚申			辛酉			壬戌			癸亥			甲子			乙丑		
節氣	立秋			白露			寒露			立冬			大雪			小寒		
	8 0時12分 子時			9/8 2時59分 丑時			10/8 18時27分 酉時			11/7 21時27分 亥時			12/7 14時10分 未時			1/6 1時19分 丑時		
日	國曆	農曆	干支	國曆	農曆	干支	國曆	農曆	干支	國曆	農曆	干支	國曆	農曆	干支	國曆	農曆	干支
	8	7/10	丙子	9/8	8/12	丁未	10/8	9/13	丁丑	11/7	10/13	丁未	12/7	11/13	丁丑	1/6	12/14	丁未
	9	7/11	丁丑	9	8/13	戊申	9	9/14	戊寅	8	10/14	戊申	8	11/14	戊寅	7	12/15	戊申
	10	7/12	戊寅	10	8/14	己酉	10	9/15	己卯	9	10/15	己酉	9	11/15	己卯	8	12/16	己酉
	11	7/13	己卯	11	8/15	庚戌	11	9/16	庚辰	10	10/16	庚戌	10	11/16	庚辰	9	12/17	庚戌
	12	7/14	庚辰	12	8/16	辛亥	12	9/17	辛巳	11	10/17	辛亥	11	11/17	辛巳	10	12/18	辛亥
	13	7/15	辛巳	13	8/17	壬子	13	9/18	壬午	12	10/18	壬子	12	11/18	壬午	11	12/19	壬子
	14	7/16	壬午	14	8/18	癸丑	14	9/19	癸未	13	10/19	癸丑	13	11/19	癸未	12	12/20	癸丑
	15	7/17	癸未	15	8/19	甲寅	15	9/20	甲申	14	10/20	甲寅	14	11/20	甲申	13	12/21	甲寅
	16	7/18	甲申	16	8/20	乙卯	16	9/21	乙酉	15	10/21	乙卯	15	11/21	乙酉	14	12/22	乙卯
	17	7/19	乙酉	17	8/21	丙辰	17	9/22	丙戌	16	10/22	丙辰	16	11/22	丙戌	15	12/23	丙辰
	18	7/20	丙戌	18	8/22	丁巳	18	9/23	丁亥	17	10/23	丁巳	17	11/23	丁亥	16	12/24	丁巳
	19	7/21	丁亥	19	8/23	戊午	19	9/24	戊子	18	10/24	戊午	18	11/24	戊子	17	12/25	戊午
	20	7/22	戊子	20	8/24	己未	20	9/25	己丑	19	10/25	己未	19	11/25	己丑	18	12/26	己未
	21	7/23	己丑	21	8/25	庚申	21	9/26	庚寅	20	10/26	庚申	20	11/26	庚寅	19	12/27	庚申
	22	7/24	庚寅	22	8/26	辛酉	22	9/27	辛卯	21	10/27	辛酉	21	11/27	辛卯	20	12/28	辛酉
	23	7/25	辛卯	23	8/27	壬戌	23	9/28	壬辰	22	10/28	壬戌	22	11/28	壬辰	21	12/29	壬戌
	24	7/26	壬辰	24	8/28	癸亥	24	9/29	癸巳	23	10/29	癸亥	23	11/29	癸巳	22	12/30	癸亥
	25	7/27	癸巳	25	8/29	甲子	25	9/30	甲午	24	10/30	甲子	24	12/1	甲午	23	1/1	甲子
	26	7/28	甲午	26	9/1	乙丑	26	10/1	乙未	25	11/1	乙丑	25	12/2	乙未	24	1/2	乙丑
	27	7/29	乙未	27	9/2	丙寅	27	10/2	丙申	26	11/2	丙寅	26	12/3	丙申	25	1/3	丙寅
	28	8/1	丙申	28	9/3	丁卯	28	10/3	丁酉	27	11/3	丁卯	27	12/4	丁酉	26	1/4	丁卯
	29	8/2	丁酉	29	9/4	戊辰	29	10/4	戊戌	28	11/4	戊辰	28	12/5	戊戌	27	1/5	戊辰
	30	8/3	戊戌	30	9/5	己巳	30	10/5	己亥	29	11/5	己巳	29	12/6	己亥	28	1/6	己巳
	31	8/4	己亥	10/1	9/6	庚午	31	10/6	庚子	30	11/6	庚午	30	12/7	庚子	29	1/7	庚午
	9/1	8/5	庚子	2	9/7	辛未	11/1	10/7	辛丑	12/1	11/7	辛未	31	12/8	辛丑	30	1/8	辛未
	2	8/6	辛丑	3	9/8	壬申	2	10/8	壬寅	2	11/8	壬申	1/1	12/9	壬寅	31	1/9	壬申
	3	8/7	壬寅	4	9/9	癸酉	3	10/9	癸卯	3	11/9	癸酉	2	12/10	癸卯	2/1	1/10	癸酉
	4	8/8	癸卯	5	9/10	甲戌	4	10/10	甲辰	4	11/10	甲戌	3	12/11	甲辰	2	1/11	甲戌
	5	8/9	甲辰	6	9/11	乙亥	5	10/11	乙巳	5	11/11	乙亥	4	12/12	乙巳	3	1/12	乙亥
	6	8/10	乙巳	7	9/12	丙子	6	10/12	丙午	6	11/12	丙子	5	12/13	丙午			
	7	8/11	丙午															

中華民國六十二、六十三年　牛　1973、1974

中氣	處暑	秋分	霜降	小雪	冬至	大寒
	23 14時53分 未時	9/23 12時21分 午時	10/23 21時30分 亥時	11/22 18時54分 酉時	12/22 8時7分 辰時	1/20 18時45分 酉時

年　**甲寅**

中華民國六十三年　虎　1974

月	丙寅			丁卯			戊辰			己巳			庚午			辛未		
節氣	立春			驚蟄			清明			立夏			芒種			小暑		
	2/4 13時0分 未時			3/6 7時7分 辰時			4/5 12時5分 午時			5/6 9時33分 巳時			6/6 9時51分 巳時			7/7 20時11分 戌時		
日	國曆	農曆	干支	國曆	農曆	干支	國曆	農曆	干支	國曆	農曆	干支	國曆	農曆	干支	國曆	農曆	干支
	2 4	1 13	丙子	3 6	2 13	丙午	4 5	3 13	丙子	5 6	4 15	丁未	6 6	閏4 16	戊寅	7 7	5 18	己酉
	2 5	1 14	丁丑	3 7	2 14	丁未	4 6	3 14	丁丑	5 7	4 16	戊申	6 7	閏4 17	己卯	7 8	5 19	庚戌
	2 6	1 15	戊寅	3 8	2 15	戊申	4 7	3 15	戊寅	5 8	4 17	己酉	6 8	閏4 18	庚辰	7 9	5 20	辛亥
	2 7	1 16	己卯	3 9	2 16	己酉	4 8	3 16	己卯	5 9	4 18	庚戌	6 9	閏4 19	辛巳	7 10	5 21	壬子
	2 8	1 17	庚辰	3 10	2 17	庚戌	4 9	3 17	庚辰	5 10	4 19	辛亥	6 10	閏4 20	壬午	7 11	5 22	癸丑
	2 9	1 18	辛巳	3 11	2 18	辛亥	4 10	3 18	辛巳	5 11	4 20	壬子	6 11	閏4 21	癸未	7 12	5 23	甲寅
	2 10	1 19	壬午	3 12	2 19	壬子	4 11	3 19	壬午	5 12	4 21	癸丑	6 12	閏4 22	甲申	7 13	5 24	乙卯
	2 11	1 20	癸未	3 13	2 20	癸丑	4 12	3 20	癸未	5 13	4 22	甲寅	6 13	閏4 23	乙酉	7 14	5 25	丙辰
	2 12	1 21	甲申	3 14	2 21	甲寅	4 13	3 21	甲申	5 14	4 23	乙卯	6 14	閏4 24	丙戌	7 15	5 26	丁巳
	2 13	1 22	乙酉	3 15	2 22	乙卯	4 14	3 22	乙酉	5 15	4 24	丙辰	6 15	閏4 25	丁亥	7 16	5 27	戊午
	2 14	1 23	丙戌	3 16	2 23	丙辰	4 15	3 23	丙戌	5 16	4 25	丁巳	6 16	閏4 26	戊子	7 17	5 28	己未
	2 15	1 24	丁亥	3 17	2 24	丁巳	4 16	3 24	丁亥	5 17	4 26	戊午	6 17	閏4 27	己丑	7 18	5 29	庚申
	2 16	1 25	戊子	3 18	2 25	戊午	4 17	3 25	戊子	5 18	4 27	己未	6 18	閏4 28	庚寅	7 19	6 1	辛酉
	2 17	1 26	己丑	3 19	2 26	己未	4 18	3 26	己丑	5 19	4 28	庚申	6 19	閏4 29	辛卯	7 20	6 2	壬戌
	2 18	1 27	庚寅	3 20	2 27	庚申	4 19	3 27	庚寅	5 20	4 29	辛酉	6 20	5 1	壬辰	7 21	6 3	癸亥
	2 19	1 28	辛卯	3 21	2 28	辛酉	4 20	3 28	辛卯	5 21	4 30	壬戌	6 21	5 2	癸巳	7 22	6 4	甲子
	2 20	1 29	壬辰	3 22	2 29	壬戌	4 21	3 29	壬辰	5 22	閏4 1	癸亥	6 22	5 3	甲午	7 23	6 5	乙丑
	2 21	1 30	癸巳	3 23	2 30	癸亥	4 22	4 1	癸巳	5 23	閏4 2	甲子	6 23	5 4	乙未	7 24	6 6	丙寅
	2 22	2 1	甲午	3 24	3 1	甲子	4 23	4 2	甲午	5 24	閏4 3	乙丑	6 24	5 5	丙申	7 25	6 7	丁卯
	2 23	2 2	乙未	3 25	3 2	乙丑	4 24	4 3	乙未	5 25	閏4 4	丙寅	6 25	5 6	丁酉	7 26	6 8	戊辰
	2 24	2 3	丙申	3 26	3 3	丙寅	4 25	4 4	丙申	5 26	閏4 5	丁卯	6 26	5 7	戊戌	7 27	6 9	己巳
	2 25	2 4	丁酉	3 27	3 4	丁卯	4 26	4 5	丁酉	5 27	閏4 6	戊辰	6 27	5 8	己亥	7 28	6 10	庚午
	2 26	2 5	戊戌	3 28	3 5	戊辰	4 27	4 6	戊戌	5 28	閏4 7	己巳	6 28	5 9	庚子	7 29	6 11	辛未
	2 27	2 6	己亥	3 29	3 6	己巳	4 28	4 7	己亥	5 29	閏4 8	庚午	6 29	5 10	辛丑	7 30	6 12	壬申
	2 28	2 7	庚子	3 30	3 7	庚午	4 29	4 8	庚子	5 30	閏4 9	辛未	6 30	5 11	壬寅	7 31	6 13	癸酉
	3 1	2 8	辛丑	3 31	3 8	辛未	4 30	4 9	辛丑	5 31	閏4 10	壬申	7 1	5 12	癸卯	8 1	6 14	甲戌
	3 2	2 9	壬寅	4 1	3 9	壬申	5 1	4 10	壬寅	6 1	閏4 11	癸酉	7 2	5 13	甲辰	8 2	6 15	乙亥
	3 3	2 10	癸卯	4 2	3 10	癸酉	5 2	4 11	癸卯	6 2	閏4 12	甲戌	7 3	5 14	乙巳	8 3	6 16	丙子
	3 4	2 11	甲辰	4 3	3 11	甲戌	5 3	4 12	甲辰	6 3	閏4 13	乙亥	7 4	5 15	丙午	8 4	6 17	丁丑
	3 5	2 12	乙巳	4 4	3 12	乙亥	5 4	4 13	乙巳	6 4	閏4 14	丙子	7 5	5 16	丁未	8 5	6 18	戊寅
							5 5	4 14	丙午	6 5	閏4 15	丁丑	7 6	5 17	戊申	8 6	6 19	己卯
																8 7	6 20	庚辰
中氣	雨水			春分			穀雨			小滿			夏至			大暑		
	2/19 8時58分 辰時			3/21 8時6分 辰時			4/20 19時18分 戌時			5/21 18時36分 酉時			6/22 2時37分 丑時			7/23 13時30分 未時		

150　日光節約時間：四月一日至九月三十日

甲寅																													年
壬申				癸酉					甲戌					乙亥					丙子					丁丑					月
立秋				白露					寒露					立冬					大雪					小寒					節氣
5時57分 卯時				9/8 8時45分 辰時					10/9 0時14分 子時					11/8 3時17分 寅時					12/7 20時4分 戌時					1/6 7時17分 辰時					
曆	農曆		干支	國曆		農曆		干支	國曆		農曆		干支	國曆		農曆		干支	國曆		農曆		干支	國曆		農曆		干支	日
8	6	21	辛巳	9	8	7	22	壬子	10	9	8	24	癸未	11	8	9	25	癸丑	12	7	10	24	壬午	1	6	11	24	壬子	中華民國六十三、六十四年 虎 1974、1975
9	6	22	壬午	9	9	7	23	癸丑	10	10	8	25	甲申	11	9	9	26	甲寅	12	8	10	25	癸未	1	7	11	25	癸丑	
10	6	23	癸未	9	10	7	24	甲寅	10	11	8	26	乙酉	11	10	9	27	乙卯	12	9	10	26	甲申	1	8	11	26	甲寅	
11	6	24	甲申	9	11	7	25	乙卯	10	12	8	27	丙戌	11	11	9	28	丙辰	12	10	10	27	乙酉	1	9	11	27	乙卯	
12	6	25	乙酉	9	12	7	26	丙辰	10	13	8	28	丁亥	11	12	9	29	丁巳	12	11	10	28	丙戌	1	10	11	28	丙辰	
13	6	26	丙戌	9	13	7	27	丁巳	10	14	8	29	戊子	11	13	9	30	戊午	12	12	10	29	丁亥	1	11	11	29	丁巳	
14	6	27	丁亥	9	14	7	28	戊午	10	15	9	1	己丑	11	14	10	1	己未	12	13	10	30	戊子	1	12	12	1	戊午	
15	6	28	戊子	9	15	7	29	己未	10	16	9	2	庚寅	11	15	10	2	庚申	12	14	11	1	己丑	1	13	12	2	己未	
16	6	29	己丑	9	16	8	1	庚申	10	17	9	3	辛卯	11	16	10	3	辛酉	12	15	11	2	庚寅	1	14	12	3	庚申	
17	6	30	庚寅	9	17	8	2	辛酉	10	18	9	4	壬辰	11	17	10	4	壬戌	12	16	11	3	辛卯	1	15	12	4	辛酉	
18	7	1	辛卯	9	18	8	3	壬戌	10	19	9	5	癸巳	11	18	10	5	癸亥	12	17	11	4	壬辰	1	16	12	5	壬戌	
19	7	2	壬辰	9	19	8	4	癸亥	10	20	9	6	甲午	11	19	10	6	甲子	12	18	11	5	癸巳	1	17	12	6	癸亥	
20	7	3	癸巳	9	20	8	5	甲子	10	21	9	7	乙未	11	20	10	7	乙丑	12	19	11	6	甲午	1	18	12	7	甲子	
21	7	4	甲午	9	21	8	6	乙丑	10	22	9	8	丙申	11	21	10	8	丙寅	12	20	11	7	乙未	1	19	12	8	乙丑	
22	7	5	乙未	9	22	8	7	丙寅	10	23	9	9	丁酉	11	22	10	9	丁卯	12	21	11	8	丙申	1	20	12	9	丙寅	
23	7	6	丙申	9	23	8	8	丁卯	10	24	9	10	戊戌	11	23	10	10	戊辰	12	22	11	9	丁酉	1	21	12	10	丁卯	
24	7	7	丁酉	9	24	8	9	戊辰	10	25	9	11	己亥	11	24	10	11	己巳	12	23	11	10	戊戌	1	22	12	11	戊辰	
25	7	8	戊戌	9	25	8	10	己巳	10	26	9	12	庚子	11	25	10	12	庚午	12	24	11	11	己亥	1	23	12	12	己巳	
26	7	9	己亥	9	26	8	11	庚午	10	27	9	13	辛丑	11	26	10	13	辛未	12	25	11	12	庚子	1	24	12	13	庚午	
27	7	10	庚子	9	27	8	12	辛未	10	28	9	14	壬寅	11	27	10	14	壬申	12	26	11	13	辛丑	1	25	12	14	辛未	
28	7	11	辛丑	9	28	8	13	壬申	10	29	9	15	癸卯	11	28	10	15	癸酉	12	27	11	14	壬寅	1	26	12	15	壬申	
29	7	12	壬寅	9	29	8	14	癸酉	10	30	9	16	甲辰	11	29	10	16	甲戌	12	28	11	15	癸卯	1	27	12	16	癸酉	
30	7	13	癸卯	9	30	8	15	甲戌	10	31	9	17	乙巳	11	30	10	17	乙亥	12	29	11	16	甲辰	1	28	12	17	甲戌	
31	7	14	甲辰	10	1	8	16	乙亥	11	1	9	18	丙午	12	1	10	18	丙子	12	30	11	17	乙巳	1	29	12	18	乙亥	
1	7	15	乙巳	10	2	8	17	丙子	11	2	9	19	丁未	12	2	10	19	丁丑	12	31	11	18	丙午	1	30	12	19	丙子	
2	7	16	丙午	10	3	8	18	丁丑	11	3	9	20	戊申	12	3	10	20	戊寅	1	1	11	19	丁未	1	31	12	20	丁丑	
3	7	17	丁未	10	4	8	19	戊寅	11	4	9	21	己酉	12	4	10	21	己卯	1	2	11	20	戊申	2	1	12	21	戊寅	
4	7	18	戊申	10	5	8	20	己卯	11	5	9	22	庚戌	12	5	10	22	庚辰	1	3	11	21	己酉	2	2	12	22	己卯	
5	7	19	己酉	10	6	8	21	庚辰	11	6	9	23	辛亥	12	6	10	23	辛巳	1	4	11	22	庚戌	2	3	12	23	庚辰	
6	7	20	庚戌	10	7	8	22	辛巳	11	7	9	24	壬子						1	5	11	23	辛亥						
7	7	21	辛亥	10	8	8	23	壬午																					
處暑				秋分					霜降					小雪					冬至					大寒					中氣
20時28分 戌時				9/23 17時58分 酉時					10/24 3時10分 寅時					11/23 0時38分 子時					12/22 13時55分 未時					1/21 0時36分 子時					

年	乙卯																	
月	戊寅			己卯			庚辰			辛巳			壬午			癸未		
節氣	立春			驚蟄			清明			立夏			芒種			小暑		
節氣時間	2/4 18時59分 酉時			3/6 13時5分 未時			4/5 18時1分 酉時			5/6 11時27分 午時			6/6 15時42分 申時			7/8 1時59分 丑時		
日	國曆	農曆	干支	國曆	農曆	干支	國曆	農曆	干支	國曆	農曆	干支	國曆	農曆	干支	國曆	農曆	干支
	2/4	12/24	辛巳	3/6	1/24	辛亥	4/5	2/24	辛巳	5/6	3/25	壬子	6/6	4/27	癸未	7/8	5/29	乙卯
	2/5	12/25	壬午	3/7	1/25	壬子	4/6	2/25	壬午	5/7	3/26	癸丑	6/7	4/28	甲申	7/9	6/1	丙辰
	2/6	12/26	癸未	3/8	1/26	癸丑	4/7	2/26	癸未	5/8	3/27	甲寅	6/8	4/29	乙酉	7/10	6/2	丁巳
中	2/7	12/27	甲申	3/9	1/27	甲寅	4/8	2/27	甲申	5/9	3/28	乙卯	6/9	4/30	丙戌	7/11	6/3	戊午
華	2/8	12/28	乙酉	3/10	1/28	乙卯	4/9	2/28	乙酉	5/10	3/29	丙辰	6/10	5/1	丁亥	7/12	6/4	己未
民	2/9	12/29	丙戌	3/11	1/29	丙辰	4/10	2/29	丙戌	5/11	4/1	丁巳	6/11	5/2	戊子	7/13	6/5	庚申
國	2/10	12/30	丁亥	3/12	1/30	丁巳	4/11	2/30	丁亥	5/12	4/2	戊午	6/12	5/3	己丑	7/14	6/6	辛酉
六	2/11	1/1	戊子	3/13	2/1	戊午	4/12	3/1	戊子	5/13	4/3	己未	6/13	5/4	庚寅	7/15	6/7	壬戌
十	2/12	1/2	己丑	3/14	2/2	己未	4/13	3/2	己丑	5/14	4/4	庚申	6/14	5/5	辛卯	7/16	6/8	癸亥
四	2/13	1/3	庚寅	3/15	2/3	庚申	4/14	3/3	庚寅	5/15	4/5	辛酉	6/15	5/6	壬辰	7/17	6/9	甲子
年	2/14	1/4	辛卯	3/16	2/4	辛酉	4/15	3/4	辛卯	5/16	4/6	壬戌	6/16	5/7	癸巳	7/18	6/10	乙丑
	2/15	1/5	壬辰	3/17	2/5	壬戌	4/16	3/5	壬辰	5/17	4/7	癸亥	6/17	5/8	甲午	7/19	6/11	丙寅
兔	2/16	1/6	癸巳	3/18	2/6	癸亥	4/17	3/6	癸巳	5/18	4/8	甲子	6/18	5/9	乙未	7/20	6/12	丁卯
	2/17	1/7	甲午	3/19	2/7	甲子	4/18	3/7	甲午	5/19	4/9	乙丑	6/19	5/10	丙申	7/21	6/13	戊辰
	2/18	1/8	乙未	3/20	2/8	乙丑	4/19	3/8	乙未	5/20	4/10	丙寅	6/20	5/11	丁酉	7/22	6/14	己巳
	2/19	1/9	丙申	3/21	2/9	丙寅	4/20	3/9	丙申	5/21	4/11	丁卯	6/21	5/12	戊戌	7/23	6/15	庚午
	2/20	1/10	丁酉	3/22	2/10	丁卯	4/21	3/10	丁酉	5/22	4/12	戊辰	6/22	5/13	己亥	7/24	6/16	辛未
	2/21	1/11	戊戌	3/23	2/11	戊辰	4/22	3/11	戊戌	5/23	4/13	己巳	6/23	5/14	庚子	7/25	6/17	壬申
	2/22	1/12	己亥	3/24	2/12	己巳	4/23	3/12	己亥	5/24	4/14	庚午	6/24	5/15	辛丑	7/26	6/18	癸酉
	2/23	1/13	庚子	3/25	2/13	庚午	4/24	3/13	庚子	5/25	4/15	辛未	6/25	5/16	壬寅	7/27	6/19	甲戌
	2/24	1/14	辛丑	3/26	2/14	辛未	4/25	3/14	辛丑	5/26	4/16	壬申	6/26	5/17	癸卯	7/28	6/20	乙亥
	2/25	1/15	壬寅	3/27	2/15	壬申	4/26	3/15	壬寅	5/27	4/17	癸酉	6/27	5/18	甲辰	7/29	6/21	丙子
	2/26	1/16	癸卯	3/28	2/16	癸酉	4/27	3/16	癸卯	5/28	4/18	甲戌	6/28	5/19	乙巳	7/30	6/22	丁丑
	2/27	1/17	甲辰	3/29	2/17	甲戌	4/28	3/17	甲辰	5/29	4/19	乙亥	6/29	5/20	丙午	7/31	6/23	戊寅
	2/28	1/18	乙巳	3/30	2/18	乙亥	4/29	3/18	乙巳	5/30	4/20	丙子	6/30	5/21	丁未	8/1	6/24	己卯
1	3/1	1/19	丙午	3/31	2/19	丙子	4/30	3/19	丙午	5/31	4/21	丁丑	7/1	5/22	戊申	8/2	6/25	庚辰
9	3/2	1/20	丁未	4/1	2/20	丁丑	5/1	3/20	丁未	6/1	4/22	戊寅	7/2	5/23	己酉	8/3	6/26	辛巳
7	3/3	1/21	戊申	4/2	2/21	戊寅	5/2	3/21	戊申	6/2	4/23	己卯	7/3	5/24	庚戌	8/4	6/27	壬午
5	3/4	1/22	己酉	4/3	2/22	己卯	5/3	3/22	己酉	6/3	4/24	庚辰	7/4	5/25	辛亥	8/5	6/28	癸未
	3/5	1/23	庚戌	4/4	2/23	庚辰	5/4	3/23	庚戌	6/4	4/25	辛巳	7/5	5/26	壬子	8/6	6/29	甲申
							5/5	3/24	辛亥	6/5	4/26	壬午	7/6	5/27	癸丑	8/7	7/1	乙酉
													7/7	5/28	甲寅			
中氣	雨水			春分			穀雨			小滿			夏至			大暑		
	2/19 14時49分 未時			3/21 13時56分 未時			4/21 1時7分 丑時			5/22 0時23分 子時			6/22 8時26分 辰時			7/23 19時21分 戌時		

　日光節約時間：四月一日至九月三十日

乙卯

中華民國六十四、六十五年　兔　1975、1976

節氣（各月）

月	節氣	時刻
甲申	立秋	11時44分 午時
乙酉	白露	9/8 14時33分 未時
丙戌	寒露	10/9 6時2分 卯時
丁亥	立冬	11/8 9時2分 巳時
戊子	大雪	12/8 1時46分 丑時
己丑	小寒	1/6 12時57分 午時

日

甲申 國曆	農曆	干支	乙酉 國曆	農曆	干支	丙戌 國曆	農曆	干支	丁亥 國曆	農曆	干支	戊子 國曆	農曆	干支	己丑 國曆	農曆	干支
8	7 2	丙戌	8	8 3	丁巳	9	9 5	戊子	8	10 6	戊午	8	11 6	戊子	6	12 6	丁巳
9	7 3	丁亥	9	8 4	戊午	10	9 6	己丑	9	10 7	己未	9	11 7	己丑	7	12 7	戊午
10	7 4	戊子	10	8 5	己未	11	9 7	庚寅	10	10 8	庚申	10	11 8	庚寅	8	12 8	己未
11	7 5	己丑	11	8 6	庚申	12	9 8	辛卯	11	10 9	辛酉	11	11 9	辛卯	9	12 9	庚申
12	7 6	庚寅	12	8 7	辛酉	13	9 9	壬辰	12	10 10	壬戌	12	11 10	壬辰	10	12 10	辛酉
13	7 7	辛卯	13	8 8	壬戌	14	9 10	癸巳	13	10 11	癸亥	13	11 11	癸巳	11	12 11	壬戌
14	7 8	壬辰	14	8 9	癸亥	15	9 11	甲午	14	10 12	甲子	14	11 12	甲午	12	12 12	癸亥
15	7 9	癸巳	15	8 10	甲子	16	9 12	乙未	15	10 13	乙丑	15	11 13	乙未	13	12 13	甲子
16	7 10	甲午	16	8 11	乙丑	17	9 13	丙申	16	10 14	丙寅	16	11 14	丙申	14	12 14	乙丑
17	7 11	乙未	17	8 12	丙寅	18	9 14	丁酉	17	10 15	丁卯	17	11 15	丁酉	15	12 15	丙寅
18	7 12	丙申	18	8 13	丁卯	19	9 15	戊戌	18	10 16	戊辰	18	11 16	戊戌	16	12 16	丁卯
19	7 13	丁酉	19	8 14	戊辰	20	9 16	己亥	19	10 17	己巳	19	11 17	己亥	17	12 17	戊辰
20	7 14	戊戌	20	8 15	己巳	21	9 17	庚子	20	10 18	庚午	20	11 18	庚子	18	12 18	己巳
21	7 15	己亥	21	8 16	庚午	22	9 18	辛丑	21	10 19	辛未	21	11 19	辛丑	19	12 19	庚午
22	7 16	庚子	22	8 17	辛未	23	9 19	壬寅	22	10 20	壬申	22	11 20	壬寅	20	12 20	辛未
23	7 17	辛丑	23	8 18	壬申	24	9 20	癸卯	23	10 21	癸酉	23	11 21	癸卯	21	12 21	壬申
24	7 18	壬寅	24	8 19	癸酉	25	9 21	甲辰	24	10 22	甲戌	24	11 22	甲辰	22	12 22	癸酉
25	7 19	癸卯	25	8 20	甲戌	26	9 22	乙巳	25	10 23	乙亥	25	11 23	乙巳	23	12 23	甲戌
26	7 20	甲辰	26	8 21	乙亥	27	9 23	丙午	26	10 24	丙子	26	11 24	丙午	24	12 24	乙亥
27	7 21	乙巳	27	8 22	丙子	28	9 24	丁未	27	10 25	丁丑	27	11 25	丁未	25	12 25	丙子
28	7 22	丙午	28	8 23	丁丑	29	9 25	戊申	28	10 26	戊寅	28	11 26	戊申	26	12 26	丁丑
29	7 23	丁未	29	8 24	戊寅	30	9 26	己酉	29	10 27	己卯	29	11 27	己酉	27	12 27	戊寅
30	7 24	戊申	30	8 25	己卯	31	9 27	庚戌	30	10 28	庚辰	30	11 28	庚戌	28	12 28	己卯
31	7 25	己酉	10/1	8 26	庚辰	11/1	9 28	辛亥	12/1	10 29	辛巳	31	11 29	辛亥	29	12 29	庚辰
1	7 26	庚戌	2	8 27	辛巳	2	9 29	壬子	2	10 30	壬午	1/1	12 1	壬子	30	12 30	辛巳
2	7 27	辛亥	3	8 28	壬午	3	10 1	癸丑	3	11 1	癸未	2	12 2	癸丑	31	1 1	壬午
3	7 28	壬子	4	8 29	癸未	4	10 2	甲寅	4	11 2	甲申	3	12 3	甲寅	2/1	1 2	癸未
4	7 29	癸丑	5	9 1	甲申	5	10 3	乙卯	5	11 3	乙酉	4	12 4	乙卯	2	1 3	甲申
5	7 30	甲寅	6	9 2	乙酉	6	10 4	丙辰	6	11 4	丙戌	5	12 5	丙辰	3	1 4	乙酉
6	8 1	乙卯	7	9 3	丙戌	7	10 5	丁巳	7	11 5	丁亥				4	1 5	丙戌
7	8 2	丙辰	8	9 4	丁亥												

中氣（各月）

中氣	時刻
處暑	4時23分 丑時
秋分	9/23 23時55分 子時
霜降	10/24 9時6分 巳時
小雪	11/23 6時30分 卯時
冬至	12/22 19時45分 戌時
大寒	1/21 6時25分 卯時

年	丙辰																	
月	庚寅			辛卯			壬辰			癸巳			甲午			乙未		
節氣	立春			驚蟄			清明			立夏			芒種			小暑		
	2/5 0時39分 子時			3/5 18時48分 酉時			4/4 23時46分 子時			5/5 17時14分 酉時			6/5 21時31分 亥時			7/7 7時50分 辰時		
日	國曆	農曆	干支	國曆	農曆	干支	國曆	農曆	干支	國曆	農曆	干支	國曆	農曆	干支	國曆	農曆	干支
	2 5	1 6	丁亥	3 5	2 5	丙辰	4 4	3 5	丙戌	5 5	4 7	丁巳	6 5	5 8	戊子	7 7	6 11	庚申
	2 6	1 7	戊子	3 6	2 6	丁巳	4 5	3 6	丁亥	5 6	4 8	戊午	6 6	5 9	己丑	7 8	6 12	辛酉
	2 7	1 8	己丑	3 7	2 7	戊午	4 6	3 7	戊子	5 7	4 9	己未	6 7	5 10	庚寅	7 9	6 13	壬戌
	2 8	1 9	庚寅	3 8	2 8	己未	4 7	3 8	己丑	5 8	4 10	庚申	6 8	5 11	辛卯	7 10	6 14	癸亥
中	2 9	1 10	辛卯	3 9	2 9	庚申	4 8	3 9	庚寅	5 9	4 11	辛酉	6 9	5 12	壬辰	7 11	6 15	甲子
華	2 10	1 11	壬辰	3 10	2 10	辛酉	4 9	3 10	辛卯	5 10	4 12	壬戌	6 10	5 13	癸巳	7 12	6 16	乙丑
民	2 11	1 12	癸巳	3 11	2 11	壬戌	4 10	3 11	壬辰	5 11	4 13	癸亥	6 11	5 14	甲午	7 13	6 17	丙寅
國	2 12	1 13	甲午	3 12	2 12	癸亥	4 11	3 12	癸巳	5 12	4 14	甲子	6 12	5 15	乙未	7 14	6 18	丁卯
六	2 13	1 14	乙未	3 13	2 13	甲子	4 12	3 13	甲午	5 13	4 15	乙丑	6 13	5 16	丙申	7 15	6 19	戊辰
十	2 14	1 15	丙申	3 14	2 14	乙丑	4 13	3 14	乙未	5 14	4 16	丙寅	6 14	5 17	丁酉	7 16	6 20	己巳
五	2 15	1 16	丁酉	3 15	2 15	丙寅	4 14	3 15	丙申	5 15	4 17	丁卯	6 15	5 18	戊戌	7 17	6 21	庚午
年	2 16	1 17	戊戌	3 16	2 16	丁卯	4 15	3 16	丁酉	5 16	4 18	戊辰	6 16	5 19	己亥	7 18	6 22	辛未
	2 17	1 18	己亥	3 17	2 17	戊辰	4 16	3 17	戊戌	5 17	4 19	己巳	6 17	5 20	庚子	7 19	6 23	壬申
龍	2 18	1 19	庚子	3 18	2 18	己巳	4 17	3 18	己亥	5 18	4 20	庚午	6 18	5 21	辛丑	7 20	6 24	癸酉
	2 19	1 20	辛丑	3 19	2 19	庚午	4 18	3 19	庚子	5 19	4 21	辛未	6 19	5 22	壬寅	7 21	6 25	甲戌
	2 20	1 21	壬寅	3 20	2 20	辛未	4 19	3 20	辛丑	5 20	4 22	壬申	6 20	5 23	癸卯	7 22	6 26	乙亥
	2 21	1 22	癸卯	3 21	2 21	壬申	4 20	3 21	壬寅	5 21	4 23	癸酉	6 21	5 24	甲辰	7 23	6 27	丙子
	2 22	1 23	甲辰	3 22	2 22	癸酉	4 21	3 22	癸卯	5 22	4 24	甲戌	6 22	5 25	乙巳	7 24	6 28	丁丑
	2 23	1 24	乙巳	3 23	2 23	甲戌	4 22	3 23	甲辰	5 23	4 25	乙亥	6 23	5 26	丙午	7 25	6 29	戊寅
	2 24	1 25	丙午	3 24	2 24	乙亥	4 23	3 24	乙巳	5 24	4 26	丙子	6 24	5 27	丁未	7 26	6 30	己卯
	2 25	1 26	丁未	3 25	2 25	丙子	4 24	3 25	丙午	5 25	4 27	丁丑	6 25	5 28	戊申	7 27	7 1	庚辰
	2 26	1 27	戊申	3 26	2 26	丁丑	4 25	3 26	丁未	5 26	4 28	戊寅	6 26	5 29	己酉	7 28	7 2	辛巳
1	2 27	1 28	己酉	3 27	2 27	戊寅	4 26	3 27	戊申	5 27	4 29	己卯	6 27	6 1	庚戌	7 29	7 3	壬午
9	2 28	1 29	庚戌	3 28	2 28	己卯	4 27	3 28	己酉	5 28	4 30	庚辰	6 28	6 2	辛亥	7 30	7 4	癸未
7	2 29	1 30	辛亥	3 29	2 29	庚辰	4 28	3 29	庚戌	5 29	5 1	辛巳	6 29	6 3	壬子	7 31	7 5	甲申
6	3 1	2 1	壬子	3 30	2 30	辛巳	4 29	4 1	辛亥	5 30	5 2	壬午	6 30	6 4	癸丑	8 1	7 6	乙酉
	3 2	2 2	癸丑	3 31	3 1	壬午	4 30	4 2	壬子	5 31	5 3	癸未	7 1	6 5	甲寅	8 2	7 7	丙戌
	3 3	2 3	甲寅	4 1	3 2	癸未	5 1	4 3	癸丑	6 1	5 4	甲申	7 2	6 6	乙卯	8 3	7 8	丁亥
	3 4	2 4	乙卯	4 2	3 3	甲申	5 2	4 4	甲寅	6 2	5 5	乙酉	7 3	6 7	丙辰	8 4	7 9	戊子
				4 3	3 4	乙酉	5 3	4 5	乙卯	6 3	5 6	丙戌	7 4	6 8	丁巳	8 5	7 10	己丑
							5 4	4 6	丙辰	6 4	5 7	丁亥	7 5	6 9	戊午	8 6	7 11	庚寅
													7 6	6 10	己未			
中氣	雨水			春分			穀雨			小滿			夏至			大暑		
	2/19 20時39分 戌時			3/20 19時49分 戌時			4/20 7時2分 辰時			5/21 6時21分 卯時			6/21 14時24分 未時			7/23 1時18分 丑時		

		丙辰				年

月：丙申　丁酉　戊戌　己亥　庚子　辛丑

月	丙申	丁酉	戊戌	己亥	庚子	辛丑
節氣	立秋	白露	寒露	立冬	大雪	小寒
	時38分 酉時	9/7 20時28分 戌時	10/8 11時58分 午時	11/7 14時58分 未時	12/7 7時40分 辰時	1/5 18時51分 酉時

右欄：中華民國六十五、六十六年　龍　1976、1977

日（農曆／國曆／干支）

丙申 國曆	丙申 農曆	丙申 干支	丁酉 國曆	丁酉 農曆	丁酉 干支	戊戌 國曆	戊戌 農曆	戊戌 干支	己亥 國曆	己亥 農曆	己亥 干支	庚子 國曆	庚子 農曆	庚子 干支	辛丑 國曆	辛丑 農曆	辛丑 干支
	7/12	辛卯	9/7	8/14	壬戌	10/8	閏8/15	癸巳	11/7	9/16	癸亥	12/7	10/17	癸巳	1/5	11/16	壬戌
	7/13	壬辰	9/8	8/15	癸亥	10/9	閏8/16	甲午	11/8	9/17	甲子	12/8	10/18	甲午	1/6	11/17	癸亥
	7/14	癸巳	9/9	8/16	甲子	10/10	閏8/17	乙未	11/9	9/18	乙丑	12/9	10/19	乙未	1/7	11/18	甲子
	7/15	甲午	9/10	8/17	乙丑	10/11	閏8/18	丙申	11/10	9/19	丙寅	12/10	10/20	丙申	1/8	11/19	乙丑
	7/16	乙未	9/11	8/18	丙寅	10/12	閏8/19	丁酉	11/11	9/20	丁卯	12/11	10/21	丁酉	1/9	11/20	丙寅
	7/17	丙申	9/12	8/19	丁卯	10/13	閏8/20	戊戌	11/12	9/21	戊辰	12/12	10/22	戊戌	1/10	11/21	丁卯
	7/18	丁酉	9/13	8/20	戊辰	10/14	閏8/21	己亥	11/13	9/22	己巳	12/13	10/23	己亥	1/11	11/22	戊辰
	7/19	戊戌	9/14	8/21	己巳	10/15	閏8/22	庚子	11/14	9/23	庚午	12/14	10/24	庚子	1/12	11/23	己巳
	7/20	己亥	9/15	8/22	庚午	10/16	閏8/23	辛丑	11/15	9/24	辛未	12/15	10/25	辛丑	1/13	11/24	庚午
	7/21	庚子	9/16	8/23	辛未	10/17	閏8/24	壬寅	11/16	9/25	壬申	12/16	10/26	壬寅	1/14	11/25	辛未
	7/22	辛丑	9/17	8/24	壬申	10/18	閏8/25	癸卯	11/17	9/26	癸酉	12/17	10/27	癸卯	1/15	11/26	壬申
	7/23	壬寅	9/18	8/25	癸酉	10/19	閏8/26	甲辰	11/18	9/27	甲戌	12/18	10/28	甲辰	1/16	11/27	癸酉
	7/24	癸卯	9/19	8/26	甲戌	10/20	閏8/27	乙巳	11/19	9/28	乙亥	12/19	10/29	乙巳	1/17	11/28	甲戌
	7/25	甲辰	9/20	8/27	乙亥	10/21	閏8/28	丙午	11/20	9/29	丙子	12/20	10/30	丙午	1/18	11/29	乙亥
	7/26	乙巳	9/21	8/28	丙子	10/22	閏8/29	丁未	11/21	10/1	丁丑	12/21	11/1	丁未	1/19	12/1	丙子
	7/27	丙午	9/22	8/29	丁丑	10/23	9/1	戊申	11/22	10/2	戊寅	12/22	11/2	戊申	1/20	12/2	丁丑
	7/28	丁未	9/23	8/30	戊寅	10/24	9/2	己酉	11/23	10/3	己卯	12/23	11/3	己酉	1/21	12/3	戊寅
	7/29	戊申	9/24	閏8/1	己卯	10/25	9/3	庚戌	11/24	10/4	庚辰	12/24	11/4	庚戌	1/22	12/4	己卯
	8/1	己酉	9/25	閏8/2	庚辰	10/26	9/4	辛亥	11/25	10/5	辛巳	12/25	11/5	辛亥	1/23	12/5	庚辰
	8/2	庚戌	9/26	閏8/3	辛巳	10/27	9/5	壬子	11/26	10/6	壬午	12/26	11/6	壬子	1/24	12/6	辛巳
	8/3	辛亥	9/27	閏8/4	壬午	10/28	9/6	癸丑	11/27	10/7	癸未	12/27	11/7	癸丑	1/25	12/7	壬午
	8/4	壬子	9/28	閏8/5	癸未	10/29	9/7	甲寅	11/28	10/8	甲申	12/28	11/8	甲寅	1/26	12/8	癸未
	8/5	癸丑	9/29	閏8/6	甲申	10/30	9/8	乙卯	11/29	10/9	乙酉	12/29	11/9	乙卯	1/27	12/9	甲申
	8/6	甲寅	9/30	閏8/7	乙酉	10/31	9/9	丙辰	11/30	10/10	丙戌	12/30	11/10	丙辰	1/28	12/10	乙酉
	8/7	乙卯	10/1	閏8/8	丙戌	11/1	9/10	丁巳	12/1	10/11	丁亥	12/31	11/11	丁巳	1/29	12/11	丙戌
	8/8	丙辰	10/2	閏8/9	丁亥	11/2	9/11	戊午	12/2	10/12	戊子	1/1	11/12	戊午	1/30	12/12	丁亥
	8/9	丁巳	10/3	閏8/10	戊子	11/3	9/12	己未	12/3	10/13	己丑	1/2	11/13	己未	1/31	12/13	戊子
	8/10	戊午	10/4	閏8/11	己丑	11/4	9/13	庚申	12/4	10/14	庚寅	1/3	11/14	庚申	2/1	12/14	己丑
	8/11	己未	10/5	閏8/12	庚寅	11/5	9/14	辛酉	12/5	10/15	辛卯	1/4	11/15	辛酉	2/2	12/15	庚寅
	8/12	庚申	10/6	閏8/13	辛卯	11/6	9/15	壬戌	12/6	10/16	壬辰				2/3	12/16	辛卯
	8/13	辛酉	10/7	閏8/14	壬辰												

中氣	處暑	秋分	霜降	小雪	冬至	大寒
	8時18分 辰時	9/23 5時48分 卯時	10/23 14時58分 未時	11/22 12時21分 午時	12/22 1時35分 丑時	1/20 12時14分 午時

年	丁巳					
月	壬寅	癸卯	甲辰	乙巳	丙午	丁未
節氣	立春	驚蟄	清明	立夏	芒種	小暑
	2/4 6時33分 卯時	3/6 0時44分 子時	4/5 5時45分 卯時	5/5 23時16分 子時	6/6 3時32分 寅時	7/7 13時47分

中華民國六十六年 蛇　1977

壬寅 國曆	農曆	干支	癸卯 國曆	農曆	干支	甲辰 國曆	農曆	干支	乙巳 國曆	農曆	干支	丙午 國曆	農曆	干支	丁未 國曆	農曆	干支
2 4	12 17	壬辰	3 6	1 17	壬戌	4 5	2 17	壬辰	5 5	3 18	壬戌	6 6	4 20	甲午	7 7	5 21	
2 5	12 18	癸巳	3 7	1 18	癸亥	4 6	2 18	癸巳	5 6	3 19	癸亥	6 7	4 21	乙未	7 8	5 22	
2 6	12 19	甲午	3 8	1 19	甲子	4 7	2 19	甲午	5 7	3 20	甲子	6 8	4 22	丙申	7 9	5 23	
2 7	12 20	乙未	3 9	1 20	乙丑	4 8	2 20	乙未	5 8	3 21	乙丑	6 9	4 23	丁酉	7 10	5 24	
2 8	12 21	丙申	3 10	1 21	丙寅	4 9	2 21	丙申	5 9	3 22	丙寅	6 10	4 24	戊戌	7 11	5 25	
2 9	12 22	丁酉	3 11	1 22	丁卯	4 10	2 22	丁酉	5 10	3 23	丁卯	6 11	4 25	己亥	7 12	5 26	
2 10	12 23	戊戌	3 12	1 23	戊辰	4 11	2 23	戊戌	5 11	3 24	戊辰	6 12	4 26	庚子	7 13	5 27	
2 11	12 24	己亥	3 13	1 24	己巳	4 12	2 24	己亥	5 12	3 25	己巳	6 13	4 27	辛丑	7 14	5 28	
2 12	12 25	庚子	3 14	1 25	庚午	4 13	2 25	庚子	5 13	3 26	庚午	6 14	4 28	壬寅	7 15	5 29	
2 13	12 26	辛丑	3 15	1 26	辛未	4 14	2 26	辛丑	5 14	3 27	辛未	6 15	4 29	癸卯	7 16	6 1	
2 14	12 27	壬寅	3 16	1 27	壬申	4 15	2 27	壬寅	5 15	3 28	壬申	6 16	4 30	甲辰	7 17	6 2	
2 15	12 28	癸卯	3 17	1 28	癸酉	4 16	2 28	癸卯	5 16	3 29	癸酉	6 17	5 1	乙巳	7 18	6 3	
2 16	12 29	甲辰	3 18	1 29	甲戌	4 17	2 29	甲辰	5 17	3 30	甲戌	6 18	5 2	丙午	7 19	6 4	
2 17	12 30	乙巳	3 19	1 30	乙亥	4 18	3 1	乙巳	5 18	4 1	乙亥	6 19	5 3	丁未	7 20	6 5	
2 18	1 1	丙午	3 20	2 1	丙子	4 19	3 2	丙午	5 19	4 2	丙子	6 20	5 4	戊申	7 21	6 6	
2 19	1 2	丁未	3 21	2 2	丁丑	4 20	3 3	丁未	5 20	4 3	丁丑	6 21	5 5	己酉	7 22	6 7	
2 20	1 3	戊申	3 22	2 3	戊寅	4 21	3 4	戊申	5 21	4 4	戊寅	6 22	5 6	庚戌	7 23	6 8	
2 21	1 4	己酉	3 23	2 4	己卯	4 22	3 5	己酉	5 22	4 5	己卯	6 23	5 7	辛亥	7 24	6 9	
2 22	1 5	庚戌	3 24	2 5	庚辰	4 23	3 6	庚戌	5 23	4 6	庚辰	6 24	5 8	壬子	7 25	6 10	
2 23	1 6	辛亥	3 25	2 6	辛巳	4 24	3 7	辛亥	5 24	4 7	辛巳	6 25	5 9	癸丑	7 26	6 11	
2 24	1 7	壬子	3 26	2 7	壬午	4 25	3 8	壬子	5 25	4 8	壬午	6 26	5 10	甲寅	7 27	6 12	
2 25	1 8	癸丑	3 27	2 8	癸未	4 26	3 9	癸丑	5 26	4 9	癸未	6 27	5 11	乙卯	7 28	6 13	
2 26	1 9	甲寅	3 28	2 9	甲申	4 27	3 10	甲寅	5 27	4 10	甲申	6 28	5 12	丙辰	7 29	6 14	
2 27	1 10	乙卯	3 29	2 10	乙酉	4 28	3 11	乙卯	5 28	4 11	乙酉	6 29	5 13	丁巳	7 30	6 15	
2 28	1 11	丙辰	3 30	2 11	丙戌	4 29	3 12	丙辰	5 29	4 12	丙戌	6 30	5 14	戊午	7 31	6 16	
3 1	1 12	丁巳	3 31	2 12	丁亥	4 30	3 13	丁巳	5 30	4 13	丁亥	7 1	5 15	己未	8 1	6 17	
3 2	1 13	戊午	4 1	2 13	戊子	5 1	3 14	戊午	5 31	4 14	戊子	7 2	5 16	庚申	8 2	6 18	
3 3	1 14	己未	4 2	2 14	己丑	5 2	3 15	己未	6 1	4 15	己丑	7 3	5 17	辛酉	8 3	6 19	
3 4	1 15	庚申	4 3	2 15	庚寅	5 3	3 16	庚申	6 2	4 16	庚寅	7 4	5 18	壬戌	8 4	6 20	
3 5	1 16	辛酉	4 4	2 16	辛卯	5 4	3 17	辛酉	6 3	4 17	辛卯	7 5	5 19	癸亥	8 5	6 21	
									6 4	4 18	壬辰	7 6	5 20	甲子	8 6	6 22	
									6 5	4 19	癸巳						

中氣	雨水	春分	穀雨	小滿	夏至	大暑
	2/19 2時30分 丑時	3/21 1時42分 丑時	4/20 12時57分 午時	5/21 12時14分 午時	6/21 20時13分 戌時	7/23 7時3分

丁巳　年

	戊申	己酉	庚戌	辛亥	壬子	癸丑	月
節氣	立秋	白露	寒露	立冬	大雪	小寒	節氣
	時30分 子時	9/8 2時15分 丑時	10/8 17時43分 酉時	11/7 20時45分 戌時	12/7 13時30分 未時	1/6 0時43分 子時	

農曆	干支	國曆	農曆	干支	國曆	農曆	干支	國曆	農曆	干支	國曆	農曆	干支	國曆	農曆	干支	日
6 23	丙申	9 8	7 25	戊辰	10 8	8 26	戊戌	11 7	9 26	戊辰	12 7	10 27	戊戌	1 6	11 27	戊辰	
6 24	丁酉	9 9	7 26	己巳	10 9	8 27	己亥	11 8	9 27	己巳	12 8	10 28	己亥	1 7	11 28	己巳	
6 25	戊戌	9 10	7 27	庚午	10 10	8 28	庚子	11 9	9 28	庚午	12 9	10 29	庚子	1 8	11 29	庚午	
6 26	己亥	9 11	7 28	辛未	10 11	8 29	辛丑	11 10	9 29	辛未	12 10	10 30	辛丑	1 9	12 1	辛未	
6 27	庚子	9 12	7 29	壬申	10 12	8 30	壬寅	11 11	10 1	壬申	12 11	11 1	壬寅	1 10	12 2	壬申	中華民國六十六、六十七年 蛇
6 28	辛丑	9 13	8 1	癸酉	10 13	9 1	癸卯	11 12	10 2	癸酉	12 12	11 2	癸卯	1 11	12 3	癸酉	
6 29	壬寅	9 14	8 2	甲戌	10 14	9 2	甲辰	11 13	10 3	甲戌	12 13	11 3	甲辰	1 12	12 4	甲戌	
6 30	癸卯	9 15	8 3	乙亥	10 15	9 3	乙巳	11 14	10 4	乙亥	12 14	11 4	乙巳	1 13	12 5	乙亥	
7 1	甲辰	9 16	8 4	丙子	10 16	9 4	丙午	11 15	10 5	丙子	12 15	11 5	丙午	1 14	12 6	丙子	
7 2	乙巳	9 17	8 5	丁丑	10 17	9 5	丁未	11 16	10 6	丁丑	12 16	11 6	丁未	1 15	12 7	丁丑	
7 3	丙午	9 18	8 6	戊寅	10 18	9 6	戊申	11 17	10 7	戊寅	12 17	11 7	戊申	1 16	12 8	戊寅	
7 4	丁未	9 19	8 7	己卯	10 19	9 7	己酉	11 18	10 8	己卯	12 18	11 8	己酉	1 17	12 9	己卯	
7 5	戊申	9 20	8 8	庚辰	10 20	9 8	庚戌	11 19	10 9	庚辰	12 19	11 9	庚戌	1 18	12 10	庚辰	
7 6	己酉	9 21	8 9	辛巳	10 21	9 9	辛亥	11 20	10 10	辛巳	12 20	11 10	辛亥	1 19	12 11	辛巳	
7 7	庚戌	9 22	8 10	壬午	10 22	9 10	壬子	11 21	10 11	壬午	12 21	11 11	壬子	1 20	12 12	壬午	
7 8	辛亥	9 23	8 11	癸未	10 23	9 11	癸丑	11 22	10 12	癸未	12 22	11 12	癸丑	1 21	12 13	癸未	
7 9	壬子	9 24	8 12	甲申	10 24	9 12	甲寅	11 23	10 13	甲申	12 23	11 13	甲寅	1 22	12 14	甲申	
7 10	癸丑	9 25	8 13	乙酉	10 25	9 13	乙卯	11 24	10 14	乙酉	12 24	11 14	乙卯	1 23	12 15	乙酉	
7 11	甲寅	9 26	8 14	丙戌	10 26	9 14	丙辰	11 25	10 15	丙戌	12 25	11 15	丙辰	1 24	12 16	丙戌	
7 12	乙卯	9 27	8 15	丁亥	10 27	9 15	丁巳	11 26	10 16	丁亥	12 26	11 16	丁巳	1 25	12 17	丁亥	
7 13	丙辰	9 28	8 16	戊子	10 28	9 16	戊午	11 27	10 17	戊子	12 27	11 17	戊午	1 26	12 18	戊子	
7 14	丁巳	9 29	8 17	己丑	10 29	9 17	己未	11 28	10 18	己丑	12 28	11 18	己未	1 27	12 19	己丑	
7 15	戊午	9 30	8 18	庚寅	10 30	9 18	庚申	11 29	10 19	庚寅	12 29	11 19	庚申	1 28	12 20	庚寅	
7 16	己未	10 1	8 19	辛卯	10 31	9 19	辛酉	11 30	10 20	辛卯	12 30	11 20	辛酉	1 29	12 21	辛卯	
7 17	庚申	10 2	8 20	壬辰	11 1	9 20	壬戌	12 1	10 21	壬辰	12 31	11 21	壬戌	1 30	12 22	壬辰	1977、1978
7 18	辛酉	10 3	8 21	癸巳	11 2	9 21	癸亥	12 2	10 22	癸巳	1 1	11 22	癸亥	1 31	12 23	癸巳	
7 19	壬戌	10 4	8 22	甲午	11 3	9 22	甲子	12 3	10 23	甲午	1 2	11 23	甲子	2 1	12 24	甲午	
7 20	癸亥	10 5	8 23	乙未	11 4	9 23	乙丑	12 4	10 24	乙未	1 3	11 24	乙丑	2 2	12 25	乙未	
7 21	甲子	10 6	8 24	丙申	11 5	9 24	丙寅	12 5	10 25	丙申	1 4	11 25	丙寅	2 3	12 26	丙申	
7 22	乙丑	10 7	8 25	丁酉	11 6	9 25	丁卯	12 6	10 26	丁酉	1 5	11 26	丁卯				
7 23	丙寅																
7 24	丁卯																

中氣	處暑	秋分	霜降	小雪	冬至	大寒	中氣
	14時0分 未時	9/23 11時29分 午時	10/23 20時40分 戌時	11/22 18時7分 酉時	12/22 7時23分 辰時	1/20 18時4分 酉時	

年	戊午																												
月	甲寅					乙卯					丙辰					丁巳					戊午					己未			
節氣	立春					驚蛰					清明					立夏					芒種					小暑			
	2/4 12時27分 午時					3/6 6時38分 卯時					4/5 11時39分 午時					5/6 5時8分 卯時					6/6 9時23分 巳時					7/7 19時36分			
日	國曆		農曆		干支	國曆		農曆		干支	國曆		農曆		干支	國曆		農曆		干支	國曆		農曆		干支	國曆		農曆	
	2	4	12	27	丁酉	3	6	1	28	丁卯	4	5	2	28	丁酉	5	6	3	30	戊辰	6	6	5	1	己亥	7	7	6	3
	2	5	12	28	戊戌	3	7	1	29	戊辰	4	6	2	29	戊戌	5	7	4	1	己巳	6	7	5	2	庚子	7	8	6	4
	2	6	12	29	己亥	3	8	1	30	己巳	4	7	3	1	己亥	5	8	4	2	庚午	6	8	5	3	辛丑	7	9	6	5
	2	7	1	1	庚子	3	9	2	1	庚午	4	8	3	2	庚子	5	9	4	3	辛未	6	9	5	4	壬寅	7	10	6	6
中華民國六十七年	2	8	1	2	辛丑	3	10	2	2	辛未	4	9	3	3	辛丑	5	10	4	4	壬申	6	10	5	5	癸卯	7	11	6	7
	2	9	1	3	壬寅	3	11	2	3	壬申	4	10	3	4	壬寅	5	11	4	5	癸酉	6	11	5	6	甲辰	7	12	6	8
	2	10	1	4	癸卯	3	12	2	4	癸酉	4	11	3	5	癸卯	5	12	4	6	甲戌	6	12	5	7	乙巳	7	13	6	9
	2	11	1	5	甲辰	3	13	2	5	甲戌	4	12	3	6	甲辰	5	13	4	7	乙亥	6	13	5	8	丙午	7	14	6	10
	2	12	1	6	乙巳	3	14	2	6	乙亥	4	13	3	7	乙巳	5	14	4	8	丙子	6	14	5	9	丁未	7	15	6	11
	2	13	1	7	丙午	3	15	2	7	丙子	4	14	3	8	丙午	5	15	4	9	丁丑	6	15	5	10	戊申	7	16	6	12
	2	14	1	8	丁未	3	16	2	8	丁丑	4	15	3	9	丁未	5	16	4	10	戊寅	6	16	5	11	己酉	7	17	6	13
馬	2	15	1	9	戊申	3	17	2	9	戊寅	4	16	3	10	戊申	5	17	4	11	己卯	6	17	5	12	庚戌	7	18	6	14
	2	16	1	10	己酉	3	18	2	10	己卯	4	17	3	11	己酉	5	18	4	12	庚辰	6	18	5	13	辛亥	7	19	6	15
	2	17	1	11	庚戌	3	19	2	11	庚辰	4	18	3	12	庚戌	5	19	4	13	辛巳	6	19	5	14	壬子	7	20	6	16
	2	18	1	12	辛亥	3	20	2	12	辛巳	4	19	3	13	辛亥	5	20	4	14	壬午	6	20	5	15	癸丑	7	21	6	17
	2	19	1	13	壬子	3	21	2	13	壬午	4	20	3	14	壬子	5	21	4	15	癸未	6	21	5	16	甲寅	7	22	6	18
	2	20	1	14	癸丑	3	22	2	14	癸未	4	21	3	15	癸丑	5	22	4	16	甲申	6	22	5	17	乙卯	7	23	6	19
	2	21	1	15	甲寅	3	23	2	15	甲申	4	22	3	16	甲寅	5	23	4	17	乙酉	6	23	5	18	丙辰	7	24	6	20
	2	22	1	16	乙卯	3	24	2	16	乙酉	4	23	3	17	乙卯	5	24	4	18	丙戌	6	24	5	19	丁巳	7	25	6	21
	2	23	1	17	丙辰	3	25	2	17	丙戌	4	24	3	18	丙辰	5	25	4	19	丁亥	6	25	5	20	戊午	7	26	6	22
	2	24	1	18	丁巳	3	26	2	18	丁亥	4	25	3	19	丁巳	5	26	4	20	戊子	6	26	5	21	己未	7	27	6	23
	2	25	1	19	戊午	3	27	2	19	戊子	4	26	3	20	戊午	5	27	4	21	己丑	6	27	5	22	庚申	7	28	6	24
1978	2	26	1	20	己未	3	28	2	20	己丑	4	27	3	21	己未	5	28	4	22	庚寅	6	28	5	23	辛酉	7	29	6	25
	2	27	1	21	庚申	3	29	2	21	庚寅	4	28	3	22	庚申	5	29	4	23	辛卯	6	29	5	24	壬戌	7	30	6	26
	2	28	1	22	辛酉	3	30	2	22	辛卯	4	29	3	23	辛酉	5	30	4	24	壬辰	6	30	5	25	癸亥	7	31	6	27
	3	1	1	23	壬戌	3	31	2	23	壬辰	4	30	3	24	壬戌	5	31	4	25	癸巳	7	1	5	26	甲子	8	1	6	28
	3	2	1	24	癸亥	4	1	2	24	癸巳	5	1	3	25	癸亥	6	1	4	26	甲午	7	2	5	27	乙丑	8	2	6	29
	3	3	1	25	甲子	4	2	2	25	甲午	5	2	3	26	甲子	6	2	4	27	乙未	7	3	5	28	丙寅	8	3	6	30
	3	4	1	26	乙丑	4	3	2	26	乙未	5	3	3	27	乙丑	6	3	4	28	丙申	7	4	5	29	丁卯	8	4	7	1
	3	5	1	27	丙寅	4	4	2	27	丙申	5	4	3	28	丙寅	6	4	4	29	丁酉	7	5	6	1	戊辰	8	5	7	2
											5	5	3	29	丁卯	6	5	4	30	戊戌	7	6	6	2	己巳	8	6	7	3
																										8	7	7	4
中氣	雨水					春分					穀雨					小滿					夏至					大暑			
	2/19 8時20分 辰時					3/21 7時33分 辰時					4/20 18時49分 酉時					5/21 18時8分 酉時					6/22 2時9分 丑時					7/23 13時0分			

戊午																												年
庚申			辛酉					壬戌					癸亥					甲子					乙丑					月
立秋			白露					寒露					立冬					大雪					小寒					節
時17分 卯時			9/8 8時2分 辰時					10/8 23時30分 子時					11/8 2時34分 丑時					12/7 19時20分 戌時					1/6 6時31分 卯時					氣
農曆		干支	國曆		農曆		干支	國曆		農曆		干支	國曆		農曆		干支	國曆		農曆		干支	國曆		農曆		干支	日
7	5	壬寅	9	8	8	6	癸酉	10	8	9	7	癸卯	11	8	10	8	甲戌	12	7	11	8	癸卯	1	6	12	8	癸酉	
7	6	癸卯	9	9	8	7	甲戌	10	9	9	8	甲辰	11	9	10	9	乙亥	12	8	11	9	甲辰	1	7	12	9	甲戌	
7	7	甲辰	9	10	8	8	乙亥	10	10	9	9	乙巳	11	10	10	10	丙子	12	9	11	10	乙巳	1	8	12	10	乙亥	
7	8	乙巳	9	11	8	9	丙子	10	11	9	10	丙午	11	11	10	11	丁丑	12	10	11	11	丙午	1	9	12	11	丙子	
7	9	丙午	9	12	8	10	丁丑	10	12	9	11	丁未	11	12	10	12	戊寅	12	11	11	12	丁未	1	10	12	12	丁丑	
7	10	丁未	9	13	8	11	戊寅	10	13	9	12	戊申	11	13	10	13	己卯	12	12	11	13	戊申	1	11	12	13	戊寅	
7	11	戊申	9	14	8	12	己卯	10	14	9	13	己酉	11	14	10	14	庚辰	12	13	11	14	己酉	1	12	12	14	己卯	
7	12	己酉	9	15	8	13	庚辰	10	15	9	14	庚戌	11	15	10	15	辛巳	12	14	11	15	庚戌	1	13	12	15	庚辰	
7	13	庚戌	9	16	8	14	辛巳	10	16	9	15	辛亥	11	16	10	16	壬午	12	15	11	16	辛亥	1	14	12	16	辛巳	
7	14	辛亥	9	17	8	15	壬午	10	17	9	16	壬子	11	17	10	17	癸未	12	16	11	17	壬子	1	15	12	17	壬午	
7	15	壬子	9	18	8	16	癸未	10	18	9	17	癸丑	11	18	10	18	甲申	12	17	11	18	癸丑	1	16	12	18	癸未	
7	16	癸丑	9	19	8	17	甲申	10	19	9	18	甲寅	11	19	10	19	乙酉	12	18	11	19	甲寅	1	17	12	19	甲申	
7	17	甲寅	9	20	8	18	乙酉	10	20	9	19	乙卯	11	20	10	20	丙戌	12	19	11	20	乙卯	1	18	12	20	乙酉	
7	18	乙卯	9	21	8	19	丙戌	10	21	9	20	丙辰	11	21	10	21	丁亥	12	20	11	21	丙辰	1	19	12	21	丙戌	
7	19	丙辰	9	22	8	20	丁亥	10	22	9	21	丁巳	11	22	10	22	戊子	12	21	11	22	丁巳	1	20	12	22	丁亥	
7	20	丁巳	9	23	8	21	戊子	10	23	9	22	戊午	11	23	10	23	己丑	12	22	11	23	戊午	1	21	12	23	戊子	
7	21	戊午	9	24	8	22	己丑	10	24	9	23	己未	11	24	10	24	庚寅	12	23	11	24	己未	1	22	12	24	己丑	
7	22	己未	9	25	8	23	庚寅	10	25	9	24	庚申	11	25	10	25	辛卯	12	24	11	25	庚申	1	23	12	25	庚寅	
7	23	庚申	9	26	8	24	辛卯	10	26	9	25	辛酉	11	26	10	26	壬辰	12	25	11	26	辛酉	1	24	12	26	辛卯	
7	24	辛酉	9	27	8	25	壬辰	10	27	9	26	壬戌	11	27	10	27	癸巳	12	26	11	27	壬戌	1	25	12	27	壬辰	
7	25	壬戌	9	28	8	26	癸巳	10	28	9	27	癸亥	11	28	10	28	甲午	12	27	11	28	癸亥	1	26	12	28	癸巳	
7	26	癸亥	9	29	8	27	甲午	10	29	9	28	甲子	11	29	10	29	乙未	12	28	11	29	甲子	1	27	12	29	甲午	
7	27	甲子	9	30	8	28	乙未	10	30	9	29	乙丑	11	30	11	1	丙申	12	29	11	30	乙丑	1	28	1	1	乙未	
7	28	乙丑	10	1	8	29	丙申	10	31	9	30	丙寅	12	1	11	2	丁酉	12	30	12	1	丙寅	1	29	1	2	丙申	
7	29	丙寅	10	2	9	1	丁酉	11	1	10	1	丁卯	12	2	11	3	戊戌	12	31	12	2	丁卯	1	30	1	3	丁酉	
7	30	丁卯	10	3	9	2	戊戌	11	2	10	2	戊辰	12	3	11	4	己亥	1	1	12	3	戊辰	1	31	1	4	戊戌	
8	1	戊辰	10	4	9	3	己亥	11	3	10	3	己巳	12	4	11	5	庚子	1	2	12	4	己巳	2	1	1	5	己亥	
8	2	己巳	10	5	9	4	庚子	11	4	10	4	庚午	12	5	11	6	辛丑	1	3	12	5	庚午	2	2	1	6	庚子	
8	3	庚午	10	6	9	5	辛丑	11	5	10	5	辛未	12	6	11	7	壬寅	1	4	12	6	辛未	2	3	1	7	辛丑	
8	4	辛未	10	7	9	6	壬寅	11	6	10	6	壬申						1	5	12	7	壬申						
8	5	壬申						11	7	10	7	癸酉																
處暑			秋分					霜降					小雪					冬至					大寒					中
19時56分 戌時			9/23 17時25分 酉時					10/24 2時37分 丑時					11/23 0時4分 子時					12/22 13時20分 未時					1/20 23時59分 子時					氣

中華民國六十七、六十八年 馬

1978、1979

年：己未

左側直書：中華民國六十八年　羊　1979

月	丙寅	丁卯	戊辰	己巳	庚午	辛未
節氣	立春 2/4 18時12分 酉時	驚蟄 3/6 12時19分 午時	清明 4/5 17時17分 酉時	立夏 5/6 10時47分 巳時	芒種 6/6 15時05分 申時	小暑 7/8 1時24分

丙寅 國曆	丙寅 農曆	丙寅 干支	丁卯 國曆	丁卯 農曆	丁卯 干支	戊辰 國曆	戊辰 農曆	戊辰 干支	己巳 國曆	己巳 農曆	己巳 干支	庚午 國曆	庚午 農曆	庚午 干支	辛未 國曆	辛未 農曆	辛未 干支
2/4	1/8	壬申	3/6	2/8	壬寅	4/5	3/9	壬申	5/6	4/11	癸卯	6/6	5/12	甲戌	7/8	6/15	丙午
2/5	1/9	癸酉	3/7	2/9	癸卯	4/6	3/10	癸酉	5/7	4/12	甲辰	6/7	5/13	乙亥	7/9	6/16	丁未
2/6	1/10	甲戌	3/8	2/10	甲辰	4/7	3/11	甲戌	5/8	4/13	乙巳	6/8	5/14	丙子	7/10	6/17	戊申
2/7	1/11	乙亥	3/9	2/11	乙巳	4/8	3/12	乙亥	5/9	4/14	丙午	6/9	5/15	丁丑	7/11	6/18	己酉
2/8	1/12	丙子	3/10	2/12	丙午	4/9	3/13	丙子	5/10	4/15	丁未	6/10	5/16	戊寅	7/12	6/19	庚戌
2/9	1/13	丁丑	3/11	2/13	丁未	4/10	3/14	丁丑	5/11	4/16	戊申	6/11	5/17	己卯	7/13	6/20	辛亥
2/10	1/14	戊寅	3/12	2/14	戊申	4/11	3/15	戊寅	5/12	4/17	己酉	6/12	5/18	庚辰	7/14	6/21	壬子
2/11	1/15	己卯	3/13	2/15	己酉	4/12	3/16	己卯	5/13	4/18	庚戌	6/13	5/19	辛巳	7/15	6/22	癸丑
2/12	1/16	庚辰	3/14	2/16	庚戌	4/13	3/17	庚辰	5/14	4/19	辛亥	6/14	5/20	壬午	7/16	6/23	甲寅
2/13	1/17	辛巳	3/15	2/17	辛亥	4/14	3/18	辛巳	5/15	4/20	壬子	6/15	5/21	癸未	7/17	6/24	乙卯
2/14	1/18	壬午	3/16	2/18	壬子	4/15	3/19	壬午	5/16	4/21	癸丑	6/16	5/22	甲申	7/18	6/25	丙辰
2/15	1/19	癸未	3/17	2/19	癸丑	4/16	3/20	癸未	5/17	4/22	甲寅	6/17	5/23	乙酉	7/19	6/26	丁巳
2/16	1/20	甲申	3/18	2/20	甲寅	4/17	3/21	甲申	5/18	4/23	乙卯	6/18	5/24	丙戌	7/20	6/27	戊午
2/17	1/21	乙酉	3/19	2/21	乙卯	4/18	3/22	乙酉	5/19	4/24	丙辰	6/19	5/25	丁亥	7/21	6/28	己未
2/18	1/22	丙戌	3/20	2/22	丙辰	4/19	3/23	丙戌	5/20	4/25	丁巳	6/20	5/26	戊子	7/22	6/29	庚申
2/19	1/23	丁亥	3/21	2/23	丁巳	4/20	3/24	丁亥	5/21	4/26	戊午	6/21	5/27	己丑	7/23	6/30	辛酉
2/20	1/24	戊子	3/22	2/24	戊午	4/21	3/25	戊子	5/22	4/27	己未	6/22	5/28	庚寅	7/24	閏6/1	壬戌
2/21	1/25	己丑	3/23	2/25	己未	4/22	3/26	己丑	5/23	4/28	庚申	6/23	5/29	辛卯	7/25	閏6/2	癸亥
2/22	1/26	庚寅	3/24	2/26	庚申	4/23	3/27	庚寅	5/24	4/29	辛酉	6/24	6/1	壬辰	7/26	閏6/3	甲子
2/23	1/27	辛卯	3/25	2/27	辛酉	4/24	3/28	辛卯	5/25	4/30	壬戌	6/25	6/2	癸巳	7/27	閏6/4	乙丑
2/24	1/28	壬辰	3/26	2/28	壬戌	4/25	3/29	壬辰	5/26	5/1	癸亥	6/26	6/3	甲午	7/28	閏6/5	丙寅
2/25	1/29	癸巳	3/27	2/29	癸亥	4/26	4/1	癸巳	5/27	5/2	甲子	6/27	6/4	乙未	7/29	閏6/6	丁卯
2/26	1/30	甲午	3/28	3/1	甲子	4/27	4/2	甲午	5/28	5/3	乙丑	6/28	6/5	丙申	7/30	閏6/7	戊辰
2/27	2/1	乙未	3/29	3/2	乙丑	4/28	4/3	乙未	5/29	5/4	丙寅	6/29	6/6	丁酉	7/31	閏6/8	己巳
2/28	2/2	丙申	3/30	3/3	丙寅	4/29	4/4	丙申	5/30	5/5	丁卯	6/30	6/7	戊戌	8/1	閏6/9	庚午
3/1	2/3	丁酉	3/31	3/4	丁卯	4/30	4/5	丁酉	5/31	5/6	戊辰	7/1	6/8	己亥	8/2	閏6/10	辛未
3/2	2/4	戊戌	4/1	3/5	戊辰	5/1	4/6	戊戌	6/1	5/7	己巳	7/2	6/9	庚子	8/3	閏6/11	壬申
3/3	2/5	己亥	4/2	3/6	己巳	5/2	4/7	己亥	6/2	5/8	庚午	7/3	6/10	辛丑	8/4	閏6/12	癸酉
3/4	2/6	庚子	4/3	3/7	庚午	5/3	4/8	庚子	6/3	5/9	辛未	7/4	6/11	壬寅	8/5	閏6/13	甲戌
3/5	2/7	辛丑	4/4	3/8	辛未	5/4	4/9	辛丑	6/4	5/10	壬申	7/5	6/12	癸卯	8/6	閏6/14	乙亥
						5/5	4/10	壬寅	6/5	5/11	癸酉	7/6	6/13	甲辰	8/7	閏6/15	丙子
												7/7	6/14	乙巳			

中氣	雨水	春分	穀雨	小滿	夏至	大暑
	2/19 14時13分 未時	3/21 13時21分 未時	4/21 0時35分 子時	5/21 23時53分 子時	6/22 7時56分 辰時	7/23 18時48分

己未						年

壬申	癸酉	甲戌	乙亥	丙子	丁丑	月
立秋	白露	寒露	立冬	大雪	小寒	節氣
時10分 午時	9/8 13時59分 未時	10/9 5時30分 卯時	11/8 8時32分 辰時	12/8 1時17分 丑時	1/6 12時28分 午時	日

農曆	干支	國曆	農曆	干支	國曆	農曆	干支	國曆	農曆	干支	國曆	農曆	干支	國曆	農曆	干支	日
6 16	丁未	9 8	7 17	戊寅	10 8	8 18	戊申	11 8	9 19	己卯	12 8	10 19	己酉	1 6	11 19	戊寅	
6 17	戊申	9 9	7 18	己卯	10 9	8 19	己酉	11 9	9 20	庚辰	12 9	10 20	庚戌	1 7	11 20	己卯	
6 18	己酉	9 10	7 19	庚辰	10 10	8 20	庚戌	11 10	9 21	辛巳	12 10	10 21	辛亥	1 8	11 21	庚辰	
6 19	庚戌	9 11	7 20	辛巳	10 11	8 21	辛亥	11 11	9 22	壬午	12 11	10 22	壬子	1 9	11 22	辛巳	中
6 20	辛亥	9 12	7 21	壬午	10 12	8 22	壬子	11 12	9 23	癸未	12 12	10 23	癸丑	1 10	11 23	壬午	華
6 21	壬子	9 13	7 22	癸未	10 13	8 23	癸丑	11 13	9 24	甲申	12 13	10 24	甲寅	1 11	11 24	癸未	民
6 22	癸丑	9 14	7 23	甲申	10 14	8 24	甲寅	11 14	9 25	乙酉	12 14	10 25	乙卯	1 12	11 25	甲申	國
6 23	甲寅	9 15	7 24	乙酉	10 15	8 25	乙卯	11 15	9 26	丙戌	12 15	10 26	丙辰	1 13	11 26	乙酉	六
6 24	乙卯	9 16	7 25	丙戌	10 16	8 26	丙辰	11 16	9 27	丁亥	12 16	10 27	丁巳	1 14	11 27	丙戌	十
6 25	丙辰	9 17	7 26	丁亥	10 17	8 27	丁巳	11 17	9 28	戊子	12 17	10 28	戊午	1 15	11 28	丁亥	八
6 26	丁巳	9 18	7 27	戊子	10 18	8 28	戊午	11 18	9 29	己丑	12 18	10 29	己未	1 16	11 29	戊子	、
6 27	戊午	9 19	7 28	己丑	10 19	8 29	己未	11 19	9 30	庚寅	12 19	11 1	庚申	1 17	11 30	己丑	六
6 28	己未	9 20	7 29	庚寅	10 20	8 30	庚申	11 20	10 1	辛卯	12 20	11 2	辛酉	1 18	12 1	庚寅	十
6 29	庚申	9 21	8 1	辛卯	10 21	9 1	辛酉	11 21	10 2	壬辰	12 21	11 3	壬戌	1 19	12 2	辛卯	九
6 30	辛酉	9 22	8 2	壬辰	10 22	9 2	壬戌	11 22	10 3	癸巳	12 22	11 4	癸亥	1 20	12 3	壬辰	年
7 1	壬戌	9 23	8 3	癸巳	10 23	9 3	癸亥	11 23	10 4	甲午	12 23	11 5	甲子	1 21	12 4	癸巳	羊
7 2	癸亥	9 24	8 4	甲午	10 24	9 4	甲子	11 24	10 5	乙未	12 24	11 6	乙丑	1 22	12 5	甲午	
7 3	甲子	9 25	8 5	乙未	10 25	9 5	乙丑	11 25	10 6	丙申	12 25	11 7	丙寅	1 23	12 6	乙未	
7 4	乙丑	9 26	8 6	丙申	10 26	9 6	丙寅	11 26	10 7	丁酉	12 26	11 8	丁卯	1 24	12 7	丙申	
7 5	丙寅	9 27	8 7	丁酉	10 27	9 7	丁卯	11 27	10 8	戊戌	12 27	11 9	戊辰	1 25	12 8	丁酉	
7 6	丁卯	9 28	8 8	戊戌	10 28	9 8	戊辰	11 28	10 9	己亥	12 28	11 10	己巳	1 26	12 9	戊戌	
7 7	戊辰	9 29	8 9	己亥	10 29	9 9	己巳	11 29	10 10	庚子	12 29	11 11	庚午	1 27	12 10	己亥	
7 8	己巳	9 30	8 10	庚子	10 30	9 10	庚午	11 30	10 11	辛丑	12 30	11 12	辛未	1 28	12 11	庚子	
7 9	庚午	10 1	8 11	辛丑	10 31	9 11	辛未	12 1	10 12	壬寅	12 31	11 13	壬申	1 29	12 12	辛丑	
7 10	辛未	10 2	8 12	壬寅	11 1	9 12	壬申	12 2	10 13	癸卯	1 1	11 14	癸酉	1 30	12 13	壬寅	1
7 11	壬申	10 3	8 13	癸卯	11 2	9 13	癸酉	12 3	10 14	甲辰	1 2	11 15	甲戌	1 31	12 14	癸卯	9
7 12	癸酉	10 4	8 14	甲辰	11 3	9 14	甲戌	12 4	10 15	乙巳	1 3	11 16	乙亥	2 1	12 15	甲辰	7
7 13	甲戌	10 5	8 15	乙巳	11 4	9 15	乙亥	12 5	10 16	丙午	1 4	11 17	丙子	2 2	12 16	乙巳	9
7 14	乙亥	10 6	8 16	丙午	11 5	9 16	丙子	12 6	10 17	丁未	1 5	11 18	丁丑	2 3	12 17	丙午	、
7 15	丙子	10 7	8 17	丁未	11 6	9 17	丁丑	12 7	10 18	戊申				2 4	12 18	丁未	1 9 8 0
7 16	丁丑				11 7	9 18	戊寅										

處暑	秋分	霜降	小雪	冬至	大寒	中氣
時46分 丑時	9/23 23時16分 子時	10/24 8時27分 辰時	11/23 5時54分 卯時	12/22 19時9分 戌時	1/21 5時48分 卯時	

年：庚申

月	戊寅	己卯	庚辰	辛巳	壬午	癸未
節氣	立春	驚蟄	清明	立夏	芒種	小暑
	2/5 0時0分 子時	3/5 18時16分 酉時	4/4 23時14分 子時	5/5 16時44分 申時	6/5 21時3分 亥時	7/7 7時23分

中華民國六十九年　猴　1980

戊寅 國曆	農曆	干支	己卯 國曆	農曆	干支	庚辰 國曆	農曆	干支	辛巳 國曆	農曆	干支	壬午 國曆	農曆	干支	癸未 國曆	農曆
2/5	12/19	戊申	3/5	1/19	丁丑	4/4	2/19	丁未	5/5	3/21	戊寅	6/5	4/23	己酉	7/7	5/25
2/6	12/20	己酉	3/6	1/20	戊寅	4/5	2/20	戊申	5/6	3/22	己卯	6/6	4/24	庚戌	7/8	5/26
2/7	12/21	庚戌	3/7	1/21	己卯	4/6	2/21	己酉	5/7	3/23	庚辰	6/7	4/25	辛亥	7/9	5/27
2/8	12/22	辛亥	3/8	1/22	庚辰	4/7	2/22	庚戌	5/8	3/24	辛巳	6/8	4/26	壬子	7/10	5/28
2/9	12/23	壬子	3/9	1/23	辛巳	4/8	2/23	辛亥	5/9	3/25	壬午	6/9	4/27	癸丑	7/11	5/29
2/10	12/24	癸丑	3/10	1/24	壬午	4/9	2/24	壬子	5/10	3/26	癸未	6/10	4/28	甲寅	7/12	6/1
2/11	12/25	甲寅	3/11	1/25	癸未	4/10	2/25	癸丑	5/11	3/27	甲申	6/11	4/29	乙卯	7/13	6/2
2/12	12/26	乙卯	3/12	1/26	甲申	4/11	2/26	甲寅	5/12	3/28	乙酉	6/12	4/30	丙辰	7/14	6/3
2/13	12/27	丙辰	3/13	1/27	乙酉	4/12	2/27	乙卯	5/13	3/29	丙戌	6/13	5/1	丁巳	7/15	6/4
2/14	12/28	丁巳	3/14	1/28	丙戌	4/13	2/28	丙辰	5/14	4/1	丁亥	6/14	5/2	戊午	7/16	6/5
2/15	12/29	戊午	3/15	1/29	丁亥	4/14	2/29	丁巳	5/15	4/2	戊子	6/15	5/3	己未	7/17	6/6
2/16	1/1	己未	3/16	1/30	戊子	4/15	3/1	戊午	5/16	4/3	己丑	6/16	5/4	庚申	7/18	6/7
2/17	1/2	庚申	3/17	2/1	己丑	4/16	3/2	己未	5/17	4/4	庚寅	6/17	5/5	辛酉	7/19	6/8
2/18	1/3	辛酉	3/18	2/2	庚寅	4/17	3/3	庚申	5/18	4/5	辛卯	6/18	5/6	壬戌	7/20	6/9
2/19	1/4	壬戌	3/19	2/3	辛卯	4/18	3/4	辛酉	5/19	4/6	壬辰	6/19	5/7	癸亥	7/21	6/10
2/20	1/5	癸亥	3/20	2/4	壬辰	4/19	3/5	壬戌	5/20	4/7	癸巳	6/20	5/8	甲子	7/22	6/11
2/21	1/6	甲子	3/21	2/5	癸巳	4/20	3/6	癸亥	5/21	4/8	甲午	6/21	5/9	乙丑	7/23	6/12
2/22	1/7	乙丑	3/22	2/6	甲午	4/21	3/7	甲子	5/22	4/9	乙未	6/22	5/10	丙寅	7/24	6/13
2/23	1/8	丙寅	3/23	2/7	乙未	4/22	3/8	乙丑	5/23	4/10	丙申	6/23	5/11	丁卯	7/25	6/14
2/24	1/9	丁卯	3/24	2/8	丙申	4/23	3/9	丙寅	5/24	4/11	丁酉	6/24	5/12	戊辰	7/26	6/15
2/25	1/10	戊辰	3/25	2/9	丁酉	4/24	3/10	丁卯	5/25	4/12	戊戌	6/25	5/13	己巳	7/27	6/16
2/26	1/11	己巳	3/26	2/10	戊戌	4/25	3/11	戊辰	5/26	4/13	己亥	6/26	5/14	庚午	7/28	6/17
2/27	1/12	庚午	3/27	2/11	己亥	4/26	3/12	己巳	5/27	4/14	庚子	6/27	5/15	辛未	7/29	6/18
2/28	1/13	辛未	3/28	2/12	庚子	4/27	3/13	庚午	5/28	4/15	辛丑	6/28	5/16	壬申	7/30	6/19
2/29	1/14	壬申	3/29	2/13	辛丑	4/28	3/14	辛未	5/29	4/16	壬寅	6/29	5/17	癸酉	7/31	6/20
3/1	1/15	癸酉	3/30	2/14	壬寅	4/29	3/15	壬申	5/30	4/17	癸卯	6/30	5/18	甲戌	8/1	6/21
3/2	1/16	甲戌	3/31	2/15	癸卯	4/30	3/16	癸酉	5/31	4/18	甲辰	7/1	5/19	乙亥	8/2	6/22
3/3	1/17	乙亥	4/1	2/16	甲辰	5/1	3/17	甲戌	6/1	4/19	乙巳	7/2	5/20	丙子	8/3	6/23
3/4	1/18	丙子	4/2	2/17	乙巳	5/2	3/18	乙亥	6/2	4/20	丙午	7/3	5/21	丁丑	8/4	6/24
			4/3	2/18	丙午	5/3	3/19	丙子	6/3	4/21	丁未	7/4	5/22	戊寅	8/5	6/25
						5/4	3/20	丁丑	6/4	4/22	戊申	7/5	5/23	己卯	8/6	6/26
												7/6	5/24	庚辰		

中氣	雨水	春分	穀雨	小滿	夏至	大暑
	2/19 20時1分 戌時	3/20 19時9分 戌時	4/20 6時22分 卯時	5/21 5時42分 卯時	6/21 13時47分 未時	7/23 0時42分

萬年曆 — 庚申年（中華民國六十九、七十年　猴　1980、1981）

年	庚申

月	甲申	乙酉	丙戌	丁亥	戊子	己丑
節氣	立秋	白露	寒露	立冬	大雪	小寒
	17時8分 酉時	9/7 19時53分 戌時	10/8 11時19分 午時	11/7 14時18分 未時	12/7 7時1分 辰時	1/5 18時12分 酉時

日

國曆	農曆	干支	國曆	農曆	干支	國曆	農曆	干支	國曆	農曆	干支	國曆	農曆	干支	國曆	農曆	干支
7	6 27	壬子	9 7	7 28	癸未	10 8	8 30	甲寅	11 7	9 30	甲申	12 7	11 1	甲寅	1 5	11 30	癸未
8	6 28	癸丑	8	7 29	甲申	9	9 1	乙卯	8	10 1	乙酉	8	11 2	乙卯	6	12 1	甲申
9	6 29	甲寅	9	8 1	乙酉	10	9 2	丙辰	9	10 2	丙戌	9	11 3	丙辰	7	12 2	乙酉
10	6 30	乙卯	10	8 2	丙戌	11	9 3	丁巳	10	10 3	丁亥	10	11 4	丁巳	8	12 3	丙戌
11	7 1	丙辰	11	8 3	丁亥	12	9 4	戊午	11	10 4	戊子	11	11 5	戊午	9	12 4	丁亥
12	7 2	丁巳	12	8 4	戊子	13	9 5	己未	12	10 5	己丑	12	11 6	己未	10	12 5	戊子
13	7 3	戊午	13	8 5	己丑	14	9 6	庚申	13	10 6	庚寅	13	11 7	庚申	11	12 6	己丑
14	7 4	己未	14	8 6	庚寅	15	9 7	辛酉	14	10 7	辛卯	14	11 8	辛酉	12	12 7	庚寅
15	7 5	庚申	15	8 7	辛卯	16	9 8	壬戌	15	10 8	壬辰	15	11 9	壬戌	13	12 8	辛卯
16	7 6	辛酉	16	8 8	壬辰	17	9 9	癸亥	16	10 9	癸巳	16	11 10	癸亥	14	12 9	壬辰
17	7 7	壬戌	17	8 9	癸巳	18	9 10	甲子	17	10 10	甲午	17	11 11	甲子	15	12 10	癸巳
18	7 8	癸亥	18	8 10	甲午	19	9 11	乙丑	18	10 11	乙未	18	11 12	乙丑	16	12 11	甲午
19	7 9	甲子	19	8 11	乙未	20	9 12	丙寅	19	10 12	丙申	19	11 13	丙寅	17	12 12	乙未
20	7 10	乙丑	20	8 12	丙申	21	9 13	丁卯	20	10 13	丁酉	20	11 14	丁卯	18	12 13	丙申
21	7 11	丙寅	21	8 13	丁酉	22	9 14	戊辰	21	10 14	戊戌	21	11 15	戊辰	19	12 14	丁酉
22	7 12	丁卯	22	8 14	戊戌	23	9 15	己巳	22	10 15	己亥	22	11 16	己巳	20	12 15	戊戌
23	7 13	戊辰	23	8 15	己亥	24	9 16	庚午	23	10 16	庚子	23	11 17	庚午	21	12 16	己亥
24	7 14	己巳	24	8 16	庚子	25	9 17	辛未	24	10 17	辛丑	24	11 18	辛未	22	12 17	庚子
25	7 15	庚午	25	8 17	辛丑	26	9 18	壬申	25	10 18	壬寅	25	11 19	壬申	23	12 18	辛丑
26	7 16	辛未	26	8 18	壬寅	27	9 19	癸酉	26	10 19	癸卯	26	11 20	癸酉	24	12 19	壬寅
27	7 17	壬申	27	8 19	癸卯	28	9 20	甲戌	27	10 20	甲辰	27	11 21	甲戌	25	12 20	癸卯
28	7 18	癸酉	28	8 20	甲辰	29	9 21	乙亥	28	10 21	乙巳	28	11 22	乙亥	26	12 21	甲辰
29	7 19	甲戌	29	8 21	乙巳	30	9 22	丙子	29	10 22	丙午	29	11 23	丙子	27	12 22	乙巳
30	7 20	乙亥	30	8 22	丙午	31	9 23	丁丑	30	10 23	丁未	30	11 24	丁丑	28	12 23	丙午
31	7 21	丙子	10 1	8 23	丁未	11 1	9 24	戊寅	12 1	10 24	戊申	31	11 25	戊寅	29	12 24	丁未
1	7 22	丁丑	2	8 24	戊申	2	9 25	己卯	2	10 25	己酉	1 1	11 26	己卯	30	12 25	戊申
2	7 23	戊寅	3	8 25	己酉	3	9 26	庚辰	3	10 26	庚戌	2	11 27	庚辰	31	12 26	己酉
3	7 24	己卯	4	8 26	庚戌	4	9 27	辛巳	4	10 27	辛亥	3	11 28	辛巳	2 1	12 27	庚戌
4	7 25	庚辰	5	8 27	辛亥	5	9 28	壬午	5	10 28	壬子	4	11 29	壬午	2	12 28	辛亥
5	7 26	辛巳	6	8 28	壬子	6	9 29	癸未	6	10 29	癸丑				3	12 29	壬子
6	7 27	壬午	7	8 29	癸丑												

中氣	處暑	秋分	霜降	小雪	冬至	大寒
	7時40分 辰時	9/23 5時8分 卯時	10/23 14時17分 未時	11/22 11時41分 午時	12/22 0時56分 子時	1/20 11時35分 午時

163

万年曆 — 辛酉年（中華民國七十年　雞　1981）

年	辛酉																	
月	庚寅			辛卯			壬辰			癸巳			甲午			乙未		
節氣	立春			驚蟄			清明			立夏			芒種			小暑		
	2/4 5時55分 卯時			3/6 0時5分 子時			4/5 5時5分 卯時			5/5 22時34分 亥時			6/6 2時52分 丑時			7/7 13時11分 未時		
日	國曆	農曆	干支	國曆	農曆	干支	國曆	農曆	干支	國曆	農曆	干支	國曆	農曆	干支	國曆	農曆	干支
	2/4	12/30	癸丑	3/6	2/1	癸未	4/5	3/1	癸丑	5/5	4/2	癸未	6/6	5/5	乙卯	7/7	6/7	丙戌
	2/5	1/1	甲寅	3/7	2/2	甲申	4/6	3/2	甲寅	5/6	4/3	甲申	6/7	5/6	丙辰	7/8	6/8	丁亥
	2/6	1/2	乙卯	3/8	2/3	乙酉	4/7	3/3	乙卯	5/7	4/4	乙酉	6/8	5/7	丁巳	7/9	6/9	戊子
	2/7	1/3	丙辰	3/9	2/4	丙戌	4/8	3/4	丙辰	5/8	4/5	丙戌	6/9	5/8	戊午	7/10	6/10	己丑
	2/8	1/4	丁巳	3/10	2/5	丁亥	4/9	3/5	丁巳	5/9	4/6	丁亥	6/10	5/9	己未	7/11	6/11	庚寅
	2/9	1/5	戊午	3/11	2/6	戊子	4/10	3/6	戊午	5/10	4/7	戊子	6/11	5/10	庚申	7/12	6/12	辛卯
	2/10	1/6	己未	3/12	2/7	己丑	4/11	3/7	己未	5/11	4/8	己丑	6/12	5/11	辛酉	7/13	6/13	壬辰
	2/11	1/7	庚申	3/13	2/8	庚寅	4/12	3/8	庚申	5/12	4/9	庚寅	6/13	5/12	壬戌	7/14	6/14	癸巳
	2/12	1/8	辛酉	3/14	2/9	辛卯	4/13	3/9	辛酉	5/13	4/10	辛卯	6/14	5/13	癸亥	7/15	6/15	甲午
	2/13	1/9	壬戌	3/15	2/10	壬辰	4/14	3/10	壬戌	5/14	4/11	壬辰	6/15	5/14	甲子	7/16	6/16	乙未
	2/14	1/10	癸亥	3/16	2/11	癸巳	4/15	3/11	癸亥	5/15	4/12	癸巳	6/16	5/15	乙丑	7/17	6/17	丙申
	2/15	1/11	甲子	3/17	2/12	甲午	4/16	3/12	甲子	5/16	4/13	甲午	6/17	5/16	丙寅	7/18	6/18	丁酉
	2/16	1/12	乙丑	3/18	2/13	乙未	4/17	3/13	乙丑	5/17	4/14	乙未	6/18	5/17	丁卯	7/19	6/19	戊戌
	2/17	1/13	丙寅	3/19	2/14	丙申	4/18	3/14	丙寅	5/18	4/15	丙申	6/19	5/18	戊辰	7/20	6/20	己亥
	2/18	1/14	丁卯	3/20	2/15	丁酉	4/19	3/15	丁卯	5/19	4/16	丁酉	6/20	5/19	己巳	7/21	6/21	庚子
	2/19	1/15	戊辰	3/21	2/16	戊戌	4/20	3/16	戊辰	5/20	4/17	戊戌	6/21	5/20	庚午	7/22	6/22	辛丑
	2/20	1/16	己巳	3/22	2/17	己亥	4/21	3/17	己巳	5/21	4/18	己亥	6/22	5/21	辛未	7/23	6/23	壬寅
	2/21	1/17	庚午	3/23	2/18	庚子	4/22	3/18	庚午	5/22	4/19	庚子	6/23	5/22	壬申	7/24	6/24	癸卯
	2/22	1/18	辛未	3/24	2/19	辛丑	4/23	3/19	辛未	5/23	4/20	辛丑	6/24	5/23	癸酉	7/25	6/25	甲辰
	2/23	1/19	壬申	3/25	2/20	壬寅	4/24	3/20	壬申	5/24	4/21	壬寅	6/25	5/24	甲戌	7/26	6/26	乙巳
	2/24	1/20	癸酉	3/26	2/21	癸卯	4/25	3/21	癸酉	5/25	4/22	癸卯	6/26	5/25	乙亥	7/27	6/27	丙午
	2/25	1/21	甲戌	3/27	2/22	甲辰	4/26	3/22	甲戌	5/26	4/23	甲辰	6/27	5/26	丙子	7/28	6/28	丁未
	2/26	1/22	乙亥	3/28	2/23	乙巳	4/27	3/23	乙亥	5/27	4/24	乙巳	6/28	5/27	丁丑	7/29	6/29	戊申
	2/27	1/23	丙子	3/29	2/24	丙午	4/28	3/24	丙子	5/28	4/25	丙午	6/29	5/28	戊寅	7/30	6/30	己酉
	2/28	1/24	丁丑	3/30	2/25	丁未	4/29	3/25	丁丑	5/29	4/26	丁未	6/30	5/29	己卯	7/31	7/1	庚戌
	3/1	1/25	戊寅	3/31	2/26	戊申	4/30	3/26	戊寅	5/30	4/27	戊申	7/1	6/1	庚辰	8/1	7/2	辛亥
	3/2	1/26	己卯	4/1	2/27	己酉	5/1	3/27	己卯	5/31	4/28	己酉	7/2	6/2	辛巳	8/2	7/3	壬子
	3/3	1/27	庚辰	4/2	2/28	庚戌	5/2	3/28	庚辰	6/1	4/29	庚戌	7/3	6/3	壬午	8/3	7/4	癸丑
	3/4	1/28	辛巳	4/3	2/29	辛亥	5/3	3/29	辛巳	6/2	5/1	辛亥	7/4	6/4	癸未	8/4	7/5	甲寅
	3/5	1/29	壬午	4/4	2/30	壬子	5/4	4/1	壬午	6/3	5/2	壬子	7/5	6/5	甲申	8/5	7/6	乙卯
										6/4	5/3	癸丑	7/6	6/6	乙酉	8/6	7/7	丙辰
										6/5	5/4	甲寅						
中氣	雨水			春分			穀雨			小滿			夏至			大暑		
	2/19 1時51分 丑時			3/21 1時2分 丑時			4/20 12時18分 午時			5/21 11時39分 午時			6/21 19時44分 戌時			7/23 6時39分 卯時		

164

年份：**辛酉**

月	丙申	丁酉	戊戌	己亥	庚子	辛丑
節氣	立秋	白露	寒露	立冬	大雪	小寒
節氣時刻	22時57分 亥時	9/8 1時43分 丑時	10/8 17時9分 酉時	11/7 20時8分 戌時	12/7 12時51分 午時	1/6 0時2分 子時

日（年別）：中華民國七十、七十一年　雞　1981、1982

丙申 國曆	丙申 農曆	丙申 干支	丁酉 國曆	丁酉 農曆	丁酉 干支	戊戌 國曆	戊戌 農曆	戊戌 干支	己亥 國曆	己亥 農曆	己亥 干支	庚子 國曆	庚子 農曆	庚子 干支	辛丑 國曆	辛丑 農曆	辛丑 干支
7	7/8	丁巳	8	8/11	己丑	8	9/11	己未	7	10/11	己丑	7	11/12	己未	6	12/12	己丑
8	7/9	戊午	9	8/12	庚寅	9	9/12	庚申	8	10/12	庚寅	8	11/13	庚申	7	12/13	庚寅
9	7/10	己未	10	8/13	辛卯	10	9/13	辛酉	9	10/13	辛卯	9	11/14	辛酉	8	12/14	辛卯
10	7/11	庚申	11	8/14	壬辰	11	9/14	壬戌	10	10/14	壬辰	10	11/15	壬戌	9	12/15	壬辰
11	7/12	辛酉	12	8/15	癸巳	12	9/15	癸亥	11	10/15	癸巳	11	11/16	癸亥	10	12/16	癸巳
12	7/13	壬戌	13	8/16	甲午	13	9/16	甲子	12	10/16	甲午	12	11/17	甲子	11	12/17	甲午
13	7/14	癸亥	14	8/17	乙未	14	9/17	乙丑	13	10/17	乙未	13	11/18	乙丑	12	12/18	乙未
14	7/15	甲子	15	8/18	丙申	15	9/18	丙寅	14	10/18	丙申	14	11/19	丙寅	13	12/19	丙申
15	7/16	乙丑	16	8/19	丁酉	16	9/19	丁卯	15	10/19	丁酉	15	11/20	丁卯	14	12/20	丁酉
16	7/17	丙寅	17	8/20	戊戌	17	9/20	戊辰	16	10/20	戊戌	16	11/21	戊辰	15	12/21	戊戌
17	7/18	丁卯	18	8/21	己亥	18	9/21	己巳	17	10/21	己亥	17	11/22	己巳	16	12/22	己亥
18	7/19	戊辰	19	8/22	庚子	19	9/22	庚午	18	10/22	庚子	18	11/23	庚午	17	12/23	庚子
19	7/20	己巳	20	8/23	辛丑	20	9/23	辛未	19	10/23	辛丑	19	11/24	辛未	18	12/24	辛丑
20	7/21	庚午	21	8/24	壬寅	21	9/24	壬申	20	10/24	壬寅	20	11/25	壬申	19	12/25	壬寅
21	7/22	辛未	22	8/25	癸卯	22	9/25	癸酉	21	10/25	癸卯	21	11/26	癸酉	20	12/26	癸卯
22	7/23	壬申	23	8/26	甲辰	23	9/26	甲戌	22	10/26	甲辰	22	11/27	甲戌	21	12/27	甲辰
23	7/24	癸酉	24	8/27	乙巳	24	9/27	乙亥	23	10/27	乙巳	23	11/28	乙亥	22	12/28	乙巳
24	7/25	甲戌	25	8/28	丙午	25	9/28	丙子	24	10/28	丙午	24	11/29	丙子	23	12/29	丙午
25	7/26	乙亥	26	8/29	丁未	26	9/29	丁丑	25	10/29	丁未	25	11/30	丁丑	24	12/30	丁未
26	7/27	丙子	27	8/30	戊申	27	9/30	戊寅	26	11/1	戊申	26	12/1	戊寅	25	1/1	戊申
27	7/28	丁丑	28	9/1	己酉	28	10/1	己卯	27	11/2	己酉	27	12/2	己卯	26	1/2	己酉
28	7/29	戊寅	29	9/2	庚戌	29	10/2	庚辰	28	11/3	庚戌	28	12/3	庚辰	27	1/3	庚戌
29	8/1	己卯	30	9/3	辛亥	30	10/3	辛巳	29	11/4	辛亥	29	12/4	辛巳	28	1/4	辛亥
30	8/2	庚辰	1	9/4	壬子	31	10/4	壬午	30	11/5	壬子	30	12/5	壬午	29	1/5	壬子
31	8/3	辛巳	2	9/5	癸丑	1	10/5	癸未	1	11/6	癸丑	31	12/6	癸未	30	1/6	癸丑
1	8/4	壬午	3	9/6	甲寅	2	10/6	甲申	2	11/7	甲寅	1	12/7	甲申	31	1/7	甲寅
2	8/5	癸未	4	9/7	乙卯	3	10/7	乙酉	3	11/8	乙卯	2	12/8	乙酉	1	1/8	乙卯
3	8/6	甲申	5	9/8	丙辰	4	10/8	丙戌	4	11/9	丙辰	3	12/9	丙戌	2	1/9	丙辰
4	8/7	乙酉	6	9/9	丁巳	5	10/9	丁亥	5	11/10	丁巳	4	12/10	丁亥	3	1/10	丁巳
5	8/8	丙戌	7	9/10	戊午	6	10/10	戊子	6	11/11	戊午	5	12/11	戊子			
6	8/9	丁亥															
7	8/10	戊子															

中氣	處暑 8/23 13時38分 未時	秋分 9/23 11時5分 午時	霜降 10/23 20時12分 戌時	小雪 11/22 17時35分 酉時	冬至 12/22 6時50分 卯時	大寒 1/20 17時30分 酉時

年	壬戌																	
月	壬寅			癸卯			甲辰			乙巳			丙午			丁未		
節氣	立春			驚蟄			清明			立夏			芒種			小暑		
	2/4 11時45分 午時			3/6 5時54分 卯時			4/5 10時52分 巳時			5/6 4時20分 寅時			6/6 8時35分 辰時			7/7 18時54分 酉時		
日	國曆	農曆	干支	國曆	農曆	干支	國曆	農曆	干支	國曆	農曆	干支	國曆	農曆	干支	國曆	農曆	干支
	2 4	1 11	戊午	3 6	2 11	戊子	4 5	3 12	戊午	5 6	4 13	己丑	6 6	4 15	庚申	7 7	5 17	辛卯
	2 5	1 12	己未	3 7	2 12	己丑	4 6	3 13	己未	5 7	4 14	庚寅	6 7	4 16	辛酉	7 8	5 18	壬辰
	2 6	1 13	庚申	3 8	2 13	庚寅	4 7	3 14	庚申	5 8	4 15	辛卯	6 8	4 17	壬戌	7 9	5 19	癸巳
	2 7	1 14	辛酉	3 9	2 14	辛卯	4 8	3 15	辛酉	5 9	4 16	壬辰	6 9	4 18	癸亥	7 10	5 20	甲午
中	2 8	1 15	壬戌	3 10	2 15	壬辰	4 9	3 16	壬戌	5 10	4 17	癸巳	6 10	4 19	甲子	7 11	5 21	乙未
華	2 9	1 16	癸亥	3 11	2 16	癸巳	4 10	3 17	癸亥	5 11	4 18	甲午	6 11	4 20	乙丑	7 12	5 22	丙申
民	2 10	1 17	甲子	3 12	2 17	甲午	4 11	3 18	甲子	5 12	4 19	乙未	6 12	4 21	丙寅	7 13	5 23	丁酉
國	2 11	1 18	乙丑	3 13	2 18	乙未	4 12	3 19	乙丑	5 13	4 20	丙申	6 13	4 22	丁卯	7 14	5 24	戊戌
七	2 12	1 19	丙寅	3 14	2 19	丙申	4 13	3 20	丙寅	5 14	4 21	丁酉	6 14	4 23	戊辰	7 15	5 25	己亥
十	2 13	1 20	丁卯	3 15	2 20	丁酉	4 14	3 21	丁卯	5 15	4 22	戊戌	6 15	4 24	己巳	7 16	5 26	庚子
一	2 14	1 21	戊辰	3 16	2 21	戊戌	4 15	3 22	戊辰	5 16	4 23	己亥	6 16	4 25	庚午	7 17	5 27	辛丑
年	2 15	1 22	己巳	3 17	2 22	己亥	4 16	3 23	己巳	5 17	4 24	庚子	6 17	4 26	辛未	7 18	5 28	壬寅
	2 16	1 23	庚午	3 18	2 23	庚子	4 17	3 24	庚午	5 18	4 25	辛丑	6 18	4 27	壬申	7 19	5 29	癸卯
狗	2 17	1 24	辛未	3 19	2 24	辛丑	4 18	3 25	辛未	5 19	4 26	壬寅	6 19	4 28	癸酉	7 20	5 30	甲辰
	2 18	1 25	壬申	3 20	2 25	壬寅	4 19	3 26	壬申	5 20	4 27	癸卯	6 20	4 29	甲戌	7 21	6 1	乙巳
	2 19	1 26	癸酉	3 21	2 26	癸卯	4 20	3 27	癸酉	5 21	4 28	甲辰	6 21	5 1	乙亥	7 22	6 2	丙午
	2 20	1 27	甲戌	3 22	2 27	甲辰	4 21	3 28	甲戌	5 22	4 29	乙巳	6 22	5 2	丙子	7 23	6 3	丁未
	2 21	1 28	乙亥	3 23	2 28	乙巳	4 22	3 29	乙亥	5 23	閏4 1	丙午	6 23	5 3	丁丑	7 24	6 4	戊申
	2 22	1 29	丙子	3 24	2 29	丙午	4 23	3 30	丙子	5 24	4 2	丁未	6 24	5 4	戊寅	7 25	6 5	己酉
	2 23	1 30	丁丑	3 25	3 1	丁未	4 24	4 1	丁丑	5 25	4 3	戊申	6 25	5 5	己卯	7 26	6 6	庚戌
	2 24	2 1	戊寅	3 26	3 2	戊申	4 25	4 2	戊寅	5 26	4 4	己酉	6 26	5 6	庚辰	7 27	6 7	辛亥
	2 25	2 2	己卯	3 27	3 3	己酉	4 26	4 3	己卯	5 27	4 5	庚戌	6 27	5 7	辛巳	7 28	6 8	壬子
	2 26	2 3	庚辰	3 28	3 4	庚戌	4 27	4 4	庚辰	5 28	4 6	辛亥	6 28	5 8	壬午	7 29	6 9	癸丑
	2 27	2 4	辛巳	3 29	3 5	辛亥	4 28	4 5	辛巳	5 29	4 7	壬子	6 29	5 9	癸未	7 30	6 10	甲寅
1	2 28	2 5	壬午	3 30	3 6	壬子	4 29	4 6	壬午	5 30	4 8	癸丑	6 30	5 10	甲申	7 31	6 11	乙卯
9	3 1	2 6	癸未	3 31	3 7	癸丑	4 30	4 7	癸未	5 31	4 9	甲寅	7 1	5 11	乙酉	8 1	6 12	丙辰
8	3 2	2 7	甲申	4 1	3 8	甲寅	5 1	4 8	甲申	6 1	4 10	乙卯	7 2	5 12	丙戌	8 2	6 13	丁巳
2	3 3	2 8	乙酉	4 2	3 9	乙卯	5 2	4 9	乙酉	6 2	4 11	丙辰	7 3	5 13	丁亥	8 3	6 14	戊午
	3 4	2 9	丙戌	4 3	3 10	丙辰	5 3	4 10	丙戌	6 3	4 12	丁巳	7 4	5 14	戊子	8 4	6 15	己未
	3 5	2 10	丁亥	4 4	3 11	丁巳	5 4	4 11	丁亥	6 4	4 13	戊午	7 5	5 15	己丑	8 5	6 16	庚申
							5 5	4 12	戊子	6 5	4 14	己未	7 6	5 16	庚寅	8 6	6 17	辛酉
																8 7	6 18	壬戌
中氣	雨水			春分			穀雨			小滿			夏至			大暑		
	2/19 7時46分 辰時			3/21 6時55分 卯時			4/20 18時7分 酉時			5/21 17時22分 酉時			6/22 1時23分 丑時			7/23 12時15分 午時		

166

壬戌																												年
戊申			己酉					庚戌					辛亥					壬子					癸丑					月
立秋			白露					寒露					立冬					大雪					小寒					節氣
4時41分 寅時			9/8 7時31分 辰時					10/8 23時2分 子時					11/8 2時4分 丑時					12/7 18時48分 酉時					1/6 5時58分 卯時					
農曆		干支	國曆		農曆		干支	國曆		農曆		干支	國曆		農曆		干支	國曆		農曆		干支	國曆		農曆		干支	日
6	19	癸亥	9	8	7	21	甲午	10	8	8	22	甲子	11	8	9	23	乙未	12	7	10	23	甲子	1	6	11	23	甲午	中華民國七十一、七十二年 狗 1982、1983
6	20	甲子	9	9	7	22	乙未	10	9	8	23	乙丑	11	9	9	24	丙申	12	8	10	24	乙丑	1	7	11	24	乙未	
6	21	乙丑	9	10	7	23	丙申	10	10	8	24	丙寅	11	10	9	25	丁酉	12	9	10	25	丙寅	1	8	11	25	丙申	
6	22	丙寅	9	11	7	24	丁酉	10	11	8	25	丁卯	11	11	9	26	戊戌	12	10	10	26	丁卯	1	9	11	26	丁酉	
6	23	丁卯	9	12	7	25	戊戌	10	12	8	26	戊辰	11	12	9	27	己亥	12	11	10	27	戊辰	1	10	11	27	戊戌	
6	24	戊辰	9	13	7	26	己亥	10	13	8	27	己巳	11	13	9	28	庚子	12	12	10	28	己巳	1	11	11	28	己亥	
6	25	己巳	9	14	7	27	庚子	10	14	8	28	庚午	11	14	9	29	辛丑	12	13	10	29	庚午	1	12	11	29	庚子	
6	26	庚午	9	15	7	28	辛丑	10	15	8	29	辛未	11	15	10	1	壬寅	12	14	10	30	辛未	1	13	11	30	辛丑	
6	27	辛未	9	16	7	29	壬寅	10	16	8	30	壬申	11	16	10	2	癸卯	12	15	11	1	壬申	1	14	12	1	壬寅	
6	28	壬申	9	17	8	1	癸卯	10	17	9	1	癸酉	11	17	10	3	甲辰	12	16	11	2	癸酉	1	15	12	2	癸卯	
6	29	癸酉	9	18	8	2	甲辰	10	18	9	2	甲戌	11	18	10	4	乙巳	12	17	11	3	甲戌	1	16	12	3	甲辰	
7	1	甲戌	9	19	8	3	乙巳	10	19	9	3	乙亥	11	19	10	5	丙午	12	18	11	4	乙亥	1	17	12	4	乙巳	
7	2	乙亥	9	20	8	4	丙午	10	20	9	4	丙子	11	20	10	6	丁未	12	19	11	5	丙子	1	18	12	5	丙午	
7	3	丙子	9	21	8	5	丁未	10	21	9	5	丁丑	11	21	10	7	戊申	12	20	11	6	丁丑	1	19	12	6	丁未	
7	4	丁丑	9	22	8	6	戊申	10	22	9	6	戊寅	11	22	10	8	己酉	12	21	11	7	戊寅	1	20	12	7	戊申	
7	5	戊寅	9	23	8	7	己酉	10	23	9	7	己卯	11	23	10	9	庚戌	12	22	11	8	己卯	1	21	12	8	己酉	
7	6	己卯	9	24	8	8	庚戌	10	24	9	8	庚辰	11	24	10	10	辛亥	12	23	11	9	庚辰	1	22	12	9	庚戌	
7	7	庚辰	9	25	8	9	辛亥	10	25	9	9	辛巳	11	25	10	11	壬子	12	24	11	10	辛巳	1	23	12	10	辛亥	
7	8	辛巳	9	26	8	10	壬子	10	26	9	10	壬午	11	26	10	12	癸丑	12	25	11	11	壬午	1	24	12	11	壬子	
7	9	壬午	9	27	8	11	癸丑	10	27	9	11	癸未	11	27	10	13	甲寅	12	26	11	12	癸未	1	25	12	12	癸丑	
7	10	癸未	9	28	8	12	甲寅	10	28	9	12	甲申	11	28	10	14	乙卯	12	27	11	13	甲申	1	26	12	13	甲寅	
7	11	甲申	9	29	8	13	乙卯	10	29	9	13	乙酉	11	29	10	15	丙辰	12	28	11	14	乙酉	1	27	12	14	乙卯	
7	12	乙酉	9	30	8	14	丙辰	10	30	9	14	丙戌	11	30	10	16	丁巳	12	29	11	15	丙戌	1	28	12	15	丙辰	
7	13	丙戌	10	1	8	15	丁巳	10	31	9	15	丁亥	12	1	10	17	戊午	12	30	11	16	丁亥	1	29	12	16	丁巳	
7	14	丁亥	10	2	8	16	戊午	11	1	9	16	戊子	12	2	10	18	己未	12	31	11	17	戊子	1	30	12	17	戊午	
7	15	戊子	10	3	8	17	己未	11	2	9	17	己丑	12	3	10	19	庚申	1	1	11	18	己丑	1	31	12	18	己未	
7	16	己丑	10	4	8	18	庚申	11	3	9	18	庚寅	12	4	10	20	辛酉	1	2	11	19	庚寅	2	1	12	19	庚申	
7	17	庚寅	10	5	8	19	辛酉	11	4	9	19	辛卯	12	5	10	21	壬戌	1	3	11	20	辛卯	2	2	12	20	辛酉	
7	18	辛卯	10	6	8	20	壬戌	11	5	9	20	壬辰	12	6	10	22	癸亥	1	4	11	21	壬辰	2	3	12	21	壬戌	
7	19	壬辰	10	7	8	21	癸亥	11	6	9	21	癸巳						1	5	11	22	癸巳						
7	20	癸巳						11	7	9	22	甲午																
處暑			秋分					霜降					小雪					冬至					大寒					中氣
9時15分 戌時			9/23 16時46分 申時					10/24 1時57分 丑時					11/22 23時23分 子時					12/22 12時38分 午時					1/20 23時16分 子時					

年：癸亥

中華民國七十二年（豬） 1983

月	甲寅			乙卯			丙辰			丁巳			戊午			己未		
節氣	立春			驚蟄			清明			立夏			芒種			小暑		
	2/4 17時39分 酉時			3/6 11時47分 午時			4/5 16時44分 申時			5/6 10時10分 巳時			6/6 14時25分 未時			7/8 0時43分		
日	國曆	農曆	干支	國曆	農曆	干支	國曆	農曆	干支	國曆	農曆	干支	國曆	農曆	干支	國曆	農曆	干支
	2/4	12/22	癸巳	3/6	1/22	癸亥	4/5	2/22	癸巳	5/6	3/24	甲午	6/6	4/25	乙丑	7/8	5/28	
	2/5	12/23	甲午	3/7	1/23	甲子	4/6	2/23	甲午	5/7	3/25	乙未	6/7	4/26	丙寅	7/9	5/29	
	2/6	12/24	乙未	3/8	1/24	乙丑	4/7	2/24	乙未	5/8	3/26	丙申	6/8	4/27	丁卯	7/10	6/1	
	2/7	12/25	丙申	3/9	1/25	丙寅	4/8	2/25	丙申	5/9	3/27	丁酉	6/9	4/28	戊辰	7/11	6/2	
	2/8	12/26	丁酉	3/10	1/26	丁卯	4/9	2/26	丁酉	5/10	3/28	戊戌	6/10	4/29	己巳	7/12	6/3	
	2/9	12/27	戊戌	3/11	1/27	戊辰	4/10	2/27	戊戌	5/11	3/29	己亥	6/11	5/1	庚午	7/13	6/4	
	2/10	12/28	己亥	3/12	1/28	己巳	4/11	2/28	己亥	5/12	3/30	庚子	6/12	5/2	辛未	7/14	6/5	
	2/11	12/29	庚子	3/13	1/29	庚午	4/12	2/29	庚子	5/13	4/1	辛丑	6/13	5/3	壬申	7/15	6/6	
	2/12	12/30	辛丑	3/14	1/30	辛未	4/13	3/1	辛丑	5/14	4/2	壬寅	6/14	5/4	癸酉	7/16	6/7	
	2/13	1/1	壬寅	3/15	2/1	壬申	4/14	3/2	壬寅	5/15	4/3	癸卯	6/15	5/5	甲戌	7/17	6/8	
	2/14	1/2	癸卯	3/16	2/2	癸酉	4/15	3/3	癸卯	5/16	4/4	甲辰	6/16	5/6	乙亥	7/18	6/9	
	2/15	1/3	甲辰	3/17	2/3	甲戌	4/16	3/4	甲辰	5/17	4/5	乙巳	6/17	5/7	丙子	7/19	6/10	
	2/16	1/4	乙巳	3/18	2/4	乙亥	4/17	3/5	乙巳	5/18	4/6	丙午	6/18	5/8	丁丑	7/20	6/11	
	2/17	1/5	丙午	3/19	2/5	丙子	4/18	3/6	丙午	5/19	4/7	丁未	6/19	5/9	戊寅	7/21	6/12	
	2/18	1/6	丁未	3/20	2/6	丁丑	4/19	3/7	丁未	5/20	4/8	戊申	6/20	5/10	己卯	7/22	6/13	
	2/19	1/7	戊申	3/21	2/7	戊寅	4/20	3/8	戊申	5/21	4/9	己酉	6/21	5/11	庚辰	7/23	6/14	
	2/20	1/8	己酉	3/22	2/8	己卯	4/21	3/9	己酉	5/22	4/10	庚戌	6/22	5/12	辛巳	7/24	6/15	
	2/21	1/9	庚戌	3/23	2/9	庚辰	4/22	3/10	庚戌	5/23	4/11	辛亥	6/23	5/13	壬午	7/25	6/16	
	2/22	1/10	辛亥	3/24	2/10	辛巳	4/23	3/11	辛亥	5/24	4/12	壬子	6/24	5/14	癸未	7/26	6/17	
	2/23	1/11	壬子	3/25	2/11	壬午	4/24	3/12	壬子	5/25	4/13	癸丑	6/25	5/15	甲申	7/27	6/18	
	2/24	1/12	癸丑	3/26	2/12	癸未	4/25	3/13	癸丑	5/26	4/14	甲寅	6/26	5/16	乙酉	7/28	6/19	
	2/25	1/13	甲寅	3/27	2/13	甲申	4/26	3/14	甲寅	5/27	4/15	乙卯	6/27	5/17	丙戌	7/29	6/20	
	2/26	1/14	乙卯	3/28	2/14	乙酉	4/27	3/15	乙卯	5/28	4/16	丙辰	6/28	5/18	丁亥	7/30	6/21	
	2/27	1/15	丙辰	3/29	2/15	丙戌	4/28	3/16	丙辰	5/29	4/17	丁巳	6/29	5/19	戊子	7/31	6/22	
	2/28	1/16	丁巳	3/30	2/16	丁亥	4/29	3/17	丁巳	5/30	4/18	戊午	6/30	5/20	己丑	8/1	6/23	
	3/1	1/17	戊午	3/31	2/17	戊子	4/30	3/18	戊午	5/31	4/19	己未	7/1	5/21	庚寅	8/2	6/24	
	3/2	1/18	己未	4/1	2/18	己丑	5/1	3/19	己未	6/1	4/20	庚申	7/2	5/22	辛卯	8/3	6/25	
	3/3	1/19	庚申	4/2	2/19	庚寅	5/2	3/20	庚申	6/2	4/21	辛酉	7/3	5/23	壬辰	8/4	6/26	
	3/4	1/20	辛酉	4/3	2/20	辛卯	5/3	3/21	辛酉	6/3	4/22	壬戌	7/4	5/24	癸巳	8/5	6/27	
	3/5	1/21	壬戌	4/4	2/21	壬辰	5/4	3/22	壬戌	6/4	4/23	癸亥	7/5	5/25	甲午	8/6	6/28	
							5/5	3/23	癸亥	6/5	4/24	甲子	7/6	5/26	乙未	8/7	6/29	
													7/7	5/27	丙申			

中氣	雨水	春分	穀雨	小滿	夏至	大暑
	2/19 13時30分 未時	3/21 12時38分 午時	4/20 23時50分 子時	5/21 23時6分 子時	6/22 7時8分 辰時	7/23 18時49分

癸亥

年	月	節氣	日

節氣時刻：

月(干支)	節氣	時刻
庚申	立秋	10時29分 巳時
辛酉	白露	9/8 13時20分 未時
壬戌	寒露	10/9 4時51分 寅時
癸亥	立冬	11/8 7時52分 辰時
甲子	大雪	12/8 0時33分 子時
乙丑	小寒	1/6 11時40分 午時

庚申 立秋			辛酉 白露			壬戌 寒露			癸亥 立冬			甲子 大雪			乙丑 小寒		
國曆	農曆	干支	國曆	農曆	干支	國曆	農曆	干支	國曆	農曆	干支	國曆	農曆	干支	國曆	農曆	干支
8/8	6 30	戊辰	9/8	8 2	己亥	10/9	9 4	庚午	11/8	10 4	庚子	12/8	11 5	庚午	1/6	12 4	己亥
8/9	7 1	己巳	9/9	8 3	庚子	10/10	9 5	辛未	11/9	10 5	辛丑	12/9	11 6	辛未	1/7	12 5	庚子
8/10	7 2	庚午	9/10	8 4	辛丑	10/11	9 6	壬申	11/10	10 6	壬寅	12/10	11 7	壬申	1/8	12 6	辛丑
8/11	7 3	辛未	9/11	8 5	壬寅	10/12	9 7	癸酉	11/11	10 7	癸卯	12/11	11 8	癸酉	1/9	12 7	壬寅
8/12	7 4	壬申	9/12	8 6	癸卯	10/13	9 8	甲戌	11/12	10 8	甲辰	12/12	11 9	甲戌	1/10	12 8	癸卯
8/13	7 5	癸酉	9/13	8 7	甲辰	10/14	9 9	乙亥	11/13	10 9	乙巳	12/13	11 10	乙亥	1/11	12 9	甲辰
8/14	7 6	甲戌	9/14	8 8	乙巳	10/15	9 10	丙子	11/14	10 10	丙午	12/14	11 11	丙子	1/12	12 10	乙巳
8/15	7 7	乙亥	9/15	8 9	丙午	10/16	9 11	丁丑	11/15	10 11	丁未	12/15	11 12	丁丑	1/13	12 11	丙午
8/16	7 8	丙子	9/16	8 10	丁未	10/17	9 12	戊寅	11/16	10 12	戊申	12/16	11 13	戊寅	1/14	12 12	丁未
8/17	7 9	丁丑	9/17	8 11	戊申	10/18	9 13	己卯	11/17	10 13	己酉	12/17	11 14	己卯	1/15	12 13	戊申
8/18	7 10	戊寅	9/18	8 12	己酉	10/19	9 14	庚辰	11/18	10 14	庚戌	12/18	11 15	庚辰	1/16	12 14	己酉
8/19	7 11	己卯	9/19	8 13	庚戌	10/20	9 15	辛巳	11/19	10 15	辛亥	12/19	11 16	辛巳	1/17	12 15	庚戌
8/20	7 12	庚辰	9/20	8 14	辛亥	10/21	9 16	壬午	11/20	10 16	壬子	12/20	11 17	壬午	1/18	12 16	辛亥
8/21	7 13	辛巳	9/21	8 15	壬子	10/22	9 17	癸未	11/21	10 17	癸丑	12/21	11 18	癸未	1/19	12 17	壬子
8/22	7 14	壬午	9/22	8 16	癸丑	10/23	9 18	甲申	11/22	10 18	甲寅	12/22	11 19	甲申	1/20	12 18	癸丑
8/23	7 15	癸未	9/23	8 17	甲寅	10/24	9 19	乙酉	11/23	10 19	乙卯	12/23	11 20	乙酉	1/21	12 19	甲寅
8/24	7 16	甲申	9/24	8 18	乙卯	10/25	9 20	丙戌	11/24	10 20	丙辰	12/24	11 21	丙戌	1/22	12 20	乙卯
8/25	7 17	乙酉	9/25	8 19	丙辰	10/26	9 21	丁亥	11/25	10 21	丁巳	12/25	11 22	丁亥	1/23	12 21	丙辰
8/26	7 18	丙戌	9/26	8 20	丁巳	10/27	9 22	戊子	11/26	10 22	戊午	12/26	11 23	戊子	1/24	12 22	丁巳
8/27	7 19	丁亥	9/27	8 21	戊午	10/28	9 23	己丑	11/27	10 23	己未	12/27	11 24	己丑	1/25	12 23	戊午
8/28	7 20	戊子	9/28	8 22	己未	10/29	9 24	庚寅	11/28	10 24	庚申	12/28	11 25	庚寅	1/26	12 24	己未
8/29	7 21	己丑	9/29	8 23	庚申	10/30	9 25	辛卯	11/29	10 25	辛酉	12/29	11 26	辛卯	1/27	12 25	庚申
8/30	7 22	庚寅	9/30	8 24	辛酉	10/31	9 26	壬辰	11/30	10 26	壬戌	12/30	11 27	壬辰	1/28	12 26	辛酉
8/31	7 23	辛卯	10/1	8 25	壬戌	11/1	9 27	癸巳	12/1	10 27	癸亥	12/31	11 28	癸巳	1/29	12 27	壬戌
9/1	7 24	壬辰	10/2	8 26	癸亥	11/2	9 28	甲午	12/2	10 28	甲子	1/1	11 29	甲午	1/30	12 28	癸亥
9/2	7 25	癸巳	10/3	8 27	甲子	11/3	9 29	乙未	12/3	10 29	乙丑	1/2	11 30	乙未	1/31	12 29	甲子
9/3	7 26	甲午	10/4	8 28	乙丑	11/4	9 30	丙申	12/4	11 1	丙寅	1/3	12 1	丙申	2/1	12 30	乙丑
9/4	7 27	乙未	10/5	8 29	丙寅	11/5	10 1	丁酉	12/5	11 2	丁卯	1/4	12 2	丁酉	2/2	1 1	丙寅
9/5	7 28	丙申	10/6	9 1	丁卯	11/6	10 2	戊戌	12/6	11 3	戊辰	1/5	12 3	戊戌	2/3	1 2	丁卯
9/6	7 29	丁酉	10/7	9 2	戊辰	11/7	10 3	己亥	12/7	11 4	己巳						
9/7	8 1	戊戌	10/8	9 3	己巳												

中氣：

中氣	時刻
處暑	1時7分 丑時
秋分	9/23 22時41分 亥時
霜降	10/24 7時54分 辰時
小雪	11/23 5時18分 卯時
冬至	12/22 18時29分 酉時
大寒	1/21 5時5分 卯時

中華民國七十二、七十三年　豬　1983、1984

169

	甲子																
月	丙寅			丁卯			戊辰			己巳			庚午			辛未		
節氣	立春			驚蟄			清明			立夏			芒種			小暑		
	2/4 23時18分 子時			3/5 17時24分 酉時			4/4 22時22分 亥時			5/5 15時50分 申時			6/5 20時8分 戌時			7/7 6時29分 卯時		
日	國曆	農曆	干支	國曆	農曆	干支	國曆	農曆	干支	國曆	農曆	干支	國曆	農曆	干支	國曆	農曆	干支
	2 4	1 3	戊辰	3 5	2 3	戊戌	4 4	3 4	戊辰	5 5	4 5	己亥	6 5	5 6	庚午	7 7	6 9	壬寅
	2 5	1 4	己巳	3 6	2 4	己亥	4 5	3 5	己巳	5 6	4 6	庚子	6 6	5 7	辛未	7 8	6 10	癸卯
	2 6	1 5	庚午	3 7	2 5	庚子	4 6	3 6	庚午	5 7	4 7	辛丑	6 7	5 8	壬申	7 9	6 11	甲辰
	2 7	1 6	辛未	3 8	2 6	辛丑	4 7	3 7	辛未	5 8	4 8	壬寅	6 8	5 9	癸酉	7 10	6 12	乙巳
	2 8	1 7	壬申	3 9	2 7	壬寅	4 8	3 8	壬申	5 9	4 9	癸卯	6 9	5 10	甲戌	7 11	6 13	丙午
	2 9	1 8	癸酉	3 10	2 8	癸卯	4 9	3 9	癸酉	5 10	4 10	甲辰	6 10	5 11	乙亥	7 12	6 14	丁未
	2 10	1 9	甲戌	3 11	2 9	甲辰	4 10	3 10	甲戌	5 11	4 11	乙巳	6 11	5 12	丙子	7 13	6 15	戊申
	2 11	1 10	乙亥	3 12	2 10	乙巳	4 11	3 11	乙亥	5 12	4 12	丙午	6 12	5 13	丁丑	7 14	6 16	己酉
	2 12	1 11	丙子	3 13	2 11	丙午	4 12	3 12	丙子	5 13	4 13	丁未	6 13	5 14	戊寅	7 15	6 17	庚戌
	2 13	1 12	丁丑	3 14	2 12	丁未	4 13	3 13	丁丑	5 14	4 14	戊申	6 14	5 15	己卯	7 16	6 18	辛亥
	2 14	1 13	戊寅	3 15	2 13	戊申	4 14	3 14	戊寅	5 15	4 15	己酉	6 15	5 16	庚辰	7 17	6 19	壬子
	2 15	1 14	己卯	3 16	2 14	己酉	4 15	3 15	己卯	5 16	4 16	庚戌	6 16	5 17	辛巳	7 18	6 20	癸丑
	2 16	1 15	庚辰	3 17	2 15	庚戌	4 16	3 16	庚辰	5 17	4 17	辛亥	6 17	5 18	壬午	7 19	6 21	甲寅
	2 17	1 16	辛巳	3 18	2 16	辛亥	4 17	3 17	辛巳	5 18	4 18	壬子	6 18	5 19	癸未	7 20	6 22	乙卯
	2 18	1 17	壬午	3 19	2 17	壬子	4 18	3 18	壬午	5 19	4 19	癸丑	6 19	5 20	甲申	7 21	6 23	丙辰
	2 19	1 18	癸未	3 20	2 18	癸丑	4 19	3 19	癸未	5 20	4 20	甲寅	6 20	5 21	乙酉	7 22	6 24	丁巳
	2 20	1 19	甲申	3 21	2 19	甲寅	4 20	3 20	甲申	5 21	4 21	乙卯	6 21	5 22	丙戌	7 23	6 25	戊午
	2 21	1 20	乙酉	3 22	2 20	乙卯	4 21	3 21	乙酉	5 22	4 22	丙辰	6 22	5 23	丁亥	7 24	6 26	己未
	2 22	1 21	丙戌	3 23	2 21	丙辰	4 22	3 22	丙戌	5 23	4 23	丁巳	6 23	5 24	戊子	7 25	6 27	庚申
	2 23	1 22	丁亥	3 24	2 22	丁巳	4 23	3 23	丁亥	5 24	4 24	戊午	6 24	5 25	己丑	7 26	6 28	辛酉
	2 24	1 23	戊子	3 25	2 23	戊午	4 24	3 24	戊子	5 25	4 25	己未	6 25	5 26	庚寅	7 27	6 29	壬戌
	2 25	1 24	己丑	3 26	2 24	己未	4 25	3 25	己丑	5 26	4 26	庚申	6 26	5 27	辛卯	7 28	7 1	癸亥
	2 26	1 25	庚寅	3 27	2 25	庚申	4 26	3 26	庚寅	5 27	4 27	辛酉	6 27	5 28	壬辰	7 29	7 2	甲子
	2 27	1 26	辛卯	3 28	2 26	辛酉	4 27	3 27	辛卯	5 28	4 28	壬戌	6 28	5 29	癸巳	7 30	7 3	乙丑
	2 28	1 27	壬辰	3 29	2 27	壬戌	4 28	3 28	壬辰	5 29	4 29	癸亥	6 29	6 1	甲午	7 31	7 4	丙寅
	2 29	1 28	癸巳	3 30	2 28	癸亥	4 29	3 29	癸巳	5 30	4 30	甲子	6 30	6 2	乙未	8 1	7 5	丁卯
	3 1	1 29	甲午	3 31	2 29	甲子	4 30	3 30	甲午	5 31	5 1	乙丑	7 1	6 3	丙申	8 2	7 6	戊辰
	3 2	1 30	乙未	4 1	3 1	乙丑	5 1	4 1	乙未	6 1	5 2	丙寅	7 2	6 4	丁酉	8 3	7 7	己巳
	3 3	2 1	丙申	4 2	3 2	丙寅	5 2	4 2	丙申	6 2	5 3	丁卯	7 3	6 5	戊戌	8 4	7 8	庚午
	3 4	2 2	丁酉	4 3	3 3	丁卯	5 3	4 3	丁酉	6 3	5 4	戊辰	7 4	6 6	己亥	8 5	7 9	辛未
							5 4	4 4	戊戌	6 4	5 5	己巳	7 5	6 7	庚子	8 6	7 10	壬申
													7 6	6 8	辛丑			

中華民國七十三年 鼠 1984

中氣	雨水	春分	穀雨	小滿	夏至	大暑
	2/19 19時16分 戌時	3/20 18時24分 酉時	4/20 5時38分 卯時	5/21 4時57分 寅時	6/21 13時2分 未時	7/22 23時58分

甲子　（年）

項目	壬申	癸酉	甲戌	乙亥	丙子	丁丑
月	壬申	癸酉	甲戌	乙亥	丙子	丁丑
節氣	立秋	白露	寒露	立冬	大雪	小寒
交節時刻	8/7 16時17分 申時	9/7 19時9分 戌時	10/8 10時42分 巳時	11/7 13時45分 未時	12/7 6時28分 卯時	1/5 17時35分 酉時
中氣	處暑	秋分	霜降	小雪	冬至	大寒
交氣時刻	8/23 7時0分 辰時	9/23 4時32分 寅時	10/23 13時45分 未時	11/22 11時10分 午時	12/22 0時22分 子時	1/20 10時57分 巳時

右欄（年）：中華民國七十三、七十四年　鼠　1984、1985

日曆（各月組由左至右為：壬申、癸酉、甲戌、乙亥、丙子、丁丑；每組欄位為 國曆／農曆／干支）

國曆	農曆	干支	國曆	農曆	干支	國曆	農曆	干支	國曆	農曆	干支	國曆	農曆	干支	國曆	農曆	干支
8/7	7/11	癸酉	9/7	8/12	甲辰	10/8	9/14	乙亥	11/7	10/15	乙巳	12/7	閏10/15	乙亥	1/5	11/15	甲辰
8/8	7/12	甲戌	9/8	8/13	乙巳	10/9	9/15	丙子	11/8	10/16	丙午	12/8	閏10/16	丙子	1/6	11/16	乙巳
8/9	7/13	乙亥	9/9	8/14	丙午	10/10	9/16	丁丑	11/9	10/17	丁未	12/9	閏10/17	丁丑	1/7	11/17	丙午
8/10	7/14	丙子	9/10	8/15	丁未	10/11	9/17	戊寅	11/10	10/18	戊申	12/10	閏10/18	戊寅	1/8	11/18	丁未
8/11	7/15	丁丑	9/11	8/16	戊申	10/12	9/18	己卯	11/11	10/19	己酉	12/11	閏10/19	己卯	1/9	11/19	戊申
8/12	7/16	戊寅	9/12	8/17	己酉	10/13	9/19	庚辰	11/12	10/20	庚戌	12/12	閏10/20	庚辰	1/10	11/20	己酉
8/13	7/17	己卯	9/13	8/18	庚戌	10/14	9/20	辛巳	11/13	10/21	辛亥	12/13	閏10/21	辛巳	1/11	11/21	庚戌
8/14	7/18	庚辰	9/14	8/19	辛亥	10/15	9/21	壬午	11/14	10/22	壬子	12/14	閏10/22	壬午	1/12	11/22	辛亥
8/15	7/19	辛巳	9/15	8/20	壬子	10/16	9/22	癸未	11/15	10/23	癸丑	12/15	閏10/23	癸未	1/13	11/23	壬子
8/16	7/20	壬午	9/16	8/21	癸丑	10/17	9/23	甲申	11/16	10/24	甲寅	12/16	閏10/24	甲申	1/14	11/24	癸丑
8/17	7/21	癸未	9/17	8/22	甲寅	10/18	9/24	乙酉	11/17	10/25	乙卯	12/17	閏10/25	乙酉	1/15	11/25	甲寅
8/18	7/22	甲申	9/18	8/23	乙卯	10/19	9/25	丙戌	11/18	10/26	丙辰	12/18	閏10/26	丙戌	1/16	11/26	乙卯
8/19	7/23	乙酉	9/19	8/24	丙辰	10/20	9/26	丁亥	11/19	10/27	丁巳	12/19	閏10/27	丁亥	1/17	11/27	丙辰
8/20	7/24	丙戌	9/20	8/25	丁巳	10/21	9/27	戊子	11/20	10/28	戊午	12/20	閏10/28	戊子	1/18	11/28	丁巳
8/21	7/25	丁亥	9/21	8/26	戊午	10/22	9/28	己丑	11/21	10/29	己未	12/21	閏10/29	己丑	1/19	11/29	戊午
8/22	7/26	戊子	9/22	8/27	己未	10/23	9/29	庚寅	11/22	10/30	庚申	12/22	11/1	庚寅	1/20	11/30	己未
8/23	7/27	己丑	9/23	8/28	庚申	10/24	10/1	辛卯	11/23	閏10/1	辛酉	12/23	11/2	辛卯	1/21	12/1	庚申
8/24	7/28	庚寅	9/24	8/29	辛酉	10/25	10/2	壬辰	11/24	閏10/2	壬戌	12/24	11/3	壬辰	1/22	12/2	辛酉
8/25	7/29	辛卯	9/25	9/1	壬戌	10/26	10/3	癸巳	11/25	閏10/3	癸亥	12/25	11/4	癸巳	1/23	12/3	壬戌
8/26	7/30	壬辰	9/26	9/2	癸亥	10/27	10/4	甲午	11/26	閏10/4	甲子	12/26	11/5	甲午	1/24	12/4	癸亥
8/27	8/1	癸巳	9/27	9/3	甲子	10/28	10/5	乙未	11/27	閏10/5	乙丑	12/27	11/6	乙未	1/25	12/5	甲子
8/28	8/2	甲午	9/28	9/4	乙丑	10/29	10/6	丙申	11/28	閏10/6	丙寅	12/28	11/7	丙申	1/26	12/6	乙丑
8/29	8/3	乙未	9/29	9/5	丙寅	10/30	10/7	丁酉	11/29	閏10/7	丁卯	12/29	11/8	丁酉	1/27	12/7	丙寅
8/30	8/4	丙申	9/30	9/6	丁卯	10/31	10/8	戊戌	11/30	閏10/8	戊辰	12/30	11/9	戊戌	1/28	12/8	丁卯
8/31	8/5	丁酉	10/1	9/7	戊辰	11/1	10/9	己亥	12/1	閏10/9	己巳	12/31	11/10	己亥	1/29	12/9	戊辰
9/1	8/6	戊戌	10/2	9/8	己巳	11/2	10/10	庚子	12/2	閏10/10	庚午	1/1	11/11	庚子	1/30	12/10	己巳
9/2	8/7	己亥	10/3	9/9	庚午	11/3	10/11	辛丑	12/3	閏10/11	辛未	1/2	11/12	辛丑	1/31	12/11	庚午
9/3	8/8	庚子	10/4	9/10	辛未	11/4	10/12	壬寅	12/4	閏10/12	壬申	1/3	11/13	壬寅	2/1	12/12	辛未
9/4	8/9	辛丑	10/5	9/11	壬申	11/5	10/13	癸卯	12/5	閏10/13	癸酉	1/4	11/14	癸卯	2/2	12/13	壬申
9/5	8/10	壬寅	10/6	9/12	癸酉	11/6	10/14	甲辰	12/6	閏10/14	甲戌				2/3	12/14	癸酉
9/6	8/11	癸卯	10/7	9/13	甲戌												

年	乙丑																	
月	戊寅			己卯			庚辰			辛巳			壬午			癸未		
節氣	立春			驚蟄			清明			立夏			芒種			小暑		
	2/4 5時11分 卯時			3/5 23時16分 子時			4/5 4時13分 寅時			5/5 21時42分 亥時			6/6 1時59分 丑時			7/7 12時18分 午時		
日	國曆	農曆	干支	國曆	農曆	干支	國曆	農曆	干支	國曆	農曆	干支	國曆	農曆	干支	國曆	農曆	干支
	2 4	12 15	甲戌	3 5	1 14	癸卯	4 5	2 16	甲戌	5 5	3 16	甲辰	6 6	4 18	丙子	7 7	5 20	丁未
	2 5	12 16	乙亥	3 6	1 15	甲辰	4 6	2 17	乙亥	5 6	3 17	乙巳	6 7	4 19	丁丑	7 8	5 21	戊申
	2 6	12 17	丙子	3 7	1 16	乙巳	4 7	2 18	丙子	5 7	3 18	丙午	6 8	4 20	戊寅	7 9	5 22	己酉
	2 7	12 18	丁丑	3 8	1 17	丙午	4 8	2 19	丁丑	5 8	3 19	丁未	6 9	4 21	己卯	7 10	5 23	庚戌
	2 8	12 19	戊寅	3 9	1 18	丁未	4 9	2 20	戊寅	5 9	3 20	戊申	6 10	4 22	庚辰	7 11	5 24	辛亥
	2 9	12 20	己卯	3 10	1 19	戊申	4 10	2 21	己卯	5 10	3 21	己酉	6 11	4 23	辛巳	7 12	5 25	壬子
	2 10	12 21	庚辰	3 11	1 20	己酉	4 11	2 22	庚辰	5 11	3 22	庚戌	6 12	4 24	壬午	7 13	5 26	癸丑
	2 11	12 22	辛巳	3 12	1 21	庚戌	4 12	2 23	辛巳	5 12	3 23	辛亥	6 13	4 25	癸未	7 14	5 27	甲寅
	2 12	12 23	壬午	3 13	1 22	辛亥	4 13	2 24	壬午	5 13	3 24	壬子	6 14	4 26	甲申	7 15	5 28	乙卯
	2 13	12 24	癸未	3 14	1 23	壬子	4 14	2 25	癸未	5 14	3 25	癸丑	6 15	4 27	乙酉	7 16	5 29	丙辰
	2 14	12 25	甲申	3 15	1 24	癸丑	4 15	2 26	甲申	5 15	3 26	甲寅	6 16	4 28	丙戌	7 17	5 30	丁巳
	2 15	12 26	乙酉	3 16	1 25	甲寅	4 16	2 27	乙酉	5 16	3 27	乙卯	6 17	4 29	丁亥	7 18	6 1	戊午
	2 16	12 27	丙戌	3 17	1 26	乙卯	4 17	2 28	丙戌	5 17	3 28	丙辰	6 18	5 1	戊子	7 19	6 2	己未
	2 17	12 28	丁亥	3 18	1 27	丙辰	4 18	2 29	丁亥	5 18	3 29	丁巳	6 19	5 2	己丑	7 20	6 3	庚申
	2 18	12 29	戊子	3 19	1 28	丁巳	4 19	2 30	戊子	5 19	3 30	戊午	6 20	5 3	庚寅	7 21	6 4	辛酉
	2 19	12 30	己丑	3 20	1 29	戊午	4 20	3 1	己丑	5 20	4 1	己未	6 21	5 4	辛卯	7 22	6 5	壬戌
	2 20	1 1	庚寅	3 21	2 1	己未	4 21	3 2	庚寅	5 21	4 2	庚申	6 22	5 5	壬辰	7 23	6 6	癸亥
	2 21	1 2	辛卯	3 22	2 2	庚申	4 22	3 3	辛卯	5 22	4 3	辛酉	6 23	5 6	癸巳	7 24	6 7	甲子
	2 22	1 3	壬辰	3 23	2 3	辛酉	4 23	3 4	壬辰	5 23	4 4	壬戌	6 24	5 7	甲午	7 25	6 8	乙丑
	2 23	1 4	癸巳	3 24	2 4	壬戌	4 24	3 5	癸巳	5 24	4 5	癸亥	6 25	5 8	乙未	7 26	6 9	丙寅
	2 24	1 5	甲午	3 25	2 5	癸亥	4 25	3 6	甲午	5 25	4 6	甲子	6 26	5 9	丙申	7 27	6 10	丁卯
	2 25	1 6	乙未	3 26	2 6	甲子	4 26	3 7	乙未	5 26	4 7	乙丑	6 27	5 10	丁酉	7 28	6 11	戊辰
	2 26	1 7	丙申	3 27	2 7	乙丑	4 27	3 8	丙申	5 27	4 8	丙寅	6 28	5 11	戊戌	7 29	6 12	己巳
	2 27	1 8	丁酉	3 28	2 8	丙寅	4 28	3 9	丁酉	5 28	4 9	丁卯	6 29	5 12	己亥	7 30	6 13	庚午
	2 28	1 9	戊戌	3 29	2 9	丁卯	4 29	3 10	戊戌	5 29	4 10	戊辰	6 30	5 13	庚子	7 31	6 14	辛未
	3 1	1 10	己亥	3 30	2 10	戊辰	4 30	3 11	己亥	5 30	4 11	己巳	7 1	5 14	辛丑	8 1	6 15	壬申
	3 2	1 11	庚子	3 31	2 11	己巳	5 1	3 12	庚子	5 31	4 12	庚午	7 2	5 15	壬寅	8 2	6 16	癸酉
	3 3	1 12	辛丑	4 1	2 12	庚午	5 2	3 13	辛丑	6 1	4 13	辛未	7 3	5 16	癸卯	8 3	6 17	甲戌
	3 4	1 13	壬寅	4 2	2 13	辛未	5 3	3 14	壬寅	6 2	4 14	壬申	7 4	5 17	甲辰	8 4	6 18	乙亥
				4 3	2 14	壬申	5 4	3 15	癸卯	6 3	4 15	癸酉	7 5	5 18	乙巳	8 5	6 19	丙子
				4 4	2 15	癸酉				6 4	4 16	甲戌	7 6	5 19	丙午	8 6	6 20	丁丑
										6 5	4 17	乙亥						

中氣	雨水			春分			穀雨			小滿			夏至			大暑		
	2/19 1時7分 丑時			3/21 0時13分 子時			4/20 11時25分 午時			5/21 10時42分 巳時			6/21 18時44分 酉時			7/23 5時36分 卯時		

中華民國七十四年 牛 1985

乙丑　年

月	甲申			乙酉			丙戌			丁亥			戊子			己丑		
節氣	立秋			白露			寒露			立冬			大雪			小寒		
	8/7 22時4分 亥時			9/8 0時53分 子時			10/8 16時24分 申時			11/7 19時29分 戌時			12/7 12時16分 午時			1/5 23時28分 子時		
日	國曆	農曆	干支	國曆	農曆	干支	國曆	農曆	干支	國曆	農曆	干支	國曆	農曆	干支	國曆	農曆	干支
	7	6/21	戊寅	9/8	7/24	庚戌	10/8	8/24	庚辰	11/7	9/25	庚戌	12/7	10/26	庚辰	1/5	11/25	己酉
	8	6/22	己卯	9/9	7/25	辛亥	10/9	8/25	辛巳	11/8	9/26	辛亥	12/8	10/27	辛巳	1/6	11/26	庚戌
	9	6/23	庚辰	9/10	7/26	壬子	10/10	8/26	壬午	11/9	9/27	壬子	12/9	10/28	壬午	1/7	11/27	辛亥
	10	6/24	辛巳	9/11	7/27	癸丑	10/11	8/27	癸未	11/10	9/28	癸丑	12/10	10/29	癸未	1/8	11/28	壬子
	11	6/25	壬午	9/12	7/28	甲寅	10/12	8/28	甲申	11/11	9/29	甲寅	12/11	10/30	甲申	1/9	11/29	癸丑
	12	6/26	癸未	9/13	7/29	乙卯	10/13	8/29	乙酉	11/12	10/1	乙卯	12/12	11/1	乙酉	1/10	12/1	甲寅
	13	6/27	甲申	9/14	7/30	丙辰	10/14	9/1	丙戌	11/13	10/2	丙辰	12/13	11/2	丙戌	1/11	12/2	乙卯
	14	6/28	乙酉	9/15	8/1	丁巳	10/15	9/2	丁亥	11/14	10/3	丁巳	12/14	11/3	丁亥	1/12	12/3	丙辰
	15	6/29	丙戌	9/16	8/2	戊午	10/16	9/3	戊子	11/15	10/4	戊午	12/15	11/4	戊子	1/13	12/4	丁巳
	16	7/1	丁亥	9/17	8/3	己未	10/17	9/4	己丑	11/16	10/5	己未	12/16	11/5	己丑	1/14	12/5	戊午
	17	7/2	戊子	9/18	8/4	庚申	10/18	9/5	庚寅	11/17	10/6	庚申	12/17	11/6	庚寅	1/15	12/6	己未
	18	7/3	己丑	9/19	8/5	辛酉	10/19	9/6	辛卯	11/18	10/7	辛酉	12/18	11/7	辛卯	1/16	12/7	庚申
	19	7/4	庚寅	9/20	8/6	壬戌	10/20	9/7	壬辰	11/19	10/8	壬戌	12/19	11/8	壬辰	1/17	12/8	辛酉
	20	7/5	辛卯	9/21	8/7	癸亥	10/21	9/8	癸巳	11/20	10/9	癸亥	12/20	11/9	癸巳	1/18	12/9	壬戌
	21	7/6	壬辰	9/22	8/8	甲子	10/22	9/9	甲午	11/21	10/10	甲子	12/21	11/10	甲午	1/19	12/10	癸亥
	22	7/7	癸巳	9/23	8/9	乙丑	10/23	9/10	乙未	11/22	10/11	乙丑	12/22	11/11	乙未	1/20	12/11	甲子
	23	7/8	甲午	9/24	8/10	丙寅	10/24	9/11	丙申	11/23	10/12	丙寅	12/23	11/12	丙申	1/21	12/12	乙丑
	24	7/9	乙未	9/25	8/11	丁卯	10/25	9/12	丁酉	11/24	10/13	丁卯	12/24	11/13	丁酉	1/22	12/13	丙寅
	25	7/10	丙申	9/26	8/12	戊辰	10/26	9/13	戊戌	11/25	10/14	戊辰	12/25	11/14	戊戌	1/23	12/14	丁卯
	26	7/11	丁酉	9/27	8/13	己巳	10/27	9/14	己亥	11/26	10/15	己巳	12/26	11/15	己亥	1/24	12/15	戊辰
	27	7/12	戊戌	9/28	8/14	庚午	10/28	9/15	庚子	11/27	10/16	庚午	12/27	11/16	庚子	1/25	12/16	己巳
	28	7/13	己亥	9/29	8/15	辛未	10/29	9/16	辛丑	11/28	10/17	辛未	12/28	11/17	辛丑	1/26	12/17	庚午
	29	7/14	庚子	9/30	8/16	壬申	10/30	9/17	壬寅	11/29	10/18	壬申	12/29	11/18	壬寅	1/27	12/18	辛未
	30	7/15	辛丑	10/1	8/17	癸酉	10/31	9/18	癸卯	11/30	10/19	癸酉	12/30	11/19	癸卯	1/28	12/19	壬申
	31	7/16	壬寅	10/2	8/18	甲戌	11/1	9/19	甲辰	12/1	10/20	甲戌	12/31	11/20	甲辰	1/29	12/20	癸酉
	1	7/17	癸卯	10/3	8/19	乙亥	11/2	9/20	乙巳	12/2	10/21	乙亥	1/1	11/21	乙巳	1/30	12/21	甲戌
	2	7/18	甲辰	10/4	8/20	丙子	11/3	9/21	丙午	12/3	10/22	丙子	1/2	11/22	丙午	1/31	12/22	乙亥
	3	7/19	乙巳	10/5	8/21	丁丑	11/4	9/22	丁未	12/4	10/23	丁丑	1/3	11/23	丁未	2/1	12/23	丙子
	4	7/20	丙午	10/6	8/22	戊寅	11/5	9/23	戊申	12/5	10/24	戊寅	1/4	11/24	戊申	2/2	12/24	丁丑
	5	7/21	丁未	10/7	8/23	己卯	11/6	9/24	己酉	12/6	10/25	己卯				2/3	12/25	戊寅
	6	7/22	戊申															
	7	7/23	己酉															

中氣	處暑	秋分	霜降	小雪	冬至	大寒
	8/23 12時35分 午時	9/23 10時7分 巳時	10/23 19時21分 戌時	11/22 16時50分 申時	12/22 6時7分 卯時	1/20 16時46分 申時

中華民國七十四、七十五年

牛

1985、1986

年	丙寅																	
月	庚寅			辛卯			壬辰			癸巳			甲午			乙未		
節氣	立春 2/4 11時7分 午時			驚蟄 3/6 5時12分 卯時			清明 4/5 10時6分 巳時			立夏 5/6 3時30分 寅時			芒種 6/6 7時44分 辰時			小暑 7/7 18時0分 酉時		
日	國曆	農曆	干支	國曆	農曆	干支	國曆	農曆	干支	國曆	農曆	干支	國曆	農曆	干支	國曆	農曆	干支
	2 4	12 26	己卯	3 6	1 26	己酉	4 5	2 27	己卯	5 6	3 28	庚戌	6 6	4 29	辛巳	7 7	6 1	壬子
	2 5	12 27	庚辰	3 7	1 27	庚戌	4 6	2 28	庚辰	5 7	3 29	辛亥	6 7	5 1	壬午	7 8	6 2	癸丑
	2 6	12 28	辛巳	3 8	1 28	辛亥	4 7	2 29	辛巳	5 8	3 30	壬子	6 8	5 2	癸未	7 9	6 3	甲寅
	2 7	12 29	壬午	3 9	1 29	壬子	4 8	2 30	壬午	5 9	4 1	癸丑	6 9	5 3	甲申	7 10	6 4	乙卯
中	2 8	12 30	癸未	3 10	2 1	癸丑	4 9	3 1	癸未	5 10	4 2	甲寅	6 10	5 4	乙酉	7 11	6 5	丙辰
華	2 9	1 1	甲申	3 11	2 2	甲寅	4 10	3 2	甲申	5 11	4 3	乙卯	6 11	5 5	丙戌	7 12	6 6	丁巳
民	2 10	1 2	乙酉	3 12	2 3	乙卯	4 11	3 3	乙酉	5 12	4 4	丙辰	6 12	5 6	丁亥	7 13	6 7	戊午
國	2 11	1 3	丙戌	3 13	2 4	丙辰	4 12	3 4	丙戌	5 13	4 5	丁巳	6 13	5 7	戊子	7 14	6 8	己未
七	2 12	1 4	丁亥	3 14	2 5	丁巳	4 13	3 5	丁亥	5 14	4 6	戊午	6 14	5 8	己丑	7 15	6 9	庚申
十	2 13	1 5	戊子	3 15	2 6	戊午	4 14	3 6	戊子	5 15	4 7	己未	6 15	5 9	庚寅	7 16	6 10	辛酉
五	2 14	1 6	己丑	3 16	2 7	己未	4 15	3 7	己丑	5 16	4 8	庚申	6 16	5 10	辛卯	7 17	6 11	壬戌
年	2 15	1 7	庚寅	3 17	2 8	庚申	4 16	3 8	庚寅	5 17	4 9	辛酉	6 17	5 11	壬辰	7 18	6 12	癸亥
	2 16	1 8	辛卯	3 18	2 9	辛酉	4 17	3 9	辛卯	5 18	4 10	壬戌	6 18	5 12	癸巳	7 19	6 13	甲子
虎	2 17	1 9	壬辰	3 19	2 10	壬戌	4 18	3 10	壬辰	5 19	4 11	癸亥	6 19	5 13	甲午	7 20	6 14	乙丑
	2 18	1 10	癸巳	3 20	2 11	癸亥	4 19	3 11	癸巳	5 20	4 12	甲子	6 20	5 14	乙未	7 21	6 15	丙寅
	2 19	1 11	甲午	3 21	2 12	甲子	4 20	3 12	甲午	5 21	4 13	乙丑	6 21	5 15	丙申	7 22	6 16	丁卯
	2 20	1 12	乙未	3 22	2 13	乙丑	4 21	3 13	乙未	5 22	4 14	丙寅	6 22	5 16	丁酉	7 23	6 17	戊辰
	2 21	1 13	丙申	3 23	2 14	丙寅	4 22	3 14	丙申	5 23	4 15	丁卯	6 23	5 17	戊戌	7 24	6 18	己巳
	2 22	1 14	丁酉	3 24	2 15	丁卯	4 23	3 15	丁酉	5 24	4 16	戊辰	6 24	5 18	己亥	7 25	6 19	庚午
	2 23	1 15	戊戌	3 25	2 16	戊辰	4 24	3 16	戊戌	5 25	4 17	己巳	6 25	5 19	庚子	7 26	6 20	辛未
	2 24	1 16	己亥	3 26	2 17	己巳	4 25	3 17	己亥	5 26	4 18	庚午	6 26	5 20	辛丑	7 27	6 21	壬申
	2 25	1 17	庚子	3 27	2 18	庚午	4 26	3 18	庚子	5 27	4 19	辛未	6 27	5 21	壬寅	7 28	6 22	癸酉
	2 26	1 18	辛丑	3 28	2 19	辛未	4 27	3 19	辛丑	5 28	4 20	壬申	6 28	5 22	癸卯	7 29	6 23	甲戌
1	2 27	1 19	壬寅	3 29	2 20	壬申	4 28	3 20	壬寅	5 29	4 21	癸酉	6 29	5 23	甲辰	7 30	6 24	乙亥
9	2 28	1 20	癸卯	3 30	2 21	癸酉	4 29	3 21	癸卯	5 30	4 22	甲戌	6 30	5 24	乙巳	7 31	6 25	丙子
8	3 1	1 21	甲辰	3 31	2 22	甲戌	4 30	3 22	甲辰	5 31	4 23	乙亥	7 1	5 25	丙午	8 1	6 26	丁丑
6	3 2	1 22	乙巳	4 1	2 23	乙亥	5 1	3 23	乙巳	6 1	4 24	丙子	7 2	5 26	丁未	8 2	6 27	戊寅
	3 3	1 23	丙午	4 2	2 24	丙子	5 2	3 24	丙午	6 2	4 25	丁丑	7 3	5 27	戊申	8 3	6 28	己卯
	3 4	1 24	丁未	4 3	2 25	丁丑	5 3	3 25	丁未	6 3	4 26	戊寅	7 4	5 28	己酉	8 4	6 29	庚辰
	3 5	1 25	戊申	4 4	2 26	戊寅	5 4	3 26	戊申	6 4	4 27	己卯	7 5	5 29	庚戌	8 5	6 30	辛巳
							5 5	3 27	己酉	6 5	4 28	庚辰	7 6	5 30	辛亥	8 6	7 1	壬午
																8 7	7 2	癸未
中氣	雨水 2/19 6時57分 卯時			春分 3/21 6時2分 卯時			穀雨 4/20 17時12分 酉時			小滿 5/21 16時27分 申時			夏至 6/22 0時29分 子時			大暑 7/23 11時24分 午時		

丙寅（年）

項目	丙申	丁酉	戊戌	己亥	庚子	辛丑
月	丙申	丁酉	戊戌	己亥	庚子	辛丑
節氣	立秋 8/8 3時45分 寅時	白露 9/8 6時34分 卯時	寒露 10/8 22時6分 亥時	立冬 11/8 1時12分 丑時	大雪 12/7 18時0分 酉時	小寒 1/6 5時13分 卯時

年：中華民國七十五、七十六年　虎　1986、1987

日

國曆	農曆	干支	國曆	農曆	干支	國曆	農曆	干支	國曆	農曆	干支	國曆	農曆	干支	國曆	農曆	干支
8/8	7/3	甲申	9/8	8/5	乙卯	10/8	9/5	乙酉	11/8	10/7	丙辰	12/7	11/6	乙酉	1/6	12/6	乙卯
8/9	4	乙酉	9/9	6	丙辰	10/9	6	丙戌	11/9	8	丁巳	12/8	7	丙戌	1/7	7	丙辰
8/10	5	丙戌	9/10	7	丁巳	10/10	7	丁亥	11/10	9	戊午	12/9	8	丁亥	1/8	8	丁巳
8/11	6	丁亥	9/11	8	戊午	10/11	8	戊子	11/11	10	己未	12/10	9	戊子	1/9	9	戊午
8/12	7	戊子	9/12	9	己未	10/12	9	己丑	11/12	11	庚申	12/11	10	己丑	1/10	10	己未
8/13	8	己丑	9/13	10	庚申	10/13	10	庚寅	11/13	12	辛酉	12/12	11	庚寅	1/11	11	庚申
8/14	9	庚寅	9/14	11	辛酉	10/14	11	辛卯	11/14	13	壬戌	12/13	12	辛卯	1/12	12	辛酉
8/15	10	辛卯	9/15	12	壬戌	10/15	12	壬辰	11/15	14	癸亥	12/14	13	壬辰	1/13	13	壬戌
8/16	11	壬辰	9/16	13	癸亥	10/16	13	癸巳	11/16	15	甲子	12/15	14	癸巳	1/14	14	癸亥
8/17	12	癸巳	9/17	14	甲子	10/17	14	甲午	11/17	16	乙丑	12/16	15	甲午	1/15	15	甲子
8/18	13	甲午	9/18	15	乙丑	10/18	15	乙未	11/18	17	丙寅	12/17	16	乙未	1/16	16	乙丑
8/19	14	乙未	9/19	16	丙寅	10/19	16	丙申	11/19	18	丁卯	12/18	17	丙申	1/17	17	丙寅
8/20	15	丙申	9/20	17	丁卯	10/20	17	丁酉	11/20	19	戊辰	12/19	18	丁酉	1/18	18	丁卯
8/21	16	丁酉	9/21	18	戊辰	10/21	18	戊戌	11/21	20	己巳	12/20	19	戊戌	1/19	19	戊辰
8/22	17	戊戌	9/22	19	己巳	10/22	19	己亥	11/22	21	庚午	12/21	20	己亥	1/20	20	己巳
8/23	18	己亥	9/23	20	庚午	10/23	20	庚子	11/23	22	辛未	12/22	21	庚子	1/21	21	庚午
8/24	19	庚子	9/24	21	辛未	10/24	21	辛丑	11/24	23	壬申	12/23	22	辛丑	1/22	22	辛未
8/25	20	辛丑	9/25	22	壬申	10/25	22	壬寅	11/25	24	癸酉	12/24	23	壬寅	1/23	23	壬申
8/26	21	壬寅	9/26	23	癸酉	10/26	23	癸卯	11/26	25	甲戌	12/25	24	癸卯	1/24	24	癸酉
8/27	22	癸卯	9/27	24	甲戌	10/27	24	甲辰	11/27	26	乙亥	12/26	25	甲辰	1/25	25	甲戌
8/28	23	甲辰	9/28	25	乙亥	10/28	25	乙巳	11/28	27	丙子	12/27	26	乙巳	1/26	26	乙亥
8/29	24	乙巳	9/29	26	丙子	10/29	26	丙午	11/29	28	丁丑	12/28	27	丙午	1/27	27	丙子
8/30	25	丙午	9/30	27	丁丑	10/30	27	丁未	11/30	29	戊寅	12/29	28	丁未	1/28	28	丁丑
8/31	26	丁未	10/1	28	戊寅	10/31	28	戊申	12/1	30	己卯	12/30	29	戊申	1/29	1/1	戊寅
9/1	27	戊申	10/2	29	己卯	11/1	29	己酉	12/2	11/1	庚辰	12/31	30	己酉	1/30	2	己卯
9/2	28	己酉	10/3	30	庚辰	11/2	10/1	庚戌	12/3	2	辛巳	1/1	12/1	庚戌	1/31	3	庚辰
9/3	29	庚戌	10/4	9/1	辛巳	11/3	2	辛亥	12/4	3	壬午	1/2	2	辛亥	2/1	4	辛巳
9/4	8/1	辛亥	10/5	2	壬午	11/4	3	壬子	12/5	4	癸未	1/3	3	壬子	2/2	5	壬午
9/5	2	壬子	10/6	3	癸未	11/5	4	癸丑	12/6	5	甲申	1/4	4	癸丑	2/3	6	癸未
9/6	3	癸丑	10/7	4	甲申	11/6	5	甲寅				1/5	5	甲寅			
9/7	4	甲寅				11/7	6	乙卯										

中氣

處暑	秋分	霜降	小雪	冬至	大寒
8/23 18時25分 酉時	9/23 15時58分 申時	10/24 1時14分 丑時	11/22 22時44分 亥時	12/22 12時2分 午時	1/20 22時40分 亥時

年：丁卯

中華民國七十六年 兔（1987）

日	壬寅 國曆	農曆	干支	癸卯 國曆	農曆	干支	甲辰 國曆	農曆	干支	乙巳 國曆	農曆	干支	丙午 國曆	農曆	干支	丁未 國曆	農曆	干支
節氣	立春 2/4 16時51分 申時			驚蟄 3/6 10時53分 巳時			清明 4/5 15時44分 申時			立夏 5/6 9時5分 巳時			芒種 6/6 13時18分 未時			小暑 7/7 23時38分 子時		
	2/4	1/7	甲申	3/6	2/7	甲寅	4/5	3/8	甲申	5/6	4/9	乙卯	6/6	5/11	丙戌	7/7	6/12	丁巳
	2/5	1/8	乙酉	3/7	2/8	乙卯	4/6	3/9	乙酉	5/7	4/10	丙辰	6/7	5/12	丁亥	7/8	6/13	戊午
	2/6	1/9	丙戌	3/8	2/9	丙辰	4/7	3/10	丙戌	5/8	4/11	丁巳	6/8	5/13	戊子	7/9	6/14	己未
	2/7	1/10	丁亥	3/9	2/10	丁巳	4/8	3/11	丁亥	5/9	4/12	戊午	6/9	5/14	己丑	7/10	6/15	庚申
	2/8	1/11	戊子	3/10	2/11	戊午	4/9	3/12	戊子	5/10	4/13	己未	6/10	5/15	庚寅	7/11	6/16	辛酉
	2/9	1/12	己丑	3/11	2/12	己未	4/10	3/13	己丑	5/11	4/14	庚申	6/11	5/16	辛卯	7/12	6/17	壬戌
	2/10	1/13	庚寅	3/12	2/13	庚申	4/11	3/14	庚寅	5/12	4/15	辛酉	6/12	5/17	壬辰	7/13	6/18	癸亥
	2/11	1/14	辛卯	3/13	2/14	辛酉	4/12	3/15	辛卯	5/13	4/16	壬戌	6/13	5/18	癸巳	7/14	6/19	甲子
	2/12	1/15	壬辰	3/14	2/15	壬戌	4/13	3/16	壬辰	5/14	4/17	癸亥	6/14	5/19	甲午	7/15	6/20	乙丑
	2/13	1/16	癸巳	3/15	2/16	癸亥	4/14	3/17	癸巳	5/15	4/18	甲子	6/15	5/20	乙未	7/16	6/21	丙寅
	2/14	1/17	甲午	3/16	2/17	甲子	4/15	3/18	甲午	5/16	4/19	乙丑	6/16	5/21	丙申	7/17	6/22	丁卯
	2/15	1/18	乙未	3/17	2/18	乙丑	4/16	3/19	乙未	5/17	4/20	丙寅	6/17	5/22	丁酉	7/18	6/23	戊辰
	2/16	1/19	丙申	3/18	2/19	丙寅	4/17	3/20	丙申	5/18	4/21	丁卯	6/18	5/23	戊戌	7/19	6/24	己巳
	2/17	1/20	丁酉	3/19	2/20	丁卯	4/18	3/21	丁酉	5/19	4/22	戊辰	6/19	5/24	己亥	7/20	6/25	庚午
	2/18	1/21	戊戌	3/20	2/21	戊辰	4/19	3/22	戊戌	5/20	4/23	己巳	6/20	5/25	庚子	7/21	6/26	辛未
	2/19	1/22	己亥	3/21	2/22	己巳	4/20	3/23	己亥	5/21	4/24	庚午	6/21	5/26	辛丑	7/22	6/27	壬申
	2/20	1/23	庚子	3/22	2/23	庚午	4/21	3/24	庚子	5/22	4/25	辛未	6/22	5/27	壬寅	7/23	6/28	癸酉
	2/21	1/24	辛丑	3/23	2/24	辛未	4/22	3/25	辛丑	5/23	4/26	壬申	6/23	5/28	癸卯	7/24	6/29	甲戌
	2/22	1/25	壬寅	3/24	2/25	壬申	4/23	3/26	壬寅	5/24	4/27	癸酉	6/24	5/29	甲辰	7/25	6/30	乙亥
	2/23	1/26	癸卯	3/25	2/26	癸酉	4/24	3/27	癸卯	5/25	4/28	甲戌	6/25	5/30	乙巳	7/26	閏6/1	丙子
	2/24	1/27	甲辰	3/26	2/27	甲戌	4/25	3/28	甲辰	5/26	4/29	乙亥	6/26	6/1	丙午	7/27	閏6/2	丁丑
	2/25	1/28	乙巳	3/27	2/28	乙亥	4/26	3/29	乙巳	5/27	5/1	丙子	6/27	6/2	丁未	7/28	閏6/3	戊寅
	2/26	1/29	丙午	3/28	2/29	丙子	4/27	3/30	丙午	5/28	5/2	丁丑	6/28	6/3	戊申	7/29	閏6/4	己卯
	2/27	1/30	丁未	3/29	3/1	丁丑	4/28	4/1	丁未	5/29	5/3	戊寅	6/29	6/4	己酉	7/30	閏6/5	庚辰
	2/28	2/1	戊申	3/30	3/2	戊寅	4/29	4/2	戊申	5/30	5/4	己卯	6/30	6/5	庚戌	7/31	閏6/6	辛巳
	3/1	2/2	己酉	3/31	3/3	己卯	4/30	4/3	己酉	5/31	5/5	庚辰	7/1	6/6	辛亥	8/1	閏6/7	壬午
	3/2	2/3	庚戌	4/1	3/4	庚辰	5/1	4/4	庚戌	6/1	5/6	辛巳	7/2	6/7	壬子	8/2	閏6/8	癸未
	3/3	2/4	辛亥	4/2	3/5	辛巳	5/2	4/5	辛亥	6/2	5/7	壬午	7/3	6/8	癸丑	8/3	閏6/9	甲申
	3/4	2/5	壬子	4/3	3/6	壬午	5/3	4/6	壬子	6/3	5/8	癸未	7/4	6/9	甲寅	8/4	閏6/10	乙酉
	3/5	2/6	癸丑	4/4	3/7	癸未	5/4	4/7	癸丑	6/4	5/9	甲申	7/5	6/10	乙卯	8/5	閏6/11	丙戌
							5/5	4/8	甲寅	6/5	5/10	乙酉	7/6	6/11	丙辰	8/6	閏6/12	丁亥
																8/7	閏6/13	戊子
中氣	雨水 2/19 12時49分 午時			春分 3/21 11時51分 午時			穀雨 4/20 22時57分 亥時			小滿 5/21 22時10分 亥時			夏至 6/22 6時10分 卯時			大暑 7/23 17時6分 酉時		

丁卯（年）

中華民國七十六、七十七年　兔　1987、1988

（月）	戊申	己酉	庚戌	辛亥	壬子	癸丑
節氣	立秋	白露	寒露	立冬	大雪	小寒
節氣時刻	8/8 9時29分 巳時	9/8 12時24分 午時	10/9 3時59分 寅時	11/8 4時5分 辰時	12/7 23時52分 子時	1/6 11時3分 午時
中氣	處暑 8/24 0時9分 子時	秋分 9/23 21時45分 亥時	霜降 10/24 7時0分 辰時	小雪 11/23 4時29分 寅時	冬至 12/22 17時45分 酉時	大寒 1/21 4時24分 寅時

日

戊申 國曆	農曆	干支	己酉 國曆	農曆	干支	庚戌 國曆	農曆	干支	辛亥 國曆	農曆	干支	壬子 國曆	農曆	干支	癸丑 國曆	農曆	干支
8/8	6 14	己丑	9/8	7 16	庚申	10/9	8 17	辛卯	11/8	9 17	辛酉	12/7	10 17	庚寅	1/6	11 17	庚申
8/9	6 15	庚寅	9/9	7 17	辛酉	10/10	8 18	壬辰	11/9	9 18	壬戌	12/8	10 18	辛卯	1/7	11 18	辛酉
8/10	6 16	辛卯	9/10	7 18	壬戌	10/11	8 19	癸巳	11/10	9 19	癸亥	12/9	10 19	壬辰	1/8	11 19	壬戌
8/11	6 17	壬辰	9/11	7 19	癸亥	10/12	8 20	甲午	11/11	9 20	甲子	12/10	10 20	癸巳	1/9	11 20	癸亥
8/12	6 18	癸巳	9/12	7 20	甲子	10/13	8 21	乙未	11/12	9 21	乙丑	12/11	10 21	甲午	1/10	11 21	甲子
8/13	6 19	甲午	9/13	7 21	乙丑	10/14	8 22	丙申	11/13	9 22	丙寅	12/12	10 22	乙未	1/11	11 22	乙丑
8/14	6 20	乙未	9/14	7 22	丙寅	10/15	8 23	丁酉	11/14	9 23	丁卯	12/13	10 23	丙申	1/12	11 23	丙寅
8/15	6 21	丙申	9/15	7 23	丁卯	10/16	8 24	戊戌	11/15	9 24	戊辰	12/14	10 24	丁酉	1/13	11 24	丁卯
8/16	6 22	丁酉	9/16	7 24	戊辰	10/17	8 25	己亥	11/16	9 25	己巳	12/15	10 25	戊戌	1/14	11 25	戊辰
8/17	6 23	戊戌	9/17	7 25	己巳	10/18	8 26	庚子	11/17	9 26	庚午	12/16	10 26	己亥	1/15	11 26	己巳
8/18	6 24	己亥	9/18	7 26	庚午	10/19	8 27	辛丑	11/18	9 27	辛未	12/17	10 27	庚子	1/16	11 27	庚午
8/19	6 25	庚子	9/19	7 27	辛未	10/20	8 28	壬寅	11/19	9 28	壬申	12/18	10 28	辛丑	1/17	11 28	辛未
8/20	6 26	辛丑	9/20	7 28	壬申	10/21	8 29	癸卯	11/20	9 29	癸酉	12/19	10 29	壬寅	1/18	11 29	壬申
8/21	6 27	壬寅	9/21	7 29	癸酉	10/22	8 30	甲辰	11/21	10 1	甲戌	12/20	10 30	癸卯	1/19	11 30	癸酉
8/22	6 28	癸卯	9/22	7 30	甲戌	10/23	9 1	乙巳	11/22	10 2	乙亥	12/21	11 1	甲辰	1/20	12 1	甲戌
8/23	6 29	甲辰	9/23	8 1	乙亥	10/24	9 2	丙午	11/23	10 3	丙子	12/22	11 2	乙巳	1/21	12 2	乙亥
8/24	7 1	乙巳	9/24	8 2	丙子	10/25	9 3	丁未	11/24	10 4	丁丑	12/23	11 3	丙午	1/22	12 3	丙子
8/25	7 2	丙午	9/25	8 3	丁丑	10/26	9 4	戊申	11/25	10 5	戊寅	12/24	11 4	丁未	1/23	12 4	丁丑
8/26	7 3	丁未	9/26	8 4	戊寅	10/27	9 5	己酉	11/26	10 6	己卯	12/25	11 5	戊申	1/24	12 5	戊寅
8/27	7 4	戊申	9/27	8 5	己卯	10/28	9 6	庚戌	11/27	10 7	庚辰	12/26	11 6	己酉	1/25	12 6	己卯
8/28	7 5	己酉	9/28	8 6	庚辰	10/29	9 7	辛亥	11/28	10 8	辛巳	12/27	11 7	庚戌	1/26	12 7	庚辰
8/29	7 6	庚戌	9/29	8 7	辛巳	10/30	9 8	壬子	11/29	10 9	壬午	12/28	11 8	辛亥	1/27	12 8	辛巳
8/30	7 7	辛亥	9/30	8 8	壬午	10/31	9 9	癸丑	11/30	10 10	癸未	12/29	11 9	壬子	1/28	12 9	壬午
8/31	7 8	壬子	10/1	8 9	癸未	11/1	9 10	甲寅	12/1	10 11	甲申	12/30	11 10	癸丑	1/29	12 10	癸未
9/1	7 9	癸丑	10/2	8 10	甲申	11/2	9 11	乙卯	12/2	10 12	乙酉	12/31	11 11	甲寅	1/30	12 11	甲申
9/2	7 10	甲寅	10/3	8 11	乙酉	11/3	9 12	丙辰	12/3	10 13	丙戌	1/1	11 12	乙卯	1/31	12 12	乙酉
9/3	7 11	乙卯	10/4	8 12	丙戌	11/4	9 13	丁巳	12/4	10 14	丁亥	1/2	11 13	丙辰	2/1	12 13	丙戌
9/4	7 12	丙辰	10/5	8 13	丁亥	11/5	9 14	戊午	12/5	10 15	戊子	1/3	11 14	丁巳	2/2	12 14	丁亥
9/5	7 13	丁巳	10/6	8 14	戊子	11/6	9 15	己未	12/6	10 16	己丑	1/4	11 15	戊午	2/3	12 15	戊子
9/6	7 14	戊午	10/7	8 15	己丑	11/7	9 16	庚申				1/5	11 16	己未			
9/7	7 15	己未	10/8	8 16	庚寅												

年	戊辰																	
月	甲寅			乙卯			丙辰			丁巳			戊午			己未		
節氣	立春			驚蟄			清明			立夏			芒種			小暑		
	2/4 22時42分 亥時			3/5 16時46分 申時			4/4 21時39分 亥時			5/5 15時1分 申時			6/5 19時14分 戌時			7/7 5時32分 卯時		
日	國曆	農曆	干支	國曆	農曆	干支	國曆	農曆	干支	國曆	農曆	干支	國曆	農曆	干支	國曆	農曆	干支
	2 4	12 17	己丑	3 5	1 18	己未	4 4	2 18	己丑	5 5	3 20	庚申	6 5	4 21	辛卯	7 7	5 24	癸亥
	2 5	12 18	庚寅	3 6	1 19	庚申	4 5	2 19	庚寅	5 6	3 21	辛酉	6 6	4 22	壬辰	7 8	5 25	甲子
	2 6	12 19	辛卯	3 7	1 20	辛酉	4 6	2 20	辛卯	5 7	3 22	壬戌	6 7	4 23	癸巳	7 9	5 26	乙丑
	2 7	12 20	壬辰	3 8	1 21	壬戌	4 7	2 21	壬辰	5 8	3 23	癸亥	6 8	4 24	甲午	7 10	5 27	丙寅
	2 8	12 21	癸巳	3 9	1 22	癸亥	4 8	2 22	癸巳	5 9	3 24	甲子	6 9	4 25	乙未	7 11	5 28	丁卯
	2 9	12 22	甲午	3 10	1 23	甲子	4 9	2 23	甲午	5 10	3 25	乙丑	6 10	4 26	丙申	7 12	5 29	戊辰
	2 10	12 23	乙未	3 11	1 24	乙丑	4 10	2 24	乙未	5 11	3 26	丙寅	6 11	4 27	丁酉	7 13	5 30	己巳
	2 11	12 24	丙申	3 12	1 25	丙寅	4 11	2 25	丙申	5 12	3 27	丁卯	6 12	4 28	戊戌	7 14	6 1	庚午
	2 12	12 25	丁酉	3 13	1 26	丁卯	4 12	2 26	丁酉	5 13	3 28	戊辰	6 13	4 29	己亥	7 15	6 2	辛未
	2 13	12 26	戊戌	3 14	1 27	戊辰	4 13	2 27	戊戌	5 14	3 29	己巳	6 14	5 1	庚子	7 16	6 3	壬申
	2 14	12 27	己亥	3 15	1 28	己巳	4 14	2 28	己亥	5 15	3 30	庚午	6 15	5 2	辛丑	7 17	6 4	癸酉
	2 15	12 28	庚子	3 16	1 29	庚午	4 15	2 29	庚子	5 16	4 1	辛未	6 16	5 3	壬寅	7 18	6 5	甲戌
	2 16	12 29	辛丑	3 17	1 30	辛未	4 16	3 1	辛丑	5 17	4 2	壬申	6 17	5 4	癸卯	7 19	6 6	乙亥
	2 17	1 1	壬寅	3 18	2 1	壬申	4 17	3 2	壬寅	5 18	4 3	癸酉	6 18	5 5	甲辰	7 20	6 7	丙子
	2 18	1 2	癸卯	3 19	2 2	癸酉	4 18	3 3	癸卯	5 19	4 4	甲戌	6 19	5 6	乙巳	7 21	6 8	丁丑
	2 19	1 3	甲辰	3 20	2 3	甲戌	4 19	3 4	甲辰	5 20	4 5	乙亥	6 20	5 7	丙午	7 22	6 9	戊寅
	2 20	1 4	乙巳	3 21	2 4	乙亥	4 20	3 5	乙巳	5 21	4 6	丙子	6 21	5 8	丁未	7 23	6 10	己卯
	2 21	1 5	丙午	3 22	2 5	丙子	4 21	3 6	丙午	5 22	4 7	丁丑	6 22	5 9	戊申	7 24	6 11	庚辰
	2 22	1 6	丁未	3 23	2 6	丁丑	4 22	3 7	丁未	5 23	4 8	戊寅	6 23	5 10	己酉	7 25	6 12	辛巳
	2 23	1 7	戊申	3 24	2 7	戊寅	4 23	3 8	戊申	5 24	4 9	己卯	6 24	5 11	庚戌	7 26	6 13	壬午
	2 24	1 8	己酉	3 25	2 8	己卯	4 24	3 9	己酉	5 25	4 10	庚辰	6 25	5 12	辛亥	7 27	6 14	癸未
	2 25	1 9	庚戌	3 26	2 9	庚辰	4 25	3 10	庚戌	5 26	4 11	辛巳	6 26	5 13	壬子	7 28	6 15	甲申
	2 26	1 10	辛亥	3 27	2 10	辛巳	4 26	3 11	辛亥	5 27	4 12	壬午	6 27	5 14	癸丑	7 29	6 16	乙酉
	2 27	1 11	壬子	3 28	2 11	壬午	4 27	3 12	壬子	5 28	4 13	癸未	6 28	5 15	甲寅	7 30	6 17	丙戌
	2 28	1 12	癸丑	3 29	2 12	癸未	4 28	3 13	癸丑	5 29	4 14	甲申	6 29	5 16	乙卯	7 31	6 18	丁亥
	2 29	1 13	甲寅	3 30	2 13	甲申	4 29	3 14	甲寅	5 30	4 15	乙酉	6 30	5 17	丙辰	8 1	6 19	戊子
	3 1	1 14	乙卯	3 31	2 14	乙酉	4 30	3 15	乙卯	5 31	4 16	丙戌	7 1	5 18	丁巳	8 2	6 20	己丑
	3 2	1 15	丙辰	4 1	2 15	丙戌	5 1	3 16	丙辰	6 1	4 17	丁亥	7 2	5 19	戊午	8 3	6 21	庚寅
	3 3	1 16	丁巳	4 2	2 16	丁亥	5 2	3 17	丁巳	6 2	4 18	戊子	7 3	5 20	己未	8 4	6 22	辛卯
	3 4	1 17	戊午	4 3	2 17	戊子	5 3	3 18	戊午	6 3	4 19	己丑	7 4	5 21	庚申	8 5	6 23	壬辰
							5 4	3 19	己未	6 4	4 20	庚寅	7 5	5 22	辛酉	8 6	6 24	癸巳
													7 6	5 23	壬戌			
中氣	雨水			春分			穀雨			小滿			夏至			大暑		
	2/19 18時35分 酉時			3/20 17時38分 酉時			4/20 4時44分 寅時			5/21 3時56分 寅時			6/21 11時56分 午時			7/22 22時51分 亥時		

中華民國七十七年 龍

1988

戊辰

年： 中華民國七十七、七十八年 龍　1988、1989

月	庚申	辛酉	壬戌	癸亥	甲子	乙丑
節氣	立秋 15時20分 申時	白露 9/7 18時11分 酉時	寒露 10/8 9時44分 巳時	立冬 11/7 12時48分 午時	大雪 12/7 5時34分 卯時	小寒 1/5 16時45分 申時

國曆	農曆	干支	國曆	農曆	干支	國曆	農曆	干支	國曆	農曆	干支	國曆	農曆	干支	國曆	農曆	干支
7	6 25	甲午	9 7	7 27	乙丑	10 8	8 28	丙申	11 7	9 28	丙寅	12 7	10 29	丙申	1 5	11 28	乙丑
8	6 26	乙未	9 8	7 28	丙寅	10 9	8 29	丁酉	11 8	9 29	丁卯	12 8	10 30	丁酉	1 6	11 29	丙寅
9	6 27	丙申	9 9	7 29	丁卯	10 10	8 30	戊戌	11 9	10 1	戊辰	12 9	11 1	戊戌	1 7	11 30	丁卯
10	6 28	丁酉	9 10	7 30	戊辰	10 11	9 1	己亥	11 10	10 2	己巳	12 10	11 2	己亥	1 8	12 1	戊辰
11	6 29	戊戌	9 11	8 1	己巳	10 12	9 2	庚子	11 11	10 3	庚午	12 11	11 3	庚子	1 9	12 2	己巳
12	7 1	己亥	9 12	8 2	庚午	10 13	9 3	辛丑	11 12	10 4	辛未	12 12	11 4	辛丑	1 10	12 3	庚午
13	7 2	庚子	9 13	8 3	辛未	10 14	9 4	壬寅	11 13	10 5	壬申	12 13	11 5	壬寅	1 11	12 4	辛未
14	7 3	辛丑	9 14	8 4	壬申	10 15	9 5	癸卯	11 14	10 6	癸酉	12 14	11 6	癸卯	1 12	12 5	壬申
15	7 4	壬寅	9 15	8 5	癸酉	10 16	9 6	甲辰	11 15	10 7	甲戌	12 15	11 7	甲辰	1 13	12 6	癸酉
16	7 5	癸卯	9 16	8 6	甲戌	10 17	9 7	乙巳	11 16	10 8	乙亥	12 16	11 8	乙巳	1 14	12 7	甲戌
17	7 6	甲辰	9 17	8 7	乙亥	10 18	9 8	丙午	11 17	10 9	丙子	12 17	11 9	丙午	1 15	12 8	乙亥
18	7 7	乙巳	9 18	8 8	丙子	10 19	9 9	丁未	11 18	10 10	丁丑	12 18	11 10	丁未	1 16	12 9	丙子
19	7 8	丙午	9 19	8 9	丁丑	10 20	9 10	戊申	11 19	10 11	戊寅	12 19	11 11	戊申	1 17	12 10	丁丑
20	7 9	丁未	9 20	8 10	戊寅	10 21	9 11	己酉	11 20	10 12	己卯	12 20	11 12	己酉	1 18	12 11	戊寅
21	7 10	戊申	9 21	8 11	己卯	10 22	9 12	庚戌	11 21	10 13	庚辰	12 21	11 13	庚戌	1 19	12 12	己卯
22	7 11	己酉	9 22	8 12	庚辰	10 23	9 13	辛亥	11 22	10 14	辛巳	12 22	11 14	辛亥	1 20	12 13	庚辰
23	7 12	庚戌	9 23	8 13	辛巳	10 24	9 14	壬子	11 23	10 15	壬午	12 23	11 15	壬子	1 21	12 14	辛巳
24	7 13	辛亥	9 24	8 14	壬午	10 25	9 15	癸丑	11 24	10 16	癸未	12 24	11 16	癸丑	1 22	12 15	壬午
25	7 14	壬子	9 25	8 15	癸未	10 26	9 16	甲寅	11 25	10 17	甲申	12 25	11 17	甲寅	1 23	12 16	癸未
26	7 15	癸丑	9 26	8 16	甲申	10 27	9 17	乙卯	11 26	10 18	乙酉	12 26	11 18	乙卯	1 24	12 17	甲申
27	7 16	甲寅	9 27	8 17	乙酉	10 28	9 18	丙辰	11 27	10 19	丙戌	12 27	11 19	丙辰	1 25	12 18	乙酉
28	7 17	乙卯	9 28	8 18	丙戌	10 29	9 19	丁巳	11 28	10 20	丁亥	12 28	11 20	丁巳	1 26	12 19	丙戌
29	7 18	丙辰	9 29	8 19	丁亥	10 30	9 20	戊午	11 29	10 21	戊子	12 29	11 21	戊午	1 27	12 20	丁亥
30	7 19	丁巳	9 30	8 20	戊子	10 31	9 21	己未	11 30	10 22	己丑	12 30	11 22	己未	1 28	12 21	戊子
31	7 20	戊午	10 1	8 21	己丑	11 1	9 22	庚申	12 1	10 23	庚寅	12 31	11 23	庚申	1 29	12 22	己丑
1	7 21	己未	10 2	8 22	庚寅	11 2	9 23	辛酉	12 2	10 24	辛卯	1 1	11 24	辛酉	1 30	12 23	庚寅
2	7 22	庚申	10 3	8 23	辛卯	11 3	9 24	壬戌	12 3	10 25	壬辰	1 2	11 25	壬戌	1 31	12 24	辛卯
3	7 23	辛酉	10 4	8 24	壬辰	11 4	9 25	癸亥	12 4	10 26	癸巳	1 3	11 26	癸亥	2 1	12 25	壬辰
4	7 24	壬戌	10 5	8 25	癸巳	11 5	9 26	甲子	12 5	10 27	甲午	1 4	11 27	甲子	2 2	12 26	癸巳
5	7 25	癸亥	10 6	8 26	甲午	11 6	9 27	乙丑	12 6	10 28	乙未				2 3	12 27	甲午
6	7 26	甲子	10 7	8 27	乙未												

中氣	處暑 23時54分 卯時	秋分 9/23 3時28分 寅時	霜降 10/23 12時44分 午時	小雪 11/22 10時11分 巳時	冬至 12/21 23時27分 子時	大寒 1/20 10時6分 巳時

年																	
月	丙寅			丁卯			戊辰			己巳			庚午			辛未		
節氣	立春			驚蟄			清明			立夏			芒種			小暑		
	2/4 4時27分 寅時			3/5 22時34分 亥時			4/5 3時29分 寅時			5/5 20時53分 戌時			6/6 1時5分 丑時			7/7 11時19分 午時		
日	國曆	農曆	干支	國曆	農曆	干支	國曆	農曆	干支	國曆	農曆	干支	國曆	農曆	干支	國曆	農曆	干支
	2/4	12/28	乙未	3/5	1/28	甲子	4/5	2/29	乙未	5/5	4/1	乙丑	6/6	5/3	丁酉	7/7	6/5	戊辰
	2/5	12/29	丙申	3/6	1/29	乙丑	4/6	3/1	丙申	5/6	4/2	丙寅	6/7	5/4	戊戌	7/8	6/6	己巳
	2/6	1/1	丁酉	3/7	1/30	丙寅	4/7	3/2	丁酉	5/7	4/3	丁卯	6/8	5/5	己亥	7/9	6/7	庚午
	2/7	1/2	戊戌	3/8	2/1	丁卯	4/8	3/3	戊戌	5/8	4/4	戊辰	6/9	5/6	庚子	7/10	6/8	辛未
	2/8	1/3	己亥	3/9	2/2	戊辰	4/9	3/4	己亥	5/9	4/5	己巳	6/10	5/7	辛丑	7/11	6/9	壬申
	2/9	1/4	庚子	3/10	2/3	己巳	4/10	3/5	庚子	5/10	4/6	庚午	6/11	5/8	壬寅	7/12	6/10	癸酉
	2/10	1/5	辛丑	3/11	2/4	庚午	4/11	3/6	辛丑	5/11	4/7	辛未	6/12	5/9	癸卯	7/13	6/11	甲戌
	2/11	1/6	壬寅	3/12	2/5	辛未	4/12	3/7	壬寅	5/12	4/8	壬申	6/13	5/10	甲辰	7/14	6/12	乙亥
	2/12	1/7	癸卯	3/13	2/6	壬申	4/13	3/8	癸卯	5/13	4/9	癸酉	6/14	5/11	乙巳	7/15	6/13	丙子
	2/13	1/8	甲辰	3/14	2/7	癸酉	4/14	3/9	甲辰	5/14	4/10	甲戌	6/15	5/12	丙午	7/16	6/14	丁丑
	2/14	1/9	乙巳	3/15	2/8	甲戌	4/15	3/10	乙巳	5/15	4/11	乙亥	6/16	5/13	丁未	7/17	6/15	戊寅
	2/15	1/10	丙午	3/16	2/9	乙亥	4/16	3/11	丙午	5/16	4/12	丙子	6/17	5/14	戊申	7/18	6/16	己卯
	2/16	1/11	丁未	3/17	2/10	丙子	4/17	3/12	丁未	5/17	4/13	丁丑	6/18	5/15	己酉	7/19	6/17	庚辰
	2/17	1/12	戊申	3/18	2/11	丁丑	4/18	3/13	戊申	5/18	4/14	戊寅	6/19	5/16	庚戌	7/20	6/18	辛巳
	2/18	1/13	己酉	3/19	2/12	戊寅	4/19	3/14	己酉	5/19	4/15	己卯	6/20	5/17	辛亥	7/21	6/19	壬午
	2/19	1/14	庚戌	3/20	2/13	己卯	4/20	3/15	庚戌	5/20	4/16	庚辰	6/21	5/18	壬子	7/22	6/20	癸未
	2/20	1/15	辛亥	3/21	2/14	庚辰	4/21	3/16	辛亥	5/21	4/17	辛巳	6/22	5/19	癸丑	7/23	6/21	甲申
	2/21	1/16	壬子	3/22	2/15	辛巳	4/22	3/17	壬子	5/22	4/18	壬午	6/23	5/20	甲寅	7/24	6/22	乙酉
	2/22	1/17	癸丑	3/23	2/16	壬午	4/23	3/18	癸丑	5/23	4/19	癸未	6/24	5/21	乙卯	7/25	6/23	丙戌
	2/23	1/18	甲寅	3/24	2/17	癸未	4/24	3/19	甲寅	5/24	4/20	甲申	6/25	5/22	丙辰	7/26	6/24	丁亥
	2/24	1/19	乙卯	3/25	2/18	甲申	4/25	3/20	乙卯	5/25	4/21	乙酉	6/26	5/23	丁巳	7/27	6/25	戊子
	2/25	1/20	丙辰	3/26	2/19	乙酉	4/26	3/21	丙辰	5/26	4/22	丙戌	6/27	5/24	戊午	7/28	6/26	己丑
	2/26	1/21	丁巳	3/27	2/20	丙戌	4/27	3/22	丁巳	5/27	4/23	丁亥	6/28	5/25	己未	7/29	6/27	庚寅
	2/27	1/22	戊午	3/28	2/21	丁亥	4/28	3/23	戊午	5/28	4/24	戊子	6/29	5/26	庚申	7/30	6/28	辛卯
	2/28	1/23	己未	3/29	2/22	戊子	4/29	3/24	己未	5/29	4/25	己丑	6/30	5/27	辛酉	7/31	6/29	壬辰
	3/1	1/24	庚申	3/30	2/23	己丑	4/30	3/25	庚申	5/30	4/26	庚寅	7/1	5/28	壬戌	8/1	6/30	癸巳
	3/2	1/25	辛酉	3/31	2/24	庚寅	5/1	3/26	辛酉	5/31	4/27	辛卯	7/2	5/29	癸亥	8/2	7/1	甲午
	3/3	1/26	壬戌	4/1	2/25	辛卯	5/2	3/27	壬戌	6/1	4/28	壬辰	7/3	6/1	甲子	8/3	7/2	乙未
	3/4	1/27	癸亥	4/2	2/26	壬辰	5/3	3/28	癸亥	6/2	4/29	癸巳	7/4	6/2	乙丑	8/4	7/3	丙申
				4/3	2/27	癸巳	5/4	3/29	甲子	6/3	4/30	甲午	7/5	6/3	丙寅	8/5	7/4	丁酉
				4/4	2/28	甲午				6/4	5/1	乙未	7/6	6/4	丁卯	8/6	7/5	戊戌
										6/5	5/2	丙申						
中氣	雨水			春分			穀雨			小滿			夏至			大暑		
	2/19 16時20分 子時			3/20 23時28分 子時			4/20 10時38分 巳時			5/21 9時53分 巳時			6/21 17時53分 酉時			7/23 4時45分 寅時		

中華民國七十八年 蛇 1989

節氣（月節）

月	壬申	癸酉	甲戌	乙亥	丙子	丁丑
節氣	立秋	白露	寒露	立冬	大雪	小寒
	8/7 21時3分 亥時	9/7 23時53分 子時	10/8 15時27分 申時	11/7 18時33分 酉時	12/7 11時20分 午時	1/5 22時33分 亥時

日

壬申 國曆	農曆	干支	癸酉 國曆	農曆	干支	甲戌 國曆	農曆	干支	乙亥 國曆	農曆	干支	丙子 國曆	農曆	干支	丁丑 國曆	農曆	干支
8/7	7/6	己巳	9/7	8/8	庚子	10/8	9/9	辛未	11/7	10/10	辛丑	12/7	11/10	辛未	1/5	12/9	庚子
8	7/7	庚午	8	8/9	辛丑	9	9/10	壬申	8	10/11	壬寅	8	11/11	壬申	6	12/10	辛丑
9	7/8	辛未	9	8/10	壬寅	10	9/11	癸酉	9	10/12	癸卯	9	11/12	癸酉	7	12/11	壬寅
10	7/9	壬申	10	8/11	癸卯	11	9/12	甲戌	10	10/13	甲辰	10	11/13	甲戌	8	12/12	癸卯
11	7/10	癸酉	11	8/12	甲辰	12	9/13	乙亥	11	10/14	乙巳	11	11/14	乙亥	9	12/13	甲辰
12	7/11	甲戌	12	8/13	乙巳	13	9/14	丙子	12	10/15	丙午	12	11/15	丙子	10	12/14	乙巳
13	7/12	乙亥	13	8/14	丙午	14	9/15	丁丑	13	10/16	丁未	13	11/16	丁丑	11	12/15	丙午
14	7/13	丙子	14	8/15	丁未	15	9/16	戊寅	14	10/17	戊申	14	11/17	戊寅	12	12/16	丁未
15	7/14	丁丑	15	8/16	戊申	16	9/17	己卯	15	10/18	己酉	15	11/18	己卯	13	12/17	戊申
16	7/15	戊寅	16	8/17	己酉	17	9/18	庚辰	16	10/19	庚戌	16	11/19	庚辰	14	12/18	己酉
17	7/16	己卯	17	8/18	庚戌	18	9/19	辛巳	17	10/20	辛亥	17	11/20	辛巳	15	12/19	庚戌
18	7/17	庚辰	18	8/19	辛亥	19	9/20	壬午	18	10/21	壬子	18	11/21	壬午	16	12/20	辛亥
19	7/18	辛巳	19	8/20	壬子	20	9/21	癸未	19	10/22	癸丑	19	11/22	癸未	17	12/21	壬子
20	7/19	壬午	20	8/21	癸丑	21	9/22	甲申	20	10/23	甲寅	20	11/23	甲申	18	12/22	癸丑
21	7/20	癸未	21	8/22	甲寅	22	9/23	乙酉	21	10/24	乙卯	21	11/24	乙酉	19	12/23	甲寅
22	7/21	甲申	22	8/23	乙卯	23	9/24	丙戌	22	10/25	丙辰	22	11/25	丙戌	20	12/24	乙卯
23	7/22	乙酉	23	8/24	丙辰	24	9/25	丁亥	23	10/26	丁巳	23	11/26	丁亥	21	12/25	丙辰
24	7/23	丙戌	24	8/25	丁巳	25	9/26	戊子	24	10/27	戊午	24	11/27	戊子	22	12/26	丁巳
25	7/24	丁亥	25	8/26	戊午	26	9/27	己丑	25	10/28	己未	25	11/28	己丑	23	12/27	戊午
26	7/25	戊子	26	8/27	己未	27	9/28	庚寅	26	10/29	庚申	26	11/29	庚寅	24	12/28	己未
27	7/26	己丑	27	8/28	庚申	28	9/29	辛卯	27	10/30	辛酉	27	11/30	辛卯	25	12/29	庚申
28	7/27	庚寅	28	8/29	辛酉	29	10/1	壬辰	28	11/1	壬戌	28	12/1	壬辰	26	12/30	辛酉
29	7/28	辛卯	29	8/30	壬戌	30	10/2	癸巳	29	11/2	癸亥	29	12/2	癸巳	27	1/1	壬戌
30	7/29	壬辰	30	9/1	癸亥	31	10/3	甲午	30	11/3	甲子	30	12/3	甲午	28	1/2	癸亥
31	8/1	癸巳	1	9/2	甲子	1	10/4	乙未	1	11/4	乙丑	31	12/4	乙未	29	1/3	甲子
1	8/2	甲午	2	9/3	乙丑	2	10/5	丙申	2	11/5	丙寅	1	12/5	丙申	30	1/4	乙丑
2	8/3	乙未	3	9/4	丙寅	3	10/6	丁酉	3	11/6	丁卯	2	12/6	丁酉	31	1/5	丙寅
3	8/4	丙申	4	9/5	丁卯	4	10/7	戊戌	4	11/7	戊辰	3	12/7	戊戌	1	1/6	丁卯
4	8/5	丁酉	5	9/6	戊辰	5	10/8	己亥	5	11/8	己巳	4	12/8	己亥	2	1/7	戊辰
5	8/6	戊戌	6	9/7	己巳	6	10/9	庚子	6	11/9	庚午				3	1/8	己巳
6	8/7	己亥	7	9/8	庚午												

右欄：年 月 節氣 日 中氣

中華民國七十八、七十九年　蛇　1989、1990

中氣

處暑	秋分	霜降	小雪	冬至	大寒	中氣
8/23 11時46分 午時	9/23 9時19分 巳時	10/23 18時35分 酉時	11/22 16時4分 申時	12/22 5時22分 卯時	1/20 16時1分 申時	

中華民國七十九年（1990）馬　庚午年

月	節氣	時刻	中氣	時刻
戊寅	立春	2/4 10時14分 巳時	雨水	2/19 6時14分 卯時
己卯	驚蟄	3/6 4時19分 寅時	春分	3/21 5時19分 卯時
庚辰	清明	4/5 9時12分 巳時	穀雨	4/20 16時26分 申時
辛巳	立夏	5/6 2時35分 丑時	小滿	5/21 15時37分 申時
壬午	芒種	6/6 6時46分 卯時	夏至	6/21 23時32分 子時
癸未	小暑	7/7 17時0分 酉時	大暑	7/23 10時21分

戊寅 國曆	農曆	干支	己卯 國曆	農曆	干支	庚辰 國曆	農曆	干支	辛巳 國曆	農曆	干支	壬午 國曆	農曆	干支	癸未 國曆	農曆	干支
2 4	1 9	庚子	3 6	2 10	庚午	4 5	3 10	庚子	5 6	4 12	辛未	6 6	5 14	壬寅	7 7	閏5 15	癸酉
2 5	1 10	辛丑	3 7	2 11	辛未	4 6	3 11	辛丑	5 7	4 13	壬申	6 7	5 15	癸卯	7 8	閏5 16	甲戌
2 6	1 11	壬寅	3 8	2 12	壬申	4 7	3 12	壬寅	5 8	4 14	癸酉	6 8	5 16	甲辰	7 9	閏5 17	乙亥
2 7	1 12	癸卯	3 9	2 13	癸酉	4 8	3 13	癸卯	5 9	4 15	甲戌	6 9	5 17	乙巳	7 10	閏5 18	丙子
2 8	1 13	甲辰	3 10	2 14	甲戌	4 9	3 14	甲辰	5 10	4 16	乙亥	6 10	5 18	丙午	7 11	閏5 19	丁丑
2 9	1 14	乙巳	3 11	2 15	乙亥	4 10	3 15	乙巳	5 11	4 17	丙子	6 11	5 19	丁未	7 12	閏5 20	戊寅
2 10	1 15	丙午	3 12	2 16	丙子	4 11	3 16	丙午	5 12	4 18	丁丑	6 12	5 20	戊申	7 13	閏5 21	己卯
2 11	1 16	丁未	3 13	2 17	丁丑	4 12	3 17	丁未	5 13	4 19	戊寅	6 13	5 21	己酉	7 14	閏5 22	庚辰
2 12	1 17	戊申	3 14	2 18	戊寅	4 13	3 18	戊申	5 14	4 20	己卯	6 14	5 22	庚戌	7 15	閏5 23	辛巳
2 13	1 18	己酉	3 15	2 19	己卯	4 14	3 19	己酉	5 15	4 21	庚辰	6 15	5 23	辛亥	7 16	閏5 24	壬午
2 14	1 19	庚戌	3 16	2 20	庚辰	4 15	3 20	庚戌	5 16	4 22	辛巳	6 16	5 24	壬子	7 17	閏5 25	癸未
2 15	1 20	辛亥	3 17	2 21	辛巳	4 16	3 21	辛亥	5 17	4 23	壬午	6 17	5 25	癸丑	7 18	閏5 26	甲申
2 16	1 21	壬子	3 18	2 22	壬午	4 17	3 22	壬子	5 18	4 24	癸未	6 18	5 26	甲寅	7 19	閏5 27	乙酉
2 17	1 22	癸丑	3 19	2 23	癸未	4 18	3 23	癸丑	5 19	4 25	甲申	6 19	5 27	乙卯	7 20	閏5 28	丙戌
2 18	1 23	甲寅	3 20	2 24	甲申	4 19	3 24	甲寅	5 20	4 26	乙酉	6 20	5 28	丙辰	7 21	閏5 29	丁亥
2 19	1 24	乙卯	3 21	2 25	乙酉	4 20	3 25	乙卯	5 21	4 27	丙戌	6 21	5 29	丁巳	7 22	6 1	戊子
2 20	1 25	丙辰	3 22	2 26	丙戌	4 21	3 26	丙辰	5 22	4 28	丁亥	6 22	5 30	戊午	7 23	6 2	己丑
2 21	1 26	丁巳	3 23	2 27	丁亥	4 22	3 27	丁巳	5 23	4 29	戊子	6 23	閏5 1	己未	7 24	6 3	庚寅
2 22	1 27	戊午	3 24	2 28	戊子	4 23	3 28	戊午	5 24	5 1	己丑	6 24	閏5 2	庚申	7 25	6 4	辛卯
2 23	1 28	己未	3 25	2 29	己丑	4 24	3 29	己未	5 25	5 2	庚寅	6 25	閏5 3	辛酉	7 26	6 5	壬辰
2 24	1 29	庚申	3 26	2 30	庚寅	4 25	4 1	庚申	5 26	5 3	辛卯	6 26	閏5 4	壬戌	7 27	6 6	癸巳
2 25	2 1	辛酉	3 27	3 1	辛卯	4 26	4 2	辛酉	5 27	5 4	壬辰	6 27	閏5 5	癸亥	7 28	6 7	甲午
2 26	2 2	壬戌	3 28	3 2	壬辰	4 27	4 3	壬戌	5 28	5 5	癸巳	6 28	閏5 6	甲子	7 29	6 8	乙未
2 27	2 3	癸亥	3 29	3 3	癸巳	4 28	4 4	癸亥	5 29	5 6	甲午	6 29	閏5 7	乙丑	7 30	6 9	丙申
2 28	2 4	甲子	3 30	3 4	甲午	4 29	4 5	甲子	5 30	5 7	乙未	6 30	閏5 8	丙寅	7 31	6 10	丁酉
3 1	2 5	乙丑	3 31	3 5	乙未	4 30	4 6	乙丑	5 31	5 8	丙申	7 1	閏5 9	丁卯	8 1	6 11	戊戌
3 2	2 6	丙寅	4 1	3 6	丙申	5 1	4 7	丙寅	6 1	5 9	丁酉	7 2	閏5 10	戊辰	8 2	6 12	己亥
3 3	2 7	丁卯	4 2	3 7	丁酉	5 2	4 8	丁卯	6 2	5 10	戊戌	7 3	閏5 11	己巳	8 3	6 13	庚子
3 4	2 8	戊辰	4 3	3 8	戊戌	5 3	4 9	戊辰	6 3	5 11	己亥	7 4	閏5 12	庚午	8 4	6 14	辛丑
3 5	2 9	己巳	4 4	3 9	己亥	5 4	4 10	己巳	6 4	5 12	庚子	7 5	閏5 13	辛未	8 5	6 15	壬寅
						5 5	4 11	庚午	6 5	5 13	辛丑	7 6	閏5 14	壬申	8 6	6 16	癸卯
															8 7	6 17	甲辰

庚午

節氣（月干支・立節）

月	節氣	日期・時刻
甲申	立秋	8/8 2時45分 丑時
乙酉	白露	9/8 5時37分 卯時
丙戌	寒露	10/8 21時13分 亥時
丁亥	立冬	11/8 0時23分 子時
戊子	大雪	12/7 17時45分 酉時
己丑	小寒	1/6 4時28分 寅時

甲申 國曆	農曆	干支	乙酉 國曆	農曆	干支	丙戌 國曆	農曆	干支	丁亥 國曆	農曆	干支	戊子 國曆	農曆	干支	己丑 國曆	農曆	干支
8/8	6/18	丙午	9/8	7/20	丁丑	10/8	8/20	丁未	11/8	9/22	戊寅	12/7	10/21	丁未	1/6	11/21	丁丑
8/9	6/19	丁未	9/9	7/21	戊寅	10/9	8/21	戊申	11/9	9/23	己卯	12/8	10/22	戊申	1/7	11/22	戊寅
8/10	6/20	戊申	9/10	7/22	己卯	10/10	8/22	己酉	11/10	9/24	庚辰	12/9	10/23	己酉	1/8	11/23	己卯
8/11	6/21	己酉	9/11	7/23	庚辰	10/11	8/23	庚戌	11/11	9/25	辛巳	12/10	10/24	庚戌	1/9	11/24	庚辰
8/12	6/22	庚戌	9/12	7/24	辛巳	10/12	8/24	辛亥	11/12	9/26	壬午	12/11	10/25	辛亥	1/10	11/25	辛巳
8/13	6/23	辛亥	9/13	7/25	壬午	10/13	8/25	壬子	11/13	9/27	癸未	12/12	10/26	壬子	1/11	11/26	壬午
8/14	6/24	壬子	9/14	7/26	癸未	10/14	8/26	癸丑	11/14	9/28	甲申	12/13	10/27	癸丑	1/12	11/27	癸未
8/15	6/25	癸丑	9/15	7/27	甲申	10/15	8/27	甲寅	11/15	9/29	乙酉	12/14	10/28	甲寅	1/13	11/28	甲申
8/16	6/26	甲寅	9/16	7/28	乙酉	10/16	8/28	乙卯	11/16	9/30	丙戌	12/15	10/29	乙卯	1/14	11/29	乙酉
8/17	6/27	乙卯	9/17	7/29	丙戌	10/17	8/29	丙辰	11/17	10/1	丁亥	12/16	10/30	丙辰	1/15	11/30	丙戌
8/18	6/28	丙辰	9/18	7/30	丁亥	10/18	9/1	丁巳	11/18	10/2	戊子	12/17	11/1	丁巳	1/16	12/1	丁亥
8/19	6/29	丁巳	9/19	8/1	戊子	10/19	9/2	戊午	11/19	10/3	己丑	12/18	11/2	戊午	1/17	12/2	戊子
8/20	7/1	戊午	9/20	8/2	己丑	10/20	9/3	己未	11/20	10/4	庚寅	12/19	11/3	己未	1/18	12/3	己丑
8/21	7/2	己未	9/21	8/3	庚寅	10/21	9/4	庚申	11/21	10/5	辛卯	12/20	11/4	庚申	1/19	12/4	庚寅
8/22	7/3	庚申	9/22	8/4	辛卯	10/22	9/5	辛酉	11/22	10/6	壬辰	12/21	11/5	辛酉	1/20	12/5	辛卯
8/23	7/4	辛酉	9/23	8/5	壬辰	10/23	9/6	壬戌	11/23	10/7	癸巳	12/22	11/6	壬戌	1/21	12/6	壬辰
8/24	7/5	壬戌	9/24	8/6	癸巳	10/24	9/7	癸亥	11/24	10/8	甲午	12/23	11/7	癸亥	1/22	12/7	癸巳
8/25	7/6	癸亥	9/25	8/7	甲午	10/25	9/8	甲子	11/25	10/9	乙未	12/24	11/8	甲子	1/23	12/8	甲午
8/26	7/7	甲子	9/26	8/8	乙未	10/26	9/9	乙丑	11/26	10/10	丙申	12/25	11/9	乙丑	1/24	12/9	乙未
8/27	7/8	乙丑	9/27	8/9	丙申	10/27	9/10	丙寅	11/27	10/11	丁酉	12/26	11/10	丙寅	1/25	12/10	丙申
8/28	7/9	丙寅	9/28	8/10	丁酉	10/28	9/11	丁卯	11/28	10/12	戊戌	12/27	11/11	丁卯	1/26	12/11	丁酉
8/29	7/10	丁卯	9/29	8/11	戊戌	10/29	9/12	戊辰	11/29	10/13	己亥	12/28	11/12	戊辰	1/27	12/12	戊戌
8/30	7/11	戊辰	9/30	8/12	己亥	10/30	9/13	己巳	11/30	10/14	庚子	12/29	11/13	己巳	1/28	12/13	己亥
8/31	7/12	己巳	10/1	8/13	庚子	10/31	9/14	庚午	12/1	10/15	辛丑	12/30	11/14	庚午	1/29	12/14	庚子
9/1	7/13	庚午	10/2	8/14	辛丑	11/1	9/15	辛未	12/2	10/16	壬寅	12/31	11/15	辛未	1/30	12/15	辛丑
9/2	7/14	辛未	10/3	8/15	壬寅	11/2	9/16	壬申	12/3	10/17	癸卯	1/1	11/16	壬申	1/31	12/16	壬寅
9/3	7/15	壬申	10/4	8/16	癸卯	11/3	9/17	癸酉	12/4	10/18	甲辰	1/2	11/17	癸酉	2/1	12/17	癸卯
9/4	7/16	癸酉	10/5	8/17	甲辰	11/4	9/18	甲戌	12/5	10/19	乙巳	1/3	11/18	甲戌	2/2	12/18	甲辰
9/5	7/17	甲戌	10/6	8/18	乙巳	11/5	9/19	乙亥	12/6	10/20	丙午	1/4	11/19	乙亥	2/3	12/19	乙巳
9/6	7/18	乙亥	10/7	8/19	丙午	11/6	9/20	丙子				1/5	11/20	丙子			
9/7	7/19	丙子				11/7	9/21	丁丑									

中氣

中氣	日期・時刻
處暑	8/23 17時20分 酉時
秋分	9/23 14時55分 未時
霜降	10/24 0時13分 子時
小雪	11/22 21時46分 亥時
冬至	12/22 11時7分 午時
大寒	1/20 21時47分 亥時

中華民國七十九、八十年　馬　1990、1991

年	辛未																	
月	庚寅			辛卯			壬辰			癸巳			甲午			乙未		
節氣	立春			驚蟄			清明			立夏			芒種			小暑		
	2/4 16時8分 申時			3/6 10時12分 巳時			4/5 15時4分 申時			5/6 8時26分 辰時			6/6 12時38分 午時			7/7 22時53分 亥時		
日	國曆	農曆	干支	國曆	農曆	干支	國曆	農曆	干支	國曆	農曆	干支	國曆	農曆	干支	國曆	農曆	干支
	2 4	12 20	乙巳	3 6	1 20	乙亥	4 5	2 21	乙巳	5 6	3 22	丙子	6 6	4 24	丁未	7 7	5 26	戊寅
	2 5	12 21	丙午	3 7	1 21	丙子	4 6	2 22	丙午	5 7	3 23	丁丑	6 7	4 25	戊申	7 8	5 27	己卯
	2 6	12 22	丁未	3 8	1 22	丁丑	4 7	2 23	丁未	5 8	3 24	戊寅	6 8	4 26	己酉	7 9	5 28	庚辰
	2 7	12 23	戊申	3 9	1 23	戊寅	4 8	2 24	戊申	5 9	3 25	己卯	6 9	4 27	庚戌	7 10	5 29	辛巳
中	2 8	12 24	己酉	3 10	1 24	己卯	4 9	2 25	己酉	5 10	3 26	庚辰	6 10	4 28	辛亥	7 11	5 30	壬午
華	2 9	12 25	庚戌	3 11	1 25	庚辰	4 10	2 26	庚戌	5 11	3 27	辛巳	6 11	4 29	壬子	7 12	6 1	癸未
民	2 10	12 26	辛亥	3 12	1 26	辛巳	4 11	2 27	辛亥	5 12	3 28	壬午	6 12	5 1	癸丑	7 13	6 2	甲申
國	2 11	12 27	壬子	3 13	1 27	壬午	4 12	2 28	壬子	5 13	3 29	癸未	6 13	5 2	甲寅	7 14	6 3	乙酉
八	2 12	12 28	癸丑	3 14	1 28	癸未	4 13	2 29	癸丑	5 14	4 1	甲申	6 14	5 3	乙卯	7 15	6 4	丙戌
十	2 13	12 29	甲寅	3 15	1 29	甲申	4 14	2 30	甲寅	5 15	4 2	乙酉	6 15	5 4	丙辰	7 16	6 5	丁亥
年	2 14	12 30	乙卯	3 16	2 1	乙酉	4 15	3 1	乙卯	5 16	4 3	丙戌	6 16	5 5	丁巳	7 17	6 6	戊子
羊	2 15	1 1	丙辰	3 17	2 2	丙戌	4 16	3 2	丙辰	5 17	4 4	丁亥	6 17	5 6	戊午	7 18	6 7	己丑
	2 16	1 2	丁巳	3 18	2 3	丁亥	4 17	3 3	丁巳	5 18	4 5	戊子	6 18	5 7	己未	7 19	6 8	庚寅
	2 17	1 3	戊午	3 19	2 4	戊子	4 18	3 4	戊午	5 19	4 6	己丑	6 19	5 8	庚申	7 20	6 9	辛卯
	2 18	1 4	己未	3 20	2 5	己丑	4 19	3 5	己未	5 20	4 7	庚寅	6 20	5 9	辛酉	7 21	6 10	壬辰
	2 19	1 5	庚申	3 21	2 6	庚寅	4 20	3 6	庚申	5 21	4 8	辛卯	6 21	5 10	壬戌	7 22	6 11	癸巳
	2 20	1 6	辛酉	3 22	2 7	辛卯	4 21	3 7	辛酉	5 22	4 9	壬辰	6 22	5 11	癸亥	7 23	6 12	甲午
	2 21	1 7	壬戌	3 23	2 8	壬辰	4 22	3 8	壬戌	5 23	4 10	癸巳	6 23	5 12	甲子	7 24	6 13	乙未
	2 22	1 8	癸亥	3 24	2 9	癸巳	4 23	3 9	癸亥	5 24	4 11	甲午	6 24	5 13	乙丑	7 25	6 14	丙申
	2 23	1 9	甲子	3 25	2 10	甲午	4 24	3 10	甲子	5 25	4 12	乙未	6 25	5 14	丙寅	7 26	6 15	丁酉
	2 24	1 10	乙丑	3 26	2 11	乙未	4 25	3 11	乙丑	5 26	4 13	丙申	6 26	5 15	丁卯	7 27	6 16	戊戌
	2 25	1 11	丙寅	3 27	2 12	丙申	4 26	3 12	丙寅	5 27	4 14	丁酉	6 27	5 16	戊辰	7 28	6 17	己亥
	2 26	1 12	丁卯	3 28	2 13	丁酉	4 27	3 13	丁卯	5 28	4 15	戊戌	6 28	5 17	己巳	7 29	6 18	庚子
	2 27	1 13	戊辰	3 29	2 14	戊戌	4 28	3 14	戊辰	5 29	4 16	己亥	6 29	5 18	庚午	7 30	6 19	辛丑
1	2 28	1 14	己巳	3 30	2 15	己亥	4 29	3 15	己巳	5 30	4 17	庚子	6 30	5 19	辛未	7 31	6 20	壬寅
9	3 1	1 15	庚午	3 31	2 16	庚子	4 30	3 16	庚午	5 31	4 18	辛丑	7 1	5 20	壬申	8 1	6 21	癸卯
9	3 2	1 16	辛未	4 1	2 17	辛丑	5 1	3 17	辛未	6 1	4 19	壬寅	7 2	5 21	癸酉	8 2	6 22	甲辰
1	3 3	1 17	壬申	4 2	2 18	壬寅	5 2	3 18	壬申	6 2	4 20	癸卯	7 3	5 22	甲戌	8 3	6 23	乙巳
	3 4	1 18	癸酉	4 3	2 19	癸卯	5 3	3 19	癸酉	6 3	4 21	甲辰	7 4	5 23	乙亥	8 4	6 24	丙午
	3 5	1 19	甲戌	4 4	2 20	甲辰	5 4	3 20	甲戌	6 4	4 22	乙巳	7 5	5 24	丙子	8 5	6 25	丁未
							5 5	3 21	乙亥	6 5	4 23	丙午	7 6	5 25	丁丑	8 6	6 26	戊申
																8 7	6 27	己酉
中氣	雨水			春分			穀雨			小滿			夏至			大暑		
	2/19 11時58分 午時			3/21 11時1分 午時			4/20 22時8分 亥時			5/21 21時20分 亥時			6/22 5時18分 卯時			7/23 16時11分 申時		

辛未（中華民國八十‧八十一年　1991‧1992）

月（干支）	丙申	丁酉	戊戌	己亥	庚子	辛丑
節氣	立秋	白露	寒露	立冬	大雪	小寒
時刻	8/8 8時37分 辰時	9/8 11時27分 午時	10/8 3時1分 寅時	11/8 6時7分 卯時	12/7 22時56分 亥時	1/6 10時8分 巳時

各欄格式：國曆 農曆 干支

丙申	丁酉	戊戌	己亥	庚子	辛丑
8/8　6/28　庚戌	9/8　8/1　辛巳	10/8　9/1　辛亥	11/8　10/3　壬午	12/7　11/2　辛亥	1/6　12/2　辛巳
9　6/29　辛亥	9　8/2　壬午	9　9/2　壬子	9　10/4　癸未	8　11/3　壬子	7　12/3　壬午
10　7/1　壬子	10　8/3　癸未	10　9/3　癸丑	10　10/5　甲申	9　11/4　癸丑	8　12/4　癸未
11　7/2　癸丑	11　8/4　甲申	11　9/4　甲寅	11　10/6　乙酉	10　11/5　甲寅	9　12/5　甲申
12　7/3　甲寅	12　8/5　乙酉	12　9/5　乙卯	12　10/7　丙戌	11　11/6　乙卯	10　12/6　乙酉
13　7/4　乙卯	13　8/6　丙戌	13　9/6　丙辰	13　10/8　丁亥	12　11/7　丙辰	11　12/7　丙戌
14　7/5　丙辰	14　8/7　丁亥	14　9/7　丁巳	14　10/9　戊子	13　11/8　丁巳	12　12/8　丁亥
15　7/6　丁巳	15　8/8　戊子	15　9/8　戊午	15　10/10　己丑	14　11/9　戊午	13　12/9　戊子
16　7/7　戊午	16　8/9　己丑	16　9/9　己未	16　10/11　庚寅	15　11/10　己未	14　12/10　己丑
17　7/8　己未	17　8/10　庚寅	17　9/10　庚申	17　10/12　辛卯	16　11/11　庚申	15　12/11　庚寅
18　7/9　庚申	18　8/11　辛卯	18　9/11　辛酉	18　10/13　壬辰	17　11/12　辛酉	16　12/12　辛卯
19　7/10　辛酉	19　8/12　壬辰	19　9/12　壬戌	19　10/14　癸巳	18　11/13　壬戌	17　12/13　壬辰
20　7/11　壬戌	20　8/13　癸巳	20　9/13　癸亥	20　10/15　甲午	19　11/14　癸亥	18　12/14　癸巳
21　7/12　癸亥	21　8/14　甲午	21　9/14　甲子	21　10/16　乙未	20　11/15　甲子	19　12/15　甲午
22　7/13　甲子	22　8/15　乙未	22　9/15　乙丑	22　10/17　丙申	21　11/16　乙丑	20　12/16　乙未
23　7/14　乙丑	23　8/16　丙申	23　9/16　丙寅	23　10/18　丁酉	22　11/17　丙寅	21　12/17　丙申
24　7/15　丙寅	24　8/17　丁酉	24　9/17　丁卯	24　10/19　戊戌	23　11/18　丁卯	22　12/18　丁酉
25　7/16　丁卯	25　8/18　戊戌	25　9/18　戊辰	25　10/20　己亥	24　11/19　戊辰	23　12/19　戊戌
26　7/17　戊辰	26　8/19　己亥	26　9/19　己巳	26　10/21　庚子	25　11/20　己巳	24　12/20　己亥
27　7/18　己巳	27　8/20　庚子	27　9/20　庚午	27　10/22　辛丑	26　11/21　庚午	25　12/21　庚子
28　7/19　庚午	28　8/21　辛丑	28　9/21　辛未	28　10/23　壬寅	27　11/22　辛未	26　12/22　辛丑
29　7/20　辛未	29　8/22　壬寅	29　9/22　壬申	29　10/24　癸卯	28　11/23　壬申	27　12/23　壬寅
30　7/21　壬申	30　8/23　癸卯	30　9/23　癸酉	30　10/25　甲辰	29　11/24　癸酉	28　12/24　癸卯
31　7/22　癸酉	10/1　8/24　甲辰	31　9/24　甲戌	12/1　10/26　乙巳	30　11/25　甲戌	29　12/25　甲辰
9/1　7/23　甲戌	2　8/25　乙巳	11/1　9/25　乙亥	2　10/27　丙午	31　11/26　乙亥	30　12/26　乙巳
2　7/24　乙亥	3　8/26　丙午	2　9/26　丙子	3　10/28　丁未	1/1　11/27　丙子	31　12/27　丙午
3　7/25　丙子	4　8/27　丁未	3　9/27　丁丑	4　10/29　戊申	2　11/28　丁丑	2/1　12/28　丁未
4　7/26　丁丑	5　8/28　戊申	4　9/28　戊寅	5　10/30　己酉	3　11/29　戊寅	2　12/29　戊申
5　7/27　戊寅	6　8/29　己酉	5　9/29　己卯	6　11/1　庚戌	4　11/30　己卯	3　12/30　己酉
6　7/28　己卯	7　8/30　庚戌	6　10/1　庚辰		5　12/1　庚辰	
7　7/29　庚辰		7　10/2　辛巳			

中氣	處暑	秋分	霜降	小雪	冬至	大寒
時刻	8/23 23時12分 子時	9/23 20時48分 戌時	10/24 6時5分 卯時	11/23 3時35分 寅時	12/22 16時53分 申時	1/21 3時32分 寅時

年	壬申																	
月	壬寅			癸卯			甲辰			乙巳			丙午			丁未		
節氣	立春			驚蟄			清明			立夏			芒種			小暑		
	2/4 21時48分 亥時			3/5 15時52分 申時			4/4 20時45分 戌時			5/5 14時8分 未時			6/5 18時22分 酉時			7/7 4時40分 寅時		
日	國曆	農曆	干支	國曆	農曆	干支	國曆	農曆	干支	國曆	農曆	干支	國曆	農曆	干支	國曆	農曆	干
	2 4	1 1	庚戌	3 5	2 2	庚辰	4 4	3 2	庚戌	5 5	4 3	辛巳	6 5	5 5	壬子	7 7	6 8	甲申
	2 5	1 2	辛亥	3 6	2 3	辛巳	4 5	3 3	辛亥	5 6	4 4	壬午	6 6	5 6	癸丑	7 8	6 9	乙酉
	2 6	1 3	壬子	3 7	2 4	壬午	4 6	3 4	壬子	5 7	4 5	癸未	6 7	5 7	甲寅	7 9	6 10	丙戌
	2 7	1 4	癸丑	3 8	2 5	癸未	4 7	3 5	癸丑	5 8	4 6	甲申	6 8	5 8	乙卯	7 10	6 11	丁亥
中	2 8	1 5	甲寅	3 9	2 6	甲申	4 8	3 6	甲寅	5 9	4 7	乙酉	6 9	5 9	丙辰	7 11	6 12	戊子
華	2 9	1 6	乙卯	3 10	2 7	乙酉	4 9	3 7	乙卯	5 10	4 8	丙戌	6 10	5 10	丁巳	7 12	6 13	己丑
民	2 10	1 7	丙辰	3 11	2 8	丙戌	4 10	3 8	丙辰	5 11	4 9	丁亥	6 11	5 11	戊午	7 13	6 14	庚寅
國	2 11	1 8	丁巳	3 12	2 9	丁亥	4 11	3 9	丁巳	5 12	4 10	戊子	6 12	5 12	己未	7 14	6 15	辛卯
八	2 12	1 9	戊午	3 13	2 10	戊子	4 12	3 10	戊午	5 13	4 11	己丑	6 13	5 13	庚申	7 15	6 16	壬辰
十	2 13	1 10	己未	3 14	2 11	己丑	4 13	3 11	己未	5 14	4 12	庚寅	6 14	5 14	辛酉	7 16	6 17	癸巳
一	2 14	1 11	庚申	3 15	2 12	庚寅	4 14	3 12	庚申	5 15	4 13	辛卯	6 15	5 15	壬戌	7 17	6 18	甲午
年	2 15	1 12	辛酉	3 16	2 13	辛卯	4 15	3 13	辛酉	5 16	4 14	壬辰	6 16	5 16	癸亥	7 18	6 19	乙未
	2 16	1 13	壬戌	3 17	2 14	壬辰	4 16	3 14	壬戌	5 17	4 15	癸巳	6 17	5 17	甲子	7 19	6 20	丙申
猴	2 17	1 14	癸亥	3 18	2 15	癸巳	4 17	3 15	癸亥	5 18	4 16	甲午	6 18	5 18	乙丑	7 20	6 21	丁酉
	2 18	1 15	甲子	3 19	2 16	甲午	4 18	3 16	甲子	5 19	4 17	乙未	6 19	5 19	丙寅	7 21	6 22	戊戌
	2 19	1 16	乙丑	3 20	2 17	乙未	4 19	3 17	乙丑	5 20	4 18	丙申	6 20	5 20	丁卯	7 22	6 23	己亥
	2 20	1 17	丙寅	3 21	2 18	丙申	4 20	3 18	丙寅	5 21	4 19	丁酉	6 21	5 21	戊辰	7 23	6 24	庚子
	2 21	1 18	丁卯	3 22	2 19	丁酉	4 21	3 19	丁卯	5 22	4 20	戊戌	6 22	5 22	己巳	7 24	6 25	辛丑
	2 22	1 19	戊辰	3 23	2 20	戊戌	4 22	3 20	戊辰	5 23	4 21	己亥	6 23	5 23	庚午	7 25	6 26	壬寅
	2 23	1 20	己巳	3 24	2 21	己亥	4 23	3 21	己巳	5 24	4 22	庚子	6 24	5 24	辛未	7 26	6 27	癸卯
	2 24	1 21	庚午	3 25	2 22	庚子	4 24	3 22	庚午	5 25	4 23	辛丑	6 25	5 25	壬申	7 27	6 28	甲辰
	2 25	1 22	辛未	3 26	2 23	辛丑	4 25	3 23	辛未	5 26	4 24	壬寅	6 26	5 26	癸酉	7 28	6 29	乙巳
	2 26	1 23	壬申	3 27	2 24	壬寅	4 26	3 24	壬申	5 27	4 25	癸卯	6 27	5 27	甲戌	7 29	6 30	丙午
	2 27	1 24	癸酉	3 28	2 25	癸卯	4 27	3 25	癸酉	5 28	4 26	甲辰	6 28	5 28	乙亥	7 30	7 1	丁未
	2 28	1 25	甲戌	3 29	2 26	甲辰	4 28	3 26	甲戌	5 29	4 27	乙巳	6 29	5 29	丙子	7 31	7 2	戊申
1	2 29	1 26	乙亥	3 30	2 27	乙巳	4 29	3 27	乙亥	5 30	4 28	丙午	6 30	6 1	丁丑	8 1	7 3	己酉
9	3 1	1 27	丙子	3 31	2 28	丙午	4 30	3 28	丙子	5 31	4 29	丁未	7 1	6 2	戊寅	8 2	7 4	庚戌
9	3 2	1 28	丁丑	4 1	2 29	丁未	5 1	3 29	丁丑	6 1	5 1	戊申	7 2	6 3	己卯	8 3	7 5	辛亥
2	3 3	1 29	戊寅	4 2	2 30	戊申	5 2	3 30	戊寅	6 2	5 2	己酉	7 3	6 4	庚辰	8 4	7 6	壬子
	3 4	2 1	己卯	4 3	3 1	己酉	5 3	4 1	己卯	6 3	5 3	庚戌	7 4	6 5	辛巳	8 5	7 7	癸丑
							5 4	4 2	庚辰	6 4	5 4	辛亥	7 5	6 6	壬午	8 6	7 8	甲寅
													7 6	6 7	癸未			
中	雨水			春分			穀雨			小滿			夏至			大暑		
氣	2/19 17時43分 酉時			3/20 16時48分 申時			4/20 3時56分 寅時			5/21 3時12分 寅時			6/21 11時14分 午時			7/22 22時9分 亥時		

186

壬申（年）

戊申 立秋			己酉 白露			庚戌 寒露			辛亥 立冬			壬子 大雪			癸丑 小寒		
4時27分 未時			9/7 17時18分 酉時			10/8 8時51分 辰時			11/7 11時57分 午時			12/7 14時44分 寅時			1/5 15時56分 申時		
國曆	農曆	干支	國曆	農曆	干支	國曆	農曆	干支	國曆	農曆	干支	國曆	農曆	干支	國曆	農曆	干支
8/7	7/9	乙卯	9/7	8/11	丙戌	10/8	9/13	丁巳	11/7	10/13	丁亥	12/7	11/14	丁巳	1/5	12/13	丙戌
8/8	7/10	丙辰	9/8	8/12	丁亥	10/9	9/14	戊午	11/8	10/14	戊子	12/8	11/15	戊午	1/6	12/14	丁亥
8/9	7/11	丁巳	9/9	8/13	戊子	10/10	9/15	己未	11/9	10/15	己丑	12/9	11/16	己未	1/7	12/15	戊子
8/10	7/12	戊午	9/10	8/14	己丑	10/11	9/16	庚申	11/10	10/16	庚寅	12/10	11/17	庚申	1/8	12/16	己丑
8/11	7/13	己未	9/11	8/15	庚寅	10/12	9/17	辛酉	11/11	10/17	辛卯	12/11	11/18	辛酉	1/9	12/17	庚寅
8/12	7/14	庚申	9/12	8/16	辛卯	10/13	9/18	壬戌	11/12	10/18	壬辰	12/12	11/19	壬戌	1/10	12/18	辛卯
8/13	7/15	辛酉	9/13	8/17	壬辰	10/14	9/19	癸亥	11/13	10/19	癸巳	12/13	11/20	癸亥	1/11	12/19	壬辰
8/14	7/16	壬戌	9/14	8/18	癸巳	10/15	9/20	甲子	11/14	10/20	甲午	12/14	11/21	甲子	1/12	12/20	癸巳
8/15	7/17	癸亥	9/15	8/19	甲午	10/16	9/21	乙丑	11/15	10/21	乙未	12/15	11/22	乙丑	1/13	12/21	甲午
8/16	7/18	甲子	9/16	8/20	乙未	10/17	9/22	丙寅	11/16	10/22	丙申	12/16	11/23	丙寅	1/14	12/22	乙未
8/17	7/19	乙丑	9/17	8/21	丙申	10/18	9/23	丁卯	11/17	10/23	丁酉	12/17	11/24	丁卯	1/15	12/23	丙申
8/18	7/20	丙寅	9/18	8/22	丁酉	10/19	9/24	戊辰	11/18	10/24	戊戌	12/18	11/25	戊辰	1/16	12/24	丁酉
8/19	7/21	丁卯	9/19	8/23	戊戌	10/20	9/25	己巳	11/19	10/25	己亥	12/19	11/26	己巳	1/17	12/25	戊戌
8/20	7/22	戊辰	9/20	8/24	己亥	10/21	9/26	庚午	11/20	10/26	庚子	12/20	11/27	庚午	1/18	12/26	己亥
8/21	7/23	己巳	9/21	8/25	庚子	10/22	9/27	辛未	11/21	10/27	辛丑	12/21	11/28	辛未	1/19	12/27	庚子
8/22	7/24	庚午	9/22	8/26	辛丑	10/23	9/28	壬申	11/22	10/28	壬寅	12/22	11/29	壬申	1/20	12/28	辛丑
8/23	7/25	辛未	9/23	8/27	壬寅	10/24	9/29	癸酉	11/23	10/29	癸卯	12/23	11/30	癸酉	1/21	12/29	壬寅
8/24	7/26	壬申	9/24	8/28	癸卯	10/25	9/30	甲戌	11/24	11/1	甲辰	12/24	12/1	甲戌	1/22	12/30	癸卯
8/25	7/27	癸酉	9/25	8/29	甲辰	10/26	10/1	乙亥	11/25	11/2	乙巳	12/25	12/2	乙亥	1/23	1/1	甲辰
8/26	7/28	甲戌	9/26	9/1	乙巳	10/27	10/2	丙子	11/26	11/3	丙午	12/26	12/3	丙子	1/24	1/2	乙巳
8/27	7/29	乙亥	9/27	9/2	丙午	10/28	10/3	丁丑	11/27	11/4	丁未	12/27	12/4	丁丑	1/25	1/3	丙午
8/28	8/1	丙子	9/28	9/3	丁未	10/29	10/4	戊寅	11/28	11/5	戊申	12/28	12/5	戊寅	1/26	1/4	丁未
8/29	8/2	丁丑	9/29	9/4	戊申	10/30	10/5	己卯	11/29	11/6	己酉	12/29	12/6	己卯	1/27	1/5	戊申
8/30	8/3	戊寅	9/30	9/5	己酉	10/31	10/6	庚辰	11/30	11/7	庚戌	12/30	12/7	庚辰	1/28	1/6	己酉
8/31	8/4	己卯	10/1	9/6	庚戌	11/1	10/7	辛巳	12/1	11/8	辛亥	12/31	12/8	辛巳	1/29	1/7	庚戌
9/1	8/5	庚辰	10/2	9/7	辛亥	11/2	10/8	壬午	12/2	11/9	壬子	1/1	12/9	壬午	1/30	1/8	辛亥
9/2	8/6	辛巳	10/3	9/8	壬子	11/3	10/9	癸未	12/3	11/10	癸丑	1/2	12/10	癸未	1/31	1/9	壬子
9/3	8/7	壬午	10/4	9/9	癸丑	11/4	10/10	甲申	12/4	11/11	甲寅	1/3	12/11	甲申	2/1	1/10	癸丑
9/4	8/8	癸未	10/5	9/10	甲寅	11/5	10/11	乙酉	12/5	11/12	乙卯	1/4	12/12	乙酉	2/2	1/11	甲寅
9/5	8/9	甲申	10/6	9/11	乙卯	11/6	10/12	丙戌	12/6	11/13	丙辰				2/3	1/12	乙卯
9/6	8/10	乙酉	10/7	9/12	丙辰												

中氣	處暑	秋分	霜降	小雪	冬至	大寒
	8/23 5時10分 卯時	9/23 2時42分 丑時	10/23 11時57分 午時	11/22 9時25分 巳時	12/21 22時43分 亥時	1/20 9時22分 巳時

年：中華民國八十一、八十二年 猴 1992、1993

（月・節氣・日・中氣 欄）

187

年											癸酉						
月	甲寅			乙卯			丙辰			丁巳			戊午			己未		
節氣	立春			驚蟄			清明			立夏			芒種			小暑		
	2/4 3時37分 寅時			3/5 21時42分 亥時			4/5 2時37分 丑時			5/5 20時1分 戌時			6/6 0時15分 子時			7/7 10時32分 巳時		
日	國曆	農曆	干支	國曆	農曆	干支	國曆	農曆	干支	國曆	農曆	干支	國曆	農曆	干支	國曆	農曆	干支
	2 4	1 13	丙辰	3 5	2 13	乙酉	4 5	3 14	丙辰	5 5	3 14	丙戌	6 6	4 17	戊午	7 7	5 18	己丑
	2 5	1 14	丁巳	3 6	2 14	丙戌	4 6	3 15	丁巳	5 6	3 15	丁亥	6 7	4 18	己未	7 8	5 19	庚寅
	2 6	1 15	戊午	3 7	2 15	丁亥	4 7	3 16	戊午	5 7	3 16	戊子	6 8	4 19	庚申	7 9	5 20	辛卯
	2 7	1 16	己未	3 8	2 16	戊子	4 8	3 17	己未	5 8	3 17	己丑	6 9	4 20	辛酉	7 10	5 21	壬辰
中	2 8	1 17	庚申	3 9	2 17	己丑	4 9	3 18	庚申	5 9	3 18	庚寅	6 10	4 21	壬戌	7 11	5 22	癸巳
華	2 9	1 18	辛酉	3 10	2 18	庚寅	4 10	3 19	辛酉	5 10	3 19	辛卯	6 11	4 22	癸亥	7 12	5 23	甲午
民	2 10	1 19	壬戌	3 11	2 19	辛卯	4 11	3 20	壬戌	5 11	3 20	壬辰	6 12	4 23	甲子	7 13	5 24	乙未
國	2 11	1 20	癸亥	3 12	2 20	壬辰	4 12	3 21	癸亥	5 12	3 21	癸巳	6 13	4 24	乙丑	7 14	5 25	丙申
八	2 12	1 21	甲子	3 13	2 21	癸巳	4 13	3 22	甲子	5 13	3 22	甲午	6 14	4 25	丙寅	7 15	5 26	丁酉
十	2 13	1 22	乙丑	3 14	2 22	甲午	4 14	3 23	乙丑	5 14	3 23	乙未	6 15	4 26	丁卯	7 16	5 27	戊戌
二	2 14	1 23	丙寅	3 15	2 23	乙未	4 15	3 24	丙寅	5 15	3 24	丙申	6 16	4 27	戊辰	7 17	5 28	己亥
年	2 15	1 24	丁卯	3 16	2 24	丙申	4 16	3 25	丁卯	5 16	3 25	丁酉	6 17	4 28	己巳	7 18	5 29	庚子
	2 16	1 25	戊辰	3 17	2 25	丁酉	4 17	3 26	戊辰	5 17	3 26	戊戌	6 18	4 29	庚午	7 19	6 1	辛丑
雞	2 17	1 26	己巳	3 18	2 26	戊戌	4 18	3 27	己巳	5 18	3 27	己亥	6 19	4 30	辛未	7 20	6 2	壬寅
	2 18	1 27	庚午	3 19	2 27	己亥	4 19	3 28	庚午	5 19	3 28	庚子	6 20	5 1	壬申	7 21	6 3	癸卯
	2 19	1 28	辛未	3 20	2 28	庚子	4 20	3 29	辛未	5 20	3 29	辛丑	6 21	5 2	癸酉	7 22	6 4	甲辰
	2 20	1 29	壬申	3 21	2 29	辛丑	4 21	3 30	壬申	5 21	4 1	壬寅	6 22	5 3	甲戌	7 23	6 5	乙巳
	2 21	2 1	癸酉	3 22	2 30	壬寅	4 22	閏3 1	癸酉	5 22	4 2	癸卯	6 23	5 4	乙亥	7 24	6 6	丙午
	2 22	2 2	甲戌	3 23	3 1	癸卯	4 23	3 2	甲戌	5 23	4 3	甲辰	6 24	5 5	丙子	7 25	6 7	丁未
	2 23	2 3	乙亥	3 24	3 2	甲辰	4 24	3 3	乙亥	5 24	4 4	乙巳	6 25	5 6	丁丑	7 26	6 8	戊申
	2 24	2 4	丙子	3 25	3 3	乙巳	4 25	3 4	丙子	5 25	4 5	丙午	6 26	5 7	戊寅	7 27	6 9	己酉
	2 25	2 5	丁丑	3 26	3 4	丙午	4 26	3 5	丁丑	5 26	4 6	丁未	6 27	5 8	己卯	7 28	6 10	庚戌
	2 26	2 6	戊寅	3 27	3 5	丁未	4 27	3 6	戊寅	5 27	4 7	戊申	6 28	5 9	庚辰	7 29	6 11	辛亥
	2 27	2 7	己卯	3 28	3 6	戊申	4 28	3 7	己卯	5 28	4 8	己酉	6 29	5 10	辛巳	7 30	6 12	壬子
	2 28	2 8	庚辰	3 29	3 7	己酉	4 29	3 8	庚辰	5 29	4 9	庚戌	6 30	5 11	壬午	7 31	6 13	癸丑
1	3 1	2 9	辛巳	3 30	3 8	庚戌	4 30	3 9	辛巳	5 30	4 10	辛亥	7 1	5 12	癸未	8 1	6 14	甲寅
9	3 2	2 10	壬午	3 31	3 9	辛亥	5 1	3 10	壬午	5 31	4 11	壬子	7 2	5 13	甲申	8 2	6 15	乙卯
9	3 3	2 11	癸未	4 1	3 10	壬子	5 2	3 11	癸未	6 1	4 12	癸丑	7 3	5 14	乙酉	8 3	6 16	丙辰
3	3 4	2 12	甲申	4 2	3 11	癸丑	5 3	3 12	甲申	6 2	4 13	甲寅	7 4	5 15	丙戌	8 4	6 17	丁巳
				4 3	3 12	甲寅	5 4	3 13	乙酉	6 3	4 14	乙卯	7 5	5 16	丁亥	8 5	6 18	戊午
				4 4	3 13	乙卯				6 4	4 15	丙辰	7 6	5 17	戊子	8 6	6 19	己未
										6 5	4 16	丁巳						
中氣	雨水			春分			穀雨			小滿			夏至			大暑		
	2/18 23時35分 子時			3/20 22時40分 亥時			4/20 9時49分 巳時			5/21 9時1分 巳時			6/21 16時59分 申時			7/23 3時50分 寅時		

癸酉 年

月	庚申	辛酉	壬戌	癸亥	甲子	乙丑
節氣	立秋 …17分 戊時	白露 9/7 23時7分 時	寒露 10/8 14時40分 未時	立冬 11/7 17時45分 時	大雪 12/7 10時33分 巳時	小寒 1/5 21時48分 亥時

庚申 農曆	干支	辛酉 國曆	農曆	干支	壬戌 國曆	農曆	干支	癸亥 國曆	農曆	干支	甲子 國曆	農曆	干支	乙丑 國曆	農曆	干支	日
6 20	庚申	9 7	21	辛卯	10 8	23	壬戌	11 7	24	壬辰	12 7	24	壬戌	1 5	11 24	辛卯	
6 21	辛酉	9 8	22	壬辰	10 9	24	癸亥	11 8	25	癸巳	12 8	25	癸亥	1 6	25	壬辰	
6 22	壬戌	9 9	23	癸巳	10 10	25	甲子	11 9	26	甲午	12 9	26	甲子	1 7	26	癸巳	
6 23	癸亥	9 10	24	甲午	10 11	26	乙丑	11 10	27	乙未	12 10	27	乙丑	1 8	27	甲午	
6 24	甲子	9 11	25	乙未	10 12	27	丙寅	11 11	28	丙申	12 11	28	丙寅	1 9	28	乙未	
6 25	乙丑	9 12	26	丙申	10 13	28	丁卯	11 12	29	丁酉	12 12	29	丁卯	1 10	29	丙申	
6 26	丙寅	9 13	27	丁酉	10 14	29	戊辰	11 13	30	戊戌	12 13	11 1	戊辰	1 11	30	丁酉	
6 27	丁卯	9 14	28	戊戌	10 15	30	己巳	11 14	10 1	己亥	12 14	2	己巳	1 12	12 1	戊戌	
6 28	戊辰	9 15	29	己亥	10 16	9 1	庚午	11 15	2	庚子	12 15	3	庚午	1 13	2	己亥	
6 29	己巳	9 16	8 1	庚子	10 17	2	辛未	11 16	3	辛丑	12 16	4	辛未	1 14	3	庚子	
6 30	庚午	9 17	2	辛丑	10 18	3	壬申	11 17	4	壬寅	12 17	5	壬申	1 15	4	辛丑	
7 1	辛未	9 18	3	壬寅	10 19	4	癸酉	11 18	5	癸卯	12 18	6	癸酉	1 16	5	壬寅	
7 2	壬申	9 19	4	癸卯	10 20	5	甲戌	11 19	6	甲辰	12 19	7	甲戌	1 17	6	癸卯	
7 3	癸酉	9 20	5	甲辰	10 21	6	乙亥	11 20	7	乙巳	12 20	8	乙亥	1 18	7	甲辰	
7 4	甲戌	9 21	6	乙巳	10 22	7	丙子	11 21	8	丙午	12 21	9	丙子	1 19	8	乙巳	
7 5	乙亥	9 22	7	丙午	10 23	8	丁丑	11 22	9	丁未	12 22	10	丁丑	1 20	9	丙午	
7 6	丙子	9 23	8	丁未	10 24	9	戊寅	11 23	10	戊申	12 23	11	戊寅	1 21	10	丁未	
7 7	丁丑	9 24	9	戊申	10 25	10	己卯	11 24	11	己酉	12 24	12	己卯	1 22	11	戊申	
7 8	戊寅	9 25	10	己酉	10 26	11	庚辰	11 25	12	庚戌	12 25	13	庚辰	1 23	12	己酉	
7 9	己卯	9 26	11	庚戌	10 27	12	辛巳	11 26	13	辛亥	12 26	14	辛巳	1 24	13	庚戌	
7 10	庚辰	9 27	12	辛亥	10 28	13	壬午	11 27	14	壬子	12 27	15	壬午	1 25	14	辛亥	
7 11	辛巳	9 28	13	壬子	10 29	14	癸未	11 28	15	癸丑	12 28	16	癸未	1 26	15	壬子	
7 12	壬午	9 29	14	癸丑	10 30	15	甲申	11 29	16	甲寅	12 29	17	甲申	1 27	16	癸丑	
7 13	癸未	9 30	15	甲寅	10 31	16	乙酉	11 30	17	乙卯	12 30	18	乙酉	1 28	17	甲寅	
7 14	甲申	10 1	16	乙卯	11 1	17	丙戌	12 1	18	丙辰	12 31	19	丙戌	1 29	18	乙卯	
7 15	乙酉	10 2	17	丙辰	11 2	18	丁亥	12 2	19	丁巳	1 1	20	丁亥	1 30	19	丙辰	
7 16	丙戌	10 3	18	丁巳	11 3	19	戊子	12 3	20	戊午	1 2	21	戊子	1 31	20	丁巳	
7 17	丁亥	10 4	19	戊午	11 4	20	己丑	12 4	21	己未	1 3	22	己丑	2 1	21	戊午	
7 18	戊子	10 5	20	己未	11 5	21	庚寅	12 5	22	庚申	1 4	23	庚寅	2 2	22	己未	
7 19	己丑	10 6	21	庚申	11 6	22	辛卯	12 6	23	辛酉				2 3	12 23	庚申	
7 20	庚寅	10 7	8 22	辛酉													

中華民國八十二、八十三年 雜 1993、1994

中氣	處暑 10時50分 巳時	秋分 9/23 8時22分 辰時	霜降 10/23 17時37分 酉時	小雪 11/22 15時6分 申時	冬至 12/22 4時25分 寅時	大寒 1/20 15時7分 申時

年	甲戌																	
月	丙寅			丁卯			戊辰			己巳			庚午			辛未		
節氣	立春 2/4 9時30分 巳時			驚蟄 3/6 3時37分 寅時			清明 4/5 8時31分 辰時			立夏 5/6 1時54分 丑時			芒種 6/6 6時4分 卯時			小暑 7/7 16時19分		
日	國曆	農曆	干支	國曆	農曆	干支	國曆	農曆	干支	國曆	農曆	干支	國曆	農曆	干支	國曆	農曆	干支
	2/4	12/24	辛酉	3/6	1/25	辛卯	4/5	2/25	辛酉	5/6	3/26	壬辰	6/6	4/27	癸亥	7/7	5/29	甲午
	2/5	12/25	壬戌	3/7	1/26	壬辰	4/6	2/26	壬戌	5/7	3/27	癸巳	6/7	4/28	甲子	7/8	5/30	乙未
	2/6	12/26	癸亥	3/8	1/27	癸巳	4/7	2/27	癸亥	5/8	3/28	甲午	6/8	4/29	乙丑	7/9	6/1	丙申
	2/7	12/27	甲子	3/9	1/28	甲午	4/8	2/28	甲子	5/9	3/29	乙未	6/9	5/1	丙寅	7/10	6/2	丁酉
	2/8	12/28	乙丑	3/10	1/29	乙未	4/9	2/29	乙丑	5/10	3/30	丙申	6/10	5/2	丁卯	7/11	6/3	戊戌
	2/9	12/29	丙寅	3/11	1/30	丙申	4/10	2/30	丙寅	5/11	4/1	丁酉	6/11	5/3	戊辰	7/12	6/4	己亥
	2/10	1/1	丁卯	3/12	2/1	丁酉	4/11	3/1	丁卯	5/12	4/2	戊戌	6/12	5/4	己巳	7/13	6/5	庚子
	2/11	1/2	戊辰	3/13	2/2	戊戌	4/12	3/2	戊辰	5/13	4/3	己亥	6/13	5/5	庚午	7/14	6/6	辛丑
	2/12	1/3	己巳	3/14	2/3	己亥	4/13	3/3	己巳	5/14	4/4	庚子	6/14	5/6	辛未	7/15	6/7	壬寅
	2/13	1/4	庚午	3/15	2/4	庚子	4/14	3/4	庚午	5/15	4/5	辛丑	6/15	5/7	壬申	7/16	6/8	癸卯
	2/14	1/5	辛未	3/16	2/5	辛丑	4/15	3/5	辛未	5/16	4/6	壬寅	6/16	5/8	癸酉	7/17	6/9	甲辰
	2/15	1/6	壬申	3/17	2/6	壬寅	4/16	3/6	壬申	5/17	4/7	癸卯	6/17	5/9	甲戌	7/18	6/10	乙巳
	2/16	1/7	癸酉	3/18	2/7	癸卯	4/17	3/7	癸酉	5/18	4/8	甲辰	6/18	5/10	乙亥	7/19	6/11	丙午
	2/17	1/8	甲戌	3/19	2/8	甲辰	4/18	3/8	甲戌	5/19	4/9	乙巳	6/19	5/11	丙子	7/20	6/12	丁未
	2/18	1/9	乙亥	3/20	2/9	乙巳	4/19	3/9	乙亥	5/20	4/10	丙午	6/20	5/12	丁丑	7/21	6/13	戊申
	2/19	1/10	丙子	3/21	2/10	丙午	4/20	3/10	丙子	5/21	4/11	丁未	6/21	5/13	戊寅	7/22	6/14	己酉
	2/20	1/11	丁丑	3/22	2/11	丁未	4/21	3/11	丁丑	5/22	4/12	戊申	6/22	5/14	己卯	7/23	6/15	庚戌
	2/21	1/12	戊寅	3/23	2/12	戊申	4/22	3/12	戊寅	5/23	4/13	己酉	6/23	5/15	庚辰	7/24	6/16	辛亥
	2/22	1/13	己卯	3/24	2/13	己酉	4/23	3/13	己卯	5/24	4/14	庚戌	6/24	5/16	辛巳	7/25	6/17	壬子
	2/23	1/14	庚辰	3/25	2/14	庚戌	4/24	3/14	庚辰	5/25	4/15	辛亥	6/25	5/17	壬午	7/26	6/18	癸丑
	2/24	1/15	辛巳	3/26	2/15	辛亥	4/25	3/15	辛巳	5/26	4/16	壬子	6/26	5/18	癸未	7/27	6/19	甲寅
	2/25	1/16	壬午	3/27	2/16	壬子	4/26	3/16	壬午	5/27	4/17	癸丑	6/27	5/19	甲申	7/28	6/20	乙卯
	2/26	1/17	癸未	3/28	2/17	癸丑	4/27	3/17	癸未	5/28	4/18	甲寅	6/28	5/20	乙酉	7/29	6/21	丙辰
	2/27	1/18	甲申	3/29	2/18	甲寅	4/28	3/18	甲申	5/29	4/19	乙卯	6/29	5/21	丙戌	7/30	6/22	丁巳
	2/28	1/19	乙酉	3/30	2/19	乙卯	4/29	3/19	乙酉	5/30	4/20	丙辰	6/30	5/22	丁亥	7/31	6/23	戊午
	3/1	1/20	丙戌	3/31	2/20	丙辰	4/30	3/20	丙戌	5/31	4/21	丁巳	7/1	5/23	戊子	8/1	6/24	己未
	3/2	1/21	丁亥	4/1	2/21	丁巳	5/1	3/21	丁亥	6/1	4/22	戊午	7/2	5/24	己丑	8/2	6/25	庚申
	3/3	1/22	戊子	4/2	2/22	戊午	5/2	3/22	戊子	6/2	4/23	己未	7/3	5/25	庚寅	8/3	6/26	辛酉
	3/4	1/23	己丑	4/3	2/23	己未	5/3	3/23	己丑	6/3	4/24	庚申	7/4	5/26	辛卯	8/4	6/27	壬戌
	3/5	1/24	庚寅	4/4	2/24	庚申	5/4	3/24	庚寅	6/4	4/25	辛酉	7/5	5/27	壬辰	8/5	6/28	癸亥
							5/5	3/25	辛卯	6/5	4/26	壬戌	7/6	5/28	癸巳	8/6	6/29	甲子
																8/7	7/1	乙丑
中氣	雨水 2/19 5時21分 卯時			春分 3/21 4時28分 寅時			穀雨 4/20 15時36分 申時			小滿 5/21 14時48分 未時			夏至 6/21 22時47分 亥時			大暑 7/23 9時41分 巳時		

（左欄標記：中華民國八十三年 狗　1994）

年 月：甲戌　中華民國八十三、八十四年　狗　1994、1995

節氣（各月）：

月（干支）	節氣	時刻
壬申	立秋	?時4分 丑時
癸酉	白露	9/8 4時55分 寅時
甲戌	寒露	10/8 20時29分 戌時
乙亥	立冬	11/7 23時35分 子時
丙子	大雪	12/7 16時22分 申時
丁丑	小寒	1/6 3時34分 寅時

日表：

壬申·立秋 農曆	干支	癸酉·白露 國曆	農曆	干支	甲戌·寒露 國曆	農曆	干支	乙亥·立冬 國曆	農曆	干支	丙子·大雪 國曆	農曆	干支	丁丑·小寒 國曆	農曆	干支
7/2	丙寅	9/8	8/3	丁酉	10/8	9/4	丁卯	11/7	10/4	丁酉	12/7	11/5	丁卯	1/6	12/6	丁酉
7/3	丁卯	9/9	8/4	戊戌	10/9	9/5	戊辰	11/8	10/5	戊戌	12/8	11/6	戊辰	1/7	12/7	戊戌
7/4	戊辰	9/10	8/5	己亥	10/10	9/6	己巳	11/9	10/6	己亥	12/9	11/7	己巳	1/8	12/8	己亥
7/5	己巳	9/11	8/6	庚子	10/11	9/7	庚午	11/10	10/7	庚子	12/10	11/8	庚午	1/9	12/9	庚子
7/6	庚午	9/12	8/7	辛丑	10/12	9/8	辛未	11/11	10/8	辛丑	12/11	11/9	辛未	1/10	12/10	辛丑
7/7	辛未	9/13	8/8	壬寅	10/13	9/9	壬申	11/12	10/9	壬寅	12/12	11/10	壬申	1/11	12/11	壬寅
7/8	壬申	9/14	8/9	癸卯	10/14	9/10	癸酉	11/13	10/10	癸卯	12/13	11/11	癸酉	1/12	12/12	癸卯
7/9	癸酉	9/15	8/10	甲辰	10/15	9/11	甲戌	11/14	10/11	甲辰	12/14	11/12	甲戌	1/13	12/13	甲辰
7/10	甲戌	9/16	8/11	乙巳	10/16	9/12	乙亥	11/15	10/12	乙巳	12/15	11/13	乙亥	1/14	12/14	乙巳
7/11	乙亥	9/17	8/12	丙午	10/17	9/13	丙子	11/16	10/13	丙午	12/16	11/14	丙子	1/15	12/15	丙午
7/12	丙子	9/18	8/13	丁未	10/18	9/14	丁丑	11/17	10/14	丁未	12/17	11/15	丁丑	1/16	12/16	丁未
7/13	丁丑	9/19	8/14	戊申	10/19	9/15	戊寅	11/18	10/15	戊申	12/18	11/16	戊寅	1/17	12/17	戊申
7/14	戊寅	9/20	8/15	己酉	10/20	9/16	己卯	11/19	10/16	己酉	12/19	11/17	己卯	1/18	12/18	己酉
7/15	己卯	9/21	8/16	庚戌	10/21	9/17	庚辰	11/20	10/17	庚戌	12/20	11/18	庚辰	1/19	12/19	庚戌
7/16	庚辰	9/22	8/17	辛亥	10/22	9/18	辛巳	11/21	10/18	辛亥	12/21	11/19	辛巳	1/20	12/20	辛亥
7/17	辛巳	9/23	8/18	壬子	10/23	9/19	壬午	11/22	10/19	壬子	12/22	11/20	壬午	1/21	12/21	壬子
7/18	壬午	9/24	8/19	癸丑	10/24	9/20	癸未	11/23	10/20	癸丑	12/23	11/21	癸未	1/22	12/22	癸丑
7/19	癸未	9/25	8/20	甲寅	10/25	9/21	甲申	11/24	10/21	甲寅	12/24	11/22	甲申	1/23	12/23	甲寅
7/20	甲申	9/26	8/21	乙卯	10/26	9/22	乙酉	11/25	10/22	乙卯	12/25	11/23	乙酉	1/24	12/24	乙卯
7/21	乙酉	9/27	8/22	丙辰	10/27	9/23	丙戌	11/26	10/23	丙辰	12/26	11/24	丙戌	1/25	12/25	丙辰
7/22	丙戌	9/28	8/23	丁巳	10/28	9/24	丁亥	11/27	10/24	丁巳	12/27	11/25	丁亥	1/26	12/26	丁巳
7/23	丁亥	9/29	8/24	戊午	10/29	9/25	戊子	11/28	10/25	戊午	12/28	11/26	戊子	1/27	12/27	戊午
7/24	戊子	9/30	8/25	己未	10/30	9/26	己丑	11/29	10/26	己未	12/29	11/27	己丑	1/28	12/28	己未
7/25	己丑	10/1	8/26	庚申	10/31	9/27	庚寅	11/30	10/27	庚申	12/30	11/28	庚寅	1/29	12/29	庚申
7/26	庚寅	10/2	8/27	辛酉	11/1	9/28	辛卯	12/1	10/28	辛酉	12/31	11/29	辛卯	1/30	12/30	辛酉
7/27	辛卯	10/3	8/28	壬戌	11/2	9/29	壬辰	12/2	10/29	壬戌	1/1	12/1	壬辰	1/31	1/1	壬戌
7/28	壬辰	10/4	8/29	癸亥	11/3	9/30	癸巳	12/3	11/1	癸亥	1/2	12/2	癸巳	2/1	1/2	癸亥
7/29	癸巳	10/5	9/1	甲子	11/4	10/1	甲午	12/4	11/2	甲子	1/3	12/3	甲午	2/2	1/3	甲子
7/30	甲午	10/6	9/2	乙丑	11/5	10/2	乙未	12/5	11/3	乙丑	1/4	12/4	乙未	2/3	1/4	乙丑
8/1	乙未	10/7	9/3	丙寅	11/6	10/3	丙申	12/6	11/4	丙寅	1/5	12/5	丙申	2/4	1/5	丙寅
8/2	丙申													2/5	1/6	丁卯

中氣（各月）：

月	中氣	時刻
壬申	處暑	16時43分 申時
癸酉	秋分	9/23 14時19分 未時
甲戌	霜降	10/23 23時36分 子時
乙亥	小雪	11/22 21時5分 亥時
丙子	冬至	12/22 10時22分 巳時
丁丑	大寒	1/20 21時0分 亥時

191

年		乙亥																
月		戊寅			己卯			庚辰			辛巳			壬午			癸未		
節氣		立春			驚蟄			清明			立夏			芒種			小暑		
		2/4 15時12分 申時			3/6 9時16分 巳時			4/5 14時8分 未時			5/6 7時30分 辰時			6/6 11時42分 午時			7/7 22時1分		
日		國曆	農曆	干支	國曆	農曆	干支	國曆	農曆	干支	國曆	農曆	干支	國曆	農曆	干支	國曆	農曆	干支
		2 4	1 5	丙寅	3 6	2 6	丙申	4 5	3 6	丙寅	5 6	4 7	丁酉	6 6	5 9	戊辰	7 7	6 10	
		2 5	1 6	丁卯	3 7	2 7	丁酉	4 6	3 7	丁卯	5 7	4 8	戊戌	6 7	5 10	己巳	7 8	6 11	
		2 6	1 7	戊辰	3 8	2 8	戊戌	4 7	3 8	戊辰	5 8	4 9	己亥	6 8	5 11	庚午	7 9	6 12	
		2 7	1 8	己巳	3 9	2 9	己亥	4 8	3 9	己巳	5 9	4 10	庚子	6 9	5 12	辛未	7 10	6 13	
中		2 8	1 9	庚午	3 10	2 10	庚子	4 9	3 10	庚午	5 10	4 11	辛丑	6 10	5 13	壬申	7 11	6 14	
華		2 9	1 10	辛未	3 11	2 11	辛丑	4 10	3 11	辛未	5 11	4 12	壬寅	6 11	5 14	癸酉	7 12	6 15	
民		2 10	1 11	壬申	3 12	2 12	壬寅	4 11	3 12	壬申	5 12	4 13	癸卯	6 12	5 15	甲戌	7 13	6 16	
國		2 11	1 12	癸酉	3 13	2 13	癸卯	4 12	3 13	癸酉	5 13	4 14	甲辰	6 13	5 16	乙亥	7 14	6 17	
八		2 12	1 13	甲戌	3 14	2 14	甲辰	4 13	3 14	甲戌	5 14	4 15	乙巳	6 14	5 17	丙子	7 15	6 18	
十		2 13	1 14	乙亥	3 15	2 15	乙巳	4 14	3 15	乙亥	5 15	4 16	丙午	6 15	5 18	丁丑	7 16	6 19	
四		2 14	1 15	丙子	3 16	2 16	丙午	4 15	3 16	丙子	5 16	4 17	丁未	6 16	5 19	戊寅	7 17	6 20	
年		2 15	1 16	丁丑	3 17	2 17	丁未	4 16	3 17	丁丑	5 17	4 18	戊申	6 17	5 20	己卯	7 18	6 21	
		2 16	1 17	戊寅	3 18	2 18	戊申	4 17	3 18	戊寅	5 18	4 19	己酉	6 18	5 21	庚辰	7 19	6 22	
豬		2 17	1 18	己卯	3 19	2 19	己酉	4 18	3 19	己卯	5 19	4 20	庚戌	6 19	5 22	辛巳	7 20	6 23	
		2 18	1 19	庚辰	3 20	2 20	庚戌	4 19	3 20	庚辰	5 20	4 21	辛亥	6 20	5 23	壬午	7 21	6 24	
		2 19	1 20	辛巳	3 21	2 21	辛亥	4 20	3 21	辛巳	5 21	4 22	壬子	6 21	5 24	癸未	7 22	6 25	
		2 20	1 21	壬午	3 22	2 22	壬子	4 21	3 22	壬午	5 22	4 23	癸丑	6 22	5 25	甲申	7 23	6 26	
		2 21	1 22	癸未	3 23	2 23	癸丑	4 22	3 23	癸未	5 23	4 24	甲寅	6 23	5 26	乙酉	7 24	6 27	
		2 22	1 23	甲申	3 24	2 24	甲寅	4 23	3 24	甲申	5 24	4 25	乙卯	6 24	5 27	丙戌	7 25	6 28	
		2 23	1 24	乙酉	3 25	2 25	乙卯	4 24	3 25	乙酉	5 25	4 26	丙辰	6 25	5 28	丁亥	7 26	6 29	
		2 24	1 25	丙戌	3 26	2 26	丙辰	4 25	3 26	丙戌	5 26	4 27	丁巳	6 26	5 29	戊子	7 27	7 1	
		2 25	1 26	丁亥	3 27	2 27	丁巳	4 26	3 27	丁亥	5 27	4 28	戊午	6 27	5 30	己丑	7 28	7 2	
		2 26	1 27	戊子	3 28	2 28	戊午	4 27	3 28	戊子	5 28	4 29	己未	6 28	6 1	庚寅	7 29	7 3	
		2 27	1 28	己丑	3 29	2 29	己未	4 28	3 29	己丑	5 29	5 1	庚申	6 29	6 2	辛卯	7 30	7 4	
		2 28	1 29	庚寅	3 30	2 30	庚申	4 29	3 30	庚寅	5 30	5 2	辛酉	6 30	6 3	壬辰	7 31	7 5	
		3 1	2 1	辛卯	3 31	3 1	辛酉	4 30	4 1	辛卯	5 31	5 3	壬戌	7 1	6 4	癸巳	8 1	7 6	
		3 2	2 2	壬辰	4 1	3 2	壬戌	5 1	4 2	壬辰	6 1	5 4	癸亥	7 2	6 5	甲午	8 2	7 7	
1		3 3	2 3	癸巳	4 2	3 3	癸亥	5 2	4 3	癸巳	6 2	5 5	甲子	7 3	6 6	乙未	8 3	7 8	
9		3 4	2 4	甲午	4 3	3 4	甲子	5 3	4 4	甲午	6 3	5 6	乙丑	7 4	6 7	丙申	8 4	7 9	
9		3 5	2 5	乙未	4 4	3 5	乙丑	5 4	4 5	乙未	6 4	5 7	丙寅	7 5	6 8	丁酉	8 5	7 10	
5								5 5	4 6	丙申	6 5	5 8	丁卯	7 6	6 9	戊戌	8 6	7 11	
																	8 7	7 12	
中氣		雨水			春分			穀雨			小滿			夏至			大暑		
		2/19 11時10分 午時			3/21 10時14分 巳時			4/20 21時21分 亥時			5/21 20時34分 戌時			6/22 4時34分 寅時			7/23 15時29分		

乙亥																												
甲申				乙酉					丙戌					丁亥					戊子					己丑				
立秋				白露					寒露					立冬					大雪					小寒				
7時51分 辰時				9/8 10時48分 巳時					10/9 2時27分 丑時					11/8 5時35分 卯時					12/7 22時22分 亥時					1/6 9時31分 巳時				
	農曆		干支	國曆		農曆		干支	國曆		農曆		干支	國曆		農曆		干支	國曆		農曆		干支	國曆		農曆		干支
	7	13	辛未	9	8	8	14	壬寅	10	9	8	15	癸酉	11	8	9	16	癸卯	12	7	10	16	壬申	1	6	11	16	壬寅
	7	14	壬申	9	9	8	15	癸卯	10	10	8	16	甲戌	11	9	9	17	甲辰	12	8	10	17	癸酉	1	7	11	17	癸卯
	7	15	癸酉	9	10	8	16	甲辰	10	11	8	17	乙亥	11	10	9	18	乙巳	12	9	10	18	甲戌	1	8	11	18	甲辰
	7	16	甲戌	9	11	8	17	乙巳	10	12	8	18	丙子	11	11	9	19	丙午	12	10	10	19	乙亥	1	9	11	19	乙巳
	7	17	乙亥	9	12	8	18	丙午	10	13	8	19	丁丑	11	12	9	20	丁未	12	11	10	20	丙子	1	10	11	20	丙午
	7	18	丙子	9	13	8	19	丁未	10	14	8	20	戊寅	11	13	9	21	戊申	12	12	10	21	丁丑	1	11	11	21	丁未
	7	19	丁丑	9	14	8	20	戊申	10	15	8	21	己卯	11	14	9	22	己酉	12	13	10	22	戊寅	1	12	11	22	戊申
	7	20	戊寅	9	15	8	21	己酉	10	16	8	22	庚辰	11	15	9	23	庚戌	12	14	10	23	己卯	1	13	11	23	己酉
	7	21	己卯	9	16	8	22	庚戌	10	17	8	23	辛巳	11	16	9	24	辛亥	12	15	10	24	庚辰	1	14	11	24	庚戌
	7	22	庚辰	9	17	8	23	辛亥	10	18	8	24	壬午	11	17	9	25	壬子	12	16	10	25	辛巳	1	15	11	25	辛亥
	7	23	辛巳	9	18	8	24	壬子	10	19	8	25	癸未	11	18	9	26	癸丑	12	17	10	26	壬午	1	16	11	26	壬子
	7	24	壬午	9	19	8	25	癸丑	10	20	8	26	甲申	11	19	9	27	甲寅	12	18	10	27	癸未	1	17	11	27	癸丑
	7	25	癸未	9	20	8	26	甲寅	10	21	8	27	乙酉	11	20	9	28	乙卯	12	19	10	28	甲申	1	18	11	28	甲寅
	7	26	甲申	9	21	8	27	乙卯	10	22	8	28	丙戌	11	21	9	29	丙辰	12	20	10	29	乙酉	1	19	11	29	乙卯
	7	27	乙酉	9	22	8	28	丙辰	10	23	8	29	丁亥	11	22	10	1	丁巳	12	21	10	30	丙戌	1	20	12	1	丙辰
	7	28	丙戌	9	23	8	29	丁巳	10	24	9	1	戊子	11	23	10	2	戊午	12	22	11	1	丁亥	1	21	12	2	丁巳
	7	29	丁亥	9	24	8	30	戊午	10	25	9	2	己丑	11	24	10	3	己未	12	23	11	2	戊子	1	22	12	3	戊午
	7	30	戊子	9	25	閏8	1	己未	10	26	9	3	庚寅	11	25	10	4	庚申	12	24	11	3	己丑	1	23	12	4	己未
	8	1	己丑	9	26	8	2	庚申	10	27	9	4	辛卯	11	26	10	5	辛酉	12	25	11	4	庚寅	1	24	12	5	庚申
	8	2	庚寅	9	27	8	3	辛酉	10	28	9	5	壬辰	11	27	10	6	壬戌	12	26	11	5	辛卯	1	25	12	6	辛酉
	8	3	辛卯	9	28	8	4	壬戌	10	29	9	6	癸巳	11	28	10	7	癸亥	12	27	11	6	壬辰	1	26	12	7	壬戌
	8	4	壬辰	9	29	8	5	癸亥	10	30	9	7	甲午	11	29	10	8	甲子	12	28	11	7	癸巳	1	27	12	8	癸亥
	8	5	癸巳	9	30	8	6	甲子	10	31	9	8	乙未	11	30	10	9	乙丑	12	29	11	8	甲午	1	28	12	9	甲子
	8	6	甲午	10	1	8	7	乙丑	11	1	9	9	丙申	12	1	10	10	丙寅	12	30	11	9	乙未	1	29	12	10	乙丑
	8	7	乙未	10	2	8	8	丙寅	11	2	9	10	丁酉	12	2	10	11	丁卯	12	31	11	10	丙申	1	30	12	11	丙寅
	8	8	丙申	10	3	8	9	丁卯	11	3	9	11	戊戌	12	3	10	12	戊辰	1	1	11	11	丁酉	1	31	12	12	丁卯
	8	9	丁酉	10	4	8	10	戊辰	11	4	9	12	己亥	12	4	10	13	己巳	1	2	11	12	戊戌	2	1	12	13	戊辰
	8	10	戊戌	10	5	8	11	己巳	11	5	9	13	庚子	12	5	10	14	庚午	1	3	11	13	己亥	2	2	12	14	己巳
	8	11	己亥	10	6	8	12	庚午	11	6	9	14	辛丑	12	6	10	15	辛未	1	4	11	14	庚子	2	3	12	15	庚午
	8	12	庚子	10	7	8	13	辛未	11	7	9	15	壬寅						1	5	11	15	辛丑					
	8	13	辛丑	10	8	8	14	壬申																				
處暑				秋分					霜降					小雪					冬至					大寒				
22時34分 亥時				9/23 20時12分 戌時					10/24 5時31分 卯時					11/23 3時1分 寅時					12/22 16時16分 申時					1/21 2時52分 丑時				

年 月 節氣 日 中氣

中華民國八十四、八十五年 豬

1995、1996

年：丙子　中華民國八十五年（鼠）　1996

月	庚寅	辛卯	壬辰	癸巳	甲午	乙未
節氣	立春 2/4 21時7分 亥時	驚蟄 3/5 15時9分 申時	清明 4/4 20時2分 戌時	立夏 5/5 13時26分 未時	芒種 6/5 17時40分 酉時	小暑 7/7 17時48分 酉時
中氣	雨水 2/19 17時0分 酉時	春分 3/20 16時3分 申時	穀雨 4/20 3時9分 寅時	小滿 5/21 2時23分 丑時	夏至 6/21 10時23分 巳時	大暑 7/22 21時18分 亥時

日：國曆／農曆／干支

立春 國曆	農曆	干支	驚蟄 國曆	農曆	干支	清明 國曆	農曆	干支	立夏 國曆	農曆	干支	芒種 國曆	農曆	干支	小暑 國曆	農曆	干支
2/4	12/16	辛未	3/5	1/16	辛丑	4/4	2/17	辛未	5/5	3/18	壬寅	6/5	4/20	癸酉	7/7	5/23	乙巳
2/5	12/17	壬申	3/6	1/17	壬寅	4/5	2/18	壬申	5/6	3/19	癸卯	6/6	4/21	甲戌	7/8	5/24	丙午
2/6	12/18	癸酉	3/7	1/18	癸卯	4/6	2/19	癸酉	5/7	3/20	甲辰	6/7	4/22	乙亥	7/9	5/25	丁未
2/7	12/19	甲戌	3/8	1/19	甲辰	4/7	2/20	甲戌	5/8	3/21	乙巳	6/8	4/23	丙子	7/10	5/26	戊申
2/8	12/20	乙亥	3/9	1/20	乙巳	4/8	2/21	乙亥	5/9	3/22	丙午	6/9	4/24	丁丑	7/11	5/27	己酉
2/9	12/21	丙子	3/10	1/21	丙午	4/9	2/22	丙子	5/10	3/23	丁未	6/10	4/25	戊寅	7/12	5/28	庚戌
2/10	12/22	丁丑	3/11	1/22	丁未	4/10	2/23	丁丑	5/11	3/24	戊申	6/11	4/26	己卯	7/13	5/29	辛亥
2/11	12/23	戊寅	3/12	1/23	戊申	4/11	2/24	戊寅	5/12	3/25	己酉	6/12	4/27	庚辰	7/14	6/1	壬子
2/12	12/24	己卯	3/13	1/24	己酉	4/12	2/25	己卯	5/13	3/26	庚戌	6/13	4/28	辛巳	7/15	6/2	癸丑
2/13	12/25	庚辰	3/14	1/25	庚戌	4/13	2/26	庚辰	5/14	3/27	辛亥	6/14	4/29	壬午	7/16	6/3	甲寅
2/14	12/26	辛巳	3/15	1/26	辛亥	4/14	2/27	辛巳	5/15	3/28	壬子	6/15	5/1	癸未	7/17	6/4	乙卯
2/15	12/27	壬午	3/16	1/27	壬子	4/15	2/28	壬午	5/16	3/29	癸丑	6/16	5/2	甲申	7/18	6/5	丙辰
2/16	12/28	癸未	3/17	1/28	癸丑	4/16	2/29	癸未	5/17	4/1	甲寅	6/17	5/3	乙酉	7/19	6/6	丁巳
2/17	12/29	甲申	3/18	1/29	甲寅	4/17	2/30	甲申	5/18	4/2	乙卯	6/18	5/4	丙戌	7/20	6/7	戊午
2/18	12/30	乙酉	3/19	2/1	乙卯	4/18	3/1	乙酉	5/19	4/3	丙辰	6/19	5/5	丁亥	7/21	6/8	己未
2/19	1/1	丙戌	3/20	2/2	丙辰	4/19	3/2	丙戌	5/20	4/4	丁巳	6/20	5/6	戊子	7/22	6/9	庚申
2/20	1/2	丁亥	3/21	2/3	丁巳	4/20	3/3	丁亥	5/21	4/5	戊午	6/21	5/7	己丑	7/23	6/10	辛酉
2/21	1/3	戊子	3/22	2/4	戊午	4/21	3/4	戊子	5/22	4/6	己未	6/22	5/8	庚寅	7/24	6/11	壬戌
2/22	1/4	己丑	3/23	2/5	己未	4/22	3/5	己丑	5/23	4/7	庚申	6/23	5/9	辛卯	7/25	6/12	癸亥
2/23	1/5	庚寅	3/24	2/6	庚申	4/23	3/6	庚寅	5/24	4/8	辛酉	6/24	5/10	壬辰	7/26	6/13	甲子
2/24	1/6	辛卯	3/25	2/7	辛酉	4/24	3/7	辛卯	5/25	4/9	壬戌	6/25	5/11	癸巳	7/27	6/14	乙丑
2/25	1/7	壬辰	3/26	2/8	壬戌	4/25	3/8	壬辰	5/26	4/10	癸亥	6/26	5/12	甲午	7/28	6/15	丙寅
2/26	1/8	癸巳	3/27	2/9	癸亥	4/26	3/9	癸巳	5/27	4/11	甲子	6/27	5/13	乙未	7/29	6/16	丁卯
2/27	1/9	甲午	3/28	2/10	甲子	4/27	3/10	甲午	5/28	4/12	乙丑	6/28	5/14	丙申	7/30	6/17	戊辰
2/28	1/10	乙未	3/29	2/11	乙丑	4/28	3/11	乙未	5/29	4/13	丙寅	6/29	5/15	丁酉	7/31	6/18	己巳
2/29	1/11	丙申	3/30	2/12	丙寅	4/29	3/12	丙申	5/30	4/14	丁卯	6/30	5/16	戊戌	8/1	6/19	庚午
3/1	1/12	丁酉	3/31	2/13	丁卯	4/30	3/13	丁酉	5/31	4/15	戊辰	7/1	5/17	己亥	8/2	6/20	辛未
3/2	1/13	戊戌	4/1	2/14	戊辰	5/1	3/14	戊戌	6/1	4/16	己巳	7/2	5/18	庚子	8/3	6/21	壬申
3/3	1/14	己亥	4/2	2/15	己巳	5/2	3/15	己亥	6/2	4/17	庚午	7/3	5/19	辛丑	8/4	6/22	癸酉
3/4	1/15	庚子	4/3	2/16	庚午	5/3	3/16	庚子	6/3	4/18	辛未	7/4	5/20	壬寅	8/5	6/23	甲戌
						5/4	3/17	辛丑	6/4	4/19	壬申	7/5	5/21	癸卯	8/6	6/24	乙亥
												7/6	5/22	甲辰			

丙子																		年
丙申			丁酉			戊戌			己亥			庚子			辛丑			月
立秋			白露			寒露			立冬			大雪			小寒			節氣
13時48分 未時			9/7 16時42分 申時			10/8 8時18分 辰時			11/7 11時26分 午時			12/7 4時14分 寅時			1/5 15時24分 申時			
日(丙申國曆)	農曆	干支	國曆	農曆	干支	國曆	農曆	干支	國曆	農曆	干支	國曆	農曆	干支	國曆	農曆	干支	日
7	6/23	丙申	9/7	7/25	丁未	10/8	8/26	戊寅	11/7	9/27	戊申	12/7	10/27	戊寅	1/5	11/26	丁未	
8	6/24	丁酉	9/8	7/26	戊申	10/9	8/27	己卯	11/8	9/28	己酉	12/8	10/28	己卯	1/6	11/27	戊申	
9	6/25	戊戌	9/9	7/27	己酉	10/10	8/28	庚辰	11/9	9/29	庚戌	12/9	10/29	庚辰	1/7	11/28	己酉	
10	6/26	己亥	9/10	7/28	庚戌	10/11	8/29	辛巳	11/10	9/30	辛亥	12/10	10/30	辛巳	1/8	11/29	庚戌	中
11	6/27	庚子	9/11	7/29	辛亥	10/12	9/1	壬午	11/11	10/1	壬子	12/11	11/1	壬午	1/9	11/30	辛亥	華
12	6/28	辛丑	9/12	7/30	壬子	10/13	9/2	癸未	11/12	10/2	癸丑	12/12	11/2	癸未	1/10	12/1	壬子	民
13	6/29	壬寅	9/13	8/1	癸丑	10/14	9/3	甲申	11/13	10/3	甲寅	12/13	11/3	甲申	1/11	12/2	癸丑	國
14	7/1	癸卯	9/14	8/2	甲寅	10/15	9/4	乙酉	11/14	10/4	乙卯	12/14	11/4	乙酉	1/12	12/3	甲寅	八
15	7/2	甲辰	9/15	8/3	乙卯	10/16	9/5	丙戌	11/15	10/5	丙辰	12/15	11/5	丙戌	1/13	12/4	乙卯	十
16	7/3	乙巳	9/16	8/4	丙辰	10/17	9/6	丁亥	11/16	10/6	丁巳	12/16	11/6	丁亥	1/14	12/5	丙辰	五
17	7/4	丙午	9/17	8/5	丁巳	10/18	9/7	戊子	11/17	10/7	戊午	12/17	11/7	戊子	1/15	12/6	丁巳	、
18	7/5	丁未	9/18	8/6	戊午	10/19	9/8	己丑	11/18	10/8	己未	12/18	11/8	己丑	1/16	12/7	戊午	八
19	7/6	戊申	9/19	8/7	己未	10/20	9/9	庚寅	11/19	10/9	庚申	12/19	11/9	庚寅	1/17	12/8	己未	十
20	7/7	己酉	9/20	8/8	庚申	10/21	9/10	辛卯	11/20	10/10	辛酉	12/20	11/10	辛卯	1/18	12/9	庚申	六
21	7/8	庚戌	9/21	8/9	辛酉	10/22	9/11	壬辰	11/21	10/11	壬戌	12/21	11/11	壬辰	1/19	12/10	辛酉	年
22	7/9	辛亥	9/22	8/10	壬戌	10/23	9/12	癸巳	11/22	10/12	癸亥	12/22	11/12	癸巳	1/20	12/11	壬戌	鼠
23	7/10	壬子	9/23	8/11	癸亥	10/24	9/13	甲午	11/23	10/13	甲子	12/23	11/13	甲午	1/21	12/12	癸亥	
24	7/11	癸丑	9/24	8/12	甲子	10/25	9/14	乙未	11/24	10/14	乙丑	12/24	11/14	乙未	1/22	12/13	甲子	
25	7/12	甲寅	9/25	8/13	乙丑	10/26	9/15	丙申	11/25	10/15	丙寅	12/25	11/15	丙申	1/23	12/14	乙丑	
26	7/13	乙卯	9/26	8/14	丙寅	10/27	9/16	丁酉	11/26	10/16	丁卯	12/26	11/16	丁酉	1/24	12/15	丙寅	
27	7/14	丙辰	9/27	8/15	丁卯	10/28	9/17	戊戌	11/27	10/17	戊辰	12/27	11/17	戊戌	1/25	12/16	丁卯	
28	7/15	丁巳	9/28	8/16	戊辰	10/29	9/18	己亥	11/28	10/18	己巳	12/28	11/18	己亥	1/26	12/17	戊辰	1
29	7/16	戊午	9/29	8/17	己巳	10/30	9/19	庚子	11/29	10/19	庚午	12/29	11/19	庚子	1/27	12/18	己巳	9
30	7/17	己未	9/30	8/18	庚午	10/31	9/20	辛丑	11/30	10/20	辛未	12/30	11/20	辛丑	1/28	12/19	庚午	9
31	7/18	庚申	10/1	8/19	辛未	11/1	9/21	壬寅	12/1	10/21	壬申	12/31	11/21	壬寅	1/29	12/20	辛未	6
1	7/19	辛酉	10/2	8/20	壬申	11/2	9/22	癸卯	12/2	10/22	癸酉	1/1	11/22	癸卯	1/30	12/21	壬申	、
2	7/20	壬戌	10/3	8/21	癸酉	11/3	9/23	甲辰	12/3	10/23	甲戌	1/2	11/23	甲辰	1/31	12/22	癸酉	1
3	7/21	癸亥	10/4	8/22	甲戌	11/4	9/24	乙巳	12/4	10/24	乙亥	1/3	11/24	乙巳	2/1	12/23	甲戌	9
4	7/22	甲子	10/5	8/23	乙亥	11/5	9/25	丙午	12/5	10/25	丙子	1/4	11/25	丙午	2/2	12/24	乙亥	9
5	7/23	乙丑	10/6	8/24	丙子	11/6	9/26	丁未	12/6	10/26	丁丑				2/3	12/25	丙子	7
6	7/24	丙寅	10/7	8/25	丁丑													
處暑			秋分			霜降			小雪			冬至			大寒			中氣
23 4時22分 寅時			9/23 2時0分 丑時			10/23 11時18分 午時			11/22 8時49分 辰時			12/21 22時5分 亥時			1/20 8時42分 辰時			

年	丁丑																
月	壬寅			癸卯			甲辰			乙巳			丙午			丁未	
節氣	立春			驚蟄			清明			立夏			芒種			小暑	
	2/4 3時1分 寅時			3/5 21時4分 亥時			4/5 1時56分 丑時			5/5 19時19分 戌時			6/5 23時32分 子時			7/7 9時49分 巳時	
日	國曆	農曆	干支	國曆	農曆	干支	國曆	農曆	干支	國曆	農曆	干支	國曆	農曆	干支	國曆	干支
	2 4	12 27	丁丑	3 5	1 27	丙午	4 5	2 28	丁丑	5 5	3 29	丁未	6 5	5 1	戊寅	7 7 6 3	庚
	2 5	12 28	戊寅	3 6	1 28	丁未	4 6	2 29	戊寅	5 6	3 30	戊申	6 6	5 2	己卯	7 8 6 4	辛
	2 6	12 29	己卯	3 7	1 29	戊申	4 7	3 1	己卯	5 7	4 1	己酉	6 7	5 3	庚辰	7 9 6 5	壬
	2 7	1 1	庚辰	3 8	1 30	己酉	4 8	3 2	庚辰	5 8	4 2	庚戌	6 8	5 4	辛巳	7 10 6 6	癸
中	2 8	1 2	辛巳	3 9	2 1	庚戌	4 9	3 3	辛巳	5 9	4 3	辛亥	6 9	5 5	壬午	7 11 6 7	甲
華	2 9	1 3	壬午	3 10	2 2	辛亥	4 10	3 4	壬午	5 10	4 4	壬子	6 10	5 6	癸未	7 12 6 8	乙
民	2 10	1 4	癸未	3 11	2 3	壬子	4 11	3 5	癸未	5 11	4 5	癸丑	6 11	5 7	甲申	7 13 6 9	丙
國	2 11	1 5	甲申	3 12	2 4	癸丑	4 12	3 6	甲申	5 12	4 6	甲寅	6 12	5 8	乙酉	7 14 6 10	丁
八	2 12	1 6	乙酉	3 13	2 5	甲寅	4 13	3 7	乙酉	5 13	4 7	乙卯	6 13	5 9	丙戌	7 15 6 11	戊
十	2 13	1 7	丙戌	3 14	2 6	乙卯	4 14	3 8	丙戌	5 14	4 8	丙辰	6 14	5 10	丁亥	7 16 6 12	己
六	2 14	1 8	丁亥	3 15	2 7	丙辰	4 15	3 9	丁亥	5 15	4 9	丁巳	6 15	5 11	戊子	7 17 6 13	庚
年	2 15	1 9	戊子	3 16	2 8	丁巳	4 16	3 10	戊子	5 16	4 10	戊午	6 16	5 12	己丑	7 18 6 14	辛
	2 16	1 10	己丑	3 17	2 9	戊午	4 17	3 11	己丑	5 17	4 11	己未	6 17	5 13	庚寅	7 19 6 15	壬
牛	2 17	1 11	庚寅	3 18	2 10	己未	4 18	3 12	庚寅	5 18	4 12	庚申	6 18	5 14	辛卯	7 20 6 16	癸
	2 18	1 12	辛卯	3 19	2 11	庚申	4 19	3 13	辛卯	5 19	4 13	辛酉	6 19	5 15	壬辰	7 21 6 17	甲
	2 19	1 13	壬辰	3 20	2 12	辛酉	4 20	3 14	壬辰	5 20	4 14	壬戌	6 20	5 16	癸巳	7 22 6 18	乙
	2 20	1 14	癸巳	3 21	2 13	壬戌	4 21	3 15	癸巳	5 21	4 15	癸亥	6 21	5 17	甲午	7 23 6 19	丙
	2 21	1 15	甲午	3 22	2 14	癸亥	4 22	3 16	甲午	5 22	4 16	甲子	6 22	5 18	乙未	7 24 6 20	丁
	2 22	1 16	乙未	3 23	2 15	甲子	4 23	3 17	乙未	5 23	4 17	乙丑	6 23	5 19	丙申	7 25 6 21	
	2 23	1 17	丙申	3 24	2 16	乙丑	4 24	3 18	丙申	5 24	4 18	丙寅	6 24	5 20	丁酉		
	2 24	1 18	丁酉	3 25	2 17	丙寅	4 25	3 19	丁酉	5 25	4 19	丁卯	6 25	5 21	戊戌		辛
	2 25	1 19	戊戌	3 26	2 18	丁卯	4 26	3 20	戊戌	5 26	4 20	戊辰	6 26	5 22	己亥	7 28	辛
1	2 26	1 20	己亥	3 27	2 19	戊辰	4 27	3 21	己亥	5 27	4 21	己巳	6 27	5 23	庚子	7 29	壬
9	2 27	1 21	庚子	3 28	2 20	己巳	4 28	3 22	庚子	5 28	4 22	庚午	6 28	5 24	辛丑	7 30 6 26	癸
9	2 28	1 22	辛丑	3 29	2 21	庚午	4 29	3 23	辛丑	5 29	4 23	辛未	6 29	5 25	壬寅	7 31 6 27	甲
7	3 1	1 23	壬寅	3 30	2 22	辛未	4 30	3 24	壬寅	5 30	4 24	壬申	6 30	5 26	癸卯	8 1 6 28	乙
	3 2	1 24	癸卯	3 31	2 23	壬申	5 1	3 25	癸卯	5 31	4 25	癸酉	7 1	5 27	甲辰	8 2 6 29	丙
	3 3	1 25	甲辰	4 1	2 24	癸酉	5 2	3 26	甲辰	6 1	4 26	甲戌	7 2	5 28	乙巳	8 3 7 1	丁
	3 4	1 26	乙巳	4 2	2 25	甲戌	5 3	3 27	乙巳	6 2	4 27	乙亥	7 3	5 29	丙午	8 4 7 2	戊
				4 3	2 26	乙亥	5 4	3 28	丙午	6 3	4 28	丙子	7 4	5 30	丁未	8 5 7 3	己
				4 4	2 27	丙子				6 4	4 29	丁丑	7 5	6 1	戊申	8 6 7 4	庚
													7 6	6 2	己酉		

中	雨水		春分		穀雨		小滿		夏至		大暑	
氣	2/18 22時51分 亥時		3/20 21時54分 亥時		4/20 9時2分 巳時		5/21 8時17分 辰時		6/21 16時19分 申時		7/23 3時15分 寅時	

196

丁丑 年

戊申			己酉			庚戌			辛亥			壬子			癸丑			月
立秋			白露			寒露			立冬			大雪			小寒			節氣
7日19時36分 戌時			9/7 22時28分 亥時			10/8 14時5分 未時			11/7 17時14分 酉時			12/7 10時4分 巳時			1/5 21時18分 亥時			
國曆	農曆	干支	國曆	農曆	干支	國曆	農曆	干支	國曆	農曆	干支	國曆	農曆	干支	國曆	農曆	干支	日
8/7	7/5	辛巳	9/7	8/6	壬子	10/8	9/7	癸未	11/7	10/8	癸丑	12/7	11/8	癸未	1/5	12/7	壬子	
8/8	7/6	壬午	9/8	8/7	癸丑	10/9	9/8	甲申	11/8	10/9	甲寅	12/8	11/9	甲申	1/6	12/8	癸丑	
8/9	7/7	癸未	9/9	8/8	甲寅	10/10	9/9	乙酉	11/9	10/10	乙卯	12/9	11/10	乙酉	1/7	12/9	甲寅	
8/10	7/8	甲申	9/10	8/9	乙卯	10/11	9/10	丙戌	11/10	10/11	丙辰	12/10	11/11	丙戌	1/8	12/10	乙卯	
8/11	7/9	乙酉	9/11	8/10	丙辰	10/12	9/11	丁亥	11/11	10/12	丁巳	12/11	11/12	丁亥	1/9	12/11	丙辰	中
8/12	7/10	丙戌	9/12	8/11	丁巳	10/13	9/12	戊子	11/12	10/13	戊午	12/12	11/13	戊子	1/10	12/12	丁巳	華
8/13	7/11	丁亥	9/13	8/12	戊午	10/14	9/13	己丑	11/13	10/14	己未	12/13	11/14	己丑	1/11	12/13	戊午	民
8/14	7/12	戊子	9/14	8/13	己未	10/15	9/14	庚寅	11/14	10/15	庚申	12/14	11/15	庚寅	1/12	12/14	己未	國
8/15	7/13	己丑	9/15	8/14	庚申	10/16	9/15	辛卯	11/15	10/16	辛酉	12/15	11/16	辛卯	1/13	12/15	庚申	八
8/16	7/14	庚寅	9/16	8/15	辛酉	10/17	9/16	壬辰	11/16	10/17	壬戌	12/16	11/17	壬辰	1/14	12/16	辛酉	十
8/17	7/15	辛卯	9/17	8/16	壬戌	10/18	9/17	癸巳	11/17	10/18	癸亥	12/17	11/18	癸巳	1/15	12/17	壬戌	六
8/18	7/16	壬辰	9/18	8/17	癸亥	10/19	9/18	甲午	11/18	10/19	甲子	12/18	11/19	甲午	1/16	12/18	癸亥	、
8/19	7/17	癸巳	9/19	8/18	甲子	10/20	9/19	乙未	11/19	10/20	乙丑	12/19	11/20	乙未	1/17	12/19	甲子	八
8/20	7/18	甲午	9/20	8/19	乙丑	10/21	9/20	丙申	11/20	10/21	丙寅	12/20	11/21	丙申	1/18	12/20	乙丑	十
8/21	7/19	乙未	9/21	8/20	丙寅	10/22	9/21	丁酉	11/21	10/22	丁卯	12/21	11/22	丁酉	1/19	12/21	丙寅	七
8/22	7/20	丙申	9/22	8/21	丁卯	10/23	9/22	戊戌	11/22	10/23	戊辰	12/22	11/23	戊戌	1/20	12/22	丁卯	年
8/23	7/21	丁酉	9/23	8/22	戊辰	10/24	9/23	己亥	11/23	10/24	己巳	12/23	11/24	己亥	1/21	12/23	戊辰	
8/24	7/22	戊戌	9/24	8/23	己巳	10/25	9/24	庚子	11/24	10/25	庚午	12/24	11/25	庚子	1/22	12/24	己巳	牛
8/25	7/23	己亥	9/25	8/24	庚午	10/26	9/25	辛丑	11/25	10/26	辛未	12/25	11/26	辛丑	1/23	12/25	庚午	
8/26	7/24	庚子	9/26	8/25	辛未	10/27	9/26	壬寅	11/26	10/27	壬申	12/26	11/27	壬寅	1/24	12/26	辛未	
8/27	7/25	辛丑	9/27	8/26	壬申	10/28	9/27	癸卯	11/27	10/28	癸酉	12/27	11/28	癸卯	1/25	12/27	壬申	
8/28	7/26	壬寅	9/28	8/27	癸酉	10/29	9/28	甲辰	11/28	10/29	甲戌	12/28	11/29	甲辰	1/26	12/28	癸酉	
8/29	7/27	癸卯	9/29	8/28	甲戌	10/30	9/29	乙巳	11/29	10/30	乙亥	12/29	11/30	乙巳	1/27	12/29	甲戌	
8/30	7/28	甲辰	9/30	8/29	乙亥	10/31	10/1	丙午	11/30	11/1	丙子	12/30	12/1	丙午	1/28	1/1	乙亥	
8/31	7/29	乙巳	10/1	8/30	丙子	11/1	10/2	丁未	12/1	11/2	丁丑	12/31	12/2	丁未	1/29	1/2	丙子	
9/1	7/30	丙午	10/2	9/1	丁丑	11/2	10/3	戊申	12/2	11/3	戊寅	1/1	12/3	戊申	1/30	1/3	丁丑	
9/2	8/1	丁未	10/3	9/2	戊寅	11/3	10/4	己酉	12/3	11/4	己卯	1/2	12/4	己酉	1/31	1/4	戊寅	1
9/3	8/2	戊申	10/4	9/3	己卯	11/4	10/5	庚戌	12/4	11/5	庚辰	1/3	12/5	庚戌	2/1	1/5	己卯	9
9/4	8/3	己酉	10/5	9/4	庚辰	11/5	10/6	辛亥	12/5	11/6	辛巳	1/4	12/6	辛亥	2/2	1/6	庚辰	9
9/5	8/4	庚戌	10/6	9/5	辛巳	11/6	10/7	壬子	12/6	11/7	壬午				2/3	1/7	辛巳	7
9/6	8/5	辛亥	10/7	9/6	壬午													
處暑			秋分			霜降			小雪			冬至			大寒			中氣
8/23 10時19分 巳時			9/23 7時55分 辰時			10/23 17時14分 酉時			11/22 14時47分 未時			12/22 4時7分 寅時			1/20 14時46分 未時			

中華民國八十六、八十七年　牛　1997、1998

年：戊寅

中華民國八十七年　虎　1998

月	甲寅			乙卯			丙辰			丁巳			戊午			己未		
節氣	立春			驚蛰			清明			立夏			芒種			小暑		
	2/4 8時56分 辰時			3/6 2時57分 丑時			4/5 7時44分 辰時			5/6 1時3分 丑時			6/6 5時13分 卯時			7/7 15時30分 申時		
日	國曆	農曆	干支	國曆	農曆	干支	國曆	農曆	干支	國曆	農曆	干支	國曆	農曆	干支	國曆	農曆	干支
	2/4	1/8	壬午	3/6	2/8	壬子	4/5	3/9	壬午	5/6	4/11	癸丑	6/6	5/12	甲申	7/7	閏5/14	乙卯
	2/5	1/9	癸未	3/7	2/9	癸丑	4/6	3/10	癸未	5/7	4/12	甲寅	6/7	5/13	乙酉	7/8	閏5/15	丙辰
	2/6	1/10	甲申	3/8	2/10	甲寅	4/7	3/11	甲申	5/8	4/13	乙卯	6/8	5/14	丙戌	7/9	閏5/16	丁巳
	2/7	1/11	乙酉	3/9	2/11	乙卯	4/8	3/12	乙酉	5/9	4/14	丙辰	6/9	5/15	丁亥	7/10	閏5/17	戊午
	2/8	1/12	丙戌	3/10	2/12	丙辰	4/9	3/13	丙戌	5/10	4/15	丁巳	6/10	5/16	戊子	7/11	閏5/18	己未
	2/9	1/13	丁亥	3/11	2/13	丁巳	4/10	3/14	丁亥	5/11	4/16	戊午	6/11	5/17	己丑	7/12	閏5/19	庚申
	2/10	1/14	戊子	3/12	2/14	戊午	4/11	3/15	戊子	5/12	4/17	己未	6/12	5/18	庚寅	7/13	閏5/20	辛酉
	2/11	1/15	己丑	3/13	2/15	己未	4/12	3/16	己丑	5/13	4/18	庚申	6/13	5/19	辛卯	7/14	閏5/21	壬戌
	2/12	1/16	庚寅	3/14	2/16	庚申	4/13	3/17	庚寅	5/14	4/19	辛酉	6/14	5/20	壬辰	7/15	閏5/22	癸亥
	2/13	1/17	辛卯	3/15	2/17	辛酉	4/14	3/18	辛卯	5/15	4/20	壬戌	6/15	5/21	癸巳	7/16	閏5/23	甲子
	2/14	1/18	壬辰	3/16	2/18	壬戌	4/15	3/19	壬辰	5/16	4/21	癸亥	6/16	5/22	甲午	7/17	閏5/24	乙丑
	2/15	1/19	癸巳	3/17	2/19	癸亥	4/16	3/20	癸巳	5/17	4/22	甲子	6/17	5/23	乙未	7/18	閏5/25	丙寅
	2/16	1/20	甲午	3/18	2/20	甲子	4/17	3/21	甲午	5/18	4/23	乙丑	6/18	5/24	丙申	7/19	閏5/26	丁卯
	2/17	1/21	乙未	3/19	2/21	乙丑	4/18	3/22	乙未	5/19	4/24	丙寅	6/19	5/25	丁酉	7/20	閏5/27	戊辰
	2/18	1/22	丙申	3/20	2/22	丙寅	4/19	3/23	丙申	5/20	4/25	丁卯	6/20	5/26	戊戌	7/21	閏5/28	己巳
	2/19	1/23	丁酉	3/21	2/23	丁卯	4/20	3/24	丁酉	5/21	4/26	戊辰	6/21	5/27	己亥	7/22	閏5/29	庚午
	2/20	1/24	戊戌	3/22	2/24	戊辰	4/21	3/25	戊戌	5/22	4/27	己巳	6/22	5/28	庚子	7/23	6/1	辛未
	2/21	1/25	己亥	3/23	2/25	己巳	4/22	3/26	己亥	5/23	4/28	庚午	6/23	5/29	辛丑	7/24	6/2	壬申
	2/22	1/26	庚子	3/24	2/26	庚午	4/23	3/27	庚子	5/24	4/29	辛未	6/24	閏5/1	壬寅	7/25	6/3	癸酉
	2/23	1/27	辛丑	3/25	2/27	辛未	4/24	3/28	辛丑	5/25	4/30	壬申	6/25	閏5/2	癸卯	7/26	6/4	甲戌
	2/24	1/28	壬寅	3/26	2/28	壬申	4/25	3/29	壬寅	5/26	5/1	癸酉	6/26	閏5/3	甲辰	7/27	6/5	乙亥
	2/25	1/29	癸卯	3/27	2/29	癸酉	4/26	4/1	癸卯	5/27	5/2	甲戌	6/27	閏5/4	乙巳	7/28	6/6	丙子
	2/26	1/30	甲辰	3/28	3/1	甲戌	4/27	4/2	甲辰	5/28	5/3	乙亥	6/28	閏5/5	丙午	7/29	6/7	丁丑
	2/27	2/1	乙巳	3/29	3/2	乙亥	4/28	4/3	乙巳	5/29	5/4	丙子	6/29	閏5/6	丁未	7/30	6/8	戊寅
	2/28	2/2	丙午	3/30	3/3	丙子	4/29	4/4	丙午	5/30	5/5	丁丑	6/30	閏5/7	戊申	7/31	6/9	己卯
	3/1	2/3	丁未	3/31	3/4	丁丑	4/30	4/5	丁未	5/31	5/6	戊寅	7/1	閏5/8	己酉	8/1	6/10	庚辰
	3/2	2/4	戊申	4/1	3/5	戊寅	5/1	4/6	戊申	6/1	5/7	己卯	7/2	閏5/9	庚戌	8/2	6/11	辛巳
	3/3	2/5	己酉	4/2	3/6	己卯	5/2	4/7	己酉	6/2	5/8	庚辰	7/3	閏5/10	辛亥	8/3	6/12	壬午
	3/4	2/6	庚戌	4/3	3/7	庚辰	5/3	4/8	庚戌	6/3	5/9	辛巳	7/4	閏5/11	壬子	8/4	6/13	癸未
	3/5	2/7	辛亥	4/4	3/8	辛巳	5/4	4/9	辛亥	6/4	5/10	壬午	7/5	閏5/12	癸丑	8/5	6/14	甲申
							5/5	4/10	壬子	6/5	5/11	癸未	7/6	閏5/13	甲寅	8/6	6/15	乙酉
																8/7	6/16	丙戌

中氣	雨水	春分	穀雨	小滿	夏至	大暑
	2/19 4時54分 寅時	3/21 3時54分 寅時	4/20 14時56分 未時	5/21 14時5分 未時	6/21 22時2分 亥時	7/23 8時55分 辰時

戊寅（年）

月	庚申			辛酉			壬戌			癸亥			甲子			乙丑		
節氣	立秋			白露			寒露			立冬			大雪			小寒		
	1時19分 丑時			9/8 4時15分 寅時			10/8 19時55分 戌時			11/7 23時8分 子時			12/7 16時1分 申時			1/6 3時17分 寅時		
日	國曆	農曆	干支	國曆	農曆	干支	國曆	農曆	干支	國曆	農曆	干支	國曆	農曆	干支	國曆	農曆	干支
	8/8	6/17	丁亥	9/8	7/18	戊午	10/8	8/18	戊子	11/7	9/19	戊午	12/7	10/19	戊子	1/6	11/19	戊午
	8/9	6/18	戊子	9/9	7/19	己未	10/9	8/19	己丑	11/8	9/20	己未	12/8	10/20	己丑	1/7	11/20	己未
	8/10	6/19	己丑	9/10	7/20	庚申	10/10	8/20	庚寅	11/9	9/21	庚申	12/9	10/21	庚寅	1/8	11/21	庚申
	8/11	6/20	庚寅	9/11	7/21	辛酉	10/11	8/21	辛卯	11/10	9/22	辛酉	12/10	10/22	辛卯	1/9	11/22	辛酉
	8/12	6/21	辛卯	9/12	7/22	壬戌	10/12	8/22	壬辰	11/11	9/23	壬戌	12/11	10/23	壬辰	1/10	11/23	壬戌
	8/13	6/22	壬辰	9/13	7/23	癸亥	10/13	8/23	癸巳	11/12	9/24	癸亥	12/12	10/24	癸巳	1/11	11/24	癸亥
	8/14	6/23	癸巳	9/14	7/24	甲子	10/14	8/24	甲午	11/13	9/25	甲子	12/13	10/25	甲午	1/12	11/25	甲子
	8/15	6/24	甲午	9/15	7/25	乙丑	10/15	8/25	乙未	11/14	9/26	乙丑	12/14	10/26	乙未	1/13	11/26	乙丑
	8/16	6/25	乙未	9/16	7/26	丙寅	10/16	8/26	丙申	11/15	9/27	丙寅	12/15	10/27	丙申	1/14	11/27	丙寅
	8/17	6/26	丙申	9/17	7/27	丁卯	10/17	8/27	丁酉	11/16	9/28	丁卯	12/16	10/28	丁酉	1/15	11/28	丁卯
	8/18	6/27	丁酉	9/18	7/28	戊辰	10/18	8/28	戊戌	11/17	9/29	戊辰	12/17	10/29	戊戌	1/16	11/29	戊辰
	8/19	6/28	戊戌	9/19	7/29	己巳	10/19	8/29	己亥	11/18	9/30	己巳	12/18	10/30	己亥	1/17	12/1	己巳
	8/20	6/29	己亥	9/20	7/30	庚午	10/20	9/1	庚子	11/19	10/1	庚午	12/19	11/1	庚子	1/18	12/2	庚午
	8/21	6/30	庚子	9/21	8/1	辛未	10/21	9/2	辛丑	11/20	10/2	辛未	12/20	11/2	辛丑	1/19	12/3	辛未
	8/22	7/1	辛丑	9/22	8/2	壬申	10/22	9/3	壬寅	11/21	10/3	壬申	12/21	11/3	壬寅	1/20	12/4	壬申
	8/23	7/2	壬寅	9/23	8/3	癸酉	10/23	9/4	癸卯	11/22	10/4	癸酉	12/22	11/4	癸卯	1/21	12/5	癸酉
	8/24	7/3	癸卯	9/24	8/4	甲戌	10/24	9/5	甲辰	11/23	10/5	甲戌	12/23	11/5	甲辰	1/22	12/6	甲戌
	8/25	7/4	甲辰	9/25	8/5	乙亥	10/25	9/6	乙巳	11/24	10/6	乙亥	12/24	11/6	乙巳	1/23	12/7	乙亥
	8/26	7/5	乙巳	9/26	8/6	丙子	10/26	9/7	丙午	11/25	10/7	丙子	12/25	11/7	丙午	1/24	12/8	丙子
	8/27	7/6	丙午	9/27	8/7	丁丑	10/27	9/8	丁未	11/26	10/8	丁丑	12/26	11/8	丁未	1/25	12/9	丁丑
	8/28	7/7	丁未	9/28	8/8	戊寅	10/28	9/9	戊申	11/27	10/9	戊寅	12/27	11/9	戊申	1/26	12/10	戊寅
	8/29	7/8	戊申	9/29	8/9	己卯	10/29	9/10	己酉	11/28	10/10	己卯	12/28	11/10	己酉	1/27	12/11	己卯
	8/30	7/9	己酉	9/30	8/10	庚辰	10/30	9/11	庚戌	11/29	10/11	庚辰	12/29	11/11	庚戌	1/28	12/12	庚辰
	8/31	7/10	庚戌	10/1	8/11	辛巳	10/31	9/12	辛亥	11/30	10/12	辛巳	12/30	11/12	辛亥	1/29	12/13	辛巳
	9/1	7/11	辛亥	10/2	8/12	壬午	11/1	9/13	壬子	12/1	10/13	壬午	12/31	11/13	壬子	1/30	12/14	壬午
	9/2	7/12	壬子	10/3	8/13	癸未	11/2	9/14	癸丑	12/2	10/14	癸未	1/1	11/14	癸丑	1/31	12/15	癸未
	9/3	7/13	癸丑	10/4	8/14	甲申	11/3	9/15	甲寅	12/3	10/15	甲申	1/2	11/15	甲寅	2/1	12/16	甲申
	9/4	7/14	甲寅	10/5	8/15	乙酉	11/4	9/16	乙卯	12/4	10/16	乙酉	1/3	11/16	乙卯	2/2	12/17	乙酉
	9/5	7/15	乙卯	10/6	8/16	丙戌	11/5	9/17	丙辰	12/5	10/17	丙戌	1/4	11/17	丙辰	2/3	12/18	丙戌
	9/6	7/16	丙辰	10/7	8/17	丁亥	11/6	9/18	丁巳	12/6	10/18	丁亥	1/5	11/18	丁巳			
	9/7	7/17	丁巳															
中氣	處暑			秋分			霜降			小雪			冬至			大寒		
	15時58分 申時			9/23 13時37分 未時			10/23 22時58分 亥時			11/22 20時34分 戌時			12/22 9時56分 巳時			1/20 20時37分 戌時		

年／月：中華民國八十七、八十八年　虎　1998、1999

年：己卯

月	節氣	時間	中氣	時間
丙寅	立春	2/4 14時57分 未時	雨水	2/19 10時46分 巳時
丁卯	驚蟄	3/6 8時57分 辰時	春分	3/21 9時45分 巳時
戊辰	清明	4/5 13時44分 未時	穀雨	4/20 20時45分 戌時
己巳	立夏	5/6 7時0分 辰時	小滿	5/21 19時52分 戌時
庚午	芒種	6/6 11時9分 午時	夏至	6/22 3時49分 寅時
辛未	小暑	7/7 21時24分 亥時	大暑	7/23 14時44分 未時

中華民國八十八年　兔　1999

丙寅（立春）國曆	農曆	干支	丁卯（驚蟄）國曆	農曆	干支	戊辰（清明）國曆	農曆	干支	己巳（立夏）國曆	農曆	干支	庚午（芒種）國曆	農曆	干支	辛未（小暑）國曆	農曆	干支
2/4	12/19	丁亥	3/6	1/19	丁巳	4/5	2/19	丁亥	5/6	3/21	戊午	6/6	4/22	己丑	7/7	5/24	庚申
2/5	12/20	戊子	3/7	1/20	戊午	4/6	2/20	戊子	5/7	3/22	己未	6/7	4/23	庚寅	7/8	5/25	辛酉
2/6	12/21	己丑	3/8	1/21	己未	4/7	2/21	己丑	5/8	3/23	庚申	6/8	4/24	辛卯	7/9	5/26	壬戌
2/7	12/22	庚寅	3/9	1/22	庚申	4/8	2/22	庚寅	5/9	3/24	辛酉	6/9	4/25	壬辰	7/10	5/27	癸亥
2/8	12/23	辛卯	3/10	1/23	辛酉	4/9	2/23	辛卯	5/10	3/25	壬戌	6/10	4/26	癸巳	7/11	5/28	甲子
2/9	12/24	壬辰	3/11	1/24	壬戌	4/10	2/24	壬辰	5/11	3/26	癸亥	6/11	4/27	甲午	7/12	5/29	乙丑
2/10	12/25	癸巳	3/12	1/25	癸亥	4/11	2/25	癸巳	5/12	3/27	甲子	6/12	4/28	乙未	7/13	6/1	丙寅
2/11	12/26	甲午	3/13	1/26	甲子	4/12	2/26	甲午	5/13	3/28	乙丑	6/13	4/29	丙申	7/14	6/2	丁卯
2/12	12/27	乙未	3/14	1/27	乙丑	4/13	2/27	乙未	5/14	3/29	丙寅	6/14	5/1	丁酉	7/15	6/3	戊辰
2/13	12/28	丙申	3/15	1/28	丙寅	4/14	2/28	丙申	5/15	3/30	丁卯	6/15	5/2	戊戌	7/16	6/4	己巳
2/14	12/29	丁酉	3/16	1/29	丁卯	4/15	2/29	丁酉	5/16	4/1	戊辰	6/16	5/3	己亥	7/17	6/5	庚午
2/15	12/30	戊戌	3/17	1/30	戊辰	4/16	3/1	戊戌	5/17	4/2	己巳	6/17	5/4	庚子	7/18	6/6	辛未
2/16	1/1	己亥	3/18	2/1	己巳	4/17	3/2	己亥	5/18	4/3	庚午	6/18	5/5	辛丑	7/19	6/7	壬申
2/17	1/2	庚子	3/19	2/2	庚午	4/18	3/3	庚子	5/19	4/4	辛未	6/19	5/6	壬寅	7/20	6/8	癸酉
2/18	1/3	辛丑	3/20	2/3	辛未	4/19	3/4	辛丑	5/20	4/5	壬申	6/20	5/7	癸卯	7/21	6/9	甲戌
2/19	1/4	壬寅	3/21	2/4	壬申	4/20	3/5	壬寅	5/21	4/6	癸酉	6/21	5/8	甲辰	7/22	6/10	乙亥
2/20	1/5	癸卯	3/22	2/5	癸酉	4/21	3/6	癸卯	5/22	4/7	甲戌	6/22	5/9	乙巳	7/23	6/11	丙子
2/21	1/6	甲辰	3/23	2/6	甲戌	4/22	3/7	甲辰	5/23	4/8	乙亥	6/23	5/10	丙午	7/24	6/12	丁丑
2/22	1/7	乙巳	3/24	2/7	乙亥	4/23	3/8	乙巳	5/24	4/9	丙子	6/24	5/11	丁未	7/25	6/13	戊寅
2/23	1/8	丙午	3/25	2/8	丙子	4/24	3/9	丙午	5/25	4/10	丁丑	6/25	5/12	戊申	7/26	6/14	己卯
2/24	1/9	丁未	3/26	2/9	丁丑	4/25	3/10	丁未	5/26	4/11	戊寅	6/26	5/13	己酉	7/27	6/15	庚辰
2/25	1/10	戊申	3/27	2/10	戊寅	4/26	3/11	戊申	5/27	4/12	己卯	6/27	5/14	庚戌	7/28	6/16	辛巳
2/26	1/11	己酉	3/28	2/11	己卯	4/27	3/12	己酉	5/28	4/13	庚辰	6/28	5/15	辛亥	7/29	6/17	壬午
2/27	1/12	庚戌	3/29	2/12	庚辰	4/28	3/13	庚戌	5/29	4/14	辛巳	6/29	5/16	壬子	7/30	6/18	癸未
2/28	1/13	辛亥	3/30	2/13	辛巳	4/29	3/14	辛亥	5/30	4/15	壬午	6/30	5/17	癸丑	7/31	6/19	甲申
3/1	1/14	壬子	3/31	2/14	壬午	4/30	3/15	壬子	5/31	4/16	癸未	7/1	5/18	甲寅	8/1	6/20	乙酉
3/2	1/15	癸丑	4/1	2/15	癸未	5/1	3/16	癸丑	6/1	4/17	甲申	7/2	5/19	乙卯	8/2	6/21	丙戌
3/3	1/16	甲寅	4/2	2/16	甲申	5/2	3/17	甲寅	6/2	4/18	乙酉	7/3	5/20	丙辰	8/3	6/22	丁亥
3/4	1/17	乙卯	4/3	2/17	乙酉	5/3	3/18	乙卯	6/3	4/19	丙戌	7/4	5/21	丁巳	8/4	6/23	戊子
3/5	1/18	丙辰	4/4	2/18	丙戌	5/4	3/19	丙辰	6/4	4/20	丁亥	7/5	5/22	戊午	8/5	6/24	己丑
						5/5	3/20	丁巳	6/5	4/21	戊子	7/6	5/23	己未	8/6	6/25	庚寅
															8/7	6/26	辛卯

己卯

節氣

月	壬申 立秋	癸酉 白露	甲戌 寒露	乙亥 立冬	丙子 大雪	丁丑 小寒
節氣	8時14分 辰時	9/8 10時9分 巳時	10/9 1時48分 丑時	11/8 4時57分 寅時	12/7 21時47分 亥時	1/6 9時0分 巳時

日

壬申 國曆	農曆	干支	癸酉 國曆	農曆	干支	甲戌 國曆	農曆	干支	乙亥 國曆	農曆	干支	丙子 國曆	農曆	干支	丁丑 國曆	農曆	干支
8	6/27	壬辰	8	7/29	癸亥	9	9/1	甲午	8	10/1	甲子	7	10/30	癸巳	6	11/30	癸亥
9	28	癸巳	9	30	甲子	10	2	乙未	9	2	乙丑	8	11/1	甲午	7	12/1	甲子
10	29	甲午	10	8/1	乙丑	11	3	丙申	10	3	丙寅	9	2	乙未	8	2	乙丑
11	7/1	乙未	11	2	丙寅	12	4	丁酉	11	4	丁卯	10	3	丙申	9	3	丙寅
12	2	丙申	12	3	丁卯	13	5	戊戌	12	5	戊辰	11	4	丁酉	10	4	丁卯
13	3	丁酉	13	4	戊辰	14	6	己亥	13	6	己巳	12	5	戊戌	11	5	戊辰
14	4	戊戌	14	5	己巳	15	7	庚子	14	7	庚午	13	6	己亥	12	6	己巳
15	5	己亥	15	6	庚午	16	8	辛丑	15	8	辛未	14	7	庚子	13	7	庚午
16	6	庚子	16	7	辛未	17	9	壬寅	16	9	壬申	15	8	辛丑	14	8	辛未
17	7	辛丑	17	8	壬申	18	10	癸卯	17	10	癸酉	16	9	壬寅	15	9	壬申
18	8	壬寅	18	9	癸酉	19	11	甲辰	18	11	甲戌	17	10	癸卯	16	10	癸酉
19	9	癸卯	19	10	甲戌	20	12	乙巳	19	12	乙亥	18	11	甲辰	17	11	甲戌
20	10	甲辰	20	11	乙亥	21	13	丙午	20	13	丙子	19	12	乙巳	18	12	乙亥
21	11	乙巳	21	12	丙子	22	14	丁未	21	14	丁丑	20	13	丙午	19	13	丙子
22	12	丙午	22	13	丁丑	23	15	戊申	22	15	戊寅	21	14	丁未	20	14	丁丑
23	13	丁未	23	14	戊寅	24	16	己酉	23	16	己卯	22	15	戊申	21	15	戊寅
24	14	戊申	24	15	己卯	25	17	庚戌	24	17	庚辰	23	16	己酉	22	16	己卯
25	15	己酉	25	16	庚辰	26	18	辛亥	25	18	辛巳	24	17	庚戌	23	17	庚辰
26	16	庚戌	26	17	辛巳	27	19	壬子	26	19	壬午	25	18	辛亥	24	18	辛巳
27	17	辛亥	27	18	壬午	28	20	癸丑	27	20	癸未	26	19	壬子	25	19	壬午
28	18	壬子	28	19	癸未	29	21	甲寅	28	21	甲申	27	20	癸丑	26	20	癸未
29	19	癸丑	29	20	甲申	30	22	乙卯	29	22	乙酉	28	21	甲寅	27	21	甲申
30	20	甲寅	30	21	乙酉	31	23	丙辰	30	23	丙戌	29	22	乙卯	28	22	乙酉
31	21	乙卯	1	22	丙戌	1	24	丁巳	1	24	丁亥	30	23	丙辰	29	23	丙戌
1	22	丙辰	2	23	丁亥	2	25	戊午	2	25	戊子	31	24	丁巳	30	24	丁亥
2	23	丁巳	3	24	戊子	3	26	己未	3	26	己丑	1	25	戊午	31	25	戊子
3	24	戊午	4	25	己丑	4	27	庚申	4	27	庚寅	2	26	己未	1	26	己丑
4	25	己未	5	26	庚寅	5	28	辛酉	5	28	辛卯	3	27	庚申	2	27	庚寅
5	26	庚申	6	27	辛卯	6	29	壬戌	6	29	壬辰	4	28	辛酉	3	28	辛卯
6	27	辛酉	7	28	壬辰	7	30	癸亥				5	29	壬戌			
7	28	壬戌	8	29	癸巳												

中氣

中氣	處暑 21時51分 亥時	秋分 9/23 19時31分 戌時	霜降 10/24 4時52分 寅時	小雪 11/23 2時24分 丑時	冬至 12/22 15時43分 申時	大寒 1/21 2時23分 丑時

中華民國八十八、八十九年　兔　1999、2000

年																	
庚辰																	

月			戊寅			己卯			庚辰			辛巳			壬午			癸未
節氣			立春			驚蟄			清明			立夏			芒種			小暑
			2/4 20時40分 戌時			3/5 14時42分 未時			4/4 19時31分 戌時			5/5 12時50分 午時			6/5 16時58分 申時			7/7 3時13分 寅時

日	國曆	農曆	干支	國曆	農曆	干支	國曆	農曆	干支	國曆	農曆	干支	國曆	農曆	干支	國曆	農曆	干支
	2 4	12 29	壬辰	3 5	1 30	壬戌	4 4	2 30	壬辰	5 5	4 2	癸亥	6 5	5 4	甲午	7 7	6 6	丙寅
	2 5	1 1	癸巳	3 6	2 1	癸亥	4 5	3 1	癸巳	5 6	4 3	甲子	6 6	5 5	乙未	7 8	6 7	丁卯
	2 6	1 2	甲午	3 7	2 2	甲子	4 6	3 2	甲午	5 7	4 4	乙丑	6 7	5 6	丙申	7 9	6 8	戊辰
	2 7	1 3	乙未	3 8	2 3	乙丑	4 7	3 3	乙未	5 8	4 5	丙寅	6 8	5 7	丁酉	7 10	6 9	己巳
	2 8	1 4	丙申	3 9	2 4	丙寅	4 8	3 4	丙申	5 9	4 6	丁卯	6 9	5 8	戊戌	7 11	6 10	庚午
	2 9	1 5	丁酉	3 10	2 5	丁卯	4 9	3 5	丁酉	5 10	4 7	戊辰	6 10	5 9	己亥	7 12	6 11	辛未
	2 10	1 6	戊戌	3 11	2 6	戊辰	4 10	3 6	戊戌	5 11	4 8	己巳	6 11	5 10	庚子	7 13	6 12	壬申
	2 11	1 7	己亥	3 12	2 7	己巳	4 11	3 7	己亥	5 12	4 9	庚午	6 12	5 11	辛丑	7 14	6 13	癸酉
	2 12	1 8	庚子	3 13	2 8	庚午	4 12	3 8	庚子	5 13	4 10	辛未	6 13	5 12	壬寅	7 15	6 14	甲戌
	2 13	1 9	辛丑	3 14	2 9	辛未	4 13	3 9	辛丑	5 14	4 11	壬申	6 14	5 13	癸卯	7 16	6 15	乙亥
	2 14	1 10	壬寅	3 15	2 10	壬申	4 14	3 10	壬寅	5 15	4 12	癸酉	6 15	5 14	甲辰	7 17	6 16	丙子
	2 15	1 11	癸卯	3 16	2 11	癸酉	4 15	3 11	癸卯	5 16	4 13	甲戌	6 16	5 15	乙巳	7 18	6 17	丁丑
	2 16	1 12	甲辰	3 17	2 12	甲戌	4 16	3 12	甲辰	5 17	4 14	乙亥	6 17	5 16	丙午	7 19	6 18	戊寅
	2 17	1 13	乙巳	3 18	2 13	乙亥	4 17	3 13	乙巳	5 18	4 15	丙子	6 18	5 17	丁未	7 20	6 19	己卯
	2 18	1 14	丙午	3 19	2 14	丙子	4 18	3 14	丙午	5 19	4 16	丁丑	6 19	5 18	戊申	7 21	6 20	庚辰
	2 19	1 15	丁未	3 20	2 15	丁丑	4 19	3 15	丁未	5 20	4 17	戊寅	6 20	5 19	己酉	7 22	6 21	辛巳
	2 20	1 16	戊申	3 21	2 16	戊寅	4 20	3 16	戊申	5 21	4 18	己卯	6 21	5 20	庚戌	7 23	6 22	壬午
	2 21	1 17	己酉	3 22	2 17	己卯	4 21	3 17	己酉	5 22	4 19	庚辰	6 22	5 21	辛亥	7 24	6 23	癸未
	2 22	1 18	庚戌	3 23	2 18	庚辰	4 22	3 18	庚戌	5 23	4 20	辛巳	6 23	5 22	壬子	7 25	6 24	甲申
	2 23	1 19	辛亥	3 24	2 19	辛巳	4 23	3 19	辛亥	5 24	4 21	壬午	6 24	5 23	癸丑	7 26	6 25	乙酉
	2 24	1 20	壬子	3 25	2 20	壬午	4 24	3 20	壬子	5 25	4 22	癸未	6 25	5 24	甲寅	7 27	6 26	丙戌
	2 25	1 21	癸丑	3 26	2 21	癸未	4 25	3 21	癸丑	5 26	4 23	甲申	6 26	5 25	乙卯	7 28	6 27	丁亥
	2 26	1 22	甲寅	3 27	2 22	甲申	4 26	3 22	甲寅	5 27	4 24	乙酉	6 27	5 26	丙辰	7 29	6 28	戊子
	2 27	1 23	乙卯	3 28	2 23	乙酉	4 27	3 23	乙卯	5 28	4 25	丙戌	6 28	5 27	丁巳	7 30	6 29	己丑
	2 28	1 24	丙辰	3 29	2 24	丙戌	4 28	3 24	丙辰	5 29	4 26	丁亥	6 29	5 28	戊午	7 31	7 1	庚寅
	2 29	1 25	丁巳	3 30	2 25	丁亥	4 29	3 25	丁巳	5 30	4 27	戊子	6 30	5 29	己未	8 1	7 2	辛卯
	3 1	1 26	戊午	3 31	2 26	戊子	4 30	3 26	戊午	5 31	4 28	己丑	7 1	5 30	庚申	8 2	7 3	壬辰
	3 2	1 27	己未	4 1	2 27	己丑	5 1	3 27	己未	6 1	4 29	庚寅	7 2	6 1	辛酉	8 3	7 4	癸巳
	3 3	1 28	庚申	4 2	2 28	庚寅	5 2	3 28	庚申	6 2	5 1	辛卯	7 3	6 2	壬戌	8 4	7 5	甲午
	3 4	1 29	辛酉	4 3	2 29	辛卯	5 3	3 29	辛酉	6 3	5 2	壬辰	7 4	6 3	癸亥	8 5	7 6	乙未
							5 4	4 1	壬戌	6 4	5 3	癸巳	7 5	6 4	甲子	8 6	7 7	丙申
													7 6	6 5	乙丑			

中華民國八十九年 龍 / 2000

中氣	雨水	春分	穀雨	小滿	夏至	大暑
	2/19 16時33分 申時	3/20 15時35分 申時	4/20 2時39分 丑時	5/21 1時49分 丑時	6/21 9時47分 巳時	7/22 20時38分 戌時

庚辰（年）

月	甲申			乙酉			丙戌			丁亥			戊子			己丑		
節氣	立秋			白露			寒露			立冬			大雪			小寒		
	8/7 13時2分 未時			9/7 15時59分 申時			10/8 7時38分 辰時			11/7 10時48分 巳時			12/7 3時37分 寅時			1/5 14時49分 未時		
日	國曆	農曆	干支	國曆	農曆	干支	國曆	農曆	干支	國曆	農曆	干支	國曆	農曆	干支	國曆	農曆	干支
	8/7	7/8	丁酉	9/7	8/10	戊辰	10/8	9/11	己亥	11/7	10/12	己巳	12/7	11/12	己亥	1/5	12/11	戊辰
	8/8	7/9	戊戌	9/8	8/11	己巳	10/9	9/12	庚子	11/8	10/13	庚午	12/8	11/13	庚子	1/6	12/12	己巳
	8/9	7/10	己亥	9/9	8/12	庚午	10/10	9/13	辛丑	11/9	10/14	辛未	12/9	11/14	辛丑	1/7	12/13	庚午
	8/10	7/11	庚子	9/10	8/13	辛未	10/11	9/14	壬寅	11/10	10/15	壬申	12/10	11/15	壬寅	1/8	12/14	辛未
	8/11	7/12	辛丑	9/11	8/14	壬申	10/12	9/15	癸卯	11/11	10/16	癸酉	12/11	11/16	癸卯	1/9	12/15	壬申
	8/12	7/13	壬寅	9/12	8/15	癸酉	10/13	9/16	甲辰	11/12	10/17	甲戌	12/12	11/17	甲辰	1/10	12/16	癸酉
	8/13	7/14	癸卯	9/13	8/16	甲戌	10/14	9/17	乙巳	11/13	10/18	乙亥	12/13	11/18	乙巳	1/11	12/17	甲戌
	8/14	7/15	甲辰	9/14	8/17	乙亥	10/15	9/18	丙午	11/14	10/19	丙子	12/14	11/19	丙午	1/12	12/18	乙亥
	8/15	7/16	乙巳	9/15	8/18	丙子	10/16	9/19	丁未	11/15	10/20	丁丑	12/15	11/20	丁未	1/13	12/19	丙子
	8/16	7/17	丙午	9/16	8/19	丁丑	10/17	9/20	戊申	11/16	10/21	戊寅	12/16	11/21	戊申	1/14	12/20	丁丑
	8/17	7/18	丁未	9/17	8/20	戊寅	10/18	9/21	己酉	11/17	10/22	己卯	12/17	11/22	己酉	1/15	12/21	戊寅
	8/18	7/19	戊申	9/18	8/21	己卯	10/19	9/22	庚戌	11/18	10/23	庚辰	12/18	11/23	庚戌	1/16	12/22	己卯
	8/19	7/20	己酉	9/19	8/22	庚辰	10/20	9/23	辛亥	11/19	10/24	辛巳	12/19	11/24	辛亥	1/17	12/23	庚辰
	8/20	7/21	庚戌	9/20	8/23	辛巳	10/21	9/24	壬子	11/20	10/25	壬午	12/20	11/25	壬子	1/18	12/24	辛巳
	8/21	7/22	辛亥	9/21	8/24	壬午	10/22	9/25	癸丑	11/21	10/26	癸未	12/21	11/26	癸丑	1/19	12/25	壬午
	8/22	7/23	壬子	9/22	8/25	癸未	10/23	9/26	甲寅	11/22	10/27	甲申	12/22	11/27	甲寅	1/20	12/26	癸未
	8/23	7/24	癸丑	9/23	8/26	甲申	10/24	9/27	乙卯	11/23	10/28	乙酉	12/23	11/28	乙卯	1/21	12/27	甲申
	8/24	7/25	甲寅	9/24	8/27	乙酉	10/25	9/28	丙辰	11/24	10/29	丙戌	12/24	11/29	丙辰	1/22	12/28	乙酉
	8/25	7/26	乙卯	9/25	8/28	丙戌	10/26	9/29	丁巳	11/25	10/30	丁亥	12/25	11/30	丁巳	1/23	12/29	丙戌
	8/26	7/27	丙辰	9/26	8/29	丁亥	10/27	10/1	戊午	11/26	11/1	戊子	12/26	12/1	戊午	1/24	1/1	丁亥
	8/27	7/28	丁巳	9/27	8/30	戊子	10/28	10/2	己未	11/27	11/2	己丑	12/27	12/2	己未	1/25	1/2	戊子
	8/28	7/29	戊午	9/28	9/1	己丑	10/29	10/3	庚申	11/28	11/3	庚寅	12/28	12/3	庚申	1/26	1/3	己丑
	8/29	8/1	己未	9/29	9/2	庚寅	10/30	10/4	辛酉	11/29	11/4	辛卯	12/29	12/4	辛酉	1/27	1/4	庚寅
	8/30	8/2	庚申	9/30	9/3	辛卯	10/31	10/5	壬戌	11/30	11/5	壬辰	12/30	12/5	壬戌	1/28	1/5	辛卯
	8/31	8/3	辛酉	10/1	9/4	壬辰	11/1	10/6	癸亥	12/1	11/6	癸巳	12/31	12/6	癸亥	1/29	1/6	壬辰
	9/1	8/4	壬戌	10/2	9/5	癸巳	11/2	10/7	甲子	12/2	11/7	甲午	1/1	12/7	甲子	1/30	1/7	癸巳
	9/2	8/5	癸亥	10/3	9/6	甲午	11/3	10/8	乙丑	12/3	11/8	乙未	1/2	12/8	乙丑	1/31	1/8	甲午
	9/3	8/6	甲子	10/4	9/7	乙未	11/4	10/9	丙寅	12/4	11/9	丙申	1/3	12/9	丙寅	2/1	1/9	乙未
	9/4	8/7	乙丑	10/5	9/8	丙申	11/5	10/10	丁卯	12/5	11/10	丁酉	1/4	12/10	丁卯	2/2	1/10	丙申
	9/5	8/8	丙寅	10/6	9/9	丁酉	11/6	10/11	戊辰	12/6	11/11	戊戌				2/3	1/11	丁酉
	9/6	8/9	丁卯	10/7	9/10	戊戌												

中氣	處暑	秋分	霜降	小雪	冬至	大寒
	8/23 3時48分 寅時	9/23 1時27分 丑時	10/23 10時47分 巳時	11/22 8時19分 辰時	12/21 21時37分 亥時	1/20 8時16分 辰時

年　月　節氣　日

中華民國八十九、九十年　龍

2000、2001

中氣

月	庚寅			辛卯			壬辰			癸巳			甲午			乙未		
節氣	立春			驚蟄			清明			立夏			芒種			小暑		
	2/4 2時28分 丑時			3/5 20時32分 戌時			4/5 1時24分 丑時			5/5 18時44分 酉時			6/5 22時53分 亥時			7/7 9時6分 巳時		
日	國曆	農曆	干支	國曆	農曆	干支	國曆	農曆	干支	國曆	農曆	干支	國曆	農曆	干支	國曆	農曆	干支
	2 4	1 12	戊戌	3 5	2 11	丁卯	4 5	3 12	戊戌	5 5	4 13	戊辰	6 5	4 14	己亥	7 7	5 17	辛未
	2 5	1 13	己亥	3 6	2 12	戊辰	4 6	3 13	己亥	5 6	4 14	己巳	6 6	4 15	庚子	7 8	5 18	壬申
	2 6	1 14	庚子	3 7	2 13	己巳	4 7	3 14	庚子	5 7	4 15	庚午	6 7	4 16	辛丑	7 9	5 19	癸酉
	2 7	1 15	辛丑	3 8	2 14	庚午	4 8	3 15	辛丑	5 8	4 16	辛未	6 8	4 17	壬寅	7 10	5 20	甲戌
	2 8	1 16	壬寅	3 9	2 15	辛未	4 9	3 16	壬寅	5 9	4 17	壬申	6 9	4 18	癸卯	7 11	5 21	乙亥
	2 9	1 17	癸卯	3 10	2 16	壬申	4 10	3 17	癸卯	5 10	4 18	癸酉	6 10	4 19	甲辰	7 12	5 22	丙子
	2 10	1 18	甲辰	3 11	2 17	癸酉	4 11	3 18	甲辰	5 11	4 19	甲戌	6 11	4 20	乙巳	7 13	5 23	丁丑
	2 11	1 19	乙巳	3 12	2 18	甲戌	4 12	3 19	乙巳	5 12	4 20	乙亥	6 12	4 21	丙午	7 14	5 24	戊寅
	2 12	1 20	丙午	3 13	2 19	乙亥	4 13	3 20	丙午	5 13	4 21	丙子	6 13	4 22	丁未	7 15	5 25	己卯
	2 13	1 21	丁未	3 14	2 20	丙子	4 14	3 21	丁未	5 14	4 22	丁丑	6 14	4 23	戊申	7 16	5 26	庚辰
	2 14	1 22	戊申	3 15	2 21	丁丑	4 15	3 22	戊申	5 15	4 23	戊寅	6 15	4 24	己酉	7 17	5 27	辛巳
	2 15	1 23	己酉	3 16	2 22	戊寅	4 16	3 23	己酉	5 16	4 24	己卯	6 16	4 25	庚戌	7 18	5 28	壬午
	2 16	1 24	庚戌	3 17	2 23	己卯	4 17	3 24	庚戌	5 17	4 25	庚辰	6 17	4 26	辛亥	7 19	5 29	癸未
	2 17	1 25	辛亥	3 18	2 24	庚辰	4 18	3 25	辛亥	5 18	4 26	辛巳	6 18	4 27	壬子	7 20	5 30	甲申
	2 18	1 26	壬子	3 19	2 25	辛巳	4 19	3 26	壬子	5 19	4 27	壬午	6 19	4 28	癸丑	7 21	6 1	乙酉
	2 19	1 27	癸丑	3 20	2 26	壬午	4 20	3 27	癸丑	5 20	4 28	癸未	6 20	4 29	甲寅	7 22	6 2	丙戌
	2 20	1 28	甲寅	3 21	2 27	癸未	4 21	3 28	甲寅	5 21	4 29	甲申	6 21	5 1	乙卯	7 23	6 3	丁亥
	2 21	1 29	乙卯	3 22	2 28	甲申	4 22	3 29	乙卯	5 22	4 30	乙酉	6 22	5 2	丙辰	7 24	6 4	戊子
	2 22	1 30	丙辰	3 23	2 29	乙酉	4 23	4 1	丙辰	5 23	閏4 1	丙戌	6 23	5 3	丁巳	7 25	6 5	己丑
	2 23	2 1	丁巳	3 24	2 30	丙戌	4 24	4 2	丁巳	5 24	4 2	丁亥	6 24	5 4	戊午	7 26	6 6	庚寅
	2 24	2 2	戊午	3 25	3 1	丁亥	4 25	4 3	戊午	5 25	4 3	戊子	6 25	5 5	己未	7 27	6 7	辛卯
	2 25	2 3	己未	3 26	3 2	戊子	4 26	4 4	己未	5 26	4 4	己丑	6 26	5 6	庚申	7 28	6 8	壬辰
	2 26	2 4	庚申	3 27	3 3	己丑	4 27	4 5	庚申	5 27	4 5	庚寅	6 27	5 7	辛酉	7 29	6 9	癸巳
	2 27	2 5	辛酉	3 28	3 4	庚寅	4 28	4 6	辛酉	5 28	4 6	辛卯	6 28	5 8	壬戌	7 30	6 10	甲午
	2 28	2 6	壬戌	3 29	3 5	辛卯	4 29	4 7	壬戌	5 29	4 7	壬辰	6 29	5 9	癸亥	7 31	6 11	乙未
	3 1	2 7	癸亥	3 30	3 6	壬辰	4 30	4 8	癸亥	5 30	4 8	癸巳	6 30	5 10	甲子	8 1	6 12	丙申
	3 2	2 8	甲子	3 31	3 7	癸巳	5 1	4 9	甲子	5 31	4 9	甲午	7 1	5 11	乙丑	8 2	6 13	丁酉
	3 3	2 9	乙丑	4 1	3 8	甲午	5 2	4 10	乙丑	6 1	4 10	乙未	7 2	5 12	丙寅	8 3	6 14	戊戌
	3 4	2 10	丙寅	4 2	3 9	乙未	5 3	4 11	丙寅	6 2	4 11	丙申	7 3	5 13	丁卯	8 4	6 15	己亥
				4 3	3 10	丙申	5 4	4 12	丁卯	6 3	4 12	丁酉	7 4	5 14	戊辰	8 5	6 16	庚子
				4 4	3 11	丁酉				6 4	4 13	戊戌	7 5	5 15	己巳	8 6	6 17	辛丑
													7 6	5 16	庚午			

左欄：中華民國九十年　蛇　2001

中氣	雨水	春分	穀雨	小滿	夏至	大暑
	2/18 22時27分 亥時	3/20 21時30分 亥時	4/20 8時35分 辰時	5/21 7時44分 辰時	6/21 15時37分 申時	7/23 2時26分 丑時

辛巳　年月

月	丙申	丁酉	戊戌	己亥	庚子	辛丑
節氣	立秋 8/7 18時52分 酉時	白露 9/7 21時46分 亥時	寒露 10/8 13時25分 未時	立冬 11/7 16時36分 申時	大雪 12/7 9時28分 巳時	小寒 1/5 20時43分 戌時

日

丙申 國曆	農曆	干支	丁酉 國曆	農曆	干支	戊戌 國曆	農曆	干支	己亥 國曆	農曆	干支	庚子 國曆	農曆	干支	辛丑 國曆	農曆	干支	日
8/7	6 18	壬寅	9/7	7 20	癸酉	10/8	8 22	甲辰	11/7	9 22	甲戌	12/7	10 23	甲辰	1/5	11 22	癸酉	7
8/8	6 19	癸卯	9/8	7 21	甲戌	10/9	8 23	乙巳	11/8	9 23	乙亥	12/8	10 24	乙巳	1/6	11 23	甲戌	8
8/9	6 20	甲辰	9/9	7 22	乙亥	10/10	8 24	丙午	11/9	9 24	丙子	12/9	10 25	丙午	1/7	11 24	乙亥	9
8/10	6 21	乙巳	9/10	7 23	丙子	10/11	8 25	丁未	11/10	9 25	丁丑	12/10	10 26	丁未	1/8	11 25	丙子	10
8/11	6 22	丙午	9/11	7 24	丁丑	10/12	8 26	戊申	11/11	9 26	戊寅	12/11	10 27	戊申	1/9	11 26	丁丑	11
8/12	6 23	丁未	9/12	7 25	戊寅	10/13	8 27	己酉	11/12	9 27	己卯	12/12	10 28	己酉	1/10	11 27	戊寅	12
8/13	6 24	戊申	9/13	7 26	己卯	10/14	8 28	庚戌	11/13	9 28	庚辰	12/13	10 29	庚戌	1/11	11 28	己卯	13
8/14	6 25	己酉	9/14	7 27	庚辰	10/15	8 29	辛亥	11/14	9 29	辛巳	12/14	10 30	辛亥	1/12	11 29	庚辰	14
8/15	6 26	庚戌	9/15	7 28	辛巳	10/16	8 30	壬子	11/15	10 1	壬午	12/15	11 1	壬子	1/13	12 1	辛巳	15
8/16	6 27	辛亥	9/16	7 29	壬午	10/17	9 1	癸丑	11/16	10 2	癸未	12/16	11 2	癸丑	1/14	12 2	壬午	16
8/17	6 28	壬子	9/17	8 1	癸未	10/18	9 2	甲寅	11/17	10 3	甲申	12/17	11 3	甲寅	1/15	12 3	癸未	17
8/18	6 29	癸丑	9/18	8 2	甲申	10/19	9 3	乙卯	11/18	10 4	乙酉	12/18	11 4	乙卯	1/16	12 4	甲申	18
8/19	7 1	甲寅	9/19	8 3	乙酉	10/20	9 4	丙辰	11/19	10 5	丙戌	12/19	11 5	丙辰	1/17	12 5	乙酉	19
8/20	7 2	乙卯	9/20	8 4	丙戌	10/21	9 5	丁巳	11/20	10 6	丁亥	12/20	11 6	丁巳	1/18	12 6	丙戌	20
8/21	7 3	丙辰	9/21	8 5	丁亥	10/22	9 6	戊午	11/21	10 7	戊子	12/21	11 7	戊午	1/19	12 7	丁亥	21
8/22	7 4	丁巳	9/22	8 6	戊子	10/23	9 7	己未	11/22	10 8	己丑	12/22	11 8	己未	1/20	12 8	戊子	22
8/23	7 5	戊午	9/23	8 7	己丑	10/24	9 8	庚申	11/23	10 9	庚寅	12/23	11 9	庚申	1/21	12 9	己丑	23
8/24	7 6	己未	9/24	8 8	庚寅	10/25	9 9	辛酉	11/24	10 10	辛卯	12/24	11 10	辛酉	1/22	12 10	庚寅	24
8/25	7 7	庚申	9/25	8 9	辛卯	10/26	9 10	壬戌	11/25	10 11	壬辰	12/25	11 11	壬戌	1/23	12 11	辛卯	25
8/26	7 8	辛酉	9/26	8 10	壬辰	10/27	9 11	癸亥	11/26	10 12	癸巳	12/26	11 12	癸亥	1/24	12 12	壬辰	26
8/27	7 9	壬戌	9/27	8 11	癸巳	10/28	9 12	甲子	11/27	10 13	甲午	12/27	11 13	甲子	1/25	12 13	癸巳	27
8/28	7 10	癸亥	9/28	8 12	甲午	10/29	9 13	乙丑	11/28	10 14	乙未	12/28	11 14	乙丑	1/26	12 14	甲午	28
8/29	7 11	甲子	9/29	8 13	乙未	10/30	9 14	丙寅	11/29	10 15	丙申	12/29	11 15	丙寅	1/27	12 15	乙未	29
8/30	7 12	乙丑	9/30	8 14	丙申	10/31	9 15	丁卯	11/30	10 16	丁酉	12/30	11 16	丁卯	1/28	12 16	丙申	30
8/31	7 13	丙寅	10/1	8 15	丁酉	11/1	9 16	戊辰	12/1	10 17	戊戌	12/31	11 17	戊辰	1/29	12 17	丁酉	31
9/1	7 14	丁卯	10/2	8 16	戊戌	11/2	9 17	己巳	12/2	10 18	己亥	1/1	11 18	己巳	1/30	12 18	戊戌	1
9/2	7 15	戊辰	10/3	8 17	己亥	11/3	9 18	庚午	12/3	10 19	庚子	1/2	11 19	庚午	1/31	12 19	己亥	2
9/3	7 16	己巳	10/4	8 18	庚子	11/4	9 19	辛未	12/4	10 20	辛丑	1/3	11 20	辛未	2/1	12 20	庚子	3
9/4	7 17	庚午	10/5	8 19	辛丑	11/5	9 20	壬申	12/5	10 21	壬寅	1/4	11 21	壬申	2/2	12 21	辛丑	4
9/5	7 18	辛未	10/6	8 20	壬寅	11/6	9 21	癸酉	12/6	10 22	癸卯				2/3	12 22	壬寅	5
9/6	7 19	壬申	10/7	8 21	癸卯													6

月	丙申	丁酉	戊戌	己亥	庚子	辛丑
中氣	處暑 8/23 9時27分 巳時	秋分 9/23 7時4分 辰時	霜降 10/23 16時25分 申時	小雪 11/22 14時0分 未時	冬至 12/22 3時21分 寅時	大寒 1/20 14時2分 未時

中華民國九十、九十一年　蛇　2001、2002

年：壬午

月	壬寅			癸卯			甲辰			乙巳			丙午			丁未		
節氣	立春			驚蟄			清明			立夏			芒種			小暑		
	2/4 8時24分 辰時			3/6 2時27分 丑時			4/5 7時18分 辰時			5/6 0時37分 子時			6/6 4時44分 寅時			7/7 14時56分 未時		
日	國曆	農曆	干支	國曆	農曆	干支	國曆	農曆	干支	國曆	農曆	干支	國曆	農曆	干支	國曆	農曆	干支
	2 4	12 23	癸卯	3 6	1 23	癸酉	4 5	2 23	癸卯	5 6	3 24	甲戌	6 6	4 26	乙巳	7 7	5 27	丙子
	2 5	12 24	甲辰	3 7	1 24	甲戌	4 6	2 24	甲辰	5 7	3 25	乙亥	6 7	4 27	丙午	7 8	5 28	丁丑
	2 6	12 25	乙巳	3 8	1 25	乙亥	4 7	2 25	乙巳	5 8	3 26	丙子	6 8	4 28	丁未	7 9	5 29	戊寅
	2 7	12 26	丙午	3 9	1 26	丙子	4 8	2 26	丙午	5 9	3 27	丁丑	6 9	4 29	戊申	7 10	6 1	己卯
中	2 8	12 27	丁未	3 10	1 27	丁丑	4 9	2 27	丁未	5 10	3 28	戊寅	6 10	4 30	己酉	7 11	6 2	庚辰
華	2 9	12 28	戊申	3 11	1 28	戊寅	4 10	2 28	戊申	5 11	3 29	己卯	6 11	5 1	庚戌	7 12	6 3	辛巳
民	2 10	12 29	己酉	3 12	1 29	己卯	4 11	2 29	己酉	5 12	4 1	庚辰	6 12	5 2	辛亥	7 13	6 4	壬午
國	2 11	12 30	庚戌	3 13	1 30	庚辰	4 12	2 30	庚戌	5 13	4 2	辛巳	6 13	5 3	壬子	7 14	6 5	癸未
九	2 12	1 1	辛亥	3 14	2 1	辛巳	4 13	3 1	辛亥	5 14	4 3	壬午	6 14	5 4	癸丑	7 15	6 6	甲申
十	2 13	1 2	壬子	3 15	2 2	壬午	4 14	3 2	壬子	5 15	4 4	癸未	6 15	5 5	甲寅	7 16	6 7	乙酉
一	2 14	1 3	癸丑	3 16	2 3	癸未	4 15	3 3	癸丑	5 16	4 5	甲申	6 16	5 6	乙卯	7 17	6 8	丙戌
年	2 15	1 4	甲寅	3 17	2 4	甲申	4 16	3 4	甲寅	5 17	4 6	乙酉	6 17	5 7	丙辰	7 18	6 9	丁亥
	2 16	1 5	乙卯	3 18	2 5	乙酉	4 17	3 5	乙卯	5 18	4 7	丙戌	6 18	5 8	丁巳	7 19	6 10	戊子
馬	2 17	1 6	丙辰	3 19	2 6	丙戌	4 18	3 6	丙辰	5 19	4 8	丁亥	6 19	5 9	戊午	7 20	6 11	己丑
	2 18	1 7	丁巳	3 20	2 7	丁亥	4 19	3 7	丁巳	5 20	4 9	戊子	6 20	5 10	己未	7 21	6 12	庚寅
	2 19	1 8	戊午	3 21	2 8	戊子	4 20	3 8	戊午	5 21	4 10	己丑	6 21	5 11	庚申	7 22	6 13	辛卯
	2 20	1 9	己未	3 22	2 9	己丑	4 21	3 9	己未	5 22	4 11	庚寅	6 22	5 12	辛酉	7 23	6 14	壬辰
	2 21	1 10	庚申	3 23	2 10	庚寅	4 22	3 10	庚申	5 23	4 12	辛卯	6 23	5 13	壬戌	7 24	6 15	癸巳
	2 22	1 11	辛酉	3 24	2 11	辛卯	4 23	3 11	辛酉	5 24	4 13	壬辰	6 24	5 14	癸亥	7 25	6 16	甲午
	2 23	1 12	壬戌	3 25	2 12	壬辰	4 24	3 12	壬戌	5 25	4 14	癸巳	6 25	5 15	甲子	7 26	6 17	乙未
	2 24	1 13	癸亥	3 26	2 13	癸巳	4 25	3 13	癸亥	5 26	4 15	甲午	6 26	5 16	乙丑	7 27	6 18	丙申
	2 25	1 14	甲子	3 27	2 14	甲午	4 26	3 14	甲子	5 27	4 16	乙未	6 27	5 17	丙寅	7 28	6 19	丁酉
	2 26	1 15	乙丑	3 28	2 15	乙未	4 27	3 15	乙丑	5 28	4 17	丙申	6 28	5 18	丁卯	7 29	6 20	戊戌
	2 27	1 16	丙寅	3 29	2 16	丙申	4 28	3 16	丙寅	5 29	4 18	丁酉	6 29	5 19	戊辰	7 30	6 21	己亥
	2 28	1 17	丁卯	3 30	2 17	丁酉	4 29	3 17	丁卯	5 30	4 19	戊戌	6 30	5 20	己巳	7 31	6 22	庚子
2	3 1	1 18	戊辰	3 31	2 18	戊戌	4 30	3 18	戊辰	5 31	4 20	己亥	7 1	5 21	庚午	8 1	6 23	辛丑
0	3 2	1 19	己巳	4 1	2 19	己亥	5 1	3 19	己巳	6 1	4 21	庚子	7 2	5 22	辛未	8 2	6 24	壬寅
0	3 3	1 20	庚午	4 2	2 20	庚子	5 2	3 20	庚午	6 2	4 22	辛丑	7 3	5 23	壬申	8 3	6 25	癸卯
2	3 4	1 21	辛未	4 3	2 21	辛丑	5 3	3 21	辛未	6 3	4 23	壬寅	7 4	5 24	癸酉	8 4	6 26	甲辰
	3 5	1 22	壬申	4 4	2 22	壬寅	5 4	3 22	壬申	6 4	4 24	癸卯	7 5	5 25	甲戌	8 5	6 27	乙巳
							5 5	3 23	癸酉	6 5	4 25	甲辰	7 6	5 26	乙亥	8 6	6 28	丙午
																8 7	6 29	丁未
中氣	雨水			春分			穀雨			小滿			夏至			大暑		
	2/19 4時13分 寅時			3/21 3時16分 寅時			4/20 14時20分 未時			5/21 13時29分 未時			6/21 21時24分 亥時			7/23 8時15分 辰時		

206

壬午（年）

右欄：年／月／節氣／日　中華民國九十一、九十二年　馬　2002、2003

月	戊申			己酉			庚戌			辛亥			壬子			癸丑		
節氣	立秋			白露			寒露			立冬			大雪			小寒			
	8/8 0時39分 子時			9/8 3時31分 寅時			10/8 19時9分 戌時			11/7 22時21分 亥時			12/7 15時14分 申時			1/6 2時27分 丑時			
日	國曆	農曆	干支	國曆	農曆	干支	國曆	農曆	干支	國曆	農曆	干支	國曆	農曆	干支	國曆	農曆	干支
	8/8	6/30	戊申	9/8	8/2	己卯	10/8	9/3	己酉	11/7	10/3	己卯	12/7	11/4	己酉	1/6	12/4	己卯
	8/9	7/1	己酉	9/9	8/3	庚辰	10/9	9/4	庚戌	11/8	10/4	庚辰	12/8	11/5	庚戌	1/7	12/5	庚辰
	8/10	7/2	庚戌	9/10	8/4	辛巳	10/10	9/5	辛亥	11/9	10/5	辛巳	12/9	11/6	辛亥	1/8	12/6	辛巳
	8/11	7/3	辛亥	9/11	8/5	壬午	10/11	9/6	壬子	11/10	10/6	壬午	12/10	11/7	壬子	1/9	12/7	壬午
	8/12	7/4	壬子	9/12	8/6	癸未	10/12	9/7	癸丑	11/11	10/7	癸未	12/11	11/8	癸丑	1/10	12/8	癸未
	8/13	7/5	癸丑	9/13	8/7	甲申	10/13	9/8	甲寅	11/12	10/8	甲申	12/12	11/9	甲寅	1/11	12/9	甲申
	8/14	7/6	甲寅	9/14	8/8	乙酉	10/14	9/9	乙卯	11/13	10/9	乙酉	12/13	11/10	乙卯	1/12	12/10	乙酉
	8/15	7/7	乙卯	9/15	8/9	丙戌	10/15	9/10	丙辰	11/14	10/10	丙戌	12/14	11/11	丙辰	1/13	12/11	丙戌
	8/16	7/8	丙辰	9/16	8/10	丁亥	10/16	9/11	丁巳	11/15	10/11	丁亥	12/15	11/12	丁巳	1/14	12/12	丁亥
	8/17	7/9	丁巳	9/17	8/11	戊子	10/17	9/12	戊午	11/16	10/12	戊子	12/16	11/13	戊午	1/15	12/13	戊子
	8/18	7/10	戊午	9/18	8/12	己丑	10/18	9/13	己未	11/17	10/13	己丑	12/17	11/14	己未	1/16	12/14	己丑
	8/19	7/11	己未	9/19	8/13	庚寅	10/19	9/14	庚申	11/18	10/14	庚寅	12/18	11/15	庚申	1/17	12/15	庚寅
	8/20	7/12	庚申	9/20	8/14	辛卯	10/20	9/15	辛酉	11/19	10/15	辛卯	12/19	11/16	辛酉	1/18	12/16	辛卯
	8/21	7/13	辛酉	9/21	8/15	壬辰	10/21	9/16	壬戌	11/20	10/16	壬辰	12/20	11/17	壬戌	1/19	12/17	壬辰
	8/22	7/14	壬戌	9/22	8/16	癸巳	10/22	9/17	癸亥	11/21	10/17	癸巳	12/21	11/18	癸亥	1/20	12/18	癸巳
	8/23	7/15	癸亥	9/23	8/17	甲午	10/23	9/18	甲子	11/22	10/18	甲午	12/22	11/19	甲子	1/21	12/19	甲午
	8/24	7/16	甲子	9/24	8/18	乙未	10/24	9/19	乙丑	11/23	10/19	乙未	12/23	11/20	乙丑	1/22	12/20	乙未
	8/25	7/17	乙丑	9/25	8/19	丙申	10/25	9/20	丙寅	11/24	10/20	丙申	12/24	11/21	丙寅	1/23	12/21	丙申
	8/26	7/18	丙寅	9/26	8/20	丁酉	10/26	9/21	丁卯	11/25	10/21	丁酉	12/25	11/22	丁卯	1/24	12/22	丁酉
	8/27	7/19	丁卯	9/27	8/21	戊戌	10/27	9/22	戊辰	11/26	10/22	戊戌	12/26	11/23	戊辰	1/25	12/23	戊戌
	8/28	7/20	戊辰	9/28	8/22	己亥	10/28	9/23	己巳	11/27	10/23	己亥	12/27	11/24	己巳	1/26	12/24	己亥
	8/29	7/21	己巳	9/29	8/23	庚子	10/29	9/24	庚午	11/28	10/24	庚子	12/28	11/25	庚午	1/27	12/25	庚子
	8/30	7/22	庚午	9/30	8/24	辛丑	10/30	9/25	辛未	11/29	10/25	辛丑	12/29	11/26	辛未	1/28	12/26	辛丑
	8/31	7/23	辛未	10/1	8/25	壬寅	10/31	9/26	壬申	11/30	10/26	壬寅	12/30	11/27	壬申	1/29	12/27	壬寅
	9/1	7/24	壬申	10/2	8/26	癸卯	11/1	9/27	癸酉	12/1	10/27	癸卯	12/31	11/28	癸酉	1/30	12/28	癸卯
	9/2	7/25	癸酉	10/3	8/27	甲辰	11/2	9/28	甲戌	12/2	10/28	甲辰	1/1	11/29	甲戌	1/31	12/29	甲辰
	9/3	7/26	甲戌	10/4	8/28	乙巳	11/3	9/29	乙亥	12/3	10/29	乙巳	1/2	11/30	乙亥	2/1	12/30	乙巳
	9/4	7/27	乙亥	10/5	8/29	丙午	11/4	9/30	丙子	12/4	11/1	丙午	1/3	12/1	丙子	2/2	1/1	丙午
	9/5	7/28	丙子	10/6	9/1	丁未	11/5	10/1	丁丑	12/5	11/2	丁未	1/4	12/2	丁丑	2/3	1/2	丁未
	9/6	7/29	丁丑	10/7	9/2	戊申	11/6	10/2	戊寅	12/6	11/3	戊申	1/5	12/3	戊寅	2/4	1/3	戊申
	9/7	8/1	戊寅															
中氣	處暑			秋分			霜降			小雪			冬至			大寒		
	8/23 15時16分 申時			9/23 12時55分 午時			10/23 22時17分 亥時			11/22 19時53分 戌時			12/22 9時14分 巳時			1/20 19時52分 戌時		

年			癸未														
月	甲寅			乙卯			丙辰			丁巳			戊午			己未		
節氣	立春 2/4 14時5分 未時			驚蟄 3/6 8時4分 辰時			清明 4/5 12時52分 午時			立夏 5/6 6時10分 卯時			芒種 6/6 10時19分 巳時			小暑 7/7 20時35分 戌時		
日	國曆	農曆	干支	國曆	農曆	干支	國曆	農曆	干支	國曆	農曆	干支	國曆	農曆	干支	國曆	農曆	干支
	2/4	1 4	戊申	3/6	2 4	戊寅	4/5	3 4	戊申	5/6	4 6	己卯	6/6	5 7	庚戌	7/7	6 8	辛巳
	2/5	1 5	己酉	3/7	2 5	己卯	4/6	3 5	己酉	5/7	4 7	庚辰	6/7	5 8	辛亥	7/8	6 9	壬午
	2/6	1 6	庚戌	3/8	2 6	庚辰	4/7	3 6	庚戌	5/8	4 8	辛巳	6/8	5 9	壬子	7/9	6 10	癸未
	2/7	1 7	辛亥	3/9	2 7	辛巳	4/8	3 7	辛亥	5/9	4 9	壬午	6/9	5 10	癸丑	7/10	6 11	甲申
中	2/8	1 8	壬子	3/10	2 8	壬午	4/9	3 8	壬子	5/10	4 10	癸未	6/10	5 11	甲寅	7/11	6 12	乙酉
華	2/9	1 9	癸丑	3/11	2 9	癸未	4/10	3 9	癸丑	5/11	4 11	甲申	6/11	5 12	乙卯	7/12	6 13	丙戌
民	2/10	1 10	甲寅	3/12	2 10	甲申	4/11	3 10	甲寅	5/12	4 12	乙酉	6/12	5 13	丙辰	7/13	6 14	丁亥
國	2/11	1 11	乙卯	3/13	2 11	乙酉	4/12	3 11	乙卯	5/13	4 13	丙戌	6/13	5 14	丁巳	7/14	6 15	戊子
九	2/12	1 12	丙辰	3/14	2 12	丙戌	4/13	3 12	丙辰	5/14	4 14	丁亥	6/14	5 15	戊午	7/15	6 16	己丑
十	2/13	1 13	丁巳	3/15	2 13	丁亥	4/14	3 13	丁巳	5/15	4 15	戊子	6/15	5 16	己未	7/16	6 17	庚寅
二	2/14	1 14	戊午	3/16	2 14	戊子	4/15	3 14	戊午	5/16	4 16	己丑	6/16	5 17	庚申	7/17	6 18	辛卯
年	2/15	1 15	己未	3/17	2 15	己丑	4/16	3 15	己未	5/17	4 17	庚寅	6/17	5 18	辛酉	7/18	6 19	壬辰
	2/16	1 16	庚申	3/18	2 16	庚寅	4/17	3 16	庚申	5/18	4 18	辛卯	6/18	5 19	壬戌	7/19	6 20	癸巳
羊	2/17	1 17	辛酉	3/19	2 17	辛卯	4/18	3 17	辛酉	5/19	4 19	壬辰	6/19	5 20	癸亥	7/20	6 21	甲午
	2/18	1 18	壬戌	3/20	2 18	壬辰	4/19	3 18	壬戌	5/20	4 20	癸巳	6/20	5 21	甲子	7/21	6 22	乙未
	2/19	1 19	癸亥	3/21	2 19	癸巳	4/20	3 19	癸亥	5/21	4 21	甲午	6/21	5 22	乙丑	7/22	6 23	丙申
	2/20	1 20	甲子	3/22	2 20	甲午	4/21	3 20	甲子	5/22	4 22	乙未	6/22	5 23	丙寅	7/23	6 24	丁酉
	2/21	1 21	乙丑	3/23	2 21	乙未	4/22	3 21	乙丑	5/23	4 23	丙申	6/23	5 24	丁卯	7/24	6 25	戊戌
	2/22	1 22	丙寅	3/24	2 22	丙申	4/23	3 22	丙寅	5/24	4 24	丁酉	6/24	5 25	戊辰	7/25	6 26	己亥
	2/23	1 23	丁卯	3/25	2 23	丁酉	4/24	3 23	丁卯	5/25	4 25	戊戌	6/25	5 26	己巳	7/26	6 27	庚子
	2/24	1 24	戊辰	3/26	2 24	戊戌	4/25	3 24	戊辰	5/26	4 26	己亥	6/26	5 27	庚午	7/27	6 28	辛丑
	2/25	1 25	己巳	3/27	2 25	己亥	4/26	3 25	己巳	5/27	4 27	庚子	6/27	5 28	辛未	7/28	6 29	壬寅
	2/26	1 26	庚午	3/28	2 26	庚子	4/27	3 26	庚午	5/28	4 28	辛丑	6/28	5 29	壬申	7/29	7 1	癸卯
2	2/27	1 27	辛未	3/29	2 27	辛丑	4/28	3 27	辛未	5/29	4 29	壬寅	6/29	5 30	癸酉	7/30	7 2	甲辰
0	2/28	1 28	壬申	3/30	2 28	壬寅	4/29	3 28	壬申	5/30	5 1	癸卯	6/30	6 1	甲戌	7/31	7 3	乙巳
0	3/1	1 29	癸酉	3/31	2 29	癸卯	4/30	3 29	癸酉	5/31	5 2	甲辰	7/1	6 2	乙亥	8/1	7 4	丙午
3	3/2	1 30	甲戌	4/1	2 30	甲辰	5/1	4 1	甲戌	6/1	5 3	乙巳	7/2	6 3	丙子	8/2	7 5	丁未
	3/3	2 1	乙亥	4/2	3 1	乙巳	5/2	4 2	乙亥	6/2	5 4	丙午	7/3	6 4	丁丑	8/3	7 6	戊申
	3/4	2 2	丙子	4/3	3 2	丙午	5/3	4 3	丙子	6/3	5 5	丁未	7/4	6 5	戊寅	8/4	7 7	己酉
	3/5	2 3	丁丑	4/4	3 3	丁未	5/4	4 4	丁丑	6/4	5 6	戊申	7/5	6 6	己卯	8/5	7 8	庚戌
							5/5	4 5	戊寅	6/5	5 7	己酉	7/6	6 7	庚辰	8/6	7 9	辛亥
																8/7	7 10	壬子
中氣	雨水 2/19 10時0分 巳時			春分 3/21 8時59分 辰時			穀雨 4/20 20時2分 戌時			小滿 5/21 19時12分 戌時			夏至 6/22 3時10分 寅時			大暑 7/23 14時4分 未時		

208

年	月	節氣
癸未	庚申	立秋　8/8 6時24分 卯時
	辛酉	白露　9/8 9時20分 巳時
	壬戌	寒露　10/9 1時0分 丑時
	癸亥	立冬　11/8 4時13分 寅時
	甲子	大雪　12/7 21時5分 亥時
	乙丑	小寒　1/6 8時18分 辰時

右欄記載：中華民國九十二、九十三年　羊　2003～2004

庚申			辛酉			壬戌			癸亥			甲子			乙丑		
國曆	農曆	干支	國曆	農曆	干支	國曆	農曆	干支	國曆	農曆	干支	國曆	農曆	干支	國曆	農曆	干支
8 8	7 11	癸酉	9 8	8 12	甲辰	10 9	9 14	乙亥	11 8	10 15	乙巳	12 7	11 14	甲戌	1 6	12 15	甲辰
8 9	7 12	甲戌	9 9	8 13	乙巳	10 10	9 15	丙子	11 9	10 16	丙午	12 8	11 15	乙亥	1 7	12 16	乙巳
8 10	7 13	乙亥	9 10	8 14	丙午	10 11	9 16	丁丑	11 10	10 17	丁未	12 9	11 16	丙子	1 8	12 17	丙午
8 11	7 14	丙子	9 11	8 15	丁未	10 12	9 17	戊寅	11 11	10 18	戊申	12 10	11 17	丁丑	1 9	12 18	丁未
8 12	7 15	丁丑	9 12	8 16	戊申	10 13	9 18	己卯	11 12	10 19	己酉	12 11	11 18	戊寅	1 10	12 19	戊申
8 13	7 16	戊寅	9 13	8 17	己酉	10 14	9 19	庚辰	11 13	10 20	庚戌	12 12	11 19	己卯	1 11	12 20	己酉
8 14	7 17	己卯	9 14	8 18	庚戌	10 15	9 20	辛巳	11 14	10 21	辛亥	12 13	11 20	庚辰	1 12	12 21	庚戌
8 15	7 18	庚辰	9 15	8 19	辛亥	10 16	9 21	壬午	11 15	10 22	壬子	12 14	11 21	辛巳	1 13	12 22	辛亥
8 16	7 19	辛巳	9 16	8 20	壬子	10 17	9 22	癸未	11 16	10 23	癸丑	12 15	11 22	壬午	1 14	12 23	壬子
8 17	7 20	壬午	9 17	8 21	癸丑	10 18	9 23	甲申	11 17	10 24	甲寅	12 16	11 23	癸未	1 15	12 24	癸丑
8 18	7 21	癸未	9 18	8 22	甲寅	10 19	9 24	乙酉	11 18	10 25	乙卯	12 17	11 24	甲申	1 16	12 25	甲寅
8 19	7 22	甲申	9 19	8 23	乙卯	10 20	9 25	丙戌	11 19	10 26	丙辰	12 18	11 25	乙酉	1 17	12 26	乙卯
8 20	7 23	乙酉	9 20	8 24	丙辰	10 21	9 26	丁亥	11 20	10 27	丁巳	12 19	11 26	丙戌	1 18	12 27	丙辰
8 21	7 24	丙戌	9 21	8 25	丁巳	10 22	9 27	戊子	11 21	10 28	戊午	12 20	11 27	丁亥	1 19	12 28	丁巳
8 22	7 25	丁亥	9 22	8 26	戊午	10 23	9 28	己丑	11 22	10 29	己未	12 21	11 28	戊子	1 20	12 29	戊午
8 23	7 26	戊子	9 23	8 27	己未	10 24	9 29	庚寅	11 23	10 30	庚申	12 22	11 29	己丑	1 21	12 30	己未
8 24	7 27	己丑	9 24	8 28	庚申	10 25	10 1	辛卯	11 24	11 1	辛酉	12 23	12 1	庚寅	1 22	1 1	庚申
8 25	7 28	庚寅	9 25	8 29	辛酉	10 26	10 2	壬辰	11 25	11 2	壬戌	12 24	12 2	辛卯	1 23	1 2	辛酉
8 26	7 29	辛卯	9 26	9 1	壬戌	10 27	10 3	癸巳	11 26	11 3	癸亥	12 25	12 3	壬辰	1 24	1 3	壬戌
8 27	7 30	壬辰	9 27	9 2	癸亥	10 28	10 4	甲午	11 27	11 4	甲子	12 26	12 4	癸巳	1 25	1 4	癸亥
8 28	8 1	癸巳	9 28	9 3	甲子	10 29	10 5	乙未	11 28	11 5	乙丑	12 27	12 5	甲午	1 26	1 5	甲子
8 29	8 2	甲午	9 29	9 4	乙丑	10 30	10 6	丙申	11 29	11 6	丙寅	12 28	12 6	乙未	1 27	1 6	乙丑
8 30	8 3	乙未	9 30	9 5	丙寅	10 31	10 7	丁酉	11 30	11 7	丁卯	12 29	12 7	丙申	1 28	1 7	丙寅
8 31	8 4	丙申	10 1	9 6	丁卯	11 1	10 8	戊戌	12 1	11 8	戊辰	12 30	12 8	丁酉	1 29	1 8	丁卯
9 1	8 5	丁酉	10 2	9 7	戊辰	11 2	10 9	己亥	12 2	11 9	己巳	12 31	12 9	戊戌	1 30	1 9	戊辰
9 2	8 6	戊戌	10 3	9 8	己巳	11 3	10 10	庚子	12 3	11 10	庚午	1 1	12 10	己亥	1 31	1 10	己巳
9 3	8 7	己亥	10 4	9 9	庚午	11 4	10 11	辛丑	12 4	11 11	辛未	1 2	12 11	庚子	2 1	1 11	庚午
9 4	8 8	庚子	10 5	9 10	辛未	11 5	10 12	壬寅	12 5	11 12	壬申	1 3	12 12	辛丑	2 2	1 12	辛未
9 5	8 9	辛丑	10 6	9 11	壬申	11 6	10 13	癸卯	12 6	11 13	癸酉	1 4	12 13	壬寅	2 3	1 13	壬申
9 6	8 10	壬寅	10 7	9 12	癸酉	11 7	10 14	甲辰				1 5	12 14	癸卯	2 4	1 14	癸酉
9 7	8 11	癸卯	10 8	9 13	甲戌												

中氣：

處暑	秋分	霜降	小雪	冬至	大寒
8/23 21時8分 亥時	9/23 18時46分 酉時	10/24 4時8分 寅時	11/23 11時43分 丑時	12/22 15時3分 申時	1/21 11時42分 丑時

年	甲申																
月	丙寅			丁卯			戊辰			己巳			庚午			辛未		
節氣	立春 2/4 19時56分 戌時			驚蟄 3/5 13時55分 未時			清明 4/4 18時43分 酉時			立夏 5/5 12時2分 午時			芒種 6/5 16時13分 申時			小暑 7/7 2時31分 丑時		
日	國曆	農曆	干支	國曆	農曆	干支	國曆	農曆	干支	國曆	農曆	干支	國曆	農曆	干支	國曆	農曆	干支
	2 4	1 14	癸丑	3 5	2 15	癸未	4 4	閏2 15	癸丑	5 5	3 17	甲申	6 5	4 18	乙卯	7 7	5 20	丁亥
	2 5	1 15	甲寅	3 6	2 16	甲申	4 5	閏2 16	甲寅	5 6	3 18	乙酉	6 6	4 19	丙辰	7 8	5 21	戊子
	2 6	1 16	乙卯	3 7	2 17	乙酉	4 6	閏2 17	乙卯	5 7	3 19	丙戌	6 7	4 20	丁巳	7 9	5 22	己丑
	2 7	1 17	丙辰	3 8	2 18	丙戌	4 7	閏2 18	丙辰	5 8	3 20	丁亥	6 8	4 21	戊午	7 10	5 23	庚寅
	2 8	1 18	丁巳	3 9	2 19	丁亥	4 8	閏2 19	丁巳	5 9	3 21	戊子	6 9	4 22	己未	7 11	5 24	辛卯
中	2 9	1 19	戊午	3 10	2 20	戊子	4 9	閏2 20	戊午	5 10	3 22	己丑	6 10	4 23	庚申	7 12	5 25	壬辰
華	2 10	1 20	己未	3 11	2 21	己丑	4 10	閏2 21	己未	5 11	3 23	庚寅	6 11	4 24	辛酉	7 13	5 26	癸巳
民	2 11	1 21	庚申	3 12	2 22	庚寅	4 11	閏2 22	庚申	5 12	3 24	辛卯	6 12	4 25	壬戌	7 14	5 27	甲午
國	2 12	1 22	辛酉	3 13	2 23	辛卯	4 12	閏2 23	辛酉	5 13	3 25	壬辰	6 13	4 26	癸亥	7 15	5 28	乙未
九	2 13	1 23	壬戌	3 14	2 24	壬辰	4 13	閏2 24	壬戌	5 14	3 26	癸巳	6 14	4 27	甲子	7 16	5 29	丙申
十	2 14	1 24	癸亥	3 15	2 25	癸巳	4 14	閏2 25	癸亥	5 15	3 27	甲午	6 15	4 28	乙丑	7 17	6 1	丁酉
三	2 15	1 25	甲子	3 16	2 26	甲午	4 15	閏2 26	甲子	5 16	3 28	乙未	6 16	4 29	丙寅	7 18	6 2	戊戌
年	2 16	1 26	乙丑	3 17	2 27	乙未	4 16	閏2 27	乙丑	5 17	3 29	丙申	6 17	4 30	丁卯	7 19	6 3	己亥
猴	2 17	1 27	丙寅	3 18	2 28	丙申	4 17	閏2 28	丙寅	5 18	3 30	丁酉	6 18	5 1	戊辰	7 20	6 4	庚子
	2 18	1 28	丁卯	3 19	2 29	丁酉	4 18	閏2 29	丁卯	5 19	4 1	戊戌	6 19	5 2	己巳	7 21	6 5	辛丑
	2 19	1 29	戊辰	3 20	2 30	戊戌	4 19	3 1	戊辰	5 20	4 2	己亥	6 20	5 3	庚午	7 22	6 6	壬寅
	2 20	2 1	己巳	3 21	閏2 1	己亥	4 20	3 2	己巳	5 21	4 3	庚子	6 21	5 4	辛未	7 23	6 7	癸卯
	2 21	2 2	庚午	3 22	閏2 2	庚子	4 21	3 3	庚午	5 22	4 4	辛丑	6 22	5 5	壬申	7 24	6 8	甲辰
	2 22	2 3	辛未	3 23	閏2 3	辛丑	4 22	3 4	辛未	5 23	4 5	壬寅	6 23	5 6	癸酉	7 25	6 9	乙巳
	2 23	2 4	壬申	3 24	閏2 4	壬寅	4 23	3 5	壬申	5 24	4 6	癸卯	6 24	5 7	甲戌	7 26	6 10	丙午
	2 24	2 5	癸酉	3 25	閏2 5	癸卯	4 24	3 6	癸酉	5 25	4 7	甲辰	6 25	5 8	乙亥	7 27	6 11	丁未
	2 25	2 6	甲戌	3 26	閏2 6	甲辰	4 25	3 7	甲戌	5 26	4 8	乙巳	6 26	5 9	丙子	7 28	6 12	戊申
	2 26	2 7	乙亥	3 27	閏2 7	乙巳	4 26	3 8	乙亥	5 27	4 9	丙午	6 27	5 10	丁丑	7 29	6 13	己酉
	2 27	2 8	丙子	3 28	閏2 8	丙午	4 27	3 9	丙子	5 28	4 10	丁未	6 28	5 11	戊寅	7 30	6 14	庚戌
	2 28	2 9	丁丑	3 29	閏2 9	丁未	4 28	3 10	丁丑	5 29	4 11	戊申	6 29	5 12	己卯	7 31	6 15	辛亥
2	2 29	2 10	戊寅	3 30	閏2 10	戊申	4 29	3 11	戊寅	5 30	4 12	己酉	6 30	5 13	庚辰	8 1	6 16	壬子
0	3 1	2 11	己卯	3 31	閏2 11	己酉	4 30	3 12	己卯	5 31	4 13	庚戌	7 1	5 14	辛巳	8 2	6 17	癸丑
0	3 2	2 12	庚辰	4 1	閏2 12	庚戌	5 1	3 13	庚辰	6 1	4 14	辛亥	7 2	5 15	壬午	8 3	6 18	甲寅
4	3 3	2 13	辛巳	4 2	閏2 13	辛亥	5 2	3 14	辛巳	6 2	4 15	壬子	7 3	5 16	癸未	8 4	6 19	乙卯
	3 4	2 14	壬午	4 3	閏2 14	壬子	5 3	3 15	壬午	6 3	4 16	癸丑	7 4	5 17	甲申	8 5	6 20	丙辰
							5 4	3 16	癸未	6 4	4 17	甲寅	7 5	5 18	乙酉	8 6	6 21	丁巳
													7 6	5 19	丙戌			
中氣	雨水 2/19 15時49分 申時			春分 3/20 14時48分 未時			穀雨 4/20 1時50分 丑時			小滿 5/21 0時59分 子時			夏至 6/21 8時56分 辰時			大暑 7/22 19時50分 戌時		

						甲申											年
壬申			癸酉			甲戌			乙亥			丙子			丁丑			月
立秋			白露			寒露			立冬			大雪			小寒			節氣
7 12時19分 午時			9/7 15時12分 申時			10/8 6時49分 卯時			11/7 9時58分 巳時			12/7 2時48分 丑時			1/5 14時2分 未時			
國曆	農曆	干支	國曆	農曆	干支	國曆	農曆	干支	國曆	農曆	干支	國曆	農曆	干支	國曆	農曆	干支	日
8/7	6 22	戊午	9 7	7 23	己丑	10 8	8 25	庚申	11 7	9 25	庚寅	12 7	10 26	庚申	1 5	11 25	己丑
8/8	6 23	己未	9 8	7 24	庚寅	10 9	8 26	辛酉	11 8	9 26	辛卯	12 8	10 27	辛酉	1 6	11 26	庚寅
8/9	6 24	庚申	9 9	7 25	辛卯	10 10	8 27	壬戌	11 9	9 27	壬辰	12 9	10 28	壬戌	1 7	11 27	辛卯
8/10	6 25	辛酉	9 10	7 26	壬辰	10 11	8 28	癸亥	11 10	9 28	癸巳	12 10	10 29	癸亥	1 8	11 28	壬辰
8/11	6 26	壬戌	9 11	7 27	癸巳	10 12	8 29	甲子	11 11	9 29	甲午	12 11	10 30	甲子	1 9	11 29	癸巳
8/12	6 27	癸亥	9 12	7 28	甲午	10 13	8 30	乙丑	11 12	10 1	乙未	12 12	11 1	乙丑	1 10	12 1	甲午
8/13	6 28	甲子	9 13	7 29	乙未	10 14	9 1	丙寅	11 13	10 2	丙申	12 13	11 2	丙寅	1 11	12 2	乙未
8/14	6 29	乙丑	9 14	8 1	丙申	10 15	9 2	丁卯	11 14	10 3	丁酉	12 14	11 3	丁卯	1 12	12 3	丙申
8/15	6 30	丙寅	9 15	8 2	丁酉	10 16	9 3	戊辰	11 15	10 4	戊戌	12 15	11 4	戊辰	1 13	12 4	丁酉
8/16	7 1	丁卯	9 16	8 3	戊戌	10 17	9 4	己巳	11 16	10 5	己亥	12 16	11 5	己巳	1 14	12 5	戊戌
8/17	7 2	戊辰	9 17	8 4	己亥	10 18	9 5	庚午	11 17	10 6	庚子	12 17	11 6	庚午	1 15	12 6	己亥
8/18	7 3	己巳	9 18	8 5	庚子	10 19	9 6	辛未	11 18	10 7	辛丑	12 18	11 7	辛未	1 16	12 7	庚子
8/19	7 4	庚午	9 19	8 6	辛丑	10 20	9 7	壬申	11 19	10 8	壬寅	12 19	11 8	壬申	1 17	12 8	辛丑
8/20	7 5	辛未	9 20	8 7	壬寅	10 21	9 8	癸酉	11 20	10 9	癸卯	12 20	11 9	癸酉	1 18	12 9	壬寅
8/21	7 6	壬申	9 21	8 8	癸卯	10 22	9 9	甲戌	11 21	10 10	甲辰	12 21	11 10	甲戌	1 19	12 10	癸卯
8/22	7 7	癸酉	9 22	8 9	甲辰	10 23	9 10	乙亥	11 22	10 11	乙巳	12 22	11 11	乙亥	1 20	12 11	甲辰
8/23	7 8	甲戌	9 23	8 10	乙巳	10 24	9 11	丙子	11 23	10 12	丙午	12 23	11 12	丙子	1 21	12 12	乙巳
8/24	7 9	乙亥	9 24	8 11	丙午	10 25	9 12	丁丑	11 24	10 13	丁未	12 24	11 13	丁丑	1 22	12 13	丙午
8/25	7 10	丙子	9 25	8 12	丁未	10 26	9 13	戊寅	11 25	10 14	戊申	12 25	11 14	戊寅	1 23	12 14	丁未
8/26	7 11	丁丑	9 26	8 13	戊申	10 27	9 14	己卯	11 26	10 15	己酉	12 26	11 15	己卯	1 24	12 15	戊申
8/27	7 12	戊寅	9 27	8 14	己酉	10 28	9 15	庚辰	11 27	10 16	庚戌	12 27	11 16	庚辰	1 25	12 16	己酉
8/28	7 13	己卯	9 28	8 15	庚戌	10 29	9 16	辛巳	11 28	10 17	辛亥	12 28	11 17	辛巳	1 26	12 17	庚戌
8/29	7 14	庚辰	9 29	8 16	辛亥	10 30	9 17	壬午	11 29	10 18	壬子	12 29	11 18	壬午	1 27	12 18	辛亥
8/30	7 15	辛巳	9 30	8 17	壬子	10 31	9 18	癸未	11 30	10 19	癸丑	12 30	11 19	癸未	1 28	12 19	壬子
8/31	7 16	壬午	10 1	8 18	癸丑	11 1	9 19	甲申	12 1	10 20	甲寅	12 31	11 20	甲申	1 29	12 20	癸丑
9 1	7 17	癸未	10 2	8 19	甲寅	11 2	9 20	乙酉	12 2	10 21	乙卯	1 1	11 21	乙酉	1 30	12 21	甲寅
9 2	7 18	甲申	10 3	8 20	乙卯	11 3	9 21	丙戌	12 3	10 22	丙辰	1 2	11 22	丙戌	1 31	12 22	乙卯
9 3	7 19	乙酉	10 4	8 21	丙辰	11 4	9 22	丁亥	12 4	10 23	丁巳	1 3	11 23	丁亥	2 1	12 23	丙辰
9 4	7 20	丙戌	10 5	8 22	丁巳	11 5	9 23	戊子	12 5	10 24	戊午	1 4	11 24	戊子	2 2	12 24	丁巳
9 5	7 21	丁亥	10 6	8 23	戊午	11 6	9 24	己丑	12 6	10 25	己未				2 3	12 25	戊午
9 6	7 22	戊子	10 7	8 24	己未												
處暑			秋分			霜降			小雪			冬至			大寒			中氣
8/23 2時53分 丑時			9/23 0時29分 子時			10/23 9時48分 巳時			11/22 7時21分 辰時			12/21 20時41分 戌時			1/20 7時21分 辰時			

中華民國九十三、九十四年 猴 2004、2005

年	乙酉																
月	戊寅			己卯			庚辰			辛巳			壬午			癸未		
節氣	立春			驚蟄			清明			立夏			芒種			小暑		
	2/4 1時43分 丑時			3/5 19時45分 戌時			4/5 0時34分 子時			5/5 17時52分 酉時			6/5 22時1分 亥時			7/7 8時16分 辰時		
日	國曆	農曆	干支	國曆	農曆	干支	國曆	農曆	干支	國曆	農曆	干支	國曆	農曆	干支	國曆	農曆	干支
	2/4	12 26	己未	3/5	1 25	戊子	4/5	2 27	己未	5/5	3 27	己丑	6/5	4 29	庚申	7/7	6 2	壬辰
	2/5	12 27	庚申	3/6	1 26	己丑	4/6	2 28	庚申	5/6	3 28	庚寅	6/6	4 30	辛酉	7/8	6 3	癸巳
	2/6	12 28	辛酉	3/7	1 27	庚寅	4/7	2 29	辛酉	5/7	3 29	辛卯	6/7	5 1	壬戌	7/9	6 4	甲午
	2/7	12 29	壬戌	3/8	1 28	辛卯	4/8	2 30	壬戌	5/8	4 1	壬辰	6/8	5 2	癸亥	7/10	6 5	乙未
	2/8	12 30	癸亥	3/9	1 29	壬辰	4/9	3 1	癸亥	5/9	4 2	癸巳	6/9	5 3	甲子	7/11	6 6	丙申
中華民國九十四年	2/9	1 1	甲子	3/10	2 1	癸巳	4/10	3 2	甲子	5/10	4 3	甲午	6/10	5 4	乙丑	7/12	6 7	丁酉
	2/10	1 2	乙丑	3/11	2 2	甲午	4/11	3 3	乙丑	5/11	4 4	乙未	6/11	5 5	丙寅	7/13	6 8	戊戌
	2/11	1 3	丙寅	3/12	2 3	乙未	4/12	3 4	丙寅	5/12	4 5	丙申	6/12	5 6	丁卯	7/14	6 9	己亥
	2/12	1 4	丁卯	3/13	2 4	丙申	4/13	3 5	丁卯	5/13	4 6	丁酉	6/13	5 7	戊辰	7/15	6 10	庚子
	2/13	1 5	戊辰	3/14	2 5	丁酉	4/14	3 6	戊辰	5/14	4 7	戊戌	6/14	5 8	己巳	7/16	6 11	辛丑
	2/14	1 6	己巳	3/15	2 6	戊戌	4/15	3 7	己巳	5/15	4 8	己亥	6/15	5 9	庚午	7/17	6 12	壬寅
雞	2/15	1 7	庚午	3/16	2 7	己亥	4/16	3 8	庚午	5/16	4 9	庚子	6/16	5 10	辛未	7/18	6 13	癸卯
	2/16	1 8	辛未	3/17	2 8	庚子	4/17	3 9	辛未	5/17	4 10	辛丑	6/17	5 11	壬申	7/19	6 14	甲辰
	2/17	1 9	壬申	3/18	2 9	辛丑	4/18	3 10	壬申	5/18	4 11	壬寅	6/18	5 12	癸酉	7/20	6 15	乙巳
	2/18	1 10	癸酉	3/19	2 10	壬寅	4/19	3 11	癸酉	5/19	4 12	癸卯	6/19	5 13	甲戌	7/21	6 16	丙午
	2/19	1 11	甲戌	3/20	2 11	癸卯	4/20	3 12	甲戌	5/20	4 13	甲辰	6/20	5 14	乙亥	7/22	6 17	丁未
	2/20	1 12	乙亥	3/21	2 12	甲辰	4/21	3 13	乙亥	5/21	4 14	乙巳	6/21	5 15	丙子	7/23	6 18	戊申
	2/21	1 13	丙子	3/22	2 13	乙巳	4/22	3 14	丙子	5/22	4 15	丙午	6/22	5 16	丁丑	7/24	6 19	己酉
	2/22	1 14	丁丑	3/23	2 14	丙午	4/23	3 15	丁丑	5/23	4 16	丁未	6/23	5 17	戊寅	7/25	6 20	庚戌
	2/23	1 15	戊寅	3/24	2 15	丁未	4/24	3 16	戊寅	5/24	4 17	戊申	6/24	5 18	己卯	7/26	6 21	辛亥
	2/24	1 16	己卯	3/25	2 16	戊申	4/25	3 17	己卯	5/25	4 18	己酉	6/25	5 19	庚辰	7/27	6 22	壬子
	2/25	1 17	庚辰	3/26	2 17	己酉	4/26	3 18	庚辰	5/26	4 19	庚戌	6/26	5 20	辛巳	7/28	6 23	癸丑
	2/26	1 18	辛巳	3/27	2 18	庚戌	4/27	3 19	辛巳	5/27	4 20	辛亥	6/27	5 21	壬午	7/29	6 24	甲寅
	2/27	1 19	壬午	3/28	2 19	辛亥	4/28	3 20	壬午	5/28	4 21	壬子	6/28	5 22	癸未	7/30	6 25	乙卯
2005	2/28	1 20	癸未	3/29	2 20	壬子	4/29	3 21	癸未	5/29	4 22	癸丑	6/29	5 23	甲申	7/31	6 26	丙辰
	3/1	1 21	甲申	3/30	2 21	癸丑	4/30	3 22	甲申	5/30	4 23	甲寅	6/30	5 24	乙酉	8/1	6 27	丁巳
	3/2	1 22	乙酉	3/31	2 22	甲寅	5/1	3 23	乙酉	5/31	4 24	乙卯	7/1	5 25	丙戌	8/2	6 28	戊午
	3/3	1 23	丙戌	4/1	2 23	乙卯	5/2	3 24	丙戌	6/1	4 25	丙辰	7/2	5 26	丁亥	8/3	6 29	己未
	3/4	1 24	丁亥	4/2	2 24	丙辰	5/3	3 25	丁亥	6/2	4 26	丁巳	7/3	5 27	戊子	8/4	6 30	庚申
				4/3	2 25	丁巳	5/4	3 26	戊子	6/3	4 27	戊午	7/4	5 28	己丑	8/5	7 1	辛酉
				4/4	2 26	戊午				6/4	4 28	己未	7/5	5 29	庚寅	8/6	7 2	壬戌
													7/6	6 1	辛卯			
中氣	雨水			春分			穀雨			小滿			夏至			大暑		
	2/18 21時31分 亥時			3/20 20時33分 戌時			4/20 7時37分 辰時			5/21 6時47分 卯時			6/21 14時46分 未時			7/23 1時40分 丑時		

乙酉（年）

右欄：中華民國九十四、九十五年　雞　2005、2006

節氣

月	甲申	乙酉	丙戌	丁亥	戊子	己丑
節氣	立秋	白露	寒露	立冬	大雪	小寒
日	8/7 18時3分 酉時	9/7 20時56分 戌時	10/8 12時33分 午時	11/7 15時42分 申時	12/7 8時32分 辰時	1/5 19時46分 戌時

甲申 國曆	農曆	干支	乙酉 國曆	農曆	干支	丙戌 國曆	農曆	干支	丁亥 國曆	農曆	干支	戊子 國曆	農曆	干支	己丑 國曆	農曆	干支
7	7 3	癸亥	9 7	8 4	甲午	10 8	9 6	乙丑	11 7	10 7	乙未	12 7	11 7	乙丑	1 5	12 6	甲午
8	7 4	甲子	9 8	8 5	乙未	10 9	9 7	丙寅	11 8	10 8	丙申	12 8	11 8	丙寅	1 6	12 7	乙未
9	7 5	乙丑	9 9	8 6	丙申	10 10	9 8	丁卯	11 9	10 9	丁酉	12 9	11 9	丁卯	1 7	12 8	丙申
10	7 6	丙寅	9 10	8 7	丁酉	10 11	9 9	戊辰	11 10	10 10	戊戌	12 10	11 10	戊辰	1 8	12 9	丁酉
11	7 7	丁卯	9 11	8 8	戊戌	10 12	9 10	己巳	11 11	10 11	己亥	12 11	11 11	己巳	1 9	12 10	戊戌
12	7 8	戊辰	9 12	8 9	己亥	10 13	9 11	庚午	11 12	10 12	庚子	12 12	11 12	庚午	1 10	12 11	己亥
13	7 9	己巳	9 13	8 10	庚子	10 14	9 12	辛未	11 13	10 13	辛丑	12 13	11 13	辛未	1 11	12 12	庚子
14	7 10	庚午	9 14	8 11	辛丑	10 15	9 13	壬申	11 14	10 14	壬寅	12 14	11 14	壬申	1 12	12 13	辛丑
15	7 11	辛未	9 15	8 12	壬寅	10 16	9 14	癸酉	11 15	10 15	癸卯	12 15	11 15	癸酉	1 13	12 14	壬寅
16	7 12	壬申	9 16	8 13	癸卯	10 17	9 15	甲戌	11 16	10 16	甲辰	12 16	11 16	甲戌	1 14	12 15	癸卯
17	7 13	癸酉	9 17	8 14	甲辰	10 18	9 16	乙亥	11 17	10 17	乙巳	12 17	11 17	乙亥	1 15	12 16	甲辰
18	7 14	甲戌	9 18	8 15	乙巳	10 19	9 17	丙子	11 18	10 18	丙午	12 18	11 18	丙子	1 16	12 17	乙巳
19	7 15	乙亥	9 19	8 16	丙午	10 20	9 18	丁丑	11 19	10 19	丁未	12 19	11 19	丁丑	1 17	12 18	丙午
20	7 16	丙子	9 20	8 17	丁未	10 21	9 19	戊寅	11 20	10 20	戊申	12 20	11 20	戊寅	1 18	12 19	丁未
21	7 17	丁丑	9 21	8 18	戊申	10 22	9 20	己卯	11 21	10 21	己酉	12 21	11 21	己卯	1 19	12 20	戊申
22	7 18	戊寅	9 22	8 19	己酉	10 23	9 21	庚辰	11 22	10 22	庚戌	12 22	11 22	庚辰	1 20	12 21	己酉
23	7 19	己卯	9 23	8 20	庚戌	10 24	9 22	辛巳	11 23	10 23	辛亥	12 23	11 23	辛巳	1 21	12 22	庚戌
24	7 20	庚辰	9 24	8 21	辛亥	10 25	9 23	壬午	11 24	10 24	壬子	12 24	11 24	壬午	1 22	12 23	辛亥
25	7 21	辛巳	9 25	8 22	壬子	10 26	9 24	癸未	11 25	10 25	癸丑	12 25	11 25	癸未	1 23	12 24	壬子
26	7 22	壬午	9 26	8 23	癸丑	10 27	9 25	甲申	11 26	10 26	甲寅	12 26	11 26	甲申	1 24	12 25	癸丑
27	7 23	癸未	9 27	8 24	甲寅	10 28	9 26	乙酉	11 27	10 27	乙卯	12 27	11 27	乙酉	1 25	12 26	甲寅
28	7 24	甲申	9 28	8 25	乙卯	10 29	9 27	丙戌	11 28	10 28	丙辰	12 28	11 28	丙戌	1 26	12 27	乙卯
29	7 25	乙酉	9 29	8 26	丙辰	10 30	9 28	丁亥	11 29	10 29	丁巳	12 29	11 29	丁亥	1 27	12 28	丙辰
30	7 26	丙戌	9 30	8 27	丁巳	10 31	9 29	戊子	11 30	10 30	戊午	12 30	11 30	戊子	1 28	12 29	丁巳
31	7 27	丁亥	10 1	8 28	戊午	11 1	10 1	己丑	12 1	11 1	己未	12 31	12 1	己丑	1 29	1 1	戊午
1	7 28	戊子	10 2	8 29	己未	11 2	10 2	庚寅	12 2	11 2	庚申	1 1	12 2	庚寅	1 30	1 2	己未
2	7 29	己丑	10 3	9 1	庚申	11 3	10 3	辛卯	12 3	11 3	辛酉	1 2	12 3	辛卯	1 31	1 3	庚申
3	7 30	庚寅	10 4	9 2	辛酉	11 4	10 4	壬辰	12 4	11 4	壬戌	1 3	12 4	壬辰	2 1	1 4	辛酉
4	8 1	辛卯	10 5	9 3	壬戌	11 5	10 5	癸巳	12 5	11 5	癸亥	1 4	12 5	癸巳	2 2	1 5	壬戌
5	8 2	壬辰	10 6	9 4	癸亥	11 6	10 6	甲午	12 6	11 6	甲子				2 3	1 6	癸亥
6	8 3	癸巳	10 7	9 5	甲子												

中氣

	處暑	秋分	霜降	小雪	冬至	大寒
中氣	8/23 8時45分 辰時	9/23 6時23分 卯時	10/23 15時42分 申時	11/22 13時14分 未時	12/22 2時34分 丑時	1/20 13時15分 未時

年																	丙戌
月	庚寅			辛卯			壬辰			癸巳			甲午			乙未		
節氣	立春			驚蟄			清明			立夏			芒種			小暑		
	2/4 7時27分 辰時			3/6 1時28分 丑時			4/5 6時15分 卯時			5/5 23時30分 子時			6/6 5時36分 寅時			7/7 13時51分 未時		
日	國曆	農曆	干支	國曆	農曆	干支	國曆	農曆	干支	國曆	農曆	干支	國曆	農曆	干支	國曆	農曆	干支
	2 4	1 7	甲子	3 6	2 7	甲午	4 5	3 8	甲子	5 5	4 8	甲午	6 6	5 11	丙寅	7 7	6 12	丁酉
	2 5	1 8	乙丑	3 7	2 8	乙未	4 6	3 9	乙丑	5 6	4 9	乙未	6 7	5 12	丁卯	7 8	6 13	戊戌
	2 6	1 9	丙寅	3 8	2 9	丙申	4 7	3 10	丙寅	5 7	4 10	丙申	6 8	5 13	戊辰	7 9	6 14	己亥
	2 7	1 10	丁卯	3 9	2 10	丁酉	4 8	3 11	丁卯	5 8	4 11	丁酉	6 9	5 14	己巳	7 10	6 15	庚子
	2 8	1 11	戊辰	3 10	2 11	戊戌	4 9	3 12	戊辰	5 9	4 12	戊戌	6 10	5 15	庚午	7 11	6 16	辛丑
中	2 9	1 12	己巳	3 11	2 12	己亥	4 10	3 13	己巳	5 10	4 13	己亥	6 11	5 16	辛未	7 12	6 17	壬寅
華	2 10	1 13	庚午	3 12	2 13	庚子	4 11	3 14	庚午	5 11	4 14	庚子	6 12	5 17	壬申	7 13	6 18	癸卯
民	2 11	1 14	辛未	3 13	2 14	辛丑	4 12	3 15	辛未	5 12	4 15	辛丑	6 13	5 18	癸酉	7 14	6 19	甲辰
國	2 12	1 15	壬申	3 14	2 15	壬寅	4 13	3 16	壬申	5 13	4 16	壬寅	6 14	5 19	甲戌	7 15	6 20	乙巳
九	2 13	1 16	癸酉	3 15	2 16	癸卯	4 14	3 17	癸酉	5 14	4 17	癸卯	6 15	5 20	乙亥	7 16	6 21	丙午
十	2 14	1 17	甲戌	3 16	2 17	甲辰	4 15	3 18	甲戌	5 15	4 18	甲辰	6 16	5 21	丙子	7 17	6 22	丁未
五	2 15	1 18	乙亥	3 17	2 18	乙巳	4 16	3 19	乙亥	5 16	4 19	乙巳	6 17	5 22	丁丑	7 18	6 23	戊申
年	2 16	1 19	丙子	3 18	2 19	丙午	4 17	3 20	丙子	5 17	4 20	丙午	6 18	5 23	戊寅	7 19	6 24	己酉
	2 17	1 20	丁丑	3 19	2 20	丁未	4 18	3 21	丁丑	5 18	4 21	丁未	6 19	5 24	己卯	7 20	6 25	庚戌
狗	2 18	1 21	戊寅	3 20	2 21	戊申	4 19	3 22	戊寅	5 19	4 22	戊申	6 20	5 25	庚辰	7 21	6 26	辛亥
	2 19	1 22	己卯	3 21	2 22	己酉	4 20	3 23	己卯	5 20	4 23	己酉	6 21	5 26	辛巳	7 22	6 27	壬子
	2 20	1 23	庚辰	3 22	2 23	庚戌	4 21	3 24	庚辰	5 21	4 24	庚戌	6 22	5 27	壬午	7 23	6 28	癸丑
	2 21	1 24	辛巳	3 23	2 24	辛亥	4 22	3 25	辛巳	5 22	4 25	辛亥	6 23	5 28	癸未	7 24	6 29	甲寅
	2 22	1 25	壬午	3 24	2 25	壬子	4 23	3 26	壬午	5 23	4 26	壬子	6 24	5 29	甲申	7 25	7 1	乙卯
	2 23	1 26	癸未	3 25	2 26	癸丑	4 24	3 27	癸未	5 24	4 27	癸丑	6 25	5 30	乙酉	7 26	7 2	丙辰
	2 24	1 27	甲申	3 26	2 27	甲寅	4 25	3 28	甲申	5 25	4 28	甲寅	6 26	6 1	丙戌	7 27	7 3	丁巳
	2 25	1 28	乙酉	3 27	2 28	乙卯	4 26	3 29	乙酉	5 26	4 29	乙卯	6 27	6 2	丁亥	7 28	7 4	戊午
	2 26	1 29	丙戌	3 28	2 29	丙辰	4 27	3 30	丙戌	5 27	5 1	丙辰	6 28	6 3	戊子	7 29	7 5	己未
	2 27	1 30	丁亥	3 29	3 1	丁巳	4 28	4 1	丁亥	5 28	5 2	丁巳	6 29	6 4	己丑	7 30	7 6	庚申
	2 28	2 1	戊子	3 30	3 2	戊午	4 29	4 2	戊子	5 29	5 3	戊午	6 30	6 5	庚寅	7 31	7 7	辛酉
2	3 1	2 2	己丑	3 31	3 3	己未	4 30	4 3	己丑	5 30	5 4	己未	7 1	6 6	辛卯	8 1	7 8	壬戌
0	3 2	2 3	庚寅	4 1	3 4	庚申	5 1	4 4	庚寅	5 31	5 5	庚申	7 2	6 7	壬辰	8 2	7 9	癸亥
0	3 3	2 4	辛卯	4 2	3 5	辛酉	5 2	4 5	辛卯	6 1	5 6	辛酉	7 3	6 8	癸巳	8 3	7 10	甲子
6	3 4	2 5	壬辰	4 3	3 6	壬戌	5 3	4 6	壬辰	6 2	5 7	壬戌	7 4	6 9	甲午	8 4	7 11	乙丑
	3 5	2 6	癸巳	4 4	3 7	癸亥	5 4	4 7	癸巳	6 3	5 8	癸亥	7 5	6 10	乙未	8 5	7 12	丙寅
										6 4	5 9	甲子	7 6	6 11	丙申	8 6	7 13	丁卯
										6 5	5 10	乙丑						
中氣	雨水			春分			穀雨			小滿			夏至			大暑		
	2/19 3時25分 寅時			3/21 2時25分 丑時			4/20 13時26分 未時			5/21 12時31分 午時			6/21 20時25分 戌時			7/23 7時17分 辰時		

214

丙戌

右欄（縱書）：年 / 月 / 節氣 / 日 / 中華民國九十五、九十六年 狗 / 2006、2007 / 中氣

節氣（各月）

月干支	節氣	交節時刻
丙申	立秋	23時40分 子時
丁酉	白露	9/8 2時38分 丑時
戊戌	寒露	10/8 18時21分 酉時
己亥	立冬	11/7 21時34分 亥時
庚子	大雪	12/7 14時26分 未時
辛丑	小寒	1/6 1時40分 丑時

日

丙申 國曆	丙申 農曆	丙申 干支	丁酉 國曆	丁酉 農曆	丁酉 干支	戊戌 國曆	戊戌 農曆	戊戌 干支	己亥 國曆	己亥 農曆	己亥 干支	庚子 國曆	庚子 農曆	庚子 干支	辛丑 國曆	辛丑 農曆	辛丑 干支
7	7 14	戊辰	9 8	7 16	庚子	10 8	8 17	庚午	11 7	9 17	庚子	12 7	10 17	庚午	1 6	11 18	庚子
8	7 15	己巳	9	7 17	辛丑	9	8 18	辛未	8	9 18	辛丑	8	10 18	辛未	7	11 19	辛丑
9	7 16	庚午	10	7 18	壬寅	10	8 19	壬申	9	9 19	壬寅	9	10 19	壬申	8	11 20	壬寅
10	7 17	辛未	11	7 19	癸卯	11	8 20	癸酉	10	9 20	癸卯	10	10 20	癸酉	9	11 21	癸卯
11	7 18	壬申	12	7 20	甲辰	12	8 21	甲戌	11	9 21	甲辰	11	10 21	甲戌	10	11 22	甲辰
12	7 19	癸酉	13	7 21	乙巳	13	8 22	乙亥	12	9 22	乙巳	12	10 22	乙亥	11	11 23	乙巳
13	7 20	甲戌	14	7 22	丙午	14	8 23	丙子	13	9 23	丙午	13	10 23	丙子	12	11 24	丙午
14	7 21	乙亥	15	7 23	丁未	15	8 24	丁丑	14	9 24	丁未	14	10 24	丁丑	13	11 25	丁未
15	7 22	丙子	16	7 24	戊申	16	8 25	戊寅	15	9 25	戊申	15	10 25	戊寅	14	11 26	戊申
16	7 23	丁丑	17	7 25	己酉	17	8 26	己卯	16	9 26	己酉	16	10 26	己卯	15	11 27	己酉
17	7 24	戊寅	18	7 26	庚戌	18	8 27	庚辰	17	9 27	庚戌	17	10 27	庚辰	16	11 28	庚戌
18	7 25	己卯	19	7 27	辛亥	19	8 28	辛巳	18	9 28	辛亥	18	10 28	辛巳	17	11 29	辛亥
19	7 26	庚辰	20	7 28	壬子	20	8 29	壬午	19	9 29	壬子	19	10 29	壬午	18	11 30	壬子
20	7 27	辛巳	21	7 29	癸丑	21	8 30	癸未	20	9 30	癸丑	20	11 1	癸未	19	12 1	癸丑
21	7 28	壬午	22	8 1	甲寅	22	9 1	甲申	21	10 1	甲寅	21	11 2	甲申	20	12 2	甲寅
22	7 29	癸未	23	8 2	乙卯	23	9 2	乙酉	22	10 2	乙卯	22	11 3	乙酉	21	12 3	乙卯
23	7 30	甲申	24	8 3	丙辰	24	9 3	丙戌	23	10 3	丙辰	23	11 4	丙戌	22	12 4	丙辰
24	閏7 1	乙酉	25	8 4	丁巳	25	9 4	丁亥	24	10 4	丁巳	24	11 5	丁亥	23	12 5	丁巳
25	7 2	丙戌	26	8 5	戊午	26	9 5	戊子	25	10 5	戊午	25	11 6	戊子	24	12 6	戊午
26	7 3	丁亥	27	8 6	己未	27	9 6	己丑	26	10 6	己未	26	11 7	己丑	25	12 7	己未
27	7 4	戊子	28	8 7	庚申	28	9 7	庚寅	27	10 7	庚申	27	11 8	庚寅	26	12 8	庚申
28	7 5	己丑	29	8 8	辛酉	29	9 8	辛卯	28	10 8	辛酉	28	11 9	辛卯	27	12 9	辛酉
29	7 6	庚寅	30	8 9	壬戌	30	9 9	壬辰	29	10 9	壬戌	29	11 10	壬辰	28	12 10	壬戌
30	7 7	辛卯	10 1	8 10	癸亥	31	9 10	癸巳	30	10 10	癸亥	30	11 11	癸巳	29	12 11	癸亥
31	7 8	壬辰	2	8 11	甲子	11 1	9 11	甲午	12 1	10 11	甲子	31	11 12	甲午	30	12 12	甲子
1	7 9	癸巳	3	8 12	乙丑	2	9 12	乙未	2	10 12	乙丑	1 1	11 13	乙未	31	12 13	乙丑
2	7 10	甲午	4	8 13	丙寅	3	9 13	丙申	3	10 13	丙寅	2	11 14	丙申	2 1	12 14	丙寅
3	7 11	乙未	5	8 14	丁卯	4	9 14	丁酉	4	10 14	丁卯	3	11 15	丁酉	2	12 15	丁卯
4	7 12	丙申	6	8 15	戊辰	5	9 15	戊戌	5	10 15	戊辰	4	11 16	戊戌	3	12 16	戊辰
5	7 13	丁酉	7	8 16	己巳	6	9 16	己亥	6	10 16	己巳	5	11 17	己亥			
6	7 14	戊戌	8	8 17	庚午	7	9 17	庚子	7	10 17	庚午	6	11 18	庚子			
7	7 15	己亥															

中氣

中氣	交氣時刻
處暑	8/23 14時22分 未時
秋分	9/23 12時3分 午時
霜降	10/23 21時26分 亥時
小雪	11/22 19時1分 戌時
冬至	12/22 8時22分 辰時
大寒	1/20 19時0分 戌時

年	\<\<丁亥\>\>																	
月	壬寅			癸卯			甲辰			乙巳			丙午			丁未		
節氣	立春			驚蟄			清明			立夏			芒種			小暑		
節氣	2/4 13時18分 未時			3/6 7時17分 辰時			4/5 12時4分 午時			5/6 5時20分 卯時			6/6 9時27分 巳時			7/7 19時41分 戌時		
日	國曆	農曆	干支	國曆	農曆	干支	國曆	農曆	干支	國曆	農曆	干支	國曆	農曆	干支	國曆	農曆	干支
	2 4	12 17	己巳	3 6	1 17	己亥	4 5	2 18	己巳	5 6	3 20	庚子	6 6	4 21	辛未	7 7	5 23	壬寅
	2 5	12 18	庚午	3 7	1 18	庚子	4 6	2 19	庚午	5 7	3 21	辛丑	6 7	4 22	壬申	7 8	5 24	癸卯
	2 6	12 19	辛未	3 8	1 19	辛丑	4 7	2 20	辛未	5 8	3 22	壬寅	6 8	4 23	癸酉	7 9	5 25	甲辰
	2 7	12 20	壬申	3 9	1 20	壬寅	4 8	2 21	壬申	5 9	3 23	癸卯	6 9	4 24	甲戌	7 10	5 26	乙巳
	2 8	12 21	癸酉	3 10	1 21	癸卯	4 9	2 22	癸酉	5 10	3 24	甲辰	6 10	4 25	乙亥	7 11	5 27	丙午
	2 9	12 22	甲戌	3 11	1 22	甲辰	4 10	2 23	甲戌	5 11	3 25	乙巳	6 11	4 26	丙子	7 12	5 28	丁未
	2 10	12 23	乙亥	3 12	1 23	乙巳	4 11	2 24	乙亥	5 12	3 26	丙午	6 12	4 27	丁丑	7 13	5 29	戊申
	2 11	12 24	丙子	3 13	1 24	丙午	4 12	2 25	丙子	5 13	3 27	丁未	6 13	4 28	戊寅	7 14	6 1	己酉
	2 12	12 25	丁丑	3 14	1 25	丁未	4 13	2 26	丁丑	5 14	3 28	戊申	6 14	4 29	己卯	7 15	6 2	庚戌
	2 13	12 26	戊寅	3 15	1 26	戊申	4 14	2 27	戊寅	5 15	3 29	己酉	6 15	5 1	庚辰	7 16	6 3	辛亥
	2 14	12 27	己卯	3 16	1 27	己酉	4 15	2 28	己卯	5 16	3 30	庚戌	6 16	5 2	辛巳	7 17	6 4	壬子
	2 15	12 28	庚辰	3 17	1 28	庚戌	4 16	2 29	庚辰	5 17	4 1	辛亥	6 17	5 3	壬午	7 18	6 5	癸丑
	2 16	12 29	辛巳	3 18	1 29	辛亥	4 17	3 1	辛巳	5 18	4 2	壬子	6 18	5 4	癸未	7 19	6 6	甲寅
	2 17	12 30	壬午	3 19	2 1	壬子	4 18	3 2	壬午	5 19	4 3	癸丑	6 19	5 5	甲申	7 20	6 7	乙卯
	2 18	1 1	癸未	3 20	2 2	癸丑	4 19	3 3	癸未	5 20	4 4	甲寅	6 20	5 6	乙酉	7 21	6 8	丙辰
	2 19	1 2	甲申	3 21	2 3	甲寅	4 20	3 4	甲申	5 21	4 5	乙卯	6 21	5 7	丙戌	7 22	6 9	丁巳
	2 20	1 3	乙酉	3 22	2 4	乙卯	4 21	3 5	乙酉	5 22	4 6	丙辰	6 22	5 8	丁亥	7 23	6 10	戊午
	2 21	1 4	丙戌	3 23	2 5	丙辰	4 22	3 6	丙戌	5 23	4 7	丁巳	6 23	5 9	戊子	7 24	6 11	己未
	2 22	1 5	丁亥	3 24	2 6	丁巳	4 23	3 7	丁亥	5 24	4 8	戊午	6 24	5 10	己丑	7 25	6 12	庚申
	2 23	1 6	戊子	3 25	2 7	戊午	4 24	3 8	戊子	5 25	4 9	己未	6 25	5 11	庚寅	7 26	6 13	辛酉
	2 24	1 7	己丑	3 26	2 8	己未	4 25	3 9	己丑	5 26	4 10	庚申	6 26	5 12	辛卯	7 27	6 14	壬戌
	2 25	1 8	庚寅	3 27	2 9	庚申	4 26	3 10	庚寅	5 27	4 11	辛酉	6 27	5 13	壬辰	7 28	6 15	癸亥
	2 26	1 9	辛卯	3 28	2 10	辛酉	4 27	3 11	辛卯	5 28	4 12	壬戌	6 28	5 14	癸巳	7 29	6 16	甲子
	2 27	1 10	壬辰	3 29	2 11	壬戌	4 28	3 12	壬辰	5 29	4 13	癸亥	6 29	5 15	甲午	7 30	6 17	乙丑
	2 28	1 11	癸巳	3 30	2 12	癸亥	4 29	3 13	癸巳	5 30	4 14	甲子	6 30	5 16	乙未	7 31	6 18	丙寅
	3 1	1 12	甲午	3 31	2 13	甲子	4 30	3 14	甲午	5 31	4 15	乙丑	7 1	5 17	丙申	8 1	6 19	丁卯
	3 2	1 13	乙未	4 1	2 14	乙丑	5 1	3 15	乙未	6 1	4 16	丙寅	7 2	5 18	丁酉	8 2	6 20	戊辰
	3 3	1 14	丙申	4 2	2 15	丙寅	5 2	3 16	丙申	6 2	4 17	丁卯	7 3	5 19	戊戌	8 3	6 21	己巳
	3 4	1 15	丁酉	4 3	2 16	丁卯	5 3	3 17	丁酉	6 3	4 18	戊辰	7 4	5 20	己亥	8 4	6 22	庚午
	3 5	1 16	戊戌	4 4	2 17	戊辰	5 4	3 18	戊戌	6 4	4 19	己巳	7 5	5 21	庚子	8 5	6 23	辛未
							5 5	3 19	己亥	6 5	4 20	庚午	7 6	5 22	辛丑	8 6	6 24	壬申
																8 7	6 25	癸酉
中氣	雨水			春分			穀雨			小滿			夏至			大暑		
中氣	2/19 9時8分 巳時			3/21 8時7分 辰時			4/20 19時7分 戌時			5/21 18時11分 酉時			6/22 2時6分 丑時			7/23 13時0分 未時		

（左欄直書）中華民國九十六年　豬　2007

丁亥

右欄：中華民國九十六、九十七年　豬　2007、2008

月	戊申	己酉	庚戌	辛亥	壬子	癸丑
節氣	立秋	白露	寒露	立冬	大雪	小寒
時	5時31分 卯時	9/8 8時29分 辰時	10/9 0時11分 子時	11/8 3時23分 寅時	12/7 20時14分 戌時	1/6 7時24分 辰時

戊申 國曆	農曆	干支	己酉 國曆	農曆	干支	庚戌 國曆	農曆	干支	辛亥 國曆	農曆	干支	壬子 國曆	農曆	干支	癸丑 國曆	農曆	干支
8/8	6/26	甲戌	9/8	7/27	乙亥	10/9	8/29	丙子	11/8	9/29	丙午	12/7	10/28	乙亥	1/6	11/28	乙巳
8/9	6/27	乙亥	9/9	7/28	丙子	10/10	8/30	丁丑	11/9	9/30	丁未	12/8	10/29	丙子	1/7	11/29	丙午
8/10	6/28	丙子	9/10	7/29	丁丑	10/11	9/1	戊寅	11/10	10/1	戊申	12/9	10/30	丁丑	1/8	12/1	丁未
8/11	6/29	丁丑	9/11	8/1	戊寅	10/12	9/2	己卯	11/11	10/2	己酉	12/10	11/1	戊寅	1/9	12/2	戊申
8/12	6/30	戊寅	9/12	8/2	己卯	10/13	9/3	庚辰	11/12	10/3	庚戌	12/11	11/2	己卯	1/10	12/3	己酉
8/13	7/1	己卯	9/13	8/3	庚辰	10/14	9/4	辛巳	11/13	10/4	辛亥	12/12	11/3	庚辰	1/11	12/4	庚戌
8/14	7/2	庚辰	9/14	8/4	辛巳	10/15	9/5	壬午	11/14	10/5	壬子	12/13	11/4	辛巳	1/12	12/5	辛亥
8/15	7/3	辛巳	9/15	8/5	壬午	10/16	9/6	癸未	11/15	10/6	癸丑	12/14	11/5	壬午	1/13	12/6	壬子
8/16	7/4	壬午	9/16	8/6	癸未	10/17	9/7	甲申	11/16	10/7	甲寅	12/15	11/6	癸未	1/14	12/7	癸丑
8/17	7/5	癸未	9/17	8/7	甲申	10/18	9/8	乙酉	11/17	10/8	乙卯	12/16	11/7	甲申	1/15	12/8	甲寅
8/18	7/6	甲申	9/18	8/8	乙酉	10/19	9/9	丙戌	11/18	10/9	丙辰	12/17	11/8	乙酉	1/16	12/9	乙卯
8/19	7/7	乙酉	9/19	8/9	丙戌	10/20	9/10	丁亥	11/19	10/10	丁巳	12/18	11/9	丙戌	1/17	12/10	丙辰
8/20	7/8	丙戌	9/20	8/10	丁亥	10/21	9/11	戊子	11/20	10/11	戊午	12/19	11/10	丁亥	1/18	12/11	丁巳
8/21	7/9	丁亥	9/21	8/11	戊子	10/22	9/12	己丑	11/21	10/12	己未	12/20	11/11	戊子	1/19	12/12	戊午
8/22	7/10	戊子	9/22	8/12	己丑	10/23	9/13	庚寅	11/22	10/13	庚申	12/21	11/12	己丑	1/20	12/13	己未
8/23	7/11	己丑	9/23	8/13	庚寅	10/24	9/14	辛卯	11/23	10/14	辛酉	12/22	11/13	庚寅	1/21	12/14	庚申
8/24	7/12	庚寅	9/24	8/14	辛卯	10/25	9/15	壬辰	11/24	10/15	壬戌	12/23	11/14	辛卯	1/22	12/15	辛酉
8/25	7/13	辛卯	9/25	8/15	壬辰	10/26	9/16	癸巳	11/25	10/16	癸亥	12/24	11/15	壬辰	1/23	12/16	壬戌
8/26	7/14	壬辰	9/26	8/16	癸巳	10/27	9/17	甲午	11/26	10/17	甲子	12/25	11/16	癸巳	1/24	12/17	癸亥
8/27	7/15	癸巳	9/27	8/17	甲午	10/28	9/18	乙未	11/27	10/18	乙丑	12/26	11/17	甲午	1/25	12/18	甲子
8/28	7/16	甲午	9/28	8/18	乙未	10/29	9/19	丙申	11/28	10/19	丙寅	12/27	11/18	乙未	1/26	12/19	乙丑
8/29	7/17	乙未	9/29	8/19	丙申	10/30	9/20	丁酉	11/29	10/20	丁卯	12/28	11/19	丙申	1/27	12/20	丙寅
8/30	7/18	丙申	9/30	8/20	丁酉	10/31	9/21	戊戌	11/30	10/21	戊辰	12/29	11/20	丁酉	1/28	12/21	丁卯
8/31	7/19	丁酉	10/1	8/21	戊戌	11/1	9/22	己亥	12/1	10/22	己巳	12/30	11/21	戊戌	1/29	12/22	戊辰
9/1	7/20	戊戌	10/2	8/22	己亥	11/2	9/23	庚子	12/2	10/23	庚午	12/31	11/22	己亥	1/30	12/23	己巳
9/2	7/21	己亥	10/3	8/23	庚子	11/3	9/24	辛丑	12/3	10/24	辛未	1/1	11/23	庚子	1/31	12/24	庚午
9/3	7/22	庚子	10/4	8/24	辛丑	11/4	9/25	壬寅	12/4	10/25	壬申	1/2	11/24	辛丑	2/1	12/25	辛未
9/4	7/23	辛丑	10/5	8/25	壬寅	11/5	9/26	癸卯	12/5	10/26	癸酉	1/3	11/25	壬寅	2/2	12/26	壬申
9/5	7/24	壬寅	10/6	8/26	癸卯	11/6	9/27	甲辰	12/6	10/27	甲戌	1/4	11/26	癸卯	2/3	12/27	癸酉
9/6	7/25	癸卯	10/7	8/27	甲辰	11/7	9/28	乙巳				1/5	11/27	甲辰			
9/7	7/26	甲辰	10/8	8/28	乙巳												

中氣	處暑	秋分	霜降	小雪	冬至	大寒
時	23 20時7分 戌時	9/23 17時51分 酉時	10/24 3時15分 寅時	11/23 0時49分 子時	12/22 14時7分 未時	1/21 0時43分 子時

年：戊子

中華民國九十七年　鼠　2008

月	甲寅			乙卯			丙辰			丁巳			戊午			己未		
節氣	立春			驚蟄			清明			立夏			芒種			小暑		
氣	2/4 19時0分 戌時			3/5 12時58分 午時			4/4 17時45分 酉時			5/5 11時3分 午時			6/5 15時11分 申時			7/7 1時26分 丑時		
日	國曆	農曆	干支	國曆	農曆	干支	國曆	農曆	干支	國曆	農曆	干支	國曆	農曆	干支	國曆	農曆	干支
	2 4	12 28	甲戌	3 5	1 28	甲辰	4 4	2 28	甲戌	5 5	4 1	乙巳	6 5	5 2	丙子	7 7	6 5	戊申
	2 5	12 29	乙亥	3 6	1 29	乙巳	4 5	2 29	乙亥	5 6	4 2	丙午	6 6	5 3	丁丑	7 8	6 6	己酉
	2 6	12 30	丙子	3 7	1 30	丙午	4 6	3 1	丙子	5 7	4 3	丁未	6 7	5 4	戊寅	7 9	6 7	庚戌
	2 7	1 1	丁丑	3 8	2 1	丁未	4 7	3 2	丁丑	5 8	4 4	戊申	6 8	5 5	己卯	7 10	6 8	辛亥
	2 8	1 2	戊寅	3 9	2 2	戊申	4 8	3 3	戊寅	5 9	4 5	己酉	6 9	5 6	庚辰	7 11	6 9	壬子
	2 9	1 3	己卯	3 10	2 3	己酉	4 9	3 4	己卯	5 10	4 6	庚戌	6 10	5 7	辛巳	7 12	6 10	癸丑
	2 10	1 4	庚辰	3 11	2 4	庚戌	4 10	3 5	庚辰	5 11	4 7	辛亥	6 11	5 8	壬午	7 13	6 11	甲寅
	2 11	1 5	辛巳	3 12	2 5	辛亥	4 11	3 6	辛巳	5 12	4 8	壬子	6 12	5 9	癸未	7 14	6 12	乙卯
	2 12	1 6	壬午	3 13	2 6	壬子	4 12	3 7	壬午	5 13	4 9	癸丑	6 13	5 10	甲申	7 15	6 13	丙辰
	2 13	1 7	癸未	3 14	2 7	癸丑	4 13	3 8	癸未	5 14	4 10	甲寅	6 14	5 11	乙酉	7 16	6 14	丁巳
	2 14	1 8	甲申	3 15	2 8	甲寅	4 14	3 9	甲申	5 15	4 11	乙卯	6 15	5 12	丙戌	7 17	6 15	戊午
	2 15	1 9	乙酉	3 16	2 9	乙卯	4 15	3 10	乙酉	5 16	4 12	丙辰	6 16	5 13	丁亥	7 18	6 16	己未
	2 16	1 10	丙戌	3 17	2 10	丙辰	4 16	3 11	丙戌	5 17	4 13	丁巳	6 17	5 14	戊子	7 19	6 17	庚申
	2 17	1 11	丁亥	3 18	2 11	丁巳	4 17	3 12	丁亥	5 18	4 14	戊午	6 18	5 15	己丑	7 20	6 18	辛酉
	2 18	1 12	戊子	3 19	2 12	戊午	4 18	3 13	戊子	5 19	4 15	己未	6 19	5 16	庚寅	7 21	6 19	壬戌
	2 19	1 13	己丑	3 20	2 13	己未	4 19	3 14	己丑	5 20	4 16	庚申	6 20	5 17	辛卯	7 22	6 20	癸亥
	2 20	1 14	庚寅	3 21	2 14	庚申	4 20	3 15	庚寅	5 21	4 17	辛酉	6 21	5 18	壬辰	7 23	6 21	甲子
	2 21	1 15	辛卯	3 22	2 15	辛酉	4 21	3 16	辛卯	5 22	4 18	壬戌	6 22	5 19	癸巳	7 24	6 22	乙丑
	2 22	1 16	壬辰	3 23	2 16	壬戌	4 22	3 17	壬辰	5 23	4 19	癸亥	6 23	5 20	甲午	7 25	6 23	丙寅
	2 23	1 17	癸巳	3 24	2 17	癸亥	4 23	3 18	癸巳	5 24	4 20	甲子	6 24	5 21	乙未	7 26	6 24	丁卯
	2 24	1 18	甲午	3 25	2 18	甲子	4 24	3 19	甲午	5 25	4 21	乙丑	6 25	5 22	丙申	7 27	6 25	戊辰
	2 25	1 19	乙未	3 26	2 19	乙丑	4 25	3 20	乙未	5 26	4 22	丙寅	6 26	5 23	丁酉	7 28	6 26	己巳
	2 26	1 20	丙申	3 27	2 20	丙寅	4 26	3 21	丙申	5 27	4 23	丁卯	6 27	5 24	戊戌	7 29	6 27	庚午
	2 27	1 21	丁酉	3 28	2 21	丁卯	4 27	3 22	丁酉	5 28	4 24	戊辰	6 28	5 25	己亥	7 30	6 28	辛未
	2 28	1 22	戊戌	3 29	2 22	戊辰	4 28	3 23	戊戌	5 29	4 25	己巳	6 29	5 26	庚子	7 31	6 29	壬申
	2 29	1 23	己亥	3 30	2 23	己巳	4 29	3 24	己亥	5 30	4 26	庚午	6 30	5 27	辛丑	8 1	7 1	癸酉
	3 1	1 24	庚子	3 31	2 24	庚午	4 30	3 25	庚子	5 31	4 27	辛未	7 1	5 28	壬寅	8 2	7 2	甲戌
	3 2	1 25	辛丑	4 1	2 25	辛未	5 1	3 26	辛丑	6 1	4 28	壬申	7 2	5 29	癸卯	8 3	7 3	乙亥
	3 3	1 26	壬寅	4 2	2 26	壬申	5 2	3 27	壬寅	6 2	4 29	癸酉	7 3	6 1	甲辰	8 4	7 4	丙子
	3 4	1 27	癸卯	4 3	2 27	癸酉	5 3	3 28	癸卯	6 3	4 30	甲戌	7 4	6 2	乙巳	8 5	7 5	丁丑
							5 4	3 29	甲辰	6 4	5 1	乙亥	7 5	6 3	丙午	8 6	7 6	戊寅
													7 6	6 4	丁未	8 7	7 7	己卯

中氣	雨水	春分	穀雨	小滿	夏至	大暑
	2/19 14時49分 未時	3/20 13時48分 未時	4/20 0時51分 子時	5/21 0時0分 子時	6/21 7時59分 辰時	7/22 18時54分

年：**戊子**（中華民國九十七、九十八年　鼠　2008、2009）

月／節氣：

月	節氣	時刻
庚申	立秋	1時16分 午時
辛酉	白露	9/7 14時14分 未時
壬戌	寒露	10/8 5時56分 卯時
癸亥	立冬	11/7 9時10分 巳時
甲子	大雪	12/7 2時29分 丑時
乙丑	小寒	1/5 13時14分 未時

庚申 國曆	農曆	干支	辛酉 國曆	農曆	干支	壬戌 國曆	農曆	干支	癸亥 國曆	農曆	干支	甲子 國曆	農曆	干支	乙丑 國曆	農曆	干支	日
8/7	7/7	己卯	9/7	8/8	庚戌	10/8	9/10	辛巳	11/7	10/10	辛亥	12/7	11/10	辛巳	1/5	12/9	庚戌	中華民國九十七、九十八年　鼠　2008、2009
8/8	7/8	庚辰	9/8	8/9	辛亥	10/9	9/11	壬午	11/8	10/11	壬子	12/8	11/11	壬午	1/6	12/10	辛亥	
8/9	7/9	辛巳	9/9	8/10	壬子	10/10	9/12	癸未	11/9	10/12	癸丑	12/9	11/12	癸未	1/7	12/11	壬子	
8/10	7/10	壬午	9/10	8/11	癸丑	10/11	9/13	甲申	11/10	10/13	甲寅	12/10	11/13	甲申	1/8	12/12	癸丑	
8/11	7/11	癸未	9/11	8/12	甲寅	10/12	9/14	乙酉	11/11	10/14	乙卯	12/11	11/14	乙酉	1/9	12/13	甲寅	
8/12	7/12	甲申	9/12	8/13	乙卯	10/13	9/15	丙戌	11/12	10/15	丙辰	12/12	11/15	丙戌	1/10	12/14	乙卯	
8/13	7/13	乙酉	9/13	8/14	丙辰	10/14	9/16	丁亥	11/13	10/16	丁巳	12/13	11/16	丁亥	1/11	12/15	丙辰	
8/14	7/14	丙戌	9/14	8/15	丁巳	10/15	9/17	戊子	11/14	10/17	戊午	12/14	11/17	戊子	1/12	12/16	丁巳	
8/15	7/15	丁亥	9/15	8/16	戊午	10/16	9/18	己丑	11/15	10/18	己未	12/15	11/18	己丑	1/13	12/17	戊午	
8/16	7/16	戊子	9/16	8/17	己未	10/17	9/19	庚寅	11/16	10/19	庚申	12/16	11/19	庚寅	1/14	12/18	己未	
8/17	7/17	己丑	9/17	8/18	庚申	10/18	9/20	辛卯	11/17	10/20	辛酉	12/17	11/20	辛卯	1/15	12/19	庚申	
8/18	7/18	庚寅	9/18	8/19	辛酉	10/19	9/21	壬辰	11/18	10/21	壬戌	12/18	11/21	壬辰	1/16	12/20	辛酉	
8/19	7/19	辛卯	9/19	8/20	壬戌	10/20	9/22	癸巳	11/19	10/22	癸亥	12/19	11/22	癸巳	1/17	12/21	壬戌	
8/20	7/20	壬辰	9/20	8/21	癸亥	10/21	9/23	甲午	11/20	10/23	甲子	12/20	11/23	甲午	1/18	12/22	癸亥	
8/21	7/21	癸巳	9/21	8/22	甲子	10/22	9/24	乙未	11/21	10/24	乙丑	12/21	11/24	乙未	1/19	12/23	甲子	
8/22	7/22	甲午	9/22	8/23	乙丑	10/23	9/25	丙申	11/22	10/25	丙寅	12/22	11/25	丙申	1/20	12/24	乙丑	
8/23	7/23	乙未	9/23	8/24	丙寅	10/24	9/26	丁酉	11/23	10/26	丁卯	12/23	11/26	丁酉	1/21	12/25	丙寅	
8/24	7/24	丙申	9/24	8/25	丁卯	10/25	9/27	戊戌	11/24	10/27	戊辰	12/24	11/27	戊戌	1/22	12/26	丁卯	
8/25	7/25	丁酉	9/25	8/26	戊辰	10/26	9/28	己亥	11/25	10/28	己巳	12/25	11/28	己亥	1/23	12/27	戊辰	
8/26	7/26	戊戌	9/26	8/27	己巳	10/27	9/29	庚子	11/26	10/29	庚午	12/26	11/29	庚子	1/24	12/28	己巳	
8/27	7/27	己亥	9/27	8/28	庚午	10/28	9/30	辛丑	11/27	10/30	辛未	12/27	11/30	辛丑	1/25	12/29	庚午	
8/28	7/28	庚子	9/28	8/29	辛未	10/29	10/1	壬寅	11/28	11/1	壬申	12/28	12/1	壬寅	1/26	1/1	辛未	
8/29	7/29	辛丑	9/29	9/1	壬申	10/30	10/2	癸卯	11/29	11/2	癸酉	12/29	12/2	癸卯	1/27	1/2	壬申	
8/30	7/30	壬寅	9/30	9/2	癸酉	10/31	10/3	甲辰	11/30	11/3	甲戌	12/30	12/3	甲辰	1/28	1/3	癸酉	
8/31	8/1	癸卯	10/1	9/3	甲戌	11/1	10/4	乙巳	12/1	11/4	乙亥	12/31	12/4	乙巳	1/29	1/4	甲戌	
9/1	8/2	甲辰	10/2	9/4	乙亥	11/2	10/5	丙午	12/2	11/5	丙子	1/1	12/5	丙午	1/30	1/5	乙亥	
9/2	8/3	乙巳	10/3	9/5	丙子	11/3	10/6	丁未	12/3	11/6	丁丑	1/2	12/6	丁未	1/31	1/6	丙子	
9/3	8/4	丙午	10/4	9/6	丁丑	11/4	10/7	戊申	12/4	11/7	戊寅	1/3	12/7	戊申	2/1	1/7	丁丑	
9/4	8/5	丁未	10/5	9/7	戊寅	11/5	10/8	己酉	12/5	11/8	己卯	1/4	12/8	己酉	2/2	1/8	戊寅	
9/5	8/6	戊申	10/6	9/8	己卯	11/6	10/9	庚戌	12/6	11/9	庚辰				2/3	1/9	己卯	
9/6	8/7	己酉	10/7	9/9	庚辰													

中氣：

中氣	時刻
處暑	8/23 2時2分 丑時
秋分	9/22 23時44分 子時
霜降	10/23 9時8分 巳時
小雪	11/22 6時44分 卯時
冬至	12/21 20時3分 戌時
大寒	1/20 6時40分 卯時

年	己丑																
月	丙寅			丁卯			戊辰			己巳			庚午			辛未		
節氣	立春 2/4 0時49分 子時			驚蟄 3/5 18時47分 酉時			清明 4/4 23時33分 子時			立夏 5/5 16時50分 申時			芒種 6/5 20時59分 戌時			小暑 7/7 7時13分 辰時		
日	國曆	農曆	干支	國曆	農曆	干支	國曆	農曆	干支	國曆	農曆	干支	國曆	農曆	干支	國曆	農曆	干支
	2/4	1/10	庚辰	3/5	2/9	己酉	4/4	3/9	己卯	5/5	4/11	庚戌	6/5	5/13	辛巳	7/7	閏5/15	癸丑
	2/5	1/11	辛巳	3/6	2/10	庚戌	4/5	3/10	庚辰	5/6	4/12	辛亥	6/6	5/14	壬午	7/8	閏5/16	甲寅
	2/6	1/12	壬午	3/7	2/11	辛亥	4/6	3/11	辛巳	5/7	4/13	壬子	6/7	5/15	癸未	7/9	閏5/17	乙卯
	2/7	1/13	癸未	3/8	2/12	壬子	4/7	3/12	壬午	5/8	4/14	癸丑	6/8	5/16	甲申	7/10	閏5/18	丙辰
	2/8	1/14	甲申	3/9	2/13	癸丑	4/8	3/13	癸未	5/9	4/15	甲寅	6/9	5/17	乙酉	7/11	閏5/19	丁巳
	2/9	1/15	乙酉	3/10	2/14	甲寅	4/9	3/14	甲申	5/10	4/16	乙卯	6/10	5/18	丙戌	7/12	閏5/20	戊午
	2/10	1/16	丙戌	3/11	2/15	乙卯	4/10	3/15	乙酉	5/11	4/17	丙辰	6/11	5/19	丁亥	7/13	閏5/21	己未
	2/11	1/17	丁亥	3/12	2/16	丙辰	4/11	3/16	丙戌	5/12	4/18	丁巳	6/12	5/20	戊子	7/14	閏5/22	庚申
	2/12	1/18	戊子	3/13	2/17	丁巳	4/12	3/17	丁亥	5/13	4/19	戊午	6/13	5/21	己丑	7/15	閏5/23	辛酉
	2/13	1/19	己丑	3/14	2/18	戊午	4/13	3/18	戊子	5/14	4/20	己未	6/14	5/22	庚寅	7/16	閏5/24	壬戌
	2/14	1/20	庚寅	3/15	2/19	己未	4/14	3/19	己丑	5/15	4/21	庚申	6/15	5/23	辛卯	7/17	閏5/25	癸亥
	2/15	1/21	辛卯	3/16	2/20	庚申	4/15	3/20	庚寅	5/16	4/22	辛酉	6/16	5/24	壬辰	7/18	閏5/26	甲子
	2/16	1/22	壬辰	3/17	2/21	辛酉	4/16	3/21	辛卯	5/17	4/23	壬戌	6/17	5/25	癸巳	7/19	閏5/27	乙丑
	2/17	1/23	癸巳	3/18	2/22	壬戌	4/17	3/22	壬辰	5/18	4/24	癸亥	6/18	5/26	甲午	7/20	閏5/28	丙寅
	2/18	1/24	甲午	3/19	2/23	癸亥	4/18	3/23	癸巳	5/19	4/25	甲子	6/19	5/27	乙未	7/21	閏5/29	丁卯
	2/19	1/25	乙未	3/20	2/24	甲子	4/19	3/24	甲午	5/20	4/26	乙丑	6/20	5/28	丙申	7/22	6/1	戊辰
	2/20	1/26	丙申	3/21	2/25	乙丑	4/20	3/25	乙未	5/21	4/27	丙寅	6/21	5/29	丁酉	7/23	6/2	己巳
	2/21	1/27	丁酉	3/22	2/26	丙寅	4/21	3/26	丙申	5/22	4/28	丁卯	6/22	5/30	戊戌	7/24	6/3	庚午
	2/22	1/28	戊戌	3/23	2/27	丁卯	4/22	3/27	丁酉	5/23	4/29	戊辰	6/23	閏5/1	己亥	7/25	6/4	辛未
	2/23	1/29	己亥	3/24	2/28	戊辰	4/23	3/28	戊戌	5/24	5/1	己巳	6/24	閏5/2	庚子	7/26	6/5	壬申
	2/24	1/30	庚子	3/25	2/29	己巳	4/24	3/29	己亥	5/25	5/2	庚午	6/25	閏5/3	辛丑	7/27	6/6	癸酉
	2/25	2/1	辛丑	3/26	2/30	庚午	4/25	4/1	庚子	5/26	5/3	辛未	6/26	閏5/4	壬寅	7/28	6/7	甲戌
	2/26	2/2	壬寅	3/27	3/1	辛未	4/26	4/2	辛丑	5/27	5/4	壬申	6/27	閏5/5	癸卯	7/29	6/8	乙亥
	2/27	2/3	癸卯	3/28	3/2	壬申	4/27	4/3	壬寅	5/28	5/5	癸酉	6/28	閏5/6	甲辰	7/30	6/9	丙子
	2/28	2/4	甲辰	3/29	3/3	癸酉	4/28	4/4	癸卯	5/29	5/6	甲戌	6/29	閏5/7	乙巳	7/31	6/10	丁丑
	3/1	2/5	乙巳	3/30	3/4	甲戌	4/29	4/5	甲辰	5/30	5/7	乙亥	6/30	閏5/8	丙午	8/1	6/11	戊寅
	3/2	2/6	丙午	3/31	3/5	乙亥	4/30	4/6	乙巳	5/31	5/8	丙子	7/1	閏5/9	丁未	8/2	6/12	己卯
	3/3	2/7	丁未	4/1	3/6	丙子	5/1	4/7	丙午	6/1	5/9	丁丑	7/2	閏5/10	戊申	8/3	6/13	庚辰
	3/4	2/8	戊申	4/2	3/7	丁丑	5/2	4/8	丁未	6/2	5/10	戊寅	7/3	閏5/11	己酉	8/4	6/14	辛巳
				4/3	3/8	戊寅	5/3	4/9	戊申	6/3	5/11	己卯	7/4	閏5/12	庚戌	8/5	6/15	壬午
							5/4	4/10	己酉	6/4	5/12	庚辰	7/5	閏5/13	辛亥	8/6	6/16	癸未
													7/6	閏5/14	壬子			
中氣	雨水 2/18 20時46分 戌時			春分 3/20 19時43分 戌時			穀雨 4/20 6時44分 卯時			小滿 5/21 5時51分 卯時			夏至 6/21 13時45分 未時			大暑 7/23 0時35分 子時		

中華民國九十八年 牛

2009

己丑

月	壬申	癸酉	甲戌	乙亥	丙子	丁丑
節氣	立秋	白露	寒露	立冬	大雪	小寒
	7時1分 酉時	9/7 19時57分 戌時	10/8 11時39分 午時	11/7 14時56分 未時	12/7 7時52分 辰時	1/5 19時8分 戌時

中華民國九十八、九十九年　牛　2009、2010

壬申 農曆	干支	癸酉 國曆	農曆	干支	甲戌 國曆	農曆	干支	乙亥 國曆	農曆	干支	丙子 國曆	農曆	干支	丁丑 國曆	農曆	干支
6 17	甲申	9 7	7 19	乙卯	10 8	8 20	丙戌	11 7	9 21	丙辰	12 7	10 21	丙戌	1 5	11 21	乙卯
6 18	乙酉	9 8	7 20	丙辰	10 9	8 21	丁亥	11 8	9 22	丁巳	12 8	10 22	丁亥	1 6	11 22	丙辰
6 19	丙戌	9 9	7 21	丁巳	10 10	8 22	戊子	11 9	9 23	戊午	12 9	10 23	戊子	1 7	11 23	丁巳
6 20	丁亥	9 10	7 22	戊午	10 11	8 23	己丑	11 10	9 24	己未	12 10	10 24	己丑	1 8	11 24	戊午
6 21	戊子	9 11	7 23	己未	10 12	8 24	庚寅	11 11	9 25	庚申	12 11	10 25	庚寅	1 9	11 25	己未
6 22	己丑	9 12	7 24	庚申	10 13	8 25	辛卯	11 12	9 26	辛酉	12 12	10 26	辛卯	1 10	11 26	庚申
6 23	庚寅	9 13	7 25	辛酉	10 14	8 26	壬辰	11 13	9 27	壬戌	12 13	10 27	壬辰	1 11	11 27	辛酉
6 24	辛卯	9 14	7 26	壬戌	10 15	8 27	癸巳	11 14	9 28	癸亥	12 14	10 28	癸巳	1 12	11 28	壬戌
6 25	壬辰	9 15	7 27	癸亥	10 16	8 28	甲午	11 15	9 29	甲子	12 15	10 29	甲午	1 13	11 29	癸亥
6 26	癸巳	9 16	7 28	甲子	10 17	8 29	乙未	11 16	9 30	乙丑	12 16	11 1	乙未	1 14	11 30	甲子
6 27	甲午	9 17	7 29	乙丑	10 18	9 1	丙申	11 17	10 1	丙寅	12 17	11 2	丙申	1 15	12 1	乙丑
6 28	乙未	9 18	7 30	丙寅	10 19	9 2	丁酉	11 18	10 2	丁卯	12 18	11 3	丁酉	1 16	12 2	丙寅
6 29	丙申	9 19	8 1	丁卯	10 20	9 3	戊戌	11 19	10 3	戊辰	12 19	11 4	戊戌	1 17	12 3	丁卯
7 1	丁酉	9 20	8 2	戊辰	10 21	9 4	己亥	11 20	10 4	己巳	12 20	11 5	己亥	1 18	12 4	戊辰
7 2	戊戌	9 21	8 3	己巳	10 22	9 5	庚子	11 21	10 5	庚午	12 21	11 6	庚子	1 19	12 5	己巳
7 3	己亥	9 22	8 4	庚午	10 23	9 6	辛丑	11 22	10 6	辛未	12 22	11 7	辛丑	1 20	12 6	庚午
7 4	庚子	9 23	8 5	辛未	10 24	9 7	壬寅	11 23	10 7	壬申	12 23	11 8	壬寅	1 21	12 7	辛未
7 5	辛丑	9 24	8 6	壬申	10 25	9 8	癸卯	11 24	10 8	癸酉	12 24	11 9	癸卯	1 22	12 8	壬申
7 6	壬寅	9 25	8 7	癸酉	10 26	9 9	甲辰	11 25	10 9	甲戌	12 25	11 10	甲辰	1 23	12 9	癸酉
7 7	癸卯	9 26	8 8	甲戌	10 27	9 10	乙巳	11 26	10 10	乙亥	12 26	11 11	乙巳	1 24	12 10	甲戌
7 8	甲辰	9 27	8 9	乙亥	10 28	9 11	丙午	11 27	10 11	丙子	12 27	11 12	丙午	1 25	12 11	乙亥
7 9	乙巳	9 28	8 10	丙子	10 29	9 12	丁未	11 28	10 12	丁丑	12 28	11 13	丁未	1 26	12 12	丙子
7 10	丙午	9 29	8 11	丁丑	10 30	9 13	戊申	11 29	10 13	戊寅	12 29	11 14	戊申	1 27	12 13	丁丑
7 11	丁未	9 30	8 12	戊寅	10 31	9 14	己酉	11 30	10 14	己卯	12 30	11 15	己酉	1 28	12 14	戊寅
7 12	戊申	10 1	8 13	己卯	11 1	9 15	庚戌	12 1	10 15	庚辰	12 31	11 16	庚戌	1 29	12 15	己卯
7 13	己酉	10 2	8 14	庚辰	11 2	9 16	辛亥	12 2	10 16	辛巳	1 1	11 17	辛亥	1 30	12 16	庚辰
7 14	庚戌	10 3	8 15	辛巳	11 3	9 17	壬子	12 3	10 17	壬午	1 2	11 18	壬子	1 31	12 17	辛巳
7 15	辛亥	10 4	8 16	壬午	11 4	9 18	癸丑	12 4	10 18	癸未	1 3	11 19	癸丑	2 1	12 18	壬午
7 16	壬子	10 5	8 17	癸未	11 5	9 19	甲寅	12 5	10 19	甲申	1 4	11 20	甲寅	2 2	12 19	癸未
7 17	癸丑	10 6	8 18	甲申	11 6	9 20	乙卯	12 6	10 20	乙酉				2 3	12 20	甲申
7 18	甲寅	10 7	8 19	乙酉												

中氣	處暑	秋分	霜降	小雪	冬至	大寒
	7時38分 辰時	9/23 5時18分 卯時	10/23 14時43分 未時	11/22 12時22分 午時	12/22 1時46分 丑時	1/20 12時27分 午時

年	庚寅																	
月	戊寅			己卯			庚辰			辛巳			壬午			癸未		
節氣	立春			驚蟄			清明			立夏			芒種			小暑		
	2/4 6時47分 卯時			3/6 0時46分 子時			4/5 5時30分 卯時			5/5 22時43分 亥時			6/6 2時49分 丑時			7/7 13時2分		
日	國曆	農曆	干支	國曆	農曆	干支	國曆	農曆	干支	國曆	農曆	干支	國曆	農曆	干支	國曆	農曆	干支
	2 4	12 21	乙酉	3 6	1 21	乙卯	4 5	2 21	乙酉	5 5	3 22	乙卯	6 6	4 24	丁亥	7 7	5 26	
	2 5	12 22	丙戌	3 7	1 22	丙辰	4 6	2 22	丙戌	5 6	3 23	丙辰	6 7	4 25	戊子	7 8	5 27	
	2 6	12 23	丁亥	3 8	1 23	丁巳	4 7	2 23	丁亥	5 7	3 24	丁巳	6 8	4 26	己丑	7 9	5 28	
	2 7	12 24	戊子	3 9	1 24	戊午	4 8	2 24	戊子	5 8	3 25	戊午	6 9	4 27	庚寅	7 10	5 29	
中	2 8	12 25	己丑	3 10	1 25	己未	4 9	2 25	己丑	5 9	3 26	己未	6 10	4 28	辛卯	7 11	5 30	
華	2 9	12 26	庚寅	3 11	1 26	庚申	4 10	2 26	庚寅	5 10	3 27	庚申	6 11	4 29	壬辰	7 12	6 1	
民	2 10	12 27	辛卯	3 12	1 27	辛酉	4 11	2 27	辛卯	5 11	3 28	辛酉	6 12	5 1	癸巳	7 13	6 2	
國	2 11	12 28	壬辰	3 13	1 28	壬戌	4 12	2 28	壬辰	5 12	3 29	壬戌	6 13	5 2	甲午	7 14	6 3	
九	2 12	12 29	癸巳	3 14	1 29	癸亥	4 13	2 29	癸巳	5 13	3 30	癸亥	6 14	5 3	乙未	7 15	6 4	
十	2 13	12 30	甲午	3 15	1 30	甲子	4 14	3 1	甲午	5 14	4 1	甲子	6 15	5 4	丙申	7 16	6 5	
九	2 14	1 1	乙未	3 16	2 1	乙丑	4 15	3 2	乙未	5 15	4 2	乙丑	6 16	5 5	丁酉	7 17	6 6	
年	2 15	1 2	丙申	3 17	2 2	丙寅	4 16	3 3	丙申	5 16	4 3	丙寅	6 17	5 6	戊戌	7 18	6 7	
	2 16	1 3	丁酉	3 18	2 3	丁卯	4 17	3 4	丁酉	5 17	4 4	丁卯	6 18	5 7	己亥	7 19	6 8	
虎	2 17	1 4	戊戌	3 19	2 4	戊辰	4 18	3 5	戊戌	5 18	4 5	戊辰	6 19	5 8	庚子	7 20	6 9	
	2 18	1 5	己亥	3 20	2 5	己巳	4 19	3 6	己亥	5 19	4 6	己巳	6 20	5 9	辛丑	7 21	6 10	
	2 19	1 6	庚子	3 21	2 6	庚午	4 20	3 7	庚子	5 20	4 7	庚午	6 21	5 10	壬寅	7 22	6 11	
	2 20	1 7	辛丑	3 22	2 7	辛未	4 21	3 8	辛丑	5 21	4 8	辛未	6 22	5 11	癸卯	7 23	6 12	
	2 21	1 8	壬寅	3 23	2 8	壬申	4 22	3 9	壬寅	5 22	4 9	壬申	6 23	5 12	甲辰	7 24	6 13	
	2 22	1 9	癸卯	3 24	2 9	癸酉	4 23	3 10	癸卯	5 23	4 10	癸酉	6 24	5 13	乙巳	7 25	6 14	
	2 23	1 10	甲辰	3 25	2 10	甲戌	4 24	3 11	甲辰	5 24	4 11	甲戌	6 25	5 14	丙午	7 26	6 15	
	2 24	1 11	乙巳	3 26	2 11	乙亥	4 25	3 12	乙巳	5 25	4 12	乙亥	6 26	5 15	丁未	7 27	6 16	
	2 25	1 12	丙午	3 27	2 12	丙子	4 26	3 13	丙午	5 26	4 13	丙子	6 27	5 16	戊申	7 28	6 17	
2	2 26	1 13	丁未	3 28	2 13	丁丑	4 27	3 14	丁未	5 27	4 14	丁丑	6 28	5 17	己酉	7 29	6 18	
0	2 27	1 14	戊申	3 29	2 14	戊寅	4 28	3 15	戊申	5 28	4 15	戊寅	6 29	5 18	庚戌	7 30	6 19	
1	2 28	1 15	己酉	3 30	2 15	己卯	4 29	3 16	己酉	5 29	4 16	己卯	6 30	5 19	辛亥	7 31	6 20	
0	3 1	1 16	庚戌	3 31	2 16	庚辰	4 30	3 17	庚戌	5 30	4 17	庚辰	7 1	5 20	壬子	8 1	6 21	
	3 2	1 17	辛亥	4 1	2 17	辛巳	5 1	3 18	辛亥	5 31	4 18	辛巳	7 2	5 21	癸丑	8 2	6 22	
	3 3	1 18	壬子	4 2	2 18	壬午	5 2	3 19	壬子	6 1	4 19	壬午	7 3	5 22	甲寅	8 3	6 23	
	3 4	1 19	癸丑	4 3	2 19	癸未	5 3	3 20	癸丑	6 2	4 20	癸未	7 4	5 23	乙卯	8 4	6 24	
	3 5	1 20	甲寅	4 4	2 20	甲申	5 4	3 21	甲寅	6 3	4 21	甲申	7 5	5 24	丙辰	8 5	6 25	
										6 4	4 22	乙酉	7 6	5 25	丁巳	8 6	6 26	
										6 5	4 23	丙戌						
中氣	雨水			春分			穀雨			小滿			夏至			大暑		
	2/19 2時35分 丑時			3/21 1時32分 丑時			4/20 12時29分 午時			5/21 11時33分 午時			6/21 19時28分 戌時			7/23 6時21分		

| 庚寅 | | | | | | | | | | | | | | | | | 年月 |

節氣

月	甲申	乙酉	丙戌	丁亥	戊子	己丑
節氣	立秋	白露	寒露	立冬	大雪	小寒
時刻	20時49分 亥時	9/8 1時44分 丑時	10/8 17時26分 酉時	11/7 20時42分 戌時	12/7 13時38分 未時	1/6 0時54分 子時

右側：年／月／節氣／日／中氣　中華民國九十九、一百年　虎　2010、2011

甲申 農曆	甲申 干支	乙酉 國曆	乙酉 農曆	乙酉 干支	丙戌 國曆	丙戌 農曆	丙戌 干支	丁亥 國曆	丁亥 農曆	丁亥 干支	戊子 國曆	戊子 農曆	戊子 干支	己丑 國曆	己丑 農曆	己丑 干支
6 27	己丑	9 8	8 1	辛酉	10 8	9 1	辛卯	11 7	10 2	辛酉	12 7	11 2	辛卯	1 6	12 3	辛酉
6 28	庚寅	9 9	2	壬戌	10 9	2	壬辰	11 8	3	壬戌	12 8	3	壬辰	1 7	4	壬戌
6 29	辛卯	9 10	3	癸亥	10 10	3	癸巳	11 9	4	癸亥	12 9	4	癸巳	1 8	5	癸亥
7 1	壬辰	9 11	4	甲子	10 11	4	甲午	11 10	5	甲子	12 10	5	甲午	1 9	6	甲子
7 2	癸巳	9 12	5	乙丑	10 12	5	乙未	11 11	6	乙丑	12 11	6	乙未	1 10	7	乙丑
7 3	甲午	9 13	6	丙寅	10 13	6	丙申	11 12	7	丙寅	12 12	7	丙申	1 11	8	丙寅
7 4	乙未	9 14	7	丁卯	10 14	7	丁酉	11 13	8	丁卯	12 13	8	丁酉	1 12	9	丁卯
7 5	丙申	9 15	8	戊辰	10 15	8	戊戌	11 14	9	戊辰	12 14	9	戊戌	1 13	10	戊辰
7 6	丁酉	9 16	9	己巳	10 16	9	己亥	11 15	10	己巳	12 15	10	己亥	1 14	11	己巳
7 7	戊戌	9 17	10	庚午	10 17	10	庚子	11 16	11	庚午	12 16	11	庚子	1 15	12	庚午
7 8	己亥	9 18	11	辛未	10 18	11	辛丑	11 17	12	辛未	12 17	12	辛丑	1 16	13	辛未
7 9	庚子	9 19	12	壬申	10 19	12	壬寅	11 18	13	壬申	12 18	13	壬寅	1 17	14	壬申
7 10	辛丑	9 20	13	癸酉	10 20	13	癸卯	11 19	14	癸酉	12 19	14	癸卯	1 18	15	癸酉
7 11	壬寅	9 21	14	甲戌	10 21	14	甲辰	11 20	15	甲戌	12 20	15	甲辰	1 19	16	甲戌
7 12	癸卯	9 22	15	乙亥	10 22	15	乙巳	11 21	16	乙亥	12 21	16	乙巳	1 20	17	乙亥
7 13	甲辰	9 23	16	丙子	10 23	16	丙午	11 22	17	丙子	12 22	17	丙午	1 21	18	丙子
7 14	乙巳	9 24	17	丁丑	10 24	17	丁未	11 23	18	丁丑	12 23	18	丁未	1 22	19	丁丑
7 15	丙午	9 25	18	戊寅	10 25	18	戊申	11 24	19	戊寅	12 24	19	戊申	1 23	20	戊寅
7 16	丁未	9 26	19	己卯	10 26	19	己酉	11 25	20	己卯	12 25	20	己酉	1 24	21	己卯
7 17	戊申	9 27	20	庚辰	10 27	20	庚戌	11 26	21	庚辰	12 26	21	庚戌	1 25	22	庚辰
7 18	己酉	9 28	21	辛巳	10 28	21	辛亥	11 27	22	辛巳	12 27	22	辛亥	1 26	23	辛巳
7 19	庚戌	9 29	22	壬午	10 29	22	壬子	11 28	23	壬午	12 28	23	壬子	1 27	24	壬午
7 20	辛亥	9 30	23	癸未	10 30	23	癸丑	11 29	24	癸未	12 29	24	癸丑	1 28	25	癸未
7 21	壬子	10 1	24	甲申	10 31	24	甲寅	11 30	25	甲申	12 30	25	甲寅	1 29	26	甲申
7 22	癸丑	10 2	25	乙酉	11 1	25	乙卯	12 1	26	乙酉	12 31	26	乙卯	1 30	27	乙酉
7 23	甲寅	10 3	26	丙戌	11 2	26	丙辰	12 2	27	丙戌	1 1	27	丙辰	1 31	28	丙戌
7 24	乙卯	10 4	27	丁亥	11 3	27	丁巳	12 3	28	丁亥	1 2	28	丁巳	2 1	29	丁亥
7 25	丙辰	10 5	28	戊子	11 4	28	戊午	12 4	29	戊子	1 3	29	戊午	2 2	30	戊子
7 26	丁巳	10 6	29	己丑	11 5	29	己未	12 5	30	己丑	1 4	12 1	己未	2 3	1 1	己丑
7 27	戊午	10 7	30	庚寅	11 6	10 1	庚申	12 6	11 1	庚寅	1 5	2	庚申			
7 28	己未															
7 29	庚申															

中氣

甲申	乙酉	丙戌	丁亥	戊子	己丑	
處暑	秋分	霜降	小雪	冬至	大寒	中氣
13時26分 未時	9/23 11時8分 午時	10/23 20時34分 戌時	11/22 18時14分 酉時	12/22 7時38分 辰時	1/20 18時12分 酉時	

年：辛卯　　中華民國一百年　兔　2011

月	庚寅			辛卯			壬辰			癸巳			甲午			乙未		
節氣	立春			驚蟄			清明			立夏			芒種			小暑		
	2/4 12時32分 午時			3/6 6時29分 卯時			4/5 11時11分 午時			5/6 4時23分 寅時			6/6 8時27分 辰時			7/7 18時41分		
日	國曆	農曆	干支	國曆	農曆	干支	國曆	農曆	干支	國曆	農曆	干支	國曆	農曆	干支	國曆	農曆	干支
	2/4	1/2	庚寅	3/6	2/2	庚申	4/5	3/3	庚寅	5/6	4/4	辛酉	6/6	5/5	壬辰	7/7	6/7	癸亥
	2/5	1/3	辛卯	3/7	2/3	辛酉	4/6	3/4	辛卯	5/7	4/5	壬戌	6/7	5/6	癸巳	7/8	6/8	甲子
	2/6	1/4	壬辰	3/8	2/4	壬戌	4/7	3/5	壬辰	5/8	4/6	癸亥	6/8	5/7	甲午	7/9	6/9	乙丑
	2/7	1/5	癸巳	3/9	2/5	癸亥	4/8	3/6	癸巳	5/9	4/7	甲子	6/9	5/8	乙未	7/10	6/10	丙寅
	2/8	1/6	甲午	3/10	2/6	甲子	4/9	3/7	甲午	5/10	4/8	乙丑	6/10	5/9	丙申	7/11	6/11	丁卯
	2/9	1/7	乙未	3/11	2/7	乙丑	4/10	3/8	乙未	5/11	4/9	丙寅	6/11	5/10	丁酉	7/12	6/12	戊辰
	2/10	1/8	丙申	3/12	2/8	丙寅	4/11	3/9	丙申	5/12	4/10	丁卯	6/12	5/11	戊戌	7/13	6/13	己巳
	2/11	1/9	丁酉	3/13	2/9	丁卯	4/12	3/10	丁酉	5/13	4/11	戊辰	6/13	5/12	己亥	7/14	6/14	庚午
	2/12	1/10	戊戌	3/14	2/10	戊辰	4/13	3/11	戊戌	5/14	4/12	己巳	6/14	5/13	庚子	7/15	6/15	辛未
	2/13	1/11	己亥	3/15	2/11	己巳	4/14	3/12	己亥	5/15	4/13	庚午	6/15	5/14	辛丑	7/16	6/16	壬申
	2/14	1/12	庚子	3/16	2/12	庚午	4/15	3/13	庚子	5/16	4/14	辛未	6/16	5/15	壬寅	7/17	6/17	癸酉
	2/15	1/13	辛丑	3/17	2/13	辛未	4/16	3/14	辛丑	5/17	4/15	壬申	6/17	5/16	癸卯	7/18	6/18	甲戌
	2/16	1/14	壬寅	3/18	2/14	壬申	4/17	3/15	壬寅	5/18	4/16	癸酉	6/18	5/17	甲辰	7/19	6/19	乙亥
	2/17	1/15	癸卯	3/19	2/15	癸酉	4/18	3/16	癸卯	5/19	4/17	甲戌	6/19	5/18	乙巳	7/20	6/20	丙子
	2/18	1/16	甲辰	3/20	2/16	甲戌	4/19	3/17	甲辰	5/20	4/18	乙亥	6/20	5/19	丙午	7/21	6/21	丁丑
	2/19	1/17	乙巳	3/21	2/17	乙亥	4/20	3/18	乙巳	5/21	4/19	丙子	6/21	5/20	丁未	7/22	6/22	戊寅
	2/20	1/18	丙午	3/22	2/18	丙子	4/21	3/19	丙午	5/22	4/20	丁丑	6/22	5/21	戊申	7/23	6/23	己卯
	2/21	1/19	丁未	3/23	2/19	丁丑	4/22	3/20	丁未	5/23	4/21	戊寅	6/23	5/22	己酉	7/24	6/24	庚辰
	2/22	1/20	戊申	3/24	2/20	戊寅	4/23	3/21	戊申	5/24	4/22	己卯	6/24	5/23	庚戌	7/25	6/25	辛巳
	2/23	1/21	己酉	3/25	2/21	己卯	4/24	3/22	己酉	5/25	4/23	庚辰	6/25	5/24	辛亥	7/26	6/26	壬午
	2/24	1/22	庚戌	3/26	2/22	庚辰	4/25	3/23	庚戌	5/26	4/24	辛巳	6/26	5/25	壬子	7/27	6/27	癸未
	2/25	1/23	辛亥	3/27	2/23	辛巳	4/26	3/24	辛亥	5/27	4/25	壬午	6/27	5/26	癸丑	7/28	6/28	甲申
	2/26	1/24	壬子	3/28	2/24	壬午	4/27	3/25	壬子	5/28	4/26	癸未	6/28	5/27	甲寅	7/29	6/29	乙酉
	2/27	1/25	癸丑	3/29	2/25	癸未	4/28	3/26	癸丑	5/29	4/27	甲申	6/29	5/28	乙卯	7/30	6/30	丙戌
	2/28	1/26	甲寅	3/30	2/26	甲申	4/29	3/27	甲寅	5/30	4/28	乙酉	6/30	5/29	丙辰	7/31	7/1	丁亥
	3/1	1/27	乙卯	3/31	2/27	乙酉	4/30	3/28	乙卯	5/31	4/29	丙戌	7/1	6/1	丁巳	8/1	7/2	戊子
	3/2	1/28	丙辰	4/1	2/28	丙戌	5/1	3/29	丙辰	6/1	4/30	丁亥	7/2	6/2	戊午	8/2	7/3	己丑
	3/3	1/29	丁巳	4/2	2/29	丁亥	5/2	3/30	丁巳	6/2	5/1	戊子	7/3	6/3	己未	8/3	7/4	庚寅
	3/4	1/30	戊午	4/3	3/1	戊子	5/3	4/1	戊午	6/3	5/2	己丑	7/4	6/4	庚申	8/4	7/5	辛卯
	3/5	2/1	己未	4/4	3/2	己丑	5/4	4/2	己未	6/4	5/3	庚寅	7/5	6/5	辛酉	8/5	7/6	壬辰
							5/5	4/3	庚申	6/5	5/4	辛卯	7/6	6/6	壬戌	8/6	7/7	癸巳
																8/7	7/8	甲午

中氣	雨水			春分			穀雨			小滿			夏至			大暑		
	2/19 8時25分 辰時			3/21 7時20分 辰時			4/20 18時17分 酉時			5/21 17時21分 酉時			6/22 1時16分 丑時			7/23 12時11分		

辛卯年

月	節氣	時刻
丙申	立秋	（8/8）時33分 寅時
丁酉	白露	9/8 7時34分 辰時
戊戌	寒露	10/8 23時19分 子時
己亥	立冬	11/8 0時34分 丑時
庚子	大雪	12/7 19時28分 戌時
辛丑	小寒	1/6 6時43分 卯時

年：辛卯　中華民國一百、一百零一年　兔　2011、2012

日（國曆／農曆／干支）：

丙申 農曆	丙申 干支	丁酉 國曆	丁酉 農曆	丁酉 干支	戊戌 國曆	戊戌 農曆	戊戌 干支	己亥 國曆	己亥 農曆	己亥 干支	庚子 國曆	庚子 農曆	庚子 干支	辛丑 國曆	辛丑 農曆	辛丑 干支
7/9	乙未	9/8	8/11	丙寅	10/8	9/12	丙申	11/8	10/13	丁卯	12/7	11/13	丙申	1/6	12/13	丙寅
7/10	丙申	9/9	8/12	丁卯	10/9	9/13	丁酉	11/9	10/14	戊辰	12/8	11/14	丁酉	1/7	12/14	丁卯
7/11	丁酉	9/10	8/13	戊辰	10/10	9/14	戊戌	11/10	10/15	己巳	12/9	11/15	戊戌	1/8	12/15	戊辰
7/12	戊戌	9/11	8/14	己巳	10/11	9/15	己亥	11/11	10/16	庚午	12/10	11/16	己亥	1/9	12/16	己巳
7/13	己亥	9/12	8/15	庚午	10/12	9/16	庚子	11/12	10/17	辛未	12/11	11/17	庚子	1/10	12/17	庚午
7/14	庚子	9/13	8/16	辛未	10/13	9/17	辛丑	11/13	10/18	壬申	12/12	11/18	辛丑	1/11	12/18	辛未
7/15	辛丑	9/14	8/17	壬申	10/14	9/18	壬寅	11/14	10/19	癸酉	12/13	11/19	壬寅	1/12	12/19	壬申
7/16	壬寅	9/15	8/18	癸酉	10/15	9/19	癸卯	11/15	10/20	甲戌	12/14	11/20	癸卯	1/13	12/20	癸酉
7/17	癸卯	9/16	8/19	甲戌	10/16	9/20	甲辰	11/16	10/21	乙亥	12/15	11/21	甲辰	1/14	12/21	甲戌
7/18	甲辰	9/17	8/20	乙亥	10/17	9/21	乙巳	11/17	10/22	丙子	12/16	11/22	乙巳	1/15	12/22	乙亥
7/19	乙巳	9/18	8/21	丙子	10/18	9/22	丙午	11/18	10/23	丁丑	12/17	11/23	丙午	1/16	12/23	丙子
7/20	丙午	9/19	8/22	丁丑	10/19	9/23	丁未	11/19	10/24	戊寅	12/18	11/24	丁未	1/17	12/24	丁丑
7/21	丁未	9/20	8/23	戊寅	10/20	9/24	戊申	11/20	10/25	己卯	12/19	11/25	戊申	1/18	12/25	戊寅
7/22	戊申	9/21	8/24	己卯	10/21	9/25	己酉	11/21	10/26	庚辰	12/20	11/26	己酉	1/19	12/26	己卯
7/23	己酉	9/22	8/25	庚辰	10/22	9/26	庚戌	11/22	10/27	辛巳	12/21	11/27	庚戌	1/20	12/27	庚辰
7/24	庚戌	9/23	8/26	辛巳	10/23	9/27	辛亥	11/23	10/28	壬午	12/22	11/28	辛亥	1/21	12/28	辛巳
7/25	辛亥	9/24	8/27	壬午	10/24	9/28	壬子	11/24	10/29	癸未	12/23	11/29	壬子	1/22	12/29	壬午
7/26	壬子	9/25	8/28	癸未	10/25	9/29	癸丑	11/25	11/1	甲申	12/24	11/30	癸丑	1/23	1/1	癸未
7/27	癸丑	9/26	8/29	甲申	10/26	9/30	甲寅	11/26	11/2	乙酉	12/25	12/1	甲寅	1/24	1/2	甲申
7/28	甲寅	9/27	9/1	乙酉	10/27	10/1	乙卯	11/27	11/3	丙戌	12/26	12/2	乙卯	1/25	1/3	乙酉
7/29	乙卯	9/28	9/2	丙戌	10/28	10/2	丙辰	11/28	11/4	丁亥	12/27	12/3	丙辰	1/26	1/4	丙戌
8/1	丙辰	9/29	9/3	丁亥	10/29	10/3	丁巳	11/29	11/5	戊子	12/28	12/4	丁巳	1/27	1/5	丁亥
8/2	丁巳	9/30	9/4	戊子	10/30	10/4	戊午	11/30	11/6	己丑	12/29	12/5	戊午	1/28	1/6	戊子
8/3	戊午	10/1	9/5	己丑	10/31	10/5	己未	12/1	11/7	庚寅	12/30	12/6	己未	1/29	1/7	己丑
8/4	己未	10/2	9/6	庚寅	11/1	10/6	庚申	12/2	11/8	辛卯	12/31	12/7	庚申	1/30	1/8	庚寅
8/5	庚申	10/3	9/7	辛卯	11/2	10/7	辛酉	12/3	11/9	壬辰	1/1	12/8	辛酉	1/31	1/9	辛卯
8/6	辛酉	10/4	9/8	壬辰	11/3	10/8	壬戌	12/4	11/10	癸巳	1/2	12/9	壬戌	2/1	1/10	壬辰
8/7	壬戌	10/5	9/9	癸巳	11/4	10/9	癸亥	12/5	11/11	甲午	1/3	12/10	癸亥	2/2	1/11	癸巳
8/8	癸亥	10/6	9/10	甲午	11/5	10/10	甲子	12/6	11/12	乙未	1/4	12/11	甲子	2/3	1/12	甲午
8/9	甲子	10/7	9/11	乙未	11/6	10/11	乙丑				1/5	12/12	乙丑			
8/10	乙丑				11/7	10/12	丙寅									

中氣：

中氣	時刻
處暑	（8/23）18時20分 戌時
秋分	9/23 17時4分 酉時
霜降	10/24 2時30分 丑時
小雪	11/23 0時7分 子時
冬至	12/22 13時29分 未時
大寒	1/21 0時9分 子時

年	壬辰																	
月	壬寅			癸卯			甲辰			乙巳			丙午			丁未		
節氣	立春			驚蟄			清明			立夏			芒種			小暑		
	2/4 18時22分 酉時			3/5 12時20分 午時			4/4 17時5分 酉時			5/5 10時19分 巳時			6/5 14時25分 未時			7/7 0時40分		
日	國曆	農曆	干支	國曆	農曆	干支	國曆	農曆	干支	國曆	農曆	干支	國曆	農曆	干支	國曆	農曆	干支
	2/4	1/13	乙未	3/5	2/13	乙丑	4/4	3/14	乙未	5/5	4/15	丙寅	6/5	4/16	丁酉	7/7	5/19	
	2/5	1/14	丙申	3/6	2/14	丙寅	4/5	3/15	丙申	5/6	4/16	丁卯	6/6	4/17	戊戌	7/8	5/20	
	2/6	1/15	丁酉	3/7	2/15	丁卯	4/6	3/16	丁酉	5/7	4/17	戊辰	6/7	4/18	己亥	7/9	5/21	
	2/7	1/16	戊戌	3/8	2/16	戊辰	4/7	3/17	戊戌	5/8	4/18	己巳	6/8	4/19	庚子	7/10	5/22	
	2/8	1/17	己亥	3/9	2/17	己巳	4/8	3/18	己亥	5/9	4/19	庚午	6/9	4/20	辛丑	7/11	5/23	
中	2/9	1/18	庚子	3/10	2/18	庚午	4/9	3/19	庚子	5/10	4/20	辛未	6/10	4/21	壬寅	7/12	5/24	
華	2/10	1/19	辛丑	3/11	2/19	辛未	4/10	3/20	辛丑	5/11	4/21	壬申	6/11	4/22	癸卯	7/13	5/25	
民	2/11	1/20	壬寅	3/12	2/20	壬申	4/11	3/21	壬寅	5/12	4/22	癸酉	6/12	4/23	甲辰	7/14	5/26	
國	2/12	1/21	癸卯	3/13	2/21	癸酉	4/12	3/22	癸卯	5/13	4/23	甲戌	6/13	4/24	乙巳	7/15	5/27	
一	2/13	1/22	甲辰	3/14	2/22	甲戌	4/13	3/23	甲辰	5/14	4/24	乙亥	6/14	4/25	丙午	7/16	5/28	
百	2/14	1/23	乙巳	3/15	2/23	乙亥	4/14	3/24	乙巳	5/15	4/25	丙子	6/15	4/26	丁未	7/17	5/29	
零	2/15	1/24	丙午	3/16	2/24	丙子	4/15	3/25	丙午	5/16	4/26	丁丑	6/16	4/27	戊申	7/18	5/30	
一	2/16	1/25	丁未	3/17	2/25	丁丑	4/16	3/26	丁未	5/17	4/27	戊寅	6/17	4/28	己酉	7/19	6/1	
年	2/17	1/26	戊申	3/18	2/26	戊寅	4/17	3/27	戊申	5/18	4/28	己卯	6/18	4/29	庚戌	7/20	6/2	
	2/18	1/27	己酉	3/19	2/27	己卯	4/18	3/28	己酉	5/19	4/29	庚辰	6/19	5/1	辛亥	7/21	6/3	
龍	2/19	1/28	庚戌	3/20	2/28	庚辰	4/19	3/29	庚戌	5/20	4/30	辛巳	6/20	5/2	壬子	7/22	6/4	
	2/20	1/29	辛亥	3/21	2/29	辛巳	4/20	3/30	辛亥	5/21	閏4/1	壬午	6/21	5/3	癸丑	7/23	6/5	
	2/21	1/30	壬子	3/22	3/1	壬午	4/21	4/1	壬子	5/22	4/2	癸未	6/22	5/4	甲寅	7/24	6/6	
	2/22	2/1	癸丑	3/23	3/2	癸未	4/22	4/2	癸丑	5/23	4/3	甲申	6/23	5/5	乙卯	7/25	6/7	
	2/23	2/2	甲寅	3/24	3/3	甲申	4/23	4/3	甲寅	5/24	4/4	乙酉	6/24	5/6	丙辰	7/26	6/8	
	2/24	2/3	乙卯	3/25	3/4	乙酉	4/24	4/4	乙卯	5/25	4/5	丙戌	6/25	5/7	丁巳	7/27	6/9	
	2/25	2/4	丙辰	3/26	3/5	丙戌	4/25	4/5	丙辰	5/26	4/6	丁亥	6/26	5/8	戊午	7/28	6/10	
2	2/26	2/5	丁巳	3/27	3/6	丁亥	4/26	4/6	丁巳	5/27	4/7	戊子	6/27	5/9	己未	7/29	6/11	
0	2/27	2/6	戊午	3/28	3/7	戊子	4/27	4/7	戊午	5/28	4/8	己丑	6/28	5/10	庚申	7/30	6/12	
1	2/28	2/7	己未	3/29	3/8	己丑	4/28	4/8	己未	5/29	4/9	庚寅	6/29	5/11	辛酉	7/31	6/13	
2	2/29	2/8	庚申	3/30	3/9	庚寅	4/29	4/9	庚申	5/30	4/10	辛卯	6/30	5/12	壬戌	8/1	6/14	
	3/1	2/9	辛酉	3/31	3/10	辛卯	4/30	4/10	辛酉	5/31	4/11	壬辰	7/1	5/13	癸亥	8/2	6/15	
	3/2	2/10	壬戌	4/1	3/11	壬辰	5/1	4/11	壬戌	6/1	4/12	癸巳	7/2	5/14	甲子	8/3	6/16	
	3/3	2/11	癸亥	4/2	3/12	癸巳	5/2	4/12	癸亥	6/2	4/13	甲午	7/3	5/15	乙丑	8/4	6/17	
	3/4	2/12	甲子	4/3	3/13	甲午	5/3	4/13	甲子	6/3	4/14	乙未	7/4	5/16	丙寅	8/5	6/18	
							5/4	4/14	乙丑	6/4	4/15	丙申	7/5	5/17	丁卯	8/6	6/19	
													7/6	5/18	戊辰			
中氣	雨水 2/19 14時17分 未時			春分 3/20 13時14分 未時			穀雨 4/20 0時11分 子時			小滿 5/20 23時15分 子時			夏至 6/21 7時8分 辰時			大暑 7/22 18時0分		

226

月	戊申			己酉			庚戌			辛亥			壬子			癸丑			年 月
節氣	立秋			白露			寒露			立冬			大雪			小寒			節氣
時	10時30分 巳時			9/7 13時28分 未時			10/8 5時11分 卯時			11/7 8時25分 辰時			12/7 1時18分 丑時			1/5 12時33分 午時			時
日	國曆	農曆	干支	國曆	農曆	干支	國曆	農曆	干支	國曆	農曆	干支	國曆	農曆	干支	國曆	農曆	干支	日
	8/7	6/20	庚子	9/7	7/22	辛未	10/8	8/23	壬寅	11/7	9/24	壬申	12/7	10/24	壬寅	1/5	11/24	辛未	
	8	21	辛丑	8	23	壬申	9	24	癸卯	8	25	癸酉	8	25	癸卯	6	25	壬申	
	9	22	壬寅	9	24	癸酉	10	25	甲辰	9	26	甲戌	9	26	甲辰	7	26	癸酉	
	10	23	癸卯	10	25	甲戌	11	26	乙巳	10	27	乙亥	10	27	乙巳	8	27	甲戌	
	11	24	甲辰	11	26	乙亥	12	27	丙午	11	28	丙子	11	28	丙午	9	28	乙亥	
	12	25	乙巳	12	27	丙子	13	28	丁未	12	29	丁丑	12	29	丁未	10	29	丙子	
	13	26	丙午	13	28	丁丑	14	29	戊申	13	30	戊寅	13	11/1	戊申	11	30	丁丑	
	14	27	丁未	14	29	戊寅	15	9/1	己酉	14	10/1	己卯	14	2	己酉	12	12/1	戊寅	
	15	28	戊申	15	30	己卯	16	2	庚戌	15	2	庚辰	15	3	庚戌	13	2	己卯	
	16	29	己酉	16	8/1	庚辰	17	3	辛亥	16	3	辛巳	16	4	辛亥	14	3	庚辰	
	17	7/1	庚戌	17	2	辛巳	18	4	壬子	17	4	壬午	17	5	壬子	15	4	辛巳	
	18	2	辛亥	18	3	壬午	19	5	癸丑	18	5	癸未	18	6	癸丑	16	5	壬午	
	19	3	壬子	19	4	癸未	20	6	甲寅	19	6	甲申	19	7	甲寅	17	6	癸未	
	20	4	癸丑	20	5	甲申	21	7	乙卯	20	7	乙酉	20	8	乙卯	18	7	甲申	
	21	5	甲寅	21	6	乙酉	22	8	丙辰	21	8	丙戌	21	9	丙辰	19	8	乙酉	
	22	6	乙卯	22	7	丙戌	23	9	丁巳	22	9	丁亥	22	10	丁巳	20	9	丙戌	
	23	7	丙辰	23	8	丁亥	24	10	戊午	23	10	戊子	23	11	戊午	21	10	丁亥	
	24	8	丁巳	24	9	戊子	25	11	己未	24	11	己丑	24	12	己未	22	11	戊子	
	25	9	戊午	25	10	己丑	26	12	庚申	25	12	庚寅	25	13	庚申	23	12	己丑	
	26	10	己未	26	11	庚寅	27	13	辛酉	26	13	辛卯	26	14	辛酉	24	13	庚寅	
	27	11	庚申	27	12	辛卯	28	14	壬戌	27	14	壬辰	27	15	壬戌	25	14	辛卯	
	28	12	辛酉	28	13	壬辰	29	15	癸亥	28	15	癸巳	28	16	癸亥	26	15	壬辰	
	29	13	壬戌	29	14	癸巳	30	16	甲子	29	16	甲午	29	17	甲子	27	16	癸巳	
	30	14	癸亥	30	15	甲午	31	17	乙丑	30	17	乙未	30	18	乙丑	28	17	甲午	
	31	15	甲子	10/1	16	乙未	11/1	18	丙寅	12/1	18	丙申	31	19	丙寅	29	18	乙未	
	9/1	16	乙丑	2	17	丙申	2	19	丁卯	2	19	丁酉	1/1	20	丁卯	30	19	丙申	
	2	17	丙寅	3	18	丁酉	3	20	戊辰	3	20	戊戌	2	21	戊辰	31	20	丁酉	
	3	18	丁卯	4	19	戊戌	4	21	己巳	4	21	己亥	3	22	己巳	2/1	21	戊戌	
	4	19	戊辰	5	20	己亥	5	22	庚午	5	22	庚子	4	23	庚午	2	22	己亥	
	5	20	己巳	6	21	庚子	6	23	辛未	6	23	辛丑				3	23	庚子	
	6	21	庚午	7	22	辛丑													
中氣	處暑			秋分			霜降			小雪			冬至			大寒			中氣
	23 1時6分 丑時			9/22 22時48分 亥時			10/23 8時13分 辰時			11/22 5時50分 卯時			12/21 19時11分 戌時			1/20 5時51分 卯時			

日（右欄）：中華民國一百零一、一百零二年　龍　2012、2013

年： 癸巳

中華民國一百零二年　蛇　2013

節氣
月	節氣	日期時間
甲寅	立春	2/4 0時13分 子時
乙卯	驚蟄	3/5 18時14分 酉時
丙辰	清明	4/4 23時2分 子時
丁巳	立夏	5/5 16時18分 申時
戊午	芒種	6/5 20時23分 戌時
己未	小暑	7/7 6時34分 卯時

中氣
中氣	日期時間
雨水	2/18 20時1分 戌時
春分	3/20 19時1分 戌時
穀雨	4/20 6時3分 卯時
小滿	5/21 5時9分 卯時
夏至	6/21 13時3分 未時
大暑	7/22 23時55分 子時

日（國曆 / 農曆 / 干支）

甲寅 國曆	甲寅 農曆	甲寅 干支	乙卯 國曆	乙卯 農曆	乙卯 干支	丙辰 國曆	丙辰 農曆	丙辰 干支	丁巳 國曆	丁巳 農曆	丁巳 干支	戊午 國曆	戊午 農曆	戊午 干支	己未 國曆	己未 農曆	己未 干支
2/4	12/24	辛丑	3/5	1/24	庚午	4/4	2/24	庚子	5/5	3/26	辛未	6/5	4/27	壬寅	7/7	5/30	甲戌
2/5	12/25	壬寅	3/6	1/25	辛未	4/5	2/25	辛丑	5/6	3/27	壬申	6/6	4/28	癸卯	7/8	6/1	乙亥
2/6	12/26	癸卯	3/7	1/26	壬申	4/6	2/26	壬寅	5/7	3/28	癸酉	6/7	4/29	甲辰	7/9	6/2	丙子
2/7	12/27	甲辰	3/8	1/27	癸酉	4/7	2/27	癸卯	5/8	3/29	甲戌	6/8	5/1	乙巳	7/10	6/3	丁丑
2/8	12/28	乙巳	3/9	1/28	甲戌	4/8	2/28	甲辰	5/9	3/30	乙亥	6/9	5/2	丙午	7/11	6/4	戊寅
2/9	12/29	丙午	3/10	1/29	乙亥	4/9	2/29	乙巳	5/10	4/1	丙子	6/10	5/3	丁未	7/12	6/5	己卯
2/10	1/1	丁未	3/11	1/30	丙子	4/10	3/1	丙午	5/11	4/2	丁丑	6/11	5/4	戊申	7/13	6/6	庚辰
2/11	1/2	戊申	3/12	2/1	丁丑	4/11	3/2	丁未	5/12	4/3	戊寅	6/12	5/5	己酉	7/14	6/7	辛巳
2/12	1/3	己酉	3/13	2/2	戊寅	4/12	3/3	戊申	5/13	4/4	己卯	6/13	5/6	庚戌	7/15	6/8	壬午
2/13	1/4	庚戌	3/14	2/3	己卯	4/13	3/4	己酉	5/14	4/5	庚辰	6/14	5/7	辛亥	7/16	6/9	癸未
2/14	1/5	辛亥	3/15	2/4	庚辰	4/14	3/5	庚戌	5/15	4/6	辛巳	6/15	5/8	壬子	7/17	6/10	甲申
2/15	1/6	壬子	3/16	2/5	辛巳	4/15	3/6	辛亥	5/16	4/7	壬午	6/16	5/9	癸丑	7/18	6/11	乙酉
2/16	1/7	癸丑	3/17	2/6	壬午	4/16	3/7	壬子	5/17	4/8	癸未	6/17	5/10	甲寅	7/19	6/12	丙戌
2/17	1/8	甲寅	3/18	2/7	癸未	4/17	3/8	癸丑	5/18	4/9	甲申	6/18	5/11	乙卯	7/20	6/13	丁亥
2/18	1/9	乙卯	3/19	2/8	甲申	4/18	3/9	甲寅	5/19	4/10	乙酉	6/19	5/12	丙辰	7/21	6/14	戊子
2/19	1/10	丙辰	3/20	2/9	乙酉	4/19	3/10	乙卯	5/20	4/11	丙戌	6/20	5/13	丁巳	7/22	6/15	己丑
2/20	1/11	丁巳	3/21	2/10	丙戌	4/20	3/11	丙辰	5/21	4/12	丁亥	6/21	5/14	戊午	7/23	6/16	庚寅
2/21	1/12	戊午	3/22	2/11	丁亥	4/21	3/12	丁巳	5/22	4/13	戊子	6/22	5/15	己未	7/24	6/17	辛卯
2/22	1/13	己未	3/23	2/12	戊子	4/22	3/13	戊午	5/23	4/14	己丑	6/23	5/16	庚申	7/25	6/18	壬辰
2/23	1/14	庚申	3/24	2/13	己丑	4/23	3/14	己未	5/24	4/15	庚寅	6/24	5/17	辛酉	7/26	6/19	癸巳
2/24	1/15	辛酉	3/25	2/14	庚寅	4/24	3/15	庚申	5/25	4/16	辛卯	6/25	5/18	壬戌	7/27	6/20	甲午
2/25	1/16	壬戌	3/26	2/15	辛卯	4/25	3/16	辛酉	5/26	4/17	壬辰	6/26	5/19	癸亥	7/28	6/21	乙未
2/26	1/17	癸亥	3/27	2/16	壬辰	4/26	3/17	壬戌	5/27	4/18	癸巳	6/27	5/20	甲子	7/29	6/22	丙申
2/27	1/18	甲子	3/28	2/17	癸巳	4/27	3/18	癸亥	5/28	4/19	甲午	6/28	5/21	乙丑	7/30	6/23	丁酉
2/28	1/19	乙丑	3/29	2/18	甲午	4/28	3/19	甲子	5/29	4/20	乙未	6/29	5/22	丙寅	7/31	6/24	戊戌
3/1	1/20	丙寅	3/30	2/19	乙未	4/29	3/20	乙丑	5/30	4/21	丙申	6/30	5/23	丁卯	8/1	6/25	己亥
3/2	1/21	丁卯	3/31	2/20	丙申	4/30	3/21	丙寅	5/31	4/22	丁酉	7/1	5/24	戊辰	8/2	6/26	庚子
3/3	1/22	戊辰	4/1	2/21	丁酉	5/1	3/22	丁卯	6/1	4/23	戊戌	7/2	5/25	己巳	8/3	6/27	辛丑
3/4	1/23	己巳	4/2	2/22	戊戌	5/2	3/23	戊辰	6/2	4/24	己亥	7/3	5/26	庚午	8/4	6/28	壬寅
			4/3	2/23	己亥	5/3	3/24	己巳	6/3	4/25	庚子	7/4	5/27	辛未	8/5	6/29	癸卯
						5/4	3/25	庚午	6/4	4/26	辛丑	7/5	5/28	壬申	8/6	6/30	甲辰
												7/6	5/29	癸酉			

癸巳　（年）

月	庚申	辛酉	壬戌	癸亥	甲子	乙丑
節氣	立秋 16時20分 申時	白露 9/7 19時16分 戌時	寒露 10/8 10時58分 巳時	立冬 11/7 14時13分 未時	大雪 12/7 7時8分 辰時	小寒 1/5 18時24分 酉時

右欄直書：中華民國一百零二、一百零三年　蛇　2013、2014

庚申 國曆	農曆	干支	辛酉 國曆	農曆	干支	壬戌 國曆	農曆	干支	癸亥 國曆	農曆	干支	甲子 國曆	農曆	干支	乙丑 國曆	農曆	干支
7	7 1	乙巳	9 7	8 3	丙子	10 8	9 4	丁未	11 7	10 5	丁丑	12 7	11 5	丁未	1 5	12 5	丙子
8	7 2	丙午	9 8	8 4	丁丑	10 9	9 5	戊申	11 8	10 6	戊寅	12 8	11 6	戊申	1 6	12 6	丁丑
9	7 3	丁未	9 9	8 5	戊寅	10 10	9 6	己酉	11 9	10 7	己卯	12 9	11 7	己酉	1 7	12 7	戊寅
10	7 4	戊申	9 10	8 6	己卯	10 11	9 7	庚戌	11 10	10 8	庚辰	12 10	11 8	庚戌	1 8	12 8	己卯
11	7 5	己酉	9 11	8 7	庚辰	10 12	9 8	辛亥	11 11	10 9	辛巳	12 11	11 9	辛亥	1 9	12 9	庚辰
12	7 6	庚戌	9 12	8 8	辛巳	10 13	9 9	壬子	11 12	10 10	壬午	12 12	11 10	壬子	1 10	12 10	辛巳
13	7 7	辛亥	9 13	8 9	壬午	10 14	9 10	癸丑	11 13	10 11	癸未	12 13	11 11	癸丑	1 11	12 11	壬午
14	7 8	壬子	9 14	8 10	癸未	10 15	9 11	甲寅	11 14	10 12	甲申	12 14	11 12	甲寅	1 12	12 12	癸未
15	7 9	癸丑	9 15	8 11	甲申	10 16	9 12	乙卯	11 15	10 13	乙酉	12 15	11 13	乙卯	1 13	12 13	甲申
16	7 10	甲寅	9 16	8 12	乙酉	10 17	9 13	丙辰	11 16	10 14	丙戌	12 16	11 14	丙辰	1 14	12 14	乙酉
17	7 11	乙卯	9 17	8 13	丙戌	10 18	9 14	丁巳	11 17	10 15	丁亥	12 17	11 15	丁巳	1 15	12 15	丙戌
18	7 12	丙辰	9 18	8 14	丁亥	10 19	9 15	戊午	11 18	10 16	戊子	12 18	11 16	戊午	1 16	12 16	丁亥
19	7 13	丁巳	9 19	8 15	戊子	10 20	9 16	己未	11 19	10 17	己丑	12 19	11 17	己未	1 17	12 17	戊子
20	7 14	戊午	9 20	8 16	己丑	10 21	9 17	庚申	11 20	10 18	庚寅	12 20	11 18	庚申	1 18	12 18	己丑
21	7 15	己未	9 21	8 17	庚寅	10 22	9 18	辛酉	11 21	10 19	辛卯	12 21	11 19	辛酉	1 19	12 19	庚寅
22	7 16	庚申	9 22	8 18	辛卯	10 23	9 19	壬戌	11 22	10 20	壬辰	12 22	11 20	壬戌	1 20	12 20	辛卯
23	7 17	辛酉	9 23	8 19	壬辰	10 24	9 20	癸亥	11 23	10 21	癸巳	12 23	11 21	癸亥	1 21	12 21	壬辰
24	7 18	壬戌	9 24	8 20	癸巳	10 25	9 21	甲子	11 24	10 22	甲午	12 24	11 22	甲子	1 22	12 22	癸巳
25	7 19	癸亥	9 25	8 21	甲午	10 26	9 22	乙丑	11 25	10 23	乙未	12 25	11 23	乙丑	1 23	12 23	甲午
26	7 20	甲子	9 26	8 22	乙未	10 27	9 23	丙寅	11 26	10 24	丙申	12 26	11 24	丙寅	1 24	12 24	乙未
27	7 21	乙丑	9 27	8 23	丙申	10 28	9 24	丁卯	11 27	10 25	丁酉	12 27	11 25	丁卯	1 25	12 25	丙申
28	7 22	丙寅	9 28	8 24	丁酉	10 29	9 25	戊辰	11 28	10 26	戊戌	12 28	11 26	戊辰	1 26	12 26	丁酉
29	7 23	丁卯	9 29	8 25	戊戌	10 30	9 26	己巳	11 29	10 27	己亥	12 29	11 27	己巳	1 27	12 27	戊戌
30	7 24	戊辰	9 30	8 26	己亥	10 31	9 27	庚午	11 30	10 28	庚子	12 30	11 28	庚午	1 28	12 28	己亥
31	7 25	己巳	10 1	8 27	庚子	11 1	9 28	辛未	12 1	10 29	辛丑	12 31	11 29	辛未	1 29	12 29	庚子
1	7 26	庚午	10 2	8 28	辛丑	11 2	9 29	壬申	12 2	10 30	壬寅	1 1	12 1	壬申	1 30	12 30	辛丑
2	7 27	辛未	10 3	8 29	壬寅	11 3	10 1	癸酉	12 3	11 1	癸卯	1 2	12 2	癸酉	1 31	1 1	壬寅
3	7 28	壬申	10 4	8 30	癸卯	11 4	10 2	甲戌	12 4	11 2	甲辰	1 3	12 3	甲戌	2 1	1 2	癸卯
4	7 29	癸酉	10 5	9 1	甲辰	11 5	10 3	乙亥	12 5	11 3	乙巳	1 4	12 4	乙亥	2 2	1 3	甲辰
5	8 1	甲戌	10 6	9 2	乙巳	11 6	10 4	丙子	12 6	11 4	丙午				2 3	1 4	乙巳
6	8 2	乙亥	10 7	9 3	丙午												

中氣	處暑	秋分	霜降	小雪	冬至	大寒
	23 7時1分 辰時	9/23 4時44分 寅時	10/23 14時9分 未時	11/22 11時48分 午時	12/22 1時10分 丑時	1/20 11時51分 午時

右側直欄：年／月／節氣／日／中氣

年	甲午																
月	丙寅			丁卯			戊辰			己巳			庚午			辛未		
節氣	立春			驚蟄			清明			立夏			芒種			小暑		
	2/4 6時3分 卯時			3/6 0時2分 子時			4/5 4時46分 寅時			5/5 21時59分 亥時			6/6 2時2分 丑時			7/7 12時14分 午時		
日	國曆	農曆	干支	國曆	農曆	干支	國曆	農曆	干支	國曆	農曆	干支	國曆	農曆	干支	國曆	農曆	干支
	2/4	1 5	丙午	3/6	2 6	丙子	4/5	3 6	丙午	5/5	4 7	丙子	6/6	5 9	戊申	7/7	6 11	己卯
	2/5	1 6	丁未	3/7	2 7	丁丑	4/6	3 7	丁未	5/6	4 8	丁丑	6/7	5 10	己酉	7/8	6 12	庚辰
	2/6	1 7	戊申	3/8	2 8	戊寅	4/7	3 8	戊申	5/7	4 9	戊寅	6/8	5 11	庚戌	7/9	6 13	辛巳
	2/7	1 8	己酉	3/9	2 9	己卯	4/8	3 9	己酉	5/8	4 10	己卯	6/9	5 12	辛亥	7/10	6 14	壬午
	2/8	1 9	庚戌	3/10	2 10	庚辰	4/9	3 10	庚戌	5/9	4 11	庚辰	6/10	5 13	壬子	7/11	6 15	癸未
	2/9	1 10	辛亥	3/11	2 11	辛巳	4/10	3 11	辛亥	5/10	4 12	辛巳	6/11	5 14	癸丑	7/12	6 16	甲申
	2/10	1 11	壬子	3/12	2 12	壬午	4/11	3 12	壬子	5/11	4 13	壬午	6/12	5 15	甲寅	7/13	6 17	乙酉
	2/11	1 12	癸丑	3/13	2 13	癸未	4/12	3 13	癸丑	5/12	4 14	癸未	6/13	5 16	乙卯	7/14	6 18	丙戌
	2/12	1 13	甲寅	3/14	2 14	甲申	4/13	3 14	甲寅	5/13	4 15	甲申	6/14	5 17	丙辰	7/15	6 19	丁亥
	2/13	1 14	乙卯	3/15	2 15	乙酉	4/14	3 15	乙卯	5/14	4 16	乙酉	6/15	5 18	丁巳	7/16	6 20	戊子
	2/14	1 15	丙辰	3/16	2 16	丙戌	4/15	3 16	丙辰	5/15	4 17	丙戌	6/16	5 19	戊午	7/17	6 21	己丑
	2/15	1 16	丁巳	3/17	2 17	丁亥	4/16	3 17	丁巳	5/16	4 18	丁亥	6/17	5 20	己未	7/18	6 22	庚寅
	2/16	1 17	戊午	3/18	2 18	戊子	4/17	3 18	戊午	5/17	4 19	戊子	6/18	5 21	庚申	7/19	6 23	辛卯
	2/17	1 18	己未	3/19	2 19	己丑	4/18	3 19	己未	5/18	4 20	己丑	6/19	5 22	辛酉	7/20	6 24	壬辰
	2/18	1 19	庚申	3/20	2 20	庚寅	4/19	3 20	庚申	5/19	4 21	庚寅	6/20	5 23	壬戌	7/21	6 25	癸巳
	2/19	1 20	辛酉	3/21	2 21	辛卯	4/20	3 21	辛酉	5/20	4 22	辛卯	6/21	5 24	癸亥	7/22	6 26	甲午
	2/20	1 21	壬戌	3/22	2 22	壬辰	4/21	3 22	壬戌	5/21	4 23	壬辰	6/22	5 25	甲子	7/23	6 27	乙未
	2/21	1 22	癸亥	3/23	2 23	癸巳	4/22	3 23	癸亥	5/22	4 24	癸巳	6/23	5 26	乙丑	7/24	6 28	丙申
	2/22	1 23	甲子	3/24	2 24	甲午	4/23	3 24	甲子	5/23	4 25	甲午	6/24	5 27	丙寅	7/25	6 29	丁酉
	2/23	1 24	乙丑	3/25	2 25	乙未	4/24	3 25	乙丑	5/24	4 26	乙未	6/25	5 28	丁卯	7/26	6 30	戊戌
	2/24	1 25	丙寅	3/26	2 26	丙申	4/25	3 26	丙寅	5/25	4 27	丙申	6/26	5 29	戊辰	7/27	7 1	己亥
	2/25	1 26	丁卯	3/27	2 27	丁酉	4/26	3 27	丁卯	5/26	4 28	丁酉	6/27	6 1	己巳	7/28	7 2	庚子
	2/26	1 27	戊辰	3/28	2 28	戊戌	4/27	3 28	戊辰	5/27	4 29	戊戌	6/28	6 2	庚午	7/29	7 3	辛丑
	2/27	1 28	己巳	3/29	2 29	己亥	4/28	3 29	己巳	5/28	4 30	己亥	6/29	6 3	辛未	7/30	7 4	壬寅
	2/28	1 29	庚午	3/30	2 30	庚子	4/29	4 1	庚午	5/29	5 1	庚子	6/30	6 4	壬申	7/31	7 5	癸卯
	3/1	2 1	辛未	3/31	3 1	辛丑	4/30	4 2	辛未	5/30	5 2	辛丑	7/1	6 5	癸酉	8/1	7 6	甲辰
	3/2	2 2	壬申	4/1	3 2	壬寅	5/1	4 3	壬申	5/31	5 3	壬寅	7/2	6 6	甲戌	8/2	7 7	乙巳
	3/3	2 3	癸酉	4/2	3 3	癸卯	5/2	4 4	癸酉	6/1	5 4	癸卯	7/3	6 7	乙亥	8/3	7 8	丙午
	3/4	2 4	甲戌	4/3	3 4	甲辰	5/3	4 5	甲戌	6/2	5 5	甲辰	7/4	6 8	丙子	8/4	7 9	丁未
	3/5	2 5	乙亥	4/4	3 5	乙巳	5/4	4 6	乙亥	6/3	5 6	乙巳	7/5	6 9	丁丑	8/5	7 10	戊申
										6/4	5 7	丙午	7/6	6 10	戊寅	8/6	7 11	己酉
										6/5	5 8	丁未						
中氣	雨水			春分			穀雨			小滿			夏至			大暑		
	2/19 1時59分 丑時			3/21 0時56分 子時			4/20 11時55分 午時			5/21 10時58分 巳時			6/21 18時51分 酉時			7/23 5時41分 卯時		

左欄：中華民國一百零三年　馬　2014

年 月 節氣

月	壬申	癸酉	甲戌	乙亥	丙子	丁丑
節氣	立秋	白露	寒露	立冬	大雪	小寒
(時刻)	22時2分 亥時	9/8 1時1分 丑時	10/8 16時47分 申時	11/7 20時6分 戌時	12/7 13時3分 未時	1/6 0時20分 子時

日

壬申 · 立秋			癸酉 · 白露			甲戌 · 寒露			乙亥 · 立冬			丙子 · 大雪			丁丑 · 小寒		
國曆	農曆	干支	國曆	農曆	干支	國曆	農曆	干支	國曆	農曆	干支	國曆	農曆	干支	國曆	農曆	干支
8/7	7/12	庚戌	9/8	8/15	壬午	10/8	9/15	壬子	11/7	閏9/15	壬午	12/7	10/16	壬子	1/6	11/16	壬午
8/8	7/13	辛亥	9/9	8/16	癸未	10/9	9/16	癸丑	11/8	閏9/16	癸未	12/8	10/17	癸丑	1/7	11/17	癸未
8/9	7/14	壬子	9/10	8/17	甲申	10/10	9/17	甲寅	11/9	閏9/17	甲申	12/9	10/18	甲寅	1/8	11/18	甲申
8/10	7/15	癸丑	9/11	8/18	乙酉	10/11	9/18	乙卯	11/10	閏9/18	乙酉	12/10	10/19	乙卯	1/9	11/19	乙酉
8/11	7/16	甲寅	9/12	8/19	丙戌	10/12	9/19	丙辰	11/11	閏9/19	丙戌	12/11	10/20	丙辰	1/10	11/20	丙戌
8/12	7/17	乙卯	9/13	8/20	丁亥	10/13	9/20	丁巳	11/12	閏9/20	丁亥	12/12	10/21	丁巳	1/11	11/21	丁亥
8/13	7/18	丙辰	9/14	8/21	戊子	10/14	9/21	戊午	11/13	閏9/21	戊子	12/13	10/22	戊午	1/12	11/22	戊子
8/14	7/19	丁巳	9/15	8/22	己丑	10/15	9/22	己未	11/14	閏9/22	己丑	12/14	10/23	己未	1/13	11/23	己丑
8/15	7/20	戊午	9/16	8/23	庚寅	10/16	9/23	庚申	11/15	閏9/23	庚寅	12/15	10/24	庚申	1/14	11/24	庚寅
8/16	7/21	己未	9/17	8/24	辛卯	10/17	9/24	辛酉	11/16	閏9/24	辛卯	12/16	10/25	辛酉	1/15	11/25	辛卯
8/17	7/22	庚申	9/18	8/25	壬辰	10/18	9/25	壬戌	11/17	閏9/25	壬辰	12/17	10/26	壬戌	1/16	11/26	壬辰
8/18	7/23	辛酉	9/19	8/26	癸巳	10/19	9/26	癸亥	11/18	閏9/26	癸巳	12/18	10/27	癸亥	1/17	11/27	癸巳
8/19	7/24	壬戌	9/20	8/27	甲午	10/20	9/27	甲子	11/19	閏9/27	甲午	12/19	10/28	甲子	1/18	11/28	甲午
8/20	7/25	癸亥	9/21	8/28	乙未	10/21	9/28	乙丑	11/20	閏9/28	乙未	12/20	10/29	乙丑	1/19	11/29	乙未
8/21	7/26	甲子	9/22	8/29	丙申	10/22	9/29	丙寅	11/21	閏9/29	丙申	12/21	10/30	丙寅	1/20	12/1	丙申
8/22	7/27	乙丑	9/23	8/30	丁酉	10/23	9/30	丁卯	11/22	10/1	丁酉	12/22	11/1	丁卯	1/21	12/2	丁酉
8/23	7/28	丙寅	9/24	9/1	戊戌	10/24	閏9/1	戊辰	11/23	10/2	戊戌	12/23	11/2	戊辰	1/22	12/3	戊戌
8/24	7/29	丁卯	9/25	9/2	己亥	10/25	閏9/2	己巳	11/24	10/3	己亥	12/24	11/3	己巳	1/23	12/4	己亥
8/25	8/1	戊辰	9/26	9/3	庚子	10/26	閏9/3	庚午	11/25	10/4	庚子	12/25	11/4	庚午	1/24	12/5	庚子
8/26	8/2	己巳	9/27	9/4	辛丑	10/27	閏9/4	辛未	11/26	10/5	辛丑	12/26	11/5	辛未	1/25	12/6	辛丑
8/27	8/3	庚午	9/28	9/5	壬寅	10/28	閏9/5	壬申	11/27	10/6	壬寅	12/27	11/6	壬申	1/26	12/7	壬寅
8/28	8/4	辛未	9/29	9/6	癸卯	10/29	閏9/6	癸酉	11/28	10/7	癸卯	12/28	11/7	癸酉	1/27	12/8	癸卯
8/29	8/5	壬申	9/30	9/7	甲辰	10/30	閏9/7	甲戌	11/29	10/8	甲辰	12/29	11/8	甲戌	1/28	12/9	甲辰
8/30	8/6	癸酉	10/1	9/8	乙巳	10/31	閏9/8	乙亥	11/30	10/9	乙巳	12/30	11/9	乙亥	1/29	12/10	乙巳
8/31	8/7	甲戌	10/2	9/9	丙午	11/1	閏9/9	丙子	12/1	10/10	丙午	12/31	11/10	丙子	1/30	12/11	丙午
9/1	8/8	乙亥	10/3	9/10	丁未	11/2	閏9/10	丁丑	12/2	10/11	丁未	1/1	11/11	丁丑	1/31	12/12	丁未
9/2	8/9	丙子	10/4	9/11	戊申	11/3	閏9/11	戊寅	12/3	10/12	戊申	1/2	11/12	戊寅	2/1	12/13	戊申
9/3	8/10	丁丑	10/5	9/12	己酉	11/4	閏9/12	己卯	12/4	10/13	己酉	1/3	11/13	己卯	2/2	12/14	己酉
9/4	8/11	戊寅	10/6	9/13	庚戌	11/5	閏9/13	庚辰	12/5	10/14	庚戌	1/4	11/14	庚辰	2/3	12/15	庚戌
9/5	8/12	己卯	10/7	9/14	辛亥	11/6	閏9/14	辛巳	12/6	10/15	辛亥	1/5	11/15	辛巳			
9/6	8/13	庚辰															
9/7	8/14	辛巳															

中氣

處暑	秋分	霜降	小雪	冬至	大寒
2時45分 午時	9/23 10時28分 巳時	10/23 19時56分 戌時	11/22 17時38分 酉時	12/22 7時2分 辰時	1/20 17時43分 酉時

中華民國一百零三、一百零四年　馬　2014、2015

年																		乙未			
月	戊寅			己卯			庚辰			辛巳			壬午			癸未		
節氣	立春 2/4 11時58分 午時			驚蟄 3/6 5時55分 卯時			清明 4/5 10時38分 巳時			立夏 5/6 3時52分 寅時			芒種 6/6 7時58分 辰時			小暑 7/7 18時12分		
日	國曆	農曆	干支	國曆	農曆	干支	國曆	農曆	干支	國曆	農曆	干支	國曆	農曆	干支	國曆	農曆	干支
	2/4	12/16	辛亥	3/6	1/16	辛巳	4/5	2/17	辛亥	5/6	3/18	壬午	6/6	4/20	癸丑	7/7	5/22	甲申
	2/5	12/17	壬子	3/7	1/17	壬午	4/6	2/18	壬子	5/7	3/19	癸未	6/7	4/21	甲寅	7/8	5/23	乙酉
	2/6	12/18	癸丑	3/8	1/18	癸未	4/7	2/19	癸丑	5/8	3/20	甲申	6/8	4/22	乙卯	7/9	5/24	丙戌
	2/7	12/19	甲寅	3/9	1/19	甲申	4/8	2/20	甲寅	5/9	3/21	乙酉	6/9	4/23	丙辰	7/10	5/25	丁亥
	2/8	12/20	乙卯	3/10	1/20	乙酉	4/9	2/21	乙卯	5/10	3/22	丙戌	6/10	4/24	丁巳	7/11	5/26	戊子
	2/9	12/21	丙辰	3/11	1/21	丙戌	4/10	2/22	丙辰	5/11	3/23	丁亥	6/11	4/25	戊午	7/12	5/27	己丑
	2/10	12/22	丁巳	3/12	1/22	丁亥	4/11	2/23	丁巳	5/12	3/24	戊子	6/12	4/26	己未	7/13	5/28	庚寅
	2/11	12/23	戊午	3/13	1/23	戊子	4/12	2/24	戊午	5/13	3/25	己丑	6/13	4/27	庚申	7/14	5/29	辛卯
	2/12	12/24	己未	3/14	1/24	己丑	4/13	2/25	己未	5/14	3/26	庚寅	6/14	4/28	辛酉	7/15	5/30	壬辰
	2/13	12/25	庚申	3/15	1/25	庚寅	4/14	2/26	庚申	5/15	3/27	辛卯	6/15	4/29	壬戌	7/16	6/1	癸巳
	2/14	12/26	辛酉	3/16	1/26	辛卯	4/15	2/27	辛酉	5/16	3/28	壬辰	6/16	5/1	癸亥	7/17	6/2	甲午
	2/15	12/27	壬戌	3/17	1/27	壬辰	4/16	2/28	壬戌	5/17	3/29	癸巳	6/17	5/2	甲子	7/18	6/3	乙未
	2/16	12/28	癸亥	3/18	1/28	癸巳	4/17	2/29	癸亥	5/18	4/1	甲午	6/18	5/3	乙丑	7/19	6/4	丙申
	2/17	12/29	甲子	3/19	1/29	甲午	4/18	2/30	甲子	5/19	4/2	乙未	6/19	5/4	丙寅	7/20	6/5	丁酉
	2/18	12/30	乙丑	3/20	2/1	乙未	4/19	3/1	乙丑	5/20	4/3	丙申	6/20	5/5	丁卯	7/21	6/6	戊戌
	2/19	1/1	丙寅	3/21	2/2	丙申	4/20	3/2	丙寅	5/21	4/4	丁酉	6/21	5/6	戊辰	7/22	6/7	己亥
	2/20	1/2	丁卯	3/22	2/3	丁酉	4/21	3/3	丁卯	5/22	4/5	戊戌	6/22	5/7	己巳	7/23	6/8	庚子
	2/21	1/3	戊辰	3/23	2/4	戊戌	4/22	3/4	戊辰	5/23	4/6	己亥	6/23	5/8	庚午	7/24	6/9	辛丑
	2/22	1/4	己巳	3/24	2/5	己亥	4/23	3/5	己巳	5/24	4/7	庚子	6/24	5/9	辛未	7/25	6/10	壬寅
	2/23	1/5	庚午	3/25	2/6	庚子	4/24	3/6	庚午	5/25	4/8	辛丑	6/25	5/10	壬申	7/26	6/11	癸卯
	2/24	1/6	辛未	3/26	2/7	辛丑	4/25	3/7	辛未	5/26	4/9	壬寅	6/26	5/11	癸酉	7/27	6/12	甲辰
	2/25	1/7	壬申	3/27	2/8	壬寅	4/26	3/8	壬申	5/27	4/10	癸卯	6/27	5/12	甲戌	7/28	6/13	乙巳
	2/26	1/8	癸酉	3/28	2/9	癸卯	4/27	3/9	癸酉	5/28	4/11	甲辰	6/28	5/13	乙亥	7/29	6/14	丙午
	2/27	1/9	甲戌	3/29	2/10	甲辰	4/28	3/10	甲戌	5/29	4/12	乙巳	6/29	5/14	丙子	7/30	6/15	丁未
	2/28	1/10	乙亥	3/30	2/11	乙巳	4/29	3/11	乙亥	5/30	4/13	丙午	6/30	5/15	丁丑	7/31	6/16	戊申
	3/1	1/11	丙子	3/31	2/12	丙午	4/30	3/12	丙子	5/31	4/14	丁未	7/1	5/16	戊寅	8/1	6/17	己酉
	3/2	1/12	丁丑	4/1	2/13	丁未	5/1	3/13	丁丑	6/1	4/15	戊申	7/2	5/17	己卯	8/2	6/18	庚戌
	3/3	1/13	戊寅	4/2	2/14	戊申	5/2	3/14	戊寅	6/2	4/16	己酉	7/3	5/18	庚辰	8/3	6/19	辛亥
	3/4	1/14	己卯	4/3	2/15	己酉	5/3	3/15	己卯	6/3	4/17	庚戌	7/4	5/19	辛巳	8/4	6/20	壬子
	3/5	1/15	庚辰	4/4	2/16	庚戌	5/4	3/16	庚辰	6/4	4/18	辛亥	7/5	5/20	壬午	8/5	6/21	癸丑
							5/5	3/17	辛巳	6/5	4/19	壬子	7/6	5/21	癸未	8/6	6/22	甲寅
																8/7	6/23	乙卯
中氣	雨水 2/19 7時49分 辰時			春分 3/21 6時45分 卯時			穀雨 4/20 17時41分 酉時			小滿 5/21 16時44分 申時			夏至 6/22 0時37分 子時			大暑 7/23 11時30分		

中華民國一百零四年 羊

2015

232

乙未

節氣（上半）：

月	甲申	乙酉	丙戌	丁亥	戊子	己丑
節氣	立秋	白露	寒露	立冬	大雪	小寒
時刻	4時1分 寅時	9/8 6時59分 卯時	10/8 22時42分 亥時	11/8 1時58分 丑時	12/7 18時53分 酉時	1/6 6時8分 卯時

右欄（年／月）：中華民國一百零四、一百零五年　羊　2015、2016

甲申 國曆	農曆	干支	乙酉 國曆	農曆	干支	丙戌 國曆	農曆	干支	丁亥 國曆	農曆	干支	戊子 國曆	農曆	干支	己丑 國曆	農曆	干支
8 8	6 24	丙辰	9 8	7 26	丁亥	10 8	8 26	丁巳	11 8	9 27	戊子	12 7	10 26	丁巳	1 6	11 27	丁亥
8 9	6 25	丁巳	9 9	7 27	戊子	10 9	8 27	戊午	11 9	9 28	己丑	12 8	10 27	戊午	1 7	11 28	戊子
8 10	6 26	戊午	9 10	7 28	己丑	10 10	8 28	己未	11 10	9 29	庚寅	12 9	10 28	己未	1 8	11 29	己丑
8 11	6 27	己未	9 11	7 29	庚寅	10 11	8 29	庚申	11 11	9 30	辛卯	12 10	10 29	庚申	1 9	11 30	庚寅
8 12	6 28	庚申	9 12	7 30	辛卯	10 12	8 30	辛酉	11 12	10 1	壬辰	12 11	11 1	辛酉	1 10	12 1	辛卯
8 13	6 29	辛酉	9 13	8 1	壬辰	10 13	9 1	壬戌	11 13	10 2	癸巳	12 12	11 2	壬戌	1 11	12 2	壬辰
8 14	7 1	壬戌	9 14	8 2	癸巳	10 14	9 2	癸亥	11 14	10 3	甲午	12 13	11 3	癸亥	1 12	12 3	癸巳
8 15	7 2	癸亥	9 15	8 3	甲午	10 15	9 3	甲子	11 15	10 4	乙未	12 14	11 4	甲子	1 13	12 4	甲午
8 16	7 3	甲子	9 16	8 4	乙未	10 16	9 4	乙丑	11 16	10 5	丙申	12 15	11 5	乙丑	1 14	12 5	乙未
8 17	7 4	乙丑	9 17	8 5	丙申	10 17	9 5	丙寅	11 17	10 6	丁酉	12 16	11 6	丙寅	1 15	12 6	丙申
8 18	7 5	丙寅	9 18	8 6	丁酉	10 18	9 6	丁卯	11 18	10 7	戊戌	12 17	11 7	丁卯	1 16	12 7	丁酉
8 19	7 6	丁卯	9 19	8 7	戊戌	10 19	9 7	戊辰	11 19	10 8	己亥	12 18	11 8	戊辰	1 17	12 8	戊戌
8 20	7 7	戊辰	9 20	8 8	己亥	10 20	9 8	己巳	11 20	10 9	庚子	12 19	11 9	己巳	1 18	12 9	己亥
8 21	7 8	己巳	9 21	8 9	庚子	10 21	9 9	庚午	11 21	10 10	辛丑	12 20	11 10	庚午	1 19	12 10	庚子
8 22	7 9	庚午	9 22	8 10	辛丑	10 22	9 10	辛未	11 22	10 11	壬寅	12 21	11 11	辛未	1 20	12 11	辛丑
8 23	7 10	辛未	9 23	8 11	壬寅	10 23	9 11	壬申	11 23	10 12	癸卯	12 22	11 12	壬申	1 21	12 12	壬寅
8 24	7 11	壬申	9 24	8 12	癸卯	10 24	9 12	癸酉	11 24	10 13	甲辰	12 23	11 13	癸酉	1 22	12 13	癸卯
8 25	7 12	癸酉	9 25	8 13	甲辰	10 25	9 13	甲戌	11 25	10 14	乙巳	12 24	11 14	甲戌	1 23	12 14	甲辰
8 26	7 13	甲戌	9 26	8 14	乙巳	10 26	9 14	乙亥	11 26	10 15	丙午	12 25	11 15	乙亥	1 24	12 15	乙巳
8 27	7 14	乙亥	9 27	8 15	丙午	10 27	9 15	丙子	11 27	10 16	丁未	12 26	11 16	丙子	1 25	12 16	丙午
8 28	7 15	丙子	9 28	8 16	丁未	10 28	9 16	丁丑	11 28	10 17	戊申	12 27	11 17	丁丑	1 26	12 17	丁未
8 29	7 16	丁丑	9 29	8 17	戊申	10 29	9 17	戊寅	11 29	10 18	己酉	12 28	11 18	戊寅	1 27	12 18	戊申
8 30	7 17	戊寅	9 30	8 18	己酉	10 30	9 18	己卯	11 30	10 19	庚戌	12 29	11 19	己卯	1 28	12 19	己酉
8 31	7 18	己卯	10 1	8 19	庚戌	10 31	9 19	庚辰	12 1	10 20	辛亥	12 30	11 20	庚辰	1 29	12 20	庚戌
9 1	7 19	庚辰	10 2	8 20	辛亥	11 1	9 20	辛巳	12 2	10 21	壬子	12 31	11 21	辛巳	1 30	12 21	辛亥
9 2	7 20	辛巳	10 3	8 21	壬子	11 2	9 21	壬午	12 3	10 22	癸丑	1 1	11 22	壬午	1 31	12 22	壬子
9 3	7 21	壬午	10 4	8 22	癸丑	11 3	9 22	癸未	12 4	10 23	甲寅	1 2	11 23	癸未	2 1	12 23	癸丑
9 4	7 22	癸未	10 5	8 23	甲寅	11 4	9 23	甲申	12 5	10 24	乙卯	1 3	11 24	甲申	2 2	12 24	甲寅
9 5	7 23	甲申	10 6	8 24	乙卯	11 5	9 24	乙酉	12 6	10 25	丙辰	1 4	11 25	乙酉	2 3	12 25	乙卯
9 6	7 24	乙酉	10 7	8 25	丙辰	11 6	9 25	丙戌				1 5	11 26	丙戌			
9 7	7 25	丙戌				11 7	9 26	丁亥									

中氣（下半）：

中氣	處暑	秋分	霜降	小雪	冬至	大寒
時刻	8時37分 酉時	9/23 16時20分 申時	10/24 1時46分 丑時	11/22 23時25分 子時	12/22 12時47分 午時	1/20 23時26分 子時

年	\[丙申\]																	
月	庚寅			辛卯			壬辰			癸巳			甲午			乙未		
節氣	立春			驚蟄			清明			立夏			芒種			小暑		
	2/4 17時45分 酉時			3/5 11時43分 午時			4/4 16時27分 申時			5/5 9時41分 巳時			6/5 13時48分 未時			7/7 0時3分 子時		
日	國曆	農曆	干支	國曆	農曆	干支	國曆	農曆	干支	國曆	農曆	干支	國曆	農曆	干支	國曆	農曆	干支
	2/4	12/26	丙辰	3/5	1/27	丙戌	4/4	2/27	丙辰	5/5	3/29	丁亥	6/5	5/1	戊午	7/7	6/4	庚寅
	2/5	12/27	丁巳	3/6	1/28	丁亥	4/5	2/28	丁巳	5/6	3/30	戊子	6/6	5/2	己未	7/8	6/5	辛卯
	2/6	12/28	戊午	3/7	1/29	戊子	4/6	2/29	戊午	5/7	4/1	己丑	6/7	5/3	庚申	7/9	6/6	壬辰
	2/7	12/29	己未	3/8	1/30	己丑	4/7	3/1	己未	5/8	4/2	庚寅	6/8	5/4	辛酉	7/10	6/7	癸巳
	2/8	1/1	庚申	3/9	2/1	庚寅	4/8	3/2	庚申	5/9	4/3	辛卯	6/9	5/5	壬戌	7/11	6/8	甲午
	2/9	1/2	辛酉	3/10	2/2	辛卯	4/9	3/3	辛酉	5/10	4/4	壬辰	6/10	5/6	癸亥	7/12	6/9	乙未
	2/10	1/3	壬戌	3/11	2/3	壬辰	4/10	3/4	壬戌	5/11	4/5	癸巳	6/11	5/7	甲子	7/13	6/10	丙申
	2/11	1/4	癸亥	3/12	2/4	癸巳	4/11	3/5	癸亥	5/12	4/6	甲午	6/12	5/8	乙丑	7/14	6/11	丁酉
	2/12	1/5	甲子	3/13	2/5	甲午	4/12	3/6	甲子	5/13	4/7	乙未	6/13	5/9	丙寅	7/15	6/12	戊戌
	2/13	1/6	乙丑	3/14	2/6	乙未	4/13	3/7	乙丑	5/14	4/8	丙申	6/14	5/10	丁卯	7/16	6/13	己亥
	2/14	1/7	丙寅	3/15	2/7	丙申	4/14	3/8	丙寅	5/15	4/9	丁酉	6/15	5/11	戊辰	7/17	6/14	庚子
	2/15	1/8	丁卯	3/16	2/8	丁酉	4/15	3/9	丁卯	5/16	4/10	戊戌	6/16	5/12	己巳	7/18	6/15	辛丑
	2/16	1/9	戊辰	3/17	2/9	戊戌	4/16	3/10	戊辰	5/17	4/11	己亥	6/17	5/13	庚午	7/19	6/16	壬寅
	2/17	1/10	己巳	3/18	2/10	己亥	4/17	3/11	己巳	5/18	4/12	庚子	6/18	5/14	辛未	7/20	6/17	癸卯
	2/18	1/11	庚午	3/19	2/11	庚子	4/18	3/12	庚午	5/19	4/13	辛丑	6/19	5/15	壬申	7/21	6/18	甲辰
	2/19	1/12	辛未	3/20	2/12	辛丑	4/19	3/13	辛未	5/20	4/14	壬寅	6/20	5/16	癸酉	7/22	6/19	乙巳
	2/20	1/13	壬申	3/21	2/13	壬寅	4/20	3/14	壬申	5/21	4/15	癸卯	6/21	5/17	甲戌	7/23	6/20	丙午
	2/21	1/14	癸酉	3/22	2/14	癸卯	4/21	3/15	癸酉	5/22	4/16	甲辰	6/22	5/18	乙亥	7/24	6/21	丁未
	2/22	1/15	甲戌	3/23	2/15	甲辰	4/22	3/16	甲戌	5/23	4/17	乙巳	6/23	5/19	丙子	7/25	6/22	戊申
	2/23	1/16	乙亥	3/24	2/16	乙巳	4/23	3/17	乙亥	5/24	4/18	丙午	6/24	5/20	丁丑	7/26	6/23	己酉
	2/24	1/17	丙子	3/25	2/17	丙午	4/24	3/18	丙子	5/25	4/19	丁未	6/25	5/21	戊寅	7/27	6/24	庚戌
	2/25	1/18	丁丑	3/26	2/18	丁未	4/25	3/19	丁丑	5/26	4/20	戊申	6/26	5/22	己卯	7/28	6/25	辛亥
	2/26	1/19	戊寅	3/27	2/19	戊申	4/26	3/20	戊寅	5/27	4/21	己酉	6/27	5/23	庚辰	7/29	6/26	壬子
	2/27	1/20	己卯	3/28	2/20	己酉	4/27	3/21	己卯	5/28	4/22	庚戌	6/28	5/24	辛巳	7/30	6/27	癸丑
	2/28	1/21	庚辰	3/29	2/21	庚戌	4/28	3/22	庚辰	5/29	4/23	辛亥	6/29	5/25	壬午	7/31	6/28	甲寅
	2/29	1/22	辛巳	3/30	2/22	辛亥	4/29	3/23	辛巳	5/30	4/24	壬子	6/30	5/26	癸未	8/1	6/29	乙卯
	3/1	1/23	壬午	3/31	2/23	壬子	4/30	3/24	壬午	5/31	4/25	癸丑	7/1	5/27	甲申	8/2	6/30	丙辰
	3/2	1/24	癸未	4/1	2/24	癸丑	5/1	3/25	癸未	6/1	4/26	甲寅	7/2	5/28	乙酉	8/3	7/1	丁巳
	3/3	1/25	甲申	4/2	2/25	甲寅	5/2	3/26	甲申	6/2	4/27	乙卯	7/3	5/29	丙戌	8/4	7/2	戊午
	3/4	1/26	乙酉	4/3	2/26	乙卯	5/3	3/27	乙酉	6/3	4/28	丙辰	7/4	6/1	丁亥	8/5	7/3	己未
							5/4	3/28	丙戌	6/4	4/29	丁巳	7/5	6/2	戊子	8/6	7/4	庚申
													7/6	6/3	己丑	8/7	7/5	辛酉

中華民國一百零五年 猴　2016

中氣	雨水			春分			穀雨			小滿			夏至			大暑		
	2/19 13時33分 未時			3/20 12時30分 午時			4/19 23時29分 子時			5/20 22時36分 亥時			6/21 6時34分 卯時			7/22 17時30分		

丙申

年

月	丙申	丁酉	戊戌	己亥	庚子	辛丑
節氣	立秋	白露	寒露	立冬	大雪	小寒
	8/7 9時52分 巳時	9/7 12時50分 午時	10/8 4時33分 寅時	11/7 7時47分 辰時	12/7 0時40分 子時	1/5 11時55分 午時

日

丙申 國曆	農曆	干支	丁酉 國曆	農曆	干支	戊戌 國曆	農曆	干支	己亥 國曆	農曆	干支	庚子 國曆	農曆	干支	辛丑 國曆	農曆	干支
8/7	7/5	辛酉	9/7	8/7	壬辰	10/8	9/8	癸亥	11/7	10/8	癸巳	12/7	11/9	癸亥	1/5	12/8	壬辰
8/8	7/6	壬戌	9/8	8/8	癸巳	10/9	9/9	甲子	11/8	10/9	甲午	12/8	11/10	甲子	1/6	12/9	癸巳
8/9	7/7	癸亥	9/9	8/9	甲午	10/10	9/10	乙丑	11/9	10/10	乙未	12/9	11/11	乙丑	1/7	12/10	甲午
8/10	7/8	甲子	9/10	8/10	乙未	10/11	9/11	丙寅	11/10	10/11	丙申	12/10	11/12	丙寅	1/8	12/11	乙未
8/11	7/9	乙丑	9/11	8/11	丙申	10/12	9/12	丁卯	11/11	10/12	丁酉	12/11	11/13	丁卯	1/9	12/12	丙申
8/12	7/10	丙寅	9/12	8/12	丁酉	10/13	9/13	戊辰	11/12	10/13	戊戌	12/12	11/14	戊辰	1/10	12/13	丁酉
8/13	7/11	丁卯	9/13	8/13	戊戌	10/14	9/14	己巳	11/13	10/14	己亥	12/13	11/15	己巳	1/11	12/14	戊戌
8/14	7/12	戊辰	9/14	8/14	己亥	10/15	9/15	庚午	11/14	10/15	庚子	12/14	11/16	庚午	1/12	12/15	己亥
8/15	7/13	己巳	9/15	8/15	庚子	10/16	9/16	辛未	11/15	10/16	辛丑	12/15	11/17	辛未	1/13	12/16	庚子
8/16	7/14	庚午	9/16	8/16	辛丑	10/17	9/17	壬申	11/16	10/17	壬寅	12/16	11/18	壬申	1/14	12/17	辛丑
8/17	7/15	辛未	9/17	8/17	壬寅	10/18	9/18	癸酉	11/17	10/18	癸卯	12/17	11/19	癸酉	1/15	12/18	壬寅
8/18	7/16	壬申	9/18	8/18	癸卯	10/19	9/19	甲戌	11/18	10/19	甲辰	12/18	11/20	甲戌	1/16	12/19	癸卯
8/19	7/17	癸酉	9/19	8/19	甲辰	10/20	9/20	乙亥	11/19	10/20	乙巳	12/19	11/21	乙亥	1/17	12/20	甲辰
8/20	7/18	甲戌	9/20	8/20	乙巳	10/21	9/21	丙子	11/20	10/21	丙午	12/20	11/22	丙子	1/18	12/21	乙巳
8/21	7/19	乙亥	9/21	8/21	丙午	10/22	9/22	丁丑	11/21	10/22	丁未	12/21	11/23	丁丑	1/19	12/22	丙午
8/22	7/20	丙子	9/22	8/22	丁未	10/23	9/23	戊寅	11/22	10/23	戊申	12/22	11/24	戊寅	1/20	12/23	丁未
8/23	7/21	丁丑	9/23	8/23	戊申	10/24	9/24	己卯	11/23	10/24	己酉	12/23	11/25	己卯	1/21	12/24	戊申
8/24	7/22	戊寅	9/24	8/24	己酉	10/25	9/25	庚辰	11/24	10/25	庚戌	12/24	11/26	庚辰	1/22	12/25	己酉
8/25	7/23	己卯	9/25	8/25	庚戌	10/26	9/26	辛巳	11/25	10/26	辛亥	12/25	11/27	辛巳	1/23	12/26	庚戌
8/26	7/24	庚辰	9/26	8/26	辛亥	10/27	9/27	壬午	11/26	10/27	壬子	12/26	11/28	壬午	1/24	12/27	辛亥
8/27	7/25	辛巳	9/27	8/27	壬子	10/28	9/28	癸未	11/27	10/28	癸丑	12/27	11/29	癸未	1/25	12/28	壬子
8/28	7/26	壬午	9/28	8/28	癸丑	10/29	9/29	甲申	11/28	10/29	甲寅	12/28	11/30	甲申	1/26	12/29	癸丑
8/29	7/27	癸未	9/29	8/29	甲寅	10/30	9/30	乙酉	11/29	11/1	乙卯	12/29	12/1	乙酉	1/27	12/30	甲寅
8/30	7/28	甲申	9/30	8/30	乙卯	10/31	10/1	丙戌	11/30	11/2	丙辰	12/30	12/2	丙戌	1/28	1/1	乙卯
8/31	7/29	乙酉	10/1	9/1	丙辰	11/1	10/2	丁亥	12/1	11/3	丁巳	12/31	12/3	丁亥	1/29	1/2	丙辰
9/1	8/1	丙戌	10/2	9/2	丁巳	11/2	10/3	戊子	12/2	11/4	戊午	1/1	12/4	戊子	1/30	1/3	丁巳
9/2	8/2	丁亥	10/3	9/3	戊午	11/3	10/4	己丑	12/3	11/5	己未	1/2	12/5	己丑	1/31	1/4	戊午
9/3	8/3	戊子	10/4	9/4	己未	11/4	10/5	庚寅	12/4	11/6	庚申	1/3	12/6	庚寅	2/1	1/5	己未
9/4	8/4	己丑	10/5	9/5	庚申	11/5	10/6	辛卯	12/5	11/7	辛酉	1/4	12/7	辛卯	2/2	1/6	庚申
9/5	8/5	庚寅	10/6	9/6	辛酉	11/6	10/7	壬辰	12/6	11/8	壬戌				2/3	1/7	辛酉
9/6	8/6	辛卯	10/7	9/7	壬戌												

中華民國一百零五、一百零六年 猴 2016~2017

中氣

處暑	秋分	霜降	小雪	冬至	大寒
8/23 0時38分 子時	9/22 22時20分 亥時	10/23 7時45分 辰時	11/22 5時22分 卯時	12/21 18時44分 酉時	1/20 5時23分 卯時

年	丁酉																	
月	壬寅			癸卯			甲辰			乙巳			丙午			丁未		
節氣	立春			驚蟄			清明			立夏			芒種			小暑		
	2/3 23時33分 子時			3/5 17時32分 酉時			4/4 22時17分 亥時			5/5 15時30分 申時			6/5 19時36分 戌時			7/7 5時50分 卯時		
日	國曆	農曆	干支	國曆	農曆	干支	國曆	農曆	干支	國曆	農曆	干支	國曆	農曆	干支	國曆	農曆	干支
	2 3	1 7	辛酉	3 5	2 8	辛卯	4 4	3 8	辛酉	5 5	4 10	壬辰	6 5	5 11	癸亥	7 7	6 14	乙未
	2 4	1 8	壬戌	3 6	2 9	壬辰	4 5	3 9	壬戌	5 6	4 11	癸巳	6 6	5 12	甲子	7 8	6 15	丙申
	2 5	1 9	癸亥	3 7	2 10	癸巳	4 6	3 10	癸亥	5 7	4 12	甲午	6 7	5 13	乙丑	7 9	6 16	丁酉
	2 6	1 10	甲子	3 8	2 11	甲午	4 7	3 11	甲子	5 8	4 13	乙未	6 8	5 14	丙寅	7 10	6 17	戊戌
	2 7	1 11	乙丑	3 9	2 12	乙未	4 8	3 12	乙丑	5 9	4 14	丙申	6 9	5 15	丁卯	7 11	6 18	己亥
中華民國一百零六年 雞	2 8	1 12	丙寅	3 10	2 13	丙申	4 9	3 13	丙寅	5 10	4 15	丁酉	6 10	5 16	戊辰	7 12	6 19	庚子
	2 9	1 13	丁卯	3 11	2 14	丁酉	4 10	3 14	丁卯	5 11	4 16	戊戌	6 11	5 17	己巳	7 13	6 20	辛丑
	2 10	1 14	戊辰	3 12	2 15	戊戌	4 11	3 15	戊辰	5 12	4 17	己亥	6 12	5 18	庚午	7 14	6 21	壬寅
	2 11	1 15	己巳	3 13	2 16	己亥	4 12	3 16	己巳	5 13	4 18	庚子	6 13	5 19	辛未	7 15	6 22	癸卯
	2 12	1 16	庚午	3 14	2 17	庚子	4 13	3 17	庚午	5 14	4 19	辛丑	6 14	5 20	壬申	7 16	6 23	甲辰
	2 13	1 17	辛未	3 15	2 18	辛丑	4 14	3 18	辛未	5 15	4 20	壬寅	6 15	5 21	癸酉	7 17	6 24	乙巳
	2 14	1 18	壬申	3 16	2 19	壬寅	4 15	3 19	壬申	5 16	4 21	癸卯	6 16	5 22	甲戌	7 18	6 25	丙午
	2 15	1 19	癸酉	3 17	2 20	癸卯	4 16	3 20	癸酉	5 17	4 22	甲辰	6 17	5 23	乙亥	7 19	6 26	丁未
	2 16	1 20	甲戌	3 18	2 21	甲辰	4 17	3 21	甲戌	5 18	4 23	乙巳	6 18	5 24	丙子	7 20	6 27	戊申
	2 17	1 21	乙亥	3 19	2 22	乙巳	4 18	3 22	乙亥	5 19	4 24	丙午	6 19	5 25	丁丑	7 21	6 28	己酉
	2 18	1 22	丙子	3 20	2 23	丙午	4 19	3 23	丙子	5 20	4 25	丁未	6 20	5 26	戊寅	7 22	6 29	庚戌
	2 19	1 23	丁丑	3 21	2 24	丁未	4 20	3 24	丁丑	5 21	4 26	戊申	6 21	5 27	己卯	7 23	閏6 1	辛亥
	2 20	1 24	戊寅	3 22	2 25	戊申	4 21	3 25	戊寅	5 22	4 27	己酉	6 22	5 28	庚辰	7 24	6 2	壬子
	2 21	1 25	己卯	3 23	2 26	己酉	4 22	3 26	己卯	5 23	4 28	庚戌	6 23	5 29	辛巳	7 25	6 3	癸丑
	2 22	1 26	庚辰	3 24	2 27	庚戌	4 23	3 27	庚辰	5 24	4 29	辛亥	6 24	6 1	壬午	7 26	6 4	甲寅
	2 23	1 27	辛巳	3 25	2 28	辛亥	4 24	3 28	辛巳	5 25	4 30	壬子	6 25	6 2	癸未	7 27	6 5	乙卯
	2 24	1 28	壬午	3 26	2 29	壬子	4 25	3 29	壬午	5 26	5 1	癸丑	6 26	6 3	甲申	7 28	6 6	丙辰
2017	2 25	1 29	癸未	3 27	2 30	癸丑	4 26	4 1	癸未	5 27	5 2	甲寅	6 27	6 4	乙酉	7 29	6 7	丁巳
	2 26	2 1	甲申	3 28	3 1	甲寅	4 27	4 2	甲申	5 28	5 3	乙卯	6 28	6 5	丙戌	7 30	6 8	戊午
	2 27	2 2	乙酉	3 29	3 2	乙卯	4 28	4 3	乙酉	5 29	5 4	丙辰	6 29	6 6	丁亥	7 31	6 9	己未
	2 28	2 3	丙戌	3 30	3 3	丙辰	4 29	4 4	丙戌	5 30	5 5	丁巳	6 30	6 7	戊子	8 1	6 10	庚申
	3 1	2 4	丁亥	3 31	3 4	丁巳	4 30	4 5	丁亥	5 31	5 6	戊午	7 1	6 8	己丑	8 2	6 11	辛酉
	3 2	2 5	戊子	4 1	3 5	戊午	5 1	4 6	戊子	6 1	5 7	己未	7 2	6 9	庚寅	8 3	6 12	壬戌
	3 3	2 6	己丑	4 2	3 6	己未	5 2	4 7	己丑	6 2	5 8	庚申	7 3	6 10	辛卯	8 4	6 13	癸亥
	3 4	2 7	庚寅	4 3	3 7	庚申	5 3	4 8	庚寅	6 3	5 9	辛酉	7 4	6 11	壬辰	8 5	6 14	甲子
							5 4	4 9	辛卯	6 4	5 10	壬戌	7 5	6 12	癸巳	8 6	6 15	乙丑
													7 6	6 13	甲午			
中氣	雨水			春分			穀雨			小滿			夏至			大暑		
	2/18 19時31分 戌時			3/20 18時28分 酉時			4/20 9時26分 卯時			5/21 4時30分 寅時			6/21 12時23分 午時			7/22 23時15分 子時		

	丁酉																	年月
	戊申			己酉			庚戌			辛亥			壬子			癸丑			月
	立秋			白露			寒露			立冬			大雪			小寒			節氣
	/7 15時39分 申時			9/7 18時38分 酉時			10/8 10時21分 巳時			11/7 13時37分 未時			12/7 6時32分 卯時			1/5 17時48分 酉時			
日	國曆	農曆	干支	國曆	農曆	干支	國曆	農曆	干支	國曆	農曆	干支	國曆	農曆	干支	國曆	農曆	干支	
7	7	6 16	丙寅	9 7	7 17	丁酉	10 8	8 19	戊辰	11 7	9 19	戊戌	12 7	10 20	戊辰	1 5	11 19	丁酉	
8	8	6 17	丁卯	9 8	7 18	戊戌	10 9	8 20	己巳	11 8	9 20	己亥	12 8	10 21	己巳	1 6	11 20	戊戌	
9	9	6 18	戊辰	9 9	7 19	己亥	10 10	8 21	庚午	11 9	9 21	庚子	12 9	10 22	庚午	1 7	11 21	己亥	
10	10	6 19	己巳	9 10	7 20	庚子	10 11	8 22	辛未	11 10	9 22	辛丑	12 10	10 23	辛未	1 8	11 22	庚子	
11	11	6 20	庚午	9 11	7 21	辛丑	10 12	8 23	壬申	11 11	9 23	壬寅	12 11	10 24	壬申	1 9	11 23	辛丑	
12	12	6 21	辛未	9 12	7 22	壬寅	10 13	8 24	癸酉	11 12	9 24	癸卯	12 12	10 25	癸酉	1 10	11 24	壬寅	中華民國一百零六、一百零七年 雞
13	13	6 22	壬申	9 13	7 23	癸卯	10 14	8 25	甲戌	11 13	9 25	甲辰	12 13	10 26	甲戌	1 11	11 25	癸卯	
14	14	6 23	癸酉	9 14	7 24	甲辰	10 15	8 26	乙亥	11 14	9 26	乙巳	12 14	10 27	乙亥	1 12	11 26	甲辰	
15	15	6 24	甲戌	9 15	7 25	乙巳	10 16	8 27	丙子	11 15	9 27	丙午	12 15	10 28	丙子	1 13	11 27	乙巳	
16	16	6 25	乙亥	9 16	7 26	丙午	10 17	8 28	丁丑	11 16	9 28	丁未	12 16	10 29	丁丑	1 14	11 28	丙午	
17	17	6 26	丙子	9 17	7 27	丁未	10 18	8 29	戊寅	11 17	9 29	戊申	12 17	10 30	戊寅	1 15	11 29	丁未	
18	18	6 27	丁丑	9 18	7 28	戊申	10 19	8 30	己卯	11 18	9 30	己酉	12 18	11 1	己卯	1 16	11 30	戊申	
19	19	6 28	戊寅	9 19	7 29	己酉	10 20	9 1	庚辰	11 19	10 1	庚戌	12 19	11 2	庚辰	1 17	12 1	己酉	
20	20	6 29	己卯	9 20	8 1	庚戌	10 21	9 2	辛巳	11 20	10 2	辛亥	12 20	11 3	辛巳	1 18	12 2	庚戌	
21	21	6 30	庚辰	9 21	8 2	辛亥	10 22	9 3	壬午	11 21	10 3	壬子	12 21	11 4	壬午	1 19	12 3	辛亥	
22	22	7 1	辛巳	9 22	8 3	壬子	10 23	9 4	癸未	11 22	10 4	癸丑	12 22	11 5	癸未	1 20	12 4	壬子	
23	23	7 2	壬午	9 23	8 4	癸丑	10 24	9 5	甲申	11 23	10 5	甲寅	12 23	11 6	甲申	1 21	12 5	癸丑	
24	24	7 3	癸未	9 24	8 5	甲寅	10 25	9 6	乙酉	11 24	10 6	乙卯	12 24	11 7	乙酉	1 22	12 6	甲寅	
25	25	7 4	甲申	9 25	8 6	乙卯	10 26	9 7	丙戌	11 25	10 7	丙辰	12 25	11 8	丙戌	1 23	12 7	乙卯	
26	26	7 5	乙酉	9 26	8 7	丙辰	10 27	9 8	丁亥	11 26	10 8	丁巳	12 26	11 9	丁亥	1 24	12 8	丙辰	2017、2018
27	27	7 6	丙戌	9 27	8 8	丁巳	10 28	9 9	戊子	11 27	10 9	戊午	12 27	11 10	戊子	1 25	12 9	丁巳	
28	28	7 7	丁亥	9 28	8 9	戊午	10 29	9 10	己丑	11 28	10 10	己未	12 28	11 11	己丑	1 26	12 10	戊午	
29	29	7 8	戊子	9 29	8 10	己未	10 30	9 11	庚寅	11 29	10 11	庚申	12 29	11 12	庚寅	1 27	12 11	己未	
30	30	7 9	己丑	9 30	8 11	庚申	10 31	9 12	辛卯	11 30	10 12	辛酉	12 30	11 13	辛卯	1 28	12 12	庚申	
31	31	7 10	庚寅	10 1	8 12	辛酉	11 1	9 13	壬辰	12 1	10 13	壬戌	12 31	11 14	壬辰	1 29	12 13	辛酉	
1	1	7 11	辛卯	10 2	8 13	壬戌	11 2	9 14	癸巳	12 2	10 14	癸亥	1 1	11 15	癸巳	1 30	12 14	壬戌	
2	2	7 12	壬辰	10 3	8 14	癸亥	11 3	9 15	甲午	12 3	10 15	甲子	1 2	11 16	甲午	1 31	12 15	癸亥	
3	3	7 13	癸巳	10 4	8 15	甲子	11 4	9 16	乙未	12 4	10 16	乙丑	1 3	11 17	乙未	2 1	12 16	甲子	2017、2018
4	4	7 14	甲午	10 5	8 16	乙丑	11 5	9 17	丙申	12 5	10 17	丙寅	1 4	11 18	丙申	2 2	12 17	乙丑	
5	5	7 15	乙未	10 6	8 17	丙寅	11 6	9 18	丁酉	12 6	10 18	丁卯				2 3	12 18	丙寅	
6	6	7 16	丙申	10 7	8 18	丁卯													
	處暑			秋分			霜降			小雪			冬至			大寒			中氣
	/23 6時20分 卯時			9/23 4時1分 寅時			10/23 13時26分 未時			11/22 11時4分 午時			12/22 0時27分 子時			1/20 11時8分 午時			

237

年	戊戌																
月	甲寅			乙卯			丙辰			丁巳			戊午			己未		
節氣	立春 2/4 5時28分 卯時			驚蟄 3/5 23時27分 子時			清明 4/5 4時12分 寅時			立夏 5/5 21時25分 亥時			芒種 6/6 1時28分 丑時			小暑 7/7 11時42分 午時		
日	國曆	農曆	干支	國曆	農曆	干支	國曆	農曆	干支	國曆	農曆	干支	國曆	農曆	干支	國曆	農曆	干支
	2 4	12 19	丁卯	3 5	1 18	丙申	4 5	2 20	丁卯	5 5	3 20	丁酉	6 6	4 23	己巳	7 7	5 24	庚子
	2 5	12 20	戊辰	3 6	1 19	丁酉	4 6	2 21	戊辰	5 6	3 21	戊戌	6 7	4 24	庚午	7 8	5 25	辛丑
	2 6	12 21	己巳	3 7	1 20	戊戌	4 7	2 22	己巳	5 7	3 22	己亥	6 8	4 25	辛未	7 9	5 26	壬寅
	2 7	12 22	庚午	3 8	1 21	己亥	4 8	2 23	庚午	5 8	3 23	庚子	6 9	4 26	壬申	7 10	5 27	癸卯
	2 8	12 23	辛未	3 9	1 22	庚子	4 9	2 24	辛未	5 9	3 24	辛丑	6 10	4 27	癸酉	7 11	5 28	甲辰
	2 9	12 24	壬申	3 10	1 23	辛丑	4 10	2 25	壬申	5 10	3 25	壬寅	6 11	4 28	甲戌	7 12	5 29	乙巳
	2 10	12 25	癸酉	3 11	1 24	壬寅	4 11	2 26	癸酉	5 11	3 26	癸卯	6 12	4 29	乙亥	7 13	6 1	丙午
	2 11	12 26	甲戌	3 12	1 25	癸卯	4 12	2 27	甲戌	5 12	3 27	甲辰	6 13	4 30	丙子	7 14	6 2	丁未
	2 12	12 27	乙亥	3 13	1 26	甲辰	4 13	2 28	乙亥	5 13	3 28	乙巳	6 14	5 1	丁丑	7 15	6 3	戊申
	2 13	12 28	丙子	3 14	1 27	乙巳	4 14	2 29	丙子	5 14	3 29	丙午	6 15	5 2	戊寅	7 16	6 4	己酉
	2 14	12 29	丁丑	3 15	1 28	丙午	4 15	2 30	丁丑	5 15	4 1	丁未	6 16	5 3	己卯	7 17	6 5	庚戌
	2 15	12 30	戊寅	3 16	1 29	丁未	4 16	3 1	戊寅	5 16	4 2	戊申	6 17	5 4	庚辰	7 18	6 6	辛亥
	2 16	1 1	己卯	3 17	2 1	戊申	4 17	3 2	己卯	5 17	4 3	己酉	6 18	5 5	辛巳	7 19	6 7	壬子
	2 17	1 2	庚辰	3 18	2 2	己酉	4 18	3 3	庚辰	5 18	4 4	庚戌	6 19	5 6	壬午	7 20	6 8	癸丑
	2 18	1 3	辛巳	3 19	2 3	庚戌	4 19	3 4	辛巳	5 19	4 5	辛亥	6 20	5 7	癸未	7 21	6 9	甲寅
	2 19	1 4	壬午	3 20	2 4	辛亥	4 20	3 5	壬午	5 20	4 6	壬子	6 21	5 8	甲申	7 22	6 10	乙卯
	2 20	1 5	癸未	3 21	2 5	壬子	4 21	3 6	癸未	5 21	4 7	癸丑	6 22	5 9	乙酉	7 23	6 11	丙辰
	2 21	1 6	甲申	3 22	2 6	癸丑	4 22	3 7	甲申	5 22	4 8	甲寅	6 23	5 10	丙戌	7 24	6 12	丁巳
	2 22	1 7	乙酉	3 23	2 7	甲寅	4 23	3 8	乙酉	5 23	4 9	乙卯	6 24	5 11	丁亥	7 25	6 13	戊午
	2 23	1 8	丙戌	3 24	2 8	乙卯	4 24	3 9	丙戌	5 24	4 10	丙辰	6 25	5 12	戊子	7 26	6 14	己未
	2 24	1 9	丁亥	3 25	2 9	丙辰	4 25	3 10	丁亥	5 25	4 11	丁巳	6 26	5 13	己丑	7 27	6 15	庚申
	2 25	1 10	戊子	3 26	2 10	丁巳	4 26	3 11	戊子	5 26	4 12	戊午	6 27	5 14	庚寅	7 28	6 16	辛酉
	2 26	1 11	己丑	3 27	2 11	戊午	4 27	3 12	己丑	5 27	4 13	己未	6 28	5 15	辛卯	7 29	6 17	壬戌
	2 27	1 12	庚寅	3 28	2 12	己未	4 28	3 13	庚寅	5 28	4 14	庚申	6 29	5 16	壬辰	7 30	6 18	癸亥
	2 28	1 13	辛卯	3 29	2 13	庚申	4 29	3 14	辛卯	5 29	4 15	辛酉	6 30	5 17	癸巳	7 31	6 19	甲子
	3 1	1 14	壬辰	3 30	2 14	辛酉	4 30	3 15	壬辰	5 30	4 16	壬戌	7 1	5 18	甲午	8 1	6 20	乙丑
	3 2	1 15	癸巳	3 31	2 15	壬戌	5 1	3 16	癸巳	5 31	4 17	癸亥	7 2	5 19	乙未	8 2	6 21	丙寅
	3 3	1 16	甲午	4 1	2 16	癸亥	5 2	3 17	甲午	6 1	4 18	甲子	7 3	5 20	丙申	8 3	6 22	丁卯
	3 4	1 17	乙未	4 2	2 17	甲子	5 3	3 18	乙未	6 2	4 19	乙丑	7 4	5 21	丁酉	8 4	6 23	戊辰
				4 3	2 18	乙丑	5 4	3 19	丙申	6 3	4 20	丙寅	7 5	5 22	戊戌	8 5	6 24	己巳
				4 4	2 19	丙寅				6 4	4 21	丁卯	7 6	5 23	己亥	8 6	6 25	庚午
										6 5	4 22	戊辰						
中氣	雨水 2/19 1時17分 丑時			春分 3/21 0時15分 子時			穀雨 4/20 11時12分 午時			小滿 5/21 10時14分 巳時			夏至 6/21 18時7分 酉時			大暑 7/23 5時0分 ?時		

中華民國一百零七年 狗 2018

238

戊戌（年）

月	庚申	辛酉	壬戌	癸亥	甲子	乙丑
節氣	立秋	白露	寒露	立冬	大雪	小寒
	8/7 21時30分 亥時	9/8 0時29分 子時	10/8 16時14分 申時	11/7 19時31分 戌時	12/7 12時25分 午時	1/5 23時38分 子時

右側直書：中華民國一百零七、一百零八年　狗　2018、2019

國曆	農曆	干支	國曆	農曆	干支	國曆	農曆	干支	國曆	農曆	干支	國曆	農曆	干支	國曆	農曆	干支
8/7	6/26	辛未	9/8	7/29	癸卯	10/8	8/29	癸酉	11/7	9/30	癸卯	12/7	11/1	癸酉	1/5	11/30	壬寅
8/8	6/27	壬申	9/9	7/30	甲辰	10/9	9/1	甲戌	11/8	10/1	甲辰	12/8	11/2	甲戌	1/6	12/1	癸卯
8/9	6/28	癸酉	9/10	8/1	乙巳	10/10	9/2	乙亥	11/9	10/2	乙巳	12/9	11/3	乙亥	1/7	12/2	甲辰
8/10	6/29	甲戌	9/11	8/2	丙午	10/11	9/3	丙子	11/10	10/3	丙午	12/10	11/4	丙子	1/8	12/3	乙巳
8/11	7/1	乙亥	9/12	8/3	丁未	10/12	9/4	丁丑	11/11	10/4	丁未	12/11	11/5	丁丑	1/9	12/4	丙午
8/12	7/2	丙子	9/13	8/4	戊申	10/13	9/5	戊寅	11/12	10/5	戊申	12/12	11/6	戊寅	1/10	12/5	丁未
8/13	7/3	丁丑	9/14	8/5	己酉	10/14	9/6	己卯	11/13	10/6	己酉	12/13	11/7	己卯	1/11	12/6	戊申
8/14	7/4	戊寅	9/15	8/6	庚戌	10/15	9/7	庚辰	11/14	10/7	庚戌	12/14	11/8	庚辰	1/12	12/7	己酉
8/15	7/5	己卯	9/16	8/7	辛亥	10/16	9/8	辛巳	11/15	10/8	辛亥	12/15	11/9	辛巳	1/13	12/8	庚戌
8/16	7/6	庚辰	9/17	8/8	壬子	10/17	9/9	壬午	11/16	10/9	壬子	12/16	11/10	壬午	1/14	12/9	辛亥
8/17	7/7	辛巳	9/18	8/9	癸丑	10/18	9/10	癸未	11/17	10/10	癸丑	12/17	11/11	癸未	1/15	12/10	壬子
8/18	7/8	壬午	9/19	8/10	甲寅	10/19	9/11	甲申	11/18	10/11	甲寅	12/18	11/12	甲申	1/16	12/11	癸丑
8/19	7/9	癸未	9/20	8/11	乙卯	10/20	9/12	乙酉	11/19	10/12	乙卯	12/19	11/13	乙酉	1/17	12/12	甲寅
8/20	7/10	甲申	9/21	8/12	丙辰	10/21	9/13	丙戌	11/20	10/13	丙辰	12/20	11/14	丙戌	1/18	12/13	乙卯
8/21	7/11	乙酉	9/22	8/13	丁巳	10/22	9/14	丁亥	11/21	10/14	丁巳	12/21	11/15	丁亥	1/19	12/14	丙辰
8/22	7/12	丙戌	9/23	8/14	戊午	10/23	9/15	戊子	11/22	10/15	戊午	12/22	11/16	戊子	1/20	12/15	丁巳
8/23	7/13	丁亥	9/24	8/15	己未	10/24	9/16	己丑	11/23	10/16	己未	12/23	11/17	己丑	1/21	12/16	戊午
8/24	7/14	戊子	9/25	8/16	庚申	10/25	9/17	庚寅	11/24	10/17	庚申	12/24	11/18	庚寅	1/22	12/17	己未
8/25	7/15	己丑	9/26	8/17	辛酉	10/26	9/18	辛卯	11/25	10/18	辛酉	12/25	11/19	辛卯	1/23	12/18	庚申
8/26	7/16	庚寅	9/27	8/18	壬戌	10/27	9/19	壬辰	11/26	10/19	壬戌	12/26	11/20	壬辰	1/24	12/19	辛酉
8/27	7/17	辛卯	9/28	8/19	癸亥	10/28	9/20	癸巳	11/27	10/20	癸亥	12/27	11/21	癸巳	1/25	12/20	壬戌
8/28	7/18	壬辰	9/29	8/20	甲子	10/29	9/21	甲午	11/28	10/21	甲子	12/28	11/22	甲午	1/26	12/21	癸亥
8/29	7/19	癸巳	9/30	8/21	乙丑	10/30	9/22	乙未	11/29	10/22	乙丑	12/29	11/23	乙未	1/27	12/22	甲子
8/30	7/20	甲午	10/1	8/22	丙寅	10/31	9/23	丙申	11/30	10/23	丙寅	12/30	11/24	丙申	1/28	12/23	乙丑
8/31	7/21	乙未	10/2	8/23	丁卯	11/1	9/24	丁酉	12/1	10/24	丁卯	12/31	11/25	丁酉	1/29	12/24	丙寅
9/1	7/22	丙申	10/3	8/24	戊辰	11/2	9/25	戊戌	12/2	10/25	戊辰	1/1	11/26	戊戌	1/30	12/25	丁卯
9/2	7/23	丁酉	10/4	8/25	己巳	11/3	9/26	己亥	12/3	10/26	己巳	1/2	11/27	己亥	1/31	12/26	戊辰
9/3	7/24	戊戌	10/5	8/26	庚午	11/4	9/27	庚子	12/4	10/27	庚午	1/3	11/28	庚子	2/1	12/27	己巳
9/4	7/25	己亥	10/6	8/27	辛未	11/5	9/28	辛丑	12/5	10/28	辛未	1/4	11/29	辛丑	2/2	12/28	庚午
9/5	7/26	庚子	10/7	8/28	壬申	11/6	9/29	壬寅	12/6	10/29	壬申				2/3	12/29	辛未
9/6	7/27	辛丑															
9/7	7/28	壬寅															

中氣	處暑	秋分	霜降	小雪	冬至	大寒
	8/23 12時8分 午時	9/23 9時53分 巳時	10/23 19時22分 戌時	11/22 17時1分 酉時	12/22 6時22分 卯時	1/20 16時59分 申時

年	己亥																
月	丙寅			丁卯			戊辰			己巳			庚午			辛未		
節氣	立春			驚蟄			清明			立夏			芒種			小暑		
	2/4 11時14分 午時			3/6 5時9分 卯時			4/5 9時51分 巳時			5/6 3時2分 寅時			6/6 7時6分 辰時			7/7 17時20分 酉時		
日	國曆	農曆	干支	國曆	農曆	干支	國曆	農曆	干支	國曆	農曆	干支	國曆	農曆	干支	國曆	農曆	干支
	2 4	12 30	壬申	3 6	1 30	壬寅	4 5	3 1	壬申	5 6	4 2	癸卯	6 6	5 4	甲戌	7 7	6 5	乙巳
	2 5	1 1	癸酉	3 7	2 1	癸卯	4 6	3 2	癸酉	5 7	4 3	甲辰	6 7	5 5	乙亥	7 8	6 6	丙午
	2 6	1 2	甲戌	3 8	2 2	甲辰	4 7	3 3	甲戌	5 8	4 4	乙巳	6 8	5 6	丙子	7 9	6 7	丁未
	2 7	1 3	乙亥	3 9	2 3	乙巳	4 8	3 4	乙亥	5 9	4 5	丙午	6 9	5 7	丁丑	7 10	6 8	戊申
	2 8	1 4	丙子	3 10	2 4	丙午	4 9	3 5	丙子	5 10	4 6	丁未	6 10	5 8	戊寅	7 11	6 9	己酉
中	2 9	1 5	丁丑	3 11	2 5	丁未	4 10	3 6	丁丑	5 11	4 7	戊申	6 11	5 9	己卯	7 12	6 10	庚戌
華	2 10	1 6	戊寅	3 12	2 6	戊申	4 11	3 7	戊寅	5 12	4 8	己酉	6 12	5 10	庚辰	7 13	6 11	辛亥
民	2 11	1 7	己卯	3 13	2 7	己酉	4 12	3 8	己卯	5 13	4 9	庚戌	6 13	5 11	辛巳	7 14	6 12	壬子
國	2 12	1 8	庚辰	3 14	2 8	庚戌	4 13	3 9	庚辰	5 14	4 10	辛亥	6 14	5 12	壬午	7 15	6 13	癸丑
一	2 13	1 9	辛巳	3 15	2 9	辛亥	4 14	3 10	辛巳	5 15	4 11	壬子	6 15	5 13	癸未	7 16	6 14	甲寅
百	2 14	1 10	壬午	3 16	2 10	壬子	4 15	3 11	壬午	5 16	4 12	癸丑	6 16	5 14	甲申	7 17	6 15	乙卯
零	2 15	1 11	癸未	3 17	2 11	癸丑	4 16	3 12	癸未	5 17	4 13	甲寅	6 17	5 15	乙酉	7 18	6 16	丙辰
八	2 16	1 12	甲申	3 18	2 12	甲寅	4 17	3 13	甲申	5 18	4 14	乙卯	6 18	5 16	丙戌	7 19	6 17	丁巳
年	2 17	1 13	乙酉	3 19	2 13	乙卯	4 18	3 14	乙酉	5 19	4 15	丙辰	6 19	5 17	丁亥	7 20	6 18	戊午
豬	2 18	1 14	丙戌	3 20	2 14	丙辰	4 19	3 15	丙戌	5 20	4 16	丁巳	6 20	5 18	戊子	7 21	6 19	己未
	2 19	1 15	丁亥	3 21	2 15	丁巳	4 20	3 16	丁亥	5 21	4 17	戊午	6 21	5 19	己丑	7 22	6 20	庚申
	2 20	1 16	戊子	3 22	2 16	戊午	4 21	3 17	戊子	5 22	4 18	己未	6 22	5 20	庚寅	7 23	6 21	辛酉
	2 21	1 17	己丑	3 23	2 17	己未	4 22	3 18	己丑	5 23	4 19	庚申	6 23	5 21	辛卯	7 24	6 22	壬戌
	2 22	1 18	庚寅	3 24	2 18	庚申	4 23	3 19	庚寅	5 24	4 20	辛酉	6 24	5 22	壬辰	7 25	6 23	癸亥
	2 23	1 19	辛卯	3 25	2 19	辛酉	4 24	3 20	辛卯	5 25	4 21	壬戌	6 25	5 23	癸巳	7 26	6 24	甲子
	2 24	1 20	壬辰	3 26	2 20	壬戌	4 25	3 21	壬辰	5 26	4 22	癸亥	6 26	5 24	甲午	7 27	6 25	乙丑
	2 25	1 21	癸巳	3 27	2 21	癸亥	4 26	3 22	癸巳	5 27	4 23	甲子	6 27	5 25	乙未	7 28	6 26	丙寅
	2 26	1 22	甲午	3 28	2 22	甲子	4 27	3 23	甲午	5 28	4 24	乙丑	6 28	5 26	丙申	7 29	6 27	丁卯
	2 27	1 23	乙未	3 29	2 23	乙丑	4 28	3 24	乙未	5 29	4 25	丙寅	6 29	5 27	丁酉	7 30	6 28	戊辰
2	2 28	1 24	丙申	3 30	2 24	丙寅	4 29	3 25	丙申	5 30	4 26	丁卯	6 30	5 28	戊戌	7 31	6 29	己巳
0	3 1	1 25	丁酉	3 31	2 25	丁卯	4 30	3 26	丁酉	5 31	4 27	戊辰	7 1	5 29	己亥	8 1	7 1	庚午
1	3 2	1 26	戊戌	4 1	2 26	戊辰	5 1	3 27	戊戌	6 1	4 28	己巳	7 2	5 30	庚子	8 2	7 2	辛未
9	3 3	1 27	己亥	4 2	2 27	己巳	5 2	3 28	己亥	6 2	4 29	庚午	7 3	6 1	辛丑	8 3	7 3	壬申
	3 4	1 28	庚子	4 3	2 28	庚午	5 3	3 29	庚子	6 3	5 1	辛未	7 4	6 2	壬寅	8 4	7 4	癸酉
	3 5	1 29	辛丑	4 4	2 29	辛未	5 4	3 30	辛丑	6 4	5 2	壬申	7 5	6 3	癸卯	8 5	7 5	甲戌
							5 5	4 1	壬寅	6 5	5 3	癸酉	7 6	6 4	甲辰	8 6	7 6	乙亥
																8 7	7 7	丙子
中	雨水			春分			穀雨			小滿			夏至			大暑		
氣	2/19 7時3分 辰時			3/21 5時58分 卯時			4/20 16時55分 申時			5/21 15時58分 申時			6/21 23時54分 子時			7/23 10時50分 巳時		

240

己亥年

年	己亥																
月	壬申			癸酉			甲戌			乙亥			丙子			丁丑		
節氣	立秋			白露			寒露			立冬			大雪			小寒		
	8/8 3時12分 寅時			9/8 6時16分 卯時			10/8 22時5分 亥時			11/8 1時24分 丑時			12/7 18時18分 酉時			1/6 5時29分 卯時		
日	國曆	農曆	干支	國曆	農曆	干支	國曆	農曆	干支	國曆	農曆	干支	國曆	農曆	干支	國曆	農曆	干支
	8/8	7/8	丁丑	9/8	8/10	戊申	10/8	9/10	戊寅	11/8	10/12	己酉	12/7	11/12	戊寅	1/6	12/12	戊申
	8/9	7/9	戊寅	9/9	8/11	己酉	10/9	9/11	己卯	11/9	10/13	庚戌	12/8	11/13	己卯	1/7	12/13	己酉
	8/10	7/10	己卯	9/10	8/12	庚戌	10/10	9/12	庚辰	11/10	10/14	辛亥	12/9	11/14	庚辰	1/8	12/14	庚戌
	8/11	7/11	庚辰	9/11	8/13	辛亥	10/11	9/13	辛巳	11/11	10/15	壬子	12/10	11/15	辛巳	1/9	12/15	辛亥
	8/12	7/12	辛巳	9/12	8/14	壬子	10/12	9/14	壬午	11/12	10/16	癸丑	12/11	11/16	壬午	1/10	12/16	壬子
	8/13	7/13	壬午	9/13	8/15	癸丑	10/13	9/15	癸未	11/13	10/17	甲寅	12/12	11/17	癸未	1/11	12/17	癸丑
	8/14	7/14	癸未	9/14	8/16	甲寅	10/14	9/16	甲申	11/14	10/18	乙卯	12/13	11/18	甲申	1/12	12/18	甲寅
	8/15	7/15	甲申	9/15	8/17	乙卯	10/15	9/17	乙酉	11/15	10/19	丙辰	12/14	11/19	乙酉	1/13	12/19	乙卯
	8/16	7/16	乙酉	9/16	8/18	丙辰	10/16	9/18	丙戌	11/16	10/20	丁巳	12/15	11/20	丙戌	1/14	12/20	丙辰
	8/17	7/17	丙戌	9/17	8/19	丁巳	10/17	9/19	丁亥	11/17	10/21	戊午	12/16	11/21	丁亥	1/15	12/21	丁巳
	8/18	7/18	丁亥	9/18	8/20	戊午	10/18	9/20	戊子	11/18	10/22	己未	12/17	11/22	戊子	1/16	12/22	戊午
	8/19	7/19	戊子	9/19	8/21	己未	10/19	9/21	己丑	11/19	10/23	庚申	12/18	11/23	己丑	1/17	12/23	己未
	8/20	7/20	己丑	9/20	8/22	庚申	10/20	9/22	庚寅	11/20	10/24	辛酉	12/19	11/24	庚寅	1/18	12/24	庚申
	8/21	7/21	庚寅	9/21	8/23	辛酉	10/21	9/23	辛卯	11/21	10/25	壬戌	12/20	11/25	辛卯	1/19	12/25	辛酉
	8/22	7/22	辛卯	9/22	8/24	壬戌	10/22	9/24	壬辰	11/22	10/26	癸亥	12/21	11/26	壬辰	1/20	12/26	壬戌
	8/23	7/23	壬辰	9/23	8/25	癸亥	10/23	9/25	癸巳	11/23	10/27	甲子	12/22	11/27	癸巳	1/21	12/27	癸亥
	8/24	7/24	癸巳	9/24	8/26	甲子	10/24	9/26	甲午	11/24	10/28	乙丑	12/23	11/28	甲午	1/22	12/28	甲子
	8/25	7/25	甲午	9/25	8/27	乙丑	10/25	9/27	乙未	11/25	10/29	丙寅	12/24	11/29	乙未	1/23	12/29	乙丑
	8/26	7/26	乙未	9/26	8/28	丙寅	10/26	9/28	丙申	11/26	11/1	丁卯	12/25	11/30	丙申	1/24	12/30	丙寅
	8/27	7/27	丙申	9/27	8/29	丁卯	10/27	9/29	丁酉	11/27	11/2	戊辰	12/26	12/1	丁酉	1/25	1/1	丁卯
	8/28	7/28	丁酉	9/28	8/30	戊辰	10/28	10/1	戊戌	11/28	11/3	己巳	12/27	12/2	戊戌	1/26	1/2	戊辰
	8/29	7/29	戊戌	9/29	9/1	己巳	10/29	10/2	己亥	11/29	11/4	庚午	12/28	12/3	己亥	1/27	1/3	己巳
	8/30	8/1	己亥	9/30	9/2	庚午	10/30	10/3	庚子	11/30	11/5	辛未	12/29	12/4	庚子	1/28	1/4	庚午
	8/31	8/2	庚子	10/1	9/3	辛未	10/31	10/4	辛丑	12/1	11/6	壬申	12/30	12/5	辛丑	1/29	1/5	辛未
	9/1	8/3	辛丑	10/2	9/4	壬申	11/1	10/5	壬寅	12/2	11/7	癸酉	12/31	12/6	壬寅	1/30	1/6	壬申
	9/2	8/4	壬寅	10/3	9/5	癸酉	11/2	10/6	癸卯	12/3	11/8	甲戌	1/1	12/7	癸卯	1/31	1/7	癸酉
	9/3	8/5	癸卯	10/4	9/6	甲戌	11/3	10/7	甲辰	12/4	11/9	乙亥	1/2	12/8	甲辰	2/1	1/8	甲戌
	9/4	8/6	甲辰	10/5	9/7	乙亥	11/4	10/8	乙巳	12/5	11/10	丙子	1/3	12/9	乙巳	2/2	1/9	乙亥
	9/5	8/7	乙巳	10/6	9/8	丙子	11/5	10/9	丙午	12/6	11/11	丁丑	1/4	12/10	丙午	2/3	1/10	丙子
	9/6	8/8	丙午	10/7	9/9	丁丑	11/6	10/10	丁未				1/5	12/11	丁未			
	9/7	8/9	丁未				11/7	10/11	戊申									
中氣	處暑			秋分			霜降			小雪			冬至			大寒		
	8/23 18時1分 酉時			9/23 15時49分 申時			10/24 1時19分 丑時			11/22 22時58分 亥時			12/22 12時19分 午時			1/20 22時54分 亥時		

中華民國一百零八、一百零九年　豬　2019～2020

241

年：庚子

中華民國一百零九年　鼠　2020

月	戊寅 立春			己卯 驚蟄			庚辰 清明			辛巳 立夏			壬午 芒種			癸未 小暑		
節氣	2/4 17時3分 酉時			3/5 10時56分 巳時			4/4 15時37分 申時			5/5 8時51分 辰時			6/5 12時58分 午時			7/6 23時14分 子時		
日	國曆	農曆	干支	國曆	農曆	干支	國曆	農曆	干支	國曆	農曆	干支	國曆	農曆	干支	國曆	農曆	干支
	2/4	1/11	丁丑	3/5	2/12	丁未	4/4	3/12	丁丑	5/5	4/13	戊申	6/5	閏4/14	己卯	7/6	5/16	庚戌
	2/5	1/12	戊寅	3/6	2/13	戊申	4/5	3/13	戊寅	5/6	4/14	己酉	6/6	閏4/15	庚辰	7/7	5/17	辛亥
	2/6	1/13	己卯	3/7	2/14	己酉	4/6	3/14	己卯	5/7	4/15	庚戌	6/7	閏4/16	辛巳	7/8	5/18	壬子
	2/7	1/14	庚辰	3/8	2/15	庚戌	4/7	3/15	庚辰	5/8	4/16	辛亥	6/8	閏4/17	壬午	7/9	5/19	癸丑
	2/8	1/15	辛巳	3/9	2/16	辛亥	4/8	3/16	辛巳	5/9	4/17	壬子	6/9	閏4/18	癸未	7/10	5/20	甲寅
	2/9	1/16	壬午	3/10	2/17	壬子	4/9	3/17	壬午	5/10	4/18	癸丑	6/10	閏4/19	甲申	7/11	5/21	乙卯
	2/10	1/17	癸未	3/11	2/18	癸丑	4/10	3/18	癸未	5/11	4/19	甲寅	6/11	閏4/20	乙酉	7/12	5/22	丙辰
	2/11	1/18	甲申	3/12	2/19	甲寅	4/11	3/19	甲申	5/12	4/20	乙卯	6/12	閏4/21	丙戌	7/13	5/23	丁巳
	2/12	1/19	乙酉	3/13	2/20	乙卯	4/12	3/20	乙酉	5/13	4/21	丙辰	6/13	閏4/22	丁亥	7/14	5/24	戊午
	2/13	1/20	丙戌	3/14	2/21	丙辰	4/13	3/21	丙戌	5/14	4/22	丁巳	6/14	閏4/23	戊子	7/15	5/25	己未
	2/14	1/21	丁亥	3/15	2/22	丁巳	4/14	3/22	丁亥	5/15	4/23	戊午	6/15	閏4/24	己丑	7/16	5/26	庚申
	2/15	1/22	戊子	3/16	2/23	戊午	4/15	3/23	戊子	5/16	4/24	己未	6/16	閏4/25	庚寅	7/17	5/27	辛酉
	2/16	1/23	己丑	3/17	2/24	己未	4/16	3/24	己丑	5/17	4/25	庚申	6/17	閏4/26	辛卯	7/18	5/28	壬戌
	2/17	1/24	庚寅	3/18	2/25	庚申	4/17	3/25	庚寅	5/18	4/26	辛酉	6/18	閏4/27	壬辰	7/19	5/29	癸亥
	2/18	1/25	辛卯	3/19	2/26	辛酉	4/18	3/26	辛卯	5/19	4/27	壬戌	6/19	閏4/28	癸巳	7/20	5/30	甲子
	2/19	1/26	壬辰	3/20	2/27	壬戌	4/19	3/27	壬辰	5/20	4/28	癸亥	6/20	閏4/29	甲午	7/21	6/1	乙丑
	2/20	1/27	癸巳	3/21	2/28	癸亥	4/20	3/28	癸巳	5/21	4/29	甲子	6/21	5/1	乙未	7/22	6/2	丙寅
	2/21	1/28	甲午	3/22	2/29	甲子	4/21	3/29	甲午	5/22	4/30	乙丑	6/22	5/2	丙申	7/23	6/3	丁卯
	2/22	1/29	乙未	3/23	2/30	乙丑	4/22	3/30	乙未	5/23	閏4/1	丙寅	6/23	5/3	丁酉	7/24	6/4	戊辰
	2/23	2/1	丙申	3/24	3/1	丙寅	4/23	4/1	丙申	5/24	閏4/2	丁卯	6/24	5/4	戊戌	7/25	6/5	己巳
	2/24	2/2	丁酉	3/25	3/2	丁卯	4/24	4/2	丁酉	5/25	閏4/3	戊辰	6/25	5/5	己亥	7/26	6/6	庚午
	2/25	2/3	戊戌	3/26	3/3	戊辰	4/25	4/3	戊戌	5/26	閏4/4	己巳	6/26	5/6	庚子	7/27	6/7	辛未
	2/26	2/4	己亥	3/27	3/4	己巳	4/26	4/4	己亥	5/27	閏4/5	庚午	6/27	5/7	辛丑	7/28	6/8	壬申
	2/27	2/5	庚子	3/28	3/5	庚午	4/27	4/5	庚子	5/28	閏4/6	辛未	6/28	5/8	壬寅	7/29	6/9	癸酉
	2/28	2/6	辛丑	3/29	3/6	辛未	4/28	4/6	辛丑	5/29	閏4/7	壬申	6/29	5/9	癸卯	7/30	6/10	甲戌
	2/29	2/7	壬寅	3/30	3/7	壬申	4/29	4/7	壬寅	5/30	閏4/8	癸酉	6/30	5/10	甲辰	7/31	6/11	乙亥
	3/1	2/8	癸卯	3/31	3/8	癸酉	4/30	4/8	癸卯	5/31	閏4/9	甲戌	7/1	5/11	乙巳	8/1	6/12	丙子
	3/2	2/9	甲辰	4/1	3/9	甲戌	5/1	4/9	甲辰	6/1	閏4/10	乙亥	7/2	5/12	丙午	8/2	6/13	丁丑
	3/3	2/10	乙巳	4/2	3/10	乙亥	5/2	4/10	乙巳	6/2	閏4/11	丙子	7/3	5/13	丁未	8/3	6/14	戊寅
	3/4	2/11	丙午	4/3	3/11	丙子	5/3	4/11	丙午	6/3	閏4/12	丁丑	7/4	5/14	戊申	8/4	6/15	己卯
							5/4	4/12	丁未	6/4	閏4/13	戊寅	7/5	5/15	己酉	8/5	6/16	庚辰
																8/6	6/17	辛巳

中氣	雨水	春分	穀雨	小滿	夏至	大暑
	2/19 12時56分 午時	3/20 11時49分 午時	4/19 22時45分 亥時	5/20 21時49分 亥時	6/21 5時43分 卯時	7/22 16時36分 申時

庚子 年

節氣表（月 / 節氣）

月	節氣	時刻
甲申	立秋	8/7 9時5分 巳時
乙酉	白露	9/7 12時7分 午時
丙戌	寒露	10/8 3時55分 寅時
丁亥	立冬	11/7 7時13分 辰時
戊子	大雪	12/7 0時9分 子時
己丑	小寒	1/5 11時23分 午時

日

甲申 立秋			乙酉 白露			丙戌 寒露			丁亥 立冬			戊子 大雪			己丑 小寒		
曆	農曆	干支	國曆	農曆	干支	國曆	農曆	干支	國曆	農曆	干支	國曆	農曆	干支	國曆	農曆	干支
7	6/18	壬午	9/7	7/20	癸丑	10/8	8/22	甲申	11/7	9/22	甲寅	12/7	10/23	甲申	1/5	11/22	癸丑
8	6/19	癸未	9/8	7/21	甲寅	10/9	8/23	乙酉	11/8	9/23	乙卯	12/8	10/24	乙酉	1/6	11/23	甲寅
9	6/20	甲申	9/9	7/22	乙卯	10/10	8/24	丙戌	11/9	9/24	丙辰	12/9	10/25	丙戌	1/7	11/24	乙卯
10	6/21	乙酉	9/10	7/23	丙辰	10/11	8/25	丁亥	11/10	9/25	丁巳	12/10	10/26	丁亥	1/8	11/25	丙辰
11	6/22	丙戌	9/11	7/24	丁巳	10/12	8/26	戊子	11/11	9/26	戊午	12/11	10/27	戊子	1/9	11/26	丁巳
12	6/23	丁亥	9/12	7/25	戊午	10/13	8/27	己丑	11/12	9/27	己未	12/12	10/28	己丑	1/10	11/27	戊午
13	6/24	戊子	9/13	7/26	己未	10/14	8/28	庚寅	11/13	9/28	庚申	12/13	10/29	庚寅	1/11	11/28	己未
14	6/25	己丑	9/14	7/27	庚申	10/15	8/29	辛卯	11/14	9/29	辛酉	12/14	10/30	辛卯	1/12	11/29	庚申
15	6/26	庚寅	9/15	7/28	辛酉	10/16	8/30	壬辰	11/15	10/1	壬戌	12/15	11/1	壬辰	1/13	12/1	辛酉
16	6/27	辛卯	9/16	7/29	壬戌	10/17	9/1	癸巳	11/16	10/2	癸亥	12/16	11/2	癸巳	1/14	12/2	壬戌
17	6/28	壬辰	9/17	8/1	癸亥	10/18	9/2	甲午	11/17	10/3	甲子	12/17	11/3	甲午	1/15	12/3	癸亥
18	6/29	癸巳	9/18	8/2	甲子	10/19	9/3	乙未	11/18	10/4	乙丑	12/18	11/4	乙未	1/16	12/4	甲子
19	7/1	甲午	9/19	8/3	乙丑	10/20	9/4	丙申	11/19	10/5	丙寅	12/19	11/5	丙申	1/17	12/5	乙丑
20	7/2	乙未	9/20	8/4	丙寅	10/21	9/5	丁酉	11/20	10/6	丁卯	12/20	11/6	丁酉	1/18	12/6	丙寅
21	7/3	丙申	9/21	8/5	丁卯	10/22	9/6	戊戌	11/21	10/7	戊辰	12/21	11/7	戊戌	1/19	12/7	丁卯
22	7/4	丁酉	9/22	8/6	戊辰	10/23	9/7	己亥	11/22	10/8	己巳	12/22	11/8	己亥	1/20	12/8	戊辰
23	7/5	戊戌	9/23	8/7	己巳	10/24	9/8	庚子	11/23	10/9	庚午	12/23	11/9	庚子	1/21	12/9	己巳
24	7/6	己亥	9/24	8/8	庚午	10/25	9/9	辛丑	11/24	10/10	辛未	12/24	11/10	辛丑	1/22	12/10	庚午
25	7/7	庚子	9/25	8/9	辛未	10/26	9/10	壬寅	11/25	10/11	壬申	12/25	11/11	壬寅	1/23	12/11	辛未
26	7/8	辛丑	9/26	8/10	壬申	10/27	9/11	癸卯	11/26	10/12	癸酉	12/26	11/12	癸卯	1/24	12/12	壬申
27	7/9	壬寅	9/27	8/11	癸酉	10/28	9/12	甲辰	11/27	10/13	甲戌	12/27	11/13	甲辰	1/25	12/13	癸酉
28	7/10	癸卯	9/28	8/12	甲戌	10/29	9/13	乙巳	11/28	10/14	乙亥	12/28	11/14	乙巳	1/26	12/14	甲戌
29	7/11	甲辰	9/29	8/13	乙亥	10/30	9/14	丙午	11/29	10/15	丙子	12/29	11/15	丙午	1/27	12/15	乙亥
30	7/12	乙巳	9/30	8/14	丙子	10/31	9/15	丁未	11/30	10/16	丁丑	12/30	11/16	丁未	1/28	12/16	丙子
31	7/13	丙午	10/1	8/15	丁丑	11/1	9/16	戊申	12/1	10/17	戊寅	12/31	11/17	戊申	1/29	12/17	丁丑
1	7/14	丁未	10/2	8/16	戊寅	11/2	9/17	己酉	12/2	10/18	己卯	1/1	11/18	己酉	1/30	12/18	戊寅
2	7/15	戊申	10/3	8/17	己卯	11/3	9/18	庚戌	12/3	10/19	庚辰	1/2	11/19	庚戌	1/31	12/19	己卯
3	7/16	己酉	10/4	8/18	庚辰	11/4	9/19	辛亥	12/4	10/20	辛巳	1/3	11/20	辛亥	2/1	12/20	庚辰
4	7/17	庚戌	10/5	8/19	辛巳	11/5	9/20	壬子	12/5	10/21	壬午	1/4	11/21	壬子	2/2	12/21	辛巳
5	7/18	辛亥	10/6	8/20	壬午	11/6	9/21	癸丑	12/6	10/22	癸未						
6	7/19	壬子	10/7	8/21	癸未												

中氣

處暑	秋分	霜降	小雪	冬至	大寒
8/22 23時44分 子時	9/22 21時30分 亥時	10/23 6時59分 卯時	11/22 4時39分 寅時	12/21 18時2分 酉時	1/20 4時39分 寅時

中華民國一百零九、一百一十年　鼠　2020、2021

年：辛丑

月	庚寅			辛卯			壬辰			癸巳			甲午			乙未		
節氣	立春			驚蟄			清明			立夏			芒種			小暑		
	2/3 22時58分 亥時			3/5 16時53分 申時			4/4 21時34分 亥時			5/5 14時46分 未時			6/5 18時51分 酉時			7/7 5時9分 卯時		
日	國曆	農曆	干支	國曆	農曆	干支	國曆	農曆	干支	國曆	農曆	干支	國曆	農曆	干支	國曆	農曆	干支
	2/3	12/22	壬午	3/5	1/22	壬子	4/4	2/23	壬午	5/5	3/24	癸丑	6/5	4/25	甲申	7/7	5/28	丙辰
	2/4	12/23	癸未	3/6	1/23	癸丑	4/5	2/24	癸未	5/6	3/25	甲寅	6/6	4/26	乙酉	7/8	5/29	丁巳
	2/5	12/24	甲申	3/7	1/24	甲寅	4/6	2/25	甲申	5/7	3/26	乙卯	6/7	4/27	丙戌	7/9	5/30	戊午
	2/6	12/25	乙酉	3/8	1/25	乙卯	4/7	2/26	乙酉	5/8	3/27	丙辰	6/8	4/28	丁亥	7/10	6/1	己未
	2/7	12/26	丙戌	3/9	1/26	丙辰	4/8	2/27	丙戌	5/9	3/28	丁巳	6/9	4/29	戊子	7/11	6/2	庚申
	2/8	12/27	丁亥	3/10	1/27	丁巳	4/9	2/28	丁亥	5/10	3/29	戊午	6/10	5/1	己丑	7/12	6/3	辛酉
	2/9	12/28	戊子	3/11	1/28	戊午	4/10	2/29	戊子	5/11	3/30	己未	6/11	5/2	庚寅	7/13	6/4	壬戌
	2/10	12/29	己丑	3/12	1/29	己未	4/11	2/30	己丑	5/12	4/1	庚申	6/12	5/3	辛卯	7/14	6/5	癸亥
	2/11	12/30	庚寅	3/13	2/1	庚申	4/12	3/1	庚寅	5/13	4/2	辛酉	6/13	5/4	壬辰	7/15	6/6	甲子
	2/12	1/1	辛卯	3/14	2/2	辛酉	4/13	3/2	辛卯	5/14	4/3	壬戌	6/14	5/5	癸巳	7/16	6/7	乙丑
	2/13	1/2	壬辰	3/15	2/3	壬戌	4/14	3/3	壬辰	5/15	4/4	癸亥	6/15	5/6	甲午	7/17	6/8	丙寅
	2/14	1/3	癸巳	3/16	2/4	癸亥	4/15	3/4	癸巳	5/16	4/5	甲子	6/16	5/7	乙未	7/18	6/9	丁卯
	2/15	1/4	甲午	3/17	2/5	甲子	4/16	3/5	甲午	5/17	4/6	乙丑	6/17	5/8	丙申	7/19	6/10	戊辰
	2/16	1/5	乙未	3/18	2/6	乙丑	4/17	3/6	乙未	5/18	4/7	丙寅	6/18	5/9	丁酉	7/20	6/11	己巳
	2/17	1/6	丙申	3/19	2/7	丙寅	4/18	3/7	丙申	5/19	4/8	丁卯	6/19	5/10	戊戌	7/21	6/12	庚午
	2/18	1/7	丁酉	3/20	2/8	丁卯	4/19	3/8	丁酉	5/20	4/9	戊辰	6/20	5/11	己亥	7/22	6/13	辛未
	2/19	1/8	戊戌	3/21	2/9	戊辰	4/20	3/9	戊戌	5/21	4/10	己巳	6/21	5/12	庚子	7/23	6/14	壬申
	2/20	1/9	己亥	3/22	2/10	己巳	4/21	3/10	己亥	5/22	4/11	庚午	6/22	5/13	辛丑	7/24	6/15	癸酉
	2/21	1/10	庚子	3/23	2/11	庚午	4/22	3/11	庚子	5/23	4/12	辛未	6/23	5/14	壬寅	7/25	6/16	甲戌
	2/22	1/11	辛丑	3/24	2/12	辛未	4/23	3/12	辛丑	5/24	4/13	壬申	6/24	5/15	癸卯	7/26	6/17	乙亥
	2/23	1/12	壬寅	3/25	2/13	壬申	4/24	3/13	壬寅	5/25	4/14	癸酉	6/25	5/16	甲辰	7/27	6/18	丙子
	2/24	1/13	癸卯	3/26	2/14	癸酉	4/25	3/14	癸卯	5/26	4/15	甲戌	6/26	5/17	乙巳	7/28	6/19	丁丑
	2/25	1/14	甲辰	3/27	2/15	甲戌	4/26	3/15	甲辰	5/27	4/16	乙亥	6/27	5/18	丙午	7/29	6/20	戊寅
	2/26	1/15	乙巳	3/28	2/16	乙亥	4/27	3/16	乙巳	5/28	4/17	丙子	6/28	5/19	丁未	7/30	6/21	己卯
	2/27	1/16	丙午	3/29	2/17	丙子	4/28	3/17	丙午	5/29	4/18	丁丑	6/29	5/20	戊申	7/31	6/22	庚辰
	2/28	1/17	丁未	3/30	2/18	丁丑	4/29	3/18	丁未	5/30	4/19	戊寅	6/30	5/21	己酉	8/1	6/23	辛巳
	3/1	1/18	戊申	3/31	2/19	戊寅	4/30	3/19	戊申	5/31	4/20	己卯	7/1	5/22	庚戌	8/2	6/24	壬午
	3/2	1/19	己酉	4/1	2/20	己卯	5/1	3/20	己酉	6/1	4/21	庚辰	7/2	5/23	辛亥	8/3	6/25	癸未
	3/3	1/20	庚戌	4/2	2/21	庚辰	5/2	3/21	庚戌	6/2	4/22	辛巳	7/3	5/24	壬子	8/4	6/26	甲申
	3/4	1/21	辛亥	4/3	2/22	辛巳	5/3	3/22	辛亥	6/3	4/23	壬午	7/4	5/25	癸丑	8/5	6/27	乙酉
							5/4	3/23	壬子	6/4	4/24	癸未	7/5	5/26	甲寅	8/6	6/28	丙戌
													7/6	5/27	乙卯			

左欄：中華民國一百一十年　牛　2021

中氣	雨水	春分	穀雨	小滿	夏至	大暑
	2/18 18時43分 酉時	3/20 17時37分 酉時	4/20 4時33分 寅時	5/21 3時36分 寅時	6/21 11時31分 午時	7/22 22時26分 亥時

辛丑

月	丙申	丁酉	戊戌	己亥	庚子	辛丑
節氣	立秋 14時53分 未時	白露 9/7 17時52分 酉時	寒露 10/8 9時38分 巳時	立冬 11/7 12時58分 午時	大雪 12/7 5時56分 卯時	小寒 1/5 17時13分

右側欄：中華民國一百一十、一百一十一年　牛　2021、2022

丙申 國曆	丙申 農曆	丙申 干支	丁酉 國曆	丁酉 農曆	丁酉 干支	戊戌 國曆	戊戌 農曆	戊戌 干支	己亥 國曆	己亥 農曆	己亥 干支	庚子 國曆	庚子 農曆	庚子 干支	辛丑 國曆	辛丑 農曆	辛丑 干支
8/7	6/29	丁亥	9/7	8/1	戊午	10/8	9/3	己丑	11/7	10/3	己未	12/7	11/4	己丑	1/5	12/3	戊午
8/8	7/1	戊子	9/8	8/2	己未	10/9	9/4	庚寅	11/8	10/4	庚申	12/8	11/5	庚寅	1/6	12/4	己未
8/9	7/2	己丑	9/9	8/3	庚申	10/10	9/5	辛卯	11/9	10/5	辛酉	12/9	11/6	辛卯	1/7	12/5	庚申
8/10	7/3	庚寅	9/10	8/4	辛酉	10/11	9/6	壬辰	11/10	10/6	壬戌	12/10	11/7	壬辰	1/8	12/6	辛酉
8/11	7/4	辛卯	9/11	8/5	壬戌	10/12	9/7	癸巳	11/11	10/7	癸亥	12/11	11/8	癸巳	1/9	12/7	壬戌
8/12	7/5	壬辰	9/12	8/6	癸亥	10/13	9/8	甲午	11/12	10/8	甲子	12/12	11/9	甲午	1/10	12/8	癸亥
8/13	7/6	癸巳	9/13	8/7	甲子	10/14	9/9	乙未	11/13	10/9	乙丑	12/13	11/10	乙未	1/11	12/9	甲子
8/14	7/7	甲午	9/14	8/8	乙丑	10/15	9/10	丙申	11/14	10/10	丙寅	12/14	11/11	丙申	1/12	12/10	乙丑
8/15	7/8	乙未	9/15	8/9	丙寅	10/16	9/11	丁酉	11/15	10/11	丁卯	12/15	11/12	丁酉	1/13	12/11	丙寅
8/16	7/9	丙申	9/16	8/10	丁卯	10/17	9/12	戊戌	11/16	10/12	戊辰	12/16	11/13	戊戌	1/14	12/12	丁卯
8/17	7/10	丁酉	9/17	8/11	戊辰	10/18	9/13	己亥	11/17	10/13	己巳	12/17	11/14	己亥	1/15	12/13	戊辰
8/18	7/11	戊戌	9/18	8/12	己巳	10/19	9/14	庚子	11/18	10/14	庚午	12/18	11/15	庚子	1/16	12/14	己巳
8/19	7/12	己亥	9/19	8/13	庚午	10/20	9/15	辛丑	11/19	10/15	辛未	12/19	11/16	辛丑	1/17	12/15	庚午
8/20	7/13	庚子	9/20	8/14	辛未	10/21	9/16	壬寅	11/20	10/16	壬申	12/20	11/17	壬寅	1/18	12/16	辛未
8/21	7/14	辛丑	9/21	8/15	壬申	10/22	9/17	癸卯	11/21	10/17	癸酉	12/21	11/18	癸卯	1/19	12/17	壬申
8/22	7/15	壬寅	9/22	8/16	癸酉	10/23	9/18	甲辰	11/22	10/18	甲戌	12/22	11/19	甲辰	1/20	12/18	癸酉
8/23	7/16	癸卯	9/23	8/17	甲戌	10/24	9/19	乙巳	11/23	10/19	乙亥	12/23	11/20	乙巳	1/21	12/19	甲戌
8/24	7/17	甲辰	9/24	8/18	乙亥	10/25	9/20	丙午	11/24	10/20	丙子	12/24	11/21	丙午	1/22	12/20	乙亥
8/25	7/18	乙巳	9/25	8/19	丙子	10/26	9/21	丁未	11/25	10/21	丁丑	12/25	11/22	丁未	1/23	12/21	丙子
8/26	7/19	丙午	9/26	8/20	丁丑	10/27	9/22	戊申	11/26	10/22	戊寅	12/26	11/23	戊申	1/24	12/22	丁丑
8/27	7/20	丁未	9/27	8/21	戊寅	10/28	9/23	己酉	11/27	10/23	己卯	12/27	11/24	己酉	1/25	12/23	戊寅
8/28	7/21	戊申	9/28	8/22	己卯	10/29	9/24	庚戌	11/28	10/24	庚辰	12/28	11/25	庚戌	1/26	12/24	己卯
8/29	7/22	己酉	9/29	8/23	庚辰	10/30	9/25	辛亥	11/29	10/25	辛巳	12/29	11/26	辛亥	1/27	12/25	庚辰
8/30	7/23	庚戌	9/30	8/24	辛巳	10/31	9/26	壬子	11/30	10/26	壬午	12/30	11/27	壬子	1/28	12/26	辛巳
8/31	7/24	辛亥	10/1	8/25	壬午	11/1	9/27	癸丑	12/1	10/27	癸未	12/31	11/28	癸丑	1/29	12/27	壬午
9/1	7/25	壬子	10/2	8/26	癸未	11/2	9/28	甲寅	12/2	10/28	甲申	1/1	11/29	甲寅	1/30	12/28	癸未
9/2	7/26	癸丑	10/3	8/27	甲申	11/3	9/29	乙卯	12/3	10/29	乙酉	1/2	11/30	乙卯	1/31	12/29	甲申
9/3	7/27	甲寅	10/4	8/28	乙酉	11/4	9/30	丙辰	12/4	11/1	丙戌	1/3	12/1	丙辰	2/1	1/1	乙酉
9/4	7/28	乙卯	10/5	8/29	丙戌	11/5	10/1	丁巳	12/5	11/2	丁亥	1/4	12/2	丁巳	2/2	1/2	丙戌
9/5	7/29	丙辰	10/6	9/1	丁亥	11/6	10/2	戊午	12/6	11/3	戊子				2/3	1/3	丁亥
9/6	7/30	丁巳	10/7	9/2	戊子												

中氣	處暑 23 5時34分 卯時	秋分 9/23 3時20分 寅時	霜降 10/23 12時50分 午時	小雪 11/22 10時33分 巳時	冬至 12/21 23時59分 子時	大寒 1/20 10時38分 巳時

年	壬寅																
月	壬寅			癸卯			甲辰			乙巳			丙午			丁未		
節氣	立春			驚蟄			清明			立夏			芒種			小暑		
	2/4 4時50分 寅時			3/5 22時43分 亥時			4/5 3時19分 寅時			5/5 20時25分 戌時			6/6 0時25分 子時			7/7 10時37分		
日	國曆	農曆	干支	國曆	農曆	干支	國曆	農曆	干支	國曆	農曆	干支	國曆	農曆	干支	國曆	農曆	干支
	2/4	1/4	戊子	3/5	2/3	丁巳	4/5	3/5	戊子	5/5	4/5	戊午	6/6	5/8	庚寅	7/7	6/9	辛
	2/5	1/5	己丑	3/6	2/4	戊午	4/6	3/6	己丑	5/6	4/6	己未	6/7	5/9	辛卯	7/8	6/10	壬
	2/6	1/6	庚寅	3/7	2/5	己未	4/7	3/7	庚寅	5/7	4/7	庚申	6/8	5/10	壬辰	7/9	6/11	癸
	2/7	1/7	辛卯	3/8	2/6	庚申	4/8	3/8	辛卯	5/8	4/8	辛酉	6/9	5/11	癸巳	7/10	6/12	甲
	2/8	1/8	壬辰	3/9	2/7	辛酉	4/9	3/9	壬辰	5/9	4/9	壬戌	6/10	5/12	甲午	7/11	6/13	乙
	2/9	1/9	癸巳	3/10	2/8	壬戌	4/10	3/10	癸巳	5/10	4/10	癸亥	6/11	5/13	乙未	7/12	6/14	丙
	2/10	1/10	甲午	3/11	2/9	癸亥	4/11	3/11	甲午	5/11	4/11	甲子	6/12	5/14	丙申	7/13	6/15	丁
	2/11	1/11	乙未	3/12	2/10	甲子	4/12	3/12	乙未	5/12	4/12	乙丑	6/13	5/15	丁酉	7/14	6/16	戊
	2/12	1/12	丙申	3/13	2/11	乙丑	4/13	3/13	丙申	5/13	4/13	丙寅	6/14	5/16	戊戌	7/15	6/17	己
	2/13	1/13	丁酉	3/14	2/12	丙寅	4/14	3/14	丁酉	5/14	4/14	丁卯	6/15	5/17	己亥	7/16	6/18	庚
	2/14	1/14	戊戌	3/15	2/13	丁卯	4/15	3/15	戊戌	5/15	4/15	戊辰	6/16	5/18	庚子	7/17	6/19	辛
	2/15	1/15	己亥	3/16	2/14	戊辰	4/16	3/16	己亥	5/16	4/16	己巳	6/17	5/19	辛丑	7/18	6/20	壬
	2/16	1/16	庚子	3/17	2/15	己巳	4/17	3/17	庚子	5/17	4/17	庚午	6/18	5/20	壬寅	7/19	6/21	癸
	2/17	1/17	辛丑	3/18	2/16	庚午	4/18	3/18	辛丑	5/18	4/18	辛未	6/19	5/21	癸卯	7/20	6/22	甲
	2/18	1/18	壬寅	3/19	2/17	辛未	4/19	3/19	壬寅	5/19	4/19	壬申	6/20	5/22	甲辰	7/21	6/23	乙
	2/19	1/19	癸卯	3/20	2/18	壬申	4/20	3/20	癸卯	5/20	4/20	癸酉	6/21	5/23	乙巳	7/22	6/24	丙
	2/20	1/20	甲辰	3/21	2/19	癸酉	4/21	3/21	甲辰	5/21	4/21	甲戌	6/22	5/24	丙午	7/23	6/25	丁
	2/21	1/21	乙巳	3/22	2/20	甲戌	4/22	3/22	乙巳	5/22	4/22	乙亥	6/23	5/25	丁未	7/24	6/26	戊
	2/22	1/22	丙午	3/23	2/21	乙亥	4/23	3/23	丙午	5/23	4/23	丙子	6/24	5/26	戊申	7/25	6/27	己
	2/23	1/23	丁未	3/24	2/22	丙子	4/24	3/24	丁未	5/24	4/24	丁丑	6/25	5/27	己酉	7/26	6/28	庚
	2/24	1/24	戊申	3/25	2/23	丁丑	4/25	3/25	戊申	5/25	4/25	戊寅	6/26	5/28	庚戌	7/27	6/29	辛
	2/25	1/25	己酉	3/26	2/24	戊寅	4/26	3/26	己酉	5/26	4/26	己卯	6/27	5/29	辛亥	7/28	6/30	壬
	2/26	1/26	庚戌	3/27	2/25	己卯	4/27	3/27	庚戌	5/27	4/27	庚辰	6/28	5/30	壬子	7/29	7/1	癸
	2/27	1/27	辛亥	3/28	2/26	庚辰	4/28	3/28	辛亥	5/28	4/28	辛巳	6/29	6/1	癸丑	7/30	7/2	甲
	2/28	1/28	壬子	3/29	2/27	辛巳	4/29	3/29	壬子	5/29	4/29	壬午	6/30	6/2	甲寅	7/31	7/3	乙
	3/1	1/29	癸丑	3/30	2/28	壬午	4/30	3/30	癸丑	5/30	5/1	癸未	7/1	6/3	乙卯	8/1	7/4	丙
	3/2	1/30	甲寅	3/31	2/29	癸未	5/1	4/1	甲寅	5/31	5/2	甲申	7/2	6/4	丙辰	8/2	7/5	丁
	3/3	2/1	乙卯	4/1	3/1	甲申	5/2	4/2	乙卯	6/1	5/3	乙酉	7/3	6/5	丁巳	8/3	7/6	戊
	3/4	2/2	丙辰	4/2	3/2	乙酉	5/3	4/3	丙辰	6/2	5/4	丙戌	7/4	6/6	戊午	8/4	7/7	己
				4/3	3/3	丙戌	5/4	4/4	丁巳	6/3	5/5	丁亥	7/5	6/7	己未	8/5	7/8	庚
				4/4	3/4	丁亥				6/4	5/6	戊子	7/6	6/8	庚申	8/6	7/9	辛
										6/5	5/7	己丑						

中氣	雨水	春分	穀雨	小滿	夏至	大暑
	2/19 0時42分 子時	3/20 23時33分 子時	4/20 10時23分 巳時	5/21 9時22分 巳時	6/21 17時13分 酉時	7/23 4時6分 寅時

中華民國一百十一年 虎 2022

壬寅（年）

中華民國一百十一、一百十二年　虎　2022、2023

節氣

月	戊申	己酉	庚戌	辛亥	壬子	癸丑
節氣	立秋	白露	寒露	立冬	大雪	小寒
交節時刻	7 20時28分 戌時	9/7 23時32分 子時	10/8 15時22分 申時	11/7 18時45分 酉時	12/7 11時45分 午時	1/5 23時4分 子時

戊申（立秋）			己酉（白露）			庚戌（寒露）			辛亥（立冬）			壬子（大雪）			癸丑（小寒）		
國曆	農曆	干支	國曆	農曆	干支	國曆	農曆	干支	國曆	農曆	干支	國曆	農曆	干支	國曆	農曆	干支
7	7/10	壬辰	9/7	8/12	癸亥	10/8	9/13	甲午	11/7	10/14	甲子	12/7	11/14	甲午	1/5	12/14	癸亥
8	7/11	癸巳	8	8/13	甲子	9	9/14	乙未	8	10/15	乙丑	8	11/15	乙未	6	12/15	甲子
9	7/12	甲午	9	8/14	乙丑	10	9/15	丙申	9	10/16	丙寅	9	11/16	丙申	7	12/16	乙丑
10	7/13	乙未	10	8/15	丙寅	11	9/16	丁酉	10	10/17	丁卯	10	11/17	丁酉	8	12/17	丙寅
11	7/14	丙申	11	8/16	丁卯	12	9/17	戊戌	11	10/18	戊辰	11	11/18	戊戌	9	12/18	丁卯
12	7/15	丁酉	12	8/17	戊辰	13	9/18	己亥	12	10/19	己巳	12	11/19	己亥	10	12/19	戊辰
13	7/16	戊戌	13	8/18	己巳	14	9/19	庚子	13	10/20	庚午	13	11/20	庚子	11	12/20	己巳
14	7/17	己亥	14	8/19	庚午	15	9/20	辛丑	14	10/21	辛未	14	11/21	辛丑	12	12/21	庚午
15	7/18	庚子	15	8/20	辛未	16	9/21	壬寅	15	10/22	壬申	15	11/22	壬寅	13	12/22	辛未
16	7/19	辛丑	16	8/21	壬申	17	9/22	癸卯	16	10/23	癸酉	16	11/23	癸卯	14	12/23	壬申
17	7/20	壬寅	17	8/22	癸酉	18	9/23	甲辰	17	10/24	甲戌	17	11/24	甲辰	15	12/24	癸酉
18	7/21	癸卯	18	8/23	甲戌	19	9/24	乙巳	18	10/25	乙亥	18	11/25	乙巳	16	12/25	甲戌
19	7/22	甲辰	19	8/24	乙亥	20	9/25	丙午	19	10/26	丙子	19	11/26	丙午	17	12/26	乙亥
20	7/23	乙巳	20	8/25	丙子	21	9/26	丁未	20	10/27	丁丑	20	11/27	丁未	18	12/27	丙子
21	7/24	丙午	21	8/26	丁丑	22	9/27	戊申	21	10/28	戊寅	21	11/28	戊申	19	12/28	丁丑
22	7/25	丁未	22	8/27	戊寅	23	9/28	己酉	22	10/29	己卯	22	11/29	己酉	20	12/29	戊寅
23	7/26	戊申	23	8/28	己卯	24	9/29	庚戌	23	10/30	庚辰	23	12/1	庚戌	21	12/30	己卯
24	7/27	己酉	24	8/29	庚辰	25	10/1	辛亥	24	11/1	辛巳	24	12/2	辛亥	22	1/1	庚辰
25	7/28	庚戌	25	8/30	辛巳	26	10/2	壬子	25	11/2	壬午	25	12/3	壬子	23	1/2	辛巳
26	7/29	辛亥	26	9/1	壬午	27	10/3	癸丑	26	11/3	癸未	26	12/4	癸丑	24	1/3	壬午
27	8/1	壬子	27	9/2	癸未	28	10/4	甲寅	27	11/4	甲申	27	12/5	甲寅	25	1/4	癸未
28	8/2	癸丑	28	9/3	甲申	29	10/5	乙卯	28	11/5	乙酉	28	12/6	乙卯	26	1/5	甲申
29	8/3	甲寅	29	9/4	乙酉	30	10/6	丙辰	29	11/6	丙戌	29	12/7	丙辰	27	1/6	乙酉
30	8/4	乙卯	30	9/5	丙戌	31	10/7	丁巳	30	11/7	丁亥	30	12/8	丁巳	28	1/7	丙戌
31	8/5	丙辰	10/1	9/6	丁亥	11/1	10/8	戊午	12/1	11/8	戊子	31	12/9	戊午	29	1/8	丁亥
9/1	8/6	丁巳	2	9/7	戊子	2	10/9	己未	2	11/9	己丑	1/1	12/10	己未	30	1/9	戊子
2	8/7	戊午	3	9/8	己丑	3	10/10	庚申	3	11/10	庚寅	2	12/11	庚申	31	1/10	己丑
3	8/8	己未	4	9/9	庚寅	4	10/11	辛酉	4	11/11	辛卯	3	12/12	辛酉	2/1	1/11	庚寅
4	8/9	庚申	5	9/10	辛卯	5	10/12	壬戌	5	11/12	壬辰	4	12/13	壬戌	2	1/12	辛卯
5	8/10	辛酉	6	9/11	壬辰	6	10/13	癸亥	6	11/13	癸巳				3	1/13	壬辰
6	8/11	壬戌	7	9/12	癸巳												

中氣

處暑	秋分	霜降	小雪	冬至	大寒
23 11時15分 午時	9/23 9時3分 巳時	10/23 18時35分 酉時	11/22 16時20分 申時	12/22 5時47分 卯時	1/20 16時29分 申時

247

年	癸卯																	
月	甲寅			乙卯			丙辰			丁巳			戊午			己未		
節氣	立春			驚蟄			清明			立夏			芒種			小暑		
	2/4 10時42分 巳時			3/6 4時35分 寅時			4/5 9時12分 巳時			5/6 2時18分 丑時			6/6 6時18分 卯時			7/7 16時30分		
日	國曆	農曆	干支	國曆	農曆	干支	國曆	農曆	干支	國曆	農曆	干支	國曆	農曆	干支	國曆	農曆	干支
	2/4	1/14	癸巳	3/6	2/15	癸亥	4/5	2/15	癸巳	5/6	3/17	甲子	6/6	4/19	乙未	7/7	5/20	丙
	2/5	1/15	甲午	3/7	2/16	甲子	4/6	2/16	甲午	5/7	3/18	乙丑	6/7	4/20	丙申	7/8	5/21	丁
	2/6	1/16	乙未	3/8	2/17	乙丑	4/7	2/17	乙未	5/8	3/19	丙寅	6/8	4/21	丁酉	7/9	5/22	戊
	2/7	1/17	丙申	3/9	2/18	丙寅	4/8	2/18	丙申	5/9	3/20	丁卯	6/9	4/22	戊戌	7/10	5/23	己
中	2/8	1/18	丁酉	3/10	2/19	丁卯	4/9	2/19	丁酉	5/10	3/21	戊辰	6/10	4/23	己亥	7/11	5/24	庚
華	2/9	1/19	戊戌	3/11	2/20	戊辰	4/10	2/20	戊戌	5/11	3/22	己巳	6/11	4/24	庚子	7/12	5/25	辛
民	2/10	1/20	己亥	3/12	2/21	己巳	4/11	2/21	己亥	5/12	3/23	庚午	6/12	4/25	辛丑	7/13	5/26	壬
國	2/11	1/21	庚子	3/13	2/22	庚午	4/12	2/22	庚子	5/13	3/24	辛未	6/13	4/26	壬寅	7/14	5/27	癸
一	2/12	1/22	辛丑	3/14	2/23	辛未	4/13	2/23	辛丑	5/14	3/25	壬申	6/14	4/27	癸卯	7/15	5/28	甲
百	2/13	1/23	壬寅	3/15	2/24	壬申	4/14	2/24	壬寅	5/15	3/26	癸酉	6/15	4/28	甲辰	7/16	5/29	乙
十	2/14	1/24	癸卯	3/16	2/25	癸酉	4/15	2/25	癸卯	5/16	3/27	甲戌	6/16	4/29	乙巳	7/17	6/1	丙
二	2/15	1/25	甲辰	3/17	2/26	甲戌	4/16	2/26	甲辰	5/17	3/28	乙亥	6/17	4/30	丙午	7/18	6/2	丁
年	2/16	1/26	乙巳	3/18	2/27	乙亥	4/17	2/27	乙巳	5/18	3/29	丙子	6/18	5/1	丁未	7/19	6/3	戊
	2/17	1/27	丙午	3/19	2/28	丙子	4/18	2/28	丙午	5/19	4/1	丁丑	6/19	5/2	戊申	7/20	6/4	己
兔	2/18	1/28	丁未	3/20	2/29	丁丑	4/19	2/29	丁未	5/20	4/2	戊寅	6/20	5/3	己酉	7/21	6/5	庚
	2/19	1/29	戊申	3/21	2/30	戊寅	4/20	3/1	戊申	5/21	4/3	己卯	6/21	5/4	庚戌	7/22	6/6	辛
	2/20	2/1	己酉	3/22	閏2/1	己卯	4/21	3/2	己酉	5/22	4/4	庚辰	6/22	5/5	辛亥	7/23	6/7	壬
	2/21	2/2	庚戌	3/23	2/2	庚辰	4/22	3/3	庚戌	5/23	4/5	辛巳	6/23	5/6	壬子	7/24	6/8	癸
	2/22	2/3	辛亥	3/24	2/3	辛巳	4/23	3/4	辛亥	5/24	4/6	壬午	6/24	5/7	癸丑	7/25	6/9	甲
	2/23	2/4	壬子	3/25	2/4	壬午	4/24	3/5	壬子	5/25	4/7	癸未	6/25	5/8	甲寅	7/26	6/10	乙
	2/24	2/5	癸丑	3/26	2/5	癸未	4/25	3/6	癸丑	5/26	4/8	甲申	6/26	5/9	乙卯	7/27	6/11	丙
	2/25	2/6	甲寅	3/27	2/6	甲申	4/26	3/7	甲寅	5/27	4/9	乙酉	6/27	5/10	丙辰	7/28	6/12	丁
	2/26	2/7	乙卯	3/28	2/7	乙酉	4/27	3/8	乙卯	5/28	4/10	丙戌	6/28	5/11	丁巳	7/29	6/13	戊
	2/27	2/8	丙辰	3/29	2/8	丙戌	4/28	3/9	丙辰	5/29	4/11	丁亥	6/29	5/12	戊午	7/30	6/14	己
2	2/28	2/9	丁巳	3/30	2/9	丁亥	4/29	3/10	丁巳	5/30	4/12	戊子	6/30	5/13	己未	7/31	6/15	庚
0	3/1	2/10	戊午	3/31	2/10	戊子	4/30	3/11	戊午	5/31	4/13	己丑	7/1	5/14	庚申	8/1	6/16	辛
2	3/2	2/11	己未	4/1	2/11	己丑	5/1	3/12	己未	6/1	4/14	庚寅	7/2	5/15	辛酉	8/2	6/17	壬
3	3/3	2/12	庚申	4/2	2/12	庚寅	5/2	3/13	庚申	6/2	4/15	辛卯	7/3	5/16	壬戌	8/3	6/18	癸
	3/4	2/13	辛酉	4/3	2/13	辛卯	5/3	3/14	辛酉	6/3	4/16	壬辰	7/4	5/17	癸亥	8/4	6/19	甲
	3/5	2/14	壬戌	4/4	2/14	壬辰	5/4	3/15	壬戌	6/4	4/17	癸巳	7/5	5/18	甲子	8/5	6/20	乙
							5/5	3/16	癸亥	6/5	4/18	甲午	7/6	5/19	乙丑	8/6	6/21	丙
																8/7	6/22	丁

中氣	雨水			春分			穀雨			小滿			夏至			大暑		
	2/19 6時34分 卯時			3/21 5時24分 卯時			4/20 16時13分 申時			5/21 15時8分 申時			6/21 22時57分 亥時			7/23 9時50分 巳時		

癸卯　　　　　　　　　　　年

月	庚申			辛酉			壬戌			癸亥			甲子			乙丑		
節氣	立秋			白露			寒露			立冬			大雪			小寒		
日	8/8 2時22分 丑時			9/8 5時26分 卯時			10/8 21時15分 亥時			11/8 0時35分 子時			12/7 17時32分 酉時			1/6 4時49分 寅時		
	國曆	農曆	干支	國曆	農曆	干支	國曆	農曆	干支	國曆	農曆	干支	國曆	農曆	干支	國曆	農曆	干支
	8/6	6/20	丙申	9/8	7/24	己巳	10/8	8/24	己亥	11/8	9/25	庚午	12/7	10/25	己亥	1/6	11/25	己巳
	8/7	21	丁酉	9/9	25	庚午	10/9	25	庚子	11/9	26	辛未	12/8	26	庚子	1/7	26	庚午
	8/8	22	戊戌	9/10	26	辛未	10/10	26	辛丑	11/10	27	壬申	12/9	27	辛丑	1/8	27	辛未
	8/9	23	己亥	9/11	27	壬申	10/11	27	壬寅	11/11	28	癸酉	12/10	28	壬寅	1/9	28	壬申
	8/10	24	庚子	9/12	28	癸酉	10/12	28	癸卯	11/12	29	甲戌	12/11	29	癸卯	1/10	29	癸酉
	8/11	25	辛丑	9/13	29	甲戌	10/13	29	甲辰	11/13	10/1	乙亥	12/12	30	甲辰	1/11	12/1	甲戌
	8/12	26	壬寅	9/14	30	乙亥	10/14	30	乙巳	11/14	2	丙子	12/13	11/1	乙巳	1/12	2	乙亥
	8/13	27	癸卯	9/15	8/1	丙子	10/15	9/1	丙午	11/15	3	丁丑	12/14	2	丙午	1/13	3	丙子
	8/14	28	甲辰	9/16	2	丁丑	10/16	2	丁未	11/16	4	戊寅	12/15	3	丁未	1/14	4	丁丑
	8/15	29	乙巳	9/17	3	戊寅	10/17	3	戊申	11/17	5	己卯	12/16	4	戊申	1/15	5	戊寅
	8/16	7/1	丙午	9/18	4	己卯	10/18	4	己酉	11/18	6	庚辰	12/17	5	己酉	1/16	6	己卯
	8/17	2	丁未	9/19	5	庚辰	10/19	5	庚戌	11/19	7	辛巳	12/18	6	庚戌	1/17	7	庚辰
	8/18	3	戊申	9/20	6	辛巳	10/20	6	辛亥	11/20	8	壬午	12/19	7	辛亥	1/18	8	辛巳
	8/19	4	己酉	9/21	7	壬午	10/21	7	壬子	11/21	9	癸未	12/20	8	壬子	1/19	9	壬午
	8/20	5	庚戌	9/22	8	癸未	10/22	8	癸丑	11/22	10	甲申	12/21	9	癸丑	1/20	10	癸未
	8/21	6	辛亥	9/23	9	甲申	10/23	9	甲寅	11/23	11	乙酉	12/22	10	甲寅	1/21	11	甲申
	8/22	7	壬子	9/24	10	乙酉	10/24	10	乙卯	11/24	12	丙戌	12/23	11	乙卯	1/22	12	乙酉
	8/23	8	癸丑	9/25	11	丙戌	10/25	11	丙辰	11/25	13	丁亥	12/24	12	丙辰	1/23	13	丙戌
	8/24	9	甲寅	9/26	12	丁亥	10/26	12	丁巳	11/26	14	戊子	12/25	13	丁巳	1/24	14	丁亥
	8/25	10	乙卯	9/27	13	戊子	10/27	13	戊午	11/27	15	己丑	12/26	14	戊午	1/25	15	戊子
	8/26	11	丙辰	9/28	14	己丑	10/28	14	己未	11/28	16	庚寅	12/27	15	己未	1/26	16	己丑
	8/27	12	丁巳	9/29	15	庚寅	10/29	15	庚申	11/29	17	辛卯	12/28	16	庚申	1/27	17	庚寅
	8/28	13	戊午	9/30	16	辛卯	10/30	16	辛酉	11/30	18	壬辰	12/29	17	辛酉	1/28	18	辛卯
	8/29	14	己未	10/1	17	壬辰	10/31	17	壬戌	12/1	19	癸巳	12/30	18	壬戌	1/29	19	壬辰
	8/30	15	庚申	10/2	18	癸巳	11/1	18	癸亥	12/2	20	甲午	12/31	19	癸亥	1/30	20	癸巳
	8/31	16	辛酉	10/3	19	甲午	11/2	19	甲子	12/3	21	乙未	1/1	20	甲子	1/31	21	甲午
	9/1	17	壬戌	10/4	20	乙未	11/3	20	乙丑	12/4	22	丙申	1/2	21	乙丑	2/1	22	乙未
	9/2	18	癸亥	10/5	21	丙申	11/4	21	丙寅	12/5	23	丁酉	1/3	22	丙寅	2/2	23	丙申
	9/3	19	甲子	10/6	22	丁酉	11/5	22	丁卯	12/6	24	戊戌	1/4	23	丁卯	2/3	24	丁酉
	9/4	20	乙丑	10/7	23	戊戌	11/6	23	戊辰				1/5	24	戊辰			
	9/5	21	丙寅				11/7	24	己巳									
	9/6	22	丁卯															
	9/7	23	戊辰															

中華民國一百一十二、一百一十三年　兔　2023、2024

中氣	處暑	秋分	霜降	小雪	冬至	大寒
	23 17時1分 酉時	9/23 14時49分 未時	10/24 0時20分 子時	11/22 22時2分 亥時	12/22 11時27分 午時	1/20 22時7分 亥時

年	甲辰																	
月	丙寅			丁卯			戊辰			己巳			庚午			辛未		
節氣	立春			驚蟄			清明			立夏			芒種			小暑		
	2/4 16時26分 申時			3/5 10時22分 巳時			4/4 15時1分 申時			5/5 8時9分 辰時			6/5 12時9分 午時			7/6 22時19分 亥時		
日	國曆	農曆	干支	國曆	農曆	干支	國曆	農曆	干支	國曆	農曆	干支	國曆	農曆	干支	國曆	農曆	干支
	2 4	12 25	戊戌	3 5	1 25	戊辰	4 4	2 26	戊戌	5 5	3 27	己巳	6 5	4 29	庚子	7 6	6 1	辛未
	2 5	12 26	己亥	3 6	1 26	己巳	4 5	2 27	己亥	5 6	3 28	庚午	6 6	5 1	辛丑	7 7	6 2	壬申
	2 6	12 27	庚子	3 7	1 27	庚午	4 6	2 28	庚子	5 7	3 29	辛未	6 7	5 2	壬寅	7 8	6 3	癸酉
	2 7	12 28	辛丑	3 8	1 28	辛未	4 7	2 29	辛丑	5 8	4 1	壬申	6 8	5 3	癸卯	7 9	6 4	甲戌
	2 8	12 29	壬寅	3 9	1 29	壬申	4 8	2 30	壬寅	5 9	4 2	癸酉	6 9	5 4	甲辰	7 10	6 5	乙亥
	2 9	12 30	癸卯	3 10	2 1	癸酉	4 9	3 1	癸卯	5 10	4 3	甲戌	6 10	5 5	乙巳	7 11	6 6	丙子
	2 10	1 1	甲辰	3 11	2 2	甲戌	4 10	3 2	甲辰	5 11	4 4	乙亥	6 11	5 6	丙午	7 12	6 7	丁丑
	2 11	1 2	乙巳	3 12	2 3	乙亥	4 11	3 3	乙巳	5 12	4 5	丙子	6 12	5 7	丁未	7 13	6 8	戊寅
	2 12	1 3	丙午	3 13	2 4	丙子	4 12	3 4	丙午	5 13	4 6	丁丑	6 13	5 8	戊申	7 14	6 9	己卯
	2 13	1 4	丁未	3 14	2 5	丁丑	4 13	3 5	丁未	5 14	4 7	戊寅	6 14	5 9	己酉	7 15	6 10	庚辰
	2 14	1 5	戊申	3 15	2 6	戊寅	4 14	3 6	戊申	5 15	4 8	己卯	6 15	5 10	庚戌	7 16	6 11	辛巳
	2 15	1 6	己酉	3 16	2 7	己卯	4 15	3 7	己酉	5 16	4 9	庚辰	6 16	5 11	辛亥	7 17	6 12	壬午
	2 16	1 7	庚戌	3 17	2 8	庚辰	4 16	3 8	庚戌	5 17	4 10	辛巳	6 17	5 12	壬子	7 18	6 13	癸未
	2 17	1 8	辛亥	3 18	2 9	辛巳	4 17	3 9	辛亥	5 18	4 11	壬午	6 18	5 13	癸丑	7 19	6 14	甲申
	2 18	1 9	壬子	3 19	2 10	壬午	4 18	3 10	壬子	5 19	4 12	癸未	6 19	5 14	甲寅	7 20	6 15	乙酉
	2 19	1 10	癸丑	3 20	2 11	癸未	4 19	3 11	癸丑	5 20	4 13	甲申	6 20	5 15	乙卯	7 21	6 16	丙戌
	2 20	1 11	甲寅	3 21	2 12	甲申	4 20	3 12	甲寅	5 21	4 14	乙酉	6 21	5 16	丙辰	7 22	6 17	丁亥
	2 21	1 12	乙卯	3 22	2 13	乙酉	4 21	3 13	乙卯	5 22	4 15	丙戌	6 22	5 17	丁巳	7 23	6 18	戊子
	2 22	1 13	丙辰	3 23	2 14	丙戌	4 22	3 14	丙辰	5 23	4 16	丁亥	6 23	5 18	戊午	7 24	6 19	己丑
	2 23	1 14	丁巳	3 24	2 15	丁亥	4 23	3 15	丁巳	5 24	4 17	戊子	6 24	5 19	己未	7 25	6 20	庚寅
	2 24	1 15	戊午	3 25	2 16	戊子	4 24	3 16	戊午	5 25	4 18	己丑	6 25	5 20	庚申	7 26	6 21	辛卯
	2 25	1 16	己未	3 26	2 17	己丑	4 25	3 17	己未	5 26	4 19	庚寅	6 26	5 21	辛酉	7 27	6 22	壬辰
	2 26	1 17	庚申	3 27	2 18	庚寅	4 26	3 18	庚申	5 27	4 20	辛卯	6 27	5 22	壬戌	7 28	6 23	癸巳
	2 27	1 18	辛酉	3 28	2 19	辛卯	4 27	3 19	辛酉	5 28	4 21	壬辰	6 28	5 23	癸亥	7 29	6 24	甲午
	2 28	1 19	壬戌	3 29	2 20	壬辰	4 28	3 20	壬戌	5 29	4 22	癸巳	6 29	5 24	甲子	7 30	6 25	乙未
	2 29	1 20	癸亥	3 30	2 21	癸巳	4 29	3 21	癸亥	5 30	4 23	甲午	6 30	5 25	乙丑	7 31	6 26	丙申
	3 1	1 21	甲子	3 31	2 22	甲午	4 30	3 22	甲子	5 31	4 24	乙未	7 1	5 26	丙寅	8 1	6 27	丁酉
	3 2	1 22	乙丑	4 1	2 23	乙未	5 1	3 23	乙丑	6 1	4 25	丙申	7 2	5 27	丁卯	8 2	6 28	戊戌
	3 3	1 23	丙寅	4 2	2 24	丙申	5 2	3 24	丙寅	6 2	4 26	丁酉	7 3	5 28	戊辰	8 3	6 29	己亥
	3 4	1 24	丁卯	4 3	2 25	丁酉	5 3	3 25	丁卯	6 3	4 27	戊戌	7 4	5 29	己巳	8 4	7 1	庚子
							5 4	3 26	戊辰	6 4	4 28	己亥	7 5	5 30	庚午	8 5	7 2	辛丑
																8 6	7 3	壬寅
中氣	雨水			春分			穀雨			小滿			夏至			大暑		
	2/19 12時12分 午時			3/20 11時6分 午時			4/19 21時59分 亥時			5/20 20時59分 戌時			6/21 4時50分 寅時			7/22 15時44分 申時		

中華民國一百十三年 龍 2024

甲辰

節氣：
- 壬申　立秋　8時8分 辰時
- 癸酉　白露　9/7 11時10分 午時
- 甲戌　寒露　10/8 2時59分 丑時
- 乙亥　立冬　11/7 6時19分 卯時
- 丙子　大雪　12/6 23時16分 子時
- 丁丑　小寒　1/5 10時32分 巳時

壬申（立秋）		癸酉（白露）			甲戌（寒露）			乙亥（立冬）			丙子（大雪）			丁丑（小寒）		
農曆	干支	國曆	農曆	干支	國曆	農曆	干支	國曆	農曆	干支	國曆	農曆	干支	國曆	農曆	干支
7/4	癸卯	9/7	8/5	甲戌	10/8	9/7	乙巳	11/7	10/7	乙亥	12/6	11/6	甲辰	1/5	12/6	甲戌
7/5	甲辰	9/8	8/6	乙亥	10/9	9/8	丙午	11/8	10/8	丙子	12/7	11/7	乙巳	1/6	12/7	乙亥
7/6	乙巳	9/9	8/7	丙子	10/10	9/9	丁未	11/9	10/9	丁丑	12/8	11/8	丙午	1/7	12/8	丙子
7/7	丙午	9/10	8/8	丁丑	10/11	9/10	戊申	11/10	10/10	戊寅	12/9	11/9	丁未	1/8	12/9	丁丑
7/8	丁未	9/11	8/9	戊寅	10/12	9/11	己酉	11/11	10/11	己卯	12/10	11/10	戊申	1/9	12/10	戊寅
7/9	戊申	9/12	8/10	己卯	10/13	9/12	庚戌	11/12	10/12	庚辰	12/11	11/11	己酉	1/10	12/11	己卯
7/10	己酉	9/13	8/11	庚辰	10/14	9/13	辛亥	11/13	10/13	辛巳	12/12	11/12	庚戌	1/11	12/12	庚辰
7/11	庚戌	9/14	8/12	辛巳	10/15	9/14	壬子	11/14	10/14	壬午	12/13	11/13	辛亥	1/12	12/13	辛巳
7/12	辛亥	9/15	8/13	壬午	10/16	9/15	癸丑	11/15	10/15	癸未	12/14	11/14	壬子	1/13	12/14	壬午
7/13	壬子	9/16	8/14	癸未	10/17	9/16	甲寅	11/16	10/16	甲申	12/15	11/15	癸丑	1/14	12/15	癸未
7/14	癸丑	9/17	8/15	甲申	10/18	9/17	乙卯	11/17	10/17	乙酉	12/16	11/16	甲寅	1/15	12/16	甲申
7/15	甲寅	9/18	8/16	乙酉	10/19	9/18	丙辰	11/18	10/18	丙戌	12/17	11/17	乙卯	1/16	12/17	乙酉
7/16	乙卯	9/19	8/17	丙戌	10/20	9/19	丁巳	11/19	10/19	丁亥	12/18	11/18	丙辰	1/17	12/18	丙戌
7/17	丙辰	9/20	8/18	丁亥	10/21	9/20	戊午	11/20	10/20	戊子	12/19	11/19	丁巳	1/18	12/19	丁亥
7/18	丁巳	9/21	8/19	戊子	10/22	9/21	己未	11/21	10/21	己丑	12/20	11/20	戊午	1/19	12/20	戊子
7/19	戊午	9/22	8/20	己丑	10/23	9/22	庚申	11/22	10/22	庚寅	12/21	11/21	己未	1/20	12/21	己丑
7/20	己未	9/23	8/21	庚寅	10/24	9/23	辛酉	11/23	10/23	辛卯	12/22	11/22	庚申	1/21	12/22	庚寅
7/21	庚申	9/24	8/22	辛卯	10/25	9/24	壬戌	11/24	10/24	壬辰	12/23	11/23	辛酉	1/22	12/23	辛卯
7/22	辛酉	9/25	8/23	壬辰	10/26	9/25	癸亥	11/25	10/25	癸巳	12/24	11/24	壬戌	1/23	12/24	壬辰
7/23	壬戌	9/26	8/24	癸巳	10/27	9/26	甲子	11/26	10/26	甲午	12/25	11/25	癸亥	1/24	12/25	癸巳
7/24	癸亥	9/27	8/25	甲午	10/28	9/27	乙丑	11/27	10/27	乙未	12/26	11/26	甲子	1/25	12/26	甲午
7/25	甲子	9/28	8/26	乙未	10/29	9/28	丙寅	11/28	10/28	丙申	12/27	11/27	乙丑	1/26	12/27	乙未
7/26	乙丑	9/29	8/27	丙申	10/30	9/29	丁卯	11/29	10/29	丁酉	12/28	11/28	丙寅	1/27	12/28	丙申
7/27	丙寅	9/30	8/28	丁酉	10/31	9/30	戊辰	11/30	10/30	戊戌	12/29	11/29	丁卯	1/28	12/29	丁酉
7/28	丁卯	10/1	8/29	戊戌	11/1	10/1	己巳	12/1	11/1	己亥	12/30	11/30	戊辰	1/29	1/1	戊戌
7/29	戊辰	10/2	9/1	己亥	11/2	10/2	庚午	12/2	11/2	庚子	12/31	12/1	己巳	1/30	1/2	己亥
7/30	己巳	10/3	9/2	庚子	11/3	10/3	辛未	12/3	11/3	辛丑	1/1	12/2	庚午	1/31	1/3	庚子
8/1	庚午	10/4	9/3	辛丑	11/4	10/4	壬申	12/4	11/4	壬寅	1/2	12/3	辛未	2/1	1/4	辛丑
8/2	辛未	10/5	9/4	壬寅	11/5	10/5	癸酉	12/5	11/5	癸卯	1/3	12/4	壬申	2/2	1/5	壬寅
8/3	壬申	10/6	9/5	癸卯	11/6	10/6	甲戌				1/4	12/5	癸酉			
8/4	癸酉	10/7	9/6	甲辰												

右側：中華民國一百十三、一百十四年　龍　2024、2025

中氣：
- 處暑　22時54分 亥時
- 秋分　9/22 20時43分 戌時
- 霜降　10/23 6時14分 卯時
- 小雪　11/22 3時56分 寅時
- 冬至　12/21 17時20分 酉時
- 大寒　1/20 0時59分 寅時

年	乙巳																	
月	戊寅			己卯			庚辰			辛巳			壬午			癸未		
節氣	立春			驚蟄			清明			立夏			芒種			小暑		
	2/3 22時10分 亥時			3/5 16時6分 申時			4/4 20時48分 戌時			5/5 13時56分 未時			6/5 17時56分 酉時			7/7 4時4分		
日	國曆	農曆	干支	國曆	農曆	干支	國曆	農曆	干支	國曆	農曆	干支	國曆	農曆	干支	國曆	農曆	干支
	2 3	1 6	癸卯	3 5	2 6	癸酉	4 4	3 7	癸卯	5 5	4 8	甲戌	6 5	5 10	乙巳	7 7	6 13	丁丑
	2 4	1 7	甲辰	3 6	2 7	甲戌	4 5	3 8	甲辰	5 6	4 9	乙亥	6 6	5 11	丙午	7 8	6 14	戊寅
	2 5	1 8	乙巳	3 7	2 8	乙亥	4 6	3 9	乙巳	5 7	4 10	丙子	6 7	5 12	丁未	7 9	6 15	己卯
中	2 6	1 9	丙午	3 8	2 9	丙子	4 7	3 10	丙午	5 8	4 11	丁丑	6 8	5 13	戊申	7 10	6 16	庚辰
華	2 7	1 10	丁未	3 9	2 10	丁丑	4 8	3 11	丁未	5 9	4 12	戊寅	6 9	5 14	己酉	7 11	6 17	辛巳
民	2 8	1 11	戊申	3 10	2 11	戊寅	4 9	3 12	戊申	5 10	4 13	己卯	6 10	5 15	庚戌	7 12	6 18	壬午
國	2 9	1 12	己酉	3 11	2 12	己卯	4 10	3 13	己酉	5 11	4 14	庚辰	6 11	5 16	辛亥	7 13	6 19	癸未
一	2 10	1 13	庚戌	3 12	2 13	庚辰	4 11	3 14	庚戌	5 12	4 15	辛巳	6 12	5 17	壬子	7 14	6 20	甲申
百	2 11	1 14	辛亥	3 13	2 14	辛巳	4 12	3 15	辛亥	5 13	4 16	壬午	6 13	5 18	癸丑	7 15	6 21	乙酉
十	2 12	1 15	壬子	3 14	2 15	壬午	4 13	3 16	壬子	5 14	4 17	癸未	6 14	5 19	甲寅	7 16	6 22	丙戌
四	2 13	1 16	癸丑	3 15	2 16	癸未	4 14	3 17	癸丑	5 15	4 18	甲申	6 15	5 20	乙卯	7 17	6 23	丁亥
年	2 14	1 17	甲寅	3 16	2 17	甲申	4 15	3 18	甲寅	5 16	4 19	乙酉	6 16	5 21	丙辰	7 18	6 24	戊子
	2 15	1 18	乙卯	3 17	2 18	乙酉	4 16	3 19	乙卯	5 17	4 20	丙戌	6 17	5 22	丁巳	7 19	6 25	己丑
蛇	2 16	1 19	丙辰	3 18	2 19	丙戌	4 17	3 20	丙辰	5 18	4 21	丁亥	6 18	5 23	戊午	7 20	6 26	庚寅
	2 17	1 20	丁巳	3 19	2 20	丁亥	4 18	3 21	丁巳	5 19	4 22	戊子	6 19	5 24	己未	7 21	6 27	辛卯
	2 18	1 21	戊午	3 20	2 21	戊子	4 19	3 22	戊午	5 20	4 23	己丑	6 20	5 25	庚申	7 22	6 28	壬辰
	2 19	1 22	己未	3 21	2 22	己丑	4 20	3 23	己未	5 21	4 24	庚寅	6 21	5 26	辛酉	7 23	6 29	癸巳
	2 20	1 23	庚申	3 22	2 23	庚寅	4 21	3 24	庚申	5 22	4 25	辛卯	6 22	5 27	壬戌	7 24	6 30	甲午
	2 21	1 24	辛酉	3 23	2 24	辛卯	4 22	3 25	辛酉	5 23	4 26	壬辰	6 23	5 28	癸亥	7 25	閏6 1	乙未
	2 22	1 25	壬戌	3 24	2 25	壬辰	4 23	3 26	壬戌	5 24	4 27	癸巳	6 24	5 29	甲子	7 26	閏6 2	丙申
	2 23	1 26	癸亥	3 25	2 26	癸巳	4 24	3 27	癸亥	5 25	4 28	甲午	6 25	6 1	乙丑	7 27	閏6 3	丁酉
	2 24	1 27	甲子	3 26	2 27	甲午	4 25	3 28	甲子	5 26	4 29	乙未	6 26	6 2	丙寅	7 28	閏6 4	戊戌
	2 25	1 28	乙丑	3 27	2 28	乙未	4 26	3 29	乙丑	5 27	5 1	丙申	6 27	6 3	丁卯	7 29	閏6 5	己亥
	2 26	1 29	丙寅	3 28	2 29	丙申	4 27	3 30	丙寅	5 28	5 2	丁酉	6 28	6 4	戊辰	7 30	閏6 6	庚子
2	2 27	1 30	丁卯	3 29	3 1	丁酉	4 28	4 1	丁卯	5 29	5 3	戊戌	6 29	6 5	己巳	7 31	閏6 7	辛丑
0	2 28	2 1	戊辰	3 30	3 2	戊戌	4 29	4 2	戊辰	5 30	5 4	己亥	6 30	6 6	庚午	8 1	閏6 8	壬寅
2	3 1	2 2	己巳	3 31	3 3	己亥	4 30	4 3	己巳	5 31	5 5	庚子	7 1	6 7	辛未	8 2	閏6 9	癸卯
5	3 2	2 3	庚午	4 1	3 4	庚子	5 1	4 4	庚午	6 1	5 6	辛丑	7 2	6 8	壬申	8 3	閏6 10	甲辰
	3 3	2 4	辛未	4 2	3 5	辛丑	5 2	4 5	辛未	6 2	5 7	壬寅	7 3	6 9	癸酉	8 4	閏6 11	乙巳
	3 4	2 5	壬申	4 3	3 6	壬寅	5 3	4 6	壬申	6 3	5 8	癸卯	7 4	6 10	甲戌	8 5	閏6 12	丙午
							5 4	4 7	癸酉	6 4	5 9	甲辰	7 5	6 11	乙亥	8 6	閏6 13	丁未
													7 6	6 12	丙子			

中氣	雨水	春分	穀雨	小滿	夏至	大暑
	2/18 18時6分 酉時	3/20 17時1分 酉時	4/20 3時55分 寅時	5/21 2時54分 丑時	6/21 10時41分 巳時	7/22 21時29分

252

乙巳　年月

月	甲申	乙酉	丙戌	丁亥	戊子	己丑
節氣	立秋	白露	寒露	立冬	大雪	小寒
時刻	3時51分 未時	9/7 16時51分 申時	10/8 8時40分 辰時	11/7 12時3分 午時	12/7 5時4分 卯時	1/5 16時22分 申時

日

甲申 農曆	甲申 干支	乙酉 國曆	乙酉 農曆	乙酉 干支	丙戌 國曆	丙戌 農曆	丙戌 干支	丁亥 國曆	丁亥 農曆	丁亥 干支	戊子 國曆	戊子 農曆	戊子 干支	己丑 國曆	己丑 農曆	己丑 干支
6 14	戊申	9 7	7 16	己卯	10 8	8 17	庚戌	11 7	9 18	庚辰	12 7	10 18	庚戌	1 5	11 17	己卯
6 15	己酉	9 8	7 17	庚辰	10 9	8 18	辛亥	11 8	9 19	辛巳	12 8	10 19	辛亥	1 6	11 18	庚辰
6 16	庚戌	9 9	7 18	辛巳	10 10	8 19	壬子	11 9	9 20	壬午	12 9	10 20	壬子	1 7	11 19	辛巳
6 17	辛亥	9 10	7 19	壬午	10 11	8 20	癸丑	11 10	9 21	癸未	12 10	10 21	癸丑	1 8	11 20	壬午
6 18	壬子	9 11	7 20	癸未	10 12	8 21	甲寅	11 11	9 22	甲申	12 11	10 22	甲寅	1 9	11 21	癸未
6 19	癸丑	9 12	7 21	甲申	10 13	8 22	乙卯	11 12	9 23	乙酉	12 12	10 23	乙卯	1 10	11 22	甲申
6 20	甲寅	9 13	7 22	乙酉	10 14	8 23	丙辰	11 13	9 24	丙戌	12 13	10 24	丙辰	1 11	11 23	乙酉
6 21	乙卯	9 14	7 23	丙戌	10 15	8 24	丁巳	11 14	9 25	丁亥	12 14	10 25	丁巳	1 12	11 24	丙戌
6 22	丙辰	9 15	7 24	丁亥	10 16	8 25	戊午	11 15	9 26	戊子	12 15	10 26	戊午	1 13	11 25	丁亥
6 23	丁巳	9 16	7 25	戊子	10 17	8 26	己未	11 16	9 27	己丑	12 16	10 27	己未	1 14	11 26	戊子
6 24	戊午	9 17	7 26	己丑	10 18	8 27	庚申	11 17	9 28	庚寅	12 17	10 28	庚申	1 15	11 27	己丑
6 25	己未	9 18	7 27	庚寅	10 19	8 28	辛酉	11 18	9 29	辛卯	12 18	10 29	辛酉	1 16	11 28	庚寅
6 26	庚申	9 19	7 28	辛卯	10 20	8 29	壬戌	11 19	9 30	壬辰	12 19	10 30	壬戌	1 17	11 29	辛卯
6 27	辛酉	9 20	7 29	壬辰	10 21	9 1	癸亥	11 20	10 1	癸巳	12 20	11 1	癸亥	1 18	11 30	壬辰
6 28	壬戌	9 21	7 30	癸巳	10 22	9 2	甲子	11 21	10 2	甲午	12 21	11 2	甲子	1 19	12 1	癸巳
6 29	癸亥	9 22	8 1	甲午	10 23	9 3	乙丑	11 22	10 3	乙未	12 22	11 3	乙丑	1 20	12 2	甲午
7 1	甲子	9 23	8 2	乙未	10 24	9 4	丙寅	11 23	10 4	丙申	12 23	11 4	丙寅	1 21	12 3	乙未
7 2	乙丑	9 24	8 3	丙申	10 25	9 5	丁卯	11 24	10 5	丁酉	12 24	11 5	丁卯	1 22	12 4	丙申
7 3	丙寅	9 25	8 4	丁酉	10 26	9 6	戊辰	11 25	10 6	戊戌	12 25	11 6	戊辰	1 23	12 5	丁酉
7 4	丁卯	9 26	8 5	戊戌	10 27	9 7	己巳	11 26	10 7	己亥	12 26	11 7	己巳	1 24	12 6	戊戌
7 5	戊辰	9 27	8 6	己亥	10 28	9 8	庚午	11 27	10 8	庚子	12 27	11 8	庚午	1 25	12 7	己亥
7 6	己巳	9 28	8 7	庚子	10 29	9 9	辛未	11 28	10 9	辛丑	12 28	11 9	辛未	1 26	12 8	庚子
7 7	庚午	9 29	8 8	辛丑	10 30	9 10	壬申	11 29	10 10	壬寅	12 29	11 10	壬申	1 27	12 9	辛丑
7 8	辛未	9 30	8 9	壬寅	10 31	9 11	癸酉	11 30	10 11	癸卯	12 30	11 11	癸酉	1 28	12 10	壬寅
7 9	壬申	10 1	8 10	癸卯	11 1	9 12	甲戌	12 1	10 12	甲辰	12 31	11 12	甲戌	1 29	12 11	癸卯
7 10	癸酉	10 2	8 11	甲辰	11 2	9 13	乙亥	12 2	10 13	乙巳	1 1	11 13	乙亥	1 30	12 12	甲辰
7 11	甲戌	10 3	8 12	乙巳	11 3	9 14	丙子	12 3	10 14	丙午	1 2	11 14	丙子	1 31	12 13	乙巳
7 12	乙亥	10 4	8 13	丙午	11 4	9 15	丁丑	12 4	10 15	丁未	1 3	11 15	丁丑	2 1	12 14	丙午
7 13	丙子	10 5	8 14	丁未	11 5	9 16	戊寅	12 5	10 16	戊申	1 4	11 16	戊寅	2 2	12 15	丁未
7 14	丁丑	10 6	8 15	戊申	11 6	9 17	己卯	12 6	10 17	己酉				2 3	12 16	戊申
7 15	戊寅	10 7	8 16	己酉												

日欄直書：中華民國一百十四、一百十五年　蛇　2025、2026

中氣	處暑	秋分	霜降	小雪	冬至	大寒
時刻	4時33分 寅時	9/23 2時18分 丑時	10/23 11時50分 午時	11/22 9時35分 巳時	12/21 23時2分 子時	1/20 9時44分 巳時

253

中華民國一百十五年　馬　2026

年	丙午																	
月	庚寅			辛卯			壬辰			癸巳			甲午			乙未		
節氣	立春 2/4 4時1分 寅時			驚蟄 3/5 21時58分 亥時			清明 4/5 2時39分 丑時			立夏 5/5 19時48分 戌時			芒種 6/5 23時47分 子時			小暑 7/7 9時56分 巳時		
日	國曆	農曆	干支	國曆	農曆	干支	國曆	農曆	干支	國曆	農曆	干支	國曆	農曆	干支	國曆	農曆	干支
	2/4	12/17	己酉	3/5	1/17	戊寅	4/5	2/18	己酉	5/5	3/19	己卯	6/5	4/20	庚戌	7/7	5/23	
	2/5	12/18	庚戌	3/6	1/18	己卯	4/6	2/19	庚戌	5/6	3/20	庚辰	6/6	4/21	辛亥	7/8	5/24	
	2/6	12/19	辛亥	3/7	1/19	庚辰	4/7	2/20	辛亥	5/7	3/21	辛巳	6/7	4/22	壬子	7/9	5/25	
	2/7	12/20	壬子	3/8	1/20	辛巳	4/8	2/21	壬子	5/8	3/22	壬午	6/8	4/23	癸丑	7/10	5/26	
	2/8	12/21	癸丑	3/9	1/21	壬午	4/9	2/22	癸丑	5/9	3/23	癸未	6/9	4/24	甲寅	7/11	5/27	
	2/9	12/22	甲寅	3/10	1/22	癸未	4/10	2/23	甲寅	5/10	3/24	甲申	6/10	4/25	乙卯	7/12	5/28	
	2/10	12/23	乙卯	3/11	1/23	甲申	4/11	2/24	乙卯	5/11	3/25	乙酉	6/11	4/26	丙辰	7/13	5/29	
	2/11	12/24	丙辰	3/12	1/24	乙酉	4/12	2/25	丙辰	5/12	3/26	丙戌	6/12	4/27	丁巳	7/14	6/1	
	2/12	12/25	丁巳	3/13	1/25	丙戌	4/13	2/26	丁巳	5/13	3/27	丁亥	6/13	4/28	戊午	7/15	6/2	
	2/13	12/26	戊午	3/14	1/26	丁亥	4/14	2/27	戊午	5/14	3/28	戊子	6/14	4/29	己未	7/16	6/3	
	2/14	12/27	己未	3/15	1/27	戊子	4/15	2/28	己未	5/15	3/29	己丑	6/15	5/1	庚申	7/17	6/4	
	2/15	12/28	庚申	3/16	1/28	己丑	4/16	2/29	庚申	5/16	3/30	庚寅	6/16	5/2	辛酉	7/18	6/5	
	2/16	12/29	辛酉	3/17	1/29	庚寅	4/17	3/1	辛酉	5/17	4/1	辛卯	6/17	5/3	壬戌	7/19	6/6	
	2/17	1/1	壬戌	3/18	1/30	辛卯	4/18	3/2	壬戌	5/18	4/2	壬辰	6/18	5/4	癸亥	7/20	6/7	
	2/18	1/2	癸亥	3/19	2/1	壬辰	4/19	3/3	癸亥	5/19	4/3	癸巳	6/19	5/5	甲子	7/21	6/8	
	2/19	1/3	甲子	3/20	2/2	癸巳	4/20	3/4	甲子	5/20	4/4	甲午	6/20	5/6	乙丑	7/22	6/9	
	2/20	1/4	乙丑	3/21	2/3	甲午	4/21	3/5	乙丑	5/21	4/5	乙未	6/21	5/7	丙寅	7/23	6/10	
	2/21	1/5	丙寅	3/22	2/4	乙未	4/22	3/6	丙寅	5/22	4/6	丙申	6/22	5/8	丁卯	7/24	6/11	
	2/22	1/6	丁卯	3/23	2/5	丙申	4/23	3/7	丁卯	5/23	4/7	丁酉	6/23	5/9	戊辰	7/25	6/12	
	2/23	1/7	戊辰	3/24	2/6	丁酉	4/24	3/8	戊辰	5/24	4/8	戊戌	6/24	5/10	己巳	7/26	6/13	
	2/24	1/8	己巳	3/25	2/7	戊戌	4/25	3/9	己巳	5/25	4/9	己亥	6/25	5/11	庚午	7/27	6/14	
	2/25	1/9	庚午	3/26	2/8	己亥	4/26	3/10	庚午	5/26	4/10	庚子	6/26	5/12	辛未	7/28	6/15	
	2/26	1/10	辛未	3/27	2/9	庚子	4/27	3/11	辛未	5/27	4/11	辛丑	6/27	5/13	壬申	7/29	6/16	
	2/27	1/11	壬申	3/28	2/10	辛丑	4/28	3/12	壬申	5/28	4/12	壬寅	6/28	5/14	癸酉	7/30	6/17	
	2/28	1/12	癸酉	3/29	2/11	壬寅	4/29	3/13	癸酉	5/29	4/13	癸卯	6/29	5/15	甲戌	7/31	6/18	
	3/1	1/13	甲戌	3/30	2/12	癸卯	4/30	3/14	甲戌	5/30	4/14	甲辰	6/30	5/16	乙亥	8/1	6/19	
	3/2	1/14	乙亥	3/31	2/13	甲辰	5/1	3/15	乙亥	5/31	4/15	乙巳	7/1	5/17	丙子	8/2	6/20	
	3/3	1/15	丙子	4/1	2/14	乙巳	5/2	3/16	丙子	6/1	4/16	丙午	7/2	5/18	丁丑	8/3	6/21	
	3/4	1/16	丁丑	4/2	2/15	丙午	5/3	3/17	丁丑	6/2	4/17	丁未	7/3	5/19	戊寅	8/4	6/22	
				4/3	2/16	丁未	5/4	3/18	戊寅	6/3	4/18	戊申	7/4	5/20	己卯	8/5	6/23	
				4/4	2/17	戊申				6/4	4/19	己酉	7/5	5/21	庚辰	8/6	6/24	
													7/6	5/22	辛巳			

中氣	雨水 2/18 23時51分 子時	春分 3/20 22時45分 亥時	穀雨 4/20 9時38分 巳時	小滿 5/21 8時36分 辰時	夏至 6/21 16時24分 申時	大暑 7/23 3時12分

丙午						年 / 月

月： 丙申　丁酉　戊戌　己亥　庚子　辛丑

節氣：

立秋	白露	寒露	立冬	大雪	小寒
9時42分 戌時	9/7 22時40分 亥時	10/8 14時28分 未時	11/7 17時51分 酉時	12/7 10時52分 巳時	1/5 22時9分 亥時

日（國曆 農曆 干支）：

丙申 農曆	干支	丁酉 國曆	農曆	干支	戊戌 國曆	農曆	干支	己亥 國曆	農曆	干支	庚子 國曆	農曆	干支	辛丑 國曆	農曆	干支
6 25	癸丑	9 7	7 26	甲申	10 8	8 28	乙卯	11 7	9 29	乙酉	12 7	10 29	乙卯	1 5	11 28	甲申
6 26	甲寅	9 8	7 27	乙酉	10 9	8 29	丙辰	11 8	9 30	丙戌	12 8	10 30	丙辰	1 6	11 29	乙酉
6 27	乙卯	9 9	7 28	丙戌	10 10	9 1	丁巳	11 9	10 1	丁亥	12 9	11 1	丁巳	1 7	11 30	丙戌
6 28	丙辰	9 10	7 29	丁亥	10 11	9 2	戊午	11 10	10 2	戊子	12 10	11 2	戊午	1 8	12 1	丁亥
6 29	丁巳	9 11	8 1	戊子	10 12	9 3	己未	11 11	10 3	己丑	12 11	11 3	己未	1 9	12 2	戊子
6 30	戊午	9 12	8 2	己丑	10 13	9 4	庚申	11 12	10 4	庚寅	12 12	11 4	庚申	1 10	12 3	己丑
7 1	己未	9 13	8 3	庚寅	10 14	9 5	辛酉	11 13	10 5	辛卯	12 13	11 5	辛酉	1 11	12 4	庚寅
7 2	庚申	9 14	8 4	辛卯	10 15	9 6	壬戌	11 14	10 6	壬辰	12 14	11 6	壬戌	1 12	12 5	辛卯
7 3	辛酉	9 15	8 5	壬辰	10 16	9 7	癸亥	11 15	10 7	癸巳	12 15	11 7	癸亥	1 13	12 6	壬辰
7 4	壬戌	9 16	8 6	癸巳	10 17	9 8	甲子	11 16	10 8	甲午	12 16	11 8	甲子	1 14	12 7	癸巳
7 5	癸亥	9 17	8 7	甲午	10 18	9 9	乙丑	11 17	10 9	乙未	12 17	11 9	乙丑	1 15	12 8	甲午
7 6	甲子	9 18	8 8	乙未	10 19	9 10	丙寅	11 18	10 10	丙申	12 18	11 10	丙寅	1 16	12 9	乙未
7 7	乙丑	9 19	8 9	丙申	10 20	9 11	丁卯	11 19	10 11	丁酉	12 19	11 11	丁卯	1 17	12 10	丙申
7 8	丙寅	9 20	8 10	丁酉	10 21	9 12	戊辰	11 20	10 12	戊戌	12 20	11 12	戊辰	1 18	12 11	丁酉
7 9	丁卯	9 21	8 11	戊戌	10 22	9 13	己巳	11 21	10 13	己亥	12 21	11 13	己巳	1 19	12 12	戊戌
7 10	戊辰	9 22	8 12	己亥	10 23	9 14	庚午	11 22	10 14	庚子	12 22	11 14	庚午	1 20	12 13	己亥
7 11	己巳	9 23	8 13	庚子	10 24	9 15	辛未	11 23	10 15	辛丑	12 23	11 15	辛未	1 21	12 14	庚子
7 12	庚午	9 24	8 14	辛丑	10 25	9 16	壬申	11 24	10 16	壬寅	12 24	11 16	壬申	1 22	12 15	辛丑
7 13	辛未	9 25	8 15	壬寅	10 26	9 17	癸酉	11 25	10 17	癸卯	12 25	11 17	癸酉	1 23	12 16	壬寅
7 14	壬申	9 26	8 16	癸卯	10 27	9 18	甲戌	11 26	10 18	甲辰	12 26	11 18	甲戌	1 24	12 17	癸卯
7 15	癸酉	9 27	8 17	甲辰	10 28	9 19	乙亥	11 27	10 19	乙巳	12 27	11 19	乙亥	1 25	12 18	甲辰
7 16	甲戌	9 28	8 18	乙巳	10 29	9 20	丙子	11 28	10 20	丙午	12 28	11 20	丙子	1 26	12 19	乙巳
7 17	乙亥	9 29	8 19	丙午	10 30	9 21	丁丑	11 29	10 21	丁未	12 29	11 21	丁丑	1 27	12 20	丙午
7 18	丙子	9 30	8 20	丁未	10 31	9 22	戊寅	11 30	10 22	戊申	12 30	11 22	戊寅	1 28	12 21	丁未
7 19	丁丑	10 1	8 21	戊申	11 1	9 23	己卯	12 1	10 23	己酉	12 31	11 23	己卯	1 29	12 22	戊申
7 20	戊寅	10 2	8 22	己酉	11 2	9 24	庚辰	12 2	10 24	庚戌	1 1	11 24	庚辰	1 30	12 23	己酉
7 21	己卯	10 3	8 23	庚戌	11 3	9 25	辛巳	12 3	10 25	辛亥	1 2	11 25	辛巳	1 31	12 24	庚戌
7 22	庚辰	10 4	8 24	辛亥	11 4	9 26	壬午	12 4	10 26	壬子	1 3	11 26	壬午	2 1	12 25	辛亥
7 23	辛巳	10 5	8 25	壬子	11 5	9 27	癸未	12 5	10 27	癸丑	1 4	11 27	癸未	2 2	12 26	壬子
7 24	壬午	10 6	8 26	癸丑	11 6	9 28	甲申	12 6	10 28	甲寅				2 3	12 27	癸丑
7 25	癸未	10 7	8 27	甲寅												

中氣：

處暑	秋分	霜降	小雪	冬至	大寒
10時18分 巳時	9/23 8時4分 辰時	10/23 17時37分 酉時	11/22 15時22分 申時	12/22 4時49分 寅時	1/20 15時29分 申時

右欄（年）：中華民國一百十五、一百十六年　馬　2026、2027

年	丁未																	
月	壬寅			癸卯			甲辰			乙巳			丙午			丁未		
節氣	立春 2/4 9時45分 巳時			驚蟄 3/6 3時39分 寅時			清明 4/5 8時17分 辰時			立夏 5/6 1時24分 丑時			芒種 6/6 5時25分 卯時			小暑 7/7 15時36分		
日	國曆	農曆	干支	國曆	農曆	干支	國曆	農曆	干支	國曆	農曆	干支	國曆	農曆	干支	國曆	農曆	干支
	2/4	12/28	甲寅	3/6	1/29	甲申	4/5	2/29	甲寅	5/6	4/1	乙酉	6/6	5/2	丙辰	7/7	6/4	丁亥
	2/5	12/29	乙卯	3/7	1/30	乙酉	4/6	2/30	乙卯	5/7	4/2	丙戌	6/7	5/3	丁巳	7/8	6/5	戊子
	2/6	1/1	丙辰	3/8	2/1	丙戌	4/7	3/1	丙辰	5/8	4/3	丁亥	6/8	5/4	戊午	7/9	6/6	己丑
	2/7	1/2	丁巳	3/9	2/2	丁亥	4/8	3/2	丁巳	5/9	4/4	戊子	6/9	5/5	己未	7/10	6/7	庚寅
	2/8	1/3	戊午	3/10	2/3	戊子	4/9	3/3	戊午	5/10	4/5	己丑	6/10	5/6	庚申	7/11	6/8	辛卯
	2/9	1/4	己未	3/11	2/4	己丑	4/10	3/4	己未	5/11	4/6	庚寅	6/11	5/7	辛酉	7/12	6/9	壬辰
	2/10	1/5	庚申	3/12	2/5	庚寅	4/11	3/5	庚申	5/12	4/7	辛卯	6/12	5/8	壬戌	7/13	6/10	癸巳
	2/11	1/6	辛酉	3/13	2/6	辛卯	4/12	3/6	辛酉	5/13	4/8	壬辰	6/13	5/9	癸亥	7/14	6/11	甲午
	2/12	1/7	壬戌	3/14	2/7	壬辰	4/13	3/7	壬戌	5/14	4/9	癸巳	6/14	5/10	甲子	7/15	6/12	乙未
	2/13	1/8	癸亥	3/15	2/8	癸巳	4/14	3/8	癸亥	5/15	4/10	甲午	6/15	5/11	乙丑	7/16	6/13	丙申
	2/14	1/9	甲子	3/16	2/9	甲午	4/15	3/9	甲子	5/16	4/11	乙未	6/16	5/12	丙寅	7/17	6/14	丁酉
	2/15	1/10	乙丑	3/17	2/10	乙未	4/16	3/10	乙丑	5/17	4/12	丙申	6/17	5/13	丁卯	7/18	6/15	戊戌
	2/16	1/11	丙寅	3/18	2/11	丙申	4/17	3/11	丙寅	5/18	4/13	丁酉	6/18	5/14	戊辰	7/19	6/16	己亥
	2/17	1/12	丁卯	3/19	2/12	丁酉	4/18	3/12	丁卯	5/19	4/14	戊戌	6/19	5/15	己巳	7/20	6/17	庚子
	2/18	1/13	戊辰	3/20	2/13	戊戌	4/19	3/13	戊辰	5/20	4/15	己亥	6/20	5/16	庚午	7/21	6/18	辛丑
	2/19	1/14	己巳	3/21	2/14	己亥	4/20	3/14	己巳	5/21	4/16	庚子	6/21	5/17	辛未	7/22	6/19	壬寅
	2/20	1/15	庚午	3/22	2/15	庚子	4/21	3/15	庚午	5/22	4/17	辛丑	6/22	5/18	壬申	7/23	6/20	癸卯
	2/21	1/16	辛未	3/23	2/16	辛丑	4/22	3/16	辛未	5/23	4/18	壬寅	6/23	5/19	癸酉	7/24	6/21	甲辰
	2/22	1/17	壬申	3/24	2/17	壬寅	4/23	3/17	壬申	5/24	4/19	癸卯	6/24	5/20	甲戌	7/25	6/22	乙巳
	2/23	1/18	癸酉	3/25	2/18	癸卯	4/24	3/18	癸酉	5/25	4/20	甲辰	6/25	5/21	乙亥	7/26	6/23	丙午
	2/24	1/19	甲戌	3/26	2/19	甲辰	4/25	3/19	甲戌	5/26	4/21	乙巳	6/26	5/22	丙子	7/27	6/24	丁未
	2/25	1/20	乙亥	3/27	2/20	乙巳	4/26	3/20	乙亥	5/27	4/22	丙午	6/27	5/23	丁丑	7/28	6/25	戊申
	2/26	1/21	丙子	3/28	2/21	丙午	4/27	3/21	丙子	5/28	4/23	丁未	6/28	5/24	戊寅	7/29	6/26	己酉
	2/27	1/22	丁丑	3/29	2/22	丁未	4/28	3/22	丁丑	5/29	4/24	戊申	6/29	5/25	己卯	7/30	6/27	庚戌
	2/28	1/23	戊寅	3/30	2/23	戊申	4/29	3/23	戊寅	5/30	4/25	己酉	6/30	5/26	庚辰	7/31	6/28	辛亥
	3/1	1/24	己卯	3/31	2/24	己酉	4/30	3/24	己卯	5/31	4/26	庚戌	7/1	5/27	辛巳	8/1	6/29	壬子
	3/2	1/25	庚辰	4/1	2/25	庚戌	5/1	3/25	庚辰	6/1	4/27	辛亥	7/2	5/28	壬午	8/2	7/1	癸丑
	3/3	1/26	辛巳	4/2	2/26	辛亥	5/2	3/26	辛巳	6/2	4/28	壬子	7/3	5/29	癸未	8/3	7/2	甲寅
	3/4	1/27	壬午	4/3	2/27	壬子	5/3	3/27	壬午	6/3	4/29	癸丑	7/4	6/1	甲申	8/4	7/3	乙卯
	3/5	1/28	癸未	4/4	2/28	癸丑	5/4	3/28	癸未	6/4	4/30	甲寅	7/5	6/2	乙酉	8/5	7/4	丙辰
							5/5	3/29	甲申	6/5	5/1	乙卯	7/6	6/3	丙戌	8/6	7/5	丁巳
																8/7	7/6	戊午
中氣	雨水 2/19 5時33分 卯時			春分 3/21 4時24分 寅時			穀雨 4/20 15時17分 申時			小滿 5/21 14時17分 未時			夏至 6/21 22時10分 亥時			大暑 7/23 9時4分 巳時		

中華民國一百十六年 羊 2027

256

丁未

	戊申	己酉	庚戌	辛亥	壬子	癸丑
節氣	立秋	白露	寒露	立冬	大雪	小寒
日	時26分 丑時	9/8 4時28分 寅時	10/8 20時16分 戌時	11/7 23時38分 子時	12/7 16時37分 申時	1/6 3時54分 寅時

右欄直書：中華民國一百十六、一百十七年　羊　2027、2028

農曆(戊申)	干支	國曆(己酉)	農曆	干支	國曆(庚戌)	農曆	干支	國曆(辛亥)	農曆	干支	國曆(壬子)	農曆	干支	國曆(癸丑)	農曆	干支
7/7	己未	9/8	8/8	庚寅	10/8	9/9	庚申	11/7	10/9	庚寅	12/7	11/10	庚申	1/6	12/10	庚寅
7/8	庚申	9/9	8/9	辛卯	10/9	9/10	辛酉	11/8	10/10	辛卯	12/8	11/11	辛酉	1/7	12/11	辛卯
7/9	辛酉	9/10	8/10	壬辰	10/10	9/11	壬戌	11/9	10/11	壬辰	12/9	11/12	壬戌	1/8	12/12	壬辰
7/10	壬戌	9/11	8/11	癸巳	10/11	9/12	癸亥	11/10	10/12	癸巳	12/10	11/13	癸亥	1/9	12/13	癸巳
7/11	癸亥	9/12	8/12	甲午	10/12	9/13	甲子	11/11	10/13	甲午	12/11	11/14	甲子	1/10	12/14	甲午
7/12	甲子	9/13	8/13	乙未	10/13	9/14	乙丑	11/12	10/14	乙未	12/12	11/15	乙丑	1/11	12/15	乙未
7/13	乙丑	9/14	8/14	丙申	10/14	9/15	丙寅	11/13	10/15	丙申	12/13	11/16	丙寅	1/12	12/16	丙申
7/14	丙寅	9/15	8/15	丁酉	10/15	9/16	丁卯	11/14	10/16	丁酉	12/14	11/17	丁卯	1/13	12/17	丁酉
7/15	丁卯	9/16	8/16	戊戌	10/16	9/17	戊辰	11/15	10/17	戊戌	12/15	11/18	戊辰	1/14	12/18	戊戌
7/16	戊辰	9/17	8/17	己亥	10/17	9/18	己巳	11/16	10/18	己亥	12/16	11/19	己巳	1/15	12/19	己亥
7/17	己巳	9/18	8/18	庚子	10/18	9/19	庚午	11/17	10/19	庚子	12/17	11/20	庚午	1/16	12/20	庚子
7/18	庚午	9/19	8/19	辛丑	10/19	9/20	辛未	11/18	10/20	辛丑	12/18	11/21	辛未	1/17	12/21	辛丑
7/19	辛未	9/20	8/20	壬寅	10/20	9/21	壬申	11/19	10/21	壬寅	12/19	11/22	壬申	1/18	12/22	壬寅
7/20	壬申	9/21	8/21	癸卯	10/21	9/22	癸酉	11/20	10/22	癸卯	12/20	11/23	癸酉	1/19	12/23	癸卯
7/21	癸酉	9/22	8/22	甲辰	10/22	9/23	甲戌	11/21	10/23	甲辰	12/21	11/24	甲戌	1/20	12/24	甲辰
7/22	甲戌	9/23	8/23	乙巳	10/23	9/24	乙亥	11/22	10/24	乙巳	12/22	11/25	乙亥	1/21	12/25	乙巳
7/23	乙亥	9/24	8/24	丙午	10/24	9/25	丙子	11/23	10/25	丙午	12/23	11/26	丙子	1/22	12/26	丙午
7/24	丙子	9/25	8/25	丁未	10/25	9/26	丁丑	11/24	10/26	丁未	12/24	11/27	丁丑	1/23	12/27	丁未
7/25	丁丑	9/26	8/26	戊申	10/26	9/27	戊寅	11/25	10/27	戊申	12/25	11/28	戊寅	1/24	12/28	戊申
7/26	戊寅	9/27	8/27	己酉	10/27	9/28	己卯	11/26	10/28	己酉	12/26	11/29	己卯	1/25	12/29	己酉
7/27	己卯	9/28	8/28	庚戌	10/28	9/29	庚辰	11/27	10/29	庚戌	12/27	11/30	庚辰	1/26	1/1	庚戌
7/28	庚辰	9/29	8/29	辛亥	10/29	10/1	辛巳	11/28	11/1	辛亥	12/28	12/1	辛巳	1/27	1/2	辛亥
7/29	辛巳	9/30	9/1	壬子	10/30	10/2	壬午	11/29	11/2	壬子	12/29	12/2	壬午	1/28	1/3	壬子
7/30	壬午	10/1	9/2	癸丑	10/31	10/3	癸未	11/30	11/3	癸丑	12/30	12/3	癸未	1/29	1/4	癸丑
8/1	癸未	10/2	9/3	甲寅	11/1	10/4	甲申	12/1	11/4	甲寅	12/31	12/4	甲申	1/30	1/5	甲寅
8/2	甲申	10/3	9/4	乙卯	11/2	10/5	乙酉	12/2	11/5	乙卯	1/1	12/5	乙酉	1/31	1/6	乙卯
8/3	乙酉	10/4	9/5	丙辰	11/3	10/6	丙戌	12/3	11/6	丙辰	1/2	12/6	丙戌	2/1	1/7	丙辰
8/4	丙戌	10/5	9/6	丁巳	11/4	10/7	丁亥	12/4	11/7	丁巳	1/3	12/7	丁亥	2/2	1/8	丁巳
8/5	丁亥	10/6	9/7	戊午	11/5	10/8	戊子	12/5	11/8	戊午	1/4	12/8	戊子	2/3	1/9	戊午
8/6	戊子	10/7	9/8	己未	11/6	10/9	己丑	12/6	11/9	己未	1/5	12/9	己丑			
8/7	己丑															

	中氣					
	處暑	秋分	霜降	小雪	冬至	大寒
	16時13分 申時	9/23 14時1分 未時	10/23 23時32分 子時	11/22 21時15分 亥時	12/22 10時41分 巳時	1/20 21時21分 亥時

戊申年（中華民國一百十七年 猴 / 2028）

年	戊申																
月	甲寅			乙卯			丙辰			丁巳			戊午			己未		
節氣	立春			驚蟄			清明			立夏			芒種			小暑		
	2/4 15時30分 申時			3/5 9時24分 巳時			4/4 14時2分 未時			5/5 7時11分 辰時			6/5 11時15分 午時			7/6 21時29分		
日	國曆	農曆	干支	國曆	農曆	干支	國曆	農曆	干支	國曆	農曆	干支	國曆	農曆	干支	國曆	農曆	干支
	2/4	1/10	己未	3/5	2/10	己丑	4/4	3/10	己未	5/5	4/11	庚寅	6/5	5/13	辛酉	7/6	5/14	
	2/5	1/11	庚申	3/6	2/11	庚寅	4/5	3/11	庚申	5/6	4/12	辛卯	6/6	5/14	壬戌	7/7	5/15	
	2/6	1/12	辛酉	3/7	2/12	辛卯	4/6	3/12	辛酉	5/7	4/13	壬辰	6/7	5/15	癸亥	7/8	5/16	
	2/7	1/13	壬戌	3/8	2/13	壬辰	4/7	3/13	壬戌	5/8	4/14	癸巳	6/8	5/16	甲子	7/9	5/17	
	2/8	1/14	癸亥	3/9	2/14	癸巳	4/8	3/14	癸亥	5/9	4/15	甲午	6/9	5/17	乙丑	7/10	5/18	
	2/9	1/15	甲子	3/10	2/15	甲午	4/9	3/15	甲子	5/10	4/16	乙未	6/10	5/18	丙寅	7/11	5/19	
	2/10	1/16	乙丑	3/11	2/16	乙未	4/10	3/16	乙丑	5/11	4/17	丙申	6/11	5/19	丁卯	7/12	5/20	
	2/11	1/17	丙寅	3/12	2/17	丙申	4/11	3/17	丙寅	5/12	4/18	丁酉	6/12	5/20	戊辰	7/13	5/21	
	2/12	1/18	丁卯	3/13	2/18	丁酉	4/12	3/18	丁卯	5/13	4/19	戊戌	6/13	5/21	己巳	7/14	5/22	
	2/13	1/19	戊辰	3/14	2/19	戊戌	4/13	3/19	戊辰	5/14	4/20	己亥	6/14	5/22	庚午	7/15	5/23	
	2/14	1/20	己巳	3/15	2/20	己亥	4/14	3/20	己巳	5/15	4/21	庚子	6/15	5/23	辛未	7/16	5/24	
	2/15	1/21	庚午	3/16	2/21	庚子	4/15	3/21	庚午	5/16	4/22	辛丑	6/16	5/24	壬申	7/17	5/25	
	2/16	1/22	辛未	3/17	2/22	辛丑	4/16	3/22	辛未	5/17	4/23	壬寅	6/17	5/25	癸酉	7/18	5/26	
	2/17	1/23	壬申	3/18	2/23	壬寅	4/17	3/23	壬申	5/18	4/24	癸卯	6/18	5/26	甲戌	7/19	5/27	
	2/18	1/24	癸酉	3/19	2/24	癸卯	4/18	3/24	癸酉	5/19	4/25	甲辰	6/19	5/27	乙亥	7/20	5/28	
	2/19	1/25	甲戌	3/20	2/25	甲辰	4/19	3/25	甲戌	5/20	4/26	乙巳	6/20	5/28	丙子	7/21	5/29	
	2/20	1/26	乙亥	3/21	2/26	乙巳	4/20	3/26	乙亥	5/21	4/27	丙午	6/21	5/29	丁丑	7/22	6/1	
	2/21	1/27	丙子	3/22	2/27	丙午	4/21	3/27	丙子	5/22	4/28	丁未	6/22	5/30	戊寅	7/23	6/2	
	2/22	1/28	丁丑	3/23	2/28	丁未	4/22	3/28	丁丑	5/23	4/29	戊申	6/23	閏5/1	己卯	7/24	6/3	
	2/23	1/29	戊寅	3/24	2/29	戊申	4/23	3/29	戊寅	5/24	5/1	己酉	6/24	閏5/2	庚辰	7/25	6/4	
	2/24	1/30	己卯	3/25	2/30	己酉	4/24	3/30	己卯	5/25	5/2	庚戌	6/25	閏5/3	辛巳	7/26	6/5	
	2/25	2/1	庚辰	3/26	3/1	庚戌	4/25	4/1	庚辰	5/26	5/3	辛亥	6/26	閏5/4	壬午	7/27	6/6	
	2/26	2/2	辛巳	3/27	3/2	辛亥	4/26	4/2	辛巳	5/27	5/4	壬子	6/27	閏5/5	癸未	7/28	6/7	
	2/27	2/3	壬午	3/28	3/3	壬子	4/27	4/3	壬午	5/28	5/5	癸丑	6/28	閏5/6	甲申	7/29	6/8	
	2/28	2/4	癸未	3/29	3/4	癸丑	4/28	4/4	癸未	5/29	5/6	甲寅	6/29	閏5/7	乙酉	7/30	6/9	
	2/29	2/5	甲申	3/30	3/5	甲寅	4/29	4/5	甲申	5/30	5/7	乙卯	6/30	閏5/8	丙戌	7/31	6/10	
	3/1	2/6	乙酉	3/31	3/6	乙卯	4/30	4/6	乙酉	5/31	5/8	丙辰	7/1	閏5/9	丁亥	8/1	6/11	
	3/2	2/7	丙戌	4/1	3/7	丙辰	5/1	4/7	丙戌	6/1	5/9	丁巳	7/2	閏5/10	戊子	8/2	6/12	
	3/3	2/8	丁亥	4/2	3/8	丁巳	5/2	4/8	丁亥	6/2	5/10	戊午	7/3	閏5/11	己丑	8/3	6/13	
	3/4	2/9	戊子	4/3	3/9	戊午	5/3	4/9	戊子	6/3	5/11	己未	7/4	閏5/12	庚寅	8/4	6/14	
							5/4	4/10	己丑	6/4	5/12	庚申	7/5	閏5/13	辛卯	8/5	6/15	
																8/6	6/16	

中氣	雨水	春分	穀雨	小滿	夏至	大暑
	2/19 11時25分 午時	3/20 10時16分 巳時	4/19 21時9分 亥時	5/20 20時9分 戌時	6/21 4時1分 寅時	7/22 14時53分

戊申																		年
庚申			辛酉			壬戌			癸亥			甲子			乙丑			月
立秋 辰時 7時20分			白露 9/7 10時21分 巳時			寒露 10/8 8時8分 辰時			立冬 11/7 5時26分 卯時			大雪 12/6 22時24分 亥時			小寒 1/5 9時41分 巳時			節氣
國曆	農曆	干支	國曆	農曆	干支	國曆	農曆	干支	國曆	農曆	干支	國曆	農曆	干支	國曆	農曆	干支	日
7	6/17	甲子	7	7/19	乙未	8	8/20	丙寅	7	9/21	丙申	6	10/20	乙丑	5	11/21	乙未	
8	6/18	乙丑	8	7/20	丙申	9	8/21	丁卯	8	9/22	丁酉	7	10/21	丙寅	6	11/22	丙申	
9	6/19	丙寅	9	7/21	丁酉	10	8/22	戊辰	9	9/23	戊戌	8	10/22	丁卯	7	11/23	丁酉	
10	6/20	丁卯	10	7/22	戊戌	11	8/23	己巳	10	9/24	己亥	9	10/23	戊辰	8	11/24	戊戌	
11	6/21	戊辰	11	7/23	己亥	12	8/24	庚午	11	9/25	庚子	10	10/24	己巳	9	11/25	己亥	
12	6/22	己巳	12	7/24	庚子	13	8/25	辛未	12	9/26	辛丑	11	10/25	庚午	10	11/26	庚子	
13	6/23	庚午	13	7/25	辛丑	14	8/26	壬申	13	9/27	壬寅	12	10/26	辛未	11	11/27	辛丑	
14	6/24	辛未	14	7/26	壬寅	15	8/27	癸酉	14	9/28	癸卯	13	10/27	壬申	12	11/28	壬寅	
15	6/25	壬申	15	7/27	癸卯	16	8/28	甲戌	15	9/29	甲辰	14	10/28	癸酉	13	11/29	癸卯	
16	6/26	癸酉	16	7/28	甲辰	17	8/29	乙亥	16	9/30	乙巳	15	10/29	甲戌	14	11/30	甲辰	
17	6/27	甲戌	17	7/29	乙巳	18	9/1	丙子	17	10/1	丙午	16	11/1	乙亥	15	12/1	乙巳	
18	6/28	乙亥	18	7/30	丙午	19	9/2	丁丑	18	10/2	丁未	17	11/2	丙子	16	12/2	丙午	
19	6/29	丙子	19	8/1	丁未	20	9/3	戊寅	19	10/3	戊申	18	11/3	丁丑	17	12/3	丁未	
20	7/1	丁丑	20	8/2	戊申	21	9/4	己卯	20	10/4	己酉	19	11/4	戊寅	18	12/4	戊申	
21	7/2	戊寅	21	8/3	己酉	22	9/5	庚辰	21	10/5	庚戌	20	11/5	己卯	19	12/5	己酉	
22	7/3	己卯	22	8/4	庚戌	23	9/6	辛巳	22	10/6	辛亥	21	11/6	庚辰	20	12/6	庚戌	
23	7/4	庚辰	23	8/5	辛亥	24	9/7	壬午	23	10/7	壬子	22	11/7	辛巳	21	12/7	辛亥	
24	7/5	辛巳	24	8/6	壬子	25	9/8	癸未	24	10/8	癸丑	23	11/8	壬午	22	12/8	壬子	
25	7/6	壬午	25	8/7	癸丑	26	9/9	甲申	25	10/9	甲寅	24	11/9	癸未	23	12/9	癸丑	
26	7/7	癸未	26	8/8	甲寅	27	9/10	乙酉	26	10/10	乙卯	25	11/10	甲申	24	12/10	甲寅	
27	7/8	甲申	27	8/9	乙卯	28	9/11	丙戌	27	10/11	丙辰	26	11/11	乙酉	25	12/11	乙卯	
28	7/9	乙酉	28	8/10	丙辰	29	9/12	丁亥	28	10/12	丁巳	27	11/12	丙戌	26	12/12	丙辰	
29	7/10	丙戌	29	8/11	丁巳	30	9/13	戊子	29	10/13	戊午	28	11/13	丁亥	27	12/13	丁巳	
30	7/11	丁亥	30	8/12	戊午	31	9/14	己丑	30	10/14	己未	29	11/14	戊子	28	12/14	戊午	
31	7/12	戊子	1	8/13	己未	1	9/15	庚寅	1	10/15	庚申	30	11/15	己丑	29	12/15	己未	
1	7/13	己丑	2	8/14	庚申	2	9/16	辛卯	2	10/16	辛酉	31	11/16	庚寅	30	12/16	庚申	
2	7/14	庚寅	3	8/15	辛酉	3	9/17	壬辰	3	10/17	壬戌	1	11/17	辛卯	31	12/17	辛酉	
3	7/15	辛卯	4	8/16	壬戌	4	9/18	癸巳	4	10/18	癸亥	2	11/18	壬辰	1	12/18	壬戌	
4	7/16	壬辰	5	8/17	癸亥	5	9/19	甲午	5	10/19	甲子	3	11/19	癸巳	2	12/19	癸亥	
5	7/17	癸巳	6	8/18	甲子	6	9/20	乙未				4	11/20	甲午				
6	7/18	甲午	7	8/19	乙丑													

中華民國一百十七、一百十八年　猴　2028、2029

處暑 8/22 22時0分 亥時			秋分 9/22 19時44分 戌時			霜降 10/23 5時12分 卯時			小雪 11/22 2時53分 丑時			冬至 12/21 16時19分 申時			大寒 1/20 3時0分 寅時			中氣

年	己酉																	
月	丙寅			丁卯			戊辰			己巳			庚午			辛未		
節氣	立春			驚蟄			清明			立夏			芒種			小暑		
	2/3 21時20分 亥時			3/5 15時17分 申時			4/4 19時57分 戌時			5/5 13時7分 未時			6/5 17時9分 酉時			7/7 3時21分 寅時		
日	國曆	農曆	干支	國曆	農曆	干支	國曆	農曆	干支	國曆	農曆	干支	國曆	農曆	干支	國曆	農曆	干支
	2/3	12/20	甲子	3/5	1/21	甲午	4/4	2/21	甲子	5/5	3/22	乙未	6/5	4/24	丙寅	7/7	5/26	戊戌
	2/4	12/21	乙丑	3/6	1/22	乙未	4/5	2/22	乙丑	5/6	3/23	丙申	6/6	4/25	丁卯	7/8	5/27	己亥
	2/5	12/22	丙寅	3/7	1/23	丙申	4/6	2/23	丙寅	5/7	3/24	丁酉	6/7	4/26	戊辰	7/9	5/28	庚子
	2/6	12/23	丁卯	3/8	1/24	丁酉	4/7	2/24	丁卯	5/8	3/25	戊戌	6/8	4/27	己巳	7/10	5/29	辛丑
	2/7	12/24	戊辰	3/9	1/25	戊戌	4/8	2/25	戊辰	5/9	3/26	己亥	6/9	4/28	庚午	7/11	6/1	壬寅
	2/8	12/25	己巳	3/10	1/26	己亥	4/9	2/26	己巳	5/10	3/27	庚子	6/10	4/29	辛未	7/12	6/2	癸卯
	2/9	12/26	庚午	3/11	1/27	庚子	4/10	2/27	庚午	5/11	3/28	辛丑	6/11	4/30	壬申	7/13	6/3	甲辰
	2/10	12/27	辛未	3/12	1/28	辛丑	4/11	2/28	辛未	5/12	3/29	壬寅	6/12	5/1	癸酉	7/14	6/4	乙巳
	2/11	12/28	壬申	3/13	1/29	壬寅	4/12	2/29	壬申	5/13	4/1	癸卯	6/13	5/2	甲戌	7/15	6/5	丙午
	2/12	12/29	癸酉	3/14	1/30	癸卯	4/13	2/30	癸酉	5/14	4/2	甲辰	6/14	5/3	乙亥	7/16	6/6	丁未
	2/13	1/1	甲戌	3/15	2/1	甲辰	4/14	3/1	甲戌	5/15	4/3	乙巳	6/15	5/4	丙子	7/17	6/7	戊申
	2/14	1/2	乙亥	3/16	2/2	乙巳	4/15	3/2	乙亥	5/16	4/4	丙午	6/16	5/5	丁丑	7/18	6/8	己酉
	2/15	1/3	丙子	3/17	2/3	丙午	4/16	3/3	丙子	5/17	4/5	丁未	6/17	5/6	戊寅	7/19	6/9	庚戌
	2/16	1/4	丁丑	3/18	2/4	丁未	4/17	3/4	丁丑	5/18	4/6	戊申	6/18	5/7	己卯	7/20	6/10	辛亥
	2/17	1/5	戊寅	3/19	2/5	戊申	4/18	3/5	戊寅	5/19	4/7	己酉	6/19	5/8	庚辰	7/21	6/11	壬子
	2/18	1/6	己卯	3/20	2/6	己酉	4/19	3/6	己卯	5/20	4/8	庚戌	6/20	5/9	辛巳	7/22	6/12	癸丑
	2/19	1/7	庚辰	3/21	2/7	庚戌	4/20	3/7	庚辰	5/21	4/9	辛亥	6/21	5/10	壬午	7/23	6/13	甲寅
	2/20	1/8	辛巳	3/22	2/8	辛亥	4/21	3/8	辛巳	5/22	4/10	壬子	6/22	5/11	癸未	7/24	6/14	乙卯
	2/21	1/9	壬午	3/23	2/9	壬子	4/22	3/9	壬午	5/23	4/11	癸丑	6/23	5/12	甲申	7/25	6/15	丙辰
	2/22	1/10	癸未	3/24	2/10	癸丑	4/23	3/10	癸未	5/24	4/12	甲寅	6/24	5/13	乙酉	7/26	6/16	丁巳
	2/23	1/11	甲申	3/25	2/11	甲寅	4/24	3/11	甲申	5/25	4/13	乙卯	6/25	5/14	丙戌	7/27	6/17	戊午
	2/24	1/12	乙酉	3/26	2/12	乙卯	4/25	3/12	乙酉	5/26	4/14	丙辰	6/26	5/15	丁亥	7/28	6/18	己未
	2/25	1/13	丙戌	3/27	2/13	丙辰	4/26	3/13	丙戌	5/27	4/15	丁巳	6/27	5/16	戊子	7/29	6/19	庚申
	2/26	1/14	丁亥	3/28	2/14	丁巳	4/27	3/14	丁亥	5/28	4/16	戊午	6/28	5/17	己丑	7/30	6/20	辛酉
	2/27	1/15	戊子	3/29	2/15	戊午	4/28	3/15	戊子	5/29	4/17	己未	6/29	5/18	庚寅	7/31	6/21	壬戌
	2/28	1/16	己丑	3/30	2/16	己未	4/29	3/16	己丑	5/30	4/18	庚申	6/30	5/19	辛卯	8/1	6/22	癸亥
	3/1	1/17	庚寅	3/31	2/17	庚申	4/30	3/17	庚寅	5/31	4/19	辛酉	7/1	5/20	壬辰	8/2	6/23	甲子
	3/2	1/18	辛卯	4/1	2/18	辛酉	5/1	3/18	辛卯	6/1	4/20	壬戌	7/2	5/21	癸巳	8/3	6/24	乙丑
	3/3	1/19	壬辰	4/2	2/19	壬戌	5/2	3/19	壬辰	6/2	4/21	癸亥	7/3	5/22	甲午	8/4	6/25	丙寅
	3/4	1/20	癸巳	4/3	2/20	癸亥	5/3	3/20	癸巳	6/3	4/22	甲子	7/4	5/23	乙未	8/5	6/26	丁卯
							5/4	3/21	甲午	6/4	4/23	乙丑	7/5	5/24	丙申	8/6	6/27	戊辰
													7/6	5/25	丁酉			
中氣	雨水			春分			穀雨			小滿			夏至			大暑		
	2/18 17時7分 酉時			3/20 16時1分 申時			4/20 2時55分 丑時			5/21 1時55分 丑時			6/21 9時47分 巳時			7/22 20時41分 戌時		

中華民國一百十八年 雞

2029

己酉（年）

中華民國一百十八、一百十九年　雞　2029、2030

月	壬申			癸酉			甲戌			乙亥			丙子			丁丑		
節氣	立秋 13時11分 未時			白露 9/7 16時11分 申時			寒露 10/8 7時57分 辰時			立冬 11/7 11時16分 午時			大雪 12/7 4時13分 寅時			小寒 1/5 15時30分 申時		
日	國曆	農曆	干支	國曆	農曆	干支	國曆	農曆	干支	國曆	農曆	干支	國曆	農曆	干支	國曆	農曆	干支
	7	6 28	己巳	7	7 29	庚子	8	9 1	辛未	7	10 1	辛丑	7	11 1	辛未	5	12 1	庚子
	8	6 29	庚午	8	8 1	辛丑	9	9 2	壬申	8	10 2	壬寅	8	11 2	壬申	6	12 2	辛丑
	9	6 30	辛未	9	8 2	壬寅	10	9 3	癸酉	9	10 3	癸卯	9	11 3	癸酉	7	12 3	壬寅
	10	7 1	壬申	10	8 3	癸卯	11	9 4	甲戌	10	10 4	甲辰	10	11 4	甲戌	8	12 4	癸卯
	11	7 2	癸酉	11	8 4	甲辰	12	9 5	乙亥	11	10 5	乙巳	11	11 5	乙亥	9	12 5	甲辰
	12	7 3	甲戌	12	8 5	乙巳	13	9 6	丙子	12	10 6	丙午	12	11 6	丙子	10	12 6	乙巳
	13	7 4	乙亥	13	8 6	丙午	14	9 7	丁丑	13	10 7	丁未	13	11 7	丁丑	11	12 7	丙午
	14	7 5	丙子	14	8 7	丁未	15	9 8	戊寅	14	10 8	戊申	14	11 8	戊寅	12	12 8	丁未
	15	7 6	丁丑	15	8 8	戊申	16	9 9	己卯	15	10 9	己酉	15	11 9	己卯	13	12 9	戊申
	16	7 7	戊寅	16	8 9	己酉	17	9 10	庚辰	16	10 10	庚戌	16	11 10	庚辰	14	12 10	己酉
	17	7 8	己卯	17	8 10	庚戌	18	9 11	辛巳	17	10 11	辛亥	17	11 11	辛巳	15	12 11	庚戌
	18	7 9	庚辰	18	8 11	辛亥	19	9 12	壬午	18	10 12	壬子	18	11 12	壬午	16	12 12	辛亥
	19	7 10	辛巳	19	8 12	壬子	20	9 13	癸未	19	10 13	癸丑	19	11 13	癸未	17	12 13	壬子
	20	7 11	壬午	20	8 13	癸丑	21	9 14	甲申	20	10 14	甲寅	20	11 14	甲申	18	12 14	癸丑
	21	7 12	癸未	21	8 14	甲寅	22	9 15	乙酉	21	10 15	乙卯	21	11 15	乙酉	19	12 15	甲寅
	22	7 13	甲申	22	8 15	乙卯	23	9 16	丙戌	22	10 16	丙辰	22	11 16	丙戌	20	12 16	乙卯
	23	7 14	乙酉	23	8 16	丙辰	24	9 17	丁亥	23	10 17	丁巳	23	11 17	丁亥	21	12 17	丙辰
	24	7 15	丙戌	24	8 17	丁巳	25	9 18	戊子	24	10 18	戊午	24	11 18	戊子	22	12 18	丁巳
	25	7 16	丁亥	25	8 18	戊午	26	9 19	己丑	25	10 19	己未	25	11 19	己丑	23	12 19	戊午
	26	7 17	戊子	26	8 19	己未	27	9 20	庚寅	26	10 20	庚申	26	11 20	庚寅	24	12 20	己未
	27	7 18	己丑	27	8 20	庚申	28	9 21	辛卯	27	10 21	辛酉	27	11 21	辛卯	25	12 21	庚申
	28	7 19	庚寅	28	8 21	辛酉	29	9 22	壬辰	28	10 22	壬戌	28	11 22	壬辰	26	12 22	辛酉
	29	7 20	辛卯	29	8 22	壬戌	30	9 23	癸巳	29	10 23	癸亥	29	11 23	癸巳	27	12 23	壬戌
	30	7 21	壬辰	30	8 23	癸亥	31	9 24	甲午	30	10 24	甲子	30	11 24	甲午	28	12 24	癸亥
	31	7 22	癸巳	1	8 24	甲子	1	9 25	乙未	1	10 25	乙丑	31	11 25	乙未	29	12 25	甲子
	1	7 23	甲午	2	8 25	乙丑	2	9 26	丙申	2	10 26	丙寅	1	11 26	丙申	30	12 26	乙丑
	2	7 24	乙未	3	8 26	丙寅	3	9 27	丁酉	3	10 27	丁卯	2	11 27	丁酉	31	12 27	丙寅
	3	7 25	丙申	4	8 27	丁卯	4	9 28	戊戌	4	10 28	戊辰	3	11 28	戊戌	1	12 28	丁卯
	4	7 26	丁酉	5	8 28	戊辰	5	9 29	己亥	5	10 29	己巳	4	11 29	己亥	2	12 29	戊辰
	5	7 27	戊戌	6	8 29	己巳	6	9 30	庚子	6	10 30	庚午				3	1 1	己巳
	6	7 28	己亥	7	8 30	庚午												
中氣	處暑 23時51分 寅時			秋分 9/23 1時38分 丑時			霜降 10/23 11時7分 午時			小雪 11/22 8時48分 辰時			冬至 12/21 22時13分 亥時			大寒 1/20 8時53分 辰時		

年：庚戌（中華民國一百十九年　狗　2030）

月	戊寅			己卯			庚辰			辛巳			壬午			癸未		
節氣	立春 2/4 3時7分 寅時			驚蟄 3/5 21時2分 亥時			清明 4/5 5時40分 丑時			立夏 5/5 18時45分 酉時			芒種 6/5 22時44分 亥時			小暑 7/7 8時54分 辰時		
日	國曆	農曆	干支	國曆	農曆	干支	國曆	農曆	干支	國曆	農曆	干支	國曆	農曆	干支	國曆	農曆	干支
	2/4	1/2	庚午	3/5	2/2	己亥	4/5	3/3	庚午	5/5	4/4	庚子	6/5	5/5	辛未	7/7	6/8	癸卯
	2/5	1/3	辛未	3/6	2/3	庚子	4/6	3/4	辛未	5/6	4/5	辛丑	6/6	5/6	壬申	7/8	6/9	甲辰
	2/6	1/4	壬申	3/7	2/4	辛丑	4/7	3/5	壬申	5/7	4/6	壬寅	6/7	5/7	癸酉	7/9	6/10	乙巳
	2/7	1/5	癸酉	3/8	2/5	壬寅	4/8	3/6	癸酉	5/8	4/7	癸卯	6/8	5/8	甲戌	7/10	6/11	丙午
	2/8	1/6	甲戌	3/9	2/6	癸卯	4/9	3/7	甲戌	5/9	4/8	甲辰	6/9	5/9	乙亥	7/11	6/12	丁未
	2/9	1/7	乙亥	3/10	2/7	甲辰	4/10	3/8	乙亥	5/10	4/9	乙巳	6/10	5/10	丙子	7/12	6/13	戊申
	2/10	1/8	丙子	3/11	2/8	乙巳	4/11	3/9	丙子	5/11	4/10	丙午	6/11	5/11	丁丑	7/13	6/14	己酉
	2/11	1/9	丁丑	3/12	2/9	丙午	4/12	3/10	丁丑	5/12	4/11	丁未	6/12	5/12	戊寅	7/14	6/15	庚戌
	2/12	1/10	戊寅	3/13	2/10	丁未	4/13	3/11	戊寅	5/13	4/12	戊申	6/13	5/13	己卯	7/15	6/16	辛亥
	2/13	1/11	己卯	3/14	2/11	戊申	4/14	3/12	己卯	5/14	4/13	己酉	6/14	5/14	庚辰	7/16	6/17	壬子
	2/14	1/12	庚辰	3/15	2/12	己酉	4/15	3/13	庚辰	5/15	4/14	庚戌	6/15	5/15	辛巳	7/17	6/18	癸丑
	2/15	1/13	辛巳	3/16	2/13	庚戌	4/16	3/14	辛巳	5/16	4/15	辛亥	6/16	5/16	壬午	7/18	6/19	甲寅
	2/16	1/14	壬午	3/17	2/14	辛亥	4/17	3/15	壬午	5/17	4/16	壬子	6/17	5/17	癸未	7/19	6/20	乙卯
	2/17	1/15	癸未	3/18	2/15	壬子	4/18	3/16	癸未	5/18	4/17	癸丑	6/18	5/18	甲申	7/20	6/21	丙辰
	2/18	1/16	甲申	3/19	2/16	癸丑	4/19	3/17	甲申	5/19	4/18	甲寅	6/19	5/19	乙酉	7/21	6/22	丁巳
	2/19	1/17	乙酉	3/20	2/17	甲寅	4/20	3/18	乙酉	5/20	4/19	乙卯	6/20	5/20	丙戌	7/22	6/23	戊午
	2/20	1/18	丙戌	3/21	2/18	乙卯	4/21	3/19	丙戌	5/21	4/20	丙辰	6/21	5/21	丁亥	7/23	6/24	己未
	2/21	1/19	丁亥	3/22	2/19	丙辰	4/22	3/20	丁亥	5/22	4/21	丁巳	6/22	5/22	戊子	7/24	6/25	庚申
	2/22	1/20	戊子	3/23	2/20	丁巳	4/23	3/21	戊子	5/23	4/22	戊午	6/23	5/23	己丑	7/25	6/26	辛酉
	2/23	1/21	己丑	3/24	2/21	戊午	4/24	3/22	己丑	5/24	4/23	己未	6/24	5/24	庚寅	7/26	6/27	壬戌
	2/24	1/22	庚寅	3/25	2/22	己未	4/25	3/23	庚寅	5/25	4/24	庚申	6/25	5/25	辛卯	7/27	6/28	癸亥
	2/25	1/23	辛卯	3/26	2/23	庚申	4/26	3/24	辛卯	5/26	4/25	辛酉	6/26	5/26	壬辰	7/28	6/29	甲子
	2/26	1/24	壬辰	3/27	2/24	辛酉	4/27	3/25	壬辰	5/27	4/26	壬戌	6/27	5/27	癸巳	7/29	6/30	乙丑
	2/27	1/25	癸巳	3/28	2/25	壬戌	4/28	3/26	癸巳	5/28	4/27	癸亥	6/28	5/28	甲午	7/30	7/1	丙寅
	2/28	1/26	甲午	3/29	2/26	癸亥	4/29	3/27	甲午	5/29	4/28	甲子	6/29	5/29	乙未	7/31	7/2	丁卯
	3/1	1/27	乙未	3/30	2/27	甲子	4/30	3/28	乙未	5/30	4/29	乙丑	6/30	6/1	丙申	8/1	7/3	戊辰
	3/2	1/28	丙申	3/31	2/28	乙丑	5/1	3/29	丙申	5/31	4/30	丙寅	7/1	6/2	丁酉	8/2	7/4	己巳
	3/3	1/29	丁酉	4/1	2/29	丙寅	5/2	4/1	丁酉	6/1	5/1	丁卯	7/2	6/3	戊戌	8/3	7/5	庚午
	3/4	2/1	戊戌	4/2	2/30	丁卯	5/3	4/2	戊戌	6/2	5/2	戊辰	7/3	6/4	己亥	8/4	7/6	辛未
				4/3	3/1	戊辰	5/4	4/3	己亥	6/3	5/3	己巳	7/4	6/5	庚子	8/5	7/7	壬申
				4/4	3/2	己巳				6/4	5/4	庚午	7/5	6/6	辛丑	8/6	7/8	癸酉
													7/6	6/7	壬寅			
中氣	雨水 2/18 22時59分 亥時			春分 3/20 21時51分 亥時			穀雨 4/20 8時43分 辰時			小滿 5/21 7時40分 辰時			夏至 6/21 15時30分 申時			大暑 7/23 2時24分 丑時		

																		年
庚戌																		月
甲申			乙酉			丙戌			丁亥			戊子			己丑			節氣
立秋			白露			寒露			立冬			大雪			小寒			
18時46分 酉時			9/7 21時52分 亥時			10/8 13時44分 未時			11/7 17時8分 酉時			12/7 10時7分 巳時			1/5 21時22分 亥時			日

國曆	農曆	干支	國曆	農曆	干支	國曆	農曆	干支	國曆	農曆	干支	國曆	農曆	干支	國曆	農曆	干支	日
8/7	7/9	甲戌	9/7	8/10	乙巳	10/8	9/12	丙子	11/7	10/12	丙午	12/7	11/13	丙子	1/5	12/12	乙巳	
8/8	7/10	乙亥	9/8	8/11	丙午	10/9	9/13	丁丑	11/8	10/13	丁未	12/8	11/14	丁丑	1/6	12/13	丙午	
8/9	7/11	丙子	9/9	8/12	丁未	10/10	9/14	戊寅	11/9	10/14	戊申	12/9	11/15	戊寅	1/7	12/14	丁未	
8/10	7/12	丁丑	9/10	8/13	戊申	10/11	9/15	己卯	11/10	10/15	己酉	12/10	11/16	己卯	1/8	12/15	戊申	中
8/11	7/13	戊寅	9/11	8/14	己酉	10/12	9/16	庚辰	11/11	10/16	庚戌	12/11	11/17	庚辰	1/9	12/16	己酉	華
8/12	7/14	己卯	9/12	8/15	庚戌	10/13	9/17	辛巳	11/12	10/17	辛亥	12/12	11/18	辛巳	1/10	12/17	庚戌	民
8/13	7/15	庚辰	9/13	8/16	辛亥	10/14	9/18	壬午	11/13	10/18	壬子	12/13	11/19	壬午	1/11	12/18	辛亥	國
8/14	7/16	辛巳	9/14	8/17	壬子	10/15	9/19	癸未	11/14	10/19	癸丑	12/14	11/20	癸未	1/12	12/19	壬子	一
8/15	7/17	壬午	9/15	8/18	癸丑	10/16	9/20	甲申	11/15	10/20	甲寅	12/15	11/21	甲申	1/13	12/20	癸丑	百
8/16	7/18	癸未	9/16	8/19	甲寅	10/17	9/21	乙酉	11/16	10/21	乙卯	12/16	11/22	乙酉	1/14	12/21	甲寅	十
8/17	7/19	甲申	9/17	8/20	乙卯	10/18	9/22	丙戌	11/17	10/22	丙辰	12/17	11/23	丙戌	1/15	12/22	乙卯	九
8/18	7/20	乙酉	9/18	8/21	丙辰	10/19	9/23	丁亥	11/18	10/23	丁巳	12/18	11/24	丁亥	1/16	12/23	丙辰	、
8/19	7/21	丙戌	9/19	8/22	丁巳	10/20	9/24	戊子	11/19	10/24	戊午	12/19	11/25	戊子	1/17	12/24	丁巳	一
8/20	7/22	丁亥	9/20	8/23	戊午	10/21	9/25	己丑	11/20	10/25	己未	12/20	11/26	己丑	1/18	12/25	戊午	百
8/21	7/23	戊子	9/21	8/24	己未	10/22	9/26	庚寅	11/21	10/26	庚申	12/21	11/27	庚寅	1/19	12/26	己未	二
8/22	7/24	己丑	9/22	8/25	庚申	10/23	9/27	辛卯	11/22	10/27	辛酉	12/22	11/28	辛卯	1/20	12/27	庚申	十
8/23	7/25	庚寅	9/23	8/26	辛酉	10/24	9/28	壬辰	11/23	10/28	壬戌	12/23	11/29	壬辰	1/21	12/28	辛酉	年
8/24	7/26	辛卯	9/24	8/27	壬戌	10/25	9/29	癸巳	11/24	10/29	癸亥	12/24	11/30	癸巳	1/22	12/29	壬戌	
8/25	7/27	壬辰	9/25	8/28	癸亥	10/26	9/30	甲午	11/25	11/1	甲子	12/25	12/1	甲午	1/23	1/1	癸亥	狗
8/26	7/28	癸巳	9/26	8/29	甲子	10/27	10/1	乙未	11/26	11/2	乙丑	12/26	12/2	乙未	1/24	1/2	甲子	
8/27	7/29	甲午	9/27	9/1	乙丑	10/28	10/2	丙申	11/27	11/3	丙寅	12/27	12/3	丙申	1/25	1/3	乙丑	
8/28	7/30	乙未	9/28	9/2	丙寅	10/29	10/3	丁酉	11/28	11/4	丁卯	12/28	12/4	丁酉	1/26	1/4	丙寅	
8/29	8/1	丙申	9/29	9/3	丁卯	10/30	10/4	戊戌	11/29	11/5	戊辰	12/29	12/5	戊戌	1/27	1/5	丁卯	
8/30	8/2	丁酉	9/30	9/4	戊辰	10/31	10/5	己亥	11/30	11/6	己巳	12/30	12/6	己亥	1/28	1/6	戊辰	2
8/31	8/3	戊戌	10/1	9/5	己巳	11/1	10/6	庚子	12/1	11/7	庚午	12/31	12/7	庚子	1/29	1/7	己巳	0
9/1	8/4	己亥	10/2	9/6	庚午	11/2	10/7	辛丑	12/2	11/8	辛未	1/1	12/8	辛丑	1/30	1/8	庚午	3
9/2	8/5	庚子	10/3	9/7	辛未	11/3	10/8	壬寅	12/3	11/9	壬申	1/2	12/9	壬寅	1/31	1/9	辛未	0
9/3	8/6	辛丑	10/4	9/8	壬申	11/4	10/9	癸卯	12/4	11/10	癸酉	1/3	12/10	癸卯	2/1	1/10	壬申	、
9/4	8/7	壬寅	10/5	9/9	癸酉	11/5	10/10	甲辰	12/5	11/11	甲戌	1/4	12/11	甲辰	2/2	1/11	癸酉	2
9/5	8/8	癸卯	10/6	9/10	甲戌	11/6	10/11	乙巳	12/6	11/12	乙亥				2/3	1/12	甲戌	0
9/6	8/9	甲辰	10/7	9/11	乙亥													3
																		1

處暑			秋分			霜降			小雪			冬至			大寒			中
9時35分 巳時			9/23 7時26分 辰時			10/23 17時0分 酉時			11/22 14時44分 未時			12/22 4時9分 寅時			1/20 14時47分 未時			氣

年	辛亥																
月	庚寅			辛卯			壬辰			癸巳			甲午			乙未		
節氣	立春 2/4 8時57分 辰時			驚蟄 3/6 2時50分 丑時			清明 4/5 7時27分 辰時			立夏 5/6 0時34分 子時			芒種 6/6 4時35分 寅時			小暑 7/7 14時48分 未時		
日	國曆	農曆	干支	國曆	農曆	干支	國曆	農曆	干支	國曆	農曆	干支	國曆	農曆	干支	國曆	農曆	干支
	2/4	1/13	乙亥	3/6	2/14	乙巳	4/5	3/14	乙亥	5/6	3/15	丙午	6/6	4/17	丁丑	7/7	5/18	戊申
	2/5	1/14	丙子	3/7	2/15	丙午	4/6	3/15	丙子	5/7	3/16	丁未	6/7	4/18	戊寅	7/8	5/19	己酉
	2/6	1/15	丁丑	3/8	2/16	丁未	4/7	3/16	丁丑	5/8	3/17	戊申	6/8	4/19	己卯	7/9	5/20	庚戌
	2/7	1/16	戊寅	3/9	2/17	戊申	4/8	3/17	戊寅	5/9	3/18	己酉	6/9	4/20	庚辰	7/10	5/21	辛亥
	2/8	1/17	己卯	3/10	2/18	己酉	4/9	3/18	己卯	5/10	3/19	庚戌	6/10	4/21	辛巳	7/11	5/22	壬子
	2/9	1/18	庚辰	3/11	2/19	庚戌	4/10	3/19	庚辰	5/11	3/20	辛亥	6/11	4/22	壬午	7/12	5/23	癸丑
	2/10	1/19	辛巳	3/12	2/20	辛亥	4/11	3/20	辛巳	5/12	3/21	壬子	6/12	4/23	癸未	7/13	5/24	甲寅
	2/11	1/20	壬午	3/13	2/21	壬子	4/12	3/21	壬午	5/13	3/22	癸丑	6/13	4/24	甲申	7/14	5/25	乙卯
	2/12	1/21	癸未	3/14	2/22	癸丑	4/13	3/22	癸未	5/14	3/23	甲寅	6/14	4/25	乙酉	7/15	5/26	丙辰
	2/13	1/22	甲申	3/15	2/23	甲寅	4/14	3/23	甲申	5/15	3/24	乙卯	6/15	4/26	丙戌	7/16	5/27	丁巳
中華民國一百二十年	2/14	1/23	乙酉	3/16	2/24	乙卯	4/15	3/24	乙酉	5/16	3/25	丙辰	6/16	4/27	丁亥	7/17	5/28	戊午
	2/15	1/24	丙戌	3/17	2/25	丙辰	4/16	3/25	丙戌	5/17	3/26	丁巳	6/17	4/28	戊子	7/18	5/29	己未
	2/16	1/25	丁亥	3/18	2/26	丁巳	4/17	3/26	丁亥	5/18	3/27	戊午	6/18	4/29	己丑	7/19	6/1	庚申
豬	2/17	1/26	戊子	3/19	2/27	戊午	4/18	3/27	戊子	5/19	3/28	己未	6/19	4/30	庚寅	7/20	6/2	辛酉
	2/18	1/27	己丑	3/20	2/28	己未	4/19	3/28	己丑	5/20	3/29	庚申	6/20	5/1	辛卯	7/21	6/3	壬戌
	2/19	1/28	庚寅	3/21	2/29	庚申	4/20	3/29	庚寅	5/21	4/1	辛酉	6/21	5/2	壬辰	7/22	6/4	癸亥
	2/20	1/29	辛卯	3/22	2/30	辛酉	4/21	3/30	辛卯	5/22	4/2	壬戌	6/22	5/3	癸巳	7/23	6/5	甲子
	2/21	2/1	壬辰	3/23	3/1	壬戌	4/22	閏3/1	壬辰	5/23	4/3	癸亥	6/23	5/4	甲午	7/24	6/6	乙丑
	2/22	2/2	癸巳	3/24	3/2	癸亥	4/23	3/2	癸巳	5/24	4/4	甲子	6/24	5/5	乙未	7/25	6/7	丙寅
	2/23	2/3	甲午	3/25	3/3	甲子	4/24	3/3	甲午	5/25	4/5	乙丑	6/25	5/6	丙申	7/26	6/8	丁卯
	2/24	2/4	乙未	3/26	3/4	乙丑	4/25	3/4	乙未	5/26	4/6	丙寅	6/26	5/7	丁酉	7/27	6/9	戊辰
	2/25	2/5	丙申	3/27	3/5	丙寅	4/26	3/5	丙申	5/27	4/7	丁卯	6/27	5/8	戊戌	7/28	6/10	己巳
	2/26	2/6	丁酉	3/28	3/6	丁卯	4/27	3/6	丁酉	5/28	4/8	戊辰	6/28	5/9	己亥	7/29	6/11	庚午
	2/27	2/7	戊戌	3/29	3/7	戊辰	4/28	3/7	戊戌	5/29	4/9	己巳	6/29	5/10	庚子	7/30	6/12	辛未
	2/28	2/8	己亥	3/30	3/8	己巳	4/29	3/8	己亥	5/30	4/10	庚午	6/30	5/11	辛丑	7/31	6/13	壬申
2031	3/1	2/9	庚子	3/31	3/9	庚午	4/30	3/9	庚子	5/31	4/11	辛未	7/1	5/12	壬寅	8/1	6/14	癸酉
	3/2	2/10	辛丑	4/1	3/10	辛未	5/1	3/10	辛丑	6/1	4/12	壬申	7/2	5/13	癸卯	8/2	6/15	甲戌
	3/3	2/11	壬寅	4/2	3/11	壬申	5/2	3/11	壬寅	6/2	4/13	癸酉	7/3	5/14	甲辰	8/3	6/16	乙亥
	3/4	2/12	癸卯	4/3	3/12	癸酉	5/3	3/12	癸卯	6/3	4/14	甲戌	7/4	5/15	乙巳	8/4	6/17	丙子
	3/5	2/13	甲辰	4/4	3/13	甲戌	5/4	3/13	甲辰	6/4	4/15	乙亥	7/5	5/16	丙午	8/5	6/18	丁丑
							5/5	3/14	乙巳	6/5	4/16	丙子	7/6	5/17	丁未	8/6	6/19	戊寅
																8/7	6/20	己卯
中氣	雨水 2/19 4時50分 寅時			春分 3/21 3時40分 寅時			穀雨 4/20 14時30分 未時			小滿 5/21 13時27分 未時			夏至 6/21 21時16分 亥時			大暑 7/23 8時9分 辰時		

辛亥

丙申 立秋			丁酉 白露			戊戌 寒露			己亥 立冬			庚子 大雪			辛丑 小寒		
8/8 0時42分 子時			9/8 3時49分 寅時			10/8 19時42分 戌時			11/7 23時5分 子時			12/7 16時2分 申時			1/6 10時15分 巳時		
國曆	農曆	干支	國曆	農曆	干支	國曆	農曆	干支	國曆	農曆	干支	國曆	農曆	干支	國曆	農曆	干支
8	6/21	庚戌	9/8	7/22	辛巳	10/8	8/22	辛亥	11/7	9/23	辛巳	12/7	10/23	辛亥	1/6	11/24	辛巳
9	6/22	辛亥	9/9	7/23	壬午	10/9	8/23	壬子	11/8	9/24	壬午	12/8	10/24	壬子	1/7	11/25	壬午
10	6/23	壬子	9/10	7/24	癸未	10/10	8/24	癸丑	11/9	9/25	癸未	12/9	10/25	癸丑	1/8	11/26	癸未
11	6/24	癸丑	9/11	7/25	甲申	10/11	8/25	甲寅	11/10	9/26	甲申	12/10	10/26	甲寅	1/9	11/27	甲申
12	6/25	甲寅	9/12	7/26	乙酉	10/12	8/26	乙卯	11/11	9/27	乙酉	12/11	10/27	乙卯	1/10	11/28	乙酉
13	6/26	乙卯	9/13	7/27	丙戌	10/13	8/27	丙辰	11/12	9/28	丙戌	12/12	10/28	丙辰	1/11	11/29	丙戌
14	6/27	丙辰	9/14	7/28	丁亥	10/14	8/28	丁巳	11/13	9/29	丁亥	12/13	10/29	丁巳	1/12	11/30	丁亥
15	6/28	丁巳	9/15	7/29	戊子	10/15	8/29	戊午	11/14	9/30	戊子	12/14	11/1	戊午	1/13	12/1	戊子
16	6/29	戊午	9/16	7/30	己丑	10/16	9/1	己未	11/15	10/1	己丑	12/15	11/2	己未	1/14	12/2	己丑
17	6/30	己未	9/17	8/1	庚寅	10/17	9/2	庚申	11/16	10/2	庚寅	12/16	11/3	庚申	1/15	12/3	庚寅
18	7/1	庚申	9/18	8/2	辛卯	10/18	9/3	辛酉	11/17	10/3	辛卯	12/17	11/4	辛酉	1/16	12/4	辛卯
19	7/2	辛酉	9/19	8/3	壬辰	10/19	9/4	壬戌	11/18	10/4	壬辰	12/18	11/5	壬戌	1/17	12/5	壬辰
20	7/3	壬戌	9/20	8/4	癸巳	10/20	9/5	癸亥	11/19	10/5	癸巳	12/19	11/6	癸亥	1/18	12/6	癸巳
21	7/4	癸亥	9/21	8/5	甲午	10/21	9/6	甲子	11/20	10/6	甲午	12/20	11/7	甲子	1/19	12/7	甲午
22	7/5	甲子	9/22	8/6	乙未	10/22	9/7	乙丑	11/21	10/7	乙未	12/21	11/8	乙丑	1/20	12/8	乙未
23	7/6	乙丑	9/23	8/7	丙申	10/23	9/8	丙寅	11/22	10/8	丙申	12/22	11/9	丙寅	1/21	12/9	丙申
24	7/7	丙寅	9/24	8/8	丁酉	10/24	9/9	丁卯	11/23	10/9	丁酉	12/23	11/10	丁卯	1/22	12/10	丁酉
25	7/8	丁卯	9/25	8/9	戊戌	10/25	9/10	戊辰	11/24	10/10	戊戌	12/24	11/11	戊辰	1/23	12/11	戊戌
26	7/9	戊辰	9/26	8/10	己亥	10/26	9/11	己巳	11/25	10/11	己亥	12/25	11/12	己巳	1/24	12/12	己亥
27	7/10	己巳	9/27	8/11	庚子	10/27	9/12	庚午	11/26	10/12	庚子	12/26	11/13	庚午	1/25	12/13	庚子
28	7/11	庚午	9/28	8/12	辛丑	10/28	9/13	辛未	11/27	10/13	辛丑	12/27	11/14	辛未	1/26	12/14	辛丑
29	7/12	辛未	9/29	8/13	壬寅	10/29	9/14	壬申	11/28	10/14	壬寅	12/28	11/15	壬申	1/27	12/15	壬寅
30	7/13	壬申	9/30	8/14	癸卯	10/30	9/15	癸酉	11/29	10/15	癸卯	12/29	11/16	癸酉	1/28	12/16	癸卯
31	7/14	癸酉	10/1	8/15	甲辰	10/31	9/16	甲戌	11/30	10/16	甲辰	12/30	11/17	甲戌	1/29	12/17	甲辰
1	7/15	甲戌	10/2	8/16	乙巳	11/1	9/17	乙亥	12/1	10/17	乙巳	12/31	11/18	乙亥	1/30	12/18	乙巳
2	7/16	乙亥	10/3	8/17	丙午	11/2	9/18	丙子	12/2	10/18	丙午	1/1	11/19	丙子	1/31	12/19	丙午
3	7/17	丙子	10/4	8/18	丁未	11/3	9/19	丁丑	12/3	10/19	丁未	1/2	11/20	丁丑	2/1	12/20	丁未
4	7/18	丁丑	10/5	8/19	戊申	11/4	9/20	戊寅	12/4	10/20	戊申	1/3	11/21	戊寅	2/2	12/21	戊申
5	7/19	戊寅	10/6	8/20	己酉	11/5	9/21	己卯	12/5	10/21	己酉	1/4	11/22	己卯	2/3	12/22	己酉
6	7/20	己卯	10/7	8/21	庚戌	11/6	9/22	庚辰	12/6	10/22	庚戌	1/5	11/23	庚辰			
7	7/21	庚辰															

處暑	秋分	霜降	小雪	冬至	大寒	中氣
8/23 15時22分 申時	9/23 13時14分 未時	10/23 22時48分 亥時	11/22 20時32分 戌時	12/22 9時55分 巳時	1/20 20時30分 戌時	

年：壬子

月	壬寅	癸卯	甲辰	乙巳	丙午	丁未
節氣	立春	驚蟄	清明	立夏	芒種	小暑
	2/4 14時48分 未時	3/5 8時39分 辰時	4/4 13時17分 未時	5/5 6時25分 卯時	6/5 10時27分 巳時	7/6 20時40分 戌時

中華民國一百二十一年　鼠　2032

壬寅 國曆	農曆	干支	癸卯 國曆	農曆	干支	甲辰 國曆	農曆	干支	乙巳 國曆	農曆	干支	丙午 國曆	農曆	干支	丁未 國曆	農曆	干支
2/4	12 23	庚辰	3/5	1 24	庚戌	4/4	2 24	庚辰	5/5	3 26	辛亥	6/5	4 28	壬午	7/6	5 29	癸丑
2/5	12 24	辛巳	3/6	1 25	辛亥	4/5	2 25	辛巳	5/6	3 27	壬子	6/6	4 29	癸未	7/7	6 1	甲寅
2/6	12 25	壬午	3/7	1 26	壬子	4/6	2 26	壬午	5/7	3 28	癸丑	6/7	4 30	甲申	7/8	6 2	乙卯
2/7	12 26	癸未	3/8	1 27	癸丑	4/7	2 27	癸未	5/8	3 29	甲寅	6/8	5 1	乙酉	7/9	6 3	丙辰
2/8	12 27	甲申	3/9	1 28	甲寅	4/8	2 28	甲申	5/9	4 1	乙卯	6/9	5 2	丙戌	7/10	6 4	丁巳
2/9	12 28	乙酉	3/10	1 29	乙卯	4/9	2 29	乙酉	5/10	4 2	丙辰	6/10	5 3	丁亥	7/11	6 5	戊午
2/10	12 29	丙戌	3/11	1 30	丙辰	4/10	3 1	丙戌	5/11	4 3	丁巳	6/11	5 4	戊子	7/12	6 6	己未
2/11	1 1	丁亥	3/12	2 1	丁巳	4/11	3 2	丁亥	5/12	4 4	戊午	6/12	5 5	己丑	7/13	6 7	庚申
2/12	1 2	戊子	3/13	2 2	戊午	4/12	3 3	戊子	5/13	4 5	己未	6/13	5 6	庚寅	7/14	6 8	辛酉
2/13	1 3	己丑	3/14	2 3	己未	4/13	3 4	己丑	5/14	4 6	庚申	6/14	5 7	辛卯	7/15	6 9	壬戌
2/14	1 4	庚寅	3/15	2 4	庚申	4/14	3 5	庚寅	5/15	4 7	辛酉	6/15	5 8	壬辰	7/16	6 10	癸亥
2/15	1 5	辛卯	3/16	2 5	辛酉	4/15	3 6	辛卯	5/16	4 8	壬戌	6/16	5 9	癸巳	7/17	6 11	甲子
2/16	1 6	壬辰	3/17	2 6	壬戌	4/16	3 7	壬辰	5/17	4 9	癸亥	6/17	5 10	甲午	7/18	6 12	乙丑
2/17	1 7	癸巳	3/18	2 7	癸亥	4/17	3 8	癸巳	5/18	4 10	甲子	6/18	5 11	乙未	7/19	6 13	丙寅
2/18	1 8	甲午	3/19	2 8	甲子	4/18	3 9	甲午	5/19	4 11	乙丑	6/19	5 12	丙申	7/20	6 14	丁卯
2/19	1 9	乙未	3/20	2 9	乙丑	4/19	3 10	乙未	5/20	4 12	丙寅	6/20	5 13	丁酉	7/21	6 15	戊辰
2/20	1 10	丙申	3/21	2 10	丙寅	4/20	3 11	丙申	5/21	4 13	丁卯	6/21	5 14	戊戌	7/22	6 16	己巳
2/21	1 11	丁酉	3/22	2 11	丁卯	4/21	3 12	丁酉	5/22	4 14	戊辰	6/22	5 15	己亥	7/23	6 17	庚午
2/22	1 12	戊戌	3/23	2 12	戊辰	4/22	3 13	戊戌	5/23	4 15	己巳	6/23	5 16	庚子	7/24	6 18	辛未
2/23	1 13	己亥	3/24	2 13	己巳	4/23	3 14	己亥	5/24	4 16	庚午	6/24	5 17	辛丑	7/25	6 19	壬申
2/24	1 14	庚子	3/25	2 14	庚午	4/24	3 15	庚子	5/25	4 17	辛未	6/25	5 18	壬寅	7/26	6 20	癸酉
2/25	1 15	辛丑	3/26	2 15	辛未	4/25	3 16	辛丑	5/26	4 18	壬申	6/26	5 19	癸卯	7/27	6 21	甲戌
2/26	1 16	壬寅	3/27	2 16	壬申	4/26	3 17	壬寅	5/27	4 19	癸酉	6/27	5 20	甲辰	7/28	6 22	乙亥
2/27	1 17	癸卯	3/28	2 17	癸酉	4/27	3 18	癸卯	5/28	4 20	甲戌	6/28	5 21	乙巳	7/29	6 23	丙子
2/28	1 18	甲辰	3/29	2 18	甲戌	4/28	3 19	甲辰	5/29	4 21	乙亥	6/29	5 22	丙午	7/30	6 24	丁丑
2/29	1 19	乙巳	3/30	2 19	乙亥	4/29	3 20	乙巳	5/30	4 22	丙子	6/30	5 23	丁未	7/31	6 25	戊寅
3/1	1 20	丙午	3/31	2 20	丙子	4/30	3 21	丙午	5/31	4 23	丁丑	7/1	5 24	戊申	8/1	6 26	己卯
3/2	1 21	丁未	4/1	2 21	丁丑	5/1	3 22	丁未	6/1	4 24	戊寅	7/2	5 25	己酉	8/2	6 27	庚辰
3/3	1 22	戊申	4/2	2 22	戊寅	5/2	3 23	戊申	6/2	4 25	己卯	7/3	5 26	庚戌	8/3	6 28	辛巳
3/4	1 23	己酉	4/3	2 23	己卯	5/3	3 24	己酉	6/3	4 26	庚辰	7/4	5 27	辛亥	8/4	6 29	壬午
						5/4	3 25	庚戌	6/4	4 27	辛巳	7/5	5 28	壬子	8/5	6 30	癸未
															8/6	7 1	甲申

中氣	雨水	春分	穀雨	小滿	夏至	大暑
	2/19 10時31分 巳時	3/20 9時21分 巳時	4/19 20時13分 戌時	5/20 19時14分 戌時	6/21 3時8分 寅時	7/22 14時4分 未時

壬子（年）

	戊申	己酉	庚戌	辛亥	壬子	癸丑	
節氣	立秋	白露	寒露	立冬	大雪	小寒	（月／節氣）
時刻	8/7 6時32分 卯時	9/7 9時37分 巳時	10/8 1時29分 丑時	11/7 4時53分 寅時	12/6 21時52分 亥時	1/5 9時7分 巳時	

右欄標示：中華民國一百二十一、一百二十二年　鼠　2032、2033

日（逐日）

戊申 國曆	戊申 農曆	戊申 干支	己酉 國曆	己酉 農曆	己酉 干支	庚戌 國曆	庚戌 農曆	庚戌 干支	辛亥 國曆	辛亥 農曆	辛亥 干支	壬子 國曆	壬子 農曆	壬子 干支	癸丑 國曆	癸丑 農曆	癸丑 干支
8/7	7/2	乙酉	9/7	8/3	丙辰	10/8	9/5	丁亥	11/7	10/5	丁巳	12/6	11/4	丙戌	1/5	12/5	丙辰
8/8	7/3	丙戌	9/8	8/4	丁巳	10/9	9/6	戊子	11/8	10/6	戊午	12/7	11/5	丁亥	1/6	12/6	丁巳
8/9	7/4	丁亥	9/9	8/5	戊午	10/10	9/7	己丑	11/9	10/7	己未	12/8	11/6	戊子	1/7	12/7	戊午
8/10	7/5	戊子	9/10	8/6	己未	10/11	9/8	庚寅	11/10	10/8	庚申	12/9	11/7	己丑	1/8	12/8	己未
8/11	7/6	己丑	9/11	8/7	庚申	10/12	9/9	辛卯	11/11	10/9	辛酉	12/10	11/8	庚寅	1/9	12/9	庚申
8/12	7/7	庚寅	9/12	8/8	辛酉	10/13	9/10	壬辰	11/12	10/10	壬戌	12/11	11/9	辛卯	1/10	12/10	辛酉
8/13	7/8	辛卯	9/13	8/9	壬戌	10/14	9/11	癸巳	11/13	10/11	癸亥	12/12	11/10	壬辰	1/11	12/11	壬戌
8/14	7/9	壬辰	9/14	8/10	癸亥	10/15	9/12	甲午	11/14	10/12	甲子	12/13	11/11	癸巳	1/12	12/12	癸亥
8/15	7/10	癸巳	9/15	8/11	甲子	10/16	9/13	乙未	11/15	10/13	乙丑	12/14	11/12	甲午	1/13	12/13	甲子
8/16	7/11	甲午	9/16	8/12	乙丑	10/17	9/14	丙申	11/16	10/14	丙寅	12/15	11/13	乙未	1/14	12/14	乙丑
8/17	7/12	乙未	9/17	8/13	丙寅	10/18	9/15	丁酉	11/17	10/15	丁卯	12/16	11/14	丙申	1/15	12/15	丙寅
8/18	7/13	丙申	9/18	8/14	丁卯	10/19	9/16	戊戌	11/18	10/16	戊辰	12/17	11/15	丁酉	1/16	12/16	丁卯
8/19	7/14	丁酉	9/19	8/15	戊辰	10/20	9/17	己亥	11/19	10/17	己巳	12/18	11/16	戊戌	1/17	12/17	戊辰
8/20	7/15	戊戌	9/20	8/16	己巳	10/21	9/18	庚子	11/20	10/18	庚午	12/19	11/17	己亥	1/18	12/18	己巳
8/21	7/16	己亥	9/21	8/17	庚午	10/22	9/19	辛丑	11/21	10/19	辛未	12/20	11/18	庚子	1/19	12/19	庚午
8/22	7/17	庚子	9/22	8/18	辛未	10/23	9/20	壬寅	11/22	10/20	壬申	12/21	11/19	辛丑	1/20	12/20	辛未
8/23	7/18	辛丑	9/23	8/19	壬申	10/24	9/21	癸卯	11/23	10/21	癸酉	12/22	11/20	壬寅	1/21	12/21	壬申
8/24	7/19	壬寅	9/24	8/20	癸酉	10/25	9/22	甲辰	11/24	10/22	甲戌	12/23	11/21	癸卯	1/22	12/22	癸酉
8/25	7/20	癸卯	9/25	8/21	甲戌	10/26	9/23	乙巳	11/25	10/23	乙亥	12/24	11/22	甲辰	1/23	12/23	甲戌
8/26	7/21	甲辰	9/26	8/22	乙亥	10/27	9/24	丙午	11/26	10/24	丙子	12/25	11/23	乙巳	1/24	12/24	乙亥
8/27	7/22	乙巳	9/27	8/23	丙子	10/28	9/25	丁未	11/27	10/25	丁丑	12/26	11/24	丙午	1/25	12/25	丙子
8/28	7/23	丙午	9/28	8/24	丁丑	10/29	9/26	戊申	11/28	10/26	戊寅	12/27	11/25	丁未	1/26	12/26	丁丑
8/29	7/24	丁未	9/29	8/25	戊寅	10/30	9/27	己酉	11/29	10/27	己卯	12/28	11/26	戊申	1/27	12/27	戊寅
8/30	7/25	戊申	9/30	8/26	己卯	10/31	9/28	庚戌	11/30	10/28	庚辰	12/29	11/27	己酉	1/28	12/28	己卯
8/31	7/26	己酉	10/1	8/27	庚辰	11/1	9/29	辛亥	12/1	10/29	辛巳	12/30	11/28	庚戌	1/29	12/29	庚辰
9/1	7/27	庚戌	10/2	8/28	辛巳	11/2	9/30	壬子	12/2	10/30	壬午	12/31	11/29	辛亥	1/30	12/30	辛巳
9/2	7/28	辛亥	10/3	8/29	壬午	11/3	10/1	癸丑	12/3	11/1	癸未	1/1	12/1	壬子	1/31	1/1	壬午
9/3	7/29	壬子	10/4	9/1	癸未	11/4	10/2	甲寅	12/4	11/2	甲申	1/2	12/2	癸丑	2/1	1/2	癸未
9/4	7/30	癸丑	10/5	9/2	甲申	11/5	10/3	乙卯	12/5	11/3	乙酉	1/3	12/3	甲寅	2/2	1/3	甲申
9/5	8/1	甲寅	10/6	9/3	乙酉	11/6	10/4	丙辰				1/4	12/4	乙卯			
9/6	8/2	乙卯	10/7	9/4	丙戌												

中氣

處暑	秋分	霜降	小雪	冬至	大寒
8/22 21時17分 亥時	9/22 19時10分 戌時	10/23 4時45分 寅時	11/22 2時30分 丑時	12/21 15時55分 申時	1/20 0時32分 丑時

年：癸丑　　中華民國一百二十二年（牛）　2033

月	甲寅	乙卯	丙辰	丁巳	戊午	己未
節氣	立春	驚蟄	清明	立夏	芒種	小暑
時刻	2/3 20時41分 戌時	3/5 14時31分 未時	4/4 19時7分 戌時	5/5 12時13分 午時	6/5 16時12分 申時	7/7 2時24分 丑時

甲寅（立春）			乙卯（驚蟄）			丙辰（清明）			丁巳（立夏）			戊午（芒種）			己未（小暑）		
國曆	農曆	干支	國曆	農曆	干支	國曆	農曆	干支	國曆	農曆	干支	國曆	農曆	干支	國曆	農曆	干支
2/3	1/4	乙酉	3/5	2/5	乙卯	4/4	3/5	乙酉	5/5	4/7	丙辰	6/5	5/9	丁亥	7/7	6/11	己未
2/4	1/5	丙戌	3/6	2/6	丙辰	4/5	3/6	丙戌	5/6	4/8	丁巳	6/6	5/10	戊子	7/8	6/12	庚申
2/5	1/6	丁亥	3/7	2/7	丁巳	4/6	3/7	丁亥	5/7	4/9	戊午	6/7	5/11	己丑	7/9	6/13	辛酉
2/6	1/7	戊子	3/8	2/8	戊午	4/7	3/8	戊子	5/8	4/10	己未	6/8	5/12	庚寅	7/10	6/14	壬戌
2/7	1/8	己丑	3/9	2/9	己未	4/8	3/9	己丑	5/9	4/11	庚申	6/9	5/13	辛卯	7/11	6/15	癸亥
2/8	1/9	庚寅	3/10	2/10	庚申	4/9	3/10	庚寅	5/10	4/12	辛酉	6/10	5/14	壬辰	7/12	6/16	甲子
2/9	1/10	辛卯	3/11	2/11	辛酉	4/10	3/11	辛卯	5/11	4/13	壬戌	6/11	5/15	癸巳	7/13	6/17	乙丑
2/10	1/11	壬辰	3/12	2/12	壬戌	4/11	3/12	壬辰	5/12	4/14	癸亥	6/12	5/16	甲午	7/14	6/18	丙寅
2/11	1/12	癸巳	3/13	2/13	癸亥	4/12	3/13	癸巳	5/13	4/15	甲子	6/13	5/17	乙未	7/15	6/19	丁卯
2/12	1/13	甲午	3/14	2/14	甲子	4/13	3/14	甲午	5/14	4/16	乙丑	6/14	5/18	丙申	7/16	6/20	戊辰
2/13	1/14	乙未	3/15	2/15	乙丑	4/14	3/15	乙未	5/15	4/17	丙寅	6/15	5/19	丁酉	7/17	6/21	己巳
2/14	1/15	丙申	3/16	2/16	丙寅	4/15	3/16	丙申	5/16	4/18	丁卯	6/16	5/20	戊戌	7/18	6/22	庚午
2/15	1/16	丁酉	3/17	2/17	丁卯	4/16	3/17	丁酉	5/17	4/19	戊辰	6/17	5/21	己亥	7/19	6/23	辛未
2/16	1/17	戊戌	3/18	2/18	戊辰	4/17	3/18	戊戌	5/18	4/20	己巳	6/18	5/22	庚子	7/20	6/24	壬申
2/17	1/18	己亥	3/19	2/19	己巳	4/18	3/19	己亥	5/19	4/21	庚午	6/19	5/23	辛丑	7/21	6/25	癸酉
2/18	1/19	庚子	3/20	2/20	庚午	4/19	3/20	庚子	5/20	4/22	辛未	6/20	5/24	壬寅	7/22	6/26	甲戌
2/19	1/20	辛丑	3/21	2/21	辛未	4/20	3/21	辛丑	5/21	4/23	壬申	6/21	5/25	癸卯	7/23	6/27	乙亥
2/20	1/21	壬寅	3/22	2/22	壬申	4/21	3/22	壬寅	5/22	4/24	癸酉	6/22	5/26	甲辰	7/24	6/28	丙子
2/21	1/22	癸卯	3/23	2/23	癸酉	4/22	3/23	癸卯	5/23	4/25	甲戌	6/23	5/27	乙巳	7/25	6/29	丁丑
2/22	1/23	甲辰	3/24	2/24	甲戌	4/23	3/24	甲辰	5/24	4/26	乙亥	6/24	5/28	丙午	7/26	6/30	戊寅
2/23	1/24	乙巳	3/25	2/25	乙亥	4/24	3/25	乙巳	5/25	4/27	丙子	6/25	5/29	丁未	7/27	7/1	己卯
2/24	1/25	丙午	3/26	2/26	丙子	4/25	3/26	丙午	5/26	4/28	丁丑	6/26	5/30	戊申	7/28	7/2	庚辰
2/25	1/26	丁未	3/27	2/27	丁丑	4/26	3/27	丁未	5/27	4/29	戊寅	6/27	6/1	己酉	7/29	7/3	辛巳
2/26	1/27	戊申	3/28	2/28	戊寅	4/27	3/28	戊申	5/28	5/1	己卯	6/28	6/2	庚戌	7/30	7/4	壬午
2/27	1/28	己酉	3/29	2/29	己卯	4/28	3/29	己酉	5/29	5/2	庚辰	6/29	6/3	辛亥	7/31	7/5	癸未
2/28	1/29	庚戌	3/30	2/30	庚辰	4/29	4/1	庚戌	5/30	5/3	辛巳	6/30	6/4	壬子	8/1	7/6	甲申
3/1	2/1	辛亥	3/31	3/1	辛巳	4/30	4/2	辛亥	5/31	5/4	壬午	7/1	6/5	癸丑	8/2	7/7	乙酉
3/2	2/2	壬子	4/1	3/2	壬午	5/1	4/3	壬子	6/1	5/5	癸未	7/2	6/6	甲寅	8/3	7/8	丙戌
3/3	2/3	癸丑	4/2	3/3	癸未	5/2	4/4	癸丑	6/2	5/6	甲申	7/3	6/7	乙卯	8/4	7/9	丁亥
3/4	2/4	甲寅	4/3	3/4	甲申	5/3	4/5	甲寅	6/3	5/7	乙酉	7/4	6/8	丙辰	8/5	7/10	戊子
						5/4	4/6	乙卯	6/4	5/8	丙戌	7/5	6/9	丁巳	8/6	7/11	己丑
												7/6	6/10	戊午			

中氣	雨水	春分	穀雨	小滿	夏至	大暑
時刻	2/18 16時33分 申時	3/20 15時22分 申時	4/20 2時12分 丑時	5/21 1時10分 丑時	6/21 9時0分 巳時	7/22 19時52分 戌時

癸丑

月	庚申			辛酉			壬戌			癸亥			甲子			乙丑		
節氣	立秋			白露			寒露			立冬			大雪			小寒		
時刻	8/7 12時15分 午時			9/7 15時19分 申時			10/8 7時13分 辰時			11/7 10時40分 巳時			12/7 3時44分 寅時			1/5 15時33分 申時		
日	國曆	農曆	干支	國曆	農曆	干支	國曆	農曆	干支	國曆	農曆	干支	國曆	農曆	干支	國曆	農曆	干支
	7	7 13	庚寅	9 7	8 14	辛酉	10 8	9 16	壬辰	11 7	10 16	壬戌	12 7	11 16	壬辰	1 5	閏11 15	辛酉
	8	7 14	辛卯	9 8	8 15	壬戌	10 9	9 17	癸巳	11 8	10 17	癸亥	12 8	11 17	癸巳	1 6	閏11 16	壬戌
	9	7 15	壬辰	9 9	8 16	癸亥	10 10	9 18	甲午	11 9	10 18	甲子	12 9	11 18	甲午	1 7	閏11 17	癸亥
	10	7 16	癸巳	9 10	8 17	甲子	10 11	9 19	乙未	11 10	10 19	乙丑	12 10	11 19	乙未	1 8	閏11 18	甲子
	11	7 17	甲午	9 11	8 18	乙丑	10 12	9 20	丙申	11 11	10 20	丙寅	12 11	11 20	丙申	1 9	閏11 19	乙丑
	12	7 18	乙未	9 12	8 19	丙寅	10 13	9 21	丁酉	11 12	10 21	丁卯	12 12	11 21	丁酉	1 10	閏11 20	丙寅
	13	7 19	丙申	9 13	8 20	丁卯	10 14	9 22	戊戌	11 13	10 22	戊辰	12 13	11 22	戊戌	1 11	閏11 21	丁卯
	14	7 20	丁酉	9 14	8 21	戊辰	10 15	9 23	己亥	11 14	10 23	己巳	12 14	11 23	己亥	1 12	閏11 22	戊辰
	15	7 21	戊戌	9 15	8 22	己巳	10 16	9 24	庚子	11 15	10 24	庚午	12 15	11 24	庚子	1 13	閏11 23	己巳
	16	7 22	己亥	9 16	8 23	庚午	10 17	9 25	辛丑	11 16	10 25	辛未	12 16	11 25	辛丑	1 14	閏11 24	庚午
	17	7 23	庚子	9 17	8 24	辛未	10 18	9 26	壬寅	11 17	10 26	壬申	12 17	11 26	壬寅	1 15	閏11 25	辛未
	18	7 24	辛丑	9 18	8 25	壬申	10 19	9 27	癸卯	11 18	10 27	癸酉	12 18	11 27	癸卯	1 16	閏11 26	壬申
	19	7 25	壬寅	9 19	8 26	癸酉	10 20	9 28	甲辰	11 19	10 28	甲戌	12 19	11 28	甲辰	1 17	閏11 27	癸酉
	20	7 26	癸卯	9 20	8 27	甲戌	10 21	9 29	乙巳	11 20	10 29	乙亥	12 20	11 29	乙巳	1 18	閏11 28	甲戌
	21	7 27	甲辰	9 21	8 28	乙亥	10 22	9 30	丙午	11 21	10 30	丙子	12 21	11 30	丙午	1 19	閏11 29	乙亥
	22	7 28	乙巳	9 22	8 29	丙子	10 23	10 1	丁未	11 22	11 1	丁丑	12 22	閏11 1	丁未	1 20	12 1	丙子
	23	7 29	丙午	9 23	9 1	丁丑	10 24	10 2	戊申	11 23	11 2	戊寅	12 23	閏11 2	戊申	1 21	12 2	丁丑
	24	7 30	丁未	9 24	9 2	戊寅	10 25	10 3	己酉	11 24	11 3	己卯	12 24	閏11 3	己酉	1 22	12 3	戊寅
	25	8 1	戊申	9 25	9 3	己卯	10 26	10 4	庚戌	11 25	11 4	庚辰	12 25	閏11 4	庚戌	1 23	12 4	己卯
	26	8 2	己酉	9 26	9 4	庚辰	10 27	10 5	辛亥	11 26	11 5	辛巳	12 26	閏11 5	辛亥	1 24	12 5	庚辰
	27	8 3	庚戌	9 27	9 5	辛巳	10 28	10 6	壬子	11 27	11 6	壬午	12 27	閏11 6	壬子	1 25	12 6	辛巳
	28	8 4	辛亥	9 28	9 6	壬午	10 29	10 7	癸丑	11 28	11 7	癸未	12 28	閏11 7	癸丑	1 26	12 7	壬午
	29	8 5	壬子	9 29	9 7	癸未	10 30	10 8	甲寅	11 29	11 8	甲申	12 29	閏11 8	甲寅	1 27	12 8	癸未
	30	8 6	癸丑	9 30	9 8	甲申	10 31	10 9	乙卯	11 30	11 9	乙酉	12 30	閏11 9	乙卯	1 28	12 9	甲申
	31	8 7	甲寅	10 1	9 9	乙酉	11 1	10 10	丙辰	12 1	11 10	丙戌	12 31	閏11 10	丙辰	1 29	12 10	乙酉
	1	8 8	乙卯	10 2	9 10	丙戌	11 2	10 11	丁巳	12 2	11 11	丁亥	1 1	閏11 11	丁巳	1 30	12 11	丙戌
	2	8 9	丙辰	10 3	9 11	丁亥	11 3	10 12	戊午	12 3	11 12	戊子	1 2	閏11 12	戊午	1 31	12 12	丁亥
	3	8 10	丁巳	10 4	9 12	戊子	11 4	10 13	己未	12 4	11 13	己丑	1 3	閏11 13	己未	2 1	12 13	戊子
	4	8 11	戊午	10 5	9 13	己丑	11 5	10 14	庚申	12 5	11 14	庚寅	1 4	閏11 14	庚申	2 2	12 14	己丑
	5	8 12	己未	10 6	9 14	庚寅	11 6	10 15	辛酉	12 6	11 15	辛卯				2 3	12 15	庚寅
	6	8 13	庚申	10 7	9 15	辛卯												
中氣	處暑 8/23 3時1分 寅時			秋分 9/23 0時51分 子時			霜降 10/23 10時27分 巳時			小雪 11/22 8時15分 辰時			冬至 12/21 21時45分 亥時			大寒 1/20 8時26分 辰時		

年 · 月 · 節氣 · 日 · 中氣：中華民國一百二十二、一百二十三年　牛　2033、2034

269

年	甲寅																
月	丙寅			丁卯			戊辰			己巳			庚午			辛未		
節氣	立春			驚蟄			清明			立夏			芒種			小暑		
	2/4 2時40分 丑時			3/5 20時31分 戌時			4/5 1時5分 丑時			5/5 18時8分 酉時			6/5 22時6分 亥時			7/7 8時17分 辰時		
日	國曆	農曆	干支	國曆	農曆	干支	國曆	農曆	干支	國曆	農曆	干支	國曆	農曆	干支	國曆	農曆	干支
	2 4	12 16	辛卯	3 5	1 15	庚申	4 5	2 17	辛卯	5 5	3 17	辛酉	6 5	4 19	壬辰	7 7	5 22	甲子
	2 5	12 17	壬辰	3 6	1 16	辛酉	4 6	2 18	壬辰	5 6	3 18	壬戌	6 6	4 20	癸巳	7 8	5 23	乙丑
	2 6	12 18	癸巳	3 7	1 17	壬戌	4 7	2 19	癸巳	5 7	3 19	癸亥	6 7	4 21	甲午	7 9	5 24	丙寅
	2 7	12 19	甲午	3 8	1 18	癸亥	4 8	2 20	甲午	5 8	3 20	甲子	6 8	4 22	乙未	7 10	5 25	丁卯
	2 8	12 20	乙未	3 9	1 19	甲子	4 9	2 21	乙未	5 9	3 21	乙丑	6 9	4 23	丙申	7 11	5 26	戊辰
	2 9	12 21	丙申	3 10	1 20	乙丑	4 10	2 22	丙申	5 10	3 22	丙寅	6 10	4 24	丁酉	7 12	5 27	己巳
	2 10	12 22	丁酉	3 11	1 21	丙寅	4 11	2 23	丁酉	5 11	3 23	丁卯	6 11	4 25	戊戌	7 13	5 28	庚午
	2 11	12 23	戊戌	3 12	1 22	丁卯	4 12	2 24	戊戌	5 12	3 24	戊辰	6 12	4 26	己亥	7 14	5 29	辛未
	2 12	12 24	己亥	3 13	1 23	戊辰	4 13	2 25	己亥	5 13	3 25	己巳	6 13	4 27	庚子	7 15	5 30	壬申
	2 13	12 25	庚子	3 14	1 24	己巳	4 14	2 26	庚子	5 14	3 26	庚午	6 14	4 28	辛丑	7 16	6 1	癸酉
	2 14	12 26	辛丑	3 15	1 25	庚午	4 15	2 27	辛丑	5 15	3 27	辛未	6 15	4 29	壬寅	7 17	6 2	甲戌
	2 15	12 27	壬寅	3 16	1 26	辛未	4 16	2 28	壬寅	5 16	3 28	壬申	6 16	5 1	癸卯	7 18	6 3	乙亥
	2 16	12 28	癸卯	3 17	1 27	壬申	4 17	2 29	癸卯	5 17	3 29	癸酉	6 17	5 2	甲辰	7 19	6 4	丙子
	2 17	12 29	甲辰	3 18	1 28	癸酉	4 18	2 30	甲辰	5 18	4 1	甲戌	6 18	5 3	乙巳	7 20	6 5	丁丑
	2 18	12 30	乙巳	3 19	1 29	甲戌	4 19	3 1	乙巳	5 19	4 2	乙亥	6 19	5 4	丙午	7 21	6 6	戊寅
	2 19	1 1	丙午	3 20	2 1	乙亥	4 20	3 2	丙午	5 20	4 3	丙子	6 20	5 5	丁未	7 22	6 7	己卯
	2 20	1 2	丁未	3 21	2 2	丙子	4 21	3 3	丁未	5 21	4 4	丁丑	6 21	5 6	戊申	7 23	6 8	庚辰
	2 21	1 3	戊申	3 22	2 3	丁丑	4 22	3 4	戊申	5 22	4 5	戊寅	6 22	5 7	己酉	7 24	6 9	辛巳
	2 22	1 4	己酉	3 23	2 4	戊寅	4 23	3 5	己酉	5 23	4 6	己卯	6 23	5 8	庚戌	7 25	6 10	壬午
	2 23	1 5	庚戌	3 24	2 5	己卯	4 24	3 6	庚戌	5 24	4 7	庚辰	6 24	5 9	辛亥	7 26	6 11	癸未
	2 24	1 6	辛亥	3 25	2 6	庚辰	4 25	3 7	辛亥	5 25	4 8	辛巳	6 25	5 10	壬子	7 27	6 12	甲申
	2 25	1 7	壬子	3 26	2 7	辛巳	4 26	3 8	壬子	5 26	4 9	壬午	6 26	5 11	癸丑	7 28	6 13	乙酉
	2 26	1 8	癸丑	3 27	2 8	壬午	4 27	3 9	癸丑	5 27	4 10	癸未	6 27	5 12	甲寅	7 29	6 14	丙戌
	2 27	1 9	甲寅	3 28	2 9	癸未	4 28	3 10	甲寅	5 28	4 11	甲申	6 28	5 13	乙卯	7 30	6 15	丁亥
	2 28	1 10	乙卯	3 29	2 10	甲申	4 29	3 11	乙卯	5 29	4 12	乙酉	6 29	5 14	丙辰	7 31	6 16	戊子
	3 1	1 11	丙辰	3 30	2 11	乙酉	4 30	3 12	丙辰	5 30	4 13	丙戌	6 30	5 15	丁巳	8 1	6 17	己丑
	3 2	1 12	丁巳	3 31	2 12	丙戌	5 1	3 13	丁巳	5 31	4 14	丁亥	7 1	5 16	戊午	8 2	6 18	庚寅
	3 3	1 13	戊午	4 1	2 13	丁亥	5 2	3 14	戊午	6 1	4 15	戊子	7 2	5 17	己未	8 3	6 19	辛卯
	3 4	1 14	己未	4 2	2 14	戊子	5 3	3 15	己未	6 2	4 16	己丑	7 3	5 18	庚申	8 4	6 20	壬辰
				4 3	2 15	己丑	5 4	3 16	庚申	6 3	4 17	庚寅	7 4	5 19	辛酉	8 5	6 21	癸巳
				4 4	2 16	庚寅				6 4	4 18	辛卯	7 5	5 20	壬戌	8 6	6 22	甲午
													7 6	5 21	癸亥			
中氣	雨水			春分			穀雨			小滿			夏至			大暑		
	2/18 22時29分 亥時			3/20 21時16分 亥時			4/20 8時3分 辰時			5/21 6時56分 卯時			6/21 14時43分 未時			7/23 1時35分 丑時		

中華民國一百二十三年 虎

2034

270

甲寅年

月	壬申			癸酉			甲戌			乙亥			丙子			丁丑		
節氣	立秋			白露			寒露			立冬			大雪			小寒		
時刻	8/7 18時8分 酉時			9/7 21時13分 亥時			10/8 13時6分 未時			11/7 16時33分 申時			12/7 9時36分 巳時			1/5 20時55分 戌時		
日	國曆	農曆	干支	國曆	農曆	干支	國曆	農曆	干支	國曆	農曆	干支	國曆	農曆	干支	國曆	農曆	干支
	7	6/23	乙未	9/7	7/25	丙寅	10/8	8/26	丁酉	11/7	9/27	丁卯	12/7	10/27	丁酉	1/5	11/26	丙寅
	8	6/24	丙申	8	7/26	丁卯	9	8/27	戊戌	8	9/28	戊辰	8	10/28	戊戌	6	11/27	丁卯
	9	6/25	丁酉	9	7/27	戊辰	10	8/28	己亥	9	9/29	己巳	9	10/29	己亥	7	11/28	戊辰
	10	6/26	戊戌	10	7/28	己巳	11	8/29	庚子	10	9/30	庚午	10	10/30	庚子	8	11/29	己巳
	11	6/27	己亥	11	7/29	庚午	12	9/1	辛丑	11	10/1	辛未	11	11/1	辛丑	9	12/1	庚午
	12	6/28	庚子	12	7/30	辛未	13	9/2	壬寅	12	10/2	壬申	12	11/2	壬寅	10	12/2	辛未
	13	6/29	辛丑	13	8/1	壬申	14	9/3	癸卯	13	10/3	癸酉	13	11/3	癸卯	11	12/3	壬申
	14	7/1	壬寅	14	8/2	癸酉	15	9/4	甲辰	14	10/4	甲戌	14	11/4	甲辰	12	12/4	癸酉
	15	7/2	癸卯	15	8/3	甲戌	16	9/5	乙巳	15	10/5	乙亥	15	11/5	乙巳	13	12/5	甲戌
	16	7/3	甲辰	16	8/4	乙亥	17	9/6	丙午	16	10/6	丙子	16	11/6	丙午	14	12/6	乙亥
	17	7/4	乙巳	17	8/5	丙子	18	9/7	丁未	17	10/7	丁丑	17	11/7	丁未	15	12/7	丙子
	18	7/5	丙午	18	8/6	丁丑	19	9/8	戊申	18	10/8	戊寅	18	11/8	戊申	16	12/8	丁丑
	19	7/6	丁未	19	8/7	戊寅	20	9/9	己酉	19	10/9	己卯	19	11/9	己酉	17	12/9	戊寅
	20	7/7	戊申	20	8/8	己卯	21	9/10	庚戌	20	10/10	庚辰	20	11/10	庚戌	18	12/10	己卯
	21	7/8	己酉	21	8/9	庚辰	22	9/11	辛亥	21	10/11	辛巳	21	11/11	辛亥	19	12/11	庚辰
	22	7/9	庚戌	22	8/10	辛巳	23	9/12	壬子	22	10/12	壬午	22	11/12	壬子	20	12/12	辛巳
	23	7/10	辛亥	23	8/11	壬午	24	9/13	癸丑	23	10/13	癸未	23	11/13	癸丑	21	12/13	壬午
	24	7/11	壬子	24	8/12	癸未	25	9/14	甲寅	24	10/14	甲申	24	11/14	甲寅	22	12/14	癸未
	25	7/12	癸丑	25	8/13	甲申	26	9/15	乙卯	25	10/15	乙酉	25	11/15	乙卯	23	12/15	甲申
	26	7/13	甲寅	26	8/14	乙酉	27	9/16	丙辰	26	10/16	丙戌	26	11/16	丙辰	24	12/16	乙酉
	27	7/14	乙卯	27	8/15	丙戌	28	9/17	丁巳	27	10/17	丁亥	27	11/17	丁巳	25	12/17	丙戌
	28	7/15	丙辰	28	8/16	丁亥	29	9/18	戊午	28	10/18	戊子	28	11/18	戊午	26	12/18	丁亥
	29	7/16	丁巳	29	8/17	戊子	30	9/19	己未	29	10/19	己丑	29	11/19	己未	27	12/19	戊子
	30	7/17	戊午	30	8/18	己丑	31	9/20	庚申	30	10/20	庚寅	30	11/20	庚申	28	12/20	己丑
	31	7/18	己未	10/1	8/19	庚寅	11/1	9/21	辛酉	12/1	10/21	辛卯	31	11/21	辛酉	29	12/21	庚寅
	9/1	7/19	庚申	2	8/20	辛卯	2	9/22	壬戌	2	10/22	壬辰	1/1	11/22	壬戌	30	12/22	辛卯
	2	7/20	辛酉	3	8/21	壬辰	3	9/23	癸亥	3	10/23	癸巳	2	11/23	癸亥	31	12/23	壬辰
	3	7/21	壬戌	4	8/22	癸巳	4	9/24	甲子	4	10/24	甲午	3	11/24	甲子	2/1	12/24	癸巳
	4	7/22	癸亥	5	8/23	甲午	5	9/25	乙丑	5	10/25	乙未	4	11/25	乙丑	2	12/25	甲午
	5	7/23	甲子	6	8/24	乙未	6	9/26	丙寅	6	10/26	丙申				3	12/26	乙未
	6	7/24	乙丑	7	8/25	丙申	7	9/27	丁卯									

中氣	處暑	秋分	霜降	小雪	冬至	大寒
	8/23 8時47分 辰時	9/23 6時38分 卯時	10/23 16時15分 申時	11/22 14時4分 未時	12/22 3時33分 寅時	1/20 14時13分 未時

年	乙卯					
月	戊寅	己卯	庚辰	辛巳	壬午	癸未
節氣	立春	驚蟄	清明	立夏	芒種	小暑
	2/4 8時30分 辰時	3/6 2時21分 丑時	4/5 6時53分 卯時	5/5 23時54分 子時	6/6 3時50分 寅時	7/7 14時0分 未時

左欄直書：中華民國一百二十四年　兔　2035

日	戊寅 國曆	農曆	干支	己卯 國曆	農曆	干支	庚辰 國曆	農曆	干支	辛巳 國曆	農曆	干支	壬午 國曆	農曆	干支	癸未 國曆	農曆	干支
	2 4	12 27	丙申	3 6	1 27	丙寅	4 5	2 27	丙申	5 5	3 28	丙寅	6 6	5 1	戊戌	7 7	6 3	己巳
	2 5	12 28	丁酉	3 7	1 28	丁卯	4 6	2 28	丁酉	5 6	3 29	丁卯	6 7	5 2	己亥	7 8	6 4	庚午
	2 6	12 29	戊戌	3 8	1 29	戊辰	4 7	2 29	戊戌	5 7	3 30	戊辰	6 8	5 3	庚子	7 9	6 5	辛未
	2 7	12 30	己亥	3 9	1 30	己巳	4 8	3 1	己亥	5 8	4 1	己巳	6 9	5 4	辛丑	7 10	6 6	壬申
	2 8	1 1	庚子	3 10	2 1	庚午	4 9	3 2	庚子	5 9	4 2	庚午	6 10	5 5	壬寅	7 11	6 7	癸酉
	2 9	1 2	辛丑	3 11	2 2	辛未	4 10	3 3	辛丑	5 10	4 3	辛未	6 11	5 6	癸卯	7 12	6 8	甲戌
	2 10	1 3	壬寅	3 12	2 3	壬申	4 11	3 4	壬寅	5 11	4 4	壬申	6 12	5 7	甲辰	7 13	6 9	乙亥
	2 11	1 4	癸卯	3 13	2 4	癸酉	4 12	3 5	癸卯	5 12	4 5	癸酉	6 13	5 8	乙巳	7 14	6 10	丙子
	2 12	1 5	甲辰	3 14	2 5	甲戌	4 13	3 6	甲辰	5 13	4 6	甲戌	6 14	5 9	丙午	7 15	6 11	丁丑
	2 13	1 6	乙巳	3 15	2 6	乙亥	4 14	3 7	乙巳	5 14	4 7	乙亥	6 15	5 10	丁未	7 16	6 12	戊寅
	2 14	1 7	丙午	3 16	2 7	丙子	4 15	3 8	丙午	5 15	4 8	丙子	6 16	5 11	戊申	7 17	6 13	己卯
	2 15	1 8	丁未	3 17	2 8	丁丑	4 16	3 9	丁未	5 16	4 9	丁丑	6 17	5 12	己酉	7 18	6 14	庚辰
	2 16	1 9	戊申	3 18	2 9	戊寅	4 17	3 10	戊申	5 17	4 10	戊寅	6 18	5 13	庚戌	7 19	6 15	辛巳
	2 17	1 10	己酉	3 19	2 10	己卯	4 18	3 11	己酉	5 18	4 11	己卯	6 19	5 14	辛亥	7 20	6 16	壬午
	2 18	1 11	庚戌	3 20	2 11	庚辰	4 19	3 12	庚戌	5 19	4 12	庚辰	6 20	5 15	壬子	7 21	6 17	癸未
	2 19	1 12	辛亥	3 21	2 12	辛巳	4 20	3 13	辛亥	5 20	4 13	辛巳	6 21	5 16	癸丑	7 22	6 18	甲申
	2 20	1 13	壬子	3 22	2 13	壬午	4 21	3 14	壬子	5 21	4 14	壬午	6 22	5 17	甲寅	7 23	6 19	乙酉
	2 21	1 14	癸丑	3 23	2 14	癸未	4 22	3 15	癸丑	5 22	4 15	癸未	6 23	5 18	乙卯	7 24	6 20	丙戌
	2 22	1 15	甲寅	3 24	2 15	甲申	4 23	3 16	甲寅	5 23	4 16	甲申	6 24	5 19	丙辰	7 25	6 21	丁亥
	2 23	1 16	乙卯	3 25	2 16	乙酉	4 24	3 17	乙卯	5 24	4 17	乙酉	6 25	5 20	丁巳	7 26	6 22	戊子
	2 24	1 17	丙辰	3 26	2 17	丙戌	4 25	3 18	丙辰	5 25	4 18	丙戌	6 26	5 21	戊午	7 27	6 23	己丑
	2 25	1 18	丁巳	3 27	2 18	丁亥	4 26	3 19	丁巳	5 26	4 19	丁亥	6 27	5 22	己未	7 28	6 24	庚寅
	2 26	1 19	戊午	3 28	2 19	戊子	4 27	3 20	戊午	5 27	4 20	戊子	6 28	5 23	庚申	7 29	6 25	辛卯
	2 27	1 20	己未	3 29	2 20	己丑	4 28	3 21	己未	5 28	4 21	己丑	6 29	5 24	辛酉	7 30	6 26	壬辰
	2 28	1 21	庚申	3 30	2 21	庚寅	4 29	3 22	庚申	5 29	4 22	庚寅	6 30	5 25	壬戌	7 31	6 27	癸巳
	3 1	1 22	辛酉	3 31	2 22	辛卯	4 30	3 23	辛酉	5 30	4 23	辛卯	7 1	5 26	癸亥	8 1	6 28	甲午
	3 2	1 23	壬戌	4 1	2 23	壬辰	5 1	3 24	壬戌	5 31	4 24	壬辰	7 2	5 27	甲子	8 2	6 29	乙未
	3 3	1 24	癸亥	4 2	2 24	癸巳	5 2	3 25	癸亥	6 1	4 25	癸巳	7 3	5 28	乙丑	8 3	6 30	丙申
	3 4	1 25	甲子	4 3	2 25	甲午	5 3	3 26	甲子	6 2	4 26	甲午	7 4	5 29	丙寅	8 4	7 1	丁酉
	3 5	1 26	乙丑	4 4	2 26	乙未	5 4	3 27	乙丑	6 3	4 27	乙未	7 5	6 1	丁卯	8 5	7 2	戊戌
										6 4	4 28	丙申	7 6	6 2	戊辰	8 6	7 3	己亥
										6 5	4 29	丁酉				8 7	7 4	庚子

中氣	雨水	春分	穀雨	小滿	夏至	大暑
	2/19 4時15分 寅時	3/21 3時2分 寅時	4/20 13時48分 未時	5/21 12時42分 午時	6/21 20時32分 戌時	7/23 7時28分 辰時

乙卯（年）

月	節氣	日期時刻
甲申	立秋	8/7 23時53分 子時
乙酉	白露	9/8 3時1分 寅時
丙戌	寒露	10/8 18時57分 酉時
丁亥	立冬	11/7 22時23分 亥時
戊子	大雪	12/7 15時24分 申時
己丑	小寒	1/6 2時42分 丑時

中華民國一百二十四、一百二十五年　兔　2035、2036

甲申 國曆	甲申 農曆	甲申 干支	乙酉 國曆	乙酉 農曆	乙酉 干支	丙戌 國曆	丙戌 農曆	丙戌 干支	丁亥 國曆	丁亥 農曆	丁亥 干支	戊子 國曆	戊子 農曆	戊子 干支	己丑 國曆	己丑 農曆	己丑 干支
8/7	7/4	庚子	9/8	8/7	壬申	10/8	9/8	壬寅	11/7	10/8	壬申	12/7	11/8	壬寅	1/6	12/9	壬申
8/8	7/5	辛丑	9/9	8/8	癸酉	10/9	9/9	癸卯	11/8	10/9	癸酉	12/8	11/9	癸卯	1/7	12/10	癸酉
8/9	7/6	壬寅	9/10	8/9	甲戌	10/10	9/10	甲辰	11/9	10/10	甲戌	12/9	11/10	甲辰	1/8	12/11	甲戌
8/10	7/7	癸卯	9/11	8/10	乙亥	10/11	9/11	乙巳	11/10	10/11	乙亥	12/10	11/11	乙巳	1/9	12/12	乙亥
8/11	7/8	甲辰	9/12	8/11	丙子	10/12	9/12	丙午	11/11	10/12	丙子	12/11	11/12	丙午	1/10	12/13	丙子
8/12	7/9	乙巳	9/13	8/12	丁丑	10/13	9/13	丁未	11/12	10/13	丁丑	12/12	11/13	丁未	1/11	12/14	丁丑
8/13	7/10	丙午	9/14	8/13	戊寅	10/14	9/14	戊申	11/13	10/14	戊寅	12/13	11/14	戊申	1/12	12/15	戊寅
8/14	7/11	丁未	9/15	8/14	己卯	10/15	9/15	己酉	11/14	10/15	己卯	12/14	11/15	己酉	1/13	12/16	己卯
8/15	7/12	戊申	9/16	8/15	庚辰	10/16	9/16	庚戌	11/15	10/16	庚辰	12/15	11/16	庚戌	1/14	12/17	庚辰
8/16	7/13	己酉	9/17	8/16	辛巳	10/17	9/17	辛亥	11/16	10/17	辛巳	12/16	11/17	辛亥	1/15	12/18	辛巳
8/17	7/14	庚戌	9/18	8/17	壬午	10/18	9/18	壬子	11/17	10/18	壬午	12/17	11/18	壬子	1/16	12/19	壬午
8/18	7/15	辛亥	9/19	8/18	癸未	10/19	9/19	癸丑	11/18	10/19	癸未	12/18	11/19	癸丑	1/17	12/20	癸未
8/19	7/16	壬子	9/20	8/19	甲申	10/20	9/20	甲寅	11/19	10/20	甲申	12/19	11/20	甲寅	1/18	12/21	甲申
8/20	7/17	癸丑	9/21	8/20	乙酉	10/21	9/21	乙卯	11/20	10/21	乙酉	12/20	11/21	乙卯	1/19	12/22	乙酉
8/21	7/18	甲寅	9/22	8/21	丙戌	10/22	9/22	丙辰	11/21	10/22	丙戌	12/21	11/22	丙辰	1/20	12/23	丙戌
8/22	7/19	乙卯	9/23	8/22	丁亥	10/23	9/23	丁巳	11/22	10/23	丁亥	12/22	11/23	丁巳	1/21	12/24	丁亥
8/23	7/20	丙辰	9/24	8/23	戊子	10/24	9/24	戊午	11/23	10/24	戊子	12/23	11/24	戊午	1/22	12/25	戊子
8/24	7/21	丁巳	9/25	8/24	己丑	10/25	9/25	己未	11/24	10/25	己丑	12/24	11/25	己未	1/23	12/26	己丑
8/25	7/22	戊午	9/26	8/25	庚寅	10/26	9/26	庚申	11/25	10/26	庚寅	12/25	11/26	庚申	1/24	12/27	庚寅
8/26	7/23	己未	9/27	8/26	辛卯	10/27	9/27	辛酉	11/26	10/27	辛卯	12/26	11/27	辛酉	1/25	12/28	辛卯
8/27	7/24	庚申	9/28	8/27	壬辰	10/28	9/28	壬戌	11/27	10/28	壬辰	12/27	11/28	壬戌	1/26	12/29	壬辰
8/28	7/25	辛酉	9/29	8/28	癸巳	10/29	9/29	癸亥	11/28	10/29	癸巳	12/28	11/29	癸亥	1/27	12/30	癸巳
8/29	7/26	壬戌	9/30	8/29	甲午	10/30	9/30	甲子	11/29	10/30	甲午	12/29	12/1	甲子	1/28	1/1	甲午
8/30	7/27	癸亥	10/1	9/1	乙未	10/31	10/1	乙丑	11/30	11/1	乙未	12/30	12/2	乙丑	1/29	1/2	乙未
8/31	7/28	甲子	10/2	9/2	丙申	11/1	10/2	丙寅	12/1	11/2	丙申	12/31	12/3	丙寅	1/30	1/3	丙申
9/1	7/29	乙丑	10/3	9/3	丁酉	11/2	10/3	丁卯	12/2	11/3	丁酉	1/1	12/4	丁卯	1/31	1/4	丁酉
9/2	8/1	丙寅	10/4	9/4	戊戌	11/3	10/4	戊辰	12/3	11/4	戊戌	1/2	12/5	戊辰	2/1	1/5	戊戌
9/3	8/2	丁卯	10/5	9/5	己亥	11/4	10/5	己巳	12/4	11/5	己亥	1/3	12/6	己巳	2/2	1/6	己亥
9/4	8/3	戊辰	10/6	9/6	庚子	11/5	10/6	庚午	12/5	11/6	庚子	1/4	12/7	庚午	2/3	1/7	庚子
9/5	8/4	己巳	10/7	9/7	辛丑	11/6	10/7	辛未	12/6	11/7	辛丑	1/5	12/8	辛未			
9/6	8/5	庚午															
9/7	8/6	辛未															

中氣

月	中氣	日期時刻
甲申	處暑	8/23 14時43分 未時
乙酉	秋分	9/23 12時38分 午時
丙戌	霜降	10/23 15時15分 亥時
丁亥	小雪	11/22 20時2分 戌時
戊子	冬至	12/22 9時30分 巳時
己丑	大寒	1/20 20時10分 戌時

表頭資訊：

- 年：丙辰
- 月：庚寅 ／ 辛卯 ／ 壬辰 ／ 癸巳 ／ 甲午 ／ 乙未
- 節氣：
  - 立春　2/4 14時19分 未時
  - 驚蟄　3/5 8時11分 辰時
  - 清明　4/4 12時45分 午時
  - 立夏　5/5 5時48分 卯時
  - 芒種　6/5 9時46分 巳時
  - 小暑　7/6 19時56分 戌時
- 側欄：中華民國一百二十五年　龍　2036
- 中氣：
  - 雨水　2/19 10時13分 巳時
  - 春分　3/20 9時2分 巳時
  - 穀雨　4/19 19時49分 戌時
  - 小滿　5/20 18時44分 酉時
  - 夏至　6/21 2時31分 丑時
  - 大暑　7/22 13時22分 未時

立春 國曆	農曆	干支	驚蟄 國曆	農曆	干支	清明 國曆	農曆	干支	立夏 國曆	農曆	干支	芒種 國曆	農曆	干支	小暑 國曆	農曆	干支
2/4	1/8	辛丑	3/5	2/8	辛未	4/4	3/8	辛丑	5/5	4/10	壬申	6/5	5/11	癸卯	7/6	6/13	甲戌
2/5	1/9	壬寅	3/6	2/9	壬申	4/5	3/9	壬寅	5/6	4/11	癸酉	6/6	5/12	甲辰	7/7	6/14	乙亥
2/6	1/10	癸卯	3/7	2/10	癸酉	4/6	3/10	癸卯	5/7	4/12	甲戌	6/7	5/13	乙巳	7/8	6/15	丙子
2/7	1/11	甲辰	3/8	2/11	甲戌	4/7	3/11	甲辰	5/8	4/13	乙亥	6/8	5/14	丙午	7/9	6/16	丁丑
2/8	1/12	乙巳	3/9	2/12	乙亥	4/8	3/12	乙巳	5/9	4/14	丙子	6/9	5/15	丁未	7/10	6/17	戊寅
2/9	1/13	丙午	3/10	2/13	丙子	4/9	3/13	丙午	5/10	4/15	丁丑	6/10	5/16	戊申	7/11	6/18	己卯
2/10	1/14	丁未	3/11	2/14	丁丑	4/10	3/14	丁未	5/11	4/16	戊寅	6/11	5/17	己酉	7/12	6/19	庚辰
2/11	1/15	戊申	3/12	2/15	戊寅	4/11	3/15	戊申	5/12	4/17	己卯	6/12	5/18	庚戌	7/13	6/20	辛巳
2/12	1/16	己酉	3/13	2/16	己卯	4/12	3/16	己酉	5/13	4/18	庚辰	6/13	5/19	辛亥	7/14	6/21	壬午
2/13	1/17	庚戌	3/14	2/17	庚辰	4/13	3/17	庚戌	5/14	4/19	辛巳	6/14	5/20	壬子	7/15	6/22	癸未
2/14	1/18	辛亥	3/15	2/18	辛巳	4/14	3/18	辛亥	5/15	4/20	壬午	6/15	5/21	癸丑	7/16	6/23	甲申
2/15	1/19	壬子	3/16	2/19	壬午	4/15	3/19	壬子	5/16	4/21	癸未	6/16	5/22	甲寅	7/17	6/24	乙酉
2/16	1/20	癸丑	3/17	2/20	癸未	4/16	3/20	癸丑	5/17	4/22	甲申	6/17	5/23	乙卯	7/18	6/25	丙戌
2/17	1/21	甲寅	3/18	2/21	甲申	4/17	3/21	甲寅	5/18	4/23	乙酉	6/18	5/24	丙辰	7/19	6/26	丁亥
2/18	1/22	乙卯	3/19	2/22	乙酉	4/18	3/22	乙卯	5/19	4/24	丙戌	6/19	5/25	丁巳	7/20	6/27	戊子
2/19	1/23	丙辰	3/20	2/23	丙戌	4/19	3/23	丙辰	5/20	4/25	丁亥	6/20	5/26	戊午	7/21	6/28	己丑
2/20	1/24	丁巳	3/21	2/24	丁亥	4/20	3/24	丁巳	5/21	4/26	戊子	6/21	5/27	己未	7/22	6/29	庚寅
2/21	1/25	戊午	3/22	2/25	戊子	4/21	3/25	戊午	5/22	4/27	己丑	6/22	5/28	庚申	7/23	閏6/1	辛卯
2/22	1/26	己未	3/23	2/26	己丑	4/22	3/26	己未	5/23	4/28	庚寅	6/23	5/29	辛酉	7/24	6/2	壬辰
2/23	1/27	庚申	3/24	2/27	庚寅	4/23	3/27	庚申	5/24	4/29	辛卯	6/24	6/1	壬戌	7/25	6/3	癸巳
2/24	1/28	辛酉	3/25	2/28	辛卯	4/24	3/28	辛酉	5/25	4/30	壬辰	6/25	6/2	癸亥	7/26	6/4	甲午
2/25	1/29	壬戌	3/26	2/29	壬辰	4/25	3/29	壬戌	5/26	5/1	癸巳	6/26	6/3	甲子	7/27	6/5	乙未
2/26	1/30	癸亥	3/27	2/30	癸巳	4/26	4/1	癸亥	5/27	5/2	甲午	6/27	6/4	乙丑	7/28	6/6	丙申
2/27	2/1	甲子	3/28	3/1	甲午	4/27	4/2	甲子	5/28	5/3	乙未	6/28	6/5	丙寅	7/29	6/7	丁酉
2/28	2/2	乙丑	3/29	3/2	乙未	4/28	4/3	乙丑	5/29	5/4	丙申	6/29	6/6	丁卯	7/30	6/8	戊戌
2/29	2/3	丙寅	3/30	3/3	丙申	4/29	4/4	丙寅	5/30	5/5	丁酉	6/30	6/7	戊辰	7/31	6/9	己亥
3/1	2/4	丁卯	3/31	3/4	丁酉	4/30	4/5	丁卯	5/31	5/6	戊戌	7/1	6/8	己巳	8/1	6/10	庚子
3/2	2/5	戊辰	4/1	3/5	戊戌	5/1	4/6	戊辰	6/1	5/7	己亥	7/2	6/9	庚午	8/2	6/11	辛丑
3/3	2/6	己巳	4/2	3/6	己亥	5/2	4/7	己巳	6/2	5/8	庚子	7/3	6/10	辛未	8/3	6/12	壬寅
3/4	2/7	庚午	4/3	3/7	庚子	5/3	4/8	庚午	6/3	5/9	辛丑	7/4	6/11	壬申	8/4	6/13	癸卯
						5/4	4/9	辛未	6/4	5/10	壬寅	7/5	6/12	癸酉	8/5	6/14	甲辰
															8/6	6/15	乙巳

274

月	丙申			丁酉			戊戌			己亥			庚子			辛丑			年 / 月 / 節氣 / 日
節氣	立秋			白露			寒露			立冬			大雪			小寒			
時刻	8/7 5時48分 卯時			9/7 8時54分 辰時			10/8 0時48分 子時			11/7 4時13分 寅時			12/6 21時15分 亥時			1/5 8時33分 辰時			
	國曆	農曆	干支	國曆	農曆	干支	國曆	農曆	干支	國曆	農曆	干支	國曆	農曆	干支	國曆	農曆	干支	
	8/7	6/16	丙申	9/7	7/17	丁卯	10/8	8/19	戊戌	11/7	9/20	戊辰	12/6	10/19	丁酉	1/5	11/20	丁卯	中華民國一百二十五、一百二十六年 龍
	8/8	6/17	丁酉	9/8	7/18	戊辰	10/9	8/20	己亥	11/8	9/21	己巳	12/7	10/20	戊戌	1/6	11/21	戊辰	
	8/9	6/18	戊戌	9/9	7/19	己巳	10/10	8/21	庚子	11/9	9/22	庚午	12/8	10/21	己亥	1/7	11/22	己巳	
	8/10	6/19	己亥	9/10	7/20	庚午	10/11	8/22	辛丑	11/10	9/23	辛未	12/9	10/22	庚子	1/8	11/23	庚午	
	8/11	6/20	庚子	9/11	7/21	辛未	10/12	8/23	壬寅	11/11	9/24	壬申	12/10	10/23	辛丑	1/9	11/24	辛未	
	8/12	6/21	辛丑	9/12	7/22	壬申	10/13	8/24	癸卯	11/12	9/25	癸酉	12/11	10/24	壬寅	1/10	11/25	壬申	
	8/13	6/22	壬寅	9/13	7/23	癸酉	10/14	8/25	甲辰	11/13	9/26	甲戌	12/12	10/25	癸卯	1/11	11/26	癸酉	
	8/14	6/23	癸卯	9/14	7/24	甲戌	10/15	8/26	乙巳	11/14	9/27	乙亥	12/13	10/26	甲辰	1/12	11/27	甲戌	
	8/15	6/24	甲辰	9/15	7/25	乙亥	10/16	8/27	丙午	11/15	9/28	丙子	12/14	10/27	乙巳	1/13	11/28	乙亥	
	8/16	6/25	乙巳	9/16	7/26	丙子	10/17	8/28	丁未	11/16	9/29	丁丑	12/15	10/28	丙午	1/14	11/29	丙子	
	8/17	6/26	丙午	9/17	7/27	丁丑	10/18	8/29	戊申	11/17	9/30	戊寅	12/16	10/29	丁未	1/15	11/30	丁丑	
	8/18	6/27	丁未	9/18	7/28	戊寅	10/19	9/1	己酉	11/18	10/1	己卯	12/17	11/1	戊申	1/16	12/1	戊寅	
	8/19	6/28	戊申	9/19	7/29	己卯	10/20	9/2	庚戌	11/19	10/2	庚辰	12/18	11/2	己酉	1/17	12/2	己卯	
	8/20	6/29	己酉	9/20	8/1	庚辰	10/21	9/3	辛亥	11/20	10/3	辛巳	12/19	11/3	庚戌	1/18	12/3	庚辰	
	8/21	6/30	庚戌	9/21	8/2	辛巳	10/22	9/4	壬子	11/21	10/4	壬午	12/20	11/4	辛亥	1/19	12/4	辛巳	
	8/22	7/1	辛亥	9/22	8/3	壬午	10/23	9/5	癸丑	11/22	10/5	癸未	12/21	11/5	壬子	1/20	12/5	壬午	一〇三六、二〇三七
	8/23	7/2	壬子	9/23	8/4	癸未	10/24	9/6	甲寅	11/23	10/6	甲申	12/22	11/6	癸丑				
	8/24	7/3	癸丑	9/24	8/5	甲申	10/25	9/7	乙卯	11/24	10/7	乙酉	12/23	11/7	甲寅				
	8/25	7/4	甲寅	9/25	8/6	乙酉	10/26	9/8	丙辰	11/25	10/8	丙戌	12/24	11/8	乙卯				
	8/26	7/5	乙卯	9/26	8/7	丙戌	10/27	9/9	丁巳	11/26	10/9	丁亥	12/25	11/9	丙辰				
	8/27	7/6	丙辰	9/27	8/8	丁亥	10/28	9/10	戊午	11/27	10/10	戊子	12/26	11/10	丁巳				
	8/28	7/7	丁巳	9/28	8/9	戊子	10/29	9/11	己未	11/28	10/11	己丑	12/27	11/11	戊午				
	8/29	7/8	戊午	9/29	8/10	己丑	10/30	9/12	庚申	11/29	10/12	庚寅	12/28	11/12	己未				
	8/30	7/9	己未	9/30	8/11	庚寅	10/31	9/13	辛酉	11/30	10/13	辛卯	12/29	11/13	庚申				
	8/31	7/10	庚申	10/1	8/12	辛卯	11/1	9/14	壬戌	12/1	10/14	壬辰	12/30	11/14	辛酉				二〇三六
	9/1	7/11	辛酉	10/2	8/13	壬辰	11/2	9/15	癸亥	12/2	10/15	癸巳	12/31	11/15	壬戌				、
	9/2	7/12	壬戌	10/3	8/14	癸巳	11/3	9/16	甲子	12/3	10/16	甲午	1/1	11/16	癸亥				二〇三七
	9/3	7/13	癸亥	10/4	8/15	甲午	11/4	9/17	乙丑	12/4	10/17	乙未	1/2	11/17	甲子				
	9/4	7/14	甲子	10/5	8/16	乙未	11/5	9/18	丙寅	12/5	10/18	丙申	1/3	11/18	乙丑				
	9/5	7/15	乙丑	10/6	8/17	丙申	11/6	9/19	丁卯				1/4	11/19	丙寅				
	9/6	7/16	丙寅	10/7	8/18	丁酉													

中氣	處暑		秋分		霜降		小雪		冬至		大寒		中氣
	8/22 20時31分 戌時		9/22 18時22分 酉時		10/23 3時58分 寅時		11/22 1時44分 丑時		12/21 15時12分 申時		1/20 1時53分 丑時		

年										丁巳							
月	壬寅			癸卯			甲辰			乙巳			丙午			丁未		
節氣	立春			驚蟄			清明			立夏			芒種			小暑		
	2/3 20時10分 戌時			3/5 14時5分 未時			4/4 18時43分 酉時			5/5 11時48分 午時			6/5 15時46分 申時			7/7 11時54分 丑時		
日	國曆	農曆	干支	國曆	農曆	干支	國曆	農曆	干支	國曆	農曆	干支	國曆	農曆	干支	國曆	農曆	干支
	2 3	12 19	丙午	3 5	1 19	丙子	4 4	2 19	丙午	5 5	3 20	丁丑	6 5	4 22	戊申	7 7	5 24	庚辰
	2 4	12 20	丁未	3 6	1 20	丁丑	4 5	2 20	丁未	5 6	3 21	戊寅	6 6	4 23	己酉	7 8	5 25	辛巳
	2 5	12 21	戊申	3 7	1 21	戊寅	4 6	2 21	戊申	5 7	3 22	己卯	6 7	4 24	庚戌	7 9	5 26	壬午
	2 6	12 22	己酉	3 8	1 22	己卯	4 7	2 22	己酉	5 8	3 23	庚辰	6 8	4 25	辛亥	7 10	5 27	癸未
	2 7	12 23	庚戌	3 9	1 23	庚辰	4 8	2 23	庚戌	5 9	3 24	辛巳	6 9	4 26	壬子	7 11	5 28	甲申
中	2 8	12 24	辛亥	3 10	1 24	辛巳	4 9	2 24	辛亥	5 10	3 25	壬午	6 10	4 27	癸丑	7 12	5 29	乙酉
華	2 9	12 25	壬子	3 11	1 25	壬午	4 10	2 25	壬子	5 11	3 26	癸未	6 11	4 28	甲寅	7 13	6 1	丙戌
民	2 10	12 26	癸丑	3 12	1 26	癸未	4 11	2 26	癸丑	5 12	3 27	甲申	6 12	4 29	乙卯	7 14	6 2	丁亥
國	2 11	12 27	甲寅	3 13	1 27	甲申	4 12	2 27	甲寅	5 13	3 28	乙酉	6 13	4 30	丙辰	7 15	6 3	戊子
一	2 12	12 28	乙卯	3 14	1 28	乙酉	4 13	2 28	乙卯	5 14	3 29	丙戌	6 14	5 1	丁巳	7 16	6 4	己丑
百	2 13	12 29	丙辰	3 15	1 29	丙戌	4 14	2 29	丙辰	5 15	4 1	丁亥	6 15	5 2	戊午	7 17	6 5	庚寅
二	2 14	12 30	丁巳	3 16	1 30	丁亥	4 15	2 30	丁巳	5 16	4 2	戊子	6 16	5 3	己未	7 18	6 6	辛卯
十	2 15	1 1	戊午	3 17	2 1	戊子	4 16	3 1	戊午	5 17	4 3	己丑	6 17	5 4	庚申	7 19	6 7	壬辰
六	2 16	1 2	己未	3 18	2 2	己丑	4 17	3 2	己未	5 18	4 4	庚寅	6 18	5 5	辛酉	7 20	6 8	癸巳
年	2 17	1 3	庚申	3 19	2 3	庚寅	4 18	3 3	庚申	5 19	4 5	辛卯	6 19	5 6	壬戌	7 21	6 9	甲午
	2 18	1 4	辛酉	3 20	2 4	辛卯	4 19	3 4	辛酉	5 20	4 6	壬辰	6 20	5 7	癸亥	7 22	6 10	乙未
	2 19	1 5	壬戌	3 21	2 5	壬辰	4 20	3 5	壬戌	5 21	4 7	癸巳	6 21	5 8	甲子	7 23	6 11	丙申
蛇	2 20	1 6	癸亥	3 22	2 6	癸巳	4 21	3 6	癸亥	5 22	4 8	甲午	6 22	5 9	乙丑	7 24	6 12	丁酉
	2 21	1 7	甲子	3 23	2 7	甲午	4 22	3 7	甲子	5 23	4 9	乙未	6 23	5 10	丙寅	7 25	6 13	戊戌
	2 22	1 8	乙丑	3 24	2 8	乙未	4 23	3 8	乙丑	5 24	4 10	丙申	6 24	5 11	丁卯	7 26	6 14	己亥
	2 23	1 9	丙寅	3 25	2 9	丙申	4 24	3 9	丙寅	5 25	4 11	丁酉	6 25	5 12	戊辰	7 27	6 15	庚子
	2 24	1 10	丁卯	3 26	2 10	丁酉	4 25	3 10	丁卯	5 26	4 12	戊戌	6 26	5 13	己巳	7 28	6 16	辛丑
2	2 25	1 11	戊辰	3 27	2 11	戊戌	4 26	3 11	戊辰	5 27	4 13	己亥	6 27	5 14	庚午	7 29	6 17	壬寅
0	2 26	1 12	己巳	3 28	2 12	己亥	4 27	3 12	己巳	5 28	4 14	庚子	6 28	5 15	辛未	7 30	6 18	癸卯
3	2 27	1 13	庚午	3 29	2 13	庚子	4 28	3 13	庚午	5 29	4 15	辛丑	6 29	5 16	壬申	7 31	6 19	甲辰
7	2 28	1 14	辛未	3 30	2 14	辛丑	4 29	3 14	辛未	5 30	4 16	壬寅	6 30	5 17	癸酉	8 1	6 20	乙巳
	3 1	1 15	壬申	3 31	2 15	壬寅	4 30	3 15	壬申	5 31	4 17	癸卯	7 1	5 18	甲戌	8 2	6 21	丙午
	3 2	1 16	癸酉	4 1	2 16	癸卯	5 1	3 16	癸酉	6 1	4 18	甲辰	7 2	5 19	乙亥	8 3	6 22	丁未
	3 3	1 17	甲戌	4 2	2 17	甲辰	5 2	3 17	甲戌	6 2	4 19	乙巳	7 3	5 20	丙子	8 4	6 23	戊申
	3 4	1 18	乙亥	4 3	2 18	乙巳	5 3	3 18	乙亥	6 3	4 20	丙午	7 4	5 21	丁丑	8 5	6 24	己酉
							5 4	3 19	丙子	6 4	4 21	丁未	7 5	5 22	戊寅	8 6	6 25	庚戌
													7 6	5 23	己卯			
中氣	雨水			春分			穀雨			小滿			夏至			大暑		
	2/18 15時58分 申時			3/20 14時49分 未時			4/20 19時39分 丑時			5/21 0時34分 子時			6/21 8時21分 辰時			7/22 19時11分 戌時		

丁巳

中華民國一百二十六、一百二十七年　蛇　2037、2038

節氣

月	戊申	己酉	庚戌	辛亥	壬子	癸丑
節氣	立秋 7日11時42分 午時	白露 9/7 14時44分 未時	寒露 10/8 6時37分 卯時	立冬 11/7 10時3分 巳時	大雪 12/7 3時6分 寅時	小寒 1/5 14時26分 未時

戊申 國曆	農曆	干支	己酉 國曆	農曆	干支	庚戌 國曆	農曆	干支	辛亥 國曆	農曆	干支	壬子 國曆	農曆	干支	癸丑 國曆	農曆	干支
7	6/26	辛亥	9/7	7/28	壬午	10/8	8/30	癸丑	11/7	10/1	癸未	12/7	11/1	癸丑	1/5	12/1	壬午
8	6/27	壬子	8	7/29	癸未	9	9/1	甲寅	8	10/2	甲申	8	11/2	甲寅	6	12/2	癸未
9	6/28	癸丑	9	8/1	甲申	10	9/2	乙卯	9	10/3	乙酉	9	11/3	乙卯	7	12/3	甲申
10	6/29	甲寅	10	8/2	乙酉	11	9/3	丙辰	10	10/4	丙戌	10	11/4	丙辰	8	12/4	乙酉
11	7/1	乙卯	11	8/3	丙戌	12	9/4	丁巳	11	10/5	丁亥	11	11/5	丁巳	9	12/5	丙戌
12	7/2	丙辰	12	8/4	丁亥	13	9/5	戊午	12	10/6	戊子	12	11/6	戊午	10	12/6	丁亥
13	7/3	丁巳	13	8/5	戊子	14	9/6	己未	13	10/7	己丑	13	11/7	己未	11	12/7	戊子
14	7/4	戊午	14	8/6	己丑	15	9/7	庚申	14	10/8	庚寅	14	11/8	庚申	12	12/8	己丑
15	7/5	己未	15	8/7	庚寅	16	9/8	辛酉	15	10/9	辛卯	15	11/9	辛酉	13	12/9	庚寅
16	7/6	庚申	16	8/8	辛卯	17	9/9	壬戌	16	10/10	壬辰	16	11/10	壬戌	14	12/10	辛卯
17	7/7	辛酉	17	8/9	壬辰	18	9/10	癸亥	17	10/11	癸巳	17	11/11	癸亥	15	12/11	壬辰
18	7/8	壬戌	18	8/10	癸巳	19	9/11	甲子	18	10/12	甲午	18	11/12	甲子	16	12/12	癸巳
19	7/9	癸亥	19	8/11	甲午	20	9/12	乙丑	19	10/13	乙未	19	11/13	乙丑	17	12/13	甲午
20	7/10	甲子	20	8/12	乙未	21	9/13	丙寅	20	10/14	丙申	20	11/14	丙寅	18	12/14	乙未
21	7/11	乙丑	21	8/13	丙申	22	9/14	丁卯	21	10/15	丁酉	21	11/15	丁卯	19	12/15	丙申
22	7/12	丙寅	22	8/14	丁酉	23	9/15	戊辰	22	10/16	戊戌	22	11/16	戊辰	20	12/16	丁酉
23	7/13	丁卯	23	8/15	戊戌	24	9/16	己巳	23	10/17	己亥	23	11/17	己巳	21	12/17	戊戌
24	7/14	戊辰	24	8/16	己亥	25	9/17	庚午	24	10/18	庚子	24	11/18	庚午	22	12/18	己亥
25	7/15	己巳	25	8/17	庚子	26	9/18	辛未	25	10/19	辛丑	25	11/19	辛未	23	12/19	庚子
26	7/16	庚午	26	8/18	辛丑	27	9/19	壬申	26	10/20	壬寅	26	11/20	壬申	24	12/20	辛丑
27	7/17	辛未	27	8/19	壬寅	28	9/20	癸酉	27	10/21	癸卯	27	11/21	癸酉	25	12/21	壬寅
28	7/18	壬申	28	8/20	癸卯	29	9/21	甲戌	28	10/22	甲辰	28	11/22	甲戌	26	12/22	癸卯
29	7/19	癸酉	29	8/21	甲辰	30	9/22	乙亥	29	10/23	乙巳	29	11/23	乙亥	27	12/23	甲辰
30	7/20	甲戌	30	8/22	乙巳	31	9/23	丙子	30	10/24	丙午	30	11/24	丙子	28	12/24	乙巳
31	7/21	乙亥	10/1	8/23	丙午	11/1	9/24	丁丑	12/1	10/25	丁未	31	11/25	丁丑	29	12/25	丙午
9/1	7/22	丙子	2	8/24	丁未	2	9/25	戊寅	2	10/26	戊申	1/1	11/26	戊寅	30	12/26	丁未
2	7/23	丁丑	3	8/25	戊申	3	9/26	己卯	3	10/27	己酉	2	11/27	己卯	31	12/27	戊申
3	7/24	戊寅	4	8/26	己酉	4	9/27	庚辰	4	10/28	庚戌	3	11/28	庚辰	2/1	12/28	己酉
4	7/25	己卯	5	8/27	庚戌	5	9/28	辛巳	5	10/29	辛亥	4	11/29	辛巳	2	12/29	庚戌
5	7/26	庚辰	6	8/28	辛亥	6	9/29	壬午	6	10/30	壬子				3	12/30	辛亥
6	7/27	辛巳	7	8/29	壬子												

中氣

處暑	秋分	霜降	小雪	冬至	大寒
23 2時21分 丑時	9/23 0時12分 子時	10/23 9時49分 巳時	11/22 7時37分 辰時	12/21 21時7分 亥時	1/20 7時48分 辰時

277

戊午年（中華民國一百二十七年　馬　2038）

年	戊午

月／節氣／中氣

月	節氣	日期·時刻	中氣	日期·時刻
甲寅	立春	2/4 2時3分 丑時	雨水	2/18 21時51分 亥時
乙卯	驚蟄	3/5 19時54分 戌時	春分	3/20 20時39分 戌時
丙辰	清明	4/5 0時28分 子時	穀雨	4/20 7時27分 辰時
丁巳	立夏	5/5 17時30分 酉時	小滿	5/21 6時22分 卯時
戊午	芒種	6/5 21時24分 亥時	夏至	6/21 14時8分 未時
己未	小暑	7/7 7時31分 辰時	大暑	7/23 0時59分 子時

日（國曆／農曆／干支）

甲寅 國曆	農曆	干支	乙卯 國曆	農曆	干支	丙辰 國曆	農曆	干支	丁巳 國曆	農曆	干支	戊午 國曆	農曆	干支	己未 國曆	農曆	干支
2/4	1/1	壬子	3/5	1/30	辛巳	4/5	3/1	壬子	5/5	4/2	壬午	6/5	5/3	癸丑	7/7	6/6	乙酉
2/5	1/2	癸丑	3/6	2/1	壬午	4/6	3/2	癸丑	5/6	4/3	癸未	6/6	5/4	甲寅	7/8	6/7	丙戌
2/6	1/3	甲寅	3/7	2/2	癸未	4/7	3/3	甲寅	5/7	4/4	甲申	6/7	5/5	乙卯	7/9	6/8	丁亥
2/7	1/4	乙卯	3/8	2/3	甲申	4/8	3/4	乙卯	5/8	4/5	乙酉	6/8	5/6	丙辰	7/10	6/9	戊子
2/8	1/5	丙辰	3/9	2/4	乙酉	4/9	3/5	丙辰	5/9	4/6	丙戌	6/9	5/7	丁巳	7/11	6/10	己丑
2/9	1/6	丁巳	3/10	2/5	丙戌	4/10	3/6	丁巳	5/10	4/7	丁亥	6/10	5/8	戊午	7/12	6/11	庚寅
2/10	1/7	戊午	3/11	2/6	丁亥	4/11	3/7	戊午	5/11	4/8	戊子	6/11	5/9	己未	7/13	6/12	辛卯
2/11	1/8	己未	3/12	2/7	戊子	4/12	3/8	己未	5/12	4/9	己丑	6/12	5/10	庚申	7/14	6/13	壬辰
2/12	1/9	庚申	3/13	2/8	己丑	4/13	3/9	庚申	5/13	4/10	庚寅	6/13	5/11	辛酉	7/15	6/14	癸巳
2/13	1/10	辛酉	3/14	2/9	庚寅	4/14	3/10	辛酉	5/14	4/11	辛卯	6/14	5/12	壬戌	7/16	6/15	甲午
2/14	1/11	壬戌	3/15	2/10	辛卯	4/15	3/11	壬戌	5/15	4/12	壬辰	6/15	5/13	癸亥	7/17	6/16	乙未
2/15	1/12	癸亥	3/16	2/11	壬辰	4/16	3/12	癸亥	5/16	4/13	癸巳	6/16	5/14	甲子	7/18	6/17	丙申
2/16	1/13	甲子	3/17	2/12	癸巳	4/17	3/13	甲子	5/17	4/14	甲午	6/17	5/15	乙丑	7/19	6/18	丁酉
2/17	1/14	乙丑	3/18	2/13	甲午	4/18	3/14	乙丑	5/18	4/15	乙未	6/18	5/16	丙寅	7/20	6/19	戊戌
2/18	1/15	丙寅	3/19	2/14	乙未	4/19	3/15	丙寅	5/19	4/16	丙申	6/19	5/17	丁卯	7/21	6/20	己亥
2/19	1/16	丁卯	3/20	2/15	丙申	4/20	3/16	丁卯	5/20	4/17	丁酉	6/20	5/18	戊辰	7/22	6/21	庚子
2/20	1/17	戊辰	3/21	2/16	丁酉	4/21	3/17	戊辰	5/21	4/18	戊戌	6/21	5/19	己巳	7/23	6/22	辛丑
2/21	1/18	己巳	3/22	2/17	戊戌	4/22	3/18	己巳	5/22	4/19	己亥	6/22	5/20	庚午	7/24	6/23	壬寅
2/22	1/19	庚午	3/23	2/18	己亥	4/23	3/19	庚午	5/23	4/20	庚子	6/23	5/21	辛未	7/25	6/24	癸卯
2/23	1/20	辛未	3/24	2/19	庚子	4/24	3/20	辛未	5/24	4/21	辛丑	6/24	5/22	壬申	7/26	6/25	甲辰
2/24	1/21	壬申	3/25	2/20	辛丑	4/25	3/21	壬申	5/25	4/22	壬寅	6/25	5/23	癸酉	7/27	6/26	乙巳
2/25	1/22	癸酉	3/26	2/21	壬寅	4/26	3/22	癸酉	5/26	4/23	癸卯	6/26	5/24	甲戌	7/28	6/27	丙午
2/26	1/23	甲戌	3/27	2/22	癸卯	4/27	3/23	甲戌	5/27	4/24	甲辰	6/27	5/25	乙亥	7/29	6/28	丁未
2/27	1/24	乙亥	3/28	2/23	甲辰	4/28	3/24	乙亥	5/28	4/25	乙巳	6/28	5/26	丙子	7/30	6/29	戊申
2/28	1/25	丙子	3/29	2/24	乙巳	4/29	3/25	丙子	5/29	4/26	丙午	6/29	5/27	丁丑	7/31	6/30	己酉
3/1	1/26	丁丑	3/30	2/25	丙午	4/30	3/26	丁丑	5/30	4/27	丁未	6/30	5/28	戊寅	8/1	7/1	庚戌
3/2	1/27	戊寅	3/31	2/26	丁未	5/1	3/27	戊寅	5/31	4/28	戊申	7/1	5/29	己卯	8/2	7/2	辛亥
3/3	1/28	己卯	4/1	2/27	戊申	5/2	3/28	己卯	6/1	4/29	己酉	7/2	6/1	庚辰	8/3	7/3	壬子
3/4	1/29	庚辰	4/2	2/28	己酉	5/3	3/29	庚辰	6/2	4/30	庚戌	7/3	6/2	辛巳	8/4	7/4	癸丑
			4/3	2/29	庚戌	5/4	4/1	辛巳	6/3	5/1	辛亥	7/4	6/3	壬午	8/5	7/5	甲寅
			4/4	2/30	辛亥				6/4	5/2	壬子	7/5	6/4	癸未	8/6	7/6	乙卯
												7/6	6/5	甲申	8/7	7/7	丙辰

278

戊午																													年
庚申				辛酉					壬戌					癸亥					甲子					乙丑					月
立秋				白露					寒露					立冬					大雪					小寒					節氣
17時20分 酉時				9/7 20時25分 戌時					10/8 12時20分 午時					11/7 15時50分 申時					12/7 8時55分 辰時					1/5 20時15分 戌時					
曆	農曆		干支	國曆		農曆		干支	國曆		農曆		干支	國曆		農曆		干支	國曆		農曆		干支	國曆		農曆		干支	日
7	7	7	丙辰	9	7	8	9	丁亥	10	8	9	10	戊午	11	7	10	11	戊子	12	7	11	12	戊午	1	5	12	11	丁亥	
8	7	8	丁巳	9	8	8	10	戊子	10	9	9	11	己未	11	8	10	12	己丑	12	8	11	13	己未	1	6	12	12	戊子	
9	7	9	戊午	9	9	8	11	己丑	10	10	9	12	庚申	11	9	10	13	庚寅	12	9	11	14	庚申	1	7	12	13	己丑	
10	7	10	己未	9	10	8	12	庚寅	10	11	9	13	辛酉	11	10	10	14	辛卯	12	10	11	15	辛酉	1	8	12	14	庚寅	
11	7	11	庚申	9	11	8	13	辛卯	10	12	9	14	壬戌	11	11	10	15	壬辰	12	11	11	16	壬戌	1	9	12	15	辛卯	
12	7	12	辛酉	9	12	8	14	壬辰	10	13	9	15	癸亥	11	12	10	16	癸巳	12	12	11	17	癸亥	1	10	12	16	壬辰	
13	7	13	壬戌	9	13	8	15	癸巳	10	14	9	16	甲子	11	13	10	17	甲午	12	13	11	18	甲子	1	11	12	17	癸巳	
14	7	14	癸亥	9	14	8	16	甲午	10	15	9	17	乙丑	11	14	10	18	乙未	12	14	11	19	乙丑	1	12	12	18	甲午	
15	7	15	甲子	9	15	8	17	乙未	10	16	9	18	丙寅	11	15	10	19	丙申	12	15	11	20	丙寅	1	13	12	19	乙未	
16	7	16	乙丑	9	16	8	18	丙申	10	17	9	19	丁卯	11	16	10	20	丁酉	12	16	11	21	丁卯	1	14	12	20	丙申	
17	7	17	丙寅	9	17	8	19	丁酉	10	18	9	20	戊辰	11	17	10	21	戊戌	12	17	11	22	戊辰	1	15	12	21	丁酉	
18	7	18	丁卯	9	18	8	20	戊戌	10	19	9	21	己巳	11	18	10	22	己亥	12	18	11	23	己巳	1	16	12	22	戊戌	
19	7	19	戊辰	9	19	8	21	己亥	10	20	9	22	庚午	11	19	10	23	庚子	12	19	11	24	庚午	1	17	12	23	己亥	
20	7	20	己巳	9	20	8	22	庚子	10	21	9	23	辛未	11	20	10	24	辛丑	12	20	11	25	辛未	1	18	12	24	庚子	
21	7	21	庚午	9	21	8	23	辛丑	10	22	9	24	壬申	11	21	10	25	壬寅	12	21	11	26	壬申	1	19	12	25	辛丑	
22	7	22	辛未	9	22	8	24	壬寅	10	23	9	25	癸酉	11	22	10	26	癸卯	12	22	11	27	癸酉	1	20	12	26	壬寅	
23	7	23	壬申	9	23	8	25	癸卯	10	24	9	26	甲戌	11	23	10	27	甲辰	12	23	11	28	甲戌	1	21	12	27	癸卯	
24	7	24	癸酉	9	24	8	26	甲辰	10	25	9	27	乙亥	11	24	10	28	乙巳	12	24	11	29	乙亥	1	22	12	28	甲辰	
25	7	25	甲戌	9	25	8	27	乙巳	10	26	9	28	丙子	11	25	10	29	丙午	12	25	11	30	丙子	1	23	12	29	乙巳	
26	7	26	乙亥	9	26	8	28	丙午	10	27	9	29	丁丑	11	26	11	1	丁未	12	26	12	1	丁丑	1	24	1	1	丙午	
27	7	27	丙子	9	27	8	29	丁未	10	28	10	1	戊寅	11	27	11	2	戊申	12	27	12	2	戊寅	1	25	1	2	丁未	
28	7	28	丁丑	9	28	8	30	戊申	10	29	10	2	己卯	11	28	11	3	己酉	12	28	12	3	己卯	1	26	1	3	戊申	
29	7	29	戊寅	9	29	9	1	己酉	10	30	10	3	庚辰	11	29	11	4	庚戌	12	29	12	4	庚辰	1	27	1	4	己酉	
30	8	1	己卯	9	30	9	2	庚戌	10	31	10	4	辛巳	11	30	11	5	辛亥	12	30	12	5	辛巳	1	28	1	5	庚戌	
31	8	2	庚辰	10	1	9	3	辛亥	11	1	10	5	壬午	12	1	11	6	壬子	12	31	12	6	壬午	1	29	1	6	辛亥	
1	8	3	辛巳	10	2	9	4	壬子	11	2	10	6	癸未	12	2	11	7	癸丑	1	1	12	7	癸未	1	30	1	7	壬子	
2	8	4	壬午	10	3	9	5	癸丑	11	3	10	7	甲申	12	3	11	8	甲寅	1	2	12	8	甲申	1	31	1	8	癸丑	
3	8	5	癸未	10	4	9	6	甲寅	11	4	10	8	乙酉	12	4	11	9	乙卯	1	3	12	9	乙酉	2	1	1	9	甲寅	
4	8	6	甲申	10	5	9	7	乙卯	11	5	10	9	丙戌	12	5	11	10	丙辰	1	4	12	10	丙戌	2	2	1	10	乙卯	
5	8	7	乙酉	10	6	9	8	丙辰	11	6	10	10	丁亥	12	6	11	11	丁巳						2	3	1	11	丙辰	
6	8	8	丙戌	10	7	9	9	丁巳																					
處暑				秋分					霜降					小雪					冬至					大寒					中氣
/23 8時9分 辰時				9/23 6時1分 卯時					10/23 15時39分 申時					11/22 13時30分 未時					12/22 3時1分 寅時					1/20 13時42分 未時					

中華民國一百二十七、一百二十八年 馬

2038、2039

年	己未																	
月	丙寅			丁卯			戊辰			己巳			庚午			辛未		
節氣	立春			驚蟄			清明			立夏			芒種			小暑		
	2/4 7時52分 辰時			3/6 1時42分 丑時			4/5 6時15分 卯時			5/5 23時17分 子時			6/6 3時14分 寅時			7/7 13時25分 未時		
日	國曆	農曆	干支	國曆	農曆	干支	國曆	農曆	干支	國曆	農曆	干支	國曆	農曆	干支	國曆	農曆	干
	2 4	1 12	丁巳	3 6	2 12	丁亥	4 5	3 12	丁巳	5 5	4 13	丁亥	6 6	5 15	丁未	7 7	5 16	庚
	2 5	1 13	戊午	3 7	2 13	戊子	4 6	3 13	戊午	5 6	4 14	戊子	6 7	5 16	庚申	7 8	5 17	辛
	2 6	1 14	己未	3 8	2 14	己丑	4 7	3 14	己未	5 7	4 15	己丑	6 8	5 17	辛酉	7 9	5 18	壬
	2 7	1 15	庚申	3 9	2 15	庚寅	4 8	3 15	庚申	5 8	4 16	庚寅	6 9	5 18	壬戌	7 10	5 19	癸
中	2 8	1 16	辛酉	3 10	2 16	辛卯	4 9	3 16	辛酉	5 9	4 17	辛卯	6 10	5 19	癸亥	7 11	5 20	甲
華	2 9	1 17	壬戌	3 11	2 17	壬辰	4 10	3 17	壬戌	5 10	4 18	壬辰	6 11	5 20	甲子	7 12	5 21	乙
民	2 10	1 18	癸亥	3 12	2 18	癸巳	4 11	3 18	癸亥	5 11	4 19	癸巳	6 12	5 21	乙丑	7 13	5 22	丙
國	2 11	1 19	甲子	3 13	2 19	甲午	4 12	3 19	甲子	5 12	4 20	甲午	6 13	5 22	丙寅	7 14	5 23	丁
一	2 12	1 20	乙丑	3 14	2 20	乙未	4 13	3 20	乙丑	5 13	4 21	乙未	6 14	5 23	丁卯	7 15	5 24	戊
百	2 13	1 21	丙寅	3 15	2 21	丙申	4 14	3 21	丙寅	5 14	4 22	丙申	6 15	5 24	戊辰	7 16	5 25	己
二	2 14	1 22	丁卯	3 16	2 22	丁酉	4 15	3 22	丁卯	5 15	4 23	丁酉	6 16	5 25	己巳	7 17	5 26	庚
十	2 15	1 23	戊辰	3 17	2 23	戊戌	4 16	3 23	戊辰	5 16	4 24	戊戌	6 17	5 26	庚午	7 18	5 27	辛
八	2 16	1 24	己巳	3 18	2 24	己亥	4 17	3 24	己巳	5 17	4 25	己亥	6 18	5 27	辛未	7 19	5 28	壬
年	2 17	1 25	庚午	3 19	2 25	庚子	4 18	3 25	庚午	5 18	4 26	庚子	6 19	5 28	壬申	7 20	5 29	癸
羊	2 18	1 26	辛未	3 20	2 26	辛丑	4 19	3 26	辛未	5 19	4 27	辛丑	6 20	5 29	癸酉	7 21	6 1	甲
	2 19	1 27	壬申	3 21	2 27	壬寅	4 20	3 27	壬申	5 20	4 28	壬寅	6 21	5 30	甲戌	7 22	6 2	乙
	2 20	1 28	癸酉	3 22	2 28	癸卯	4 21	3 28	癸酉	5 21	4 29	癸卯	6 22	閏5 1	乙亥	7 23	6 3	丙
	2 21	1 29	甲戌	3 23	2 29	甲辰	4 22	3 29	甲戌	5 22	4 30	甲辰	6 23	5 2	丙子	7 24	6 4	丁
	2 22	1 30	乙亥	3 24	2 30	乙巳	4 23	4 1	乙亥	5 23	5 1	乙巳	6 24	5 3	丁丑	7 25	6 5	戊
	2 23	2 1	丙子	3 25	3 1	丙午	4 24	4 2	丙子	5 24	5 2	丙午	6 25	5 4	戊寅	7 26	6 6	己
	2 24	2 2	丁丑	3 26	3 2	丁未	4 25	4 3	丁丑	5 25	5 3	丁未	6 26	5 5	己卯	7 27	6 7	庚
	2 25	2 3	戊寅	3 27	3 3	戊申	4 26	4 4	戊寅	5 26	5 4	戊申	6 27	5 6	庚辰	7 28	6 8	辛
2	2 26	2 4	己卯	3 28	3 4	己酉	4 27	4 5	己卯	5 27	5 5	己酉	6 28	5 7	辛巳	7 29	6 9	壬
0	2 27	2 5	庚辰	3 29	3 5	庚戌	4 28	4 6	庚辰	5 28	5 6	庚戌	6 29	5 8	壬午	7 30	6 10	癸
3	2 28	2 6	辛巳	3 30	3 6	辛亥	4 29	4 7	辛巳	5 29	5 7	辛亥	6 30	5 9	癸未	7 31	6 11	甲
9	3 1	2 7	壬午	3 31	3 7	壬子	4 30	4 8	壬午	5 30	5 8	壬子	7 1	5 10	甲申	8 1	6 12	乙
	3 2	2 8	癸未	4 1	3 8	癸丑	5 1	4 9	癸未	5 31	5 9	癸丑	7 2	5 11	乙酉	8 2	6 13	丙
	3 3	2 9	甲申	4 2	3 9	甲寅	5 2	4 10	甲申	6 1	5 10	甲寅	7 3	5 12	丙戌	8 3	6 14	丁
	3 4	2 10	乙酉	4 3	3 10	乙卯	5 3	4 11	乙酉	6 2	5 11	乙卯	7 4	5 13	丁亥	8 4	6 15	戊
	3 5	2 11	丙戌	4 4	3 11	丙辰	5 4	4 12	丙戌	6 3	5 12	丙辰	7 5	5 14	戊子	8 5	6 16	己
										6 4	5 13	丁巳	7 6	5 15	己丑	8 6	6 17	庚
										6 5	5 14	戊午						
中氣	雨水			春分			穀雨			小滿			夏至			大暑		
	2/19 3時45分 寅時			3/21 2時31分 丑時			4/20 13時17分 未時			5/21 12時10分 午時			6/21 19時56分 戌時			7/23 6時47分 卯時		

280

己未　／　年月

月干支	壬申	癸酉	甲戌	乙亥	丙子	丁丑
節氣	立秋	白露	寒露	立冬	大雪	小寒
時刻	23時17分 子時	9/8 2時23分 丑時	10/8 18時16分 酉時	11/7 21時42分 亥時	12/7 14時44分 未時	1/6 2時2分 丑時

中華民國一百二十八、一百二十九年　羊　2039、2040

壬申 國曆	農曆	干支	癸酉 國曆	農曆	干支	甲戌 國曆	農曆	干支	乙亥 國曆	農曆	干支	丙子 國曆	農曆	干支	丁丑 國曆	農曆	干支
7	6/18	辛酉	9/8	7/20	癸巳	10/8	8/21	癸亥	11/7	9/21	癸巳	12/7	10/21	癸亥	1/6	11/22	癸巳
8	19	壬戌	9	21	甲午	9	22	甲子	8	22	甲午	8	22	甲子	7	23	甲午
9	20	癸亥	10	22	乙未	10	23	乙丑	9	23	乙未	9	23	乙丑	8	24	乙未
10	21	甲子	11	23	丙申	11	24	丙寅	10	24	丙申	10	24	丙寅	9	25	丙申
11	22	乙丑	12	24	丁酉	12	25	丁卯	11	25	丁酉	11	25	丁卯	10	26	丁酉
12	23	丙寅	13	25	戊戌	13	26	戊辰	12	26	戊戌	12	26	戊辰	11	27	戊戌
13	24	丁卯	14	26	己亥	14	27	己巳	13	27	己亥	13	27	己巳	12	28	己亥
14	25	戊辰	15	27	庚子	15	28	庚午	14	28	庚子	14	28	庚午	13	29	庚子
15	26	己巳	16	28	辛丑	16	29	辛未	15	29	辛丑	15	29	辛未	14	12/1	辛丑
16	27	庚午	17	29	壬寅	17	30	壬申	16	30	壬寅	16	30	壬申	15	2	壬寅
17	28	辛未	18	8/1	癸卯	18	9/1	癸酉	17	10/1	癸卯	17	11/1	癸酉	16	3	癸卯
18	29	壬申	19	2	甲辰	19	2	甲戌	18	2	甲辰	18	2	甲戌	17	4	甲辰
19	30	癸酉	20	3	乙巳	20	3	乙亥	19	3	乙巳	19	3	乙亥	18	5	乙巳
20	7/1	甲戌	21	4	丙午	21	4	丙子	20	4	丙午	20	4	丙子	19	6	丙午
21	2	乙亥	22	5	丁未	22	5	丁丑	21	5	丁未	21	5	丁丑	20	7	丁未
22	3	丙子	23	6	戊申	23	6	戊寅	22	6	戊申	22	6	戊寅	21	8	戊申
23	4	丁丑	24	7	己酉	24	7	己卯	23	7	己酉	23	7	己卯	22	9	己酉
24	5	戊寅	25	8	庚戌	25	8	庚辰	24	8	庚戌	24	8	庚辰	23	10	庚戌
25	6	己卯	26	9	辛亥	26	9	辛巳	25	9	辛亥	25	9	辛巳	24	11	辛亥
26	7	庚辰	27	10	壬子	27	10	壬午	26	10	壬子	26	10	壬午	25	12	壬子
27	8	辛巳	28	11	癸丑	28	11	癸未	27	11	癸丑	27	11	癸未	26	13	癸丑
28	9	壬午	29	12	甲寅	29	12	甲申	28	12	甲寅	28	12	甲申	27	14	甲寅
29	10	癸未	30	13	乙卯	30	13	乙酉	29	13	乙卯	29	13	乙酉	28	15	乙卯
30	11	甲申	10/1	14	丙辰	31	14	丙戌	30	14	丙辰	30	14	丙戌	29	16	丙辰
31	12	乙酉	2	15	丁巳	11/1	15	丁亥	12/1	15	丁巳	31	15	丁亥	30	17	丁巳
9/1	13	丙戌	3	16	戊午	2	16	戊子	2	16	戊午	1/1	16	戊子	31	18	戊午
2	14	丁亥	4	17	己未	3	17	己丑	3	17	己未	2	17	己丑	2/1	19	己未
3	15	戊子	5	18	庚申	4	18	庚寅	4	18	庚申	3	18	庚寅	2	20	庚申
4	16	己丑	6	19	辛酉	5	19	辛卯	5	19	辛酉	4	19	辛卯	3	21	辛酉
5	17	庚寅	7	20	壬戌	6	20	壬辰	6	20	壬戌	5	20	壬辰			
6	18	辛卯				7	21	癸巳				6	21	癸巳			
7	19	壬辰															

中氣	處暑	秋分	霜降	小雪	冬至	大寒
時刻	13時57分 未時	9/23 11時48分 午時	10/23 21時24分 亥時	11/22 19時11分 戌時	12/22 8時39分 辰時	1/20 19時20分 戌時

年	庚申																
月	戊寅			己卯			庚辰			辛巳			壬午			癸未		
節氣	立春			驚蟄			清明			立夏			芒種			小暑		
	2/4 13時39分 未時			3/5 7時30分 辰時			4/4 12時4分 午時			5/5 5時8分 卯時			6/5 9時7分 巳時			7/6 19時18分 戌時		
日	國曆	農曆	干支	國曆	農曆	干支	國曆	農曆	干支	國曆	農曆	干支	國曆	農曆	干支	國曆	農曆	干支
	2 4	12 22	壬戌	3 5	1 23	壬辰	4 4	2 23	壬戌	5 5	3 25	癸巳	6 5	4 26	甲子	7 6	5 27	乙未
	2 5	12 23	癸亥	3 6	1 24	癸巳	4 5	2 24	癸亥	5 6	3 26	甲午	6 6	4 27	乙丑	7 7	5 28	丙申
	2 6	12 24	甲子	3 7	1 25	甲午	4 6	2 25	甲子	5 7	3 27	乙未	6 7	4 28	丙寅	7 8	5 29	丁酉
	2 7	12 25	乙丑	3 8	1 26	乙未	4 7	2 26	乙丑	5 8	3 28	丙申	6 8	4 29	丁卯	7 9	6 1	戊戌
	2 8	12 26	丙寅	3 9	1 27	丙申	4 8	2 27	丙寅	5 9	3 29	丁酉	6 9	4 30	戊辰	7 10	6 2	己亥
中	2 9	12 27	丁卯	3 10	1 28	丁酉	4 9	2 28	丁卯	5 10	3 30	戊戌	6 10	5 1	己巳	7 11	6 3	庚子
華	2 10	12 28	戊辰	3 11	1 29	戊戌	4 10	2 29	戊辰	5 11	4 1	己亥	6 11	5 2	庚午	7 12	6 4	辛丑
民	2 11	12 29	己巳	3 12	1 30	己亥	4 11	3 1	己巳	5 12	4 2	庚子	6 12	5 3	辛未	7 13	6 5	壬寅
國	2 12	1 1	庚午	3 13	2 1	庚子	4 12	3 2	庚午	5 13	4 3	辛丑	6 13	5 4	壬申	7 14	6 6	癸卯
一	2 13	1 2	辛未	3 14	2 2	辛丑	4 13	3 3	辛未	5 14	4 4	壬寅	6 14	5 5	癸酉	7 15	6 7	甲辰
百	2 14	1 3	壬申	3 15	2 3	壬寅	4 14	3 4	壬申	5 15	4 5	癸卯	6 15	5 6	甲戌	7 16	6 8	乙巳
二	2 15	1 4	癸酉	3 16	2 4	癸卯	4 15	3 5	癸酉	5 16	4 6	甲辰	6 16	5 7	乙亥	7 17	6 9	丙午
十	2 16	1 5	甲戌	3 17	2 5	甲辰	4 16	3 6	甲戌	5 17	4 7	乙巳	6 17	5 8	丙子	7 18	6 10	丁未
九	2 17	1 6	乙亥	3 18	2 6	乙巳	4 17	3 7	乙亥	5 18	4 8	丙午	6 18	5 9	丁丑	7 19	6 11	戊申
年	2 18	1 7	丙子	3 19	2 7	丙午	4 18	3 8	丙子	5 19	4 9	丁未	6 19	5 10	戊寅	7 20	6 12	己酉
	2 19	1 8	丁丑	3 20	2 8	丁未	4 19	3 9	丁丑	5 20	4 10	戊申	6 20	5 11	己卯	7 21	6 13	庚戌
猴	2 20	1 9	戊寅	3 21	2 9	戊申	4 20	3 10	戊寅	5 21	4 11	己酉	6 21	5 12	庚辰	7 22	6 14	辛亥
	2 21	1 10	己卯	3 22	2 10	己酉	4 21	3 11	己卯	5 22	4 12	庚戌	6 22	5 13	辛巳	7 23	6 15	壬子
	2 22	1 11	庚辰	3 23	2 11	庚戌	4 22	3 12	庚辰	5 23	4 13	辛亥	6 23	5 14	壬午	7 24	6 16	癸丑
	2 23	1 12	辛巳	3 24	2 12	辛亥	4 23	3 13	辛巳	5 24	4 14	壬子	6 24	5 15	癸未	7 25	6 17	甲寅
	2 24	1 13	壬午	3 25	2 13	壬子	4 24	3 14	壬午	5 25	4 15	癸丑	6 25	5 16	甲申	7 26	6 18	乙卯
	2 25	1 14	癸未	3 26	2 14	癸丑	4 25	3 15	癸未	5 26	4 16	甲寅	6 26	5 17	乙酉	7 27	6 19	丙辰
	2 26	1 15	甲申	3 27	2 15	甲寅	4 26	3 16	甲申	5 27	4 17	乙卯	6 27	5 18	丙戌	7 28	6 20	丁巳
2	2 27	1 16	乙酉	3 28	2 16	乙卯	4 27	3 17	乙酉	5 28	4 18	丙辰	6 28	5 19	丁亥	7 29	6 21	戊午
0	2 28	1 17	丙戌	3 29	2 17	丙辰	4 28	3 18	丙戌	5 29	4 19	丁巳	6 29	5 20	戊子	7 30	6 22	己未
4	2 29	1 18	丁亥	3 30	2 18	丁巳	4 29	3 19	丁亥	5 30	4 20	戊午	6 30	5 21	己丑	7 31	6 23	庚申
0	3 1	1 19	戊子	3 31	2 19	戊午	4 30	3 20	戊子	5 31	4 21	己未	7 1	5 22	庚寅	8 1	6 24	辛酉
	3 2	1 20	己丑	4 1	2 20	己未	5 1	3 21	己丑	6 1	4 22	庚申	7 2	5 23	辛卯	8 2	6 25	壬戌
	3 3	1 21	庚寅	4 2	2 21	庚申	5 2	3 22	庚寅	6 2	4 23	辛酉	7 3	5 24	壬辰	8 3	6 26	癸亥
	3 4	1 22	辛卯	4 3	2 22	辛酉	5 3	3 23	辛卯	6 3	4 24	壬戌	7 4	5 25	癸巳	8 4	6 27	甲子
							5 4	3 24	壬辰	6 4	4 25	癸亥	7 5	5 26	甲午	8 5	6 28	乙丑
																8 6	6 29	丙寅
中氣	雨水			春分			穀雨			小滿			夏至			大暑		
	2/19 9時23分 巳時			3/20 8時10分 辰時			4/19 18時58分 酉時			5/20 17時54分 酉時			6/21 1時45分 丑時			7/22 12時40分		

庚申　年

節氣（上）

月	節氣	國曆日期・時刻
甲申	立秋	5時9分 卯時
乙酉	白露	9/7 8時13分 辰時
丙戌	寒露	10/8 0時4分 子時
丁亥	立冬	11/7 3時28分 寅時
戊子	大雪	12/6 20時29分 戌時
己丑	小寒	1/5 7時47分 辰時

日

甲申 國曆	農曆	干支	乙酉 國曆	農曆	干支	丙戌 國曆	農曆	干支	丁亥 國曆	農曆	干支	戊子 國曆	農曆	干支	己丑 國曆	農曆	干支
8/7	6/30	丁卯	9/7	8/2	戊戌	10/8	9/3	己巳	11/7	10/3	己亥	12/6	11/3	戊辰	1/5	12/3	戊戌
8/8	7/1	戊辰	9/8	8/3	己亥	10/9	9/4	庚午	11/8	10/4	庚子	12/7	11/4	己巳	1/6	12/4	己亥
8/9	7/2	己巳	9/9	8/4	庚子	10/10	9/5	辛未	11/9	10/5	辛丑	12/8	11/5	庚午	1/7	12/5	庚子
8/10	7/3	庚午	9/10	8/5	辛丑	10/11	9/6	壬申	11/10	10/6	壬寅	12/9	11/6	辛未	1/8	12/6	辛丑
8/11	7/4	辛未	9/11	8/6	壬寅	10/12	9/7	癸酉	11/11	10/7	癸卯	12/10	11/7	壬申	1/9	12/7	壬寅
8/12	7/5	壬申	9/12	8/7	癸卯	10/13	9/8	甲戌	11/12	10/8	甲辰	12/11	11/8	癸酉	1/10	12/8	癸卯
8/13	7/6	癸酉	9/13	8/8	甲辰	10/14	9/9	乙亥	11/13	10/9	乙巳	12/12	11/9	甲戌	1/11	12/9	甲辰
8/14	7/7	甲戌	9/14	8/9	乙巳	10/15	9/10	丙子	11/14	10/10	丙午	12/13	11/10	乙亥	1/12	12/10	乙巳
8/15	7/8	乙亥	9/15	8/10	丙午	10/16	9/11	丁丑	11/15	10/11	丁未	12/14	11/11	丙子	1/13	12/11	丙午
8/16	7/9	丙子	9/16	8/11	丁未	10/17	9/12	戊寅	11/16	10/12	戊申	12/15	11/12	丁丑	1/14	12/12	丁未
8/17	7/10	丁丑	9/17	8/12	戊申	10/18	9/13	己卯	11/17	10/13	己酉	12/16	11/13	戊寅	1/15	12/13	戊申
8/18	7/11	戊寅	9/18	8/13	己酉	10/19	9/14	庚辰	11/18	10/14	庚戌	12/17	11/14	己卯	1/16	12/14	己酉
8/19	7/12	己卯	9/19	8/14	庚戌	10/20	9/15	辛巳	11/19	10/15	辛亥	12/18	11/15	庚辰	1/17	12/15	庚戌
8/20	7/13	庚辰	9/20	8/15	辛亥	10/21	9/16	壬午	11/20	10/16	壬子	12/19	11/16	辛巳	1/18	12/16	辛亥
8/21	7/14	辛巳	9/21	8/16	壬子	10/22	9/17	癸未	11/21	10/17	癸丑	12/20	11/17	壬午	1/19	12/17	壬子
8/22	7/15	壬午	9/22	8/17	癸丑	10/23	9/18	甲申	11/22	10/18	甲寅	12/21	11/18	癸未	1/20	12/18	癸丑
8/23	7/16	癸未	9/23	8/18	甲寅	10/24	9/19	乙酉	11/23	10/19	乙卯	12/22	11/19	甲申	1/21	12/19	甲寅
8/24	7/17	甲申	9/24	8/19	乙卯	10/25	9/20	丙戌	11/24	10/20	丙辰	12/23	11/20	乙酉	1/22	12/20	乙卯
8/25	7/18	乙酉	9/25	8/20	丙辰	10/26	9/21	丁亥	11/25	10/21	丁巳	12/24	11/21	丙戌	1/23	12/21	丙辰
8/26	7/19	丙戌	9/26	8/21	丁巳	10/27	9/22	戊子	11/26	10/22	戊午	12/25	11/22	丁亥	1/24	12/22	丁巳
8/27	7/20	丁亥	9/27	8/22	戊午	10/28	9/23	己丑	11/27	10/23	己未	12/26	11/23	戊子	1/25	12/23	戊午
8/28	7/21	戊子	9/28	8/23	己未	10/29	9/24	庚寅	11/28	10/24	庚申	12/27	11/24	己丑	1/26	12/24	己未
8/29	7/22	己丑	9/29	8/24	庚申	10/30	9/25	辛卯	11/29	10/25	辛酉	12/28	11/25	庚寅	1/27	12/25	庚申
8/30	7/23	庚寅	9/30	8/25	辛酉	10/31	9/26	壬辰	11/30	10/26	壬戌	12/29	11/26	辛卯	1/28	12/26	辛酉
8/31	7/24	辛卯	10/1	8/26	壬戌	11/1	9/27	癸巳	12/1	10/27	癸亥	12/30	11/27	壬辰	1/29	12/27	壬戌
9/1	7/25	壬辰	10/2	8/27	癸亥	11/2	9/28	甲午	12/2	10/28	甲子	12/31	11/28	癸巳	1/30	12/28	癸亥
9/2	7/26	癸巳	10/3	8/28	甲子	11/3	9/29	乙未	12/3	10/29	乙丑	1/1	11/29	甲午	1/31	12/29	甲子
9/3	7/27	甲午	10/4	8/29	乙丑	11/4	9/30	丙申	12/4	11/1	丙寅	1/2	11/30	乙未	2/1	1/1	乙丑
9/4	7/28	乙未	10/5	8/30	丙寅	11/5	10/1	丁酉	12/5	11/2	丁卯	1/3	12/1	丙申	2/2	1/2	丙寅
9/5	7/29	丙申	10/6	9/1	丁卯	11/6	10/2	戊戌				1/4	12/2	丁酉			
9/6	8/1	丁酉	10/7	9/2	戊辰												

年：中華民國一百二十九、一百三十年　猴　2040、2041

中氣（下）

中氣	國曆日期・時刻
處暑	19時52分 戌時
秋分	9/22 17時44分 酉時
霜降	10/23 3時18分 寅時
小雪	11/22 1時4分 丑時
冬至	12/21 14時32分 未時
大寒	1/20 1時12分 丑時

年									辛酉									
月	庚寅			辛卯			壬辰			癸巳			甲午			乙未		
節氣	立春			驚蟄			清明			立夏			芒種			小暑		
	2/3 19時24分 戌時			3/5 13時17分 未時			4/4 17時51分 酉時			5/5 10時53分 巳時			6/5 14時49分 未時			7/7 0時57分		
日	國曆	農曆	干支	國曆	農曆	干支	國曆	農曆	干支	國曆	農曆	干支	國曆	農曆	干支	國曆	農曆	干支
	2/3	1 3	丁卯	3/5	2 4	丁酉	4/5	3 5	戊辰	5/5	4 6	戊戌	6/5	5 7	己巳	7/7	6 10	辛丑
	2/4	1 4	戊辰	3/6	2 5	戊戌	4/6	3 6	己巳	5/6	4 7	己亥	6/6	5 8	庚午	7/8	6 11	壬寅
	2/5	1 5	己巳	3/7	2 6	己亥	4/7	3 7	庚午	5/7	4 8	庚子	6/7	5 9	辛未	7/9	6 12	癸卯
	2/6	1 6	庚午	3/8	2 7	庚子	4/8	3 8	辛未	5/8	4 9	辛丑	6/8	5 10	壬申	7/10	6 13	甲辰
	2/7	1 7	辛未	3/9	2 8	辛丑	4/9	3 9	壬申	5/9	4 10	壬寅	6/9	5 11	癸酉	7/11	6 14	乙巳
中	2/8	1 8	壬申	3/10	2 9	壬寅	4/10	3 10	癸酉	5/10	4 11	癸卯	6/10	5 12	甲戌	7/12	6 15	丙午
華	2/9	1 9	癸酉	3/11	2 10	癸卯	4/11	3 11	甲戌	5/11	4 12	甲辰	6/11	5 13	乙亥	7/13	6 16	丁未
民	2/10	1 10	甲戌	3/12	2 11	甲辰	4/12	3 12	乙亥	5/12	4 13	乙巳	6/12	5 14	丙子	7/14	6 17	戊申
國	2/11	1 11	乙亥	3/13	2 12	乙巳	4/13	3 13	丙子	5/13	4 14	丙午	6/13	5 15	丁丑	7/15	6 18	己酉
一	2/12	1 12	丙子	3/14	2 13	丙午	4/14	3 14	丁丑	5/14	4 15	丁未	6/14	5 16	戊寅	7/16	6 19	庚戌
百	2/13	1 13	丁丑	3/15	2 14	丁未	4/15	3 15	戊寅	5/15	4 16	戊申	6/15	5 17	己卯	7/17	6 20	辛亥
三	2/14	1 14	戊寅	3/16	2 15	戊申	4/16	3 16	己卯	5/16	4 17	己酉	6/16	5 18	庚辰	7/18	6 21	壬子
十	2/15	1 15	己卯	3/17	2 16	己酉	4/17	3 17	庚辰	5/17	4 18	庚戌	6/17	5 19	辛巳	7/19	6 22	癸丑
年	2/16	1 16	庚辰	3/18	2 17	庚戌	4/18	3 18	辛巳	5/18	4 19	辛亥	6/18	5 20	壬午	7/20	6 23	甲寅
	2/17	1 17	辛巳	3/19	2 18	辛亥	4/19	3 19	壬午	5/19	4 20	壬子	6/19	5 21	癸未	7/21	6 24	乙卯
雞	2/18	1 18	壬午	3/20	2 19	壬子	4/20	3 20	癸未	5/20	4 21	癸丑	6/20	5 22	甲申	7/22	6 25	丙辰
	2/19	1 19	癸未	3/21	2 20	癸丑	4/21	3 21	甲申	5/21	4 22	甲寅	6/21	5 23	乙酉	7/23	6 26	丁巳
	2/20	1 20	甲申	3/22	2 21	甲寅	4/22	3 22	乙酉	5/22	4 23	乙卯	6/22	5 24	丙戌	7/24	6 27	戊午
	2/21	1 21	乙酉	3/23	2 22	乙卯	4/23	3 23	丙戌	5/23	4 24	丙辰	6/23	5 25	丁亥	7/25	6 28	己未
	2/22	1 22	丙戌	3/24	2 23	丙辰	4/24	3 24	丁亥	5/24	4 25	丁巳	6/24	5 26	戊子	7/26	6 29	庚申
	2/23	1 23	丁亥	3/25	2 24	丁巳	4/25	3 25	戊子	5/25	4 26	戊午	6/25	5 27	己丑	7/27	6 30	辛酉
	2/24	1 24	戊子	3/26	2 25	戊午	4/26	3 26	己丑	5/26	4 27	己未	6/26	5 28	庚寅	7/28	7 1	壬戌
2	2/25	1 25	己丑	3/27	2 26	己未	4/27	3 27	庚寅	5/27	4 28	庚申	6/27	5 29	辛卯	7/29	7 2	癸亥
0	2/26	1 26	庚寅	3/28	2 27	庚申	4/28	3 28	辛卯	5/28	4 29	辛酉	6/28	6 1	壬辰	7/30	7 3	甲子
4	2/27	1 27	辛卯	3/29	2 28	辛酉	4/29	3 29	壬辰	5/29	4 30	壬戌	6/29	6 2	癸巳	7/31	7 4	乙丑
1	2/28	1 28	壬辰	3/30	2 29	壬戌	4/30	4 1	癸巳	5/30	5 1	癸亥	6/30	6 3	甲午	8/1	7 5	丙寅
	3/1	1 29	癸巳	3/31	2 30	癸亥	5/1	4 2	甲午	5/31	5 2	甲子	7/1	6 4	乙未	8/2	7 6	丁卯
	3/2	2 1	甲午	4/1	3 1	甲子	5/2	4 3	乙未	6/1	5 3	乙丑	7/2	6 5	丙申	8/3	7 7	戊辰
	3/3	2 2	乙未	4/2	3 2	乙丑	5/3	4 4	丙申	6/2	5 4	丙寅	7/3	6 6	丁酉	8/4	7 8	己巳
	3/4	2 3	丙申	4/3	3 3	丙寅	5/4	4 5	丁酉	6/3	5 5	丁卯	7/4	6 7	戊戌	8/5	7 9	庚午
				4/4	3 4	丁卯				6/4	5 6	戊辰	7/5	6 8	己亥	8/6	7 10	辛未
													7/6	6 9	庚子			
中氣	雨水			春分			穀雨			小滿			夏至			大暑		
	2/18 15時16分 申時			3/20 14時6分 未時			4/20 0時54分 子時			5/20 23時48分 子時			6/21 7時35分 辰時			7/22 18時25分		

284

辛酉

月	丙申	丁酉	戊戌	己亥	庚子	辛丑
節氣	立秋	白露	寒露	立冬	大雪	小寒
	8/7 10時47分 巳時	9/7 13時52分 未時	10/8 5時46分 卯時	11/7 9時12分 巳時	12/7 2時15分 丑時	1/5 13時34分 未時

年／月欄：中華民國一百三十、一百三十一年　雞　（2041、2042）

國曆	農曆	干支	國曆	農曆	干支	國曆	農曆	干支	國曆	農曆	干支	國曆	農曆	干支	國曆	農曆	干支
8/7	7/11	壬申	9/7	8/12	癸卯	10/8	9/14	甲戌	11/7	10/14	甲辰	12/7	11/14	甲戌	1/5	12/14	癸卯
8/8	7/12	癸酉	9/8	8/13	甲辰	10/9	9/15	乙亥	11/8	10/15	乙巳	12/8	11/15	乙亥	1/6	12/15	甲辰
8/9	7/13	甲戌	9/9	8/14	乙巳	10/10	9/16	丙子	11/9	10/16	丙午	12/9	11/16	丙子	1/7	12/16	乙巳
8/10	7/14	乙亥	9/10	8/15	丙午	10/11	9/17	丁丑	11/10	10/17	丁未	12/10	11/17	丁丑	1/8	12/17	丙午
8/11	7/15	丙子	9/11	8/16	丁未	10/12	9/18	戊寅	11/11	10/18	戊申	12/11	11/18	戊寅	1/9	12/18	丁未
8/12	7/16	丁丑	9/12	8/17	戊申	10/13	9/19	己卯	11/12	10/19	己酉	12/12	11/19	己卯	1/10	12/19	戊申
8/13	7/17	戊寅	9/13	8/18	己酉	10/14	9/20	庚辰	11/13	10/20	庚戌	12/13	11/20	庚辰	1/11	12/20	己酉
8/14	7/18	己卯	9/14	8/19	庚戌	10/15	9/21	辛巳	11/14	10/21	辛亥	12/14	11/21	辛巳	1/12	12/21	庚戌
8/15	7/19	庚辰	9/15	8/20	辛亥	10/16	9/22	壬午	11/15	10/22	壬子	12/15	11/22	壬午	1/13	12/22	辛亥
8/16	7/20	辛巳	9/16	8/21	壬子	10/17	9/23	癸未	11/16	10/23	癸丑	12/16	11/23	癸未	1/14	12/23	壬子
8/17	7/21	壬午	9/17	8/22	癸丑	10/18	9/24	甲申	11/17	10/24	甲寅	12/17	11/24	甲申	1/15	12/24	癸丑
8/18	7/22	癸未	9/18	8/23	甲寅	10/19	9/25	乙酉	11/18	10/25	乙卯	12/18	11/25	乙酉	1/16	12/25	甲寅
8/19	7/23	甲申	9/19	8/24	乙卯	10/20	9/26	丙戌	11/19	10/26	丙辰	12/19	11/26	丙戌	1/17	12/26	乙卯
8/20	7/24	乙酉	9/20	8/25	丙辰	10/21	9/27	丁亥	11/20	10/27	丁巳	12/20	11/27	丁亥	1/18	12/27	丙辰
8/21	7/25	丙戌	9/21	8/26	丁巳	10/22	9/28	戊子	11/21	10/28	戊午	12/21	11/28	戊子	1/19	12/28	丁巳
8/22	7/26	丁亥	9/22	8/27	戊午	10/23	9/29	己丑	11/22	10/29	己未	12/22	11/29	己丑	1/20	12/29	戊午
8/23	7/27	戊子	9/23	8/28	己未	10/24	9/30	庚寅	11/23	10/30	庚申	12/23	12/1	庚寅	1/21	12/30	己未
8/24	7/28	己丑	9/24	8/29	庚申	10/25	10/1	辛卯	11/24	11/1	辛酉	12/24	12/2	辛卯	1/22	1/1	庚申
8/25	7/29	庚寅	9/25	9/1	辛酉	10/26	10/2	壬辰	11/25	11/2	壬戌	12/25	12/3	壬辰	1/23	1/2	辛酉
8/26	7/30	辛卯	9/26	9/2	壬戌	10/27	10/3	癸巳	11/26	11/3	癸亥	12/26	12/4	癸巳	1/24	1/3	壬戌
8/27	8/1	壬辰	9/27	9/3	癸亥	10/28	10/4	甲午	11/27	11/4	甲子	12/27	12/5	甲午	1/25	1/4	癸亥
8/28	8/2	癸巳	9/28	9/4	甲子	10/29	10/5	乙未	11/28	11/5	乙丑	12/28	12/6	乙未	1/26	1/5	甲子
8/29	8/3	甲午	9/29	9/5	乙丑	10/30	10/6	丙申	11/29	11/6	丙寅	12/29	12/7	丙申	1/27	1/6	乙丑
8/30	8/4	乙未	9/30	9/6	丙寅	10/31	10/7	丁酉	11/30	11/7	丁卯	12/30	12/8	丁酉	1/28	1/7	丙寅
8/31	8/5	丙申	10/1	9/7	丁卯	11/1	10/8	戊戌	12/1	11/8	戊辰	12/31	12/9	戊戌	1/29	1/8	丁卯
9/1	8/6	丁酉	10/2	9/8	戊辰	11/2	10/9	己亥	12/2	11/9	己巳	1/1	12/10	己亥	1/30	1/9	戊辰
9/2	8/7	戊戌	10/3	9/9	己巳	11/3	10/10	庚子	12/3	11/10	庚午	1/2	12/11	庚子	1/31	1/10	己巳
9/3	8/8	己亥	10/4	9/10	庚午	11/4	10/11	辛丑	12/4	11/11	辛未	1/3	12/12	辛丑	2/1	1/11	庚午
9/4	8/9	庚子	10/5	9/11	辛未	11/5	10/12	壬寅	12/5	11/12	壬申	1/4	12/13	壬寅	2/2	1/12	辛未
9/5	8/10	辛丑	10/6	9/12	壬申	11/6	10/13	癸卯	12/6	11/13	癸酉				2/3	1/13	壬申
9/6	8/11	壬寅	10/7	9/13	癸酉												

中氣	處暑	秋分	霜降	小雪	冬至	大寒
	8/23 1時35分 丑時	9/22 23時25分 子時	10/23 9時1分 巳時	11/22 6時48分 卯時	12/21 20時17分 戌時	1/20 6時59分 卯時

年：壬戌　中華民國一百三十一年　狗　2042

月	壬寅			癸卯			甲辰			乙巳			丙午			丁未		
節氣	立春			驚蟄			清明			立夏			芒種			小暑		
	2/4 1時12分 丑時			3/5 19時5分 戌時			4/4 23時39分 子時			5/5 16時42分 申時			6/5 20時37分 戌時			7/7 6時46分 卯時		
日	國曆	農曆	干支	國曆	農曆	干支	國曆	農曆	干支	國曆	農曆	干支	國曆	農曆	干支	國曆	農曆	干支
	2/4	1/14	癸酉	3/5	2/14	壬寅	4/4	閏2/14	壬申	5/5	3/16	癸卯	6/5	4/18	甲戌	7/7	5/20	丙午
	2/5	1/15	甲戌	3/6	2/15	癸卯	4/5	閏2/15	癸酉	5/6	3/17	甲辰	6/6	4/19	乙亥	7/8	5/21	丁未
	2/6	1/16	乙亥	3/7	2/16	甲辰	4/6	閏2/16	甲戌	5/7	3/18	乙巳	6/7	4/20	丙子	7/9	5/22	戊申
	2/7	1/17	丙子	3/8	2/17	乙巳	4/7	閏2/17	乙亥	5/8	3/19	丙午	6/8	4/21	丁丑	7/10	5/23	己酉
	2/8	1/18	丁丑	3/9	2/18	丙午	4/8	閏2/18	丙子	5/9	3/20	丁未	6/9	4/22	戊寅	7/11	5/24	庚戌
	2/9	1/19	戊寅	3/10	2/19	丁未	4/9	閏2/19	丁丑	5/10	3/21	戊申	6/10	4/23	己卯	7/12	5/25	辛亥
	2/10	1/20	己卯	3/11	2/20	戊申	4/10	閏2/20	戊寅	5/11	3/22	己酉	6/11	4/24	庚辰	7/13	5/26	壬子
	2/11	1/21	庚辰	3/12	2/21	己酉	4/11	閏2/21	己卯	5/12	3/23	庚戌	6/12	4/25	辛巳	7/14	5/27	癸丑
	2/12	1/22	辛巳	3/13	2/22	庚戌	4/12	閏2/22	庚辰	5/13	3/24	辛亥	6/13	4/26	壬午	7/15	5/28	甲寅
	2/13	1/23	壬午	3/14	2/23	辛亥	4/13	閏2/23	辛巳	5/14	3/25	壬子	6/14	4/27	癸未	7/16	5/29	乙卯
	2/14	1/24	癸未	3/15	2/24	壬子	4/14	閏2/24	壬午	5/15	3/26	癸丑	6/15	4/28	甲申	7/17	6/1	丙辰
	2/15	1/25	甲申	3/16	2/25	癸丑	4/15	閏2/25	癸未	5/16	3/27	甲寅	6/16	4/29	乙酉	7/18	6/2	丁巳
	2/16	1/26	乙酉	3/17	2/26	甲寅	4/16	閏2/26	甲申	5/17	3/28	乙卯	6/17	4/30	丙戌	7/19	6/3	戊午
	2/17	1/27	丙戌	3/18	2/27	乙卯	4/17	閏2/27	乙酉	5/18	3/29	丙辰	6/18	5/1	丁亥	7/20	6/4	己未
	2/18	1/28	丁亥	3/19	2/28	丙辰	4/18	閏2/28	丙戌	5/19	4/1	丁巳	6/19	5/2	戊子	7/21	6/5	庚申
	2/19	1/29	戊子	3/20	2/29	丁巳	4/19	閏2/29	丁亥	5/20	4/2	戊午	6/20	5/3	己丑	7/22	6/6	辛酉
	2/20	2/1	己丑	3/21	2/30	戊午	4/20	3/1	戊子	5/21	4/3	己未	6/21	5/4	庚寅	7/23	6/7	壬戌
	2/21	2/2	庚寅	3/22	閏2/1	己未	4/21	3/2	己丑	5/22	4/4	庚申	6/22	5/5	辛卯	7/24	6/8	癸亥
	2/22	2/3	辛卯	3/23	閏2/2	庚申	4/22	3/3	庚寅	5/23	4/5	辛酉	6/23	5/6	壬辰	7/25	6/9	甲子
	2/23	2/4	壬辰	3/24	閏2/3	辛酉	4/23	3/4	辛卯	5/24	4/6	壬戌	6/24	5/7	癸巳	7/26	6/10	乙丑
	2/24	2/5	癸巳	3/25	閏2/4	壬戌	4/24	3/5	壬辰	5/25	4/7	癸亥	6/25	5/8	甲午	7/27	6/11	丙寅
	2/25	2/6	甲午	3/26	閏2/5	癸亥	4/25	3/6	癸巳	5/26	4/8	甲子	6/26	5/9	乙未	7/28	6/12	丁卯
	2/26	2/7	乙未	3/27	閏2/6	甲子	4/26	3/7	甲午	5/27	4/9	乙丑	6/27	5/10	丙申	7/29	6/13	戊辰
	2/27	2/8	丙申	3/28	閏2/7	乙丑	4/27	3/8	乙未	5/28	4/10	丙寅	6/28	5/11	丁酉	7/30	6/14	己巳
	2/28	2/9	丁酉	3/29	閏2/8	丙寅	4/28	3/9	丙申	5/29	4/11	丁卯	6/29	5/12	戊戌	7/31	6/15	庚午
	3/1	2/10	戊戌	3/30	閏2/9	丁卯	4/29	3/10	丁酉	5/30	4/12	戊辰	6/30	5/13	己亥	8/1	6/16	辛未
	3/2	2/11	己亥	3/31	閏2/10	戊辰	4/30	3/11	戊戌	5/31	4/13	己巳	7/1	5/14	庚子	8/2	6/17	壬申
	3/3	2/12	庚子	4/1	閏2/11	己巳	5/1	3/12	己亥	6/1	4/14	庚午	7/2	5/15	辛丑	8/3	6/18	癸酉
	3/4	2/13	辛丑	4/2	閏2/12	庚午	5/2	3/13	庚子	6/2	4/15	辛未	7/3	5/16	壬寅	8/4	6/19	甲戌
				4/3	閏2/13	辛未	5/3	3/14	辛丑	6/3	4/16	壬申	7/4	5/17	癸卯	8/5	6/20	乙亥
							5/4	3/15	壬寅	6/4	4/17	癸酉	7/5	5/18	甲辰	8/6	6/21	丙子

中氣

雨水	春分	穀雨	小滿	夏至	大暑
2/18 21時3分 亥時	3/20 19時52分 戌時	4/20 6時38分 卯時	5/21 5時30分 卯時	6/21 13時15分 未時	7/23 0時5分 子時

壬戌 （年）

月： 戊申　｜　己酉　｜　庚戌　｜　辛亥　｜　壬子　｜　癸丑

節氣	立秋	白露	寒露	立冬	大雪	小寒
時刻	6時38分 申時	9/7 19時44分 戌時	10/8 11時39分 午時	11/7 15時6分 申時	12/7 8時9分 辰時	1/5 19時24分 戌時

戊申 國曆	農曆	干支	己酉 國曆	農曆	干支	庚戌 國曆	農曆	干支	辛亥 國曆	農曆	干支	壬子 國曆	農曆	干支	癸丑 國曆	農曆	干支
8/7	6/22	丁丑	9/7	7/23	戊申	10/8	8/25	己卯	11/7	9/25	己酉	12/7	10/25	己卯	1/5	11/25	戊申
8/8	6/23	戊寅	9/8	7/24	己酉	10/9	8/26	庚辰	11/8	9/26	庚戌	12/8	10/26	庚辰	1/6	11/26	己酉
8/9	6/24	己卯	9/9	7/25	庚戌	10/10	8/27	辛巳	11/9	9/27	辛亥	12/9	10/27	辛巳	1/7	11/27	庚戌
8/10	6/25	庚辰	9/10	7/26	辛亥	10/11	8/28	壬午	11/10	9/28	壬子	12/10	10/28	壬午	1/8	11/28	辛亥
8/11	6/26	辛巳	9/11	7/27	壬子	10/12	8/29	癸未	11/11	9/29	癸丑	12/11	10/29	癸未	1/9	11/29	壬子
8/12	6/27	壬午	9/12	7/28	癸丑	10/13	8/30	甲申	11/12	9/30	甲寅	12/12	11/1	甲申	1/10	11/30	癸丑
8/13	6/28	癸未	9/13	7/29	甲寅	10/14	9/1	乙酉	11/13	10/1	乙卯	12/13	11/2	乙酉	1/11	12/1	甲寅
8/14	6/29	甲申	9/14	8/1	乙卯	10/15	9/2	丙戌	11/14	10/2	丙辰	12/14	11/3	丙戌	1/12	12/2	乙卯
8/15	6/30	乙酉	9/15	8/2	丙辰	10/16	9/3	丁亥	11/15	10/3	丁巳	12/15	11/4	丁亥	1/13	12/3	丙辰
8/16	7/1	丙戌	9/16	8/3	丁巳	10/17	9/4	戊子	11/16	10/4	戊午	12/16	11/5	戊子	1/14	12/4	丁巳
8/17	7/2	丁亥	9/17	8/4	戊午	10/18	9/5	己丑	11/17	10/5	己未	12/17	11/6	己丑	1/15	12/5	戊午
8/18	7/3	戊子	9/18	8/5	己未	10/19	9/6	庚寅	11/18	10/6	庚申	12/18	11/7	庚寅	1/16	12/6	己未
8/19	7/4	己丑	9/19	8/6	庚申	10/20	9/7	辛卯	11/19	10/7	辛酉	12/19	11/8	辛卯	1/17	12/7	庚申
8/20	7/5	庚寅	9/20	8/7	辛酉	10/21	9/8	壬辰	11/20	10/8	壬戌	12/20	11/9	壬辰	1/18	12/8	辛酉
8/21	7/6	辛卯	9/21	8/8	壬戌	10/22	9/9	癸巳	11/21	10/9	癸亥	12/21	11/10	癸巳	1/19	12/9	壬戌
8/22	7/7	壬辰	9/22	8/9	癸亥	10/23	9/10	甲午	11/22	10/10	甲子	12/22	11/11	甲午	1/20	12/10	癸亥
8/23	7/8	癸巳	9/23	8/10	甲子	10/24	9/11	乙未	11/23	10/11	乙丑	12/23	11/12	乙未	1/21	12/11	甲子
8/24	7/9	甲午	9/24	8/11	乙丑	10/25	9/12	丙申	11/24	10/12	丙寅	12/24	11/13	丙申	1/22	12/12	乙丑
8/25	7/10	乙未	9/25	8/12	丙寅	10/26	9/13	丁酉	11/25	10/13	丁卯	12/25	11/14	丁酉	1/23	12/13	丙寅
8/26	7/11	丙申	9/26	8/13	丁卯	10/27	9/14	戊戌	11/26	10/14	戊辰	12/26	11/15	戊戌	1/24	12/14	丁卯
8/27	7/12	丁酉	9/27	8/14	戊辰	10/28	9/15	己亥	11/27	10/15	己巳	12/27	11/16	己亥	1/25	12/15	戊辰
8/28	7/13	戊戌	9/28	8/15	己巳	10/29	9/16	庚子	11/28	10/16	庚午	12/28	11/17	庚子	1/26	12/16	己巳
8/29	7/14	己亥	9/29	8/16	庚午	10/30	9/17	辛丑	11/29	10/17	辛未	12/29	11/18	辛丑	1/27	12/17	庚午
8/30	7/15	庚子	9/30	8/17	辛未	10/31	9/18	壬寅	11/30	10/18	壬申	12/30	11/19	壬寅	1/28	12/18	辛未
8/31	7/16	辛丑	10/1	8/18	壬申	11/1	9/19	癸卯	12/1	10/19	癸酉	12/31	11/20	癸卯	1/29	12/19	壬申
9/1	7/17	壬寅	10/2	8/19	癸酉	11/2	9/20	甲辰	12/2	10/20	甲戌	1/1	11/21	甲辰	1/30	12/20	癸酉
9/2	7/18	癸卯	10/3	8/20	甲戌	11/3	9/21	乙巳	12/3	10/21	乙亥	1/2	11/22	乙巳	1/31	12/21	甲戌
9/3	7/19	甲辰	10/4	8/21	乙亥	11/4	9/22	丙午	12/4	10/22	丙子	1/3	11/23	丙午	2/1	12/22	乙亥
9/4	7/20	乙巳	10/5	8/22	丙子	11/5	9/23	丁未	12/5	10/23	丁丑	1/4	11/24	丁未	2/2	12/23	丙子
9/5	7/21	丙午	10/6	8/23	丁丑	11/6	9/24	戊申	12/6	10/24	戊寅				2/3	12/24	丁丑
9/6	7/22	丁未	10/7	8/24	戊寅												

中氣	處暑	秋分	霜降	小雪	冬至	大寒
時刻	7時17分 辰時	9/23 5時10分 卯時	10/23 14時48分 未時	11/22 12時36分 午時	12/22 2時3分 丑時	1/20 12時40分 午時

右欄： 年　月　節氣　日　中氣

中華民國一百三十一、一百三十二年　狗　2042、2043

年：癸亥

月	甲寅	乙卯	丙辰	丁巳	戊午	己未
節氣	立春	驚蟄	清明	立夏	芒種	小暑
時	2/4 6時57分 卯時	3/6 0時46分 子時	4/5 5時19分 卯時	5/5 22時21分 亥時	6/6 2時17分 丑時	7/7 12時27分

中華民國一百三十二年　豬　2043

國曆	農曆	干支	國曆	農曆	干支	國曆	農曆	干支	國曆	農曆	干支	國曆	農曆	干支	國曆	農曆	干支
2 4	12 25	戊寅	3 6	1 25	戊申	4 5	2 26	戊寅	5 5	3 26	戊申	6 6	4 29	庚辰	7 7	6 1	
2 5	12 26	己卯	3 7	1 26	己酉	4 6	2 27	己卯	5 6	3 27	己酉	6 7	5 1	辛巳	7 8	6 2	
2 6	12 27	庚辰	3 8	1 27	庚戌	4 7	2 28	庚辰	5 7	3 28	庚戌	6 8	5 2	壬午	7 9	6 3	
2 7	12 28	辛巳	3 9	1 28	辛亥	4 8	2 29	辛巳	5 8	3 29	辛亥	6 9	5 3	癸未	7 10	6 4	
2 8	12 29	壬午	3 10	1 29	壬子	4 9	2 30	壬午	5 9	4 1	壬子	6 10	5 4	甲申	7 11	6 5	
2 9	12 30	癸未	3 11	2 1	癸丑	4 10	3 1	癸未	5 10	4 2	癸丑	6 11	5 5	乙酉	7 12	6 6	
2 10	1 1	甲申	3 12	2 2	甲寅	4 11	3 2	甲申	5 11	4 3	甲寅	6 12	5 6	丙戌	7 13	6 7	
2 11	1 2	乙酉	3 13	2 3	乙卯	4 12	3 3	乙酉	5 12	4 4	乙卯	6 13	5 7	丁亥	7 14	6 8	
2 12	1 3	丙戌	3 14	2 4	丙辰	4 13	3 4	丙戌	5 13	4 5	丙辰	6 14	5 8	戊子	7 15	6 9	
2 13	1 4	丁亥	3 15	2 5	丁巳	4 14	3 5	丁亥	5 14	4 6	丁巳	6 15	5 9	己丑	7 16	6 10	
2 14	1 5	戊子	3 16	2 6	戊午	4 15	3 6	戊子	5 15	4 7	戊午	6 16	5 10	庚寅	7 17	6 11	
2 15	1 6	己丑	3 17	2 7	己未	4 16	3 7	己丑	5 16	4 8	己未	6 17	5 11	辛卯	7 18	6 12	
2 16	1 7	庚寅	3 18	2 8	庚申	4 17	3 8	庚寅	5 17	4 9	庚申	6 18	5 12	壬辰	7 19	6 13	
2 17	1 8	辛卯	3 19	2 9	辛酉	4 18	3 9	辛卯	5 18	4 10	辛酉	6 19	5 13	癸巳	7 20	6 14	
2 18	1 9	壬辰	3 20	2 10	壬戌	4 19	3 10	壬辰	5 19	4 11	壬戌	6 20	5 14	甲午	7 21	6 15	
2 19	1 10	癸巳	3 21	2 11	癸亥	4 20	3 11	癸巳	5 20	4 12	癸亥	6 21	5 15	乙未	7 22	6 16	
2 20	1 11	甲午	3 22	2 12	甲子	4 21	3 12	甲午	5 21	4 13	甲子	6 22	5 16	丙申			
2 21	1 12	乙未	3 23	2 13	乙丑	4 22	3 13	乙未	5 22	4 14	乙丑	6 23	5 17	丁酉			
2 22	1 13	丙申	3 24	2 14	丙寅	4 23	3 14	丙申	5 23	4 15	丙寅	6 24	5 18	戊戌			
2 23	1 14	丁酉	3 25	2 15	丁卯	4 24	3 15	丁酉	5 24	4 16	丁卯	6 25	5 19	己亥			
2 24	1 15	戊戌	3 26	2 16	戊辰	4 25	3 16	戊戌	5 25	4 17	戊辰	6 26	5 20	庚子			
2 25	1 16	己亥	3 27	2 17	己巳	4 26	3 17	己亥	5 26	4 18	己巳	6 27	5 21	辛丑			
2 26	1 17	庚子	3 28	2 18	庚午	4 27	3 18	庚子	5 27	4 19	庚午	6 28	5 22	壬寅			
2 27	1 18	辛丑	3 29	2 19	辛未	4 28	3 19	辛丑	5 28	4 20	辛未	6 29	5 23	癸卯			
2 28	1 19	壬寅	3 30	2 20	壬申	4 29	3 20	壬寅	5 29	4 21	壬申	6 30	5 24	甲辰			
3 1	1 20	癸卯	3 31	2 21	癸酉	4 30	3 21	癸卯	5 30	4 22	癸酉	7 1	5 25	乙巳			
3 2	1 21	甲辰	4 1	2 22	甲戌	5 1	3 22	甲辰	5 31	4 23	甲戌	7 2	5 26	丙午			
3 3	1 22	乙巳	4 2	2 23	乙亥	5 2	3 23	乙巳	6 1	4 24	乙亥	7 3	5 27	丁未			
3 4	1 23	丙午	4 3	2 24	丙子	5 3	3 24	丙午	6 2	4 25	丙子	7 4	5 28	戊申			
3 5	1 24	丁未	4 4	2 25	丁丑	5 4	3 25	丁未	6 3	4 26	丁丑	7 5	5 29	己酉			
									6 4	4 27	戊寅	7 6	5 30	庚戌			
									6 5	4 28	己卯						

中氣	雨水	春分	穀雨	小滿	夏至	大暑
	2/19 2時40分 丑時	3/21 1時27分 丑時	4/20 12時13分 午時	5/21 11時8分 午時	6/21 18時57分 酉時	7/23 5時52分

癸亥年

月	庚申	辛酉	壬戌	癸亥	甲子	乙丑
節氣	立秋	白露	寒露	立冬	大雪	小寒
	2時19分 亥時	9/8 1時29分 丑時	10/8 17時26分 酉時	11/7 20時55分 戌時	12/7 13時56分 未時	1/6 11時11分 丑時

國曆	農曆	干支	國曆	農曆	干支	國曆	農曆	干支	國曆	農曆	干支	國曆	農曆	干支	國曆	農曆	干支
8 7	7 3	壬午	9 8	8 6	甲寅	10 8	9 6	甲申	11 7	10 6	甲寅	12 7	11 7	甲申	1 6	12 7	甲寅
8 8	7 4	癸未	9 9	8 7	乙卯	10 9	9 7	乙酉	11 8	10 7	乙卯	12 8	11 8	乙酉	1 7	12 8	乙卯
8 9	7 5	甲申	9 10	8 8	丙辰	10 10	9 8	丙戌	11 9	10 8	丙辰	12 9	11 9	丙戌	1 8	12 9	丙辰
8 10	7 6	乙酉	9 11	8 9	丁巳	10 11	9 9	丁亥	11 10	10 9	丁巳	12 10	11 10	丁亥	1 9	12 10	丁巳
8 11	7 7	丙戌	9 12	8 10	戊午	10 12	9 10	戊子	11 11	10 10	戊午	12 11	11 11	戊子	1 10	12 11	戊午
8 12	7 8	丁亥	9 13	8 11	己未	10 13	9 11	己丑	11 12	10 11	己未	12 12	11 12	己丑	1 11	12 12	己未
8 13	7 9	戊子	9 14	8 12	庚申	10 14	9 12	庚寅	11 13	10 12	庚申	12 13	11 13	庚寅	1 12	12 13	庚申
8 14	7 10	己丑	9 15	8 13	辛酉	10 15	9 13	辛卯	11 14	10 13	辛酉	12 14	11 14	辛卯	1 13	12 14	辛酉
8 15	7 11	庚寅	9 16	8 14	壬戌	10 16	9 14	壬辰	11 15	10 14	壬戌	12 15	11 15	壬辰	1 14	12 15	壬戌
8 16	7 12	辛卯	9 17	8 15	癸亥	10 17	9 15	癸巳	11 16	10 15	癸亥	12 16	11 16	癸巳	1 15	12 16	癸亥
8 17	7 13	壬辰	9 18	8 16	甲子	10 18	9 16	甲午	11 17	10 16	甲子	12 17	11 17	甲午	1 16	12 17	甲子
8 18	7 14	癸巳	9 19	8 17	乙丑	10 19	9 17	乙未	11 18	10 17	乙丑	12 18	11 18	乙未	1 17	12 18	乙丑
8 19	7 15	甲午	9 20	8 18	丙寅	10 20	9 18	丙申	11 19	10 18	丙寅	12 19	11 19	丙申	1 18	12 19	丙寅
8 20	7 16	乙未	9 21	8 19	丁卯	10 21	9 19	丁酉	11 20	10 19	丁卯	12 20	11 20	丁酉	1 19	12 20	丁卯
8 21	7 17	丙申	9 22	8 20	戊辰	10 22	9 20	戊戌	11 21	10 20	戊辰	12 21	11 21	戊戌	1 20	12 21	戊辰
8 22	7 18	丁酉	9 23	8 21	己巳	10 23	9 21	己亥	11 22	10 21	己巳	12 22	11 22	己亥	1 21	12 22	己巳
8 23	7 19	戊戌	9 24	8 22	庚午	10 24	9 22	庚子	11 23	10 22	庚午	12 23	11 23	庚子	1 22	12 23	庚午
8 24	7 20	己亥	9 25	8 23	辛未	10 25	9 23	辛丑	11 24	10 23	辛未	12 24	11 24	辛丑	1 23	12 24	辛未
8 25	7 21	庚子	9 26	8 24	壬申	10 26	9 24	壬寅	11 25	10 24	壬申	12 25	11 25	壬寅	1 24	12 25	壬申
8 26	7 22	辛丑	9 27	8 25	癸酉	10 27	9 25	癸卯	11 26	10 25	癸酉	12 26	11 26	癸卯	1 25	12 26	癸酉
8 27	7 23	壬寅	9 28	8 26	甲戌	10 28	9 26	甲辰	11 27	10 26	甲戌	12 27	11 27	甲辰	1 26	12 27	甲戌
8 28	7 24	癸卯	9 29	8 27	乙亥	10 29	9 27	乙巳	11 28	10 27	乙亥	12 28	11 28	乙巳	1 27	12 28	乙亥
8 29	7 25	甲辰	9 30	8 28	丙子	10 30	9 28	丙午	11 29	10 28	丙子	12 29	11 29	丙午	1 28	12 29	丙子
8 30	7 26	乙巳	10 1	8 29	丁丑	10 31	9 29	丁未	11 30	10 29	丁丑	12 30	11 30	丁未	1 29	12 30	丁丑
8 31	7 27	丙午	10 2	8 30	戊寅	11 1	9 30	戊申	12 1	11 1	戊寅	12 31	12 1	戊申	1 30	1 1	戊寅
9 1	7 28	丁未	10 3	9 1	己卯	11 2	10 1	己酉	12 2	11 2	己卯	1 1	12 2	己酉	1 31	1 2	己卯
9 2	7 29	戊申	10 4	9 2	庚辰	11 3	10 2	庚戌	12 3	11 3	庚辰	1 2	12 3	庚戌	2 1	1 3	庚辰
9 3	8 1	己酉	10 5	9 3	辛巳	11 4	10 3	辛亥	12 4	11 4	辛巳	1 3	12 4	辛亥	2 2	1 4	辛巳
9 4	8 2	庚戌	10 6	9 4	壬午	11 5	10 4	壬子	12 5	11 5	壬午	1 4	12 5	壬子	2 3	1 5	壬午
9 5	8 3	辛亥	10 7	9 5	癸未	11 6	10 5	癸丑	12 6	11 6	癸未	1 5	12 6	癸丑	2 4	1 6	癸未
9 6	8 4	壬子															
9 7	8 5	癸丑															

中氣	處暑	秋分	霜降	小雪	冬至	大寒
	13時8分 未時	9/23 11時6分 午時	10/23 20時46分 戌時	11/22 18時34分 酉時	12/22 8時0分 辰時	1/20 18時36分 酉時

年月：中華民國一百三十二、一百三十三年　豬　2043、2044

年	甲子																	
月	丙寅			丁卯			戊辰			己巳			庚午			辛未		
節氣	立春 2/4 12時43分 午時			驚蟄 3/5 6時30分 卯時			清明 4/4 11時2分 午時			立夏 5/5 4時4分 寅時			芒種 6/5 4時3分 辰時			小暑 7/6 18時15分		
日	國曆	農曆	干支	國曆	農曆	干支	國曆	農曆	干支	國曆	農曆	干支	國曆	農曆	干支	國曆	農曆	干支
	2/4	1/6	癸未	3/5	2/6	癸丑	4/4	3/7	癸未	5/5	4/8	甲寅	6/5	5/10	乙酉	7/6	6/12	丙辰
	2/5	1/7	甲申	3/6	2/7	甲寅	4/5	3/8	甲申	5/6	4/9	乙卯	6/6	5/11	丙戌	7/7	6/13	丁巳
	2/6	1/8	乙酉	3/7	2/8	乙卯	4/6	3/9	乙酉	5/7	4/10	丙辰	6/7	5/12	丁亥	7/8	6/14	戊午
	2/7	1/9	丙戌	3/8	2/9	丙辰	4/7	3/10	丙戌	5/8	4/11	丁巳	6/8	5/13	戊子	7/9	6/15	己未
	2/8	1/10	丁亥	3/9	2/10	丁巳	4/8	3/11	丁亥	5/9	4/12	戊午	6/9	5/14	己丑	7/10	6/16	庚申
	2/9	1/11	戊子	3/10	2/11	戊午	4/9	3/12	戊子	5/10	4/13	己未	6/10	5/15	庚寅	7/11	6/17	辛酉
	2/10	1/12	己丑	3/11	2/12	己未	4/10	3/13	己丑	5/11	4/14	庚申	6/11	5/16	辛卯	7/12	6/18	壬戌
	2/11	1/13	庚寅	3/12	2/13	庚申	4/11	3/14	庚寅	5/12	4/15	辛酉	6/12	5/17	壬辰	7/13	6/19	癸亥
	2/12	1/14	辛卯	3/13	2/14	辛酉	4/12	3/15	辛卯	5/13	4/16	壬戌	6/13	5/18	癸巳	7/14	6/20	甲子
	2/13	1/15	壬辰	3/14	2/15	壬戌	4/13	3/16	壬辰	5/14	4/17	癸亥	6/14	5/19	甲午	7/15	6/21	乙丑
	2/14	1/16	癸巳	3/15	2/16	癸亥	4/14	3/17	癸巳	5/15	4/18	甲子	6/15	5/20	乙未	7/16	6/22	丙寅
	2/15	1/17	甲午	3/16	2/17	甲子	4/15	3/18	甲午	5/16	4/19	乙丑	6/16	5/21	丙申	7/17	6/23	丁卯
	2/16	1/18	乙未	3/17	2/18	乙丑	4/16	3/19	乙未	5/17	4/20	丙寅	6/17	5/22	丁酉	7/18	6/24	戊辰
	2/17	1/19	丙申	3/18	2/19	丙寅	4/17	3/20	丙申	5/18	4/21	丁卯	6/18	5/23	戊戌	7/19	6/25	己巳
	2/18	1/20	丁酉	3/19	2/20	丁卯	4/18	3/21	丁酉	5/19	4/22	戊辰	6/19	5/24	己亥	7/20	6/26	庚午
	2/19	1/21	戊戌	3/20	2/21	戊辰	4/19	3/22	戊戌	5/20	4/23	己巳	6/20	5/25	庚子	7/21	6/27	辛未
	2/20	1/22	己亥	3/21	2/22	己巳	4/20	3/23	己亥	5/21	4/24	庚午	6/21	5/26	辛丑	7/22	6/28	壬申
	2/21	1/23	庚子	3/22	2/23	庚午	4/21	3/24	庚子	5/22	4/25	辛未	6/22	5/27	壬寅	7/23	6/29	癸酉
	2/22	1/24	辛丑	3/23	2/24	辛未	4/22	3/25	辛丑	5/23	4/26	壬申	6/23	5/28	癸卯	7/24	6/30	甲戌
	2/23	1/25	壬寅	3/24	2/25	壬申	4/23	3/26	壬寅	5/24	4/27	癸酉	6/24	5/29	甲辰	7/25	7/1	乙亥
	2/24	1/26	癸卯	3/25	2/26	癸酉	4/24	3/27	癸卯	5/25	4/28	甲戌	6/25	6/1	乙巳	7/26	7/2	丙子
	2/25	1/27	甲辰	3/26	2/27	甲戌	4/25	3/28	甲辰	5/26	4/29	乙亥	6/26	6/2	丙午	7/27	7/3	丁丑
	2/26	1/28	乙巳	3/27	2/28	乙亥	4/26	3/29	乙巳	5/27	5/1	丙子	6/27	6/3	丁未	7/28	7/4	戊寅
	2/27	1/29	丙午	3/28	2/29	丙子	4/27	3/30	丙午	5/28	5/2	丁丑	6/28	6/4	戊申	7/29	7/5	己卯
	2/28	1/30	丁未	3/29	3/1	丁丑	4/28	4/1	丁未	5/29	5/3	戊寅	6/29	6/5	己酉	7/30	7/6	庚辰
	2/29	2/1	戊申	3/30	3/2	戊寅	4/29	4/2	戊申	5/30	5/4	己卯	6/30	6/6	庚戌	7/31	7/7	辛巳
	3/1	2/2	己酉	3/31	3/3	己卯	4/30	4/3	己酉	5/31	5/5	庚辰	7/1	6/7	辛亥	8/1	7/8	壬午
	3/2	2/3	庚戌	4/1	3/4	庚辰	5/1	4/4	庚戌	6/1	5/6	辛巳	7/2	6/8	壬子	8/2	7/9	癸未
	3/3	2/4	辛亥	4/2	3/5	辛巳	5/2	4/5	辛亥	6/2	5/7	壬午	7/3	6/9	癸丑	8/3	7/10	甲申
	3/4	2/5	壬子	4/3	3/6	壬午	5/3	4/6	壬子	6/3	5/8	癸未	7/4	6/10	甲寅	8/4	7/11	乙酉
							5/4	4/7	癸丑	6/4	5/9	甲申	7/5	6/11	乙卯	8/5	7/12	丙戌
																8/6	7/13	丁亥
中氣	雨水 2/19 8時35分 辰時			春分 3/20 7時19分 辰時			穀雨 4/19 18時5分 酉時			小滿 5/20 17時1分 酉時			夏至 6/21 0時50分 子時			大暑 7/22 11時42分		

中華民國一百三十三年 鼠 2044

年	甲子					
月	壬申	癸酉	甲戌	乙亥	丙子	丁丑
節氣	立秋	白露	寒露	立冬	大雪	小寒
	4時7分 寅時	9/7 7時15分 辰時	10/7 23時12分 子時	11/7 2時41分 丑時	12/6 19時44分 戌時	1/5 7時1分 辰時

日 欄（右側直書）：中華民國一百三十三、一百三十四年　鼠　2044、2045

壬申 國曆	農曆	干支	癸酉 國曆	農曆	干支	甲戌 國曆	農曆	干支	乙亥 國曆	農曆	干支	丙子 國曆	農曆	干支	丁丑 國曆	農曆	干支
8/7	7/14	戊午	9/7	閏7/16	己丑	10/7	8/17	己未	11/7	9/18	庚寅	12/6	10/18	己未	1/5	11/18	己丑
8/8	7/15	己未	9/8	閏7/17	庚寅	10/8	8/18	庚申	11/8	9/19	辛卯	12/7	10/19	庚申	1/6	11/19	庚寅
8/9	7/16	庚申	9/9	閏7/18	辛卯	10/9	8/19	辛酉	11/9	9/20	壬辰	12/8	10/20	辛酉	1/7	11/20	辛卯
8/10	7/17	辛酉	9/10	閏7/19	壬辰	10/10	8/20	壬戌	11/10	9/21	癸巳	12/9	10/21	壬戌	1/8	11/21	壬辰
8/11	7/18	壬戌	9/11	閏7/20	癸巳	10/11	8/21	癸亥	11/11	9/22	甲午	12/10	10/22	癸亥	1/9	11/22	癸巳
8/12	7/19	癸亥	9/12	閏7/21	甲午	10/12	8/22	甲子	11/12	9/23	乙未	12/11	10/23	甲子	1/10	11/23	甲午
8/13	7/20	甲子	9/13	閏7/22	乙未	10/13	8/23	乙丑	11/13	9/24	丙申	12/12	10/24	乙丑	1/11	11/24	乙未
8/14	7/21	乙丑	9/14	閏7/23	丙申	10/14	8/24	丙寅	11/14	9/25	丁酉	12/13	10/25	丙寅	1/12	11/25	丙申
8/15	7/22	丙寅	9/15	閏7/24	丁酉	10/15	8/25	丁卯	11/15	9/26	戊戌	12/14	10/26	丁卯	1/13	11/26	丁酉
8/16	7/23	丁卯	9/16	閏7/25	戊戌	10/16	8/26	戊辰	11/16	9/27	己亥	12/15	10/27	戊辰	1/14	11/27	戊戌
8/17	7/24	戊辰	9/17	閏7/26	己亥	10/17	8/27	己巳	11/17	9/28	庚子	12/16	10/28	己巳	1/15	11/28	己亥
8/18	7/25	己巳	9/18	閏7/27	庚子	10/18	8/28	庚午	11/18	9/29	辛丑	12/17	10/29	庚午	1/16	11/29	庚子
8/19	7/26	庚午	9/19	閏7/28	辛丑	10/19	8/29	辛未	11/19	10/1	壬寅	12/18	10/30	辛未	1/17	11/30	辛丑
8/20	7/27	辛未	9/20	閏7/29	壬寅	10/20	8/30	壬申	11/20	10/2	癸卯	12/19	11/1	壬申	1/18	12/1	壬寅
8/21	7/28	壬申	9/21	8/1	癸卯	10/21	9/1	癸酉	11/21	10/3	甲辰	12/20	11/2	癸酉	1/19	12/2	癸卯
8/22	7/29	癸酉	9/22	8/2	甲辰	10/22	9/2	甲戌	11/22	10/4	乙巳	12/21	11/3	甲戌	1/20	12/3	甲辰
8/23	閏7/1	甲戌	9/23	8/3	乙巳	10/23	9/3	乙亥	11/23	10/5	丙午	12/22	11/4	乙亥	1/21	12/4	乙巳
8/24	閏7/2	乙亥	9/24	8/4	丙午	10/24	9/4	丙子	11/24	10/6	丁未	12/23	11/5	丙子	1/22	12/5	丙午
8/25	閏7/3	丙子	9/25	8/5	丁未	10/25	9/5	丁丑	11/25	10/7	戊申	12/24	11/6	丁丑	1/23	12/6	丁未
8/26	閏7/4	丁丑	9/26	8/6	戊申	10/26	9/6	戊寅	11/26	10/8	己酉	12/25	11/7	戊寅	1/24	12/7	戊申
8/27	閏7/5	戊寅	9/27	8/7	己酉	10/27	9/7	己卯	11/27	10/9	庚戌	12/26	11/8	己卯	1/25	12/8	己酉
8/28	閏7/6	己卯	9/28	8/8	庚戌	10/28	9/8	庚辰	11/28	10/10	辛亥	12/27	11/9	庚辰	1/26	12/9	庚戌
8/29	閏7/7	庚辰	9/29	8/9	辛亥	10/29	9/9	辛巳	11/29	10/11	壬子	12/28	11/10	辛巳	1/27	12/10	辛亥
8/30	閏7/8	辛巳	9/30	8/10	壬子	10/30	9/10	壬午	11/30	10/12	癸丑	12/29	11/11	壬午	1/28	12/11	壬子
8/31	閏7/9	壬午	10/1	8/11	癸丑	10/31	9/11	癸未	12/1	10/13	甲寅	12/30	11/12	癸未	1/29	12/12	癸丑
9/1	閏7/10	癸未	10/2	8/12	甲寅	11/1	9/12	甲申	12/2	10/14	乙卯	12/31	11/13	甲申	1/30	12/13	甲寅
9/2	閏7/11	甲申	10/3	8/13	乙卯	11/2	9/13	乙酉	12/3	10/15	丙辰	1/1	11/14	乙酉	1/31	12/14	乙卯
9/3	閏7/12	乙酉	10/4	8/14	丙辰	11/3	9/14	丙戌	12/4	10/16	丁巳	1/2	11/15	丙戌	2/1	12/15	丙辰
9/4	閏7/13	丙戌	10/5	8/15	丁巳	11/4	9/15	丁亥	12/5	10/17	戊午	1/3	11/16	丁亥	2/2	12/16	丁巳
9/5	閏7/14	丁亥	10/6	8/16	戊午	11/5	9/16	戊子				1/4	11/17	戊子	2/3	12/17	戊午
9/6	閏7/15	戊子				11/6	9/17	己丑							2/4	12/18	己未

中氣	處暑	秋分	霜降	小雪	冬至	大寒
	18時53分 酉時	9/22 16時47分 申時	10/23 2時25分 丑時	11/22 0時14分 子時	12/21 13時42分 未時	1/20 0時21分 子時

年：乙丑

月	戊寅	己卯	庚辰	辛巳	壬午	癸未
節氣	立春	驚蟄	清明	立夏	芒種	小暑
	2/3 18時35分 酉時	3/5 12時24分 午時	4/4 16時56分 申時	5/5 9時58分 巳時	6/5 13時56分 未時	7/7 0時7分 子時

中華民國一百三十四年　牛　2045

戊寅 國曆	農曆	干支	己卯 國曆	農曆	干支	庚辰 國曆	農曆	干支	辛巳 國曆	農曆	干支	壬午 國曆	農曆	干支	癸未 國曆	農曆	干支
2/3	12/17	戊子	3/5	1/17	戊午	4/4	2/17	戊子	5/5	3/19	己未	6/5	4/20	庚寅	7/7	5/23	壬戌
2/4	12/18	己丑	3/6	1/18	己未	4/5	2/18	己丑	5/6	3/20	庚申	6/6	4/21	辛卯	7/8	5/24	癸亥
2/5	12/19	庚寅	3/7	1/19	庚申	4/6	2/19	庚寅	5/7	3/21	辛酉	6/7	4/22	壬辰	7/9	5/25	甲子
2/6	12/20	辛卯	3/8	1/20	辛酉	4/7	2/20	辛卯	5/8	3/22	壬戌	6/8	4/23	癸巳	7/10	5/26	乙丑
2/7	12/21	壬辰	3/9	1/21	壬戌	4/8	2/21	壬辰	5/9	3/23	癸亥	6/9	4/24	甲午	7/11	5/27	丙寅
2/8	12/22	癸巳	3/10	1/22	癸亥	4/9	2/22	癸巳	5/10	3/24	甲子	6/10	4/25	乙未	7/12	5/28	丁卯
2/9	12/23	甲午	3/11	1/23	甲子	4/10	2/23	甲午	5/11	3/25	乙丑	6/11	4/26	丙申	7/13	5/29	戊辰
2/10	12/24	乙未	3/12	1/24	乙丑	4/11	2/24	乙未	5/12	3/26	丙寅	6/12	4/27	丁酉	7/14	6/1	己巳
2/11	12/25	丙申	3/13	1/25	丙寅	4/12	2/25	丙申	5/13	3/27	丁卯	6/13	4/28	戊戌	7/15	6/2	庚午
2/12	12/26	丁酉	3/14	1/26	丁卯	4/13	2/26	丁酉	5/14	3/28	戊辰	6/14	4/29	己亥	7/16	6/3	辛未
2/13	12/27	戊戌	3/15	1/27	戊辰	4/14	2/27	戊戌	5/15	3/29	己巳	6/15	5/1	庚子	7/17	6/4	壬申
2/14	12/28	己亥	3/16	1/28	己巳	4/15	2/28	己亥	5/16	3/30	庚午	6/16	5/2	辛丑	7/18	6/5	癸酉
2/15	12/29	庚子	3/17	1/29	庚午	4/16	2/29	庚子	5/17	4/1	辛未	6/17	5/3	壬寅	7/19	6/6	甲戌
2/16	12/30	辛丑	3/18	1/30	辛未	4/17	3/1	辛丑	5/18	4/2	壬申	6/18	5/4	癸卯	7/20	6/7	乙亥
2/17	1/1	壬寅	3/19	2/1	壬申	4/18	3/2	壬寅	5/19	4/3	癸酉	6/19	5/5	甲辰	7/21	6/8	丙子
2/18	1/2	癸卯	3/20	2/2	癸酉	4/19	3/3	癸卯	5/20	4/4	甲戌	6/20	5/6	乙巳	7/22	6/9	丁丑
2/19	1/3	甲辰	3/21	2/3	甲戌	4/20	3/4	甲辰	5/21	4/5	乙亥	6/21	5/7	丙午	7/23	6/10	戊寅
2/20	1/4	乙巳	3/22	2/4	乙亥	4/21	3/5	乙巳	5/22	4/6	丙子	6/22	5/8	丁未	7/24	6/11	己卯
2/21	1/5	丙午	3/23	2/5	丙子	4/22	3/6	丙午	5/23	4/7	丁丑	6/23	5/9	戊申	7/25	6/12	庚辰
2/22	1/6	丁未	3/24	2/6	丁丑	4/23	3/7	丁未	5/24	4/8	戊寅	6/24	5/10	己酉	7/26	6/13	辛巳
2/23	1/7	戊申	3/25	2/7	戊寅	4/24	3/8	戊申	5/25	4/9	己卯	6/25	5/11	庚戌	7/27	6/14	壬午
2/24	1/8	己酉	3/26	2/8	己卯	4/25	3/9	己酉	5/26	4/10	庚辰	6/26	5/12	辛亥	7/28	6/15	癸未
2/25	1/9	庚戌	3/27	2/9	庚辰	4/26	3/10	庚戌	5/27	4/11	辛巳	6/27	5/13	壬子	7/29	6/16	甲申
2/26	1/10	辛亥	3/28	2/10	辛巳	4/27	3/11	辛亥	5/28	4/12	壬午	6/28	5/14	癸丑	7/30	6/17	乙酉
2/27	1/11	壬子	3/29	2/11	壬午	4/28	3/12	壬子	5/29	4/13	癸未	6/29	5/15	甲寅	7/31	6/18	丙戌
2/28	1/12	癸丑	3/30	2/12	癸未	4/29	3/13	癸丑	5/30	4/14	甲申	6/30	5/16	乙卯	8/1	6/19	丁亥
3/1	1/13	甲寅	3/31	2/13	甲申	4/30	3/14	甲寅	5/31	4/15	乙酉	7/1	5/17	丙辰	8/2	6/20	戊子
3/2	1/14	乙卯	4/1	2/14	乙酉	5/1	3/15	乙卯	6/1	4/16	丙戌	7/2	5/18	丁巳	8/3	6/21	己丑
3/3	1/15	丙辰	4/2	2/15	丙戌	5/2	3/16	丙辰	6/2	4/17	丁亥	7/3	5/19	戊午	8/4	6/22	庚寅
3/4	1/16	丁巳	4/3	2/16	丁亥	5/3	3/17	丁巳	6/3	4/18	戊子	7/4	5/20	己未	8/5	6/23	辛卯
						5/4	3/18	戊午	6/4	4/19	己丑	7/5	5/21	庚申	8/6	6/24	壬辰
												7/6	5/22	辛酉			

中氣	雨水	春分	穀雨	小滿	夏至	大暑
	2/18 14時21分 未時	3/20 13時6分 未時	4/19 23時52分 子時	5/20 22時45分 亥時	6/21 6時33分 卯時	7/22 17時25分 酉時

乙丑 年

	甲申			乙酉			丙戌			丁亥			戊子			己丑			年月
	立秋			白露			寒露			立冬			大雪			小寒			節氣
	9時58分 巳時			9/7 13時4分 未時			10/8 8時59分 寅時			11/7 8時29分 辰時			12/7 1時34分 丑時			1/5 12時55分 午時			
	國曆	農曆	干支	國曆	農曆	干支	國曆	農曆	干支	國曆	農曆	干支	國曆	農曆	干支	國曆	農曆	干支	日
	7	6/25	癸巳	9/7	7/26	甲子	10/8	8/28	乙未	11/7	9/29	乙丑	12/7	10/29	乙未	1/5	11/29	甲子	中華民國一百三十四、一百三十五年 牛 2045、2046
	8	6/26	甲午	8	7/27	乙丑	9	8/29	丙申	8	9/30	丙寅	8	11/1	丙申	6	11/30	乙丑	
	9	6/27	乙未	9	7/28	丙寅	10	9/1	丁酉	9	10/1	丁卯	9	11/2	丁酉	7	12/1	丙寅	
	10	6/28	丙申	10	7/29	丁卯	11	9/2	戊戌	10	10/2	戊辰	10	11/3	戊戌	8	12/2	丁卯	
	11	6/29	丁酉	11	8/1	戊辰	12	9/3	己亥	11	10/3	己巳	11	11/4	己亥	9	12/3	戊辰	
	12	6/30	戊戌	12	8/2	己巳	13	9/4	庚子	12	10/4	庚午	12	11/5	庚子	10	12/4	己巳	
	13	7/1	己亥	13	8/3	庚午	14	9/5	辛丑	13	10/5	辛未	13	11/6	辛丑	11	12/5	庚午	
	14	7/2	庚子	14	8/4	辛未	15	9/6	壬寅	14	10/6	壬申	14	11/7	壬寅	12	12/6	辛未	
	15	7/3	辛丑	15	8/5	壬申	16	9/7	癸卯	15	10/7	癸酉	15	11/8	癸卯	13	12/7	壬申	
	16	7/4	壬寅	16	8/6	癸酉	17	9/8	甲辰	16	10/8	甲戌	16	11/9	甲辰	14	12/8	癸酉	
	17	7/5	癸卯	17	8/7	甲戌	18	9/9	乙巳	17	10/9	乙亥	17	11/10	乙巳	15	12/9	甲戌	
	18	7/6	甲辰	18	8/8	乙亥	19	9/10	丙午	18	10/10	丙子	18	11/11	丙午	16	12/10	乙亥	
	19	7/7	乙巳	19	8/9	丙子	20	9/11	丁未	19	10/11	丁丑	19	11/12	丁未	17	12/11	丙子	
	20	7/8	丙午	20	8/10	丁丑	21	9/12	戊申	20	10/12	戊寅	20	11/13	戊申	18	12/12	丁丑	
	21	7/9	丁未	21	8/11	戊寅	22	9/13	己酉	21	10/13	己卯	21	11/14	己酉	19	12/13	戊寅	
	22	7/10	戊申	22	8/12	己卯	23	9/14	庚戌	22	10/14	庚辰	22	11/15	庚戌	20	12/14	己卯	
	23	7/11	己酉	23	8/13	庚辰	24	9/15	辛亥	23	10/15	辛巳	23	11/16	辛亥	21	12/15	庚辰	
	24	7/12	庚戌	24	8/14	辛巳	25	9/16	壬子	24	10/16	壬午	24	11/17	壬子	22	12/16	辛巳	
	25	7/13	辛亥	25	8/15	壬午	26	9/17	癸丑	25	10/17	癸未	25	11/18	癸丑	23	12/17	壬午	
	26	7/14	壬子	26	8/16	癸未	27	9/18	甲寅	26	10/18	甲申	26	11/19	甲寅	24	12/18	癸未	
	27	7/15	癸丑	27	8/17	甲申	28	9/19	乙卯	27	10/19	乙酉	27	11/20	乙卯	25	12/19	甲申	
	28	7/16	甲寅	28	8/18	乙酉	29	9/20	丙辰	28	10/20	丙戌	28	11/21	丙辰	26	12/20	乙酉	
	29	7/17	乙卯	29	8/19	丙戌	30	9/21	丁巳	29	10/21	丁亥	29	11/22	丁巳	27	12/21	丙戌	
	30	7/18	丙辰	30	8/20	丁亥	31	9/22	戊午	30	10/22	戊子	30	11/23	戊午	28	12/22	丁亥	
	31	7/19	丁巳	10/1	8/21	戊子	11/1	9/23	己未	12/1	10/23	己丑	31	11/24	己未	29	12/23	戊子	
	9/1	7/20	戊午	2	8/22	己丑	2	9/24	庚申	2	10/24	庚寅	1/1	11/25	庚申	30	12/24	己丑	
	2	7/21	己未	3	8/23	庚寅	3	9/25	辛酉	3	10/25	辛卯	2	11/26	辛酉	31	12/25	庚寅	
	3	7/22	庚申	4	8/24	辛卯	4	9/26	壬戌	4	10/26	壬辰	3	11/27	壬戌	2/1	12/26	辛卯	
	4	7/23	辛酉	5	8/25	壬辰	5	9/27	癸亥	5	10/27	癸巳	4	11/28	癸亥	2	12/27	壬辰	
	5	7/24	壬戌	6	8/26	癸巳	6	9/28	甲子	6	10/28	甲午				3	12/28	癸巳	
	6	7/25	癸亥	7	8/27	甲午													

	處暑		秋分		霜降		小雪		冬至		大雪		中氣
	0時38分 子時		9/22 22時32分 亥時		10/23 8時11分 辰時		11/22 6時3分 卯時		12/21 19時34分 戌時		1/20 6時15分 卯時		

年	丙寅																	
月	庚寅			辛卯			壬辰			癸巳			甲午			乙未		
節氣	立春 2/4 0時30分 子時			驚蟄 3/5 18時16分 酉時			清明 4/4 22時44分 亥時			立夏 5/5 15時39分 申時			芒種 6/5 19時31分 戌時			小暑 7/7 5時39分 卯時		
日	國曆	農曆	干支	國曆	農曆	干支	國曆	農曆	干支	國曆	農曆	干支	國曆	農曆	干支	國曆	農曆	干支
	2/4	12/29	甲午	3/5	1/28	癸亥	4/4	2/28	癸巳	5/5	3/30	甲子	6/5	5/2	乙未	7/7	6/4	丁
	2/5	12/30	乙未	3/6	1/29	甲子	4/5	2/29	甲午	5/6	4/1	乙丑	6/6	5/3	丙申	7/8	6/5	戊
	2/6	1/1	丙申	3/7	1/30	乙丑	4/6	3/1	乙未	5/7	4/2	丙寅	6/7	5/4	丁酉	7/9	6/6	己
中	2/7	1/2	丁酉	3/8	2/1	丙寅	4/7	3/2	丙申	5/8	4/3	丁卯	6/8	5/5	戊戌	7/10	6/7	庚
華	2/8	1/3	戊戌	3/9	2/2	丁卯	4/8	3/3	丁酉	5/9	4/4	戊辰	6/9	5/6	己亥	7/11	6/8	辛
民	2/9	1/4	己亥	3/10	2/3	戊辰	4/9	3/4	戊戌	5/10	4/5	己巳	6/10	5/7	庚子	7/12	6/9	壬
國	2/10	1/5	庚子	3/11	2/4	己巳	4/10	3/5	己亥	5/11	4/6	庚午	6/11	5/8	辛丑	7/13	6/10	癸
一	2/11	1/6	辛丑	3/12	2/5	庚午	4/11	3/6	庚子	5/12	4/7	辛未	6/12	5/9	壬寅	7/14	6/11	甲
百	2/12	1/7	壬寅	3/13	2/6	辛未	4/12	3/7	辛丑	5/13	4/8	壬申	6/13	5/10	癸卯	7/15	6/12	乙
三	2/13	1/8	癸卯	3/14	2/7	壬申	4/13	3/8	壬寅	5/14	4/9	癸酉	6/14	5/11	甲辰	7/16	6/13	丙
十	2/14	1/9	甲辰	3/15	2/8	癸酉	4/14	3/9	癸卯	5/15	4/10	甲戌	6/15	5/12	乙巳	7/17	6/14	丁
五	2/15	1/10	乙巳	3/16	2/9	甲戌	4/15	3/10	甲辰	5/16	4/11	乙亥	6/16	5/13	丙午	7/18	6/15	戊
年	2/16	1/11	丙午	3/17	2/10	乙亥	4/16	3/11	乙巳	5/17	4/12	丙子	6/17	5/14	丁未	7/19	6/16	己
	2/17	1/12	丁未	3/18	2/11	丙子	4/17	3/12	丙午	5/18	4/13	丁丑	6/18	5/15	戊申	7/20	6/17	庚
虎	2/18	1/13	戊申	3/19	2/12	丁丑	4/18	3/13	丁未	5/19	4/14	戊寅	6/19	5/16	己酉	7/21	6/18	辛
	2/19	1/14	己酉	3/20	2/13	戊寅	4/19	3/14	戊申	5/20	4/15	己卯	6/20	5/17	庚戌	7/22	6/19	壬
	2/20	1/15	庚戌	3/21	2/14	己卯	4/20	3/15	己酉	5/21	4/16	庚辰	6/21	5/18	辛亥	7/23	6/20	癸
	2/21	1/16	辛亥	3/22	2/15	庚辰	4/21	3/16	庚戌	5/22	4/17	辛巳	6/22	5/19	壬子	7/24	6/21	甲
	2/22	1/17	壬子	3/23	2/16	辛巳	4/22	3/17	辛亥	5/23	4/18	壬午	6/23	5/20	癸丑	7/25	6/22	乙
	2/23	1/18	癸丑	3/24	2/17	壬午	4/23	3/18	壬子	5/24	4/19	癸未	6/24	5/21	甲寅	7/26	6/23	丙
	2/24	1/19	甲寅	3/25	2/18	癸未	4/24	3/19	癸丑	5/25	4/20	甲申	6/25	5/22	乙卯	7/27	6/24	丁
	2/25	1/20	乙卯	3/26	2/19	甲申	4/25	3/20	甲寅	5/26	4/21	乙酉	6/26	5/23	丙辰	7/28	6/25	戊
2	2/26	1/21	丙辰	3/27	2/20	乙酉	4/26	3/21	乙卯	5/27	4/22	丙戌	6/27	5/24	丁巳	7/29	6/26	己
0	2/27	1/22	丁巳	3/28	2/21	丙戌	4/27	3/22	丙辰	5/28	4/23	丁亥	6/28	5/25	戊午	7/30	6/27	庚
4	2/28	1/23	戊午	3/29	2/22	丁亥	4/28	3/23	丁巳	5/29	4/24	戊子	6/29	5/26	己未	7/31	6/28	辛
6	3/1	1/24	己未	3/30	2/23	戊子	4/29	3/24	戊午	5/30	4/25	己丑	6/30	5/27	庚申	8/1	6/29	壬
	3/2	1/25	庚申	3/31	2/24	己丑	4/30	3/25	己未	5/31	4/26	庚寅	7/1	5/28	辛酉	8/2	7/1	癸
	3/3	1/26	辛酉	4/1	2/25	庚寅	5/1	3/26	庚申	6/1	4/27	辛卯	7/2	5/29	壬戌	8/3	7/2	甲
	3/4	1/27	壬戌	4/2	2/26	辛卯	5/2	3/27	辛酉	6/2	4/28	壬辰	7/3	5/30	癸亥	8/4	7/3	乙
				4/3	2/27	壬辰	5/3	3/28	壬戌	6/3	4/29	癸巳	7/4	6/1	甲子			
							5/4	3/29	癸亥	6/4	5/1	甲午	7/5	6/2	乙丑			
													7/6	6/3	丙寅			
中氣	雨水 2/18 20時14分 戌時			春分 3/20 18時57分 酉時			穀雨 4/20 5時38分 卯時			小滿 5/21 4時27分 寅時			夏至 6/21 12時13分 午時			大暑 7/22 23時30分		

294

丙寅

	丙申 立秋			丁酉 白露			戊戌 寒露			己亥 立冬			庚子 大雪			辛丑 小寒			年 / 月 / 節氣 / 日
節氣時刻	15時32分 申時			9/7 18時42分 酉時			10/8 10時41分 巳時			11/7 14時13分 未時			12/7 7時20分 辰時			1/5 18時41分 酉時			
	國曆	農曆	干支	國曆	農曆	干支	國曆	農曆	干支	國曆	農曆	干支	國曆	農曆	干支	國曆	農曆	干支	
	8/7	7/6	戊戌	9/7	8/7	己巳	10/8	9/8	庚子	11/7	10/9	庚午	12/7	11/10	庚子	1/5	12/10	己巳	中華民國一百三十五、一百三十六年 虎 2046、2047
	8/8	7/7	己亥	9/8	8/8	庚午	10/9	9/9	辛丑	11/8	10/10	辛未	12/8	11/11	辛丑	1/6	12/11	庚午	
	8/9	7/8	庚子	9/9	8/9	辛未	10/10	9/10	壬寅	11/9	10/11	壬申	12/9	11/12	壬寅	1/7	12/12	辛未	
	8/10	7/9	辛丑	9/10	8/10	壬申	10/11	9/11	癸卯	11/10	10/12	癸酉	12/10	11/13	癸卯	1/8	12/13	壬申	
	8/11	7/10	壬寅	9/11	8/11	癸酉	10/12	9/12	甲辰	11/11	10/13	甲戌	12/11	11/14	甲辰	1/9	12/14	癸酉	
	8/12	7/11	癸卯	9/12	8/12	甲戌	10/13	9/13	乙巳	11/12	10/14	乙亥	12/12	11/15	乙巳	1/10	12/15	甲戌	
	8/13	7/12	甲辰	9/13	8/13	乙亥	10/14	9/14	丙午	11/13	10/15	丙子	12/13	11/16	丙午	1/11	12/16	乙亥	
	8/14	7/13	乙巳	9/14	8/14	丙子	10/15	9/15	丁未	11/14	10/16	丁丑	12/14	11/17	丁未	1/12	12/17	丙子	
	8/15	7/14	丙午	9/15	8/15	丁丑	10/16	9/16	戊申	11/15	10/17	戊寅	12/15	11/18	戊申	1/13	12/18	丁丑	
	8/16	7/15	丁未	9/16	8/16	戊寅	10/17	9/17	己酉	11/16	10/18	己卯	12/16	11/19	己酉	1/14	12/19	戊寅	
	8/17	7/16	戊申	9/17	8/17	己卯	10/18	9/18	庚戌	11/17	10/19	庚辰	12/17	11/20	庚戌	1/15	12/20	己卯	
	8/18	7/17	己酉	9/18	8/18	庚辰	10/19	9/19	辛亥	11/18	10/20	辛巳	12/18	11/21	辛亥	1/16	12/21	庚辰	
	8/19	7/18	庚戌	9/19	8/19	辛巳	10/20	9/20	壬子	11/19	10/21	壬午	12/19	11/22	壬子	1/17	12/22	辛巳	
	8/20	7/19	辛亥	9/20	8/20	壬午	10/21	9/21	癸丑	11/20	10/22	癸未	12/20	11/23	癸丑	1/18	12/23	壬午	
	8/21	7/20	壬子	9/21	8/21	癸未	10/22	9/22	甲寅	11/21	10/23	甲申	12/21	11/24	甲寅	1/19	12/24	癸未	
	8/22	7/21	癸丑	9/22	8/22	甲申	10/23	9/23	乙卯	11/22	10/24	乙酉	12/22	11/25	乙卯	1/20	12/25	甲申	
	8/23	7/22	甲寅	9/23	8/23	乙酉	10/24	9/24	丙辰	11/23	10/25	丙戌	12/23	11/26	丙辰	1/21	12/26	乙酉	虎
	8/24	7/23	乙卯	9/24	8/24	丙戌	10/25	9/25	丁巳	11/24	10/26	丁亥	12/24	11/27	丁巳	1/22	12/27	丙戌	
	8/25	7/24	丙辰	9/25	8/25	丁亥	10/26	9/26	戊午	11/25	10/27	戊子	12/25	11/28	戊午	1/23	12/28	丁亥	
	8/26	7/25	丁巳	9/26	8/26	戊子	10/27	9/27	己未	11/26	10/28	己丑	12/26	11/29	己未	1/24	12/29	戊子	
	8/27	7/26	戊午	9/27	8/27	己丑	10/28	9/28	庚申	11/27	10/29	庚寅	12/27	12/1	庚申	1/25	12/30	己丑	
	8/28	7/27	己未	9/28	8/28	庚寅	10/29	9/29	辛酉	11/28	11/1	辛卯	12/28	12/2	辛酉	1/26	1/1	庚寅	
	8/29	7/28	庚申	9/29	8/29	辛卯	10/30	10/1	壬戌	11/29	11/2	壬辰	12/29	12/3	壬戌	1/27	1/2	辛卯	2046、2047
	8/30	7/29	辛酉	9/30	8/30	壬辰	10/31	10/2	癸亥	11/30	11/3	癸巳	12/30	12/4	癸亥	1/28	1/3	壬辰	
	8/31	7/30	壬戌	10/1	9/1	癸巳	11/1	10/3	甲子	12/1	11/4	甲午	12/31	12/5	甲子	1/29	1/4	癸巳	
	9/1	8/1	癸亥	10/2	9/2	甲午	11/2	10/4	乙丑	12/2	11/5	乙未	1/1	12/6	乙丑	1/30	1/5	甲午	
	9/2	8/2	甲子	10/3	9/3	乙未	11/3	10/5	丙寅	12/3	11/6	丙申	1/2	12/7	丙寅	1/31	1/6	乙未	
	9/3	8/3	乙丑	10/4	9/4	丙申	11/4	10/6	丁卯	12/4	11/7	丁酉	1/3	12/8	丁卯	2/1	1/7	丙申	
	9/4	8/4	丙寅	10/5	9/5	丁酉	11/5	10/7	戊辰	12/5	11/8	戊戌	1/4	12/9	戊辰	2/2	1/8	丁酉	
	9/5	8/5	丁卯	10/6	9/6	戊戌	11/6	10/8	己巳	12/6	11/9	己亥				2/3	1/9	戊戌	
	9/6	8/6	戊辰	10/7	9/7	己亥													

處暑	秋分	霜降	小雪	冬至	大寒	中氣
6時23分 卯時	9/23 4時20分 寅時	10/23 14時2分 未時	11/22 11時55分 午時	12/22 19時27分 丑時	1/20 12時9分 午時	

年　丁卯

中華民國一百三十六年　兔　2047

月	壬寅 立春 2/4 6時17分 卯時			癸卯 驚蟄 3/6 0時4分 子時			甲辰 清明 4/5 4時31分 寅時			乙巳 立夏 5/5 21時27分 亥時			丙午 芒種 6/6 1時20分 丑時			丁未 小暑 7/7 11時29分 午時		
日	國曆	農曆	干支	國曆	農曆	干支	國曆	農曆	干支	國曆	農曆	干支	國曆	農曆	干支	國曆	農曆	干支
	2/4	1/10	己亥	3/6	2/10	己巳	4/5	3/11	己亥	5/5	4/11	己巳	6/6	5/13	辛丑	7/7	5/15	壬申
	2/5	1/11	庚子	3/7	2/11	庚午	4/6	3/12	庚子	5/6	4/12	庚午	6/7	5/14	壬寅	7/8	5/16	癸酉
	2/6	1/12	辛丑	3/8	2/12	辛未	4/7	3/13	辛丑	5/7	4/13	辛未	6/8	5/15	癸卯	7/9	5/17	甲戌
	2/7	1/13	壬寅	3/9	2/13	壬申	4/8	3/14	壬寅	5/8	4/14	壬申	6/9	5/16	甲辰	7/10	5/18	乙亥
	2/8	1/14	癸卯	3/10	2/14	癸酉	4/9	3/15	癸卯	5/9	4/15	癸酉	6/10	5/17	乙巳	7/11	5/19	丙子
	2/9	1/15	甲辰	3/11	2/15	甲戌	4/10	3/16	甲辰	5/10	4/16	甲戌	6/11	5/18	丙午	7/12	5/20	丁丑
	2/10	1/16	乙巳	3/12	2/16	乙亥	4/11	3/17	乙巳	5/11	4/17	乙亥	6/12	5/19	丁未	7/13	5/21	戊寅
	2/11	1/17	丙午	3/13	2/17	丙子	4/12	3/18	丙午	5/12	4/18	丙子	6/13	5/20	戊申	7/14	5/22	己卯
	2/12	1/18	丁未	3/14	2/18	丁丑	4/13	3/19	丁未	5/13	4/19	丁丑	6/14	5/21	己酉	7/15	5/23	庚辰
	2/13	1/19	戊申	3/15	2/19	戊寅	4/14	3/20	戊申	5/14	4/20	戊寅	6/15	5/22	庚戌	7/16	5/24	辛巳
	2/14	1/20	己酉	3/16	2/20	己卯	4/15	3/21	己酉	5/15	4/21	己卯	6/16	5/23	辛亥	7/17	5/25	壬午
	2/15	1/21	庚戌	3/17	2/21	庚辰	4/16	3/22	庚戌	5/16	4/22	庚辰	6/17	5/24	壬子	7/18	5/26	癸未
	2/16	1/22	辛亥	3/18	2/22	辛巳	4/17	3/23	辛亥	5/17	4/23	辛巳	6/18	5/25	癸丑	7/19	5/27	甲申
	2/17	1/23	壬子	3/19	2/23	壬午	4/18	3/24	壬子	5/18	4/24	壬午	6/19	5/26	甲寅	7/20	5/28	乙酉
	2/18	1/24	癸丑	3/20	2/24	癸未	4/19	3/25	癸丑	5/19	4/25	癸未	6/20	5/27	乙卯	7/21	5/29	丙戌
	2/19	1/25	甲寅	3/21	2/25	甲申	4/20	3/26	甲寅	5/20	4/26	甲申	6/21	5/28	丙辰	7/22	5/30	丁亥
	2/20	1/26	乙卯	3/22	2/26	乙酉	4/21	3/27	乙卯	5/21	4/27	乙酉	6/22	5/29	丁巳	7/23	6/1	戊子
	2/21	1/27	丙辰	3/23	2/27	丙戌	4/22	3/28	丙辰	5/22	4/28	丙戌	6/23	閏5/1	戊午	7/24	6/2	己丑
	2/22	1/28	丁巳	3/24	2/28	丁亥	4/23	3/29	丁巳	5/23	4/29	丁亥	6/24	5/2	己未	7/25	6/3	庚寅
	2/23	1/29	戊午	3/25	2/29	戊子	4/24	3/30	戊午	5/24	4/30	戊子	6/25	5/3	庚申	7/26	6/4	辛卯
	2/24	1/30	己未	3/26	3/1	己丑	4/25	4/1	己未	5/25	5/1	己丑	6/26	5/4	辛酉	7/27	6/5	壬辰
	2/25	2/1	庚申	3/27	3/2	庚寅	4/26	4/2	庚申	5/26	5/2	庚寅	6/27	5/5	壬戌	7/28	6/6	癸巳
	2/26	2/2	辛酉	3/28	3/3	辛卯	4/27	4/3	辛酉	5/27	5/3	辛卯	6/28	5/6	癸亥	7/29	6/7	甲午
	2/27	2/3	壬戌	3/29	3/4	壬辰	4/28	4/4	壬戌	5/28	5/4	壬辰	6/29	5/7	甲子	7/30	6/8	乙未
	2/28	2/4	癸亥	3/30	3/5	癸巳	4/29	4/5.	癸亥	5/29	5/5	癸巳	6/30	5/8	乙丑	7/31	6/9	丙申
	3/1	2/5	甲子	3/31	3/6	甲午	4/30	4/6	甲子	5/30	5/6	甲午	7/1	5/9	丙寅	8/1	6/10	丁酉
	3/2	2/6	乙丑	4/1	3/7	乙未	5/1	4/7	乙丑	5/31	5/7	乙未	7/2	5/10	丁卯	8/2	6/11	戊戌
	3/3	2/7	丙寅	4/2	3/8	丙申	5/2	4/8	丙寅	6/1	5/8	丙申	7/3	5/11	戊辰	8/3	6/12	己亥
	3/4	2/8	丁卯	4/3	3/9	丁酉	5/3	4/9	丁卯	6/2	5/9	丁酉	7/4	5/12	己巳	8/4	6/13	庚子
	3/5	2/9	戊辰	4/4	3/10	戊戌	5/4	4/10	戊辰	6/3	5/10	戊戌	7/5	5/13	庚午	8/5	6/14	辛丑
										6/4	5/11	己亥	7/6	5/14	辛未	8/6	6/15	壬寅
										6/5	5/12	庚子						

中氣	雨水 2/19 2時9分 丑時	春分 3/21 0時51分 子時	穀雨 4/20 11時31分 午時	小滿 5/21 10時19分 巳時	夏至 6/21 18時2分 酉時	大暑 7/23 4時54分

丁卯

中華民國一百三十六、一百三十七年　兔　2047、2048

節氣

月	戊申	己酉	庚戌	辛亥	壬子	癸丑
節氣	立秋	白露	寒露	立冬	大雪	小寒
時刻	21時25分 亥時	9/8 0時37分 子時	10/8 16時36分 申時	11/7 20時6分 戌時	12/7 13時10分 未時	1/6 0時28分 子時

戊申 立秋			己酉 白露			庚戌 寒露			辛亥 立冬			壬子 大雪			癸丑 小寒		
國曆	農曆	干支	國曆	農曆	干支	國曆	農曆	干支	國曆	農曆	干支	國曆	農曆	干支	國曆	農曆	干支
8/7	6/16	癸卯	9/8	7/19	乙亥	10/8	8/19	乙巳	11/7	9/20	乙亥	12/7	10/20	乙巳	1/6	11/21	乙亥
8/8	6/17	甲辰	9/9	7/20	丙子	10/9	8/20	丙午	11/8	9/21	丙子	12/8	10/21	丙午	1/7	11/22	丙子
8/9	6/18	乙巳	9/10	7/21	丁丑	10/10	8/21	丁未	11/9	9/22	丁丑	12/9	10/22	丁未	1/8	11/23	丁丑
8/10	6/19	丙午	9/11	7/22	戊寅	10/11	8/22	戊申	11/10	9/23	戊寅	12/10	10/23	戊申	1/9	11/24	戊寅
8/11	6/20	丁未	9/12	7/23	己卯	10/12	8/23	己酉	11/11	9/24	己卯	12/11	10/24	己酉	1/10	11/25	己卯
8/12	6/21	戊申	9/13	7/24	庚辰	10/13	8/24	庚戌	11/12	9/25	庚辰	12/12	10/25	庚戌	1/11	11/26	庚辰
8/13	6/22	己酉	9/14	7/25	辛巳	10/14	8/25	辛亥	11/13	9/26	辛巳	12/13	10/26	辛亥	1/12	11/27	辛巳
8/14	6/23	庚戌	9/15	7/26	壬午	10/15	8/26	壬子	11/14	9/27	壬午	12/14	10/27	壬子	1/13	11/28	壬午
8/15	6/24	辛亥	9/16	7/27	癸未	10/16	8/27	癸丑	11/15	9/28	癸未	12/15	10/28	癸丑	1/14	11/29	癸未
8/16	6/25	壬子	9/17	7/28	甲申	10/17	8/28	甲寅	11/16	9/29	甲申	12/16	10/29	甲寅	1/15	12/1	甲申
8/17	6/26	癸丑	9/18	7/29	乙酉	10/18	8/29	乙卯	11/17	9/30	乙酉	12/17	11/1	乙卯	1/16	12/2	乙酉
8/18	6/27	甲寅	9/19	7/30	丙戌	10/19	9/1	丙辰	11/18	10/1	丙戌	12/18	11/2	丙辰	1/17	12/3	丙戌
8/19	6/28	乙卯	9/20	8/1	丁亥	10/20	9/2	丁巳	11/19	10/2	丁亥	12/19	11/3	丁巳	1/18	12/4	丁亥
8/20	6/29	丙辰	9/21	8/2	戊子	10/21	9/3	戊午	11/20	10/3	戊子	12/20	11/4	戊午	1/19	12/5	戊子
8/21	7/1	丁巳	9/22	8/3	己丑	10/22	9/4	己未	11/21	10/4	己丑	12/21	11/5	己未	1/20	12/6	己丑
8/22	7/2	戊午	9/23	8/4	庚寅	10/23	9/5	庚申	11/22	10/5	庚寅	12/22	11/6	庚申	1/21	12/7	庚寅
8/23	7/3	己未	9/24	8/5	辛卯	10/24	9/6	辛酉	11/23	10/6	辛卯	12/23	11/7	辛酉	1/22	12/8	辛卯
8/24	7/4	庚申	9/25	8/6	壬辰	10/25	9/7	壬戌	11/24	10/7	壬辰	12/24	11/8	壬戌	1/23	12/9	壬辰
8/25	7/5	辛酉	9/26	8/7	癸巳	10/26	9/8	癸亥	11/25	10/8	癸巳	12/25	11/9	癸亥	1/24	12/10	癸巳
8/26	7/6	壬戌	9/27	8/8	甲午	10/27	9/9	甲子	11/26	10/9	甲午	12/26	11/10	甲子	1/25	12/11	甲午
8/27	7/7	癸亥	9/28	8/9	乙未	10/28	9/10	乙丑	11/27	10/10	乙未	12/27	11/11	乙丑	1/26	12/12	乙未
8/28	7/8	甲子	9/29	8/10	丙申	10/29	9/11	丙寅	11/28	10/11	丙申	12/28	11/12	丙寅	1/27	12/13	丙申
8/29	7/9	乙丑	9/30	8/11	丁酉	10/30	9/12	丁卯	11/29	10/12	丁酉	12/29	11/13	丁卯	1/28	12/14	丁酉
8/30	7/10	丙寅	10/1	8/12	戊戌	10/31	9/13	戊辰	11/30	10/13	戊戌	12/30	11/14	戊辰	1/29	12/15	戊戌
8/31	7/11	丁卯	10/2	8/13	己亥	11/1	9/14	己巳	12/1	10/14	己亥	12/31	11/15	己巳	1/30	12/16	己亥
9/1	7/12	戊辰	10/3	8/14	庚子	11/2	9/15	庚午	12/2	10/15	庚子	1/1	11/16	庚午	1/31	12/17	庚子
9/2	7/13	己巳	10/4	8/15	辛丑	11/3	9/16	辛未	12/3	10/16	辛丑	1/2	11/17	辛未	2/1	12/18	辛丑
9/3	7/14	庚午	10/5	8/16	壬寅	11/4	9/17	壬申	12/4	10/17	壬寅	1/3	11/18	壬申	2/2	12/19	壬寅
9/4	7/15	辛未	10/6	8/17	癸卯	11/5	9/18	癸酉	12/5	10/18	癸卯	1/4	11/19	癸酉	2/3	12/20	癸卯
9/5	7/16	壬申	10/7	8/18	甲辰	11/6	9/19	甲戌	12/6	10/19	甲辰	1/5	11/20	甲戌			
9/6	7/17	癸酉															
9/7	7/18	甲戌															

中氣

處暑	秋分	霜降	小雪	冬至	大寒
8/23 12時10分 午時	9/23 10時7分 巳時	10/23 19時47分 戌時	11/22 17時37分 酉時	12/22 7時6分 辰時	1/20 17時46分 酉時

戊辰　中華民國一百三十七年（龍）　2048

月	甲寅 立春			乙卯 驚蟄			丙辰 清明			丁巳 立夏			戊午 芒種			己未 小暑		
節氣	2/4 12時3分 午時			3/5 5時53分 卯時			4/4 10時24分 巳時			5/5 3時23分 寅時			6/5 7時17分 辰時			7/6 17時25分 酉時		
日	國曆	農曆	干支	國曆	農曆	干支	國曆	農曆	干支	國曆	農曆	干支	國曆	農曆	干支	國曆	農曆	干支
	2/4	12/21	甲辰	3/5	1/21	甲戌	4/4	2/22	甲辰	5/5	3/23	乙亥	6/5	4/24	丙午	7/6	5/26	丁丑
	2/5	12/22	乙巳	3/6	1/22	乙亥	4/5	2/23	乙巳	5/6	3/24	丙子	6/6	4/25	丁未	7/7	5/27	戊寅
	2/6	12/23	丙午	3/7	1/23	丙子	4/6	2/24	丙午	5/7	3/25	丁丑	6/7	4/26	戊申	7/8	5/28	己卯
	2/7	12/24	丁未	3/8	1/24	丁丑	4/7	2/25	丁未	5/8	3/26	戊寅	6/8	4/27	己酉	7/9	5/29	庚辰
	2/8	12/25	戊申	3/9	1/25	戊寅	4/8	2/26	戊申	5/9	3/27	己卯	6/9	4/28	庚戌	7/10	5/30	辛巳
	2/9	12/26	己酉	3/10	1/26	己卯	4/9	2/27	己酉	5/10	3/28	庚辰	6/10	4/29	辛亥	7/11	6/1	壬午
	2/10	12/27	庚戌	3/11	1/27	庚辰	4/10	2/28	庚戌	5/11	3/29	辛巳	6/11	5/1	壬子	7/12	6/2	癸未
	2/11	12/28	辛亥	3/12	1/28	辛巳	4/11	2/29	辛亥	5/12	3/30	壬午	6/12	5/2	癸丑	7/13	6/3	甲申
	2/12	12/29	壬子	3/13	1/29	壬午	4/12	2/30	壬子	5/13	4/1	癸未	6/13	5/3	甲寅	7/14	6/4	乙酉
	2/13	12/30	癸丑	3/14	2/1	癸未	4/13	3/1	癸丑	5/14	4/2	甲申	6/14	5/4	乙卯	7/15	6/5	丙戌
	2/14	1/1	甲寅	3/15	2/2	甲申	4/14	3/2	甲寅	5/15	4/3	乙酉	6/15	5/5	丙辰	7/16	6/6	丁亥
	2/15	1/2	乙卯	3/16	2/3	乙酉	4/15	3/3	乙卯	5/16	4/4	丙戌	6/16	5/6	丁巳	7/17	6/7	戊子
	2/16	1/3	丙辰	3/17	2/4	丙戌	4/16	3/4	丙辰	5/17	4/5	丁亥	6/17	5/7	戊午	7/18	6/8	己丑
	2/17	1/4	丁巳	3/18	2/5	丁亥	4/17	3/5	丁巳	5/18	4/6	戊子	6/18	5/8	己未	7/19	6/9	庚寅
	2/18	1/5	戊午	3/19	2/6	戊子	4/18	3/6	戊午	5/19	4/7	己丑	6/19	5/9	庚申	7/20	6/10	辛卯
	2/19	1/6	己未	3/20	2/7	己丑	4/19	3/7	己未	5/20	4/8	庚寅	6/20	5/10	辛酉	7/21	6/11	壬辰
	2/20	1/7	庚申	3/21	2/8	庚寅	4/20	3/8	庚申	5/21	4/9	辛卯	6/21	5/11	壬戌	7/22	6/12	癸巳
	2/21	1/8	辛酉	3/22	2/9	辛卯	4/21	3/9	辛酉	5/22	4/10	壬辰	6/22	5/12	癸亥	7/23	6/13	甲午
	2/22	1/9	壬戌	3/23	2/10	壬辰	4/22	3/10	壬戌	5/23	4/11	癸巳	6/23	5/13	甲子	7/24	6/14	乙未
	2/23	1/10	癸亥	3/24	2/11	癸巳	4/23	3/11	癸亥	5/24	4/12	甲午	6/24	5/14	乙丑	7/25	6/15	丙申
	2/24	1/11	甲子	3/25	2/12	甲午	4/24	3/12	甲子	5/25	4/13	乙未	6/25	5/15	丙寅	7/26	6/16	丁酉
	2/25	1/12	乙丑	3/26	2/13	乙未	4/25	3/13	乙丑	5/26	4/14	丙申	6/26	5/16	丁卯	7/27	6/17	戊戌
	2/26	1/13	丙寅	3/27	2/14	丙申	4/26	3/14	丙寅	5/27	4/15	丁酉	6/27	5/17	戊辰	7/28	6/18	己亥
	2/27	1/14	丁卯	3/28	2/15	丁酉	4/27	3/15	丁卯	5/28	4/16	戊戌	6/28	5/18	己巳	7/29	6/19	庚子
	2/28	1/15	戊辰	3/29	2/16	戊戌	4/28	3/16	戊辰	5/29	4/17	己亥	6/29	5/19	庚午	7/30	6/20	辛丑
	2/29	1/16	己巳	3/30	2/17	己亥	4/29	3/17	己巳	5/30	4/18	庚子	6/30	5/20	辛未	7/31	6/21	壬寅
	3/1	1/17	庚午	3/31	2/18	庚子	4/30	3/18	庚午	5/31	4/19	辛丑	7/1	5/21	壬申	8/1	6/22	癸卯
	3/2	1/18	辛未	4/1	2/19	辛丑	5/1	3/19	辛未	6/1	4/20	壬寅	7/2	5/22	癸酉	8/2	6/23	甲辰
	3/3	1/19	壬申	4/2	2/20	壬寅	5/2	3/20	壬申	6/2	4/21	癸卯	7/3	5/23	甲戌	8/3	6/24	乙巳
	3/4	1/20	癸酉	4/3	2/21	癸卯	5/3	3/21	癸酉	6/3	4/22	甲辰	7/4	5/24	乙亥	8/4	6/25	丙午
							5/4	3/22	甲戌	6/4	4/23	乙巳	7/5	5/25	丙子	8/5	6/26	丁未
																8/6	6/27	戊申

中氣	雨水 2/19 7時47分 辰時	春分 3/20 6時32分 卯時	穀雨 4/19 17時16分 酉時	小滿 5/20 16時7分 申時	夏至 6/20 23時53分 子時	大暑 7/22 10時46分 巳時

戊辰

右欄直書：中華民國一百三十七、一百三十八年　龍　2048、2049

月	庚申	辛酉	壬戌	癸亥	甲子	乙丑
節氣	立秋	白露	寒露	立冬	大雪	小寒
時刻	3時17分 寅時	9/7 6時27分 卯時	10/7 22時25分 亥時	11/7 1時55分 丑時	12/6 18時59分 酉時	1/5 6時17分 卯時

庚申 國曆	農曆	干支	辛酉 國曆	農曆	干支	壬戌 國曆	農曆	干支	癸亥 國曆	農曆	干支	甲子 國曆	農曆	干支	乙丑 國曆	農曆	干支
8/7	6 28	己酉	9 7	7 29	庚辰	10 7	8 30	庚戌	11 7	10 2	辛巳	12 6	11 2	庚戌	1 5	12 2	庚辰
8 8	6 29	庚戌	9 8	8 1	辛巳	10 8	9 1	辛亥	11 8	10 3	壬午	12 7	11 3	辛亥	1 6	12 3	辛巳
8 9	6 30	辛亥	9 9	8 2	壬午	10 9	9 2	壬子	11 9	10 4	癸未	12 8	11 4	壬子	1 7	12 4	壬午
8 10	7 1	壬子	9 10	8 3	癸未	10 10	9 3	癸丑	11 10	10 5	甲申	12 9	11 5	癸丑	1 8	12 5	癸未
8 11	7 2	癸丑	9 11	8 4	甲申	10 11	9 4	甲寅	11 11	10 6	乙酉	12 10	11 6	甲寅	1 9	12 6	甲申
8 12	7 3	甲寅	9 12	8 5	乙酉	10 12	9 5	乙卯	11 12	10 7	丙戌	12 11	11 7	乙卯	1 10	12 7	乙酉
8 13	7 4	乙卯	9 13	8 6	丙戌	10 13	9 6	丙辰	11 13	10 8	丁亥	12 12	11 8	丙辰	1 11	12 8	丙戌
8 14	7 5	丙辰	9 14	8 7	丁亥	10 14	9 7	丁巳	11 14	10 9	戊子	12 13	11 9	丁巳	1 12	12 9	丁亥
8 15	7 6	丁巳	9 15	8 8	戊子	10 15	9 8	戊午	11 15	10 10	己丑	12 14	11 10	戊午	1 13	12 10	戊子
8 16	7 7	戊午	9 16	8 9	己丑	10 16	9 9	己未	11 16	10 11	庚寅	12 15	11 11	己未	1 14	12 11	己丑
8 17	7 8	己未	9 17	8 10	庚寅	10 17	9 10	庚申	11 17	10 12	辛卯	12 16	11 12	庚申	1 15	12 12	庚寅
8 18	7 9	庚申	9 18	8 11	辛卯	10 18	9 11	辛酉	11 18	10 13	壬辰	12 17	11 13	辛酉	1 16	12 13	辛卯
8 19	7 10	辛酉	9 19	8 12	壬辰	10 19	9 12	壬戌	11 19	10 14	癸巳	12 18	11 14	壬戌	1 17	12 14	壬辰
8 20	7 11	壬戌	9 20	8 13	癸巳	10 20	9 13	癸亥	11 20	10 15	甲午	12 19	11 15	癸亥	1 18	12 15	癸巳
8 21	7 12	癸亥	9 21	8 14	甲午	10 21	9 14	甲子	11 21	10 16	乙未	12 20	11 16	甲子	1 19	12 16	甲午
8 22	7 13	甲子	9 22	8 15	乙未	10 22	9 15	乙丑	11 22	10 17	丙申	12 21	11 17	乙丑	1 20	12 17	乙未
8 23	7 14	乙丑	9 23	8 16	丙申	10 23	9 16	丙寅	11 23	10 18	丁酉	12 22	11 18	丙寅	1 21	12 18	丙申
8 24	7 15	丙寅	9 24	8 17	丁酉	10 24	9 17	丁卯	11 24	10 19	戊戌	12 23	11 19	丁卯	1 22	12 19	丁酉
8 25	7 16	丁卯	9 25	8 18	戊戌	10 25	9 18	戊辰	11 25	10 20	己亥	12 24	11 20	戊辰	1 23	12 20	戊戌
8 26	7 17	戊辰	9 26	8 19	己亥	10 26	9 19	己巳	11 26	10 21	庚子	12 25	11 21	己巳	1 24	12 21	己亥
8 27	7 18	己巳	9 27	8 20	庚子	10 27	9 20	庚午	11 27	10 22	辛丑	12 26	11 22	庚午	1 25	12 22	庚子
8 28	7 19	庚午	9 28	8 21	辛丑	10 28	9 21	辛未	11 28	10 23	壬寅	12 27	11 23	辛未	1 26	12 23	辛丑
8 29	7 20	辛未	9 29	8 22	壬寅	10 29	9 22	壬申	11 29	10 24	癸卯	12 28	11 24	壬申	1 27	12 24	壬寅
8 30	7 21	壬申	9 30	8 23	癸卯	10 30	9 23	癸酉	11 30	10 25	甲辰	12 29	11 25	癸酉	1 28	12 25	癸卯
8 31	7 22	癸酉	10 1	8 24	甲辰	10 31	9 24	甲戌	12 1	10 26	乙巳	12 30	11 26	甲戌	1 29	12 26	甲辰
9 1	7 23	甲戌	10 2	8 25	乙巳	11 1	9 25	乙亥	12 2	10 27	丙午	12 31	11 27	乙亥	1 30	12 27	乙巳
9 2	7 24	乙亥	10 3	8 26	丙午	11 2	9 26	丙子	12 3	10 28	丁未	1 1	11 28	丙子	1 31	12 28	丙午
9 3	7 25	丙子	10 4	8 27	丁未	11 3	9 27	丁丑	12 4	10 29	戊申	1 2	11 29	丁丑	2 1	12 29	丁未
9 4	7 26	丁丑	10 5	8 28	戊申	11 4	9 28	戊寅	12 5	11 1	己酉	1 3	11 30	戊寅	2 2	12 30	戊申
9 5	7 27	戊寅	10 6	8 29	己酉	11 5	9 29	己卯				1 4	12 1	己卯			
9 6	7 28	己卯				11 6	10 1	庚辰									

中氣	處暑	秋分	霜降	小雪	冬至	大寒
時刻	18時1分 酉時	9/22 15時59分 申時	10/23 1時41分 丑時	11/21 23時32分 子時	12/21 13時59分 未時	1/19 23時40分 子時

年	己巳																
月	丙寅			丁卯			戊辰			己巳			庚午			辛未		
節氣	立春			驚蟄			清明			立夏			芒種			小暑		
	2/3 17時52分 酉時			3/5 11時42分 午時			4/4 16時13分 申時			5/5 9時11分 巳時			6/5 13時2分 未時			7/6 23時7分 子時		
日	國曆	農曆	干支	國曆	農曆	干支	國曆	農曆	干支	國曆	農曆	干支	國曆	農曆	干支	國曆	農曆	干支
	2 3	1 2	己酉	3 5	2 2	己卯	4 4	3 3	己酉	5 5	4 4	庚辰	6 5	5 6	辛亥	7 6	6 7	壬午
	2 4	1 3	庚戌	3 6	2 3	庚辰	4 5	3 4	庚戌	5 6	4 5	辛巳	6 6	5 7	壬子	7 7	6 8	癸未
	2 5	1 4	辛亥	3 7	2 4	辛巳	4 6	3 5	辛亥	5 7	4 6	壬午	6 7	5 8	癸丑	7 8	6 9	甲申
	2 6	1 5	壬子	3 8	2 5	壬午	4 7	3 6	壬子	5 8	4 7	癸未	6 8	5 9	甲寅	7 9	6 10	乙酉
	2 7	1 6	癸丑	3 9	2 6	癸未	4 8	3 7	癸丑	5 9	4 8	甲申	6 9	5 10	乙卯	7 10	6 11	丙戌
	2 8	1 7	甲寅	3 10	2 7	甲申	4 9	3 8	甲寅	5 10	4 9	乙酉	6 10	5 11	丙辰	7 11	6 12	丁亥
	2 9	1 8	乙卯	3 11	2 8	乙酉	4 10	3 9	乙卯	5 11	4 10	丙戌	6 11	5 12	丁巳	7 12	6 13	戊子
	2 10	1 9	丙辰	3 12	2 9	丙戌	4 11	3 10	丙辰	5 12	4 11	丁亥	6 12	5 13	戊午	7 13	6 14	己丑
	2 11	1 10	丁巳	3 13	2 10	丁亥	4 12	3 11	丁巳	5 13	4 12	戊子	6 13	5 14	己未	7 14	6 15	庚寅
	2 12	1 11	戊午	3 14	2 11	戊子	4 13	3 12	戊午	5 14	4 13	己丑	6 14	5 15	庚申	7 15	6 16	辛卯
	2 13	1 12	己未	3 15	2 12	己丑	4 14	3 13	己未	5 15	4 14	庚寅	6 15	5 16	辛酉	7 16	6 17	壬辰
	2 14	1 13	庚申	3 16	2 13	庚寅	4 15	3 14	庚申	5 16	4 15	辛卯	6 16	5 17	壬戌	7 17	6 18	癸巳
	2 15	1 14	辛酉	3 17	2 14	辛卯	4 16	3 15	辛酉	5 17	4 16	壬辰	6 17	5 18	癸亥	7 18	6 19	甲午
	2 16	1 15	壬戌	3 18	2 15	壬辰	4 17	3 16	壬戌	5 18	4 17	癸巳	6 18	5 19	甲子	7 19	6 20	乙未
	2 17	1 16	癸亥	3 19	2 16	癸巳	4 18	3 17	癸亥	5 19	4 18	甲午	6 19	5 20	乙丑	7 20	6 21	丙申
	2 18	1 17	甲子	3 20	2 17	甲午	4 19	3 18	甲子	5 20	4 19	乙未	6 20	5 21	丙寅	7 21	6 22	丁酉
	2 19	1 18	乙丑	3 21	2 18	乙未	4 20	3 19	乙丑	5 21	4 20	丙申	6 21	5 22	丁卯	7 22	6 23	戊戌
	2 20	1 19	丙寅	3 22	2 19	丙申	4 21	3 20	丙寅	5 22	4 21	丁酉	6 22	5 23	戊辰	7 23	6 24	己亥
	2 21	1 20	丁卯	3 23	2 20	丁酉	4 22	3 21	丁卯	5 23	4 22	戊戌	6 23	5 24	己巳	7 24	6 25	庚子
	2 22	1 21	戊辰	3 24	2 21	戊戌	4 23	3 22	戊辰	5 24	4 23	己亥	6 24	5 25	庚午	7 25	6 26	辛丑
	2 23	1 22	己巳	3 25	2 22	己亥	4 24	3 23	己巳	5 25	4 24	庚子	6 25	5 26	辛未	7 26	6 27	壬寅
	2 24	1 23	庚午	3 26	2 23	庚子	4 25	3 24	庚午	5 26	4 25	辛丑	6 26	5 27	壬申	7 27	6 28	癸卯
	2 25	1 24	辛未	3 27	2 24	辛丑	4 26	3 25	辛未	5 27	4 26	壬寅	6 27	5 28	癸酉	7 28	6 29	甲辰
	2 26	1 25	壬申	3 28	2 25	壬寅	4 27	3 26	壬申	5 28	4 27	癸卯	6 28	5 29	甲戌	7 29	6 30	乙巳
	2 27	1 26	癸酉	3 29	2 26	癸卯	4 28	3 27	癸酉	5 29	4 28	甲辰	6 29	5 30	乙亥	7 30	7 1	丙午
	2 28	1 27	甲戌	3 30	2 27	甲辰	4 29	3 28	甲戌	5 30	4 29	乙巳	6 30	6 1	丙子	7 31	7 2	丁未
	3 1	1 28	乙亥	3 31	2 28	乙巳	4 30	3 29	乙亥	5 31	5 1	丙午	7 1	6 2	丁丑	8 1	7 3	戊申
	3 2	1 29	丙子	4 1	2 29	丙午	5 1	3 30	丙子	6 1	5 2	丁未	7 2	6 3	戊寅	8 2	7 4	己酉
	3 3	1 30	丁丑	4 2	3 1	丁未	5 2	4 1	丁丑	6 2	5 3	戊申	7 3	6 4	己卯	8 3	7 5	庚戌
	3 4	2 1	戊寅	4 3	3 2	戊申	5 3	4 2	戊寅	6 3	5 4	己酉	7 4	6 5	庚辰	8 4	7 6	辛亥
							5 4	4 3	己卯	6 4	5 5	庚戌	7 5	6 6	辛巳	8 5	7 7	壬子
																8 6	7 8	癸丑
中氣	雨水 2/18 13時41分 未時			春分 3/20 12時27分 午時			穀雨 4/19 23時12分 子時			小滿 5/20 22時2分 亥時			夏至 6/21 5時46分 卯時			大暑 7/22 16時35分 申時		

中華民國一百三十八年 蛇 2049

己巳

中華民國一百三十八、一百三十九年　蛇　2049、2050

壬申 立秋 8/7 8時57分 辰時			癸酉 白露 9/7 12時4分 午時			甲戌 寒露 10/8 4時4分 寅時			乙亥 立冬 11/7 7時37分 辰時			丙子 大雪 12/7 0時45分 子時			丁丑 小寒 1/5 12時6分 午時			年月／節氣／日
國曆	農曆	干支	國曆	農曆	干支	國曆	農曆	干支	國曆	農曆	干支	國曆	農曆	干支	國曆	農曆	干支	
8/7	7/9	甲寅	9/7	8/11	乙酉	10/8	9/12	丙辰	11/7	10/12	丙戌	12/7	11/13	丙辰	1/5	12/12	乙酉	
8/8	7/10	乙卯	9/8	8/12	丙戌	10/9	9/13	丁巳	11/8	10/13	丁亥	12/8	11/14	丁巳	1/6	12/13	丙戌	
8/9	7/11	丙辰	9/9	8/13	丁亥	10/10	9/14	戊午	11/9	10/14	戊子	12/9	11/15	戊午	1/7	12/14	丁亥	
8/10	7/12	丁巳	9/10	8/14	戊子	10/11	9/15	己未	11/10	10/15	己丑	12/10	11/16	己未	1/8	12/15	戊子	
8/11	7/13	戊午	9/11	8/15	己丑	10/12	9/16	庚申	11/11	10/16	庚寅	12/11	11/17	庚申	1/9	12/16	己丑	
8/12	7/14	己未	9/12	8/16	庚寅	10/13	9/17	辛酉	11/12	10/17	辛卯	12/12	11/18	辛酉	1/10	12/17	庚寅	
8/13	7/15	庚申	9/13	8/17	辛卯	10/14	9/18	壬戌	11/13	10/18	壬辰	12/13	11/19	壬戌	1/11	12/18	辛卯	
8/14	7/16	辛酉	9/14	8/18	壬辰	10/15	9/19	癸亥	11/14	10/19	癸巳	12/14	11/20	癸亥	1/12	12/19	壬辰	
8/15	7/17	壬戌	9/15	8/19	癸巳	10/16	9/20	甲子	11/15	10/20	甲午	12/15	11/21	甲子	1/13	12/20	癸巳	中華民國一百三十八、一百三十九年 蛇 2049、2050
8/16	7/18	癸亥	9/16	8/20	甲午	10/17	9/21	乙丑	11/16	10/21	乙未	12/16	11/22	乙丑	1/14	12/21	甲午	
8/17	7/19	甲子	9/17	8/21	乙未	10/18	9/22	丙寅	11/17	10/22	丙申	12/17	11/23	丙寅	1/15	12/22	乙未	
8/18	7/20	乙丑	9/18	8/22	丙申	10/19	9/23	丁卯	11/18	10/23	丁酉	12/18	11/24	丁卯	1/16	12/23	丙申	
8/19	7/21	丙寅	9/19	8/23	丁酉	10/20	9/24	戊辰	11/19	10/24	戊戌	12/19	11/25	戊辰	1/17	12/24	丁酉	
8/20	7/22	丁卯	9/20	8/24	戊戌	10/21	9/25	己巳	11/20	10/25	己亥	12/20	11/26	己巳	1/18	12/25	戊戌	
8/21	7/23	戊辰	9/21	8/25	己亥	10/22	9/26	庚午	11/21	10/26	庚子	12/21	11/27	庚午	1/19	12/26	己亥	
8/22	7/24	己巳	9/22	8/26	庚子	10/23	9/27	辛未	11/22	10/27	辛丑	12/22	11/28	辛未	1/20	12/27	庚子	
8/23	7/25	庚午	9/23	8/27	辛丑	10/24	9/28	壬申	11/23	10/28	壬寅	12/23	11/29	壬申	1/21	12/28	辛丑	
8/24	7/26	辛未	9/24	8/28	壬寅	10/25	9/29	癸酉	11/24	10/29	癸卯	12/24	11/30	癸酉	1/22	12/29	壬寅	
8/25	7/27	壬申	9/25	8/29	癸卯	10/26	9/30	甲戌	11/25	11/1	甲辰	12/25	12/1	甲戌	1/23	1/1	癸卯	
8/26	7/28	癸酉	9/26	8/30	甲辰	10/27	10/1	乙亥	11/26	11/2	乙巳	12/26	12/2	乙亥	1/24	1/2	甲辰	
8/27	7/29	甲戌	9/27	9/1	乙巳	10/28	10/2	丙子	11/27	11/3	丙午	12/27	12/3	丙子	1/25	1/3	乙巳	
8/28	8/1	乙亥	9/28	9/2	丙午	10/29	10/3	丁丑	11/28	11/4	丁未	12/28	12/4	丁丑	1/26	1/4	丙午	
8/29	8/2	丙子	9/29	9/3	丁未	10/30	10/4	戊寅	11/29	11/5	戊申	12/29	12/5	戊寅	1/27	1/5	丁未	
8/30	8/3	丁丑	9/30	9/4	戊申	10/31	10/5	己卯	11/30	11/6	己酉	12/30	12/6	己卯	1/28	1/6	戊申	
8/31	8/4	戊寅	10/1	9/5	己酉	11/1	10/6	庚辰	12/1	11/7	庚戌	12/31	12/7	庚辰	1/29	1/7	己酉	2049、2050
9/1	8/5	己卯	10/2	9/6	庚戌	11/2	10/7	辛巳	12/2	11/8	辛亥	1/1	12/8	辛巳	1/30	1/8	庚戌	
9/2	8/6	庚辰	10/3	9/7	辛亥	11/3	10/8	壬午	12/3	11/9	壬子	1/2	12/9	壬午	1/31	1/9	辛亥	
9/3	8/7	辛巳	10/4	9/8	壬子	11/4	10/9	癸未	12/4	11/10	癸丑	1/3	12/10	癸未	2/1	1/10	壬子	
9/4	8/8	壬午	10/5	9/9	癸丑	11/5	10/10	甲申	12/5	11/11	甲寅	1/4	12/11	甲申	2/2	1/11	癸丑	
9/5	8/9	癸未	10/6	9/10	甲寅	11/6	10/11	乙酉	12/6	11/12	乙卯							
9/6	8/10	甲申	10/7	9/11	乙卯													

處暑 8/23 23時46分 子時	秋分 9/22 21時41分 亥時	霜降 10/23 7時24分 辰時	小雪 11/22 5時18分 卯時	冬至 12/21 18時51分 酉時	大寒 1/20 5時32分 卯時	中氣

年	庚午																	
月	戊寅			己卯			庚辰			辛巳			壬午			癸未		
節氣	立春			驚蟄			清明			立夏			芒種			小暑		
	2/3 23時42分 子時			3/5 17時31分 酉時			4/4 22時2分 亥時			5/5 15時1分 申時			6/5 18時53分 酉時			7/7 5時1分 卯時		
日	國曆	農曆	干支	國曆	農曆	干支	國曆	農曆	干支	國曆	農曆	干支	國曆	農曆	干支	國曆	農曆	干支
	2/3	1/12	甲寅	3/5	2/13	甲申	4/4	3/13	甲寅	5/5	3/15	乙酉	6/5	4/16	丙辰	7/7	5/19	戊子
	2/4	1/13	乙卯	3/6	2/14	乙酉	4/5	3/14	乙卯	5/6	3/16	丙戌	6/6	4/17	丁巳	7/8	5/20	己丑
	2/5	1/14	丙辰	3/7	2/15	丙戌	4/6	3/15	丙辰	5/7	3/17	丁亥	6/7	4/18	戊午	7/9	5/21	庚寅
	2/6	1/15	丁巳	3/8	2/16	丁亥	4/7	3/16	丁巳	5/8	3/18	戊子	6/8	4/19	己未	7/10	5/22	辛卯
	2/7	1/16	戊午	3/9	2/17	戊子	4/8	3/17	戊午	5/9	3/19	己丑	6/9	4/20	庚申	7/11	5/23	壬辰
中	2/8	1/17	己未	3/10	2/18	己丑	4/9	3/18	己未	5/10	3/20	庚寅	6/10	4/21	辛酉	7/12	5/24	癸巳
華	2/9	1/18	庚申	3/11	2/19	庚寅	4/10	3/19	庚申	5/11	3/21	辛卯	6/11	4/22	壬戌	7/13	5/25	甲午
民	2/10	1/19	辛酉	3/12	2/20	辛卯	4/11	3/20	辛酉	5/12	3/22	壬辰	6/12	4/23	癸亥	7/14	5/26	乙未
國	2/11	1/20	壬戌	3/13	2/21	壬辰	4/12	3/21	壬戌	5/13	3/23	癸巳	6/13	4/24	甲子	7/15	5/27	丙申
一	2/12	1/21	癸亥	3/14	2/22	癸巳	4/13	3/22	癸亥	5/14	3/24	甲午	6/14	4/25	乙丑	7/16	5/28	丁酉
百	2/13	1/22	甲子	3/15	2/23	甲午	4/14	3/23	甲子	5/15	3/25	乙未	6/15	4/26	丙寅	7/17	5/29	戊戌
三	2/14	1/23	乙丑	3/16	2/24	乙未	4/15	3/24	乙丑	5/16	3/26	丙申	6/16	4/27	丁卯	7/18	5/30	己亥
十	2/15	1/24	丙寅	3/17	2/25	丙申	4/16	3/25	丙寅	5/17	3/27	丁酉	6/17	4/28	戊辰	7/19	6/1	庚子
九	2/16	1/25	丁卯	3/18	2/26	丁酉	4/17	3/26	丁卯	5/18	3/28	戊戌	6/18	4/29	己巳	7/20	6/2	辛丑
年	2/17	1/26	戊辰	3/19	2/27	戊戌	4/18	3/27	戊辰	5/19	3/29	己亥	6/19	5/1	庚午	7/21	6/3	壬寅
	2/18	1/27	己巳	3/20	2/28	己亥	4/19	3/28	己巳	5/20	3/30	庚子	6/20	5/2	辛未	7/22	6/4	癸卯
馬	2/19	1/28	庚午	3/21	2/29	庚子	4/20	3/29	庚午	5/21	4/1	辛丑	6/21	5/3	壬申	7/23	6/5	甲辰
	2/20	1/29	辛未	3/22	2/30	辛丑	4/21	閏3/1	辛未	5/22	4/2	壬寅	6/22	5/4	癸酉	7/24	6/6	乙巳
	2/21	2/1	壬申	3/23	3/1	壬寅	4/22	3/2	壬申	5/23	4/3	癸卯	6/23	5/5	甲戌	7/25	6/7	丙午
	2/22	2/2	癸酉	3/24	3/2	癸卯	4/23	3/3	癸酉	5/24	4/4	甲辰	6/24	5/6	乙亥	7/26	6/8	丁未
	2/23	2/3	甲戌	3/25	3/3	甲辰	4/24	3/4	甲戌	5/25	4/5	乙巳	6/25	5/7	丙子	7/27	6/9	戊申
	2/24	2/4	乙亥	3/26	3/4	乙巳	4/25	3/5	乙亥	5/26	4/6	丙午	6/26	5/8	丁丑	7/28	6/10	己酉
2	2/25	2/5	丙子	3/27	3/5	丙午	4/26	3/6	丙子	5/27	4/7	丁未	6/27	5/9	戊寅	7/29	6/11	庚戌
0	2/26	2/6	丁丑	3/28	3/6	丁未	4/27	3/7	丁丑	5/28	4/8	戊申	6/28	5/10	己卯	7/30	6/12	辛亥
5	2/27	2/7	戊寅	3/29	3/7	戊申	4/28	3/8	戊寅	5/29	4/9	己酉	6/29	5/11	庚辰	7/31	6/13	壬子
0	2/28	2/8	己卯	3/30	3/8	己酉	4/29	3/9	己卯	5/30	4/10	庚戌	6/30	5/12	辛巳	8/1	6/14	癸丑
	3/1	2/9	庚辰	3/31	3/9	庚戌	4/30	3/10	庚辰	5/31	4/11	辛亥	7/1	5/13	壬午	8/2	6/15	甲寅
	3/2	2/10	辛巳	4/1	3/10	辛亥	5/1	3/11	辛巳	6/1	4/12	壬子	7/2	5/14	癸未	8/3	6/16	乙卯
	3/3	2/11	壬午	4/2	3/11	壬子	5/2	3/12	壬午	6/2	4/13	癸丑	7/3	5/15	甲申	8/4	6/17	丙辰
	3/4	2/12	癸未	4/3	3/12	癸丑	5/3	3/13	癸未	6/3	4/14	甲寅	7/4	5/16	乙酉	8/5	6/18	丁巳
							5/4	3/14	甲申	6/4	4/15	乙卯	7/5	5/17	丙戌	8/6	6/19	戊午
													7/6	5/18	丁亥			

中氣	雨水	春分	穀雨	小滿	夏至	大暑
	2/18 19時34分 戌時	3/20 18時18分 酉時	4/20 5時1分 卯時	5/21 3時49分 寅時	6/21 11時32分 午時	7/22 22時20分

庚午　年

月	甲申	乙酉	丙戌	丁亥	戊子	己丑
節氣	立秋	白露	寒露	立冬	大雪	小寒
（時刻）	14時51分 未時	9/7 17時59分 酉時	10/8 9時59分 巳時	11/7 13時32分 未時	12/7 6時40分 卯時	1/5 18時1分 戌時

甲申 國曆	農曆	干支	乙酉 國曆	農曆	干支	丙戌 國曆	農曆	干支	丁亥 國曆	農曆	干支	戊子 國曆	農曆	干支	己丑 國曆	農曆	干支
7	6/20	丁未	9/7	7/22	戊寅	10/8	8/23	己酉	11/7	9/23	己卯	12/7	10/24	己酉	1/5	11/23	戊寅
8	6/21	戊申	9/8	7/23	己卯	10/9	8/24	庚戌	11/8	9/24	庚辰	12/8	10/25	庚戌	1/6	11/24	己卯
9	6/22	己酉	9/9	7/24	庚辰	10/10	8/25	辛亥	11/9	9/25	辛巳	12/9	10/26	辛亥	1/7	11/25	庚辰
10	6/23	庚戌	9/10	7/25	辛巳	10/11	8/26	壬子	11/10	9/26	壬午	12/10	10/27	壬子	1/8	11/26	辛巳
11	6/24	辛亥	9/11	7/26	壬午	10/12	8/27	癸丑	11/11	9/27	癸未	12/11	10/28	癸丑	1/9	11/27	壬午
12	6/25	壬子	9/12	7/27	癸未	10/13	8/28	甲寅	11/12	9/28	甲申	12/12	10/29	甲寅	1/10	11/28	癸未
13	6/26	癸丑	9/13	7/28	甲申	10/14	8/29	乙卯	11/13	9/29	乙酉	12/13	10/30	乙卯	1/11	11/29	甲申
14	6/27	甲寅	9/14	7/29	乙酉	10/15	8/30	丙辰	11/14	10/1	丙戌	12/14	11/1	丙辰	1/12	11/30	乙酉
15	6/28	乙卯	9/15	7/30	丙戌	10/16	9/1	丁巳	11/15	10/2	丁亥	12/15	11/2	丁巳	1/13	12/1	丙戌
16	6/29	丙辰	9/16	8/1	丁亥	10/17	9/2	戊午	11/16	10/3	戊子	12/16	11/3	戊午	1/14	12/2	丁亥
17	7/1	丁巳	9/17	8/2	戊子	10/18	9/3	己未	11/17	10/4	己丑	12/17	11/4	己未	1/15	12/3	戊子
18	7/2	戊午	9/18	8/3	己丑	10/19	9/4	庚申	11/18	10/5	庚寅	12/18	11/5	庚申	1/16	12/4	己丑
19	7/3	己未	9/19	8/4	庚寅	10/20	9/5	辛酉	11/19	10/6	辛卯	12/19	11/6	辛酉	1/17	12/5	庚寅
20	7/4	庚申	9/20	8/5	辛卯	10/21	9/6	壬戌	11/20	10/7	壬辰	12/20	11/7	壬戌	1/18	12/6	辛卯
21	7/5	辛酉	9/21	8/6	壬辰	10/22	9/7	癸亥	11/21	10/8	癸巳	12/21	11/8	癸亥	1/19	12/7	壬辰
22	7/6	壬戌	9/22	8/7	癸巳	10/23	9/8	甲子	11/22	10/9	甲午	12/22	11/9	甲子	1/20	12/8	癸巳
23	7/7	癸亥	9/23	8/8	甲午	10/24	9/9	乙丑	11/23	10/10	乙未	12/23	11/10	乙丑	1/21	12/9	甲午
24	7/8	甲子	9/24	8/9	乙未	10/25	9/10	丙寅	11/24	10/11	丙申	12/24	11/11	丙寅	1/22	12/10	乙未
25	7/9	乙丑	9/25	8/10	丙申	10/26	9/11	丁卯	11/25	10/12	丁酉	12/25	11/12	丁卯	1/23	12/11	丙申
26	7/10	丙寅	9/26	8/11	丁酉	10/27	9/12	戊辰	11/26	10/13	戊戌	12/26	11/13	戊辰	1/24	12/12	丁酉
27	7/11	丁卯	9/27	8/12	戊戌	10/28	9/13	己巳	11/27	10/14	己亥	12/27	11/14	己巳	1/25	12/13	戊戌
28	7/12	戊辰	9/28	8/13	己亥	10/29	9/14	庚午	11/28	10/15	庚子	12/28	11/15	庚午	1/26	12/14	己亥
29	7/13	己巳	9/29	8/14	庚子	10/30	9/15	辛未	11/29	10/16	辛丑	12/29	11/16	辛未	1/27	12/15	庚子
30	7/14	庚午	9/30	8/15	辛丑	10/31	9/16	壬申	11/30	10/17	壬寅	12/30	11/17	壬申	1/28	12/16	辛丑
31	7/15	辛未	10/1	8/16	壬寅	11/1	9/17	癸酉	12/1	10/18	癸卯	12/31	11/18	癸酉	1/29	12/17	壬寅
1	7/16	壬申	10/2	8/17	癸卯	11/2	9/18	甲戌	12/2	10/19	甲辰	1/1	11/19	甲戌	1/30	12/18	癸卯
2	7/17	癸酉	10/3	8/18	甲辰	11/3	9/19	乙亥	12/3	10/20	乙巳	1/2	11/20	乙亥	1/31	12/19	甲辰
3	7/18	甲戌	10/4	8/19	乙巳	11/4	9/20	丙子	12/4	10/21	丙午	1/3	11/21	丙子	2/1	12/20	乙巳
4	7/19	乙亥	10/5	8/20	丙午	11/5	9/21	丁丑	12/5	10/22	丁未	1/4	11/22	丁丑	2/2	12/21	丙午
5	7/20	丙子	10/6	8/21	丁未	11/6	9/22	戊寅	12/6	10/23	戊申				2/3	12/22	丁未
6	7/21	丁丑	10/7	8/22	戊申												

中氣	處暑	秋分	霜降	小雪	冬至	大寒
（時刻）	8/23 5時31分 卯時	9/23 3時27分 寅時	10/23 13時10分 未時	11/22 11時5分 午時	12/22 0時37分 子時	1/20 11時17分 午時

中華民國一百三十九、一百四十年　馬　2050、2051

303

年	辛未																	
月	庚寅			辛卯			壬辰			癸巳			甲午			乙未		
節氣	立春			驚蟄			清明			立夏			芒種			小暑		
	2/4 5時35分 卯時			3/5 23時21分 子時			4/5 14時48分 寅時			5/5 20時46分 戌時			6/6 0時39分 子時			7/7 10時48分 巳時		
日	國曆	農曆	干支	國曆	農曆	干支	國曆	農曆	干支	國曆	農曆	干支	國曆	農曆	干支	國曆	農曆	干支
	2 4	12 23	庚申	3 5	1 23	己丑	4 5	2 24	庚申	5 5	3 25	庚寅	6 6	4 28	壬戌	7 7	5 29	癸巳
	2 5	12 24	辛酉	3 6	1 24	庚寅	4 6	2 25	辛酉	5 6	3 26	辛卯	6 7	4 29	癸亥	7 8	6 1	甲午
	2 6	12 25	壬戌	3 7	1 25	辛卯	4 7	2 26	壬戌	5 7	3 27	壬辰	6 8	4 30	甲子	7 9	6 2	乙未
	2 7	12 26	癸亥	3 8	1 26	壬辰	4 8	2 27	癸亥	5 8	3 28	癸巳	6 9	5 1	乙丑	7 10	6 3	丙申
	2 8	12 27	甲子	3 9	1 27	癸巳	4 9	2 28	甲子	5 9	3 29	甲午	6 10	5 2	丙寅	7 11	6 4	丁酉
中	2 9	12 28	乙丑	3 10	1 28	甲午	4 10	2 29	乙丑	5 10	4 1	乙未	6 11	5 3	丁卯	7 12	6 5	戊戌
華	2 10	12 29	丙寅	3 11	1 29	乙未	4 11	3 1	丙寅	5 11	4 2	丙申	6 12	5 4	戊辰	7 13	6 6	己亥
民	2 11	1 1	丁卯	3 12	1 30	丙申	4 12	3 2	丁卯	5 12	4 3	丁酉	6 13	5 5	己巳	7 14	6 7	庚子
國	2 12	1 2	戊辰	3 13	2 1	丁酉	4 13	3 3	戊辰	5 13	4 4	戊戌	6 14	5 6	庚午	7 15	6 8	辛丑
一	2 13	1 3	己巳	3 14	2 2	戊戌	4 14	3 4	己巳	5 14	4 5	己亥	6 15	5 7	辛未	7 16	6 9	壬寅
百	2 14	1 4	庚午	3 15	2 3	己亥	4 15	3 5	庚午	5 15	4 6	庚子	6 16	5 8	壬申	7 17	6 10	癸卯
四	2 15	1 5	辛未	3 16	2 4	庚子	4 16	3 6	辛未	5 16	4 7	辛丑	6 17	5 9	癸酉	7 18	6 11	甲辰
十	2 16	1 6	壬申	3 17	2 5	辛丑	4 17	3 7	壬申	5 17	4 8	壬寅	6 18	5 10	甲戌	7 19	6 12	乙巳
年	2 17	1 7	癸酉	3 18	2 6	壬寅	4 18	3 8	癸酉	5 18	4 9	癸卯	6 19	5 11	乙亥	7 20	6 13	丙午
	2 18	1 8	甲戌	3 19	2 7	癸卯	4 19	3 9	甲戌	5 19	4 10	甲辰	6 20	5 12	丙子	7 21	6 14	丁未
羊	2 19	1 9	乙亥	3 20	2 8	甲辰	4 20	3 10	乙亥	5 20	4 11	乙巳	6 21	5 13	丁丑	7 22	6 15	戊申
	2 20	1 10	丙子	3 21	2 9	乙巳	4 21	3 11	丙子	5 21	4 12	丙午	6 22	5 14	戊寅	7 23	6 16	己酉
	2 21	1 11	丁丑	3 22	2 10	丙午	4 22	3 12	丁丑	5 22	4 13	丁未	6 23	5 15	己卯	7 24	6 17	庚戌
	2 22	1 12	戊寅	3 23	2 11	丁未	4 23	3 13	戊寅	5 23	4 14	戊申	6 24	5 16	庚辰	7 25	6 18	辛亥
	2 23	1 13	己卯	3 24	2 12	戊申	4 24	3 14	己卯	5 24	4 15	己酉	6 25	5 17	辛巳	7 26	6 19	壬子
	2 24	1 14	庚辰	3 25	2 13	己酉	4 25	3 15	庚辰	5 25	4 16	庚戌	6 26	5 18	壬午	7 27	6 20	癸丑
	2 25	1 15	辛巳	3 26	2 14	庚戌	4 26	3 16	辛巳	5 26	4 17	辛亥	6 27	5 19	癸未	7 28	6 21	甲寅
	2 26	1 16	壬午	3 27	2 15	辛亥	4 27	3 17	壬午	5 27	4 18	壬子	6 28	5 20	甲申	7 29	6 22	乙卯
2	2 27	1 17	癸未	3 28	2 16	壬子	4 28	3 18	癸未	5 28	4 19	癸丑	6 29	5 21	乙酉	7 30	6 23	丙辰
0	2 28	1 18	甲申	3 29	2 17	癸丑	4 29	3 19	甲申	5 29	4 20	甲寅	6 30	5 22	丙戌	7 31	6 24	丁巳
5	3 1	1 19	乙酉	3 30	2 18	甲寅	4 30	3 20	乙酉	5 30	4 21	乙卯	7 1	5 23	丁亥	8 1	6 25	戊午
1	3 2	1 20	丙戌	3 31	2 19	乙卯	5 1	3 21	丙戌	5 31	4 22	丙辰	7 2	5 24	戊子	8 2	6 26	己未
	3 3	1 21	丁亥	4 1	2 20	丙辰	5 2	3 22	丁亥	6 1	4 23	丁巳	7 3	5 25	己丑	8 3	6 27	庚申
	3 4	1 22	戊子	4 2	2 21	丁巳	5 3	3 23	戊子	6 2	4 24	戊午	7 4	5 26	庚寅	8 4	6 28	辛酉
				4 3	2 22	戊午	5 4	3 24	己丑	6 3	4 25	己未	7 5	5 27	辛卯	8 5	6 29	壬戌
				4 4	2 23	己未				6 4	4 26	庚申	7 6	5 28	壬辰	8 6	6 30	癸亥
										6 5	4 27	辛酉				8 7	7 1	甲子
中氣	雨水			春分			穀雨			小滿			夏至			大暑		
	2/19 1時16分 丑時			3/20 23時58分 子時			4/20 10時39分 巳時			5/21 9時30分 巳時			6/21 17時17分 酉時			7/23 4時12分 寅時		

丙申			丁酉			戊戌			己亥			庚子			辛丑			年/月
立秋 8/7 20時40分 戌時			白露 9/7 23時50分 子時			寒露 10/8 15時49分 申時			立冬 11/7 19時21分 戌時			大雪 12/7 12時27分 午時			小寒 1/5 23時47分 子時			節氣
國曆	農曆	干支	國曆	農曆	干支	國曆	農曆	干支	國曆	農曆	干支	國曆	農曆	干支	國曆	農曆	干支	日
8/7	7/2	甲午	9/7	8/3	乙丑	10/8	9/4	丙申	11/7	10/5	丙寅	12/7	11/5	丙申	1/5	12/4	乙丑	
8/8	7/3	乙未	9/8	8/4	丙寅	10/9	9/5	丁酉	11/8	10/6	丁卯	12/8	11/6	丁酉	1/6	12/5	丙寅	
8/9	7/4	丙申	9/9	8/5	丁卯	10/10	9/6	戊戌	11/9	10/7	戊辰	12/9	11/7	戊戌	1/7	12/6	丁卯	
8/10	7/5	丁酉	9/10	8/6	戊辰	10/11	9/7	己亥	11/10	10/8	己巳	12/10	11/8	己亥	1/8	12/7	戊辰	
8/11	7/6	戊戌	9/11	8/7	己巳	10/12	9/8	庚子	11/11	10/9	庚午	12/11	11/9	庚子	1/9	12/8	己巳	
8/12	7/7	己亥	9/12	8/8	庚午	10/13	9/9	辛丑	11/12	10/10	辛未	12/12	11/10	辛丑	1/10	12/9	庚午	中華民國一百四十、一百四十一年 羊
8/13	7/8	庚子	9/13	8/9	辛未	10/14	9/10	壬寅	11/13	10/11	壬申	12/13	11/11	壬寅	1/11	12/10	辛未	
8/14	7/9	辛丑	9/14	8/10	壬申	10/15	9/11	癸卯	11/14	10/12	癸酉	12/14	11/12	癸卯	1/12	12/11	壬申	
8/15	7/10	壬寅	9/15	8/11	癸酉	10/16	9/12	甲辰	11/15	10/13	甲戌	12/15	11/13	甲辰	1/13	12/12	癸酉	
8/16	7/11	癸卯	9/16	8/12	甲戌	10/17	9/13	乙巳	11/16	10/14	乙亥	12/16	11/14	乙巳	1/14	12/13	甲戌	
8/17	7/12	甲辰	9/17	8/13	乙亥	10/18	9/14	丙午	11/17	10/15	丙子	12/17	11/15	丙午	1/15	12/14	乙亥	
8/18	7/13	乙巳	9/18	8/14	丙子	10/19	9/15	丁未	11/18	10/16	丁丑	12/18	11/16	丁未	1/16	12/15	丙子	
8/19	7/14	丙午	9/19	8/15	丁丑	10/20	9/16	戊申	11/19	10/17	戊寅	12/19	11/17	戊申	1/17	12/16	丁丑	
8/20	7/15	丁未	9/20	8/16	戊寅	10/21	9/17	己酉	11/20	10/18	己卯	12/20	11/18	己酉	1/18	12/17	戊寅	
8/21	7/16	戊申	9/21	8/17	己卯	10/22	9/18	庚戌	11/21	10/19	庚辰	12/21	11/19	庚戌	1/19	12/18	己卯	
8/22	7/17	己酉	9/22	8/18	庚辰	10/23	9/19	辛亥	11/22	10/20	辛巳	12/22	11/20	辛亥	1/20	12/19	庚辰	
8/23	7/18	庚戌	9/23	8/19	辛巳	10/24	9/20	壬子	11/23	10/21	壬午	12/23	11/21	壬子	1/21	12/20	辛巳	
8/24	7/19	辛亥	9/24	8/20	壬午	10/25	9/21	癸丑	11/24	10/22	癸未	12/24	11/22	癸丑	1/22	12/21	壬午	
8/25	7/20	壬子	9/25	8/21	癸未	10/26	9/22	甲寅	11/25	10/23	甲申	12/25	11/23	甲寅	1/23	12/22	癸未	
8/26	7/21	癸丑	9/26	8/22	甲申	10/27	9/23	乙卯	11/26	10/24	乙酉	12/26	11/24	乙卯	1/24	12/23	甲申	
8/27	7/22	甲寅	9/27	8/23	乙酉	10/28	9/24	丙辰	11/27	10/25	丙戌	12/27	11/25	丙辰	1/25	12/24	乙酉	
8/28	7/23	乙卯	9/28	8/24	丙戌	10/29	9/25	丁巳	11/28	10/26	丁亥	12/28	11/26	丁巳	1/26	12/25	丙戌	2051、2052
8/29	7/24	丙辰	9/29	8/25	丁亥	10/30	9/26	戊午	11/29	10/27	戊子	12/29	11/27	戊午	1/27	12/26	丁亥	
8/30	7/25	丁巳	9/30	8/26	戊子	10/31	9/27	己未	11/30	10/28	己丑	12/30	11/28	己未	1/28	12/27	戊子	
8/31	7/26	戊午	10/1	8/27	己丑	11/1	9/28	庚申	12/1	10/29	庚寅	12/31	11/29	庚申	1/29	12/28	己丑	
9/1	7/27	己未	10/2	8/28	庚寅	11/2	9/29	辛酉	12/2	10/30	辛卯	1/1	11/30	辛酉	1/30	12/29	庚寅	
9/2	7/28	庚申	10/3	8/29	辛卯	11/3	10/1	壬戌	12/3	11/1	壬辰	1/2	12/1	壬戌	1/31	12/30	辛卯	
9/3	7/29	辛酉	10/4	8/30	壬辰	11/4	10/2	癸亥	12/4	11/2	癸巳	1/3	12/2	癸亥	2/1	1/1	壬辰	
9/4	7/30	壬戌	10/5	9/1	癸巳	11/5	10/3	甲子	12/5	11/3	甲午	1/4	12/3	甲子	2/2	1/2	癸巳	
9/5	8/1	癸亥	10/6	9/2	甲午	11/6	10/4	乙丑	12/6	11/4	乙未				2/3	1/3	甲午	
9/6	8/2	甲子	10/7	9/3	乙未													
處暑 8/23 11時28分 午時			秋分 9/23 9時26分 巳時			霜降 10/23 19時9分 戌時			小雪 11/22 17時1分 酉時			冬至 12/22 6時33分 卯時			大寒 1/20 17時13分 酉時			中氣

年	壬申																
月	壬寅			癸卯			甲辰			乙巳			丙午			丁未		
節氣	立春			驚蟄			清明			立夏			芒種			小暑		
	2/4 11時22分 午時			3/5 5時8分 卯時			4/4 9時36分 巳時			5/5 2時33分 丑時			6/5 6時28分 卯時			7/6 16時39分 申時		
日	國曆	農曆	干支	國曆	農曆	干支	國曆	農曆	干支	國曆	農曆	干支	國曆	農曆	干支	國曆	農曆	干支
	2/4	1/4	乙丑	3/5	2/5	乙未	4/4	3/5	乙丑	5/5	4/7	丙申	6/5	5/9	丁卯	7/6	6/10	戊戌
	2/5	1/5	丙寅	3/6	2/6	丙申	4/5	3/6	丙寅	5/6	4/8	丁酉	6/6	5/10	戊辰	7/7	6/11	己亥
	2/6	1/6	丁卯	3/7	2/7	丁酉	4/6	3/7	丁卯	5/7	4/9	戊戌	6/7	5/11	己巳	7/8	6/12	庚子
	2/7	1/7	戊辰	3/8	2/8	戊戌	4/7	3/8	戊辰	5/8	4/10	己亥	6/8	5/12	庚午	7/9	6/13	辛丑
	2/8	1/8	己巳	3/9	2/9	己亥	4/8	3/9	己巳	5/9	4/11	庚子	6/9	5/13	辛未	7/10	6/14	壬寅
中	2/9	1/9	庚午	3/10	2/10	庚子	4/9	3/10	庚午	5/10	4/12	辛丑	6/10	5/14	壬申	7/11	6/15	癸卯
華	2/10	1/10	辛未	3/11	2/11	辛丑	4/10	3/11	辛未	5/11	4/13	壬寅	6/11	5/15	癸酉	7/12	6/16	甲辰
民	2/11	1/11	壬申	3/12	2/12	壬寅	4/11	3/12	壬申	5/12	4/14	癸卯	6/12	5/16	甲戌	7/13	6/17	乙巳
國	2/12	1/12	癸酉	3/13	2/13	癸卯	4/12	3/13	癸酉	5/13	4/15	甲辰	6/13	5/17	乙亥	7/14	6/18	丙午
一	2/13	1/13	甲戌	3/14	2/14	甲辰	4/13	3/14	甲戌	5/14	4/16	乙巳	6/14	5/18	丙子	7/15	6/19	丁未
百	2/14	1/14	乙亥	3/15	2/15	乙巳	4/14	3/15	乙亥	5/15	4/17	丙午	6/15	5/19	丁丑	7/16	6/20	戊申
四	2/15	1/15	丙子	3/16	2/16	丙午	4/15	3/16	丙子	5/16	4/18	丁未	6/16	5/20	戊寅	7/17	6/21	己酉
十	2/16	1/16	丁丑	3/17	2/17	丁未	4/16	3/17	丁丑	5/17	4/19	戊申	6/17	5/21	己卯	7/18	6/22	庚戌
一	2/17	1/17	戊寅	3/18	2/18	戊申	4/17	3/18	戊寅	5/18	4/20	己酉	6/18	5/22	庚辰	7/19	6/23	辛亥
年	2/18	1/18	己卯	3/19	2/19	己酉	4/18	3/19	己卯	5/19	4/21	庚戌	6/19	5/23	辛巳	7/20	6/24	壬子
	2/19	1/19	庚辰	3/20	2/20	庚戌	4/19	3/20	庚辰	5/20	4/22	辛亥	6/20	5/24	壬午	7/21	6/25	癸丑
猴	2/20	1/20	辛巳	3/21	2/21	辛亥	4/20	3/21	辛巳	5/21	4/23	壬子	6/21	5/25	癸未	7/22	6/26	甲寅
	2/21	1/21	壬午	3/22	2/22	壬子	4/21	3/22	壬午	5/22	4/24	癸丑	6/22	5/26	甲申	7/23	6/27	乙卯
	2/22	1/22	癸未	3/23	2/23	癸丑	4/22	3/23	癸未	5/23	4/25	甲寅	6/23	5/27	乙酉	7/24	6/28	丙辰
	2/23	1/23	甲申	3/24	2/24	甲寅	4/23	3/24	甲申	5/24	4/26	乙卯	6/24	5/28	丙戌	7/25	6/29	丁巳
	2/24	1/24	乙酉	3/25	2/25	乙卯	4/24	3/25	乙酉	5/25	4/27	丙辰	6/25	5/29	丁亥	7/26	7/1	戊午
	2/25	1/25	丙戌	3/26	2/26	丙辰	4/25	3/26	丙戌	5/26	4/28	丁巳	6/26	6/1	戊子	7/27	7/2	己未
	2/26	1/26	丁亥	3/27	2/27	丁巳	4/26	3/27	丁亥	5/27	4/29	戊午	6/27	6/2	己丑	7/28	7/3	庚申
2	2/27	1/27	戊子	3/28	2/28	戊午	4/27	3/28	戊子	5/28	5/1	己未	6/28	6/3	庚寅	7/29	7/4	辛酉
0	2/28	1/28	己丑	3/29	2/29	己未	4/28	3/29	己丑	5/29	5/2	庚申	6/29	6/4	辛卯	7/30	7/5	壬戌
5	2/29	1/29	庚寅	3/30	2/30	庚申	4/29	4/1	庚寅	5/30	5/3	辛酉	6/30	6/5	壬辰	7/31	7/6	癸亥
2	3/1	2/1	辛卯	3/31	3/1	辛酉	4/30	4/2	辛卯	5/31	5/4	壬戌	7/1	6/6	癸巳	8/1	7/7	甲子
	3/2	2/2	壬辰	4/1	3/2	壬戌	5/1	4/3	壬辰	6/1	5/5	癸亥	7/2	6/7	甲午	8/2	7/8	乙丑
	3/3	2/3	癸巳	4/2	3/3	癸亥	5/2	4/4	癸巳	6/2	5/6	甲子	7/3	6/8	乙未	8/3	7/9	丙寅
	3/4	2/4	甲午	4/3	3/4	甲子	5/3	4/5	甲午	6/3	5/7	乙丑	7/4	6/9	丙申	8/4	7/10	丁卯
							5/4	4/6	乙未	6/4	5/8	丙寅	7/5	6/9	丁酉	8/5	7/11	戊辰
																8/6	7/12	己巳
中氣	雨水			春分			穀雨			小滿			夏至			大暑		
	2/19 7時12分 辰時			3/20 5時55分 卯時			4/19 16時37分 申時			5/20 15時28分 申時			6/20 23時15分 子時			7/22 10時7分 巳時		

年：壬申

月	戊申	己酉	庚戌	辛亥	壬子	癸丑
節氣	立秋	白露	寒露	立冬	大雪	小寒
	8/7 2時32分 丑時	9/7 5時41分 卯時	10/7 21時38分 亥時	11/7 1時8分 丑時	12/6 18時14分 酉時	1/5 5時35分 卯時

戊申國曆	戊申農曆	戊申干支	己酉國曆	己酉農曆	己酉干支	庚戌國曆	庚戌農曆	庚戌干支	辛亥國曆	辛亥農曆	辛亥干支	壬子國曆	壬子農曆	壬子干支	癸丑國曆	癸丑農曆	癸丑干支
7	7/13	庚午	7	8/15	辛丑	7	閏8/15	辛未	7	9/17	壬寅	6	10/16	辛未	5	11/16	辛丑
8	7/14	辛未	8	8/16	壬寅	8	閏8/16	壬申	8	9/18	癸卯	7	10/17	壬申	6	11/17	壬寅
9	7/15	壬申	9	8/17	癸卯	9	閏8/17	癸酉	9	9/19	甲辰	8	10/18	癸酉	7	11/18	癸卯
10	7/16	癸酉	10	8/18	甲辰	10	閏8/18	甲戌	10	9/20	乙巳	9	10/19	甲戌	8	11/19	甲辰
11	7/17	甲戌	11	8/19	乙巳	11	閏8/19	乙亥	11	9/21	丙午	10	10/20	乙亥	9	11/20	乙巳
12	7/18	乙亥	12	8/20	丙午	12	閏8/20	丙子	12	9/22	丁未	11	10/21	丙子	10	11/21	丙午
13	7/19	丙子	13	8/21	丁未	13	閏8/21	丁丑	13	9/23	戊申	12	10/22	丁丑	11	11/22	丁未
14	7/20	丁丑	14	8/22	戊申	14	閏8/22	戊寅	14	9/24	己酉	13	10/23	戊寅	12	11/23	戊申
15	7/21	戊寅	15	8/23	己酉	15	閏8/23	己卯	15	9/25	庚戌	14	10/24	己卯	13	11/24	己酉
16	7/22	己卯	16	8/24	庚戌	16	閏8/24	庚辰	16	9/26	辛亥	15	10/25	庚辰	14	11/25	庚戌
17	7/23	庚辰	17	8/25	辛亥	17	閏8/25	辛巳	17	9/27	壬子	16	10/26	辛巳	15	11/26	辛亥
18	7/24	辛巳	18	8/26	壬子	18	閏8/26	壬午	18	9/28	癸丑	17	10/27	壬午	16	11/27	壬子
19	7/25	壬午	19	8/27	癸丑	19	閏8/27	癸未	19	9/29	甲寅	18	10/28	癸未	17	11/28	癸丑
20	7/26	癸未	20	8/28	甲寅	20	閏8/28	甲申	20	9/30	乙卯	19	10/29	甲申	18	11/29	甲寅
21	7/27	甲申	21	8/29	乙卯	21	閏8/29	乙酉	21	10/1	丙辰	20	10/30	乙酉	19	11/30	乙卯
22	7/28	乙酉	22	8/30	丙辰	22	9/1	丙戌	22	10/2	丁巳	21	11/1	丙戌	20	12/1	丙辰
23	7/29	丙戌	23	閏8/1	丁巳	23	9/2	丁亥	23	10/3	戊午	22	11/2	丁亥	21	12/2	丁巳
24	8/1	丁亥	24	閏8/2	戊午	24	9/3	戊子	24	10/4	己未	23	11/3	戊子	22	12/3	戊午
25	8/2	戊子	25	閏8/3	己未	25	9/4	己丑	25	10/5	庚申	24	11/4	己丑	23	12/4	己未
26	8/3	己丑	26	閏8/4	庚申	26	9/5	庚寅	26	10/6	辛酉	25	11/5	庚寅	24	12/5	庚申
27	8/4	庚寅	27	閏8/5	辛酉	27	9/6	辛卯	27	10/7	壬戌	26	11/6	辛卯	25	12/6	辛酉
28	8/5	辛卯	28	閏8/6	壬戌	28	9/7	壬辰	28	10/8	癸亥	27	11/7	壬辰	26	12/7	壬戌
29	8/6	壬辰	29	閏8/7	癸亥	29	9/8	癸巳	29	10/9	甲子	28	11/8	癸巳	27	12/8	癸亥
30	8/7	癸巳	30	閏8/8	甲子	30	9/9	甲午	30	10/10	乙丑	29	11/9	甲午	28	12/9	甲子
31	8/8	甲午	1	閏8/9	乙丑	31	9/10	乙未	1	10/11	丙寅	30	11/10	乙未	29	12/10	乙丑
1	8/9	乙未	2	閏8/10	丙寅	1	9/11	丙申	2	10/12	丁卯	31	11/11	丙申	30	12/11	丙寅
2	8/10	丙申	3	閏8/11	丁卯	2	9/12	丁酉	3	10/13	戊辰	1	11/12	丁酉	31	12/12	丁卯
3	8/11	丁酉	4	閏8/12	戊辰	3	9/13	戊戌	4	10/14	己巳	2	11/13	戊戌	1	12/13	戊辰
4	8/12	戊戌	5	閏8/13	己巳	4	9/14	己亥	5	10/15	庚午	3	11/14	己亥	2	12/14	己巳
5	8/13	己亥	6	閏8/14	庚午	5	9/15	庚子				4	11/15	庚子			
6	8/14	庚子				6	9/16	辛丑									

右側欄：中華民國一百四十一、一百四十二年　猴　2052、2053

中氣	處暑	秋分	霜降	小雪	冬至	大寒
	8/22 17時20分 酉時	9/22 15時14分 申時	10/23 0時54分 子時	11/21 22時45分 亥時	12/21 12時16分 午時	1/19 22時58分 亥時

年：癸酉

	甲寅	乙卯	丙辰	丁巳	戊午	己未
節氣	立春	驚蟄	清明	立夏	芒種	小暑
時刻	2/3 17時12分 酉時	3/5 11時2分 午時	4/4 15時33分 申時	5/5 8時32分 辰時	6/5 12時26分 午時	7/6 22時36分 亥時

左欄：中華民國一百四十二年　雞　2053

日

甲寅 國曆	農曆	干支	乙卯 國曆	農曆	干支	丙辰 國曆	農曆	干支	丁巳 國曆	農曆	干支	戊午 國曆	農曆	干支	己未 國曆	農曆	干支
2/3	12/15	庚午	3/5	1/15	庚子	4/4	2/16	庚午	5/5	3/17	辛丑	6/5	4/19	壬申	7/6	5/21	癸卯
2/4	12/16	辛未	3/6	1/16	辛丑	4/5	2/17	辛未	5/6	3/18	壬寅	6/6	4/20	癸酉	7/7	5/22	甲辰
2/5	12/17	壬申	3/7	1/17	壬寅	4/6	2/18	壬申	5/7	3/19	癸卯	6/7	4/21	甲戌	7/8	5/23	乙巳
2/6	12/18	癸酉	3/8	1/18	癸卯	4/7	2/19	癸酉	5/8	3/20	甲辰	6/8	4/22	乙亥	7/9	5/24	丙午
2/7	12/19	甲戌	3/9	1/19	甲辰	4/8	2/20	甲戌	5/9	3/21	乙巳	6/9	4/23	丙子	7/10	5/25	丁未
2/8	12/20	乙亥	3/10	1/20	乙巳	4/9	2/21	乙亥	5/10	3/22	丙午	6/10	4/24	丁丑	7/11	5/26	戊申
2/9	12/21	丙子	3/11	1/21	丙午	4/10	2/22	丙子	5/11	3/23	丁未	6/11	4/25	戊寅	7/12	5/27	己酉
2/10	12/22	丁丑	3/12	1/22	丁未	4/11	2/23	丁丑	5/12	3/24	戊申	6/12	4/26	己卯	7/13	5/28	庚戌
2/11	12/23	戊寅	3/13	1/23	戊申	4/12	2/24	戊寅	5/13	3/25	己酉	6/13	4/27	庚辰	7/14	5/29	辛亥
2/12	12/24	己卯	3/14	1/24	己酉	4/13	2/25	己卯	5/14	3/26	庚戌	6/14	4/28	辛巳	7/15	5/30	壬子
2/13	12/25	庚辰	3/15	1/25	庚戌	4/14	2/26	庚辰	5/15	3/27	辛亥	6/15	4/29	壬午	7/16	6/1	癸丑
2/14	12/26	辛巳	3/16	1/26	辛亥	4/15	2/27	辛巳	5/16	3/28	壬子	6/16	5/1	癸未	7/17	6/2	甲寅
2/15	12/27	壬午	3/17	1/27	壬子	4/16	2/28	壬午	5/17	3/29	癸丑	6/17	5/2	甲申	7/18	6/3	乙卯
2/16	12/28	癸未	3/18	1/28	癸丑	4/17	2/29	癸未	5/18	4/1	甲寅	6/18	5/3	乙酉	7/19	6/4	丙辰
2/17	12/29	甲申	3/19	1/29	甲寅	4/18	2/30	甲申	5/19	4/2	乙卯	6/19	5/4	丙戌	7/20	6/5	丁巳
2/18	12/30	乙酉	3/20	2/1	乙卯	4/19	3/1	乙酉	5/20	4/3	丙辰	6/20	5/5	丁亥	7/21	6/6	戊午
2/19	1/1	丙戌	3/21	2/2	丙辰	4/20	3/2	丙戌	5/21	4/4	丁巳	6/21	5/6	戊子	7/22	6/7	己未
2/20	1/2	丁亥	3/22	2/3	丁巳	4/21	3/3	丁亥	5/22	4/5	戊午	6/22	5/7	己丑	7/23	6/8	庚申
2/21	1/3	戊子	3/23	2/4	戊午	4/22	3/4	戊子	5/23	4/6	己未	6/23	5/8	庚寅	7/24	6/9	辛酉
2/22	1/4	己丑	3/24	2/5	己未	4/23	3/5	己丑	5/24	4/7	庚申	6/24	5/9	辛卯	7/25	6/10	壬戌
2/23	1/5	庚寅	3/25	2/6	庚申	4/24	3/6	庚寅	5/25	4/8	辛酉	6/25	5/10	壬辰	7/26	6/11	癸亥
2/24	1/6	辛卯	3/26	2/7	辛酉	4/25	3/7	辛卯	5/26	4/9	壬戌	6/26	5/11	癸巳	7/27	6/12	甲子
2/25	1/7	壬辰	3/27	2/8	壬戌	4/26	3/8	壬辰	5/27	4/10	癸亥	6/27	5/12	甲午	7/28	6/13	乙丑
2/26	1/8	癸巳	3/28	2/9	癸亥	4/27	3/9	癸巳	5/28	4/11	甲子	6/28	5/13	乙未	7/29	6/14	丙寅
2/27	1/9	甲午	3/29	2/10	甲子	4/28	3/10	甲午	5/29	4/12	乙丑	6/29	5/14	丙申	7/30	6/15	丁卯
2/28	1/10	乙未	3/30	2/11	乙丑	4/29	3/11	乙未	5/30	4/13	丙寅	6/30	5/15	丁酉	7/31	6/16	戊辰
3/1	1/11	丙申	3/31	2/12	丙寅	4/30	3/12	丙申	5/31	4/14	丁卯	7/1	5/16	戊戌	8/1	6/17	己巳
3/2	1/12	丁酉	4/1	2/13	丁卯	5/1	3/13	丁酉	6/1	4/15	戊辰	7/2	5/17	己亥	8/2	6/18	庚午
3/3	1/13	戊戌	4/2	2/14	戊辰	5/2	3/14	戊戌	6/2	4/16	己巳	7/3	5/18	庚子	8/3	6/19	辛未
3/4	1/14	己亥	4/3	2/15	己巳	5/3	3/15	己亥	6/3	4/17	庚午	7/4	5/19	辛丑	8/4	6/20	壬申
						5/4	3/16	庚子	6/4	4/18	辛未	7/5	5/20	壬寅	8/5	6/21	癸酉
															8/6	6/22	甲戌

中氣	雨水	春分	穀雨	小滿	夏至	大暑
時刻	2/18 13時1分 未時	3/20 11時46分 午時	4/19 22時29分 亥時	5/20 21時18分 亥時	6/21 5時3分 卯時	7/22 15時55分 申時

癸酉　年

庚申			辛酉			壬戌			癸亥			甲子			乙丑			月
立秋			白露			寒露			立冬			大雪			小寒			節氣
8/7 8時29分 辰時			9/7 11時37分 午時			10/8 3時35分 寅時			11/7 7時5分 辰時			12/7 0時10分 子時			1/5 11時31分 午時			
國曆	農曆	干支	國曆	農曆	干支	國曆	農曆	干支	國曆	農曆	干支	國曆	農曆	干支	國曆	農曆	干支	日
7	6 23	乙亥	9 7	7 25	丙午	10 8	8 27	丁丑	11 7	9 27	丁未	12 7	10 28	丁丑	1 5	11 27	丙午	
8	6 24	丙子	9 8	7 26	丁未	10 9	8 28	戊寅	11 8	9 28	戊申	12 8	10 29	戊寅	1 6	11 28	丁未	
9	6 25	丁丑	9 9	7 27	戊申	10 10	8 29	己卯	11 9	9 29	己酉	12 9	10 30	己卯	1 7	11 29	戊申	
10	6 26	戊寅	9 10	7 28	己酉	10 11	8 30	庚辰	11 10	10 1	庚戌	12 10	11 1	庚辰	1 8	11 30	己酉	
11	6 27	己卯	9 11	7 29	庚戌	10 12	9 1	辛巳	11 11	10 2	辛亥	12 11	11 2	辛巳	1 9	12 1	庚戌	中華民國一百四十二、一百四十三年　雞
12	6 28	庚辰	9 12	8 1	辛亥	10 13	9 2	壬午	11 12	10 3	壬子	12 12	11 3	壬午	1 10	12 2	辛亥	
13	6 29	辛巳	9 13	8 2	壬子	10 14	9 3	癸未	11 13	10 4	癸丑	12 13	11 4	癸未	1 11	12 3	壬子	
14	7 1	壬午	9 14	8 3	癸丑	10 15	9 4	甲申	11 14	10 5	甲寅	12 14	11 5	甲申	1 12	12 4	癸丑	
15	7 2	癸未	9 15	8 4	甲寅	10 16	9 5	乙酉	11 15	10 6	乙卯	12 15	11 6	乙酉	1 13	12 5	甲寅	
16	7 3	甲申	9 16	8 5	乙卯	10 17	9 6	丙戌	11 16	10 7	丙辰	12 16	11 7	丙戌	1 14	12 6	乙卯	
17	7 4	乙酉	9 17	8 6	丙辰	10 18	9 7	丁亥	11 17	10 8	丁巳	12 17	11 8	丁亥	1 15	12 7	丙辰	
18	7 5	丙戌	9 18	8 7	丁巳	10 19	9 8	戊子	11 18	10 9	戊午	12 18	11 9	戊子	1 16	12 8	丁巳	
19	7 6	丁亥	9 19	8 8	戊午	10 20	9 9	己丑	11 19	10 10	己未	12 19	11 10	己丑	1 17	12 9	戊午	
20	7 7	戊子	9 20	8 9	己未	10 21	9 10	庚寅	11 20	10 11	庚申	12 20	11 11	庚寅	1 18	12 10	己未	
21	7 8	己丑	9 21	8 10	庚申	10 22	9 11	辛卯	11 21	10 12	辛酉	12 21	11 12	辛卯	1 19	12 11	庚申	
22	7 9	庚寅	9 22	8 11	辛酉	10 23	9 12	壬辰	11 22	10 13	壬戌	12 22	11 13	壬辰	1 20	12 12	辛酉	
23	7 10	辛卯	9 23	8 12	壬戌	10 24	9 13	癸巳	11 23	10 14	癸亥	12 23	11 14	癸巳	1 21	12 13	壬戌	
24	7 11	壬辰	9 24	8 13	癸亥	10 25	9 14	甲午	11 24	10 15	甲子	12 24	11 15	甲午	1 22	12 14	癸亥	
25	7 12	癸巳	9 25	8 14	甲子	10 26	9 15	乙未	11 25	10 16	乙丑	12 25	11 16	乙未	1 23	12 15	甲子	
26	7 13	甲午	9 26	8 15	乙丑	10 27	9 16	丙申	11 26	10 17	丙寅	12 26	11 17	丙申	1 24	12 16	乙丑	
27	7 14	乙未	9 27	8 16	丙寅	10 28	9 17	丁酉	11 27	10 18	丁卯	12 27	11 18	丁酉	1 25	12 17	丙寅	
28	7 15	丙申	9 28	8 17	丁卯	10 29	9 18	戊戌	11 28	10 19	戊辰	12 28	11 19	戊戌	1 26	12 18	丁卯	2053、2054
29	7 16	丁酉	9 29	8 18	戊辰	10 30	9 19	己亥	11 29	10 20	己巳	12 29	11 20	己亥	1 27	12 19	戊辰	
30	7 17	戊戌	9 30	8 19	己巳	10 31	9 20	庚子	11 30	10 21	庚午	12 30	11 21	庚子	1 28	12 20	己巳	
31	7 18	己亥	10 1	8 20	庚午	11 1	9 21	辛丑	12 1	10 22	辛未	12 31	11 22	辛丑	1 29	12 21	庚午	
1	7 19	庚子	10 2	8 21	辛未	11 2	9 22	壬寅	12 2	10 23	壬申	1 1	11 23	壬寅	1 30	12 22	辛未	
2	7 20	辛丑	10 3	8 22	壬申	11 3	9 23	癸卯	12 3	10 24	癸酉	1 2	11 24	癸卯	1 31	12 23	壬申	
3	7 21	壬寅	10 4	8 23	癸酉	11 4	9 24	甲辰	12 4	10 25	甲戌	1 3	11 25	甲辰	2 1	12 24	癸酉	
4	7 22	癸卯	10 5	8 24	甲戌	11 5	9 25	乙巳	12 5	10 26	乙亥	1 4	11 26	乙巳	2 2	12 25	甲戌	
5	7 23	甲辰	10 6	8 25	乙亥	11 6	9 26	丙午	12 6	10 27	丙子							
6	7 24	乙巳	10 7	8 26	丙子													
處暑			秋分			霜降			小雪			冬至			大寒			中氣
8/22 23時9分 子時			9/22 21時5分 亥時			10/23 6時46分 卯時			11/22 4時37分 寅時			12/21 18時9分 酉時			1/20 4時50分 寅時			

中華民國一百四十三年　狗　2054

年	甲戌																	
月	丙寅			丁卯			戊辰			己巳			庚午			辛未		
節氣	立春			驚蟄			清明			立夏			芒種			小暑		
	2/3 23時7分 子時			3/5 16時54分 申時			4/4 21時22分 亥時			5/5 14時16分 未時			6/5 18時6分 酉時			7/7 4時12分 寅時		
日	國曆	農曆	干支	國曆	農曆	干支	國曆	農曆	干支	國曆	農曆	干支	國曆	農曆	干支	國曆	農曆	干支
	2/3	12/26	乙亥	3/5	1/26	乙巳	4/4	2/27	乙亥	5/5	3/28	丙午	6/5	4/29	丁丑	7/7	6/3	己酉
	2/4	12/27	丙子	3/6	1/27	丙午	4/5	2/28	丙子	5/6	3/29	丁未	6/6	5/1	戊寅	7/8	6/4	庚戌
	2/5	12/28	丁丑	3/7	1/28	丁未	4/6	2/29	丁丑	5/7	3/30	戊申	6/7	5/2	己卯	7/9	6/5	辛亥
	2/6	12/29	戊寅	3/8	1/29	戊申	4/7	2/30	戊寅	5/8	4/1	己酉	6/8	5/3	庚辰	7/10	6/6	壬子
	2/7	12/30	己卯	3/9	2/1	己酉	4/8	3/1	己卯	5/9	4/2	庚戌	6/9	5/4	辛巳	7/11	6/7	癸丑
	2/8	1/1	庚辰	3/10	2/2	庚戌	4/9	3/2	庚辰	5/10	4/3	辛亥	6/10	5/5	壬午	7/12	6/8	甲寅
	2/9	1/2	辛巳	3/11	2/3	辛亥	4/10	3/3	辛巳	5/11	4/4	壬子	6/11	5/6	癸未	7/13	6/9	乙卯
	2/10	1/3	壬午	3/12	2/4	壬子	4/11	3/4	壬午	5/12	4/5	癸丑	6/12	5/7	甲申	7/14	6/10	丙辰
	2/11	1/4	癸未	3/13	2/5	癸丑	4/12	3/5	癸未	5/13	4/6	甲寅	6/13	5/8	乙酉	7/15	6/11	丁巳
	2/12	1/5	甲申	3/14	2/6	甲寅	4/13	3/6	甲申	5/14	4/7	乙卯	6/14	5/9	丙戌	7/16	6/12	戊午
	2/13	1/6	乙酉	3/15	2/7	乙卯	4/14	3/7	乙酉	5/15	4/8	丙辰	6/15	5/10	丁亥	7/17	6/13	己未
	2/14	1/7	丙戌	3/16	2/8	丙辰	4/15	3/8	丙戌	5/16	4/9	丁巳	6/16	5/11	戊子	7/18	6/14	庚申
	2/15	1/8	丁亥	3/17	2/9	丁巳	4/16	3/9	丁亥	5/17	4/10	戊午	6/17	5/12	己丑	7/19	6/15	辛酉
	2/16	1/9	戊子	3/18	2/10	戊午	4/17	3/10	戊子	5/18	4/11	己未	6/18	5/13	庚寅	7/20	6/16	壬戌
	2/17	1/10	己丑	3/19	2/11	己未	4/18	3/11	己丑	5/19	4/12	庚申	6/19	5/14	辛卯	7/21	6/17	癸亥
	2/18	1/11	庚寅	3/20	2/12	庚申	4/19	3/12	庚寅	5/20	4/13	辛酉	6/20	5/15	壬辰	7/22	6/18	甲子
	2/19	1/12	辛卯	3/21	2/13	辛酉	4/20	3/13	辛卯	5/21	4/14	壬戌	6/21	5/16	癸巳	7/23	6/19	乙丑
	2/20	1/13	壬辰	3/22	2/14	壬戌	4/21	3/14	壬辰	5/22	4/15	癸亥	6/22	5/17	甲午	7/24	6/20	丙寅
	2/21	1/14	癸巳	3/23	2/15	癸亥	4/22	3/15	癸巳	5/23	4/16	甲子	6/23	5/18	乙未	7/25	6/21	丁卯
	2/22	1/15	甲午	3/24	2/16	甲子	4/23	3/16	甲午	5/24	4/17	乙丑	6/24	5/19	丙申	7/26	6/22	戊辰
	2/23	1/16	乙未	3/25	2/17	乙丑	4/24	3/17	乙未	5/25	4/18	丙寅	6/25	5/20	丁酉	7/27	6/23	己巳
	2/24	1/17	丙申	3/26	2/18	丙寅	4/25	3/18	丙申	5/26	4/19	丁卯	6/26	5/21	戊戌	7/28	6/24	庚午
	2/25	1/18	丁酉	3/27	2/19	丁卯	4/26	3/19	丁酉	5/27	4/20	戊辰	6/27	5/22	己亥	7/29	6/25	辛未
	2/26	1/19	戊戌	3/28	2/20	戊辰	4/27	3/20	戊戌	5/28	4/21	己巳	6/28	5/23	庚子	7/30	6/26	壬申
	2/27	1/20	己亥	3/29	2/21	己巳	4/28	3/21	己亥	5/29	4/22	庚午	6/29	5/24	辛丑	7/31	6/27	癸酉
	2/28	1/21	庚子	3/30	2/22	庚午	4/29	3/22	庚子	5/30	4/23	辛未	6/30	5/25	壬寅	8/1	6/28	甲戌
	3/1	1/22	辛丑	3/31	2/23	辛未	4/30	3/23	辛丑	5/31	4/24	壬申	7/1	5/26	癸卯	8/2	6/29	乙亥
	3/2	1/23	壬寅	4/1	2/24	壬申	5/1	3/24	壬寅	6/1	4/25	癸酉	7/2	5/27	甲辰	8/3	6/30	丙子
	3/3	1/24	癸卯	4/2	2/25	癸酉	5/2	3/25	癸卯	6/2	4/26	甲戌	7/3	5/28	乙巳	8/4	7/1	丁丑
	3/4	1/25	甲辰	4/3	2/26	甲戌	5/3	3/26	甲辰	6/3	4/27	乙亥	7/4	5/29	丙午	8/5	7/2	戊寅
							5/4	3/27	乙巳	6/4	4/28	丙子	7/5	6/1	丁未	8/6	7/3	己卯
													7/6	6/2	戊申			
中氣	雨水			春分			穀雨			小滿			夏至			大暑		
	2/18 18時50分 酉時			3/20 17時33分 酉時			4/20 4時14分 寅時			5/21 3時2分 寅時			6/21 10時46分 巳時			7/22 21時39分 亥時		

年：甲戌

月	壬申	癸酉	甲戌	乙亥	丙子	丁丑
節氣	立秋 14時6分 未時	白露 9/7 17時18分 酉時	寒露 10/8 9時21分 巳時	立冬 11/7 12時55分 午時	大雪 12/7 6時2分 卯時	小寒 1/5 17時21分 酉時

壬申 國曆	農曆	干支	癸酉 國曆	農曆	干支	甲戌 國曆	農曆	干支	乙亥 國曆	農曆	干支	丙子 國曆	農曆	干支	丁丑 國曆	農曆	干支
7	7 4	庚辰	9 7	8 6	辛亥	10 8	9 8	壬午	11 7	10 8	壬子	12 7	11 9	壬午	1 5	12 8	辛亥
8	7 5	辛巳	9 8	8 7	壬子	10 9	9 9	癸未	11 8	10 9	癸丑	12 8	11 10	癸未	1 6	12 9	壬子
9	7 6	壬午	9 9	8 8	癸丑	10 10	9 10	甲申	11 9	10 10	甲寅	12 9	11 11	甲申	1 7	12 10	癸丑
10	7 7	癸未	9 10	8 9	甲寅	10 11	9 11	乙酉	11 10	10 11	乙卯	12 10	11 12	乙酉	1 8	12 11	甲寅
11	7 8	甲申	9 11	8 10	乙卯	10 12	9 12	丙戌	11 11	10 12	丙辰	12 11	11 13	丙戌	1 9	12 12	乙卯
12	7 9	乙酉	9 12	8 11	丙辰	10 13	9 13	丁亥	11 12	10 13	丁巳	12 12	11 14	丁亥	1 10	12 13	丙辰
13	7 10	丙戌	9 13	8 12	丁巳	10 14	9 14	戊子	11 13	10 14	戊午	12 13	11 15	戊子	1 11	12 14	丁巳
14	7 11	丁亥	9 14	8 13	戊午	10 15	9 15	己丑	11 14	10 15	己未	12 14	11 16	己丑	1 12	12 15	戊午
15	7 12	戊子	9 15	8 14	己未	10 16	9 16	庚寅	11 15	10 16	庚申	12 15	11 17	庚寅	1 13	12 16	己未
16	7 13	己丑	9 16	8 15	庚申	10 17	9 17	辛卯	11 16	10 17	辛酉	12 16	11 18	辛卯	1 14	12 17	庚申
17	7 14	庚寅	9 17	8 16	辛酉	10 18	9 18	壬辰	11 17	10 18	壬戌	12 17	11 19	壬辰	1 15	12 18	辛酉
18	7 15	辛卯	9 18	8 17	壬戌	10 19	9 19	癸巳	11 18	10 19	癸亥	12 18	11 20	癸巳	1 16	12 19	壬戌
19	7 16	壬辰	9 19	8 18	癸亥	10 20	9 20	甲午	11 19	10 20	甲子	12 19	11 21	甲午	1 17	12 20	癸亥
20	7 17	癸巳	9 20	8 19	甲子	10 21	9 21	乙未	11 20	10 21	乙丑	12 20	11 22	乙未	1 18	12 21	甲子
21	7 18	甲午	9 21	8 20	乙丑	10 22	9 22	丙申	11 21	10 22	丙寅	12 21	11 23	丙申	1 19	12 22	乙丑
22	7 19	乙未	9 22	8 21	丙寅	10 23	9 23	丁酉	11 22	10 23	丁卯	12 22	11 24	丁酉	1 20	12 23	丙寅
23	7 20	丙申	9 23	8 22	丁卯	10 24	9 24	戊戌	11 23	10 24	戊辰	12 23	11 25	戊戌	1 21	12 24	丁卯
24	7 21	丁酉	9 24	8 23	戊辰	10 25	9 25	己亥	11 24	10 25	己巳	12 24	11 26	己亥	1 22	12 25	戊辰
25	7 22	戊戌	9 25	8 24	己巳	10 26	9 26	庚子	11 25	10 26	庚午	12 25	11 27	庚子	1 23	12 26	己巳
26	7 23	己亥	9 26	8 25	庚午	10 27	9 27	辛丑	11 26	10 27	辛未	12 26	11 28	辛丑	1 24	12 27	庚午
27	7 24	庚子	9 27	8 26	辛未	10 28	9 28	壬寅	11 27	10 28	壬申	12 27	11 29	壬寅	1 25	12 28	辛未
28	7 25	辛丑	9 28	8 27	壬申	10 29	9 29	癸卯	11 28	10 29	癸酉	12 28	11 30	癸卯	1 26	12 29	壬申
29	7 26	壬寅	9 29	8 28	癸酉	10 30	9 30	甲辰	11 29	11 1	甲戌	12 29	12 1	甲辰	1 27	12 30	癸酉
30	7 27	癸卯	9 30	8 29	甲戌	10 31	10 1	乙巳	11 30	11 2	乙亥	12 30	12 2	乙巳	1 28	1 1	甲戌
31	7 28	甲辰	10 1	9 1	乙亥	11 1	10 2	丙午	12 1	11 3	丙子	12 31	12 3	丙午	1 29	1 2	乙亥
1	7 29	乙巳	10 2	9 2	丙子	11 2	10 3	丁未	12 2	11 4	丁丑	1 1	12 4	丁未	1 30	1 3	丙子
2	8 1	丙午	10 3	9 3	丁丑	11 3	10 4	戊申	12 3	11 5	戊寅	1 2	12 5	戊申	1 31	1 4	丁丑
3	8 2	丁未	10 4	9 4	戊寅	11 4	10 5	己酉	12 4	11 6	己卯	1 3	12 6	己酉	2 1	1 5	戊寅
4	8 3	戊申	10 5	9 5	己卯	11 5	10 6	庚戌	12 5	11 7	庚辰	1 4	12 7	庚戌	2 2	1 6	己卯
5	8 4	己酉	10 6	9 6	庚辰	11 6	10 7	辛亥	12 6	11 8	辛巳				2 3	1 7	庚辰
6	8 5	庚戌	10 7	9 7	辛巳												

中氣	處暑 8/23 4時57分 寅時	秋分 9/23 2時58分 丑時	霜降 10/23 12時43分 午時	小雪 11/22 10時38分 巳時	冬至 12/22 0時9分 子時	大寒 1/20 10時48分 丑時

日

中華民國一百四十三、一百四十四年　狗　2054、2055

年：乙亥

中華民國一百四十四年 豬 ／ 2055

節氣

月	節氣	日期時間
戊寅	立春	2/4 4時54分 寅時
己卯	驚蟄	3/5 22時40分 亥時
庚辰	清明	4/5 3時7分 寅時
辛巳	立夏	5/5 20時2分 戌時
壬午	芒種	6/5 23時54分 子時
癸未	小暑	7/7 10時44分 巳時

日

戊寅 國曆	農曆	干支	己卯 國曆	農曆	干支	庚辰 國曆	農曆	干支	辛巳 國曆	農曆	干支	壬午 國曆	農曆	干支	癸未 國曆	農曆	干支
2/4	1/8	辛巳	3/5	2/8	庚戌	4/5	3/9	辛巳	5/5	4/9	辛亥	6/5	5/11	壬午	7/7	6/13	甲寅
2/5	1/9	壬午	3/6	2/9	辛亥	4/6	3/10	壬午	5/6	4/10	壬子	6/6	5/12	癸未	7/8	6/14	乙卯
2/6	1/10	癸未	3/7	2/10	壬子	4/7	3/11	癸未	5/7	4/11	癸丑	6/7	5/13	甲申	7/9	6/15	丙辰
2/7	1/11	甲申	3/8	2/11	癸丑	4/8	3/12	甲申	5/8	4/12	甲寅	6/8	5/14	乙酉	7/10	6/16	丁巳
2/8	1/12	乙酉	3/9	2/12	甲寅	4/9	3/13	乙酉	5/9	4/13	乙卯	6/9	5/15	丙戌	7/11	6/17	戊午
2/9	1/13	丙戌	3/10	2/13	乙卯	4/10	3/14	丙戌	5/10	4/14	丙辰	6/10	5/16	丁亥	7/12	6/18	己未
2/10	1/14	丁亥	3/11	2/14	丙辰	4/11	3/15	丁亥	5/11	4/15	丁巳	6/11	5/17	戊子	7/13	6/19	庚申
2/11	1/15	戊子	3/12	2/15	丁巳	4/12	3/16	戊子	5/12	4/16	戊午	6/12	5/18	己丑	7/14	6/20	辛酉
2/12	1/16	己丑	3/13	2/16	戊午	4/13	3/17	己丑	5/13	4/17	己未	6/13	5/19	庚寅	7/15	6/21	壬戌
2/13	1/17	庚寅	3/14	2/17	己未	4/14	3/18	庚寅	5/14	4/18	庚申	6/14	5/20	辛卯	7/16	6/22	癸亥
2/14	1/18	辛卯	3/15	2/18	庚申	4/15	3/19	辛卯	5/15	4/19	辛酉	6/15	5/21	壬辰	7/17	6/23	甲子
2/15	1/19	壬辰	3/16	2/19	辛酉	4/16	3/20	壬辰	5/16	4/20	壬戌	6/16	5/22	癸巳	7/18	6/24	乙丑
2/16	1/20	癸巳	3/17	2/20	壬戌	4/17	3/21	癸巳	5/17	4/21	癸亥	6/17	5/23	甲午	7/19	6/25	丙寅
2/17	1/21	甲午	3/18	2/21	癸亥	4/18	3/22	甲午	5/18	4/22	甲子	6/18	5/24	乙未	7/20	6/26	丁卯
2/18	1/22	乙未	3/19	2/22	甲子	4/19	3/23	乙未	5/19	4/23	乙丑	6/19	5/25	丙申	7/21	6/27	戊辰
2/19	1/23	丙申	3/20	2/23	乙丑	4/20	3/24	丙申	5/20	4/24	丙寅	6/20	5/26	丁酉	7/22	6/28	己巳
2/20	1/24	丁酉	3/21	2/24	丙寅	4/21	3/25	丁酉	5/21	4/25	丁卯	6/21	5/27	戊戌	7/23	6/29	庚午
2/21	1/25	戊戌	3/22	2/25	丁卯	4/22	3/26	戊戌	5/22	4/26	戊辰	6/22	5/28	己亥	7/24	7/1	辛未
2/22	1/26	己亥	3/23	2/26	戊辰	4/23	3/27	己亥	5/23	4/27	己巳	6/23	5/29	庚子	7/25	7/2	壬申
2/23	1/27	庚子	3/24	2/27	己巳	4/24	3/28	庚子	5/24	4/28	庚午	6/24	5/30	辛丑	7/26	7/3	癸酉
2/24	1/28	辛丑	3/25	2/28	庚午	4/25	3/29	辛丑	5/25	4/29	辛未	6/25	6/1	壬寅	7/27	7/4	甲戌
2/25	1/29	壬寅	3/26	2/29	辛未	4/26	3/30	壬寅	5/26	5/1	壬申	6/26	6/2	癸卯	7/28	7/5	乙亥
2/26	2/1	癸卯	3/27	2/30	壬申	4/27	4/1	癸卯	5/27	5/2	癸酉	6/27	6/3	甲辰	7/29	7/6	丙子
2/27	2/2	甲辰	3/28	3/1	癸酉	4/28	4/2	甲辰	5/28	5/3	甲戌	6/28	6/4	乙巳	7/30	7/7	丁丑
2/28	2/3	乙巳	3/29	3/2	甲戌	4/29	4/3	乙巳	5/29	5/4	乙亥	6/29	6/5	丙午	7/31	7/8	戊寅
3/1	2/4	丙午	3/30	3/3	乙亥	4/30	4/4	丙午	5/30	5/5	丙子	6/30	6/6	丁未	8/1	7/9	己卯
3/2	2/5	丁未	3/31	3/4	丙子	5/1	4/5	丁未	5/31	5/6	丁丑	7/1	6/7	戊申	8/2	7/10	庚辰
3/3	2/6	戊申	4/1	3/5	丁丑	5/2	4/6	戊申	6/1	5/7	戊寅	7/2	6/8	己酉	8/3	7/11	辛巳
3/4	2/7	己酉	4/2	3/6	戊寅	5/3	4/7	己酉	6/2	5/8	己卯	7/3	6/9	庚戌	8/4	7/12	壬午
			4/3	3/7	己卯	5/4	4/8	庚戌	6/3	5/9	庚辰	7/4	6/10	辛亥	8/5	7/13	癸未
			4/4	3/8	庚辰				6/4	5/10	辛巳	7/5	6/11	壬子	8/6	7/14	甲申
												7/6	6/12	癸丑			

中氣

中氣	日期時間
雨水	2/19 0時46分 子時
春分	3/20 23時27分 子時
穀雨	4/20 10時7分 巳時
小滿	5/21 8時55分 辰時
夏至	6/21 16時39分 申時
大暑	7/23 3時31分 寅時

乙亥

月	甲申	乙酉	丙戌	丁亥	戊子	己丑
節氣	立秋 8/7 20時0分 戌時	白露 9/7 23時14分 子時	寒露 10/8 15時18分 申時	立冬 11/7 18時51分 酉時	大雪 12/7 11時57分 午時	小寒 1/5 23時14分 子時
中氣	處暑 8/23 10時47分 巳時	秋分 9/23 8時47分 辰時	霜降 10/23 18時32分 酉時	小雪 11/22 16時25分 申時	冬至 12/22 5時54分 卯時	大寒 1/20 16時32分 申時

日欄（年）：中華民國一百四十四、一百四十五年　豬　2055、2056

甲申 國曆	甲申 農曆	甲申 干支	乙酉 國曆	乙酉 農曆	乙酉 干支	丙戌 國曆	丙戌 農曆	丙戌 干支	丁亥 國曆	丁亥 農曆	丁亥 干支	戊子 國曆	戊子 農曆	戊子 干支	己丑 國曆	己丑 農曆	己丑 干支
8/7	6/15	乙酉	9/7	7/16	丙辰	10/8	8/18	丁亥	11/7	9/18	丁巳	12/7	10/19	丁亥	1/5	11/18	丙辰
8	6/16	丙戌	8	7/17	丁巳	9	8/19	戊子	8	9/19	戊午	8	10/20	戊子	6	11/19	丁巳
9	6/17	丁亥	9	7/18	戊午	10	8/20	己丑	9	9/20	己未	9	10/21	己丑	7	11/20	戊午
10	6/18	戊子	10	7/19	己未	11	8/21	庚寅	10	9/21	庚申	10	10/22	庚寅	8	11/21	己未
11	6/19	己丑	11	7/20	庚申	12	8/22	辛卯	11	9/22	辛酉	11	10/23	辛卯	9	11/22	庚申
12	6/20	庚寅	12	7/21	辛酉	13	8/23	壬辰	12	9/23	壬戌	12	10/24	壬辰	10	11/23	辛酉
13	6/21	辛卯	13	7/22	壬戌	14	8/24	癸巳	13	9/24	癸亥	13	10/25	癸巳	11	11/24	壬戌
14	6/22	壬辰	14	7/23	癸亥	15	8/25	甲午	14	9/25	甲子	14	10/26	甲午	12	11/25	癸亥
15	6/23	癸巳	15	7/24	甲子	16	8/26	乙未	15	9/26	乙丑	15	10/27	乙未	13	11/26	甲子
16	6/24	甲午	16	7/25	乙丑	17	8/27	丙申	16	9/27	丙寅	16	10/28	丙申	14	11/27	乙丑
17	6/25	乙未	17	7/26	丙寅	18	8/28	丁酉	17	9/28	丁卯	17	10/29	丁酉	15	11/28	丙寅
18	6/26	丙申	18	7/27	丁卯	19	8/29	戊戌	18	9/29	戊辰	18	10/30	戊戌	16	11/29	丁卯
19	6/27	丁酉	19	7/28	戊辰	20	8/30	己亥	19	10/1	己巳	19	11/1	己亥	17	12/1	戊辰
20	6/28	戊戌	20	7/29	己巳	21	9/1	庚子	20	10/2	庚午	20	11/2	庚子	18	12/2	己巳
21	6/29	己亥	21	8/1	庚午	22	9/2	辛丑	21	10/3	辛未	21	11/3	辛丑	19	12/3	庚午
22	6/30	庚子	22	8/2	辛未	23	9/3	壬寅	22	10/4	壬申	22	11/4	壬寅	20	12/4	辛未
23	7/1	辛丑	23	8/3	壬申	24	9/4	癸卯	23	10/5	癸酉	23	11/5	癸卯	21	12/5	壬申
24	7/2	壬寅	24	8/4	癸酉	25	9/5	甲辰	24	10/6	甲戌	24	11/6	甲辰	22	12/6	癸酉
25	7/3	癸卯	25	8/5	甲戌	26	9/6	乙巳	25	10/7	乙亥	25	11/7	乙巳	23	12/7	甲戌
26	7/4	甲辰	26	8/6	乙亥	27	9/7	丙午	26	10/8	丙子	26	11/8	丙午	24	12/8	乙亥
27	7/5	乙巳	27	8/7	丙子	28	9/8	丁未	27	10/9	丁丑	27	11/9	丁未	25	12/9	丙子
28	7/6	丙午	28	8/8	丁丑	29	9/9	戊申	28	10/10	戊寅	28	11/10	戊申	26	12/10	丁丑
29	7/7	丁未	29	8/9	戊寅	30	9/10	己酉	29	10/11	己卯	29	11/11	己酉	27	12/11	戊寅
30	7/8	戊申	30	8/10	己卯	31	9/11	庚戌	30	10/12	庚辰	30	11/12	庚戌	28	12/12	己卯
31	7/9	己酉	10/1	8/11	庚辰	11/1	9/12	辛亥	12/1	10/13	辛巳	31	11/13	辛亥	29	12/13	庚辰
9/1	7/10	庚戌	2	8/12	辛巳	2	9/13	壬子	2	10/14	壬午	1/1	11/14	壬子	30	12/14	辛巳
2	7/11	辛亥	3	8/13	壬午	3	9/14	癸丑	3	10/15	癸未	2	11/15	癸丑	31	12/15	壬午
3	7/12	壬子	4	8/14	癸未	4	9/15	甲寅	4	10/16	甲申	3	11/16	甲寅	2/1	12/16	癸未
4	7/13	癸丑	5	8/15	甲申	5	9/16	乙卯	5	10/17	乙酉	4	11/17	乙卯	2	12/17	甲申
5	7/14	甲寅	6	8/16	乙酉	6	9/17	丙辰	6	10/18	丙戌				3	12/18	乙酉
6	7/15	乙卯	7	8/17	丙戌												

年	丙子																	
月	庚寅			辛卯			壬辰			癸巳			甲午			乙未		
節氣	立春			驚蟄			清明			立夏			芒種			小暑		
	2/4 10時46分 巳時			3/5 4時31分 寅時			4/4 8時59分 辰時			5/5 11時57分 丑時			6/5 5時51分 卯時			7/6 16時01分 申時		
日	國曆	農曆	干支	國曆	農曆	干支	國曆	農曆	干支	國曆	農曆	干支	國曆	農曆	干支	國曆	農曆	干支
	2/4	12/19	丙戌	3/5	1/20	丙辰	4/4	2/20	丙戌	5/5	3/21	丁巳	6/5	4/22	戊子	7/6	5/24	己未
	2/5	12/20	丁亥	3/6	1/21	丁巳	4/5	2/21	丁亥	5/6	3/22	戊午	6/6	4/23	己丑	7/7	5/25	庚申
	2/6	12/21	戊子	3/7	1/22	戊午	4/6	2/22	戊子	5/7	3/23	己未	6/7	4/24	庚寅	7/8	5/26	辛酉
	2/7	12/22	己丑	3/8	1/23	己未	4/7	2/23	己丑	5/8	3/24	庚申	6/8	4/25	辛卯	7/9	5/27	壬戌
	2/8	12/23	庚寅	3/9	1/24	庚申	4/8	2/24	庚寅	5/9	3/25	辛酉	6/9	4/26	壬辰	7/10	5/28	癸亥
	2/9	12/24	辛卯	3/10	1/25	辛酉	4/9	2/25	辛卯	5/10	3/26	壬戌	6/10	4/27	癸巳	7/11	5/29	甲子
中	2/10	12/25	壬辰	3/11	1/26	壬戌	4/10	2/26	壬辰	5/11	3/27	癸亥	6/11	4/28	甲午	7/12	5/30	乙丑
華	2/11	12/26	癸巳	3/12	1/27	癸亥	4/11	2/27	癸巳	5/12	3/28	甲子	6/12	4/29	乙未	7/13	6/1	丙寅
民	2/12	12/27	甲午	3/13	1/28	甲子	4/12	2/28	甲午	5/13	3/29	乙丑	6/13	5/1	丙申	7/14	6/2	丁卯
國	2/13	12/28	乙未	3/14	1/29	乙丑	4/13	2/29	乙未	5/14	3/30	丙寅	6/14	5/2	丁酉	7/15	6/3	戊辰
一	2/14	12/29	丙申	3/15	1/30	丙寅	4/14	2/30	丙申	5/15	4/1	丁卯	6/15	5/3	戊戌	7/16	6/4	己巳
百	2/15	1/1	丁酉	3/16	2/1	丁卯	4/15	3/1	丁酉	5/16	4/2	戊辰	6/16	5/4	己亥	7/17	6/5	庚午
四	2/16	1/2	戊戌	3/17	2/2	戊辰	4/16	3/2	戊戌	5/17	4/3	己巳	6/17	5/5	庚子	7/18	6/6	辛未
十	2/17	1/3	己亥	3/18	2/3	己巳	4/17	3/3	己亥	5/18	4/4	庚午	6/18	5/6	辛丑	7/19	6/7	壬申
五	2/18	1/4	庚子	3/19	2/4	庚午	4/18	3/4	庚子	5/19	4/5	辛未	6/19	5/7	壬寅	7/20	6/8	癸酉
年	2/19	1/5	辛丑	3/20	2/5	辛未	4/19	3/5	辛丑	5/20	4/6	壬申	6/20	5/8	癸卯	7/21	6/9	甲戌
	2/20	1/6	壬寅	3/21	2/6	壬申	4/20	3/6	壬寅	5/21	4/7	癸酉	6/21	5/9	甲辰	7/22	6/10	乙亥
	2/21	1/7	癸卯	3/22	2/7	癸酉	4/21	3/7	癸卯	5/22	4/8	甲戌	6/22	5/10	乙巳	7/23	6/11	丙子
	2/22	1/8	甲辰	3/23	2/8	甲戌	4/22	3/8	甲辰	5/23	4/9	乙亥	6/23	5/11	丙午	7/24	6/12	丁丑
鼠	2/23	1/9	乙巳	3/24	2/9	乙亥	4/23	3/9	乙巳	5/24	4/10	丙子	6/24	5/12	丁未	7/25	6/13	戊寅
	2/24	1/10	丙午	3/25	2/10	丙子	4/24	3/10	丙午	5/25	4/11	丁丑	6/25	5/13	戊申	7/26	6/14	己卯
	2/25	1/11	丁未	3/26	2/11	丁丑	4/25	3/11	丁未	5/26	4/12	戊寅	6/26	5/14	己酉	7/27	6/15	庚辰
	2/26	1/12	戊申	3/27	2/12	戊寅	4/26	3/12	戊申	5/27	4/13	己卯	6/27	5/15	庚戌	7/28	6/16	辛巳
	2/27	1/13	己酉	3/28	2/13	己卯	4/27	3/13	己酉	5/28	4/14	庚辰	6/28	5/16	辛亥	7/29	6/17	壬午
	2/28	1/14	庚戌	3/29	2/14	庚辰	4/28	3/14	庚戌	5/29	4/15	辛巳	6/29	5/17	壬子	7/30	6/18	癸未
	2/29	1/15	辛亥	3/30	2/15	辛巳	4/29	3/15	辛亥	5/30	4/16	壬午	6/30	5/18	癸丑	7/31	6/19	甲申
2	3/1	1/16	壬子	3/31	2/16	壬午	4/30	3/16	壬子	5/31	4/17	癸未	7/1	5/19	甲寅	8/1	6/20	乙酉
0	3/2	1/17	癸丑	4/1	2/17	癸未	5/1	3/17	癸丑	6/1	4/18	甲申	7/2	5/20	乙卯	8/2	6/21	丙戌
5	3/3	1/18	甲寅	4/2	2/18	甲申	5/2	3/18	甲寅	6/2	4/19	乙酉	7/3	5/21	丙辰	8/3	6/22	丁亥
6	3/4	1/19	乙卯	4/3	2/19	乙酉	5/3	3/19	乙卯	6/3	4/20	丙戌	7/4	5/22	丁巳	8/4	6/23	戊子
							5/4	3/20	丙辰	6/4	4/21	丁亥	7/5	5/23	戊午	8/5	6/24	己丑
																8/6	6/25	庚寅

中氣	雨水			春分			穀雨			小滿			夏至			大暑		
	2/19 6時29分 卯時			3/20 5時10分 卯時			4/19 15時51分 申時			5/20 14時41分 未時			6/20 22時27分 亥時			7/22 9時12分 巳時		

丙子（年）

月	丙申	丁酉	戊戌	己亥	庚子	辛丑
節氣	立秋	白露	寒露	立冬	大雪	小寒
	1時55分 丑時	9/7 5時6分 卯時	10/7 21時8分 亥時	11/7 0時42分 子時	12/6 17時50分 酉時	1/5 5時9分 卯時

右欄（年）：中華民國一百四十五、一百四十六年　鼠　2056、2057

丙申 國曆	農曆	干支	丁酉 國曆	農曆	干支	戊戌 國曆	農曆	干支	己亥 國曆	農曆	干支	庚子 國曆	農曆	干支	辛丑 國曆	農曆	干支
8/7	6/26	壬寅	9/7	7/28	癸酉	10/7	8/28	癸卯	11/7	9/30	甲戌	12/6	10/29	癸卯	1/5	11/30	癸酉
8/8	6/27	癸卯	9/8	7/29	甲戌	10/8	8/29	甲辰	11/8	10/1	乙亥	12/7	11/1	甲辰	1/6	12/1	甲戌
8/9	6/28	甲辰	9/9	7/30	乙亥	10/9	9/1	乙巳	11/9	10/2	丙子	12/8	11/2	乙巳	1/7	12/2	乙亥
8/10	6/29	乙巳	9/10	8/1	丙子	10/10	9/2	丙午	11/10	10/3	丁丑	12/9	11/3	丙午	1/8	12/3	丙子
8/11	7/1	丙午	9/11	8/2	丁丑	10/11	9/3	丁未	11/11	10/4	戊寅	12/10	11/4	丁未	1/9	12/4	丁丑
8/12	7/2	丁未	9/12	8/3	戊寅	10/12	9/4	戊申	11/12	10/5	己卯	12/11	11/5	戊申	1/10	12/5	戊寅
8/13	7/3	戊申	9/13	8/4	己卯	10/13	9/5	己酉	11/13	10/6	庚辰	12/12	11/6	己酉	1/11	12/6	己卯
8/14	7/4	己酉	9/14	8/5	庚辰	10/14	9/6	庚戌	11/14	10/7	辛巳	12/13	11/7	庚戌	1/12	12/7	庚辰
8/15	7/5	庚戌	9/15	8/6	辛巳	10/15	9/7	辛亥	11/15	10/8	壬午	12/14	11/8	辛亥	1/13	12/8	辛巳
8/16	7/6	辛亥	9/16	8/7	壬午	10/16	9/8	壬子	11/16	10/9	癸未	12/15	11/9	壬子	1/14	12/9	壬午
8/17	7/7	壬子	9/17	8/8	癸未	10/17	9/9	癸丑	11/17	10/10	甲申	12/16	11/10	癸丑	1/15	12/10	癸未
8/18	7/8	癸丑	9/18	8/9	甲申	10/18	9/10	甲寅	11/18	10/11	乙酉	12/17	11/11	甲寅	1/16	12/11	甲申
8/19	7/9	甲寅	9/19	8/10	乙酉	10/19	9/11	乙卯	11/19	10/12	丙戌	12/18	11/12	乙卯	1/17	12/12	乙酉
8/20	7/10	乙卯	9/20	8/11	丙戌	10/20	9/12	丙辰	11/20	10/13	丁亥	12/19	11/13	丙辰	1/18	12/13	丙戌
8/21	7/11	丙辰	9/21	8/12	丁亥	10/21	9/13	丁巳	11/21	10/14	戊子	12/20	11/14	丁巳	1/19	12/14	丁亥
8/22	7/12	丁巳	9/22	8/13	戊子	10/22	9/14	戊午	11/22	10/15	己丑	12/21	11/15	戊午	1/20	12/15	戊子
8/23	7/13	戊午	9/23	8/14	己丑	10/23	9/15	己未	11/23	10/16	庚寅	12/22	11/16	己未	1/21	12/16	己丑
8/24	7/14	己未	9/24	8/15	庚寅	10/24	9/16	庚申	11/24	10/17	辛卯	12/23	11/17	庚申	1/22	12/17	庚寅
8/25	7/15	庚申	9/25	8/16	辛卯	10/25	9/17	辛酉	11/25	10/18	壬辰	12/24	11/18	辛酉	1/23	12/18	辛卯
8/26	7/16	辛酉	9/26	8/17	壬辰	10/26	9/18	壬戌	11/26	10/19	癸巳	12/25	11/19	壬戌	1/24	12/19	壬辰
8/27	7/17	壬戌	9/27	8/18	癸巳	10/27	9/19	癸亥	11/27	10/20	甲午	12/26	11/20	癸亥	1/25	12/20	癸巳
8/28	7/18	癸亥	9/28	8/19	甲午	10/28	9/20	甲子	11/28	10/21	乙未	12/27	11/21	甲子	1/26	12/21	甲午
8/29	7/19	甲子	9/29	8/20	乙未	10/29	9/21	乙丑	11/29	10/22	丙申	12/28	11/22	乙丑	1/27	12/22	乙未
8/30	7/20	乙丑	9/30	8/21	丙申	10/30	9/22	丙寅	11/30	10/23	丁酉	12/29	11/23	丙寅	1/28	12/23	丙申
8/31	7/21	丙寅	10/1	8/22	丁酉	10/31	9/23	丁卯	12/1	10/24	戊戌	12/30	11/24	丁卯	1/29	12/24	丁酉
9/1	7/22	丁卯	10/2	8/23	戊戌	11/1	9/24	戊辰	12/2	10/25	己亥	12/31	11/25	戊辰	1/30	12/25	戊戌
9/2	7/23	戊辰	10/3	8/24	己亥	11/2	9/25	己巳	12/3	10/26	庚子	1/1	11/26	己巳	1/31	12/26	己亥
9/3	7/24	己巳	10/4	8/25	庚子	11/3	9/26	庚午	12/4	10/27	辛丑	1/2	11/27	庚午	2/1	12/27	庚子
9/4	7/25	庚午	10/5	8/26	辛丑	11/4	9/27	辛未	12/5	10/28	壬寅	1/3	11/28	辛未	2/2	12/28	辛丑
9/5	7/26	辛未	10/6	8/27	壬寅	11/5	9/28	壬申				1/4	11/29	壬申	2/3	12/29	壬寅
9/6	7/27	壬申				11/6	9/29	癸酉									

中氣

處暑	秋分	霜降	小雪	冬至	大寒
8/22 16時38分 申時	9/22 14時38分 未時	10/23 0時24分 子時	11/21 22時19分 亥時	12/21 11時50分 午時	1/19 22時29分 亥時

年																丁丑
月	壬寅			癸卯			甲辰			乙巳			丙午			丁未
節氣	立春 2/3 16時41分 申時			驚蟄 3/5 10時26分 巳時			清明 4/4 14時51分 未時			立夏 5/5 7時45分 辰時			芒種 6/5 11時35分 午時			小暑 7/6 21時41分 亥時
日	國曆	農曆	干支	國曆	農曆	干支	國曆	農曆	干支	國曆	農曆	干支	國曆	農曆	干支	國曆 / 農曆 / 干支
	2/3	12/30	辛卯	3/5	2/1	辛酉	4/4	3/1	辛卯	5/5	4/2	壬戌	6/5	5/4	癸巳	7/6 6/5 甲子
	2/4	1/1	壬辰	3/6	2/2	壬戌	4/5	3/2	壬辰	5/6	4/3	癸亥	6/6	5/5	甲午	7/7 6/6 乙丑
	2/5	1/2	癸巳	3/7	2/3	癸亥	4/6	3/3	癸巳	5/7	4/4	甲子	6/7	5/6	乙未	7/8 6/7 丙寅
	2/6	1/3	甲午	3/8	2/4	甲子	4/7	3/4	甲午	5/8	4/5	乙丑	6/8	5/7	丙申	7/9 6/8 丁卯
	2/7	1/4	乙未	3/9	2/5	乙丑	4/8	3/5	乙未	5/9	4/6	丙寅	6/9	5/8	丁酉	7/10 6/9 戊辰
	2/8	1/5	丙申	3/10	2/6	丙寅	4/9	3/6	丙申	5/10	4/7	丁卯	6/10	5/9	戊戌	7/11 6/10 己巳
	2/9	1/6	丁酉	3/11	2/7	丁卯	4/10	3/7	丁酉	5/11	4/8	戊辰	6/11	5/10	己亥	7/12 6/11 庚午
	2/10	1/7	戊戌	3/12	2/8	戊辰	4/11	3/8	戊戌	5/12	4/9	己巳	6/12	5/11	庚子	7/13 6/12 辛未
	2/11	1/8	己亥	3/13	2/9	己巳	4/12	3/9	己亥	5/13	4/10	庚午	6/13	5/12	辛丑	7/14 6/13 壬申
	2/12	1/9	庚子	3/14	2/10	庚午	4/13	3/10	庚子	5/14	4/11	辛未	6/14	5/13	壬寅	7/15 6/14 癸酉
	2/13	1/10	辛丑	3/15	2/11	辛未	4/14	3/11	辛丑	5/15	4/12	壬申	6/15	5/14	癸卯	7/16 6/15 甲戌
	2/14	1/11	壬寅	3/16	2/12	壬申	4/15	3/12	壬寅	5/16	4/13	癸酉	6/16	5/15	甲辰	7/17 6/16 乙亥
	2/15	1/12	癸卯	3/17	2/13	癸酉	4/16	3/13	癸卯	5/17	4/14	甲戌	6/17	5/16	乙巳	7/18 6/17 丙子
	2/16	1/13	甲辰	3/18	2/14	甲戌	4/17	3/14	甲辰	5/18	4/15	乙亥	6/18	5/17	丙午	7/19 6/18 丁丑
	2/17	1/14	乙巳	3/19	2/15	乙亥	4/18	3/15	乙巳	5/19	4/16	丙子	6/19	5/18	丁未	7/20 6/19 戊寅
	2/18	1/15	丙午	3/20	2/16	丙子	4/19	3/16	丙午	5/20	4/17	丁丑	6/20	5/19	戊申	7/21 6/20 己卯
	2/19	1/16	丁未	3/21	2/17	丁丑	4/20	3/17	丁未	5/21	4/18	戊寅	6/21	5/20	己酉	7/22 6/21 庚辰
	2/20	1/17	戊申	3/22	2/18	戊寅	4/21	3/18	戊申	5/22	4/19	己卯	6/22	5/21	庚戌	7/23 6/22 辛巳
	2/21	1/18	己酉	3/23	2/19	己卯	4/22	3/19	己酉	5/23	4/20	庚辰	6/23	5/22	辛亥	7/24 6/23 壬午
	2/22	1/19	庚戌	3/24	2/20	庚辰	4/23	3/20	庚戌	5/24	4/21	辛巳	6/24	5/23	壬子	7/25 6/24 癸未
	2/23	1/20	辛亥	3/25	2/21	辛巳	4/24	3/21	辛亥	5/25	4/22	壬午	6/25	5/24	癸丑	7/26 6/25 甲申
	2/24	1/21	壬子	3/26	2/22	壬午	4/25	3/22	壬子	5/26	4/23	癸未	6/26	5/25	甲寅	7/27 6/26 乙酉
	2/25	1/22	癸丑	3/27	2/23	癸未	4/26	3/23	癸丑	5/27	4/24	甲申	6/27	5/26	乙卯	7/28 6/27 丙戌
	2/26	1/23	甲寅	3/28	2/24	甲申	4/27	3/24	甲寅	5/28	4/25	乙酉	6/28	5/27	丙辰	7/29 6/28 丁亥
	2/27	1/24	乙卯	3/29	2/25	乙酉	4/28	3/25	乙卯	5/29	4/26	丙戌	6/29	5/28	丁巳	7/30 6/29 戊子
	2/28	1/25	丙辰	3/30	2/26	丙戌	4/29	3/26	丙辰	5/30	4/27	丁亥	6/30	5/29	戊午	7/31 7/1 己丑
	3/1	1/26	丁巳	3/31	2/27	丁亥	4/30	3/27	丁巳	5/31	4/28	戊子	7/1	5/30	己未	8/1 7/2 庚寅
	3/2	1/27	戊午	4/1	2/28	戊子	5/1	3/28	戊午	6/1	4/29	己丑	7/2	6/1	庚申	8/2 7/3 辛卯
	3/3	1/28	己未	4/2	2/29	己丑	5/2	3/29	己未	6/2	5/1	庚寅	7/3	6/2	辛酉	8/3 7/4 壬辰
	3/4	1/29	庚申	4/3	2/30	庚寅	5/3	3/30	庚申	6/3	5/2	辛卯	7/4	6/3	壬戌	8/4 7/5 癸巳
							5/4	4/1	辛酉	6/4	5/3	壬辰	7/5	6/4	癸亥	8/5 7/6 甲午
																8/6 7/7 乙未
中氣	雨水 2/18 12時26分 午時			春分 3/20 11時7分 午時			穀雨 4/19 21時46分 亥時			小滿 5/20 20時34分 戌時			夏至 6/21 4時18分 寅時			大暑 7/22 15時9分 申時

中華民國一百四十六年　牛　2057

316

	丁丑							年
	戊申	己酉	庚戌	辛亥	壬子	癸丑		月
節氣	立秋	白露	寒露	立冬	大雪	小寒		節氣
	7時33分 辰時	9/7 10時43分 巳時	10/8 2時45分 丑時	11/7 6時21分 卯時	12/6 23時33分 子時	1/5 10時57分 巳時		

各月欄：國曆 農曆 干支

戊申 國曆	農曆	干支	己酉 國曆	農曆	干支	庚戌 國曆	農曆	干支	辛亥 國曆	農曆	干支	壬子 國曆	農曆	干支	癸丑 國曆	農曆	干支	日
8/7	7/8	丙申	9/7	8/9	丁卯	10/8	9/11	戊戌	11/7	10/11	戊辰	12/6	11/10	丁酉	1/5	12/11	丁卯	7
8/8	7/9	丁酉	9/8	8/10	戊辰	10/9	9/12	己亥	11/8	10/12	己巳	12/7	11/11	戊戌	1/6	12/12	戊辰	8
8/9	7/10	戊戌	9/9	8/11	己巳	10/10	9/13	庚子	11/9	10/13	庚午	12/8	11/12	己亥	1/7	12/13	己巳	9
8/10	7/11	己亥	9/10	8/12	庚午	10/11	9/14	辛丑	11/10	10/14	辛未	12/9	11/13	庚子	1/8	12/14	庚午	10
8/11	7/12	庚子	9/11	8/13	辛未	10/12	9/15	壬寅	11/11	10/15	壬申	12/10	11/14	辛丑	1/9	12/15	辛未	11
8/12	7/13	辛丑	9/12	8/14	壬申	10/13	9/16	癸卯	11/12	10/16	癸酉	12/11	11/15	壬寅	1/10	12/16	壬申	12
8/13	7/14	壬寅	9/13	8/15	癸酉	10/14	9/17	甲辰	11/13	10/17	甲戌	12/12	11/16	癸卯	1/11	12/17	癸酉	13
8/14	7/15	癸卯	9/14	8/16	甲戌	10/15	9/18	乙巳	11/14	10/18	乙亥	12/13	11/17	甲辰	1/12	12/18	甲戌	14
8/15	7/16	甲辰	9/15	8/17	乙亥	10/16	9/19	丙午	11/15	10/19	丙子	12/14	11/18	乙巳	1/13	12/19	乙亥	15
8/16	7/17	乙巳	9/16	8/18	丙子	10/17	9/20	丁未	11/16	10/20	丁丑	12/15	11/19	丙午	1/14	12/20	丙子	16
8/17	7/18	丙午	9/17	8/19	丁丑	10/18	9/21	戊申	11/17	10/21	戊寅	12/16	11/20	丁未	1/15	12/21	丁丑	17
8/18	7/19	丁未	9/18	8/20	戊寅	10/19	9/22	己酉	11/18	10/22	己卯	12/17	11/21	戊申	1/16	12/22	戊寅	18
8/19	7/20	戊申	9/19	8/21	己卯	10/20	9/23	庚戌	11/19	10/23	庚辰	12/18	11/22	己酉	1/17	12/23	己卯	19
8/20	7/21	己酉	9/20	8/22	庚辰	10/21	9/24	辛亥	11/20	10/24	辛巳	12/19	11/23	庚戌	1/18	12/24	庚辰	20
8/21	7/22	庚戌	9/21	8/23	辛巳	10/22	9/25	壬子	11/21	10/25	壬午	12/20	11/24	辛亥	1/19	12/25	辛巳	21
8/22	7/23	辛亥	9/22	8/24	壬午	10/23	9/26	癸丑	11/22	10/26	癸未	12/21	11/25	壬子	1/20	12/26	壬午	22
8/23	7/24	壬子	9/23	8/25	癸未	10/24	9/27	甲寅	11/23	10/27	甲申	12/22	11/26	癸丑	1/21	12/27	癸未	23
8/24	7/25	癸丑	9/24	8/26	甲申	10/25	9/28	乙卯	11/24	10/28	乙酉	12/23	11/27	甲寅	1/22	12/28	甲申	24
8/25	7/26	甲寅	9/25	8/27	乙酉	10/26	9/29	丙辰	11/25	10/29	丙戌	12/24	11/28	乙卯	1/23	12/29	乙酉	25
8/26	7/27	乙卯	9/26	8/28	丙戌	10/27	9/30	丁巳	11/26	10/30	丁亥	12/25	11/29	丙辰	1/24	12/30	丙戌	26
8/27	7/28	丙辰	9/27	8/29	丁亥	10/28	10/1	戊午	11/27	11/1	戊子	12/26	12/1	丁巳	1/25	1/1	丁亥	27
8/28	7/29	丁巳	9/28	9/1	戊子	10/29	10/2	己未	11/28	11/2	己丑	12/27	12/2	戊午	1/26	1/2	戊子	28
8/29	7/30	戊午	9/29	9/2	己丑	10/30	10/3	庚申	11/29	11/3	庚寅	12/28	12/3	己未	1/27	1/3	己丑	29
8/30	8/1	己未	9/30	9/3	庚寅	10/31	10/4	辛酉	11/30	11/4	辛卯	12/29	12/4	庚申	1/28	1/4	庚寅	30
8/31	8/2	庚申	10/1	9/4	辛卯	11/1	10/5	壬戌	12/1	11/5	壬辰	12/30	12/5	辛酉	1/29	1/5	辛卯	31
9/1	8/3	辛酉	10/2	9/5	壬辰	11/2	10/6	癸亥	12/2	11/6	癸巳	12/31	12/6	壬戌	1/30	1/6	壬辰	1
9/2	8/4	壬戌	10/3	9/6	癸巳	11/3	10/7	甲子	12/3	11/7	甲午	1/1	12/7	癸亥	1/31	1/7	癸巳	2
9/3	8/5	癸亥	10/4	9/7	甲午	11/4	10/8	乙丑	12/4	11/8	乙未	1/2	12/8	甲子	2/1	1/8	甲午	3
9/4	8/6	甲子	10/5	9/8	乙未	11/5	10/9	丙寅	12/5	11/9	丙申	1/3	12/9	乙丑	2/2	1/9	乙未	4
9/5	8/7	乙丑	10/6	9/9	丙申	11/6	10/10	丁卯				1/4	12/10	丙寅				5
9/6	8/8	丙寅	10/7	9/10	丁酉													6

	處暑	秋分	霜降	小雪	冬至	大寒		中氣
中氣	8/22 22時24分 亥時	9/22 20時22分 戌時	10/23 8時8分 卯時	11/22 4時5分 寅時	12/21 17時41分 酉時	1/20 4時25分 寅時		

右欄（年）：中華民國一百四十六、一百四十七年　牛　2057、2058

年	戊寅																
月	甲寅			乙卯			丙辰			丁巳			戊午			己未		
節氣	立春			驚蟄			清明			立夏			芒種			小暑		
	2/3 22時33分 亥時			3/5 16時18分 申時			4/4 20時43分 戌時			5/5 13時35分 未時			6/5 17時23分 酉時			7/7 3時30分 寅時		
日	國曆	農曆	干支	國曆	農曆	干支	國曆	農曆	干支	國曆	農曆	干支	國曆	農曆	干支	國曆	農曆	干支
	2/3	1 11	丙申	3/5	2 11	丙寅	4/4	3 12	丙申	5/5	4 13	丁卯	6/5	閏4 15	戊戌	7/7	5 17	庚午
	2/4	1 12	丁酉	3/6	2 12	丁卯	4/5	3 13	丁酉	5/6	4 14	戊辰	6/6	閏4 16	己亥	7/8	5 18	辛未
	2/5	1 13	戊戌	3/7	2 13	戊辰	4/6	3 14	戊戌	5/7	4 15	己巳	6/7	閏4 17	庚子	7/9	5 19	壬申
	2/6	1 14	己亥	3/8	2 14	己巳	4/7	3 15	己亥	5/8	4 16	庚午	6/8	閏4 18	辛丑	7/10	5 20	癸酉
	2/7	1 15	庚子	3/9	2 15	庚午	4/8	3 16	庚子	5/9	4 17	辛未	6/9	閏4 19	壬寅	7/11	5 21	甲戌
	2/8	1 16	辛丑	3/10	2 16	辛未	4/9	3 17	辛丑	5/10	4 18	壬申	6/10	閏4 20	癸卯	7/12	5 22	乙亥
	2/9	1 17	壬寅	3/11	2 17	壬申	4/10	3 18	壬寅	5/11	4 19	癸酉	6/11	閏4 21	甲辰	7/13	5 23	丙子
	2/10	1 18	癸卯	3/12	2 18	癸酉	4/11	3 19	癸卯	5/12	4 20	甲戌	6/12	閏4 22	乙巳	7/14	5 24	丁丑
	2/11	1 19	甲辰	3/13	2 19	甲戌	4/12	3 20	甲辰	5/13	4 21	乙亥	6/13	閏4 23	丙午	7/15	5 25	戊寅
	2/12	1 20	乙巳	3/14	2 20	乙亥	4/13	3 21	乙巳	5/14	4 22	丙子	6/14	閏4 24	丁未	7/16	5 26	己卯
	2/13	1 21	丙午	3/15	2 21	丙子	4/14	3 22	丙午	5/15	4 23	丁丑	6/15	閏4 25	戊申	7/17	5 27	庚辰
	2/14	1 22	丁未	3/16	2 22	丁丑	4/15	3 23	丁未	5/16	4 24	戊寅	6/16	閏4 26	己酉	7/18	5 28	辛巳
	2/15	1 23	戊申	3/17	2 23	戊寅	4/16	3 24	戊申	5/17	4 25	己卯	6/17	閏4 27	庚戌	7/19	5 29	壬午
	2/16	1 24	己酉	3/18	2 24	己卯	4/17	3 25	己酉	5/18	4 26	庚辰	6/18	閏4 28	辛亥	7/20	6 1	癸未
	2/17	1 25	庚戌	3/19	2 25	庚辰	4/18	3 26	庚戌	5/19	4 27	辛巳	6/19	閏4 29	壬子	7/21	6 2	甲申
	2/18	1 26	辛亥	3/20	2 26	辛巳	4/19	3 27	辛亥	5/20	4 28	壬午	6/20	閏4 30	癸丑	7/22	6 3	乙酉
	2/19	1 27	壬子	3/21	2 27	壬午	4/20	3 28	壬子	5/21	4 29	癸未	6/21	5 1	甲寅	7/23	6 4	丙戌
	2/20	1 28	癸丑	3/22	2 28	癸未	4/21	3 29	癸丑	5/22	閏4 1	甲申	6/22	5 2	乙卯	7/24	6 5	丁亥
	2/21	1 29	甲寅	3/23	2 29	甲申	4/22	3 30	甲寅	5/23	閏4 2	乙酉	6/23	5 3	丙辰	7/25	6 6	戊子
	2/22	1 30	乙卯	3/24	3 1	乙酉	4/23	4 1	乙卯	5/24	閏4 3	丙戌	6/24	5 4	丁巳	7/26	6 7	己丑
	2/23	2 1	丙辰	3/25	3 2	丙戌	4/24	4 2	丙辰	5/25	閏4 4	丁亥	6/25	5 5	戊午	7/27	6 8	庚寅
	2/24	2 2	丁巳	3/26	3 3	丁亥	4/25	4 3	丁巳	5/26	閏4 5	戊子	6/26	5 6	己未	7/28	6 9	辛卯
	2/25	2 3	戊午	3/27	3 4	戊子	4/26	4 4	戊午	5/27	閏4 6	己丑	6/27	5 7	庚申	7/29	6 10	壬辰
	2/26	2 4	己未	3/28	3 5	己丑	4/27	4 5	己未	5/28	閏4 7	庚寅	6/28	5 8	辛酉	7/30	6 11	癸巳
	2/27	2 5	庚申	3/29	3 6	庚寅	4/28	4 6	庚申	5/29	閏4 8	辛卯	6/29	5 9	壬戌	7/31	6 12	甲午
	2/28	2 6	辛酉	3/30	3 7	辛卯	4/29	4 7	辛酉	5/30	閏4 9	壬辰	6/30	5 10	癸亥	8/1	6 13	乙未
	3/1	2 7	壬戌	3/31	3 8	壬辰	4/30	4 8	壬戌	5/31	閏4 10	癸巳	7/1	5 11	甲子	8/2	6 14	丙申
	3/2	2 8	癸亥	4/1	3 9	癸巳	5/1	4 9	癸亥	6/1	閏4 11	甲午	7/2	5 12	乙丑	8/3	6 15	丁酉
	3/3	2 9	甲子	4/2	3 10	甲午	5/2	4 10	甲子	6/2	閏4 12	乙未	7/3	5 13	丙寅	8/4	6 16	戊戌
	3/4	2 10	乙丑	4/3	3 11	乙未	5/3	4 11	乙丑	6/3	閏4 13	丙申	7/4	5 14	丁卯	8/5	6 17	己亥
							5/4	4 12	丙寅	6/4	閏4 14	丁酉	7/5	5 15	戊辰	8/6	6 18	庚子
													7/6	5 16	己巳			
中氣	雨水			春分			穀雨			小滿			夏至			大暑		
	2/18 18時24分 酉時			3/20 17時4分 酉時			4/20 3時40分 寅時			5/21 2時23分 丑時			6/21 10時3分 巳時			7/22 20時52分 戌時		

中華民國一百四十七年 虎　2058

318

戊寅																													年
庚申				辛酉					壬戌					癸亥					甲子					乙丑					月
立秋				白露					寒露					立冬					大雪					小寒					節
13時24分 未時				9/7 16時37分 申時					10/8 8時40分 辰時					11/7 12時16分 午時					12/7 5時26分 卯時					1/5 16時48分 申時					氣
曆	農曆		干支	國曆		農曆		干支	國曆		農曆		干支	國曆		農曆		干支	國曆		農曆		干支	國曆		農曆		干支	日
7	6	19	辛丑	9	7	7	20	壬申	10	8	8	21	癸卯	11	7	9	22	癸酉	12	7	10	22	癸卯	1	5	11	21	壬申	中華民國一百四十七、一百四十八年 虎 2058、2059
8	6	20	壬寅	9	8	7	21	癸酉	10	9	8	22	甲辰	11	8	9	23	甲戌	12	8	10	23	甲辰	1	6	11	22	癸酉	
9	6	21	癸卯	9	9	7	22	甲戌	10	10	8	23	乙巳	11	9	9	24	乙亥	12	9	10	24	乙巳	1	7	11	23	甲戌	
10	6	22	甲辰	9	10	7	23	乙亥	10	11	8	24	丙午	11	10	9	25	丙子	12	10	10	25	丙午	1	8	11	24	乙亥	
11	6	23	乙巳	9	11	7	24	丙子	10	12	8	25	丁未	11	11	9	26	丁丑	12	11	10	26	丁未	1	9	11	25	丙子	
12	6	24	丙午	9	12	7	25	丁丑	10	13	8	26	戊申	11	12	9	27	戊寅	12	12	10	27	戊申	1	10	11	26	丁丑	
13	6	25	丁未	9	13	7	26	戊寅	10	14	8	27	己酉	11	13	9	28	己卯	12	13	10	28	己酉	1	11	11	27	戊寅	
14	6	26	戊申	9	14	7	27	己卯	10	15	8	28	庚戌	11	14	9	29	庚辰	12	14	10	29	庚戌	1	12	11	28	己卯	
15	6	27	己酉	9	15	7	28	庚辰	10	16	8	29	辛亥	11	15	9	30	辛巳	12	15	10	30	辛亥	1	13	11	29	庚辰	
16	6	28	庚戌	9	16	7	29	辛巳	10	17	9	1	壬子	11	16	10	1	壬午	12	16	11	1	壬子	1	14	12	1	辛巳	
17	6	29	辛亥	9	17	7	30	壬午	10	18	9	2	癸丑	11	17	10	2	癸未	12	17	11	2	癸丑	1	15	12	2	壬午	
18	6	30	壬子	9	18	8	1	癸未	10	19	9	3	甲寅	11	18	10	3	甲申	12	18	11	3	甲寅	1	16	12	3	癸未	
19	7	1	癸丑	9	19	8	2	甲申	10	20	9	4	乙卯	11	19	10	4	乙酉	12	19	11	4	乙卯	1	17	12	4	甲申	
20	7	2	甲寅	9	20	8	3	乙酉	10	21	9	5	丙辰	11	20	10	5	丙戌	12	20	11	5	丙辰	1	18	12	5	乙酉	
21	7	3	乙卯	9	21	8	4	丙戌	10	22	9	6	丁巳	11	21	10	6	丁亥	12	21	11	6	丁巳	1	19	12	6	丙戌	
22	7	4	丙辰	9	22	8	5	丁亥	10	23	9	7	戊午	11	22	10	7	戊子	12	22	11	7	戊午	1	20	12	7	丁亥	
23	7	5	丁巳	9	23	8	6	戊子	10	24	9	8	己未	11	23	10	8	己丑	12	23	11	8	己未	1	21	12	8	戊子	
24	7	6	戊午	9	24	8	7	己丑	10	25	9	9	庚申	11	24	10	9	庚寅	12	24	11	9	庚申	1	22	12	9	己丑	
25	7	7	己未	9	25	8	8	庚寅	10	26	9	10	辛酉	11	25	10	10	辛卯	12	25	11	10	辛酉	1	23	12	10	庚寅	
26	7	8	庚申	9	26	8	9	辛卯	10	27	9	11	壬戌	11	26	10	11	壬辰	12	26	11	11	壬戌	1	24	12	11	辛卯	
27	7	9	辛酉	9	27	8	10	壬辰	10	28	9	12	癸亥	11	27	10	12	癸巳	12	27	11	12	癸亥	1	25	12	12	壬辰	
28	7	10	壬戌	9	28	8	11	癸巳	10	29	9	13	甲子	11	28	10	13	甲午	12	28	11	13	甲子	1	26	12	13	癸巳	
29	7	11	癸亥	9	29	8	12	甲午	10	30	9	14	乙丑	11	29	10	14	乙未	12	29	11	14	乙丑	1	27	12	14	甲午	
30	7	12	甲子	9	30	8	13	乙未	10	31	9	15	丙寅	11	30	10	15	丙申	12	30	11	15	丙寅	1	28	12	15	乙未	
31	7	13	乙丑	10	1	8	14	丙申	11	1	9	16	丁卯	12	1	10	16	丁酉	12	31	11	16	丁卯	1	29	12	16	丙申	
1	7	14	丙寅	10	2	8	15	丁酉	11	2	9	17	戊辰	12	2	10	17	戊戌	1	1	11	17	戊辰	1	30	12	17	丁酉	
2	7	15	丁卯	10	3	8	16	戊戌	11	3	9	18	己巳	12	3	10	18	己亥	1	2	11	18	己巳	1	31	12	18	戊戌	
3	7	16	戊辰	10	4	8	17	己亥	11	4	9	19	庚午	12	4	10	19	庚子	1	3	11	19	庚午	2	1	12	19	己亥	
4	7	17	己巳	10	5	8	18	庚子	11	5	9	20	辛未	12	5	10	20	辛丑	1	4	11	20	辛未	2	2	12	20	庚子	
5	7	18	庚午	10	6	8	19	辛丑	11	6	9	21	壬申	12	6	10	21	壬寅						2	3	12	21	辛丑	
6	7	19	辛未	10	7	8	20	壬寅																					
處暑				秋分					霜降					小雪					冬至					大寒					中
23 4時7分 寅時				9/23 2時7分 丑時					10/23 11時53分 午時					11/22 9時49分 巳時					12/21 23時24分 子時					1/20 10時5分 巳時					氣

年	_	_	_	己卯													
月	丙寅			丁卯			戊辰			己巳			庚午			辛未		
節氣	立春			驚蟄			清明			立夏			芒種			小暑		
	2/4 4時23分 寅時			3/5 22時7分 亥時			4/5 2時31分 丑時			5/5 19時23分 戌時			6/5 23時11分 子時			7/7 9時17分 巳時		
日	國曆	農曆	干支	國曆	農曆	干支	國曆	農曆	干支	國曆	農曆	干支	國曆	農曆	干支	國曆	農曆	干支
	2 4	12 22	壬寅	3 5	1 22	辛未	4 5	2 23	壬寅	5 5	3 24	壬申	6 5	4 25	癸卯	7 7	5 28	乙亥
	2 5	12 23	癸卯	3 6	1 23	壬申	4 6	2 24	癸卯	5 6	3 25	癸酉	6 6	4 26	甲辰	7 8	5 29	丙子
	2 6	12 24	甲辰	3 7	1 24	癸酉	4 7	2 25	甲辰	5 7	3 26	甲戌	6 7	4 27	乙巳	7 9	5 30	丁丑
	2 7	12 25	乙巳	3 8	1 25	甲戌	4 8	2 26	乙巳	5 8	3 27	乙亥	6 8	4 28	丙午	7 10	6 1	戊寅
	2 8	12 26	丙午	3 9	1 26	乙亥	4 9	2 27	丙午	5 9	3 28	丙子	6 9	4 29	丁未	7 11	6 2	己卯
	2 9	12 27	丁未	3 10	1 27	丙子	4 10	2 28	丁未	5 10	3 29	丁丑	6 10	5 1	戊申	7 12	6 3	庚辰
	2 10	12 28	戊申	3 11	1 28	丁丑	4 11	2 29	戊申	5 11	3 30	戊寅	6 11	5 2	己酉	7 13	6 4	辛巳
	2 11	12 29	己酉	3 12	1 29	戊寅	4 12	3 1	己酉	5 12	4 1	己卯	6 12	5 3	庚戌	7 14	6 5	壬午
	2 12	1 1	庚戌	3 13	1 30	己卯	4 13	3 2	庚戌	5 13	4 2	庚辰	6 13	5 4	辛亥	7 15	6 6	癸未
	2 13	1 2	辛亥	3 14	2 1	庚辰	4 14	3 3	辛亥	5 14	4 3	辛巳	6 14	5 5	壬子	7 16	6 7	甲申
	2 14	1 3	壬子	3 15	2 2	辛巳	4 15	3 4	壬子	5 15	4 4	壬午	6 15	5 6	癸丑	7 17	6 8	乙酉
	2 15	1 4	癸丑	3 16	2 3	壬午	4 16	3 5	癸丑	5 16	4 5	癸未	6 16	5 7	甲寅	7 18	6 9	丙戌
	2 16	1 5	甲寅	3 17	2 4	癸未	4 17	3 6	甲寅	5 17	4 6	甲申	6 17	5 8	乙卯	7 19	6 10	丁亥
	2 17	1 6	乙卯	3 18	2 5	甲申	4 18	3 7	乙卯	5 18	4 7	乙酉	6 18	5 9	丙辰	7 20	6 11	戊子
	2 18	1 7	丙辰	3 19	2 6	乙酉	4 19	3 8	丙辰	5 19	4 8	丙戌	6 19	5 10	丁巳	7 21	6 12	己丑
	2 19	1 8	丁巳	3 20	2 7	丙戌	4 20	3 9	丁巳	5 20	4 9	丁亥	6 20	5 11	戊午	7 22	6 13	庚寅
	2 20	1 9	戊午	3 21	2 8	丁亥	4 21	3 10	戊午	5 21	4 10	戊子	6 21	5 12	己未	7 23	6 14	辛卯
	2 21	1 10	己未	3 22	2 9	戊子	4 22	3 11	己未	5 22	4 11	己丑	6 22	5 13	庚申	7 24	6 15	壬辰
	2 22	1 11	庚申	3 23	2 10	己丑	4 23	3 12	庚申	5 23	4 12	庚寅	6 23	5 14	辛酉	7 25	6 16	癸巳
	2 23	1 12	辛酉	3 24	2 11	庚寅	4 24	3 13	辛酉	5 24	4 13	辛卯	6 24	5 15	壬戌	7 26	6 17	甲午
	2 24	1 13	壬戌	3 25	2 12	辛卯	4 25	3 14	壬戌	5 25	4 14	壬辰	6 25	5 16	癸亥	7 27	6 18	乙未
	2 25	1 14	癸亥	3 26	2 13	壬辰	4 26	3 15	癸亥	5 26	4 15	癸巳	6 26	5 17	甲子	7 28	6 19	丙申
	2 26	1 15	甲子	3 27	2 14	癸巳	4 27	3 16	甲子	5 27	4 16	甲午	6 27	5 18	乙丑	7 29	6 20	丁酉
	2 27	1 16	乙丑	3 28	2 15	甲午	4 28	3 17	乙丑	5 28	4 17	乙未	6 28	5 19	丙寅	7 30	6 21	戊戌
	2 28	1 17	丙寅	3 29	2 16	乙未	4 29	3 18	丙寅	5 29	4 18	丙申	6 29	5 20	丁卯	7 31	6 22	己亥
	3 1	1 18	丁卯	3 30	2 17	丙申	4 30	3 19	丁卯	5 30	4 19	丁酉	6 30	5 21	戊辰	8 1	6 23	庚子
	3 2	1 19	戊辰	3 31	2 18	丁酉	5 1	3 20	戊辰	5 31	4 20	戊戌	7 1	5 22	己巳	8 2	6 24	辛丑
	3 3	1 20	己巳	4 1	2 19	戊戌	5 2	3 21	己巳	6 1	4 21	己亥	7 2	5 23	庚午	8 3	6 25	壬寅
	3 4	1 21	庚午	4 2	2 20	己亥	5 3	3 22	庚午	6 2	4 22	庚子	7 3	5 24	辛未	8 4	6 26	癸卯
				4 3	2 21	庚子	5 4	3 23	辛未	6 3	4 23	辛丑	7 4	5 25	壬申	8 5	6 27	甲辰
				4 4	2 22	辛丑				6 4	4 24	壬寅	7 5	5 26	癸酉	8 6	6 28	乙巳
													7 6	5 27	甲戌			
中氣	雨水			春分			穀雨			小滿			夏至			大暑		
	2/19 0時4分 子時			3/20 22時43分 亥時			4/20 9時19分 巳時			5/21 8時3分 辰時			6/21 15時46分 申時			7/23 2時40分 丑時		

中華民國一百四十八年 兔　2059

年 月	己卯					
	壬申	癸酉	甲戌	乙亥	丙子	丁丑
節氣	立秋	白露	寒露	立冬	大雪	小寒
	9時11分 戊時	9/7 22時25分 亥時	10/8 14時29分 未時	11/7 18時4分 酉時	12/7 11時12分 午時	1/5 22時32分 亥時

日	壬申 農曆 干支		癸酉 國曆 農曆 干支			甲戌 國曆 農曆 干支			乙亥 國曆 農曆 干支			丙子 國曆 農曆 干支			丁丑 國曆 農曆 干支		
	6 29	丙午	9 7	8 1	丁丑	10 8	9 3	戊申	11 7	10 3	戊寅	12 7	11 3	戊申	1 5	12 2	丁丑
	7 1	丁未	9 8	8 2	戊寅	10 9	9 4	己酉	11 8	10 4	己卯	12 8	11 4	己酉	1 6	12 3	戊寅
	7 2	戊申	9 9	8 3	己卯	10 10	9 5	庚戌	11 9	10 5	庚辰	12 9	11 5	庚戌	1 7	12 4	己卯
	7 3	己酉	9 10	8 4	庚辰	10 11	9 6	辛亥	11 10	10 6	辛巳	12 10	11 6	辛亥	1 8	12 5	庚辰
	7 4	庚戌	9 11	8 5	辛巳	10 12	9 7	壬子	11 11	10 7	壬午	12 11	11 7	壬子	1 9	12 6	辛巳
	7 5	辛亥	9 12	8 6	壬午	10 13	9 8	癸丑	11 12	10 8	癸未	12 12	11 8	癸丑	1 10	12 7	壬午
	7 6	壬子	9 13	8 7	癸未	10 14	9 9	甲寅	11 13	10 9	甲申	12 13	11 9	甲寅	1 11	12 8	癸未
	7 7	癸丑	9 14	8 8	甲申	10 15	9 10	乙卯	11 14	10 10	乙酉	12 14	11 10	乙卯	1 12	12 9	甲申
	7 8	甲寅	9 15	8 9	乙酉	10 16	9 11	丙辰	11 15	10 11	丙戌	12 15	11 11	丙辰	1 13	12 10	乙酉
	7 9	乙卯	9 16	8 10	丙戌	10 17	9 12	丁巳	11 16	10 12	丁亥	12 16	11 12	丁巳	1 14	12 11	丙戌
	7 10	丙辰	9 17	8 11	丁亥	10 18	9 13	戊午	11 17	10 13	戊子	12 17	11 13	戊午	1 15	12 12	丁亥
	7 11	丁巳	9 18	8 12	戊子	10 19	9 14	己未	11 18	10 14	己丑	12 18	11 14	己未	1 16	12 13	戊子
	7 12	戊午	9 19	8 13	己丑	10 20	9 15	庚申	11 19	10 15	庚寅	12 19	11 15	庚申	1 17	12 14	己丑
	7 13	己未	9 20	8 14	庚寅	10 21	9 16	辛酉	11 20	10 16	辛卯	12 20	11 16	辛酉	1 18	12 15	庚寅
	7 14	庚申	9 21	8 15	辛卯	10 22	9 17	壬戌	11 21	10 17	壬辰	12 21	11 17	壬戌	1 19	12 16	辛卯
	7 15	辛酉	9 22	8 16	壬辰	10 23	9 18	癸亥	11 22	10 18	癸巳	12 22	11 18	癸亥	1 20	12 17	壬辰
	7 16	壬戌	9 23	8 17	癸巳	10 24	9 19	甲子	11 23	10 19	甲午	12 23	11 19	甲子	1 21	12 18	癸巳
	7 17	癸亥	9 24	8 18	甲午	10 25	9 20	乙丑	11 24	10 20	乙未	12 24	11 20	乙丑	1 22	12 19	甲午
	7 18	甲子	9 25	8 19	乙未	10 26	9 21	丙寅	11 25	10 21	丙申	12 25	11 21	丙寅	1 23	12 20	乙未
	7 19	乙丑	9 26	8 20	丙申	10 27	9 22	丁卯	11 26	10 22	丁酉	12 26	11 22	丁卯	1 24	12 21	丙申
	7 20	丙寅	9 27	8 21	丁酉	10 28	9 23	戊辰	11 27	10 23	戊戌	12 27	11 23	戊辰	1 25	12 22	丁酉
	7 21	丁卯	9 28	8 22	戊戌	10 29	9 24	己巳	11 28	10 24	己亥	12 28	11 24	己巳	1 26	12 23	戊戌
	7 22	戊辰	9 29	8 23	己亥	10 30	9 25	庚午	11 29	10 25	庚子	12 29	11 25	庚午	1 27	12 24	己亥
	7 23	己巳	9 30	8 24	庚子	10 31	9 26	辛未	11 30	10 26	辛丑	12 30	11 26	辛未	1 28	12 25	庚子
	7 24	庚午	10 1	8 25	辛丑	11 1	9 27	壬申	12 1	10 27	壬寅	12 31	11 27	壬申	1 29	12 26	辛丑
	7 25	辛未	10 2	8 26	壬寅	11 2	9 28	癸酉	12 2	10 28	癸卯	1 1	11 28	癸酉	1 30	12 27	壬寅
	7 26	壬申	10 3	8 27	癸卯	11 3	9 29	甲戌	12 3	10 29	甲辰	1 2	11 29	甲戌	1 31	12 28	癸卯
	7 27	癸酉	10 4	8 28	甲辰	11 4	9 30	乙亥	12 4	11 1	乙巳	1 3	11 30	乙亥	2 1	12 29	甲辰
	7 28	甲戌	10 5	8 29	乙巳	11 5	10 1	丙子	12 5	11 2	丙午	1 4	12 1	丙子	2 2	1 1	乙巳
	7 29	乙亥	10 6	9 1	丙午	11 6	10 2	丁丑	12 6	11 3	丁未				2 3	1 2	丙午
	7 30	丙子	10 7	9 2	丁未												

中氣	處暑	秋分	霜降	小雪	冬至	大寒
	9時59分 巳時	9/23 8時2分 辰時	10/23 17時49分 酉時	11/22 15時45分 申時	12/22 5時17分 卯時	1/20 15時57分 申時

中華民國一百四十八、一百四十九年 兔 2059、2060

年：庚辰　中華民國一百四十九年　龍　2060

月	戊寅			己卯			庚辰			辛巳			壬午			癸未		
節氣	立春			驚蟄			清明			立夏			芒種			小暑		
	2/4 10時7分 巳時			3/5 3時53分 寅時			4/4 8時18分 辰時			5/5 1時11分 丑時			6/5 5時0分 卯時			7/6 15時6分 申時		
日	國曆	農曆	干支	國曆	農曆	干支	國曆	農曆	干支	國曆	農曆	干支	國曆	農曆	干支	國曆	農曆	干支
	2 4	1 3	丁未	3 5	2 3	丁丑	4 4	3 4	丁未	5 5	4 5	戊寅	6 5	5 7	己酉	7 6	6 9	庚辰
	2 5	1 4	戊申	3 6	2 4	戊寅	4 5	3 5	戊申	5 6	4 6	己卯	6 6	5 8	庚戌	7 7	6 10	辛巳
	2 6	1 5	己酉	3 7	2 5	己卯	4 6	3 6	己酉	5 7	4 7	庚辰	6 7	5 9	辛亥	7 8	6 11	壬午
	2 7	1 6	庚戌	3 8	2 6	庚辰	4 7	3 7	庚戌	5 8	4 8	辛巳	6 8	5 10	壬子	7 9	6 12	癸未
	2 8	1 7	辛亥	3 9	2 7	辛巳	4 8	3 8	辛亥	5 9	4 9	壬午	6 9	5 11	癸丑	7 10	6 13	甲申
	2 9	1 8	壬子	3 10	2 8	壬午	4 9	3 9	壬子	5 10	4 10	癸未	6 10	5 12	甲寅	7 11	6 14	乙酉
	2 10	1 9	癸丑	3 11	2 9	癸未	4 10	3 10	癸丑	5 11	4 11	甲申	6 11	5 13	乙卯	7 12	6 15	丙戌
	2 11	1 10	甲寅	3 12	2 10	甲申	4 11	3 11	甲寅	5 12	4 12	乙酉	6 12	5 14	丙辰	7 13	6 16	丁亥
	2 12	1 11	乙卯	3 13	2 11	乙酉	4 12	3 12	乙卯	5 13	4 13	丙戌	6 13	5 15	丁巳	7 14	6 17	戊子
	2 13	1 12	丙辰	3 14	2 12	丙戌	4 13	3 13	丙辰	5 14	4 14	丁亥	6 14	5 16	戊午	7 15	6 18	己丑
	2 14	1 13	丁巳	3 15	2 13	丁亥	4 14	3 14	丁巳	5 15	4 15	戊子	6 15	5 17	己未	7 16	6 19	庚寅
	2 15	1 14	戊午	3 16	2 14	戊子	4 15	3 15	戊午	5 16	4 16	己丑	6 16	5 18	庚申	7 17	6 20	辛卯
	2 16	1 15	己未	3 17	2 15	己丑	4 16	3 16	己未	5 17	4 17	庚寅	6 17	5 19	辛酉	7 18	6 21	壬辰
	2 17	1 16	庚申	3 18	2 16	庚寅	4 17	3 17	庚申	5 18	4 18	辛卯	6 18	5 20	壬戌	7 19	6 22	癸巳
	2 18	1 17	辛酉	3 19	2 17	辛卯	4 18	3 18	辛酉	5 19	4 19	壬辰	6 19	5 21	癸亥	7 20	6 23	甲午
	2 19	1 18	壬戌	3 20	2 18	壬辰	4 19	3 19	壬戌	5 20	4 20	癸巳	6 20	5 22	甲子	7 21	6 24	乙未
	2 20	1 19	癸亥	3 21	2 19	癸巳	4 20	3 20	癸亥	5 21	4 21	甲午	6 21	5 23	乙丑	7 22	6 25	丙申
	2 21	1 20	甲子	3 22	2 20	甲午	4 21	3 21	甲子	5 22	4 22	乙未	6 22	5 24	丙寅	7 23	6 26	丁酉
	2 22	1 21	乙丑	3 23	2 21	乙未	4 22	3 22	乙丑	5 23	4 23	丙申	6 23	5 25	丁卯	7 24	6 27	戊戌
	2 23	1 22	丙寅	3 24	2 22	丙申	4 23	3 23	丙寅	5 24	4 24	丁酉	6 24	5 26	戊辰	7 25	6 28	己亥
	2 24	1 23	丁卯	3 25	2 23	丁酉	4 24	3 24	丁卯	5 25	4 25	戊戌	6 25	5 27	己巳	7 26	6 29	庚子
	2 25	1 24	戊辰	3 26	2 24	戊戌	4 25	3 25	戊辰	5 26	4 26	己亥	6 26	5 28	庚午	7 27	7 1	辛丑
	2 26	1 25	己巳	3 27	2 25	己亥	4 26	3 26	己巳	5 27	4 27	庚子	6 27	5 29	辛未	7 28	7 2	壬寅
	2 27	1 26	庚午	3 28	2 26	庚子	4 27	3 27	庚午	5 28	4 28	辛丑	6 28	6 1	壬申	7 29	7 3	癸卯
	2 28	1 27	辛未	3 29	2 27	辛丑	4 28	3 28	辛未	5 29	4 29	壬寅	6 29	6 2	癸酉	7 30	7 4	甲辰
	2 29	1 28	壬申	3 30	2 28	壬寅	4 29	3 29	壬申	5 30	5 1	癸卯	6 30	6 3	甲戌	7 31	7 5	乙巳
	3 1	1 29	癸酉	3 31	2 29	癸卯	4 30	3 30	癸酉	5 31	5 2	甲辰	7 1	6 4	乙亥	8 1	7 6	丙午
	3 2	1 30	甲戌	4 1	3 1	甲辰	5 1	4 1	甲戌	6 1	5 3	乙巳	7 2	6 5	丙子	8 2	7 7	丁未
	3 3	2 1	乙亥	4 2	3 2	乙巳	5 2	4 2	乙亥	6 2	5 4	丙午	7 3	6 6	丁丑	8 3	7 8	戊申
	3 4	2 2	丙子	4 3	3 3	丙午	5 3	4 3	丙子	6 3	5 5	丁未	7 4	6 7	戊寅	8 4	7 9	己酉
							5 4	4 4	丁丑	6 4	5 6	戊申	7 5	6 8	己卯	8 5	7 10	庚戌
																8 6	7 11	辛亥

中氣	雨水			春分			穀雨			小滿			夏至			大暑		
	2/19 5時56分 卯時			3/20 4時37分 寅時			4/19 15時16分 申時			5/20 14時2分 未時			6/20 21時44分 亥時			7/22 8時34分 辰時		

	庚辰																	年
	甲申			乙酉			丙戌			丁亥			戊子			己丑			月
	立秋			白露			寒露			立冬			大雪			小寒			節
	0時58分 子時			9/7 4時9分 寅時			10/7 20時12分 戌時			11/6 23時47分 子時			12/6 16時56分 申時			1/5 4時17分 寅時			氣
	國曆	農曆	干支	國曆	農曆	干支	國曆	農曆	干支	國曆	農曆	干支	國曆	農曆	干支	國曆	農曆	干支	日
	8/7	7/12	壬子	9/7	8/13	癸未	10/7	9/14	癸丑	11/6	10/14	癸未	12/6	11/14	癸丑	1/5	12/14	癸未	
	8/8	7/13	癸丑	9/8	8/14	甲申	10/8	9/15	甲寅	11/7	10/15	甲申	12/7	11/15	甲寅	1/6	12/15	甲申	中
	8/9	7/14	甲寅	9/9	8/15	乙酉	10/9	9/16	乙卯	11/8	10/16	乙酉	12/8	11/16	乙卯	1/7	12/16	乙酉	華
	8/10	7/15	乙卯	9/10	8/16	丙戌	10/10	9/17	丙辰	11/9	10/17	丙戌	12/9	11/17	丙辰	1/8	12/17	丙戌	民
	8/11	7/16	丙辰	9/11	8/17	丁亥	10/11	9/18	丁巳	11/10	10/18	丁亥	12/10	11/18	丁巳	1/9	12/18	丁亥	國
	8/12	7/17	丁巳	9/12	8/18	戊子	10/12	9/19	戊午	11/11	10/19	戊子	12/11	11/19	戊午	1/10	12/19	戊子	一
	8/13	7/18	戊午	9/13	8/19	己丑	10/13	9/20	己未	11/12	10/20	己丑	12/12	11/20	己未	1/11	12/20	己丑	百
	8/14	7/19	己未	9/14	8/20	庚寅	10/14	9/21	庚申	11/13	10/21	庚寅	12/13	11/21	庚申	1/12	12/21	庚寅	四
	8/15	7/20	庚申	9/15	8/21	辛卯	10/15	9/22	辛酉	11/14	10/22	辛卯	12/14	11/22	辛酉	1/13	12/22	辛卯	十
	8/16	7/21	辛酉	9/16	8/22	壬辰	10/16	9/23	壬戌	11/15	10/23	壬辰	12/15	11/23	壬戌	1/14	12/23	壬辰	九
	8/17	7/22	壬戌	9/17	8/23	癸巳	10/17	9/24	癸亥	11/16	10/24	癸巳	12/16	11/24	癸亥	1/15	12/24	癸巳	、
	8/18	7/23	癸亥	9/18	8/24	甲午	10/18	9/25	甲子	11/17	10/25	甲午	12/17	11/25	甲子	1/16	12/25	甲午	一
	8/19	7/24	甲子	9/19	8/25	乙未	10/19	9/26	乙丑	11/18	10/26	乙未	12/18	11/26	乙丑	1/17	12/26	乙未	百
	8/20	7/25	乙丑	9/20	8/26	丙申	10/20	9/27	丙寅	11/19	10/27	丙申	12/19	11/27	丙寅	1/18	12/27	丙申	五
	8/21	7/26	丙寅	9/21	8/27	丁酉	10/21	9/28	丁卯	11/20	10/28	丁酉	12/20	11/28	丁卯	1/19	12/28	丁酉	十
	8/22	7/27	丁卯	9/22	8/28	戊戌	10/22	9/29	戊辰	11/21	10/29	戊戌	12/21	11/29	戊辰	1/20	12/29	戊戌	年
	8/23	7/28	戊辰	9/23	8/29	己亥	10/23	9/30	己巳	11/22	10/30	己亥	12/22	11/30	己巳	1/21	12/30	己亥	
	8/24	7/29	己巳	9/24	9/1	庚子	10/24	10/1	庚午	11/23	11/1	庚子	12/23	12/1	庚午	1/22	1/1	庚子	龍
	8/25	7/30	庚午	9/25	9/2	辛丑	10/25	10/2	辛未	11/24	11/2	辛丑	12/24	12/2	辛未	1/23	1/2	辛丑	
	8/26	8/1	辛未	9/26	9/3	壬寅	10/26	10/3	壬申	11/25	11/3	壬寅	12/25	12/3	壬申	1/24	1/3	壬寅	
	8/27	8/2	壬申	9/27	9/4	癸卯	10/27	10/4	癸酉	11/26	11/4	癸卯	12/26	12/4	癸酉	1/25	1/4	癸卯	
	8/28	8/3	癸酉	9/28	9/5	甲辰	10/28	10/5	甲戌	11/27	11/5	甲辰	12/27	12/5	甲戌	1/26	1/5	甲辰	
	8/29	8/4	甲戌	9/29	9/6	乙巳	10/29	10/6	乙亥	11/28	11/6	乙巳	12/28	12/6	乙亥	1/27	1/6	乙巳	
	8/30	8/5	乙亥	9/30	9/7	丙午	10/30	10/7	丙子	11/29	11/7	丙午	12/29	12/7	丙子	1/28	1/7	丙午	
	8/31	8/6	丙子	10/1	9/8	丁未	10/31	10/8	丁丑	11/30	11/8	丁未	12/30	12/8	丁丑	1/29	1/8	丁未	2
	9/1	8/7	丁丑	10/2	9/9	戊申	11/1	10/9	戊寅	12/1	11/9	戊申	12/31	12/9	戊寅	1/30	1/9	戊申	0
	9/2	8/8	戊寅	10/3	9/10	己酉	11/2	10/10	己卯	12/2	11/10	己酉	1/1	12/10	己卯	1/31	1/10	己酉	6
	9/3	8/9	己卯	10/4	9/11	庚戌	11/3	10/11	庚辰	12/3	11/11	庚戌	1/2	12/11	庚辰	2/1	1/11	庚戌	0
	9/4	8/10	庚辰	10/5	9/12	辛亥	11/4	10/12	辛巳	12/4	11/12	辛亥	1/3	12/12	辛巳	2/2	1/12	辛亥	、
	9/5	8/11	辛巳	10/6	9/13	壬子	11/5	10/13	壬午	12/5	11/13	壬子	1/4	12/13	壬午	2/3	1/13	壬子	2
	9/6	8/12	壬午													2/4	1/14	癸丑	0 6 1
	處暑			秋分			霜降			小雪			冬至			大寒			中
	15時48分 申時			9/22 13時47分 未時			10/22 23時32分 子時			11/21 21時27分 亥時			12/21 11時0分 午時			1/19 21時41分 亥時			氣

年：辛巳

月	節氣	節氣時刻
庚寅	立春	2/3 15時52分 申時
辛卯	驚蟄	3/5 9時40分 巳時
壬辰	清明	4/4 14時9分 未時
癸巳	立夏	5/5 7時5分 辰時
甲午	芒種	6/5 10時55分 巳時
乙未	小暑	7/6 21時19分 亥時

中華民國一百五十年　蛇　2061

立春 國曆	立春 農曆	立春 干支	驚蟄 國曆	驚蟄 農曆	驚蟄 干支	清明 國曆	清明 農曆	清明 干支	立夏 國曆	立夏 農曆	立夏 干支	芒種 國曆	芒種 農曆	芒種 干支	小暑 國曆	小暑 農曆	小暑 干支
2/3	1/14	壬子	3/5	2/14	壬午	4/4	3/14	壬子	5/5	閏3/16	癸未	6/5	4/18	甲寅	7/6	5/19	乙酉
2/4	1/15	癸丑	3/6	2/15	癸未	4/5	3/15	癸丑	5/6	閏3/17	甲申	6/6	4/19	乙卯	7/7	5/20	丙戌
2/5	1/16	甲寅	3/7	2/16	甲申	4/6	3/16	甲寅	5/7	閏3/18	乙酉	6/7	4/20	丙辰	7/8	5/21	丁亥
2/6	1/17	乙卯	3/8	2/17	乙酉	4/7	3/17	乙卯	5/8	閏3/19	丙戌	6/8	4/21	丁巳	7/9	5/22	戊子
2/7	1/18	丙辰	3/9	2/18	丙戌	4/8	3/18	丙辰	5/9	閏3/20	丁亥	6/9	4/22	戊午	7/10	5/23	己丑
2/8	1/19	丁巳	3/10	2/19	丁亥	4/9	3/19	丁巳	5/10	閏3/21	戊子	6/10	4/23	己未	7/11	5/24	庚寅
2/9	1/20	戊午	3/11	2/20	戊子	4/10	3/20	戊午	5/11	閏3/22	己丑	6/11	4/24	庚申	7/12	5/25	辛卯
2/10	1/21	己未	3/12	2/21	己丑	4/11	3/21	己未	5/12	閏3/23	庚寅	6/12	4/25	辛酉	7/13	5/26	壬辰
2/11	1/22	庚申	3/13	2/22	庚寅	4/12	3/22	庚申	5/13	閏3/24	辛卯	6/13	4/26	壬戌	7/14	5/27	癸巳
2/12	1/23	辛酉	3/14	2/23	辛卯	4/13	3/23	辛酉	5/14	閏3/25	壬辰	6/14	4/27	癸亥	7/15	5/28	甲午
2/13	1/24	壬戌	3/15	2/24	壬辰	4/14	3/24	壬戌	5/15	閏3/26	癸巳	6/15	4/28	甲子	7/16	5/29	乙未
2/14	1/25	癸亥	3/16	2/25	癸巳	4/15	3/25	癸亥	5/16	閏3/27	甲午	6/16	4/29	乙丑	7/17	6/1	丙申
2/15	1/26	甲子	3/17	2/26	甲午	4/16	3/26	甲子	5/17	閏3/28	乙未	6/17	4/30	丙寅	7/18	6/2	丁酉
2/16	1/27	乙丑	3/18	2/27	乙未	4/17	3/27	乙丑	5/18	閏3/29	丙申	6/18	5/1	丁卯	7/19	6/3	戊戌
2/17	1/28	丙寅	3/19	2/28	丙申	4/18	3/28	丙寅	5/19	4/1	丁酉	6/19	5/2	戊辰	7/20	6/4	己亥
2/18	1/29	丁卯	3/20	2/29	丁酉	4/19	3/29	丁卯	5/20	4/2	戊戌	6/20	5/3	己巳	7/21	6/5	庚子
2/19	1/30	戊辰	3/21	2/30	戊戌	4/20	閏3/1	戊辰	5/21	4/3	己亥	6/21	5/4	庚午	7/22	6/6	辛丑
2/20	2/1	己巳	3/22	3/1	己亥	4/21	閏3/2	己巳	5/22	4/4	庚子	6/22	5/5	辛未	7/23	6/7	壬寅
2/21	2/2	庚午	3/23	3/2	庚子	4/22	閏3/3	庚午	5/23	4/5	辛丑	6/23	5/6	壬申	7/24	6/8	癸卯
2/22	2/3	辛未	3/24	3/3	辛丑	4/23	閏3/4	辛未	5/24	4/6	壬寅	6/24	5/7	癸酉	7/25	6/9	甲辰
2/23	2/4	壬申	3/25	3/4	壬寅	4/24	閏3/5	壬申	5/25	4/7	癸卯	6/25	5/8	甲戌	7/26	6/10	乙巳
2/24	2/5	癸酉	3/26	3/5	癸卯	4/25	閏3/6	癸酉	5/26	4/8	甲辰	6/26	5/9	乙亥	7/27	6/11	丙午
2/25	2/6	甲戌	3/27	3/6	甲辰	4/26	閏3/7	甲戌	5/27	4/9	乙巳	6/27	5/10	丙子	7/28	6/12	丁未
2/26	2/7	乙亥	3/28	3/7	乙巳	4/27	閏3/8	乙亥	5/28	4/10	丙午	6/28	5/11	丁丑	7/29	6/13	戊申
2/27	2/8	丙子	3/29	3/8	丙午	4/28	閏3/9	丙子	5/29	4/11	丁未	6/29	5/12	戊寅	7/30	6/14	己酉
2/28	2/9	丁丑	3/30	3/9	丁未	4/29	閏3/10	丁丑	5/30	4/12	戊申	6/30	5/13	己卯	7/31	6/15	庚戌
3/1	2/10	戊寅	3/31	3/10	戊申	4/30	閏3/11	戊寅	5/31	4/13	己酉	7/1	5/14	庚辰	8/1	6/16	辛亥
3/2	2/11	己卯	4/1	3/11	己酉	5/1	閏3/12	己卯	6/1	4/14	庚戌	7/2	5/15	辛巳	8/2	6/17	壬子
3/3	2/12	庚辰	4/2	3/12	庚戌	5/2	閏3/13	庚辰	6/2	4/15	辛亥	7/3	5/16	壬午	8/3	6/18	癸丑
3/4	2/13	辛巳	4/3	3/13	辛亥	5/3	閏3/14	辛巳	6/3	4/16	壬子	7/4	5/17	癸未	8/4	6/19	甲寅
						5/4	閏3/15	壬午	6/4	4/17	癸丑	7/5	5/18	甲申	8/5	6/20	乙卯
															8/6	6/21	丙辰

中氣	時刻
雨水	2/18 11時42分 午時
春分	3/20 10時25分 巳時
穀雨	4/19 21時5分 亥時
小滿	5/20 19時51分 戌時
夏至	6/21 3時31分 寅時
大暑	7/22 14時19分 未時

辛巳（年）

月・節氣

月	丙申	丁酉	戊戌	己亥	庚子	辛丑
節氣	立秋	白露	寒露	立冬	大雪	小寒
日	6時51分 卯時	9/7 10時1分 巳時	10/8 2時3分 丑時	11/7 9時38分 巳時	12/6 22時49分 亥時	1/5 10時11分 巳時

日次表

丙申 國曆	農曆	干支	丁酉 國曆	農曆	干支	戊戌 國曆	農曆	干支	己亥 國曆	農曆	干支	庚子 國曆	農曆	干支	辛丑 國曆	農曆	干支
7	6 22	丁巳	9 7	7 24	戊子	10 8	8 25	己未	11 7	9 26	己丑	12 6	10 25	戊午	1 5	11 25	戊子
8	6 23	戊午	9 8	7 25	己丑	10 9	8 26	庚申	11 8	9 27	庚寅	12 7	10 26	己未	1 6	11 26	己丑
9	6 24	己未	9 9	7 26	庚寅	10 10	8 27	辛酉	11 9	9 28	辛卯	12 8	10 27	庚申	1 7	11 27	庚寅
10	6 25	庚申	9 10	7 27	辛卯	10 11	8 28	壬戌	11 10	9 29	壬辰	12 9	10 28	辛酉	1 8	11 28	辛卯
11	6 26	辛酉	9 11	7 28	壬辰	10 12	8 29	癸亥	11 11	9 30	癸巳	12 10	10 29	壬戌	1 9	11 29	壬辰
12	6 27	壬戌	9 12	7 29	癸巳	10 13	9 1	甲子	11 12	10 1	甲午	12 11	10 30	癸亥	1 10	11 30	癸巳
13	6 28	癸亥	9 13	7 30	甲午	10 14	9 2	乙丑	11 13	10 2	乙未	12 12	11 1	甲子	1 11	12 1	甲午
14	6 29	甲子	9 14	8 1	乙未	10 15	9 3	丙寅	11 14	10 3	丙申	12 13	11 2	乙丑	1 12	12 2	乙未
15	7 1	乙丑	9 15	8 2	丙申	10 16	9 4	丁卯	11 15	10 4	丁酉	12 14	11 3	丙寅	1 13	12 3	丙申
16	7 2	丙寅	9 16	8 3	丁酉	10 17	9 5	戊辰	11 16	10 5	戊戌	12 15	11 4	丁卯	1 14	12 4	丁酉
17	7 3	丁卯	9 17	8 4	戊戌	10 18	9 6	己巳	11 17	10 6	己亥	12 16	11 5	戊辰	1 15	12 5	戊戌
18	7 4	戊辰	9 18	8 5	己亥	10 19	9 7	庚午	11 18	10 7	庚子	12 17	11 6	己巳	1 16	12 6	己亥
19	7 5	己巳	9 19	8 6	庚子	10 20	9 8	辛未	11 19	10 8	辛丑	12 18	11 7	庚午	1 17	12 7	庚子
20	7 6	庚午	9 20	8 7	辛丑	10 21	9 9	壬申	11 20	10 9	壬寅	12 19	11 8	辛未	1 18	12 8	辛丑
21	7 7	辛未	9 21	8 8	壬寅	10 22	9 10	癸酉	11 21	10 10	癸卯	12 20	11 9	壬申	1 19	12 9	壬寅
22	7 8	壬申	9 22	8 9	癸卯	10 23	9 11	甲戌	11 22	10 11	甲辰	12 21	11 10	癸酉	1 20	12 10	癸卯
23	7 9	癸酉	9 23	8 10	甲辰	10 24	9 12	乙亥	11 23	10 12	乙巳	12 22	11 11	甲戌	1 21	12 11	甲辰
24	7 10	甲戌	9 24	8 11	乙巳	10 25	9 13	丙子	11 24	10 13	丙午	12 23	11 12	乙亥	1 22	12 12	乙巳
25	7 11	乙亥	9 25	8 12	丙午	10 26	9 14	丁丑	11 25	10 14	丁未	12 24	11 13	丙子	1 23	12 13	丙午
26	7 12	丙子	9 26	8 13	丁未	10 27	9 15	戊寅	11 26	10 15	戊申	12 25	11 14	丁丑	1 24	12 14	丁未
27	7 13	丁丑	9 27	8 14	戊申	10 28	9 16	己卯	11 27	10 16	己酉	12 26	11 15	戊寅	1 25	12 15	戊申
28	7 14	戊寅	9 28	8 15	己酉	10 29	9 17	庚辰	11 28	10 17	庚戌	12 27	11 16	己卯	1 26	12 16	己酉
29	7 15	己卯	9 29	8 16	庚戌	10 30	9 18	辛巳	11 29	10 18	辛亥	12 28	11 17	庚辰	1 27	12 17	庚戌
30	7 16	庚辰	9 30	8 17	辛亥	10 31	9 19	壬午	11 30	10 19	壬子	12 29	11 18	辛巳	1 28	12 18	辛亥
31	7 17	辛巳	10 1	8 18	壬子	11 1	9 20	癸未	12 1	10 20	癸丑	12 30	11 19	壬午	1 29	12 19	壬子
1	7 18	壬午	10 2	8 19	癸丑	11 2	9 21	甲申	12 2	10 21	甲寅	12 31	11 20	癸未	1 30	12 20	癸丑
2	7 19	癸未	10 3	8 20	甲寅	11 3	9 22	乙酉	12 3	10 22	乙卯	1 1	11 21	甲申	1 31	12 21	甲寅
3	7 20	甲申	10 4	8 21	乙卯	11 4	9 23	丙戌	12 4	10 23	丙辰	1 2	11 22	乙酉	2 1	12 22	乙卯
4	7 21	乙酉	10 5	8 22	丙辰	11 5	9 24	丁亥	12 5	10 24	丁巳	1 3	11 23	丙戌	2 2	12 23	丙辰
5	7 22	丙戌	10 6	8 23	丁巳	11 6	9 25	戊子				1 4	11 24	丁亥			
6	7 23	丁亥	10 7	8 24	戊午												

年： 中華民國一百五十、一百五十一年　蛇　2061、2062

中氣

處暑	秋分	霜降	小雪	冬至	大寒	中氣
8/23 21時32分 亥時	9/22 19時30分 戌時	10/23 5時16分 卯時	11/22 3時13分 寅時	12/21 16時47分 申時	1/20 3時29分 寅時	

年	壬午																
月	壬寅			癸卯			甲辰			乙巳			丙午			丁未		
節氣	立春 2/3 21時46分 亥時			驚蟄 3/5 15時30分 申時			清明 4/4 19時54分 戌時			立夏 5/5 12時46分 午時			芒種 6/5 16時33分 申時			小暑 7/7 2時37分 丑時		
日	國曆	農曆	干支	國曆	農曆	干支	國曆	農曆	干支	國曆	農曆	干支	國曆	農曆	干支	國曆	農曆	干支
	2/3	12/24	丁巳	3/5	1/25	丁亥	4/4	2/25	丁巳	5/5	3/26	戊子	6/5	4/28	己未	7/7	6/1	辛卯
	2/4	12/25	戊午	3/6	1/26	戊子	4/5	2/26	戊午	5/6	3/27	己丑	6/6	4/29	庚申	7/8	6/2	壬辰
	2/5	12/26	己未	3/7	1/27	己丑	4/6	2/27	己未	5/7	3/28	庚寅	6/7	5/1	辛酉	7/9	6/3	癸巳
	2/6	12/27	庚申	3/8	1/28	庚寅	4/7	2/28	庚申	5/8	3/29	辛卯	6/8	5/2	壬戌	7/10	6/4	甲午
	2/7	12/28	辛酉	3/9	1/29	辛卯	4/8	2/29	辛酉	5/9	4/1	壬辰	6/9	5/3	癸亥	7/11	6/5	乙未
	2/8	12/29	壬戌	3/10	1/30	壬辰	4/9	2/30	壬戌	5/10	4/2	癸巳	6/10	5/4	甲子	7/12	6/6	丙申
中	2/9	1/1	癸亥	3/11	2/1	癸巳	4/10	3/1	癸亥	5/11	4/3	甲午	6/11	5/5	乙丑	7/13	6/7	丁酉
華	2/10	1/2	甲子	3/12	2/2	甲午	4/11	3/2	甲子	5/12	4/4	乙未	6/12	5/6	丙寅	7/14	6/8	戊戌
民	2/11	1/3	乙丑	3/13	2/3	乙未	4/12	3/3	乙丑	5/13	4/5	丙申	6/13	5/7	丁卯	7/15	6/9	己亥
國	2/12	1/4	丙寅	3/14	2/4	丙申	4/13	3/4	丙寅	5/14	4/6	丁酉	6/14	5/8	戊辰	7/16	6/10	庚子
一	2/13	1/5	丁卯	3/15	2/5	丁酉	4/14	3/5	丁卯	5/15	4/7	戊戌	6/15	5/9	己巳	7/17	6/11	辛丑
百	2/14	1/6	戊辰	3/16	2/6	戊戌	4/15	3/6	戊辰	5/16	4/8	己亥	6/16	5/10	庚午	7/18	6/12	壬寅
五	2/15	1/7	己巳	3/17	2/7	己亥	4/16	3/7	己巳	5/17	4/9	庚子	6/17	5/11	辛未	7/19	6/13	癸卯
十	2/16	1/8	庚午	3/18	2/8	庚子	4/17	3/8	庚午	5/18	4/10	辛丑	6/18	5/12	壬申	7/20	6/14	甲辰
一	2/17	1/9	辛未	3/19	2/9	辛丑	4/18	3/9	辛未	5/19	4/11	壬寅	6/19	5/13	癸酉	7/21	6/15	乙巳
年	2/18	1/10	壬申	3/20	2/10	壬寅	4/19	3/10	壬申	5/20	4/12	癸卯	6/20	5/14	甲戌	7/22	6/16	丙午
	2/19	1/11	癸酉	3/21	2/11	癸卯	4/20	3/11	癸酉	5/21	4/13	甲辰	6/21	5/15	乙亥	7/23	6/17	丁未
馬	2/20	1/12	甲戌	3/22	2/12	甲辰	4/21	3/12	甲戌	5/22	4/14	乙巳	6/22	5/16	丙子	7/24	6/18	戊申
	2/21	1/13	乙亥	3/23	2/13	乙巳	4/22	3/13	乙亥	5/23	4/15	丙午	6/23	5/17	丁丑	7/25	6/19	己酉
	2/22	1/14	丙子	3/24	2/14	丙午	4/23	3/14	丙子	5/24	4/16	丁未	6/24	5/18	戊寅	7/26	6/20	庚戌
	2/23	1/15	丁丑	3/25	2/15	丁未	4/24	3/15	丁丑	5/25	4/17	戊申	6/25	5/19	己卯	7/27	6/21	辛亥
	2/24	1/16	戊寅	3/26	2/16	戊申	4/25	3/16	戊寅	5/26	4/18	己酉	6/26	5/20	庚辰	7/28	6/22	壬子
2	2/25	1/17	己卯	3/27	2/17	己酉	4/26	3/17	己卯	5/27	4/19	庚戌	6/27	5/21	辛巳	7/29	6/23	癸丑
0	2/26	1/18	庚辰	3/28	2/18	庚戌	4/27	3/18	庚辰	5/28	4/20	辛亥	6/28	5/22	壬午	7/30	6/24	甲寅
6	2/27	1/19	辛巳	3/29	2/19	辛亥	4/28	3/19	辛巳	5/29	4/21	壬子	6/29	5/23	癸未	7/31	6/25	乙卯
2	2/28	1/20	壬午	3/30	2/20	壬子	4/29	3/20	壬午	5/30	4/22	癸丑	6/30	5/24	甲申	8/1	6/26	丙辰
	3/1	1/21	癸未	3/31	2/21	癸丑	4/30	3/21	癸未	5/31	4/23	甲寅	7/1	5/25	乙酉	8/2	6/27	丁巳
	3/2	1/22	甲申	4/1	2/22	甲寅	5/1	3/22	甲申	6/1	4/24	乙卯	7/2	5/26	丙戌	8/3	6/28	戊午
	3/3	1/23	乙酉	4/2	2/23	乙卯	5/2	3/23	乙酉	6/2	4/25	丙辰	7/3	5/27	丁亥	8/4	6/29	己未
	3/4	1/24	丙戌	4/3	2/24	丙辰	5/3	3/24	丙戌	6/3	4/26	丁巳	7/4	5/28	戊子	8/5	7/1	庚申
							5/4	3/25	丁亥	6/4	4/27	戊午	7/5	5/29	己丑	8/6	7/2	辛酉
													7/6	5/30	庚寅			
中氣	雨水 2/18 17時27分 酉時			春分 3/20 16時6分 申時			穀雨 4/20 2時43分 丑時			小滿 5/21 11時28分 午時			夏至 6/21 9時10分 巳時			大暑 7/22 20時9分 戌時		

326

壬午　年

右欄（年）：中華民國一百五十一、一百五十二年　馬　2062、2063

月・節氣

月	戊申	己酉	庚戌	辛亥	壬子	癸丑
節氣	立秋 12時28分 午時	白露 9/7 15時39分 申時	寒露 10/8 7時43分 辰時	立冬 11/7 11時21分 午時	大雪 12/7 4時33分 寅時	小寒 1/5 15時56分 申時

日

戊申 日	戊申 農曆	戊申 干支	己酉 國曆	己酉 農曆	己酉 干支	庚戌 國曆	庚戌 農曆	庚戌 干支	辛亥 國曆	辛亥 農曆	辛亥 干支	壬子 國曆	壬子 農曆	壬子 干支	癸丑 國曆	癸丑 農曆	癸丑 干支
7	7/3	壬戌	9/7	8/5	癸巳	10/8	9/6	甲子	11/7	10/7	甲午	12/7	11/7	甲子	1/5	12/6	癸巳
8	7/4	癸亥	9/8	8/6	甲午	10/9	9/7	乙丑	11/8	10/8	乙未	12/8	11/8	乙丑	1/6	12/7	甲午
9	7/5	甲子	9/9	8/7	乙未	10/10	9/8	丙寅	11/9	10/9	丙申	12/9	11/9	丙寅	1/7	12/8	乙未
10	7/6	乙丑	9/10	8/8	丙申	10/11	9/9	丁卯	11/10	10/10	丁酉	12/10	11/10	丁卯	1/8	12/9	丙申
11	7/7	丙寅	9/11	8/9	丁酉	10/12	9/10	戊辰	11/11	10/11	戊戌	12/11	11/11	戊辰	1/9	12/10	丁酉
12	7/8	丁卯	9/12	8/10	戊戌	10/13	9/11	己巳	11/12	10/12	己亥	12/12	11/12	己巳	1/10	12/11	戊戌
13	7/9	戊辰	9/13	8/11	己亥	10/14	9/12	庚午	11/13	10/13	庚子	12/13	11/13	庚午	1/11	12/12	己亥
14	7/10	己巳	9/14	8/12	庚子	10/15	9/13	辛未	11/14	10/14	辛丑	12/14	11/14	辛未	1/12	12/13	庚子
15	7/11	庚午	9/15	8/13	辛丑	10/16	9/14	壬申	11/15	10/15	壬寅	12/15	11/15	壬申	1/13	12/14	辛丑
16	7/12	辛未	9/16	8/14	壬寅	10/17	9/15	癸酉	11/16	10/16	癸卯	12/16	11/16	癸酉	1/14	12/15	壬寅
17	7/13	壬申	9/17	8/15	癸卯	10/18	9/16	甲戌	11/17	10/17	甲辰	12/17	11/17	甲戌	1/15	12/16	癸卯
18	7/14	癸酉	9/18	8/16	甲辰	10/19	9/17	乙亥	11/18	10/18	乙巳	12/18	11/18	乙亥	1/16	12/17	甲辰
19	7/15	甲戌	9/19	8/17	乙巳	10/20	9/18	丙子	11/19	10/19	丙午	12/19	11/19	丙子	1/17	12/18	乙巳
20	7/16	乙亥	9/20	8/18	丙午	10/21	9/19	丁丑	11/20	10/20	丁未	12/20	11/20	丁丑	1/18	12/19	丙午
21	7/17	丙子	9/21	8/19	丁未	10/22	9/20	戊寅	11/21	10/21	戊申	12/21	11/21	戊寅	1/19	12/20	丁未
22	7/18	丁丑	9/22	8/20	戊申	10/23	9/21	己卯	11/22	10/22	己酉	12/22	11/22	己卯	1/20	12/21	戊申
23	7/19	戊寅	9/23	8/21	己酉	10/24	9/22	庚辰	11/23	10/23	庚戌	12/23	11/23	庚辰	1/21	12/22	己酉
24	7/20	己卯	9/24	8/22	庚戌	10/25	9/23	辛巳	11/24	10/24	辛亥	12/24	11/24	辛巳	1/22	12/23	庚戌
25	7/21	庚辰	9/25	8/23	辛亥	10/26	9/24	壬午	11/25	10/25	壬子	12/25	11/25	壬午	1/23	12/24	辛亥
26	7/22	辛巳	9/26	8/24	壬子	10/27	9/25	癸未	11/26	10/26	癸丑	12/26	11/26	癸未	1/24	12/25	壬子
27	7/23	壬午	9/27	8/25	癸丑	10/28	9/26	甲申	11/27	10/27	甲寅	12/27	11/27	甲申	1/25	12/26	癸丑
28	7/24	癸未	9/28	8/26	甲寅	10/29	9/27	乙酉	11/28	10/28	乙卯	12/28	11/28	乙酉	1/26	12/27	甲寅
29	7/25	甲申	9/29	8/27	乙卯	10/30	9/28	丙戌	11/29	10/29	丙辰	12/29	11/29	丙戌	1/27	12/28	乙卯
30	7/26	乙酉	9/30	8/28	丙辰	10/31	9/29	丁亥	11/30	10/30	丁巳	12/30	11/30	丁亥	1/28	12/29	丙辰
31	7/27	丙戌	10/1	8/29	丁巳	11/1	10/1	戊子	12/1	11/1	戊午	12/31	12/1	戊子	1/29	1/1	丁巳
9/1	7/28	丁亥	10/2	8/30	戊午	11/2	10/2	己丑	12/2	11/2	己未	1/1	12/2	己丑	1/30	1/2	戊午
9/2	7/29	戊子	10/3	9/1	己未	11/3	10/3	庚寅	12/3	11/3	庚申	1/2	12/3	庚寅	1/31	1/3	己未
9/3	8/1	己丑	10/4	9/2	庚申	11/4	10/4	辛卯	12/4	11/4	辛酉	1/3	12/4	辛卯	2/1	1/4	庚申
9/4	8/2	庚寅	10/5	9/3	辛酉	11/5	10/5	壬辰	12/5	11/5	壬戌	1/4	12/5	壬辰	2/2	1/5	辛酉
9/5	8/3	辛卯	10/6	9/4	壬戌	11/6	10/6	癸巳	12/6	11/6	癸亥	—	—	—	2/3	1/6	壬戌
9/6	8/4	壬辰	10/7	9/5	癸亥	—	—	—	—	—	—	—	—	—	—	—	—

中氣

中氣	處暑	秋分	霜降	小雪	冬至	大寒
	3時17分 寅時	9/23 1時19分 丑時	10/23 11時7分 午時	11/22 9時6分 巳時	12/21 22時41分 亥時	1/20 9時23分 巳時

年：癸未

月	甲寅	乙卯	丙辰	丁巳	戊午	己未
節氣	立春 2/4 3時30分 寅時	驚蟄 3/5 21時13分 亥時	清明 4/5 1時36分 丑時	立夏 5/5 18時27分 酉時	芒種 6/5 22時16分 亥時	小暑 7/7 8時24分 辰時

中華民國一百五十二年　羊　2063

甲寅 國曆	農曆	干支	乙卯 國曆	農曆	干支	丙辰 國曆	農曆	干支	丁巳 國曆	農曆	干支	戊午 國曆	農曆	干支	己未 國曆	農曆	干支
2/4	1/7	癸亥	3/5	2/6	壬辰	4/5	3/7	癸亥	5/5	4/8	癸巳	6/5	5/9	甲子	7/7	6/12	丙申
2/5	1/8	甲子	3/6	2/7	癸巳	4/6	3/8	甲子	5/6	4/9	甲午	6/6	5/10	乙丑	7/8	6/13	丁酉
2/6	1/9	乙丑	3/7	2/8	甲午	4/7	3/9	乙丑	5/7	4/10	乙未	6/7	5/11	丙寅	7/9	6/14	戊戌
2/7	1/10	丙寅	3/8	2/9	乙未	4/8	3/10	丙寅	5/8	4/11	丙申	6/8	5/12	丁卯	7/10	6/15	己亥
2/8	1/11	丁卯	3/9	2/10	丙申	4/9	3/11	丁卯	5/9	4/12	丁酉	6/9	5/13	戊辰	7/11	6/16	庚子
2/9	1/12	戊辰	3/10	2/11	丁酉	4/10	3/12	戊辰	5/10	4/13	戊戌	6/10	5/14	己巳	7/12	6/17	辛丑
2/10	1/13	己巳	3/11	2/12	戊戌	4/11	3/13	己巳	5/11	4/14	己亥	6/11	5/15	庚午	7/13	6/18	壬寅
2/11	1/14	庚午	3/12	2/13	己亥	4/12	3/14	庚午	5/12	4/15	庚子	6/12	5/16	辛未	7/14	6/19	癸卯
2/12	1/15	辛未	3/13	2/14	庚子	4/13	3/15	辛未	5/13	4/16	辛丑	6/13	5/17	壬申	7/15	6/20	甲辰
2/13	1/16	壬申	3/14	2/15	辛丑	4/14	3/16	壬申	5/14	4/17	壬寅	6/14	5/18	癸酉	7/16	6/21	乙巳
2/14	1/17	癸酉	3/15	2/16	壬寅	4/15	3/17	癸酉	5/15	4/18	癸卯	6/15	5/19	甲戌	7/17	6/22	丙午
2/15	1/18	甲戌	3/16	2/17	癸卯	4/16	3/18	甲戌	5/16	4/19	甲辰	6/16	5/20	乙亥	7/18	6/23	丁未
2/16	1/19	乙亥	3/17	2/18	甲辰	4/17	3/19	乙亥	5/17	4/20	乙巳	6/17	5/21	丙子	7/19	6/24	戊申
2/17	1/20	丙子	3/18	2/19	乙巳	4/18	3/20	丙子	5/18	4/21	丙午	6/18	5/22	丁丑	7/20	6/25	己酉
2/18	1/21	丁丑	3/19	2/20	丙午	4/19	3/21	丁丑	5/19	4/22	丁未	6/19	5/23	戊寅	7/21	6/26	庚戌
2/19	1/22	戊寅	3/20	2/21	丁未	4/20	3/22	戊寅	5/20	4/23	戊申	6/20	5/24	己卯	7/22	6/27	辛亥
2/20	1/23	己卯	3/21	2/22	戊申	4/21	3/23	己卯	5/21	4/24	己酉	6/21	5/25	庚辰	7/23	6/28	壬子
2/21	1/24	庚辰	3/22	2/23	己酉	4/22	3/24	庚辰	5/22	4/25	庚戌	6/22	5/26	辛巳	7/24	6/29	癸丑
2/22	1/25	辛巳	3/23	2/24	庚戌	4/23	3/25	辛巳	5/23	4/26	辛亥	6/23	5/27	壬午	7/25	6/30	甲寅
2/23	1/26	壬午	3/24	2/25	辛亥	4/24	3/26	壬午	5/24	4/27	壬子	6/24	5/28	癸未	7/26	7/1	乙卯
2/24	1/27	癸未	3/25	2/26	壬子	4/25	3/27	癸未	5/25	4/28	癸丑	6/25	5/29	甲申	7/27	7/2	丙辰
2/25	1/28	甲申	3/26	2/27	癸丑	4/26	3/28	甲申	5/26	4/29	甲寅	6/26	6/1	乙酉	7/28	7/3	丁巳
2/26	1/29	乙酉	3/27	2/28	甲寅	4/27	3/29	乙酉	5/27	4/30	乙卯	6/27	6/2	丙戌	7/29	7/4	戊午
2/27	1/30	丙戌	3/28	2/29	乙卯	4/28	4/1	丙戌	5/28	5/1	丙辰	6/28	6/3	丁亥	7/30	7/5	己未
2/28	2/1	丁亥	3/29	2/30	丙辰	4/29	4/2	丁亥	5/29	5/2	丁巳	6/29	6/4	戊子	7/31	7/6	庚申
3/1	2/2	戊子	3/30	3/1	丁巳	4/30	4/3	戊子	5/30	5/3	戊午	6/30	6/5	己丑	8/1	7/7	辛酉
3/2	2/3	己丑	3/31	3/2	戊午	5/1	4/4	己丑	5/31	5/4	己未	7/1	6/6	庚寅	8/2	7/8	壬戌
3/3	2/4	庚寅	4/1	3/3	己未	5/2	4/5	庚寅	6/1	5/5	庚申	7/2	6/7	辛卯	8/3	7/9	癸亥
3/4	2/5	辛卯	4/2	3/4	庚申	5/3	4/6	辛卯	6/2	5/6	辛酉	7/3	6/8	壬辰	8/4	7/10	甲子
			4/3	3/5	辛酉	5/4	4/7	壬辰	6/3	5/7	壬戌	7/4	6/9	癸巳	8/5	7/11	乙丑
			4/4	3/6	壬戌				6/4	5/8	癸亥	7/5	6/10	甲午	8/6	7/12	丙寅
												7/6	6/11	乙未			

| 中氣 | 雨水 2/18 23時20分 子時 | 春分 3/20 21時58分 亥時 | 穀雨 4/20 8時34分 辰時 | 小滿 5/21 7時18分 辰時 | 夏至 6/21 15時1分 申時 | 大暑 7/23 17時52分 |

月	庚申			辛酉			壬戌			癸亥			甲子			乙丑		
節氣	立秋			白露			寒露			立冬			大雪			小寒		
	8時19分 酉時			9/7 21時32分 亥時			10/8 13時36分 未時			11/7 17時11分 酉時			12/7 10時19分 巳時			1/5 21時40分 亥時		
日	國曆	農曆	干支	國曆	農曆	干支	國曆	農曆	干支	國曆	農曆	干支	國曆	農曆	干支	國曆	農曆	干支
	8/7	7/13	丁卯	9/7	閏7/15	戊戌	10/8	8/16	己巳	11/7	9/17	己亥	12/7	10/18	己巳	1/5	11/17	戊戌
	8/8	7/14	戊辰	9/8	閏7/16	己亥	10/9	8/17	庚午	11/8	9/18	庚子	12/8	10/19	庚午	1/6	11/18	己亥
	8/9	7/15	己巳	9/9	閏7/17	庚子	10/10	8/18	辛未	11/9	9/19	辛丑	12/9	10/20	辛未	1/7	11/19	庚子
	8/10	7/16	庚午	9/10	閏7/18	辛丑	10/11	8/19	壬申	11/10	9/20	壬寅	12/10	10/21	壬申	1/8	11/20	辛丑
	8/11	7/17	辛未	9/11	閏7/19	壬寅	10/12	8/20	癸酉	11/11	9/21	癸卯	12/11	10/22	癸酉	1/9	11/21	壬寅
	8/12	7/18	壬申	9/12	閏7/20	癸卯	10/13	8/21	甲戌	11/12	9/22	甲辰	12/12	10/23	甲戌	1/10	11/22	癸卯
	8/13	7/19	癸酉	9/13	閏7/21	甲辰	10/14	8/22	乙亥	11/13	9/23	乙巳	12/13	10/24	乙亥	1/11	11/23	甲辰
	8/14	7/20	甲戌	9/14	閏7/22	乙巳	10/15	8/23	丙子	11/14	9/24	丙午	12/14	10/25	丙子	1/12	11/24	乙巳
	8/15	7/21	乙亥	9/15	閏7/23	丙午	10/16	8/24	丁丑	11/15	9/25	丁未	12/15	10/26	丁丑	1/13	11/25	丙午
	8/16	7/22	丙子	9/16	閏7/24	丁未	10/17	8/25	戊寅	11/16	9/26	戊申	12/16	10/27	戊寅	1/14	11/26	丁未
	8/17	7/23	丁丑	9/17	閏7/25	戊申	10/18	8/26	己卯	11/17	9/27	己酉	12/17	10/28	己卯	1/15	11/27	戊申
	8/18	7/24	戊寅	9/18	閏7/26	己酉	10/19	8/27	庚辰	11/18	9/28	庚戌	12/18	10/29	庚辰	1/16	11/28	己酉
	8/19	7/25	己卯	9/19	閏7/27	庚戌	10/20	8/28	辛巳	11/19	9/29	辛亥	12/19	10/30	辛巳	1/17	11/29	庚戌
	8/20	7/26	庚辰	9/20	閏7/28	辛亥	10/21	8/29	壬午	11/20	10/1	壬子	12/20	11/1	壬午	1/18	12/1	辛亥
	8/21	7/27	辛巳	9/21	閏7/29	壬子	10/22	9/1	癸未	11/21	10/2	癸丑	12/21	11/2	癸未	1/19	12/2	壬子
	8/22	7/28	壬午	9/22	閏7/30	癸丑	10/23	9/2	甲申	11/22	10/3	甲寅	12/22	11/3	甲申	1/20	12/3	癸丑
	8/23	7/29	癸未	9/23	8/1	甲寅	10/24	9/3	乙酉	11/23	10/4	乙卯	12/23	11/4	乙酉	1/21	12/4	甲寅
	8/24	閏7/1	甲申	9/24	8/2	乙卯	10/25	9/4	丙戌	11/24	10/5	丙辰	12/24	11/5	丙戌	1/22	12/5	乙卯
	8/25	閏7/2	乙酉	9/25	8/3	丙辰	10/26	9/5	丁亥	11/25	10/6	丁巳	12/25	11/6	丁亥	1/23	12/6	丙辰
	8/26	閏7/3	丙戌	9/26	8/4	丁巳	10/27	9/6	戊子	11/26	10/7	戊午	12/26	11/7	戊子	1/24	12/7	丁巳
	8/27	閏7/4	丁亥	9/27	8/5	戊午	10/28	9/7	己丑	11/27	10/8	己未	12/27	11/8	己丑	1/25	12/8	戊午
	8/28	閏7/5	戊子	9/28	8/6	己未	10/29	9/8	庚寅	11/28	10/9	庚申	12/28	11/9	庚寅	1/26	12/9	己未
	8/29	閏7/6	己丑	9/29	8/7	庚申	10/30	9/9	辛卯	11/29	10/10	辛酉	12/29	11/10	辛卯	1/27	12/10	庚申
	8/30	閏7/7	庚寅	9/30	8/8	辛酉	10/31	9/10	壬辰	11/30	10/11	壬戌	12/30	11/11	壬辰	1/28	12/11	辛酉
	8/31	閏7/8	辛卯	10/1	8/9	壬戌	11/1	9/11	癸巳	12/1	10/12	癸亥	12/31	11/12	癸巳	1/29	12/12	壬戌
	9/1	閏7/9	壬辰	10/2	8/10	癸亥	11/2	9/12	甲午	12/2	10/13	甲子	1/1	11/13	甲午	1/30	12/13	癸亥
	9/2	閏7/10	癸巳	10/3	8/11	甲子	11/3	9/13	乙未	12/3	10/14	乙丑	1/2	11/14	乙未	1/31	12/14	甲子
	9/3	閏7/11	甲午	10/4	8/12	乙丑	11/4	9/14	丙申	12/4	10/15	丙寅	1/3	11/15	丙申	2/1	12/15	乙丑
	9/4	閏7/12	乙未	10/5	8/13	丙寅	11/5	9/15	丁酉	12/5	10/16	丁卯	1/4	11/16	丁酉	2/2	12/16	丙寅
	9/5	閏7/13	丙申	10/6	8/14	丁卯	11/6	9/16	戊戌	12/6	10/17	戊辰				2/3	12/17	丁卯
	9/6	閏7/14	丁酉	10/7	8/15	戊辰												

中氣	處暑			秋分			霜降			小雪			冬至			大寒		
	9時7分 巳時			9/23 7時7分 辰時			10/23 16時52分 申時			11/22 14時47分 未時			12/22 4時20分 寅時			1/20 15時0分 申時		

年：甲申

中華民國一百五十三年　猴　2064

月	丙寅			丁卯			戊辰			己巳			庚午			辛未		
節氣	立春 2/4 9時13分 巳時			驚蟄 3/5 2時58分 丑時			清明 4/7 7時23分 辰時			立夏 5/5 0時17分 子時			芒種 6/5 9時9分 寅時			小暑 7/6 14時18分 未		
日	國曆	農曆	干支	國曆	農曆	干支	國曆	農曆	干支	國曆	農曆	干支	國曆	農曆	干支	國曆	農曆	干支
	2 4	12 18	戊辰	3 5	1 18	戊戌	4 4	2 18	戊辰	5 5	3 19	己巳	6 5	4 21	庚午	7 6	5 22	辛丑
	2 5	12 19	己巳	3 6	1 19	己亥	4 5	2 19	己巳	5 6	3 20	庚午	6 6	4 22	辛未	7 7	5 23	壬寅
	2 6	12 20	庚午	3 7	1 20	庚子	4 6	2 20	庚午	5 7	3 21	辛未	6 7	4 23	壬申	7 8	5 24	癸卯
	2 7	12 21	辛未	3 8	1 21	辛丑	4 7	2 21	辛未	5 8	3 22	壬申	6 8	4 24	癸酉	7 9	5 25	甲辰
	2 8	12 22	壬申	3 9	1 22	壬寅	4 8	2 22	壬申	5 9	3 23	癸酉	6 9	4 25	甲戌	7 10	5 26	乙巳
	2 9	12 23	癸酉	3 10	1 23	癸卯	4 9	2 23	癸酉	5 10	3 24	甲戌	6 10	4 26	乙亥	7 11	5 27	丙午
	2 10	12 24	甲戌	3 11	1 24	甲辰	4 10	2 24	甲戌	5 11	3 25	乙亥	6 11	4 27	丙子	7 12	5 28	丁未
	2 11	12 25	乙亥	3 12	1 25	乙巳	4 11	2 25	乙亥	5 12	3 26	丙子	6 12	4 28	丁丑	7 13	5 29	戊申
	2 12	12 26	丙子	3 13	1 26	丙午	4 12	2 26	丙子	5 13	3 27	丁丑	6 13	4 29	戊寅	7 14	6 1	己酉
	2 13	12 27	丁丑	3 14	1 27	丁未	4 13	2 27	丁丑	5 14	3 28	戊寅	6 14	4 30	己卯	7 15	6 2	庚戌
	2 14	12 28	戊寅	3 15	1 28	戊申	4 14	2 28	戊寅	5 15	3 29	己卯	6 15	5 1	庚辰	7 16	6 3	辛亥
	2 15	12 29	己卯	3 16	1 29	己酉	4 15	2 29	己卯	5 16	4 1	庚辰	6 16	5 2	辛巳	7 17	6 4	壬子
	2 16	12 30	庚辰	3 17	1 30	庚戌	4 16	2 30	庚辰	5 17	4 2	辛巳	6 17	5 3	壬午	7 18	6 5	癸丑
	2 17	1 1	辛巳	3 18	2 1	辛亥	4 17	3 1	辛巳	5 18	4 3	壬午	6 18	5 4	癸未	7 19	6 6	甲寅
	2 18	1 2	壬午	3 19	2 2	壬子	4 18	3 2	壬午	5 19	4 4	癸未	6 19	5 5	甲申	7 20	6 7	乙卯
	2 19	1 3	癸未	3 20	2 3	癸丑	4 19	3 3	癸未	5 20	4 5	甲申	6 20	5 6	乙酉	7 21	6 8	丙辰
	2 20	1 4	甲申	3 21	2 4	甲寅	4 20	3 4	甲申	5 21	4 6	乙酉	6 21	5 7	丙戌	7 22	6 9	丁巳
	2 21	1 5	乙酉	3 22	2 5	乙卯	4 21	3 5	乙酉	5 22	4 7	丙戌	6 22	5 8	丁亥	7 23	6 10	戊午
	2 22	1 6	丙戌	3 23	2 6	丙辰	4 22	3 6	丙戌	5 23	4 8	丁亥	6 23	5 9	戊子	7 24	6 11	己未
	2 23	1 7	丁亥	3 24	2 7	丁巳	4 23	3 7	丁亥	5 24	4 9	戊子	6 24	5 10	己丑	7 25	6 12	庚申
	2 24	1 8	戊子	3 25	2 8	戊午	4 24	3 8	戊子	5 25	4 10	己丑	6 25	5 11	庚寅	7 26	6 13	辛酉
	2 25	1 9	己丑	3 26	2 9	己未	4 25	3 9	己丑	5 26	4 11	庚寅	6 26	5 12	辛卯	7 27	6 14	壬戌
	2 26	1 10	庚寅	3 27	2 10	庚申	4 26	3 10	庚寅	5 27	4 12	辛卯	6 27	5 13	壬辰	7 28	6 15	癸亥
	2 27	1 11	辛卯	3 28	2 11	辛酉	4 27	3 11	辛卯	5 28	4 13	壬辰	6 28	5 14	癸巳	7 29	6 16	甲子
	2 28	1 12	壬辰	3 29	2 12	壬戌	4 28	3 12	壬辰	5 29	4 14	癸巳	6 29	5 15	甲午	7 30	6 17	乙丑
	2 29	1 13	癸巳	3 30	2 13	癸亥	4 29	3 13	癸巳	5 30	4 15	甲午	6 30	5 16	乙未	7 31	6 18	丙寅
	3 1	1 14	甲午	3 31	2 14	甲子	4 30	3 14	甲午	5 31	4 16	乙未	7 1	5 17	丙申	8 1	6 19	丁卯
	3 2	1 15	乙未	4 1	2 15	乙丑	5 1	3 15	乙未	6 1	4 17	丙申	7 2	5 18	丁酉	8 2	6 20	戊辰
	3 3	1 16	丙申	4 2	2 16	丙寅	5 2	3 16	丙申	6 2	4 18	丁酉	7 3	5 19	戊戌	8 3	6 21	己巳
	3 4	1 17	丁酉	4 3	2 17	丁卯	5 3	3 17	丁酉	6 3	4 19	戊戌	7 4	5 20	己亥	8 4	6 22	庚午
							5 4	3 18	戊戌	6 4	4 20	己亥	7 5	5 21	庚子	8 5	6 23	辛未
																8 6	6 24	

中氣	雨水 2/19 4時58分 寅時	春分 3/20 3時37分 寅時	穀雨 4/19 14時14分 未時	小滿 5/20 13時0分 未時	夏至 6/20 20時44分 戌時	大暑 7/22 7時38分 未時

甲申 年

月	壬申			癸酉			甲戌			乙亥			丙子			丁丑		
節氣	立秋			白露			寒露			立冬			大雪			小寒		
	8/7 0時13分 子時			9/7 3時25分 寅時			10/7 19時27分 戌時			11/6 23時0分 子時			12/6 16時8分 申時			1/5 3時28分 寅時		
日	國曆	農曆	干支	國曆	農曆	干支	國曆	農曆	干支	國曆	農曆	干支	國曆	農曆	干支	國曆	農曆	干支
	8/7	6/25	癸酉	9/7	7/26	甲辰	10/7	8/27	甲戌	11/6	9/28	甲辰	12/6	10/28	甲戌	1/5	11/29	甲辰
	8/8	6/26	甲戌	9/8	7/27	乙巳	10/8	8/28	乙亥	11/7	9/29	乙巳	12/7	10/29	乙亥	1/6	11/30	乙巳
	8/9	6/27	乙亥	9/9	7/28	丙午	10/9	8/29	丙子	11/8	9/30	丙午	12/8	11/1	丙子	1/7	12/1	丙午
	8/10	6/28	丙子	9/10	7/29	丁未	10/10	9/1	丁丑	11/9	10/1	丁未	12/9	11/2	丁丑	1/8	12/2	丁未
	8/11	6/29	丁丑	9/11	8/1	戊申	10/11	9/2	戊寅	11/10	10/2	戊申	12/10	11/3	戊寅	1/9	12/3	戊申
	8/12	6/30	戊寅	9/12	8/2	己酉	10/12	9/3	己卯	11/11	10/3	己酉	12/11	11/4	己卯	1/10	12/4	己酉
	8/13	7/1	己卯	9/13	8/3	庚戌	10/13	9/4	庚辰	11/12	10/4	庚戌	12/12	11/5	庚辰	1/11	12/5	庚戌
	8/14	7/2	庚辰	9/14	8/4	辛亥	10/14	9/5	辛巳	11/13	10/5	辛亥	12/13	11/6	辛巳	1/12	12/6	辛亥
	8/15	7/3	辛巳	9/15	8/5	壬子	10/15	9/6	壬午	11/14	10/6	壬子	12/14	11/7	壬午	1/13	12/7	壬子
	8/16	7/4	壬午	9/16	8/6	癸丑	10/16	9/7	癸未	11/15	10/7	癸丑	12/15	11/8	癸未	1/14	12/8	癸丑
	8/17	7/5	癸未	9/17	8/7	甲寅	10/17	9/8	甲申	11/16	10/8	甲寅	12/16	11/9	甲申	1/15	12/9	甲寅
	8/18	7/6	甲申	9/18	8/8	乙卯	10/18	9/9	乙酉	11/17	10/9	乙卯	12/17	11/10	乙酉	1/16	12/10	乙卯
	8/19	7/7	乙酉	9/19	8/9	丙辰	10/19	9/10	丙戌	11/18	10/10	丙辰	12/18	11/11	丙戌	1/17	12/11	丙辰
	8/20	7/8	丙戌	9/20	8/10	丁巳	10/20	9/11	丁亥	11/19	10/11	丁巳	12/19	11/12	丁亥	1/18	12/12	丁巳
	8/21	7/9	丁亥	9/21	8/11	戊午	10/21	9/12	戊子	11/20	10/12	戊午	12/20	11/13	戊子	1/19	12/13	戊午
	8/22	7/10	戊子	9/22	8/12	己未	10/22	9/13	己丑	11/21	10/13	己未	12/21	11/14	己丑	1/20	12/14	己未
	8/23	7/11	己丑	9/23	8/13	庚申	10/23	9/14	庚寅	11/22	10/14	庚申	12/22	11/15	庚寅	1/21	12/15	庚申
	8/24	7/12	庚寅	9/24	8/14	辛酉	10/24	9/15	辛卯	11/23	10/15	辛酉	12/23	11/16	辛卯	1/22	12/16	辛酉
	8/25	7/13	辛卯	9/25	8/15	壬戌	10/25	9/16	壬辰	11/24	10/16	壬戌	12/24	11/17	壬辰	1/23	12/17	壬戌
	8/26	7/14	壬辰	9/26	8/16	癸亥	10/26	9/17	癸巳	11/25	10/17	癸亥	12/25	11/18	癸巳	1/24	12/18	癸亥
	8/27	7/15	癸巳	9/27	8/17	甲子	10/27	9/18	甲午	11/26	10/18	甲子	12/26	11/19	甲午	1/25	12/19	甲子
	8/28	7/16	甲午	9/28	8/18	乙丑	10/28	9/19	乙未	11/27	10/19	乙丑	12/27	11/20	乙未	1/26	12/20	乙丑
	8/29	7/17	乙未	9/29	8/19	丙寅	10/29	9/20	丙申	11/28	10/20	丙寅	12/28	11/21	丙申	1/27	12/21	丙寅
	8/30	7/18	丙申	9/30	8/20	丁卯	10/30	9/21	丁酉	11/29	10/21	丁卯	12/29	11/22	丁酉	1/28	12/22	丁卯
	8/31	7/19	丁酉	10/1	8/21	戊辰	10/31	9/22	戊戌	11/30	10/22	戊辰	12/30	11/23	戊戌	1/29	12/23	戊辰
	9/1	7/20	戊戌	10/2	8/22	己巳	11/1	9/23	己亥	12/1	10/23	己巳	12/31	11/24	己亥	1/30	12/24	己巳
	9/2	7/21	己亥	10/3	8/23	庚午	11/2	9/24	庚子	12/2	10/24	庚午	1/1	11/25	庚子	1/31	12/25	庚午
	9/3	7/22	庚子	10/4	8/24	辛未	11/3	9/25	辛丑	12/3	10/25	辛未	1/2	11/26	辛丑	2/1	12/26	辛未
	9/4	7/23	辛丑	10/5	8/25	壬申	11/4	9/26	壬寅	12/4	10/26	壬申	1/3	11/27	壬寅	2/2	12/27	壬申
	9/5	7/24	壬寅	10/6	8/26	癸酉	11/5	9/27	癸卯	12/5	10/27	癸酉	1/4	11/28	癸卯			
	9/6	7/25	癸卯															
中氣	處暑			秋分			霜降			小雪			冬至			大寒		
	8/22 14時55分 未時			9/22 12時56分 午時			10/22 22時41分 亥時			11/21 20時35分 戌時			12/21 10時7分 巳時			1/19 20時47分 戌時		

中華民國一百五十三、一百五十四年 猴　2064～2065

331

年：乙酉

中華民國一百五十四年　雞　／　2065

月	節氣	日期・時刻	中氣	日期・時刻
戊寅	立春	2/3 15時2分 申時	雨水	2/18 10時46分 巳時
己卯	驚蟄	3/5 8時48分 辰時	春分	3/20 9時27分 巳時
庚辰	清明	4/4 13時13分 未時	穀雨	4/19 20時5分 戌時
辛巳	立夏	5/5 6時4分 卯時	小滿	5/20 18時49分 酉時
壬午	芒種	6/5 9時51分 巳時	夏至	6/21 2時31分 丑時
癸未	小暑	7/6 19時55分 戌時	大暑	7/22 13時23分 未時

戊寅 國曆	戊寅 農曆	戊寅 干支	己卯 國曆	己卯 農曆	己卯 干支	庚辰 國曆	庚辰 農曆	庚辰 干支	辛巳 國曆	辛巳 農曆	辛巳 干支	壬午 國曆	壬午 農曆	壬午 干支	癸未 國曆	癸未 農曆	癸未 干支
2/3	12/28	癸卯	3/5	1/29	癸酉	4/4	2/29	癸卯	5/5	4/1	甲戌	6/5	5/2	乙巳	7/6	6/3	丙子
2/4	12/29	甲辰	3/6	1/30	甲戌	4/5	2/30	甲辰	5/6	4/2	乙亥	6/6	5/3	丙午	7/7	6/4	丁丑
2/5	1/1	乙巳	3/7	2/1	乙亥	4/6	3/1	乙巳	5/7	4/3	丙子	6/7	5/4	丁未	7/8	6/5	戊寅
2/6	1/2	丙午	3/8	2/2	丙子	4/7	3/2	丙午	5/8	4/4	丁丑	6/8	5/5	戊申	7/9	6/6	己卯
2/7	1/3	丁未	3/9	2/3	丁丑	4/8	3/3	丁未	5/9	4/5	戊寅	6/9	5/6	己酉	7/10	6/7	庚辰
2/8	1/4	戊申	3/10	2/4	戊寅	4/9	3/4	戊申	5/10	4/6	己卯	6/10	5/7	庚戌	7/11	6/8	辛巳
2/9	1/5	己酉	3/11	2/5	己卯	4/10	3/5	己酉	5/11	4/7	庚辰	6/11	5/8	辛亥	7/12	6/9	壬午
2/10	1/6	庚戌	3/12	2/6	庚辰	4/11	3/6	庚戌	5/12	4/8	辛巳	6/12	5/9	壬子	7/13	6/10	癸未
2/11	1/7	辛亥	3/13	2/7	辛巳	4/12	3/7	辛亥	5/13	4/9	壬午	6/13	5/10	癸丑	7/14	6/11	甲申
2/12	1/8	壬子	3/14	2/8	壬午	4/13	3/8	壬子	5/14	4/10	癸未	6/14	5/11	甲寅	7/15	6/12	乙酉
2/13	1/9	癸丑	3/15	2/9	癸未	4/14	3/9	癸丑	5/15	4/11	甲申	6/15	5/12	乙卯	7/16	6/13	丙戌
2/14	1/10	甲寅	3/16	2/10	甲申	4/15	3/10	甲寅	5/16	4/12	乙酉	6/16	5/13	丙辰	7/17	6/14	丁亥
2/15	1/11	乙卯	3/17	2/11	乙酉	4/16	3/11	乙卯	5/17	4/13	丙戌	6/17	5/14	丁巳	7/18	6/15	戊子
2/16	1/12	丙辰	3/18	2/12	丙戌	4/17	3/12	丙辰	5/18	4/14	丁亥	6/18	5/15	戊午	7/19	6/16	己丑
2/17	1/13	丁巳	3/19	2/13	丁亥	4/18	3/13	丁巳	5/19	4/15	戊子	6/19	5/16	己未	7/20	6/17	庚寅
2/18	1/14	戊午	3/20	2/14	戊子	4/19	3/14	戊午	5/20	4/16	己丑	6/20	5/17	庚申	7/21	6/18	辛卯
2/19	1/15	己未	3/21	2/15	己丑	4/20	3/15	己未	5/21	4/17	庚寅	6/21	5/18	辛酉	7/22	6/19	壬辰
2/20	1/16	庚申	3/22	2/16	庚寅	4/21	3/16	庚申	5/22	4/18	辛卯	6/22	5/19	壬戌	7/23	6/20	癸巳
2/21	1/17	辛酉	3/23	2/17	辛卯	4/22	3/17	辛酉	5/23	4/19	壬辰	6/23	5/20	癸亥	7/24	6/21	甲午
2/22	1/18	壬戌	3/24	2/18	壬辰	4/23	3/18	壬戌	5/24	4/20	癸巳	6/24	5/21	甲子	7/25	6/22	乙未
2/23	1/19	癸亥	3/25	2/19	癸巳	4/24	3/19	癸亥	5/25	4/21	甲午	6/25	5/22	乙丑	7/26	6/23	丙申
2/24	1/20	甲子	3/26	2/20	甲午	4/25	3/20	甲子	5/26	4/22	乙未	6/26	5/23	丙寅	7/27	6/24	丁酉
2/25	1/21	乙丑	3/27	2/21	乙未	4/26	3/21	乙丑	5/27	4/23	丙申	6/27	5/24	丁卯	7/28	6/25	戊戌
2/26	1/22	丙寅	3/28	2/22	丙申	4/27	3/22	丙寅	5/28	4/24	丁酉	6/28	5/25	戊辰	7/29	6/26	己亥
2/27	1/23	丁卯	3/29	2/23	丁酉	4/28	3/23	丁卯	5/29	4/25	戊戌	6/29	5/26	己巳	7/30	6/27	庚子
2/28	1/24	戊辰	3/30	2/24	戊戌	4/29	3/24	戊辰	5/30	4/26	己亥	6/30	5/27	庚午	7/31	6/28	辛丑
3/1	1/25	己巳	3/31	2/25	己亥	4/30	3/25	己巳	5/31	4/27	庚子	7/1	5/28	辛未	8/1	6/29	壬寅
3/2	1/26	庚午	4/1	2/26	庚子	5/1	3/26	庚午	6/1	4/28	辛丑	7/2	5/29	壬申	8/2	7/1	癸卯
3/3	1/27	辛未	4/2	2/27	辛丑	5/2	3/27	辛未	6/2	4/29	壬寅	7/3	5/30	癸酉	8/3	7/2	甲辰
3/4	1/28	壬申	4/3	2/28	壬寅	5/3	3/28	壬申	6/3	4/30	癸卯	7/4	6/1	甲戌	8/4	7/3	乙巳
						5/4	3/29	癸酉	6/4	5/1	甲辰	7/5	6/2	乙亥	8/5	7/4	丙午
															8/6	7/5	丁未

332

年：乙酉　中華民國一百五十四、一百五十五年　雞　2065、2066

月	甲申	乙酉	丙戌	丁亥	戊子	己丑
節氣	立秋	白露	寒露	立冬	大雪	小寒
	8/7 5時48分 卯時	9/7 9時1分 巳時	10/8 1時5分 丑時	11/7 4時41分 寅時	12/6 21時52分 亥時	1/5 9時13分 巳時

國曆	農曆	干支	國曆	農曆	干支	國曆	農曆	干支	國曆	農曆	干支	國曆	農曆	干支	國曆	農曆	干支
8/7	7/6	戊寅	9/7	8/7	己酉	10/8	9/9	庚辰	11/7	10/10	庚戌	12/6	11/9	己卯	1/5	12/10	己酉
8/8	7/7	己卯	9/8	8/8	庚戌	10/9	9/10	辛巳	11/8	10/11	辛亥	12/7	11/10	庚辰	1/6	12/11	庚戌
8/9	7/8	庚辰	9/9	8/9	辛亥	10/10	9/11	壬午	11/9	10/12	壬子	12/8	11/11	辛巳	1/7	12/12	辛亥
8/10	7/9	辛巳	9/10	8/10	壬子	10/11	9/12	癸未	11/10	10/13	癸丑	12/9	11/12	壬午	1/8	12/13	壬子
8/11	7/10	壬午	9/11	8/11	癸丑	10/12	9/13	甲申	11/11	10/14	甲寅	12/10	11/13	癸未	1/9	12/14	癸丑
8/12	7/11	癸未	9/12	8/12	甲寅	10/13	9/14	乙酉	11/12	10/15	乙卯	12/11	11/14	甲申	1/10	12/15	甲寅
8/13	7/12	甲申	9/13	8/13	乙卯	10/14	9/15	丙戌	11/13	10/16	丙辰	12/12	11/15	乙酉	1/11	12/16	乙卯
8/14	7/13	乙酉	9/14	8/14	丙辰	10/15	9/16	丁亥	11/14	10/17	丁巳	12/13	11/16	丙戌	1/12	12/17	丙辰
8/15	7/14	丙戌	9/15	8/15	丁巳	10/16	9/17	戊子	11/15	10/18	戊午	12/14	11/17	丁亥	1/13	12/18	丁巳
8/16	7/15	丁亥	9/16	8/16	戊午	10/17	9/18	己丑	11/16	10/19	己未	12/15	11/18	戊子	1/14	12/19	戊午
8/17	7/16	戊子	9/17	8/17	己未	10/18	9/19	庚寅	11/17	10/20	庚申	12/16	11/19	己丑	1/15	12/20	己未
8/18	7/17	己丑	9/18	8/18	庚申	10/19	9/20	辛卯	11/18	10/21	辛酉	12/17	11/20	庚寅	1/16	12/21	庚申
8/19	7/18	庚寅	9/19	8/19	辛酉	10/20	9/21	壬辰	11/19	10/22	壬戌	12/18	11/21	辛卯	1/17	12/22	辛酉
8/20	7/19	辛卯	9/20	8/20	壬戌	10/21	9/22	癸巳	11/20	10/23	癸亥	12/19	11/22	壬辰	1/18	12/23	壬戌
8/21	7/20	壬辰	9/21	8/21	癸亥	10/22	9/23	甲午	11/21	10/24	甲子	12/20	11/23	癸巳	1/19	12/24	癸亥
8/22	7/21	癸巳	9/22	8/22	甲子	10/23	9/24	乙未	11/22	10/25	乙丑	12/21	11/24	甲午	1/20	12/25	甲子
8/23	7/22	甲午	9/23	8/23	乙丑	10/24	9/25	丙申	11/23	10/26	丙寅	12/22	11/25	乙未	1/21	12/26	乙丑
8/24	7/23	乙未	9/24	8/24	丙寅	10/25	9/26	丁酉	11/24	10/27	丁卯	12/23	11/26	丙申	1/22	12/27	丙寅
8/25	7/24	丙申	9/25	8/25	丁卯	10/26	9/27	戊戌	11/25	10/28	戊辰	12/24	11/27	丁酉	1/23	12/28	丁卯
8/26	7/25	丁酉	9/26	8/26	戊辰	10/27	9/28	己亥	11/26	10/29	己巳	12/25	11/28	戊戌	1/24	12/29	戊辰
8/27	7/26	戊戌	9/27	8/27	己巳	10/28	9/29	庚子	11/27	10/30	庚午	12/26	11/29	己亥	1/25	12/30	己巳
8/28	7/27	己亥	9/28	8/28	庚午	10/29	10/1	辛丑	11/28	11/1	辛未	12/27	12/1	庚子	1/26	1/1	庚午
8/29	7/28	庚子	9/29	8/29	辛未	10/30	10/2	壬寅	11/29	11/2	壬申	12/28	12/2	辛丑	1/27	1/2	辛未
8/30	7/29	辛丑	9/30	9/1	壬申	10/31	10/3	癸卯	11/30	11/3	癸酉	12/29	12/3	壬寅	1/28	1/3	壬申
8/31	7/30	壬寅	10/1	9/2	癸酉	11/1	10/4	甲辰	12/1	11/4	甲戌	12/30	12/4	癸卯	1/29	1/4	癸酉
9/1	8/1	癸卯	10/2	9/3	甲戌	11/2	10/5	乙巳	12/2	11/5	乙亥	12/31	12/5	甲辰	1/30	1/5	甲戌
9/2	8/2	甲辰	10/3	9/4	乙亥	11/3	10/6	丙午	12/3	11/6	丙子	1/1	12/6	乙巳	1/31	1/6	乙亥
9/3	8/3	乙巳	10/4	9/5	丙子	11/4	10/7	丁未	12/4	11/7	丁丑	1/2	12/7	丙午	2/1	1/7	丙子
9/4	8/4	丙午	10/5	9/6	丁丑	11/5	10/8	戊申	12/5	11/8	戊寅	1/3	12/8	丁未	2/2	1/8	丁丑
9/5	8/5	丁未	10/6	9/7	戊寅	11/6	10/9	己酉				1/4	12/9	戊申			
9/6	8/6	戊申	10/7	9/8	己卯												

中氣	處暑	秋分	霜降	小雪	冬至	大寒
	8/22 20時40分 戌時	9/22 18時41分 酉時	10/23 4時28分 寅時	11/22 4時25分 丑時	12/21 15時59分 申時	1/20 2時41分 丑時

年：丙戌

中華民國一百五十五年　狗　2066

月	庚寅			辛卯			壬辰			癸巳			甲午			乙未		
節氣	立春			驚蟄			清明			立夏			芒種			小暑		
	2/3 20時48分 戌時			3/5 14時33分 未時			4/4 18時56分 酉時			5/5 11時47分 午時			6/5 15時35分 申時			7/7 1時41分 丑時		
日	國曆	農曆	干支	國曆	農曆	干支	國曆	農曆	干支	國曆	農曆	干支	國曆	農曆	干支	國曆	農曆	干支
	2/3	1/9	戊寅	3/5	2/10	戊申	4/4	3/10	戊寅	5/5	4/12	己酉	6/5	5/13	庚辰	7/7	閏5/15	壬子
	2/4	1/10	己卯	3/6	2/11	己酉	4/5	3/11	己卯	5/6	4/13	庚戌	6/6	5/14	辛巳	7/8	閏5/16	癸丑
	2/5	1/11	庚辰	3/7	2/12	庚戌	4/6	3/12	庚辰	5/7	4/14	辛亥	6/7	5/15	壬午	7/9	閏5/17	甲寅
	2/6	1/12	辛巳	3/8	2/13	辛亥	4/7	3/13	辛巳	5/8	4/15	壬子	6/8	5/16	癸未	7/10	閏5/18	乙卯
	2/7	1/13	壬午	3/9	2/14	壬子	4/8	3/14	壬午	5/9	4/16	癸丑	6/9	5/17	甲申	7/11	閏5/19	丙辰
	2/8	1/14	癸未	3/10	2/15	癸丑	4/9	3/15	癸未	5/10	4/17	甲寅	6/10	5/18	乙酉	7/12	閏5/20	丁巳
	2/9	1/15	甲申	3/11	2/16	甲寅	4/10	3/16	甲申	5/11	4/18	乙卯	6/11	5/19	丙戌	7/13	閏5/21	戊午
	2/10	1/16	乙酉	3/12	2/17	乙卯	4/11	3/17	乙酉	5/12	4/19	丙辰	6/12	5/20	丁亥	7/14	閏5/22	己未
	2/11	1/17	丙戌	3/13	2/18	丙辰	4/12	3/18	丙戌	5/13	4/20	丁巳	6/13	5/21	戊子	7/15	閏5/23	庚申
	2/12	1/18	丁亥	3/14	2/19	丁巳	4/13	3/19	丁亥	5/14	4/21	戊午	6/14	5/22	己丑	7/16	閏5/24	辛酉
	2/13	1/19	戊子	3/15	2/20	戊午	4/14	3/20	戊子	5/15	4/22	己未	6/15	5/23	庚寅	7/17	閏5/25	壬戌
	2/14	1/20	己丑	3/16	2/21	己未	4/15	3/21	己丑	5/16	4/23	庚申	6/16	5/24	辛卯	7/18	閏5/26	癸亥
	2/15	1/21	庚寅	3/17	2/22	庚申	4/16	3/22	庚寅	5/17	4/24	辛酉	6/17	5/25	壬辰	7/19	閏5/27	甲子
	2/16	1/22	辛卯	3/18	2/23	辛酉	4/17	3/23	辛卯	5/18	4/25	壬戌	6/18	5/26	癸巳	7/20	閏5/28	乙丑
	2/17	1/23	壬辰	3/19	2/24	壬戌	4/18	3/24	壬辰	5/19	4/26	癸亥	6/19	5/27	甲午	7/21	閏5/29	丙寅
	2/18	1/24	癸巳	3/20	2/25	癸亥	4/19	3/25	癸巳	5/20	4/27	甲子	6/20	5/28	乙未	7/22	6/1	丁卯
	2/19	1/25	甲午	3/21	2/26	甲子	4/20	3/26	甲午	5/21	4/28	乙丑	6/21	5/29	丙申	7/23	6/2	戊辰
	2/20	1/26	乙未	3/22	2/27	乙丑	4/21	3/27	乙未	5/22	4/29	丙寅	6/22	5/30	丁酉	7/24	6/3	己巳
	2/21	1/27	丙申	3/23	2/28	丙寅	4/22	3/28	丙申	5/23	4/30	丁卯	6/23	閏5/1	戊戌	7/25	6/4	庚午
	2/22	1/28	丁酉	3/24	2/29	丁卯	4/23	3/29	丁酉	5/24	5/1	戊辰	6/24	閏5/2	己亥	7/26	6/5	辛未
	2/23	1/29	戊戌	3/25	2/30	戊辰	4/24	4/1	戊戌	5/25	5/2	己巳	6/25	閏5/3	庚子	7/27	6/6	壬申
	2/24	2/1	己亥	3/26	3/1	己巳	4/25	4/2	己亥	5/26	5/3	庚午	6/26	閏5/4	辛丑	7/28	6/7	癸酉
	2/25	2/2	庚子	3/27	3/2	庚午	4/26	4/3	庚子	5/27	5/4	辛未	6/27	閏5/5	壬寅	7/29	6/8	甲戌
	2/26	2/3	辛丑	3/28	3/3	辛未	4/27	4/4	辛丑	5/28	5/5	壬申	6/28	閏5/6	癸卯	7/30	6/9	乙亥
	2/27	2/4	壬寅	3/29	3/4	壬申	4/28	4/5	壬寅	5/29	5/6	癸酉	6/29	閏5/7	甲辰	7/31	6/10	丙子
	2/28	2/5	癸卯	3/30	3/5	癸酉	4/29	4/6	癸卯	5/30	5/7	甲戌	6/30	閏5/8	乙巳	8/1	6/11	丁丑
	3/1	2/6	甲辰	3/31	3/6	甲戌	4/30	4/7	甲辰	5/31	5/8	乙亥	7/1	閏5/9	丙午	8/2	6/12	戊寅
	3/2	2/7	乙巳	4/1	3/7	乙亥	5/1	4/8	乙巳	6/1	5/9	丙子	7/2	閏5/10	丁未	8/3	6/13	己卯
	3/3	2/8	丙午	4/2	3/8	丙子	5/2	4/9	丙午	6/2	5/10	丁丑	7/3	閏5/11	戊申	8/4	6/14	庚辰
	3/4	2/9	丁未	4/3	3/9	丁丑	5/3	4/10	丁未	6/3	5/11	戊寅	7/4	閏5/12	己酉	8/5	6/15	辛巳
							5/4	4/11	戊申	6/4	5/12	己卯	7/5	閏5/13	庚戌	8/6	6/16	壬午
													7/6	閏5/14	辛亥			

中氣	雨水			春分			穀雨			小滿			夏至			大暑		
	2/18 16時39分 申時			3/20 15時18分 申時			4/20 1時54分 丑時			5/21 0時36分 子時			6/21 8時15分 辰時			7/22 19時5分 戌時		

334

丙申			丁酉			戊戌			己亥			庚子			辛丑			年／月
立秋			白露			寒露			立冬			大雪			小寒			節氣
8/7 11時36分 午時			9/7 14時52分 未時			10/8 6時59分 卯時			11/7 10時38分 巳時			12/7 18時47分 酉時			1/5 15時6分 申時			
國曆	農曆	干支	國曆	農曆	干支	國曆	農曆	干支	國曆	農曆	干支	國曆	農曆	干支	國曆	農曆	干支	日
8 7	6 17	癸未	9 7	7 18	甲寅	10 8	8 20	乙酉	11 7	9 20	乙卯	12 7	10 21	乙酉	1 5	11 20	甲寅	
8 8	6 18	甲申	9 8	7 19	乙卯	10 9	8 21	丙戌	11 8	9 21	丙辰	12 8	10 22	丙戌	1 6	11 21	乙卯	
8 9	6 19	乙酉	9 9	7 20	丙辰	10 10	8 22	丁亥	11 9	9 22	丁巳	12 9	10 23	丁亥	1 7	11 22	丙辰	
8 10	6 20	丙戌	9 10	7 21	丁巳	10 11	8 23	戊子	11 10	9 23	戊午	12 10	10 24	戊子	1 8	11 23	丁巳	
8 11	6 21	丁亥	9 11	7 22	戊午	10 12	8 24	己丑	11 11	9 24	己未	12 11	10 25	己丑	1 9	11 24	戊午	
8 12	6 22	戊子	9 12	7 23	己未	10 13	8 25	庚寅	11 12	9 25	庚申	12 12	10 26	庚寅	1 10	11 25	己未	
8 13	6 23	己丑	9 13	7 24	庚申	10 14	8 26	辛卯	11 13	9 26	辛酉	12 13	10 27	辛卯	1 11	11 26	庚申	
8 14	6 24	庚寅	9 14	7 25	辛酉	10 15	8 27	壬辰	11 14	9 27	壬戌	12 14	10 28	壬辰	1 12	11 27	辛酉	中華民國一百五十五、一百五十六年
8 15	6 25	辛卯	9 15	7 26	壬戌	10 16	8 28	癸巳	11 15	9 28	癸亥	12 15	10 29	癸巳	1 13	11 28	壬戌	
8 16	6 26	壬辰	9 16	7 27	癸亥	10 17	8 29	甲午	11 16	9 29	甲子	12 16	10 30	甲午	1 14	11 29	癸亥	
8 17	6 27	癸巳	9 17	7 28	甲子	10 18	8 30	乙未	11 17	10 1	乙丑	12 17	11 1	乙未	1 15	12 1	甲子	
8 18	6 28	甲午	9 18	7 29	乙丑	10 19	9 1	丙申	11 18	10 2	丙寅	12 18	11 2	丙申	1 16	12 2	乙丑	
8 19	6 29	乙未	9 19	8 1	丙寅	10 20	9 2	丁酉	11 19	10 3	丁卯	12 19	11 3	丁酉	1 17	12 3	丙寅	
8 20	6 30	丙申	9 20	8 2	丁卯	10 21	9 3	戊戌	11 20	10 4	戊辰	12 20	11 4	戊戌	1 18	12 4	丁卯	狗
8 21	7 1	丁酉	9 21	8 3	戊辰	10 22	9 4	己亥	11 21	10 5	己巳	12 21	11 5	己亥	1 19	12 5	戊辰	
8 22	7 2	戊戌	9 22	8 4	己巳	10 23	9 5	庚子	11 22	10 6	庚午	12 22	11 6	庚子	1 20	12 6	己巳	
8 23	7 3	己亥	9 23	8 5	庚午	10 24	9 6	辛丑	11 23	10 7	辛未	12 23	11 7	辛丑	1 21	12 7	庚午	
8 24	7 4	庚子	9 24	8 6	辛未	10 25	9 7	壬寅	11 24	10 8	壬申	12 24	11 8	壬寅	1 22	12 8	辛未	
8 25	7 5	辛丑	9 25	8 7	壬申	10 26	9 8	癸卯	11 25	10 9	癸酉	12 25	11 9	癸卯	1 23	12 9	壬申	
8 26	7 6	壬寅	9 26	8 8	癸酉	10 27	9 9	甲辰	11 26	10 10	甲戌	12 26	11 10	甲辰	1 24	12 10	癸酉	
8 27	7 7	癸卯	9 27	8 9	甲戌	10 28	9 10	乙巳	11 27	10 11	乙亥	12 27	11 11	乙巳	1 25	12 11	甲戌	
8 28	7 8	甲辰	9 28	8 10	乙亥	10 29	9 11	丙午	11 28	10 12	丙子	12 28	11 12	丙午	1 26	12 12	乙亥	
8 29	7 9	乙巳	9 29	8 11	丙子	10 30	9 12	丁未	11 29	10 13	丁丑	12 29	11 13	丁未	1 27	12 13	丙子	2066、2067
8 30	7 10	丙午	9 30	8 12	丁丑	10 31	9 13	戊申	11 30	10 14	戊寅	12 30	11 14	戊申	1 28	12 14	丁丑	
8 31	7 11	丁未	10 1	8 13	戊寅	11 1	9 14	己酉	12 1	10 15	己卯	12 31	11 15	己酉	1 29	12 15	戊寅	
9 1	7 12	戊申	10 2	8 14	己卯	11 2	9 15	庚戌	12 2	10 16	庚辰	1 1	11 16	庚戌	1 30	12 16	己卯	
9 2	7 13	己酉	10 3	8 15	庚辰	11 3	9 16	辛亥	12 3	10 17	辛巳	1 2	11 17	辛亥	1 31	12 17	庚辰	
9 3	7 14	庚戌	10 4	8 16	辛巳	11 4	9 17	壬子	12 4	10 18	壬午	1 3	11 18	壬子	2 1	12 18	辛巳	
9 4	7 15	辛亥	10 5	8 17	壬午	11 5	9 18	癸丑	12 5	10 19	癸未	1 4	11 19	癸丑	2 2	12 19	壬午	
9 5	7 16	壬子	10 6	8 18	癸未	11 6	9 19	甲寅	12 6	10 20	甲申				2 3	12 20	癸未	
9 6	7 17	癸丑	10 7	8 19	甲申													

處暑	秋分	霜降	小雪	冬至	大寒	中氣
8/23 2時22分 丑時	9/23 0時26分 子時	10/23 10時15分 巳時	11/22 8時12分 辰時	12/21 21時44分 亥時	1/20 8時22分 辰時	

年	丁亥																	
月	壬寅			癸卯			甲辰			乙巳			丙午			丁未		
節氣	立春			驚蟄			清明			立夏			芒種			小暑		
	2/4 2時36分 丑時			3/5 20時17分 戌時			4/5 0時39分 子時			5/5 17時31分 酉時			6/5 21時20分 亥時			7/7 7時28分 辰時		
日	國曆	農曆	干支	國曆	農曆	干支	國曆	農曆	干支	國曆	農曆	干支	國曆	農曆	干支	國曆	農曆	干支
	2 4	12 21	甲申	3 5	1 20	癸丑	4 5	2 22	甲申	5 5	3 22	甲寅	6 5	4 24	乙酉	7 7	5 26	丁巳
	2 5	12 22	乙酉	3 6	1 21	甲寅	4 6	2 23	乙酉	5 6	3 23	乙卯	6 6	4 25	丙戌	7 8	5 27	戊午
	2 6	12 23	丙戌	3 7	1 22	乙卯	4 7	2 24	丙戌	5 7	3 24	丙辰	6 7	4 26	丁亥	7 9	5 28	己未
	2 7	12 24	丁亥	3 8	1 23	丙辰	4 8	2 25	丁亥	5 8	3 25	丁巳	6 8	4 27	戊子	7 10	5 29	庚申
	2 8	12 25	戊子	3 9	1 24	丁巳	4 9	2 26	戊子	5 9	3 26	戊午	6 9	4 28	己丑	7 11	6 1	辛酉
	2 9	12 26	己丑	3 10	1 25	戊午	4 10	2 27	己丑	5 10	3 27	己未	6 10	4 29	庚寅	7 12	6 2	壬戌
	2 10	12 27	庚寅	3 11	1 26	己未	4 11	2 28	庚寅	5 11	3 28	庚申	6 11	4 30	辛卯	7 13	6 3	癸亥
	2 11	12 28	辛卯	3 12	1 27	庚申	4 12	2 29	辛卯	5 12	3 29	辛酉	6 12	5 1	壬辰	7 14	6 4	甲子
	2 12	12 29	壬辰	3 13	1 28	辛酉	4 13	2 30	壬辰	5 13	4 1	壬戌	6 13	5 2	癸巳	7 15	6 5	乙丑
	2 13	12 30	癸巳	3 14	1 29	壬戌	4 14	3 1	癸巳	5 14	4 2	癸亥	6 14	5 3	甲午	7 16	6 6	丙寅
	2 14	1 1	甲午	3 15	2 1	癸亥	4 15	3 2	甲午	5 15	4 3	甲子	6 15	5 4	乙未	7 17	6 7	丁卯
中華民國一百五十六年	2 15	1 2	乙未	3 16	2 2	甲子	4 16	3 3	乙未	5 16	4 4	乙丑	6 16	5 5	丙申	7 18	6 8	戊辰
	2 16	1 3	丙申	3 17	2 3	乙丑	4 17	3 4	丙申	5 17	4 5	丙寅	6 17	5 6	丁酉	7 19	6 9	己巳
	2 17	1 4	丁酉	3 18	2 4	丙寅	4 18	3 5	丁酉	5 18	4 6	丁卯	6 18	5 7	戊戌	7 20	6 10	庚午
	2 18	1 5	戊戌	3 19	2 5	丁卯	4 19	3 6	戊戌	5 19	4 7	戊辰	6 19	5 8	己亥	7 21	6 11	辛未
豬	2 19	1 6	己亥	3 20	2 6	戊辰	4 20	3 7	己亥	5 20	4 8	己巳	6 20	5 9	庚子	7 22	6 12	壬申
	2 20	1 7	庚子	3 21	2 7	己巳	4 21	3 8	庚子	5 21	4 9	庚午	6 21	5 10	辛丑	7 23	6 13	癸酉
	2 21	1 8	辛丑	3 22	2 8	庚午	4 22	3 9	辛丑	5 22	4 10	辛未	6 22	5 11	壬寅	7 24	6 14	甲戌
	2 22	1 9	壬寅	3 23	2 9	辛未	4 23	3 10	壬寅	5 23	4 11	壬申	6 23	5 12	癸卯	7 25	6 15	乙亥
	2 23	1 10	癸卯	3 24	2 10	壬申	4 24	3 11	癸卯	5 24	4 12	癸酉	6 24	5 13	甲辰	7 26	6 16	丙子
	2 24	1 11	甲辰	3 25	2 11	癸酉	4 25	3 12	甲辰	5 25	4 13	甲戌	6 25	5 14	乙巳	7 27	6 17	丁丑
	2 25	1 12	乙巳	3 26	2 12	甲戌	4 26	3 13	乙巳	5 26	4 14	乙亥	6 26	5 15	丙午	7 28	6 18	戊寅
	2 26	1 13	丙午	3 27	2 13	乙亥	4 27	3 14	丙午	5 27	4 15	丙子	6 27	5 16	丁未	7 29	6 19	己卯
	2 27	1 14	丁未	3 28	2 14	丙子	4 28	3 15	丁未	5 28	4 16	丁丑	6 28	5 17	戊申	7 30	6 20	庚辰
	2 28	1 15	戊申	3 29	2 15	丁丑	4 29	3 16	戊申	5 29	4 17	戊寅	6 29	5 18	己酉	7 31	6 21	辛巳
2067	3 1	1 16	己酉	3 30	2 16	戊寅	4 30	3 17	己酉	5 30	4 18	己卯	6 30	5 19	庚戌	8 1	6 22	壬午
	3 2	1 17	庚戌	3 31	2 17	己卯	5 1	3 18	庚戌	5 31	4 19	庚辰	7 1	5 20	辛亥	8 2	6 23	癸未
	3 3	1 18	辛亥	4 1	2 18	庚辰	5 2	3 19	辛亥	6 1	4 20	辛巳	7 2	5 21	壬子	8 3	6 24	甲申
	3 4	1 19	壬子	4 2	2 19	辛巳	5 3	3 20	壬子	6 2	4 21	壬午	7 3	5 22	癸丑	8 4	6 25	乙酉
				4 3	2 20	壬午	5 4	3 21	癸丑	6 3	4 22	癸未	7 4	5 23	甲寅	8 5	6 26	丙戌
				4 4	2 21	癸未				6 4	4 23	甲申	7 5	5 24	乙卯	8 6	6 27	丁亥
													7 6	5 25	丙辰			
中氣	雨水			春分			穀雨			小滿			夏至			大暑		
	2/18 22時16分 亥時			3/20 20時52分 戌時			4/20 7時27分 辰時			5/21 6時12分 卯時			6/21 13時55分 未時			7/23 0時49分 子時		

月	戊申 立秋			己酉 白露			庚戌 寒露			辛亥 立冬			壬子 大雪			癸丑 小寒			年
節氣	8/7 17時24分 酉時			9/7 20時41分 戌時			10/8 12時50分 午時			11/7 16時29分 申時			12/7 9時39分 巳時			1/5 20時58分 戌時			
日	國曆	農曆	干支	國曆	農曆	干支	國曆	農曆	干支	國曆	農曆	干支	國曆	農曆	干支	國曆	農曆	干支	
	8 7	6 28	戊子	9 7	7 29	己未	10 8	9 1	庚寅	11 7	10 1	庚申	12 7	11 2	庚寅	1 5	12 1	己未	
	8 8	6 29	己丑	9 8	7 30	庚申	10 9	9 2	辛卯	11 8	10 2	辛酉	12 8	11 3	辛卯	1 6	12 2	庚申	
	8 9	6 30	庚寅	9 9	8 1	辛酉	10 10	9 3	壬辰	11 9	10 3	壬戌	12 9	11 4	壬辰	1 7	12 3	辛酉	
	8 10	7 1	辛卯	9 10	8 2	壬戌	10 11	9 4	癸巳	11 10	10 4	癸亥	12 10	11 5	癸巳	1 8	12 4	壬戌	中
	8 11	7 2	壬辰	9 11	8 3	癸亥	10 12	9 5	甲午	11 11	10 5	甲子	12 11	11 6	甲午	1 9	12 5	癸亥	華
	8 12	7 3	癸巳	9 12	8 4	甲子	10 13	9 6	乙未	11 12	10 6	乙丑	12 12	11 7	乙未	1 10	12 6	甲子	民
	8 13	7 4	甲午	9 13	8 5	乙丑	10 14	9 7	丙申	11 13	10 7	丙寅	12 13	11 8	丙申	1 11	12 7	乙丑	國
	8 14	7 5	乙未	9 14	8 6	丙寅	10 15	9 8	丁酉	11 14	10 8	丁卯	12 14	11 9	丁酉	1 12	12 8	丙寅	一
	8 15	7 6	丙申	9 15	8 7	丁卯	10 16	9 9	戊戌	11 15	10 9	戊辰	12 15	11 10	戊戌	1 13	12 9	丁卯	百
	8 16	7 7	丁酉	9 16	8 8	戊辰	10 17	9 10	己亥	11 16	10 10	己巳	12 16	11 11	己亥	1 14	12 10	戊辰	五
	8 17	7 8	戊戌	9 17	8 9	己巳	10 18	9 11	庚子	11 17	10 11	庚午	12 17	11 12	庚子	1 15	12 11	己巳	十
	8 18	7 9	己亥	9 18	8 10	庚午	10 19	9 12	辛丑	11 18	10 12	辛未	12 18	11 13	辛丑	1 16	12 12	庚午	六
	8 19	7 10	庚子	9 19	8 11	辛未	10 20	9 13	壬寅	11 19	10 13	壬申	12 19	11 14	壬寅	1 17	12 13	辛未	、
	8 20	7 11	辛丑	9 20	8 12	壬申	10 21	9 14	癸卯	11 20	10 14	癸酉	12 20	11 15	癸卯	1 18	12 14	壬申	一
	8 21	7 12	壬寅	9 21	8 13	癸酉	10 22	9 15	甲辰	11 21	10 15	甲戌	12 21	11 16	甲辰	1 19	12 15	癸酉	百
	8 22	7 13	癸卯	9 22	8 14	甲戌	10 23	9 16	乙巳	11 22	10 16	乙亥	12 22	11 17	乙巳	1 20	12 16	甲戌	五
	8 23	7 14	甲辰	9 23	8 15	乙亥	10 24	9 17	丙午	11 23	10 17	丙子	12 23	11 18	丙午	1 21	12 17	乙亥	十
	8 24	7 15	乙巳	9 24	8 16	丙子	10 25	9 18	丁未	11 24	10 18	丁丑	12 24	11 19	丁未	1 22	12 18	丙子	七
	8 25	7 16	丙午	9 25	8 17	丁丑	10 26	9 19	戊申	11 25	10 19	戊寅	12 25	11 20	戊申	1 23	12 19	丁丑	年
	8 26	7 17	丁未	9 26	8 18	戊寅	10 27	9 20	己酉	11 26	10 20	己卯	12 26	11 21	己酉	1 24	12 20	戊寅	豬
	8 27	7 18	戊申	9 27	8 19	己卯	10 28	9 21	庚戌	11 27	10 21	庚辰	12 27	11 22	庚戌	1 25	12 21	己卯	
	8 28	7 19	己酉	9 28	8 20	庚辰	10 29	9 22	辛亥	11 28	10 22	辛巳	12 28	11 23	辛亥	1 26	12 22	庚辰	
	8 29	7 20	庚戌	9 29	8 21	辛巳	10 30	9 23	壬子	11 29	10 23	壬午	12 29	11 24	壬子	1 27	12 23	辛巳	
	8 30	7 21	辛亥	9 30	8 22	壬午	10 31	9 24	癸丑	11 30	10 24	癸未	12 30	11 25	癸丑	1 28	12 24	壬午	
	8 31	7 22	壬子	10 1	8 23	癸未	11 1	9 25	甲寅	12 1	10 25	甲申	12 31	11 26	甲寅	1 29	12 25	癸未	2
	9 1	7 23	癸丑	10 2	8 24	甲申	11 2	9 26	乙卯	12 2	10 26	乙酉	1 1	11 27	乙卯	1 30	12 26	甲申	0
	9 2	7 24	甲寅	10 3	8 25	乙酉	11 3	9 27	丙辰	12 3	10 27	丙戌	1 2	11 28	丙辰	1 31	12 27	乙酉	6
	9 3	7 25	乙卯	10 4	8 26	丙戌	11 4	9 28	丁巳	12 4	10 28	丁亥	1 3	11 29	丁巳	2 1	12 28	丙戌	7
	9 4	7 26	丙辰	10 5	8 27	丁亥	11 5	9 29	戊午	12 5	10 29	戊子	1 4	11 30	戊午	2 2	12 29	丁亥	、
	9 5	7 27	丁巳	10 6	8 28	戊子	11 6	9 30	己未	12 6	11 1	己丑				2 3	1 1	戊子	2
	9 6	7 28	戊午	10 7	8 29	己丑													0
中氣	處暑			秋分			霜降			小雪			冬至			大寒			6 8
	8/23 8時11分 辰時			9/23 6時18分 卯時			10/23 16時10分 申時			11/22 14時9分 未時			12/22 3時42分 寅時			1/20 14時19分 未時			

年			戊子														
月	甲寅			乙卯			丙辰			丁巳			戊午			己未	
節氣	立春			驚蟄			清明			立夏			芒種			小暑	
	2/4 8時28分 辰時			3/5 2時8分 丑時			4/4 6時28分 卯時			5/4 23時19分 子時			6/5 3時8分 寅時			7/6 13時16分 未時	
日	國曆	農曆	干支	國曆	農曆	干支	國曆	農曆	干支	國曆	農曆	干支	國曆	農曆	干支	國曆	農曆	干支
	2 4	1 2	己丑	3 5	2 2	己未	4 4	3 3	己丑	5 4	4 3	己未	6 5	5 6	辛卯	7 6	6 8	壬戌
	2 5	1 3	庚寅	3 6	2 3	庚申	4 5	3 4	庚寅	5 5	4 4	庚申	6 6	5 7	壬辰	7 7	6 9	癸亥
	2 6	1 4	辛卯	3 7	2 4	辛酉	4 6	3 5	辛卯	5 6	4 5	辛酉	6 7	5 8	癸巳	7 8	6 10	甲子
	2 7	1 5	壬辰	3 8	2 5	壬戌	4 7	3 6	壬辰	5 7	4 6	壬戌	6 8	5 9	甲午	7 9	6 11	乙丑
	2 8	1 6	癸巳	3 9	2 6	癸亥	4 8	3 7	癸巳	5 8	4 7	癸亥	6 9	5 10	乙未	7 10	6 12	丙寅
中華民國一百五十七年	2 9	1 7	甲午	3 10	2 7	甲子	4 9	3 8	甲午	5 9	4 8	甲子	6 10	5 11	丙申	7 11	6 13	丁卯
	2 10	1 8	乙未	3 11	2 8	乙丑	4 10	3 9	乙未	5 10	4 9	乙丑	6 11	5 12	丁酉	7 12	6 14	戊辰
	2 11	1 9	丙申	3 12	2 9	丙寅	4 11	3 10	丙申	5 11	4 10	丙寅	6 12	5 13	戊戌	7 13	6 15	己巳
	2 12	1 10	丁酉	3 13	2 10	丁卯	4 12	3 11	丁酉	5 12	4 11	丁卯	6 13	5 14	己亥	7 14	6 16	庚午
	2 13	1 11	戊戌	3 14	2 11	戊辰	4 13	3 12	戊戌	5 13	4 12	戊辰	6 14	5 15	庚子	7 15	6 17	辛未
	2 14	1 12	己亥	3 15	2 12	己巳	4 14	3 13	己亥	5 14	4 13	己巳	6 15	5 16	辛丑	7 16	6 18	壬申
鼠	2 15	1 13	庚子	3 16	2 13	庚午	4 15	3 14	庚子	5 15	4 14	庚午	6 16	5 17	壬寅	7 17	6 19	癸酉
	2 16	1 14	辛丑	3 17	2 14	辛未	4 16	3 15	辛丑	5 16	4 15	辛未	6 17	5 18	癸卯	7 18	6 20	甲戌
	2 17	1 15	壬寅	3 18	2 15	壬申	4 17	3 16	壬寅	5 17	4 16	壬申	6 18	5 19	甲辰	7 19	6 21	乙亥
	2 18	1 16	癸卯	3 19	2 16	癸酉	4 18	3 17	癸卯	5 18	4 17	癸酉	6 19	5 20	乙巳	7 20	6 22	丙子
	2 19	1 17	甲辰	3 20	2 17	甲戌	4 19	3 18	甲辰	5 19	4 18	甲戌	6 20	5 21	丙午	7 21	6 23	丁丑
	2 20	1 18	乙巳	3 21	2 18	乙亥	4 20	3 19	乙巳	5 20	4 19	乙亥	6 21	5 22	丁未	7 22	6 24	戊寅
	2 21	1 19	丙午	3 22	2 19	丙子	4 21	3 20	丙午	5 21	4 20	丙子	6 22	5 23	戊申	7 23	6 25	己卯
	2 22	1 20	丁未	3 23	2 20	丁丑	4 22	3 21	丁未	5 22	4 21	丁丑	6 23	5 24	己酉	7 24	6 26	庚辰
	2 23	1 21	戊申	3 24	2 21	戊寅	4 23	3 22	戊申	5 23	4 22	戊寅	6 24	5 25	庚戌	7 25	6 27	辛巳
	2 24	1 22	己酉	3 25	2 22	己卯	4 24	3 23	己酉	5 24	4 23	己卯	6 25	5 26	辛亥	7 26	6 28	壬午
	2 25	1 23	庚戌	3 26	2 23	庚辰	4 25	3 24	庚戌	5 25	4 24	庚辰	6 26	5 27	壬子	7 27	6 29	癸未
2 0 6 8	2 26	1 24	辛亥	3 27	2 24	辛巳	4 26	3 25	辛亥	5 26	4 25	辛巳	6 27	5 28	癸丑	7 28	6 30	甲申
	2 27	1 25	壬子	3 28	2 25	壬午	4 27	3 26	壬子	5 27	4 26	壬午	6 28	5 29	甲寅	7 29	7 1	乙酉
	2 28	1 26	癸丑	3 29	2 26	癸未	4 28	3 27	癸丑	5 28	4 27	癸未	6 29	6 1	乙卯	7 30	7 2	丙戌
	2 29	1 27	甲寅	3 30	2 27	甲申	4 29	3 28	甲寅	5 29	4 28	甲申	6 30	6 2	丙辰	7 31	7 3	丁亥
	3 1	1 28	乙卯	3 31	2 28	乙酉	4 30	3 29	乙卯	5 30	4 29	乙酉	7 1	6 3	丁巳	8 1	7 4	戊子
	3 2	1 29	丙辰	4 1	2 29	丙戌	5 1	3 30	丙辰	5 31	5 1	丙戌	7 2	6 4	戊午	8 2	7 5	己丑
	3 3	1 30	丁巳	4 2	3 1	丁亥	5 2	4 1	丁巳	6 1	5 2	丁亥	7 3	6 5	己未	8 3	7 6	庚寅
	3 4	2 1	戊午	4 3	3 2	戊子	5 3	4 2	戊午	6 2	5 3	戊子	7 4	6 6	庚申	8 4	7 7	辛卯
										6 3	5 4	己丑	7 5	6 7	辛酉	8 5	7 8	壬辰
										6 4	5 5	庚寅						
中氣	雨水			春分			穀雨			小滿			夏至			大暑		
	2/19 4時12分 寅時			3/20 2時48分 丑時			4/19 13時23分 未時			5/20 12時9分 午時			6/20 19時52分 戌時			7/22 16時45分 卯時		

戊子　年

庚申			辛酉			壬戌			癸亥			甲子			乙丑		
立秋			白露			寒露			立冬			大雪			小寒			
8/5 23時10分 子時			9/7 2時24分 丑時			10/7 18時32分 酉時			11/6 22時32分 亥時			12/6 15時25分 申時			1/5 2時47分 丑時		
國曆	農曆	干支	國曆	農曆	干支	國曆	農曆	干支	國曆	農曆	干支	國曆	農曆	干支	國曆	農曆	干支
6	7 9	癸巳	7	8 11	乙丑	7	9 12	乙未	6	10 12	乙丑	6	11 13	乙未	5	12 13	乙丑
7	7 10	甲午	8	8 12	丙寅	8	9 13	丙申	7	10 13	丙寅	7	11 14	丙申	6	12 14	丙寅
8	7 11	乙未	9	8 13	丁卯	9	9 14	丁酉	8	10 14	丁卯	8	11 15	丁酉	7	12 15	丁卯
9	7 12	丙申	10	8 14	戊辰	10	9 15	戊戌	9	10 15	戊辰	9	11 16	戊戌	8	12 16	戊辰
10	7 13	丁酉	11	8 15	己巳	11	9 16	己亥	10	10 16	己巳	10	11 17	己亥	9	12 17	己巳
11	7 14	戊戌	12	8 16	庚午	12	9 17	庚子	11	10 17	庚午	11	11 18	庚子	10	12 18	庚午
12	7 15	己亥	13	8 17	辛未	13	9 18	辛丑	12	10 18	辛未	12	11 19	辛丑	11	12 19	辛未
13	7 16	庚子	14	8 18	壬申	14	9 19	壬寅	13	10 19	壬申	13	11 20	壬寅	12	12 20	壬申
14	7 17	辛丑	15	8 19	癸酉	15	9 20	癸卯	14	10 20	癸酉	14	11 21	癸卯	13	12 21	癸酉
15	7 18	壬寅	16	8 20	甲戌	16	9 21	甲辰	15	10 21	甲戌	15	11 22	甲辰	14	12 22	甲戌
16	7 19	癸卯	17	8 21	乙亥	17	9 22	乙巳	16	10 22	乙亥	16	11 23	乙巳	15	12 23	乙亥
17	7 20	甲辰	18	8 22	丙子	18	9 23	丙午	17	10 23	丙子	17	11 24	丙午	16	12 24	丙子
18	7 21	乙巳	19	8 23	丁丑	19	9 24	丁未	18	10 24	丁丑	18	11 25	丁未	17	12 25	丁丑
19	7 22	丙午	20	8 24	戊寅	20	9 25	戊申	19	10 25	戊寅	19	11 26	戊申	18	12 26	戊寅
20	7 23	丁未	21	8 25	己卯	21	9 26	己酉	20	10 26	己卯	20	11 27	己酉	19	12 27	己卯
21	7 24	戊申	22	8 26	庚辰	22	9 27	庚戌	21	10 27	庚辰	21	11 28	庚戌	20	12 28	庚辰
22	7 25	己酉	23	8 27	辛巳	23	9 28	辛亥	22	10 28	辛巳	22	11 29	辛亥	21	12 29	辛巳
23	7 26	庚戌	24	8 28	壬午	24	9 29	壬子	23	10 29	壬午	23	11 30	壬子	22	12 30	壬午
24	7 27	辛亥	25	8 29	癸未	25	9 30	癸丑	24	11 1	癸未	24	12 1	癸丑	23	1 1	癸未
25	7 28	壬子	26	9 1	甲申	26	10 1	甲寅	25	11 2	甲申	25	12 2	甲寅	24	1 2	甲申
26	7 29	癸丑	27	9 2	乙酉	27	10 2	乙卯	26	11 3	乙酉	26	12 3	乙卯	25	1 3	乙酉
27	7 30	甲寅	28	9 3	丙戌	28	10 3	丙辰	27	11 4	丙戌	27	12 4	丙辰	26	1 4	丙戌
28	8 1	乙卯	29	9 4	丁亥	29	10 4	丁巳	28	11 5	丁亥	28	12 5	丁巳	27	1 5	丁亥
29	8 2	丙辰	30	9 5	戊子	30	10 5	戊午	29	11 6	戊子	29	12 6	戊午	28	1 6	戊子
30	8 3	丁巳	1	9 6	己丑	31	10 6	己未	30	11 7	己丑	30	12 7	己未	29	1 7	己丑
31	8 4	戊午	2	9 7	庚寅	1	10 7	庚申	1	11 8	庚寅	31	12 8	庚申	30	1 8	庚寅
1	8 5	己未	3	9 8	辛卯	2	10 8	辛酉	2	11 9	辛卯	1	12 9	辛酉	31	1 9	辛卯
2	8 6	庚申	4	9 9	壬辰	3	10 9	壬戌	3	11 10	壬辰	2	12 10	壬戌	1	1 10	壬辰
3	8 7	辛酉	5	9 10	癸巳	4	10 10	癸亥	4	11 11	癸巳	3	12 11	癸亥	2	1 11	癸巳
4	8 8	壬戌	6	9 11	甲午	5	10 11	甲子	5	11 12	甲午	4	12 12	甲子	3	1 12	甲午
5	8 9	癸亥															
	8 10	甲子															

年　**月**　**節氣**　**日**　**中氣**

中氣					
處暑	秋分	霜降	小雪	冬至	大寒
22 14時3分 未時	9/22 12時5分 午時	10/22 21時56分 亥時	11/21 19時56分 戌時	12/21 9時31分 巳時	1/19 20時12分 戌時

中華民國一百五十七、一百五十八年　鼠　2068、2069

339

年	己丑

月	丙寅	丁卯	戊辰	己巳	庚午	辛未
節氣	立春	驚蟄	清明	立夏	芒種	小暑
	2/3 14時19分 未時	3/5 8時1分 辰時	4/4 12時23分 午時	5/5 5時13分 卯時	6/5 9時2分 巳時	7/6 19時10分 戌時

中華民國一百五十八年　牛　2069

丙寅			丁卯			戊辰			己巳			庚午			辛未		
國曆	農曆	干支	國曆	農曆	干支	國曆	農曆	干支	國曆	農曆	干支	國曆	農曆	干支	國曆	農曆	干支
2/3	1 12	甲午	3/5	2 13	甲子	4/4	3 13	甲午	5/5	4 15	乙丑	6/5	4 16	丙申	7/6	5 18	丁卯
2/4	1 13	乙未	3/6	2 14	乙丑	4/5	3 14	乙未	5/6	4 16	丙寅	6/6	4 17	丁酉	7/7	5 19	戊辰
2/5	1 14	丙申	3/7	2 15	丙寅	4/6	3 15	丙申	5/7	4 17	丁卯	6/7	4 18	戊戌	7/8	5 20	己巳
2/6	1 15	丁酉	3/8	2 16	丁卯	4/7	3 16	丁酉	5/8	4 18	戊辰	6/8	4 19	己亥	7/9	5 21	庚午
2/7	1 16	戊戌	3/9	2 17	戊辰	4/8	3 17	戊戌	5/9	4 19	己巳	6/9	4 20	庚子	7/10	5 22	辛未
2/8	1 17	己亥	3/10	2 18	己巳	4/9	3 18	己亥	5/10	4 20	庚午	6/10	4 21	辛丑	7/11	5 23	壬申
2/9	1 18	庚子	3/11	2 19	庚午	4/10	3 19	庚子	5/11	4 21	辛未	6/11	4 22	壬寅	7/12	5 24	癸酉
2/10	1 19	辛丑	3/12	2 20	辛未	4/11	3 20	辛丑	5/12	4 22	壬申	6/12	4 23	癸卯	7/13	5 25	甲戌
2/11	1 20	壬寅	3/13	2 21	壬申	4/12	3 21	壬寅	5/13	4 23	癸酉	6/13	4 24	甲辰	7/14	5 26	乙亥
2/12	1 21	癸卯	3/14	2 22	癸酉	4/13	3 22	癸卯	5/14	4 24	甲戌	6/14	4 25	乙巳	7/15	5 27	丙子
2/13	1 22	甲辰	3/15	2 23	甲戌	4/14	3 23	甲辰	5/15	4 25	乙亥	6/15	4 26	丙午	7/16	5 28	丁丑
2/14	1 23	乙巳	3/16	2 24	乙亥	4/15	3 24	乙巳	5/16	4 26	丙子	6/16	4 27	丁未	7/17	5 29	戊寅
2/15	1 24	丙午	3/17	2 25	丙子	4/16	3 25	丙午	5/17	4 27	丁丑	6/17	4 28	戊申	7/18	6 1	己卯
2/16	1 25	丁未	3/18	2 26	丁丑	4/17	3 26	丁未	5/18	4 28	戊寅	6/18	4 29	己酉	7/19	6 2	庚辰
2/17	1 26	戊申	3/19	2 27	戊寅	4/18	3 27	戊申	5/19	4 29	己卯	6/19	5 1	庚戌	7/20	6 3	辛巳
2/18	1 27	己酉	3/20	2 28	己卯	4/19	3 28	己酉	5/20	4 30	庚辰	6/20	5 2	辛亥	7/21	6 4	壬午
2/19	1 28	庚戌	3/21	2 29	庚辰	4/20	3 29	庚戌	5/21	閏4 1	辛巳	6/21	5 3	壬子	7/22	6 5	癸未
2/20	1 29	辛亥	3/22	2 30	辛巳	4/21	4 1	辛亥	5/22	4 2	壬午	6/22	5 4	癸丑	7/23	6 6	甲申
2/21	2 1	壬子	3/23	3 1	壬午	4/22	4 2	壬子	5/23	4 3	癸未	6/23	5 5	甲寅	7/24	6 7	乙酉
2/22	2 2	癸丑	3/24	3 2	癸未	4/23	4 3	癸丑	5/24	4 4	甲申	6/24	5 6	乙卯	7/25	6 8	丙戌
2/23	2 3	甲寅	3/25	3 3	甲申	4/24	4 4	甲寅	5/25	4 5	乙酉	6/25	5 7	丙辰	7/26	6 9	丁亥
2/24	2 4	乙卯	3/26	3 4	乙酉	4/25	4 5	乙卯	5/26	4 6	丙戌	6/26	5 8	丁巳	7/27	6 10	戊子
2/25	2 5	丙辰	3/27	3 5	丙戌	4/26	4 6	丙辰	5/27	4 7	丁亥	6/27	5 9	戊午	7/28	6 11	己丑
2/26	2 6	丁巳	3/28	3 6	丁亥	4/27	4 7	丁巳	5/28	4 8	戊子	6/28	5 10	己未	7/29	6 12	庚寅
2/27	2 7	戊午	3/29	3 7	戊子	4/28	4 8	戊午	5/29	4 9	己丑	6/29	5 11	庚申	7/30	6 13	辛卯
2/28	2 8	己未	3/30	3 8	己丑	4/29	4 9	己未	5/30	4 10	庚寅	6/30	5 12	辛酉	7/31	6 14	壬辰
3/1	2 9	庚申	3/31	3 9	庚寅	4/30	4 10	庚申	5/31	4 11	辛卯	7/1	5 13	壬戌	8/1	6 15	癸巳
3/2	2 10	辛酉	4/1	3 10	辛卯	5/1	4 11	辛酉	6/1	4 12	壬辰	7/2	5 14	癸亥	8/2	6 16	甲午
3/3	2 11	壬戌	4/2	3 11	壬辰	5/2	4 12	壬戌	6/2	4 13	癸巳	7/3	5 15	甲子	8/3	6 17	乙未
3/4	2 12	癸亥	4/3	3 12	癸巳	5/3	4 13	癸亥	6/3	4 14	甲午	7/4	5 16	乙丑	8/4	6 18	丙申
						5/4	4 14	甲子	6/4	4 15	乙未	7/5	5 17	丙寅	8/5	6 19	丁酉
															8/6	6 20	戊戌

中氣	雨水	春分	穀雨	小滿	夏至	大暑
	2/18 10時8分 巳時	3/20 8時44分 辰時	4/19 19時17分 戌時	5/20 18時0分 酉時	6/21 1時40分 丑時	7/22 12時31分 午時

己丑

月	壬申	癸酉	甲戌	乙亥	丙子	丁丑
節氣	立秋	白露	寒露	立冬	大雪	小寒
時	7 5時5分 卯時	9/7 8時19分 辰時	10/8 0時26分 子時	11/7 4時6分 寅時	12/6 21時21分 亥時	1/5 8時46分 未時

中華民國一百五十八、一百五十九年　牛　2069、2070

壬申 國曆	農曆	干支	癸酉 國曆	農曆	干支	甲戌 國曆	農曆	干支	乙亥 國曆	農曆	干支	丙子 國曆	農曆	干支	丁丑 國曆	農曆	干支
8/7	6/21	己亥	9/7	7/22	庚午	10/8	8/24	辛丑	11/7	9/24	辛未	12/6	10/23	庚子	1/5	11/23	庚午
8/8	6/22	庚子	9/8	7/23	辛未	10/9	8/25	壬寅	11/8	9/25	壬申	12/7	10/24	辛丑	1/6	11/24	辛未
8/9	6/23	辛丑	9/9	7/24	壬申	10/10	8/26	癸卯	11/9	9/26	癸酉	12/8	10/25	壬寅	1/7	11/25	壬申
8/10	6/24	壬寅	9/10	7/25	癸酉	10/11	8/27	甲辰	11/10	9/27	甲戌	12/9	10/26	癸卯	1/8	11/26	癸酉
8/11	6/25	癸卯	9/11	7/26	甲戌	10/12	8/28	乙巳	11/11	9/28	乙亥	12/10	10/27	甲辰	1/9	11/27	甲戌
8/12	6/26	甲辰	9/12	7/27	乙亥	10/13	8/29	丙午	11/12	9/29	丙子	12/11	10/28	乙巳	1/10	11/28	乙亥
8/13	6/27	乙巳	9/13	7/28	丙子	10/14	8/30	丁未	11/13	9/30	丁丑	12/12	10/29	丙午	1/11	11/29	丙子
8/14	6/28	丙午	9/14	7/29	丁丑	10/15	9/1	戊申	11/14	10/1	戊寅	12/13	10/30	丁未	1/12	12/1	丁丑
8/15	6/29	丁未	9/15	8/1	戊寅	10/16	9/2	己酉	11/15	10/2	己卯	12/14	11/1	戊申	1/13	12/2	戊寅
8/16	6/30	戊申	9/16	8/2	己卯	10/17	9/3	庚戌	11/16	10/3	庚辰	12/15	11/2	己酉	1/14	12/3	己卯
8/17	7/1	己酉	9/17	8/3	庚辰	10/18	9/4	辛亥	11/17	10/4	辛巳	12/16	11/3	庚戌	1/15	12/4	庚辰
8/18	7/2	庚戌	9/18	8/4	辛巳	10/19	9/5	壬子	11/18	10/5	壬午	12/17	11/4	辛亥	1/16	12/5	辛巳
8/19	7/3	辛亥	9/19	8/5	壬午	10/20	9/6	癸丑	11/19	10/6	癸未	12/18	11/5	壬子	1/17	12/6	壬午
8/20	7/4	壬子	9/20	8/6	癸未	10/21	9/7	甲寅	11/20	10/7	甲申	12/19	11/6	癸丑	1/18	12/7	癸未
8/21	7/5	癸丑	9/21	8/7	甲申	10/22	9/8	乙卯	11/21	10/8	乙酉	12/20	11/7	甲寅	1/19	12/8	甲申
8/22	7/6	甲寅	9/22	8/8	乙酉	10/23	9/9	丙辰	11/22	10/9	丙戌	12/21	11/8	乙卯	1/20	12/9	乙酉
8/23	7/7	乙卯	9/23	8/9	丙戌	10/24	9/10	丁巳	11/23	10/10	丁亥	12/22	11/9	丙辰	1/21	12/10	丙戌
8/24	7/8	丙辰	9/24	8/10	丁亥	10/25	9/11	戊午	11/24	10/11	戊子	12/23	11/10	丁巳	1/22	12/11	丁亥
8/25	7/9	丁巳	9/25	8/11	戊子	10/26	9/12	己未	11/25	10/12	己丑	12/24	11/11	戊午	1/23	12/12	戊子
8/26	7/10	戊午	9/26	8/12	己丑	10/27	9/13	庚申	11/26	10/13	庚寅	12/25	11/12	己未	1/24	12/13	己丑
8/27	7/11	己未	9/27	8/13	庚寅	10/28	9/14	辛酉	11/27	10/14	辛卯	12/26	11/13	庚申	1/25	12/14	庚寅
8/28	7/12	庚申	9/28	8/14	辛卯	10/29	9/15	壬戌	11/28	10/15	壬辰	12/27	11/14	辛酉	1/26	12/15	辛卯
8/29	7/13	辛酉	9/29	8/15	壬辰	10/30	9/16	癸亥	11/29	10/16	癸巳	12/28	11/15	壬戌	1/27	12/16	壬辰
8/30	7/14	壬戌	9/30	8/16	癸巳	10/31	9/17	甲子	11/30	10/17	甲午	12/29	11/16	癸亥	1/28	12/17	癸巳
8/31	7/15	癸亥	10/1	8/17	甲午	11/1	9/18	乙丑	12/1	10/18	乙未	12/30	11/17	甲子	1/29	12/18	甲午
9/1	7/16	甲子	10/2	8/18	乙未	11/2	9/19	丙寅	12/2	10/19	丙申	12/31	11/18	乙丑	1/30	12/19	乙未
9/2	7/17	乙丑	10/3	8/19	丙申	11/3	9/20	丁卯	12/3	10/20	丁酉	1/1	11/19	丙寅	1/31	12/20	丙申
9/3	7/18	丙寅	10/4	8/20	丁酉	11/4	9/21	戊辰	12/4	10/21	戊戌	1/2	11/20	丁卯	2/1	12/21	丁酉
9/4	7/19	丁卯	10/5	8/21	戊戌	11/5	9/22	己巳	12/5	10/22	己亥	1/3	11/21	戊辰	2/2	12/22	戊戌
9/5	7/20	戊辰	10/6	8/22	己亥	11/6	9/23	庚午				1/4	11/22	己巳			
9/6	7/21	己巳	10/7	8/23	庚子												

月	壬申	癸酉	甲戌	乙亥	丙子	丁丑
中氣	處暑	秋分	霜降	小雪	冬至	大寒
時	22 17時48分 戌時	9/22 17時51分 酉時	10/23 3時41分 寅時	11/22 1時42分 丑時	12/21 15時21分 申時	1/20 2時4分 丑時

341

年	庚寅																
月	戊寅			己卯			庚辰			辛巳			壬午			癸未		
節氣	立春			驚蟄			清明			立夏			芒種			小暑		
	2/3 20時20分 戌時			3/5 14時1分 未時			4/4 18時18分 酉時			5/5 11時3分 午時			6/5 14時47分 未時			7/7 0時51分 未時		
日	國曆	農曆	干支	國曆	農曆	干支	國曆	農曆	干支	國曆	農曆	干支	國曆	農曆	干支	國曆	農曆	干支
	2/3	12/23	己亥	3/5	1/23	己巳	4/4	2/24	己亥	5/5	3/25	庚午	6/5	4/27	辛丑	7/7	5/29	癸酉
	2/4	12/24	庚子	3/6	1/24	庚午	4/5	2/25	庚子	5/6	3/26	辛未	6/6	4/28	壬寅	7/8	6/1	甲戌
	2/5	12/25	辛丑	3/7	1/25	辛未	4/6	2/26	辛丑	5/7	3/27	壬申	6/7	4/29	癸卯	7/9	6/2	乙亥
	2/6	12/26	壬寅	3/8	1/26	壬申	4/7	2/27	壬寅	5/8	3/28	癸酉	6/8	4/30	甲辰	7/10	6/3	丙子
中	2/7	12/27	癸卯	3/9	1/27	癸酉	4/8	2/28	癸卯	5/9	3/29	甲戌	6/9	5/1	乙巳	7/11	6/4	丁丑
華	2/8	12/28	甲辰	3/10	1/28	甲戌	4/9	2/29	甲辰	5/10	4/1	乙亥	6/10	5/2	丙午	7/12	6/5	戊寅
民	2/9	12/29	乙巳	3/11	1/29	乙亥	4/10	2/30	乙巳	5/11	4/2	丙子	6/11	5/3	丁未	7/13	6/6	己卯
國	2/10	12/30	丙午	3/12	2/1	丙子	4/11	3/1	丙午	5/12	4/3	丁丑	6/12	5/4	戊申	7/14	6/7	庚辰
一	2/11	1/1	丁未	3/13	2/2	丁丑	4/12	3/2	丁未	5/13	4/4	戊寅	6/13	5/5	己酉	7/15	6/8	辛巳
百	2/12	1/2	戊申	3/14	2/3	戊寅	4/13	3/3	戊申	5/14	4/5	己卯	6/14	5/6	庚戌	7/16	6/9	壬午
五	2/13	1/3	己酉	3/15	2/4	己卯	4/14	3/4	己酉	5/15	4/6	庚辰	6/15	5/7	辛亥	7/17	6/10	癸未
十	2/14	1/4	庚戌	3/16	2/5	庚辰	4/15	3/5	庚戌	5/16	4/7	辛巳	6/16	5/8	壬子	7/18	6/11	甲申
九	2/15	1/5	辛亥	3/17	2/6	辛巳	4/16	3/6	辛亥	5/17	4/8	壬午	6/17	5/9	癸丑	7/19	6/12	乙酉
年	2/16	1/6	壬子	3/18	2/7	壬午	4/17	3/7	壬子	5/18	4/9	癸未	6/18	5/10	甲寅	7/20	6/13	丙戌
	2/17	1/7	癸丑	3/19	2/8	癸未	4/18	3/8	癸丑	5/19	4/10	甲申	6/19	5/11	乙卯	7/21	6/14	丁亥
虎	2/18	1/8	甲寅	3/20	2/9	甲申	4/19	3/9	甲寅	5/20	4/11	乙酉	6/20	5/12	丙辰	7/22	6/15	戊子
	2/19	1/9	乙卯	3/21	2/10	乙酉	4/20	3/10	乙卯	5/21	4/12	丙戌	6/21	5/13	丁巳	7/23	6/16	己丑
	2/20	1/10	丙辰	3/22	2/11	丙戌	4/21	3/11	丙辰	5/22	4/13	丁亥	6/22	5/14	戊午	7/24	6/17	庚寅
	2/21	1/11	丁巳	3/23	2/12	丁亥	4/22	3/12	丁巳	5/23	4/14	戊子	6/23	5/15	己未	7/25	6/18	辛卯
	2/22	1/12	戊午	3/24	2/13	戊子	4/23	3/13	戊午	5/24	4/15	己丑	6/24	5/16	庚申	7/26	6/19	壬辰
	2/23	1/13	己未	3/25	2/14	己丑	4/24	3/14	己未	5/25	4/16	庚寅	6/25	5/17	辛酉	7/27	6/20	癸巳
	2/24	1/14	庚申	3/26	2/15	庚寅	4/25	3/15	庚申	5/26	4/17	辛卯	6/26	5/18	壬戌	7/28	6/21	甲午
2	2/25	1/15	辛酉	3/27	2/16	辛卯	4/26	3/16	辛酉	5/27	4/18	壬辰	6/27	5/19	癸亥	7/29	6/22	乙未
0	2/26	1/16	壬戌	3/28	2/17	壬辰	4/27	3/17	壬戌	5/28	4/19	癸巳	6/28	5/20	甲子	7/30	6/23	丙申
7	2/27	1/17	癸亥	3/29	2/18	癸巳	4/28	3/18	癸亥	5/29	4/20	甲午	6/29	5/21	乙丑	7/31	6/24	丁酉
0	2/28	1/18	甲子	3/30	2/19	甲午	4/29	3/19	甲子	5/30	4/21	乙未	6/30	5/22	丙寅	8/1	6/25	戊戌
	3/1	1/19	乙丑	3/31	2/20	乙未	4/30	3/20	乙丑	5/31	4/22	丙申	7/1	5/23	丁卯	8/2	6/26	己亥
	3/2	1/20	丙寅	4/1	2/21	丙申	5/1	3/21	丙寅	6/1	4/23	丁酉	7/2	5/24	戊辰	8/3	6/27	庚子
	3/3	1/21	丁卯	4/2	2/22	丁酉	5/2	3/22	丁卯	6/2	4/24	戊戌	7/3	5/25	己巳	8/4	6/28	辛丑
	3/4	1/22	戊辰	4/3	2/23	戊戌	5/3	3/23	戊辰	6/3	4/25	己亥	7/4	5/26	庚午	8/5	6/29	壬寅
							5/4	3/24	己巳	6/4	4/26	庚子	7/5	5/27	辛未	8/6	7/1	癸卯
													7/6	5/28	壬申			

中氣	雨水	春分	穀雨	小滿	夏至	大暑
	2/18 16時0分 申時	3/20 14時34分 未時	4/20 1時3分 丑時	5/20 23時42分 子時	6/21 7時21分 辰時	7/22 18時14分 酉時

	甲申			乙酉			丙戌			丁亥			戊子			己丑			年
庚寅	立秋			白露			寒露			立冬			大雪			小寒			月
	10時45分 巳時			9/7 14時2分 未時			10/8 6時12分 卯時			11/7 9時54分 巳時			12/7 3時9分 寅時			1/5 14時35分 未時			節氣
	國曆	農曆	干支	國曆	農曆	干支	國曆	農曆	干支	國曆	農曆	干支	國曆	農曆	干支	國曆	農曆	干支	日
	8/7	7 2	甲辰	9/7	8 3	乙亥	10/8	9 5	丙午	11/7	10 5	丙子	12/7	11 5	丙午	1/5	12 5	乙亥	中
	8	7 3	乙巳	9/8	8 4	丙子	10/9	9 6	丁未	11/8	10 6	丁丑	12/8	11 6	丁未	1/6	12 6	丙子	華
	9	7 4	丙午	9/9	8 5	丁丑	10/10	9 7	戊申	11/9	10 7	戊寅	12/9	11 7	戊申	1/7	12 7	丁丑	民
	10	7 5	丁未	9/10	8 6	戊寅	10/11	9 8	己酉	11/10	10 8	己卯	12/10	11 8	己酉	1/8	12 8	戊寅	國
	11	7 6	戊申	9/11	8 7	己卯	10/12	9 9	庚戌	11/11	10 9	庚辰	12/11	11 9	庚戌	1/9	12 9	己卯	一
	12	7 7	己酉	9/12	8 8	庚辰	10/13	9 10	辛亥	11/12	10 10	辛巳	12/12	11 10	辛亥	1/10	12 10	庚辰	百
	13	7 8	庚戌	9/13	8 9	辛巳	10/14	9 11	壬子	11/13	10 11	壬午	12/13	11 11	壬子	1/11	12 11	辛巳	五
	14	7 9	辛亥	9/14	8 10	壬午	10/15	9 12	癸丑	11/14	10 12	癸未	12/14	11 12	癸丑	1/12	12 12	壬午	十
	15	7 10	壬子	9/15	8 11	癸未	10/16	9 13	甲寅	11/15	10 13	甲申	12/15	11 13	甲寅	1/13	12 13	癸未	九
	16	7 11	癸丑	9/16	8 12	甲申	10/17	9 14	乙卯	11/16	10 14	乙酉	12/16	11 14	乙卯	1/14	12 14	甲申	、
	17	7 12	甲寅	9/17	8 13	乙酉	10/18	9 15	丙辰	11/17	10 15	丙戌	12/17	11 15	丙辰	1/15	12 15	乙酉	一
	18	7 13	乙卯	9/18	8 14	丙戌	10/19	9 16	丁巳	11/18	10 16	丁亥	12/18	11 16	丁巳	1/16	12 16	丙戌	百
	19	7 14	丙辰	9/19	8 15	丁亥	10/20	9 17	戊午	11/19	10 17	戊子	12/19	11 17	戊午	1/17	12 17	丁亥	六
	20	7 15	丁巳	9/20	8 16	戊子	10/21	9 18	己未	11/20	10 18	己丑	12/20	11 18	己未	1/18	12 18	戊子	十
	21	7 16	戊午	9/21	8 17	己丑	10/22	9 19	庚申	11/21	10 19	庚寅	12/21	11 19	庚申	1/19	12 19	己丑	虎
	22	7 17	己未	9/22	8 18	庚寅	10/23	9 20	辛酉	11/22	10 20	辛卯	12/22	11 20	辛酉	1/20	12 20	庚寅	
	23	7 18	庚申	9/23	8 19	辛卯	10/24	9 21	壬戌	11/23	10 21	壬辰	12/23	11 21	壬戌	1/21	12 21	辛卯	
	24	7 19	辛酉	9/24	8 20	壬辰	10/25	9 22	癸亥	11/24	10 22	癸巳	12/24	11 22	癸亥	1/22	12 22	壬辰	
	25	7 20	壬戌	9/25	8 21	癸巳	10/26	9 23	甲子	11/25	10 23	甲午	12/25	11 23	甲子	1/23	12 23	癸巳	
	26	7 21	癸亥	9/26	8 22	甲午	10/27	9 24	乙丑	11/26	10 24	乙未	12/26	11 24	乙丑	1/24	12 24	甲午	
	27	7 22	甲子	9/27	8 23	乙未	10/28	9 25	丙寅	11/27	10 25	丙申	12/27	11 25	丙寅	1/25	12 25	乙未	2
	28	7 23	乙丑	9/28	8 24	丙申	10/29	9 26	丁卯	11/28	10 26	丁酉	12/28	11 26	丁卯	1/26	12 26	丙申	0
	29	7 24	丙寅	9/29	8 25	丁酉	10/30	9 27	戊辰	11/29	10 27	戊戌	12/29	11 27	戊辰	1/27	12 27	丁酉	7
	30	7 25	丁卯	9/30	8 26	戊戌	10/31	9 28	己巳	11/30	10 28	己亥	12/30	11 28	己巳	1/28	12 28	戊戌	0
	31	7 26	戊辰	10/1	8 27	己亥	11/1	9 29	庚午	12/1	10 29	庚子	12/31	11 29	庚午	1/29	12 29	己亥	、
	1	7 27	己巳	10/2	8 28	庚子	11/2	9 30	辛未	12/2	10 30	辛丑	1/1	12 1	辛未	1/30	12 30	庚子	2
	2	7 28	庚午	10/3	8 29	辛丑	11/3	10 1	壬申	12/3	11 1	壬寅	1/2	12 2	壬申	1/31	1 1	辛丑	0
	3	7 29	辛未	10/4	9 1	壬寅	11/4	10 2	癸酉	12/4	11 2	癸卯	1/3	12 3	癸酉	2/1	1 2	壬寅	7
	4	7 30	壬申	10/5	9 2	癸卯	11/5	10 3	甲戌	12/5	11 3	甲辰	1/4	12 4	甲戌	2/2	1 3	癸卯	1
	5	8 1	癸酉	10/6	9 3	甲辰	11/6	10 4	乙亥	12/6	11 4	乙巳				2/3	1 4	甲辰	
	6	8 2	甲戌	10/7	9 4	乙巳													
	處暑			秋分			霜降			小雪			冬至			大寒			中
	1時36分 丑時			9/22 23時43分 子時			10/23 9時37分 巳時			11/22 7時40分 辰時			12/21 21時18分 亥時			1/20 8時1分 辰時			氣

年 辛卯

中華民國一百六十年 兔 2071

庚寅 立春 2/4 2時9分 丑時			辛卯 驚蟄 3/5 19時51分 戌時			壬辰 清明 4/5 0時9分 子時			癸巳 立夏 5/5 16時54分 申時			甲午 芒種 6/5 20時37分 戌時			乙未 小暑 7/7 6時41分 卯時		
國曆	農曆	干支	國曆	農曆	干支	國曆	農曆	干支	國曆	農曆	干支	國曆	農曆	干支	國曆	農曆	干支
2 4	1 5	乙巳	3 5	2 4	甲戌	4 5	3 6	乙巳	5 5	4 7	乙亥	6 5	5 8	丙午	7 7	6 10	戊寅
2 5	1 6	丙午	3 6	2 5	乙亥	4 6	3 7	丙午	5 6	4 8	丙子	6 6	5 9	丁未	7 8	6 11	己卯
2 6	1 7	丁未	3 7	2 6	丙子	4 7	3 8	丁未	5 7	4 9	丁丑	6 7	5 10	戊申	7 9	6 12	庚辰
2 7	1 8	戊申	3 8	2 7	丁丑	4 8	3 9	戊申	5 8	4 10	戊寅	6 8	5 11	己酉	7 10	6 13	辛巳
2 8	1 9	己酉	3 9	2 8	戊寅	4 9	3 10	己酉	5 9	4 11	己卯	6 9	5 12	庚戌	7 11	6 14	壬午
2 9	1 10	庚戌	3 10	2 9	己卯	4 10	3 11	庚戌	5 10	4 12	庚辰	6 10	5 13	辛亥	7 12	6 15	癸未
2 10	1 11	辛亥	3 11	2 10	庚辰	4 11	3 12	辛亥	5 11	4 13	辛巳	6 11	5 14	壬子	7 13	6 16	甲申
2 11	1 12	壬子	3 12	2 11	辛巳	4 12	3 13	壬子	5 12	4 14	壬午	6 12	5 15	癸丑	7 14	6 17	乙酉
2 12	1 13	癸丑	3 13	2 12	壬午	4 13	3 14	癸丑	5 13	4 15	癸未	6 13	5 16	甲寅	7 15	6 18	丙戌
2 13	1 14	甲寅	3 14	2 13	癸未	4 14	3 15	甲寅	5 14	4 16	甲申	6 14	5 17	乙卯	7 16	6 19	丁亥
2 14	1 15	乙卯	3 15	2 14	甲申	4 15	3 16	乙卯	5 15	4 17	乙酉	6 15	5 18	丙辰	7 17	6 20	戊子
2 15	1 16	丙辰	3 16	2 15	乙酉	4 16	3 17	丙辰	5 16	4 18	丙戌	6 16	5 19	丁巳	7 18	6 21	己丑
2 16	1 17	丁巳	3 17	2 16	丙戌	4 17	3 18	丁巳	5 17	4 19	丁亥	6 17	5 20	戊午	7 19	6 22	庚寅
2 17	1 18	戊午	3 18	2 17	丁亥	4 18	3 19	戊午	5 18	4 20	戊子	6 18	5 21	己未	7 20	6 23	辛卯
2 18	1 19	己未	3 19	2 18	戊子	4 19	3 20	己未	5 19	4 21	己丑	6 19	5 22	庚申	7 21	6 24	壬辰
2 19	1 20	庚申	3 20	2 19	己丑	4 20	3 21	庚申	5 20	4 22	庚寅	6 20	5 23	辛酉	7 22	6 25	癸巳
2 20	1 21	辛酉	3 21	2 20	庚寅	4 21	3 22	辛酉	5 21	4 23	辛卯	6 21	5 24	壬戌	7 23	6 26	甲午
2 21	1 22	壬戌	3 22	2 21	辛卯	4 22	3 23	壬戌	5 22	4 24	壬辰	6 22	5 25	癸亥	7 24	6 27	乙未
2 22	1 23	癸亥	3 23	2 22	壬辰	4 23	3 24	癸亥	5 23	4 25	癸巳	6 23	5 26	甲子	7 25	6 28	丙申
2 23	1 24	甲子	3 24	2 23	癸巳	4 24	3 25	甲子	5 24	4 26	甲午	6 24	5 27	乙丑	7 26	6 29	丁酉
2 24	1 25	乙丑	3 25	2 24	甲午	4 25	3 26	乙丑	5 25	4 27	乙未	6 25	5 28	丙寅	7 27	7 1	戊戌
2 25	1 26	丙寅	3 26	2 25	乙未	4 26	3 27	丙寅	5 26	4 28	丙申	6 26	5 29	丁卯	7 28	7 2	己亥
2 26	1 27	丁卯	3 27	2 26	丙申	4 27	3 28	丁卯	5 27	4 29	丁酉	6 27	5 30	戊辰	7 29	7 3	庚子
2 27	1 28	戊辰	3 28	2 27	丁酉	4 28	3 29	戊辰	5 28	4 30	戊戌	6 28	6 1	己巳	7 30	7 4	辛丑
2 28	1 29	己巳	3 29	2 28	戊戌	4 29	4 1	己巳	5 29	5 1	己亥	6 29	6 2	庚午	7 31	7 5	壬寅
3 1	1 30	庚午	3 30	2 29	己亥	4 30	4 2	庚午	5 30	5 2	庚子	6 30	6 3	辛未	8 1	7 6	癸卯
3 2	2 1	辛未	3 31	3 1	庚子	5 1	4 3	辛未	5 31	5 3	辛丑	7 1	6 4	壬申	8 2	7 7	甲辰
3 3	2 2	壬申	4 1	3 2	辛丑	5 2	4 4	壬申	6 1	5 4	壬寅	7 2	6 5	癸酉	8 3	7 8	乙巳
3 4	2 3	癸酉	4 2	3 3	壬寅	5 3	4 5	癸酉	6 2	5 5	癸卯	7 3	6 6	甲戌	8 4	7 9	丙午
			4 3	3 4	癸卯	5 4	4 6	甲戌	6 3	5 6	甲辰	7 4	6 7	乙亥	8 5	7 10	丁未
			4 4	3 5	甲辰				6 4	5 7	乙巳	7 5	6 8	丙子	8 6	7 11	戊申
												7 6	6 9	丁丑			

中氣	雨水 2/18 21時58分 亥時	春分 3/20 20時33分 戌時	穀雨 4/20 7時4分 辰時	小滿 5/21 5時42分 卯時	夏至 6/21 13時19分 未時	大暑 7/23 0時11分 子時

辛卯

	丙申 立秋			丁酉 白露			戊戌 寒露			己亥 立冬			庚子 大雪			辛丑 小寒		
節氣	(8)/7 16時38分 申時			9/7 19時57分 戌時			10/8 12時7分 午時			11/7 15時47分 申時			12/7 8時59分 辰時			1/5 20時22分 戌時		
	國曆	農曆	干支	國曆	農曆	干支	國曆	農曆	干支	國曆	農曆	干支	國曆	農曆	干支	國曆	農曆	干支
	8/7	7/12	己酉	9/7	8/14	庚辰	10/8	閏8/15	辛亥	11/7	9/16	辛巳	12/7	10/16	辛亥	1/5	11/16	庚辰
	8/8	7/13	庚戌	9/8	8/15	辛巳	10/9	閏8/16	壬子	11/8	9/17	壬午	12/8	10/17	壬子	1/6	11/17	辛巳
	8/9	7/14	辛亥	9/9	8/16	壬午	10/10	閏8/17	癸丑	11/9	9/18	癸未	12/9	10/18	癸丑	1/7	11/18	壬午
	8/10	7/15	壬子	9/10	8/17	癸未	10/11	閏8/18	甲寅	11/10	9/19	甲申	12/10	10/19	甲寅	1/8	11/19	癸未
	8/11	7/16	癸丑	9/11	8/18	甲申	10/12	閏8/19	乙卯	11/11	9/20	乙酉	12/11	10/20	乙卯	1/9	11/20	甲申
	8/12	7/17	甲寅	9/12	8/19	乙酉	10/13	閏8/20	丙辰	11/12	9/21	丙戌	12/12	10/21	丙辰	1/10	11/21	乙酉
	8/13	7/18	乙卯	9/13	8/20	丙戌	10/14	閏8/21	丁巳	11/13	9/22	丁亥	12/13	10/22	丁巳	1/11	11/22	丙戌
	8/14	7/19	丙辰	9/14	8/21	丁亥	10/15	閏8/22	戊午	11/14	9/23	戊子	12/14	10/23	戊午	1/12	11/23	丁亥
	8/15	7/20	丁巳	9/15	8/22	戊子	10/16	閏8/23	己未	11/15	9/24	己丑	12/15	10/24	己未	1/13	11/24	戊子
	8/16	7/21	戊午	9/16	8/23	己丑	10/17	閏8/24	庚申	11/16	9/25	庚寅	12/16	10/25	庚申	1/14	11/25	己丑
	8/17	7/22	己未	9/17	8/24	庚寅	10/18	閏8/25	辛酉	11/17	9/26	辛卯	12/17	10/26	辛酉	1/15	11/26	庚寅
	8/18	7/23	庚申	9/18	8/25	辛卯	10/19	閏8/26	壬戌	11/18	9/27	壬辰	12/18	10/27	壬戌	1/16	11/27	辛卯
	8/19	7/24	辛酉	9/19	8/26	壬辰	10/20	閏8/27	癸亥	11/19	9/28	癸巳	12/19	10/28	癸亥	1/17	11/28	壬辰
	8/20	7/25	壬戌	9/20	8/27	癸巳	10/21	閏8/28	甲子	11/20	9/29	甲午	12/20	10/29	甲子	1/18	11/29	癸巳
	8/21	7/26	癸亥	9/21	8/28	甲午	10/22	閏8/29	乙丑	11/21	9/30	乙未	12/21	11/1	乙丑	1/19	11/30	甲午
	8/22	7/27	甲子	9/22	8/29	乙未	10/23	9/1	丙寅	11/22	10/1	丙申	12/22	11/2	丙寅	1/20	12/1	乙未
	8/23	7/28	乙丑	9/23	8/30	丙申	10/24	9/2	丁卯	11/23	10/2	丁酉	12/23	11/3	丁卯	1/21	12/2	丙申
	8/24	7/29	丙寅	9/24	閏8/1	丁酉	10/25	9/3	戊辰	11/24	10/3	戊戌	12/24	11/4	戊辰	1/22	12/3	丁酉
	8/25	8/1	丁卯	9/25	閏8/2	戊戌	10/26	9/4	己巳	11/25	10/4	己亥	12/25	11/5	己巳	1/23	12/4	戊戌
	8/26	8/2	戊辰	9/26	閏8/3	己亥	10/27	9/5	庚午	11/26	10/5	庚子	12/26	11/6	庚午	1/24	12/5	己亥
	8/27	8/3	己巳	9/27	閏8/4	庚子	10/28	9/6	辛未	11/27	10/6	辛丑	12/27	11/7	辛未	1/25	12/6	庚子
	8/28	8/4	庚午	9/28	閏8/5	辛丑	10/29	9/7	壬申	11/28	10/7	壬寅	12/28	11/8	壬申	1/26	12/7	辛丑
	8/29	8/5	辛未	9/29	閏8/6	壬寅	10/30	9/8	癸酉	11/29	10/8	癸卯	12/29	11/9	癸酉	1/27	12/8	壬寅
	8/30	8/6	壬申	9/30	閏8/7	癸卯	10/31	9/9	甲戌	11/30	10/9	甲辰	12/30	11/10	甲戌	1/28	12/9	癸卯
	8/31	8/7	癸酉	10/1	閏8/8	甲辰	11/1	9/10	乙亥	12/1	10/10	乙巳	12/31	11/11	乙亥	1/29	12/10	甲辰
	9/1	8/8	甲戌	10/2	閏8/9	乙巳	11/2	9/11	丙子	12/2	10/11	丙午	1/1	11/12	丙子	1/30	12/11	乙巳
	9/2	8/9	乙亥	10/3	閏8/10	丙午	11/3	9/12	丁丑	12/3	10/12	丁未	1/2	11/13	丁丑	1/31	12/12	丙午
	9/3	8/10	丙子	10/4	閏8/11	丁未	11/4	9/13	戊寅	12/4	10/13	戊申	1/3	11/14	戊寅	2/1	12/13	丁未
	9/4	8/11	丁丑	10/5	閏8/12	戊申	11/5	9/14	己卯	12/5	10/14	己酉	1/4	11/15	己卯	2/2	12/14	戊申
	9/5	8/12	戊寅	10/6	閏8/13	己酉	11/6	9/15	庚辰	12/6	10/15	庚戌				2/3	12/15	己酉
	9/6	8/13	己卯	10/7	閏8/14	庚戌												

年／月欄： 中華民國一百六十、一百六十一年　兔　2071、2072

中氣	處暑	秋分	霜降	小雪	冬至	大寒
	(8)/23 7時31分 辰時	9/23 5時36分 卯時	10/23 15時28分 申時	11/22 13時27分 未時	12/22 3時3分 寅時	1/20 13時44分 未時

年	壬辰																	
月	壬寅			癸卯			甲辰			乙巳			丙午			丁未		
節氣	立春			驚蟄			清明			立夏			芒種			小暑		
	2/4 7時56分 辰時			3/5 1時40分 丑時			4/4 6時2分 卯時			5/4 22時52分 亥時			6/5 2時39分 丑時			7/6 12時44分 午時		
日	國曆	農曆	干支	國曆	農曆	干支	國曆	農曆	干支	國曆	農曆	干支	國曆	農曆	干支	國曆	農曆	干
	2/4	12 16	庚戌	3/5	1 16	庚辰	4/4	2 16	庚戌	5/4	3 17	庚辰	6/5	4 19	壬子	7/6	5 21	癸
	2/5	12 17	辛亥	3/6	1 17	辛巳	4/5	2 17	辛亥	5/5	3 18	辛巳	6/6	4 20	癸丑	7/7	5 22	甲
	2/6	12 18	壬子	3/7	1 18	壬午	4/6	2 18	壬子	5/6	3 19	壬午	6/7	4 21	甲寅	7/8	5 23	乙
	2/7	12 19	癸丑	3/8	1 19	癸未	4/7	2 19	癸丑	5/7	3 20	癸未	6/8	4 22	乙卯	7/9	5 24	丙
	2/8	12 20	甲寅	3/9	1 20	甲申	4/8	2 20	甲寅	5/8	3 21	甲申	6/9	4 23	丙辰	7/10	5 25	丁
中	2/9	12 21	乙卯	3/10	1 21	乙酉	4/9	2 21	乙卯	5/9	3 22	乙酉	6/10	4 24	丁巳	7/11	5 26	戊
華	2/10	12 22	丙辰	3/11	1 22	丙戌	4/10	2 22	丙辰	5/10	3 23	丙戌	6/11	4 25	戊午	7/12	5 27	己
民	2/11	12 23	丁巳	3/12	1 23	丁亥	4/11	2 23	丁巳	5/11	3 24	丁亥	6/12	4 26	己未	7/13	5 28	庚
國	2/12	12 24	戊午	3/13	1 24	戊子	4/12	2 24	戊午	5/12	3 25	戊子	6/13	4 27	庚申	7/14	5 29	辛
一	2/13	12 25	己未	3/14	1 25	己丑	4/13	2 25	己未	5/13	3 26	己丑	6/14	4 28	辛酉	7/15	5 30	壬
百	2/14	12 26	庚申	3/15	1 26	庚寅	4/14	2 26	庚申	5/14	3 27	庚寅	6/15	4 29	壬戌	7/16	6 1	癸
六	2/15	12 27	辛酉	3/16	1 27	辛卯	4/15	2 27	辛酉	5/15	3 28	辛卯	6/16	5 1	癸亥	7/17	6 2	甲
十	2/16	12 28	壬戌	3/17	1 28	壬辰	4/16	2 28	壬戌	5/16	3 29	壬辰	6/17	5 2	甲子	7/18	6 3	乙
一	2/17	12 29	癸亥	3/18	1 29	癸巳	4/17	2 29	癸亥	5/17	3 30	癸巳	6/18	5 3	乙丑	7/19	6 4	丙
年	2/18	12 30	甲子	3/19	1 30	甲午	4/18	3 1	甲子	5/18	4 1	甲午	6/19	5 4	丙寅	7/20	6 5	丁
	2/19	1 1	乙丑	3/20	2 1	乙未	4/19	3 2	乙丑	5/19	4 2	乙未	6/20	5 5	丁卯	7/21	6 6	戊
龍	2/20	1 2	丙寅	3/21	2 2	丙申	4/20	3 3	丙寅	5/20	4 3	丙申	6/21	5 6	戊辰	7/22	6 7	己
	2/21	1 3	丁卯	3/22	2 3	丁酉	4/21	3 4	丁卯	5/21	4 4	丁酉	6/22	5 7	己巳	7/23	6 8	庚
	2/22	1 4	戊辰	3/23	2 4	戊戌	4/22	3 5	戊辰	5/22	4 5	戊戌	6/23	5 8	庚午	7/24	6 9	辛
	2/23	1 5	己巳	3/24	2 5	己亥	4/23	3 6	己巳	5/23	4 6	己亥	6/24	5 9	辛未	7/25	6 10	壬
	2/24	1 6	庚午	3/25	2 6	庚子	4/24	3 7	庚午	5/24	4 7	庚子	6/25	5 10	壬申	7/26	6 11	癸
	2/25	1 7	辛未	3/26	2 7	辛丑	4/25	3 8	辛未	5/25	4 8	辛丑	6/26	5 11	癸酉	7/27	6 12	甲
	2/26	1 8	壬申	3/27	2 8	壬寅	4/26	3 9	壬申	5/26	4 9	壬寅	6/27	5 12	甲戌	7/28	6 13	乙
	2/27	1 9	癸酉	3/28	2 9	癸卯	4/27	3 10	癸酉	5/27	4 10	癸卯	6/28	5 13	乙亥	7/29	6 14	丙
2	2/28	1 10	甲戌	3/29	2 10	甲辰	4/28	3 11	甲戌	5/28	4 11	甲辰	6/29	5 14	丙子	7/30	6 15	丁
0	2/29	1 11	乙亥	3/30	2 11	乙巳	4/29	3 12	乙亥	5/29	4 12	乙巳	6/30	5 15	丁丑	7/31	6 16	戊
7	3/1	1 12	丙子	3/31	2 12	丙午	4/30	3 13	丙子	5/30	4 13	丙午	7/1	5 16	戊寅	8/1	6 17	己
2	3/2	1 13	丁丑	4/1	2 13	丁未	5/1	3 14	丁丑	5/31	4 14	丁未	7/2	5 17	己卯	8/2	6 18	庚
	3/3	1 14	戊寅	4/2	2 14	戊申	5/2	3 15	戊寅	6/1	4 15	戊申	7/3	5 18	庚辰	8/3	6 19	辛
	3/4	1 15	己卯	4/3	2 15	己酉	5/3	3 16	己卯	6/2	4 16	己酉	7/4	5 19	辛巳	8/4	6 20	壬
										6/3	4 17	庚戌	7/5	5 20	壬午	8/5	6 21	癸
										6/4	4 18	辛亥						
中氣	雨水			春分			穀雨			小滿			夏至			大暑		
	2/19 3時42分 寅時			3/20 2時20分 丑時			4/19 12時54分 午時			5/20 11時34分 午時			6/20 19時12分 戌時			7/22 6時3分 卯時		

	壬辰						年

戊申	己酉	庚戌	辛亥	壬子	癸丑	月
立秋	白露	寒露	立冬	大雪	小寒	節氣
時38分 亥時	9/7 1時54分 丑時	10/7 18時2分 酉時	11/6 21時42分 亥時	12/6 14時55分 未時	1/5 2時17分 丑時	

農曆	干支	國曆	農曆	干支	國曆	農曆	干支	國曆	農曆	干支	國曆	農曆	干支	國曆	農曆	干支	日
6 22	甲寅	9 7	7 25	丙戌	10 7	8 26	丙辰	11 6	9 26	丙戌	12 6	10 27	丙辰	1 5	11 27	丙戌	
6 23	乙卯	9 8	7 26	丁亥	10 8	8 27	丁巳	11 7	9 27	丁亥	12 7	10 28	丁巳	1 6	11 28	丁亥	
6 24	丙辰	9 9	7 27	戊子	10 9	8 28	戊午	11 8	9 28	戊子	12 8	10 29	戊午	1 7	11 29	戊子	
6 25	丁巳	9 10	7 28	己丑	10 10	8 29	己未	11 9	9 29	己丑	12 9	10 30	己未	1 8	12 1	己丑	
6 26	戊午	9 11	7 29	庚寅	10 11	8 30	庚申	11 10	10 1	庚寅	12 10	11 1	庚申	1 9	12 2	庚寅	
6 27	己未	9 12	8 1	辛卯	10 12	9 1	辛酉	11 11	10 2	辛卯	12 11	11 2	辛酉	1 10	12 3	辛卯	
6 28	庚申	9 13	8 2	壬辰	10 13	9 2	壬戌	11 12	10 3	壬辰	12 12	11 3	壬戌	1 11	12 4	壬辰	
6 29	辛酉	9 14	8 3	癸巳	10 14	9 3	癸亥	11 13	10 4	癸巳	12 13	11 4	癸亥	1 12	12 5	癸巳	
7 1	壬戌	9 15	8 4	甲午	10 15	9 4	甲子	11 14	10 5	甲午	12 14	11 5	甲子	1 13	12 6	甲午	
7 2	癸亥	9 16	8 5	乙未	10 16	9 5	乙丑	11 15	10 6	乙未	12 15	11 6	乙丑	1 14	12 7	乙未	
7 3	甲子	9 17	8 6	丙申	10 17	9 6	丙寅	11 16	10 7	丙申	12 16	11 7	丙寅	1 15	12 8	丙申	
7 4	乙丑	9 18	8 7	丁酉	10 18	9 7	丁卯	11 17	10 8	丁酉	12 17	11 8	丁卯	1 16	12 9	丁酉	
7 5	丙寅	9 19	8 8	戊戌	10 19	9 8	戊辰	11 18	10 9	戊戌	12 18	11 9	戊辰	1 17	12 10	戊戌	
7 6	丁卯	9 20	8 9	己亥	10 20	9 9	己巳	11 19	10 10	己亥	12 19	11 10	己巳	1 18	12 11	己亥	
7 7	戊辰	9 21	8 10	庚子	10 21	9 10	庚午	11 20	10 11	庚子	12 20	11 11	庚午	1 19	12 12	庚子	
7 8	己巳	9 22	8 11	辛丑	10 22	9 11	辛未	11 21	10 12	辛丑	12 21	11 12	辛未	1 20	12 13	辛丑	
7 9	庚午	9 23	8 12	壬寅	10 23	9 12	壬申	11 22	10 13	壬寅	12 22	11 13	壬申	1 21	12 14	壬寅	
7 10	辛未	9 24	8 13	癸卯	10 24	9 13	癸酉	11 23	10 14	癸卯	12 23	11 14	癸酉	1 22	12 15	癸卯	
7 11	壬申	9 25	8 14	甲辰	10 25	9 14	甲戌	11 24	10 15	甲辰	12 24	11 15	甲戌	1 23	12 16	甲辰	
7 12	癸酉	9 26	8 15	乙巳	10 26	9 15	乙亥	11 25	10 16	乙巳	12 25	11 16	乙亥	1 24	12 17	乙巳	
7 13	甲戌	9 27	8 16	丙午	10 27	9 16	丙子	11 26	10 17	丙午	12 26	11 17	丙子	1 25	12 18	丙午	
7 14	乙亥	9 28	8 17	丁未	10 28	9 17	丁丑	11 27	10 18	丁未	12 27	11 18	丁丑	1 26	12 19	丁未	
7 15	丙子	9 29	8 18	戊申	10 29	9 18	戊寅	11 28	10 19	戊申	12 28	11 19	戊寅	1 27	12 20	戊申	
7 16	丁丑	9 30	8 19	己酉	10 30	9 19	己卯	11 29	10 20	己酉	12 29	11 20	己卯	1 28	12 21	己酉	
7 17	戊寅	10 1	8 20	庚戌	10 31	9 20	庚辰	11 30	10 21	庚戌	12 30	11 21	庚辰	1 29	12 22	庚戌	
7 18	己卯	10 2	8 21	辛亥	11 1	9 21	辛巳	12 1	10 22	辛亥	12 31	11 22	辛巳	1 30	12 23	辛亥	
7 19	庚辰	10 3	8 22	壬子	11 2	9 22	壬午	12 2	10 23	壬子	1 1	11 23	壬午	1 31	12 24	壬子	
7 20	辛巳	10 4	8 23	癸丑	11 3	9 23	癸未	12 3	10 24	癸丑	1 2	11 24	癸未	2 1	12 25	癸丑	
7 21	壬午	10 5	8 24	甲寅	11 4	9 24	甲申	12 4	10 25	甲寅	1 3	11 25	甲申	2 2	12 26	甲寅	
7 22	癸未	10 6	8 25	乙卯	11 5	9 25	乙酉	12 5	10 26	乙卯	1 4	11 26	乙卯				
7 23	甲申																
7 24	乙酉																

處暑	秋分	霜降	小雪	冬至	大寒	中氣
3時21分 未時	9/22 11時26分 午時	10/22 21時18分 亥時	11/21 19時19分 戌時	12/21 8時55分 辰時	1/19 19時36分 戌時	

中華民國一百六十一、一百六十二年　龍　2072、2073

年　癸巳

中華民國一百六十二年　蛇　2073

月	甲寅	乙卯	丙辰	丁巳	戊午	己未
節氣	立春 2/3 13時51分 未時	驚蟄 3/5 7時35分 辰時	清明 4/4 11時58分 午時	立夏 5/5 4時46分 寅時	芒種 6/5 8時29分 辰時	小暑 7/6 18時29分

日

國曆	農曆	干支	國曆	農曆	干支	國曆	農曆	干支	國曆	農曆	干支	國曆	農曆	干支	國曆	農曆	干支
2/3	12/27	乙卯	3/5	1/27	乙酉	4/4	2/27	乙卯	5/5	3/29	丙戌	6/5	4/30	丁巳	7/6	6/2	戊子
2/4	12/28	丙辰	3/6	1/28	丙戌	4/5	2/28	丙辰	5/6	3/30	丁亥	6/6	5/1	戊午	7/7	6/3	己丑
2/5	12/29	丁巳	3/7	1/29	丁亥	4/6	2/29	丁巳	5/7	4/1	戊子	6/7	5/2	己未	7/8	6/4	庚寅
2/6	12/30	戊午	3/8	1/30	戊子	4/7	3/1	戊午	5/8	4/2	己丑	6/8	5/3	庚申	7/9	6/5	辛卯
2/7	1/1	己未	3/9	2/1	己丑	4/8	3/2	己未	5/9	4/3	庚寅	6/9	5/4	辛酉	7/10	6/6	壬辰
2/8	1/2	庚申	3/10	2/2	庚寅	4/9	3/3	庚申	5/10	4/4	辛卯	6/10	5/5	壬戌	7/11	6/7	癸巳
2/9	1/3	辛酉	3/11	2/3	辛卯	4/10	3/4	辛酉	5/11	4/5	壬辰	6/11	5/6	癸亥	7/12	6/8	甲午
2/10	1/4	壬戌	3/12	2/4	壬辰	4/11	3/5	壬戌	5/12	4/6	癸巳	6/12	5/7	甲子	7/13	6/9	乙未
2/11	1/5	癸亥	3/13	2/5	癸巳	4/12	3/6	癸亥	5/13	4/7	甲午	6/13	5/8	乙丑	7/14	6/10	丙申
2/12	1/6	甲子	3/14	2/6	甲午	4/13	3/7	甲子	5/14	4/8	乙未	6/14	5/9	丙寅	7/15	6/11	丁酉
2/13	1/7	乙丑	3/15	2/7	乙未	4/14	3/8	乙丑	5/15	4/9	丙申	6/15	5/10	丁卯	7/16	6/12	戊戌
2/14	1/8	丙寅	3/16	2/8	丙申	4/15	3/9	丙寅	5/16	4/10	丁酉	6/16	5/11	戊辰	7/17	6/13	己亥
2/15	1/9	丁卯	3/17	2/9	丁酉	4/16	3/10	丁卯	5/17	4/11	戊戌	6/17	5/12	己巳	7/18	6/14	庚子
2/16	1/10	戊辰	3/18	2/10	戊戌	4/17	3/11	戊辰	5/18	4/12	己亥	6/18	5/13	庚午	7/19	6/15	辛丑
2/17	1/11	己巳	3/19	2/11	己亥	4/18	3/12	己巳	5/19	4/13	庚子	6/19	5/14	辛未	7/20	6/16	壬寅
2/18	1/12	庚午	3/20	2/12	庚子	4/19	3/13	庚午	5/20	4/14	辛丑	6/20	5/15	壬申	7/21	6/17	癸卯
2/19	1/13	辛未	3/21	2/13	辛丑	4/20	3/14	辛未	5/21	4/15	壬寅	6/21	5/16	癸酉	7/22	6/18	甲辰
2/20	1/14	壬申	3/22	2/14	壬寅	4/21	3/15	壬申	5/22	4/16	癸卯	6/22	5/17	甲戌	7/23	6/19	乙巳
2/21	1/15	癸酉	3/23	2/15	癸卯	4/22	3/16	癸酉	5/23	4/17	甲辰	6/23	5/18	乙亥	7/24	6/20	丙午
2/22	1/16	甲戌	3/24	2/16	甲辰	4/23	3/17	甲戌	5/24	4/18	乙巳	6/24	5/19	丙子	7/25	6/21	丁未
2/23	1/17	乙亥	3/25	2/17	乙巳	4/24	3/18	乙亥	5/25	4/19	丙午	6/25	5/20	丁丑	7/26	6/22	戊申
2/24	1/18	丙子	3/26	2/18	丙午	4/25	3/19	丙子	5/26	4/20	丁未	6/26	5/21	戊寅	7/27	6/23	己酉
2/25	1/19	丁丑	3/27	2/19	丁未	4/26	3/20	丁丑	5/27	4/21	戊申	6/27	5/22	己卯	7/28	6/24	庚戌
2/26	1/20	戊寅	3/28	2/20	戊申	4/27	3/21	戊寅	5/28	4/22	己酉	6/28	5/23	庚辰	7/29	6/25	辛亥
2/27	1/21	己卯	3/29	2/21	己酉	4/28	3/22	己卯	5/29	4/23	庚戌	6/29	5/24	辛巳	7/30	6/26	壬子
2/28	1/22	庚辰	3/30	2/22	庚戌	4/29	3/23	庚辰	5/30	4/24	辛亥	6/30	5/25	壬午	7/31	6/27	癸丑
3/1	1/23	辛巳	3/31	2/23	辛亥	4/30	3/24	辛巳	5/31	4/25	壬子	7/1	5/26	癸未	8/1	6/28	甲寅
3/2	1/24	壬午	4/1	2/24	壬子	5/1	3/25	壬午	6/1	4/26	癸丑	7/2	5/27	甲申	8/2	6/29	乙卯
3/3	1/25	癸未	4/2	2/25	癸丑	5/2	3/26	癸未	6/2	4/27	甲寅	7/3	5/28	乙酉	8/3	6/30	丙辰
3/4	1/26	甲申	4/3	2/26	甲寅	5/3	3/27	甲申	6/3	4/28	乙卯	7/4	5/29	丙戌	8/4	7/1	丁巳
						5/4	3/28	乙酉	6/4	4/29	丙辰	7/5	6/1	丁亥	8/5	7/2	戊午
															8/6	7/3	己未

| 中氣 | 雨水
2/18 9時33分 巳時 | 春分
3/20 8時12分 辰時 | 穀雨
4/19 18時47分 酉時 | 小滿
5/20 17時28分 酉時 | 夏至
6/21 1時6分 丑時 | 大暑
7/22 11時54分 |

月: 庚申　辛酉　壬戌　癸亥　甲子　乙丑

節氣: 立秋　白露　寒露　立冬　大雪　小寒

節氣	庚申 立秋	辛酉 白露	壬戌 寒露	癸亥 立冬	甲子 大雪	乙丑 小寒
日時	時19分 寅時	9/7 7時32分 辰時	10/7 23時40分 子時	11/7 3時23分 寅時	12/6 20時39分 戌時	1/5 8時5分 辰時

右欄：中華民國一百六十二、一百六十三年　蛇　2073、2074

農曆	干支	國曆	農曆	干支	國曆	農曆	干支	國曆	農曆	干支	國曆	農曆	干支	國曆	農曆	干支
7/4	庚申	9/7	8/6	辛卯	10/7	9/7	辛酉	11/7	10/8	壬辰	12/6	11/8	辛卯	1/5	12/8	辛酉
7/5	辛酉	9/8	8/7	壬辰	10/8	9/8	壬戌	11/8	10/9	癸巳	12/7	11/9	壬辰	1/6	12/9	壬戌
7/6	壬戌	9/9	8/8	癸巳	10/9	9/9	癸亥	11/9	10/10	甲午	12/8	11/10	癸巳	1/7	12/10	癸亥
7/7	癸亥	9/10	8/9	甲午	10/10	9/10	甲子	11/10	10/11	乙未	12/9	11/11	甲午	1/8	12/11	甲子
7/8	甲子	9/11	8/10	乙未	10/11	9/11	乙丑	11/11	10/12	丙申	12/10	11/12	乙未	1/9	12/12	乙丑
7/9	乙丑	9/12	8/11	丙申	10/12	9/12	丙寅	11/12	10/13	丁酉	12/11	11/13	丙申	1/10	12/13	丙寅
7/10	丙寅	9/13	8/12	丁酉	10/13	9/13	丁卯	11/13	10/14	戊戌	12/12	11/14	丁酉	1/11	12/14	丁卯
7/11	丁卯	9/14	8/13	戊戌	10/14	9/14	戊辰	11/14	10/15	己亥	12/13	11/15	戊戌	1/12	12/15	戊辰
7/12	戊辰	9/15	8/14	己亥	10/15	9/15	己巳	11/15	10/16	庚子	12/14	11/16	己亥	1/13	12/16	己巳
7/13	己巳	9/16	8/15	庚子	10/16	9/16	庚午	11/16	10/17	辛丑	12/15	11/17	庚子	1/14	12/17	庚午
7/14	庚午	9/17	8/16	辛丑	10/17	9/17	辛未	11/17	10/18	壬寅	12/16	11/18	辛丑	1/15	12/18	辛未
7/15	辛未	9/18	8/17	壬寅	10/18	9/18	壬申	11/18	10/19	癸卯	12/17	11/19	壬寅	1/16	12/19	壬申
7/16	壬申	9/19	8/18	癸卯	10/19	9/19	癸酉	11/19	10/20	甲辰	12/18	11/20	癸卯	1/17	12/20	癸酉
7/17	癸酉	9/20	8/19	甲辰	10/20	9/20	甲戌	11/20	10/21	乙巳	12/19	11/21	甲辰	1/18	12/21	甲戌
7/18	甲戌	9/21	8/20	乙巳	10/21	9/21	乙亥	11/21	10/22	丙午	12/20	11/22	乙巳	1/19	12/22	乙亥
7/19	乙亥	9/22	8/21	丙午	10/22	9/22	丙子	11/22	10/23	丁未	12/21	11/23	丙午	1/20	12/23	丙子
7/20	丙子	9/23	8/22	丁未	10/23	9/23	丁丑	11/23	10/24	戊申	12/22	11/24	丁未	1/21	12/24	丁丑
7/21	丁丑	9/24	8/23	戊申	10/24	9/24	戊寅	11/24	10/25	己酉	12/23	11/25	戊申	1/22	12/25	戊寅
7/22	戊寅	9/25	8/24	己酉	10/25	9/25	己卯	11/25	10/26	庚戌	12/24	11/26	己酉	1/23	12/26	己卯
7/23	己卯	9/26	8/25	庚戌	10/26	9/26	庚辰	11/26	10/27	辛亥	12/25	11/27	庚戌	1/24	12/27	庚辰
7/24	庚辰	9/27	8/26	辛亥	10/27	9/27	辛巳	11/27	10/28	壬子	12/26	11/28	辛亥	1/25	12/28	辛巳
7/25	辛巳	9/28	8/27	壬子	10/28	9/28	壬午	11/28	10/29	癸丑	12/27	11/29	壬子	1/26	12/29	壬午
7/26	壬午	9/29	8/28	癸丑	10/29	9/29	癸未	11/29	11/1	甲寅	12/28	11/30	癸丑	1/27	1/1	癸未
7/27	癸未	9/30	8/29	甲寅	10/30	9/30	甲申	11/30	11/2	乙卯	12/29	12/1	甲寅	1/28	1/2	甲申
7/28	甲申	10/1	9/1	乙卯	10/31	10/1	乙酉	12/1	11/3	丙辰	12/30	12/2	乙卯	1/29	1/3	乙酉
7/29	乙酉	10/2	9/2	丙辰	11/1	10/2	丙戌	12/2	11/4	丁巳	12/31	12/3	丙辰	1/30	1/4	丙戌
8/1	丙戌	10/3	9/3	丁巳	11/2	10/3	丁亥	12/3	11/5	戊午	1/1	12/4	丁巳	1/31	1/5	丁亥
8/2	丁亥	10/4	9/4	戊午	11/3	10/4	戊子	12/4	11/6	己未	1/2	12/5	戊午	2/1	1/6	戊子
8/3	戊子	10/5	9/5	己未	11/4	10/5	己丑	12/5	11/7	庚申	1/3	12/6	己未	2/2	1/7	己丑
8/4	己丑	10/6	9/6	庚申	11/5	10/6	庚寅				1/4	12/7	庚申			
8/5	庚寅				11/6	10/7	辛卯									

中氣: 處暑　秋分　霜降　小雪　冬至　大寒

中氣	處暑	秋分	霜降	小雪	冬至	大寒
日時	19時10分 戌時	9/22 17時14分 酉時	10/23 3時7分 寅時	11/22 1時10分 丑時	12/21 14時49分 未時	1/20 13時33分 丑時

年	甲午																
月	丙寅			丁卯			戊辰			己巳			庚午			辛未		
節氣	立春 2/3 19時40分 戊時			驚蟄 3/5 13時23分 未時			清明 4/4 17時44分 酉時			立夏 5/5 10時32分 巳時			芒種 6/5 14時16分 未時			小暑 7/7 0時20分		
日	國曆	農曆	干支	國曆	農曆	干支	國曆	農曆	干支	國曆	農曆	干支	國曆	農曆	干支	國曆	農曆	干支
	2/3	1/8	庚申	3/5	2/8	庚寅	4/4	3/9	庚申	5/5	4/10	辛卯	6/5	5/11	壬戌	7/7	6/14	
	2/4	1/9	辛酉	3/6	2/9	辛卯	4/5	3/10	辛酉	5/6	4/11	壬辰	6/6	5/12	癸亥	7/8	6/15	
	2/5	1/10	壬戌	3/7	2/10	壬辰	4/6	3/11	壬戌	5/7	4/12	癸巳	6/7	5/13	甲子	7/9	6/16	
	2/6	1/11	癸亥	3/8	2/11	癸巳	4/7	3/12	癸亥	5/8	4/13	甲午	6/8	5/14	乙丑	7/10	6/17	
	2/7	1/12	甲子	3/9	2/12	甲午	4/8	3/13	甲子	5/9	4/14	乙未	6/9	5/15	丙寅	7/11	6/18	
	2/8	1/13	乙丑	3/10	2/13	乙未	4/9	3/14	乙丑	5/10	4/15	丙申	6/10	5/16	丁卯	7/12	6/19	
	2/9	1/14	丙寅	3/11	2/14	丙申	4/10	3/15	丙寅	5/11	4/16	丁酉	6/11	5/17	戊辰	7/13	6/20	
	2/10	1/15	丁卯	3/12	2/15	丁酉	4/11	3/16	丁卯	5/12	4/17	戊戌	6/12	5/18	己巳	7/14	6/21	
	2/11	1/16	戊辰	3/13	2/16	戊戌	4/12	3/17	戊辰	5/13	4/18	己亥	6/13	5/19	庚午	7/15	6/22	
	2/12	1/17	己巳	3/14	2/17	己亥	4/13	3/18	己巳	5/14	4/19	庚子	6/14	5/20	辛未	7/16	6/23	
	2/13	1/18	庚午	3/15	2/18	庚子	4/14	3/19	庚午	5/15	4/20	辛丑	6/15	5/21	壬申	7/17	6/24	
	2/14	1/19	辛未	3/16	2/19	辛丑	4/15	3/20	辛未	5/16	4/21	壬寅	6/16	5/22	癸酉	7/18	6/25	
	2/15	1/20	壬申	3/17	2/20	壬寅	4/16	3/21	壬申	5/17	4/22	癸卯	6/17	5/23	甲戌	7/19	6/26	
	2/16	1/21	癸酉	3/18	2/21	癸卯	4/17	3/22	癸酉	5/18	4/23	甲辰	6/18	5/24	乙亥	7/20	6/27	
	2/17	1/22	甲戌	3/19	2/22	甲辰	4/18	3/23	甲戌	5/19	4/24	乙巳	6/19	5/25	丙子	7/21	6/28	
	2/18	1/23	乙亥	3/20	2/23	乙巳	4/19	3/24	乙亥	5/20	4/25	丙午	6/20	5/26	丁丑	7/22	6/29	
	2/19	1/24	丙子	3/21	2/24	丙午	4/20	3/25	丙子	5/21	4/26	丁未	6/21	5/27	戊寅	7/23	6/30	
	2/20	1/25	丁丑	3/22	2/25	丁未	4/21	3/26	丁丑	5/22	4/27	戊申	6/22	5/28	己卯	7/24	閏6/1	
	2/21	1/26	戊寅	3/23	2/26	戊申	4/22	3/27	戊寅	5/23	4/28	己酉	6/23	5/29	庚辰	7/25	6/2	
	2/22	1/27	己卯	3/24	2/27	己酉	4/23	3/28	己卯	5/24	4/29	庚戌	6/24	6/1	辛巳	7/26	6/3	
	2/23	1/28	庚辰	3/25	2/28	庚戌	4/24	3/29	庚辰	5/25	4/30	辛亥	6/25	6/2	壬午	7/27	6/4	
	2/24	1/29	辛巳	3/26	2/29	辛亥	4/25	3/30	辛巳	5/26	5/1	壬子	6/26	6/3	癸未	7/28	6/5	
	2/25	1/30	壬午	3/27	3/1	壬子	4/26	4/1	壬午	5/27	5/2	癸丑	6/27	6/4	甲申	7/29	6/6	
	2/26	2/1	癸未	3/28	3/2	癸丑	4/27	4/2	癸未	5/28	5/3	甲寅	6/28	6/5	乙酉	7/30	6/7	
	2/27	2/2	甲申	3/29	3/3	甲寅	4/28	4/3	甲申	5/29	5/4	乙卯	6/29	6/6	丙戌	7/31	6/8	
	2/28	2/3	乙酉	3/30	3/4	乙卯	4/29	4/4	乙酉	5/30	5/5	丙辰	6/30	6/7	丁亥	8/1	6/9	
	3/1	2/4	丙戌	3/31	3/5	丙辰	4/30	4/5	丙戌	5/31	5/6	丁巳	7/1	6/8	戊子	8/2	6/10	
	3/2	2/5	丁亥	4/1	3/6	丁巳	5/1	4/6	丁亥	6/1	5/7	戊午	7/2	6/9	己丑	8/3	6/11	
	3/3	2/6	戊子	4/2	3/7	戊午	5/2	4/7	戊子	6/2	5/8	己未	7/3	6/10	庚寅	8/4	6/12	
	3/4	2/7	己丑	4/3	3/8	己未	5/3	4/8	己丑	6/3	5/9	庚申	7/4	6/11	辛卯	8/5	6/13	
							5/4	4/9	庚寅	6/4	5/10	辛酉	7/5	6/12	壬辰	8/6	6/14	
													7/6	6/13	癸巳			
中氣	雨水 2/18 15時31分 申時			春分 3/20 14時8分 未時			穀雨 4/20 0時40分 子時			小滿 5/20 23時20分 子時			夏至 6/21 6時57分 卯時			大暑 7/22 17時44分		

中華民國一百六十三年 馬 2074

甲午

月

	壬申	癸酉	甲戌	乙亥	丙子	丁丑

節氣

立秋	白露	寒露	立冬	大雪	小寒
8/7 9時12分 巳時	9/7 13時27分 未時	10/8 5時36分 卯時	11/7 9時18分 巳時	12/7 2時33分 丑時	1/5 13時56分 未時

日

壬申 農曆	干支	癸酉 國曆	農曆	干支	甲戌 國曆	農曆	干支	乙亥 國曆	農曆	干支	丙子 國曆	農曆	干支	丁丑 國曆	農曆	干支
6/15	乙丑	9/7	7/17	丙申	10/8	8/18	丁卯	11/7	9/19	丁酉	12/7	10/19	丁卯	1/5	11/19	丙申
6/16	丙寅	9/8	7/18	丁酉	10/9	8/19	戊辰	11/8	9/20	戊戌	12/8	10/20	戊辰	1/6	11/20	丁酉
6/17	丁卯	9/9	7/19	戊戌	10/10	8/20	己巳	11/9	9/21	己亥	12/9	10/21	己巳	1/7	11/21	戊戌
6/18	戊辰	9/10	7/20	己亥	10/11	8/21	庚午	11/10	9/22	庚子	12/10	10/22	庚午	1/8	11/22	己亥
6/19	己巳	9/11	7/21	庚子	10/12	8/22	辛未	11/11	9/23	辛丑	12/11	10/23	辛未	1/9	11/23	庚子
6/20	庚午	9/12	7/22	辛丑	10/13	8/23	壬申	11/12	9/24	壬寅	12/12	10/24	壬申	1/10	11/24	辛丑
6/21	辛未	9/13	7/23	壬寅	10/14	8/24	癸酉	11/13	9/25	癸卯	12/13	10/25	癸酉	1/11	11/25	壬寅
6/22	壬申	9/14	7/24	癸卯	10/15	8/25	甲戌	11/14	9/26	甲辰	12/14	10/26	甲戌	1/12	11/26	癸卯
6/23	癸酉	9/15	7/25	甲辰	10/16	8/26	乙亥	11/15	9/27	乙巳	12/15	10/27	乙亥	1/13	11/27	甲辰
6/24	甲戌	9/16	7/26	乙巳	10/17	8/27	丙子	11/16	9/28	丙午	12/16	10/28	丙子	1/14	11/28	乙巳
6/25	乙亥	9/17	7/27	丙午	10/18	8/28	丁丑	11/17	9/29	丁未	12/17	10/29	丁丑	1/15	11/29	丙午
6/26	丙子	9/18	7/28	丁未	10/19	8/29	戊寅	11/18	9/30	戊申	12/18	11/1	戊寅	1/16	11/30	丁未
6/27	丁丑	9/19	7/29	戊申	10/20	9/1	己卯	11/19	10/1	己酉	12/19	11/2	己卯	1/17	12/1	戊申
6/28	戊寅	9/20	7/30	己酉	10/21	9/2	庚辰	11/20	10/2	庚戌	12/20	11/3	庚辰	1/18	12/2	己酉
6/29	己卯	9/21	8/1	庚戌	10/22	9/3	辛巳	11/21	10/3	辛亥	12/21	11/4	辛巳	1/19	12/3	庚戌
7/1	庚辰	9/22	8/2	辛亥	10/23	9/4	壬午	11/22	10/4	壬子	12/22	11/5	壬午	1/20	12/4	辛亥
7/2	辛巳	9/23	8/3	壬子	10/24	9/5	癸未	11/23	10/5	癸丑	12/23	11/6	癸未	1/21	12/5	壬子
7/3	壬午	9/24	8/4	癸丑	10/25	9/6	甲申	11/24	10/6	甲寅	12/24	11/7	甲申	1/22	12/6	癸丑
7/4	癸未	9/25	8/5	甲寅	10/26	9/7	乙酉	11/25	10/7	乙卯	12/25	11/8	乙酉	1/23	12/7	甲寅
7/5	甲申	9/26	8/6	乙卯	10/27	9/8	丙戌	11/26	10/8	丙辰	12/26	11/9	丙戌	1/24	12/8	乙卯
7/6	乙酉	9/27	8/7	丙辰	10/28	9/9	丁亥	11/27	10/9	丁巳	12/27	11/10	丁亥	1/25	12/9	丙辰
7/7	丙戌	9/28	8/8	丁巳	10/29	9/10	戊子	11/28	10/10	戊午	12/28	11/11	戊子	1/26	12/10	丁巳
7/8	丁亥	9/29	8/9	戊午	10/30	9/11	己丑	11/29	10/11	己未	12/29	11/12	己丑	1/27	12/11	戊午
7/9	戊子	9/30	8/10	己未	10/31	9/12	庚寅	11/30	10/12	庚申	12/30	11/13	庚寅	1/28	12/12	己未
7/10	己丑	10/1	8/11	庚申	11/1	9/13	辛卯	12/1	10/13	辛酉	12/31	11/14	辛卯	1/29	12/13	庚申
7/11	庚寅	10/2	8/12	辛酉	11/2	9/14	壬辰	12/2	10/14	壬戌	1/1	11/15	壬辰	1/30	12/14	辛酉
7/12	辛卯	10/3	8/13	壬戌	11/3	9/15	癸巳	12/3	10/15	癸亥	1/2	11/16	癸巳	1/31	12/15	壬戌
7/13	壬辰	10/4	8/14	癸亥	11/4	9/16	甲午	12/4	10/16	甲子	1/3	11/17	甲午	2/1	12/16	癸亥
7/14	癸巳	10/5	8/15	甲子	11/5	9/17	乙未	12/5	10/17	乙丑	1/4	11/18	乙未	2/2	12/17	甲子
7/15	甲午	10/6	8/16	乙丑	11/6	9/18	丙申	12/6	10/18	丙寅				2/3	12/18	乙丑
7/16	乙未	10/7	8/17	丙寅												

中氣

處暑	秋分	霜降	小雪	冬至	大寒
8/23 0時59分 子時	9/22 23時2分 子時	10/23 8時54分 辰時	11/22 6時57分 卯時	12/21 20時34分 戌時	1/20 7時15分 辰時

年							乙未											
月	戊寅			己卯			庚辰			辛巳			壬午			癸未		
節氣	立春			驚蟄			清明			立夏			芒種			小暑		
	2/4 1時29分 丑時			3/5 19時10分 戌時			4/4 23時30分 子時			5/5 16時18分 申時			6/5 20時5分 戌時			7/7 6時12分		
日	國曆	農曆	干支	國曆	農曆	干支	國曆	農曆	干支	國曆	農曆	干支	國曆	農曆	干支	國曆	農曆	干支
	2 4	12 19	丙寅	3 5	1 19	乙未	4 4	2 19	乙丑	5 5	3 21	丙申	6 5	4 22	丁卯	7 7	5 25	
	2 5	12 20	丁卯	3 6	1 20	丙申	4 5	2 20	丙寅	5 6	3 22	丁酉	6 6	4 23	戊辰	7 8	5 26	
	2 6	12 21	戊辰	3 7	1 21	丁酉	4 6	2 21	丁卯	5 7	3 23	戊戌	6 7	4 24	己巳	7 9	5 27	
	2 7	12 22	己巳	3 8	1 22	戊戌	4 7	2 22	戊辰	5 8	3 24	己亥	6 8	4 25	庚午	7 10	5 28	
	2 8	12 23	庚午	3 9	1 23	己亥	4 8	2 23	己巳	5 9	3 25	庚子	6 9	4 26	辛未	7 11	5 29	
	2 9	12 24	辛未	3 10	1 24	庚子	4 9	2 24	庚午	5 10	3 26	辛丑	6 10	4 27	壬申	7 12	5 30	
	2 10	12 25	壬申	3 11	1 25	辛丑	4 10	2 25	辛未	5 11	3 27	壬寅	6 11	4 28	癸酉	7 13	6 1	
	2 11	12 26	癸酉	3 12	1 26	壬寅	4 11	2 26	壬申	5 12	3 28	癸卯	6 12	4 29	甲戌	7 14	6 2	
	2 12	12 27	甲戌	3 13	1 27	癸卯	4 12	2 27	癸酉	5 13	3 29	甲辰	6 13	5 1	乙亥	7 15	6 3	
	2 13	12 28	乙亥	3 14	1 28	甲辰	4 13	2 28	甲戌	5 14	3 30	乙巳	6 14	5 2	丙子	7 16	6 4	
	2 14	12 29	丙子	3 15	1 29	乙巳	4 14	2 29	乙亥	5 15	4 1	丙午	6 15	5 3	丁丑	7 17	6 5	
	2 15	1 1	丁丑	3 16	1 30	丙午	4 15	3 1	丙子	5 16	4 2	丁未	6 16	5 4	戊寅	7 18	6 6	
	2 16	1 2	戊寅	3 17	2 1	丁未	4 16	3 2	丁丑	5 17	4 3	戊申	6 17	5 5	己卯	7 19	6 7	
	2 17	1 3	己卯	3 18	2 2	戊申	4 17	3 3	戊寅	5 18	4 4	己酉	6 18	5 6	庚辰	7 20	6 8	
	2 18	1 4	庚辰	3 19	2 3	己酉	4 18	3 4	己卯	5 19	4 5	庚戌	6 19	5 7	辛巳	7 21	6 9	
	2 19	1 5	辛巳	3 20	2 4	庚戌	4 19	3 5	庚辰	5 20	4 6	辛亥	6 20	5 8	壬午	7 22	6 10	
	2 20	1 6	壬午	3 21	2 5	辛亥	4 20	3 6	辛巳	5 21	4 7	壬子	6 21	5 9	癸未	7 23	6 11	
	2 21	1 7	癸未	3 22	2 6	壬子	4 21	3 7	壬午	5 22	4 8	癸丑	6 22	5 10	甲申	7 24	6 12	
	2 22	1 8	甲申	3 23	2 7	癸丑	4 22	3 8	癸未	5 23	4 9	甲寅	6 23	5 11	乙酉	7 25	6 13	
	2 23	1 9	乙酉	3 24	2 8	甲寅	4 23	3 9	甲申	5 24	4 10	乙卯	6 24	5 12	丙戌	7 26	6 14	
	2 24	1 10	丙戌	3 25	2 9	乙卯	4 24	3 10	乙酉	5 25	4 11	丙辰	6 25	5 13	丁亥	7 27	6 15	
	2 25	1 11	丁亥	3 26	2 10	丙辰	4 25	3 11	丙戌	5 26	4 12	丁巳	6 26	5 14	戊子	7 28	6 16	
	2 26	1 12	戊子	3 27	2 11	丁巳	4 26	3 12	丁亥	5 27	4 13	戊午	6 27	5 15	己丑	7 29	6 17	
	2 27	1 13	己丑	3 28	2 12	戊午	4 27	3 13	戊子	5 28	4 14	己未	6 28	5 16	庚寅	7 30	6 18	
	2 28	1 14	庚寅	3 29	2 13	己未	4 28	3 14	己丑	5 29	4 15	庚申	6 29	5 17	辛卯	7 31	6 19	
	3 1	1 15	辛卯	3 30	2 14	庚申	4 29	3 15	庚寅	5 30	4 16	辛酉	6 30	5 18	壬辰	8 1	6 20	
	3 2	1 16	壬辰	3 31	2 15	辛酉	4 30	3 16	辛卯	5 31	4 17	壬戌	7 1	5 19	癸巳	8 2	6 21	
	3 3	1 17	癸巳	4 1	2 16	壬戌	5 1	3 17	壬辰	6 1	4 18	癸亥	7 2	5 20	甲午	8 3	6 22	
	3 4	1 18	甲午	4 2	2 17	癸亥	5 2	3 18	癸巳	6 2	4 19	甲子	7 3	5 21	乙未	8 4	6 23	
				4 3	2 18	甲子	5 3	3 19	甲午	6 3	4 20	乙丑	7 4	5 22	丙申	8 5	6 24	
							5 4	3 20	乙未	6 4	4 21	丙寅	7 5	5 23	丁酉	8 6	6 25	
													7 6	5 24	戊戌			
中氣	雨水			春分			穀雨			小滿			夏至			大暑		
	2/18 21時11分 亥時			3/20 19時45分 戌時			4/20 6時17分 卯時			5/21 4時58分 寅時			6/21 12時39分 午時			7/22 23時32分		

左側縱列標示：中華民國一百六十四年 羊 ／ 2075

乙未 年

月	甲申	乙酉	丙戌	丁亥	戊子	己丑
節氣	立秋	白露	寒露	立冬	大雪	小寒
	時7分 申時	9/7 19時23分 戌時	10/8 11時30分 午時	11/7 15時10分 申時	12/7 8時23分 辰時	1/5 19時46分 戌時

日：國曆 農曆 干支

甲申 國曆	甲申 農曆	甲申 干支	乙酉 國曆	乙酉 農曆	乙酉 干支	丙戌 國曆	丙戌 農曆	丙戌 干支	丁亥 國曆	丁亥 農曆	丁亥 干支	戊子 國曆	戊子 農曆	戊子 干支	己丑 國曆	己丑 農曆	己丑 干支
	6/26	庚午	9/7	7/27	辛丑	10/8	8/29	壬申	11/7	9/29	壬寅	12/7	10/30	壬申	1/5	11/29	辛丑
	6/27	辛未	9/8	7/28	壬寅	10/9	8/30	癸酉	11/8	10/1	癸卯	12/8	11/1	癸酉	1/6	12/1	壬寅
	6/28	壬申	9/9	7/29	癸卯	10/10	9/1	甲戌	11/9	10/2	甲辰	12/9	11/2	甲戌	1/7	12/2	癸卯
	6/29	癸酉	9/10	8/1	甲辰	10/11	9/2	乙亥	11/10	10/3	乙巳	12/10	11/3	乙亥	1/8	12/3	甲辰
	6/30	甲戌	9/11	8/2	乙巳	10/12	9/3	丙子	11/11	10/4	丙午	12/11	11/4	丙子	1/9	12/4	乙巳
	7/1	乙亥	9/12	8/3	丙午	10/13	9/4	丁丑	11/12	10/5	丁未	12/12	11/5	丁丑	1/10	12/5	丙午
	7/2	丙子	9/13	8/4	丁未	10/14	9/5	戊寅	11/13	10/6	戊申	12/13	11/6	戊寅	1/11	12/6	丁未
	7/3	丁丑	9/14	8/5	戊申	10/15	9/6	己卯	11/14	10/7	己酉	12/14	11/7	己卯	1/12	12/7	戊申
	7/4	戊寅	9/15	8/6	己酉	10/16	9/7	庚辰	11/15	10/8	庚戌	12/15	11/8	庚辰	1/13	12/8	己酉
	7/5	己卯	9/16	8/7	庚戌	10/17	9/8	辛巳	11/16	10/9	辛亥	12/16	11/9	辛巳	1/14	12/9	庚戌
	7/6	庚辰	9/17	8/8	辛亥	10/18	9/9	壬午	11/17	10/10	壬子	12/17	11/10	壬午	1/15	12/10	辛亥
	7/7	辛巳	9/18	8/9	壬子	10/19	9/10	癸未	11/18	10/11	癸丑	12/18	11/11	癸未	1/16	12/11	壬子
	7/8	壬午	9/19	8/10	癸丑	10/20	9/11	甲申	11/19	10/12	甲寅	12/19	11/12	甲申	1/17	12/12	癸丑
	7/9	癸未	9/20	8/11	甲寅	10/21	9/12	乙酉	11/20	10/13	乙卯	12/20	11/13	乙酉	1/18	12/13	甲寅
	7/10	甲申	9/21	8/12	乙卯	10/22	9/13	丙戌	11/21	10/14	丙辰	12/21	11/14	丙戌	1/19	12/14	乙卯
	7/11	乙酉	9/22	8/13	丙辰	10/23	9/14	丁亥	11/22	10/15	丁巳	12/22	11/15	丁亥	1/20	12/15	丙辰
	7/12	丙戌	9/23	8/14	丁巳	10/24	9/15	戊子	11/23	10/16	戊午	12/23	11/16	戊子	1/21	12/16	丁巳
	7/13	丁亥	9/24	8/15	戊午	10/25	9/16	己丑	11/24	10/17	己未	12/24	11/17	己丑	1/22	12/17	戊午
	7/14	戊子	9/25	8/16	己未	10/26	9/17	庚寅	11/25	10/18	庚申	12/25	11/18	庚寅	1/23	12/18	己未
	7/15	己丑	9/26	8/17	庚申	10/27	9/18	辛卯	11/26	10/19	辛酉	12/26	11/19	辛卯	1/24	12/19	庚申
	7/16	庚寅	9/27	8/18	辛酉	10/28	9/19	壬辰	11/27	10/20	壬戌	12/27	11/20	壬辰	1/25	12/20	辛酉
	7/17	辛卯	9/28	8/19	壬戌	10/29	9/20	癸巳	11/28	10/21	癸亥	12/28	11/21	癸巳	1/26	12/21	壬戌
	7/18	壬辰	9/29	8/20	癸亥	10/30	9/21	甲午	11/29	10/22	甲子	12/29	11/22	甲午	1/27	12/22	癸亥
	7/19	癸巳	9/30	8/21	甲子	10/31	9/22	乙未	11/30	10/23	乙丑	12/30	11/23	乙未	1/28	12/23	甲子
	7/20	甲午	10/1	8/22	乙丑	11/1	9/23	丙申	12/1	10/24	丙寅	12/31	11/24	丙申	1/29	12/24	乙丑
	7/21	乙未	10/2	8/23	丙寅	11/2	9/24	丁酉	12/2	10/25	丁卯	1/1	11/25	丁酉	1/30	12/25	丙寅
	7/22	丙申	10/3	8/24	丁卯	11/3	9/25	戊戌	12/3	10/26	戊辰	1/2	11/26	戊戌	1/31	12/26	丁卯
	7/23	丁酉	10/4	8/25	戊辰	11/4	9/26	己亥	12/4	10/27	己巳	1/3	11/27	己亥	2/1	12/27	戊辰
	7/24	戊戌	10/5	8/26	己巳	11/5	9/27	庚子	12/5	10/28	庚午	1/4	11/28	庚子	2/2	12/28	己巳
	7/25	己亥	10/6	8/27	庚午	11/6	9/28	辛丑	12/6	10/29	辛未				2/3	12/29	庚午
	7/26	庚子	10/7	8/28	辛未												

中氣						
	處暑 時52分 卯時	秋分 9/23 4時57分 寅時	霜降 10/23 14時49分 未時	小雪 11/22 12時50分 午時	冬至 12/22 1時26分 丑時	大寒 1/20 13時6分 未時

日：中華民國一百六十四、一百六十五年　羊　2075、2076

年：丙申

中華民國一百六十五年　猴　（2076）

庚寅　立春 2/4 7時19分 辰時			辛卯　驚蟄 3/5 1時0分 丑時			壬辰　清明 4/4 5時19分 卯時			癸巳　立夏 5/4 22時7分 亥時			甲午　芒種 6/5 1時53分 丑時			乙未　小暑 7/6 11時59分		
國曆	農曆	干支	國曆	農曆	干支	國曆	農曆	干支	國曆	農曆	干支	國曆	農曆	干支	國曆	農曆	干支
2/4	12/30	辛未	3/5	2/1	辛丑	4/4	3/1	辛未	5/4	4/2	辛丑	6/5	5/4	癸酉	7/6	6/6	甲辰
2/5	1/1	壬申	3/6	2/2	壬寅	4/5	3/2	壬申	5/5	4/3	壬寅	6/6	5/5	甲戌	7/7	6/7	乙巳
2/6	1/2	癸酉	3/7	2/3	癸卯	4/6	3/3	癸酉	5/6	4/4	癸卯	6/7	5/6	乙亥	7/8	6/8	丙午
2/7	1/3	甲戌	3/8	2/4	甲辰	4/7	3/4	甲戌	5/7	4/5	甲辰	6/8	5/7	丙子	7/9	6/9	丁未
2/8	1/4	乙亥	3/9	2/5	乙巳	4/8	3/5	乙亥	5/8	4/6	乙巳	6/9	5/8	丁丑	7/10	6/10	戊申
2/9	1/5	丙子	3/10	2/6	丙午	4/9	3/6	丙子	5/9	4/7	丙午	6/10	5/9	戊寅	7/11	6/11	己酉
2/10	1/6	丁丑	3/11	2/7	丁未	4/10	3/7	丁丑	5/10	4/8	丁未	6/11	5/10	己卯	7/12	6/12	庚戌
2/11	1/7	戊寅	3/12	2/8	戊申	4/11	3/8	戊寅	5/11	4/9	戊申	6/12	5/11	庚辰	7/13	6/13	辛亥
2/12	1/8	己卯	3/13	2/9	己酉	4/12	3/9	己卯	5/12	4/10	己酉	6/13	5/12	辛巳	7/14	6/14	壬子
2/13	1/9	庚辰	3/14	2/10	庚戌	4/13	3/10	庚辰	5/13	4/11	庚戌	6/14	5/13	壬午	7/15	6/15	癸丑
2/14	1/10	辛巳	3/15	2/11	辛亥	4/14	3/11	辛巳	5/14	4/12	辛亥	6/15	5/14	癸未	7/16	6/16	甲寅
2/15	1/11	壬午	3/16	2/12	壬子	4/15	3/12	壬午	5/15	4/13	壬子	6/16	5/15	甲申	7/17	6/17	乙卯
2/16	1/12	癸未	3/17	2/13	癸丑	4/16	3/13	癸未	5/16	4/14	癸丑	6/17	5/16	乙酉	7/18	6/18	丙辰
2/17	1/13	甲申	3/18	2/14	甲寅	4/17	3/14	甲申	5/17	4/15	甲寅	6/18	5/17	丙戌	7/19	6/19	丁巳
2/18	1/14	乙酉	3/19	2/15	乙卯	4/18	3/15	乙酉	5/18	4/16	乙卯	6/19	5/18	丁亥	7/20	6/20	戊午
2/19	1/15	丙戌	3/20	2/16	丙辰	4/19	3/16	丙戌	5/19	4/17	丙辰	6/20	5/19	戊子	7/21	6/21	己未
2/20	1/16	丁亥	3/21	2/17	丁巳	4/20	3/17	丁亥	5/20	4/18	丁巳	6/21	5/20	己丑	7/22	6/22	庚申
2/21	1/17	戊子	3/22	2/18	戊午	4/21	3/18	戊子	5/21	4/19	戊午	6/22	5/21	庚寅	7/23	6/23	辛酉
2/22	1/18	己丑	3/23	2/19	己未	4/22	3/19	己丑	5/22	4/20	己未	6/23	5/22	辛卯	7/24	6/24	壬戌
2/23	1/19	庚寅	3/24	2/20	庚申	4/23	3/20	庚寅	5/23	4/21	庚申	6/24	5/23	壬辰	7/25	6/25	癸亥
2/24	1/20	辛卯	3/25	2/21	辛酉	4/24	3/21	辛卯	5/24	4/22	辛酉	6/25	5/24	癸巳	7/26	6/26	甲子
2/25	1/21	壬辰	3/26	2/22	壬戌	4/25	3/22	壬辰	5/25	4/23	壬戌	6/26	5/25	甲午	7/27	6/27	乙丑
2/26	1/22	癸巳	3/27	2/23	癸亥	4/26	3/23	癸巳	5/26	4/24	癸亥	6/27	5/26	乙未	7/28	6/28	丙寅
2/27	1/23	甲午	3/28	2/24	甲子	4/27	3/24	甲午	5/27	4/25	甲子	6/28	5/27	丙申	7/29	6/29	丁卯
2/28	1/24	乙未	3/29	2/25	乙丑	4/28	3/25	乙未	5/28	4/26	乙丑	6/29	5/28	丁酉	7/30	6/30	戊辰
2/29	1/25	丙申	3/30	2/26	丙寅	4/29	3/26	丙申	5/29	4/27	丙寅	6/30	5/29	戊戌	7/31	7/1	己巳
3/1	1/26	丁酉	3/31	2/27	丁卯	4/30	3/27	丁酉	5/30	4/28	丁卯	7/1	6/1	己亥	8/1	7/2	庚午
3/2	1/27	戊戌	4/1	2/28	戊辰	5/1	3/28	戊戌	5/31	4/29	戊辰	7/2	6/2	庚子	8/2	7/3	辛未
3/3	1/28	己亥	4/2	2/29	己巳	5/2	3/29	己亥	6/1	4/30	己巳	7/3	6/3	辛丑	8/3	7/4	壬申
3/4	1/29	庚子	4/3	2/30	庚午	5/3	4/1	庚子	6/2	5/1	庚午	7/4	6/4	壬寅	8/4	7/5	癸酉
									6/3	5/2	辛未	7/5	6/5	癸卯	8/5	7/6	甲戌
									6/4	5/3	壬申						

中氣：

雨水	春分	穀雨	小滿	夏至	大暑
2/19 3時2分 寅時	3/20 1時37分 丑時	4/19 12時11分 午時	5/20 10時53分 巳時	6/20 18時35分 酉時	7/22 18時28分

354

	丙申	丁酉	戊戌	己亥	庚子	辛丑	年／月
節氣	立秋	白露	寒露	立冬	大雪	小寒	
	21時53分 亥時	9/7 1時8分 丑時	10/7 17時14分 酉時	11/6 20時52分 戌時	12/6 14時4分 未時	1/5 12時27分 丑時	

年：中華民國一百六十五、一百六十六年　猴　（2076、2077）

主要干支表（各欄：國曆　農曆　干支）

丙申 國曆	丙申 農曆	丙申 干支	丁酉 國曆	丁酉 農曆	丁酉 干支	戊戌 國曆	戊戌 農曆	戊戌 干支	己亥 國曆	己亥 農曆	己亥 干支	庚子 國曆	庚子 農曆	庚子 干支	辛丑 國曆	辛丑 農曆	辛丑 干支
8/6	7/7	乙亥	9/7	8/10	丁未	10/7	9/10	丁丑	11/6	10/10	丁未	12/6	11/11	丁丑	1/5	12/11	丁未
8/7	7/8	丙子	9/8	8/11	戊申	10/8	9/11	戊寅	11/7	10/11	戊申	12/7	11/12	戊寅	1/6	12/12	戊申
8/8	7/9	丁丑	9/9	8/12	己酉	10/9	9/12	己卯	11/8	10/12	己酉	12/8	11/13	己卯	1/7	12/13	己酉
8/9	7/10	戊寅	9/10	8/13	庚戌	10/10	9/13	庚辰	11/9	10/13	庚戌	12/9	11/14	庚辰	1/8	12/14	庚戌
8/10	7/11	己卯	9/11	8/14	辛亥	10/11	9/14	辛巳	11/10	10/14	辛亥	12/10	11/15	辛巳	1/9	12/15	辛亥
8/11	7/12	庚辰	9/12	8/15	壬子	10/12	9/15	壬午	11/11	10/15	壬子	12/11	11/16	壬午	1/10	12/16	壬子
8/12	7/13	辛巳	9/13	8/16	癸丑	10/13	9/16	癸未	11/12	10/16	癸丑	12/12	11/17	癸未	1/11	12/17	癸丑
8/13	7/14	壬午	9/14	8/17	甲寅	10/14	9/17	甲申	11/13	10/17	甲寅	12/13	11/18	甲申	1/12	12/18	甲寅
8/14	7/15	癸未	9/15	8/18	乙卯	10/15	9/18	乙酉	11/14	10/18	乙卯	12/14	11/19	乙酉	1/13	12/19	乙卯
8/15	7/16	甲申	9/16	8/19	丙辰	10/16	9/19	丙戌	11/15	10/19	丙辰	12/15	11/20	丙戌	1/14	12/20	丙辰
8/16	7/17	乙酉	9/17	8/20	丁巳	10/17	9/20	丁亥	11/16	10/20	丁巳	12/16	11/21	丁亥	1/15	12/21	丁巳
8/17	7/18	丙戌	9/18	8/21	戊午	10/18	9/21	戊子	11/17	10/21	戊午	12/17	11/22	戊子	1/16	12/22	戊午
8/18	7/19	丁亥	9/19	8/22	己未	10/19	9/22	己丑	11/18	10/22	己未	12/18	11/23	己丑	1/17	12/23	己未
8/19	7/20	戊子	9/20	8/23	庚申	10/20	9/23	庚寅	11/19	10/23	庚申	12/19	11/24	庚寅	1/18	12/24	庚申
8/20	7/21	己丑	9/21	8/24	辛酉	10/21	9/24	辛卯	11/20	10/24	辛酉	12/20	11/25	辛卯	1/19	12/25	辛酉
8/21	7/22	庚寅	9/22	8/25	壬戌	10/22	9/25	壬辰	11/21	10/25	壬戌	12/21	11/26	壬辰	1/20	12/26	壬戌
8/22	7/23	辛卯	9/23	8/26	癸亥	10/23	9/26	癸巳	11/22	10/26	癸亥	12/22	11/27	癸巳	1/21	12/27	癸亥
8/23	7/24	壬辰	9/24	8/27	甲子	10/24	9/27	甲午	11/23	10/27	甲子	12/23	11/28	甲午	1/22	12/28	甲子
8/24	7/25	癸巳	9/25	8/28	乙丑	10/25	9/28	乙未	11/24	10/28	乙丑	12/24	11/29	乙未	1/23	12/29	乙丑
8/25	7/26	甲午	9/26	8/29	丙寅	10/26	9/29	丙申	11/25	10/29	丙寅	12/25	11/30	丙申	1/24	12/30	丙寅
8/26	7/27	乙未	9/27	8/30	丁卯	10/27	9/30	丁酉	11/26	11/1	丁卯	12/26	12/1	丁酉	1/25	1/1	丁卯
8/27	7/28	丙申	9/28	9/1	戊辰	10/28	10/1	戊戌	11/27	11/2	戊辰	12/27	12/2	戊戌	1/26	1/2	戊辰
8/28	7/29	丁酉	9/29	9/2	己巳	10/29	10/2	己亥	11/28	11/3	己巳	12/28	12/3	己亥	1/27	1/3	己巳
8/29	8/1	戊戌	9/30	9/3	庚午	10/30	10/3	庚子	11/29	11/4	庚午	12/29	12/4	庚子	1/28	1/4	庚午
8/30	8/2	己亥	10/1	9/4	辛未	10/31	10/4	辛丑	11/30	11/5	辛未	12/30	12/5	辛丑	1/29	1/5	辛未
8/31	8/3	庚子	10/2	9/5	壬申	11/1	10/5	壬寅	12/1	11/6	壬申	12/31	12/6	壬寅	1/30	1/6	壬申
9/1	8/4	辛丑	10/3	9/6	癸酉	11/2	10/6	癸卯	12/2	11/7	癸酉	1/1	12/7	癸卯	1/31	1/7	癸酉
9/2	8/5	壬寅	10/4	9/7	甲戌	11/3	10/7	甲辰	12/3	11/8	甲戌	1/2	12/8	甲辰	2/1	1/8	甲戌
9/3	8/6	癸卯	10/5	9/8	乙亥	11/4	10/8	乙巳	12/4	11/9	乙亥	1/3	12/9	乙巳	2/2	1/9	乙亥
9/4	8/7	甲辰	10/6	9/9	丙子	11/5	10/9	丙午	12/5	11/10	丙子	1/4	12/10	丙午	2/3	1/10	丙子
9/5	8/8	乙巳															
9/6	8/9	丙午															

中氣	處暑	秋分	霜降	小雪	冬至	大寒
	8/22 12時46分 午時	9/22 10時49分 巳時	10/22 20時38分 戌時	11/21 18時36分 酉時	12/21 8時12分 辰時	1/19 18時54分 酉時

年						丁酉											
月	壬寅			癸卯			甲辰			乙巳			丙午			丁未		
節氣	立春			驚蟄			清明			立夏			芒種			小暑		
	2/3 13時2分 未時			3/5 6時45分 卯時			4/4 11時7分 午時			5/5 3時57分 寅時			6/5 7時43分 辰時			7/6 17時50分 酉時		
日	國曆	農曆	干支	國曆	農曆	干支	國曆	農曆	干支	國曆	農曆	干支	國曆	農曆	干支	國曆	農曆	干支
	2/3	1/11	丙子	3/5	2/11	丙午	4/4	3/12	丙子	5/5	4/13	丁未	6/5	閏4/15	戊寅	7/6	5/17	己酉
	2/4	1/12	丁丑	3/6	2/12	丁未	4/5	3/13	丁丑	5/6	4/14	戊申	6/6	閏4/16	己卯	7/7	5/18	庚戌
	2/5	1/13	戊寅	3/7	2/13	戊申	4/6	3/14	戊寅	5/7	4/15	己酉	6/7	閏4/17	庚辰	7/8	5/19	辛亥
	2/6	1/14	己卯	3/8	2/14	己酉	4/7	3/15	己卯	5/8	4/16	庚戌	6/8	閏4/18	辛巳	7/9	5/20	壬子
	2/7	1/15	庚辰	3/9	2/15	庚戌	4/8	3/16	庚辰	5/9	4/17	辛亥	6/9	閏4/19	壬午	7/10	5/21	癸丑
	2/8	1/16	辛巳	3/10	2/16	辛亥	4/9	3/17	辛巳	5/10	4/18	壬子	6/10	閏4/20	癸未	7/11	5/22	甲寅
	2/9	1/17	壬午	3/11	2/17	壬子	4/10	3/18	壬午	5/11	4/19	癸丑	6/11	閏4/21	甲申	7/12	5/23	乙卯
	2/10	1/18	癸未	3/12	2/18	癸丑	4/11	3/19	癸未	5/12	4/20	甲寅	6/12	閏4/22	乙酉	7/13	5/24	丙辰
	2/11	1/19	甲申	3/13	2/19	甲寅	4/12	3/20	甲申	5/13	4/21	乙卯	6/13	閏4/23	丙戌	7/14	5/25	丁巳
	2/12	1/20	乙酉	3/14	2/20	乙卯	4/13	3/21	乙酉	5/14	4/22	丙辰	6/14	閏4/24	丁亥	7/15	5/26	戊午
	2/13	1/21	丙戌	3/15	2/21	丙辰	4/14	3/22	丙戌	5/15	4/23	丁巳	6/15	閏4/25	戊子	7/16	5/27	己未
	2/14	1/22	丁亥	3/16	2/22	丁巳	4/15	3/23	丁亥	5/16	4/24	戊午	6/16	閏4/26	己丑	7/17	5/28	庚申
	2/15	1/23	戊子	3/17	2/23	戊午	4/16	3/24	戊子	5/17	4/25	己未	6/17	閏4/27	庚寅	7/18	5/29	辛酉
	2/16	1/24	己丑	3/18	2/24	己未	4/17	3/25	己丑	5/18	4/26	庚申	6/18	閏4/28	辛卯	7/19	5/30	壬戌
	2/17	1/25	庚寅	3/19	2/25	庚申	4/18	3/26	庚寅	5/19	4/27	辛酉	6/19	閏4/29	壬辰	7/20	6/1	癸亥
	2/18	1/26	辛卯	3/20	2/26	辛酉	4/19	3/27	辛卯	5/20	4/28	壬戌	6/20	5/1	癸巳	7/21	6/2	甲子
	2/19	1/27	壬辰	3/21	2/27	壬戌	4/20	3/28	壬辰	5/21	4/29	癸亥	6/21	5/2	甲午	7/22	6/3	乙丑
	2/20	1/28	癸巳	3/22	2/28	癸亥	4/21	3/29	癸巳	5/22	閏4/1	甲子	6/22	5/3	乙未	7/23	6/4	丙寅
	2/21	1/29	甲午	3/23	2/29	甲子	4/22	3/30	甲午	5/23	4/2	乙丑	6/23	5/4	丙申	7/24	6/5	丁卯
	2/22	1/30	乙未	3/24	3/1	乙丑	4/23	4/1	乙未	5/24	4/3	丙寅	6/24	5/5	丁酉	7/25	6/6	戊辰
	2/23	2/1	丙申	3/25	3/2	丙寅	4/24	4/2	丙申	5/25	4/4	丁卯	6/25	5/6	戊戌	7/26	6/7	己巳
	2/24	2/2	丁酉	3/26	3/3	丁卯	4/25	4/3	丁酉	5/26	4/5	戊辰	6/26	5/7	己亥	7/27	6/8	庚午
	2/25	2/3	戊戌	3/27	3/4	戊辰	4/26	4/4	戊戌	5/27	4/6	己巳	6/27	5/8	庚子	7/28	6/9	辛未
	2/26	2/4	己亥	3/28	3/5	己巳	4/27	4/5	己亥	5/28	4/7	庚午	6/28	5/9	辛丑	7/29	6/10	壬申
	2/27	2/5	庚子	3/29	3/6	庚午	4/28	4/6	庚子	5/29	4/8	辛未	6/29	5/10	壬寅	7/30	6/11	癸酉
	2/28	2/6	辛丑	3/30	3/7	辛未	4/29	4/7	辛丑	5/30	4/9	壬申	6/30	5/11	癸卯	7/31	6/12	甲戌
	3/1	2/7	壬寅	3/31	3/8	壬申	4/30	4/8	壬寅	5/31	4/10	癸酉	7/1	5/12	甲辰	8/1	6/13	乙亥
	3/2	2/8	癸卯	4/1	3/9	癸酉	5/1	4/9	癸卯	6/1	4/11	甲戌	7/2	5/13	乙巳	8/2	6/14	丙子
	3/3	2/9	甲辰	4/2	3/10	甲戌	5/2	4/10	甲辰	6/2	4/12	乙亥	7/3	5/14	丙午	8/3	6/15	丁丑
	3/4	2/10	乙巳	4/3	3/11	乙亥	5/3	4/11	乙巳	6/3	4/13	丙子	7/4	5/15	丁未	8/4	6/16	戊寅
							5/4	4/12	丙午	6/4	4/14	丁丑	7/5	5/16	戊申	8/5	6/17	己卯
																8/6	6/18	庚辰

左欄：中華民國一百六十六年 雞　2077

中氣	雨水	春分	穀雨	小滿	夏至	大暑
	2/18 8時52分 辰時	3/20 7時30分 辰時	4/19 18時3分 酉時	5/20 16時44分 申時	6/21 0時22分 子時	7/22 11時13分 午時

丁酉

年：丁酉　　中華民國一百六十六、一百六十七年　雞　2077、2078

月	戊申	己酉	庚戌	辛亥	壬子	癸丑
節氣	立秋	白露	寒露	立冬	大雪	小寒
時刻	7時45分 寅時	9/7 7時2分 辰時	10/7 23時9分 子時	11/7 2時49分 丑時	12/6 20時1分 戌時	1/5 7時23分 辰時

國曆	農曆	干支	國曆	農曆	干支	國曆	農曆	干支	國曆	農曆	干支	國曆	農曆	干支	國曆	農曆	干支
7	6 19	辛巳	9 7	7 21	壬子	10 7	8 21	壬午	11 7	9 22	癸丑	12 6	10 21	壬午	1 5	11 22	壬子
8	6 20	壬午	9 8	7 22	癸丑	10 8	8 22	癸未	11 8	9 23	甲寅	12 7	10 22	癸未	1 6	11 23	癸丑
9	6 21	癸未	9 9	7 23	甲寅	10 9	8 23	甲申	11 9	9 24	乙卯	12 8	10 23	甲申	1 7	11 24	甲寅
10	6 22	甲申	9 10	7 24	乙卯	10 10	8 24	乙酉	11 10	9 25	丙辰	12 9	10 24	乙酉	1 8	11 25	乙卯
11	6 23	乙酉	9 11	7 25	丙辰	10 11	8 25	丙戌	11 11	9 26	丁巳	12 10	10 25	丙戌	1 9	11 26	丙辰
12	6 24	丙戌	9 12	7 26	丁巳	10 12	8 26	丁亥	11 12	9 27	戊午	12 11	10 26	丁亥	1 10	11 27	丁巳
13	6 25	丁亥	9 13	7 27	戊午	10 13	8 27	戊子	11 13	9 28	己未	12 12	10 27	戊子	1 11	11 28	戊午
14	6 26	戊子	9 14	7 28	己未	10 14	8 28	己丑	11 14	9 29	庚申	12 13	10 28	己丑	1 12	11 29	己未
15	6 27	己丑	9 15	7 29	庚申	10 15	8 29	庚寅	11 15	9 30	辛酉	12 14	10 29	庚寅	1 13	12 1	庚申
16	6 28	庚寅	9 16	7 30	辛酉	10 16	8 30	辛卯	11 16	10 1	壬戌	12 15	11 1	辛卯	1 14	12 2	辛酉
17	6 29	辛卯	9 17	8 1	壬戌	10 17	9 1	壬辰	11 17	10 2	癸亥	12 16	11 2	壬辰	1 15	12 3	壬戌
18	7 1	壬辰	9 18	8 2	癸亥	10 18	9 2	癸巳	11 18	10 3	甲子	12 17	11 3	癸巳	1 16	12 4	癸亥
19	7 2	癸巳	9 19	8 3	甲子	10 19	9 3	甲午	11 19	10 4	乙丑	12 18	11 4	甲午	1 17	12 5	甲子
20	7 3	甲午	9 20	8 4	乙丑	10 20	9 4	乙未	11 20	10 5	丙寅	12 19	11 5	乙未	1 18	12 6	乙丑
21	7 4	乙未	9 21	8 5	丙寅	10 21	9 5	丙申	11 21	10 6	丁卯	12 20	11 6	丙申	1 19	12 7	丙寅
22	7 5	丙申	9 22	8 6	丁卯	10 22	9 6	丁酉	11 22	10 7	戊辰	12 21	11 7	丁酉	1 20	12 8	丁卯
23	7 6	丁酉	9 23	8 7	戊辰	10 23	9 7	戊戌	11 23	10 8	己巳	12 22	11 8	戊戌	1 21	12 9	戊辰
24	7 7	戊戌	9 24	8 8	己巳	10 24	9 8	己亥	11 24	10 9	庚午	12 23	11 9	己亥	1 22	12 10	己巳
25	7 8	己亥	9 25	8 9	庚午	10 25	9 9	庚子	11 25	10 10	辛未	12 24	11 10	庚子	1 23	12 11	庚午
26	7 9	庚子	9 26	8 10	辛未	10 26	9 10	辛丑	11 26	10 11	壬申	12 25	11 11	辛丑	1 24	12 12	辛未
27	7 10	辛丑	9 27	8 11	壬申	10 27	9 11	壬寅	11 27	10 12	癸酉	12 26	11 12	壬寅	1 25	12 13	壬申
28	7 11	壬寅	9 28	8 12	癸酉	10 28	9 12	癸卯	11 28	10 13	甲戌	12 27	11 13	癸卯	1 26	12 14	癸酉
29	7 12	癸卯	9 29	8 13	甲戌	10 29	9 13	甲辰	11 29	10 14	乙亥	12 28	11 14	甲辰	1 27	12 15	甲戌
30	7 13	甲辰	9 30	8 14	乙亥	10 30	9 14	乙巳	11 30	10 15	丙子	12 29	11 15	乙巳	1 28	12 16	乙亥
31	7 14	乙巳	10 1	8 15	丙子	10 31	9 15	丙午	12 1	10 16	丁丑	12 30	11 16	丙午	1 29	12 17	丙子
1	7 15	丙午	10 2	8 16	丁丑	11 1	9 16	丁未	12 2	10 17	戊寅	12 31	11 17	丁未	1 30	12 18	丁丑
2	7 16	丁未	10 3	8 17	戊寅	11 2	9 17	戊申	12 3	10 18	己卯	1 1	11 18	戊申	1 31	12 19	戊寅
3	7 17	戊申	10 4	8 18	己卯	11 3	9 18	己酉	12 4	10 19	庚辰	1 2	11 19	己酉	2 1	12 20	己卯
4	7 18	己酉	10 5	8 19	庚辰	11 4	9 19	庚戌	12 5	10 20	辛巳	1 3	11 20	庚戌	2 2	12 21	庚辰
5	7 19	庚戌	10 6	8 20	辛巳	11 5	9 20	辛亥				1 4	11 21	辛亥			
6	7 20	辛亥				11 6	9 21	壬子									

中氣	處暑	秋分	霜降	小雪	冬至	大寒
	8/23 18時30分 酉時	9/22 16時35分 申時	10/23 2時25分 丑時	11/22 0時24分 子時	12/21 13時59分 未時	1/20 0時40分 子時

年	戊戌																	
月	甲寅			乙卯			丙辰			丁巳			戊午			己未		
節氣	立春 2/3 18時56分 酉時			驚蟄 3/5 12時37分 午時			清明 4/4 16時55分 申時			立夏 5/5 9時40分 巳時			芒種 6/5 13時23分 未時			小暑 7/6 23時27分 子時		
日	國曆	農曆	干支	國曆	農曆	干支	國曆	農曆	干支	國曆	農曆	干支	國曆	農曆	干支	國曆	農曆	干支
	2 3	12 21	辛巳	3 5	1 22	辛亥	4 4	2 22	辛巳	5 5	3 24	壬子	6 5	4 25	癸未	7 6	5 27	甲寅
	2 4	12 22	壬午	3 6	1 23	壬子	4 5	2 23	壬午	5 6	3 25	癸丑	6 6	4 26	甲申	7 7	5 28	乙卯
	2 5	12 23	癸未	3 7	1 24	癸丑	4 6	2 24	癸未	5 7	3 26	甲寅	6 7	4 27	乙酉	7 8	5 29	丙辰
	2 6	12 24	甲申	3 8	1 25	甲寅	4 7	2 25	甲申	5 8	3 27	乙卯	6 8	4 28	丙戌	7 9	6 1	丁巳
	2 7	12 25	乙酉	3 9	1 26	乙卯	4 8	2 26	乙酉	5 9	3 28	丙辰	6 9	4 29	丁亥	7 10	6 2	戊午
	2 8	12 26	丙戌	3 10	1 27	丙辰	4 9	2 27	丙戌	5 10	3 29	丁巳	6 10	5 1	戊子	7 11	6 3	己未
	2 9	12 27	丁亥	3 11	1 28	丁巳	4 10	2 28	丁亥	5 11	3 30	戊午	6 11	5 2	己丑	7 12	6 4	庚申
中	2 10	12 28	戊子	3 12	1 29	戊午	4 11	2 29	戊子	5 12	4 1	己未	6 12	5 3	庚寅	7 13	6 5	辛酉
華	2 11	12 29	己丑	3 13	1 30	己未	4 12	3 1	己丑	5 13	4 2	庚申	6 13	5 4	辛卯	7 14	6 6	壬戌
民	2 12	1 1	庚寅	3 14	2 1	庚申	4 13	3 2	庚寅	5 14	4 3	辛酉	6 14	5 5	壬辰	7 15	6 7	癸亥
國	2 13	1 2	辛卯	3 15	2 2	辛酉	4 14	3 3	辛卯	5 15	4 4	壬戌	6 15	5 6	癸巳	7 16	6 8	甲子
一	2 14	1 3	壬辰	3 16	2 3	壬戌	4 15	3 4	壬辰	5 16	4 5	癸亥	6 16	5 7	甲午	7 17	6 9	乙丑
百	2 15	1 4	癸巳	3 17	2 4	癸亥	4 16	3 5	癸巳	5 17	4 6	甲子	6 17	5 8	乙未	7 18	6 10	丙寅
六	2 16	1 5	甲午	3 18	2 5	甲子	4 17	3 6	甲午	5 18	4 7	乙丑	6 18	5 9	丙申	7 19	6 11	丁卯
十	2 17	1 6	乙未	3 19	2 6	乙丑	4 18	3 7	乙未	5 19	4 8	丙寅	6 19	5 10	丁酉	7 20	6 12	戊辰
七	2 18	1 7	丙申	3 20	2 7	丙寅	4 19	3 8	丙申	5 20	4 9	丁卯	6 20	5 11	戊戌	7 21	6 13	己巳
年	2 19	1 8	丁酉	3 21	2 8	丁卯	4 20	3 9	丁酉	5 21	4 10	戊辰	6 21	5 12	己亥	7 22	6 14	庚午
狗	2 20	1 9	戊戌	3 22	2 9	戊辰	4 21	3 10	戊戌	5 22	4 11	己巳	6 22	5 13	庚子	7 23	6 15	辛未
	2 21	1 10	己亥	3 23	2 10	己巳	4 22	3 11	己亥	5 23	4 12	庚午	6 23	5 14	辛丑	7 24	6 16	壬申
	2 22	1 11	庚子	3 24	2 11	庚午	4 23	3 12	庚子	5 24	4 13	辛未	6 24	5 15	壬寅	7 25	6 17	癸酉
	2 23	1 12	辛丑	3 25	2 12	辛未	4 24	3 13	辛丑	5 25	4 14	壬申	6 25	5 16	癸卯	7 26	6 18	甲戌
	2 24	1 13	壬寅	3 26	2 13	壬申	4 25	3 14	壬寅	5 26	4 15	癸酉	6 26	5 17	甲辰	7 27	6 19	乙亥
	2 25	1 14	癸卯	3 27	2 14	癸酉	4 26	3 15	癸卯	5 27	4 16	甲戌	6 27	5 18	乙巳	7 28	6 20	丙子
2	2 26	1 15	甲辰	3 28	2 15	甲戌	4 27	3 16	甲辰	5 28	4 17	乙亥	6 28	5 19	丙午	7 29	6 21	丁丑
0	2 27	1 16	乙巳	3 29	2 16	乙亥	4 28	3 17	乙巳	5 29	4 18	丙子	6 29	5 20	丁未	7 30	6 22	戊寅
7	2 28	1 17	丙午	3 30	2 17	丙子	4 29	3 18	丙午	5 30	4 19	丁丑	6 30	5 21	戊申	7 31	6 23	己卯
8	3 1	1 18	丁未	3 31	2 18	丁丑	4 30	3 19	丁未	5 31	4 20	戊寅	7 1	5 22	己酉	8 1	6 24	庚辰
	3 2	1 19	戊申	4 1	2 19	戊寅	5 1	3 20	戊申	6 1	4 21	己卯	7 2	5 23	庚戌	8 2	6 25	辛巳
	3 3	1 20	己酉	4 2	2 20	己卯	5 2	3 21	己酉	6 2	4 22	庚辰	7 3	5 24	辛亥	8 3	6 26	壬午
	3 4	1 21	庚戌	4 3	2 21	庚辰	5 3	3 22	庚戌	6 3	4 23	辛巳	7 4	5 25	壬子	8 4	6 27	癸未
							5 4	3 23	辛亥	6 4	4 24	壬午	7 5	5 26	癸丑	8 5	6 28	甲申
																8 6	6 29	乙酉
中氣	雨水 2/18 14時35分 未時			春分 3/20 13時10分 未時			穀雨 4/19 23時40分 子時			小滿 5/20 22時18分 亥時			夏至 6/21 5時57分 卯時			大暑 7/22 16時50分 申時		

戊戌

月	庚申	辛酉	壬戌	癸亥	甲子	乙丑
節氣	立秋	白露	寒露	立冬	大雪	小寒
	9時23分 巳時	9/7 12時42分 午時	10/8 4時55分 寅時	11/7 8時38分 辰時	12/7 1時51分 丑時	1/5 13時29分 未時

國曆	農曆	干支	國曆	農曆	干支	國曆	農曆	干支	國曆	農曆	干支	國曆	農曆	干支	國曆	農曆	干支
8/7	6/30	丙戌	9/7	8/2	丁巳	10/8	9/3	戊子	11/7	10/3	戊午	12/7	11/4	戊子	1/5	12/3	丁巳
8/8	7/1	丁亥	9/8	8/3	戊午	10/9	9/4	己丑	11/8	10/4	己未	12/8	11/5	己丑	1/6	12/4	戊午
8/9	7/2	戊子	9/9	8/4	己未	10/10	9/5	庚寅	11/9	10/5	庚申	12/9	11/6	庚寅	1/7	12/5	己未
8/10	7/3	己丑	9/10	8/5	庚申	10/11	9/6	辛卯	11/10	10/6	辛酉	12/10	11/7	辛卯	1/8	12/6	庚申
8/11	7/4	庚寅	9/11	8/6	辛酉	10/12	9/7	壬辰	11/11	10/7	壬戌	12/11	11/8	壬辰	1/9	12/7	辛酉
8/12	7/5	辛卯	9/12	8/7	壬戌	10/13	9/8	癸巳	11/12	10/8	癸亥	12/12	11/9	癸巳	1/10	12/8	壬戌
8/13	7/6	壬辰	9/13	8/8	癸亥	10/14	9/9	甲午	11/13	10/9	甲子	12/13	11/10	甲午	1/11	12/9	癸亥
8/14	7/7	癸巳	9/14	8/9	甲子	10/15	9/10	乙未	11/14	10/10	乙丑	12/14	11/11	乙未	1/12	12/10	甲子
8/15	7/8	甲午	9/15	8/10	乙丑	10/16	9/11	丙申	11/15	10/11	丙寅	12/15	11/12	丙申	1/13	12/11	乙丑
8/16	7/9	乙未	9/16	8/11	丙寅	10/17	9/12	丁酉	11/16	10/12	丁卯	12/16	11/13	丁酉	1/14	12/12	丙寅
8/17	7/10	丙申	9/17	8/12	丁卯	10/18	9/13	戊戌	11/17	10/13	戊辰	12/17	11/14	戊戌	1/15	12/13	丁卯
8/18	7/11	丁酉	9/18	8/13	戊辰	10/19	9/14	己亥	11/18	10/14	己巳	12/18	11/15	己亥	1/16	12/14	戊辰
8/19	7/12	戊戌	9/19	8/14	己巳	10/20	9/15	庚子	11/19	10/15	庚午	12/19	11/16	庚子	1/17	12/15	己巳
8/20	7/13	己亥	9/20	8/15	庚午	10/21	9/16	辛丑	11/20	10/16	辛未	12/20	11/17	辛丑	1/18	12/16	庚午
8/21	7/14	庚子	9/21	8/16	辛未	10/22	9/17	壬寅	11/21	10/17	壬申	12/21	11/18	壬寅	1/19	12/17	辛未
8/22	7/15	辛丑	9/22	8/17	壬申	10/23	9/18	癸卯	11/22	10/18	癸酉	12/22	11/19	癸卯	1/20	12/18	壬申
8/23	7/16	壬寅	9/23	8/18	癸酉	10/24	9/19	甲辰	11/23	10/19	甲戌	12/23	11/20	甲辰	1/21	12/19	癸酉
8/24	7/17	癸卯	9/24	8/19	甲戌	10/25	9/20	乙巳	11/24	10/20	乙亥	12/24	11/21	乙巳	1/22	12/20	甲戌
8/25	7/18	甲辰	9/25	8/20	乙亥	10/26	9/21	丙午	11/25	10/21	丙子	12/25	11/22	丙午	1/23	12/21	乙亥
8/26	7/19	乙巳	9/26	8/21	丙子	10/27	9/22	丁未	11/26	10/22	丁丑	12/26	11/23	丁未	1/24	12/22	丙子
8/27	7/20	丙午	9/27	8/22	丁丑	10/28	9/23	戊申	11/27	10/23	戊寅	12/27	11/24	戊申	1/25	12/23	丁丑
8/28	7/21	丁未	9/28	8/23	戊寅	10/29	9/24	己酉	11/28	10/24	己卯	12/28	11/25	己酉	1/26	12/24	戊寅
8/29	7/22	戊申	9/29	8/24	己卯	10/30	9/25	庚戌	11/29	10/25	庚辰	12/29	11/26	庚戌	1/27	12/25	己卯
8/30	7/23	己酉	9/30	8/25	庚辰	10/31	9/26	辛亥	11/30	10/26	辛巳	12/30	11/27	辛亥	1/28	12/26	庚辰
8/31	7/24	庚戌	10/1	8/26	辛巳	11/1	9/27	壬子	12/1	10/27	壬午	12/31	11/28	壬子	1/29	12/27	辛巳
9/1	7/25	辛亥	10/2	8/27	壬午	11/2	9/28	癸丑	12/2	10/28	癸未	1/1	11/29	癸丑	1/30	12/28	壬午
9/2	7/26	壬子	10/3	8/28	癸未	11/3	9/29	甲寅	12/3	10/29	甲申	1/2	11/30	甲寅	1/31	12/29	癸未
9/3	7/27	癸丑	10/4	8/29	甲申	11/4	9/30	乙卯	12/4	11/1	乙酉	1/3	12/1	乙卯	2/1	12/30	甲申
9/4	7/28	甲寅	10/5	8/30	乙酉	11/5	10/1	丙辰	12/5	11/2	丙戌	1/4	12/2	丙辰	2/2	1/1	乙酉
9/5	7/29	乙卯	10/6	9/1	丙戌	11/6	10/2	丁巳	12/6	11/3	丁亥				2/3	1/2	丙戌
9/6	8/1	丙辰	10/7	9/2	丁亥												

中氣	處暑	秋分	霜降	小雪	冬至	大寒
	0時13分 子時	9/22 22時23分 亥時	10/23 8時19分 辰時	11/22 6時22分 卯時	12/21 19時57分 戌時	1/20 6時35分 卯時

年：中華民國一百六十七、一百六十八年　狗　2078、2079

中華民國一百六十八年　豬　（2079）　年干支：己亥

月	丙寅			丁卯			戊辰			己巳			庚午			辛未		
節氣	立春			驚蟄			清明			立夏			芒種			小暑		
	2/4 0時42分 子時			3/5 18時20分 酉時			4/4 22時36分 亥時			5/5 15時21分 申時			6/5 19時5分 戌時			7/7 5時10分 卯時		
日	國曆	農曆	干支	國曆	農曆	干支	國曆	農曆	干支	國曆	農曆	干支	國曆	農曆	干支	國曆	農曆	干支
	2/4	1/3	丁亥	3/5	2/3	丙辰	4/4	3/3	丙戌	5/5	4/5	丁巳	6/5	5/6	戊子	7/7	6/9	庚申
	2/5	1/4	戊子	3/6	2/4	丁巳	4/5	3/4	丁亥	5/6	4/6	戊午	6/6	5/7	己丑	7/8	6/10	辛酉
	2/6	1/5	己丑	3/7	2/5	戊午	4/6	3/5	戊子	5/7	4/7	己未	6/7	5/8	庚寅	7/9	6/11	壬戌
	2/7	1/6	庚寅	3/8	2/6	己未	4/7	3/6	己丑	5/8	4/8	庚申	6/8	5/9	辛卯	7/10	6/12	癸亥
	2/8	1/7	辛卯	3/9	2/7	庚申	4/8	3/7	庚寅	5/9	4/9	辛酉	6/9	5/10	壬辰	7/11	6/13	甲子
	2/9	1/8	壬辰	3/10	2/8	辛酉	4/9	3/8	辛卯	5/10	4/10	壬戌	6/10	5/11	癸巳	7/12	6/14	乙丑
	2/10	1/9	癸巳	3/11	2/9	壬戌	4/10	3/9	壬辰	5/11	4/11	癸亥	6/11	5/12	甲午	7/13	6/15	丙寅
	2/11	1/10	甲午	3/12	2/10	癸亥	4/11	3/10	癸巳	5/12	4/12	甲子	6/12	5/13	乙未	7/14	6/16	丁卯
	2/12	1/11	乙未	3/13	2/11	甲子	4/12	3/11	甲午	5/13	4/13	乙丑	6/13	5/14	丙申	7/15	6/17	戊辰
	2/13	1/12	丙申	3/14	2/12	乙丑	4/13	3/12	乙未	5/14	4/14	丙寅	6/14	5/15	丁酉	7/16	6/18	己巳
	2/14	1/13	丁酉	3/15	2/13	丙寅	4/14	3/13	丙申	5/15	4/15	丁卯	6/15	5/16	戊戌	7/17	6/19	庚午
	2/15	1/14	戊戌	3/16	2/14	丁卯	4/15	3/14	丁酉	5/16	4/16	戊辰	6/16	5/17	己亥	7/18	6/20	辛未
	2/16	1/15	己亥	3/17	2/15	戊辰	4/16	3/15	戊戌	5/17	4/17	己巳	6/17	5/18	庚子	7/19	6/21	壬申
	2/17	1/16	庚子	3/18	2/16	己巳	4/17	3/16	己亥	5/18	4/18	庚午	6/18	5/19	辛丑	7/20	6/22	癸酉
	2/18	1/17	辛丑	3/19	2/17	庚午	4/18	3/17	庚子	5/19	4/19	辛未	6/19	5/20	壬寅	7/21	6/23	甲戌
	2/19	1/18	壬寅	3/20	2/18	辛未	4/19	3/18	辛丑	5/20	4/20	壬申	6/20	5/21	癸卯	7/22	6/24	乙亥
	2/20	1/19	癸卯	3/21	2/19	壬申	4/20	3/19	壬寅	5/21	4/21	癸酉	6/21	5/22	甲辰	7/23	6/25	丙子
	2/21	1/20	甲辰	3/22	2/20	癸酉	4/21	3/20	癸卯	5/22	4/22	甲戌	6/22	5/23	乙巳	7/24	6/26	丁丑
	2/22	1/21	乙巳	3/23	2/21	甲戌	4/22	3/21	甲辰	5/23	4/23	乙亥	6/23	5/24	丙午	7/25	6/27	戊寅
	2/23	1/22	丙午	3/24	2/22	乙亥	4/23	3/22	乙巳	5/24	4/24	丙子	6/24	5/25	丁未	7/26	6/28	己卯
	2/24	1/23	丁未	3/25	2/23	丙子	4/24	3/23	丙午	5/25	4/25	丁丑	6/25	5/26	戊申	7/27	6/29	庚辰
	2/25	1/24	戊申	3/26	2/24	丁丑	4/25	3/24	丁未	5/26	4/26	戊寅	6/26	5/27	己酉	7/28	7/1	辛巳
	2/26	1/25	己酉	3/27	2/25	戊寅	4/26	3/25	戊申	5/27	4/27	己卯	6/27	5/28	庚戌	7/29	7/2	壬午
	2/27	1/26	庚戌	3/28	2/26	己卯	4/27	3/26	己酉	5/28	4/28	庚辰	6/28	5/29	辛亥	7/30	7/3	癸未
	2/28	1/27	辛亥	3/29	2/27	庚辰	4/28	3/27	庚戌	5/29	4/29	辛巳	6/29	6/1	壬子	7/31	7/4	甲申
	3/1	1/28	壬子	3/30	2/28	辛巳	4/29	3/28	辛亥	5/30	4/30	壬午	6/30	6/2	癸丑	8/1	7/5	乙酉
	3/2	1/29	癸丑	3/31	2/29	壬午	4/30	3/29	壬子	5/31	5/1	癸未	7/1	6/3	甲寅	8/2	7/6	丙戌
	3/3	2/1	甲寅	4/1	2/30	癸未	5/1	4/1	癸丑	6/1	5/2	甲申	7/2	6/4	乙卯	8/3	7/7	丁亥
	3/4	2/2	乙卯	4/2	3/1	甲申	5/2	4/2	甲寅	6/2	5/3	乙酉	7/3	6/5	丙辰	8/4	7/8	戊子
				4/3	3/2	乙酉	5/3	4/3	乙卯	6/3	5/4	丙戌	7/4	6/6	丁巳	8/5	7/9	己丑
							5/4	4/4	丙辰	6/4	5/5	丁亥	7/5	6/7	戊午	8/6	7/10	庚寅
													7/6	6/8	己未			

中氣	雨水	春分	穀雨	小滿	夏至	大暑
	2/18 20時27分 戌時	3/20 18時59分 酉時	4/20 5時29分 卯時	5/21 4時9分 寅時	6/21 11時48分 午時	7/22 22時41分

360

己亥

壬申　立秋　7 15時8分 申時			癸酉　白露　9/7 18時29分 酉時			甲戌　寒露　10/8 10時42分 巳時			乙亥　立冬　11/7 14時26分 未時			丙子　大雪　12/7 7時39分 辰時			丁丑　小寒　1/5 18時58分 酉時			節氣
國曆	農曆	干支	國曆	農曆	干支	國曆	農曆	干支	國曆	農曆	干支	國曆	農曆	干支	國曆	農曆	干支	日
7	7 11	辛卯	7	8 12	壬戌	8	9 13	癸巳	7	10 13	癸亥	7	11 13	癸巳	5	12 12	壬戌	
8	7 12	壬辰	8	8 13	癸亥	9	9 14	甲午	8	10 14	甲子	8	11 14	甲午	6	12 13	癸亥	
9	7 13	癸巳	9	8 14	甲子	10	9 15	乙未	9	10 15	乙丑	9	11 15	乙未	7	12 14	甲子	
10	7 14	甲午	10	8 15	乙丑	11	9 16	丙申	10	10 16	丙寅	10	11 16	丙申	8	12 15	乙丑	中
11	7 15	乙未	11	8 16	丙寅	12	9 17	丁酉	11	10 17	丁卯	11	11 17	丁酉	9	12 16	丙寅	華
12	7 16	丙申	12	8 17	丁卯	13	9 18	戊戌	12	10 18	戊辰	12	11 18	戊戌	10	12 17	丁卯	民
13	7 17	丁酉	13	8 18	戊辰	14	9 19	己亥	13	10 19	己巳	13	11 19	己亥	11	12 18	戊辰	國
14	7 18	戊戌	14	8 19	己巳	15	9 20	庚子	14	10 20	庚午	14	11 20	庚子	12	12 19	己巳	一
15	7 19	己亥	15	8 20	庚午	16	9 21	辛丑	15	10 21	辛未	15	11 21	辛丑	13	12 20	庚午	百
16	7 20	庚子	16	8 21	辛未	17	9 22	壬寅	16	10 22	壬申	16	11 22	壬寅	14	12 21	辛未	六
17	7 21	辛丑	17	8 22	壬申	18	9 23	癸卯	17	10 23	癸酉	17	11 23	癸卯	15	12 22	壬申	十
18	7 22	壬寅	18	8 23	癸酉	19	9 24	甲辰	18	10 24	甲戌	18	11 24	甲辰	16	12 23	癸酉	八
19	7 23	癸卯	19	8 24	甲戌	20	9 25	乙巳	19	10 25	乙亥	19	11 25	乙巳	17	12 24	甲戌	、
20	7 24	甲辰	20	8 25	乙亥	21	9 26	丙午	20	10 26	丙子	20	11 26	丙午	18	12 25	乙亥	一
21	7 25	乙巳	21	8 26	丙子	22	9 27	丁未	21	10 27	丁丑	21	11 27	丁未	19	12 26	丙子	百
22	7 26	丙午	22	8 27	丁丑	23	9 28	戊申	22	10 28	戊寅	22	11 28	戊申	20	12 27	丁丑	六
23	7 27	丁未	23	8 28	戊寅	24	9 29	己酉	23	10 29	己卯	23	11 29	己酉	21	12 28	戊寅	十
24	7 28	戊申	24	8 29	己卯	25	9 30	庚戌	24	10 30	庚辰	24	11 30	庚戌	22	12 29	己卯	九
25	7 29	己酉	25	8 30	庚辰	26	10 1	辛亥	25	11 1	辛巳	25	12 1	辛亥	23	12 30	庚辰	年
26	7 30	庚戌	26	9 1	辛巳	27	10 2	壬子	26	11 2	壬午	26	12 2	壬子	24	1 1	辛巳	
27	8 1	辛亥	27	9 2	壬午	28	10 3	癸丑	27	11 3	癸未	27	12 3	癸丑	25	1 2	壬午	豬
28	8 2	壬子	28	9 3	癸未	29	10 4	甲寅	28	11 4	甲申	28	12 4	甲寅	26	1 3	癸未	
29	8 3	癸丑	29	9 4	甲申	30	10 5	乙卯	29	11 5	乙酉	29	12 5	乙卯	27	1 4	甲申	
30	8 4	甲寅	30	9 5	乙酉	31	10 6	丙辰	30	11 6	丙戌	30	12 6	丙辰	28	1 5	乙酉	
31	8 5	乙卯	1	9 6	丙戌	1	10 7	丁巳	1	11 7	丁亥	31	12 7	丁巳	29	1 6	丙戌	2
1	8 6	丙辰	2	9 7	丁亥	2	10 8	戊午	2	11 8	戊子	1	12 8	戊午	30	1 7	丁亥	0
2	8 7	丁巳	3	9 8	戊子	3	10 9	己未	3	11 9	己丑	2	12 9	己未	31	1 8	戊子	7
3	8 8	戊午	4	9 9	己丑	4	10 10	庚申	4	11 10	庚寅	3	12 10	庚申	1	1 9	己丑	9
4	8 9	己未	5	9 10	庚寅	5	10 11	辛酉	5	11 11	辛卯	4	12 11	辛酉	2	1 10	庚寅	、
5	8 10	庚申	6	9 11	辛卯	6	10 12	壬戌	6	11 12	壬辰				3	1 11	辛卯	2
6	8 11	辛酉	7	9 12	壬辰													0
																		8
																		0

處暑			秋分			霜降			小雪			冬至			大寒			中
6時3分 卯時			9/23 4時12分 寅時			10/23 14時7分 未時			11/22 12時8分 午時			12/22 1時43分 丑時			1/20 12時20分 午時			氣

年	庚子																
月	戊寅			己卯			庚辰			辛巳			壬午			癸未		
節氣	立春			驚蟄			清明			立夏			芒種			小暑		
	2/4 6時27分 卯時			3/5 0時4分 子時			4/4 4時21分 寅時			5/4 21時9分 亥時			6/5 0時56分 子時			7/6 11時4分 午時		
日	國曆	農曆	干支	國曆	農曆	干支	國曆	農曆	干支	國曆	農曆	干支	國曆	農曆	干支	國曆	農曆	干支
	2/4	1/14	壬辰	3/5	2/14	壬戌	4/4	3/15	壬辰	5/4	3/15	壬戌	6/5	4/18	甲午	7/6	5/19	乙丑
	2/5	1/15	癸巳	3/6	2/15	癸亥	4/5	3/16	癸巳	5/5	3/16	癸亥	6/6	4/19	乙未	7/7	5/20	丙寅
	2/6	1/16	甲午	3/7	2/16	甲子	4/6	3/17	甲午	5/6	3/17	甲子	6/7	4/20	丙申	7/8	5/21	丁卯
	2/7	1/17	乙未	3/8	2/17	乙丑	4/7	3/18	乙未	5/7	3/18	乙丑	6/8	4/21	丁酉	7/9	5/22	戊辰
	2/8	1/18	丙申	3/9	2/18	丙寅	4/8	3/19	丙申	5/8	3/19	丙寅	6/9	4/22	戊戌	7/10	5/23	己巳
中	2/9	1/19	丁酉	3/10	2/19	丁卯	4/9	3/20	丁酉	5/9	3/20	丁卯	6/10	4/23	己亥	7/11	5/24	庚午
華	2/10	1/20	戊戌	3/11	2/20	戊辰	4/10	3/21	戊戌	5/10	3/21	戊辰	6/11	4/24	庚子	7/12	5/25	辛未
民	2/11	1/21	己亥	3/12	2/21	己巳	4/11	3/22	己亥	5/11	3/22	己巳	6/12	4/25	辛丑	7/13	5/26	壬申
國	2/12	1/22	庚子	3/13	2/22	庚午	4/12	3/23	庚子	5/12	3/23	庚午	6/13	4/26	壬寅	7/14	5/27	癸酉
一	2/13	1/23	辛丑	3/14	2/23	辛未	4/13	3/24	辛丑	5/13	3/24	辛未	6/14	4/27	癸卯	7/15	5/28	甲戌
百	2/14	1/24	壬寅	3/15	2/24	壬申	4/14	3/25	壬寅	5/14	3/25	壬申	6/15	4/28	甲辰	7/16	5/29	乙亥
六	2/15	1/25	癸卯	3/16	2/25	癸酉	4/15	3/26	癸卯	5/15	3/26	癸酉	6/16	4/29	乙巳	7/17	6/1	丙子
十	2/16	1/26	甲辰	3/17	2/26	甲戌	4/16	3/27	甲辰	5/16	3/27	甲戌	6/17	4/30	丙午	7/18	6/2	丁丑
九	2/17	1/27	乙巳	3/18	2/27	乙亥	4/17	3/28	乙巳	5/17	3/28	乙亥	6/18	5/1	丁未	7/19	6/3	戊寅
年	2/18	1/28	丙午	3/19	2/28	丙子	4/18	3/29	丙午	5/18	3/29	丙子	6/19	5/2	戊申	7/20	6/4	己卯
	2/19	1/29	丁未	3/20	2/29	丁丑	4/19	3/30	丁未	5/19	4/1	丁丑	6/20	5/3	己酉	7/21	6/5	庚辰
鼠	2/20	1/30	戊申	3/21	3/1	戊寅	4/20	閏3/1	戊申	5/20	4/2	戊寅	6/21	5/4	庚戌	7/22	6/6	辛巳
	2/21	2/1	己酉	3/22	3/2	己卯	4/21	3/2	己酉	5/21	4/3	己卯	6/22	5/5	辛亥	7/23	6/7	壬午
	2/22	2/2	庚戌	3/23	3/3	庚辰	4/22	3/3	庚戌	5/22	4/4	庚辰	6/23	5/6	壬子	7/24	6/8	癸未
	2/23	2/3	辛亥	3/24	3/4	辛巳	4/23	3/4	辛亥	5/23	4/5	辛巳	6/24	5/7	癸丑	7/25	6/9	甲申
	2/24	2/4	壬子	3/25	3/5	壬午	4/24	3/5	壬子	5/24	4/6	壬午	6/25	5/8	甲寅	7/26	6/10	乙酉
	2/25	2/5	癸丑	3/26	3/6	癸未	4/25	3/6	癸丑	5/25	4/7	癸未	6/26	5/9	乙卯	7/27	6/11	丙戌
	2/26	2/6	甲寅	3/27	3/7	甲申	4/26	3/7	甲寅	5/26	4/8	甲申	6/27	5/10	丙辰	7/28	6/12	丁亥
2	2/27	2/7	乙卯	3/28	3/8	乙酉	4/27	3/8	乙卯	5/27	4/9	乙酉	6/28	5/11	丁巳	7/29	6/13	戊子
0	2/28	2/8	丙辰	3/29	3/9	丙戌	4/28	3/9	丙辰	5/28	4/10	丙戌	6/29	5/12	戊午	7/30	6/14	己丑
8	2/29	2/9	丁巳	3/30	3/10	丁亥	4/29	3/10	丁巳	5/29	4/11	丁亥	6/30	5/13	己未	7/31	6/15	庚寅
0	3/1	2/10	戊午	3/31	3/11	戊子	4/30	3/11	戊午	5/30	4/12	戊子	7/1	5/14	庚申	8/1	6/16	辛卯
	3/2	2/11	己未	4/1	3/12	己丑	5/1	3/12	己未	5/31	4/13	己丑	7/2	5/15	辛酉	8/2	6/17	壬辰
	3/3	2/12	庚申	4/2	3/13	庚寅	5/2	3/13	庚申	6/1	4/14	庚寅	7/3	5/16	壬戌	8/3	6/18	癸巳
	3/4	2/13	辛酉	4/3	3/14	辛卯	5/3	3/14	辛酉	6/2	4/15	辛卯	7/4	5/17	癸亥	8/4	6/19	甲午
										6/3	4/16	壬辰	7/5	5/18	甲子	8/5	6/20	乙未
										6/4	4/17	癸巳						
中氣	雨水			春分			穀雨			小滿			夏至			大暑		
	2/19 2時11分 丑時			3/20 0時43分 子時			4/19 11時13分 午時			5/20 9時53分 巳時			6/20 17時33分 酉時			7/22 4時26分 寅時		

庚子

月	甲申	乙酉	丙戌	丁亥	戊子	己丑
節氣	立秋	白露	寒露	立冬	大雪	小寒
	6日21時2分 亥時	9/7 0時21分 子時	10/7 16時33分 申時	11/6 20時17分 戌時	12/6 13時33分 未時	1/5 0時55分 子時

國曆	農曆	干支	國曆	農曆	干支	國曆	農曆	干支	國曆	農曆	干支	國曆	農曆	干支	國曆	農曆	干支
6	6 21	丙申	9/7	7 24	戊辰	10/7	8 24	戊戌	11/6	9 25	戊辰	12/6	10 26	戊戌	1/5	11 26	戊辰
7	6 22	丁酉	8	7 25	己巳	8	8 25	己亥	7	9 26	己巳	7	10 27	己亥	6	11 27	己巳
8	6 23	戊戌	9	7 26	庚午	9	8 26	庚子	8	9 27	庚午	8	10 28	庚子	7	11 28	庚午
9	6 24	己亥	10	7 27	辛未	10	8 27	辛丑	9	9 28	辛未	9	10 29	辛丑	8	11 29	辛未
10	6 25	庚子	11	7 28	壬申	11	8 28	壬寅	10	9 29	壬申	10	10 30	壬寅	9	11 30	壬申
11	6 26	辛丑	12	7 29	癸酉	12	8 29	癸卯	11	10 1	癸酉	11	11 1	癸卯	10	12 1	癸酉
12	6 27	壬寅	13	7 30	甲戌	13	9 1	甲辰	12	10 2	甲戌	12	11 2	甲辰	11	12 2	甲戌
13	6 28	癸卯	14	8 1	乙亥	14	9 2	乙巳	13	10 3	乙亥	13	11 3	乙巳	12	12 3	乙亥
14	6 29	甲辰	15	8 2	丙子	15	9 3	丙午	14	10 4	丙子	14	11 4	丙午	13	12 4	丙子
15	7 1	乙巳	16	8 3	丁丑	16	9 4	丁未	15	10 5	丁丑	15	11 5	丁未	14	12 5	丁丑
16	7 2	丙午	17	8 4	戊寅	17	9 5	戊申	16	10 6	戊寅	16	11 6	戊申	15	12 6	戊寅
17	7 3	丁未	18	8 5	己卯	18	9 6	己酉	17	10 7	己卯	17	11 7	己酉	16	12 7	己卯
18	7 4	戊申	19	8 6	庚辰	19	9 7	庚戌	18	10 8	庚辰	18	11 8	庚戌	17	12 8	庚辰
19	7 5	己酉	20	8 7	辛巳	20	9 8	辛亥	19	10 9	辛巳	19	11 9	辛亥	18	12 9	辛巳
20	7 6	庚戌	21	8 8	壬午	21	9 9	壬子	20	10 10	壬午	20	11 10	壬子	19	12 10	壬午
21	7 7	辛亥	22	8 9	癸未	22	9 10	癸丑	21	10 11	癸未	21	11 11	癸丑	20	12 11	癸未
22	7 8	壬子	23	8 10	甲申	23	9 11	甲寅	22	10 12	甲申	22	11 12	甲寅	21	12 12	甲申
23	7 9	癸丑	24	8 11	乙酉	24	9 12	乙卯	23	10 13	乙酉	23	11 13	乙卯	22	12 13	乙酉
24	7 10	甲寅	25	8 12	丙戌	25	9 13	丙辰	24	10 14	丙戌	24	11 14	丙辰	23	12 14	丙戌
25	7 11	乙卯	26	8 13	丁亥	26	9 14	丁巳	25	10 15	丁亥	25	11 15	丁巳	24	12 15	丁亥
26	7 12	丙辰	27	8 14	戊子	27	9 15	戊午	26	10 16	戊子	26	11 16	戊午	25	12 16	戊子
27	7 13	丁巳	28	8 15	己丑	28	9 16	己未	27	10 17	己丑	27	11 17	己未	26	12 17	己丑
28	7 14	戊午	29	8 16	庚寅	29	9 17	庚申	28	10 18	庚寅	28	11 18	庚申	27	12 18	庚寅
29	7 15	己未	30	8 17	辛卯	30	9 18	辛酉	29	10 19	辛卯	29	11 19	辛酉	28	12 19	辛卯
30	7 16	庚申	10/1	8 18	壬辰	31	9 19	壬戌	30	10 20	壬辰	30	11 20	壬戌	29	12 20	壬辰
31	7 17	辛酉	2	8 19	癸巳	11/1	9 20	癸亥	12/1	10 21	癸巳	31	11 21	癸亥	30	12 21	癸巳
9/1	7 18	壬戌	3	8 20	甲午	2	9 21	甲子	2	10 22	甲午	1/1	11 22	甲子	31	12 22	甲午
2	7 19	癸亥	4	8 21	乙未	3	9 22	乙丑	3	10 23	乙未	2	11 23	乙丑	2/1	12 23	乙未
3	7 20	甲子	5	8 22	丙申	4	9 23	丙寅	4	10 24	丙申	3	11 24	丙寅	2	12 24	丙申
4	7 21	乙丑	6	8 23	丁酉	5	9 24	丁卯	5	10 25	丁酉	4	11 25	丁卯	3	12 25	丁酉
5	7 22	丙寅															
6	7 23	丁卯															

中氣	處暑	秋分	霜降	小雪	冬至	大寒
	2日11時47分 午時	9/22 9時55分 巳時	10/22 19時51分 戌時	11/21 17時55分 酉時	12/21 7時32分 辰時	1/19 18時10分 酉時

中華民國一百六十九、一百七十年　鼠　2080、2081

年	辛丑																	
月	庚寅			辛卯			壬辰			癸巳			甲午			乙未		
節氣	立春			驚蟄			清明			立夏			芒種			小暑		
	2/3 12時25分 午時			3/5 6時1分 卯時			4/4 10時16分 巳時			5/5 2時59分 丑時			6/5 6時40分 卯時			7/6 16時42分 卯時		
日	國曆	農曆	干支	國曆	農曆	干支	國曆	農曆	干支	國曆	農曆	干支	國曆	農曆	干支	國曆	農曆	干支
	2 3	12 25	丁酉	3 5	1 25	丁卯	4 4	2 26	丁酉	5 5	3 27	戊辰	6 5	4 28	己亥	7 6	5 30	庚午
	2 4	12 26	戊戌	3 6	1 26	戊辰	4 5	2 27	戊戌	5 6	3 28	己巳	6 6	4 29	庚子	7 7	6 1	辛未
	2 5	12 27	己亥	3 7	1 27	己巳	4 6	2 28	己亥	5 7	3 29	庚午	6 7	5 1	辛丑	7 8	6 2	壬申
	2 6	12 28	庚子	3 8	1 28	庚午	4 7	2 29	庚子	5 8	3 30	辛未	6 8	5 2	壬寅	7 9	6 3	癸酉
	2 7	12 29	辛丑	3 9	1 29	辛未	4 8	2 30	辛丑	5 9	4 1	壬申	6 9	5 3	癸卯	7 10	6 4	甲戌
	2 8	12 30	壬寅	3 10	2 1	壬申	4 9	3 1	壬寅	5 10	4 2	癸酉	6 10	5 4	甲辰	7 11	6 5	乙亥
	2 9	1 1	癸卯	3 11	2 2	癸酉	4 10	3 2	癸卯	5 11	4 3	甲戌	6 11	5 5	乙巳	7 12	6 6	丙子
中	2 10	1 2	甲辰	3 12	2 3	甲戌	4 11	3 3	甲辰	5 12	4 4	乙亥	6 12	5 6	丙午	7 13	6 7	丁丑
華	2 11	1 3	乙巳	3 13	2 4	乙亥	4 12	3 4	乙巳	5 13	4 5	丙子	6 13	5 7	丁未	7 14	6 8	戊寅
民	2 12	1 4	丙午	3 14	2 5	丙子	4 13	3 5	丙午	5 14	4 6	丁丑	6 14	5 8	戊申	7 15	6 9	己卯
國	2 13	1 5	丁未	3 15	2 6	丁丑	4 14	3 6	丁未	5 15	4 7	戊寅	6 15	5 9	己酉	7 16	6 10	庚辰
一	2 14	1 6	戊申	3 16	2 7	戊寅	4 15	3 7	戊申	5 16	4 8	己卯	6 16	5 10	庚戌	7 17	6 11	辛巳
百	2 15	1 7	己酉	3 17	2 8	己卯	4 16	3 8	己酉	5 17	4 9	庚辰	6 17	5 11	辛亥	7 18	6 12	壬午
七	2 16	1 8	庚戌	3 18	2 9	庚辰	4 17	3 9	庚戌	5 18	4 10	辛巳	6 18	5 12	壬子	7 19	6 13	癸未
十	2 17	1 9	辛亥	3 19	2 10	辛巳	4 18	3 10	辛亥	5 19	4 11	壬午	6 19	5 13	癸丑	7 20	6 14	甲申
年	2 18	1 10	壬子	3 20	2 11	壬午	4 19	3 11	壬子	5 20	4 12	癸未	6 20	5 14	甲寅	7 21	6 15	乙酉
牛	2 19	1 11	癸丑	3 21	2 12	癸未	4 20	3 12	癸丑	5 21	4 13	甲申	6 21	5 15	乙卯	7 22	6 16	丙戌
	2 20	1 12	甲寅	3 22	2 13	甲申	4 21	3 13	甲寅	5 22	4 14	乙酉	6 22	5 16	丙辰	7 23	6 17	丁亥
	2 21	1 13	乙卯	3 23	2 14	乙酉	4 22	3 14	乙卯	5 23	4 15	丙戌	6 23	5 17	丁巳	7 24	6 18	戊子
	2 22	1 14	丙辰	3 24	2 15	丙戌	4 23	3 15	丙辰	5 24	4 16	丁亥	6 24	5 18	戊午	7 25	6 19	己丑
	2 23	1 15	丁巳	3 25	2 16	丁亥	4 24	3 16	丁巳	5 25	4 17	戊子	6 25	5 19	己未	7 26	6 20	庚寅
	2 24	1 16	戊午	3 26	2 17	戊子	4 25	3 17	戊午	5 26	4 18	己丑	6 26	5 20	庚申	7 27	6 21	辛卯
	2 25	1 17	己未	3 27	2 18	己丑	4 26	3 18	己未	5 27	4 19	庚寅	6 27	5 21	辛酉	7 28	6 22	壬辰
	2 26	1 18	庚申	3 28	2 19	庚寅	4 27	3 19	庚申	5 28	4 20	辛卯	6 28	5 22	壬戌	7 29	6 23	癸巳
	2 27	1 19	辛酉	3 29	2 20	辛卯	4 28	3 20	辛酉	5 29	4 21	壬辰	6 29	5 23	癸亥	7 30	6 24	甲午
2	2 28	1 20	壬戌	3 30	2 21	壬辰	4 29	3 21	壬戌	5 30	4 22	癸巳	6 30	5 24	甲子	7 31	6 25	乙未
0	3 1	1 21	癸亥	3 31	2 22	癸巳	4 30	3 22	癸亥	5 31	4 23	甲午	7 1	5 25	乙丑	8 1	6 26	丙申
8	3 2	1 22	甲子	4 1	2 23	甲午	5 1	3 23	甲子	6 1	4 24	乙未	7 2	5 26	丙寅	8 2	6 27	丁酉
1	3 3	1 23	乙丑	4 2	2 24	乙未	5 2	3 24	乙丑	6 2	4 25	丙申	7 3	5 27	丁卯	8 3	6 28	戊戌
	3 4	1 24	丙寅	4 3	2 25	丙申	5 3	3 25	丙寅	6 3	4 26	丁酉	7 4	5 28	戊辰	8 4	6 29	己亥
							5 4	3 26	丁卯	6 4	4 27	戊戌	7 5	5 29	己巳	8 5	7 1	庚子
																8 6	7 2	辛丑

中氣	雨水	春分	穀雨	小滿	夏至	大暑
	2/18 8時2分 辰時	3/20 6時33分 卯時	4/19 17時0分 酉時	5/20 15時37分 申時	6/20 23時15分 子時	7/22 10時7分 巳時

辛丑

年

月：丙申　丁酉　戊戌　己亥　庚子　辛丑

節氣

丙申 立秋	丁酉 白露	戊戌 寒露	己亥 立冬	庚子 大雪	辛丑 小寒
7時36分 丑時	9/7 5時53分 卯時	10/7 22時5分 亥時	11/7 1時51分 丑時	12/6 19時10分 戌時	1/5 6時37分 卯時

日

丙申 國曆	農曆	干支	丁酉 國曆	農曆	干支	戊戌 國曆	農曆	干支	己亥 國曆	農曆	干支	庚子 國曆	農曆	干支	辛丑 國曆	農曆	干支
8/7	7/3	壬寅	9/7	8/5	癸酉	10/7	9/5	癸卯	11/7	10/7	甲戌	12/6	11/7	癸卯	1/5	12/7	癸酉
8/8	7/4	癸卯	9/8	8/6	甲戌	10/8	9/6	甲辰	11/8	10/8	乙亥	12/7	11/8	甲辰	1/6	12/8	甲戌
8/9	7/5	甲辰	9/9	8/7	乙亥	10/9	9/7	乙巳	11/9	10/9	丙子	12/8	11/9	乙巳	1/7	12/9	乙亥
8/10	7/6	乙巳	9/10	8/8	丙子	10/10	9/8	丙午	11/10	10/10	丁丑	12/9	11/10	丙午	1/8	12/10	丙子
8/11	7/7	丙午	9/11	8/9	丁丑	10/11	9/9	丁未	11/11	10/11	戊寅	12/10	11/11	丁未	1/9	12/11	丁丑
8/12	7/8	丁未	9/12	8/10	戊寅	10/12	9/10	戊申	11/12	10/12	己卯	12/11	11/12	戊申	1/10	12/12	戊寅
8/13	7/9	戊申	9/13	8/11	己卯	10/13	9/11	己酉	11/13	10/13	庚辰	12/12	11/13	己酉	1/11	12/13	己卯
8/14	7/10	己酉	9/14	8/12	庚辰	10/14	9/12	庚戌	11/14	10/14	辛巳	12/13	11/14	庚戌	1/12	12/14	庚辰
8/15	7/11	庚戌	9/15	8/13	辛巳	10/15	9/13	辛亥	11/15	10/15	壬午	12/14	11/15	辛亥	1/13	12/15	辛巳
8/16	7/12	辛亥	9/16	8/14	壬午	10/16	9/14	壬子	11/16	10/16	癸未	12/15	11/16	壬子	1/14	12/16	壬午
8/17	7/13	壬子	9/17	8/15	癸未	10/17	9/15	癸丑	11/17	10/17	甲申	12/16	11/17	癸丑	1/15	12/17	癸未
8/18	7/14	癸丑	9/18	8/16	甲申	10/18	9/16	甲寅	11/18	10/18	乙酉	12/17	11/18	甲寅	1/16	12/18	甲申
8/19	7/15	甲寅	9/19	8/17	乙酉	10/19	9/17	乙卯	11/19	10/19	丙戌	12/18	11/19	乙卯	1/17	12/19	乙酉
8/20	7/16	乙卯	9/20	8/18	丙戌	10/20	9/18	丙辰	11/20	10/20	丁亥	12/19	11/20	丙辰	1/18	12/20	丙戌
8/21	7/17	丙辰	9/21	8/19	丁亥	10/21	9/19	丁巳	11/21	10/21	戊子	12/20	11/21	丁巳	1/19	12/21	丁亥
8/22	7/18	丁巳	9/22	8/20	戊子	10/22	9/20	戊午	11/22	10/22	己丑	12/21	11/22	戊午	1/20	12/22	戊子
8/23	7/19	戊午	9/23	8/21	己丑	10/23	9/21	己未	11/23	10/23	庚寅	12/22	11/23	己未	1/21	12/23	己丑
8/24	7/20	己未	9/24	8/22	庚寅	10/24	9/22	庚申	11/24	10/24	辛卯	12/23	11/24	庚申	1/22	12/24	庚寅
8/25	7/21	庚申	9/25	8/23	辛卯	10/25	9/23	辛酉	11/25	10/25	壬辰	12/24	11/25	辛酉	1/23	12/25	辛卯
8/26	7/22	辛酉	9/26	8/24	壬辰	10/26	9/24	壬戌	11/26	10/26	癸巳	12/25	11/26	壬戌	1/24	12/26	壬辰
8/27	7/23	壬戌	9/27	8/25	癸巳	10/27	9/25	癸亥	11/27	10/27	甲午	12/26	11/27	癸亥	1/25	12/27	癸巳
8/28	7/24	癸亥	9/28	8/26	甲午	10/28	9/26	甲子	11/28	10/28	乙未	12/27	11/28	甲子	1/26	12/28	甲午
8/29	7/25	甲子	9/29	8/27	乙未	10/29	9/27	乙丑	11/29	10/29	丙申	12/28	11/29	乙丑	1/27	12/29	乙未
8/30	7/26	乙丑	9/30	8/28	丙申	10/30	9/28	丙寅	11/30	11/1	丁酉	12/29	11/30	丙寅	1/28	12/30	丙申
8/31	7/27	丙寅	10/1	8/29	丁酉	10/31	9/29	丁卯	12/1	11/2	戊戌	12/30	12/1	丁卯	1/29	1/1	丁酉
9/1	7/28	丁卯	10/2	8/30	戊戌	11/1	10/1	戊辰	12/2	11/3	己亥	12/31	12/2	戊辰	1/30	1/2	戊戌
9/2	7/29	戊辰	10/3	9/1	己亥	11/2	10/2	己巳	12/3	11/4	庚子	1/1	12/3	己巳	1/31	1/3	己亥
9/3	8/1	己巳	10/4	9/2	庚子	11/3	10/3	庚午	12/4	11/5	辛丑	1/2	12/4	庚午	2/1	1/4	庚子
9/4	8/2	庚午	10/5	9/3	辛丑	11/4	10/4	辛未	12/5	11/6	壬寅	1/3	12/5	辛未	2/2	1/5	辛丑
9/5	8/3	辛未	10/6	9/4	壬寅	11/5	10/5	壬申				1/4	12/6	壬申	2/3	1/6	壬寅
9/6	8/4	壬申				11/6	10/6	癸酉									

中氣

處暑	秋分	霜降	小雪	冬至	大寒
17時28分 酉時	9/22 15時37分 申時	10/23 1時33分 丑時	11/21 23時40分 子時	12/21 13時21分 未時	1/20 0時5分 子時

中華民國一百七十、一百七十一年　牛　2081、2082

365

年　壬寅

月	壬寅	癸卯	甲辰	乙巳	丙午	丁未
節氣	立春	驚蟄	清明	立夏	芒種	小暑
	2/3 18時11分 酉時	3/5 11時49分 午時	4/4 16時2分 申時	5/5 8時42分 辰時	6/5 12時21分 午時	7/6 22時24分 亥時

中華民國一百七十一年　虎　2082

日（各月：國曆　農曆　干支）

壬寅 國曆	農曆	干支	癸卯 國曆	農曆	干支	甲辰 國曆	農曆	干支	乙巳 國曆	農曆	干支	丙午 國曆	農曆	干支	丁未 國曆	農曆	干支
2 3	1 6	壬寅	3 5	2 7	壬申	4 4	3 7	壬寅	5 5	4 8	癸酉	6 5	5 9	甲辰	7 6	6 11	乙亥
2 4	1 7	癸卯	3 6	2 8	癸酉	4 5	3 8	癸卯	5 6	4 9	甲戌	6 6	5 10	乙巳	7 7	6 12	丙子
2 5	1 8	甲辰	3 7	2 9	甲戌	4 6	3 9	甲辰	5 7	4 10	乙亥	6 7	5 11	丙午	7 8	6 13	丁丑
2 6	1 9	乙巳	3 8	2 10	乙亥	4 7	3 10	乙巳	5 8	4 11	丙子	6 8	5 12	丁未	7 9	6 14	戊寅
2 7	1 10	丙午	3 9	2 11	丙子	4 8	3 11	丙午	5 9	4 12	丁丑	6 9	5 13	戊申	7 10	6 15	己卯
2 8	1 11	丁未	3 10	2 12	丁丑	4 9	3 12	丁未	5 10	4 13	戊寅	6 10	5 14	己酉	7 11	6 16	庚辰
2 9	1 12	戊申	3 11	2 13	戊寅	4 10	3 13	戊申	5 11	4 14	己卯	6 11	5 15	庚戌	7 12	6 17	辛巳
2 10	1 13	己酉	3 12	2 14	己卯	4 11	3 14	己酉	5 12	4 15	庚辰	6 12	5 16	辛亥	7 13	6 18	壬午
2 11	1 14	庚戌	3 13	2 15	庚辰	4 12	3 15	庚戌	5 13	4 16	辛巳	6 13	5 17	壬子	7 14	6 19	癸未
2 12	1 15	辛亥	3 14	2 16	辛巳	4 13	3 16	辛亥	5 14	4 17	壬午	6 14	5 18	癸丑	7 15	6 20	甲申
2 13	1 16	壬子	3 15	2 17	壬午	4 14	3 17	壬子	5 15	4 18	癸未	6 15	5 19	甲寅	7 16	6 21	乙酉
2 14	1 17	癸丑	3 16	2 18	癸未	4 15	3 18	癸丑	5 16	4 19	甲申	6 16	5 20	乙卯	7 17	6 22	丙戌
2 15	1 18	甲寅	3 17	2 19	甲申	4 16	3 19	甲寅	5 17	4 20	乙酉	6 17	5 21	丙辰	7 18	6 23	丁亥
2 16	1 19	乙卯	3 18	2 20	乙酉	4 17	3 20	乙卯	5 18	4 21	丙戌	6 18	5 22	丁巳	7 19	6 24	戊子
2 17	1 20	丙辰	3 19	2 21	丙戌	4 18	3 21	丙辰	5 19	4 22	丁亥	6 19	5 23	戊午	7 20	6 25	己丑
2 18	1 21	丁巳	3 20	2 22	丁亥	4 19	3 22	丁巳	5 20	4 23	戊子	6 20	5 24	己未	7 21	6 26	庚寅
2 19	1 22	戊午	3 21	2 23	戊子	4 20	3 23	戊午	5 21	4 24	己丑	6 21	5 25	庚申	7 22	6 27	辛卯
2 20	1 23	己未	3 22	2 24	己丑	4 21	3 24	己未	5 22	4 25	庚寅	6 22	5 26	辛酉	7 23	6 28	壬辰
2 21	1 24	庚申	3 23	2 25	庚寅	4 22	3 25	庚申	5 23	4 26	辛卯	6 23	5 27	壬戌	7 24	6 29	癸巳
2 22	1 25	辛酉	3 24	2 26	辛卯	4 23	3 26	辛酉	5 24	4 27	壬辰	6 24	5 28	癸亥	7 25	7 1	甲午
2 23	1 26	壬戌	3 25	2 27	壬辰	4 24	3 27	壬戌	5 25	4 28	癸巳	6 25	5 29	甲子	7 26	7 2	乙未
2 24	1 27	癸亥	3 26	2 28	癸巳	4 25	3 28	癸亥	5 26	4 29	甲午	6 26	6 1	乙丑	7 27	7 3	丙申
2 25	1 28	甲子	3 27	2 29	甲午	4 26	3 29	甲子	5 27	4 30	乙未	6 27	6 2	丙寅	7 28	7 4	丁酉
2 26	1 29	乙丑	3 28	2 30	乙未	4 27	3 30	乙丑	5 28	5 1	丙申	6 28	6 3	丁卯	7 29	7 5	戊戌
2 27	2 1	丙寅	3 29	3 1	丙申	4 28	4 1	丙寅	5 29	5 2	丁酉	6 29	6 4	戊辰	7 30	7 6	己亥
2 28	2 2	丁卯	3 30	3 2	丁酉	4 29	4 2	丁卯	5 30	5 3	戊戌	6 30	6 5	己巳	7 31	7 7	庚子
3 1	2 3	戊辰	3 31	3 3	戊戌	4 30	4 3	戊辰	5 31	5 4	己亥	7 1	6 6	庚午	8 1	7 8	辛丑
3 2	2 4	己巳	4 1	3 4	己亥	5 1	4 4	己巳	6 1	5 5	庚子	7 2	6 7	辛未	8 2	7 9	壬寅
3 3	2 5	庚午	4 2	3 5	庚子	5 2	4 5	庚午	6 2	5 6	辛丑	7 3	6 8	壬申	8 3	7 10	癸卯
3 4	2 6	辛未	4 3	3 6	辛丑	5 3	4 6	辛未	6 3	5 7	壬寅	7 4	6 9	癸酉	8 4	7 11	甲辰
						5 4	4 7	壬申	6 4	5 8	癸卯	7 5	6 10	甲戌	8 5	7 12	乙巳
															8 6	7 13	丙午

中氣	雨水	春分	穀雨	小滿	夏至	大暑
	2/18 13時59分 未時	3/20 12時29分 午時	4/19 22時54分 亥時	5/20 21時27分 亥時	6/21 15時2分 卯時	7/22 15時52分 申時

戊申			己酉			庚戌			辛亥			壬子			癸丑			年 / 月
立秋			白露			寒露			立冬			大雪			小寒			節氣
8時20分 辰時			9/7 11時41分 午時			10/8 3時56分 寅時			11/7 7時43分 辰時			12/7 1時9分 丑時			1/5 12時25分 午時			
國曆	農曆	干支	國曆	農曆	干支	國曆	農曆	干支	國曆	農曆	干支	國曆	農曆	干支	國曆	農曆	干支	日
8/7	7/14	丁未	9/7	7/16	戊寅	10/8	8/17	己酉	11/7	9/17	己卯	12/7	10/18	己酉	1/5	11/18	戊寅	
8/8	7/15	戊申	9/8	7/17	己卯	10/9	8/18	庚戌	11/8	9/18	庚辰	12/8	10/19	庚戌	1/6	11/19	己卯	
8/9	7/16	己酉	9/9	7/18	庚辰	10/10	8/19	辛亥	11/9	9/19	辛巳	12/9	10/20	辛亥	1/7	11/20	庚辰	
8/10	7/17	庚戌	9/10	7/19	辛巳	10/11	8/20	壬子	11/10	9/20	壬午	12/10	10/21	壬子	1/8	11/21	辛巳	
8/11	7/18	辛亥	9/11	7/20	壬午	10/12	8/21	癸丑	11/11	9/21	癸未	12/11	10/22	癸丑	1/9	11/22	壬午	
8/12	7/19	壬子	9/12	7/21	癸未	10/13	8/22	甲寅	11/12	9/22	甲申	12/12	10/23	甲寅	1/10	11/23	癸未	中
8/13	7/20	癸丑	9/13	7/22	甲申	10/14	8/23	乙卯	11/13	9/23	乙酉	12/13	10/24	乙卯	1/11	11/24	甲申	華
8/14	7/21	甲寅	9/14	7/23	乙酉	10/15	8/24	丙辰	11/14	9/24	丙戌	12/14	10/25	丙辰	1/12	11/25	乙酉	民
8/15	7/22	乙卯	9/15	7/24	丙戌	10/16	8/25	丁巳	11/15	9/25	丁亥	12/15	10/26	丁巳	1/13	11/26	丙戌	國
8/16	7/23	丙辰	9/16	7/25	丁亥	10/17	8/26	戊午	11/16	9/26	戊子	12/16	10/27	戊午	1/14	11/27	丁亥	一
8/17	7/24	丁巳	9/17	7/26	戊子	10/18	8/27	己未	11/17	9/27	己丑	12/17	10/28	己未	1/15	11/28	戊子	百
8/18	7/25	戊午	9/18	7/27	己丑	10/19	8/28	庚申	11/18	9/28	庚寅	12/18	10/29	庚申	1/16	11/29	己丑	七
8/19	7/26	己未	9/19	7/28	庚寅	10/20	8/29	辛酉	11/19	9/29	辛卯	12/19	11/1	辛酉	1/17	11/30	庚寅	十
8/20	7/27	庚申	9/20	7/29	辛卯	10/21	8/30	壬戌	11/20	10/1	壬辰	12/20	11/2	壬戌	1/18	12/1	辛卯	一
8/21	7/28	辛酉	9/21	7/30	壬辰	10/22	9/1	癸亥	11/21	10/2	癸巳	12/21	11/3	癸亥	1/19	12/2	壬辰	、
8/22	7/29	壬戌	9/22	8/1	癸巳	10/23	9/2	甲子	11/22	10/3	甲午	12/22	11/4	甲子	1/20	12/3	癸巳	一
8/23	閏7/1	癸亥	9/23	8/2	甲午	10/24	9/3	乙丑	11/23	10/4	乙未	12/23	11/5	乙丑	1/21	12/4	甲午	百
8/24	7/2	甲子	9/24	8/3	乙未	10/25	9/4	丙寅	11/24	10/5	丙申	12/24	11/6	丙寅	1/22	12/5	乙未	七
8/25	7/3	乙丑	9/25	8/4	丙申	10/26	9/5	丁卯	11/25	10/6	丁酉	12/25	11/7	丁卯	1/23	12/6	丙申	十
8/26	7/4	丙寅	9/26	8/5	丁酉	10/27	9/6	戊辰	11/26	10/7	戊戌	12/26	11/8	戊辰	1/24	12/7	丁酉	二
8/27	7/5	丁卯	9/27	8/6	戊戌	10/28	9/7	己巳	11/27	10/8	己亥	12/27	11/9	己巳	1/25	12/8	戊戌	年
8/28	7/6	戊辰	9/28	8/7	己亥	10/29	9/8	庚午	11/28	10/9	庚子	12/28	11/10	庚午	1/26	12/9	己亥	
8/29	7/7	己巳	9/29	8/8	庚子	10/30	9/9	辛未	11/29	10/10	辛丑	12/29	11/11	辛未	1/27	12/10	庚子	虎
8/30	7/8	庚午	9/30	8/9	辛丑	10/31	9/10	壬申	11/30	10/11	壬寅	12/30	11/12	壬申	1/28	12/11	辛丑	
8/31	7/9	辛未	10/1	8/10	壬寅	11/1	9/11	癸酉	12/1	10/12	癸卯	12/31	11/13	癸酉	1/29	12/12	壬寅	
9/1	7/10	壬申	10/2	8/11	癸卯	11/2	9/12	甲戌	12/2	10/13	甲辰	1/1	11/14	甲戌	1/30	12/13	癸卯	
9/2	7/11	癸酉	10/3	8/12	甲辰	11/3	9/13	乙亥	12/3	10/14	乙巳	1/2	11/15	乙亥	1/31	12/14	甲辰	2
9/3	7/12	甲戌	10/4	8/13	乙巳	11/4	9/14	丙子	12/4	10/15	丙午	1/3	11/16	丙子	2/1	12/15	乙巳	0
9/4	7/13	乙亥	10/5	8/14	丙午	11/5	9/15	丁丑	12/5	10/16	丁未	1/4	11/17	丁丑	2/2	12/16	丙午	8
9/5	7/14	丙子	10/6	8/15	丁未	11/6	9/16	戊寅	12/6	10/17	戊申							2
9/6	7/15	丁丑	10/7	8/16	戊申	11/7	9/17	己卯	12/7	10/18	己酉							、

處暑			秋分			霜降			小雪			冬至			大寒			中氣
23時12分 子時			9/22 21時22分 亥時			10/23 7時19分 辰時			11/22 5時24分 卯時			12/21 19時3分 戌時			1/20 5時45分 卯時			

年	癸卯																	
月	甲寅			乙卯			丙辰			丁巳			戊午			己未		
節氣	立春			驚蟄			清明			立夏			芒種			小暑		
	2/3 23時57分 子時			3/5 17時35分 酉時			4/4 21時49分 亥時			5/5 14時30分 未時			6/5 18時11分 酉時			7/7 4時15分 寅時		
日	國曆	農曆	干支	國曆	農曆	干支	國曆	農曆	干支	國曆	農曆	干支	國曆	農曆	干支	國曆	農曆	干支
	2/3	12/17	丁未	3/5	1/17	丁丑	4/4	2/18	丁未	5/5	3/19	戊寅	6/5	4/20	己酉	7/7	5/23	辛巳
	2/4	12/18	戊申	3/6	1/18	戊寅	4/5	2/19	戊申	5/6	3/20	己卯	6/6	4/21	庚戌	7/8	5/24	壬午
	2/5	12/19	己酉	3/7	1/19	己卯	4/6	2/20	己酉	5/7	3/21	庚辰	6/7	4/22	辛亥	7/9	5/25	癸未
	2/6	12/20	庚戌	3/8	1/20	庚辰	4/7	2/21	庚戌	5/8	3/22	辛巳	6/8	4/23	壬子	7/10	5/26	甲申
	2/7	12/21	辛亥	3/9	1/21	辛巳	4/8	2/22	辛亥	5/9	3/23	壬午	6/9	4/24	癸丑	7/11	5/27	乙酉
	2/8	12/22	壬子	3/10	1/22	壬午	4/9	2/23	壬子	5/10	3/24	癸未	6/10	4/25	甲寅	7/12	5/28	丙戌
	2/9	12/23	癸丑	3/11	1/23	癸未	4/10	2/24	癸丑	5/11	3/25	甲申	6/11	4/26	乙卯	7/13	5/29	丁亥
	2/10	12/24	甲寅	3/12	1/24	甲申	4/11	2/25	甲寅	5/12	3/26	乙酉	6/12	4/27	丙辰	7/14	5/30	戊子
	2/11	12/25	乙卯	3/13	1/25	乙酉	4/12	2/26	乙卯	5/13	3/27	丙戌	6/13	4/28	丁巳	7/15	6/1	己丑
	2/12	12/26	丙辰	3/14	1/26	丙戌	4/13	2/27	丙辰	5/14	3/28	丁亥	6/14	4/29	戊午	7/16	6/2	庚寅
	2/13	12/27	丁巳	3/15	1/27	丁亥	4/14	2/28	丁巳	5/15	3/29	戊子	6/15	5/1	己未	7/17	6/3	辛卯
	2/14	12/28	戊午	3/16	1/28	戊子	4/15	2/29	戊午	5/16	3/30	己丑	6/16	5/2	庚申	7/18	6/4	壬辰
	2/15	12/29	己未	3/17	1/29	己丑	4/16	2/30	己未	5/17	4/1	庚寅	6/17	5/3	辛酉	7/19	6/5	癸巳
	2/16	12/30	庚申	3/18	2/1	庚寅	4/17	3/1	庚申	5/18	4/2	辛卯	6/18	5/4	壬戌	7/20	6/6	甲午
	2/17	1/1	辛酉	3/19	2/2	辛卯	4/18	3/2	辛酉	5/19	4/3	壬辰	6/19	5/5	癸亥	7/21	6/7	乙未
	2/18	1/2	壬戌	3/20	2/3	壬辰	4/19	3/3	壬戌	5/20	4/4	癸巳	6/20	5/6	甲子	7/22	6/8	丙申
	2/19	1/3	癸亥	3/21	2/4	癸巳	4/20	3/4	癸亥	5/21	4/5	甲午	6/21	5/7	乙丑	7/23	6/9	丁酉
	2/20	1/4	甲子	3/22	2/5	甲午	4/21	3/5	甲子	5/22	4/6	乙未	6/22	5/8	丙寅	7/24	6/10	戊戌
	2/21	1/5	乙丑	3/23	2/6	乙未	4/22	3/6	乙丑	5/23	4/7	丙申	6/23	5/9	丁卯	7/25	6/11	己亥
	2/22	1/6	丙寅	3/24	2/7	丙申	4/23	3/7	丙寅	5/24	4/8	丁酉	6/24	5/10	戊辰	7/26	6/12	庚子
	2/23	1/7	丁卯	3/25	2/8	丁酉	4/24	3/8	丁卯	5/25	4/9	戊戌	6/25	5/11	己巳	7/27	6/13	辛丑
	2/24	1/8	戊辰	3/26	2/9	戊戌	4/25	3/9	戊辰	5/26	4/10	己亥	6/26	5/12	庚午	7/28	6/14	壬寅
	2/25	1/9	己巳	3/27	2/10	己亥	4/26	3/10	己巳	5/27	4/11	庚子	6/27	5/13	辛未	7/29	6/15	癸卯
	2/26	1/10	庚午	3/28	2/11	庚子	4/27	3/11	庚午	5/28	4/12	辛丑	6/28	5/14	壬申	7/30	6/16	甲辰
	2/27	1/11	辛未	3/29	2/12	辛丑	4/28	3/12	辛未	5/29	4/13	壬寅	6/29	5/15	癸酉	7/31	6/17	乙巳
	2/28	1/12	壬申	3/30	2/13	壬寅	4/29	3/13	壬申	5/30	4/14	癸卯	6/30	5/16	甲戌	8/1	6/18	丙午
	3/1	1/13	癸酉	3/31	2/14	癸卯	4/30	3/14	癸酉	5/31	4/15	甲辰	7/1	5/17	乙亥	8/2	6/19	丁未
	3/2	1/14	甲戌	4/1	2/15	甲辰	5/1	3/15	甲戌	6/1	4/16	乙巳	7/2	5/18	丙子	8/3	6/20	戊申
	3/3	1/15	乙亥	4/2	2/16	乙巳	5/2	3/16	乙亥	6/2	4/17	丙午	7/3	5/19	丁丑	8/4	6/21	己酉
	3/4	1/16	丙子	4/3	2/17	丙午	5/3	3/17	丙子	6/3	4/18	丁未	7/4	5/20	戊寅	8/5	6/22	庚戌
							5/4	3/18	丁丑	6/4	4/19	戊申	7/5	5/21	己卯	8/6	6/23	辛亥
													7/6	5/22	庚辰			
中氣	雨水			春分			穀雨			小滿			夏至			大暑		
	2/18 19時39分 戌時			3/20 18時9分 酉時			4/20 4時34分 寅時			5/21 3時8分 寅時			6/21 10時43分 巳時			7/22 21時34分		

中華民國一百七十二年 兔

2083

癸卯

月： 庚申　辛酉　壬戌　癸亥　甲子　乙丑

節氣	立秋	白露	寒露	立冬	大雪	小寒
月建	庚申	辛酉	壬戌	癸亥	甲子	乙丑
交節	14時12分 未時	9/7 17時33分 酉時	10/8 9時48分 巳時	11/7 13時34分 未時	12/7 6時51分 卯時	1/5 18時14分 酉時

庚申 國曆	農曆	干支	辛酉 國曆	農曆	干支	壬戌 國曆	農曆	干支	癸亥 國曆	農曆	干支	甲子 國曆	農曆	干支	乙丑 國曆	農曆	干支
8/7	6/24	壬子	9/7	7/26	癸未	10/8	8/27	甲寅	11/7	9/27	甲申	12/7	10/28	甲寅	1/5	11/27	癸未
8/8	6/25	癸丑	9/8	7/27	甲申	10/9	8/28	乙卯	11/8	9/28	乙酉	12/8	10/29	乙卯	1/6	11/28	甲申
8/9	6/26	甲寅	9/9	7/28	乙酉	10/10	8/29	丙辰	11/9	9/29	丙戌	12/9	10/30	丙辰	1/7	11/29	乙酉
8/10	6/27	乙卯	9/10	7/29	丙戌	10/11	8/30	丁巳	11/10	10/1	丁亥	12/10	11/1	丁巳	1/8	12/1	丙戌
8/11	6/28	丙辰	9/11	7/30	丁亥	10/12	9/1	戊午	11/11	10/2	戊子	12/11	11/2	戊午	1/9	12/2	丁亥
8/12	6/29	丁巳	9/12	8/1	戊子	10/13	9/2	己未	11/12	10/3	己丑	12/12	11/3	己未	1/10	12/3	戊子
8/13	7/1	戊午	9/13	8/2	己丑	10/14	9/3	庚申	11/13	10/4	庚寅	12/13	11/4	庚申	1/11	12/4	己丑
8/14	7/2	己未	9/14	8/3	庚寅	10/15	9/4	辛酉	11/14	10/5	辛卯	12/14	11/5	辛酉	1/12	12/5	庚寅
8/15	7/3	庚申	9/15	8/4	辛卯	10/16	9/5	壬戌	11/15	10/6	壬辰	12/15	11/6	壬戌	1/13	12/6	辛卯
8/16	7/4	辛酉	9/16	8/5	壬辰	10/17	9/6	癸亥	11/16	10/7	癸巳	12/16	11/7	癸亥	1/14	12/7	壬辰
8/17	7/5	壬戌	9/17	8/6	癸巳	10/18	9/7	甲子	11/17	10/8	甲午	12/17	11/8	甲子	1/15	12/8	癸巳
8/18	7/6	癸亥	9/18	8/7	甲午	10/19	9/8	乙丑	11/18	10/9	乙未	12/18	11/9	乙丑	1/16	12/9	甲午
8/19	7/7	甲子	9/19	8/8	乙未	10/20	9/9	丙寅	11/19	10/10	丙申	12/19	11/10	丙寅	1/17	12/10	乙未
8/20	7/8	乙丑	9/20	8/9	丙申	10/21	9/10	丁卯	11/20	10/11	丁酉	12/20	11/11	丁卯	1/18	12/11	丙申
8/21	7/9	丙寅	9/21	8/10	丁酉	10/22	9/11	戊辰	11/21	10/12	戊戌	12/21	11/12	戊辰	1/19	12/12	丁酉
8/22	7/10	丁卯	9/22	8/11	戊戌	10/23	9/12	己巳	11/22	10/13	己亥	12/22	11/13	己巳	1/20	12/13	戊戌
8/23	7/11	戊辰	9/23	8/12	己亥	10/24	9/13	庚午	11/23	10/14	庚子	12/23	11/14	庚午	1/21	12/14	己亥
8/24	7/12	己巳	9/24	8/13	庚子	10/25	9/14	辛未	11/24	10/15	辛丑	12/24	11/15	辛未	1/22	12/15	庚子
8/25	7/13	庚午	9/25	8/14	辛丑	10/26	9/15	壬申	11/25	10/16	壬寅	12/25	11/16	壬申	1/23	12/16	辛丑
8/26	7/14	辛未	9/26	8/15	壬寅	10/27	9/16	癸酉	11/26	10/17	癸卯	12/26	11/17	癸酉	1/24	12/17	壬寅
8/27	7/15	壬申	9/27	8/16	癸卯	10/28	9/17	甲戌	11/27	10/18	甲辰	12/27	11/18	甲戌	1/25	12/18	癸卯
8/28	7/16	癸酉	9/28	8/17	甲辰	10/29	9/18	乙亥	11/28	10/19	乙巳	12/28	11/19	乙亥	1/26	12/19	甲辰
8/29	7/17	甲戌	9/29	8/18	乙巳	10/30	9/19	丙子	11/29	10/20	丙午	12/29	11/20	丙子	1/27	12/20	乙巳
8/30	7/18	乙亥	9/30	8/19	丙午	10/31	9/20	丁丑	11/30	10/21	丁未	12/30	11/21	丁丑	1/28	12/21	丙午
8/31	7/19	丙子	10/1	8/20	丁未	11/1	9/21	戊寅	12/1	10/22	戊申	12/31	11/22	戊寅	1/29	12/22	丁未
9/1	7/20	丁丑	10/2	8/21	戊申	11/2	9/22	己卯	12/2	10/23	己酉	1/1	11/23	己卯	1/30	12/23	戊申
9/2	7/21	戊寅	10/3	8/22	己酉	11/3	9/23	庚辰	12/3	10/24	庚戌	1/2	11/24	庚辰	1/31	12/24	己酉
9/3	7/22	己卯	10/4	8/23	庚戌	11/4	9/24	辛巳	12/4	10/25	辛亥	1/3	11/25	辛巳	2/1	12/25	庚戌
9/4	7/23	庚辰	10/5	8/24	辛亥	11/5	9/25	壬午	12/5	10/26	壬子	1/4	11/26	壬午	2/2	12/26	辛亥
9/5	7/24	辛巳	10/6	8/25	壬子	11/6	9/26	癸未	12/6	10/27	癸丑				2/3	12/27	壬子
9/6	7/25	壬午	10/7	8/26	癸丑												

年： 中華民國一百七十二、一百七十三年　兔　2083、2084

中氣	處暑	秋分	霜降	小雪	冬至	大寒
交氣	4時58分 寅時	9/23 3時10分 寅時	10/23 13時9分 未時	11/22 11時14分 午時	12/22 0時52分 子時	1/20 11時32分 午時

年	甲辰																
月	丙寅			丁卯			戊辰			己巳			庚午			辛未		
節氣	立春			驚蟄			清明			立夏			芒種			小暑		
氣	2/4 5時45分 卯時			3/4 23時24分 子時			4/4 3時39分 寅時			5/4 20時22分 戌時			6/5 0時1分 子時			7/6 10時2分 巳時		
日	國曆	農曆	干支	國曆	農曆	干支	國曆	農曆	干支	國曆	農曆	干支	國曆	農曆	干支	國曆	農曆	干支
	2 4	12 28	癸丑	3 4	1 28	壬午	4 4	2 29	癸丑	5 4	3 30	癸未	6 5	5 3	乙卯	7 6	6 4	丙戌
	2 5	12 29	甲寅	3 5	1 29	癸未	4 5	3 1	甲寅	5 5	4 1	甲申	6 6	5 4	丙辰	7 7	6 5	丁亥
	2 6	1 1	乙卯	3 6	1 30	甲申	4 6	3 2	乙卯	5 6	4 2	乙酉	6 7	5 5	丁巳	7 8	6 6	戊子
中	2 7	1 2	丙辰	3 7	2 1	乙酉	4 7	3 3	丙辰	5 7	4 3	丙戌	6 8	5 6	戊午	7 9	6 7	己丑
華	2 8	1 3	丁巳	3 8	2 2	丙戌	4 8	3 4	丁巳	5 8	4 4	丁亥	6 9	5 7	己未	7 10	6 8	庚寅
民	2 9	1 4	戊午	3 9	2 3	丁亥	4 9	3 5	戊午	5 9	4 5	戊子	6 10	5 8	庚申	7 11	6 9	辛卯
國	2 10	1 5	己未	3 10	2 4	戊子	4 10	3 6	己未	5 10	4 6	己丑	6 11	5 9	辛酉	7 12	6 10	壬辰
一	2 11	1 6	庚申	3 11	2 5	己丑	4 11	3 7	庚申	5 11	4 7	庚寅	6 12	5 10	壬戌	7 13	6 11	癸巳
百	2 12	1 7	辛酉	3 12	2 6	庚寅	4 12	3 8	辛酉	5 12	4 8	辛卯	6 13	5 11	癸亥	7 14	6 12	甲午
七	2 13	1 8	壬戌	3 13	2 7	辛卯	4 13	3 9	壬戌	5 13	4 9	壬辰	6 14	5 12	甲子	7 15	6 13	乙未
十	2 14	1 9	癸亥	3 14	2 8	壬辰	4 14	3 10	癸亥	5 14	4 10	癸巳	6 15	5 13	乙丑	7 16	6 14	丙申
三	2 15	1 10	甲子	3 15	2 9	癸巳	4 15	3 11	甲子	5 15	4 11	甲午	6 16	5 14	丙寅	7 17	6 15	丁酉
年	2 16	1 11	乙丑	3 16	2 10	甲午	4 16	3 12	乙丑	5 16	4 12	乙未	6 17	5 15	丁卯	7 18	6 16	戊戌
	2 17	1 12	丙寅	3 17	2 11	乙未	4 17	3 13	丙寅	5 17	4 13	丙申	6 18	5 16	戊辰	7 19	6 17	己亥
	2 18	1 13	丁卯	3 18	2 12	丙申	4 18	3 14	丁卯	5 18	4 14	丁酉	6 19	5 17	己巳	7 20	6 18	庚子
	2 19	1 14	戊辰	3 19	2 13	丁酉	4 19	3 15	戊辰	5 19	4 15	戊戌	6 20	5 18	庚午	7 21	6 19	辛丑
龍	2 20	1 15	己巳	3 20	2 14	戊戌	4 20	3 16	己巳	5 20	4 16	己亥	6 21	5 19	辛未	7 22	6 20	壬寅
	2 21	1 16	庚午	3 21	2 15	己亥	4 21	3 17	庚午	5 21	4 17	庚子	6 22	5 20	壬申	7 23	6 21	癸卯
	2 22	1 17	辛未	3 22	2 16	庚子	4 22	3 18	辛未	5 22	4 18	辛丑	6 23	5 21	癸酉	7 24	6 22	甲辰
	2 23	1 18	壬申	3 23	2 17	辛丑	4 23	3 19	壬申	5 23	4 19	壬寅	6 24	5 22	甲戌	7 25	6 23	乙巳
	2 24	1 19	癸酉	3 24	2 18	壬寅	4 24	3 20	癸酉	5 24	4 20	癸卯	6 25	5 23	乙亥	7 26	6 24	丙午
	2 25	1 20	甲戌	3 25	2 19	癸卯	4 25	3 21	甲戌	5 25	4 21	甲辰	6 26	5 24	丙子	7 27	6 25	丁未
2	2 26	1 21	乙亥	3 26	2 20	甲辰	4 26	3 22	乙亥	5 26	4 22	乙巳	6 27	5 25	丁丑	7 28	6 26	戊申
0	2 27	1 22	丙子	3 27	2 21	乙巳	4 27	3 23	丙子	5 27	4 23	丙午	6 28	5 26	戊寅	8 1	6 27	己酉
8	2 28	1 23	丁丑	3 28	2 22	丙午	4 28	3 24	丁丑	5 28	4 24	丁未	6 29	5 27	己卯	8 2	7 1	庚戌
4	2 29	1 24	戊寅	3 29	2 23	丁未	4 29	3 25	戊寅	5 29	4 25	戊申	6 30	5 28	庚辰	8 3	7 2	辛亥
	3 1	1 25	己卯	3 30	2 24	戊申	4 30	3 26	己卯	5 30	4 26	己酉	7 1	5 29	辛巳	8 4	7 3	壬子
	3 2	1 26	庚辰	3 31	2 25	己酉	5 1	3 27	庚辰	5 31	4 27	庚戌	7 2	5 30	壬午	8 5	7 4	癸丑
	3 3	1 27	辛巳	4 1	2 26	庚戌	5 2	3 28	辛巳	6 1	4 28	辛亥	7 3	6 1	癸未			
				4 2	2 27	辛亥	5 3	3 29	壬午	6 2	4 29	壬子	7 4	6 2	甲申			
				4 3	2 28	壬子				6 3	5 1	癸丑	7 5	6 3	乙酉			
										6 4	5 2	甲寅						
中	雨水			春分			穀雨			小滿			夏至			大暑		
氣	2/19 1時26分 丑時			3/19 23時58分 子時			4/19 10時26分 巳時			5/20 9時3分 巳時			6/20 16時39分 申時			7/22 3時29分		

370

甲辰						年
壬申	癸酉	甲戌	乙亥	丙子	丁丑	月
立秋	白露	寒露	立冬	大雪	小寒	節氣
19時55分 戌時	9/6 23時13分 子時	10/7 15時26分 申時	11/6 19時12分 戌時	12/6 12時30分 午時	1/4 23時55分 子時	
國曆 農曆 干支	國曆 農曆 干支	國曆 農曆 干支	國曆 農曆 干支	國曆 農曆 干支	國曆 農曆 干支	日
5　7/5　丁巳	9/6　8/7　己丑	10/7　9/8　庚申	11/6　10/9　庚寅	12/6　11/9　庚申	1/4　12/9　己丑	
6　6　戊午	7　8　庚寅	8　9　辛酉	7　10　辛卯	7　10　辛酉	5　10　庚寅	
7　7　己未	8　9　辛卯	9　10　壬戌	8　11　壬辰	8　11　壬戌	6　11　辛卯	
8　8　庚申	9　10　壬辰	10　11　癸亥	9　12　癸巳	9　12　癸亥	7　12　壬辰	
9　9　辛酉	10　11　癸巳	11　12　甲子	10　13　甲午	10　13　甲子	8　13　癸巳	
10　10　壬戌	11　12　甲午	12　13　乙丑	11　14　乙未	11　14　乙丑	9　14　甲午	
11　11　癸亥	12　13　乙未	13　14　丙寅	12　15　丙申	12　15　丙寅	10　15　乙未	
12　12　甲子	13　14　丙申	14　15　丁卯	13　16　丁酉	13　16　丁卯	11　16　丙申	
13　13　乙丑	14　15　丁酉	15　16　戊辰	14　17　戊戌	14　17　戊辰	12　17　丁酉	中
14　14　丙寅	15　16　戊戌	16　17　己巳	15　18　己亥	15　18　己巳	13　18　戊戌	華
15　15　丁卯	16　17　己亥	17　18　庚午	16　19　庚子	16　19　庚午	14　19　己亥	民
16　16　戊辰	17　18　庚子	18　19　辛未	17　20　辛丑	17　20　辛未	15　20　庚子	國
17　17　己巳	18　19　辛丑	19　20　壬申	18　21　壬寅	18　21　壬申	16　21　辛丑	一
18　18　庚午	19　20　壬寅	20　21　癸酉	19　22　癸卯	19　22　癸酉	17　22　壬寅	百
19　19　辛未	20　21　癸卯	21　22　甲戌	20　23　甲辰	20　23　甲戌	18　23　癸卯	七
20　20　壬申	21　22　甲辰	22　23　乙亥	21　24　乙巳	21　24　乙亥	19　24　甲辰	十
21　21　癸酉	22　23　乙巳	23　24　丙子	22　25　丙午	22　25　丙子	20　25　乙巳	三
22　22　甲戌	23　24　丙午	24　25　丁丑	23　26　丁未	23　26　丁丑	21　26　丙午	、
23　23　乙亥	24　25　丁未	25　26　戊寅	24　27　戊申	24　27　戊寅	22　27　丁未	一
24　24　丙子	25　26　戊申	26　27　己卯	25　28　己酉	25　28　己卯	23　28　戊申	百
25　25　丁丑	26　27　己酉	27　28　庚辰	26　29　庚戌	26　29　庚辰	24　29　己酉	七
26　26　戊寅	27　28　庚戌	28　29　辛巳	27　30　辛亥	27　12/1　辛巳	25　30　庚戌	十
27　27　己卯	28　29　辛亥	29　10/1　壬午	28　11/1　壬子	28　2　壬午	26　1/1　辛亥	四
28　28　庚辰	29　30　壬子	30　2　癸未	29　2　癸丑	29　3　癸未	27　2　壬子	年
29　29　辛巳	30　9/1　癸丑	31　3　甲申	30　3　甲寅	30　4　甲申	28　3　癸丑	龍
30　30　壬午	10/1　2　甲寅	11/1　4　乙酉	12/1　4　乙卯	31　5　乙酉	29　4　甲寅	
31　8/1　癸未	2　3　乙卯	2　5　丙戌	2　5　丙辰	1/1　6　丙戌	30　5　乙卯	
1　2　甲申	3　4　丙辰	3　6　丁亥	3　6　丁巳	2　7　丁亥	31　6　丙辰	2
2　3　乙酉	4　5　丁巳	4　7　戊子	4　7　戊午	3　8　戊子	2/1　7　丁巳	0
3　4　丙戌	5　6　戊午	5　8　己丑	5　8　己未		2　8　戊午	8
4　5　丁亥	6　7　己未					4
5　6　戊子						、
						2
						0
						8
						5
處暑	秋分	霜降	小雪	冬至	大寒	中氣
8/22 10時49分 巳時	9/22 8時58分 辰時	10/22 18時55分 酉時	11/21 17時0分 酉時	12/21 6時40分 卯時	1/19 17時22分 酉時	

年	乙巳																	
月	戊寅			己卯			庚辰			辛巳			壬午			癸未		
節氣	立春			驚蟄			清明			立夏			芒種			小暑		
	2/3 11時29分 午時			3/5 5時9分 卯時			4/4 9時27分 巳時			5/5 2時12分 丑時			6/5 5時53分 卯時			7/6 15時55分 申		
日	國曆	農曆	干支	國曆	農曆	干支	國曆	農曆	干支	國曆	農曆	干支	國曆	農曆	干支	國曆	農曆	干支
	2/3	1 9	戊午	3/5	2 10	戊子	4/4	3 10	戊午	5/5	4 12	己丑	6/5	5 14	庚申	7/6	閏5 15	辛卯
	2/4	1 10	己未	3/6	2 11	己丑	4/5	3 11	己未	5/6	4 13	庚寅	6/6	5 15	辛酉	7/7	閏5 16	壬辰
	2/5	1 11	庚申	3/7	2 12	庚寅	4/6	3 12	庚申	5/7	4 14	辛卯	6/7	5 16	壬戌	7/8	閏5 17	癸巳
	2/6	1 12	辛酉	3/8	2 13	辛卯	4/7	3 13	辛酉	5/8	4 15	壬辰	6/8	5 17	癸亥	7/9	閏5 18	甲午
	2/7	1 13	壬戌	3/9	2 14	壬辰	4/8	3 14	壬戌	5/9	4 16	癸巳	6/9	5 18	甲子	7/10	閏5 19	乙未
中	2/8	1 14	癸亥	3/10	2 15	癸巳	4/9	3 15	癸亥	5/10	4 17	甲午	6/10	5 19	乙丑	7/11	閏5 20	丙申
華	2/9	1 15	甲子	3/11	2 16	甲午	4/10	3 16	甲子	5/11	4 18	乙未	6/11	5 20	丙寅	7/12	閏5 21	丁酉
民	2/10	1 16	乙丑	3/12	2 17	乙未	4/11	3 17	乙丑	5/12	4 19	丙申	6/12	5 21	丁卯	7/13	閏5 22	戊戌
國	2/11	1 17	丙寅	3/13	2 18	丙申	4/12	3 18	丙寅	5/13	4 20	丁酉	6/13	5 22	戊辰	7/14	閏5 23	己亥
一	2/12	1 18	丁卯	3/14	2 19	丁酉	4/13	3 19	丁卯	5/14	4 21	戊戌	6/14	5 23	己巳	7/15	閏5 24	庚子
百	2/13	1 19	戊辰	3/15	2 20	戊戌	4/14	3 20	戊辰	5/15	4 22	己亥	6/15	5 24	庚午	7/16	閏5 25	辛丑
七	2/14	1 20	己巳	3/16	2 21	己亥	4/15	3 21	己巳	5/16	4 23	庚子	6/16	5 25	辛未	7/17	閏5 26	壬寅
十	2/15	1 21	庚午	3/17	2 22	庚子	4/16	3 22	庚午	5/17	4 24	辛丑	6/17	5 26	壬申	7/18	閏5 27	癸卯
四	2/16	1 22	辛未	3/18	2 23	辛丑	4/17	3 23	辛未	5/18	4 25	壬寅	6/18	5 27	癸酉	7/19	閏5 28	甲辰
年	2/17	1 23	壬申	3/19	2 24	壬寅	4/18	3 24	壬申	5/19	4 26	癸卯	6/19	5 28	甲戌	7/20	閏5 29	乙巳
	2/18	1 24	癸酉	3/20	2 25	癸卯	4/19	3 25	癸酉	5/20	4 27	甲辰	6/20	5 29	乙亥	7/21	閏5 30	丙午
蛇	2/19	1 25	甲戌	3/21	2 26	甲辰	4/20	3 26	甲戌	5/21	4 28	乙巳	6/21	5 30	丙子	7/22	6 1	丁未
	2/20	1 26	乙亥	3/22	2 27	乙巳	4/21	3 27	乙亥	5/22	4 29	丙午	6/22	閏5 1	丁丑	7/23	6 2	戊申
	2/21	1 27	丙子	3/23	2 28	丙午	4/22	3 28	丙子	5/23	5 1	丁未	6/23	閏5 2	戊寅	7/24	6 3	己酉
	2/22	1 28	丁丑	3/24	2 29	丁未	4/23	3 29	丁丑	5/24	5 2	戊申	6/24	閏5 3	己卯	7/25	6 4	庚戌
	2/23	1 29	戊寅	3/25	2 30	戊申	4/24	4 1	戊寅	5/25	5 3	己酉	6/25	閏5 4	庚辰	7/26	6 5	辛亥
	2/24	2 1	己卯	3/26	3 1	己酉	4/25	4 2	己卯	5/26	5 4	庚戌	6/26	閏5 5	辛巳	7/27	6 6	壬子
	2/25	2 2	庚辰	3/27	3 2	庚戌	4/26	4 3	庚辰	5/27	5 5	辛亥	6/27	閏5 6	壬午	7/28	6 7	癸丑
	2/26	2 3	辛巳	3/28	3 3	辛亥	4/27	4 4	辛巳	5/28	5 6	壬子	6/28	閏5 7	癸未	7/29	6 8	甲寅
	2/27	2 4	壬午	3/29	3 4	壬子	4/28	4 5	壬午	5/29	5 7	癸丑	6/29	閏5 8	甲申	7/30	6 9	乙卯
	2/28	2 5	癸未	3/30	3 5	癸丑	4/29	4 6	癸未	5/30	5 8	甲寅	6/30	閏5 9	乙酉	7/31	6 10	丙辰
2	3/1	2 6	甲申	3/31	3 6	甲寅	4/30	4 7	甲申	5/31	5 9	乙卯	7/1	閏5 10	丙戌	8/1	6 11	丁巳
0	3/2	2 7	乙酉	4/1	3 7	乙卯	5/1	4 8	乙酉	6/1	5 10	丙辰	7/2	閏5 11	丁亥	8/2	6 12	戊午
8	3/3	2 8	丙戌	4/2	3 8	丙辰	5/2	4 9	丙戌	6/2	5 11	丁巳	7/3	閏5 12	戊子	8/3	6 13	己未
5	3/4	2 9	丁亥	4/3	3 9	丁巳	5/3	4 10	丁亥	6/3	5 12	戊午	7/4	閏5 13	己丑	8/4	6 14	庚申
							5/4	4 11	戊子	6/4	5 13	己未	7/5	閏5 14	庚寅	8/5	6 15	辛酉
																8/6	6 16	壬戌
中氣	雨水			春分			穀雨			小滿			夏至			大暑		
	2/18 7時18分 辰時			3/20 5時52分 卯時			4/19 16時22分 申時			5/20 14時58分 未時			6/20 22時32分 亥時			7/22 9時18分 巳時		

乙巳（年）

月	甲申	乙酉	丙戌	丁亥	戊子	己丑
節氣	立秋	白露	寒露	立冬	大雪	小寒
	1時48分 丑時	9/7 5時6分 卯時	10/7 21時19分 亥時	11/7 1時6分 丑時	12/6 18時26分 酉時	1/5 5時52分 卯時

右欄（直書）：中華民國一百七十四、一百七十五年　蛇　2085、2086

甲申 國曆	農曆	干支	乙酉 國曆	農曆	干支	丙戌 國曆	農曆	干支	丁亥 國曆	農曆	干支	戊子 國曆	農曆	干支	己丑 國曆	農曆	干支
7	6 17	癸亥	7	7 19	甲午	7	8 19	甲子	7	9 20	乙未	6	10 19	甲子	5	11 20	甲午
8	6 18	甲子	8	7 20	乙未	8	8 20	乙丑	8	9 21	丙申	7	10 20	乙丑	6	11 21	乙未
9	6 19	乙丑	9	7 21	丙申	9	8 21	丙寅	9	9 22	丁酉	8	10 21	丙寅	7	11 22	丙申
10	6 20	丙寅	10	7 22	丁酉	10	8 22	丁卯	10	9 23	戊戌	9	10 22	丁卯	8	11 23	丁酉
11	6 21	丁卯	11	7 23	戊戌	11	8 23	戊辰	11	9 24	己亥	10	10 23	戊辰	9	11 24	戊戌
12	6 22	戊辰	12	7 24	己亥	12	8 24	己巳	12	9 25	庚子	11	10 24	己巳	10	11 25	己亥
13	6 23	己巳	13	7 25	庚子	13	8 25	庚午	13	9 26	辛丑	12	10 25	庚午	11	11 26	庚子
14	6 24	庚午	14	7 26	辛丑	14	8 26	辛未	14	9 27	壬寅	13	10 26	辛未	12	11 27	辛丑
15	6 25	辛未	15	7 27	壬寅	15	8 27	壬申	15	9 28	癸卯	14	10 27	壬申	13	11 28	壬寅
16	6 26	壬申	16	7 28	癸卯	16	8 28	癸酉	16	9 29	甲辰	15	10 28	癸酉	14	11 29	癸卯
17	6 27	癸酉	17	7 29	甲辰	17	8 29	甲戌	17	9 30	乙巳	16	10 29	甲戌	15	12 1	甲辰
18	6 28	甲戌	18	7 30	乙巳	18	8 30	乙亥	18	10 1	丙午	17	11 1	乙亥	16	12 2	乙巳
19	6 29	乙亥	19	8 1	丙午	19	9 1	丙子	19	10 2	丁未	18	11 2	丙子	17	12 3	丙午
20	7 1	丙子	20	8 2	丁未	20	9 2	丁丑	20	10 3	戊申	19	11 3	丁丑	18	12 4	丁未
21	7 2	丁丑	21	8 3	戊申	21	9 3	戊寅	21	10 4	己酉	20	11 4	戊寅	19	12 5	戊申
22	7 3	戊寅	22	8 4	己酉	22	9 4	己卯	22	10 5	庚戌	21	11 5	己卯	20	12 6	己酉
23	7 4	己卯	23	8 5	庚戌	23	9 5	庚辰	23	10 6	辛亥	22	11 6	庚辰	21	12 7	庚戌
24	7 5	庚辰	24	8 6	辛亥	24	9 6	辛巳	24	10 7	壬子	23	11 7	辛巳	22	12 8	辛亥
25	7 6	辛巳	25	8 7	壬子	25	9 7	壬午	25	10 8	癸丑	24	11 8	壬午	23	12 9	壬子
26	7 7	壬午	26	8 8	癸丑	26	9 8	癸未	26	10 9	甲寅	25	11 9	癸未	24	12 10	癸丑
27	7 8	癸未	27	8 9	甲寅	27	9 9	甲申	27	10 10	乙卯	26	11 10	甲申	25	12 11	甲寅
28	7 9	甲申	28	8 10	乙卯	28	9 10	乙酉	28	10 11	丙辰	27	11 11	乙酉	26	12 12	乙卯
29	7 10	乙酉	29	8 11	丙辰	29	9 11	丙戌	29	10 12	丁巳	28	11 12	丙戌	27	12 13	丙辰
30	7 11	丙戌	30	8 12	丁巳	30	9 12	丁亥	30	10 13	戊午	29	11 13	丁亥	28	12 14	丁巳
31	7 12	丁亥	1	8 13	戊午	31	9 13	戊子	1	10 14	己未	30	11 14	戊子	29	12 15	戊午
1	7 13	戊子	2	8 14	己未	1	9 14	己丑	2	10 15	庚申	31	11 15	己丑	30	12 16	己未
2	7 14	己丑	3	8 15	庚申	2	9 15	庚寅	3	10 16	辛酉	1	11 16	庚寅	31	12 17	庚申
3	7 15	庚寅	4	8 16	辛酉	3	9 16	辛卯	4	10 17	壬戌	2	11 17	辛卯	1	12 18	辛酉
4	7 16	辛卯	5	8 17	壬戌	4	9 17	壬辰	5	10 18	癸亥	3	11 18	壬辰	2	12 19	壬戌
5	7 17	壬辰	6	8 18	癸亥	5	9 18	癸巳				4	11 19	癸巳			
6	7 18	癸巳				6	9 19	甲午									

中氣	處暑	秋分	霜降	小雪	冬至	大寒
	16時35分 申時	9/22 14時42分 未時	10/23 0時39分 子時	11/21 22時46分 亥時	12/21 12時27分 午時	1/19 23時10分 子時

年	丙午																
月	庚寅			辛卯			壬辰			癸巳			甲午			乙未		
節氣	立春			驚蟄			清明			立夏			芒種			小暑		
	2/3 17時25分 酉時			3/5 11時3分 午時			4/4 15時16分 申時			5/5 7時58分 辰時			6/5 11時37分 午時			7/6 21時39分 亥時		
日	國曆	農曆	干支	國曆	農曆	干支	國曆	農曆	干支	國曆	農曆	干支	國曆	農曆	干支	國曆	農曆	干支
	2/3	12/20	癸亥	3/5	1/20	癸巳	4/4	2/21	癸亥	5/5	3/22	甲午	6/5	4/24	乙丑	7/6	5/26	丙申
	2/4	12/21	甲子	3/6	1/21	甲午	4/5	2/22	甲子	5/6	3/23	乙未	6/6	4/25	丙寅	7/7	5/27	丁酉
	2/5	12/22	乙丑	3/7	1/22	乙未	4/6	2/23	乙丑	5/7	3/24	丙申	6/7	4/26	丁卯	7/8	5/28	戊戌
	2/6	12/23	丙寅	3/8	1/23	丙申	4/7	2/24	丙寅	5/8	3/25	丁酉	6/8	4/27	戊辰	7/9	5/29	己亥
中華民國一百七十五年	2/7	12/24	丁卯	3/9	1/24	丁酉	4/8	2/25	丁卯	5/9	3/26	戊戌	6/9	4/28	己巳	7/10	5/30	庚子
	2/8	12/25	戊辰	3/10	1/25	戊戌	4/9	2/26	戊辰	5/10	3/27	己亥	6/10	4/29	庚午	7/11	6/1	辛丑
	2/9	12/26	己巳	3/11	1/26	己亥	4/10	2/27	己巳	5/11	3/28	庚子	6/11	5/1	辛未	7/12	6/2	壬寅
	2/10	12/27	庚午	3/12	1/27	庚子	4/11	2/28	庚午	5/12	3/29	辛丑	6/12	5/2	壬申	7/13	6/3	癸卯
	2/11	12/28	辛未	3/13	1/28	辛丑	4/12	2/29	辛未	5/13	4/1	壬寅	6/13	5/3	癸酉	7/14	6/4	甲辰
	2/12	12/29	壬申	3/14	1/29	壬寅	4/13	2/30	壬申	5/14	4/2	癸卯	6/14	5/4	甲戌	7/15	6/5	乙巳
馬	2/13	12/30	癸酉	3/15	2/1	癸卯	4/14	3/1	癸酉	5/15	4/3	甲辰	6/15	5/5	乙亥	7/16	6/6	丙午
	2/14	1/1	甲戌	3/16	2/2	甲辰	4/15	3/2	甲戌	5/16	4/4	乙巳	6/16	5/6	丙子	7/17	6/7	丁未
	2/15	1/2	乙亥	3/17	2/3	乙巳	4/16	3/3	乙亥	5/17	4/5	丙午	6/17	5/7	丁丑	7/18	6/8	戊申
	2/16	1/3	丙子	3/18	2/4	丙午	4/17	3/4	丙子	5/18	4/6	丁未	6/18	5/8	戊寅	7/19	6/9	己酉
	2/17	1/4	丁丑	3/19	2/5	丁未	4/18	3/5	丁丑	5/19	4/7	戊申	6/19	5/9	己卯	7/20	6/10	庚戌
	2/18	1/5	戊寅	3/20	2/6	戊申	4/19	3/6	戊寅	5/20	4/8	己酉	6/20	5/10	庚辰	7/21	6/11	辛亥
	2/19	1/6	己卯	3/21	2/7	己酉	4/20	3/7	己卯	5/21	4/9	庚戌	6/21	5/11	辛巳	7/22	6/12	壬子
	2/20	1/7	庚辰	3/22	2/8	庚戌	4/21	3/8	庚辰	5/22	4/10	辛亥	6/22	5/12	壬午	7/23	6/13	癸丑
	2/21	1/8	辛巳	3/23	2/9	辛亥	4/22	3/9	辛巳	5/23	4/11	壬子	6/23	5/13	癸未	7/24	6/14	甲寅
	2/22	1/9	壬午	3/24	2/10	壬子	4/23	3/10	壬午	5/24	4/12	癸丑	6/24	5/14	甲申	7/25	6/15	乙卯
	2/23	1/10	癸未	3/25	2/11	癸丑	4/24	3/11	癸未	5/25	4/13	甲寅	6/25	5/15	乙酉	7/26	6/16	丙辰
	2/24	1/11	甲申	3/26	2/12	甲寅	4/25	3/12	甲申	5/26	4/14	乙卯	6/26	5/16	丙戌	7/27	6/17	丁巳
	2/25	1/12	乙酉	3/27	2/13	乙卯	4/26	3/13	乙酉	5/27	4/15	丙辰	6/27	5/17	丁亥	7/28	6/18	戊午
2086	2/26	1/13	丙戌	3/28	2/14	丙辰	4/27	3/14	丙戌	5/28	4/16	丁巳	6/28	5/18	戊子	7/29	6/19	己未
	2/27	1/14	丁亥	3/29	2/15	丁巳	4/28	3/15	丁亥	5/29	4/17	戊午	6/29	5/19	己丑	7/30	6/20	庚申
	2/28	1/15	戊子	3/30	2/16	戊午	4/29	3/16	戊子	5/30	4/18	己未	6/30	5/20	庚寅	7/31	6/21	辛酉
	3/1	1/16	己丑	3/31	2/17	己未	4/30	3/17	己丑	5/31	4/19	庚申	7/1	5/21	辛卯	8/1	6/22	壬戌
	3/2	1/17	庚寅	4/1	2/18	庚申	5/1	3/18	庚寅	6/1	4/20	辛酉	7/2	5/22	壬辰	8/2	6/23	癸亥
	3/3	1/18	辛卯	4/2	2/19	辛酉	5/2	3/19	辛卯	6/2	4/21	壬戌	7/3	5/23	癸巳	8/3	6/24	甲子
	3/4	1/19	壬辰	4/3	2/20	壬戌	5/3	3/20	壬辰	6/3	4/22	癸亥	7/4	5/24	甲午	8/4	6/25	乙丑
							5/4	3/21	癸巳	6/4	4/23	甲子	7/5	5/25	乙未	8/5	6/26	丙寅
																8/6	6/27	丁卯
中氣	雨水 2/18 13時4分 未時			春分 3/20 11時34分 午時			穀雨 4/19 21時59分 亥時			小滿 5/20 20時33分 戌時			夏至 6/21 14時8分 寅時			大暑 7/22 14時58分 未時		

右欄（縱向）： 年　月　節氣　日　中氣

年：中華民國一百七十五、一百七十六年　馬　2086、2087

節氣

月	丙申	丁酉	戊戌	己亥	庚子	辛丑
節氣	立秋	白露	寒露	立冬	大雪	小寒
時刻	7時32分 辰時	9/7 10時51分 巳時	10/8 3時6分 寅時	11/7 6時54分 卯時	12/7 6時15分 子時	1/5 11時41分 午時

日

丙申 國曆	農曆	干支	丁酉 國曆	農曆	干支	戊戌 國曆	農曆	干支	己亥 國曆	農曆	干支	庚子 國曆	農曆	干支	辛丑 國曆	農曆	干支
8/7	6 28	戊辰	9 7	7 30	己亥	10 8	9 1	庚午	11 7	10 1	庚子	12 7	11 1	庚午	1 5	12 1	己亥
8/8	6 29	己巳	9 8	8 1	庚子	10 9	9 2	辛未	11 8	10 2	辛丑	12 8	11 2	辛未	1 6	12 2	庚子
8/9	7 1	庚午	9 9	8 2	辛丑	10 10	9 3	壬申	11 9	10 3	壬寅	12 9	11 3	壬申	1 7	12 3	辛丑
8/10	7 2	辛未	9 10	8 3	壬寅	10 11	9 4	癸酉	11 10	10 4	癸卯	12 10	11 4	癸酉	1 8	12 4	壬寅
8/11	7 3	壬申	9 11	8 4	癸卯	10 12	9 5	甲戌	11 11	10 5	甲辰	12 11	11 5	甲戌	1 9	12 5	癸卯
8/12	7 4	癸酉	9 12	8 5	甲辰	10 13	9 6	乙亥	11 12	10 6	乙巳	12 12	11 6	乙亥	1 10	12 6	甲辰
8/13	7 5	甲戌	9 13	8 6	乙巳	10 14	9 7	丙子	11 13	10 7	丙午	12 13	11 7	丙子	1 11	12 7	乙巳
8/14	7 6	乙亥	9 14	8 7	丙午	10 15	9 8	丁丑	11 14	10 8	丁未	12 14	11 8	丁丑	1 12	12 8	丙午
8/15	7 7	丙子	9 15	8 8	丁未	10 16	9 9	戊寅	11 15	10 9	戊申	12 15	11 9	戊寅	1 13	12 9	丁未
8/16	7 8	丁丑	9 16	8 9	戊申	10 17	9 10	己卯	11 16	10 10	己酉	12 16	11 10	己卯	1 14	12 10	戊申
8/17	7 9	戊寅	9 17	8 10	己酉	10 18	9 11	庚辰	11 17	10 11	庚戌	12 17	11 11	庚辰	1 15	12 11	己酉
8/18	7 10	己卯	9 18	8 11	庚戌	10 19	9 12	辛巳	11 18	10 12	辛亥	12 18	11 12	辛巳	1 16	12 12	庚戌
8/19	7 11	庚辰	9 19	8 12	辛亥	10 20	9 13	壬午	11 19	10 13	壬子	12 19	11 13	壬午	1 17	12 13	辛亥
8/20	7 12	辛巳	9 20	8 13	壬子	10 21	9 14	癸未	11 20	10 14	癸丑	12 20	11 14	癸未	1 18	12 14	壬子
8/21	7 13	壬午	9 21	8 14	癸丑	10 22	9 15	甲申	11 21	10 15	甲寅	12 21	11 15	甲申	1 19	12 15	癸丑
8/22	7 14	癸未	9 22	8 15	甲寅	10 23	9 16	乙酉	11 22	10 16	乙卯	12 22	11 16	乙酉	1 20	12 16	甲寅
8/23	7 15	甲申	9 23	8 16	乙卯	10 24	9 17	丙戌	11 23	10 17	丙辰	12 23	11 17	丙戌	1 21	12 17	乙卯
8/24	7 16	乙酉	9 24	8 17	丙辰	10 25	9 18	丁亥	11 24	10 18	丁巳	12 24	11 18	丁亥	1 22	12 18	丙辰
8/25	7 17	丙戌	9 25	8 18	丁巳	10 26	9 19	戊子	11 25	10 19	戊午	12 25	11 19	戊子	1 23	12 19	丁巳
8/26	7 18	丁亥	9 26	8 19	戊午	10 27	9 20	己丑	11 26	10 20	己未	12 26	11 20	己丑	1 24	12 20	戊午
8/27	7 19	戊子	9 27	8 20	己未	10 28	9 21	庚寅	11 27	10 21	庚申	12 27	11 21	庚寅	1 25	12 21	己未
8/28	7 20	己丑	9 28	8 21	庚申	10 29	9 22	辛卯	11 28	10 22	辛酉	12 28	11 22	辛卯	1 26	12 22	庚申
8/29	7 21	庚寅	9 29	8 22	辛酉	10 30	9 23	壬辰	11 29	10 23	壬戌	12 29	11 23	壬辰	1 27	12 23	辛酉
8/30	7 22	辛卯	9 30	8 23	壬戌	10 31	9 24	癸巳	11 30	10 24	癸亥	12 30	11 24	癸巳	1 28	12 24	壬戌
8/31	7 23	壬辰	10 1	8 24	癸亥	11 1	9 25	甲午	12 1	10 25	甲子	12 31	11 25	甲午	1 29	12 25	癸亥
9/1	7 24	癸巳	10 2	8 25	甲子	11 2	9 26	乙未	12 2	10 26	乙丑	1 1	11 26	乙未	1 30	12 26	甲子
9/2	7 25	甲午	10 3	8 26	乙丑	11 3	9 27	丙申	12 3	10 27	丙寅	1 2	11 27	丙申	1 31	12 27	乙丑
9/3	7 26	乙未	10 4	8 27	丙寅	11 4	9 28	丁酉	12 4	10 28	丁卯	1 3	11 28	丁酉	2 1	12 28	丙寅
9/4	7 27	丙申	10 5	8 28	丁卯	11 5	9 29	戊戌	12 5	10 29	戊辰	1 4	11 29	戊戌	2 2	12 29	丁卯
9/5	7 28	丁酉	10 6	8 29	戊辰	11 6	9 30	己亥	12 6	10 30	己巳						
9/6	7 29	戊戌	10 7	8 30	己巳												

中氣

處暑	秋分	霜降	小雪	冬至	大寒
22時20分 亥時	9/22 20時31分 戌時	10/23 6時31分 卯時	11/22 4時40分 寅時	12/21 18時21分 酉時	1/20 5時4分 卯時

年：丁未

中華民國一百七十六年　羊　2087

月	節氣	日期時刻	中氣	日期時刻
壬寅	立春	2/3 23時14分 子時	雨水	2/18 18時57分 酉時
癸卯	驚蟄	3/5 16時51分 申時	春分	3/20 17時27分 酉時
甲辰	清明	4/4 21時3分 亥時	穀雨	4/20 3時53分 寅時
乙巳	立夏	5/5 13時43分 未時	小滿	5/21 2時28分 丑時
丙午	芒種	6/5 17時23分 酉時	夏至	6/21 10時5分 巳時
丁未	小暑	7/7 3時27分 寅時	大暑	7/22 20時57分

壬寅 國曆	農曆	干支	癸卯 國曆	農曆	干支	甲辰 國曆	農曆	干支	乙巳 國曆	農曆	干支	丙午 國曆	農曆	干支	丁未 國曆	農曆	干支
2/3	1/1	戊辰	3/5	2/1	戊戌	4/4	3/2	戊辰	5/5	4/3	己亥	6/5	5/5	庚午	7/7	6/7	壬寅
2/4	1/2	己巳	3/6	2/2	己亥	4/5	3/3	己巳	5/6	4/4	庚子	6/6	5/6	辛未	7/8	6/8	癸卯
2/5	1/3	庚午	3/7	2/3	庚子	4/6	3/4	庚午	5/7	4/5	辛丑	6/7	5/7	壬申	7/9	6/9	甲辰
2/6	1/4	辛未	3/8	2/4	辛丑	4/7	3/5	辛未	5/8	4/6	壬寅	6/8	5/8	癸酉	7/10	6/10	乙巳
2/7	1/5	壬申	3/9	2/5	壬寅	4/8	3/6	壬申	5/9	4/7	癸卯	6/9	5/9	甲戌	7/11	6/11	丙午
2/8	1/6	癸酉	3/10	2/6	癸卯	4/9	3/7	癸酉	5/10	4/8	甲辰	6/10	5/10	乙亥	7/12	6/12	丁未
2/9	1/7	甲戌	3/11	2/7	甲辰	4/10	3/8	甲戌	5/11	4/9	乙巳	6/11	5/11	丙子	7/13	6/13	戊申
2/10	1/8	乙亥	3/12	2/8	乙巳	4/11	3/9	乙亥	5/12	4/10	丙午	6/12	5/12	丁丑	7/14	6/14	己酉
2/11	1/9	丙子	3/13	2/9	丙午	4/12	3/10	丙子	5/13	4/11	丁未	6/13	5/13	戊寅	7/15	6/15	庚戌
2/12	1/10	丁丑	3/14	2/10	丁未	4/13	3/11	丁丑	5/14	4/12	戊申	6/14	5/14	己卯	7/16	6/16	辛亥
2/13	1/11	戊寅	3/15	2/11	戊申	4/14	3/12	戊寅	5/15	4/13	己酉	6/15	5/15	庚辰	7/17	6/17	壬子
2/14	1/12	己卯	3/16	2/12	己酉	4/15	3/13	己卯	5/16	4/14	庚戌	6/16	5/16	辛巳	7/18	6/18	癸丑
2/15	1/13	庚辰	3/17	2/13	庚戌	4/16	3/14	庚辰	5/17	4/15	辛亥	6/17	5/17	壬午	7/19	6/19	甲寅
2/16	1/14	辛巳	3/18	2/14	辛亥	4/17	3/15	辛巳	5/18	4/16	壬子	6/18	5/18	癸未	7/20	6/20	乙卯
2/17	1/15	壬午	3/19	2/15	壬子	4/18	3/16	壬午	5/19	4/17	癸丑	6/19	5/19	甲申	7/21	6/21	丙辰
2/18	1/16	癸未	3/20	2/16	癸丑	4/19	3/17	癸未	5/20	4/18	甲寅	6/20	5/20	乙酉	7/22	6/22	丁巳
2/19	1/17	甲申	3/21	2/17	甲寅	4/20	3/18	甲申	5/21	4/19	乙卯	6/21	5/21	丙戌	7/23	6/23	戊午
2/20	1/18	乙酉	3/22	2/18	乙卯	4/21	3/19	乙酉	5/22	4/20	丙辰	6/22	5/22	丁亥	7/24	6/24	己未
2/21	1/19	丙戌	3/23	2/19	丙辰	4/22	3/20	丙戌	5/23	4/21	丁巳	6/23	5/23	戊子	7/25	6/25	庚申
2/22	1/20	丁亥	3/24	2/20	丁巳	4/23	3/21	丁亥	5/24	4/22	戊午	6/24	5/24	己丑	7/26	6/26	辛酉
2/23	1/21	戊子	3/25	2/21	戊午	4/24	3/22	戊子	5/25	4/23	己未	6/25	5/25	庚寅	7/27	6/27	壬戌
2/24	1/22	己丑	3/26	2/22	己未	4/25	3/23	己丑	5/26	4/24	庚申	6/26	5/26	辛卯	7/28	6/28	癸亥
2/25	1/23	庚寅	3/27	2/23	庚申	4/26	3/24	庚寅	5/27	4/25	辛酉	6/27	5/27	壬辰	7/29	6/29	甲子
2/26	1/24	辛卯	3/28	2/24	辛酉	4/27	3/25	辛卯	5/28	4/26	壬戌	6/28	5/28	癸巳	7/30	7/1	乙丑
2/27	1/25	壬辰	3/29	2/25	壬戌	4/28	3/26	壬辰	5/29	4/27	癸亥	6/29	5/29	甲午	7/31	7/2	丙寅
2/28	1/26	癸巳	3/30	2/26	癸亥	4/29	3/27	癸巳	5/30	4/28	甲子	6/30	5/30	乙未	8/1	7/3	丁卯
3/1	1/27	甲午	3/31	2/27	甲子	4/30	3/28	甲午	5/31	4/29	乙丑	7/1	6/1	丙申	8/2	7/4	戊辰
3/2	1/28	乙未	4/1	2/28	乙丑	5/1	3/29	乙未	6/1	5/1	丙寅	7/2	6/2	丁酉	8/3	7/5	己巳
3/3	1/29	丙申	4/2	2/29	丙寅	5/2	3/30	丙申	6/2	5/2	丁卯	7/3	6/3	戊戌	8/4	7/6	庚午
3/4	1/30	丁酉	4/3	3/1	丁卯	5/3	4/1	丁酉	6/3	5/3	戊辰	7/4	6/4	己亥	8/5	7/7	辛未
						5/4	4/2	戊戌	6/4	5/4	己巳	7/5	6/5	庚子	8/6	7/8	壬申
												7/6	6/6	辛丑			

節氣

月建	節氣	時刻
戊申	立秋	13時23分 未時
己酉	白露	9/7 16時43分 申時
庚戌	寒露	10/8 8時56分 辰時
辛亥	立冬	11/7 12時42分 午時
壬子	大雪	12/7 5時59分 卯時
癸丑	小寒	1/5 17時24分 酉時

戊申（立秋）			己酉（白露）			庚戌（寒露）			辛亥（立冬）			壬子（大雪）			癸丑（小寒）		
國曆	農曆	干支	國曆	農曆	干支	國曆	農曆	干支	國曆	農曆	干支	國曆	農曆	干支	國曆	農曆	干支
8/7	7/9	癸酉	9/7	8/11	甲辰	10/8	9/12	乙亥	11/7	10/12	乙巳	12/7	11/12	乙亥	1/5	12/12	甲辰
8/8	10	甲戌	9/8	12	乙巳	10/9	13	丙子	11/8	13	丙午	12/8	13	丙子	1/6	13	乙巳
8/9	11	乙亥	9/9	13	丙午	10/10	14	丁丑	11/9	14	丁未	12/9	14	丁丑	1/7	14	丙午
8/10	12	丙子	9/10	14	丁未	10/11	15	戊寅	11/10	15	戊申	12/10	15	戊寅	1/8	15	丁未
8/11	13	丁丑	9/11	15	戊申	10/12	16	己卯	11/11	16	己酉	12/11	16	己卯	1/9	16	戊申
8/12	14	戊寅	9/12	16	己酉	10/13	17	庚辰	11/12	17	庚戌	12/12	17	庚辰	1/10	17	己酉
8/13	15	己卯	9/13	17	庚戌	10/14	18	辛巳	11/13	18	辛亥	12/13	18	辛巳	1/11	18	庚戌
8/14	16	庚辰	9/14	18	辛亥	10/15	19	壬午	11/14	19	壬子	12/14	19	壬午	1/12	19	辛亥
8/15	17	辛巳	9/15	19	壬子	10/16	20	癸未	11/15	20	癸丑	12/15	20	癸未	1/13	20	壬子
8/16	18	壬午	9/16	20	癸丑	10/17	21	甲申	11/16	21	甲寅	12/16	21	甲申	1/14	21	癸丑
8/17	19	癸未	9/17	21	甲寅	10/18	22	乙酉	11/17	22	乙卯	12/17	22	乙酉	1/15	22	甲寅
8/18	20	甲申	9/18	22	乙卯	10/19	23	丙戌	11/18	23	丙辰	12/18	23	丙戌	1/16	23	乙卯
8/19	21	乙酉	9/19	23	丙辰	10/20	24	丁亥	11/19	24	丁巳	12/19	24	丁亥	1/17	24	丙辰
8/20	22	丙戌	9/20	24	丁巳	10/21	25	戊子	11/20	25	戊午	12/20	25	戊子	1/18	25	丁巳
8/21	23	丁亥	9/21	25	戊午	10/22	26	己丑	11/21	26	己未	12/21	26	己丑	1/19	26	戊午
8/22	24	戊子	9/22	26	己未	10/23	27	庚寅	11/22	27	庚申	12/22	27	庚寅	1/20	27	己未
8/23	25	己丑	9/23	27	庚申	10/24	28	辛卯	11/23	28	辛酉	12/23	28	辛卯	1/21	28	庚申
8/24	26	庚寅	9/24	28	辛酉	10/25	29	壬辰	11/24	29	壬戌	12/24	29	壬辰	1/22	29	辛酉
8/25	27	辛卯	9/25	29	壬戌	10/26	30	癸巳	11/25	30	癸亥	12/25	12/1	癸巳	1/23	30	壬戌
8/26	28	壬辰	9/26	30	癸亥	10/27	10/1	甲午	11/26	11/1	甲子	12/26	2	甲午	1/24	正/1	癸亥
8/27	29	癸巳	9/27	9/1	甲子	10/28	2	乙未	11/27	2	乙丑	12/27	3	乙未	1/25	2	甲子
8/28	8/1	甲午	9/28	2	乙丑	10/29	3	丙申	11/28	3	丙寅	12/28	4	丙申	1/26	3	乙丑
8/29	2	乙未	9/29	3	丙寅	10/30	4	丁酉	11/29	4	丁卯	12/29	5	丁酉	1/27	4	丙寅
8/30	3	丙申	9/30	4	丁卯	10/31	5	戊戌	11/30	5	戊辰	12/30	6	戊戌	1/28	5	丁卯
8/31	4	丁酉	10/1	5	戊辰	11/1	6	己亥	12/1	6	己巳	12/31	7	己亥	1/29	6	戊辰
9/1	5	戊戌	10/2	6	己巳	11/2	7	庚子	12/2	7	庚午	1/1	8	庚子	1/30	7	己巳
9/2	6	己亥	10/3	7	庚午	11/3	8	辛丑	12/3	8	辛未	1/2	9	辛丑	1/31	8	庚午
9/3	7	庚子	10/4	8	辛未	11/4	9	壬寅	12/4	9	壬申	1/3	10	壬寅	2/1	9	辛未
9/4	8	辛丑	10/5	9	壬申	11/5	10	癸卯	12/5	10	癸酉	1/4	11	癸卯	2/2	10	壬申
9/5	9	壬寅	10/6	10	癸酉	11/6	11	甲辰	12/6	11	甲戌				2/3	11	癸酉
9/6	10	癸卯	10/7	11	甲戌												

中氣

中氣	時刻
處暑	4時18分 寅時
秋分	9/23 2時27分 丑時
霜降	10/23 12時23分 午時
小雪	11/22 10時28分 巳時
冬至	12/22 0時7分 子時
大寒	1/20 10時49分 巳時

年　月　節氣　日　中氣

中華民國一百七十六、一百七十七年　辛

2087、2088

月	甲寅			乙卯			丙辰			丁巳			戊午			己未		
節氣	立春			驚蟄			清明			立夏			芒種			小暑		
	2/4 4時57分 寅時			3/4 22時36分 亥時			4/4 2時52分 丑時			5/4 19時35分 戌時			6/4 23時19分 子時			7/6 9時25分 巳[時]		
日	國曆	農曆	干支	國曆	農曆	干支	國曆	農曆	干支	國曆	農曆	干支	國曆	農曆	干支	國曆	農曆	干支
	2 4	1 12	甲戌	3 4	2 12	癸卯	4 4	3 13	甲戌	5 4	4 14	甲辰	6 4	4 15	乙亥	7 6	5 18	丁未
	2 5	1 13	乙亥	3 5	2 13	甲辰	4 5	3 14	乙亥	5 5	4 15	乙巳	6 5	4 16	丙子	7 7	5 19	戊申
	2 6	1 14	丙子	3 6	2 14	乙巳	4 6	3 15	丙子	5 6	4 16	丙午	6 6	4 17	丁丑	7 8	5 20	己酉
	2 7	1 15	丁丑	3 7	2 15	丙午	4 7	3 16	丁丑	5 7	4 17	丁未	6 7	4 18	戊寅	7 9	5 21	庚戌
中	2 8	1 16	戊寅	3 8	2 16	丁未	4 8	3 17	戊寅	5 8	4 18	戊申	6 8	4 19	己卯	7 10	5 22	辛亥
華	2 9	1 17	己卯	3 9	2 17	戊申	4 9	3 18	己卯	5 9	4 19	己酉	6 9	4 20	庚辰	7 11	5 23	壬子
民	2 10	1 18	庚辰	3 10	2 18	己酉	4 10	3 19	庚辰	5 10	4 20	庚戌	6 10	4 21	辛巳	7 12	5 24	癸丑
國	2 11	1 19	辛巳	3 11	2 19	庚戌	4 11	3 20	辛巳	5 11	4 21	辛亥	6 11	4 22	壬午	7 13	5 25	甲寅
一	2 12	1 20	壬午	3 12	2 20	辛亥	4 12	3 21	壬午	5 12	4 22	壬子	6 12	4 23	癸未	7 14	5 26	乙卯
百	2 13	1 21	癸未	3 13	2 21	壬子	4 13	3 22	癸未	5 13	4 23	癸丑	6 13	4 24	甲申	7 15	5 27	丙辰
七	2 14	1 22	甲申	3 14	2 22	癸丑	4 14	3 23	甲申	5 14	4 24	甲寅	6 14	4 25	乙酉	7 16	5 28	丁巳
十	2 15	1 23	乙酉	3 15	2 23	甲寅	4 15	3 24	乙酉	5 15	4 25	乙卯	6 15	4 26	丙戌	7 17	5 29	戊午
七	2 16	1 24	丙戌	3 16	2 24	乙卯	4 16	3 25	丙戌	5 16	4 26	丙辰	6 16	4 27	丁亥	7 18	6 1	己未
年	2 17	1 25	丁亥	3 17	2 25	丙辰	4 17	3 26	丁亥	5 17	4 27	丁巳	6 17	4 28	戊子	7 19	6 2	庚申
	2 18	1 26	戊子	3 18	2 26	丁巳	4 18	3 27	戊子	5 18	4 28	戊午	6 18	4 29	己丑	7 20	6 3	辛酉
猴	2 19	1 27	己丑	3 19	2 27	戊午	4 19	3 28	己丑	5 19	4 29	己未	6 19	5 1	庚寅	7 21	6 4	壬戌
	2 20	1 28	庚寅	3 20	2 28	己未	4 20	3 29	庚寅	5 20	4 30	庚申	6 20	5 2	辛卯	7 22	6 5	癸亥
	2 21	1 29	辛卯	3 21	2 29	庚申	4 21	4 1	辛卯	5 21	閏4 1	辛酉	6 21	5 3	壬辰	7 23	6 6	甲子
	2 22	2 1	壬辰	3 22	2 30	辛酉	4 22	4 2	壬辰	5 22	4 2	壬戌	6 22	5 4	癸巳	7 24	6 7	乙丑
	2 23	2 2	癸巳	3 23	3 1	壬戌	4 23	4 3	癸巳	5 23	4 3	癸亥	6 23	5 5	甲午	7 25	6 8	丙寅
	2 24	2 3	甲午	3 24	3 2	癸亥	4 24	4 4	甲午	5 24	4 4	甲子	6 24	5 6	乙未	7 26	6 9	丁卯
	2 25	2 4	乙未	3 25	3 3	甲子	4 25	4 5	乙未	5 25	4 5	乙丑	6 25	5 7	丙申	7 27	6 10	戊辰
	2 26	2 5	丙申	3 26	3 4	乙丑	4 26	4 6	丙申	5 26	4 6	丙寅	6 26	5 8	丁酉	7 28	6 11	己巳
2	2 27	2 6	丁酉	3 27	3 5	丙寅	4 27	4 7	丁酉	5 27	4 7	丁卯	6 27	5 9	戊戌	7 29	6 12	庚午
0	2 28	2 7	戊戌	3 28	3 6	丁卯	4 28	4 8	戊戌	5 28	4 8	戊辰	6 28	5 10	己亥	7 30	6 13	辛未
8	2 29	2 8	己亥	3 29	3 7	戊辰	4 29	4 9	己亥	5 29	4 9	己巳	6 29	5 11	庚子	7 31	6 14	壬申
8	3 1	2 9	庚子	3 30	3 8	己巳	4 30	4 10	庚子	5 30	4 10	庚午	6 30	5 12	辛丑	8 1	6 15	癸酉
	3 2	2 10	辛丑	3 31	3 9	庚午	5 1	4 11	辛丑	5 31	4 11	辛未	7 1	5 13	壬寅	8 2	6 16	甲戌
	3 3	2 11	壬寅	4 1	3 10	辛未	5 2	4 12	壬寅	6 1	4 12	壬申	7 2	5 14	癸卯	8 3	6 17	乙亥
				4 2	3 11	壬申	5 3	4 13	癸卯	6 2	4 13	癸酉	7 3	5 15	甲辰	8 4	6 18	丙子
				4 3	3 12	癸酉				6 3	4 14	甲戌	7 4	5 16	乙巳	8 5	6 19	丁丑
													7 5	5 17	丙午			

中氣	雨水	春分	穀雨	小滿	夏至	大暑
	2/19 0時44分 子時	3/19 23時16分 子時	4/19 9時43分 巳時	5/20 8時19分 辰時	6/20 15時56分 申時	7/22 2時47分

戊申

月	庚申			辛酉			壬戌			癸亥			甲子			乙丑		
節氣	立秋			白露			寒露			立冬			大雪			小寒		
	8/6 19時22分 戌時			9/6 22時43分 亥時			10/7 14時55分 未時			11/6 18時39分 酉時			12/6 11時55分 午時			1/4 23時20分 子時		
日	國曆	農曆	干支	國曆	農曆	干支	國曆	農曆	干支	國曆	農曆	干支	國曆	農曆	干支	國曆	農曆	干支
	8/6	6 20	戊寅	9/6	7 21	己酉	10/7	8 23	庚辰	11/6	9 24	庚戌	12/6	10 24	庚辰	1/4	11 23	己酉
	8/7	6 21	己卯	9/7	7 22	庚戌	10/8	8 24	辛巳	11/7	9 25	辛亥	12/7	10 25	辛巳	1/5	11 24	庚戌
	8/8	6 22	庚辰	9/8	7 23	辛亥	10/9	8 25	壬午	11/8	9 26	壬子	12/8	10 26	壬午	1/6	11 25	辛亥
	8/9	6 23	辛巳	9/9	7 24	壬子	10/10	8 26	癸未	11/9	9 27	癸丑	12/9	10 27	癸未	1/7	11 26	壬子
	8/10	6 24	壬午	9/10	7 25	癸丑	10/11	8 27	甲申	11/10	9 28	甲寅	12/10	10 28	甲申	1/8	11 27	癸丑
	8/11	6 25	癸未	9/11	7 26	甲寅	10/12	8 28	乙酉	11/11	9 29	乙卯	12/11	10 29	乙酉	1/9	11 28	甲寅
	8/12	6 26	甲申	9/12	7 27	乙卯	10/13	8 29	丙戌	11/12	9 30	丙辰	12/12	10 30	丙戌	1/10	11 29	乙卯
	8/13	6 27	乙酉	9/13	7 28	丙辰	10/14	9 1	丁亥	11/13	10 1	丁巳	12/13	11 1	丁亥	1/11	11 30	丙辰
	8/14	6 28	丙戌	9/14	7 29	丁巳	10/15	9 2	戊子	11/14	10 2	戊午	12/14	11 2	戊子	1/12	12 1	丁巳
	8/15	6 29	丁亥	9/15	8 1	戊午	10/16	9 3	己丑	11/15	10 3	己未	12/15	11 3	己丑	1/13	12 2	戊午
	8/16	6 30	戊子	9/16	8 2	己未	10/17	9 4	庚寅	11/16	10 4	庚申	12/16	11 4	庚寅	1/14	12 3	己未
	8/17	7 1	己丑	9/17	8 3	庚申	10/18	9 5	辛卯	11/17	10 5	辛酉	12/17	11 5	辛卯	1/15	12 4	庚申
	8/18	7 2	庚寅	9/18	8 4	辛酉	10/19	9 6	壬辰	11/18	10 6	壬戌	12/18	11 6	壬辰	1/16	12 5	辛酉
	8/19	7 3	辛卯	9/19	8 5	壬戌	10/20	9 7	癸巳	11/19	10 7	癸亥	12/19	11 7	癸巳	1/17	12 6	壬戌
	8/20	7 4	壬辰	9/20	8 6	癸亥	10/21	9 8	甲午	11/20	10 8	甲子	12/20	11 8	甲午	1/18	12 7	癸亥
	8/21	7 5	癸巳	9/21	8 7	甲子	10/22	9 9	乙未	11/21	10 9	乙丑	12/21	11 9	乙未	1/19	12 8	甲子
	8/22	7 6	甲午	9/22	8 8	乙丑	10/23	9 10	丙申	11/22	10 10	丙寅	12/22	11 10	丙申	1/20	12 9	乙丑
	8/23	7 7	乙未	9/23	8 9	丙寅	10/24	9 11	丁酉	11/23	10 11	丁卯	12/23	11 11	丁酉	1/21	12 10	丙寅
	8/24	7 8	丙申	9/24	8 10	丁卯	10/25	9 12	戊戌	11/24	10 12	戊辰	12/24	11 12	戊戌	1/22	12 11	丁卯
	8/25	7 9	丁酉	9/25	8 11	戊辰	10/26	9 13	己亥	11/25	10 13	己巳	12/25	11 13	己亥	1/23	12 12	戊辰
	8/26	7 10	戊戌	9/26	8 12	己巳	10/27	9 14	庚子	11/26	10 14	庚午	12/26	11 14	庚子	1/24	12 13	己巳
	8/27	7 11	己亥	9/27	8 13	庚午	10/28	9 15	辛丑	11/27	10 15	辛未	12/27	11 15	辛丑	1/25	12 14	庚午
	8/28	7 12	庚子	9/28	8 14	辛未	10/29	9 16	壬寅	11/28	10 16	壬申	12/28	11 16	壬寅	1/26	12 15	辛未
	8/29	7 13	辛丑	9/29	8 15	壬申	10/30	9 17	癸卯	11/29	10 17	癸酉	12/29	11 17	癸卯	1/27	12 16	壬申
	8/30	7 14	壬寅	9/30	8 16	癸酉	10/31	9 18	甲辰	11/30	10 18	甲戌	12/30	11 18	甲辰	1/28	12 17	癸酉
	8/31	7 15	癸卯	10/1	8 17	甲戌	11/1	9 19	乙巳	12/1	10 19	乙亥	12/31	11 19	乙巳	1/29	12 18	甲戌
	9/1	7 16	甲辰	10/2	8 18	乙亥	11/2	9 20	丙午	12/2	10 20	丙子	1/1	11 20	丙午	1/30	12 19	乙亥
	9/2	7 17	乙巳	10/3	8 19	丙子	11/3	9 21	丁未	12/3	10 21	丁丑	1/2	11 21	丁未	1/31	12 20	丙子
	9/3	7 18	丙午	10/4	8 20	丁丑	11/4	9 22	戊申	12/4	10 22	戊寅	1/3	11 22	戊申	2/1	12 21	丁丑
	9/4	7 19	丁未	10/5	8 21	戊寅	11/5	9 23	己酉	12/5	10 23	己卯				2/2	12 22	戊寅
	9/5	7 20	戊申	10/6	8 22	己卯												

中氣	處暑	秋分	霜降	小雪	冬至	大寒
	8/22 10時8分 巳時	9/22 8時17分 辰時	10/22 18時13分 酉時	11/21 16時17分 申時	12/21 5時55分 卯時	1/19 16時37分 申時

年：中華民國一百七十七、一百七十八年　猴　2088、2089

年																	己酉

月	丙寅			丁卯			戊辰			己巳			庚午			辛未		
節氣	立春			驚蟄			清明			立夏			芒種			小暑		
	2/3 10時53分 巳時			3/5 4時33分 寅時			4/4 8時49分 辰時			5/5 1時31分 丑時			6/5 5時9分 卯時			7/6 15時10分 申		
日	國曆	農曆	干支	國曆	農曆	干支	國曆	農曆	干支	國曆	農曆	干支	國曆	農曆	干支	國曆	農曆	干
	2 3	12 23	己卯	3 5	1 24	己酉	4 4	2 24	己卯	5 5	3 25	庚戌	6 5	4 27	辛巳	7 6	5 28	壬子
	2 4	12 24	庚辰	3 6	1 25	庚戌	4 5	2 25	庚辰	5 6	3 26	辛亥	6 6	4 28	壬午	7 7	5 29	癸丑
	2 5	12 25	辛巳	3 7	1 26	辛亥	4 6	2 26	辛巳	5 7	3 27	壬子	6 7	4 29	癸未	7 8	6 1	甲寅
	2 6	12 26	壬午	3 8	1 27	壬子	4 7	2 27	壬午	5 8	3 28	癸丑	6 8	4 30	甲申	7 9	6 2	乙卯
	2 7	12 27	癸未	3 9	1 28	癸丑	4 8	2 28	癸未	5 9	3 29	甲寅	6 9	5 1	乙酉	7 10	6 3	丙辰
	2 8	12 28	甲申	3 10	1 29	甲寅	4 9	2 29	甲申	5 10	4 1	乙卯	6 10	5 2	丙戌	7 11	6 4	丁巳
	2 9	12 29	乙酉	3 11	1 30	乙卯	4 10	2 30	乙酉	5 11	4 2	丙辰	6 11	5 3	丁亥	7 12	6 5	戊午
	2 10	1 1	丙戌	3 12	2 1	丙辰	4 11	3 1	丙戌	5 12	4 3	丁巳	6 12	5 4	戊子	7 13	6 6	己未
	2 11	1 2	丁亥	3 13	2 2	丁巳	4 12	3 2	丁亥	5 13	4 4	戊午	6 13	5 5	己丑	7 14	6 7	庚申
	2 12	1 3	戊子	3 14	2 3	戊午	4 13	3 3	戊子	5 14	4 5	己未	6 14	5 6	庚寅	7 15	6 8	辛酉
	2 13	1 4	己丑	3 15	2 4	己未	4 14	3 4	己丑	5 15	4 6	庚申	6 15	5 7	辛卯	7 16	6 9	壬戌
	2 14	1 5	庚寅	3 16	2 5	庚申	4 15	3 5	庚寅	5 16	4 7	辛酉	6 16	5 8	壬辰	7 17	6 10	癸亥
	2 15	1 6	辛卯	3 17	2 6	辛酉	4 16	3 6	辛卯	5 17	4 8	壬戌	6 17	5 9	癸巳	7 18	6 11	甲子
	2 16	1 7	壬辰	3 18	2 7	壬戌	4 17	3 7	壬辰	5 18	4 9	癸亥	6 18	5 10	甲午	7 19	6 12	乙丑
	2 17	1 8	癸巳	3 19	2 8	癸亥	4 18	3 8	癸巳	5 19	4 10	甲子	6 19	5 11	乙未	7 20	6 13	丙寅
	2 18	1 9	甲午	3 20	2 9	甲子	4 19	3 9	甲午	5 20	4 11	乙丑	6 20	5 12	丙申	7 21	6 14	丁卯
	2 19	1 10	乙未	3 21	2 10	乙丑	4 20	3 10	乙未	5 21	4 12	丙寅	6 21	5 13	丁酉	7 22	6 15	戊辰
	2 20	1 11	丙申	3 22	2 11	丙寅	4 21	3 11	丙申	5 22	4 13	丁卯	6 22	5 14	戊戌	7 23	6 16	己巳
	2 21	1 12	丁酉	3 23	2 12	丁卯	4 22	3 12	丁酉	5 23	4 14	戊辰	6 23	5 15	己亥	7 24	6 17	庚午
	2 22	1 13	戊戌	3 24	2 13	戊辰	4 23	3 13	戊戌	5 24	4 15	己巳	6 24	5 16	庚子	7 25	6 18	辛未
	2 23	1 14	己亥	3 25	2 14	己巳	4 24	3 14	己亥	5 25	4 16	庚午	6 25	5 17	辛丑	7 26	6 19	壬申
	2 24	1 15	庚子	3 26	2 15	庚午	4 25	3 15	庚子	5 26	4 17	辛未	6 26	5 18	壬寅	7 27	6 20	癸酉
	2 25	1 16	辛丑	3 27	2 16	辛未	4 26	3 16	辛丑	5 27	4 18	壬申	6 27	5 19	癸卯	7 28	6 21	甲戌
	2 26	1 17	壬寅	3 28	2 17	壬申	4 27	3 17	壬寅	5 28	4 19	癸酉	6 28	5 20	甲辰	7 29	6 22	乙亥
	2 27	1 18	癸卯	3 29	2 18	癸酉	4 28	3 18	癸卯	5 29	4 20	甲戌	6 29	5 21	乙巳	7 30	6 23	丙子
	2 28	1 19	甲辰	3 30	2 19	甲戌	4 29	3 19	甲辰	5 30	4 21	乙亥	6 30	5 22	丙午	7 31	6 24	丁丑
	3 1	1 20	乙巳	3 31	2 20	乙亥	4 30	3 20	乙巳	5 31	4 22	丙子	7 1	5 23	丁未	8 1	6 25	戊寅
	3 2	1 21	丙午	4 1	2 21	丙子	5 1	3 21	丙午	6 1	4 23	丁丑	7 2	5 24	戊申	8 2	6 26	己卯
	3 3	1 22	丁未	4 2	2 22	丁丑	5 2	3 22	丁未	6 2	4 24	戊寅	7 3	5 25	己酉	8 3	6 27	庚辰
	3 4	1 23	戊申	4 3	2 23	戊寅	5 3	3 23	戊申	6 3	4 25	己卯	7 4	5 26	庚戌	8 4	6 28	辛巳
							5 4	3 24	己酉	6 4	4 26	庚辰	7 5	5 27	辛亥	8 5	6 29	壬午
																8 6	7 1	癸未

左欄：中華民國一百七十八年 雞　2089

中氣	雨水			春分			穀雨			小滿			夏至			大暑		
	2/18 6時33分 卯時			3/20 5時5分 卯時			4/19 15時32分 申時			5/20 14時7分 未時			6/20 21時42分 亥時			7/22 8時32分		

己酉

月	壬申	癸酉	甲戌	乙亥	丙子	丁丑
節氣	立秋	白露	寒露	立冬	大雪	小寒
	8/7 1時3分 丑時	9/7 4時23分 寅時	10/7 20時37分 戌時	11/7 0時24分 子時	12/6 17時42分 酉時	1/5 5時7分 卯時

壬申 國曆	農曆	干支	癸酉 國曆	農曆	干支	甲戌 國曆	農曆	干支	乙亥 國曆	農曆	干支	丙子 國曆	農曆	干支	丁丑 國曆	農曆	干支
7	7/2	甲申	9/7	8/3	乙卯	10/7	9/4	乙酉	11/7	10/6	丙辰	12/6	11/5	乙酉	1/5	12/5	乙卯
8	7/3	乙酉	9/8	8/4	丙辰	10/8	9/5	丙戌	11/8	10/7	丁巳	12/7	11/6	丙戌	1/6	12/6	丙辰
9	7/4	丙戌	9/9	8/5	丁巳	10/9	9/6	丁亥	11/9	10/8	戊午	12/8	11/7	丁亥	1/7	12/7	丁巳
10	7/5	丁亥	9/10	8/6	戊午	10/10	9/7	戊子	11/10	10/9	己未	12/9	11/8	戊子	1/8	12/8	戊午
11	7/6	戊子	9/11	8/7	己未	10/11	9/8	己丑	11/11	10/10	庚申	12/10	11/9	己丑	1/9	12/9	己未
12	7/7	己丑	9/12	8/8	庚申	10/12	9/9	庚寅	11/12	10/11	辛酉	12/11	11/10	庚寅	1/10	12/10	庚申
13	7/8	庚寅	9/13	8/9	辛酉	10/13	9/10	辛卯	11/13	10/12	壬戌	12/12	11/11	辛卯	1/11	12/11	辛酉
14	7/9	辛卯	9/14	8/10	壬戌	10/14	9/11	壬辰	11/14	10/13	癸亥	12/13	11/12	壬辰	1/12	12/12	壬戌
15	7/10	壬辰	9/15	8/11	癸亥	10/15	9/12	癸巳	11/15	10/14	甲子	12/14	11/13	癸巳	1/13	12/13	癸亥
16	7/11	癸巳	9/16	8/12	甲子	10/16	9/13	甲午	11/16	10/15	乙丑	12/15	11/14	甲午	1/14	12/14	甲子
17	7/12	甲午	9/17	8/13	乙丑	10/17	9/14	乙未	11/17	10/16	丙寅	12/16	11/15	乙未	1/15	12/15	乙丑
18	7/13	乙未	9/18	8/14	丙寅	10/18	9/15	丙申	11/18	10/17	丁卯	12/17	11/16	丙申	1/16	12/16	丙寅
19	7/14	丙申	9/19	8/15	丁卯	10/19	9/16	丁酉	11/19	10/18	戊辰	12/18	11/17	丁酉	1/17	12/17	丁卯
20	7/15	丁酉	9/20	8/16	戊辰	10/20	9/17	戊戌	11/20	10/19	己巳	12/19	11/18	戊戌	1/18	12/18	戊辰
21	7/16	戊戌	9/21	8/17	己巳	10/21	9/18	己亥	11/21	10/20	庚午	12/20	11/19	己亥	1/19	12/19	己巳
22	7/17	己亥	9/22	8/18	庚午	10/22	9/19	庚子	11/22	10/21	辛未	12/21	11/20	庚子	1/20	12/20	庚午
23	7/18	庚子	9/23	8/19	辛未	10/23	9/20	辛丑	11/23	10/22	壬申	12/22	11/21	辛丑	1/21	12/21	辛未
24	7/19	辛丑	9/24	8/20	壬申	10/24	9/21	壬寅	11/24	10/23	癸酉	12/23	11/22	壬寅	1/22	12/22	壬申
25	7/20	壬寅	9/25	8/21	癸酉	10/25	9/22	癸卯	11/25	10/24	甲戌	12/24	11/23	癸卯	1/23	12/23	癸酉
26	7/21	癸卯	9/26	8/22	甲戌	10/26	9/23	甲辰	11/26	10/25	乙亥	12/25	11/24	甲辰	1/24	12/24	甲戌
27	7/22	甲辰	9/27	8/23	乙亥	10/27	9/24	乙巳	11/27	10/26	丙子	12/26	11/25	乙巳	1/25	12/25	乙亥
28	7/23	乙巳	9/28	8/24	丙子	10/28	9/25	丙午	11/28	10/27	丁丑	12/27	11/26	丙午	1/26	12/26	丙子
29	7/24	丙午	9/29	8/25	丁丑	10/29	9/26	丁未	11/29	10/28	戊寅	12/28	11/27	丁未	1/27	12/27	丁丑
30	7/25	丁未	9/30	8/26	戊寅	10/30	9/27	戊申	11/30	10/29	己卯	12/29	11/28	戊申	1/28	12/28	戊寅
31	7/26	戊申	10/1	8/27	己卯	10/31	9/28	己酉	12/1	10/30	庚辰	12/30	11/29	己酉	1/29	12/29	己卯
1	7/27	己酉	10/2	8/28	庚辰	11/1	9/29	庚戌	12/2	11/1	辛巳	12/31	11/30	庚戌	1/30	1/1	庚辰
2	7/28	庚戌	10/3	8/29	辛巳	11/2	10/1	辛亥	12/3	11/2	壬午	1/1	12/1	辛亥	1/31	1/2	辛巳
3	7/29	辛亥	10/4	9/1	壬午	11/3	10/2	壬子	12/4	11/3	癸未	1/2	12/2	壬子	2/1	1/3	壬午
4	7/30	壬子	10/5	9/2	癸未	11/4	10/3	癸丑	12/5	11/4	甲申	1/3	12/3	癸丑	2/2	1/4	癸未
5	8/1	癸丑	10/6	9/3	甲申	11/5	10/4	甲寅				1/4	12/4	甲寅			
6	8/2	甲寅				11/6	10/5	乙卯									

中氣	處暑	秋分	霜降	小雪	冬至	大寒
	5時55分 申時	9/22 14時6分 未時	10/23 0時4分 子時	11/21 22時11分 亥時	12/21 11時51分 午時	1/19 22時33分 亥時

年月（右欄）：月 / 節氣 / 日 / 中氣

年：中華民國一百七十八、一百七十九年　雞　2089、2090

年	庚戌																
月	**戊寅**			**己卯**			**庚辰**			**辛巳**			**壬午**			**癸未**		
節氣	立春			驚蟄			清明			立夏			芒種			小暑		
	2/3 16時41分 申時			3/5 10時20分 巳時			4/4 14時35分 未時			5/5 7時15分 辰時			6/5 10時54分 巳時			7/6 20時55分 戌時		
日	國曆	農曆	干支	國曆	農曆	干支	國曆	農曆	干支	國曆	農曆	干支	國曆	農曆	干支	國曆	農曆	干支
	2 3	1 5	甲申	3 5	2 5	甲寅	4 4	3 5	甲申	5 5	4 6	乙卯	6 5	5 8	丙戌	7 6	6 9	丁巳
	2 4	1 6	乙酉	3 6	2 6	乙卯	4 5	3 6	乙酉	5 6	4 7	丙辰	6 6	5 9	丁亥	7 7	6 10	戊午
	2 5	1 7	丙戌	3 7	2 7	丙辰	4 6	3 7	丙戌	5 7	4 8	丁巳	6 7	5 10	戊子	7 8	6 11	己未
	2 6	1 8	丁亥	3 8	2 8	丁巳	4 7	3 8	丁亥	5 8	4 9	戊午	6 8	5 11	己丑	7 9	6 12	庚申
	2 7	1 9	戊子	3 9	2 9	戊午	4 8	3 9	戊子	5 9	4 10	己未	6 9	5 12	庚寅	7 10	6 13	辛酉
	2 8	1 10	己丑	3 10	2 10	己未	4 9	3 10	己丑	5 10	4 11	庚申	6 10	5 13	辛卯	7 11	6 14	壬戌
	2 9	1 11	庚寅	3 11	2 11	庚申	4 10	3 11	庚寅	5 11	4 12	辛酉	6 11	5 14	壬辰	7 12	6 15	癸亥
	2 10	1 12	辛卯	3 12	2 12	辛酉	4 11	3 12	辛卯	5 12	4 13	壬戌	6 12	5 15	癸巳	7 13	6 16	甲子
	2 11	1 13	壬辰	3 13	2 13	壬戌	4 12	3 13	壬辰	5 13	4 14	癸亥	6 13	5 16	甲午	7 14	6 17	乙丑
	2 12	1 14	癸巳	3 14	2 14	癸亥	4 13	3 14	癸巳	5 14	4 15	甲子	6 14	5 17	乙未	7 15	6 18	丙寅
	2 13	1 15	甲午	3 15	2 15	甲子	4 14	3 15	甲午	5 15	4 16	乙丑	6 15	5 18	丙申	7 16	6 19	丁卯
	2 14	1 16	乙未	3 16	2 16	乙丑	4 15	3 16	乙未	5 16	4 17	丙寅	6 16	5 19	丁酉	7 17	6 20	戊辰
	2 15	1 17	丙申	3 17	2 17	丙寅	4 16	3 17	丙申	5 17	4 18	丁卯	6 17	5 20	戊戌	7 18	6 21	己巳
	2 16	1 18	丁酉	3 18	2 18	丁卯	4 17	3 18	丁酉	5 18	4 19	戊辰	6 18	5 21	己亥	7 19	6 22	庚午
	2 17	1 19	戊戌	3 19	2 19	戊辰	4 18	3 19	戊戌	5 19	4 20	己巳	6 19	5 22	庚子	7 20	6 23	辛未
	2 18	1 20	己亥	3 20	2 20	己巳	4 19	3 20	己亥	5 20	4 21	庚午	6 20	5 23	辛丑	7 21	6 24	壬申
	2 19	1 21	庚子	3 21	2 21	庚午	4 20	3 21	庚子	5 21	4 22	辛未	6 21	5 24	壬寅	7 22	6 25	癸酉
	2 20	1 22	辛丑	3 22	2 22	辛未	4 21	3 22	辛丑	5 22	4 23	壬申	6 22	5 25	癸卯	7 23	6 26	甲戌
	2 21	1 23	壬寅	3 23	2 23	壬申	4 22	3 23	壬寅	5 23	4 24	癸酉	6 23	5 26	甲辰	7 24	6 27	乙亥
	2 22	1 24	癸卯	3 24	2 24	癸酉	4 23	3 24	癸卯	5 24	4 25	甲戌	6 24	5 27	乙巳	7 25	6 28	丙子
	2 23	1 25	甲辰	3 25	2 25	甲戌	4 24	3 25	甲辰	5 25	4 26	乙亥	6 25	5 28	丙午	7 26	6 29	丁丑
	2 24	1 26	乙巳	3 26	2 26	乙亥	4 25	3 26	乙巳	5 26	4 27	丙子	6 26	5 29	丁未	7 27	7 1	戊寅
	2 25	1 27	丙午	3 27	2 27	丙子	4 26	3 27	丙午	5 27	4 28	丁丑	6 27	5 30	戊申	7 28	7 2	己卯
	2 26	1 28	丁未	3 28	2 28	丁丑	4 27	3 28	丁未	5 28	4 29	戊寅	6 28	6 1	己酉	7 29	7 3	庚辰
	2 27	1 29	戊申	3 29	2 29	戊寅	4 28	3 29	戊申	5 29	5 1	己卯	6 29	6 2	庚戌	7 30	7 4	辛巳
	2 28	1 30	己酉	3 30	2 30	己卯	4 29	3 30	己酉	5 30	5 2	庚辰	6 30	6 3	辛亥	7 31	7 5	壬午
	3 1	2 1	庚戌	3 31	3 1	庚辰	4 30	4 1	庚戌	5 31	5 3	辛巳	7 1	6 4	壬子	8 1	7 6	癸未
	3 2	2 2	辛亥	4 1	3 2	辛巳	5 1	4 2	辛亥	6 1	5 4	壬午	7 2	6 5	癸丑	8 2	7 7	甲申
	3 3	2 3	壬子	4 2	3 3	壬午	5 2	4 3	壬子	6 2	5 5	癸未	7 3	6 6	甲寅	8 3	7 8	乙酉
	3 4	2 4	癸丑	4 3	3 4	癸未	5 3	4 4	癸丑	6 3	5 6	甲申	7 4	6 7	乙卯	8 4	7 9	丙戌
							5 4	4 5	甲寅	6 4	5 7	乙酉	7 5	6 8	丙辰	8 5	7 10	丁亥
																8 6	7 11	戊子
																8 7	7 12	己丑
中氣	雨水			春分			穀雨			小滿			夏至			大暑		
	2/18 12時29分 午時			3/20 11時1分 午時			4/19 21時27分 亥時			5/20 20時1分 戌時			6/21 3時35分 寅時			7/22 14時24分		

左欄直書：中華民國一百七十九年　狗　2090

382

庚戌（年）

中華民國一百七十九、一百八十年　狗　2090、2091

月

| 甲申 | 乙酉 | 丙戌 | 丁亥 | 戊子 | 己丑 |

節氣

立秋	白露	寒露	立冬	大雪	小寒
8/7 6時52分 卯時	9/7 10時15分 巳時	10/8 2時33分 丑時	11/7 6時21分 卯時	12/6 23時39分 子時	1/5 11時1分 午時

日

國曆	農曆	干支	國曆	農曆	干支	國曆	農曆	干支	國曆	農曆	干支	國曆	農曆	干支	國曆	農曆	干支
8/7	7 12	己丑	9/7	8 14	庚申	10/8	閏8 15	辛卯	11/7	9 15	辛酉	12/6	10 15	庚寅	1/5	11 16	庚申
8/8	7 13	庚寅	9/8	8 15	辛酉	10/9	閏8 16	壬辰	11/8	9 16	壬戌	12/7	10 17	辛卯	1/6	11 17	辛酉
8/9	7 14	辛卯	9/9	8 16	壬戌	10/10	閏8 17	癸巳	11/9	9 17	癸亥	12/8	10 18	壬辰	1/7	11 18	壬戌
8/10	7 15	壬辰	9/10	8 17	癸亥	10/11	閏8 18	甲午	11/10	9 18	甲子	12/9	10 19	癸巳	1/8	11 19	癸亥
8/11	7 16	癸巳	9/11	8 18	甲子	10/12	閏8 19	乙未	11/11	9 19	乙丑	12/10	10 20	甲午	1/9	11 20	甲子
8/12	7 17	甲午	9/12	8 19	乙丑	10/13	閏8 20	丙申	11/12	9 20	丙寅	12/11	10 21	乙未	1/10	11 21	乙丑
8/13	7 18	乙未	9/13	8 20	丙寅	10/14	閏8 21	丁酉	11/13	9 21	丁卯	12/12	10 22	丙申	1/11	11 22	丙寅
8/14	7 19	丙申	9/14	8 21	丁卯	10/15	閏8 22	戊戌	11/14	9 22	戊辰	12/13	10 23	丁酉	1/12	11 23	丁卯
8/15	7 20	丁酉	9/15	8 22	戊辰	10/16	閏8 23	己亥	11/15	9 23	己巳	12/14	10 24	戊戌	1/13	11 24	戊辰
8/16	7 21	戊戌	9/16	8 23	己巳	10/17	閏8 24	庚子	11/16	9 24	庚午	12/15	10 25	己亥	1/14	11 25	己巳
8/17	7 22	己亥	9/17	8 24	庚午	10/18	閏8 25	辛丑	11/17	9 25	辛未	12/16	10 26	庚子	1/15	11 26	庚午
8/18	7 23	庚子	9/18	8 25	辛未	10/19	閏8 26	壬寅	11/18	9 26	壬申	12/17	10 27	辛丑	1/16	11 27	辛未
8/19	7 24	辛丑	9/19	8 26	壬申	10/20	閏8 27	癸卯	11/19	9 27	癸酉	12/18	10 28	壬寅	1/17	11 28	壬申
8/20	7 25	壬寅	9/20	8 27	癸酉	10/21	閏8 28	甲辰	11/20	9 28	甲戌	12/19	10 29	癸卯	1/18	11 29	癸酉
8/21	7 26	癸卯	9/21	8 28	甲戌	10/22	閏8 29	乙巳	11/21	9 29	乙亥	12/20	10 30	甲辰	1/19	11 30	甲戌
8/22	7 27	甲辰	9/22	8 29	乙亥	10/23	閏8 30	丙午	11/22	10 1	丙子	12/21	11 1	乙巳	1/20	12 1	乙亥
8/23	7 28	乙巳	9/23	8 30	丙子	10/24	9 1	丁未	11/23	10 2	丁丑	12/22	11 1	丙午	1/21	12 2	丙子
8/24	7 29	丙午	9/24	閏8 1	丁丑	10/25	9 2	戊申	11/24	10 3	戊寅	12/23	11 2	丁未	1/22	12 3	丁丑
8/25	8 1	丁未	9/25	閏8 2	戊寅	10/26	9 3	己酉	11/25	10 4	己卯	12/24	11 3	戊申	1/23	12 4	戊寅
8/26	8 2	戊申	9/26	閏8 3	己卯	10/27	9 4	庚戌	11/26	10 5	庚辰	12/25	11 4	己酉	1/24	12 5	己卯
8/27	8 3	己酉	9/27	閏8 4	庚辰	10/28	9 5	辛亥	11/27	10 6	辛巳	12/26	11 5	庚戌	1/25	12 6	庚辰
8/28	8 4	庚戌	9/28	閏8 5	辛巳	10/29	9 6	壬子	11/28	10 7	壬午	12/27	11 6	辛亥	1/26	12 7	辛巳
8/29	8 5	辛亥	9/29	閏8 6	壬午	10/30	9 7	癸丑	11/29	10 8	癸未	12/28	11 7	壬子	1/27	12 8	壬午
8/30	8 6	壬子	9/30	閏8 7	癸未	10/31	9 8	甲寅	11/30	10 9	甲申	12/29	11 8	癸丑	1/28	12 9	癸未
8/31	8 7	癸丑	10/1	閏8 8	甲申	11/1	9 9	乙卯	12/1	10 10	乙酉	12/30	11 9	甲寅	1/29	12 10	甲申
9/1	8 8	甲寅	10/2	閏8 9	乙酉	11/2	9 10	丙辰	12/2	10 11	丙戌	12/31	11 10	乙卯	1/30	12 11	乙酉
9/2	8 9	乙卯	10/3	閏8 10	丙戌	11/3	9 11	丁巳	12/3	10 12	丁亥	1/1	11 11	丙辰	1/31	12 12	丙戌
9/3	8 10	丙辰	10/4	閏8 11	丁亥	11/4	9 12	戊午	12/4	10 13	戊子	1/2	11 12	丁巳	2/1	12 13	丁亥
9/4	8 11	丁巳	10/5	閏8 12	戊子	11/5	9 13	己未	12/5	10 14	己丑	1/3	11 13	戊午	2/2	12 14	戊子
9/5	8 12	戊午	10/6	閏8 13	己丑	11/6	9 14	庚申				1/4	11 14	己未	2/3	12 15	己丑
9/6	8 13	己未	10/7	閏8 14	庚寅												

中氣

處暑	秋分	霜降	小雪	冬至	大寒
8/22 21時46分 亥時	9/22 19時58分 戌時	10/23 5時58分 卯時	11/22 4時5分 寅時	12/21 17時42分 酉時	1/20 4時21分 寅時

年	辛亥																
月	庚寅			辛卯			壬辰			癸巳			甲午			乙未		
節氣	立春			驚蟄			清明			立夏			芒種			小暑		
	2/3 22時30分 亥時			3/5 16時5分 申時			4/4 20時19分 戌時			5/5 13時2分 未時			6/5 16時44分 申時			7/7 20時50分 丑時		
日	國曆	農曆	干支	國曆	農曆	干支	國曆	農曆	干支	國曆	農曆	干支	國曆	農曆	干支	國曆	農曆	干支
	2 3	12 15	己丑	3 5	1 16	己未	4 4	2 16	己丑	5 5	3 17	庚申	6 5	4 19	辛卯	7 7	5 21	癸亥
	2 4	12 16	庚寅	3 6	1 17	庚申	4 5	2 17	庚寅	5 6	3 18	辛酉	6 6	4 20	壬辰	7 8	5 22	甲子
	2 5	12 17	辛卯	3 7	1 18	辛酉	4 6	2 18	辛卯	5 7	3 19	壬戌	6 7	4 21	癸巳	7 9	5 23	乙丑
	2 6	12 18	壬辰	3 8	1 19	壬戌	4 7	2 19	壬辰	5 8	3 20	癸亥	6 8	4 22	甲午	7 10	5 24	丙寅
	2 7	12 19	癸巳	3 9	1 20	癸亥	4 8	2 20	癸巳	5 9	3 21	甲子	6 9	4 23	乙未	7 11	5 25	丁卯
	2 8	12 20	甲午	3 10	1 21	甲子	4 9	2 21	甲午	5 10	3 22	乙丑	6 10	4 24	丙申	7 12	5 26	戊辰
	2 9	12 21	乙未	3 11	1 22	乙丑	4 10	2 22	乙未	5 11	3 23	丙寅	6 11	4 25	丁酉	7 13	5 27	己巳
	2 10	12 22	丙申	3 12	1 23	丙寅	4 11	2 23	丙申	5 12	3 24	丁卯	6 12	4 26	戊戌	7 14	5 28	庚午
	2 11	12 23	丁酉	3 13	1 24	丁卯	4 12	2 24	丁酉	5 13	3 25	戊辰	6 13	4 27	己亥	7 15	5 29	辛未
	2 12	12 24	戊戌	3 14	1 25	戊辰	4 13	2 25	戊戌	5 14	3 26	己巳	6 14	4 28	庚子	7 16	6 1	壬申
	2 13	12 25	己亥	3 15	1 26	己巳	4 14	2 26	己亥	5 15	3 27	庚午	6 15	4 29	辛丑	7 17	6 2	癸酉
	2 14	12 26	庚子	3 16	1 27	庚午	4 15	2 27	庚子	5 16	3 28	辛未	6 16	4 30	壬寅	7 18	6 3	甲戌
	2 15	12 27	辛丑	3 17	1 28	辛未	4 16	2 28	辛丑	5 17	3 29	壬申	6 17	5 1	癸卯	7 19	6 4	乙亥
	2 16	12 28	壬寅	3 18	1 29	壬申	4 17	2 29	壬寅	5 18	4 1	癸酉	6 18	5 2	甲辰	7 20	6 5	丙子
	2 17	12 29	癸卯	3 19	1 30	癸酉	4 18	2 30	癸卯	5 19	4 2	甲戌	6 19	5 3	乙巳	7 21	6 6	丁丑
	2 18	1 1	甲辰	3 20	2 1	甲戌	4 19	3 1	甲辰	5 20	4 3	乙亥	6 20	5 4	丙午	7 22	6 7	戊寅
	2 19	1 2	乙巳	3 21	2 2	乙亥	4 20	3 2	乙巳	5 21	4 4	丙子	6 21	5 5	丁未	7 23	6 8	己卯
	2 20	1 3	丙午	3 22	2 3	丙子	4 21	3 3	丙午	5 22	4 5	丁丑	6 22	5 6	戊申	7 24	6 9	庚辰
	2 21	1 4	丁未	3 23	2 4	丁丑	4 22	3 4	丁未	5 23	4 6	戊寅	6 23	5 7	己酉	7 25	6 10	辛巳
	2 22	1 5	戊申	3 24	2 5	戊寅	4 23	3 5	戊申	5 24	4 7	己卯	6 24	5 8	庚戌	7 26	6 11	壬午
	2 23	1 6	己酉	3 25	2 6	己卯	4 24	3 6	己酉	5 25	4 8	庚辰	6 25	5 9	辛亥	7 27	6 12	癸未
	2 24	1 7	庚戌	3 26	2 7	庚辰	4 25	3 7	庚戌	5 26	4 9	辛巳	6 26	5 10	壬子	7 28	6 13	甲申
	2 25	1 8	辛亥	3 27	2 8	辛巳	4 26	3 8	辛亥	5 27	4 10	壬午	6 27	5 11	癸丑	7 29	6 14	乙酉
	2 26	1 9	壬子	3 28	2 9	壬午	4 27	3 9	壬子	5 28	4 11	癸未	6 28	5 12	甲寅	7 30	6 15	丙戌
	2 27	1 10	癸丑	3 29	2 10	癸未	4 28	3 10	癸丑	5 29	4 12	甲申	6 29	5 13	乙卯	7 31	6 16	丁亥
	2 28	1 11	甲寅	3 30	2 11	甲申	4 29	3 11	甲寅	5 30	4 13	乙酉	6 30	5 14	丙辰	8 1	6 17	戊子
	3 1	1 12	乙卯	3 31	2 12	乙酉	4 30	3 12	乙卯	5 31	4 14	丙戌	7 1	5 15	丁巳	8 2	6 18	己丑
	3 2	1 13	丙辰	4 1	2 13	丙戌	5 1	3 13	丙辰	6 1	4 15	丁亥	7 2	5 16	戊午	8 3	6 19	庚寅
	3 3	1 14	丁巳	4 2	2 14	丁亥	5 2	3 14	丁巳	6 2	4 16	戊子	7 3	5 17	己未	8 4	6 20	辛卯
	3 4	1 15	戊午	4 3	2 15	戊子	5 3	3 15	戊午	6 3	4 17	己丑	7 4	5 18	庚申	8 5	6 21	壬辰
							5 4	3 16	己未	6 4	4 18	庚寅	7 5	5 19	辛酉	8 6	6 22	癸巳
													7 6	5 20	壬戌			

中氣	雨水			春分			穀雨			小滿			夏至			大暑		
	2/18 18時12分 酉時			3/20 16時41分 申時			4/20 3時6分 寅時			5/21 11時42分 丑時			6/21 9時18分 巳時			7/22 20時10分 戌時		

中華民國一百八十年 豬 2091

辛亥　（年）　中華民國一百八十、一百八十一年　豬　2091、2092

月	丙申			丁酉			戊戌			己亥			庚子			辛丑			日
節氣	立秋 8/7 12時48分 午時			白露 9/7 16時12分 申時			寒露 10/8 8時30分 辰時			立冬 11/7 12時19分 午時			大雪 12/7 5時37分 卯時			小寒 1/5 17時0分 酉時			
	國曆	農曆	干支	國曆	農曆	干支	國曆	農曆	干支	國曆	農曆	干支	國曆	農曆	干支	國曆	農曆	干支	
	7	6/23	甲午	7	7/24	乙丑	8	8/26	丙申	7	9/26	丙寅	7	10/27	丙申	5	11/27	乙丑	
	8	6/24	乙未	8	7/25	丙寅	9	8/27	丁酉	8	9/27	丁卯	8	10/28	丁酉	6	11/28	丙寅	
	9	6/25	丙申	9	7/26	丁卯	10	8/28	戊戌	9	9/28	戊辰	9	10/29	戊戌	7	11/29	丁卯	
	10	6/26	丁酉	10	7/27	戊辰	11	8/29	己亥	10	9/29	己巳	10	11/1	己亥	8	11/30	戊辰	
	11	6/27	戊戌	11	7/28	己巳	12	8/30	庚子	11	10/1	庚午	11	11/2	庚子	9	12/1	己巳	
	12	6/28	己亥	12	7/29	庚午	13	9/1	辛丑	12	10/2	辛未	12	11/3	辛丑	10	12/2	庚午	
	13	6/29	庚子	13	8/1	辛未	14	9/2	壬寅	13	10/3	壬申	13	11/4	壬寅	11	12/3	辛未	中
	14	6/30	辛丑	14	8/2	壬申	15	9/3	癸卯	14	10/4	癸酉	14	11/5	癸卯	12	12/4	壬申	華
	15	7/1	壬寅	15	8/3	癸酉	16	9/4	甲辰	15	10/5	甲戌	15	11/6	甲辰	13	12/5	癸酉	民
	16	7/2	癸卯	16	8/4	甲戌	17	9/5	乙巳	16	10/6	乙亥	16	11/7	乙巳	14	12/6	甲戌	國
	17	7/3	甲辰	17	8/5	乙亥	18	9/6	丙午	17	10/7	丙子	17	11/8	丙午	15	12/7	乙亥	一
	18	7/4	乙巳	18	8/6	丙子	19	9/7	丁未	18	10/8	丁丑	18	11/9	丁未	16	12/8	丙子	百
	19	7/5	丙午	19	8/7	丁丑	20	9/8	戊申	19	10/9	戊寅	19	11/10	戊申	17	12/9	丁丑	八
	20	7/6	丁未	20	8/8	戊寅	21	9/9	己酉	20	10/10	己卯	20	11/11	己酉	18	12/10	戊寅	十
	21	7/7	戊申	21	8/9	己卯	22	9/10	庚戌	21	10/11	庚辰	21	11/12	庚戌	19	12/11	己卯	、
	22	7/8	己酉	22	8/10	庚辰	23	9/11	辛亥	22	10/12	辛巳	22	11/13	辛亥	20	12/12	庚辰	一
	23	7/9	庚戌	23	8/11	辛巳	24	9/12	壬子	23	10/13	壬午	23	11/14	壬子	21	12/13	辛巳	百
	24	7/10	辛亥	24	8/12	壬午	25	9/13	癸丑	24	10/14	癸未	24	11/15	癸丑	22	12/14	壬午	八
	25	7/11	壬子	25	8/13	癸未	26	9/14	甲寅	25	10/15	甲申	25	11/16	甲寅	23	12/15	癸未	十
	26	7/12	癸丑	26	8/14	甲申	27	9/15	乙卯	26	10/16	乙酉	26	11/17	乙卯	24	12/16	甲申	一
	27	7/13	甲寅	27	8/15	乙酉	28	9/16	丙辰	27	10/17	丙戌	27	11/18	丙辰	25	12/17	乙酉	年
	28	7/14	乙卯	28	8/16	丙戌	29	9/17	丁巳	28	10/18	丁亥	28	11/19	丁巳	26	12/18	丙戌	豬
	29	7/15	丙辰	29	8/17	丁亥	30	9/18	戊午	29	10/19	戊子	29	11/20	戊午	27	12/19	丁亥	
	30	7/16	丁巳	30	8/18	戊子	31	9/19	己未	30	10/20	己丑	30	11/21	己未	28	12/20	戊子	
	31	7/17	戊午	1	8/19	己丑	1	9/20	庚申	1	10/21	庚寅	31	11/22	庚申	29	12/21	己丑	
	1	7/18	己未	2	8/20	庚寅	2	9/21	辛酉	2	10/22	辛卯	1	11/23	辛酉	30	12/22	庚寅	
	2	7/19	庚申	3	8/21	辛卯	3	9/22	壬戌	3	10/23	壬辰	2	11/24	壬戌	31	12/23	辛卯	2
	3	7/20	辛酉	4	8/22	壬辰	4	9/23	癸亥	4	10/24	癸巳	3	11/25	癸亥	1	12/24	壬辰	0
	4	7/21	壬戌	5	8/23	癸巳	5	9/24	甲子	5	10/25	甲午	4	11/26	甲子	2	12/25	癸巳	9
	5	7/22	癸亥	6	8/24	甲午	6	9/25	乙丑	6	10/26	乙未				3	12/26	甲午	1
	6	7/23	甲子	7	8/25	乙未													、
																			2092

中氣	處暑 8/23 3時35分 寅時	秋分 9/23 1時50分 丑時	霜降 10/23 11時51分 午時	小雪 11/22 9時59分 巳時	冬至 12/21 23時37分 子時	大寒 1/20 10時15分 巳時

385

年　壬子

月	壬寅	癸卯	甲辰	乙巳	丙午	丁未
節氣	立春	驚蟄	清明	立夏	芒種	小暑
	2/4 4時28分 寅時	3/4 22時1分 亥時	4/4 2時13分 丑時	5/4 18時55分 酉時	6/4 22時37分 亥時	7/6 8時40分 辰時

中華民國一百八十一年　鼠　2092

國曆	農曆	干支	國曆	農曆	干支	國曆	農曆	干支	國曆	農曆	干支	國曆	農曆	干支	國曆	農曆	干支
2 4	12 27	乙未	3 4	1 27	甲子	4 4	2 28	乙未	5 4	3 28	乙丑	6 4	4 30	丙申	7 6	6 2	戊辰
2 5	12 28	丙申	3 5	1 28	乙丑	4 5	2 29	丙申	5 5	3 29	丙寅	6 5	5 1	丁酉	7 7	6 3	己巳
2 6	12 29	丁酉	3 6	1 29	丙寅	4 6	2 30	丁酉	5 6	4 1	丁卯	6 6	5 2	戊戌	7 8	6 4	庚午
2 7	1 1	戊戌	3 7	1 30	丁卯	4 7	3 1	戊戌	5 7	4 2	戊辰	6 7	5 3	己亥	7 9	6 5	辛未
2 8	1 2	己亥	3 8	2 1	戊辰	4 8	3 2	己亥	5 8	4 3	己巳	6 8	5 4	庚子	7 10	6 6	壬申
2 9	1 3	庚子	3 9	2 2	己巳	4 9	3 3	庚子	5 9	4 4	庚午	6 9	5 5	辛丑	7 11	6 7	癸酉
2 10	1 4	辛丑	3 10	2 3	庚午	4 10	3 4	辛丑	5 10	4 5	辛未	6 10	5 6	壬寅	7 12	6 8	甲戌
2 11	1 5	壬寅	3 11	2 4	辛未	4 11	3 5	壬寅	5 11	4 6	壬申	6 11	5 7	癸卯	7 13	6 9	乙亥
2 12	1 6	癸卯	3 12	2 5	壬申	4 12	3 6	癸卯	5 12	4 7	癸酉	6 12	5 8	甲辰	7 14	6 10	丙子
2 13	1 7	甲辰	3 13	2 6	癸酉	4 13	3 7	甲辰	5 13	4 8	甲戌	6 13	5 9	乙巳	7 15	6 11	丁丑
2 14	1 8	乙巳	3 14	2 7	甲戌	4 14	3 8	乙巳	5 14	4 9	乙亥	6 14	5 10	丙午	7 16	6 12	戊寅
2 15	1 9	丙午	3 15	2 8	乙亥	4 15	3 9	丙午	5 15	4 10	丙子	6 15	5 11	丁未	7 17	6 13	己卯
2 16	1 10	丁未	3 16	2 9	丙子	4 16	3 10	丁未	5 16	4 11	丁丑	6 16	5 12	戊申	7 18	6 14	庚辰
2 17	1 11	戊申	3 17	2 10	丁丑	4 17	3 11	戊申	5 17	4 12	戊寅	6 17	5 13	己酉	7 19	6 15	辛巳
2 18	1 12	己酉	3 18	2 11	戊寅	4 18	3 12	己酉	5 18	4 13	己卯	6 18	5 14	庚戌	7 20	6 16	壬午
2 19	1 13	庚戌	3 19	2 12	己卯	4 19	3 13	庚戌	5 19	4 14	庚辰	6 19	5 15	辛亥	7 21	6 17	癸未
2 20	1 14	辛亥	3 20	2 13	庚辰	4 20	3 14	辛亥	5 20	4 15	辛巳	6 20	5 16	壬子	7 22	6 18	甲申
2 21	1 15	壬子	3 21	2 14	辛巳	4 21	3 15	壬子	5 21	4 16	壬午	6 21	5 17	癸丑	7 23	6 19	乙酉
2 22	1 16	癸丑	3 22	2 15	壬午	4 22	3 16	癸丑	5 22	4 17	癸未	6 22	5 18	甲寅	7 24	6 20	丙戌
2 23	1 17	甲寅	3 23	2 16	癸未	4 23	3 17	甲寅	5 23	4 18	甲申	6 23	5 19	乙卯	7 25	6 21	丁亥
2 24	1 18	乙卯	3 24	2 17	甲申	4 24	3 18	乙卯	5 24	4 19	乙酉	6 24	5 20	丙辰	7 26	6 22	戊子
2 25	1 19	丙辰	3 25	2 18	乙酉	4 25	3 19	丙辰	5 25	4 20	丙戌	6 25	5 21	丁巳	7 27	6 23	己丑
2 26	1 20	丁巳	3 26	2 19	丙戌	4 26	3 20	丁巳	5 26	4 21	丁亥	6 26	5 22	戊午	7 28	6 24	庚寅
2 27	1 21	戊午	3 27	2 20	丁亥	4 27	3 21	戊午	5 27	4 22	戊子	6 27	5 23	己未	7 29	6 25	辛卯
2 28	1 22	己未	3 28	2 21	戊子	4 28	3 22	己未	5 28	4 23	己丑	6 28	5 24	庚申	7 30	6 26	壬辰
2 29	1 23	庚申	3 29	2 22	己丑	4 29	3 23	庚申	5 29	4 24	庚寅	6 29	5 25	辛酉	7 31	6 27	癸巳
3 1	1 24	辛酉	3 30	2 23	庚寅	4 30	3 24	辛酉	5 30	4 25	辛卯	6 30	5 26	壬戌	8 1	6 28	甲午
3 2	1 25	壬戌	3 31	2 24	辛卯	5 1	3 25	壬戌	5 31	4 26	壬辰	7 1	5 27	癸亥	8 2	6 29	乙未
3 3	1 26	癸亥	4 1	2 25	壬辰	5 2	3 26	癸亥	6 1	4 27	癸巳	7 2	5 28	甲子	8 3	7 1	丙申
			4 2	2 26	癸巳	5 3	3 27	甲子	6 2	4 28	甲午	7 3	5 29	乙丑	8 4	7 2	丁酉
			4 3	2 27	甲午				6 3	4 29	乙未	7 4	5 30	丙寅	8 5	7 3	戊戌
												7 5	6 1	丁卯			

中氣	雨水	春分	穀雨	小滿	夏至	大暑
	2/19 0時5分 子時	3/19 22時32分 亥時	4/19 8時58分 辰時	5/20 7時35分 辰時	6/20 15時14分 申時	7/22 2時7分 丑時

節氣（月令）

月	節氣	交節時刻
戊申	立秋	8/6 18時35分 酉時
己酉	白露	9/6 21時55分 亥時
庚戌	寒露	10/7 14時10分 未時
辛亥	立冬	11/6 18時0分 酉時
壬子	大雪	12/6 11時20分 午時
癸丑	小寒	1/4 22時46分 亥時

日

戊申 國曆	農曆	干支	己酉 國曆	農曆	干支	庚戌 國曆	農曆	干支	辛亥 國曆	農曆	干支	壬子 國曆	農曆	干支	癸丑 國曆	農曆	干支
8/6	7/4	己亥	9/6	8/5	庚午	10/7	9/7	辛丑	11/6	10/7	辛未	12/6	11/8	辛丑	1/4	12/7	庚午
8/7	7/5	庚子	9/7	8/6	辛未	10/8	9/8	壬寅	11/7	10/8	壬申	12/7	11/9	壬寅	1/5	12/8	辛未
8/8	7/6	辛丑	9/8	8/7	壬申	10/9	9/9	癸卯	11/8	10/9	癸酉	12/8	11/10	癸卯	1/6	12/9	壬申
8/9	7/7	壬寅	9/9	8/8	癸酉	10/10	9/10	甲辰	11/9	10/10	甲戌	12/9	11/11	甲辰	1/7	12/10	癸酉
8/10	7/8	癸卯	9/10	8/9	甲戌	10/11	9/11	乙巳	11/10	10/11	乙亥	12/10	11/12	乙巳	1/8	12/11	甲戌
8/11	7/9	甲辰	9/11	8/10	乙亥	10/12	9/12	丙午	11/11	10/12	丙子	12/11	11/13	丙午	1/9	12/12	乙亥
8/12	7/10	乙巳	9/12	8/11	丙子	10/13	9/13	丁未	11/12	10/13	丁丑	12/12	11/14	丁未	1/10	12/13	丙子
8/13	7/11	丙午	9/13	8/12	丁丑	10/14	9/14	戊申	11/13	10/14	戊寅	12/13	11/15	戊申	1/11	12/14	丁丑
8/14	7/12	丁未	9/14	8/13	戊寅	10/15	9/15	己酉	11/14	10/15	己卯	12/14	11/16	己酉	1/12	12/15	戊寅
8/15	7/13	戊申	9/15	8/14	己卯	10/16	9/16	庚戌	11/15	10/16	庚辰	12/15	11/17	庚戌	1/13	12/16	己卯
8/16	7/14	己酉	9/16	8/15	庚辰	10/17	9/17	辛亥	11/16	10/17	辛巳	12/16	11/18	辛亥	1/14	12/17	庚辰
8/17	7/15	庚戌	9/17	8/16	辛巳	10/18	9/18	壬子	11/17	10/18	壬午	12/17	11/19	壬子	1/15	12/18	辛巳
8/18	7/16	辛亥	9/18	8/17	壬午	10/19	9/19	癸丑	11/18	10/19	癸未	12/18	11/20	癸丑	1/16	12/19	壬午
8/19	7/17	壬子	9/19	8/18	癸未	10/20	9/20	甲寅	11/19	10/20	甲申	12/19	11/21	甲寅	1/17	12/20	癸未
8/20	7/18	癸丑	9/20	8/19	甲申	10/21	9/21	乙卯	11/20	10/21	乙酉	12/20	11/22	乙卯	1/18	12/21	甲申
8/21	7/19	甲寅	9/21	8/20	乙酉	10/22	9/22	丙辰	11/21	10/22	丙戌	12/21	11/23	丙辰	1/19	12/22	乙酉
8/22	7/20	乙卯	9/22	8/21	丙戌	10/23	9/23	丁巳	11/22	10/23	丁亥	12/22	11/24	丁巳	1/20	12/23	丙戌
8/23	7/21	丙辰	9/23	8/22	丁亥	10/24	9/24	戊午	11/23	10/24	戊子	12/23	11/25	戊午	1/21	12/24	丁亥
8/24	7/22	丁巳	9/24	8/23	戊子	10/25	9/25	己未	11/24	10/25	己丑	12/24	11/26	己未	1/22	12/25	戊子
8/25	7/23	戊午	9/25	8/24	己丑	10/26	9/26	庚申	11/25	10/26	庚寅	12/25	11/27	庚申	1/23	12/26	己丑
8/26	7/24	己未	9/26	8/25	庚寅	10/27	9/27	辛酉	11/26	10/27	辛卯	12/26	11/28	辛酉	1/24	12/27	庚寅
8/27	7/25	庚申	9/27	8/26	辛卯	10/28	9/28	壬戌	11/27	10/28	壬辰	12/27	11/29	壬戌	1/25	12/28	辛卯
8/28	7/26	辛酉	9/28	8/27	壬辰	10/29	9/29	癸亥	11/28	10/29	癸巳	12/28	11/30	癸亥	1/26	12/29	壬辰
8/29	7/27	壬戌	9/29	8/28	癸巳	10/30	9/30	甲子	11/29	11/1	甲午	12/29	12/1	甲子	1/27	1/1	癸巳
8/30	7/28	癸亥	9/30	8/29	甲午	10/31	10/1	乙丑	11/30	11/2	乙未	12/30	12/2	乙丑	1/28	1/2	甲午
8/31	7/29	甲子	10/1	9/1	乙未	11/1	10/2	丙寅	12/1	11/3	丙申	12/31	12/3	丙寅	1/29	1/3	乙未
9/1	7/30	乙丑	10/2	9/2	丙申	11/2	10/3	丁卯	12/2	11/4	丁酉	1/1	12/4	丁卯	1/30	1/4	丙申
9/2	8/1	丙寅	10/3	9/3	丁酉	11/3	10/4	戊辰	12/3	11/5	戊戌	1/2	12/5	戊辰	1/31	1/5	丁酉
9/3	8/2	丁卯	10/4	9/4	戊戌	11/4	10/5	己巳	12/4	11/6	己亥	1/3	12/6	己巳	2/1	1/6	戊戌
9/4	8/3	戊辰	10/5	9/5	己亥	11/5	10/6	庚午	12/5	11/7	庚子				2/2	1/7	己亥
9/5	8/4	己巳	10/6	9/6	庚子												

中氣

中氣	交節時刻
處暑	22時29分 巳時
秋分	9/22 7時41分 辰時
霜降	10/22 17時41分 酉時
小雪	11/21 15時49分 申時
冬至	12/21 5時31分 卯時
大寒	1/19 16時13分 申時

中華民國一百八十一、一百八十二年　鼠　2092、2093

年	\u3000	\u3000	\u3000	\u3000	\u3000	\u3000	\u3000	\u3000	\u3000	\u3000	\u3000	癸丑					
月	甲寅			乙卯			丙辰			丁巳			戊午			己未		
節氣	立春			驚蟄			清明			立夏			芒種			小暑		
	2/3 10時17分 巳時			3/5 3時53分 寅時			4/4 8時5分 辰時			5/5 0時45分 子時			6/5 4時25分 寅時			7/6 14時29分 未時		
日	國曆	農曆	干支	國曆	農曆	干支	國曆	農曆	干支	國曆	農曆	干支	國曆	農曆	干支	國曆	農曆	干支
	2/3	1/8	庚子	3/5	2/9	庚午	4/4	3/9	庚子	5/5	4/10	辛未	6/5	5/12	壬寅	7/6	6/13	癸酉
	2/4	1/9	辛丑	3/6	2/10	辛未	4/5	3/10	辛丑	5/6	4/11	壬申	6/6	5/13	癸卯	7/7	6/14	甲戌
	2/5	1/10	壬寅	3/7	2/11	壬申	4/6	3/11	壬寅	5/7	4/12	癸酉	6/7	5/14	甲辰	7/8	6/15	乙亥
	2/6	1/11	癸卯	3/8	2/12	癸酉	4/7	3/12	癸卯	5/8	4/13	甲戌	6/8	5/15	乙巳	7/9	6/16	丙子
	2/7	1/12	甲辰	3/9	2/13	甲戌	4/8	3/13	甲辰	5/9	4/14	乙亥	6/9	5/16	丙午	7/10	6/17	丁丑
	2/8	1/13	乙巳	3/10	2/14	乙亥	4/9	3/14	乙巳	5/10	4/15	丙子	6/10	5/17	丁未	7/11	6/18	戊寅
	2/9	1/14	丙午	3/11	2/15	丙子	4/10	3/15	丙午	5/11	4/16	丁丑	6/11	5/18	戊申	7/12	6/19	己卯
	2/10	1/15	丁未	3/12	2/16	丁丑	4/11	3/16	丁未	5/12	4/17	戊寅	6/12	5/19	己酉	7/13	6/20	庚辰
	2/11	1/16	戊申	3/13	2/17	戊寅	4/12	3/17	戊申	5/13	4/18	己卯	6/13	5/20	庚戌	7/14	6/21	辛巳
	2/12	1/17	己酉	3/14	2/18	己卯	4/13	3/18	己酉	5/14	4/19	庚辰	6/14	5/21	辛亥	7/15	6/22	壬午
	2/13	1/18	庚戌	3/15	2/19	庚辰	4/14	3/19	庚戌	5/15	4/20	辛巳	6/15	5/22	壬子	7/16	6/23	癸未
	2/14	1/19	辛亥	3/16	2/20	辛巳	4/15	3/20	辛亥	5/16	4/21	壬午	6/16	5/23	癸丑	7/17	6/24	甲申
	2/15	1/20	壬子	3/17	2/21	壬午	4/16	3/21	壬子	5/17	4/22	癸未	6/17	5/24	甲寅	7/18	6/25	乙酉
	2/16	1/21	癸丑	3/18	2/22	癸未	4/17	3/22	癸丑	5/18	4/23	甲申	6/18	5/25	乙卯	7/19	6/26	丙戌
	2/17	1/22	甲寅	3/19	2/23	甲申	4/18	3/23	甲寅	5/19	4/24	乙酉	6/19	5/26	丙辰	7/20	6/27	丁亥
	2/18	1/23	乙卯	3/20	2/24	乙酉	4/19	3/24	乙卯	5/20	4/25	丙戌	6/20	5/27	丁巳	7/21	6/28	戊子
	2/19	1/24	丙辰	3/21	2/25	丙戌	4/20	3/25	丙辰	5/21	4/26	丁亥	6/21	5/28	戊午	7/22	6/29	己丑
	2/20	1/25	丁巳	3/22	2/26	丁亥	4/21	3/26	丁巳	5/22	4/27	戊子	6/22	5/29	己未	7/23	閏6/1	庚寅
	2/21	1/26	戊午	3/23	2/27	戊子	4/22	3/27	戊午	5/23	4/28	己丑	6/23	5/30	庚申	7/24	閏6/2	辛卯
	2/22	1/27	己未	3/24	2/28	己丑	4/23	3/28	己未	5/24	4/29	庚寅	6/24	6/1	辛酉	7/25	閏6/3	壬辰
	2/23	1/28	庚申	3/25	2/29	庚寅	4/24	3/29	庚申	5/25	5/1	辛卯	6/25	6/2	壬戌	7/26	閏6/4	癸巳
	2/24	1/29	辛酉	3/26	2/30	辛卯	4/25	3/30	辛酉	5/26	5/2	壬辰	6/26	6/3	癸亥	7/27	閏6/5	甲午
	2/25	2/1	壬戌	3/27	3/1	壬辰	4/26	4/1	壬戌	5/27	5/3	癸巳	6/27	6/4	甲子	7/28	閏6/6	乙未
	2/26	2/2	癸亥	3/28	3/2	癸巳	4/27	4/2	癸亥	5/28	5/4	甲午	6/28	6/5	乙丑	7/29	閏6/7	丙申
	2/27	2/3	甲子	3/29	3/3	甲午	4/28	4/3	甲子	5/29	5/5	乙未	6/29	6/6	丙寅	7/30	閏6/8	丁酉
	2/28	2/4	乙丑	3/30	3/4	乙未	4/29	4/4	乙丑	5/30	5/6	丙申	6/30	6/7	丁卯	7/31	閏6/9	戊戌
	3/1	2/5	丙寅	3/31	3/5	丙申	4/30	4/5	丙寅	5/31	5/7	丁酉	7/1	6/8	戊辰	8/1	閏6/10	己亥
	3/2	2/6	丁卯	4/1	3/6	丁酉	5/1	4/6	丁卯	6/1	5/8	戊戌	7/2	6/9	己巳	8/2	閏6/11	庚子
	3/3	2/7	戊辰	4/2	3/7	戊戌	5/2	4/7	戊辰	6/2	5/9	己亥	7/3	6/10	庚午	8/3	閏6/12	辛丑
	3/4	2/8	己巳	4/3	3/8	己亥	5/3	4/8	己巳	6/3	5/10	庚子	7/4	6/11	辛未	8/4	閏6/13	壬寅
							5/4	4/9	庚午	6/4	5/11	辛丑	7/5	6/12	壬申	8/5	閏6/14	癸卯
																8/6	閏6/15	甲辰

左欄：中華民國一百八十二年 牛 ／ 2093

中氣	雨水	春分	穀雨	小滿	夏至	大暑
	2/18 6時5分 卯時	3/20 4時33分 寅時	4/19 14時57分 未時	5/20 13時31分 未時	6/20 21時6分 亥時	7/22 7時56分 辰時

388

癸丑

庚申 立秋 8/7 0時26分 子時			辛酉 白露 9/7 3時48分 寅時			壬戌 寒露 10/7 20時5分 戌時			癸亥 立冬 11/6 23時55分 子時			甲子 大雪 12/6 17時26分 酉時			乙丑 小寒 1/5 4時44分 寅時		
國曆	農曆	干支	國曆	農曆	干支	國曆	農曆	干支	國曆	農曆	干支	國曆	農曆	干支	國曆	農曆	干支
7	6 16	乙巳	7	7 17	丙子	7	8 17	丙午	6	9 17	丙子	6	10 17	丙午	5	11 17	丙子
8	6 17	丙午	8	7 18	丁丑	8	8 18	丁未	7	9 18	丁丑	7	10 18	丁未	6	11 18	丁丑
9	6 18	丁未	9	7 19	戊寅	9	8 19	戊申	8	9 19	戊寅	8	10 19	戊申	7	11 19	戊寅
10	6 19	戊申	10	7 20	己卯	10	8 20	己酉	9	9 20	己卯	9	10 20	己酉	8	11 20	己卯
11	6 20	己酉	11	7 21	庚辰	11	8 21	庚戌	10	9 21	庚辰	10	10 21	庚戌	9	11 21	庚辰
12	6 21	庚戌	12	7 22	辛巳	12	8 22	辛亥	11	9 22	辛巳	11	10 22	辛亥	10	11 22	辛巳
13	6 22	辛亥	13	7 23	壬午	13	8 23	壬子	12	9 23	壬午	12	10 23	壬子	11	11 23	壬午
14	6 23	壬子	14	7 24	癸未	14	8 24	癸丑	13	9 24	癸未	13	10 24	癸丑	12	11 24	癸未
15	6 24	癸丑	15	7 25	甲申	15	8 25	甲寅	14	9 25	甲申	14	10 25	甲寅	13	11 25	甲申
16	6 25	甲寅	16	7 26	乙酉	16	8 26	乙卯	15	9 26	乙酉	15	10 26	乙卯	14	11 26	乙酉
17	6 26	乙卯	17	7 27	丙戌	17	8 27	丙辰	16	9 27	丙戌	16	10 27	丙辰	15	11 27	丙戌
18	6 27	丙辰	18	7 28	丁亥	18	8 28	丁巳	17	9 28	丁亥	17	10 28	丁巳	16	11 28	丁亥
19	6 28	丁巳	19	7 29	戊子	19	8 29	戊午	18	9 29	戊子	18	10 29	戊午	17	11 29	戊子
20	6 29	戊午	20	7 30	己丑	20	8 30	己未	19	9 30	己丑	19	10 30	己未	18	11 30	己丑
21	6 30	己未	21	8 1	庚寅	21	9 1	庚申	20	10 1	庚寅	20	11 1	庚申	19	12 1	庚寅
22	7 1	庚申	22	8 2	辛卯	22	9 2	辛酉	21	10 2	辛卯	21	11 2	辛酉	20	12 2	辛卯
23	7 2	辛酉	23	8 3	壬辰	23	9 3	壬戌	22	10 3	壬辰	22	11 3	壬戌	21	12 3	壬辰
24	7 3	壬戌	24	8 4	癸巳	24	9 4	癸亥	23	10 4	癸巳	23	11 4	癸亥	22	12 4	癸巳
25	7 4	癸亥	25	8 5	甲午	25	9 5	甲子	24	10 5	甲午	24	11 5	甲子	23	12 5	甲午
26	7 5	甲子	26	8 6	乙未	26	9 6	乙丑	25	10 6	乙未	25	11 6	乙丑	24	12 6	乙未
27	7 6	乙丑	27	8 7	丙申	27	9 7	丙寅	26	10 7	丙申	26	11 7	丙寅	25	12 7	丙申
28	7 7	丙寅	28	8 8	丁酉	28	9 8	丁卯	27	10 8	丁酉	27	11 8	丁卯	26	12 8	丁酉
29	7 8	丁卯	29	8 9	戊戌	29	9 9	戊辰	28	10 9	戊戌	28	11 9	戊辰	27	12 9	戊戌
30	7 9	戊辰	30	8 10	己亥	30	9 10	己巳	29	10 10	己亥	29	11 10	己巳	28	12 10	己亥
31	7 10	己巳	1	8 11	庚子	31	9 11	庚午	30	10 11	庚子	30	11 11	庚午	29	12 11	庚子
1	7 11	庚午	2	8 12	辛丑	1	9 12	辛未	1	10 12	辛丑	31	11 12	辛未	30	12 12	辛丑
2	7 12	辛未	3	8 13	壬寅	2	9 13	壬申	2	10 13	壬寅	1	11 13	壬申	31	12 13	壬寅
3	7 13	壬申	4	8 14	癸卯	3	9 14	癸酉	3	10 14	癸卯	2	11 14	癸酉	1	12 14	癸卯
4	7 14	癸酉	5	8 15	甲辰	4	9 15	甲戌	4	10 15	甲辰	3	11 15	甲戌	2	12 15	甲辰
5	7 15	甲戌	6	8 16	乙巳	5	9 16	乙亥	5	10 16	乙巳	4	11 16	乙亥	3	12 16	乙巳
6	7 16	乙亥															

中氣	處暑 8/22 15時17分 申時	秋分 9/22 13時28分 未時	霜降 10/22 23時27分 子時	小雪 11/21 21時36分 亥時	冬至 12/21 11時20分 午時	大寒 1/19 22時3分 亥時

右側欄：年　月　節氣　日

中華民國一百八十二、一百八十三年　牛　2093、2094

年	甲寅																
月	丙寅			丁卯			戊辰			己巳			庚午			辛未		
節氣	立春			驚蟄			清明			立夏			芒種			小暑		
	2/3 16時16分 申時			3/5 9時50分 巳時			4/4 13時59分 未時			5/5 6時35分 卯時			6/5 10時11分 巳時			7/6 20時13分 戌		
日	國曆	農曆	干支	國曆	農曆	干支	國曆	農曆	干支	國曆	農曆	干支	國曆	農曆	干支	國曆	農曆	干支
	2/3	12/18	乙巳	3/5	1/19	乙亥	4/4	2/20	乙巳	5/5	3/21	丙子	6/5	4/23	丁未	7/6	5/24	戊寅
	2/4	12/19	丙午	3/6	1/20	丙子	4/5	2/21	丙午	5/6	3/22	丁丑	6/6	4/24	戊申	7/7	5/25	己卯
	2/5	12/20	丁未	3/7	1/21	丁丑	4/6	2/22	丁未	5/7	3/23	戊寅	6/7	4/25	己酉	7/8	5/26	庚辰
	2/6	12/21	戊申	3/8	1/22	戊寅	4/7	2/23	戊申	5/8	3/24	己卯	6/8	4/26	庚戌	7/9	5/27	辛巳
中	2/7	12/22	己酉	3/9	1/23	己卯	4/8	2/24	己酉	5/9	3/25	庚辰	6/9	4/27	辛亥	7/10	5/28	壬午
華	2/8	12/23	庚戌	3/10	1/24	庚辰	4/9	2/25	庚戌	5/10	3/26	辛巳	6/10	4/28	壬子	7/11	5/29	癸未
民	2/9	12/24	辛亥	3/11	1/25	辛巳	4/10	2/26	辛亥	5/11	3/27	壬午	6/11	4/29	癸丑	7/12	6/1	甲申
國	2/10	12/25	壬子	3/12	1/26	壬午	4/11	2/27	壬子	5/12	3/28	癸未	6/12	4/30	甲寅	7/13	6/2	乙酉
一	2/11	12/26	癸丑	3/13	1/27	癸未	4/12	2/28	癸丑	5/13	3/29	甲申	6/13	5/1	乙卯	7/14	6/3	丙戌
百	2/12	12/27	甲寅	3/14	1/28	甲申	4/13	2/29	甲寅	5/14	4/1	乙酉	6/14	5/2	丙辰	7/15	6/4	丁亥
八	2/13	12/28	乙卯	3/15	1/29	乙酉	4/14	2/30	乙卯	5/15	4/2	丙戌	6/15	5/3	丁巳	7/16	6/5	戊子
十	2/14	12/29	丙辰	3/16	2/1	丙戌	4/15	3/1	丙辰	5/16	4/3	丁亥	6/16	5/4	戊午	7/17	6/6	己丑
三	2/15	1/1	丁巳	3/17	2/2	丁亥	4/16	3/2	丁巳	5/17	4/4	戊子	6/17	5/5	己未	7/18	6/7	庚寅
年	2/16	1/2	戊午	3/18	2/3	戊子	4/17	3/3	戊午	5/18	4/5	己丑	6/18	5/6	庚申	7/19	6/8	辛卯
	2/17	1/3	己未	3/19	2/4	己丑	4/18	3/4	己未	5/19	4/6	庚寅	6/19	5/7	辛酉	7/20	6/9	壬辰
虎	2/18	1/4	庚申	3/20	2/5	庚寅	4/19	3/5	庚申	5/20	4/7	辛卯	6/20	5/8	壬戌	7/21	6/10	癸巳
	2/19	1/5	辛酉	3/21	2/6	辛卯	4/20	3/6	辛酉	5/21	4/8	壬辰	6/21	5/9	癸亥	7/22	6/11	甲午
	2/20	1/6	壬戌	3/22	2/7	壬辰	4/21	3/7	壬戌	5/22	4/9	癸巳	6/22	5/10	甲子	7/23	6/12	乙未
	2/21	1/7	癸亥	3/23	2/8	癸巳	4/22	3/8	癸亥	5/23	4/10	甲午	6/23	5/11	乙丑	7/24	6/13	丙申
	2/22	1/8	甲子	3/24	2/9	甲午	4/23	3/9	甲子	5/24	4/11	乙未	6/24	5/12	丙寅	7/25	6/14	丁酉
	2/23	1/9	乙丑	3/25	2/10	乙未	4/24	3/10	乙丑	5/25	4/12	丙申	6/25	5/13	丁卯	7/26	6/15	戊戌
	2/24	1/10	丙寅	3/26	2/11	丙申	4/25	3/11	丙寅	5/26	4/13	丁酉	6/26	5/14	戊辰	7/27	6/16	己亥
	2/25	1/11	丁卯	3/27	2/12	丁酉	4/26	3/12	丁卯	5/27	4/14	戊戌	6/27	5/15	己巳	7/28	6/17	庚子
	2/26	1/12	戊辰	3/28	2/13	戊戌	4/27	3/13	戊辰	5/28	4/15	己亥	6/28	5/16	庚午	7/29	6/18	辛丑
	2/27	1/13	己巳	3/29	2/14	己亥	4/28	3/14	己巳	5/29	4/16	庚子	6/29	5/17	辛未	7/30	6/19	壬寅
	2/28	1/14	庚午	3/30	2/15	庚子	4/29	3/15	庚午	5/30	4/17	辛丑	6/30	5/18	壬申	7/31	6/20	癸卯
2	3/1	1/15	辛未	3/31	2/16	辛丑	4/30	3/16	辛未	5/31	4/18	壬寅	7/1	5/19	癸酉	8/1	6/21	甲辰
0	3/2	1/16	壬申	4/1	2/17	壬寅	5/1	3/17	壬申	6/1	4/19	癸卯	7/2	5/20	甲戌	8/2	6/22	乙巳
9	3/3	1/17	癸酉	4/2	2/18	癸卯	5/2	3/18	癸酉	6/2	4/20	甲辰	7/3	5/21	乙亥	8/3	6/23	丙午
4	3/4	1/18	甲戌	4/3	2/19	甲辰	5/3	3/19	甲戌	6/3	4/21	乙巳	7/4	5/22	丙子	8/4	6/24	丁未
							5/4	3/20	乙亥	6/4	4/22	丙午	7/5	5/23	丁丑	8/5	6/25	戊申
																8/6	6/26	己酉
中氣	雨水			春分			穀雨			小滿			夏至			大暑		
	2/18 11時55分 午時			3/20 10時20分 巳時			4/19 20時40分 戌時			5/20 19時8分 戌時			6/21 2時41分 丑時			7/22 13時33分 未時		

國曆	農曆	干支	國曆	農曆	干支	國曆	農曆	干支	國曆	農曆	干支	國曆	農曆	干支	國曆	農曆	干支	年
甲寅																		年
壬申			癸酉			甲戌			乙亥			丙子			丁丑				月
立秋			白露			寒露			立冬			大雪			小寒				節氣
8/7 6時10分 卯時			9/7 9時35分 巳時			10/8 1時54分 丑時			11/7 5時46分 卯時			12/6 23時07分 子時			1/5 10時34分 巳時				日
8/7	6/27	庚戌	9/7	7/28	辛巳	10/8	8/29	壬子	11/7	9/30	壬午	12/6	10/29	辛亥	1/5	11/29	辛巳	中華民國一百八十三、一百八十四年
8/8	6/28	辛亥	9/8	7/29	壬午	10/9	9/1	癸丑	11/8	10/1	癸未	12/7	10/30	壬子	1/6	12/1	壬午	
8/9	6/29	壬子	9/9	7/30	癸未	10/10	9/2	甲寅	11/9	10/2	甲申	12/8	11/1	癸丑	1/7	12/2	癸未	
8/10	6/30	癸丑	9/10	8/1	甲申	10/11	9/3	乙卯	11/10	10/3	乙酉	12/9	11/2	甲寅	1/8	12/3	甲申	
8/11	7/1	甲寅	9/11	8/2	乙酉	10/12	9/4	丙辰	11/11	10/4	丙戌	12/10	11/3	乙卯	1/9	12/4	乙酉	
8/12	7/2	乙卯	9/12	8/3	丙戌	10/13	9/5	丁巳	11/12	10/5	丁亥	12/11	11/4	丙辰	1/10	12/5	丙戌	
8/13	7/3	丙辰	9/13	8/4	丁亥	10/14	9/6	戊午	11/13	10/6	戊子	12/12	11/5	丁巳	1/11	12/6	丁亥	
8/14	7/4	丁巳	9/14	8/5	戊子	10/15	9/7	己未	11/14	10/7	己丑	12/13	11/6	戊午	1/12	12/7	戊子	
8/15	7/5	戊午	9/15	8/6	己丑	10/16	9/8	庚申	11/15	10/8	庚寅	12/14	11/7	己未	1/13	12/8	己丑	虎
8/16	7/6	己未	9/16	8/7	庚寅	10/17	9/9	辛酉	11/16	10/9	辛卯	12/15	11/8	庚申	1/14	12/9	庚寅	
8/17	7/7	庚申	9/17	8/8	辛卯	10/18	9/10	壬戌	11/17	10/10	壬辰	12/16	11/9	辛酉	1/15	12/10	辛卯	
8/18	7/8	辛酉	9/18	8/9	壬辰	10/19	9/11	癸亥	11/18	10/11	癸巳	12/17	11/10	壬戌	1/16	12/11	壬辰	
8/19	7/9	壬戌	9/19	8/10	癸巳	10/20	9/12	甲子	11/19	10/12	甲午	12/18	11/11	癸亥	1/17	12/12	癸巳	
8/20	7/10	癸亥	9/20	8/11	甲午	10/21	9/13	乙丑	11/20	10/13	乙未	12/19	11/12	甲子	1/18	12/13	甲午	
8/21	7/11	甲子	9/21	8/12	乙未	10/22	9/14	丙寅	11/21	10/14	丙申	12/20	11/13	乙丑	1/19	12/14	乙未	
8/22	7/12	乙丑	9/22	8/13	丙申	10/23	9/15	丁卯	11/22	10/15	丁酉	12/21	11/14	丙寅	1/20	12/15	丙申	
8/23	7/13	丙寅	9/23	8/14	丁酉	10/24	9/16	戊辰	11/23	10/16	戊戌	12/22	11/15	丁卯	1/21	12/16	丁酉	
8/24	7/14	丁卯	9/24	8/15	戊戌	10/25	9/17	己巳	11/24	10/17	己亥	12/23	11/16	戊辰	1/22	12/17	戊戌	
8/25	7/15	戊辰	9/25	8/16	己亥	10/26	9/18	庚午	11/25	10/18	庚子	12/24	11/17	己巳	1/23	12/18	己亥	
8/26	7/16	己巳	9/26	8/17	庚子	10/27	9/19	辛未	11/26	10/19	辛丑	12/25	11/18	庚午	1/24	12/19	庚子	
8/27	7/17	庚午	9/27	8/18	辛丑	10/28	9/20	壬申	11/27	10/20	壬寅	12/26	11/19	辛未	1/25	12/20	辛丑	2094、2095
8/28	7/18	辛未	9/28	8/19	壬寅	10/29	9/21	癸酉	11/28	10/21	癸卯	12/27	11/20	壬申	1/26	12/21	壬寅	
8/29	7/19	壬申	9/29	8/20	癸卯	10/30	9/22	甲戌	11/29	10/22	甲辰	12/28	11/21	癸酉	1/27	12/22	癸卯	
8/30	7/20	癸酉	9/30	8/21	甲辰	10/31	9/23	乙亥	11/30	10/23	乙巳	12/29	11/22	甲戌	1/28	12/23	甲辰	
8/31	7/21	甲戌	10/1	8/22	乙巳	11/1	9/24	丙子	12/1	10/24	丙午	12/30	11/23	乙亥	1/29	12/24	乙巳	
9/1	7/22	乙亥	10/2	8/23	丙午	11/2	9/25	丁丑	12/2	10/25	丁未	12/31	11/24	丙子	1/30	12/25	丙午	
9/2	7/23	丙子	10/3	8/24	丁未	11/3	9/26	戊寅	12/3	10/26	戊申	1/1	11/25	丁丑	1/31	12/26	丁未	
9/3	7/24	丁丑	10/4	8/25	戊申	11/4	9/27	己卯	12/4	10/27	己酉	1/2	11/26	戊寅	2/1	12/27	戊申	
9/4	7/25	戊寅	10/5	8/26	己酉	11/5	9/28	庚辰	12/5	10/28	庚戌	1/3	11/27	己卯	2/2	12/28	己酉	
9/5	7/26	己卯	10/6	8/27	庚戌	11/6	9/29	辛巳				1/4	11/28	庚辰				
9/6	7/27	庚辰	10/7	8/28	辛亥													
處暑			秋分			霜降			小雪			冬至			大寒				中氣
8/22 20時59分 戌時			9/22 19時15分 戌時			10/23 7時19分 卯時			11/22 3時30分 寅時			12/21 17時12分 酉時			1/20 3時55分 寅時				

年　乙卯

月	戊寅	己卯	庚辰	辛巳	壬午	癸未
節氣	立春	驚蟄	清明	立夏	芒種	小暑
	2/3 22時6分 亥時	3/5 15時41分 申時	4/4 19時50分 戌時	5/5 12時25分 午時	6/5 15時59分 申時	7/7 2時0分 丑時

中華民國一百八十四年 兔　／　2095

國曆	農曆	干支	國曆	農曆	干支	國曆	農曆	干支	國曆	農曆	干支	國曆	農曆	干支	國曆	農曆	干支
2 3	12 29	庚戌	3 5	1 29	庚辰	4 4	2 30	庚戌	5 5	4 2	辛巳	6 5	5 4	壬子	7 7	6 7	甲申
2 4	12 30	辛亥	3 6	2 1	辛巳	4 5	3 1	辛亥	5 6	4 3	壬午	6 6	5 5	癸丑	7 8	6 8	乙酉
2 5	1 1	壬子	3 7	2 2	壬午	4 6	3 2	壬子	5 7	4 4	癸未	6 7	5 6	甲寅	7 9	6 9	丙戌
2 6	1 2	癸丑	3 8	2 3	癸未	4 7	3 3	癸丑	5 8	4 5	甲申	6 8	5 7	乙卯	7 10	6 10	丁亥
2 7	1 3	甲寅	3 9	2 4	甲申	4 8	3 4	甲寅	5 9	4 6	乙酉	6 9	5 8	丙辰	7 11	6 11	戊子
2 8	1 4	乙卯	3 10	2 5	乙酉	4 9	3 5	乙卯	5 10	4 7	丙戌	6 10	5 9	丁巳	7 12	6 12	己丑
2 9	1 5	丙辰	3 11	2 6	丙戌	4 10	3 6	丙辰	5 11	4 8	丁亥	6 11	5 10	戊午	7 13	6 13	庚寅
2 10	1 6	丁巳	3 12	2 7	丁亥	4 11	3 7	丁巳	5 12	4 9	戊子	6 12	5 11	己未	7 14	6 14	辛卯
2 11	1 7	戊午	3 13	2 8	戊子	4 12	3 8	戊午	5 13	4 10	己丑	6 13	5 12	庚申	7 15	6 15	壬辰
2 12	1 8	己未	3 14	2 9	己丑	4 13	3 9	己未	5 14	4 11	庚寅	6 14	5 13	辛酉	7 16	6 16	癸巳
2 13	1 9	庚申	3 15	2 10	庚寅	4 14	3 10	庚申	5 15	4 12	辛卯	6 15	5 14	壬戌	7 17	6 17	甲午
2 14	1 10	辛酉	3 16	2 11	辛卯	4 15	3 11	辛酉	5 16	4 13	壬辰	6 16	5 15	癸亥	7 18	6 18	乙未
2 15	1 11	壬戌	3 17	2 12	壬辰	4 16	3 12	壬戌	5 17	4 14	癸巳	6 17	5 16	甲子	7 19	6 19	丙申
2 16	1 12	癸亥	3 18	2 13	癸巳	4 17	3 13	癸亥	5 18	4 15	甲午	6 18	5 17	乙丑	7 20	6 20	丁酉
2 17	1 13	甲子	3 19	2 14	甲午	4 18	3 14	甲子	5 19	4 16	乙未	6 19	5 18	丙寅	7 21	6 21	戊戌
2 18	1 14	乙丑	3 20	2 15	乙未	4 19	3 15	乙丑	5 20	4 17	丙申	6 20	5 19	丁卯	7 22	6 22	己亥
2 19	1 15	丙寅	3 21	2 16	丙申	4 20	3 16	丙寅	5 21	4 18	丁酉	6 21	5 20	戊辰	7 23	6 23	庚子
2 20	1 16	丁卯	3 22	2 17	丁酉	4 21	3 17	丁卯	5 22	4 19	戊戌	6 22	5 21	己巳	7 24	6 24	辛丑
2 21	1 17	戊辰	3 23	2 18	戊戌	4 22	3 18	戊辰	5 23	4 20	己亥	6 23	5 22	庚午	7 25	6 25	壬寅
2 22	1 18	己巳	3 24	2 19	己亥	4 23	3 19	己巳	5 24	4 21	庚子	6 24	5 23	辛未	7 26	6 26	癸卯
2 23	1 19	庚午	3 25	2 20	庚子	4 24	3 20	庚午	5 25	4 22	辛丑	6 25	5 24	壬申	7 27	6 27	甲辰
2 24	1 20	辛未	3 26	2 21	辛丑	4 25	3 21	辛未	5 26	4 23	壬寅	6 26	5 25	癸酉	7 28	6 28	乙巳
2 25	1 21	壬申	3 27	2 22	壬寅	4 26	3 22	壬申	5 27	4 24	癸卯	6 27	5 26	甲戌	7 29	6 29	丙午
2 26	1 22	癸酉	3 28	2 23	癸卯	4 27	3 23	癸酉	5 28	4 25	甲辰	6 28	5 27	乙亥	7 30	6 30	丁未
2 27	1 23	甲戌	3 29	2 24	甲辰	4 28	3 24	甲戌	5 29	4 26	乙巳	6 29	5 28	丙子	7 31	7 1	戊申
2 28	1 24	乙亥	3 30	2 25	乙巳	4 29	3 25	乙亥	5 30	4 27	丙午	6 30	5 29	丁丑	8 1	7 2	己酉
3 1	1 25	丙子	3 31	2 26	丙午	4 30	3 26	丙子	5 31	4 28	丁未	7 1	6 1	戊寅	8 2	7 3	庚戌
3 2	1 26	丁丑	4 1	2 27	丁未	5 1	3 27	丁丑	6 1	4 29	戊申	7 2	6 2	己卯	8 3	7 4	辛亥
3 3	1 27	戊寅	4 2	2 28	戊申	5 2	3 28	戊寅	6 2	5 1	己酉	7 3	6 3	庚辰	8 4	7 5	壬子
3 4	1 28	己卯	4 3	2 29	己酉	5 3	3 29	己卯	6 3	5 2	庚戌	7 4	6 4	辛巳	8 5	7 6	癸丑
						5 4	4 1	庚辰	6 4	5 3	辛亥	7 5	6 5	壬午	8 6	7 7	甲寅
												7 6	6 6	癸未			

中氣	雨水	春分	穀雨	小滿	夏至	大暑
	2/18 17時47分 酉時	3/20 16時14分 申時	4/20 2時35分 丑時	5/21 1時5分 丑時	6/21 8時38分 辰時	7/22 19時30分 戌時

392

乙卯（年）

節氣（上）：

月	節氣	時刻
甲申	立秋	11時57分 午時
乙酉	白露	9/7 15時22分 申時
丙戌	寒露	10/8 7時41分 辰時
丁亥	立冬	11/7 11時31分 午時
戊子	大雪	12/7 4時50分 寅時
己丑	小寒	1/5 16時15分 申時

甲申 國曆	農曆	干支	乙酉 國曆	農曆	干支	丙戌 國曆	農曆	干支	丁亥 國曆	農曆	干支	戊子 國曆	農曆	干支	己丑 國曆	農曆	干支
8/7	7/8	乙卯	9/7	8/9	丙戌	10/8	9/10	丁巳	11/7	10/10	丁亥	12/7	11/11	丁巳	1/5	12/10	丙戌
8/8	7/9	丙辰	9/8	8/10	丁亥	10/9	9/11	戊午	11/8	10/11	戊子	12/8	11/12	戊午	1/6	12/11	丁亥
8/9	7/10	丁巳	9/9	8/11	戊子	10/10	9/12	己未	11/9	10/12	己丑	12/9	11/13	己未	1/7	12/12	戊子
8/10	7/11	戊午	9/10	8/12	己丑	10/11	9/13	庚申	11/10	10/13	庚寅	12/10	11/14	庚申	1/8	12/13	己丑
8/11	7/12	己未	9/11	8/13	庚寅	10/12	9/14	辛酉	11/11	10/14	辛卯	12/11	11/15	辛酉	1/9	12/14	庚寅
8/12	7/13	庚申	9/12	8/14	辛卯	10/13	9/15	壬戌	11/12	10/15	壬辰	12/12	11/16	壬戌	1/10	12/15	辛卯
8/13	7/14	辛酉	9/13	8/15	壬辰	10/14	9/16	癸亥	11/13	10/16	癸巳	12/13	11/17	癸亥	1/11	12/16	壬辰
8/14	7/15	壬戌	9/14	8/16	癸巳	10/15	9/17	甲子	11/14	10/17	甲午	12/14	11/18	甲子	1/12	12/17	癸巳
8/15	7/16	癸亥	9/15	8/17	甲午	10/16	9/18	乙丑	11/15	10/18	乙未	12/15	11/19	乙丑	1/13	12/18	甲午
8/16	7/17	甲子	9/16	8/18	乙未	10/17	9/19	丙寅	11/16	10/19	丙申	12/16	11/20	丙寅	1/14	12/19	乙未
8/17	7/18	乙丑	9/17	8/19	丙申	10/18	9/20	丁卯	11/17	10/20	丁酉	12/17	11/21	丁卯	1/15	12/20	丙申
8/18	7/19	丙寅	9/18	8/20	丁酉	10/19	9/21	戊辰	11/18	10/21	戊戌	12/18	11/22	戊辰	1/16	12/21	丁酉
8/19	7/20	丁卯	9/19	8/21	戊戌	10/20	9/22	己巳	11/19	10/22	己亥	12/19	11/23	己巳	1/17	12/22	戊戌
8/20	7/21	戊辰	9/20	8/22	己亥	10/21	9/23	庚午	11/20	10/23	庚子	12/20	11/24	庚午	1/18	12/23	己亥
8/21	7/22	己巳	9/21	8/23	庚子	10/22	9/24	辛未	11/21	10/24	辛丑	12/21	11/25	辛未	1/19	12/24	庚子
8/22	7/23	庚午	9/22	8/24	辛丑	10/23	9/25	壬申	11/22	10/25	壬寅	12/22	11/26	壬申	1/20	12/25	辛丑
8/23	7/24	辛未	9/23	8/25	壬寅	10/24	9/26	癸酉	11/23	10/26	癸卯	12/23	11/27	癸酉	1/21	12/26	壬寅
8/24	7/25	壬申	9/24	8/26	癸卯	10/25	9/27	甲戌	11/24	10/27	甲辰	12/24	11/28	甲戌	1/22	12/27	癸卯
8/25	7/26	癸酉	9/25	8/27	甲辰	10/26	9/28	乙亥	11/25	10/28	乙巳	12/25	11/29	乙亥	1/23	12/28	甲辰
8/26	7/27	甲戌	9/26	8/28	乙巳	10/27	9/29	丙子	11/26	10/29	丙午	12/26	11/30	丙子	1/24	12/29	乙巳
8/27	7/28	乙亥	9/27	8/29	丙午	10/28	9/30	丁丑	11/27	11/1	丁未	12/27	12/1	丁丑	1/25	1/1	丙午
8/28	7/29	丙子	9/28	8/30	丁未	10/29	10/1	戊寅	11/28	11/2	戊申	12/28	12/2	戊寅	1/26	1/2	丁未
8/29	7/30	丁丑	9/29	9/1	戊申	10/30	10/2	己卯	11/29	11/3	己酉	12/29	12/3	己卯	1/27	1/3	戊申
8/30	8/1	戊寅	9/30	9/2	己酉	10/31	10/3	庚辰	11/30	11/4	庚戌	12/30	12/4	庚辰	1/28	1/4	己酉
8/31	8/2	己卯	10/1	9/3	庚戌	11/1	10/4	辛巳	12/1	11/5	辛亥	12/31	12/5	辛巳	1/29	1/5	庚戌
9/1	8/3	庚辰	10/2	9/4	辛亥	11/2	10/5	壬午	12/2	11/6	壬子	1/1	12/6	壬午	1/30	1/6	辛亥
9/2	8/4	辛巳	10/3	9/5	壬子	11/3	10/6	癸未	12/3	11/7	癸丑	1/2	12/7	癸未	1/31	1/7	壬子
9/3	8/5	壬午	10/4	9/6	癸丑	11/4	10/7	甲申	12/4	11/8	甲寅	1/3	12/8	甲申	2/1	1/8	癸丑
9/4	8/6	癸未	10/5	9/7	甲寅	11/5	10/8	乙酉	12/5	11/9	乙卯	1/4	12/9	乙酉	2/2	1/9	甲寅
9/5	8/7	甲申	10/6	9/8	乙卯	11/6	10/9	丙戌	12/6	11/10	丙辰				2/3	1/10	乙卯
9/6	8/8	乙酉	10/7	9/9	丙辰												

中氣（下）：

月	中氣	時刻
甲申	處暑	23 0時55分 丑時
乙酉	秋分	9/23 1時10分 丑時
丙戌	霜降	10/23 11時12分 午時
丁亥	小雪	11/22 9時20分 巳時
戊子	冬至	12/21 23時0分 子時
己丑	大寒	1/20 9時40分 巳時

年：乙卯　中華民國一百八十四、一百八十五年　兔　2095、2096

393

年	丙辰																	
月	庚寅			辛卯			壬辰			癸巳			甲午			乙未		
節氣	立春			驚蟄			清明			立夏			芒種			小暑		
	2/4 3時46分 寅時			3/4 21時22分 亥時			4/4 1時35分 丑時			5/4 18時14分 酉時			6/4 21時53分 亥時			7/6 7時55分 辰時		
日	國曆	農曆	干支	國曆	農曆	干支	國曆	農曆	干支	國曆	農曆	干支	國曆	農曆	干支	國曆	農曆	干支
	2 4	1 11	丙辰	3 4	2 10	乙酉	4 4	3 12	丙辰	5 4	4 12	丙戌	6 4	閏4 14	丁巳	7 6	5 17	己丑
	2 5	1 12	丁巳	3 5	2 11	丙戌	4 5	3 13	丁巳	5 5	4 13	丁亥	6 5	閏4 15	戊午	7 7	5 18	庚寅
	2 6	1 13	戊午	3 6	2 12	丁亥	4 6	3 14	戊午	5 6	4 14	戊子	6 6	閏4 16	己未	7 8	5 19	辛卯
	2 7	1 14	己未	3 7	2 13	戊子	4 7	3 15	己未	5 7	4 15	己丑	6 7	閏4 17	庚申	7 9	5 20	壬辰
	2 8	1 15	庚申	3 8	2 14	己丑	4 8	3 16	庚申	5 8	4 16	庚寅	6 8	閏4 18	辛酉	7 10	5 21	癸巳
	2 9	1 16	辛酉	3 9	2 15	庚寅	4 9	3 17	辛酉	5 9	4 17	辛卯	6 9	閏4 19	壬戌	7 11	5 22	甲午
	2 10	1 17	壬戌	3 10	2 16	辛卯	4 10	3 18	壬戌	5 10	4 18	壬辰	6 10	閏4 20	癸亥	7 12	5 23	乙未
	2 11	1 18	癸亥	3 11	2 17	壬辰	4 11	3 19	癸亥	5 11	4 19	癸巳	6 11	閏4 21	甲子	7 13	5 24	丙申
	2 12	1 19	甲子	3 12	2 18	癸巳	4 12	3 20	甲子	5 12	4 20	甲午	6 12	閏4 22	乙丑	7 14	5 25	丁酉
	2 13	1 20	乙丑	3 13	2 19	甲午	4 13	3 21	乙丑	5 13	4 21	乙未	6 13	閏4 23	丙寅	7 15	5 26	戊戌
	2 14	1 21	丙寅	3 14	2 20	乙未	4 14	3 22	丙寅	5 14	4 22	丙申	6 14	閏4 24	丁卯	7 16	5 27	己亥
	2 15	1 22	丁卯	3 15	2 21	丙申	4 15	3 23	丁卯	5 15	4 23	丁酉	6 15	閏4 25	戊辰	7 17	5 28	庚子
	2 16	1 23	戊辰	3 16	2 22	丁酉	4 16	3 24	戊辰	5 16	4 24	戊戌	6 16	閏4 26	己巳	7 18	5 29	辛丑
	2 17	1 24	己巳	3 17	2 23	戊戌	4 17	3 25	己巳	5 17	4 25	己亥	6 17	閏4 27	庚午	7 19	5 30	壬寅
	2 18	1 25	庚午	3 18	2 24	己亥	4 18	3 26	庚午	5 18	4 26	庚子	6 18	閏4 28	辛未	7 20	6 1	癸卯
	2 19	1 26	辛未	3 19	2 25	庚子	4 19	3 27	辛未	5 19	4 27	辛丑	6 19	閏4 29	壬申	7 21	6 2	甲辰
	2 20	1 27	壬申	3 20	2 26	辛丑	4 20	3 28	壬申	5 20	4 28	壬寅	6 20	5 1	癸酉	7 22	6 3	乙巳
	2 21	1 28	癸酉	3 21	2 27	壬寅	4 21	3 29	癸酉	5 21	4 29	癸卯	6 21	5 2	甲戌	7 23	6 4	丙午
	2 22	1 29	甲戌	3 22	2 28	癸卯	4 22	3 30	甲戌	5 22	閏4 1	甲辰	6 22	5 3	乙亥	7 24	6 5	丁未
	2 23	1 30	乙亥	3 23	2 29	甲辰	4 23	4 1	乙亥	5 23	閏4 2	乙巳	6 23	5 4	丙子	7 25	6 6	戊申
	2 24	2 1	丙子	3 24	3 1	乙巳	4 24	4 2	丙子	5 24	閏4 3	丙午	6 24	5 5	丁丑	7 26	6 7	己酉
	2 25	2 2	丁丑	3 25	3 2	丙午	4 25	4 3	丁丑	5 25	閏4 4	丁未	6 25	5 6	戊寅	7 27	6 8	庚戌
	2 26	2 3	戊寅	3 26	3 3	丁未	4 26	4 4	戊寅	5 26	閏4 5	戊申	6 26	5 7	己卯	7 28	6 9	辛亥
	2 27	2 4	己卯	3 27	3 4	戊申	4 27	4 5	己卯	5 27	閏4 6	己酉	6 27	5 8	庚辰	7 29	6 10	壬子
	2 28	2 5	庚辰	3 28	3 5	己酉	4 28	4 6	庚辰	5 28	閏4 7	庚戌	6 28	5 9	辛巳	7 30	6 11	癸丑
	2 29	2 6	辛巳	3 29	3 6	庚戌	4 29	4 7	辛巳	5 29	閏4 8	辛亥	6 29	5 10	壬午	7 31	6 12	甲寅
	3 1	2 7	壬午	3 30	3 7	辛亥	4 30	4 8	壬午	5 30	閏4 9	壬子	6 30	5 11	癸未	8 1	6 13	乙卯
	3 2	2 8	癸未	3 31	3 8	壬子	5 1	4 9	癸未	5 31	閏4 10	癸丑	7 1	5 12	甲申	8 2	6 14	丙辰
	3 3	2 9	甲申	4 1	3 9	癸丑	5 2	4 10	甲申	6 1	閏4 11	甲寅	7 2	5 13	乙酉	8 3	6 15	丁巳
				4 2	3 10	甲寅	5 3	4 11	乙酉	6 2	閏4 12	乙卯	7 3	5 14	丙戌	8 4	6 16	戊午
				4 3	3 11	乙卯				6 3	閏4 13	丙辰	7 4	5 15	丁亥	8 5	6 17	己未
													7 5	5 16	戊子			
中氣	雨水			春分			穀雨			小滿			夏至			大暑		
	2/18 23時33分 子時			3/19 22時2分 亥時			4/19 8時26分 辰時			5/20 6時57分 卯時			6/20 14時30分 未時			7/22 1時18分 丑時		

中華民國一百八十五年 龍　2096

丙辰

月	丙申	丁酉	戊戌	己亥	庚子	辛丑
節氣	立秋	白露	寒露	立冬	大雪	小寒
	17時52分 酉時	9/6 21時16分 亥時	10/7 13時34分 未時	11/6 17時25分 酉時	12/6 10時45分 巳時	1/4 22時10分 亥時
中氣	處暑	秋分	霜降	小雪	冬至	大寒
	8時40分 辰時	9/22 6時54分 卯時	10/22 16時55分 申時	11/21 15時4分 申時	12/21 4時45分 寅時	1/19 15時26分 申時

年：中華民國一百八十五、一百八十六年　龍　2096、2097

日（干支表）

國曆(丙申)	農曆	干支	國曆(丁酉)	農曆	干支	國曆(戊戌)	農曆	干支	國曆(己亥)	農曆	干支	國曆(庚子)	農曆	干支	國曆(辛丑)	農曆	干支
8/6	6/18	庚申	9/6	7/20	辛卯	10/7	8/22	壬戌	11/6	9/22	壬辰	12/6	10/22	壬戌	1/4	11/21	辛卯
8/7	6/19	辛酉	9/7	7/21	壬辰	10/8	8/23	癸亥	11/7	9/23	癸巳	12/7	10/23	癸亥	1/5	11/22	壬辰
8/8	6/20	壬戌	9/8	7/22	癸巳	10/9	8/24	甲子	11/8	9/24	甲午	12/8	10/24	甲子	1/6	11/23	癸巳
8/9	6/21	癸亥	9/9	7/23	甲午	10/10	8/25	乙丑	11/9	9/25	乙未	12/9	10/25	乙丑	1/7	11/24	甲午
8/10	6/22	甲子	9/10	7/24	乙未	10/11	8/26	丙寅	11/10	9/26	丙申	12/10	10/26	丙寅	1/8	11/25	乙未
8/11	6/23	乙丑	9/11	7/25	丙申	10/12	8/27	丁卯	11/11	9/27	丁酉	12/11	10/27	丁卯	1/9	11/26	丙申
8/12	6/24	丙寅	9/12	7/26	丁酉	10/13	8/28	戊辰	11/12	9/28	戊戌	12/12	10/28	戊辰	1/10	11/27	丁酉
8/13	6/25	丁卯	9/13	7/27	戊戌	10/14	8/29	己巳	11/13	9/29	己亥	12/13	10/29	己巳	1/11	11/28	戊戌
8/14	6/26	戊辰	9/14	7/28	己亥	10/15	8/30	庚午	11/14	9/30	庚子	12/14	10/30	庚午	1/12	11/29	己亥
8/15	6/27	己巳	9/15	7/29	庚子	10/16	9/1	辛未	11/15	10/1	辛丑	12/15	11/1	辛未	1/13	12/1	庚子
8/16	6/28	庚午	9/16	8/1	辛丑	10/17	9/2	壬申	11/16	10/2	壬寅	12/16	11/2	壬申	1/14	12/2	辛丑
8/17	6/29	辛未	9/17	8/2	壬寅	10/18	9/3	癸酉	11/17	10/3	癸卯	12/17	11/3	癸酉	1/15	12/3	壬寅
8/18	7/1	壬申	9/18	8/3	癸卯	10/19	9/4	甲戌	11/18	10/4	甲辰	12/18	11/4	甲戌	1/16	12/4	癸卯
8/19	7/2	癸酉	9/19	8/4	甲辰	10/20	9/5	乙亥	11/19	10/5	乙巳	12/19	11/5	乙亥	1/17	12/5	甲辰
8/20	7/3	甲戌	9/20	8/5	乙巳	10/21	9/6	丙子	11/20	10/6	丙午	12/20	11/6	丙子	1/18	12/6	乙巳
8/21	7/4	乙亥	9/21	8/6	丙午	10/22	9/7	丁丑	11/21	10/7	丁未	12/21	11/7	丁丑	1/19	12/7	丙午
8/22	7/5	丙子	9/22	8/7	丁未	10/23	9/8	戊寅	11/22	10/8	戊申	12/22	11/8	戊寅	1/20	12/8	丁未
8/23	7/6	丁丑	9/23	8/8	戊申	10/24	9/9	己卯	11/23	10/9	己酉	12/23	11/9	己卯	1/21	12/9	戊申
8/24	7/7	戊寅	9/24	8/9	己酉	10/25	9/10	庚辰	11/24	10/10	庚戌	12/24	11/10	庚辰	1/22	12/10	己酉
8/25	7/8	己卯	9/25	8/10	庚戌	10/26	9/11	辛巳	11/25	10/11	辛亥	12/25	11/11	辛巳	1/23	12/11	庚戌
8/26	7/9	庚辰	9/26	8/11	辛亥	10/27	9/12	壬午	11/26	10/12	壬子	12/26	11/12	壬午	1/24	12/12	辛亥
8/27	7/10	辛巳	9/27	8/12	壬子	10/28	9/13	癸未	11/27	10/13	癸丑	12/27	11/13	癸未	1/25	12/13	壬子
8/28	7/11	壬午	9/28	8/13	癸丑	10/29	9/14	甲申	11/28	10/14	甲寅	12/28	11/14	甲申	1/26	12/14	癸丑
8/29	7/12	癸未	9/29	8/14	甲寅	10/30	9/15	乙酉	11/29	10/15	乙卯	12/29	11/15	乙酉	1/27	12/15	甲寅
8/30	7/13	甲申	9/30	8/15	乙卯	10/31	9/16	丙戌	11/30	10/16	丙辰	12/30	11/16	丙戌	1/28	12/16	乙卯
8/31	7/14	乙酉	10/1	8/16	丙辰	11/1	9/17	丁亥	12/1	10/17	丁巳	12/31	11/17	丁亥	1/29	12/17	丙辰
9/1	7/15	丙戌	10/2	8/17	丁巳	11/2	9/18	戊子	12/2	10/18	戊午	1/1	11/18	戊子	1/30	12/18	丁巳
9/2	7/16	丁亥	10/3	8/18	戊午	11/3	9/19	己丑	12/3	10/19	己未	1/2	11/19	己丑	1/31	12/19	戊午
9/3	7/17	戊子	10/4	8/19	己未	11/4	9/20	庚寅	12/4	10/20	庚申	1/3	11/20	庚寅	2/1	12/20	己未
9/4	7/18	己丑	10/5	8/20	庚申	11/5	9/21	辛卯	12/5	10/21	辛酉				2/2	12/21	庚申
9/5	7/19	庚寅	10/6	8/21	辛酉												

年			丁巳														
月	壬寅			癸卯			甲辰			乙巳			丙午			丁未		
節氣	立春			驚蟄			清明			立夏			芒種			小暑		
	2/3 9時41分 巳時			3/5 3時17分 寅時			4/4 7時29分 辰時			5/5 0時7分 子時			6/5 3時43分 寅時			7/6 13時40分 未時		
日	國曆	農曆	干支	國曆	農曆	干支	國曆	農曆	干支	國曆	農曆	干支	國曆	農曆	干支	國曆	農曆	干支
	2 3	12 22	辛酉	3 5	1 22	辛卯	4 4	2 22	辛酉	5 5	3 24	壬辰	6 5	4 25	癸亥	7 6	5 27	甲午
	2 4	12 23	壬戌	3 6	1 23	壬辰	4 5	2 23	壬戌	5 6	3 25	癸巳	6 6	4 26	甲子	7 7	5 28	乙未
	2 5	12 24	癸亥	3 7	1 24	癸巳	4 6	2 24	癸亥	5 7	3 26	甲午	6 7	4 27	乙丑	7 8	5 29	丙申
中	2 6	12 25	甲子	3 8	1 25	甲午	4 7	2 25	甲子	5 8	3 27	乙未	6 8	4 28	丙寅	7 9	6 1	丁酉
華	2 7	12 26	乙丑	3 9	1 26	乙未	4 8	2 26	乙丑	5 9	3 28	丙申	6 9	4 29	丁卯	7 10	6 2	戊戌
民	2 8	12 27	丙寅	3 10	1 27	丙申	4 9	2 27	丙寅	5 10	3 29	丁酉	6 10	5 1	戊辰	7 11	6 3	己亥
國	2 9	12 28	丁卯	3 11	1 28	丁酉	4 10	2 28	丁卯	5 11	3 30	戊戌	6 11	5 2	己巳	7 12	6 4	庚子
一	2 10	12 29	戊辰	3 12	1 29	戊戌	4 11	2 29	戊辰	5 12	4 1	己亥	6 12	5 3	庚午	7 13	6 5	辛丑
百	2 11	12 30	己巳	3 13	1 30	己亥	4 12	3 1	己巳	5 13	4 2	庚子	6 13	5 4	辛未	7 14	6 6	壬寅
八	2 12	1 1	庚午	3 14	2 1	庚子	4 13	3 2	庚午	5 14	4 3	辛丑	6 14	5 5	壬申	7 15	6 7	癸卯
十	2 13	1 2	辛未	3 15	2 2	辛丑	4 14	3 3	辛未	5 15	4 4	壬寅	6 15	5 6	癸酉	7 16	6 8	甲辰
六	2 14	1 3	壬申	3 16	2 3	壬寅	4 15	3 4	壬申	5 16	4 5	癸卯	6 16	5 7	甲戌	7 17	6 9	乙巳
年	2 15	1 4	癸酉	3 17	2 4	癸卯	4 16	3 5	癸酉	5 17	4 6	甲辰	6 17	5 8	乙亥	7 18	6 10	丙午
	2 16	1 5	甲戌	3 18	2 5	甲辰	4 17	3 6	甲戌	5 18	4 7	乙巳	6 18	5 9	丙子	7 19	6 11	丁未
	2 17	1 6	乙亥	3 19	2 6	乙巳	4 18	3 7	乙亥	5 19	4 8	丙午	6 19	5 10	丁丑	7 20	6 12	戊申
	2 18	1 7	丙子	3 20	2 7	丙午	4 19	3 7	丙子	5 20	4 9	丁未	6 20	5 11	戊寅	7 21	6 13	己酉
	2 19	1 8	丁丑	3 21	2 8	丁未	4 20	3 9	丁丑	5 21	4 10	戊申	6 21	5 12	己卯	7 22	6 14	庚戌
蛇	2 20	1 9	戊寅	3 22	2 9	戊申	4 21	3 10	戊寅	5 22	4 11	己酉	6 22	5 13	庚辰	7 23	6 15	辛亥
	2 21	1 10	己卯	3 23	2 10	己酉	4 22	3 11	己卯	5 23	4 12	庚戌	6 23	5 14	辛巳	7 24	6 16	壬子
	2 22	1 11	庚辰	3 24	2 11	庚戌	4 23	3 12	庚辰	5 24	4 13	辛亥	6 24	5 15	壬午	7 25	6 17	癸丑
	2 23	1 12	辛巳	3 25	2 12	辛亥	4 24	3 13	辛巳	5 25	4 14	壬子	6 25	5 16	癸未	7 26	6 18	甲寅
	2 24	1 13	壬午	3 26	2 13	壬子	4 25	3 14	壬午	5 26	4 15	癸丑	6 26	5 17	甲申	7 27	6 19	乙卯
2	2 25	1 14	癸未	3 27	2 14	癸丑	4 26	3 15	癸未	5 27	4 16	甲寅	6 27	5 18	乙酉	7 28	6 20	丙辰
0	2 26	1 15	甲申	3 28	2 15	甲寅	4 27	3 16	甲申	5 28	4 17	乙卯	6 28	5 19	丙戌	7 29	6 21	丁巳
9	2 27	1 16	乙酉	3 29	2 16	乙卯	4 28	3 17	乙酉	5 29	4 18	丙辰	6 29	5 20	丁亥	7 30	6 22	戊午
7	2 28	1 17	丙戌	3 30	2 17	丙辰	4 29	3 18	丙戌	5 30	4 19	丁巳	6 30	5 21	戊子	7 31	6 23	己未
	3 1	1 18	丁亥	3 31	2 18	丁巳	4 30	3 19	丁亥	5 31	4 20	戊午	7 1	5 22	己丑	8 1	6 24	庚申
	3 2	1 19	戊子	4 1	2 19	戊午	5 1	3 20	戊子	6 1	4 21	己未	7 2	5 23	庚寅	8 2	6 25	辛酉
	3 3	1 20	己丑	4 2	2 20	己未	5 2	3 21	己丑	6 2	4 22	庚申	7 3	5 24	辛卯	8 3	6 26	壬戌
	3 4	1 21	庚寅	4 3	2 21	庚申	5 3	3 22	庚寅	6 3	4 23	辛酉	7 4	5 25	壬辰	8 4	6 27	癸亥
							5 4	3 23	辛卯	6 4	4 24	壬戌	7 5	5 26	癸巳	8 5	6 28	甲子
中氣	雨水			春分			穀雨			小滿			夏至			大暑		
	2/18 5時18分 卯時			3/20 3時47分 寅時			4/19 14時10分 未時			5/20 12時41分 午時			6/20 20時12分 戌時			7/22 7時0分 辰時		

年 月	丁巳					
月	戊申	己酉	庚戌	辛亥	壬子	癸丑
節氣	立秋	白露	寒露	立冬	大雪	小寒
	8/7 23時32分 子時	9/7 2時52分 丑時	10/7 19時10分 戌時	11/6 23時3分 子時	12/6 16時27分 申時	1/5 3時55分 寅時

日

國曆	農曆	干支	國曆	農曆	干支	國曆	農曆	干支	國曆	農曆	干支	國曆	農曆	干支	國曆	農曆	干支
8/6	6/29	乙丑	9/7	8/2	丁酉	10/7	9/3	丁卯	11/6	10/3	丁酉	12/6	11/3	丁卯	1/5	12/4	丁酉
8/7	6/30	丙寅	9/8	8/3	戊戌	10/8	9/4	戊辰	11/7	10/4	戊戌	12/7	11/4	戊辰	1/6	12/5	戊戌
8/8	7/1	丁卯	9/9	8/4	己亥	10/9	9/5	己巳	11/8	10/5	己亥	12/8	11/5	己巳	1/7	12/6	己亥
8/9	7/2	戊辰	9/10	8/5	庚子	10/10	9/6	庚午	11/9	10/6	庚子	12/9	11/6	庚午	1/8	12/7	庚子
8/10	7/3	己巳	9/11	8/6	辛丑	10/11	9/7	辛未	11/10	10/7	辛丑	12/10	11/7	辛未	1/9	12/8	辛丑
8/11	7/4	庚午	9/12	8/7	壬寅	10/12	9/8	壬申	11/11	10/8	壬寅	12/11	11/8	壬申	1/10	12/9	壬寅
8/12	7/5	辛未	9/13	8/8	癸卯	10/13	9/9	癸酉	11/12	10/9	癸卯	12/12	11/9	癸酉	1/11	12/10	癸卯
8/13	7/6	壬申	9/14	8/9	甲辰	10/14	9/10	甲戌	11/13	10/10	甲辰	12/13	11/10	甲戌	1/12	12/11	甲辰
8/14	7/7	癸酉	9/15	8/10	乙巳	10/15	9/11	乙亥	11/14	10/11	乙巳	12/14	11/11	乙亥	1/13	12/12	乙巳
8/15	7/8	甲戌	9/16	8/11	丙午	10/16	9/12	丙子	11/15	10/12	丙午	12/15	11/12	丙子	1/14	12/13	丙午
8/16	7/9	乙亥	9/17	8/12	丁未	10/17	9/13	丁丑	11/16	10/13	丁未	12/16	11/13	丁丑	1/15	12/14	丁未
8/17	7/10	丙子	9/18	8/13	戊申	10/18	9/14	戊寅	11/17	10/14	戊申	12/17	11/14	戊寅	1/16	12/15	戊申
8/18	7/11	丁丑	9/19	8/14	己酉	10/19	9/15	己卯	11/18	10/15	己酉	12/18	11/15	己卯	1/17	12/16	己酉
8/19	7/12	戊寅	9/20	8/15	庚戌	10/20	9/16	庚辰	11/19	10/16	庚戌	12/19	11/16	庚辰	1/18	12/17	庚戌
8/20	7/13	己卯	9/21	8/16	辛亥	10/21	9/17	辛巳	11/20	10/17	辛亥	12/20	11/17	辛巳	1/19	12/18	辛亥
8/21	7/14	庚辰	9/22	8/17	壬子	10/22	9/18	壬午	11/21	10/18	壬子	12/21	11/18	壬午	1/20	12/19	壬子
8/22	7/15	辛巳	9/23	8/18	癸丑	10/23	9/19	癸未	11/22	10/19	癸丑	12/22	11/19	癸未	1/21	12/20	癸丑
8/23	7/16	壬午	9/24	8/19	甲寅	10/24	9/20	甲申	11/23	10/20	甲寅	12/23	11/20	甲申	1/22	12/21	甲寅
8/24	7/17	癸未	9/25	8/20	乙卯	10/25	9/21	乙酉	11/24	10/21	乙卯	12/24	11/21	乙酉	1/23	12/22	乙卯
8/25	7/18	甲申	9/26	8/21	丙辰	10/26	9/22	丙戌	11/25	10/22	丙辰	12/25	11/22	丙戌	1/24	12/23	丙辰
8/26	7/19	乙酉	9/27	8/22	丁巳	10/27	9/23	丁亥	11/26	10/23	丁巳	12/26	11/23	丁亥	1/25	12/24	丁巳
8/27	7/20	丙戌	9/28	8/23	戊午	10/28	9/24	戊子	11/27	10/24	戊午	12/27	11/24	戊子	1/26	12/25	戊午
8/28	7/21	丁亥	9/29	8/24	己未	10/29	9/25	己丑	11/28	10/25	己未	12/28	11/25	己丑	1/27	12/26	己未
8/29	7/22	戊子	9/30	8/25	庚申	10/30	9/26	庚寅	11/29	10/26	庚申	12/29	11/26	庚寅	1/28	12/27	庚申
8/30	7/23	己丑	10/1	8/26	辛酉	10/31	9/27	辛卯	11/30	10/27	辛酉	12/30	11/27	辛卯	1/29	12/28	辛酉
8/31	7/24	庚寅	10/2	8/27	壬戌	11/1	9/28	壬辰	12/1	10/28	壬戌	12/31	11/28	壬辰	1/30	12/29	壬戌
9/1	7/25	辛卯	10/3	8/28	癸亥	11/2	9/29	癸巳	12/2	10/29	癸亥	1/1	11/29	癸巳	1/31	12/30	癸亥
9/2	7/26	壬辰	10/4	8/29	甲子	11/3	9/30	甲午	12/3	10/30	甲子	1/2	12/1	甲午	2/1	1/1	甲子
9/3	7/27	癸巳	10/5	9/1	乙丑	11/4	10/1	乙未	12/4	11/1	乙丑	1/3	12/2	乙未	2/2	1/2	乙丑
9/4	7/28	甲午	10/6	9/2	丙寅	11/5	10/2	丙申	12/5	11/2	丙寅	1/4	12/3	丙申	2/3	1/3	丙寅
9/5	7/29	乙未													2/4	1/4	丁卯
9/6	8/1	丙申															

中氣	處暑	秋分	霜降	小雪	冬至	大寒
	8/23 14時21分 未時	9/22 12時35分 午時	10/22 22時39分 亥時	11/21 20時52分 戌時	12/21 10時36分 巳時	1/19 21時20分 亥時

年：中華民國一百八十六、一百八十七年 蛇 2097、2098

戊午

月	甲寅			乙卯			丙辰			丁巳			戊午			己未		
節氣	立春			驚蟄			清明			立夏			芒種			小暑		
	2/3 15時28分 申時			3/5 9時3分 巳時			4/4 13時12分 未時			5/5 5時48分 卯時			6/5 9時22分 巳時			7/6 19時21分 戌時		
日	國曆	農曆	干支	國曆	農曆	干支	國曆	農曆	干支	國曆	農曆	干支	國曆	農曆	干支	國曆	農曆	干支
	2/3	1	3	丙寅	3/5	2	3	丙申	4/4	3	3	丙寅	5/5	4	5	丁酉	6/5	5	6	戊辰	7/6	6	8	己亥

戊午

月	甲寅 立春 2/3 15時28分 申時			乙卯 驚蟄 3/5 9時3分 巳時			丙辰 清明 4/4 13時12分 未時			丁巳 立夏 5/5 5時48分 卯時			戊午 芒種 6/5 9時22分 巳時			己未 小暑 7/6 19時21分 戌時		
日 國曆/農曆/干支	2/3 1 3 丙寅			3/5 2 3 丙申			4/4 3 3 丙寅			5/5 4 5 丁酉			6/5 5 6 戊辰			7/6 6 8 己亥		
	2/4 1 4 丁卯			3/6 2 4 丁酉			4/5 3 4 丁卯			5/6 4 6 戊戌			6/6 5 7 己巳			7/7 6 9 庚子		
	2/5 1 5 戊辰			3/7 2 5 戊戌			4/6 3 5 戊辰			5/7 4 7 己亥			6/7 5 8 庚午			7/8 6 10 辛丑		
	2/6 1 6 己巳			3/8 2 6 己亥			4/7 3 6 己巳			5/8 4 8 庚子			6/8 5 9 辛未			7/9 6 11 壬寅		
	2/7 1 7 庚午			3/9 2 7 庚子			4/8 3 7 庚午			5/9 4 9 辛丑			6/9 5 10 壬申			7/10 6 12 癸卯		
	2/8 1 8 辛未			3/10 2 8 辛丑			4/9 3 8 辛未			5/10 4 10 壬寅			6/10 5 11 癸酉			7/11 6 13 甲辰		
	2/9 1 9 壬申			3/11 2 9 壬寅			4/10 3 9 壬申			5/11 4 11 癸卯			6/11 5 12 甲戌			7/12 6 14 乙巳		
	2/10 1 10 癸酉			3/12 2 10 癸卯			4/11 3 10 癸酉			5/12 4 12 甲辰			6/12 5 13 乙亥			7/13 6 15 丙午		
	2/11 1 11 甲戌			3/13 2 11 甲辰			4/12 3 11 甲戌			5/13 4 13 乙巳			6/13 5 14 丙子			7/14 6 16 丁未		
	2/12 1 12 乙亥			3/14 2 12 乙巳			4/13 3 12 乙亥			5/14 4 14 丙午			6/14 5 15 丁丑			7/15 6 17 戊申		
	2/13 1 13 丙子			3/15 2 13 丙午			4/14 3 13 丙子			5/15 4 15 丁未			6/15 5 16 戊寅			7/16 6 18 己酉		
	2/14 1 14 丁丑			3/16 2 14 丁未			4/15 3 14 丁丑			5/16 4 16 戊申			6/16 5 17 己卯			7/17 6 19 庚戌		
	2/15 1 15 戊寅			3/17 2 15 戊申			4/16 3 15 戊寅			5/17 4 17 己酉			6/17 5 18 庚辰			7/18 6 20 辛亥		
	2/16 1 16 己卯			3/18 2 16 己酉			4/17 3 16 己卯			5/18 4 18 庚戌			6/18 5 19 辛巳			7/19 6 21 壬子		
	2/17 1 17 庚辰			3/19 2 17 庚戌			4/18 3 17 庚辰			5/19 4 19 辛亥			6/19 5 20 壬午			7/20 6 22 癸丑		
	2/18 1 18 辛巳			3/20 2 18 辛亥			4/19 3 18 辛巳			5/20 4 20 壬子			6/20 5 21 癸未			7/21 6 23 甲寅		
	2/19 1 19 壬午			3/21 2 19 壬子			4/20 3 19 壬午			5/21 4 21 癸丑			6/21 5 22 甲申			7/22 6 24 乙卯		
	2/20 1 20 癸未			3/22 2 20 癸丑			4/21 3 20 癸未			5/22 4 22 甲寅			6/22 5 23 乙酉			7/23 6 25 丙辰		
	2/21 1 21 甲申			3/23 2 21 甲寅			4/22 3 21 甲申			5/23 4 23 乙卯			6/23 5 24 丙戌			7/24 6 26 丁巳		
	2/22 1 22 乙酉			3/24 2 22 乙卯			4/23 3 22 乙酉			5/24 4 24 丙辰			6/24 5 25 丁亥			7/25 6 27 戊午		
	2/23 1 23 丙戌			3/25 2 23 丙辰			4/24 3 23 丙戌			5/25 4 25 丁巳			6/25 5 26 戊子			7/26 6 28 己未		
	2/24 1 24 丁亥			3/26 2 24 丁巳			4/25 3 24 丁亥			5/26 4 26 戊午			6/26 5 27 己丑			7/27 6 29 庚申		
	2/25 1 25 戊子			3/27 2 25 戊午			4/26 3 25 戊子			5/27 4 27 己未			6/27 5 28 庚寅			7/28 7 1 辛酉		
	2/26 1 26 己丑			3/28 2 26 己未			4/27 3 26 己丑			5/28 4 28 庚申			6/28 5 29 辛卯			7/29 7 2 壬戌		
	2/27 1 27 庚寅			3/29 2 27 庚申			4/28 3 27 庚寅			5/29 4 29 辛酉			6/29 6 1 壬辰			7/30 7 3 癸亥		
	2/28 1 28 辛卯			3/30 2 28 辛酉			4/29 3 28 辛卯			5/30 4 30 壬戌			6/30 6 2 癸巳			7/31 7 4 甲子		
	3/1 1 29 壬辰			3/31 2 29 壬戌			4/30 3 29 壬辰			5/31 5 1 癸亥			7/1 6 3 甲午			8/1 7 5 乙丑		
	3/2 1 30 癸巳			4/1 2 30 癸亥			5/1 4 1 癸巳			6/1 5 2 甲子			7/2 6 4 乙未			8/2 7 6 丙寅		
	3/3 2 1 甲午			4/2 3 1 甲子			5/2 4 2 甲午			6/2 5 3 乙丑			7/3 6 5 丙申			8/3 7 7 丁卯		
	3/4 2 2 乙未			4/3 3 2 乙丑			5/3 4 3 乙未			6/3 5 4 丙寅			7/4 6 6 丁酉			8/4 7 8 戊辰		
							5/4 4 4 丙申			6/4 5 5 丁卯			7/5 6 7 戊戌			8/5 7 9 己巳		
																8/6 7 10 庚午		

中華民國一百八十七年 馬 2098

中氣	雨水	春分	穀雨	小滿	夏至	大暑
	2/18 11時12分 午時	3/20 9時39分 巳時	4/19 20時1分 戌時	5/20 18時30分 酉時	6/21 2時2分 丑時	7/22 12時50分 午時

年	戊午

月	庚申	辛酉	壬戌	癸亥	甲子	乙丑
節氣	立秋	白露	寒露	立冬	大雪	小寒
	8時15分 卯時	9/7 8時37分 辰時	10/8 0時57分 子時	11/7 4時49分 寅時	12/6 22時12分 亥時	1/5 9時38分 巳時

中華民國一百八十七、一百八十八年　馬　2098、2099

日

庚申 國曆	農曆	干支	辛酉 國曆	農曆	干支	壬戌 國曆	農曆	干支	癸亥 國曆	農曆	干支	甲子 國曆	農曆	干支	乙丑 國曆	農曆	干支
8/7	7/11	辛未	9/7	8/13	壬寅	10/8	9/14	癸酉	11/7	10/15	癸卯	12/6	11/14	壬申	1/5	12/15	壬寅
8/8	7/12	壬申	9/8	8/14	癸卯	10/9	9/15	甲戌	11/8	10/16	甲辰	12/7	11/15	癸酉	1/6	12/16	癸卯
8/9	7/13	癸酉	9/9	8/15	甲辰	10/10	9/16	乙亥	11/9	10/17	乙巳	12/8	11/16	甲戌	1/7	12/17	甲辰
8/10	7/14	甲戌	9/10	8/16	乙巳	10/11	9/17	丙子	11/10	10/18	丙午	12/9	11/17	乙亥	1/8	12/18	乙巳
8/11	7/15	乙亥	9/11	8/17	丙午	10/12	9/18	丁丑	11/11	10/19	丁未	12/10	11/18	丙子	1/9	12/19	丙午
8/12	7/16	丙子	9/12	8/18	丁未	10/13	9/19	戊寅	11/12	10/20	戊申	12/11	11/19	丁丑	1/10	12/20	丁未
8/13	7/17	丁丑	9/13	8/19	戊申	10/14	9/20	己卯	11/13	10/21	己酉	12/12	11/20	戊寅	1/11	12/21	戊申
8/14	7/18	戊寅	9/14	8/20	己酉	10/15	9/21	庚辰	11/14	10/22	庚戌	12/13	11/21	己卯	1/12	12/22	己酉
8/15	7/19	己卯	9/15	8/21	庚戌	10/16	9/22	辛巳	11/15	10/23	辛亥	12/14	11/22	庚辰	1/13	12/23	庚戌
8/16	7/20	庚辰	9/16	8/22	辛亥	10/17	9/23	壬午	11/16	10/24	壬子	12/15	11/23	辛巳	1/14	12/24	辛亥
8/17	7/21	辛巳	9/17	8/23	壬子	10/18	9/24	癸未	11/17	10/25	癸丑	12/16	11/24	壬午	1/15	12/25	壬子
8/18	7/22	壬午	9/18	8/24	癸丑	10/19	9/25	甲申	11/18	10/26	甲寅	12/17	11/25	癸未	1/16	12/26	癸丑
8/19	7/23	癸未	9/19	8/25	甲寅	10/20	9/26	乙酉	11/19	10/27	乙卯	12/18	11/26	甲申	1/17	12/27	甲寅
8/20	7/24	甲申	9/20	8/26	乙卯	10/21	9/27	丙戌	11/20	10/28	丙辰	12/19	11/27	乙酉	1/18	12/28	乙卯
8/21	7/25	乙酉	9/21	8/27	丙辰	10/22	9/28	丁亥	11/21	10/29	丁巳	12/20	11/28	丙戌	1/19	12/29	丙辰
8/22	7/26	丙戌	9/22	8/28	丁巳	10/23	9/29	戊子	11/22	10/30	戊午	12/21	11/29	丁亥	1/20	12/30	丁巳
8/23	7/27	丁亥	9/23	8/29	戊午	10/24	10/1	己丑	11/23	11/1	己未	12/22	12/1	戊子	1/21	1/1	戊午
8/24	7/28	戊子	9/24	8/30	己未	10/25	10/2	庚寅	11/24	11/2	庚申	12/23	12/2	己丑	1/22	1/2	己未
8/25	7/29	己丑	9/25	9/1	庚申	10/26	10/3	辛卯	11/25	11/3	辛酉	12/24	12/3	庚寅	1/23	1/3	庚申
8/26	8/1	庚寅	9/26	9/2	辛酉	10/27	10/4	壬辰	11/26	11/4	壬戌	12/25	12/4	辛卯	1/24	1/4	辛酉
8/27	8/2	辛卯	9/27	9/3	壬戌	10/28	10/5	癸巳	11/27	11/5	癸亥	12/26	12/5	壬辰	1/25	1/5	壬戌
8/28	8/3	壬辰	9/28	9/4	癸亥	10/29	10/6	甲午	11/28	11/6	甲子	12/27	12/6	癸巳	1/26	1/6	癸亥
8/29	8/4	癸巳	9/29	9/5	甲子	10/30	10/7	乙未	11/29	11/7	乙丑	12/28	12/7	甲午	1/27	1/7	甲子
8/30	8/5	甲午	9/30	9/6	乙丑	10/31	10/8	丙申	11/30	11/8	丙寅	12/29	12/8	乙未	1/28	1/8	乙丑
8/31	8/6	乙未	10/1	9/7	丙寅	11/1	10/9	丁酉	12/1	11/9	丁卯	12/30	12/9	丙申	1/29	1/9	丙寅
9/1	8/7	丙申	10/2	9/8	丁卯	11/2	10/10	戊戌	12/2	11/10	戊辰	12/31	12/10	丁酉	1/30	1/10	丁卯
9/2	8/8	丁酉	10/3	9/9	戊辰	11/3	10/11	己亥	12/3	11/11	己巳	1/1	12/11	戊戌	1/31	1/11	戊辰
9/3	8/9	戊戌	10/4	9/10	己巳	11/4	10/12	庚子	12/4	11/12	庚午	1/2	12/12	己亥	2/1	1/12	己巳
9/4	8/10	己亥	10/5	9/11	庚午	11/5	10/13	辛丑	12/5	11/13	辛未	1/3	12/13	庚子	2/2	1/13	庚午
9/5	8/11	庚子	10/6	9/12	辛未	11/6	10/14	壬寅				1/4	12/14	辛丑	2/3	1/14	辛未
9/6	8/12	辛丑	10/7	9/13	壬申												

中氣	處暑	秋分	霜降	小雪	冬至	大寒
	20時10分 戌時	9/22 18時23分 酉時	10/23 4時26分 寅時	11/22 2時37分 丑時	12/21 16時20分 申時	1/20 3時1分 寅時

年：己未

中華民國一百八十八年　羊　2099

月	丙寅	丁卯	戊辰	己巳	庚午	辛未
節氣	立春	驚蟄	清明	立夏	芒種	小暑
節氣時刻	2/3 21時8分 亥時	3/5 14時41分 未時	4/4 18時50分 酉時	5/5 11時28分 午時	6/5 15時7分 申時	7/7 1時11分 丑時

丙寅 國曆	丙寅 農曆	丙寅 干支	丁卯 國曆	丁卯 農曆	丁卯 干支	戊辰 國曆	戊辰 農曆	戊辰 干支	己巳 國曆	己巳 農曆	己巳 干支	庚午 國曆	庚午 農曆	庚午 干支	辛未 國曆	辛未 農曆	辛未 干支
2/3	1/14	辛未	3/5	2/14	辛丑	4/4	2/14	辛未	5/5	3/16	壬寅	6/5	4/17	癸酉	7/7	5/19	乙巳
2/4	1/15	壬申	3/6	2/15	壬寅	4/5	2/15	壬申	5/6	3/17	癸卯	6/6	4/18	甲戌	7/8	5/20	丙午
2/5	1/16	癸酉	3/7	2/16	癸卯	4/6	2/16	癸酉	5/7	3/18	甲辰	6/7	4/19	乙亥	7/9	5/21	丁未
2/6	1/17	甲戌	3/8	2/17	甲辰	4/7	2/17	甲戌	5/8	3/19	乙巳	6/8	4/20	丙子	7/10	5/22	戊申
2/7	1/18	乙亥	3/9	2/18	乙巳	4/8	2/18	乙亥	5/9	3/20	丙午	6/9	4/21	丁丑	7/11	5/23	己酉
2/8	1/19	丙子	3/10	2/19	丙午	4/9	2/19	丙子	5/10	3/21	丁未	6/10	4/22	戊寅	7/12	5/24	庚戌
2/9	1/20	丁丑	3/11	2/20	丁未	4/10	2/20	丁丑	5/11	3/22	戊申	6/11	4/23	己卯	7/13	5/25	辛亥
2/10	1/21	戊寅	3/12	2/21	戊申	4/11	2/21	戊寅	5/12	3/23	己酉	6/12	4/24	庚辰	7/14	5/26	壬子
2/11	1/22	己卯	3/13	2/22	己酉	4/12	2/22	己卯	5/13	3/24	庚戌	6/13	4/25	辛巳	7/15	5/27	癸丑
2/12	1/23	庚辰	3/14	2/23	庚戌	4/13	2/23	庚辰	5/14	3/25	辛亥	6/14	4/26	壬午	7/16	5/28	甲寅
2/13	1/24	辛巳	3/15	2/24	辛亥	4/14	2/24	辛巳	5/15	3/26	壬子	6/15	4/27	癸未	7/17	5/29	乙卯
2/14	1/25	壬午	3/16	2/25	壬子	4/15	2/25	壬午	5/16	3/27	癸丑	6/16	4/28	甲申	7/18	6/1	丙辰
2/15	1/26	癸未	3/17	2/26	癸丑	4/16	2/26	癸未	5/17	3/28	甲寅	6/17	4/29	乙酉	7/19	6/2	丁巳
2/16	1/27	甲申	3/18	2/27	甲寅	4/17	2/27	甲申	5/18	3/29	乙卯	6/18	4/30	丙戌	7/20	6/3	戊午
2/17	1/28	乙酉	3/19	2/28	乙卯	4/18	2/28	乙酉	5/19	3/30	丙辰	6/19	5/1	丁亥	7/21	6/4	己未
2/18	1/29	丙戌	3/20	2/29	丙辰	4/19	2/29	丙戌	5/20	4/1	丁巳	6/20	5/2	戊子	7/22	6/5	庚申
2/19	1/30	丁亥	3/21	2/30	丁巳	4/20	3/1	丁亥	5/21	4/2	戊午	6/21	5/3	己丑	7/23	6/6	辛酉
2/20	2/1	戊子	3/22	閏2/1	戊午	4/21	3/2	戊子	5/22	4/3	己未	6/22	5/4	庚寅	7/24	6/7	壬戌
2/21	2/2	己丑	3/23	2/2	己未	4/22	3/3	己丑	5/23	4/4	庚申	6/23	5/5	辛卯	7/25	6/8	癸亥
2/22	2/3	庚寅	3/24	2/3	庚申	4/23	3/4	庚寅	5/24	4/5	辛酉	6/24	5/6	壬辰	7/26	6/9	甲子
2/23	2/4	辛卯	3/25	2/4	辛酉	4/24	3/5	辛卯	5/25	4/6	壬戌	6/25	5/7	癸巳	7/27	6/10	乙丑
2/24	2/5	壬辰	3/26	2/5	壬戌	4/25	3/6	壬辰	5/26	4/7	癸亥	6/26	5/8	甲午	7/28	6/11	丙寅
2/25	2/6	癸巳	3/27	2/6	癸亥	4/26	3/7	癸巳	5/27	4/8	甲子	6/27	5/9	乙未	7/29	6/12	丁卯
2/26	2/7	甲午	3/28	2/7	甲子	4/27	3/8	甲午	5/28	4/9	乙丑	6/28	5/10	丙申	7/30	6/13	戊辰
2/27	2/8	乙未	3/29	2/8	乙丑	4/28	3/9	乙未	5/29	4/10	丙寅	6/29	5/11	丁酉	7/31	6/14	己巳
2/28	2/9	丙申	3/30	2/9	丙寅	4/29	3/10	丙申	5/30	4/11	丁卯	6/30	5/12	戊戌	8/1	6/15	庚午
3/1	2/10	丁酉	3/31	2/10	丁卯	4/30	3/11	丁酉	5/31	4/12	戊辰	7/1	5/13	己亥	8/2	6/16	辛未
3/2	2/11	戊戌	4/1	2/11	戊辰	5/1	3/12	戊戌	6/1	4/13	己巳	7/2	5/14	庚子	8/3	6/17	壬申
3/3	2/12	己亥	4/2	2/12	己巳	5/2	3/13	己亥	6/2	4/14	庚午	7/3	5/15	辛丑	8/4	6/18	癸酉
3/4	2/13	庚子	4/3	2/13	庚午	5/3	3/14	庚子	6/3	4/15	辛未	7/4	5/16	壬寅	8/5	6/19	甲戌
						5/4	3/15	辛丑	6/4	4/16	壬申	7/5	5/17	癸卯	8/6	6/20	乙亥
												7/6	5/18	甲辰			

中氣	雨水	春分	穀雨	小滿	夏至	大暑
	2/18 16時51分 申時	3/20 15時17分 申時	4/20 1時37分 丑時	5/21 0時7分 子時	6/21 7時40分 辰時	7/22 18時32分 酉時

己未年

月	節氣	交節時刻
壬申	立秋	11時9分 午時
癸酉	白露	9/7 14時33分 未時
甲戌	寒露	10/8 6時51分 卯時
乙亥	立冬	11/7 10時41分 巳時
丙子	大雪	12/7 4時2分 寅時
丁丑	小寒	1/5 15時28分 申時

右欄：年 / 月 / 節氣 / 日 — 中華民國一百八十八、一百八十九年　羊　2099、2100

壬申（國曆）	農曆	干支	癸酉（國曆）	農曆	干支	甲戌（國曆）	農曆	干支	乙亥（國曆）	農曆	干支	丙子（國曆）	農曆	干支	丁丑（國曆）	農曆	干支
8/7	6/21	丙子	9/7	7/23	丁未	10/8	8/24	戊寅	11/7	9/25	戊申	12/7	10/26	戊寅	1/5	11/25	丁未
8/8	6/22	丁丑	9/8	7/24	戊申	10/9	8/25	己卯	11/8	9/26	己酉	12/8	10/27	己卯	1/6	11/26	戊申
8/9	6/23	戊寅	9/9	7/25	己酉	10/10	8/26	庚辰	11/9	9/27	庚戌	12/9	10/28	庚辰	1/7	11/27	己酉
8/10	6/24	己卯	9/10	7/26	庚戌	10/11	8/27	辛巳	11/10	9/28	辛亥	12/10	10/29	辛巳	1/8	11/28	庚戌
8/11	6/25	庚辰	9/11	7/27	辛亥	10/12	8/28	壬午	11/11	9/29	壬子	12/11	10/30	壬午	1/9	11/29	辛亥
8/12	6/26	辛巳	9/12	7/28	壬子	10/13	8/29	癸未	11/12	10/1	癸丑	12/12	11/1	癸未	1/10	12/1	壬子
8/13	6/27	壬午	9/13	7/29	癸丑	10/14	9/1	甲申	11/13	10/2	甲寅	12/13	11/2	甲申	1/11	12/2	癸丑
8/14	6/28	癸未	9/14	7/30	甲寅	10/15	9/2	乙酉	11/14	10/3	乙卯	12/14	11/3	乙酉	1/12	12/3	甲寅
8/15	6/29	甲申	9/15	8/1	乙卯	10/16	9/3	丙戌	11/15	10/4	丙辰	12/15	11/4	丙戌	1/13	12/4	乙卯
8/16	7/1	乙酉	9/16	8/2	丙辰	10/17	9/4	丁亥	11/16	10/5	丁巳	12/16	11/5	丁亥	1/14	12/5	丙辰
8/17	7/2	丙戌	9/17	8/3	丁巳	10/18	9/5	戊子	11/17	10/6	戊午	12/17	11/6	戊子	1/15	12/6	丁巳
8/18	7/3	丁亥	9/18	8/4	戊午	10/19	9/6	己丑	11/18	10/7	己未	12/18	11/7	己丑	1/16	12/7	戊午
8/19	7/4	戊子	9/19	8/5	己未	10/20	9/7	庚寅	11/19	10/8	庚申	12/19	11/8	庚寅	1/17	12/8	己未
8/20	7/5	己丑	9/20	8/6	庚申	10/21	9/8	辛卯	11/20	10/9	辛酉	12/20	11/9	辛卯	1/18	12/9	庚申
8/21	7/6	庚寅	9/21	8/7	辛酉	10/22	9/9	壬辰	11/21	10/10	壬戌	12/21	11/10	壬辰	1/19	12/10	辛酉
8/22	7/7	辛卯	9/22	8/8	壬戌	10/23	9/10	癸巳	11/22	10/11	癸亥	12/22	11/11	癸巳	1/20	12/11	壬戌
8/23	7/8	壬辰	9/23	8/9	癸亥	10/24	9/11	甲午	11/23	10/12	甲子	12/23	11/12	甲午	1/21	12/12	癸亥
8/24	7/9	癸巳	9/24	8/10	甲子	10/25	9/12	乙未	11/24	10/13	乙丑	12/24	11/13	乙未	1/22	12/13	甲子
8/25	7/10	甲午	9/25	8/11	乙丑	10/26	9/13	丙申	11/25	10/14	丙寅	12/25	11/14	丙申	1/23	12/14	乙丑
8/26	7/11	乙未	9/26	8/12	丙寅	10/27	9/14	丁酉	11/26	10/15	丁卯	12/26	11/15	丁酉	1/24	12/15	丙寅
8/27	7/12	丙申	9/27	8/13	丁卯	10/28	9/15	戊戌	11/27	10/16	戊辰	12/27	11/16	戊戌	1/25	12/16	丁卯
8/28	7/13	丁酉	9/28	8/14	戊辰	10/29	9/16	己亥	11/28	10/17	己巳	12/28	11/17	己亥	1/26	12/17	戊辰
8/29	7/14	戊戌	9/29	8/15	己巳	10/30	9/17	庚子	11/29	10/18	庚午	12/29	11/18	庚子	1/27	12/18	己巳
8/30	7/15	己亥	9/30	8/16	庚午	10/31	9/18	辛丑	11/30	10/19	辛未	12/30	11/19	辛丑	1/28	12/19	庚午
8/31	7/16	庚子	10/1	8/17	辛未	11/1	9/19	壬寅	12/1	10/20	壬申	12/31	11/20	壬寅	1/29	12/20	辛未
9/1	7/17	辛丑	10/2	8/18	壬申	11/2	9/20	癸卯	12/2	10/21	癸酉	1/1	11/21	癸卯	1/30	12/21	壬申
9/2	7/18	壬寅	10/3	8/19	癸酉	11/3	9/21	甲辰	12/3	10/22	甲戌	1/2	11/22	甲辰	1/31	12/22	癸酉
9/3	7/19	癸卯	10/4	8/20	甲戌	11/4	9/22	乙巳	12/4	10/23	乙亥	1/3	11/23	乙巳	2/1	12/23	甲戌
9/4	7/20	甲辰	10/5	8/21	乙亥	11/5	9/23	丙午	12/5	10/24	丙子	1/4	11/24	丙午	2/2	12/24	乙亥
9/5	7/21	乙巳	10/6	8/22	丙子	11/6	9/24	丁未	12/6	10/25	丁丑				2/3	12/25	丙子
9/6	7/22	丙午	10/7	8/23	丁丑												

中氣	交中氣時刻
處暑	8/23 1時56分 丑時
秋分	9/23 0時10分 子時
霜降	10/23 10時12分 巳時
小雪	11/22 8時21分 辰時
冬至	12/21 22時3分 亥時
大寒	1/20 8時45分 辰時

年																庚申		

中華民國一百八十九年 猴 2100

月	戊寅			己卯			庚辰			辛巳			壬午			癸未		
節氣	立春			驚蟄			清明			立夏			芒種			小暑		
	2/4 2時59分 丑時			3/5 20時33分 戌時			4/5 0時43分 子時			5/5 17時20分 酉時			6/5 20時57分 戌時			7/7 6時58分 卯時		
日	國曆	農曆	干支	國曆	農曆	干支	國曆	農曆	干支	國曆	農曆	干支	國曆	農曆	干支	國曆	農曆	干支
	2 4	12 26	丁丑	3 5	1 25	丙午	4 5	2 26	丁丑	5 5	3 26	丁未	6 5	4 28	戊寅	7 7	6 1	庚戌
	2 5	12 27	戊寅	3 6	1 26	丁未	4 6	2 27	戊寅	5 6	3 27	戊申	6 6	4 29	己卯	7 8	6 2	辛亥
	2 6	12 28	己卯	3 7	1 27	戊申	4 7	2 28	己卯	5 7	3 28	己酉	6 7	4 30	庚辰	7 9	6 3	壬子
	2 7	12 29	庚辰	3 8	1 28	己酉	4 8	2 29	庚辰	5 8	3 29	庚戌	6 8	5 1	辛巳	7 10	6 4	癸丑
	2 8	12 30	辛巳	3 9	1 29	庚戌	4 9	2 30	辛巳	5 9	4 1	辛亥	6 9	5 2	壬午	7 11	6 5	甲寅
	2 9	1 1	壬午	3 10	1 30	辛亥	4 10	3 1	壬午	5 10	4 2	壬子	6 10	5 3	癸未	7 12	6 6	乙卯
	2 10	1 2	癸未	3 11	2 1	壬子	4 11	3 2	癸未	5 11	4 3	癸丑	6 11	5 4	甲申	7 13	6 7	丙辰
	2 11	1 3	甲申	3 12	2 2	癸丑	4 12	3 3	甲申	5 12	4 4	甲寅	6 12	5 5	乙酉	7 14	6 8	丁巳
	2 12	1 4	乙酉	3 13	2 3	甲寅	4 13	3 4	乙酉	5 13	4 5	乙卯	6 13	5 6	丙戌	7 15	6 9	戊午
	2 13	1 5	丙戌	3 14	2 4	乙卯	4 14	3 5	丙戌	5 14	4 6	丙辰	6 14	5 7	丁亥	7 16	6 10	己未
	2 14	1 6	丁亥	3 15	2 5	丙辰	4 15	3 6	丁亥	5 15	4 7	丁巳	6 15	5 8	戊子	7 17	6 11	庚申
	2 15	1 7	戊子	3 16	2 6	丁巳	4 16	3 7	戊子	5 16	4 8	戊午	6 16	5 9	己丑	7 18	6 12	辛酉
	2 16	1 8	己丑	3 17	2 7	戊午	4 17	3 8	己丑	5 17	4 9	己未	6 17	5 10	庚寅	7 19	6 13	壬戌
	2 17	1 9	庚寅	3 18	2 8	己未	4 18	3 9	庚寅	5 18	4 10	庚申	6 18	5 11	辛卯	7 20	6 14	癸亥
	2 18	1 10	辛卯	3 19	2 9	庚申	4 19	3 10	辛卯	5 19	4 11	辛酉	6 19	5 12	壬辰	7 21	6 15	甲子
	2 19	1 11	壬辰	3 20	2 10	辛酉	4 20	3 11	壬辰	5 20	4 12	壬戌	6 20	5 13	癸巳	7 22	6 16	乙丑
	2 20	1 12	癸巳	3 21	2 11	壬戌	4 21	3 12	癸巳	5 21	4 13	癸亥	6 21	5 14	甲午	7 23	6 17	丙寅
	2 21	1 13	甲午	3 22	2 12	癸亥	4 22	3 13	甲午	5 22	4 14	甲子	6 22	5 15	乙未	7 24	6 18	丁卯
	2 22	1 14	乙未	3 23	2 13	甲子	4 23	3 14	乙未	5 23	4 15	乙丑	6 23	5 16	丙申	7 25	6 19	戊辰
	2 23	1 15	丙申	3 24	2 14	乙丑	4 24	3 15	丙申	5 24	4 16	丙寅	6 24	5 17	丁酉	7 26	6 20	己巳
	2 24	1 16	丁酉	3 25	2 15	丙寅	4 25	3 16	丁酉	5 25	4 17	丁卯	6 25	5 18	戊戌	7 27	6 21	庚午
	2 25	1 17	戊戌	3 26	2 16	丁卯	4 26	3 17	戊戌	5 26	4 18	戊辰	6 26	5 19	己亥	7 28	6 22	辛未
	2 26	1 18	己亥	3 27	2 17	戊辰	4 27	3 18	己亥	5 27	4 19	己巳	6 27	5 20	庚子	7 29	6 23	壬申
	2 27	1 19	庚子	3 28	2 18	己巳	4 28	3 19	庚子	5 28	4 20	庚午	6 28	5 21	辛丑	7 30	6 24	癸酉
	2 28	1 20	辛丑	3 29	2 19	庚午	4 29	3 20	辛丑	5 29	4 21	辛未	6 29	5 22	壬寅	7 31	6 25	甲戌
	3 1	1 21	壬寅	3 30	2 20	辛未	4 30	3 21	壬寅	5 30	4 22	壬申	6 30	5 23	癸卯	8 1	6 26	乙亥
	3 2	1 22	癸卯	3 31	2 21	壬申	5 1	3 22	癸卯	5 31	4 23	癸酉	7 1	5 24	甲辰	8 2	6 27	丙子
	3 3	1 23	甲辰	4 1	2 22	癸酉	5 2	3 23	甲辰	6 1	4 24	甲戌	7 2	5 25	乙巳	8 3	6 28	丁丑
	3 4	1 24	乙巳	4 2	2 23	甲戌	5 3	3 24	乙巳	6 2	4 25	乙亥	7 3	5 26	丙午	8 4	6 29	戊寅
				4 3	2 24	乙亥	5 4	3 25	丙午	6 3	4 26	丙子	7 4	5 27	丁未	8 5	6 30	己卯
				4 4	2 25	丙子				6 4	4 27	丁丑	7 5	5 28	戊申	8 6	7 1	庚辰
													7 6	5 29	己酉			
中氣	雨水			春分			穀雨			小滿			夏至			大暑		
	2/18 22時36分 亥時			3/20 21時3分 亥時			4/20 7時24分 辰時			5/21 5時56分 卯時			6/21 13時31分 未時			7/23 0時23分 子時		

庚申

月 / 節氣（節）

月	甲申	乙酉	丙戌	丁亥	戊子	己丑
節氣	立秋	白露	寒露	立冬	大雪	小寒
時	16時53分 申時	9/7 20時14分 戌時	10/8 12時30分 午時	11/7 16時19分 申時	12/7 9時39分 巳時	1/5 21時6分 亥時

日（國曆／農曆／干支）

甲申 國曆	農曆	干支	乙酉 國曆	農曆	干支	丙戌 國曆	農曆	干支	丁亥 國曆	農曆	干支	戊子 國曆	農曆	干支	己丑 國曆	農曆	干支
7	7/2	辛巳	9/7	8/4	壬子	10/8	9/5	癸未	11/7	10/6	癸丑	12/7	11/7	癸未	1/5	12/6	壬子
8	7/3	壬午	9/8	8/5	癸丑	10/9	9/6	甲申	11/8	10/7	甲寅	12/8	11/8	甲申	1/6	12/7	癸丑
9	7/4	癸未	9/9	8/6	甲寅	10/10	9/7	乙酉	11/9	10/8	乙卯	12/9	11/9	乙酉	1/7	12/8	甲寅
10	7/5	甲申	9/10	8/7	乙卯	10/11	9/8	丙戌	11/10	10/9	丙辰	12/10	11/10	丙戌	1/8	12/9	乙卯
11	7/6	乙酉	9/11	8/8	丙辰	10/12	9/9	丁亥	11/11	10/10	丁巳	12/11	11/11	丁亥	1/9	12/10	丙辰
12	7/7	丙戌	9/12	8/9	丁巳	10/13	9/10	戊子	11/12	10/11	戊午	12/12	11/12	戊子	1/10	12/11	丁巳
13	7/8	丁亥	9/13	8/10	戊午	10/14	9/11	己丑	11/13	10/12	己未	12/13	11/13	己丑	1/11	12/12	戊午
14	7/9	戊子	9/14	8/11	己未	10/15	9/12	庚寅	11/14	10/13	庚申	12/14	11/14	庚寅	1/12	12/13	己未
15	7/10	己丑	9/15	8/12	庚申	10/16	9/13	辛卯	11/15	10/14	辛酉	12/15	11/15	辛卯	1/13	12/14	庚申
16	7/11	庚寅	9/16	8/13	辛酉	10/17	9/14	壬辰	11/16	10/15	壬戌	12/16	11/16	壬辰	1/14	12/15	辛酉
17	7/12	辛卯	9/17	8/14	壬戌	10/18	9/15	癸巳	11/17	10/16	癸亥	12/17	11/17	癸巳	1/15	12/16	壬戌
18	7/13	壬辰	9/18	8/15	癸亥	10/19	9/16	甲午	11/18	10/17	甲子	12/18	11/18	甲午	1/16	12/17	癸亥
19	7/14	癸巳	9/19	8/16	甲子	10/20	9/17	乙未	11/19	10/18	乙丑	12/19	11/19	乙未	1/17	12/18	甲子
20	7/15	甲午	9/20	8/17	乙丑	10/21	9/18	丙申	11/20	10/19	丙寅	12/20	11/20	丙申	1/18	12/19	乙丑
21	7/16	乙未	9/21	8/18	丙寅	10/22	9/19	丁酉	11/21	10/20	丁卯	12/21	11/21	丁酉	1/19	12/20	丙寅
22	7/17	丙申	9/22	8/19	丁卯	10/23	9/20	戊戌	11/22	10/21	戊辰	12/22	11/22	戊戌	1/20	12/21	丁卯
23	7/18	丁酉	9/23	8/20	戊辰	10/24	9/21	己亥	11/23	10/22	己巳	12/23	11/23	己亥	1/21	12/22	戊辰
24	7/19	戊戌	9/24	8/21	己巳	10/25	9/22	庚子	11/24	10/23	庚午	12/24	11/24	庚子	1/22	12/23	己巳
25	7/20	己亥	9/25	8/22	庚午	10/26	9/23	辛丑	11/25	10/24	辛未	12/25	11/25	辛丑	1/23	12/24	庚午
26	7/21	庚子	9/26	8/23	辛未	10/27	9/24	壬寅	11/26	10/25	壬申	12/26	11/26	壬寅	1/24	12/25	辛未
27	7/22	辛丑	9/27	8/24	壬申	10/28	9/25	癸卯	11/27	10/26	癸酉	12/27	11/27	癸卯	1/25	12/26	壬申
28	7/23	壬寅	9/28	8/25	癸酉	10/29	9/26	甲辰	11/28	10/27	甲戌	12/28	11/28	甲辰	1/26	12/27	癸酉
29	7/24	癸卯	9/29	8/26	甲戌	10/30	9/27	乙巳	11/29	10/28	乙亥	12/29	11/29	乙巳	1/27	12/28	甲戌
30	7/25	甲辰	9/30	8/27	乙亥	10/31	9/28	丙午	11/30	10/29	丙子	12/30	11/30	丙午	1/28	12/29	乙亥
31	7/26	乙巳	10/1	8/28	丙子	11/1	9/29	丁未	12/1	11/1	丁丑	12/31	12/1	丁未	1/29	1/1	丙子
1	7/27	丙午	10/2	8/29	丁丑	11/2	10/1	戊申	12/2	11/2	戊寅	1/1	12/2	戊申	1/30	1/2	丁丑
2	7/28	丁未	10/3	9/1	戊寅	11/3	10/2	己酉	12/3	11/3	己卯	1/2	12/3	己酉	1/31	1/3	戊寅
3	7/29	戊申	10/4	9/2	己卯	11/4	10/3	庚戌	12/4	11/4	庚辰	1/3	12/4	庚戌	2/1	1/4	己卯
4	8/1	己酉	10/5	9/3	庚辰	11/5	10/4	辛亥	12/5	11/5	辛巳	1/4	12/5	辛亥	2/2	1/5	庚辰
5	8/2	庚戌	10/6	9/4	辛巳	11/6	10/5	壬子	12/6	11/6	壬午						
6	8/3	辛亥	10/7	9/5	壬午												

中氣

中氣	處暑	秋分	霜降	小雪	冬至	大寒
時	8/23 7時46分 辰時	9/23 5時59分 卯時	10/23 16時0分 申時	11/22 14時8分 未時	12/22 3時50分 寅時	1/20 14時33分 未時

年：中華民國一百八十九、一百九十年　猴　2100、2101

403

農曆閏月年表					
西 元	中華民國	閏 月	西 元	中華民國	閏 月
1900	前 12	8	2001	90	4
1903	前 9	5	2004	93	2
1906	前 6	4	2006	95	7
1909	前 3	2	2009	98	5
1911	前 1	6	2012	101	4
1914	3	5	2014	103	9
1917	6	2	2017	106	6
1919	8	7	2020	109	4
1922	11	5	2023	112	2
1925	14	4	2025	114	6
1928	17	2	2028	117	5
1930	19	6	2031	120	3
1933	22	5	2033	122	11
1936	25	3	2036	125	6
1938	27	7	2039	128	5
1941	30	6	2042	131	2
1944	33	4	2044	133	7
1947	36	2	2047	136	5
1949	38	7	2050	139	3
1952	41	5	2052	141	8
1955	44	3	2055	144	6
1957	46	8	2058	147	4
1960	49	6	2061	150	3
1963	52	4	2063	152	7
1966	55	3	2066	155	5
1968	57	7	2069	158	4
1971	60	5	2071	160	8
1974	63	4	2074	163	6
1976	65	8	2077	166	4
1979	68	6	2080	169	4
1982	71	4	2082	171	7
1984	73	10	2085	174	5
1987	76	6	2088	177	4
1990	79	5	2090	179	8
1993	82	3	2093	182	6
1995	84	8	2096	185	4
1998	87	5	2099	188	2

國家圖書館出版品預行編目資料

新編歸藏萬年曆／施賀日校正.
　　－－初版－－ 台北市：知青頻道出版；
　　紅螞蟻圖書發行，2007〔民 96〕
　　面　　公分，－－(Easy Quick : 75)
　　ISBN　978-986-6905-16-2 (精裝)
　　ISBN　978-986-6905-30-8 (平裝)
1.萬年曆
327.49　　　　　　　　　　　　95026325

Easy Quick 75

新編歸藏萬年曆

校　　　正／施賀日
發 行 人／賴秀珍
榮 譽 總 監／張錦基
總 編 輯／何南輝
特 約 編 輯／林芊玲
美 術 編 輯／林美琪
出　　　版／知青頻道出版有限公司
發　　　行／紅螞蟻圖書有限公司
地　　　址／台北市內湖區舊宗路二段121巷28號4F
網　　　站／www.e-redant.com
郵撥帳號／1604621-1　紅螞蟻圖書有限公司
電　　　話／(02)2795-3656（代表號）
傳　　　眞／(02)2795-4100
登 記 證／局版北市業字第796號
港澳總經銷／和平圖書有限公司
地　　　址／香港柴灣嘉業街12號百樂門大廈17F
電　　　話／(852)2804-6687
法律顧問／許晏賓律師
印 刷 廠／鴻運彩色印刷有限公司
出版日期／2007年2月　第一版第一刷

定價230元　港幣77元

ISBN-13：978-986-6905-30-8　　Printed in Taiwan
ISBN-10：986-6905-30-6